"十三五"国家重点图书出版规划项目

中国种子植物多样性名录与保护利用

Seed Plants of China: Checklist, Uses and Conservation Status

覃海宁　主编

Editor-in-chief:QIN Haining

河北出版传媒集团
河北科学技术出版社
·石家庄·

内 容 简 介

本书收录中国境内野生种子植物和重要栽培植物 35 000 余种。每一物种信息包括名录、资源利用及濒危保护状况三部分。其中名录部分包括名称、习性、海拔高度和国内外分布；濒危保护状况包括《中国高等植物红色名录》等级、《国家重点保护野生植物名录》保护级别及 CITES 附录物种等级等。本书可为全国性生物多样性调查、监测和评估，资源保护及可持续利用等工作提供数据支持，为植物学、生态学科研及教学工作者，农林和环境等相关领域工作者提供最新的物种濒危保护信息及资源利用情况。

图书在版编目（CIP）数据

中国种子植物多样性名录与保护利用：1-4 册／覃海宁主编.—石家庄：河北科学技术出版社，2020.12
ISBN 978-7-5717-0649-4

Ⅰ．①中… Ⅱ．①覃… Ⅲ．①种子植物—多样性—中国—名录 Ⅳ．①Q949.408

中国版本图书馆 CIP 数据核字（2020）第 249372 号

中国种子植物多样性名录与保护利用
ZHONGGUO ZHONGZI ZHIWU DUOYANGXING MINGLU YU BAOHU LIYONG

覃海宁　主编

出版发行	河北出版传媒集团　河北科学技术出版社
地　　址	石家庄市友谊北大街330号（邮编：050061）
排　　版	保定市万方数据处理有限公司
印　　刷	河北新华第二印刷有限责任公司
开　　本	889×1194　1/16
印　　张	154
字　　数	7 000 000
版　　次	2020年12月第1版
印　　次	2020年12月第1次印刷
定　　价	960.00元（全4册）

中国种子植物多样性名录与保护利用

Seed Plants of China: Checklist, Uses and Conservation Status

主　编：覃海宁
Editor-in-chief：QIN Haining
副主编：谢　丹　刘　冰　薛纳新　刘慧圆
Associate editors-in chief：XIE Dan　LIU Bing
　　　　　　　　　　　　　XUE Naxin　LIU Huiyuan
编　者：（以姓氏笔画为序）
　　　　　包伯坚　刘　冰　刘　博　刘慧圆　李　奕
　　　　　杨宇昌　邴艳红　陈天翔　单章建　赵莉娜
　　　　　覃海宁　韩国霞　谢　丹　薛纳新
Editors：BAO Bojian, LIU Bing, LIU Bo, LIU Huiyuan, LI Yi,
　　　　　YANG Yuchang, BING Yanhong, CHEN Tianxiang,
　　　　　SHAN Zhangjian,　ZHAO Lina,　QIN Haining,
　　　　　HAN Guoxia,　XIE Dan,　XUE Naxin

序
Preface

在生物多样性三个层次中，物种多样性介于遗传多样性和生态系统多样性之间，是遗传多样性的载体和生态系统的基本功能单位，因而，物种是生物多样性保护的首要对象。开展生物多样性保护，首先应对保护对象物种登记造册，主要是开展分类学研究编写生物志和进行物种编目。编目，顾名思义就是编制生物物种名录，即对地球上存在的不同区域、不同类群生物加以鉴定和汇集成名录。生物编目与生物志（如植物志）关系密切，但并不等同。志书包括编目的内容，但侧重于研究分类群的亲缘关系和等级关系，内容更为全面系统。编目则强调对现有的类群尽快加以登记和评估，包括物种名称、分布及数量、生境偏好和保护状态等。对于生物多样性保护和监测来说，这样的快速编目是很有必要的。

《中国植物志》（1959—2004）及其英文版 *Flora of China*（1994—2013）的完成使得中国植物这个庞大家族有了"户口簿"和"档案册"，但植物志篇幅庞大，且一些类群编写时间跨度较大，信息未能得到及时更新。本世纪初，中国科学院生物多样性委员会组织国内众多生物学分类专家提取植物志中物种名称及分布等关键信息，并参考新近文献进行修订，编写了《中国生物物种名录》（电子版和印刷版），较好地解决了上述问题，为中国生物多样性保护相关人员提供栏目简洁、资料更新的物种多样性信息。该名录一经发布即受到我国生物多样性保护业界的广泛使用和好评，成为生物分类科学服务国家生物多样性保护目标的重要窗口。

《中国种子植物多样性名录与保护利用》由《中国生物物种名录（第一卷 植物）》（2013—2018，科学出版社）（简称"物种名录印刷版"）编写工作组编写。作者对"物种名录印刷版"进行了精简集成，保留了物种名称和分布信息，还依据其发行后的新资料进行了少量修订，并附上习性（生活型）、经济用途和保护状态等信息。这些信息对于要了解中国植物物种最新名录的读者有用，对于寻找中国植物利用价值及保护状况的应用型研究者也很有参考价值。相信本书的出版，将同《中国生物物种名录》一样，对我国生物多样性保护行业起到重要的参考和推动作用。

中国科学院院士　洪德元
世界科学院（TWAS）院士

前 言
Foreword

2013—2015年间，受中国科学院资助，我们组织30余位分类专家完成了《中国生物物种名录（第一卷 植物）》（印刷版）的编写工作。全书共12册，包括苔藓植物1册，蕨类植物1册，种子植物10册，共收载中国高等植物464科4001属36 152种（注：不含种下等级）（中国生物物种名录编委会，2013—2018，科学出版社）。印刷版基于《中国生物物种名录》电子版进行编写，并结合新近发表的分类学及系统学文献进行了更新和修订，栏目更为简洁，每个物种的信息仅包括名称、分布及原始文献三部分。该书一经出版即受到从事中国植物多样性保护及监测工作的相关机构和人员的欢迎与使用。

种子植物是高等植物中的主要类群，也是植物界的主体，是构成我国森林和农作物资源的主要成分，对国计民生和维持生态平衡具有重大的意义。因此，建立详实的种子植物物种信息名录并了解其保护利用状况，对开展生物多样性保护与研究工作具有极其重要的意义。基于此，我们编著了《中国种子植物多样性名录与保护利用》一书。

本书共收录中国种子植物273科3234属35 097种（含种下等级，下同），其中裸子植物10科45属302种，被子植物263科3189属34 795种，涉及33 932原生种和1165外来种（包括重要栽培植物703种、归化植物131种）。每个物种信息包括名称、习性、海拔高度、国内外分布以及资源利用和濒危保护等级等。资料来源于编著者课题研究成果以及近期其他作者发表（含印刷中）的大量论著（部分综合性参考文献见"编写说明"文末）。本书可为国家型生物多样性调查、监测和评估，资源保护及可持续利用等工作提供数据支持，为植物学、生物地理学、生态学科研及教学工作者，农林和环境等相关领域工作者提供最新的物种资源及保护信息。

本书的面世得益于许多专家学者及同事的指导和帮助。感谢洪德元院士欣然作序，顾红雅教授、杨庆文研究员鼎力推荐；感谢《中国生物物种名录（第一卷 植物）》（印刷版）各位作者，是他们的工作奠定了本书的名录基础；感谢印刷版编委会陈宜瑜院士、洪德元院士、马克平研究员等各位主任委员的指导和鼓励，以及工作组纪力强、姚一建、刘忆南等各位老师的支持和帮助。特别感谢编著者所在系统与进化植物学国家重点实验室孔宏智主任、陈之端研究员等各位领导专家的支持，本书各位编著者的精诚合作和不懈努力，以及原课题组成员王利松、李敏、周世良、孙海芹等的帮助。

本书的编著参考和借鉴了编著者承担的"中国高等植物红色名录2020版""国家重点保护野生

植物名录修订""《中国药用植物红皮书》编著"等项目成果和信息。感谢项目资助部门生态环境部、国家林业和草原局和中国中医科学院，感谢项目组其他成员金效华（提供兰科植物红色名录）和杨永（提供裸子植物红色名录），以及项目咨询专家（按所在省、市、单位及姓名拼音顺序）邵剑文，陈文俐，高天刚，耿玉英，何强，梁振昌，李振宇，林秦文，罗毅波，王强，王印政，魏晓新，杨福生，于胜祥，张树仁，张宪春，周世良，朱相云，梁振旭，孟世勇，林余霖，齐耀东，张本刚，赵鑫磊，刘全儒，张毓，张志翔，沐先运，屠鹏飞，薛达元，蔡蕾，鲁兆莉，蒋亚芳，邓洪平，张军，易思荣，翟俊文，陈又生，董仕勇，郭丽秀，李世晋，王瑞江，童毅华，邢福武，夏念和，叶育石，刘念，张寿洲，严岳鸿，黄俞淞，刘演，温放，黄云峰，安明态，熊源新，杨小波，刘保东，王洪峰，江明喜，李晓东，李新伟，李中强，王彦昌，陈功锡，喻勋林，赵利清，彭炎松，谭策铭，刘启新，吴宝成，武建勇，张光富，曹伟，曲波，黎斌，任毅，侯元同，陈彬，田代科，高信芬，隆廷伦，彭镜毅，王震哲，尹林克，龚洵，纪运恒，马永鹏，彭华，蒋宏，司马永康，武瑞东，谭运洪，陈征海，丁炳扬，金孝锋，赵云鹏等提出的宝贵意见。

  本书以植物名称与资源利用和保护状态相结合形式展现物种多样性信息在我国尚属首次，尤其涉及我国数万种的植物大区系，所收载物种信息在时间、空间上跨度大，基于如此广泛的收集和评估工作，书中难免挂一漏万。本书存在的问题与错误均由编著者负责，与对本书内容提出建议和意见的专家无关。对于发现的问题和错误，敬请广大读者批评指正，以便进一步修订。

覃海宁
2020 年 5 月于北京香山

编写说明

Introduction

《中国种子植物多样性名录与保护利用》收录中国范围内野生分布植物和常见栽培植物*及归化植物等外来种，共计273科3234属35 097种（含种下等级，下同）。其中裸子植物10科45属302种，被子植物263科3189属34 795种，涉及野生种33 932，外来种1165。与《中国生物物种名录》（印刷版）相比，本书新增了习性、海拔，以及资源利用类型和濒危保护等级（保护地位）等信息。

名录系统

本书名录部分以《中国生物物种名录（第一卷植物）》（印刷版）[1]为基础，并参考近几年来发表（含印刷中）的分类学文献补充修订而成。资料收集截止日期为2019年年底，个别类群至2020年[2-9]。

种子植物科系统排列按照《中国生物物种名录》（印刷版），即裸子植物依Christenhusz等（2011）的分类系统，被子植物依"被子植物发育研究组（Angiosperm Phylogeny Group，APG）"第三版（APGⅢ）（Reveal et Chase，2011）的分类系统。文中科属种名称（学名）均按字母顺序排列，以方便查询。

习性和海拔

习性信息主要来自 *Flora of China*[10]各卷册，少数来自《中国植物志》[11]；尚缺的物种通过查阅地方植物志或名称原始发表文献进行补充。

植株习性（体态）类型依传统分为草本、灌木、乔木和藤本4类。此外还有一类植物，主要是竹子，还有棕榈科植物和苏铁属植物，通常描述为灌木状或乔木状，此处予以单列，共计5类30小类。全书所载植物习性类型统计见表1。中国植物区系中，草本、灌木、乔木和藤本各占约59%，24%，10%和7%。有些物种有多种形态，故总计数略多于本书收载物种数。

---

* 本书栽培植物系指非中国（野生）原产植物，如番茄、西洋参、日本柳杉等；中国野生分布物种同时有栽培的，仅列入野生种计算，如牡丹、川党参、杜仲、墨兰等。

海拔信息主要来自 Flora of China，尚缺的物种通过查阅《中国植物志》、"国家植物标本资源库（NPSRC）"（www. cvh. ac. cn）标本、地方植物志或名称原始发表文献进行补充。

表1　《中国种子植物多样性名录与保护利用》植物习性类型统计表

类型	小类		数量	类型	小类	数量
乔木（3563）	常绿		500	草本（20 553）	一年生	2362
	落叶		270		一年生或二年生、多年生	397
	不详		2793		二年生	222
	合计		3563		二年生或多年生	126
藤本（2628）	生长方式	缠绕	149		多年生	14 315
		攀援（含草本和灌木）	1023		多年生草本或亚灌木、小灌木	327
		匍匐	103		不详	846
	茎结构	草质	338		附生、地生、陆生或岩生（兰科）	1449
		木质	643		寄生	326
		不详	372		水生（含海草）[12,13]	169
	合计		2628		腐生	14
灌木（7825）	常绿		597		合计	20 553
	落叶		403	竹子（628）	灌木状或乔木状	628
	亚灌木、灌木状、灌木或乔木		846			
	不详		5979			
	合计		7825	总计		35 197*

* 有些种存在两种习性类型，故统计总数超过本书记载物种数（35 097种）。

资源植物/经济利用

本书资源植物分类系统主要依 World Economic Plants: a standard reference[14]（Wiersema & Leon, 1999），并参考《中国经济植物志》[15]和《中国资源植物》[16]，共将5279种资源植物归为10种类型41小类（表2）。各类资源信息主要来自《中国植物志》各卷册，并参考其他综合类、园林类、药用类和野生蔬菜类等重要书籍[17-25]。

能源植物为近年来出现的新型资源，其物种数量在不同论著中出入较大。本书仅列入几种主要参考文献[26-28]共同记录的十余种能源植物，包括芒属（Miscanthus Anderss）数种植物以及大戟科的续随子（Euphorbia lathyris）、绿玉树（Euphorbia tirucalli）、麻疯树（Jatropha curcas）、蓖麻（Ricinus communis）、乌桕（Triadica sebifera）和油桐（Vernicia fordii），漆树科的黄连木（Pistacia chinensis），无患子科的文冠果（Xanthoceras sorbifolium）和豆科的油楠（Sindora glabra）。

需要说明的是，由于同一种植物可以有多种用途，如同时是药用、精油（原料）及观赏（环境利用），故5279种植物共计有8671种用途记载。此外，本书所记载的各种植物资源利用信息，大多来自文献，属于历史性记载，其中某些资源类型可能已经不再使用。如"原料"类中的"木材（材用)"植物,由于天然林禁伐,基本上已经不再/不能采用了;同理,广西、云南等地早期采伐壳斗科植物栎类硬木烧制木炭,现在几乎不再延续,代之以采伐自留地种植的荔枝(*Litchi chinensis*)和龙眼(*Dimocarpus longan*)(均为无患子科植物)木材用于烧炭;等等。

表2 《中国种子植物多样性名录与保护利用》资源植物类型统计表

类型	小类	数量	类型	小类	数量
一、药用(2921)	中草药	2881	五、动物饲料(567)	饲料	425
	兽药	5		牧草	127
	中草药及兽药	35		大熊猫采食竹种	15
	合计	2921		合计	567
二、原料(2463)	单宁(鞣料)	300	六、蜜源植物(51)	蜜源植物	51
	染料	65	七、环境利用(1635)	水土保持	43
	香料	84		观赏	1439
	纤维	433		污染控制	15
	木材(材用)	892		砧木	31
	木炭	10		绿化	107
	橡胶	6		合计	1635
	树脂(树胶)	177	八、食品/食用(754)	粮食	18
	工业用油	197		蔬菜	283
	精油	299		淀粉	170
	合计	2463		水果	192
三、基因源(育种种质资源)(156)	耐旱/抗旱	55		种子	50
	耐寒/抗寒	43		油脂	41
	耐盐碱	18		合计	754
	耐涝/耐湿	7	九、食品添加剂(68)	着色剂	3
	抗病虫害	8		调味剂	38
	耐瘠	12		糖和非糖甜味剂	27
	高产	13		合计	68
	合计	156	十、能源(9)	能源植物	9
四、农药(植物性农药)(47)	农药	47	总计		8671

保护地位

本书共选择《国家重点保护野生植物名录》、《濒危野生动植物种国际贸易公约》附录(物种)和《中国生物多样性红色名录—高等植物卷》三个名录,用以标识植物濒危状况及保护地位。外来种,即非中国原产的栽培和归化植物不附保护地位信息。

《国家重点保护野生植物名录》（书中简称"国家保护"）是国家级唯一具有法律依据的保护植物名录，分为Ⅰ级和Ⅱ级，由原国家林业局和原农业部于1999年首次发布。新调整"国家保护"名录正进入公开征求意见阶段[29]。本书"国家保护"基于"国家重点保护野生植物名录（征求意见稿）"进行适当补充而得，其中种子植物（含裸子植物和被子植物）33类（属或组）418种，共计117科480余属约1000种（调整后《国家重点保护野生植物名录》以国家林业和草原局、农业农村部正式发布为准）。

《濒危野生动植物种国际贸易公约》附录（物种）（书中简称"CITES附录"）是各国政府间履行濒危物种贸易国际公约的依据，包括附录Ⅰ、Ⅱ和Ⅲ三个附录物种。中国植物列入"CITES附录"物种包括桫椤科（蕨类植物）、苏铁科（裸子植物）、兰科（被子植物）整个科以及其他零星属种，共约1700种。本书引用最新版CITES附录物种清单[30,31]（2019年11月26日生效）。

《中国生物多样性红色名录—高等植物卷》（《中国高等植物红色名录》）（书中简称"濒危等级"）由原环境保护部与中国科学院于2013年首次联合发布[32]。该名录涵盖中国境内全部野生高等植物，自发布以来受到国内外保护生物界的广泛重视，成为我国政府履行国际协议、开展生物多样性保护空缺分析和制定保护对策的重要科学依据。目前，我们已经对2013版红色名录进行更新、制定《中国高等植物红色名录2020版》并提交有关部门审核发布[33]（《中国高等植物红色名录2020版》以生态环境部、中国科学院正式发布为准）。本书采用《中国高等植物红色名录2020版》信息（表3）。

表3 《中国高等植物红色名录2020版》种子植物等级统计表

等级	裸子植物	被子植物	合计
灭绝（EX）		10	10
野外灭绝（EW）		6	6
区域灭绝（RE）		1	1
极危（CR）	23	531	554
濒危（EN）	36	1227	1263
易危（VU）	53	1904	1957
近危（NT）	20	2562	2582
无危（LC）	92	24 447	24 539
数据缺乏（DD）	19	2887	2906
合计	243	33 575	33 818

IUCN 濒危物种红色名录（简称 IUCN 红色名录）是世界自然保护联盟（International Union for Conservation of Nature，IUCN）从 1964 年开始编制的。目前其全球红色名录共收录 128 918 个物种，其中 35 765 个物种面临灭绝威胁[34]，这是全球动物、植物和真菌类物种保护现状最全面、最权威的名录。IUCN 红色名录等级及评估标准[35,36]也成为各国、各学术机构团体评估和监测生物物种濒危状况和变化趋势的最常用工具。其主要方法是根据物种种群大小、成熟个体数量、种群动态、分布范围及变化等 5 条数量化标准，将物种按濒危程度划分为 9 个等级：灭绝（EX）、野外灭绝（EW）、区域灭绝（RE）、极危（CR）、濒危（EN）、易危（VU）、近危（NT）、无危（LC）和数据缺乏（DD）（图 1，表 4）。极危（CR）、濒危（EN）和易危（VU）均属于受威胁（等级）物种，其评估标准见表 5 所示。受威胁物种是生物多样性优先保护的重点对象。

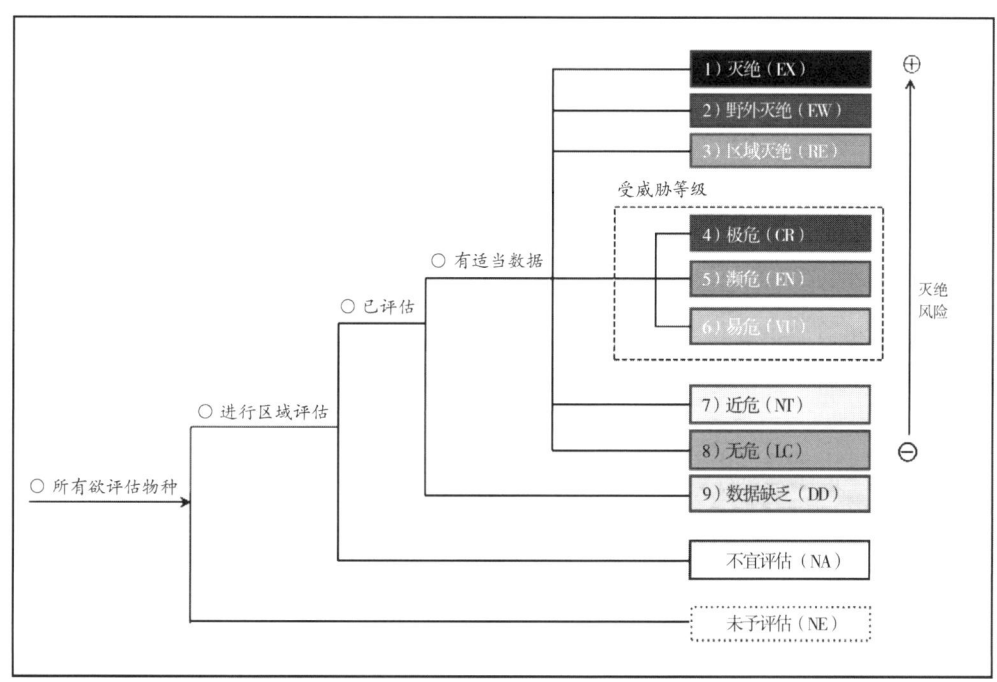

图 1　IUCN 红色名录等级系统*

*按照 IUCN 红色名录规则，当进行非全球性评估如国家级评估时，只评估本地野生种，外来种（栽培植物等）不予评估（NA），杂交种也不评估[37]。故本书中外来种和杂交种均无濒危等级。

表 4　IUCN 红色名录等级定义

等级	英文及缩写	定义
1. 灭绝	EX（Extinct）	至少在 50 年内没有记载，且经过彻底（反复）调查没有发现任何一个个体的分类群才能被列为灭绝
2. 野外灭绝	EW（Extinct in the Wild）	如果某分类群只有栽培植株或只作为归化种群生活在远离其过去自然分布区时，这个类群就属于野外灭绝
3. 区域灭绝	RE（Regionally Extinct）	如果可以肯定本地区内某一分类群最后有潜在繁殖能力的个体已经死亡或消失，即认为该分类群属于区域性灭绝。这是非本地特有种，区域外状况可以不考虑

续表

等级	英文及缩写	定义
4. 极危	CR (Critically Endangered)	当有足够的证据表明一个类群符合 IUCN 标准中极危等级五个标准中的任一个时，该类群即属于极危；极危等级分类群在野外面临着极高的灭绝风险
5. 濒危	EN (Endangered)	当有足够的证据表明一个分类群符合 IUCN 标准中濒危等级五个标准中的任一个时，该类群即属于濒危；濒危等级分类群在野外面临着很高的灭绝风险
6. 易危	VU (Vulnerable)	当有足够的证据表明一个分类群符合 IUCN 标准中易危等级五个标准中的任一个时，该类群即属于易危；易危等级分类群在野外面临着较高的灭绝风险
7. 近危	NT (Near Threatened)	当有证据表明一个分类群接近符合 IUCN 标准中易危等级五个标准中的任一个时，该类群即属于近危，它在不久的将来可能达到濒危的等级
8. 无危	LC (Least Concern)	指分布广泛、数量繁多、且不属于受威胁等级的，即一个类群经过 IUCN 五个标准进行评估，都不符合 CR、EN、VU 和 NT 时，它属于无危。实际上，狭域分布、数量稀少的种也可划入此级
9. 数据缺乏	DD (Data Deficient)	当没有足够的资料来进行灭绝风险评估时，该分类群属于数据缺乏。其也可能作过大量调查研究，但所获资料仍不足于评估。DD 级既不属于受威胁等级，也非 LC，只说明还需要更多信息资料以将其划分到合适的等级中

根据上述定义可以看出，红色名录的不同等级体现了物种相对的野外灭绝风险，与其是否珍稀或保护等级为何，是不同的概念。

表5 IUCN 物种红色名录受威胁等级评估标准概要

A. 物种种群大小下降。基于 A1—A4 的任一项，种群下降情况（过去 10 年或者 3 个世代内，取更长的时间）			
	极危（CR）	濒危（EN）	易危（VU）
A1	≥90%	≥70%	≥50%
A2、A3 & A4	≥80%	≥50%	≥30%
A1 观察、估计、推断或猜测，在过去，其种群大小减少，原因明显可逆，并已被认识，且已终止 A2 观察、估计、推断或者猜测，在过去，其种群大小减少，减少的成因可能还没停止，或没被认识，或不可逆 A3 模拟、推断或猜测未来种群大小将减小（最大值为100年）[（a）不适用] A4 观察、估计、推断、模拟或猜测种群大小减小，时间段必须包括过去和将来（最大值为将来100年），其减少成因可能还未停止，或可能不被认识，或可能不可逆	基于以下任意一项：	（a）直接观测［A3除外］ （b）适合该分类单元的丰富度指数 （c）占有面积、分布区的缩小和/或栖息地质量的衰退 （d）实际或潜在的开发水平 （e）引进外来生物、杂交、病源、污染、竞争者或者寄生生物带来的影响	
B. 地理范围符合 B1（EOO，分布区）和/或 B2（AOO，占有面积）			
	极危（CR）	濒危（EN）	易危（VU）
B1. 分布区	<100 km²	<5000 km²	<20 000 km²
B2. 占有面积	<10 km²	<500 km²	<2000 km²

续表

且符合下述三项中的至少二项：			
（a）极度破碎化或分布地点数量	=1	≤5	≤10
（b）观察、推断、设想或模拟，以下任何一方面持续衰退：（i）分布区（EOO）；（ii）占有面积（AOO）；（iii）栖息地的面积、范围和/或质量；（iv）分布地点或亚种群的数目；（v）成熟个体数量			
（c）以下任何一方面发生极度波动：（i）分布区（EOO）；（ii）占有面积（AOO）；（iii）分布地点或亚种群的数量；（iv）成熟个体数量			
C. 小种群且在衰退			
	极危（CR）	濒危（EN）	易危（VU）
成熟个体数量	<250	<2500	<10 000
且符合C1或C2中的至少一项：			
C1. 观察、设想或模拟种群持续下降至少（最长为未来100年）：	25%，3年或1个世代内（取两者中更长的时间）	20%，5年或2个世代内（取两者中更长的时间）	10%，10年或3个世代内（取两者中更长的时间）
C2. 观察、设想、模拟或推断种群大小持续下降，且符合以下三项的任意一项：			
（a）（i）每个亚种群中的成熟个体数量	≤50	≤250	≤1000
（a）（ii）某个亚种群的成熟个体数的百分比=	90%～100%	95%～100%	100%
（b）成熟个体数量极度波动			
D. 极小或狭域分布的种群			
	极危（CR）	濒危（EN）	易危（VU）
D1. 成熟个体数量	<50	<250	D1. <1000
D2. 仅适用于易危（VU）：占有面积或分布点非常有限，有一些可能的威胁因素，能使物种在极短时间内转为极危（CR）或灭绝（EX）			D2. 通常：占有面积＜20 km² 或分布点≤5个
E．定量分析			
	极危（CR）	濒危（EN）	易危（VU）
野外灭绝的概率	≥50%，将来10年或者3个世代内（取更长的时间，最大值为100年）	≥20%，将来20年或者5个世代内（取更长的时间，最大值为100年）	≥10%，将来100年

我们在编研本书和《中国高等植物红色名录2020版》时，还参考了国内外新近完成的其他红色名录评估工作，包括台湾、云南和广西三省区红色名录[38-40]，裸子植物、兰科和药用植物等论著[41-43]，以及其他资源调查评估报告[44-47]。

红色名录是个动态的系统，需要每隔5～10年依据植物分类新成果及保护新成效对其进行更新评估，以取得物种最新濒危状况。红色名录只有及时更新才能对保护行动具有更精确的指导意义。

参考文献

[1] 中国生物物种名录编委会.中国生物物种名录 第一卷 植物:苔藓植物分册、蕨类植物分册、种子植物Ⅰ-Ⅹ分册.北京:科学出版社,2013-2018.

[2] 覃海宁,刘冰,薛纳新,等.中国高等植物名录//中国科学院生物多样性委员会.中国生物物种名录2020版,2020. http://www.sp2000.org.cn/.

[3] 杭悦宇,孙小芹.中国薯蓣科.南京:江苏凤凰科学技术出版社,2020.

[4] 李世晋.亚洲黄檀.北京:科学出版社,2017.

[5] 张淑梅.辽宁植物(上、中、下册).沈阳:辽宁科学技术出版社(印刷中).

[6] Farjon A. A Handbook of the World's Conifers. Brill, Boston, 2017.

[7] Hong Deyuan. A Monograph of *Codonopsis* and Allied Genera (Campanulaceae). Beijing:Science Press,2015.

[8] Ji Y H. A monograph of *Paris* (Melanthiaceae):morphology, biology, systematics and taxonomy. Beijing: Science Press (in press).

[9] Wang Q. A Monograph of the Genus *Microtoena* (Lamiaceae). Beijing:Science Press,2018.

[10] Wu Z Y, Raven P H, Hong D Y (eds.). Flora of China ,25vols. Beijing: Science Press; St. Louis: Missouri Botanical Garden Press,1994-2013.

[11] 中国科学院中国植物志编辑委员会.中国植物志 第二至第八十卷.北京:科学出版社,1959-2004.

[12] 范航清,石雅君,邱广龙.中国海草植物.北京:海洋出版社,2009.

[13] 刘涛.中国常见海洋高等植物图鉴.北京:海洋出版社, 2018.

[14] Wiersema J H, Leon B. World Economical plants: a standard reference. London:Boca Raton, 1999.

[15] 中华人民共和国商业部土产废品司,中国科学院植物研究所.中国经济植物志(上、下册).北京:科学出版社,2012.

[16] 朱太平,刘亮,朱明.中国资源植物.北京:科学出版社,2006.

[17] 陈俊愉,程绪珂.中国花经.上海:上海文化出版社,1990.

[18] 军事医学科学院卫生学环境医学研究所,中国科学院植物研究所.中国野菜图谱.北京:解放军出版社,1989.

[19] 全国中草药汇编编写组.全国中草药汇编(上、下册).北京:人民卫生出版社,1996.

[20] 沈阳军区后勤部军需部,中国人民解放军兽医大学.东北野生可食植物.北京:中国林业出版社,1993.

[21] 孙茂盛,鄢波,徐田,等.竹类植物资源与利用.北京:科学出版社,2015.

[22] 王瑞江.广州陆生野生植物资源.广州:广东科技出版社,2010.

[23] 王宗训.中国资源植物利用手册.北京:中国科学技术出版社,1989.

[24] 张卫明.植物资源开发研究与应用.南京:东南大学出版社,2005.

[25] 张应华,郭晋.云南省野生蔬菜图鉴.北京:中国农业出版社,2017.

[26] 冯金朝,周宜君,石莎,等.国内外能源植物的开发利用.中央民族大学学报(自然科学版),2008,17(3):26-31.

[27] 林长松,李玉英,刘吉利,等.能源植物资源多样性及其开发应用前景.河南农业科学,2007(12):17-21.

[28] 鄢帮有,张时煌,吴美华,等.我国能源植物利用现状与深化研发刍议.江西农业学报,2013,25(12):111-115.

[29] 国家林业和草原局,农业农村部.关于《国家重点保护野生植物名录》公开征求意见的通知.[2020-7-9]. http://www.forestry.gov.cn/main/5460/20200709/115401336526615.html

[30] 中华人民共和国濒危物种进出口管理办公室和中华人民共和国濒危物种科学委员会.濒危野生动植物种国际贸易公约:附录Ⅰ、附录Ⅱ和附录Ⅲ(国家濒管办公告2019年第5号).

[31] 李世晋,李波,罗世孝.濒危野生动植物种国际贸易公约中国重点植物.北京:北京日报出版社,2020.

[32] 环境保护部,中国科学院.中国生物多样性红色名录—高等植物卷(公告2013年第54号)(https://www.mee.gov.cn/gkml/hbb/bgg/201309/t20130912_260061.htm).

[33] 生态环境部,中国科学院.中国生物多样性红色名录—高等植物卷(2020)评估报告(审查发布中).

[34] IUCN 2020. The IUCN Red List of Threatened Species. Version 2021-2. https://www.iucnredlist.org. (Downloaded on 24th May, 2020)

[35] IUCN. IUCN Red List Categories and Criteria:Version 3.1. Second edition. Gland, Switzerland and Cambridge, UK: IUCN. iv + 32pp, 2012.

[36] IUCN. Guidelines for Application of IUCN Red List Criteria at Regional and National Levels, Version 4.0. Gland, Switzerland and Cambridge, UK. 2012

[37] IUCN Standards and Petitions Subcommittee. Guidelines for Using the IUCN Red List Categories and Criteria. Version 14. Prepared by the Standards and Petitions Subcommittee, 2019.

[38] 台湾植物红皮书编辑委员会. 2017 台湾维管束植物红皮书名录, 2017.

[39] 云南省环境保护厅, 中国科学院昆明植物研究所, 昆明动物研究所. 2017 版云南省生物物种红色名录, 2017.

[40] 韦毅刚. 广西本土植物及其濒危状况. 北京: 中国林业出版社, 2019.

[41] 杨永, 刘冰, Dennis M. Njenga. 中国裸子植物物种濒危和保育现状. 生物多样性. 2017, 25(7): 758-764.

[42] 金效华, 李剑武, 叶德平. 中国野生兰科植物原色图鉴(上、下册). 郑州: 河南科学技术出版社, 2019.

[43] 黄路琦, 张本刚, 覃海宁. 中国药用植物红皮书. 北京: 北京科学技术出版社(印刷中).

[44] 覃海宁, 赵莉娜, 于胜祥, 等. 中国被子植物濒危等级的评估. 生物多样性, 2017, 25(7): 745-757.

[45] 覃海宁, 杨永, 董仕勇, 等. 中国高等植物受威胁物种名录. 生物多样性, 2017, 25(7): 696-744.

[46] 单章建, 赵莉娜, 杨宇昌, 等. 中国植物受威胁等级评估系统概述. 生物多样性, 2019, 27(12): 1352-1363.

[47] 文香英. 珍稀濒危木本植物综合保护——国际植物园保护联盟(BGCI)中国项目实践(2010—2020)与展望. 北京: 中国林业出版社, 2020.

目 录
Contents

裸子植物
Gymnosperms

南洋杉科 ARAUCARIACEAE …… 3	买麻藤科 GNETACEAE …… 12
柏科 CUPRESSACEAE …… 3	松科 PINACEAE …… 12
苏铁科 CYCADACEAE …… 8	罗汉松科 PODOCARPACEAE …… 22
麻黄科 EPHEDRACEAE …… 10	金松科 SCIADOPITYACEAE …… 23
银杏科 GINKGOACEAE …… 11	红豆杉科 TAXACEAE …… 23

被子植物
Angiosperms

爵床科 ACANTHACEAE …… 29	伞形科 APIACEAE …… 111
青钟麻科 ACHARIACEAE …… 50	夹竹桃科 APOCYNACEAE …… 158
菖蒲科 ACORACEAE …… 50	水蕹科 APONOGETONACEAE …… 187
猕猴桃科 ACTINIDIACEAE …… 51	冬青科 AQUIFOLIACEAE …… 187
五福花科 ADOXACEAE …… 57	天南星科 ARACEAE …… 203
番杏科 AIZOACEAE …… 64	五加科 ARALIACEAE …… 218
叠珠树科 AKANIACEAE …… 64	棕榈科 ARECACEAE …… 231
泽泻科 ALISMATACEAE …… 64	马兜铃科 ARISTOLOCHIACEAE …… 238
阿丁枫科 ALTINGIACEAE …… 66	天门冬科 ASPARAGACEAE …… 244
苋科 AMARANTHACEAE …… 67	菊科 ASTERACEAE …… 266
石蒜科 AMARYLLIDACEAE …… 85	蛇菰科 BALANOPHORACEAE …… 436
漆树科 ANACARDIACEAE …… 97	凤仙花科 BALSAMINACEAE …… 437
钩枝藤科 ANCISTROCLADACEAE …… 103	落葵科 BASELLACEAE …… 454
番荔枝科 ANNONACEAE …… 103	秋海棠科 BEGONIACEAE …… 454

科名	页码
小檗科 BERBERIDACEAE	467
桦木科 BETULACEAE	488
熏倒牛科 BIEBERSTEINIACEAE	496
紫葳科 BIGNONIACEAE	497
红木科 BIXACEAE	500
紫草科 BORAGINACEAE	500
节蒴木科 BORTHWICKIACEAE	524
十字花科 BRASSICACEAE	524
凤梨科 BROMELIACEAE	558
水玉簪科 BURMANNIACEAE	558
橄榄科 BURSERACEAE	559
花蔺科 BUTOMACEAE	560
黄杨科 BUXACEAE	561
莼菜科 CABOMBACEAE	563
仙人掌科 CACTACEAE	564
红厚壳科 CALOPHYLLACEAE	564
蜡梅科 CALYCANTHACEAE	565
桔梗科 CAMPANULACEAE	565
大麻科 CANNABACEAE	579
美人蕉科 CANNACEAE	581
山柑科 CAPPARACEAE	582
忍冬科 CAPRIFOLIACEAE	585
心翼果科 CARDIOPTERIDACEAE	596
番木瓜科 CARICACEAE	596
香茜科 CARLEMANNIACEAE	597
石竹科 CARYOPHYLLACEAE	597
木麻黄科 CASUARINACEAE	627
卫矛科 CELASTRACEAE	627
刺鳞草科 CENTROLEPIDACEAE	645
扁距木科 CENTROPLACACEAE	645
金鱼藻科 CERATOPHYLLACEAE	645
连香树科 CERCIDIPHYLLACEAE	645
金粟兰科 CHLORANTHACEAE	645
星叶草科 CIRCAEASTERACEAE	647
半日花科 CISTACEAE	647
白花菜科 CLEOMACEAE	647
桤叶树科 CLETHRACEAE	648
藤黄科 CLUSIACEAE	648
秋水仙科 COLCHICACEAE	650
使君子科 COMBRETACEAE	651
鸭跖草科 COMMELINACEAE	653
牛栓藤科 CONNARACEAE	658
旋花科 CONVOLVULACEAE	659
马桑科 CORIARIACEAE	670
山茱萸科 CORNACEAE	671
白玉簪科 CORSIACEAE	676
闭鞘姜科 COSTACEAE	676
景天科 CRASSULACEAE	677
隐翼科 CRYPTERONIACEAE	694
葫芦科 CUCURBITACEAE	694
丝粉藻科 CYMODOCEACEAE	708
锁阳科 CYNOMORIACEAE	708
莎草科 CYPERACEAE	708
交让木科（虎皮楠科）DAPHNIPHYLLACEAE	776
岩梅科 DIAPENSIACEAE	776
毒鼠子科 DICHAPETALACEAE	777
五桠果科 DILLENIACEAE	777
薯蓣科 DIOSCOREACEAE	778
十齿花科 DIPENTODONTACEAE	783
龙脑香科 DIPTEROCARPACEAE	783
茅膏菜科 DROSERACEAE	784
柿科 EBENACEAE	785
胡颓子科 ELAEAGNACEAE	789
杜英科 ELAEOCARPACEAE	795
沟繁缕科 ELATINACEAE	799
杜鹃花科 ERICACEAE	800
谷精草科 ERIOCAULACEAE	866
古柯科 ERYTHROXYLACEAE	869
南鼠刺科 ESCALLONIACEAE	869
杜仲科 EUCOMMIACEAE	869
大戟科 EUPHORBIACEAE	869
领春木科 EUPTELEACEAE	889
豆科 FABACEAE	889
壳斗科 FAGACEAE	1033
须叶藤科 FLAGELLARIACEAE	1055
瓣鳞花科 FRANKENIACEAE	1055
丝缨花科 GARRYACEAE	1055
钩吻科 GELSEMIACEAE	1056
龙胆科 GENTIANACEAE	1056
牻牛儿苗科 GERANIACEAE	1087
苦苣苔科 GESNERIACEAE	1092
针晶粟草科 GISEKIACEAE	1131
草海桐科 GOODENIACEAE	1132
茶藨子科 GROSSULARIACEAE	1132

小二仙草科 HALORAGACEAE	1138	辣木科 MORINGACEAE	1400
金缕梅科 HAMAMELIDACEAE	1139	芭蕉科 MUSACEAE	1400
青荚叶科 HELWINGIACEAE	1143	杨梅科 MYRICACEAE	1402
莲叶桐科 HERNANDIACEAE	1144	肉豆蔻科 MYRISTICACEAE	1402
绣球花科 HYDRANGEACEAE	1145	桃金娘科 MYRTACEAE	1403
水鳖科 HYDROCHARITACEAE	1156	肺筋草科 NARTHECIACEAE	1412
田基麻科 HYDROLEACEAE	1159	莲科 NELUMBONACEAE	1413
金丝桃科 HYPERICACEAE	1159	猪笼草科 NEPENTHACEAE	1413
仙茅科 HYPOXIDACEAE	1165	白刺科 NITRARIACEAE	1413
茶茱萸科 ICACINACEAE	1166	紫茉莉科 NYCTAGINACEAE	1414
鸢尾科 IRIDACEAE	1167	睡莲科 NYMPHAEACEAE	1415
鼠刺科 ITEACEAE	1172	金莲木科 OCHNACEAE	1416
鸢尾蒜科 IXIOLIRIACEAE	1174	铁青树科 OLACACEAE	1417
黏木科 IXONANTHACEAE	1174	木樨科 OLEACEAE	1417
胡桃科 JUGLANDACEAE	1174	柳叶菜科 ONAGRACEAE	1430
灯心草科 JUNCACEAE	1176	山柚子科 OPILIACEAE	1436
水麦冬科 JUNCAGINACEAE	1184	兰科 ORCHIDACEAE	1437
唇形科 LAMIACEAE	1184	列当科 OROBANCHACEAE	1554
木通科 LARDIZABALACEAE	1265	酢浆草科 OXALIDACEAE	1591
樟科 LAURACEAE	1267	芍药科 PAEONIACEAE	1593
玉蕊科 LECYTHIDACEAE	1299	小盘木科（攀打科）PANDACEAE	1595
狸藻科 LENTIBULARIACEAE	1299	露兜树科 PANDANACEAE	1595
百合科 LILIACEAE	1302	罂粟科 PAPAVERACEAE	1595
亚麻科 LINACEAE	1315	西番莲科 PASSIFLORACEAE	1627
母草科 LINDERNIACEAE	1316	泡桐科 PAULOWNIACEAE	1628
马钱科 LOGANIACEAE	1319	胡麻科 PEDALIACEAE	1629
桑寄生科 LORANTHACEAE	1321	五膜草科 PENTAPHRAGMATACEAE	1629
兰花蕉科 LOWIACEAE	1325	五列木科 PENTAPHYLACACEAE	1629
千屈菜科 LYTHRACEAE	1325	扯根菜科 PENTHORACEAE	1639
木兰科 MAGNOLIACEAE	1330	无叶莲科 PETROSAVIACEAE	1639
金虎尾科 MALPIGHIACEAE	1339	田葱科 PHILYDRACEAE	1639
锦葵科 MALVACEAE	1341	透骨草科 PHRYMACEAE	1640
竹芋科 MARANTACEAE	1362	叶下珠科 PHYLLANTHACEAE	1642
角胡麻科 MARTYNIACEAE	1363	商陆科 PHYTOLACCACEAE	1652
藜芦科 MELANTHIACEAE	1364	胡椒科 PIPERACEAE	1653
野牡丹科 MELASTOMATACEAE	1368	海桐花科 PITTOSPORACEAE	1657
楝科 MELIACEAE	1376	车前科 PLANTAGINACEAE	1662
防己科 MENISPERMACEAE	1380	悬铃木科 PLATANACEAE	1676
睡菜科 MENYANTHACEAE	1386	白花丹科 PLUMBAGINACEAE	1677
帽蕊草科 MITRASTEMONACEAE	1386	禾本科 POACEAE	1680
粟米草科 MOLLUGINACEAE	1387	川苔草科 PODOSTEMACEAE	1825
桑科 MORACEAE	1387	花荵科 POLEMONIACEAE	1826

3

远志科 POLYGALACEAE	1826	茄科 SOLANACEAE	2263
蓼科 POLYGONACEAE	1831	尖瓣花科 SPHENOCLEACEAE	2272
雨久花科 PONTEDERIACEAE	1852	旌节花科 STACHYURACEAE	2272
马齿苋科 PORTULACACEAE	1852	省沽油科 STAPHYLEACEAE	2272
波喜荡科 POSIDONIACEAE	1853	百部科 STEMONACEAE	2274
眼子菜科 POTAMOGETONACEAE	1853	粗丝木科 STEMONURACEAE	2275
报春花科 PRIMULACEAE	1855	鹤望兰科 STRELITZIACEAE	2275
山龙眼科 PROTEACEAE	1903	花柱草科 STYLIDIACEAE	2275
核果木科 PUTRANJIVACEAE	1905	安息香科 STYRACACEAE	2275
大花草科 RAFFLESIACEAE	1906	海人树科 SURIANACEAE	2280
毛茛科 RANUNCULACEAE	1906	山矾科 SYMPLOCACEAE	2280
木樨草科 RESEDACEAE	1987	土人参科 TALINACEAE	2284
帚灯草科 RESTIONACEAE	1987	柽柳科 TAMARICACEAE	2284
鼠李科 RHAMNACEAE	1987	瘿椒树科 TAPISCIACEAE	2287
红树科 RHIZOPHORACEAE	1999	四数木科 TETRAMELACEAE	2287
蔷薇科 ROSACEAE	2001	山茶科 THEACEAE	2287
茜草科 RUBIACEAE	2098	瑞香科 THYMELAEACEAE	2302
川蔓藻科 RUPPIACEAE	2152	岩菖蒲科 TOFIELDIACEAE	2310
芸香科 RUTACEAE	2152	霉草科 TRIURIDACEAE	2311
清风藤科 SABIACEAE	2164	昆栏树科 TROCHODENDRACEAE	2311
杨柳科 SALICACEAE	2168	旱金莲科 TROPAEOLACEAE	2311
刺茉莉科 SALVADORACEAE	2201	香蒲科 TYPHACEAE	2311
檀香科 SANTALACEAE	2202	榆科 ULMACEAE	2313
无患子科 SAPINDACEAE	2206	荨麻科 URTICACEAE	2316
山榄科 SAPOTACEAE	2219	翡若翠科 VELLOZIACEAE	2353
三白草科 SAURURACEAE	2221	马鞭草科 VERBENACEAE	2353
虎耳草科 SAXIFRAGACEAE	2222	堇菜科 VIOLACEAE	2354
冰沼草科 SCHEUCHZERIACEAE	2245	葡萄科 VITACEAE	2362
五味子科 SCHISANDRACEAE	2245	黄脂木科 XANTHORRHOEACEAE	2375
青皮木科 SCHOEPFIACEAE	2249	黄眼草科 XYRIDACEAE	2377
玄参科 SCROPHULARIACEAE	2250	姜科 ZINGIBERACEAE	2377
苦木科 SIMAROUBACEAE	2255	大叶藻科 ZOSTERACEAE	2394
肋果茶科 SLADENIACEAE	2256	蒺藜科 ZYGOPHYLLACEAE	2394
菝葜科 SMILACACEAE	2257		

属中文名索引 INDEX TO GENUS NAMES (IN CHINESE) 2397

属学名索引 INDEX TO GENUS NAMES (IN LATIN) 2412

裸子植物
Gymnosperms

南洋杉科 ARAUCARIACEAE
(2 属:4 种)

贝壳杉属 Agathis Salisb.

贝壳杉
Agathis dammara (Lamb.) Rich. et A. Rich.
习　　性：乔木
国内分布：福建、广东栽培
国外分布：原产马来西亚、印度尼西亚
资源利用：药用（中草药）；原料（木材）

南洋杉属 Araucaria Juss.

大叶南洋杉
Araucaria bidwillii Hook.
习　　性：乔木
国内分布：福建、广东、广西、云南栽培
国外分布：原产澳大利亚
资源利用：原料（木材）；环境利用（观赏）

南洋杉
Araucaria cunninghamii Aiton ex D. Don
习　　性：乔木
国内分布：澳门、福建、广东、海南、云南栽培
国外分布：原产澳大利亚、巴布亚新几内亚
资源利用：原料（木材）

异叶南洋杉
Araucaria heterophylla (Salisb.) Franco
习　　性：乔木
国内分布：澳门、福建、广东、海南、云南栽培
国外分布：原产澳大利亚
资源利用：环境利用（观赏）

柏科 CUPRESSACEAE
(18 属:68 种)

翠柏属 Calocedrus Kurz.

台湾翠柏
Calocedrus formosana (Florin) W. C. Cheng et L. K. Fu
习　　性：常绿乔木
海　　拔：300～1900 m
分　　布：台湾
濒危等级：VU B1ab (ii, iii, v)
资源利用：原料（木材）

翠柏
Calocedrus macrolepis Kurz.
习　　性：乔木
海　　拔：300～2000 m
国内分布：广东、广西、贵州、海南、云南
国外分布：老挝、缅甸、泰国、印度、越南
濒危等级：LC
国家保护：Ⅱ级
资源利用：原料（木材，纤维）；环境利用（观赏）

岩生翠柏
Calocedrus rupestris Aver., T. H. Nguyên et P. K. Lôc
习　　性：常绿乔木
国内分布：广西
国外分布：越南
濒危等级：EN A2cd
国家保护：Ⅱ级

扁柏属 Chamaecyparis Spach

红桧
Chamaecyparis formosensis Matsum.
习　　性：乔木
海　　拔：1000～2900 m
分　　布：台湾
濒危等级：EN A2d
国家保护：Ⅱ级
资源利用：原料（木材）

美国尖叶扁柏
Chamaecyparis lawsoniana (A. Murray) Parl.
习　　性：乔木
国内分布：澳门、江苏、江西、浙江栽培
国外分布：原产美国

日本扁柏
Chamaecyparis obtusa (Siebold et Zucc.) Endl.

日本扁柏（原变种）
Chamaecyparis obtusa var. *obtusa*
习　　性：乔木
国内分布：澳门、广东、广西、河南、江苏、江西、山东、云南、浙江栽培
国外分布：原产日本
资源利用：原料（纤维，木材）

台湾扁柏
Chamaecyparis obtusa var. *formosana* (Hayata) Hayata
习　　性：乔木
海　　拔：1300～2800 m
分　　布：台湾
濒危等级：VU A2cd
资源利用：原料（木材）

日本花柏
Chamaecyparis pisifera (Siebold et Zucc.) Endl.
习　　性：乔木
国内分布：广西、贵州、江苏、江西、山东、四川、云南、浙江栽培
国外分布：原产日本

北美尖叶扁柏
Chamaecyparis thyoides (L.) Britton, Sterns et Poggenb.
习　　性：乔木
国内分布：江苏、江西、四川、浙江栽培
国外分布：原产北美洲

柳杉属 Cryptomeria D. Don

日本柳杉
Cryptomeria japonica (Thunb. ex L. f.) D. Don
- 习　　性：乔木
- 海　　拔：1100~2500 m
- 国内分布：安徽、福建、甘肃、广东、广西、贵州、湖北、湖南、江苏、江西、山东、四川、台湾、云南、浙江栽培
- 国外分布：原产日本
- 资源利用：原料（木材，纤维，单宁，树脂）

杉木属 Cunninghamia R. Br. ex Rich. et A. Rich.

台湾杉木
Cunninghamia konishii Hayata
- 习　　性：常绿乔木
- 海　　拔：1300~2000 m
- 国内分布：福建、台湾
- 国外分布：老挝、越南
- 濒危等级：VU A2cde
- 资源利用：原料（木材，纤维）

杉木
Cunninghamia lanceolata (Lamb.) Hook.
- 习　　性：灌木或小乔木
- 海　　拔：200~2800 m
- 国内分布：安徽、重庆、福建、甘肃、广东、广西、贵州、海南、河南、湖北、湖南、江苏、江西、陕西、四川、云南、浙江
- 国外分布：老挝、越南
- 濒危等级：LC
- 资源利用：原料（单宁，纤维，木材，树脂）；药用（中草药）

柏木属 Cupressus L.

不丹柏木
Cupressus cashmeriana Royle ex Carrière
- 习　　性：乔木
- 海　　拔：1250~2670 m
- 国内分布：西藏
- 国外分布：不丹、印度
- 濒危等级：NT
- 资源利用：原料（木材）；环境利用（观赏）

岷江柏木
Cupressus chengiana S. Y. Hu
- 习　　性：乔木
- 海　　拔：900~2900 m
- 分　　布：甘肃、四川
- 濒危等级：VU A2c; B1ab(iii)+2ab(iii)
- 国家保护：Ⅱ级
- 资源利用：原料（材用）；环境利用（水土保持，观赏）

剑阁柏木
Cupressus chengiana var. **jiangeensis** (N. Zhao) Silba
- 习　　性：乔木
- 海　　拔：约800 m
- 分　　布：四川
- 濒危等级：CR D

干香柏
Cupressus duclouxiana B. Hickel
- 习　　性：乔木
- 海　　拔：1900~3300 m
- 分　　布：四川、云南
- 濒危等级：NT A1c
- 资源利用：原料（木材，纤维）

大渡河柏木
Cupressus fallax Franco
- 习　　性：乔木
- 分　　布：四川
- 濒危等级：EN A2c; B1ab(iii)+2ab(iii)

柏木
Cupressus funebris Endl.
- 习　　性：乔木
- 海　　拔：300~2260 m
- 分　　布：安徽、福建、甘肃、广东、广西、贵州、河南、湖北、湖南、江西、陕西、四川、云南、浙江；南方广泛栽培
- 濒危等级：LC
- 资源利用：原料（木材，精油，纤维）；药用（中草药）

甘肃柏木
Cupressus gansuensis Maerkiet J. Hoch
- 习　　性：乔木
- 分　　布：甘肃
- 濒危等级：EN A2c; B1ab(iii)+2ab(iii)

巨柏
Cupressus gigantea W. C. Cheng et L. K. Fu
- 习　　性：乔木
- 海　　拔：3000~3400 m
- 分　　布：西藏、云南
- 濒危等级：EN A1acd
- 国家保护：Ⅰ级
- 资源利用：原料（木材）

地中海柏木
Cupressus sempervirens L.
- 习　　性：乔木
- 国内分布：江苏、江西栽培
- 国外分布：原产地中海东部至伊朗

西藏柏木
Cupressus torulosa D. Don ex Lamb.
- 习　　性：乔木
- 海　　拔：1800~2800 m
- 国内分布：西藏、云南
- 国外分布：不丹、克什米尔地区、尼泊尔、印度
- 濒危等级：EN B2b(iii+v)
- 资源利用：原料（木材）
- 国家保护：Ⅰ级

福建柏属 Fokienia A. Henry et H. H. Thomas

福建柏
Fokienia hodginsii (Dunn) A. Henry et H. H. Thomas
- 习　　性：乔木
- 海　　拔：350~2100 m
- 国内分布：福建、广东、广西、贵州、湖南、江西、四川、云南、浙江

国外分布：老挝、越南
濒危等级：VU A2c
国家保护：Ⅱ级
资源利用：原料（木材）；环境利用（观赏）

水松属 Glyptostrobus Endl.

水松
Glyptostrobus pensilis(Staunton ex D. Don)K. Koch
习　　性：乔木
海　　拔：400~1000 m
国内分布：福建、广东、广西、海南、江西、四川、云南
国外分布：老挝、越南
濒危等级：VU B1ab（iii）
国家保护：Ⅰ级
资源利用：原料（单宁，木材）；环境利用（观赏）

美洲柏木属 Hesperocyparis Bartel et R. A. Price

绿干柏
Hesperocyparis arizonica(Greene)Bartel
习　　性：乔木
国内分布：广西、江苏、江西栽培
国外分布：原产美国、墨西哥

加州柏木
Hesperocyparis goveniana(Gordon)Bartel
习　　性：灌木或小乔木
国内分布：江苏栽培
国外分布：原产美国

墨西哥柏木
Hesperocyparis lusitanica(Mill.)Bartel
习　　性：乔木
国内分布：江苏、江西栽培
国外分布：原产北美洲

刺柏属 Juniperus L.

圆柏
Juniperus chinensis L.

圆柏（原变种）
Juniperus chinensis var. **chinensis**
习　　性：灌木或乔木
海　　拔：100~2700 m
国内分布：安徽、北京、重庆、福建、甘肃、广东、广西、贵州、河北、河南、湖北、湖南、吉林、江苏、江西、辽宁、内蒙古、宁夏、山东、山西、陕西、四川、台湾、天津、香港、云南、浙江
国外分布：朝鲜、俄罗斯、缅甸、日本
濒危等级：LC
资源利用：药用（中草药）；原料（木材）

偃柏
Juniperus chinensis var. **sargentii** A. Henry
习　　性：灌木
海　　拔：1400~2200 m
国内分布：黑龙江、吉林
国外分布：俄罗斯、日本

濒危等级：VU B1+B2

密枝圆柏
Juniperus convallium Rehder et E. H. Wilson

密枝圆柏（原变种）
Juniperus convallium var. **convallium**
习　　性：乔木
海　　拔：2200~4300 m
分　　布：甘肃、青海、四川、西藏、云南
濒危等级：LC
资源利用：原料（木材）

小子圆柏
Juniperus convallium var. **microsperma**(W. C. Cheng & L. K. Fu)Silba
习　　性：乔木
海　　拔：3200~4000 m
分　　布：四川、西藏
濒危等级：LC

刺柏
Juniperus formosana Hayata
习　　性：灌木或乔木
海　　拔：400~3830 m
分　　布：安徽、重庆、福建、甘肃、贵州、湖北、湖南、江苏、江西、青海、陕西、四川、台湾、西藏、云南、浙江
濒危等级：LC
资源利用：原料（木材）；环境利用（水土保持，观赏）

昆明柏
Juniperus gaussenii W. C. Cheng
习　　性：灌木或小乔木
海　　拔：1200~2000 m
分　　布：云南
濒危等级：DD
资源利用：环境利用（观赏）

滇藏方枝柏
Juniperus indica Bertol.

滇藏方枝柏（原变种）
Juniperus indica var. **indica**
习　　性：直立或匍匐灌木
海　　拔：2600~5100 m
国内分布：西藏、四川、云南
国外分布：不丹、克什米尔地区、尼泊尔、印度
濒危等级：DD
资源利用：环境利用（水土保持）

簇生滇藏方枝柏
Juniperus indica var. **caespitosa** Farjon
习　　性：直立或匍匐灌木
国内分布：西藏
国外分布：不丹、尼泊尔
濒危等级：DD

塔枝圆柏
Juniperus komarovii Florin
习　　性：乔木

海　　拔：3000~4000 m
　　分　　布：甘肃、青海、四川
　　濒危等级：LC
　　资源利用：原料（木材）；环境利用（水土保持）

垂枝香柏
Juniperus pingii W. C. Cheng ex Ferré

垂枝香柏（原变种）
Juniperus pingii var. **pingii**
　　习　　性：灌木或乔木
　　海　　拔：2600~3800 m
　　分　　布：四川、西藏、云南
　　濒危等级：LC

万钧柏
Juniperus pingii var. **chengii**(L. K. Fu et Y. F. Yu) A. Farjon
　　习　　性：小乔木
　　海　　拔：3100~3200 m
　　分　　布：云南
　　濒危等级：VU A3c

西藏香柏
Juniperus pingii var. **miehei** Farjon
　　习　　性：灌木
　　分　　布：西藏
　　濒危等级：DD

香柏
Juniperus pingii var. **wilsonii**(Rehder) Silba
　　习　　性：灌木
　　海　　拔：2650~4800 m
　　分　　布：甘肃、湖北、青海、陕西、四川、云南、西藏
　　濒危等级：LC

铺地柏
Juniperus procumbens(Siebold ex Endl.) Miq.
　　习　　性：匍匐灌木
　　国内分布：安徽、福建、江苏、江西、辽宁、山东、云南、浙江栽培
　　国外分布：原产韩国、日本

祁连圆柏
Juniperus przewalskii Kom.
　　习　　性：乔木
　　海　　拔：2600~4300 m
　　分　　布：甘肃、青海、四川
　　濒危等级：LC

新疆方枝柏
Juniperus pseudosabina Fisch. et C. A. Mey.
　　习　　性：匍匐灌木
　　海　　拔：1950~4100 m
　　国内分布：新疆
　　国外分布：阿富汗、巴基斯坦、哈萨克斯坦、吉尔吉斯斯坦、蒙古、塔吉克斯坦、乌兹别克斯坦
　　濒危等级：LC

垂枝柏
Juniperus recurva Buch. -Ham. ex D. Don

垂枝柏（原变种）
Juniperus recurva var. **recurva**
　　习　　性：灌木或小乔木
　　海　　拔：2500~4500 m
　　国内分布：四川、西藏、云南
　　国外分布：不丹、缅甸、尼泊尔、印度
　　濒危等级：LC

小果垂枝柏
Juniperus recurva var. **coxii**(A. B. Jacks.) Melville
　　习　　性：乔木
　　海　　拔：2400~3800 m
　　国内分布：西藏、云南
　　国外分布：不丹、缅甸、印度
　　濒危等级：VU B2b（iii）

杜松
Juniperus rigida Siebold et Zucc.
　　习　　性：灌木
　　海　　拔：2200 m以下
　　国内分布：甘肃、河北、黑龙江、吉林、辽宁、内蒙古、宁夏、青海、山西、陕西
　　国外分布：朝鲜、俄罗斯、日本
　　濒危等级：NT B2b（iii，v）
　　资源利用：药用（中草药）；原料（木材）

叉子圆柏
Juniperus sabina L.

叉子圆柏（原变种）
Juniperus sabina var. **sabina**
　　习　　性：灌木
　　海　　拔：1700~3300 m
　　国内分布：甘肃、内蒙古、宁夏、青海、陕西、新疆
　　国外分布：俄罗斯、哈萨克斯坦、吉尔吉斯斯坦、蒙古、土耳其、乌克兰、伊朗；欧洲、非洲
　　濒危等级：LC
　　资源利用：基因源（耐旱）；环境利用（水土保持）

沙柏
Juniperus sabina var. **arenaria**(E. H. Wilson) Farjon
　　习　　性：灌木
　　海　　拔：2150~3350 m
　　国内分布：甘肃、内蒙古、青海、陕西
　　国外分布：蒙古
　　濒危等级：LC

兴安圆柏
Juniperus sabina var. **davurica**(Pall.) Farjon
　　习　　性：灌木
　　海　　拔：400~1400 m
　　国内分布：黑龙江、内蒙古
　　国外分布：朝鲜、俄罗斯
　　濒危等级：DD

方枝柏
Juniperus saltuaria Rehder et E. H. Wilson
　　习　　性：乔木
　　海　　拔：2100~4600 m
　　分　　布：甘肃、青海、四川、西藏、云南
　　濒危等级：LC
　　资源利用：原料（木材）

昆仑多子柏
Juniperus semiglobosa Regel
- 习　　性：乔木
- 海　　拔：1150～4350 m
- 国内分布：西藏、新疆
- 国外分布：阿富汗、巴基斯坦、哈萨克斯坦、吉尔吉斯斯坦、尼泊尔、塔吉克斯坦、乌兹别克斯坦、印度
- 濒危等级：VU A2c

高山柏
Juniperus squamata Buch. -Ham. ex D. Don
- 习　　性：直立或匍匐灌木
- 海　　拔：1340～4850 m
- 国内分布：安徽、重庆、福建、甘肃、贵州、湖北、陕西、四川、台湾、西藏、云南
- 国外分布：阿富汗、巴基斯坦、不丹、尼泊尔、印度
- 濒危等级：LC

西藏圆柏
Juniperus tibetica Kom.
- 习　　性：乔木
- 海　　拔：2700～4800 m
- 分　　布：甘肃、青海、四川、西藏
- 濒危等级：VU A2c

水杉属 Metasequoia Hu et W. C. Cheng

水杉
Metasequoia glyptostroboides Hu et W. C. Cheng
- 习　　性：乔木
- 海　　拔：700～1500 m
- 分　　布：重庆、湖北、湖南
- 濒危等级：EN B2b（iii, v）；C2a（ii）
- 国家保护：Ⅰ级
- 资源利用：原料（纤维，木材）；环境利用（绿化，观赏）

侧柏属 Platycladus Spach

侧柏
Platycladus orientalis(L.) Franco
- 习　　性：乔木
- 海　　拔：300～3300 m
- 国内分布：安徽、福建、甘肃、广东、广西、贵州、河北、河南、湖北、湖南、吉林、江苏、江西、辽宁、内蒙古、山东、山西、陕西、四川、西藏、云南、浙江
- 国外分布：朝鲜、俄罗斯
- 濒危等级：LC
- 资源利用：药用（中草药）；原料（木材）

北美红杉属 Sequoia Endl.

北美红杉
Sequoia sempervirens(D. Don) Endl.
- 习　　性：乔木
- 国内分布：福建、广西、江苏、江西、台湾、浙江栽培
- 国外分布：原产北美洲

巨杉属 Sequoiadendron J. Buchholz

巨杉
Sequoiadendron giganteum(Lindl.) J. Buchholz
- 习　　性：乔木
- 国内分布：江苏、江西、山东、浙江栽培
- 国外分布：原产北美洲

台湾杉属 Taiwania Hayata

台湾杉
Taiwania cryptomerioides Hayata
- 习　　性：乔木
- 海　　拔：500～2800 m
- 国内分布：贵州、湖北、四川、台湾、西藏、云南
- 国外分布：缅甸、越南
- 濒危等级：VU D2
- 国家保护：Ⅱ级
- 资源利用：原料（木材，纤维）

落羽杉属 Taxodium Rich.

落羽杉
Taxodium distichum(L.) Rich.

落羽杉（原变种）
Taxodium distichum var. **distichum**
- 习　　性：落叶乔木
- 国内分布：安徽、福建、广东、广西、河南、湖北、江苏、江西、四川、云南、浙江栽培
- 国外分布：原产北美洲
- 资源利用：原料（木材）

池杉
Taxodium distichum var. **imbricatum**(Nutt.) Croom
- 习　　性：落叶乔木
- 国内分布：安徽、澳门、福建、河南、湖北、江苏、江西、浙江栽培
- 国外分布：原产北美洲

墨西哥落叶松
Taxodium mucronatum Ten.
- 习　　性：落叶乔木
- 国内分布：湖北、江苏、江西、四川、浙江栽培
- 国外分布：原产北美洲

崖柏属 Thuja L.

朝鲜崖柏
Thuja koraiensis Nakai
- 习　　性：乔木
- 海　　拔：750～1950 m
- 国内分布：吉林
- 国外分布：朝鲜、韩国
- 濒危等级：EN D
- 国家保护：Ⅱ级
- 资源利用：原料（木材，精油）

北美香柏
Thuja occidentalis L.
 习 性：乔木
 国内分布：安徽、贵州、河北、河南、湖北、江苏、江西、山东、四川、浙江栽培
 国外分布：原产加拿大、美国
 资源利用：原料（木材）；环境利用（观赏）

北美乔柏
Thuja plicata Donn ex D. Don
 习 性：乔木
 国内分布：江苏、江西栽培
 国外分布：原产北美洲

日本香柏
Thuja standishii (Gordon) Carrière
 习 性：乔木
 国内分布：江苏、江西、山东、浙江栽培
 国外分布：原产日本

崖柏
Thuja sutchuenensis Franch.
 习 性：灌木或乔木
 海 拔：800~2100 m
 分 布：重庆、四川
 濒危等级：EN A1cd
 国家保护：Ⅰ级

罗汉柏属 Thujopsis Sieb. et Zucc.

罗汉柏
Thujopsis dolabrata (Thunb. ex L. f.) Sieb. et Zucc.
 习 性：乔木
 国内分布：福建、广西、贵州、湖北、江苏、江西、山东、云南、浙江栽培
 国外分布：原产日本
 资源利用：环境利用（观赏）

金柏属 Xanthocyparis Farjon et Hiep

越南金柏
Xanthocyparis vietnamensis Farjon et T. H. Nguyên
 习 性：乔木
 国内分布：广西
 国外分布：越南
 濒危等级：CR D
 国家保护：Ⅱ级

苏铁科 CYCADACEAE
（1属：24种）

苏铁属 Cycas L.

宽叶苏铁
Cycas balansae Warb.
 习 性：常绿灌木或乔木
 海 拔：100~800 m
 国内分布：广西
 国外分布：越南
 濒危等级：EN B1b (iii, v) c (i, ii, iv)
 国家保护：Ⅰ级
 CITES 附录：Ⅱ

叉叶苏铁
Cycas bifida (Dyer) K. D. Hill
 习 性：乔木状
 海 拔：100~600 m
 国内分布：广西、云南
 国外分布：柬埔寨、越南
 濒危等级：CR B1b (iii, v) c (i, ii, iv)
 国家保护：Ⅰ级
 CITES 附录：Ⅱ

葫芦苏铁
Cycas changjiangensis N. Liu
 习 性：常绿灌木或乔木
 海 拔：600~800 m
 分 布：海南
 濒危等级：CR B1b (iii, v) c (i, ii, iv)
 国家保护：Ⅰ级
 CITES 附录：Ⅱ

陈氏苏铁
Cycas chenii X. Gong et W. Zhou
 习 性：常绿木本植物
 海 拔：500~1300 m
 分 布：云南
 濒危等级：VU B1ab (i, ii, iii, iv, v) +2ab (i, ii, iii, iv, v)
 国家保护：Ⅰ级
 CITES 附录：Ⅱ

德保苏铁
Cycas debaoensis Y. C. Zhong et C. J. Chen
 习 性：常绿灌木或乔木
 海 拔：700~1000 m
 分 布：广西、云南
 濒危等级：EN B1b (iii, v) c (i, ii, iv)
 国家保护：Ⅰ级
 CITES 附录：Ⅱ

滇南苏铁
Cycas diannanensis Z. T. Guan et G. D. Tao
 习 性：常绿灌木或乔木
 分 布：云南
 濒危等级：EN B1b (iii, v) c (i, ii, iv)
 国家保护：Ⅰ级
 CITES 附录：Ⅱ

长叶苏铁
Cycas dolichophylla K. D. Hill
 习 性：常绿木本植物
 国内分布：广西、云南
 国外分布：越南
 濒危等级：CR B1b (iii, v) c (i, ii, iv); D

国家保护：Ⅰ级
CITES 附录：Ⅱ

锈毛苏铁
Cycas ferruginea F. N. Wei
习　　性：常绿灌木或乔木
海　　拔：200~500 m
国内分布：广西
国外分布：越南
濒危等级：VU B1b（iii）
国家保护：Ⅰ级
CITES 附录：Ⅱ

贵州苏铁
Cycas guizhouensis K. M. Lan et R. F. Zou
习　　性：常绿木本植物
海　　拔：400~1000 m
分　　布：广西、贵州、云南
濒危等级：NT
国家保护：Ⅰ级
CITES 附录：Ⅱ

海南苏铁
Cycas hainanensis C. J. Chen
习　　性：乔木
海　　拔：100~1000 m
分　　布：海南
濒危等级：VU B1b（iii, v）c（i, ii, iv）; D
国家保护：Ⅰ级
CITES 附录：Ⅱ

灰干苏铁
Cycas hongheensis S. Y. Yang et S. L. Yang ex D. Yue Wang
习　　性：常绿灌木或乔木
海　　拔：400~600 m
分　　布：云南
濒危等级：CR D1
国家保护：Ⅰ级
CITES 附录：Ⅱ

长柄苏铁
Cycas longipetiolula D. Yue Wang, F. X. Wang et H. B. Liang
习　　性：常绿灌木或乔木
分　　布：云南？
濒危等级：DD
国家保护：Ⅰ级
CITES 附录：Ⅱ

多羽叉叶苏铁
Cycas multifrondis D. Yue Wang, F. X. Wang et H. B. Liang
习　　性：常绿灌木或乔木
分　　布：云南？
濒危等级：DD
国家保护：Ⅰ级
CITES 附录：Ⅱ

多歧苏铁
Cycas multipinnata C. J. Chen et S. Y. Yang
习　　性：常绿灌木或乔木

海　　拔：200~1000 m
国内分布：云南
国外分布：越南
濒危等级：CR D1
国家保护：Ⅰ级
CITES 附录：Ⅱ

攀枝花苏铁
Cycas panzhihuaensis L. Zhou et S. Y. Yang
习　　性：常绿灌木或乔木
海　　拔：1100~2000 m
分　　布：四川、云南
濒危等级：VU A2c; B1b（iii, v）c（i, ii, iv）; D1
国家保护：Ⅰ级
CITES 附录：Ⅱ
资源利用：环境利用（观赏）

篦齿苏铁
Cycas pectinata Buch. -Ham.
习　　性：常绿乔木
海　　拔：500~1800 m
国内分布：云南
国外分布：不丹、柬埔寨、老挝、孟加拉国、缅甸、尼泊尔、泰国、印度、越南
濒危等级：NT
国家保护：Ⅰ级
CITES 附录：Ⅱ
资源利用：环境利用（观赏）

苏铁
Cycas revoluta Thunb.
习　　性：常绿乔木
海　　拔：100~500 m
国内分布：福建各省广泛栽培
国外分布：日本南部
濒危等级：CR C1
国家保护：Ⅰ级
CITES 附录：Ⅱ
资源利用：药用（中草药）；环境利用（观赏）；食品（淀粉，蔬菜）

叉孢苏铁
Cycas segmentifida D. Yue Wang et C. Y. Deng
习　　性：常绿灌木或乔木
海　　拔：600~900 m
分　　布：广西、贵州、云南
濒危等级：EN B1b（iii, v）c（i, ii, iv）
国家保护：Ⅰ级
CITES 附录：Ⅱ

石山苏铁
Cycas sexseminifera F. N. Wei
习　　性：常绿灌木或乔木
海　　拔：200~500 m
国内分布：广西
国外分布：越南
濒危等级：EN B1b（iii, v）c（i, ii, iv）

国家保护：Ⅰ级
CITES 附录：Ⅱ

单羽苏铁
Cycas simplicipinna(Smitin.) K. D. Hill
习　　性：常绿灌木或乔木
国内分布：云南
国外分布：老挝、缅甸、泰国、越南
濒危等级：NT
国家保护：Ⅰ级
CITES 附录：Ⅱ

四川苏铁
Cycas szechuanensis W. C. Cheng et L. K. Fu
习　　性：常绿乔木
海　　拔：400～1300 m
分　　布：福建、广东
濒危等级：CR A2c；B1b（iii，v）c（i，ii，iv）
国家保护：Ⅰ级
CITES 附录：Ⅱ
资源利用：环境利用（观赏）

台东苏铁
Cycas taitungensis C. F. Shen et al.
习　　性：常绿灌木或乔木
海　　拔：300～1000 m
分　　布：台湾
濒危等级：CR B1b（iii，v）c（i，ii，iv）
国家保护：Ⅰ级
CITES 附录：Ⅱ

闽粤苏铁
Cycas taiwaniana Carruth.
习　　性：常绿乔木
海　　拔：400～1100 m
分　　布：福建、广东、广西、贵州、海南、湖南
濒危等级：CR A2c；B1b（iii，v）c（i，ii，iv）；D1
国家保护：Ⅰ级
CITES 附录：Ⅱ

谭清苏铁
Cycas tanqingii D. Yue Wang
习　　性：常绿灌木或乔木
国内分布：云南
国外分布：越南
濒危等级：NT
国家保护：Ⅰ级
CITES 附录：Ⅱ

麻黄科 EPHEDRACEAE
（1属：18种）

麻黄属 Ephedra L.

诚氏麻黄
Ephedra chengiae Y. Yang & D. K. Ferguson

诚氏麻黄（原变种）
Ephedra chengiae var. **chengiae**
习　　性：灌木
海　　拔：3900～4300 m
分　　布：西藏
濒危等级：DD

刺枝麻黄
Ephedra chengiae var. **spinosa** Y. Yang & D. K. Ferguson
习　　性：灌木
海　　拔：约3600 m
分　　布：西藏
濒危等级：DD

道浮麻黄
Ephedra dawuensis Y. Yang
习　　性：木本植物
海　　拔：约3100 m
分　　布：四川
濒危等级：VU D2

双穗麻黄
Ephedra distachya L.
习　　性：灌木
海　　拔：900 m 以下
国内分布：新疆
国外分布：阿尔巴尼亚、奥地利、保加利亚、北高加索地区、俄罗斯、法国、哈萨克斯坦、吉尔吉斯斯坦、捷克、罗马尼亚、瑞士、土耳其、土库曼斯坦、乌克兰、西班牙、希腊、匈牙利、意大利
濒危等级：LC

木贼麻黄
Ephedra equisetina Bunge
海　　拔：800～3000 m
国内分布：甘肃、河北、内蒙古、宁夏、青海、山西、新疆
国外分布：阿富汗、俄罗斯、哈萨克斯坦、吉尔吉斯斯坦、蒙古、塔吉克斯坦、土库曼斯坦、乌兹别克斯坦
濒危等级：LC

山岭麻黄
Ephedra gerardiana Wall. ex C. A. Mey.
习　　性：灌木
海　　拔：3700～5300 m
国内分布：青海、西藏、新疆
国外分布：阿富汗、巴基斯坦、尼泊尔、塔吉克斯坦、印度
濒危等级：LC

灰麻黄
Ephedra glauca Regel
习　　性：灌木
国内分布：甘肃、内蒙古、宁夏、青海、陕西、山西、新疆
国外分布：阿富汗、巴基斯坦、俄罗斯及中亚五国、蒙古、伊朗、尼泊尔、伊朗、印度
濒危等级：NT

中麻黄
Ephedra intermedia Schrenk ex C. A. Mey.
- 习　　性：亚灌木或灌木
- 海　　拔：100～4600 m
- 国内分布：甘肃、河北、辽宁、内蒙古、宁夏、青海、陕西、西藏、新疆
- 国外分布：阿富汗、巴基斯坦、俄罗斯、哈萨克斯坦、吉尔吉斯斯坦、蒙古、塔吉克斯坦、土库曼斯坦、乌兹别克斯坦
- 濒危等级：NT A2c
- 资源利用：药用（中草药）；环境利用（观赏）

丽江麻黄
Ephedra likiangensis Florin
- 习　　性：灌木或亚灌木
- 海　　拔：2300～4200 m
- 分　　布：贵州、四川、西藏、云南
- 濒危等级：LC
- 资源利用：药用（中草药）

窄膜麻黄
Ephedra lomatolepis Schrenk
- 习　　性：灌木或亚灌木
- 海　　拔：500～700 m
- 国内分布：新疆
- 国外分布：哈萨克斯坦、蒙古
- 濒危等级：NT A2c

矮麻黄
Ephedra minuta Florin
- 习　　性：亚灌木
- 海　　拔：2000～4800 m
- 分　　布：青海、四川
- 濒危等级：LC
- 资源利用：药用（中草药）

单子麻黄
Ephedra monosperma Gemlin ex C. A. Mey.
- 习　　性：亚灌木
- 海　　拔：1400～4800 m
- 国内分布：北京、甘肃、河北、内蒙古、宁夏、青海、山西、四川、西藏、新疆、云南
- 国外分布：巴基斯坦、俄罗斯、哈萨克斯坦、吉尔吉斯斯坦、蒙古、塔吉克斯坦
- 濒危等级：LC
- 资源利用：药用（中草药）

膜果麻黄
Ephedra przewalskii Stapf
- 习　　性：灌木
- 海　　拔：300～3800 m
- 国内分布：甘肃、内蒙古、宁夏、青海、新疆
- 国外分布：巴基斯坦、哈萨克斯坦、吉尔吉斯斯坦、蒙古、塔吉克斯坦、乌兹别克斯坦
- 濒危等级：LC

细子麻黄
Ephedra regeliana Florin
- 习　　性：亚灌木
- 海　　拔：700～3800 m
- 国内分布：新疆
- 国外分布：阿富汗、巴基斯坦、哈萨克斯坦、吉尔吉斯斯坦、塔吉克斯坦、乌兹别克斯坦、印度
- 濒危等级：LC

斑子麻黄
Ephedra rhytidosperma Pachom.
- 习　　性：亚灌木
- 海　　拔：1500 m 以下
- 国内分布：甘肃、内蒙古、宁夏
- 国外分布：蒙古
- 濒危等级：EN B2b（i, ii, iii, v）c（i, ii, iv）
- 国家保护：Ⅱ级

日土麻黄
Ephedra rituensis Y. Yang et al.
- 习　　性：亚灌木
- 分　　布：青海、西藏、新疆
- 濒危等级：LC

藏麻黄
Ephedra saxatilis（Stapf）Royle ex Florin
- 习　　性：灌木
- 海　　拔：3100～4600 m
- 国内分布：西藏、云南
- 国外分布：不丹、尼泊尔、印度
- 濒危等级：LC

草麻黄
Ephedra sinica Stapf
- 习　　性：亚灌木
- 海　　拔：700～1600 m
- 国内分布：甘肃、河北、黑龙江、吉林、辽宁、内蒙古、宁夏、山西、陕西
- 国外分布：俄罗斯、蒙古
- 濒危等级：NT A2cd
- 资源利用：药用（中草药）

银杏科 GINKGOACEAE
（1属：1种）

银杏属 Ginkgo L.

银杏
Ginkgo biloba L.
- 习　　性：乔木
- 海　　拔：300～1100 m
- 国内分布：重庆、贵州、湖北、浙江；国内广泛栽培
- 国外分布：韩国、日本及欧洲、北美洲栽培
- 濒危等级：EN C2a（ii）
- 国家保护：Ⅰ级
- 资源利用：环境利用（观赏）；药用（中草药）；食品（淀粉）

买麻藤科 GNETACEAE

（1 属：10 种）

买麻藤属 Gnetum L.

球子买麻藤
Gnetum cataspaericum H. Shao
- 习　　性：木质藤本
- 分　　布：广西、云南
- 濒危等级：LC

中华买麻藤
Gnetum chinense Y. Yang, Bing Liu & S. Z. Zhang
- 习　　性：灌木
- 分　　布：云南、贵州
- 濒危等级：LC

巨子买麻藤
Gnetum giganteum H. Shao
- 习　　性：木质藤本
- 分　　布：广西
- 濒危等级：VU D2

灌状买麻藤
Gnetum gnemon L.
- 习　　性：灌木或小乔木
- 国内分布：西藏、云南
- 国外分布：巴布亚新几内亚、菲律宾、斐济、柬埔寨、马来西亚、孟加拉国、缅甸、泰国、印度、印度尼西亚、越南
- 濒危等级：DD

细柄买麻藤
Gnetum gracilipes C. Y. Cheng
- 习　　性：藤本
- 分　　布：广西、云南
- 濒危等级：LC

海南买麻藤
Gnetum hainanense C. Y. Cheng ex L. K. Fu et al.
- 习　　性：藤本
- 海　　拔：100~900 m
- 分　　布：福建、广东、广西、贵州、海南、云南
- 濒危等级：LC

罗浮买麻藤
Gnetum luofuense C. Y. Cheng
- 习　　性：藤本
- 海　　拔：约 500 m
- 分　　布：澳门、福建、广东、江西、香港
- 濒危等级：LC

买麻藤
Gnetum montanum Markgraf
- 习　　性：藤本
- 海　　拔：200~2700 m
- 国内分布：广东、广西、海南、云南
- 国外分布：不丹、老挝、缅甸、泰国、印度、越南
- 濒危等级：LC
- CITES 附录：Ⅲ
- 资源利用：原料（纤维，工业用油）；食品（种子，油脂）

小叶买麻藤
Gnetum parvifolium (Warb.) Chun
- 习　　性：缠绕藤本
- 海　　拔：100~1000 m
- 国内分布：澳门、福建、广东、广西、贵州、湖南、江西、云南
- 国外分布：老挝、越南
- 濒危等级：LC
- 资源利用：原料（纤维）；食品（种子，油脂）；药用（中草药）

垂子买麻藤
Gnetum pendulum C. Y. Cheng
- 习　　性：藤本
- 海　　拔：200~2100 m
- 国内分布：广西、贵州、西藏、云南
- 国外分布：孟加拉国、印度
- 濒危等级：LC

松科 PINACEAE

（11 属：135 种）

冷杉属 Abies Miller

百山祖冷杉
Abies beshanzuensis M. H. Wu
- 习　　性：常绿乔木
- 海　　拔：1400~1800 m
- 分　　布：浙江
- 濒危等级：CR A2ac；B1ab (iv, v) + 2ab (iv, v)；C2a (i, ii)；D
- 国家保护：Ⅰ级

秦岭冷杉
Abies chensiensis Tiegh.
- 海　　拔：2100~3000 m
- 濒危等级：VU D2
- 国家保护：Ⅱ级

苍山冷杉
Abies delavayi Franch.
- 习　　性：常绿乔木
- 海　　拔：3000~4300 m
- 国内分布：西藏、云南
- 国外分布：缅甸、印度、越南
- 濒危等级：LC
- 资源利用：原料（单宁，木材，纤维）

锡金冷杉
Abies densa Griff.
- 习　　性：常绿乔木
- 海　　拔：2800~3700 m

国内分布：西藏
国外分布：不丹、尼泊尔、印度
濒危等级：VU A1c

黄果冷杉
Abies ernestii Rehder
习　　性：常绿乔木
海　　拔：2500~3800 m
分　　布：甘肃、湖北、四川、西藏、云南
濒危等级：LC
资源利用：原料（木材，纤维）

冷杉
Abies fabri (Mast.) Craib
海　　拔：2500~3100 m
濒危等级：LC

梵净山冷杉
Abies fanjingshanensis W. L. Huang et al.
习　　性：常绿乔木
海　　拔：2100~2350 m
分　　布：贵州
濒危等级：EN B1ab（v）；C2a（ii）
国家保护：I 级

巴山冷杉
Abies fargesii Franch.

巴山冷杉（原变种）
Abies fargesii var. **fargesii**
习　　性：常绿乔木
海　　拔：1500~3700 m
分　　布：甘肃、河南、湖北、陕西、四川
濒危等级：LC
资源利用：原料（单宁，纤维，木材）；药用（中草药）

岷江冷杉
Abies fargesii var. **faxoniana** (Rehder et E. H. Wilson) Tang S. Liu
习　　性：常绿乔木
海　　拔：2700~3900 m
分　　布：甘肃、四川
濒危等级：LC
资源利用：原料（纤维，木材）

四川冷杉
Abies fargesii var. **sutchuenensis** Franch.
习　　性：常绿乔木
分　　布：甘肃、四川
濒危等级：LC

日本冷杉
Abies firma Siebold et Zucc.
习　　性：常绿乔木
国内分布：江苏、江西、辽宁、山东、台湾栽培
国外分布：日本

川滇冷杉
Abies forrestii Coltm.-Rog.

川滇冷杉（原变种）
Abies forrestii var. **forrestii**
习　　性：常绿乔木
海　　拔：2500~4200 m
分　　布：四川、西藏、云南
濒危等级：LC
资源利用：原料（单宁，木材）

中甸冷杉
Abies forrestii var. **ferreana** (Bordères et Gaussen) Farjon et Silba
习　　性：常绿乔木
海　　拔：3300~4000 m
分　　布：西藏、云南
濒危等级：LC
资源利用：原料（单宁，木材）

长苞冷杉
Abies forrestii var. **georgei** (Orr) Farjon
习　　性：常绿乔木
海　　拔：2500~4200 m
分　　布：四川、西藏、云南
濒危等级：LC
资源利用：原料（纤维，木材）

急尖长苞冷杉
Abies forrestii var. **smithii** Viguié et Gaussen
习　　性：常绿乔木
海　　拔：2500~4000 m
分　　布：云南
濒危等级：LC

杉松
Abies holophylla Maxim.
习　　性：常绿乔木
海　　拔：500~1200 m
国内分布：黑龙江、吉林、辽宁
国外分布：朝鲜半岛、俄罗斯
濒危等级：LC
资源利用：原料（单宁，纤维，木材）

台湾冷杉
Abies kawakamii (Hayata) T. Ito
习　　性：常绿乔木
海　　拔：2400~3800 m
分　　布：台湾
濒危等级：LC
资源利用：原料（木材）

臭冷杉
Abies nephrolepis (Trautv. ex Maxim.) Maxim.
习　　性：常绿乔木
海　　拔：300~2100 m
国内分布：河北、黑龙江、吉林、辽宁、陕西、山西
国外分布：朝鲜、俄罗斯
濒危等级：LC
资源利用：原料（纤维，木材，单宁，树脂）

紫果冷杉
Abies recurvata Mast.
习　　性：常绿乔木
海　　拔：2300~3600 m
分　　布：甘肃、四川、西藏、云南
濒危等级：VU A2c

资源利用：原料（纤维，木材）

西伯利亚冷杉
Abies sibirica Ledeb.
习　　性：常绿乔木
海　　拔：1900～2400 m
国内分布：新疆
国外分布：俄罗斯、哈萨克斯坦、蒙古
濒危等级：EN A1c
资源利用：原料（单宁，纤维，木材）

藏冷杉
Abies spectabilis(D. Don) Spach
习　　性：常绿乔木
海　　拔：2600～3800 m
国内分布：西藏
国外分布：阿富汗、巴基斯坦、克什米尔地区、尼泊尔、印度
濒危等级：VU A2c

鳞皮冷杉
Abies squamata Mast.
习　　性：常绿乔木
海　　拔：3000～4700 m
分　　布：甘肃、青海、四川、西藏
濒危等级：VU A2d
资源利用：原料（木材，纤维）；基因源（抗旱，耐旱）

元宝山冷杉
Abies yuanbaoshanensis Y. J. Lu et L. K. Fu
习　　性：常绿乔木
海　　拔：1700～2100 m
分　　布：广西
濒危等级：CR B1ab（v）+2ab（v）
国家保护：Ⅰ级

资源冷杉
Abies ziyuanensis L. K. Fu et S. L. Mo
习　　性：常绿乔木
海　　拔：1400～1800 m
分　　布：广西、湖南、江西
濒危等级：EN B1ab（iii）；C2a（i）
国家保护：Ⅰ级

银杉属 Cathaya Chun et Kuang

银杉
Cathaya argyrophylla Chun et Kuang
习　　性：乔木
海　　拔：900～1900 m
分　　布：重庆、广西、贵州、湖北、湖南
濒危等级：EN D
国家保护：Ⅰ级
资源利用：原料（木材）；环境利用（观赏）

雪松属 Cedrus Mill.

北非雪松
Cedrus atlantica(Endl.) Manetti ex Carrière
习　　性：乔木
国内分布：江苏栽培
国外分布：原产非洲
资源利用：原料（木材）；环境利用（观赏）

雪松
Cedrus deodara(Roxb.) G. Don
习　　性：乔木
海　　拔：1300～3300 m
国内分布：西藏；福建、广东、广西、贵州、海南、湖北、江苏、四川、云南、浙江栽培
国外分布：阿富汗、巴基斯坦、克什米尔地区、尼泊尔、印度
濒危等级：VU D2
资源利用：原料（木材）；环境利用（观赏）

油杉属 Keteleeria Carrière

铁坚油杉
Keteleeria davidiana(Bertrand) Beissn.

铁坚油杉（原变种）
Keteleeria davidiana var. **davidiana**
习　　性：乔木
海　　拔：600～1500 m
国内分布：重庆、甘肃、广西、贵州、湖北、湖南、陕西、四川、云南
国外分布：越南
濒危等级：LC
资源利用：原料（木材）

台湾油杉
Keteleeria davidiana var. **formosana**(Hayata) Hayata
习　　性：乔木
海　　拔：300～900 m
分　　布：台湾
濒危等级：CR B2b（ii，v）
资源利用：原料（木材）

云南油杉
Keteleeria evelyniana Mast.
习　　性：乔木
海　　拔：700～2900 m
国内分布：海南、四川、云南
国外分布：老挝、越南
濒危等级：NT A2cd
资源利用：原料（木材）；药用（中草药）

油杉
Keteleeria fortunei(A. Murray) Carrière
习　　性：乔木
海　　拔：200～1400 m
国内分布：福建、广东、广西、湖南、江西、云南、浙江
国外分布：越南
濒危等级：VU A2cd
资源利用：原料（木材）

海南油杉
Keteleeria hainanensis Chun et Tsiang
习　　性：乔木
海　　拔：1000～1400 m
分　　布：海南
濒危等级：VU D2
国家保护：Ⅱ级

资源利用：原料（木材）

柔毛油杉
Keteleeria pubescens W. C. Cheng et L. K. Fu
习　　性：乔木
海　　拔：600~1000 m
濒危等级：VU D2
国家保护：Ⅱ级
资源利用：原料（木材）

落叶松属 Larix Mill.

欧洲落叶松
Larix decidua Mill.
习　　性：落叶乔木
国内分布：辽宁、江西栽培
国外分布：原产欧洲

落叶松
Larix gmelinii（Rupr.）Kuzen.

落叶松（原变种）
Larix gmelinii var. **gmelinii**
习　　性：乔木
海　　拔：300~1200 m
国内分布：黑龙江、吉林、内蒙古
国外分布：朝鲜、俄罗斯、蒙古
濒危等级：LC
资源利用：原料（单宁，纤维，木材，树脂）

黄花落叶松
Larix gmelinii var. **olgensis**（A. Henry）Ostenf. et Syrach
习　　性：乔木
海　　拔：500~1800 m
国内分布：吉林、辽宁
国外分布：朝鲜、俄罗斯
濒危等级：LC
资源利用：原料（单宁，纤维，木材）

华北落叶松
Larix gmelinii var. **principis-rupprechtii**（Mayr）Pilg.
习　　性：乔木
海　　拔：600~2800 m
分　　布：河北、河南、内蒙古、山西
濒危等级：VU A3d
资源利用：原料（单宁，纤维，木材）

藏红杉
Larix griffithii Hook. f.
习　　性：乔木
海　　拔：1800~4100 m
国内分布：西藏、云南
国外分布：不丹、尼泊尔、印度
濒危等级：LC

日本落叶松
Larix kaempferi（Lamb.）Carrière
习　　性：乔木
国内分布：河北、河南、黑龙江、江西、辽宁、山东栽培
国外分布：原产日本

四川红杉
Larix mastersiana Rehder et E. H. Wilson
习　　性：乔木
海　　拔：2000~3500 m
分　　布：四川
濒危等级：VU A1d
资源利用：原料（单宁，纤维，木材）

红杉
Larix potaninii Batalin

红杉（原变种）
Larix potaninii var. **potaninii**
习　　性：乔木
海　　拔：2500~4000 m
分　　布：甘肃、陕西、四川、西藏、云南
濒危等级：LC
资源利用：原料（单宁，纤维，木材，树脂）

大果红杉
Larix potaninii var. **australis** A. Henry ex Hand.-Mazz.
习　　性：乔木
海　　拔：2700~4600 m
分　　布：四川、云南
濒危等级：LC
资源利用：原料（木材）

秦岭红杉（太白红杉）
Larix potaninii var. **chinensis**（Voss）L. K. Fu et Nan Li
习　　性：乔木
海　　拔：2600~3500 m
分　　布：陕西
濒危等级：LC

喜马拉雅红杉
Larix potaninii var. **himalaica**（W. C. Cheng et L. K. Fu）Farjon et Silba
习　　性：乔木
海　　拔：3000~3500 m
国内分布：西藏
国外分布：尼泊尔
濒危等级：LC

西伯利亚落叶松
Larix sibirica Ledeb.
习　　性：乔木
海　　拔：500~3500 m
国内分布：新疆
国外分布：俄罗斯、蒙古
濒危等级：VU A3d
资源利用：原料（单宁，纤维，木材，树脂）；基因源（耐旱，耐寒）

怒江红杉
Larix speciosa W. C. Cheng et Y. W. Law
习　　性：乔木

海　　拔：2600～4000 m
分　　布：西藏、云南
濒危等级：NT B2b (iii, v) c (i, ii, iv)
资源利用：原料（木材）

长苞铁杉属 Nothotsuga Hu ex C. N. Page

长苞铁杉
Nothotsuga longibracteata (W. C. Cheng) H. H. Hu ex C. N. Page
　　习　　性：乔木
　　海　　拔：300～2300 m
　　分　　布：福建、广东、广西、贵州、湖南、江西
　　濒危等级：VU A2cd
　　资源利用：原料（单宁，纤维，木材）

云杉属 Picea A. Dietr.

欧洲云杉
Picea abies (L.) H. Karst.
　　习　　性：乔木
　　国内分布：北京、江西、山东栽培
　　国外分布：原产欧洲

云杉
Picea asperata Mast.

云杉（原变种）
Picea asperata var. asperata
　　习　　性：乔木
　　海　　拔：1500～3800 m
　　分　　布：甘肃、宁夏、青海、陕西、四川
　　濒危等级：LC
　　资源利用：原料（单宁，纤维，木材，精油，树脂）

裂鳞云杉
Picea asperata var. notabilis Rehder et E. H. Wilson
　　习　　性：乔木
　　分　　布：四川
　　濒危等级：DD

白皮云杉
Picea aurantiaca Mast.
　　习　　性：常绿乔木
　　海　　拔：2600～3600 m
　　分　　布：四川、西藏
　　濒危等级：DD
　　资源利用：原料（单宁，纤维，木材）

麦吊云杉
Picea brachytyla (Franch.) E. Pritz.

麦吊云杉（原变种）
Picea brachytyla var. brachytyla
　　习　　性：乔木
　　海　　拔：1500～2900 m
　　分　　布：重庆、甘肃、湖北、陕西、四川、西藏、云南
　　濒危等级：LC
　　资源利用：原料（纤维，木材）

油麦吊云杉
Picea brachytyla var. complanata (Mast.) W. C. Cheng ex Rehder
　　习　　性：乔木
　　海　　拔：2000～3800 m
　　国内分布：四川、云南
　　国外分布：不丹、缅甸
　　濒危等级：LC
　　资源利用：原料（木材）

青海云杉
Picea crassifolia Kom.
　　习　　性：乔木
　　海　　拔：1600～3800 m
　　分　　布：甘肃、内蒙古、宁夏、青海
　　濒危等级：LC
　　资源利用：原料（纤维，木材）；基因源（抗旱）

缅甸云杉
Picea farreri C. N. Page et Rushforth
　　习　　性：乔木
　　海　　拔：2400～2700 m
　　国内分布：云南
　　国外分布：缅甸
　　濒危等级：DD

鱼鳞云杉
Picea jezoensis (Sieb. et Zucc.) Carrière

长白鱼鳞云杉
Picea jezoensis var. komarovii (V. N. Vassil.) W. C. Cheng et L. K. Fu
　　习　　性：乔木
　　海　　拔：600～1800 m
　　国内分布：吉林
　　国外分布：朝鲜
　　濒危等级：LC
　　资源利用：原料（单宁，纤维，木材，精油）

兴安鱼鳞云杉
Picea jezoensis var. microsperma (Lindl.) W. C. Cheng et L. K. Fu
　　习　　性：乔木
　　海　　拔：300～800 m
　　国内分布：黑龙江、吉林、内蒙古
　　国外分布：俄罗斯、日本
　　濒危等级：DD
　　资源利用：原料（单宁，纤维，木材，精油）

红皮云杉
Picea koraiensis Nakai
　　习　　性：乔木
　　海　　拔：400～1800 m
　　国内分布：黑龙江、吉林、辽宁、内蒙古
　　国外分布：朝鲜、俄罗斯
　　濒危等级：LC
　　资源利用：原料（单宁，纤维，木材，树脂）

丽江云杉
Picea likiangensis (Franch.) E. Pritz.

丽江云杉（原变种）
Picea likiangensis var. likiangensis
　　习　　性：乔木
　　海　　拔：2500～3800 m

国内分布：四川、西藏、云南
国外分布：不丹
濒危等级：LC
资源利用：原料（纤维，木材，单宁，树脂）

黄果云杉
Picea likiangensis var. **hirtella**(Rehder et E. H. Wilson)W. C. Cheng
习　　性：乔木
海　　拔：3000～4000 m
分　　布：四川、西藏
濒危等级：VU B1＋B2
资源利用：原料（木材）

川西云杉
Picea likiangensis var. **rubescens** Rehder et E. H. Wilson
习　　性：乔木
海　　拔：3000～4100 m
分　　布：青海、四川、西藏
濒危等级：LC
资源利用：原料（木材）

康定云杉
Picea likiangensis var. **montigena**（Mast.）W. C. Cheng
习　　性：常绿乔木
海　　拔：3300 m 以上
分　　布：四川
濒危等级：CR C1
资源利用：原料（木材）

林芝云杉
Picea linzhiensis(W. C. Cheng et L. K. Fu) Rushforth
习　　性：常绿乔木
海　　拔：2900～3700 m
分　　布：四川、西藏、云南
濒危等级：NT A3c

白扦
Picea meyeri Rehder et E. H. Wilson
习　　性：乔木
海　　拔：1600～2700 m
分　　布：河北、内蒙古、山西、陕西
濒危等级：NT A3d
资源利用：原料（木材）

台湾云杉
Picea morrisonicola Hayata
习　　性：乔木
海　　拔：2500～3000 m
分　　布：台湾
濒危等级：EN B2ab（iii，iv，v）
资源利用：原料（纤维，木材）

大果青扦
Picea neoveitchii Mast.
习　　性：乔木
海　　拔：1200～2300 m
分　　布：甘肃、河南、湖北、山西、陕西、四川
濒危等级：VU D2
国家保护：Ⅱ级

资源利用：原料（纤维，木材）

新疆云杉
Picea obovata Ledeb.
习　　性：乔木
海　　拔：1200～1800 m
国内分布：新疆
国外分布：俄罗斯、哈萨克斯坦、蒙古
濒危等级：LC
资源利用：原料（单宁，纤维，木材）

紫果云杉
Picea purpurea Mast.
习　　性：乔木
海　　拔：2600～3800 m
分　　布：甘肃、青海、四川、云南
濒危等级：LC
资源利用：原料（纤维，木材）

天山云杉
Picea schrenkiana Fischer & C. A. Meyer
习　　性：乔木
海　　拔：1300～3600 m
国内分布：新疆
国外分布：哈萨克斯坦、吉尔吉斯斯坦
濒危等级：LC
资源利用：原料（木材）

长叶云杉
Picea smithiana(Wall.) Boiss.
习　　性：乔木
海　　拔：2300～3600 m
国内分布：西藏
国外分布：阿富汗、巴基斯坦、克什米尔地区、尼泊尔、印度
濒危等级：EN B2b（v）
资源利用：原料（纤维，木材）

喜马拉雅云杉
Picea spinulosa(Griff.) A. Henry
习　　性：乔木
海　　拔：2900～3600 m
国内分布：西藏
国外分布：不丹、印度
濒危等级：DD
资源利用：原料（木材）

日本云杉
Picea torano(Siebold ex K. Koch) Koehne
习　　性：乔木
国内分布：北京、山东、浙江栽培
国外分布：原产日本

青扦
Picea wilsonii Mast.
习　　性：乔木
海　　拔：1400～2800 m
分　　布：甘肃、河北、湖北、山西、陕西、四川
濒危等级：LC
资源利用：原料（纤维，木材，单宁，树脂）

松属 Pinus L.

华山松
Pinus armandii Franch.

华山松（原变种）
Pinus armandii var. **armandii**
习　性：乔木
海　拔：1000~3300 m
国内分布：重庆、甘肃、贵州、海南、河南、湖北、陕西、四川、西藏、云南
国外分布：缅甸
濒危等级：LC
资源利用：原料（单宁，纤维，木材，工业用油，精油，树脂）；食品（种子，油脂）

大别五针松
Pinus armandii var. **dabeshanensis** (W. C. Cheng et Y. W. Law) Silba
习　性：乔木
海　拔：900~1400 m
分　布：安徽、河南、湖北
濒危等级：EN D
国家保护：Ⅰ级

台湾果松
Pinus armandii var. **mastersiana** (Hayata) Hayata
习　性：乔木
海　拔：1800~3300 m
分　布：台湾
濒危等级：VU A2cd
资源利用：原料（木材，工业用油）

北美短叶松
Pinus banksiana Lamb.
习　性：乔木
国内分布：北京、河南、黑龙江、江苏、江西、辽宁、山东栽培
国外分布：原产北美洲

不丹松
Pinus bhutanica Grierson
习　性：乔木
国内分布：西藏、云南
国外分布：不丹
濒危等级：LC

白皮松
Pinus bungeana Zucc. ex Endl.
习　性：乔木
海　拔：500~2150 m
分　布：北京、甘肃、河南、湖北、山东、山西、陕西、四川
濒危等级：EN B1b (iii, v)
资源利用：原料（木材）；食品（种子）；环境利用（观赏）

加勒比松
Pinus caribaea Morelet
习　性：乔木
国内分布：福建、广东、广西、江苏、江西栽培
国外分布：原产中美洲及加勒比地区
资源利用：原料（木材）

高山松
Pinus densata Mast.
习　性：乔木
海　拔：2600~4200 m
分　布：青海、四川、西藏、云南
濒危等级：LC
资源利用：原料（木材）

赤松
Pinus densiflora Sieb. et Zucc.

赤松（原变种）
Pinus densiflora var. **densiflora**
习　性：乔木
海　拔：0~900 m
国内分布：黑龙江、吉林、辽宁
国外分布：俄罗斯
濒危等级：LC
资源利用：原料（纤维，木材，工业用油，精油）；食品（油脂）

兴凯赤松
Pinus densiflora var. **ussuriensis** Liu et Q. L. Wang
习　性：乔木
国内分布：黑龙江
国外分布：俄罗斯
濒危等级：VU D2
国家保护：Ⅱ级

彰武赤松
Pinus densiflora var. **zhangwuensis** S. J. Zhang et al.
习　性：乔木
海　拔：约230m
分　布：辽宁
濒危等级：DD

萌芽松
Pinus echinata Mill.
习　性：乔木
国内分布：福建、江苏、浙江栽培
国外分布：原产北美洲

湿地松
Pinus elliottii Engelm.
习　性：乔木
国内分布：安徽、澳门、福建、广东、广西、湖北、湖南、江苏、江西、台湾、云南、浙江栽培
国外分布：原产美国
资源利用：原料（纤维）

西藏白皮松
Pinus gerardiana Wall. ex D. Don
习　性：乔木
海　拔：2000~3350 m
国内分布：西藏
国外分布：阿富汗、巴基斯坦、克什米尔地区、印度
濒危等级：CR A2c
资源利用：原料（木材）；食品（种子）

松科 PINACEAE

巴山松
Pinus henryi Mast.
 习　　性：乔木
 海　　拔：1100~2000 m
 分　　布：重庆、湖北、湖南、陕西、四川
 濒危等级：VU B1b (iii, v) c (i, ii, iv)
 资源利用：原料（木材）

黄山松
Pinus hwangshanensis W. Y. Hsia
 习　　性：乔木
 海　　拔：600~3400 m
 分　　布：安徽、福建、广西、贵州、河南、湖北、湖南、江苏、江西、云南、浙江
 濒危等级：LC
 资源利用：原料（纤维，木材）

卡西亚松
Pinus kesiya Royle ex Gordon
 濒危等级：VU B2b (iii, v)

思茅松
Pinus kesiya var. **langbianensis** (A. Chev.) Gaussen ex Bui
 习　　性：乔木
 海　　拔：700~1200 m
 国内分布：云南
 国外分布：泰国
 资源利用：原料（木材）

红松
Pinus koraiensis Siebold et Zucc.
 习　　性：乔木
 海　　拔：200~1800 m
 国内分布：黑龙江、吉林、辽宁
 国外分布：朝鲜、俄罗斯、韩国、日本
 濒危等级：LC
 国家保护：Ⅱ级
 CITES 附录：Ⅲ
 资源利用：药用（中草药）；原料（单宁，纤维，木材，工业用油，树脂）；食品（种子，油脂）

华南五针松
Pinus kwangtungensis Chun & Tsiang
 习　　性：乔木
 海　　拔：900~1600 m
 国内分布：安徽、广东、广西、贵州、海南、河南、湖北、四川
 国外分布：越南
 濒危等级：NT
 国家保护：Ⅱ级
 资源利用：原料（木材）

南亚松
Pinus latteri Mason
 习　　性：乔木
 海　　拔：1200 m 以下
 国内分布：广东、广西、海南
 国外分布：柬埔寨、老挝、缅甸、泰国、越南
 濒危等级：VU B1b (iii, v)
 资源利用：原料（单宁，木材）

马尾松
Pinus massoniana Lamb.

马尾松（原变种）
Pinus massoniana var. **massoniana**
 习　　性：乔木
 海　　拔：2000 m 以下
 分　　布：安徽、澳门、福建、广东、广西、贵州、河南、湖北、湖南、江苏、江西、陕西、四川、台湾、云南、浙江
 濒危等级：LC
 资源利用：药用（中草药）；原料（单宁，纤维，化工，木材，树脂）

雅加松
Pinus massoniana var. **hainanensis** W. C. Cheng et L. K. Fu
 习　　性：乔木
 海　　拔：2000 m 以下
 分　　布：海南
 濒危等级：CR B1ac (ii) +2ac (ii)
 国家保护：Ⅱ级

台湾五针松
Pinus morrisonicola Hayata
 习　　性：乔木
 海　　拔：300~2300 m
 分　　布：台湾
 濒危等级：VU A2cd
 资源利用：原料（木材）

欧洲黑松
Pinus nigra J. F. Arnold
 习　　性：乔木
 国内分布：北京、湖北、江苏、江西、辽宁、山东、浙江栽培
 国外分布：原产非洲、欧洲、亚洲西南部

长叶松
Pinus palustris Mill.
 习　　性：乔木
 国内分布：福建、江苏、江西、山东、浙江栽培
 国外分布：原产北美洲
 资源利用：原料（木材）

日本五针松
Pinus parviflora Siebold et Zucc.
 习　　性：乔木
 国内分布：广泛栽培于山东以及长江流域各省
 国外分布：原产朝鲜半岛、日本
 资源利用：环境利用（观赏）

海岸松
Pinus pinaster Aiton
 习　　性：乔木
 国内分布：江苏、江西栽培
 国外分布：原产地中海中西部

西黄松
Pinus ponderosa C. Lawson
 习　　性：乔木
 国内分布：河南、江苏、江西、辽宁栽培
 国外分布：原产北美洲
 资源利用：原料（木材）

偃松
Pinus pumila (Pall.) Regel
　　习　　性：灌木
　　海　　拔：3200 m 以下
　　国内分布：黑龙江、吉林、辽宁、内蒙古
　　国外分布：朝鲜、俄罗斯、蒙古北部、日本
　　濒危等级：VU B1b (iii, v)
　　资源利用：原料（木材，工业用油）；环境利用（观赏）

刚松
Pinus rigida Mill.
　　习　　性：乔木
　　国内分布：福建、江苏、江西、辽宁、山东栽培
　　国外分布：原产美国

西藏长叶松
Pinus roxburghii Sarg.
　　习　　性：乔木
　　海　　拔：400~2300 m
　　国内分布：西藏
　　国外分布：巴基斯坦、不丹、克什米尔地区、尼泊尔、印度
　　濒危等级：CR A2c；B1b (iii, v)
　　资源利用：原料（木材）

晚松
Pinus serotina Michx.
　　习　　性：乔木
　　国内分布：江苏、江西、浙江等地栽培
　　国外分布：原产北美洲

西伯利亚五针松
Pinus sibirica Du Tour
　　习　　性：乔木
　　海　　拔：2400 m 以下
　　国内分布：黑龙江、内蒙古、新疆
　　国外分布：俄罗斯、哈萨克斯坦、蒙古
　　濒危等级：VU A2cd
　　资源利用：原料（木材）；食品（种子，油脂）

巧家五针松
Pinus squamata X. W. Li
　　习　　性：乔木
　　海　　拔：约 2200 m
　　分　　布：云南
　　濒危等级：CR D
　　国家保护：Ⅰ级

北美乔松
Pinus strobus L.
　　习　　性：乔木
　　国内分布：北京、江苏、江西、辽宁栽培
　　国外分布：原产北美洲
　　资源利用：原料（木材）

欧洲赤松
Pinus sylvestris L.

欧洲赤松（原变种）
Pinus sylvestris var. **sylvestris**
　　习　　性：乔木
　　海　　拔：400~900 m
　　国内分布：黑龙江、吉林、内蒙古；北京、辽宁栽培
　　国外分布：俄罗斯、哈萨克斯坦、蒙古
　　濒危等级：LC
　　资源利用：原料（木材）；环境利用（观赏）

樟子松
Pinus sylvestris var. **mongolica** Litv.
　　习　　性：乔木
　　海　　拔：400~900 m
　　国内分布：黑龙江、吉林、辽宁、内蒙古
　　国外分布：俄罗斯、蒙古
　　濒危等级：VU A3d
　　资源利用：原料（单宁，纤维，木材，树脂）；环境利用（观赏，绿化）

油松
Pinus tabuliformis Carrière
　　海　　拔：100~3800 m

油松（原变种）
Pinus tabuliformis var. **tabuliformis**
　　习　　性：乔木
　　分　　布：甘肃、河北、河南、湖北、湖南、吉林、辽宁、内蒙古、宁夏、青海、山东、山西、陕西、四川
　　濒危等级：LC
　　资源利用：药用（中草药）；原料（单宁，纤维，木材）

黑皮油松
Pinus tabuliformis var. **mukdensis** (Uyeki ex Nakai) Uyeki
　　习　　性：乔木
　　国内分布：河北（?）、吉林、辽宁
　　国外分布：朝鲜
　　濒危等级：DD

扫帚油松
Pinus tabuliformis var. **umbraculifera** Liou et Z. Wang
　　习　　性：乔木
　　国内分布：河北
　　濒危等级：DD

火炬松
Pinus taeda L.
　　习　　性：乔木
　　国内分布：安徽、福建、广东、广西、河南、湖北、湖南、江苏、江西、台湾、浙江栽培
　　国外分布：原产北美洲
　　资源利用：原料（木材）

台湾松
Pinus taiwanensis Hayata
　　习　　性：乔木
　　海　　拔：600~3400 m
　　分　　布：台湾
　　濒危等级：LC
　　资源利用：环境利用（观赏）

黑松
Pinus thunbergii Parl.
　　习　　性：乔木
　　国内分布：北京、湖北、江苏、江西、辽宁、山东、云南、浙江等地栽培
　　国外分布：原产韩国、日本
　　资源利用：原料（木材）；环境利用（观赏）

松科 PINACEAE

热带松
Pinus tropicalis Morelet
习　　性：乔木
国内分布：广东栽培
国外分布：原产古巴

矮松
Pinus virginiana Mill.
习　　性：乔木
国内分布：江苏、江西栽培
国外分布：原产美国

乔松
Pinus wallichiana A. B. Jacks.
习　　性：乔木
海　　拔：1600～3300 m
国内分布：西藏、云南
国外分布：阿富汗、巴基斯坦、不丹、克什米尔地区、缅甸、尼泊尔、印度
濒危等级：LC
资源利用：原料（木材）

毛枝五针松
Pinus wangii Hu et W. C. Cheng
习　　性：乔木
海　　拔：500～1800 m
国内分布：云南
国外分布：越南
濒危等级：EN B1ab（v）＋2ab（v）；C2a（i）；D
国家保护：I 级
资源利用：原料（木材）

云南松
Pinus yunnanensis Franch.

云南松（原变种）
Pinus yunnanensis var. **yunnanensis**
习　　性：乔木
海　　拔：600～3100 m
分　　布：广西、贵州、西藏、云南
濒危等级：LC
资源利用：原料（单宁，纤维，化工，木材，树脂）

地盘松
Pinus yunnanensis var. **pygmaea**（J. R. Xue）J. R. Xue
习　　性：乔木
海　　拔：2200～3100 m
分　　布：四川、云南
濒危等级：LC

金钱松属 Pseudolarix Gordon

金钱松
Pseudolarix amabilis（J. Nelson）Rehder
习　　性：乔木
海　　拔：100～1500 m
分　　布：福建、湖南、江西、浙江
濒危等级：VU B2ab（iii，v）
国家保护：II 级
资源利用：药用（中草药）；原料（单宁，纤维，木材，工业用油）

黄杉属 Pseudotsuga Carrière

短叶黄杉
Pseudotsuga brevifolia W. C. Cheng et L. K. Fu
习　　性：常绿乔木
海　　拔：约1300 m
分　　布：广西、贵州
濒危等级：VU B2ab（iii，v）；C2a（i）
国家保护：II 级

澜沧黄杉
Pseudotsuga forrestii Craib
习　　性：乔木
海　　拔：2400～3300 m
分　　布：云南
濒危等级：VU B1b（iii，v）
国家保护：II 级

大果黄杉
Pseudotsuga macrocarpa（Vasey）Mayr
习　　性：乔木
国内分布：江西栽培
国外分布：原产北美洲

花旗松
Pseudotsuga menziesii（Mirb.）Franco
习　　性：乔木
国内分布：北京、江西栽培
国外分布：原产北美洲

黄杉
Pseudotsuga sinensis Dode
习　　性：乔木
海　　拔：600～3300 m
分　　布：安徽、福建、贵州、湖北、湖南、江西、陕西、四川、台湾、云南、浙江
濒危等级：LC
国家保护：II 级
资源利用：原料（纤维，木材）

铁杉属 Tsuga（Endl.）Carrière

铁杉
Tsuga chinensis（Franch.）Pritz.

铁杉（原变种）
Tsuga chinensis var. **chinensis**
习　　性：乔木
海　　拔：1000～3200 m
分　　布：安徽、福建、甘肃、广东、广西、贵州、河南、湖北、湖南、江西、陕西、四川、台湾、西藏、云南、浙江
濒危等级：LC
资源利用：原料（单宁，纤维，木材，工业用油，树脂）；环境利用（观赏）

大果铁杉
Tsuga chinensis var. **robusta** W. C. Cheng et L. K. Fu
习　　性：乔木
海　　拔：约1800 m
分　　布：湖北、四川
濒危等级：LC
资源利用：原料（木材）

云南铁杉
Tsuga dumosa (D. Don) Eichler
 习 性：乔木
 海 拔：2300~3500 m
 国内分布：四川、西藏、云南
 国外分布：不丹、缅甸、尼泊尔、印度、越南
 濒危等级：LC
 资源利用：原料（单宁，纤维，木材，精油）

丽江铁杉
Tsuga forrestii Downie
 习 性：常绿乔木
 海 拔：2000~3500 m
 分 布：贵州、四川、云南
 濒危等级：VU A2cd
 资源利用：原料（木材）

矩鳞铁杉
Tsuga oblongisquamata (W. C. Cheng et L. K. Fu) L. K. Fu et Nan Li
 习 性：常绿乔木
 海 拔：2600~3200 m
 分 布：甘肃、湖北、四川
 濒危等级：LC
 资源利用：原料（木材）

罗汉松科 PODOCARPACEAE
（4属：13种）

鸡毛松属 Dacrycarpus (Endl.) de Laub.

鸡毛松
Dacrycarpus imbricatus (Blume) de Laub.
 习 性：常绿乔木或灌木
 海 拔：400~1500 m
 国内分布：广西、海南、云南；广东栽培
 国外分布：巴布亚新几内亚、菲律宾、斐济、柬埔寨、老挝、马来西亚、缅甸、泰国、文莱、印度尼西亚、越南
 濒危等级：VU A2d
 资源利用：原料（木材）

陆均松属 Dacrydium Sol. ex Lamb.

陆均松
Dacrydium pectinatum de Laub.
 习 性：乔木
 海 拔：300~2100 m
 国内分布：海南
 国外分布：菲律宾、马来西亚、印度尼西亚
 濒危等级：EN B1ab (ii, iii, iv, v)
 资源利用：原料（木材）

竹柏属 Nageia Gaertn.

长叶竹柏
Nageia fleuryi (Hickel) de Laubenfels
 习 性：乔木
 海 拔：500~1200 m
 国内分布：广东、广西、海南、台湾、云南
 国外分布：柬埔寨、老挝、越南
 濒危等级：VU A2c

竹柏
Nageia nagi (Thunb.) Kuntze
 习 性：灌木或小乔木
 海 拔：200~1600 m
 国内分布：安徽、福建、广东、广西、海南、湖南、江西、四川、台湾、浙江
 国外分布：日本
 濒危等级：EN B1b (i, v); C2b
 资源利用：原料（木材）；食品（油脂）

肉托竹柏
Nageia wallichiana (C. Presl) Kuntze
 习 性：乔木
 海 拔：2100 m 以下
 国内分布：云南
 国外分布：巴布亚新几内亚、菲律宾、柬埔寨、老挝、马来西亚、孟加拉国、缅甸、泰国、印度、印度尼西亚、越南
 濒危等级：NT

罗汉松属 Podocarpus L'Hér. ex Pers.

海南罗汉松
Podocarpus annamiensis N. E. Gray
 习 性：乔木
 海 拔：600~1600 m
 国内分布：海南
 国外分布：缅甸、越南
 濒危等级：EN B2b (iii)
 国家保护：Ⅱ级

短叶罗汉松
Podocarpus chinensis (Roxb.) J. Forbes
 习 性：常绿乔木或灌木
 海 拔：海平面至1000 m
 国内分布：安徽、澳门、福建、广西、贵州、湖北、湖南、江苏、江西、陕西、四川、云南
 国外分布：日本、缅甸
 濒危等级：DD
 国家保护：Ⅱ级
 资源利用：环境利用（观赏）

柱冠罗汉松
Podocarpus chingianus S. Y. Hu
 习 性：常绿乔木或灌木
 海 拔：1000 m 以下
 分 布：江苏、浙江
 国家保护：Ⅱ级

兰屿罗汉松
Podocarpus costalis C. Presl
 习 性：小乔木
 国内分布：台湾

国外分布：菲律宾
濒危等级：CR B2ab（ii，iii）；D1
国家保护：Ⅱ级

罗汉松
Podocarpus macrophyllus(Thunb.)Sweet
习　　性：乔木
海　　拔：1000 m 以下
国内分布：安徽、重庆、福建、广东、广西、贵州、湖北、湖南、江苏、江西、四川、台湾、香港、云南、浙江
国外分布：缅甸、日本
濒危等级：VU B1ab（iii，v）+2ab（iii，v）
国家保护：Ⅱ级
资源利用：原料（木材）；环境利用（观赏）；药用（中草药）

台湾罗汉松
Podocarpus nakaii Hayata
习　　性：乔木
海　　拔：700~1800 m
分　　布：台湾
濒危等级：EN B2ab（ii，iii，v）；C2b
国家保护：Ⅱ级

百日青
Podocarpus neriifolius D. Don
习　　性：乔木
海　　拔：100~1500 m
国内分布：福建、广东、广西、贵州、湖南、江西
国外分布：巴布亚新几内亚、菲律宾、柬埔寨、老挝、马来西亚、缅甸、泰国、印度尼西亚、越南
濒危等级：VU A2cd
国家保护：Ⅱ级
CITES 附录：Ⅲ
资源利用：原料（木材）

小叶罗汉松
Podocarpus pilgeri Foxw.
习　　性：常绿乔木或灌木
海　　拔：700~3300 m
国内分布：广东、广西、海南、云南
国外分布：巴布亚新几内亚、菲律宾、柬埔寨、老挝、泰国、文莱、印度尼西亚、越南
濒危等级：VU A2cd
国家保护：Ⅱ级
资源利用：原料（木材）

金松科 SCIADOPITYACEAE
（1属：1种）

金松属 **Sciadopitys** Siebold et Zucc.

金松
Sciadopitys verticillata(Thunb.)Siebold et Zucc.
习　　性：乔木
国内分布：湖北、江苏、江西、山东、上海、浙江栽培
国外分布：原产日本

红豆杉科 TAXACEAE
（5属：28种）

穗花杉属 **Amentotaxus** Pilg.

穗花杉
Amentotaxus argotaenia(Hance)Pilg.

穗花杉（原变种）
Amentotaxus argotaenia var. **argotaenia**
习　　性：灌木或小乔木
海　　拔：300~1100 m
国内分布：重庆、福建、甘肃、广东、广西、贵州、湖北、湖南、江苏、江西、四川、台湾、西藏、香港、浙江
国外分布：老挝、越南
濒危等级：LC
国家保护：Ⅱ级
资源利用：原料（木材）

短叶穗花杉
Amentotaxus argotaenia var. **brevifolia** K. M. Lan et F. H. Zhang
习　　性：灌木或小乔木
海　　拔：约 900 m
分　　布：贵州
濒危等级：CR B1ab（iii）
国家保护：Ⅱ级

西藏穗花杉
Amentotaxus assamica D. K. Ferguson
习　　性：乔木
海　　拔：1600~2000 m
国内分布：西藏
国外分布：印度
濒危等级：EN B1ab（iii）+2ab（iii）
国家保护：Ⅱ级

台湾穗花杉
Amentotaxus formosana H. L. Li
习　　性：乔木
海　　拔：500~1300 m
分　　布：台湾
濒危等级：EN C2a（i）
国家保护：Ⅱ级
资源利用：原料（木材）

河口穗花杉
Amentotaxus hekouensis L. M. Gao
习　　性：小乔木
海　　拔：850~1750 m
国内分布：云南
国外分布：越南、老挝
濒危等级：EN B2ab（ii，iii）
国家保护：Ⅱ级

云南穗花杉
Amentotaxus yunnanensis H. L. Li
习　　性：乔木
海　　拔：800~1600 m

国内分布：贵州、云南
国外分布：老挝、越南
濒危等级：VU A2cd
国家保护：Ⅱ级
资源利用：原料（木材）

三尖杉属 Cephalotaxus Sieb. et Zucc. ex Endl.

三尖杉
Cephalotaxus fortunei Hook.

三尖杉（原变种）
Cephalotaxus fortunei var. **fortunei**
    习   性：灌木或小乔木
    海   拔：200～1300 m
    国内分布：安徽、重庆、福建、甘肃、广东、广西、贵州、河南、湖北、湖南、江西、陕西、四川、云南、浙江
    国外分布：缅甸
    濒危等级：LC
    资源利用：药用（中草药）

高山三尖杉
Cephalotaxus fortunei var. **alpina** H. L. Li
    习   性：灌木或小乔木
    海   拔：1100～3700 m
    分   布：甘肃、陕西、四川、云南
    濒危等级：LC

喜马拉雅粗榧
Cephalotaxus harringtonii(Knight ex J. Forbes) K. Koch

台湾粗榧
Cephalotaxus harringtonii var. **wilsoniana**(Hayata) Kitam.
    习   性：常绿灌木或乔木
    海   拔：1400～3000 m
    国内分布：台湾
    濒危等级：VU C2a（i）

贡山三尖杉
Cephalotaxus lanceolata K. M. Feng
    习   性：乔木
    海   拔：1450～1900 m
    国内分布：云南
    国外分布：缅甸
    濒危等级：CR B2ab（iii, v）
    国家保护：Ⅱ级
    资源利用：原料（木材，工业用油）

海南粗榧
Cephalotaxus mannii Hook. f
    习   性：乔木
    海   拔：500～2000 m
    国内分布：广东、广西、海南、西藏、云南
    国外分布：缅甸、泰国、越南、印度
    濒危等级：EN A2cd；B2ab（ii, iii, iv, v）；C2a（i）
    国家保护：Ⅱ级
    资源利用：原料（木材）

篦子三尖杉
Cephalotaxus oliveri Mast.
    习   性：灌木或小乔木
    海   拔：300～1800 m
    分   布：重庆、广东、广西、贵州、湖北、湖南、江西、四川、云南
    濒危等级：VU A2cd
    国家保护：Ⅱ级
    资源利用：原料（木材）

粗榧
Cephalotaxus sinensis(Rehder et E. H. Wilson) H. L. Li
    习   性：灌木或小乔木
    海   拔：600～3200 m
    分   布：安徽、福建、甘肃、广东、广西、贵州、河南、湖北、湖南、江苏、江西、陕西、四川、台湾、云南、浙江
    濒危等级：NT B1ab（iii）

白豆杉属 Pseudotaxus W. C. Cheng

白豆杉
Pseudotaxus chienii(W. C. Cheng) W. C. Cheng
    习   性：灌木
    海   拔：900～1400 m
    分   布：福建、广东、广西、湖南、江西、浙江
    濒危等级：VU A2cd
    国家保护：Ⅱ级
    资源利用：原料（木材）

红豆杉属 Taxus L.

灰岩红豆杉
Taxus calcicola L. M. Gao et Mich. Möller
    习   性：常绿乔木或灌木
    海   拔：约1000 m
    国内分布：贵州、云南
    国外分布：越南
    濒危等级：EN A2acd；C1
    国家保护：Ⅰ级
    CITES 附录：Ⅱ

红豆杉
Taxus chinensis(Pilg.) Florin
    习   性：灌木或小乔木
    海   拔：1100～2700 m
    国内分布：安徽、福建、甘肃、广西、贵州、湖北、湖南、陕西、四川、云南、浙江
    国外分布：越南
    濒危等级：VU A1cd
    国家保护：Ⅰ级
    CITES 附录：Ⅱ
    资源利用：原料（木材）

密叶红豆杉
Taxus contorta Griff.
    习   性：常绿乔木或灌木
    国内分布：西藏
    国外分布：阿富汗、巴基斯坦、尼泊尔、印度
    濒危等级：NT

国家保护：Ⅰ级
CITES 附录：Ⅱ

东北红豆杉
Taxus cuspidata Sieb. et Zucc.
- 习　　性：乔木
- 海　　拔：500~1000 m
- 国内分布：黑龙江、吉林、辽宁、陕西
- 国外分布：俄罗斯、韩国、日本
- 濒危等级：LC
- 国家保护：Ⅰ级
- CITES 附录：Ⅱ
- 资源利用：原料（染料，木材，工业用油）；食品（水果）

佛洛琳红豆杉
Taxus florinii Spjut
- 习　　性：常绿乔木或灌木
- 分　　布：四川、云南
- 濒危等级：EN A2cd
- 国家保护：Ⅰ级
- CITES 附录：Ⅱ

南方红豆杉
Taxus mairei(Lemée et H. Lév.)S. Y. Hu
- 习　　性：乔木
- 海　　拔：1000~1200 m
- 国内分布：安徽、福建、甘肃、广东、广西、贵州、河南、湖北、湖南、陕西、四川、台湾、云南、浙江
- 国外分布：菲律宾、马来西亚、缅甸、印度、印度尼西亚
- 濒危等级：NT
- 国家保护：Ⅰ级
- CITES 附录：Ⅱ
- 资源利用：原料（木材）

须弥红豆杉
Taxus wallichiana Zucc.
- 习　　性：灌木或小乔木
- 海　　拔：2000~3500 m
- 国内分布：四川、西藏、云南
- 国外分布：不丹、缅甸、尼泊尔、印度
- 濒危等级：VU A2cd
- 国家保护：Ⅰ级
- CITES 附录：Ⅱ

榧树属 Torreya Arn.

巴山榧树
Torreya fargesii Franch.
- 习　　性：灌木或小乔木
- 海　　拔：1700~3400 m
- 分　　布：安徽、重庆、湖北、湖南、江西、陕西、四川、云南
- 濒危等级：VU A2cd
- 国家保护：Ⅱ级
- 资源利用：原料（木材，工业用油）

榧树
Torreya grandis Fortune ex Lindl.
- 国家保护：Ⅱ级

榧树（原变种）
Torreya grandis var. **grandis**
- 习　　性：乔木
- 海　　拔：200~1400 m
- 分　　布：安徽、福建、广东、贵州、河南、湖北、湖南、江苏、江西、四川、浙江
- 濒危等级：LC
- 国家保护：Ⅱ级
- 资源利用：原料（木材，精油）；食品（种子）

九龙山榧树
Torreya grandis var. **jiulongshanensis** Z. Y. Li
- 习　　性：乔木
- 海　　拔：约 800 m
- 分　　布：浙江
- 濒危等级：CR C2a（i）
- 国家保护：Ⅱ级

长叶榧树
Torreya jackii Chun
- 习　　性：灌木或小乔木
- 海　　拔：100~1350 m
- 分　　布：福建、江西、浙江
- 濒危等级：VU A2cd
- 国家保护：Ⅱ级
- 资源利用：原料（木材）

日本榧树
Torreya nucifera(L.)Siebold et Zucc.
- 习　　性：乔木
- 国内分布：江苏、江西、山东、上海、浙江栽培
- 国外分布：原产日本
- 资源利用：原料（木材）

云南榧树
Torreya yunnanensis W. C. Cheng et L. K. Fu
- 习　　性：灌木或小乔木
- 海　　拔：1500~3400 m
- 分　　布：云南
- 濒危等级：EN B1ab（iii，v）+2ab（iii，v）
- 国家保护：Ⅱ级
- 资源利用：原料（木材，工业用油）

被子植物
Angiosperms

爵床科 ACANTHACEAE
(37属：319种)

老鼠簕属 Acanthus L.

小花老鼠簕
Acanthus ebracteatus Vahl
- 习　　性：灌木
- 国内分布：广东、海南
- 国外分布：澳大利亚、巴布亚新几内亚、缅甸、泰国、印度、印度尼西亚、越南
- 濒危等级：NT B1ab（i, iii）

老鼠簕
Acanthus ilicifolius L.
- 习　　性：灌木
- 国内分布：福建、广东、广西、海南
- 国外分布：澳大利亚、巴布亚新几内亚、菲律宾、柬埔寨、马来西亚、缅甸、斯里兰卡、泰国、印度、印度尼西亚、越南
- 濒危等级：LC
- 资源利用：药用（中草药）

刺苞老鼠簕
Acanthus leucostachyus Wall. ex Nees
- 习　　性：多年生草本
- 海　　拔：600~1200 m
- 国内分布：云南
- 国外分布：老挝、缅甸、泰国、印度、越南
- 濒危等级：LC

穿心莲属 Andrographis Wall. ex Nees

疏花穿心莲
Andrographis laxiflora（Blume）Lindau
- 习　　性：草本或亚灌木
- 海　　拔：200~1500 m
- 国内分布：广西、贵州、海南、云南
- 国外分布：柬埔寨、老挝、马来西亚、缅甸、泰国、印度、印度尼西亚、越南
- 濒危等级：LC

穿心莲
Andrographis paniculata（Burm. f.）Wall. ex Nees
- 习　　性：一年生草本
- 国内分布：安徽、福建、广东、广西、海南、湖北、湖南、江苏、江西、云南、浙江
- 国外分布：原产斯里兰卡、印度；柬埔寨、老挝、马来西亚、缅甸、泰国、印度尼西亚、越南、加勒比海地区栽培或归化
- 资源利用：药用（中草药）

十万错属 Asystasia Blume

宽叶十万错
Asystasia gangetica（L.）T. Anderson

宽叶十万错（原亚种）
Asystasia gangetica subsp. **gangetica**
- 习　　性：多年生草本
- 国内分布：广东、广西、云南
- 国外分布：太平洋岛屿、亚洲热带

小花十万错
Asystasia gangetica subsp. **micrantha**（Nees）Ensermu
- 习　　性：多年生草本
- 国内分布：广东、台湾
- 国外分布：马达加斯加

白接骨
Asystasia neesiana（Wall.）Nees
- 习　　性：多年生草本
- 海　　拔：100~1800 m
- 国内分布：安徽、福建、广东、广西、贵州、湖北、湖南、江苏、江西、四川、台湾、云南、浙江
- 国外分布：老挝、马来西亚、缅甸、泰国、印度、印度尼西亚、越南
- 濒危等级：LC
- 资源利用：药用（中草药）

十万错
Asystasia nemorum Nees
- 习　　性：多年生草本
- 国内分布：广东、广西、云南
- 国外分布：老挝、缅甸、印度、越南
- 濒危等级：LC
- 资源利用：药用（中草药）

囊管花
Asystasia salicifolia Craib
- 习　　性：多年生草本
- 海　　拔：100~1000 m
- 国内分布：云南
- 国外分布：老挝、缅甸、泰国、印度
- 濒危等级：LC

海榄雌属 Avicennia L.

海榄雌
Avicennia marina（Forssk.）Vierh.
- 习　　性：灌木
- 国内分布：福建、广东、海南、台湾
- 国外分布：澳大利亚
- 濒危等级：LC
- 资源利用：动物饲料（饲料）；食品（水果）

假杜鹃属 Barleria L.

假杜鹃
Barleria cristata L.
- 习　　性：亚灌木
- 海　　拔：100~2600 m
- 国内分布：福建、广东、广西、贵州、海南、四川、台湾、云南
- 国外分布：巴基斯坦、不丹、菲律宾、柬埔寨、老挝、缅甸、尼泊尔、斯里兰卡、泰国、新加坡、印度、印度尼西亚、越南

濒危等级：LC
资源利用：药用（中草药）；环境利用（观赏）

全缘萼假杜鹃
Barleria integrisepala H. P. Tsui
习　　性：常绿灌木
海　　拔：1900~2000 m
分　　布：四川
濒危等级：DD

花叶假杜鹃
Barleria lupulina Lindl.
习　　性：灌木
分　　布：广东、广西栽培
资源利用：药用（中草药）

黄花假杜鹃
Barleria prionitis L.
习　　性：灌木
海　　拔：约600 m
国内分布：云南
国外分布：老挝、缅甸、斯里兰卡、泰国、印度、越南
濒危等级：LC

紫萼假杜鹃
Barleria strigosa Willd.
习　　性：亚灌木
海　　拔：约900 m
国内分布：云南
国外分布：不丹、柬埔寨、马来西亚、缅甸、尼泊尔、斯里兰卡、泰国、印度、印度尼西亚、越南
濒危等级：LC

百簕花属 Blepharis Juss.

百簕花
Blepharis maderaspatensis(L.) B. Heyne ex Roth
习　　性：多年生草本
海　　拔：约800 m
国内分布：海南
国外分布：斯里兰卡、印度、越南
濒危等级：LC

色萼花属 Chroesthes Benoist

色萼花
Chroesthes lanceolata(T. Anderson) B. Hansen
习　　性：灌木
海　　拔：200~1400 m
国内分布：广西、云南
国外分布：老挝、缅甸、泰国、越南
濒危等级：LC

鳄嘴花属 Clinacanthus Nees

鳄嘴花
Clinacanthus nutans(Burm. f.) Lindau
习　　性：灌木
海　　拔：700 m以下
国内分布：广东、广西、海南、云南
国外分布：马来西亚、泰国、印度尼西亚、越南
濒危等级：LC
资源利用：药用（中草药）

钟花草属 Codonacanthus Nees

钟花草
Codonacanthus pauciflorus(Nees) Nees
习　　性：多年生草本
海　　拔：100~1500 m
国内分布：福建、广东、广西、贵州、海南、江西、台湾、云南
国外分布：不丹、柬埔寨、缅甸、日本、泰国、印度、越南
濒危等级：LC

秋英爵床属 Cosmianthemum Bremek.

广西秋英爵床
Cosmianthemum guangxiense H. S. Lo et D. Fang
习　　性：草本
海　　拔：约400 m
分　　布：广西
濒危等级：LC

秋英爵床
Cosmianthemum knoxiifolium(C. B. Clarke) B. Hansen
习　　性：灌木
海　　拔：400~500 m
国内分布：海南
国外分布：马来西亚、泰国、越南
濒危等级：LC

海南秋英爵床
Cosmianthemum viriduliflorum(C. Y. Wu et H. S. Lo) H. S. Lo
习　　性：多年生草本
海　　拔：700~1000 m
分　　布：海南
濒危等级：LC

鳔冠花属 Cystacanthus T. Anderson

缩序火焰花
Cystacanthus abbreviatus Craib
习　　性：灌木
国内分布：云南
国外分布：越南
濒危等级：LC

丽江鳔冠花
Cystacanthus affinis W. W. Sm.
习　　性：灌木
海　　拔：1700~2200 m
分　　布：四川、西藏、云南
濒危等级：DD

广西火焰花
Cystacanthus colaniae(Benoist) Y. F. Deng
习　　性：灌木

海　　拔：200~500 m
国内分布：广西、海南、云南
国外分布：越南
濒危等级：LC

鳔冠花
Cystacanthus paniculatus T. Anderson
习　　性：灌木
海　　拔：300~2100 m
国内分布：云南
国外分布：缅甸
濒危等级：LC

金塔火焰花
Cystacanthus pyramidalis Benoist
习　　性：多年生草本
国内分布：海南
国外分布：越南
濒危等级：LC

糙叶火焰花
Cystacanthus vitellinus (Roxb.) Y. F. Deng
习　　性：灌木
海　　拔：200~1100 m
国内分布：云南
国外分布：不丹、缅甸、印度
濒危等级：LC

金江鳔冠花
Cystacanthus yangtsekiangensis (H. Lév.) Rehder
习　　性：灌木
海　　拔：400~500 m
分　　布：云南
濒危等级：LC

滇鳔冠花
Cystacanthus yunnanensis W. W. Sm.
习　　性：灌木
海　　拔：800~1600 m
分　　布：云南
濒危等级：LC

狗肝菜属 Dicliptera Juss.

印度狗肝菜
Dicliptera bupleuroides Nees
习　　性：草本
海　　拔：800~1900 m
国内分布：贵州、四川、云南
国外分布：柬埔寨、老挝、缅甸、泰国、印度、越南
濒危等级：LC

狗肝菜
Dicliptera chinensis (L.) Juss.
习　　性：一年生或二年生草本
海　　拔：1800 m 以下
国内分布：福建、广东、广西、贵州、海南、四川、台湾、云南
国外分布：孟加拉国、印度、越南
濒危等级：LC
资源利用：药用（中草药）

优雅狗肝菜
Dicliptera elegans W. W. Sm.
习　　性：亚灌木
海　　拔：600~2000 m
分　　布：四川、云南
濒危等级：LC

毛狗肝菜
Dicliptera induta W. W. Sm.
习　　性：草本
海　　拔：400~700 m
分　　布：云南
濒危等级：DD

恋岩花属 Echinacanthus Nees

黄花恋岩花
Echinacanthus lofuensis (H. Lév.) J. R. I. Wood
习　　性：灌木
分　　布：广西、贵州

长柄恋岩花
Echinacanthus longipes H. S. Lo et D. Fang
习　　性：多年生草本
海　　拔：500~2000 m
国内分布：广西、云南
国外分布：越南
濒危等级：LC

龙州恋岩花
Echinacanthus longzhouensis H. S. Lo
习　　性：灌木
海　　拔：300~400 m
分　　布：广西
濒危等级：LC

可爱花属 Eranthemum L.

华南可爱花
Eranthemum austrosinense H. S. Lo
习　　性：多年生草本
海　　拔：100~700 m
分　　布：广东、广西、贵州、云南
濒危等级：LC

大叶可爱花
Eranthemum macrophyllum wall. ex Nees
习　　性：灌木
海　　拔：500~1800 cm
国内分布：云南
国外分布：缅甸
濒危等级：LC

喜花草
Eranthemum pulchellum Andrews
习　　性：灌木

海　　拔：100~800 m
国内分布：我国南部和西南部庭院栽培
国外分布：原产印度及喜马拉雅地区
资源利用：环境利用（观赏）

云南可爱花
Eranthemum tetragonum A. Dietrich ex Nees
习　　性：多年生草本
海　　拔：400~800 m
国内分布：云南
国外分布：柬埔寨、老挝、缅甸、泰国、越南
濒危等级：LC

裸柱草属 Gymnostachyum Nees

云南裸柱草
Gymnostachyum listeri Prain
习　　性：多年生草本
海　　拔：200~600 m
国内分布：广西、云南
国外分布：孟加拉国、越南
濒危等级：LC

华裸柱草
Gymnostachyum sinense(H. S. Lo) H. Chu
习　　性：多年生草本
分　　布：广西
濒危等级：LC

矮裸柱草
Gymnostachyum subrosulatum H. S. Lo
习　　性：多年生草本
海　　拔：200~600 m
分　　布：广西
濒危等级：NT

水蓑衣属 Hygrophila R. Br.

连丝草
Hygrophila biplicata(Nees) Sreem.
习　　性：一年生草本
海　　拔：800~1000 m
国内分布：云南
国外分布：缅甸、泰国
濒危等级：DD

小叶水蓑衣
Hygrophila erecta(Burm. f.) Hochr.
习　　性：多年生草本
海　　拔：1000 m 以下
国内分布：广西、海南、云南
国外分布：老挝、缅甸、泰国、印度、越南
濒危等级：LC

毛水蓑衣
Hygrophila phlomoides Nees
习　　性：多年生草本
海　　拔：1200 m 以下
国内分布：云南

国外分布：巴基斯坦、菲律宾、柬埔寨、老挝、缅甸、泰国、印度、印度尼西亚、越南
濒危等级：LC

大安水蓑衣
Hygrophila pogonocalyx Hayata
习　　性：一年生草本
分　　布：台湾
濒危等级：LC

小狮子草
Hygrophila polysperma(Roxb.) T. Anderson
习　　性：一年生草本
海　　拔：600 m 以下
国内分布：广东、广西、台湾、云南
国外分布：不丹、缅甸、斯里兰卡、印度、越南
濒危等级：LC

水蓑衣
Hygrophila ringens(L.) R. Brown ex Spreng.

水蓑衣（原变种）
Hygrophila ringens var. **ringens**
习　　性：多年生草本
海　　拔：1000 m 以下
国内分布：安徽、重庆、福建、广东、广西、贵州、海南、河南、湖北、湖南、江苏、江西、四川、台湾、云南、浙江
国外分布：巴基斯坦、不丹、菲律宾、柬埔寨、老挝、马来西亚、缅甸、尼泊尔、日本、泰国、印度、印度尼西亚、越南
濒危等级：LC
资源利用：药用（中草药）

贵港水蓑衣
Hygrophila ringens var. **longihirsuta**(H. S. Lo et D. Fang) Y. F. Deng
习　　性：多年生草本
海　　拔：200~300 m
分　　布：广西
濒危等级：EN B1ab（i, iii）

枪刀药属 Hypoestes Sol. ex R. Br.

枪刀菜
Hypoestes cumingiana(Nees) Benth. et Hook. f.
习　　性：亚灌木状草本
海　　拔：100~500 m
国内分布：台湾
国外分布：菲律宾
濒危等级：LC

枪刀药
Hypoestes purpurea(L.) R. Br.
习　　性：灌木或多年生草本
海　　拔：海平面至 1200 m
国内分布：广东、广西、海南、台湾
国外分布：菲律宾、老挝
濒危等级：LC

资源利用：药用（中草药）

三花枪刀药
Hypoestes triflora (Forssk.) Roem. et Schult.
习　　性：多年生草本
海　　拔：300~2400 m
国内分布：云南
国外分布：不丹、缅甸、尼泊尔、印度
濒危等级：LC

叉序草属 Isoglossa Oerst.

叉序草
Isoglossa collina (T. Anderson) B. Hansen
习　　性：草本
海　　拔：300~2200 m
国内分布：广东、广西、湖南、江西、西藏、云南
国外分布：不丹、缅甸、印度
濒危等级：LC

光叉序草
Isoglossa glabra (Hand. -Mazz.) B. Hansen
习　　性：草本
海　　拔：约1000 m
分　　布：广西
濒危等级：NT

爵床属 Justicia L.

棱茎爵床
Justicia acutangula H. S. Lo et D. Fang
习　　性：草本
海　　拔：500~700 m
分　　布：广西、贵州
濒危等级：LC

鸭嘴花
Justicia adhatoda L.
习　　性：灌木
国内分布：广东、广西、海南、云南
国外分布：巴基斯坦、马来西亚、尼泊尔、斯里兰卡、印度、印度尼西亚；原产地存疑；广泛分布于热带地区
资源利用：药用（中草药）

绵毛杜根藤
Justicia albovelata W. W. Sm.
习　　性：多年生草本
海　　拔：约2700 m
分　　布：云南
濒危等级：LC

大叶杜根藤
Justicia alboviridis Benoist
习　　性：多年生草本
海　　拔：200~600 m
国内分布：海南
国外分布：越南
濒危等级：LC

钝萼爵床
Justicia amblyosepala D. Fang et H. S. Lo
习　　性：灌木
分　　布：广西
濒危等级：LC

桂南爵床
Justicia austroguangxiensis H. S. Lo et D. Fang
习　　性：草本
海　　拔：300~500 m
分　　布：广西
濒危等级：LC

华南爵床
Justicia austrosinensis H. S. Lo et D. Fang
习　　性：草本
海　　拔：1200~1300 m
分　　布：广东、广西、贵州、江西、云南
濒危等级：LC

虾衣花
Justicia brandegeeana Wassh. et L. B. Sm.
习　　性：多年生草本或常绿亚灌木
国内分布：我国南部栽培
国外分布：美国佛罗里达、墨西哥

心叶爵床
Justicia cardiophylla D. Fang et H. S. Lo
习　　性：草本
海　　拔：400~600 m
国内分布：广西
国外分布：越南
濒危等级：LC

珊瑚花
Justicia carnea Lindl.
习　　性：常绿亚灌木
国内分布：我国南部栽培
国外分布：原产巴西

尾叶爵床
Justicia caudatifolia (H. S. Lo et D. Fang) Z. P. Hao, Y. F. Deng et T. F. Daniel
习　　性：草本
分　　布：广西
濒危等级：LC

圆苞杜根藤
Justicia championii T. Anderson
习　　性：草本
海　　拔：400~2000 m
分　　布：安徽、福建、广东、广西、贵州、海南、湖北、湖南、江西、云南、浙江
濒危等级：LC

大明爵床
Justicia damingensis (H. S. Lo) H. S. Lo
习　　性：草本
海　　拔：300~600 m

分　　布：广西
濒危等级：LC

矮爵床
Justicia demissa N. H. Xia et Y. F. Deng
　　习　　性：草本
　　分　　布：海南
　　濒危等级：LC

小叶散爵床
Justicia diffusa Willd.
　　习　　性：草本
　　国内分布：福建、广东、广西、海南、台湾、云南
　　国外分布：孟加拉国、缅甸、斯里兰卡、泰国、印度、越南

锈背爵床
Justicia ferruginea H. S. Lo et D. Fang
　　习　　性：草本
　　分　　布：广西
　　濒危等级：LC

小驳骨
Justicia gendarussa Burm. f.
　　习　　性：亚灌木
　　国内分布：福建、广东、广西、海南、台湾、香港、云南
　　国外分布：斯里兰卡、印度
　　濒危等级：LC

大爵床
Justicia grossa C. B. Clarke
　　习　　性：灌木
　　海　　拔：400～800 m
　　国内分布：海南
　　国外分布：老挝、马来西亚、缅甸、泰国、越南
　　濒危等级：LC

海南赛爵床
Justicia hainanensis (C. Y. Wu et H. S. Lo) N. H. Xia et Y. F. Deng
　　习　　性：草本
　　海　　拔：200～1100 m
　　分　　布：广东、海南
　　濒危等级：LC

早田氏爵床
Justicia hayatae Yamam.
　　习　　性：草本
　　分　　布：台湾、香港
　　濒危等级：VU

那坡爵床
Justicia kampotiana Benoist
　　习　　性：灌木
　　海　　拔：500～600 m
　　国内分布：广西
　　国外分布：柬埔寨
　　濒危等级：LC

贵州爵床
Justicia kouytcheensis (H. Lév.) E. Hossain
　　习　　性：草本
　　海　　拔：800～1300 m
　　分　　布：贵州、云南
　　濒危等级：LC

广西爵床
Justicia kwangsiensis (H. S. Lo) H. S. Lo
　　习　　性：灌木
　　海　　拔：700 m 以下
　　分　　布：广东、广西、海南
　　濒危等级：LC

紫苞爵床
Justicia latiflora Hemsl.
　　习　　性：草本或灌木
　　海　　拔：600～1800 m
　　分　　布：重庆、贵州、湖北、湖南
　　濒危等级：LC

南岭爵床
Justicia leptostachya Hemsl.
　　习　　性：草本
　　分　　布：广东、广西、湖南
　　濒危等级：LC

广东爵床
Justicia lianshanica (H. S. Lo) H. S. Lo
　　习　　性：草本
　　海　　拔：300～800 m
　　分　　布：广东、广西
　　濒危等级：LC

小齿爵床
Justicia microdonta W. W. Sm.
　　习　　性：灌木
　　海　　拔：800～1200 m
　　分　　布：四川、云南
　　濒危等级：LC

喀西爵床
Justicia mollissima (Nees) Y. F. Deng et T. F. Daniel
　　习　　性：草本
　　海　　拔：2100～2700 m
　　国内分布：云南
　　国外分布：印度
　　濒危等级：LC

狭叶爵床
Justicia neesiana (Nees) T. Anderson
　　习　　性：亚灌木
　　海　　拔：200～800 m
　　国内分布：海南、云南
　　国外分布：老挝、泰国、越南
　　濒危等级：LC

线叶爵床
Justicia neolinearifolia N. H. Xia et Y. F. Deng
　　习　　性：草本
　　国内分布：广东、广西、云南
　　国外分布：泰国

濒危等级：LC

琴叶爵床
Justicia panduriformis Benoist
- 习　　性：灌木
- 国内分布：广西、云南
- 国外分布：越南
- 濒危等级：LC

野靛棵
Justicia patentiflora Hemsl.
- 习　　性：多年生草本
- 海　　拔：500~2400 m
- 国内分布：云南
- 国外分布：越南
- 濒危等级：LC

毛萼爵床
Justicia poilanei Benoist
- 习　　性：灌木
- 海　　拔：1000~2400 m
- 国内分布：云南
- 国外分布：越南
- 濒危等级：LC

爵床
Justicia procumbens L.
- 习　　性：草本
- 海　　拔：0~1500 m
- 国内分布：秦岭以南省区
- 国外分布：大洋洲、亚洲
- 濒危等级：LC
- 资源利用：药用（中草药）

黄花爵床
Justicia pseudospicata H. S. Lo et D. Fang
- 习　　性：多年生草本
- 海　　拔：1300~1700 m
- 分　　布：广西
- 濒危等级：LC

杜根藤
Justicia quadrifaria (Nees) T. Anderson
- 习　　性：草本
- 海　　拔：800~1600 m
- 国内分布：重庆、广东、广西、贵州、海南、湖北、湖南、四川、云南
- 国外分布：老挝、缅甸、泰国、印度、印度尼西亚、越南
- 濒危等级：LC

旱杜根藤
Justicia siccanea W. W. Sm.
- 习　　性：灌木
- 海　　拔：2000~2200 m
- 分　　布：四川、云南
- 濒危等级：LC

椭苞爵床
Justicia simplex D. Don
- 习　　性：一年生草本
- 国内分布：云南
- 国外分布：马来西亚、尼泊尔、日本、印度
- 濒危等级：LC

针子草
Justicia vagabunda Benoist
- 习　　性：灌木
- 海　　拔：500~800 m
- 国内分布：云南
- 国外分布：柬埔寨、越南
- 濒危等级：LC

黑叶小驳骨
Justicia ventricosa Wall. ex Hook. F.
- 习　　性：多年生草本或亚灌木
- 国内分布：广东、广西、海南、香港、云南
- 国外分布：原产柬埔寨、老挝、缅甸、泰国、越南
- 资源利用：药用（中草药）

高山杜根藤
Justicia wardii W. W. Sm.
- 习　　性：灌木
- 海　　拔：约1000 m
- 分　　布：云南
- 濒危等级：LC

黄白杜根藤
Justicia xantholeuca W. W. Sm.
- 习　　性：灌木
- 海　　拔：400~800 m
- 分　　布：云南
- 濒危等级：LC

滇东杜根藤
Justicia xerobatica W. W. Sm.
- 习　　性：亚灌木
- 海　　拔：1200~1400 m
- 分　　布：四川、云南
- 濒危等级：LC

干地杜根藤
Justicia xerophila W. W. Sm.
- 习　　性：草本
- 分　　布：云南
- 濒危等级：LC

木柄杜根藤
Justicia xylopoda W. W. Sm.
- 习　　性：灌木
- 海　　拔：2300~2400 m
- 分　　布：四川、云南
- 濒危等级：LC

滇杜根藤
Justicia yunnanensis W. W. Sm.
- 习　　性：灌木
- 海　　拔：约1600 m
- 分　　布：云南

濒危等级：LC

银脉爵床属 Kudoacanthus Hosok.

银脉爵床
Kudoacanthus albonervosa Hosok.
习　　性：多年生草本
海　　拔：600～700 m
分　　布：台湾
濒危等级：VU D2

鳞花草属 Lepidagathis Willd.

齿叶鳞花草
Lepidagathis fasciculata (Retz.) Nees
习　　性：草本
海　　拔：200～700 m
国内分布：海南、云南
国外分布：老挝、马来西亚、孟加拉国、缅甸、泰国
濒危等级：LC

台湾鳞花草
Lepidagathis formosensis C. B. Clarke ex Hayata
习　　性：草本或亚灌木
海　　拔：100～2300 m
分　　布：广东、台湾
濒危等级：DD

海南鳞花草
Lepidagathis hainanensis H. S. Lo
习　　性：多年生草本
海　　拔：400～800 m
分　　布：广西、海南
濒危等级：LC

卵叶鳞花草
Lepidagathis inaequalis C. B. Clarke ex Elmer
习　　性：草本
海　　拔：100 m 以下
国内分布：台湾
国外分布：菲律宾、日本
濒危等级：LC

鳞花草
Lepidagathis incurva Buch. -Ham. ex D. Don
习　　性：草本
海　　拔：100～2200 m
国内分布：广东、广西、海南、云南
国外分布：孟加拉国、缅甸、泰国、印度、越南
濒危等级：LC
资源利用：药用（中草药）

小琉球鳞花草
Lepidagathis secunda (Blanco) Nees
习　　性：草本
国内分布：台湾
国外分布：菲律宾
濒危等级：EN B2ab (iii)

柳叶鳞花草
Lepidagathis stenophylla C. B. Clarke ex Hayata
习　　性：亚灌木状草本
海　　拔：200～400 m
分　　布：台湾、香港
濒危等级：LC

纤穗爵床属 Leptostachya Nees

纤穗爵床
Leptostachya wallichii Nees
习　　性：草本
海　　拔：900～1600 m
国内分布：广东、广西、海南
国外分布：不丹、老挝、马来西亚、缅甸、泰国、印度、印度尼西亚、越南
濒危等级：LC

太平爵床属 Mackaya Harv.

太平爵床
Mackaya tapingensis (W. W. Sm.) Y. F. Deng et C. Y. Wu
习　　性：多年生草本
海　　拔：600～1800 m
国内分布：云南
国外分布：缅甸
濒危等级：LC

瘤子草属 Nelsonia R. Br.

瘤子草
Nelsonia canescens (Lam.) Spreng.
习　　性：一年生草本
海　　拔：400～2000 m
国内分布：广西、云南
国外分布：不丹、菲律宾、柬埔寨、老挝、马来西亚、缅甸、尼泊尔、泰国、印度、印度尼西亚、越南
濒危等级：LC

蛇根叶属 Ophiorrhiziphyllon Kurz.

蛇根叶
Ophiorrhiziphyllon macrobotryum Kurz
习　　性：草本
海　　拔：100～1300 m
国内分布：云南
国外分布：老挝、缅甸、泰国、越南
濒危等级：LC

地皮消属 Pararuellia Bremek. & Nann. -Bremek.

节翅地皮消
Pararuellia alata H. P. Tsui
习　　性：多年生草本
海　　拔：700～800 m
分　　布：重庆、湖北、云南
濒危等级：LC

罗甸地皮消
Pararuellia cavaleriei (H. Lév.) E. Hossain

习　　性：多年生草本
海　　拔：100～1400 m
分　　布：广西、贵州、云南
濒危等级：LC

地皮消
Pararuellia delavayana(Baill.)E. Hossain
习　　性：多年生草本
海　　拔：700～3000 m
分　　布：贵州、四川、云南
濒危等级：LC

云南地皮消
Pararuellia glomerata Y. M. Shui et W. H. Chen
习　　性：多年生草本
海　　拔：200～500 m
分　　布：云南
濒危等级：DD

海南地皮消
Pararuellia hainanensis C. Y. Wu et H. S. Lo
习　　性：多年生草本
海　　拔：100～600 m
分　　布：广西、海南
濒危等级：LC

观音草属 Peristrophe Nees

观音草
Peristrophe bivalvis(L.)Merr.
习　　性：多年生草本
海　　拔：500～1000 m
国内分布：福建、广东、广西、贵州、海南、湖南、江西、台湾、云南
国外分布：柬埔寨、老挝、马来西亚、泰国、印度、印度尼西亚、越南
濒危等级：LC
资源利用：原料（染料）

野山蓝
Peristrophe fera C. B. Clarke
习　　性：多年生草本
海　　拔：1300 m
国内分布：贵州、海南、云南
国外分布：印度
濒危等级：LC

海南山蓝
Peristrophe floribunda(Hemsl.)C. Y. Wu et H. S. Lo
习　　性：多年生草本
海　　拔：500～1730 m
分　　布：浙江
濒危等级：LC

九头狮子草
Peristrophe japonica(Thunb.)Bremek.
习　　性：多年生草本
海　　拔：1500 m 以下
国内分布：安徽、重庆、福建、广东、广西、贵州、海南、河南、湖北、湖南、江苏、江西、四川、台湾、云南、浙江
国外分布：日本
濒危等级：LC
资源利用：药用（中草药）

五指山蓝
Peristrophe lanceolaria(Roxb.)Nees
习　　性：草本
海　　拔：500～700 m
国内分布：海南、云南
国外分布：老挝、缅甸、泰国、印度、越南
濒危等级：LC

岩观音草
Peristrophe montana Nees
习　　性：草本
海　　拔：500～1300 m
国内分布：海南
国外分布：斯里兰卡、印度
濒危等级：LC

双萼观音草
Peristrophe paniculata(Forssk.)Brummitt
习　　性：多年生草本
海　　拔：600～2200 m
国内分布：广西、四川、云南
国外分布：澳大利亚、巴基斯坦、菲律宾、柬埔寨、马来西亚、缅甸、尼泊尔、泰国、印度、印度尼西亚、越南
濒危等级：LC

糙叶山蓝
Peristrophe strigosa C. Y. Wu et H. S. Lo
习　　性：一年生草本
海　　拔：约600 m
分　　布：海南
濒危等级：DD

天目山蓝
Peristrophe tianmuensis H. S. Lo
习　　性：草本
分　　布：浙江
濒危等级：LC

滇观音草
Peristrophe yunnanensis W. W. Sm.
习　　性：草本
海　　拔：1900～2200 m
分　　布：四川、云南
濒危等级：DD

肾苞草属 Phaulopsis Willd.

肾苞草
Phaulopsis dorsiflora(Retz.)Santapau
习　　性：草本
海　　拔：300～800 m
国内分布：云南

国外分布：不丹、孟加拉国、缅甸、泰国、印度、越南
濒危等级：LC

火焰花属 Phlogacanthus Nees

火焰花
Phlogacanthus curviflorus(Wall.)Nees
习　　性：灌木
海　　拔：400~1600 m
国内分布：西藏、云南
国外分布：不丹、老挝、缅甸、泰国、印度、越南
濒危等级：LC

毛脉火焰花
Phlogacanthus pubinervius T. Anderson
习　　性：灌木或小乔木
海　　拔：700~1500 m
国内分布：广西、贵州、云南
国外分布：不丹、缅甸、印度
濒危等级：LC

山壳骨属 Pseuderanthemum Radlk.

狭叶钩粉草
Pseuderanthemum coudercii Benoist
习　　性：多年生草本或亚灌木
海　　拔：100~400 m
国内分布：海南
国外分布：柬埔寨
濒危等级：LC

云南山壳骨
Pseuderanthemum crenulatum(Wall. ex Lindl.)Radlk.
习　　性：亚灌木或灌木
海　　拔：200~1700 m
国内分布：广西、贵州、云南
国外分布：老挝、马来西亚、泰国、印度、越南
濒危等级：LC

海康钩粉草
Pseuderanthemum haikangense C. Y. Wu et H. S. Lo
习　　性：灌木
海　　拔：200~900 m
分　　布：广东、海南、云南
濒危等级：LC

山壳骨
Pseuderanthemum latifolium(Vahl)B. Hansen
习　　性：多年生草本
海　　拔：100~1600 m
国内分布：广东、广西、海南、云南
国外分布：柬埔寨、老挝、马来西亚、缅甸、泰国、印度、越南
濒危等级：LC

多花山壳骨
Pseuderanthemum polyanthum(C. B. Clarke ex Oliv.)Merr.
习　　性：草本
海　　拔：300~1600 m
国内分布：广西、云南
国外分布：马来西亚、缅甸、泰国、印度、越南
濒危等级：LC

瑞丽山壳骨
Pseuderanthemum shweliense(W. W. Sm.)C. Y. Wu et C. C. Hu
习　　性：灌木
海　　拔：1200~1800 m
分　　布：云南
濒危等级：LC

红河山壳骨
Pseuderanthemum teysmannii(Miq.)Ridl.
习　　性：灌木
海　　拔：100~300 m
国内分布：云南
国外分布：泰国、印度尼西亚
濒危等级：LC

灵芝草属 Rhinacanthus Nees

滇灵枝草
Rhinacanthus beesianus Diels
习　　性：灌木
海　　拔：2100~2400 m
分　　布：云南
濒危等级：LC

灵枝草
Rhinacanthus nasutus(L.)Kurz
习　　性：多年生草本或亚灌木
海　　拔：700 m 以下
国内分布：广东、海南、云南
国外分布：菲律宾、柬埔寨、老挝、马达加斯加、马来西亚、缅甸、斯里兰卡、泰国、印度、印度尼西亚、越南
资源利用：药用（中草药）

芦莉草属 Ruellia L.

赛山蓝
Ruellia blechum L.
习　　性：多年生草本
国内分布：台湾归化
国外分布：原产热带美洲

楠草
Ruellia repens L.
习　　性：多年生草本
海　　拔：100~900 m
国内分布：广东、广西、海南、台湾、云南
国外分布：巴布亚新几内亚、菲律宾、马来西亚、缅甸、泰国、印度尼西亚、越南
濒危等级：DD

芦莉草
Ruellia tuberosa L.
习　　性：多年生草本

国内分布：台湾、云南归化
国外分布：原产热带美洲

飞来蓝
Ruellia venusta Hance
习　　性：多年生草本
海　　拔：100~800 m
分　　布：安徽、福建、广东、广西、湖北、湖南、江西
濒危等级：LC

孩儿草属 Rungia Nees

腋花孩儿草
Rungia axilliflora H. S. Lo
习　　性：草本
海　　拔：400~700 m
分　　布：广西、贵州
濒危等级：LC

囊花孩儿草
Rungia bisaccata D. Fang et H. S. Lo
习　　性：草本
分　　布：广西
濒危等级：NT

中华孩儿草
Rungia chinensis Benth.
习　　性：草本
海　　拔：300~1200 m
国内分布：安徽、福建、广东、广西、江西、台湾、浙江
国外分布：越南
濒危等级：LC

密花孩儿草
Rungia densiflora H. S. Lo
习　　性：草本
海　　拔：400~800 m
分　　布：安徽、广东、江西、浙江
濒危等级：LC

广西孩儿草
Rungia guangxiensis H. S. Lo et D. Fang
习　　性：草本
海　　拔：500~600 m
分　　布：广西
濒危等级：DD

金沙鼠尾黄
Rungia hirpex Benoist
习　　性：草本
海　　拔：500~600 m
分　　布：云南
濒危等级：LC

长柄孩儿草
Rungia longipes D. Fang et H. S. Lo
习　　性：草本
分　　布：广西
濒危等级：DD

矮孩儿草
Rungia mina H. S. Lo
习　　性：草本
海　　拔：约1400 m
分　　布：云南
濒危等级：LC

中越孩儿草
Rungia monetaria(Benoist)B. Hansen
习　　性：多年生草本
海　　拔：300~900 m
国内分布：云南
国外分布：越南
濒危等级：LC

那坡孩儿草
Rungia napoensis D. Fang et H. S. Lo
习　　性：草本
海　　拔：200~500 m
分　　布：广西
濒危等级：NT

孩儿草
Rungia pectinata(L.)Nees
习　　性：一年生或多年生草本
海　　拔：200~1900 m
国内分布：广东、广西、海南、云南
国外分布：不丹、老挝、孟加拉国、缅甸、尼泊尔、斯里兰卡、泰国、印度、越南
濒危等级：LC
资源利用：药用（中草药）

屏边孩儿草
Rungia pinpienensis H. S. Lo
习　　性：草本
海　　拔：900~1900 m
分　　布：云南
濒危等级：LC

尖苞孩儿草
Rungia pungens D. Fang et H. S. Lo
习　　性：草本
海　　拔：600~1000 m
分　　布：广西、云南
濒危等级：LC

葡匐鼠尾黄
Rungia stolonifera C. B. Clarke
习　　性：草本
海　　拔：200~2300 m
国内分布：云南
国外分布：孟加拉国、印度
濒危等级：LC

台湾明萼草
Rungia taiwanensis T. Yamaz.
习　　性：草本

海　　拔：1000～1500 m
分　　布：台湾
濒危等级：LC

云南孩儿草
Rungia yunnanensis H. S. Lo
　　习　　性：草本
　　海　　拔：400～1000 m
　　分　　布：云南
　　濒危等级：LC

黄脉爵床属 Sanchezia Ruiz et Pav.

小苞黄脉爵床
Sanchezia parvibracteata Sprague et Hutch.
　　习　　性：草本
　　国内分布：广东、香港
　　国外分布：原产中美洲

叉柱花属 Staurogyne Wall.

短穗叉柱花
Staurogyne brachystachya Benoist
　　习　　性：一年生或多年生草本
　　海　　拔：800～1200 m
　　国内分布：广西、云南
　　国外分布：越南
　　濒危等级：LC

弯花叉柱花
Staurogyne chapaensis Benoist
　　习　　性：一年生或多年生草本
　　海　　拔：1000～2000 m
　　国内分布：广东、广西、湖南、云南
　　国外分布：越南
　　濒危等级：LC

叉柱花
Staurogyne concinnula (Hance) Kuntze
　　习　　性：多年生草本
　　海　　拔：500～1100 m
　　国内分布：福建、广东、海南、台湾
　　国外分布：日本
　　濒危等级：LC

菲律宾哈哼花
Staurogyne debilis (T. Anderson) C. B. Clarke ex Merr.
　　习　　性：一年生或多年生草本
　　海　　拔：300～400 m
　　国内分布：台湾
　　国外分布：菲律宾
　　濒危等级：VU D1

海南叉柱花
Staurogyne hainanensis C. Y. Wu et H. S. Lo
　　习　　性：多年生草本
　　海　　拔：600～900 m
　　分　　布：海南
　　濒危等级：LC

灰背叉柱花
Staurogyne hypoleuca Benoist
　　习　　性：一年生或多年生草本
　　海　　拔：300～1800 m
　　国内分布：云南
　　国外分布：越南
　　濒危等级：LC

楔叶叉柱花
Staurogyne longicuneata H. S. Lo
　　习　　性：一年生或多年生草本
　　海　　拔：100～400 m
　　分　　布：云南
　　濒危等级：LC

保亭叉柱花
Staurogyne paotingensis C. Y. Wu et H. S. Lo
　　习　　性：一年生草本
　　海　　拔：约300 m
　　分　　布：海南
　　濒危等级：LC

中越叉柱花
Staurogyne petelotii Benoist
　　习　　性：一年生或多年生草本
　　海　　拔：1400～1700 m
　　国内分布：云南
　　国外分布：越南
　　濒危等级：LC

瘦叉柱花
Staurogyne rivularis Merr.
　　习　　性：一年生或多年生草本
　　海　　拔：200～1800 m
　　国内分布：海南、云南
　　国外分布：越南
　　濒危等级：LC

大花叉柱花
Staurogyne sesamoides (Hand.-Mazz.) B. L. Burtt
　　习　　性：一年生或多年生草本
　　海　　拔：800 m以下
　　国内分布：广东、广西
　　国外分布：越南
　　濒危等级：LC

金长莲
Staurogyne sichuanica H. S. Lo
　　习　　性：一年生或多年生草本
　　海　　拔：500～600 m
　　分　　布：四川
　　濒危等级：LC

中华叉柱花
Staurogyne sinica C. Y. Wu et H. S. Lo
　　习　　性：一年生草本
　　海　　拔：500～1200 m
　　分　　布：广东、海南
　　濒危等级：LC

狭叶叉柱花
Staurogyne stenophylla Merr. et Chun
- 习　　性：多年生草本
- 海　　拔：1000～2000 m
- 分　　布：海南
- 濒危等级：LC

琼海叉柱花
Staurogyne strigosa C. Y. Wu et H. S. Lo
- 习　　性：一年生草本
- 海　　拔：200 m 以下
- 分　　布：海南
- 濒危等级：LC

密长叉柱花
Staurogyne vicina Benoist
- 习　　性：一年生或多年生草本
- 国内分布：云南
- 国外分布：越南
- 濒危等级：LC

云南叉柱花
Staurogyne yunnanensis H. S. Lo
- 习　　性：一年生或多年生草本
- 分　　布：云南
- 濒危等级：LC

马蓝属 Strobilanthes Blume

矩尖马蓝
Strobilanthes abbreviata Y. F. Deng et J. R. I. Wood
- 习　　性：灌木
- 海　　拔：200～1500 m
- 国内分布：云南
- 国外分布：柬埔寨、缅甸、泰国、印度、越南
- 濒危等级：LC

紧贴马蓝
Strobilanthes adpressa J. R. I. Wood
- 习　　性：亚灌木
- 海　　拔：1500～1800 m
- 国内分布：云南
- 国外分布：越南
- 濒危等级：LC

肖笼鸡
Strobilanthes affinis (Griff.) Terao ex J. R. I. Wood et J. R. Benn.
- 习　　性：草本
- 海　　拔：600～1300 m
- 国内分布：广西、贵州、湖南、云南
- 国外分布：缅甸、印度、越南
- 濒危等级：LC

海南马蓝
Strobilanthes anamiticus Kuntze
- 习　　性：草本
- 海　　拔：400～1800 m
- 国内分布：广西、海南、云南
- 国外分布：越南
- 濒危等级：LC

山一笼鸡
Strobilanthes aprica (Hance) T. Anderson
- 习　　性：灌木或多年生草本
- 海　　拔：2200 m 以下
- 国内分布：广东、广西、贵州、江西、四川、云南
- 国外分布：柬埔寨、老挝、缅甸、泰国、越南
- 濒危等级：LC

银毛马蓝
Strobilanthes argentea J. B. Imlay
- 习　　性：亚灌木
- 海　　拔：1100～1700 m
- 国内分布：云南
- 国外分布：泰国
- 濒危等级：LC

翅柄马蓝
Strobilanthes atropurpurea Nees

翅柄马蓝（原变种）
Strobilanthes atropurpurea var. **atropurpurea**
- 习　　性：多年生草本
- 海　　拔：700～2900 m
- 国内分布：重庆、广东、广西、贵州、湖北、湖南、江西、四川、台湾、西藏、云南、浙江
- 国外分布：巴基斯坦、不丹、缅甸、尼泊尔、印度、越南
- 濒危等级：LC

镇宁马蓝
Strobilanthes atropurpurea var. **stenophylla** (C. B. Clarke) Y. F. Deng et J. R. I. Wood
- 习　　性：多年生草本
- 国内分布：贵州
- 国外分布：印度
- 濒危等级：LC

景东马蓝
Strobilanthes atroviridis Y. F. Deng et J. R. I. Wood
- 习　　性：亚灌木
- 海　　拔：2100～2400 m
- 分　　布：云南
- 濒危等级：LC

耳叶马蓝
Strobilanthes auriculata Nees

耳叶马蓝（原变种）
Strobilanthes auriculata var. **auriculata**
- 习　　性：亚灌木
- 海　　拔：300～1500 m
- 国内分布：广西、云南
- 国外分布：巴基斯坦、马来西亚、孟加拉国、缅甸、尼泊尔、泰国、印度
- 濒危等级：LC

红背耳叶马蓝
Strobilanthes auriculata var. **dyeriana** (Mast.) J. R. I. Wood
- 习　　性：亚灌木

国内分布：广东、云南栽培
国外分布：原产缅甸、越南

华南马蓝
Strobilanthes austrosinensis Y. F. Deng et J. R. I. Wood
习　　性：多年生草本
海　　拔：100~1500 m
分　　布：广东、广西、湖南、江西
濒危等级：LC

桂越马蓝
Strobilanthes bantonensis Lindau
习　　性：灌木
海　　拔：600~1500 m
国内分布：广西
国外分布：越南
濒危等级：LC

湖南马蓝
Strobilanthes biocullata Y. F. Deng et J. R. I. Wood
习　　性：亚灌木
海　　拔：200~800 m
分　　布：广东、广西、湖南
濒危等级：LC

双萼马蓝
Strobilanthes bipartita Terao ex J. R. I. Wood
习　　性：亚灌木
海　　拔：300~900 m
国内分布：云南
国外分布：老挝
濒危等级：VU B1ab（i, iii）

折苞马蓝
Strobilanthes brunnescens Benoist
习　　性：亚灌木
海　　拔：300~500 m
国内分布：广西、云南
国外分布：越南
濒危等级：LC

头花马蓝
Strobilanthes capitata（Nees）T. Anderson
习　　性：多年生草本或亚灌木
海　　拔：900~1700 m
国内分布：西藏
国外分布：不丹、缅甸、尼泊尔、印度
濒危等级：LC

黄球花
Strobilanthes chinensis（Nees）J. R. I. Wood et Y. F. Deng
习　　性：草本或亚灌木
海　　拔：海平面至1300 m
国内分布：广东、广西、海南、云南
国外分布：柬埔寨、老挝、越南
濒危等级：LC

金三角马蓝
Strobilanthes chrysodelta J. R. I. Wood
习　　性：多年生草本
海　　拔：2100~2400 m
国内分布：云南
国外分布：缅甸
濒危等级：DD

奇瓣马蓝
Strobilanthes cognata Benoist
习　　性：草本
海　　拔：1200~1400 m
分　　布：贵州、湖北、湖南
濒危等级：LC

密苞马蓝
Strobilanthes compacta D. Fang et H. S. Lo
习　　性：亚灌木
海　　拔：200~300 m
分　　布：广东、广西
濒危等级：VU B2ab（i, ii）

密序马蓝
Strobilanthes congesta Terao
习　　性：亚灌木
海　　拔：1600~1800 m
国内分布：云南
国外分布：缅甸
濒危等级：LC

四苞马蓝
Strobilanthes cruciata（Bremek.）Terao
习　　性：亚灌木
海　　拔：800~1500 m
国内分布：海南、西藏、云南
国外分布：缅甸、泰国、印度、印度尼西亚
濒危等级：LC

直立半插花
Strobilanthes cumingiana（Nees）Y. F. Deng et J. R. I. Wood
习　　性：草本
海　　拔：100~300 m
国内分布：台湾
国外分布：菲律宾、马来西亚、印度尼西亚
濒危等级：LC

楔叶马蓝
Strobilanthes cuneata（Shakya）J. R. I. Wood
习　　性：草本
海　　拔：约2500 m
国内分布：西藏
国外分布：尼泊尔
濒危等级：LC

板蓝
Strobilanthes cusia（Nees）Kuntze
习　　性：草本
海　　拔：100~2000 m
国内分布：福建、广东、广西、贵州、海南、湖南、四川、台湾、云南、浙江
国外分布：不丹、老挝、孟加拉国、缅甸、泰国、印度、越南
濒危等级：LC

资源利用：药用（中草药）；原料（染料）

环毛马蓝
Strobilanthes cyclus C. B. Clarke ex W. W. Sm.
习　　性：亚灌木
海　　拔：1800～2300 m
分　　布：云南
濒危等级：LC

弯花马蓝
Strobilanthes cyphantha Diels
习　　性：亚灌木
海　　拔：1200～3200 m
分　　布：甘肃、四川、西藏、云南
濒危等级：LC

串花马蓝
Strobilanthes cystolithigera Lindau
习　　性：亚灌木
海　　拔：800～1200 m
国内分布：广西、海南、云南
国外分布：越南
濒危等级：LC

曲枝假蓝
Strobilanthes dalzielii(W. W. Sm.) Benoist
习　　性：多年生草本或亚灌木
海　　拔：400～1200 m
国内分布：福建、广东、广西、贵州、海南、湖北、湖南、江西、台湾、云南
国外分布：老挝、泰国、越南
濒危等级：LC

球花马蓝
Strobilanthes dimorphotricha Hance

球花马蓝（原亚种）
Strobilanthes dimorphotricha subsp. **dimorphotricha**
习　　性：多年生草本
海　　拔：200～2200 m
国内分布：重庆、福建、广东、广西、贵州、海南、湖北、湖南、江西、四川、台湾、云南、浙江
国外分布：印度、越南
濒危等级：LC

泰国马蓝
Strobilanthes dimorphotricha subsp. **rex**(C. B. Clarke) J. R. I. Wood
习　　性：多年生草本
海　　拔：600～1600 m
国内分布：云南
国外分布：老挝、缅甸、泰国、越南
濒危等级：LC

异色马蓝
Strobilanthes discolor(Nees)T. Anderson
习　　性：亚灌木
国内分布：西藏
国外分布：印度

濒危等级：LC

林马蓝
Strobilanthes dryadum Benoist
习　　性：草本
海　　拔：1300～2500 m
分　　布：广西、云南
濒危等级：LC

长苞马蓝
Strobilanthes echinata Nees
习　　性：草本
海　　拔：100～2200 m
国内分布：广东、广西、云南
国外分布：不丹、柬埔寨、老挝、马来西亚、缅甸、泰国、印度、印度尼西亚、越南
濒危等级：LC

白头马蓝
Strobilanthes esquirolii H. Lév.
习　　性：亚灌木
海　　拔：200～800 m
国内分布：贵州、云南
国外分布：老挝、泰国、越南
濒危等级：LC

腾冲马蓝
Strobilanthes euantha J. R. I. Wood
习　　性：多年生草本
海　　拔：1500～2100 m
国内分布：云南
国外分布：缅甸
濒危等级：DD

棒果马蓝
Strobilanthes extensa(Nees)Nees
习　　性：亚灌木
海　　拔：1900～2200 m
国内分布：四川、云南
国外分布：不丹、尼泊尔、印度
濒危等级：LC

冯氏马蓝
Strobilanthes fengiana Y. F. Deng et J. R. I. Wood
习　　性：亚灌木
海　　拔：1200～1800 m
分　　布：云南
濒危等级：LC

锈背马蓝
Strobilanthes ferruginea D. Fang et H. S. Lo
习　　性：灌木
海　　拔：400～800 m
分　　布：广西
濒危等级：LC

流苏马蓝
Strobilanthes fimbriata Nees
习　　性：灌木

海　　拔：约1000 m
国内分布：西藏
国外分布：孟加拉国、缅甸、印度
濒危等级：LC

城口马蓝
Strobilanthes flexa Benoist
习　　性：草本
海　　拔：1400～3600 m
分　　布：重庆、贵州、湖北、四川、云南
濒危等级：LC

曲茎马蓝
Strobilanthes flexicaulis Hayata
习　　性：亚灌木
海　　拔：200～2300 m
国内分布：台湾
国外分布：日本
濒危等级：LC

溪畔黄球花
Strobilanthes fluviatilis(C. B. Clark ex W. W. Sm.) Moylan et Y. F. Deng
习　　性：草本
海　　拔：200～800 m
国内分布：广西、贵州、云南
国外分布：缅甸、泰国
濒危等级：LC

台湾马蓝
Strobilanthes formosanus S. Moore
习　　性：多年生草本
海　　拔：700～2300 m
分　　布：台湾
濒危等级：LC

腺毛马蓝
Strobilanthes forrestii Diels
习　　性：草本
海　　拔：约3000 m
分　　布：云南
濒危等级：LC

腺苞马蓝
Strobilanthes glandibracteata D. Fang et H. S. Lo
习　　性：草本
海　　拔：400～600 m
分　　布：广西
濒危等级：DD

球序马蓝
Strobilanthes glomerata(Nees)T. Anderson
习　　性：亚灌木
海　　拔：1000～1500 m
国内分布：西藏
国外分布：印度、印度尼西亚
濒危等级：LC

广西马蓝
Strobilanthes guangxiensis S. Z. Huang
习　　性：多年生草本

海　　拔：200～400 m
分　　布：广西
濒危等级：DD

叉花草
Strobilanthes hamiltoniana(Steud.)Bosser et Heine
习　　性：灌木
海　　拔：800～2000 m
国内分布：西藏
国外分布：不丹、缅甸、尼泊尔、印度
濒危等级：LC

曲序马蓝
Strobilanthes helicta T. Anderson
习　　性：亚灌木
海　　拔：1700～2200 m
国内分布：西藏、云南
国外分布：不丹、缅甸、尼泊尔、印度
濒危等级：LC

南一笼鸡
Strobilanthes henryi Hemsl.
习　　性：亚灌木
海　　拔：1000～2800 m
分　　布：重庆、贵州、湖北、湖南、四川、西藏、云南
濒危等级：LC

异序马蓝
Strobilanthes heteroclita D. Fang et H. S. Lo
习　　性：草本或亚灌木
海　　拔：100～500 m
分　　布：广西
濒危等级：VU B1ab（i，iii）

红毛马蓝
Strobilanthes hossei C. B. Clarke
习　　性：草本或亚灌木
海　　拔：1000～1800 m
国内分布：广西、云南
国外分布：老挝、马来西亚、缅甸、泰国、印度尼西亚、越南
濒危等级：LC

湖北马蓝
Strobilanthes hupehensis W. W. Sm.
习　　性：草本
海　　拔：200～1800 m
分　　布：湖北、湖南
濒危等级：LC

锡金马蓝
Strobilanthes inflata T. Anderson

锡金马蓝（原变种）
Strobilanthes inflata var. **inflata**
习　　性：草本
海　　拔：约1700 m
国内分布：云南
国外分布：不丹、缅甸、尼泊尔、印度
濒危等级：LC

铜毛马蓝
Strobilanthes inflata var. **aenobarba**(W. W. Sm.)J. R. I. Wood et Y. F. Deng
习　　性：草本
海　　拔：2300~3200 m
国内分布：西藏、云南
国外分布：缅甸、印度尼西亚
濒危等级：LC

贡山马蓝
Strobilanthes inflata var. **gongshanensis**(H. P. Tusi)J. R. I. Wood et Y. F. Deng
习　　性：草本
海　　拔：1900~2200 m
国内分布：云南
国外分布：缅甸、印度尼西亚
濒危等级：LC

日本马蓝
Strobilanthes japonica(Thunb.)Miq.
习　　性：直立草本
海　　拔：500~1100 m
国内分布：重庆、贵州、湖北、湖南、四川
国外分布：日本栽培
濒危等级：LC

合页草
Strobilanthes kingdonii J. R. I. Wood
习　　性：亚灌木
海　　拔：1500~2800 m
分　　布：西藏、云南
濒危等级：LC

薄叶马蓝
Strobilanthes labordei H. Lév.
习　　性：匍匐草本
海　　拔：400~1800 m
分　　布：福建、广东、广西、贵州、湖南、江西
濒危等级：LC

白毛马蓝
Strobilanthes lachenensis C. B. Clarke
习　　性：草本
海　　拔：1800~3400 m
国内分布：四川、西藏、云南
国外分布：不丹、尼泊尔、印度
濒危等级：LC

莴苣叶紫云菜
Strobilanthes lactucifolia H. Lév.
习　　性：草本或亚灌木
分　　布：贵州

蒙自马蓝
Strobilanthes lamiifolia(Nees)T. Anderson
习　　性：草本
海　　拔：1000~2600 m
国内分布：贵州、四川、西藏、云南
国外分布：不丹、尼泊尔、印度
濒危等级：LC

野芝麻马蓝
Strobilanthes lamium C. B. Clarke ex W. W. Sm.
习　　性：草本
海　　拔：800~1500 m
分　　布：重庆、湖北、湖南
濒危等级：LC

兰屿马蓝
Strobilanthes lanyuensis Seok, C. F. Hsieh et J. Murata
习　　性：亚灌木
海　　拔：200~1000 m
分　　布：台湾
濒危等级：LC

闭花马蓝
Strobilanthes larium Hand.-Mazz.
习　　性：草本
海　　拔：600~2700 m
分　　布：重庆、湖北、湖南、四川
濒危等级：LC

薄萼马蓝
Strobilanthes latisepalus Hemsl
习　　性：多年生草本
分　　布：湖北
濒危等级：LC

李恒马蓝
Strobilanthes lihengiae Y. F. Deng et J. R. I. Wood
习　　性：多年生草本
海　　拔：约2000 m
分　　布：云南
濒危等级：LC

弄岗马蓝
Strobilanthes longgangensis D. Fang et H. S. Lo
习　　性：亚灌木
海　　拔：300~600 m
分　　布：广西
濒危等级：LC

长花马蓝
Strobilanthes longiflora Benoist
习　　性：草本
海　　拔：700~1500 m
分　　布：云南
濒危等级：LC

长穗腺背蓝
Strobilanthes longispica(H. P. Tsui)J. R. I. Wood et Y. F. Deng
习　　性：草本
海　　拔：1300~1600 m
国内分布：云南
国外分布：缅甸
濒危等级：NT

长穗马蓝
Strobilanthes longispicatus Hayata
习　　性：灌木
海　　拔：200~1000 m
分　　布：台湾

濒危等级：LC

龙州马蓝
Strobilanthes longzhouensis H. S. Lo et D. Fang
习　　性：灌木
海　　拔：200～500 m
国内分布：广西、海南
国外分布：越南
濒危等级：LC

瑞丽叉花草
Strobilanthes mastersii T. Anderson
习　　性：草本
海　　拔：约1500 m
国内分布：西藏、云南
国外分布：印度
濒危等级：LC

墨脱马蓝
Strobilanthes medogensis (H. W. Li) J. R. I. Wood et Y. F. Deng
习　　性：亚灌木
海　　拔：1900～2500 m
分　　布：西藏
濒危等级：LC

卵叶马蓝
Strobilanthes mogokensis Lace
习　　性：亚灌木
海　　拔：600～800 m
国内分布：云南
国外分布：缅甸
濒危等级：DD

尾苞马蓝
Strobilanthes mucronato-producta Lindau
习　　性：灌木
海　　拔：400～700 m
国内分布：广西、云南
国外分布：越南
濒危等级：LC

分枝马蓝
Strobilanthes multidens C. B. Clarke
习　　性：亚灌木
海　　拔：1500～2000 m
国内分布：西藏
国外分布：不丹、尼泊尔、印度
濒危等级：LC

鼠尾马蓝
Strobilanthes myura Benoist
习　　性：灌木
海　　拔：600～800 m
分　　布：贵州
濒危等级：LC

琴叶马蓝
Strobilanthes nemorosa Benoist
习　　性：草本
海　　拔：1900～3400 m
分　　布：四川、云南

濒危等级：LC

宁明马蓝
Strobilanthes ningmingensis D. Fang et H. S. Lo
习　　性：草本或亚灌木
海　　拔：200～300 m
分　　布：广西
濒危等级：DD

沙坝马蓝
Strobilanthes nobilis C. B. Clarke
习　　性：多年生草本
海　　拔：1100～1800 m
国内分布：云南
国外分布：缅甸、印度、越南
濒危等级：NT

少花马蓝
Strobilanthes oliganthus Miq.
习　　性：草本
海　　拔：100～800 m
国内分布：安徽、福建、江西、浙江
国外分布：朝鲜、日本
濒危等级：LC

菱叶马蓝
Strobilanthes oligocephala T. Anderson ex C. B. Clarke
习　　性：亚灌木
海　　拔：2600～2800 m
国内分布：西藏
国外分布：不丹、尼泊尔、印度
濒危等级：LC

山马蓝
Strobilanthes oresbia W. W. Sm.
习　　性：草本
海　　拔：1600～3300 m
国内分布：重庆、四川、西藏、云南
国外分布：缅甸、印度
濒危等级：LC

滇西马蓝
Strobilanthes ovata Y. F. Deng et J. R. I. Wood
习　　性：多年生草本
海　　拔：1600～2200 m
分　　布：云南
濒危等级：LC

卵苞马蓝
Strobilanthes ovatibracteata H. S. Lo et D. Fang
习　　性：草本或亚灌木
海　　拔：300～900 m
分　　布：广西
濒危等级：DD

尖萼马蓝
Strobilanthes oxycalycina J. R. I. Wood
习　　性：亚灌木
海　　拔：600～1000 m
分　　布：西藏
濒危等级：LC

小叶马蓝
Strobilanthes parvifolia J. R. I. Wood
 习 性：多年生草本
 海 拔：约1600 m
 分 布：西藏
 濒危等级：LC

翅枝马蓝
Strobilanthes pateriformis Lindau
 习 性：草本
 海 拔：400~1700 m
 国内分布：广西、贵州、海南、四川、云南
 国外分布：老挝、泰国、印度尼西亚、越南
 濒危等级：LC

圆苞马蓝
Strobilanthes penstemonoides (Nees) T. Anderson
 习 性：草本
 海 拔：2100~2300 m
 国内分布：西藏、云南
 国外分布：不丹、尼泊尔、印度
 濒危等级：LC

松林马蓝
Strobilanthes pinetorum W. W. Sm.
 习 性：亚灌木
 海 拔：约2000 m
 分 布：云南
 濒危等级：LC

羽裂马蓝
Strobilanthes pinnatifidus C. Z. Zheng
 习 性：多年生草本
 海 拔：600~700 m
 分 布：浙江
 濒危等级：LC

多脉马蓝
Strobilanthes polyneuros C. B. Clarke ex W. W. Sm.
 习 性：灌木
 海 拔：200~1600 m
 国内分布：云南
 国外分布：缅甸、泰国、越南
 濒危等级：LC

金佛山马蓝
Strobilanthes procumbens Y. F. Deng et J. R. I. Wood
 习 性：多年生草本
 海 拔：800~1000 m
 分 布：重庆
 濒危等级：LC

阳朔马蓝
Strobilanthes pseudocollina K. J. He et D. H. Qin
 习 性：多年生草本
 海 拔：100~300 m
 分 布：广西
 濒危等级：VU B2ab (i, ii)

延苞马蓝
Strobilanthes pteroclada Benoist
 习 性：多年生草本或亚灌木
 海 拔：300~900 m
 国内分布：广西、贵州
 国外分布：越南
 濒危等级：LC

翅轴马蓝
Strobilanthes pterygorrhachis C. B. Clarke
 习 性：亚灌木
 海 拔：约1800 m
 国内分布：西藏
 国外分布：印度
 濒危等级：LC

四列马蓝
Strobilanthes quadrifaria (Wall. ex Nees) Y. F. Deng
 习 性：亚灌木
 海 拔：500~900 m
 国内分布：云南
 国外分布：老挝、缅甸、泰国
 濒危等级：LC

兰嵌马蓝
Strobilanthes rankanensis Hayata
 习 性：草本
 海 拔：600~1700 m
 分 布：台湾
 濒危等级：LC

凹苞马蓝
Strobilanthes retusa D. Fang
 习 性：草本
 海 拔：500~600 m
 分 布：广西
 濒危等级：EN B2ab (i, ii)

短柄马蓝
Strobilanthes rhombifolia C. B. Clarke
 习 性：草本或亚灌木
 国内分布：西藏
 国外分布：印度
 濒危等级：LC

西畴马蓝
Strobilanthes rostrata Y. F. Deng et J. R. I. Wood
 习 性：多年生草本
 海 拔：1400~1600 m
 分 布：云南
 濒危等级：LC

红色马蓝
Strobilanthes rubescens T. Anderson
 习 性：亚灌木
 海 拔：约1900 m
 国内分布：云南
 国外分布：不丹、印度

濒危等级：DD

菜头肾
Strobilanthes sarcorrhiza(C. Ling)C. Z. Cheng ex Y. F. Deng et N. H. Xia
习　　性：多年生草本
海　　拔：200～600 m
分　　布：浙江
濒危等级：LC
资源利用：药用（中草药）

偏花马蓝
Strobilanthes secunda T. Anderson
习　　性：灌木
国内分布：西藏
国外分布：缅甸
濒危等级：LC

齿叶马蓝
Strobilanthes serrata J. B. Imlay
习　　性：亚灌木
海　　拔：700～1600 m
国内分布：云南
国外分布：缅甸、泰国
濒危等级：LC

西蒙马蓝
Strobilanthes simonsii T. Anderson
习　　性：亚灌木
海　　拔：1300～1700 m
国内分布：西藏
国外分布：不丹、印度
濒危等级：LC

安龙马蓝
Strobilanthes sinica(H. S. Lo)Y. F. Deng
习　　性：草本
海　　拔：约1300 m
分　　布：贵州
濒危等级：DD

美丽马蓝
Strobilanthes speciosa Blume
习　　性：亚灌木或草本
海　　拔：500～1800 m
国内分布：云南
国外分布：柬埔寨、老挝、缅甸、泰国、印度尼西亚、越南
濒危等级：LC

黄连山马蓝
Strobilanthes spiciformis Y. F. Deng et J. R. I. Wood
习　　性：亚灌木
海　　拔：1200～2400 m
分　　布：云南
濒危等级：LC

匍枝马蓝
Strobilanthes stolonifera Benoist
习　　性：亚灌木
海　　拔：1800～2400 m
分　　布：云南
濒危等级：LC

糙毛马蓝
Strobilanthes strigosa D. Fang et H. S. Lo
习　　性：亚灌木
海　　拔：400～600 m
分　　布：广西
濒危等级：DD

四川马蓝
Strobilanthes szechuanica(Batalin)J. R. I. Wood et Y. F. Deng
习　　性：草本
海　　拔：700～1500 m
分　　布：四川
濒危等级：LC

毛冠马蓝
Strobilanthes tamburensis C. B. Clarke
习　　性：多年生草本
海　　拔：1200～2100 m
国内分布：西藏
国外分布：不丹、尼泊尔、印度
濒危等级：LC

陶氏马蓝
Strobilanthes taoana Y. F. Deng et J. R. I. Wood
习　　性：亚灌木
海　　拔：约2200 m
分　　布：云南
濒危等级：LC

结壮马蓝
Strobilanthes tenax Dunn
习　　性：亚灌木
海　　拔：约800 m
分　　布：西藏
濒危等级：DD

纤序马蓝
Strobilanthes tenuiflora J. R. I. Wood
习　　性：亚灌木
海　　拔：约900 m
国内分布：云南
国外分布：泰国
濒危等级：DD

四子马蓝
Strobilanthes tetrasperma(Champ. ex Benth.)Druce
习　　性：草本
海　　拔：100～1000 m
国内分布：重庆、福建、广东、广西、贵州、海南、湖北、湖南、江西、四川
国外分布：越南
濒危等级：LC

汤氏马蓝
Strobilanthes thomsonii T. Anderson
- 习　　性：亚灌木
- 海　　拔：约 2500 m
- 国内分布：西藏
- 国外分布：不丹、印度
- 濒危等级：LC

西藏马蓝
Strobilanthes tibetica J. R. I. Wood
- 习　　性：亚灌木
- 海　　拔：2300~2700 m
- 国内分布：西藏
- 国外分布：印度
- 濒危等级：LC

尖药花
Strobilanthes tomentosa (Nees) J. R. I. Wood
- 习　　性：亚灌木
- 海　　拔：500~2300 m
- 国内分布：广西、贵州、云南
- 国外分布：巴基斯坦、不丹、老挝、孟加拉国、缅甸、尼泊尔、印度
- 濒危等级：LC

糯米香
Strobilanthes tonkinensis Lindau
- 习　　性：草本
- 海　　拔：200~1500 m
- 国内分布：广西、云南
- 国外分布：泰国、越南
- 濒危等级：LC

急流马蓝
Strobilanthes torrentium Benoist
- 习　　性：亚灌木
- 海　　拔：1900~2300 m
- 国内分布：云南
- 国外分布：缅甸、印度
- 濒危等级：LC

截头马蓝
Strobilanthes truncata D. Fang et H. S. Lo
- 习　　性：多年生草本
- 海　　拔：900~1300 m
- 国内分布：广西
- 国外分布：越南
- 濒危等级：LC

管花马蓝
Strobilanthes tubiflos (C. B. Clarke) J. R. I. Wood
- 习　　性：亚灌木
- 海　　拔：200~300 m
- 分　　布：西藏
- 濒危等级：LC

尾叶马蓝
Strobilanthes urophylla Nees
- 习　　性：亚灌木
- 海　　拔：1200~2000 m
- 国内分布：西藏
- 国外分布：印度
- 濒危等级：LC

河口马蓝
Strobilanthes vallicola Y. F. Deng et J. R. I. Wood
- 习　　性：多年生草本
- 海　　拔：200 m 以下
- 分　　布：云南
- 濒危等级：LC

变色马蓝
Strobilanthes versicolor Diels
- 习　　性：草本
- 海　　拔：2800~3300 m
- 分　　布：四川、西藏、云南
- 濒危等级：LC

启无马蓝
Strobilanthes wangiana Y. F. Deng et J. R. I. Wood
- 习　　性：多年生草本
- 海　　拔：1200~2300 m
- 分　　布：云南
- 濒危等级：LC

乐山马蓝
Strobilanthes wilsonii J. R. I. Wood et Y. F. Deng
- 习　　性：多年生草本
- 海　　拔：800~1100 m
- 分　　布：四川
- 濒危等级：LC

云南马蓝
Strobilanthes yunnanensis Diels
- 习　　性：亚灌木
- 海　　拔：800~2800 m
- 分　　布：甘肃、四川、西藏、云南
- 濒危等级：LC

山牵牛属 **Thunbergia** Retz.

翼叶山牵牛
Thunbergia alata Bojer ex Sims
- 习　　性：缠绕草本
- 国内分布：广东、云南
- 国外分布：原产非洲
- 资源利用：环境利用（观赏）

红花山牵牛
Thunbergia coccinea Wall.
- 习　　性：木质藤本
- 海　　拔：800~1000 m
- 国内分布：西藏、云南
- 国外分布：老挝、缅甸、泰国
- 濒危等级：LC

二色山牵牛
Thunbergia eberhardtii Benoist
- 习　　性：藤本
- 海　　拔：300~800 m
- 国内分布：海南
- 国外分布：越南
- 濒危等级：LC

碗花草
Thunbergia fragrans Roxb.
- 习　　性：草质藤本
- 海　　拔：800~2300 m
- 国内分布：广东、广西、贵州、海南、四川、台湾、云南
- 国外分布：菲律宾、柬埔寨、老挝、斯里兰卡、泰国、印度、印度尼西亚、越南
- 濒危等级：LC

山牵牛
Thunbergia grandiflora Roxb.
- 习　　性：攀援灌木
- 海　　拔：400~1500 m
- 国内分布：福建、广东、广西、海南、云南
- 国外分布：缅甸、泰国、印度、越南
- 濒危等级：LC
- 资源利用：环境利用（观赏）；药用（中草药）

羽脉山牵牛
Thunbergia lutea T. Anderson
- 习　　性：攀援藤本
- 海　　拔：1000~2500 m
- 国内分布：西藏、云南
- 国外分布：不丹、缅甸、印度
- 濒危等级：LC

青钟麻科 ACHARIACEAE
（2属：6种）

马蛋果属 Gynocardia R. Br.

马蛋果
Gynocardia odorata Roxb.
- 习　　性：常绿乔木或大灌木
- 海　　拔：800~1000 m
- 国内分布：广东、西藏、香港、云南
- 国外分布：不丹、孟加拉国、缅甸、尼泊尔、印度、越南
- 濒危等级：EN A2c
- 资源利用：原料（木材）；环境利用（观赏）；蜜源植物

大风子属 Hydnocarpus Gaertn.

高山大风子
Hydnocarpus alpinus Wight
- 习　　性：乔木
- 国内分布：云南栽培
- 国外分布：原产缅甸、斯里兰卡、印度

大叶龙角
Hydnocarpus annamensis (Gagnep.) Lescot et Sleumer
- 习　　性：常绿乔木
- 海　　拔：200~600 m
- 国内分布：广西、云南
- 国外分布：越南
- 濒危等级：VU D1

泰国大风子
Hydnocarpus anthelminthicus Pierre
- 习　　性：乔木
- 海　　拔：300~1300 m
- 国内分布：广西、海南、台湾、云南
- 国外分布：柬埔寨、泰国、印度、越南
- 濒危等级：LC
- 资源利用：药用（中草药）；原料（木材）

海南大风子
Hydnocarpus hainanensis (Merr.) Sleumer
- 习　　性：常绿乔木
- 海　　拔：300~1800 m
- 国内分布：广西、贵州、海南、云南
- 国外分布：越南
- 濒危等级：LC
- 国家保护：Ⅱ级

印度大风子
Hydnocarpus kurzii (King) Warb.
- 习　　性：常绿乔木
- 海　　拔：约800 m
- 国内分布：云南
- 国外分布：老挝、缅甸、印度、越南
- 濒危等级：VU D1

菖蒲科 ACORACEAE
（1属：3种）

菖蒲属 Acorus L.

菖蒲
Acorus calamus L.
- 习　　性：多年生草本
- 海　　拔：2800 m 以下
- 国内分布：全国
- 国外分布：阿富汗、巴基斯坦、不丹、俄罗斯、韩国、马来西亚、蒙古、孟加拉国、尼泊尔、土耳其、日本、斯里兰卡、泰国、印度、越南
- 濒危等级：DD
- 资源利用：环境利用（观赏）；药用（中草药）

金钱蒲
Acorus gramineus Soland.
- 习　　性：多年生草本
- 海　　拔：2600 m 以下
- 国内分布：甘肃、广东、广西、贵州、湖北、湖南、江西、陕西、四川、西藏、云南、浙江
- 国外分布：朝鲜、俄罗斯、菲律宾、柬埔寨、老挝、缅甸、日本、泰国、印度、越南
- 濒危等级：LC

资源利用：药用（中草药）；环境利用（观赏）

长苞菖蒲
Acorus rumphianus S. Y. Hu
 习 性：多年生草本
 海 拔：1100～1300 m
 国内分布：云南
 国外分布：泰国、印度尼西亚、越南
 濒危等级：DD
 资源利用：药用（中草药）

猕猴桃科 ACTINIDIACEAE
（3属：93种）

猕猴桃属 Actinidia Lindl.

软枣猕猴桃
Actinidia arguta (Siebold et Zucc.) Planch. ex Miq.
 国家保护：Ⅱ级

软枣猕猴桃（原变种）
Actinidia arguta var. **arguta**
 习 性：攀援灌木
 海 拔：700～3600 m
 国内分布：安徽、重庆、福建、甘肃、广西、贵州、河北、河南、黑龙江、湖北、湖南、吉林、江西、辽宁、山东、山西、陕西、四川、台湾、云南、浙江
 国外分布：朝鲜、日本
 濒危等级：NT
 资源利用：环境利用（观赏）；基因源（高产）

陕西猕猴桃
Actinidia arguta var. **giraldii** (Diels) Vorosch.
 习 性：攀援灌木
 海 拔：900～2400 m
 分 布：重庆、甘肃、广西、河北、河南、湖北、湖南、江西、陕西、四川、云南、浙江
 濒危等级：NT

硬齿猕猴桃
Actinidia callosa Lindl.

硬齿猕猴桃（原变种）
Actinidia callosa var. **callosa**
 习 性：攀援灌木
 海 拔：400～2600 m
 国内分布：台湾、云南
 国外分布：不丹、尼泊尔、印度
 濒危等级：NT

尖叶猕猴桃
Actinidia callosa var. **acuminata** C. F. Liang
 习 性：攀援灌木
 分 布：湖南
 濒危等级：CR B1ab（i, v）

异色猕猴桃
Actinidia callosa var. **discolor** C. F. Liang
 习 性：攀援灌木
 海 拔：400～2000 m
 分 布：安徽、福建、广东、广西、贵州、湖南、江西、四川、台湾、云南、浙江

京梨猕猴桃
Actinidia callosa var. **henryi** Maxim.
 习 性：攀援灌木
 海 拔：500～2600 m
 分 布：重庆、福建、甘肃、广西、贵州、河南、湖北、湖南、江西、陕西、四川、西藏、云南、浙江

毛叶硬齿猕猴桃
Actinidia callosa var. **strigillosa** C. F. Liang
 习 性：攀援灌木
 海 拔：700～1400 m
 分 布：贵州

城口猕猴桃
Actinidia chengkouensis C. Y. Chang
 习 性：攀援灌木
 海 拔：1000～2000 m
 分 布：重庆、湖北
 濒危等级：EN D

中华猕猴桃
Actinidia chinensis Planch.
 国家保护：Ⅱ级

中华猕猴桃（原变种）
Actinidia chinensis var. **chinensis**
 习 性：攀援灌木
 海 拔：200～2600 m
 分 布：安徽、福建、广东、广西、河南、湖北、湖南、江苏、江西、陕西、云南、浙江
 濒危等级：LC
 资源利用：环境利用（观赏）；药用（中草药）

美味猕猴桃
Actinidia chinensis var. **deliciosa** (A. Chev.) A Chev.
 习 性：攀援灌木
 海 拔：800～1400 m
 分 布：重庆、甘肃、广西、贵州、河南、湖北、湖南、江西、陕西、四川、云南
 濒危等级：NT

刺毛猕猴桃
Actinidia chinensis var. **setosa** H. L. Li
 习 性：攀援灌木
 海 拔：500～2600 m
 分 布：台湾
 濒危等级：LC

金花猕猴桃
Actinidia chrysantha C. F. Liang
 习 性：攀援灌木
 海 拔：900～1300 m
 分 布：广东、广西、湖南、江西
 濒危等级：NT

国家保护：Ⅱ级
资源利用：基因源（耐旱）

柱果猕猴桃
Actinidia cylindrica C. F. Liang

柱果猕猴桃（原变种）
Actinidia cylindrica var. **cylindrica**
  习　　性：攀援灌木
  海　　拔：400~800 m
  分　　布：广西
  濒危等级：DD

网脉猕猴桃
Actinidia cylindrica var. **reticulata** C. F. Liang
  习　　性：攀援灌木
  海　　拔：600~700 m
  分　　布：广西
  濒危等级：DD

毛花猕猴桃
Actinidia eriantha Bentham
  习　　性：攀援灌木
  海　　拔：200~1000 m
  分　　布：福建、广东、广西、贵州、湖南、江西、浙江
  濒危等级：LC
  资源利用：环境利用（观赏）

粉毛猕猴桃
Actinidia farinosa C. F. Liang
  习　　性：攀援灌木
  海　　拔：1000~1200 m
  分　　布：广西
  濒危等级：VU D2

簇花猕猴桃
Actinidia fasciculoides C. F. Liang

簇花猕猴桃（原变种）
Actinidia fasciculoides var. **fasciculoides**
  习　　性：攀援灌木
  海　　拔：400~1500 m
  分　　布：广西、云南
  濒危等级：EN D

楔叶猕猴桃
Actinidia fasciculoides var. **cuneata** C. F. Liang
  习　　性：攀援灌木
  海　　拔：约800 m
  分　　布：广西
  濒危等级：EN D

圆叶猕猴桃
Actinidia fasciculoides var. **orbiculata** C. F. Liang
  习　　性：攀援灌木
  海　　拔：约400 m
  分　　布：广西
  濒危等级：EN D

条叶猕猴桃
Actinidia fortunatii Finet et Gagnep.
  习　　性：攀援灌木
  海　　拔：约1000 m
  国内分布：广东、广西、贵州、湖南
  国外分布：越南
  濒危等级：NT B1b（iii）
  国家保护：Ⅱ级
  资源利用：环境利用（观赏）

黄毛猕猴桃
Actinidia fulvicoma Hance

黄毛猕猴桃（原变种）
Actinidia fulvicoma var. **fulvicoma**
  习　　性：攀援灌木
  海　　拔：100~1800 m
  分　　布：福建、广东、广西、贵州、湖南、江西、云南
  濒危等级：NT B1b（i, iii）

灰毛猕猴桃
Actinidia fulvicoma var. **cinerascens**(C. F. Liang)J. Q. Li et Soejarto
  习　　性：攀援灌木
  海　　拔：500~1000 m
  分　　布：广东、湖南
  濒危等级：VU A2c；D1

糙毛猕猴桃
Actinidia fulvicoma var. **hirsuta** Finet et Gagnep.
  习　　性：攀援灌木
  海　　拔：1000~1800 m
  分　　布：广东、广西、贵州、云南
  濒危等级：VU A2c；D1

厚叶猕猴桃
Actinidia fulvicoma var. **pachyphylla**(Dunn)H. L. Li
  习　　性：攀援灌木
  海　　拔：500~1000 m
  分　　布：福建、广东、广西、湖南、江西
  濒危等级：VU A2c；D1

粉叶猕猴桃
Actinidia glauco-callosa C. Y. Wu
  习　　性：攀援灌木
  海　　拔：2300~2800 m
  分　　布：云南
  濒危等级：VU A2c；D1+2

大花猕猴桃
Actinidia grandiflora C. F. Liang
  习　　性：攀援灌木
  海　　拔：约1800 m
  分　　布：四川
  濒危等级：CR B1ab（i, iii, v）

长叶猕猴桃
Actinidia hemsleyana Dunn
  习　　性：攀援灌木
  海　　拔：500~900 m
  分　　布：福建、江西、浙江
  濒危等级：VU A2c；D1
  资源利用：环境利用（观赏）

猕猴桃科 ACTINIDIACEAE

蒙自猕猴桃
Actinidia henryi Dunn
　　习　　性：攀援灌木
　　海　　拔：1400～2500 m
　　分　　布：广东、广西、贵州、湖南、云南
　　濒危等级：VU A2c；D1

全毛猕猴桃
Actinidia holotricha Finet et Gagnep.
　　习　　性：攀援灌木
　　海　　拔：1400 m
　　分　　布：云南

湖北猕猴桃
Actinidia hubeiensis H. M. Sun et R. H. Huang
　　习　　性：攀援灌木
　　分　　布：湖北
　　濒危等级：CR B1ab（i，iii，v）；C1

中越猕猴桃
Actinidia indochinensis Merr.

中越猕猴桃（原变种）
Actinidia indochinensis var. **indochinensis**
　　习　　性：攀援灌木
　　海　　拔：600～1300 m
　　国内分布：福建、广东、广西、云南
　　国外分布：越南
　　濒危等级：LC

圆卵叶猕猴桃
Actinidia indochinensis var. **ovatifolia** R. G. Li, X. G. Wang et L. Mo
　　习　　性：攀援灌木
　　分　　布：广西
　　濒危等级：VU D

狗枣猕猴桃
Actinidia kolomikta（Maxim. et Rupr.）Maxim.
　　习　　性：攀援灌木
　　海　　拔：1600～2900 m
　　国内分布：重庆、甘肃、河北、黑龙江、湖北、吉林、江苏、辽宁、山西、陕西、四川、云南
　　国外分布：朝鲜、俄罗斯、日本
　　濒危等级：LC

滑叶猕猴桃
Actinidia laevissima C. F. Liang
　　习　　性：攀援灌木
　　海　　拔：800～2000 m
　　分　　布：贵州、湖北
　　濒危等级：VU A2c

小叶猕猴桃
Actinidia lanceolata Dunn
　　习　　性：攀援灌木
　　海　　拔：200～800 m
　　分　　布：安徽、福建、广东、湖南、江苏、江西、浙江
　　濒危等级：VU A2c；D1
　　资源利用：环境利用（观赏）

阔叶猕猴桃
Actinidia latifolia（Gardner et Champ.）Merr.

阔叶猕猴桃（原变种）
Actinidia latifolia var. **latifolia**
　　习　　性：攀援灌木
　　海　　拔：400～1700 m
　　国内分布：安徽、福建、广东、广西、贵州、海南、湖南、江西、四川、台湾、云南、浙江
　　国外分布：柬埔寨、老挝、马来西亚、泰国、越南
　　濒危等级：LC
　　资源利用：环境利用（观赏）

长绒猕猴桃
Actinidia latifolia var. **mollis**（Dunn）Hand.-Mazz.
　　习　　性：攀援灌木
　　海　　拔：800～1700 m
　　分　　布：云南
　　濒危等级：VU A2c；D1

两广猕猴桃
Actinidia liangguangensis C. F. Liang
　　习　　性：攀援灌木
　　海　　拔：200～1000 m
　　分　　布：广东、广西、湖南
　　濒危等级：NT B1b（i，iii）

漓江猕猴桃
Actinidia lijiangensis C. F. Liang et Y. X. Lu
　　习　　性：攀援灌木
　　海　　拔：海平面至500 m
　　分　　布：广西
　　濒危等级：DD

临桂猕猴桃
Actinidia linguiensis R. G. Li et X. G. Wang
　　习　　性：攀援灌木
　　分　　布：广西
　　濒危等级：DD

长果猕猴桃
Actinidia longicarpa R. G. Li et M. Y. Liang
　　习　　性：攀援灌木
　　分　　布：广西
　　濒危等级：DD

大籽猕猴桃
Actinidia macrosperma C. F. Liang
　　国家保护：II级

大籽猕猴桃（原变种）
Actinidia macrosperma var. **macrosperma**
　　习　　性：攀援灌木
　　分　　布：安徽、广东、湖北、江苏、江西、浙江
　　濒危等级：NT
　　资源利用：基因源（高产）

梅叶猕猴桃
Actinidia macrosperma var. **mumoides** C. F. Liang
　　习　　性：攀援灌木
　　分　　布：安徽、江苏、江西、浙江
　　濒危等级：NT
　　资源利用：环境利用（观赏）

黑蕊猕猴桃
Actinidia melanandra Franch.

黑蕊猕猴桃（原变种）
Actinidia melanandra var. **melanandra**
    习　　性：攀援灌木
    分　　布：重庆、福建、甘肃、贵州、河南、湖北、湖南、江西、陕西、四川、云南、浙江
    资源利用：环境利用（观赏）

无髯猕猴桃
Actinidia melanandra var. **glabrescens** C. F. Liang
    习　　性：攀援灌木
    分　　布：安徽、湖南
    濒危等级：CR B1ab（i, v）; C1

美丽猕猴桃
Actinidia melliana Hand. -Mazz.
    习　　性：攀援灌木
    海　　拔：200~1300 m
    分　　布：广东、广西、海南、湖南、江西
    濒危等级：DD

倒卵叶猕猴桃
Actinidia obovata Chun ex C. F. Liang
    习　　性：攀援灌木
    海　　拔：1200~1600 m
    分　　布：贵州、云南
    濒危等级：EN B1ab（i, ii, iii, v）; D

桃花猕猴桃
Actinidia persicina R. G. Li et L. Mo
    习　　性：攀援灌木
    分　　布：广西、陕西
    濒危等级：CR B1ab（i, iii）; C1

贡山猕猴桃
Actinidia pilosula（Finet et Gagnep.）Stapf ex Hand. -Mazz.
    习　　性：攀援灌木
    海　　拔：约 2000 m
    分　　布：云南
    濒危等级：VU A2c; D1

葛枣猕猴桃
Actinidia polygama（Siebold et Zucc.）Maxim.
    习　　性：攀援灌木
    海　　拔：500~1900 m
    国内分布：安徽、重庆、甘肃、贵州、河北、河南、黑龙江、湖北、湖南、吉林、辽宁、内蒙古、山东、陕西、四川、云南
    国外分布：朝鲜、俄罗斯、日本
    濒危等级：LC
    资源利用：药用（中草药）；环境利用（观赏）

融水猕猴桃
Actinidia rongshuiensis R. G. Li et X. G. Wang
    习　　性：攀援灌木
    分　　布：广西
    濒危等级：CR B1ab（i, iii）; C1

红茎猕猴桃
Actinidia rubricaulis Dunn

红茎猕猴桃（原变种）
Actinidia rubricaulis var. **rubricaulis**
    习　　性：攀援灌木
    海　　拔：300~2900 m
    国内分布：重庆、广西、贵州、湖北、湖南、四川、云南
    国外分布：泰国
    濒危等级：NT B1b（i, iii）
    资源利用：环境利用（观赏）

革叶猕猴桃
Actinidia rubricaulis var. **coriacea**（Finet et Gagnep.）C. F. Liang
    习　　性：攀援灌木
    海　　拔：1000 m
    分　　布：重庆、广西、贵州、湖北、湖南、四川、云南
    濒危等级：LC

昭通猕猴桃
Actinidia rubus H. Lév.
    习　　性：攀援灌木
    海　　拔：2000~2100 m
    分　　布：四川、云南

糙叶猕猴桃
Actinidia rudis Dunn

糙叶猕猴桃（原变种）
Actinidia rudis var. **rudis**
    习　　性：攀援灌木
    海　　拔：1200~2300 m
    分　　布：云南
    濒危等级：VU A2c; D1+2

光茎猕猴桃
Actinidia rudis var. **glabricaulis** C. Y. Wu
    习　　性：攀援灌木
    海　　拔：1300~2300 m
    分　　布：云南
    濒危等级：VU A2c; D1+2

山梨猕猴桃
Actinidia rufa（Sieb. et Zucc.）Planch. ex Miq.
    习　　性：攀援灌木
    海　　拔：1000~2000 m
    国内分布：台湾
    国外分布：朝鲜、日本
    濒危等级：LC

红毛猕猴桃
Actinidia rufotricha C. Y. Wu

红毛猕猴桃（原变种）
Actinidia rufotricha var. **rufotricha**
    习　　性：攀援灌木
    海　　拔：900~1500 m
    分　　布：广西、贵州、云南
    濒危等级：EN A2c; D

密花猕猴桃
Actinidia rufotricha var. **glomerata** C. F. Liang
    习　　性：攀援灌木
    海　　拔：900~1500 m
    分　　布：广西、贵州
    濒危等级：EN D

清风藤猕猴桃
Actinidia sabiifolia Dunn
>习　　性：攀援灌木
>海　　拔：1000 m
>分　　布：安徽、福建、湖南、江西
>濒危等级：VU D1

花楸猕猴桃
Actinidia sorbifolia C. F. Liang
>习　　性：攀援灌木
>海　　拔：800~1600 m
>分　　布：贵州、湖南、四川
>濒危等级：VU A2c；D1+2

星毛猕猴桃
Actinidia stellatopilosa C. Y. Chang
>习　　性：攀援灌木
>海　　拔：约1200 m
>分　　布：重庆
>濒危等级：CR B1ab（i，iii）；C1

安息香猕猴桃
Actinidia styracifolia C. F. Liang
>习　　性：攀援灌木
>海　　拔：600~900 m
>分　　布：福建、贵州、湖南、江西
>濒危等级：VU D1

栓叶猕猴桃
Actinidia suberifolia C. Y. Wu
>习　　性：攀援灌木
>海　　拔：900~1000 m
>分　　布：云南
>濒危等级：CR C1

四萼猕猴桃
Actinidia tetramera Maxim.
>习　　性：攀援灌木
>海　　拔：1100~2700 m
>分　　布：重庆、甘肃、河南、湖北、陕西、四川、云南
>濒危等级：NT B1b（i，iii）
>资源利用：环境利用（观赏）

毛蕊猕猴桃
Actinidia trichogyna Franch.
>习　　性：攀援灌木
>海　　拔：1000~1800 m
>分　　布：重庆、贵州、湖北、湖南、江西、四川
>濒危等级：VU B1ab（i，iii）；D1

榆叶猕猴桃
Actinidia ulmifolia C. F. Liang
>习　　性：攀援灌木
>海　　拔：约900 m
>分　　布：四川
>濒危等级：EN C1

伞花猕猴桃
Actinidia umbelloides C. F. Liang

伞花猕猴桃（原变种）
Actinidia umbelloides var. **umbelloides**
>习　　性：攀援灌木
>海　　拔：1800~2000 m
>分　　布：云南
>濒危等级：VU A2c；D1+2

扇叶猕猴桃
Actinidia umbelloides var. **flabellifolia** C. F. Liang
>习　　性：攀援灌木
>海　　拔：约1800 m
>分　　布：云南
>濒危等级：CR B1ab（i，iii）；C1

对萼猕猴桃
Actinidia valvata Dunn
>习　　性：攀援灌木
>海　　拔：约1000 m
>分　　布：安徽、福建、广东、湖北、湖南、江苏、江西、浙江
>濒危等级：NT B1b（i，iii）

显脉猕猴桃
Actinidia venosa Rehder
>习　　性：攀援灌木
>海　　拔：1200~2400 m
>分　　布：四川、西藏、云南
>濒危等级：LC
>资源利用：环境利用（观赏）

葡萄叶猕猴桃
Actinidia vitifolia C. Y. Wu
>习　　性：攀援灌木
>海　　拔：1600~1900 m
>分　　布：四川、云南
>濒危等级：VU A2c；D1

浙江猕猴桃
Actinidia zhejiangensis C. F. Liang
>习　　性：攀援灌木
>海　　拔：500~900 m
>分　　布：福建、浙江
>濒危等级：CR B1ab（i，iii）；C1

藤山柳属 Clematoclethra(Franch.) Maxim.

藤山柳
Clematoclethra scandens (Franch.) Maxim.

藤山柳（原亚种）
Clematoclethra scandens subsp. **scandens**
>习　　性：木质藤本
>海　　拔：1000~3900 m
>分　　布：重庆、甘肃、广西、贵州、四川、云南
>濒危等级：DD

猕猴桃藤山柳
Clematoclethra scandens subsp. **actinidioides** (Maxim.) Y. C. Tang et Q. Y. Xiang
>习　　性：木质藤本
>海　　拔：1500~3900 m

分　　布：甘肃、贵州、河南、湖北、宁夏、青海、陕西、四川、云南
濒危等级：DD

繁花藤山柳
Clematoclethra scandens subsp. **hemsleyi** (Baill.) Y. C. Tang et Q. Y. Xiang
习　　性：木质藤本
海　　拔：1000~2500 m
分　　布：湖北、陕西
濒危等级：DD

绒毛藤山柳
Clematoclethra scandens subsp. **tomentella** (Franch.) Y. C. Tang et Q. Y. Xiang
习　　性：木质藤本
海　　拔：1100~2100 m
分　　布：重庆、四川
濒危等级：DD

水东哥属 Saurauia Willd.

蜡质水东哥
Saurauia cerea Griff. ex Dyer
习　　性：乔木
海　　拔：400~2200 m
国内分布：西藏、云南
国外分布：缅甸、印度
濒危等级：LC

红果水东哥
Saurauia erythrocarpa C. F. Liang et Y. S. Wang

红果水东哥（原变种）
Saurauia erythrocarpa var. **erythrocarpa**
习　　性：灌木
海　　拔：800~2500 m
分　　布：西藏、云南
濒危等级：VU A2c；D1+2

粗齿水东哥
Saurauia erythrocarpa var. **grosseserrata** C. F. Liang et Y. S. Wang
习　　性：灌木或小乔木
海　　拔：1200~1400 m
分　　布：云南
濒危等级：LC

绵毛水东哥
Saurauia griffithii Dyer

绵毛水东哥（原变种）
Saurauia griffithii var. **griffithii**
习　　性：乔木
海　　拔：600~1300 m
国内分布：西藏
国外分布：不丹、印度
濒危等级：VU A2c；D1+2

越南水东哥
Saurauia griffithii var. **annamica** Gagnep.
习　　性：乔木
海　　拔：1000~1300 m
国内分布：西藏
国外分布：越南
濒危等级：VU A2c；D1+2

长毛水东哥
Saurauia macrotricha Kurz. ex Dyer
习　　性：灌木或小乔木
海　　拔：900~1400 m
国内分布：云南
国外分布：缅甸、印度
濒危等级：LC

朱毛水东哥
Sauraula miniata C. F. Liang et Y. S. Wang
习　　性：灌木或小乔木
海　　拔：500~1500 m
分　　布：广西、云南
濒危等级：VU A2c；D1

尼泊尔水东哥
Saurauia napaulensis DC.
习　　性：乔木
海　　拔：400~3200 m
国内分布：广西、贵州、四川、云南
国外分布：不丹、老挝、马来西亚、缅甸、尼泊尔、泰国、印度、越南
濒危等级：LC
资源利用：动物饲料（饲料）；环境利用（绿化，观赏）；食品（水果）；药用（中草药）

多脉水东哥
Saurauia polyneura C. F. Liang et Y. S. Wang

多脉水东哥（原变种）
Saurauia polyneura var. **polyneura**
习　　性：乔木
海　　拔：1600~2200 m
分　　布：西藏
濒危等级：VU A2c；D1

少脉水东哥
Saurauia polyneura var. **paucinervis** J. Q. Li et D. D. Soejarto
习　　性：乔木
分　　布：西藏
濒危等级：LC

大花水东哥
Saurauia punduana Wall.
习　　性：乔木
海　　拔：700~1700 m
国内分布：西藏
国外分布：不丹、缅甸、印度
濒危等级：EN B1ab (i, iii); C1

红萼水东哥
Saurauia rubricalyx C. F. Liang et Y. S. Wang
习　　性：灌木
海　　拔：1600~2000 m
分　　布：西藏

濒危等级：LC

糙毛水东哥
Saurauia sinohirsuta J. Q. Li et Soejarto
 习 性：小乔木
 海 拔：800～1700 m
 分 布：西藏
 濒危等级：LC

聚锥水东哥
Saurauia thyrsiflora C. F. Liang et Y. S. Wang
 习 性：灌木或小乔木
 海 拔：500～1500 m
 分 布：广西、贵州、云南
 濒危等级：LC
 资源利用：动物饲料（饲料）；食品（水果）

水东哥
Saurauia tristyla DC.
 习 性：灌木或小乔木
 海 拔：100～1700 m
 国内分布：福建、广东、广西、贵州、海南、四川、台湾、云南
 国外分布：马来西亚、尼泊尔、泰国、印度
 濒危等级：LC
 资源利用：药用（中草药）；动物饲料（饲料）；环境利用（观赏）

云南水东哥
Saurauia yunnanensis C. F. Liang et Y. S. Wang
 习 性：灌木或小乔木
 海 拔：400～1700 m
 分 布：广西、贵州、云南
 濒危等级：VU A2c；D1+2

五福花科 ADOXACEAE
（4属：98种）

五福花属 Adoxa L.

五福花
Adoxa moschatellina Linnaeus
 习 性：多年生草本
 海 拔：4000 m以下
 国内分布：河北、黑龙江、辽宁、内蒙古、青海、山西、四川、西藏、新疆、云南
 国外分布：巴基斯坦、朝鲜、俄罗斯、尼泊尔、日本、印度
 濒危等级：LC

四福花
Adoxa omeiensis H. Hara
 习 性：多年生草本
 海 拔：约2300 m
 分 布：四川
 濒危等级：EN B2ac（ii，iii）

西藏五福花
Adoxa xizangensis G. Yao
 习 性：多年生草本
 海 拔：3400～3900 m
 分 布：四川、西藏、云南
 濒危等级：LC

接骨木属 Sambucus L.

血满草
Sambucus adnata Wall. ex DC.
 习 性：亚灌木状草本或小灌木
 海 拔：1600～3600 m
 国内分布：甘肃、贵州、湖北、宁夏、青海、陕西、四川、西藏、云南
 国外分布：不丹、印度
 濒危等级：LC
 资源利用：药用（中草药）

接骨草
Sambucus javanica Blume
 习 性：亚灌木状草本或小灌木
 海 拔：300～2600 m
 国内分布：安徽、福建、甘肃、广东、广西、贵州、海南、河南、湖北、湖南、江苏、江西、陕西、四川、台湾、西藏、云南、浙江
 国外分布：菲律宾、老挝、马来西亚、缅甸、日本、泰国、印度、印度尼西亚、越南
 濒危等级：LC
 资源利用：药用（中草药）

西伯利亚接骨木
Sambucus sibirica Nakai
 习 性：灌木
 国内分布：黑龙江、吉林、辽宁、新疆
 国外分布：俄罗斯、蒙古
 濒危等级：DD

接骨木
Sambucus williamsii Hance
 习 性：灌木或小乔木
 海 拔：500～1600 m
 分 布：安徽、福建、甘肃、广东、广西、贵州、河北、河南、黑龙江、湖北、湖南、吉林、江苏、辽宁、山东、山西、陕西、四川、云南、浙江
 濒危等级：LC
 资源利用：环境利用（观赏）；药用（中草药）

华福花属 Sinadoxa C. Y. Wu, Z. L. Wu et R. F. Huang

华福花
Sinadoxa corydalifolia C. Y. Wu, Z. L. Wu et R. F. Huang
 习 性：多年生草本
 海 拔：3900～4800 m
 分 布：青海
 濒危等级：VU A2ac；B1ab（i，iii，iv，v）

荚蒾属 Viburnum L.

广叶荚蒾
Viburnum amplifolium Rehder
 习 性：灌木

海　　拔：1000~2000 m
分　　布：云南
濒危等级：LC

蓝黑果荚蒾
Viburnum atrocyaneum C. B. Clarke
　　习　　性：常绿灌木
　　海　　拔：1000~3200 m
　　国内分布：广西、贵州、四川、西藏、云南
　　国外分布：不丹、缅甸、泰国、印度
　　濒危等级：LC
　　资源利用：原料（香料，工业用油）

桦叶荚蒾
Viburnum betulifolium Batalin
　　习　　性：灌木或小乔木
　　海　　拔：1300~3500 m
　　分　　布：安徽、甘肃、广西、贵州、河南、湖北、宁夏、陕西、四川、台湾、西藏、云南、浙江
　　濒危等级：LC
　　资源利用：原料（纤维）

短序荚蒾
Viburnum brachybotryum Hemsl.
　　习　　性：灌木或小乔木
　　海　　拔：400~1900 m
　　分　　布：广西、贵州、湖北、湖南、江西、四川、云南
　　濒危等级：LC

短筒荚蒾
Viburnum brevitubum(P. S. Hsu)P. S. Hsu
　　习　　性：灌木
　　海　　拔：1300~2300 m
　　分　　布：贵州、湖北、江西、四川
　　濒危等级：LC

醉鱼草状荚蒾
Viburnum buddleifolium C. H. Wright
　　习　　性：落叶灌木
　　海　　拔：1000~2000 m
　　分　　布：湖北
　　濒危等级：DD

修枝荚蒾
Viburnum burejaeticum Regel et Herder
　　习　　性：灌木
　　海　　拔：600~1400 m
　　国内分布：黑龙江、吉林、辽宁
　　国外分布：朝鲜半岛；俄罗斯、蒙古
　　濒危等级：LC
　　资源利用：原料（香料，工业用油）

备中荚蒾
Viburnum carlesii(Makino)Nakai
　　习　　性：落叶灌木
　　海　　拔：700~1300 m
　　国内分布：安徽
　　国外分布：朝鲜半岛；日本
　　濒危等级：LC

漾濞荚蒾
Viburnum chingii P. S. Hsu

漾濞荚蒾（原变种）
Viburnum chingii var. **chingii**
　　习　　性：灌木或小乔木
　　海　　拔：2000~2900 m
　　分　　布：云南
　　濒危等级：LC

多毛漾濞荚蒾
Viburnum chingii var. **limitaneum**(W. W. Smith)Q. E. Yang
　　习　　性：灌木或小乔木
　　海　　拔：1500~2900 m
　　国内分布：云南
　　国外分布：缅甸
　　濒危等级：LC

金佛山荚蒾
Viburnum chinshanense Graebn.
　　习　　性：灌木
　　海　　拔：100~1900 m
　　分　　布：重庆、甘肃、贵州、陕西、四川、云南
　　濒危等级：LC

金腺荚蒾
Viburnum chunii P. S. Hsu
　　习　　性：常绿灌木
　　海　　拔：100~1900 m
　　分　　布：安徽、福建、广东、广西、贵州、湖南、江西、四川、浙江
　　濒危等级：LC

樟叶荚蒾
Viburnum cinnamomifolium Rehder
　　习　　性：灌木或小乔木
　　海　　拔：1000~1800 m
　　分　　布：四川、云南
　　濒危等级：LC

密花荚蒾
Viburnum congestum Rehder
　　习　　性：常绿灌木
　　海　　拔：1000~2800 m
　　分　　布：甘肃、贵州、四川、云南
　　濒危等级：LC

榛叶荚蒾
Viburnum corylifolium Hook. f. et Thomson
　　习　　性：灌木
　　海　　拔：约2100 m
　　国内分布：广西、贵州、湖北、陕西、四川、西藏、云南
　　国外分布：印度
　　濒危等级：LC

伞房荚蒾
Viburnum corymbiflorum P. S. Hsu et S. C. Hsu

伞房荚蒾（原亚种）
Viburnum corymbiflorum subsp. **corymbiflorum**
　　习　　性：灌木或小乔木
　　海　　拔：1000~1800 m
　　分　　布：福建、广东、广西、贵州、湖北、湖南、江西、四川、云南、浙江
　　濒危等级：LC

五福花科 ADOXACEAE

苹果叶荚蒾
Viburnum corymbiflorum subsp. **malifolium** P. S. Hsu
- 习　　性：灌木或小乔木
- 海　　拔：1700～2400 m
- 分　　布：云南
- 濒危等级：DD

黄栌叶荚蒾
Viburnum cotinifolium D. Don
- 习　　性：灌木
- 海　　拔：2300～2600 m
- 国内分布：西藏
- 国外分布：阿富汗、不丹、克什米尔地区、尼泊尔、印度
- 濒危等级：LC

水红木
Viburnum cylindricum Buch. -Ham. ex D. Don
- 习　　性：灌木或小乔木
- 海　　拔：500～3300 m
- 国内分布：甘肃、广东、广西、贵州、湖北、四川、西藏、云南
- 国外分布：巴基斯坦、不丹、缅甸、尼泊尔、泰国、印度、印度尼西亚、越南
- 濒危等级：LC
- 资源利用：药用（中草药）；原料（单宁，工业用油）

粤赣荚蒾
Viburnum dalzielii W. W. Smith
- 习　　性：灌木
- 海　　拔：400～1100 m
- 分　　布：广东、江西
- 濒危等级：LC

川西荚蒾
Viburnum davidii Franch.
- 习　　性：常绿灌木
- 海　　拔：1800～2400 m
- 分　　布：四川
- 濒危等级：LC

荚蒾
Viburnum dilatatum Thunb.
- 习　　性：落叶灌木
- 海　　拔：100～1000 m
- 国内分布：安徽、福建、广东、广西、贵州、河北、河南、湖北、湖南、江苏、江西、陕西、四川、台湾、云南、浙江
- 国外分布：朝鲜半岛、日本
- 濒危等级：LC
- 资源利用：原料（纤维，工业用油）；食品（水果）；药用（中草药）

宜昌荚蒾
Viburnum erosum Thunb.

宜昌荚蒾（原变种）
Viburnum erosum var. **erosum**
- 习　　性：灌木
- 海　　拔：300～2300 m
- 国内分布：安徽、福建、广东、广西、贵州、河南、湖北、湖南、江苏、江西、山东、陕西、四川、台湾、云南、浙江
- 国外分布：朝鲜半岛、日本
- 濒危等级：LC
- 资源利用：原料（纤维，工业用油）

裂叶宜昌荚蒾
Viburnum erosum var. **taquetii**(H. Lév.) Rehder
- 习　　性：灌木
- 海　　拔：600～700 m
- 国内分布：山东
- 国外分布：朝鲜半岛、日本
- 濒危等级：LC

红荚蒾
Viburnum erubescens Wall.
- 习　　性：灌木或小乔木
- 海　　拔：1500～3500 m
- 国内分布：甘肃、贵州、湖北、陕西、四川、西藏、云南
- 国外分布：不丹、缅甸、尼泊尔、印度
- 濒危等级：LC

香荚蒾
Viburnum farreri Stearn
- 习　　性：灌木
- 海　　拔：1600～2800 m
- 分　　布：甘肃、青海、新疆；甘肃、河北、河南、青海、山东栽培
- 濒危等级：LC
- 资源利用：环境利用（绿化；观赏）

臭荚蒾
Viburnum foetidum Wall.

臭荚蒾（原变种）
Viburnum foetidum var. **foetidum**
- 习　　性：灌木
- 海　　拔：1200～3100 m
- 国内分布：西藏
- 国外分布：不丹、老挝、孟加拉国、缅甸、泰国、印度
- 濒危等级：LC

珍珠荚蒾
Viburnum foetidum var. **ceanothoides**(C. H. Wright) Hand. -Mazz.
- 习　　性：灌木
- 海　　拔：900～2600 m
- 分　　布：贵州、四川、云南
- 濒危等级：EN A3c
- 资源利用：原料（香料，工业用油）；药用（中草药）

直角荚蒾
Viburnum foetidum var. **rectangulatum**(Graebn.) Rehder
- 习　　性：灌木
- 海　　拔：600～2400 m
- 分　　布：广东、广西、贵州、河南、湖北、湖南、江西、陕西、四川、台湾、西藏、云南
- 濒危等级：LC

南方荚蒾
Viburnum fordiae Hance
- 习　　性：灌木或小乔木

海　　拔：100~1000 m
分　　布：安徽、福建、广东、广西、贵州、湖南、江西、云南、浙江
濒危等级：LC

台中荚蒾
Viburnum formosanum (Hance) Hayata

台中荚蒾（原亚种）
Viburnum formosanum subsp. **formosanum**
习　　性：灌木或小乔木
分　　布：台湾
濒危等级：LC

光萼荚蒾
Viburnum formosanum subsp. **leiogynum** P. S. Hsu
习　　性：灌木或小乔木
海　　拔：700~1100 m
分　　布：福建、广西、四川、浙江
濒危等级：LC

毛枝台中荚蒾
Viburnum formosanum var. **pubigerum** P. S. Hsu
习　　性：灌木或小乔木
海　　拔：100~1000 m
分　　布：广东、湖南、江西
濒危等级：LC

聚花荚蒾
Viburnum glomeratum Maxim.

聚花荚蒾（原亚种）
Viburnum glomeratum subsp. **glomeratum**
习　　性：灌木或小乔木
海　　拔：300~3200 m
国内分布：安徽、甘肃、河南、湖北、江西、宁夏、陕西、四川、西藏、云南、浙江
国外分布：缅甸
濒危等级：LC

壮大荚蒾
Viburnum glomeratum subsp. **magnificum** (P. S. Hsu) P. S. Hsu
习　　性：灌木或小乔木
海　　拔：300~1000 m
分　　布：安徽、浙江
濒危等级：LC

圆叶荚蒾
Viburnum glomeratum subsp. **rotundifolium** (P. S. Hsu) P. S. Hsu
习　　性：灌木或小乔木
海　　拔：2200~3200 m
国内分布：甘肃、四川、云南
国外分布：缅甸
濒危等级：LC

大花荚蒾
Viburnum grandiflorum Wall. ex DC.
习　　性：灌木或小乔木
海　　拔：2800~4300 m
国内分布：西藏
国外分布：巴基斯坦、不丹、克什米尔地区、尼泊尔、印度
濒危等级：LC

海南荚蒾
Viburnum hainanense Merr. et Chun
习　　性：常绿灌木
海　　拔：600~1400 m
国内分布：广东、广西、海南
国外分布：越南
濒危等级：LC

蝶花荚蒾
Viburnum hanceanum Maxim.
习　　性：灌木
海　　拔：200~800 m
分　　布：福建、广东、广西、贵州、湖南、江西
濒危等级：LC

衡山荚蒾
Viburnum hengshanicum Tsiang ex P. S. Hsu
习　　性：灌木
海　　拔：600~1300 m
分　　布：安徽、广西、贵州、湖南、江西、浙江
濒危等级：LC

巴东荚蒾
Viburnum henryi Hemsl.
习　　性：灌木或小乔木
海　　拔：900~2600 m
分　　布：福建、广西、贵州、湖北、江西、陕西、四川、浙江
濒危等级：LC

厚绒荚蒾
Viburnum inopinatum Craib
习　　性：灌木或小乔木
海　　拔：700~1400 m
国内分布：广西、云南
国外分布：老挝、缅甸、泰国、越南
濒危等级：LC

全叶荚蒾
Viburnum integrifolium Hayata
习　　性：灌木
海　　拔：1600~2000 m
分　　布：台湾
濒危等级：LC

甘肃荚蒾
Viburnum kansuense Batalin
习　　性：灌木
海　　拔：2400~3600 m
分　　布：甘肃、陕西、四川、西藏、云南
濒危等级：VU A2ac+3c
资源利用：原料（纤维）

朝鲜荚蒾
Viburnum koreanum Nakai
习　　性：灌木
海　　拔：约1400 m
国内分布：吉林
国外分布：朝鲜半岛、日本
濒危等级：NT A2c

披针形荚蒾
Viburnum lancifolium P. S. Hsu
 习 性：常绿灌木
 海 拔：200~600 m
 分 布：福建、广东、江西、浙江
 濒危等级：LC

侧花荚蒾
Viburnum laterale Rehder
 习 性：灌木
 海 拔：800~900 m
 分 布：福建
 濒危等级：DD

光果荚蒾
Viburnum leiocarpum P. S. Hsu

光果荚蒾（原变种）
Viburnum leiocarpum var. **leiocarpum**
 习 性：灌木或小乔木
 海 拔：1000~1600 m
 分 布：海南、云南
 濒危等级：LC

斑点光果荚蒾
Viburnum leiocarpum var. **punctatum** P. S. Hsu
 习 性：灌木或小乔木
 海 拔：1500~2200 m
 分 布：云南
 濒危等级：LC

长梗荚蒾
Viburnum longipedunculatum(P. S. Hsu)P. S. Hsu
 习 性：灌木
 海 拔：1400~1600 m
 分 布：广西、云南
 濒危等级：LC

长伞梗荚蒾
Viburnum longiradiatum P. S. Hsu et S. W. Fan
 习 性：灌木或小乔木
 海 拔：900~2300 m
 分 布：四川、云南
 濒危等级：NT A2c

淡黄荚蒾
Viburnum lutescens Blume
 习 性：常绿灌木
 海 拔：200~1000 m
 国内分布：福建、广东、广西、海南
 国外分布：马来西亚、缅甸、印度、印度尼西亚、越南
 濒危等级：LC

吕宋荚蒾
Viburnum luzonicum Rolfe
 习 性：灌木或小乔木
 海 拔：100~700 m
 国内分布：福建、广东、广西、江西、台湾、云南、浙江
 国外分布：菲律宾、马来西亚
 濒危等级：LC

绣球荚蒾
Viburnum macrocephalum Fortune
 习 性：灌木
 海 拔：400~1000 m
 分 布：安徽、河南、湖北、湖南、江苏、江西、山东、浙江；全国广泛栽培
 濒危等级：LC
 资源利用：环境利用（观赏）

黑果荚蒾
Viburnum melanocarpum P. S. Hsu
 习 性：灌木
 海 拔：约1000 m
 分 布：安徽、河南、江苏、江西、浙江
 濒危等级：NT A2c

蒙古荚蒾
Viburnum mongolicum(Pall.)Rehder
 习 性：灌木
 海 拔：800~2700 m
 国内分布：甘肃、河北、河南、内蒙古、宁夏、青海、山西、陕西
 国外分布：俄罗斯、蒙古
 濒危等级：LC

西域荚蒾
Viburnum mullaha Buch.-Ham. ex D. Don

西域荚蒾（原变种）
Viburnum mullaha var. **mullaha**
 习 性：灌木或小乔木
 海 拔：2300~2700 m
 国内分布：西藏、云南
 国外分布：不丹、克什米尔地区、尼泊尔、印度
 濒危等级：LC

少毛西域荚蒾
Viburnum mullaha var. **glabrescens**(Clarke)Kitamura
 习 性：灌木或小乔木
 海 拔：2200~2700 m
 国内分布：西藏
 国外分布：不丹、克什米尔地区、尼泊尔、印度
 濒危等级：LC

显脉荚蒾
Viburnum nervosum D. Don
 习 性：灌木或小乔木
 海 拔：1800~4500 m
 国内分布：四川、西藏、云南
 国外分布：不丹、缅甸、尼泊尔、印度、越南
 濒危等级：LC

珊瑚树
Viburnum odoratissimum Ker Gawl.
 习 性：灌木或小乔木
 海 拔：200~1300 m
 国内分布：福建、广东、广西、贵州、海南、河北、河南、湖南、台湾、云南
 国外分布：朝鲜半岛、缅甸、日本、泰国、印度、越南
 濒危等级：LC
 资源利用：药用（中草药，兽药）；原料（木材）；环境利用（绿化，观赏）

少花荚蒾
Viburnum oliganthum Batalin
　　习　　性：灌木或小乔木
　　海　　拔：1000~2200 m
　　分　　布：贵州、湖北、四川、西藏、云南
　　濒危等级：LC

峨眉荚蒾
Viburnum omeiense P. S. Hsu
　　习　　性：灌木
　　海　　拔：约1300 m
　　分　　布：四川
　　濒危等级：CR D

欧洲荚蒾
Viburnum opulus L.

欧洲荚蒾（原亚种）
Viburnum opulus subsp. **opulus**
　　习　　性：落叶灌木
　　海　　拔：1000~1600 m
　　国内分布：浙江
　　国外分布：俄罗斯；欧洲
　　濒危等级：LC

鸡树条
Viburnum opulus subsp. **calvescens**(Rehder)Sugim.
　　习　　性：落叶灌木
　　海　　拔：1000~2200 m
　　国内分布：安徽、甘肃、河北、河南、黑龙江、湖北、吉林、江苏、江西、辽宁、山东、山西、陕西、四川、浙江
　　国外分布：朝鲜半岛、俄罗斯、蒙古、日本
　　濒危等级：LC

小叶荚蒾
Viburnum parvifolium Hayata
　　习　　性：灌木
　　海　　拔：2200~3300 m
　　分　　布：台湾
　　濒危等级：LC

粉团
Viburnum plicatum Thunb.

粉团（原变种）
Viburnum plicatum var. **plicatum**
　　习　　性：灌木
　　海　　拔：200~1800 m
　　国内分布：安徽、福建、广东、广西、贵州、河南、湖北、湖南、江苏、江西、陕西、四川、台湾、云南、浙江
　　国外分布：日本
　　资源利用：环境利用（观赏）

台湾蝴蝶戏珠花
Viburnum plicatum var. **formosanum** Y. C. Liu et C. H. Ou
　　习　　性：灌木
　　海　　拔：1800~3000 m
　　分　　布：台湾
　　濒危等级：NT

球核荚蒾
Viburnum propinquum Hemsl.

球核荚蒾（原变种）
Viburnum propinquum var. **propinquum**
　　习　　性：灌木
　　海　　拔：500~1300 m
　　分　　布：重庆、福建、甘肃、广东、广西、贵州、湖北、湖南、江西、陕西、四川、台湾、云南、浙江
　　濒危等级：LC

狭叶球核荚蒾
Viburnum propinquum var. **mairei** W. W. Smith
　　习　　性：灌木
　　海　　拔：400~500 m
　　分　　布：贵州、湖北、四川、云南
　　濒危等级：LC

鳞斑荚蒾
Viburnum punctatum Buch.-Ham. ex D. Don

鳞斑荚蒾（原变种）
Viburnum punctatum var. **punctatum**
　　习　　性：灌木或小乔木
　　海　　拔：700~1900 m
　　国内分布：贵州、四川、云南
　　国外分布：柬埔寨、缅甸、尼泊尔、泰国、印度、印度尼西亚、越南
　　濒危等级：LC

大果鳞斑荚蒾
Viburnum punctatum var. **lepidotulum**(Merr. et Chun) P. S. Hsu
　　习　　性：灌木或小乔木
　　海　　拔：200~900 m
　　分　　布：广东、广西、海南
　　濒危等级：LC

锥序荚蒾
Viburnum pyramidatum Rehder
　　习　　性：灌木或小乔木
　　海　　拔：100~1400 m
　　国内分布：广西、云南
　　国外分布：越南
　　濒危等级：LC

皱叶荚蒾
Viburnum rhytidophyllum Hemsl.
　　习　　性：灌木或小乔木
　　海　　拔：700~2400 m
　　分　　布：贵州、湖北、陕西、四川
　　濒危等级：LC
　　资源利用：原料（纤维）；环境利用（观赏）

陕西荚蒾
Viburnum schensianum Maxim.

习　　性：落叶灌木
海　　拔：500～3200 m
分　　布：安徽、甘肃、河北、河南、湖北、江苏、山东、山西、陕西、四川、浙江
濒危等级：LC

常绿荚蒾
Viburnum sempervirens K. Koch

常绿荚蒾（原变种）
Viburnum sempervirens var. **sempervirens**
习　　性：常绿灌木
海　　拔：100～1800 m
分　　布：广东、广西、江西
濒危等级：DD

具毛常绿荚蒾
Viburnum sempervirens var. **trichophorum** Hand.-Mazz.
习　　性：常绿灌木
海　　拔：100～1400 m
分　　布：安徽、福建、广东、广西、贵州、湖南、江西、四川、云南、浙江
濒危等级：LC

茶荚蒾
Viburnum setigerum Hance
习　　性：落叶灌木
海　　拔：200～1700 m
分　　布：安徽、福建、广东、广西、贵州、河南、湖北、湖南、江苏、江西、陕西、四川、台湾、云南、浙江
濒危等级：LC
资源利用：环境利用（观赏）

瑞丽荚蒾
Viburnum shweliense W. W. Smith
习　　性：灌木或小乔木
海　　拔：约800 m
国内分布：云南
国外分布：缅甸
濒危等级：CR B1ab（ii，iii）

瑶山荚蒾
Viburnum squamulosum P. S. Hsu
习　　性：灌木
分　　布：广西
濒危等级：DD

亚高山荚蒾
Viburnum subalpinum Hand.-Mazz.
习　　性：落叶灌木
海　　拔：1600～3800 m
国内分布：云南
国外分布：缅甸
濒危等级：VU A3c

合轴荚蒾
Viburnum sympodiale Graebn.
习　　性：灌木或小乔木
海　　拔：800～2600 m
分　　布：安徽、福建、甘肃、广东、广西、贵州、河南、湖北、湖南、江西、陕西、四川、台湾、云南、浙江
濒危等级：LC

台东荚蒾
Viburnum taitoense Hayata
习　　性：灌木
海　　拔：1600～3000 m
分　　布：广西、湖南、台湾
濒危等级：LC

腾越荚蒾
Viburnum tengyuehense（W. W. Smith）P. S. Hsu

腾越荚蒾（原变种）
Viburnum tengyuehense var. **tengyuehense**
习　　性：落叶灌木
海　　拔：1500～2200 m
分　　布：贵州、云南
濒危等级：LC

多脉腾越荚蒾
Viburnum tengyuehense var. **polyneurum**（P. S. Hsu）P. S. Hsu
习　　性：落叶灌木
海　　拔：约2300 m
分　　布：贵州、云南
濒危等级：NT A2c

三叶荚蒾
Viburnum ternatum Rehder
习　　性：灌木或小乔木
海　　拔：600～1400 m
分　　布：贵州、湖北、湖南、四川、云南
濒危等级：LC

横脉荚蒾
Viburnum trabeculosum C. Y. Wu ex P. S. Hsu
习　　性：乔木
海　　拔：2000～2400 m
分　　布：云南
濒危等级：VU A3c

三脉叶荚蒾
Viburnum triplinerve Hand.-Mazz.
习　　性：常绿灌木
海　　拔：500～600 m
分　　布：广西
濒危等级：VU A3c

壶花荚蒾
Viburnum urceolatum Siebold et Zucc.
习　　性：灌木
海　　拔：600～2600 m
国内分布：福建、广东、广西、贵州、湖南、江西、台湾、云南、浙江
国外分布：日本

濒危等级：LC

烟管荚蒾
Viburnum utile Hemsl.
 习 性：常绿灌木
 海 拔：500～1800 m
 分 布：贵州、河南、湖北、湖南、陕西、四川
 濒危等级：LC
 资源利用：药用（中草药）

云南荚蒾
Viburnum yunnanense Rehder
 习 性：灌木
 海 拔：2300～2900 m
 分 布：云南
 濒危等级：EN B2ab（ii，iii）

番杏科 AIZOACEAE
（3属：3种）

海马齿属 Sesuvium L.

海马齿
Sesuvium portulacastrum(L.)L.
 习 性：多年生草本
 国内分布：福建、广东、海南、台湾
 国外分布：热带、亚热带地区
 濒危等级：LC

番杏属 Tetragonia L.

番杏
Tetragonia tetragonides(Pall.)Kuntze
 习 性：一年生草本
 国内分布：福建、广东、江苏、台湾、云南、浙江
 国外分布：澳大利亚
 濒危等级：LC

假海马齿属 Trianthema L.

假海马齿
Trianthema portulacastrum L.
 习 性：一年生草本
 国内分布：广东、海南、台湾
 国外分布：泛热带地区
 濒危等级：LC

叠珠树科 AKANIACEAE
（1属：1种）

伯乐树属 Bretschneidera Hemsl.

伯乐树
Bretschneidera sinensis Hemsl.
 习 性：乔木
 海 拔：300～1700 m
 国内分布：福建、广东、广西、贵州、湖北、湖南、江西、四川、台湾、云南、浙江
 国外分布：泰国、越南
 濒危等级：NT A2c
 国家保护：Ⅱ级

泽泻科 ALISMATACEAE
（6属：19种）

泽泻属 Alisma L.

窄叶泽泻
Alisma canaliculatum A. Braun et Bouché
 习 性：多年生水生或沼生草本
 海 拔：200～1000 m
 国内分布：安徽、福建、贵州、河南、湖北、湖南、江苏、江西、山东、四川、台湾、浙江
 国外分布：朝鲜、日本、印度
 濒危等级：LC
 资源利用：药用（中草药）；环境利用（观赏）

草泽泻
Alisma gramineum Lej.
 习 性：多年生沼生草本
 海 拔：1000～2800 m
 国内分布：甘肃、河南、黑龙江、吉林、辽宁、内蒙古
 国外分布：阿富汗、巴基斯坦、俄罗斯、哈萨克斯坦、蒙古、塔吉克斯坦、乌兹别克斯坦
 濒危等级：LC
 资源利用：环境利用（观赏）

膜果泽泻
Alisma lanceolatum With.
 习 性：多年生水生或沼生草本
 国内分布：黑龙江、吉林、辽宁、内蒙古、新疆
 国外分布：阿富汗、澳大利亚、巴基斯坦、哈萨克斯坦、吉尔吉斯斯坦、塔吉克斯坦、乌兹别克斯坦
 濒危等级：LC

小泽泻
Alisma nanum D. F. Cui
 习 性：多年生沼生或湿生草本
 海 拔：约600 m
 分 布：新疆
 濒危等级：EN A2c；C1

东方泽泻
Alisma orientale(Samuel)Juz.
 习 性：多年生水生或沼生草本
 海 拔：2500 m以下
 国内分布：安徽、福建、甘肃、广东、广西、贵州、河北、河南、黑龙江、湖北、湖南、吉林、江苏、江西、内蒙古
 国外分布：朝鲜、俄罗斯、克什米尔地区、蒙古、缅甸、尼泊尔、日本、印度、越南
 濒危等级：LC
 资源利用：药用（中草药）；环境利用（观赏）

泽泻
Alisma plantago-aquatica L.
- 习　　性：多年生水生或沼生草本
- 海　　拔：500～2800 m
- 国内分布：黑龙江、吉林、辽宁、内蒙古、陕西、新疆、云南
- 国外分布：阿富汗、巴基斯坦、俄罗斯、哈萨克斯坦、韩国、吉尔吉斯斯坦、蒙古、缅甸、尼泊尔、日本、塔吉克斯坦、泰国、乌兹别克斯坦、印度
- 濒危等级：LC
- 资源利用：药用（中草药）；环境利用（观赏）

假花蔺属 Butomopsis Kunth

拟花蔺
Butomopsis latifolia (D. Don) Kunth
- 习　　性：一年生草本
- 国内分布：云南
- 国外分布：澳大利亚、北非、老挝、孟加拉国、缅甸、尼泊尔、泰国、印度、印度尼西亚、越南
- 濒危等级：CR B1ab（iii）
- 国家保护：Ⅱ级

泽苔草属 Caldesia Parl.

宽叶泽苔草
Caldesia grandis Samuel.
- 习　　性：多年生水生或沼生草本
- 海　　拔：约480 m
- 国内分布：广东、湖北、湖南、台湾、云南
- 国外分布：马来西亚、孟加拉国、印度
- 濒危等级：CR A2c+3c+4ac；B2ab（iii）
- 资源利用：环境利用（观赏）

泽苔草
Caldesia parnassifolia (Bassi ex L.) Parl.
- 习　　性：多年生水生草本
- 海　　拔：1530 m 以下
- 国内分布：黑龙江、湖南、江苏、内蒙古、山西、云南、浙江
- 国外分布：澳大利亚、巴基斯坦、朝鲜、俄罗斯、尼泊尔、日本、泰国、印度、越南
- 濒危等级：CR A2c+3c+4c；B2ab（iii）
- 资源利用：环境利用（观赏）

黄花蔺属 Limnocharis Bonpl. ex Humb.

黄花蔺
Limnocharis flava (L.) Buchenau
- 习　　性：水生草本
- 国内分布：广东、云南栽培
- 国外分布：原产北美洲、加勒比海、南美洲、中美洲

毛茛泽泻属 Ranalisma Stapf

长喙毛茛泽泻
Ranalisma rostrata Stapf
- 习　　性：水生草本
- 国内分布：湖南、江西、浙江
- 国外分布：马来西亚、印度、越南
- 濒危等级：EN A2c+3c+4c；B2ab（iii）
- 国家保护：Ⅱ级

慈姑属 Sagittaria L.

冠果草
Sagittaria guayanensis subsp. **lappula** (D. Don) Bogin
- 习　　性：水生草本
- 海　　拔：600～1000 m
- 国内分布：安徽、福建、广东、广西、贵州、海南、湖南、江西、台湾、云南、浙江
- 国外分布：阿富汗、巴基斯坦、柬埔寨、马来西亚、尼泊尔、泰国、印度、印度尼西亚、越南
- 濒危等级：EN A2ac+3c

利川慈姑
Sagittaria lichuanensis J. K. Chen, S. C. Sun et H. Q. Wang
- 习　　性：多年生沼生草本
- 海　　拔：约1700 m
- 分　　布：福建、广东、贵州、湖北、江苏、江西、浙江
- 濒危等级：VU D2

浮叶慈姑
Sagittaria natans Pall.
- 习　　性：多年生水生浮叶草本
- 海　　拔：650 m 以下
- 国内分布：黑龙江、吉林、辽宁、内蒙古、新疆
- 国外分布：朝鲜、俄罗斯、哈萨克斯坦、蒙古、日本
- 濒危等级：NT B1ab（iii）

小慈姑
Sagittaria potamogetonifolia Merr.
- 习　　性：水生草本
- 海　　拔：海平面至1000 m
- 分　　布：安徽、福建、广东、广西、海南、湖北、湖南、江西、云南、浙江
- 濒危等级：VU D2

矮慈姑
Sagittaria pygmaea Miq.
- 习　　性：一年生草本
- 海　　拔：1000～1200 m
- 国内分布：安徽、福建、广东、广西、贵州、海南、河南、湖北、湖南、江苏、江西、山东、陕西、四川、台湾、云南、浙江
- 国外分布：朝鲜、日本、泰国、越南
- 濒危等级：LC
- 资源利用：药用（中草药）；环境利用（观赏）

腾冲慈姑
Sagittaria tengtsungensis H. Li
- 习　　性：多年生水生草本
- 海　　拔：1700～2100 m
- 国内分布：西藏、云南
- 国外分布：不丹、尼泊尔
- 濒危等级：VU A2c；B1ab（ii，iii）

野慈姑
Sagittaria trifolia L.

野慈姑（原亚种）
Sagittaria trifolia subsp. **trifolia**

习　　性：水生草本
分　　布：安徽、北京、福建、甘肃、广东、广西、贵州、海南、河南、湖北、江苏、辽宁、山东、四川、台湾、云南、浙江
濒危等级：LC
资源利用：药用（中草药）；食品（淀粉）

华夏慈姑
Sagittaria trifolia subsp. **leucopetala** (Miquel) Q. F. Wang
习　　性：水生草本
国内分布：安徽、福建、广西、贵州、海南、河南、陕西、云南、浙江栽培
国外分布：朝鲜、日本栽培

阿丁枫科 ALTINGIACEAE
（3属：13种）

蕈树属 Altingia Noronha

蕈树
Altingia chinensis (Champ. ex Benth.) Oliv. ex Hance
习　　性：常绿乔木
海　　拔：600~1000 m
国内分布：福建、广东、广西、贵州、海南、湖南、江西、云南、浙江
国外分布：越南
濒危等级：LC
资源利用：药用（中草药）；原料（香料，木材，精油）

细青皮
Altingia excelsa Noronha
习　　性：常绿乔木
海　　拔：约1000 m
国内分布：西藏、云南
国外分布：不丹、马来西亚、缅甸、印度、印度尼西亚
濒危等级：LC

细柄蕈树
Altingia gracilipes Hemsl.
习　　性：常绿乔木
海　　拔：400~1000 m
分　　布：福建、广东、海南、浙江
濒危等级：LC
资源利用：药用（中草药）；原料（香料，精油）

赤水蕈树
Altingia multinervis W. C. Cheng
习　　性：常绿乔木
海　　拔：约1000 m
分　　布：贵州
濒危等级：EN C1
国家保护：Ⅱ级

海南蕈树
Altingia obovata Merr. et Chun
习　　性：常绿乔木
海　　拔：800~1400 m
分　　布：海南
濒危等级：VU A2c；B1ab (i, iii, v)；C1

镰光蕈树
Altingia siamensis Craib
习　　性：乔木
海　　拔：1000~1200 m
国内分布：广东、云南
国外分布：柬埔寨、老挝、泰国、越南
濒危等级：VU B1ab (i, iii, v)

薄叶蕈树
Altingia tenuifolia Chun ex H. T. Chang
习　　性：常绿乔木
海　　拔：约1000 m
分　　布：贵州、江西
濒危等级：NT B1ab (ii, v)

云南蕈树
Altingia yunnanensis Rehder et E. H. Wilson
习　　性：常绿乔木
海　　拔：约1000 m
分　　布：云南
濒危等级：EN B1ab (i, iii, v)；C1

枫香树属 Liquidambar L.

缺萼枫香树
Liquidambar acalycina H. T. Chang
习　　性：乔木
海　　拔：600~1000 m
分　　布：安徽、广东、广西、贵州、湖北、江苏、江西、四川
濒危等级：LC
资源利用：原料（木材）

枫香树
Liquidambar formosana Hance
习　　性：乔木
海　　拔：500~800 m
国内分布：安徽、福建、广东、贵州、海南、湖北、江苏、江西、四川、台湾、浙江
国外分布：朝鲜、老挝、越南
濒危等级：LC
资源利用：药用（中草药）；原料（木材，单宁，树脂）；环境利用（观赏）

半枫荷属 Semiliquidambar H. T. Chang

半枫荷
Semiliquidambar cathayensis H. T. Chang
习　　性：常绿乔木
海　　拔：约1000 m
分　　布：福建、广东、广西、贵州、海南、江西
濒危等级：VU A2c；B1ab (i, iii)；C1
资源利用：药用（中草药）

长尾半枫荷
Semiliquidambar caudata H. T. Chang
习　　性：常绿或半常绿乔木

海　　拔：600~1000 m
分　　布：福建、浙江
濒危等级：DD

细柄半枫荷
Semiliquidambar chingii(F. P. Metcalf) H. T. Chang
习　　性：常绿乔木
海　　拔：约1000 m
分　　布：福建、广东、贵州、江西
濒危等级：DD

苋科 AMARANTHACEAE
(58属：264种)

牛膝属 Achyranthes L.

土牛膝
Achyranthes aspera L.

土牛膝（原变种）
Achyranthes aspera var. **aspera**
习　　性：多年生草本
国内分布：福建、广东、广西、贵州、海南、湖北、湖南、江西、四川、台湾、云南、浙江
国外分布：不丹、菲律宾、柬埔寨、老挝、马来西亚、缅甸、尼泊尔、斯里兰卡、泰国、印度、印度尼西亚、越南
濒危等级：LC
资源利用：药用（中草药）

银毛土牛膝
Achyranthes aspera var. **argentea**(Thwaites) C. B. Clarke
习　　性：多年生草本
国内分布：四川
国外分布：印度
濒危等级：LC

钝叶土牛膝
Achyranthes aspera var. **indica** L.
习　　性：多年生草本
海　　拔：900~1200 m
国内分布：广东、四川、台湾、云南
国外分布：斯里兰卡、印度
濒危等级：LC

禾叶土牛膝
Achyranthes aspera var. **rubrofusca**(Wight) Hook. f.
习　　性：多年生草本
国内分布：福建、湖南、台湾、云南
国外分布：印度
濒危等级：LC

牛膝
Achyranthes bidentata Blume

牛膝（原变种）
Achyranthes bidentata var. **bidentata**
习　　性：多年生草本
国内分布：福建、广西、贵州、河北、湖北、江苏、山西、陕西、四川、台湾、西藏、浙江
国外分布：巴布亚新几内亚、不丹、朝鲜、俄罗斯、菲律宾、老挝、马来西亚、缅甸、尼泊尔、泰国、印度、印度尼西亚、越南
濒危等级：LC
资源利用：药用（中草药，兽药）

少毛牛膝
Achyranthes bidentata var. **japonica** Miq.
习　　性：多年生草本
国内分布：安徽、湖南、台湾、浙江
国外分布：日本
濒危等级：LC

密毛牛膝
Achyranthes bidentata var. **villosa** J. L. Lin
习　　性：多年生草本
海　　拔：约1600 m
分　　布：四川
濒危等级：LC

柳叶牛膝
Achyranthes longifolia(Makino) Makino
习　　性：多年生草本
海　　拔：0~1200 m
国内分布：广东、贵州、湖北、湖南、江西、陕西、四川、台湾、云南、浙江
国外分布：老挝、日本、泰国、越南
濒危等级：LC
资源利用：药用（中草药）

千针苋属 Acroglochin Schrad.

千针苋
Acroglochin persicarioides(Poir.) Moq-Tandon
习　　性：一年生草本
海　　拔：800~3200 m
国内分布：甘肃、贵州、湖北、湖南、陕西、四川、云南
国外分布：巴基斯坦、不丹、克什米尔地区、尼泊尔、印度
濒危等级：LC

白花苋属 Aerva Forssk.

少毛白花苋
Aerva glabrata Hook. f.
习　　性：多年生草本
海　　拔：约2500 m
国内分布：广东、广西、贵州、云南
国外分布：缅甸、印度
濒危等级：LC

白花苋
Aerva sanguinolenta(L.) Blume
习　　性：多年生草本
海　　拔：1100~2300 m
国内分布：广东、广西、贵州、海南、四川、台湾、云南
国外分布：不丹、菲律宾、柬埔寨、老挝、马来西亚、缅甸、尼泊尔、泰国、印度、越南
濒危等级：LC
资源利用：药用（中草药）

沙蓬属 Agriophyllum M. Bieb.

侧花沙蓬
Agriophyllum lateriflorum(Lam.) Moq.

习　　性：一年生草本
国内分布：新疆
国外分布：亚洲西南部、中亚
濒危等级：LC

小沙蓬
Agriophyllum minus Fisch. et C. A. Mey.
习　　性：一年生草本
国内分布：新疆
国外分布：阿富汗、哈萨克斯坦
濒危等级：DD

沙蓬
Agriophyllum squarrosum(L.) Moq.
习　　性：一年生草本
海　　拔：100～3900 m
国内分布：甘肃、河北、河南、黑龙江、吉林、辽宁、内蒙古、宁夏、青海、山西、陕西、西藏、新疆
国外分布：俄罗斯、哈萨克斯坦、蒙古
濒危等级：LC
资源利用：动物饲料（饲料）；食品（淀粉，种子）

砂苋属 Allmania R. Br.

砂苋
Allmania nodiflora(L.) R. Br. ex Wight
习　　性：一年生草本
海　　拔：200 m 以下
国内分布：广西、海南
国外分布：热带亚洲
濒危等级：LC

莲子草属 Alternanthera Forssk.

锦绣苋
Alternanthera bettzickiana(Regel) G. Nicholson
习　　性：多年生草本
国内分布：安徽、北京、福建、甘肃、广东、广西、贵州、海南、河北、河南、黑龙江、湖北、湖南、吉林、江苏、江西、辽宁、内蒙古、宁夏、青海、陕西、香港
国外分布：东南亚、南美洲归化；原产地不详
资源利用：环境利用（观赏）

华莲子草
Alternanthera paronychioides A. St.-Hil.
习　　性：多年生草本
国内分布：广东、海南、台湾
国外分布：原产热带美洲

空心莲子草
Alternanthera philoxeroides(Mart.) Griseb.
习　　性：多年生草本
国内分布：北京、福建、广西、河北、湖北、湖南、江苏、江西、四川、台湾、浙江
国外分布：原产南美洲
资源利用：药用（中草药）；动物饲料（饲料）

刺花莲子草
Alternanthera pungens Kunth
习　　性：一年生草本
国内分布：安徽、福建、广东、海南、湖北、湖南、四川、香港
国外分布：原产南美洲；不丹、缅甸、泰国、澳大利亚、美国有归化

莲子草
Alternanthera sessilis(L.) R. Br. ex DC.
习　　性：多年生草本
海　　拔：约 1800 m
国内分布：安徽、福建、广东、广西、贵州、湖北、湖南、江苏、江西、四川、台湾、云南、浙江
国外分布：不丹、菲律宾、柬埔寨、老挝、马来西亚、缅甸、尼泊尔、泰国、印度、印度尼西亚、越南
濒危等级：LC
资源利用：药用（中草药）；动物饲料（饲料）；食品（蔬菜）

苋属 Amaranthus L.

白苋
Amaranthus albus L.
习　　性：一年生草本
海　　拔：约 500 m
国内分布：河北、黑龙江、吉林、辽宁、内蒙古、山东、上海、天津、新疆
国外分布：原产美洲；日本、俄罗斯、欧洲归化

北美苋
Amaranthus blitoides S. Watson
习　　性：一年生草本
国内分布：安徽、北京、河北、河南、黑龙江、吉林、辽宁、内蒙古、上海、新疆
国外分布：原产北美洲

凹头苋
Amaranthus blitum L.
习　　性：一年生草本
国内分布：安徽、福建、甘肃、广东、广西、贵州、海南、河北、河南、黑龙江、湖北、湖南、吉林、江苏、江西、辽宁、内蒙古、山东、山西、陕西、四川、台湾、新疆、云南、浙江
国外分布：老挝、尼泊尔、日本、越南
濒危等级：LC

尾穗苋
Amaranthus caudatus L.
习　　性：一年生草本
国内分布：全国
国外分布：原产南美洲安第斯山区；世界广泛栽培
资源利用：药用（中草药）；动物饲料（饲料）；环境利用（观赏）

老鸦谷
Amaranthus cruentus L.
习　　性：一年生草本
国内分布：安徽、北京、福建、海南、吉林、江西、台湾栽培并有逸生
国外分布：原产墨西哥；各国引种和归化

假刺苋
Amaranthus dubius Mart. Ex Thell.
习　　性：一年生草本

国内分布：中国的热带亚热带地区归化
国外分布：原产美洲

腋花苋
Amaranthus graecizans L.
习　　性：一年生草本
海　　拔：约1700 m
国内分布：甘肃、河北、河南、宁夏、山西、陕西、四川、新疆
国外分布：斯里兰卡、印度
濒危等级：LC

绿穗苋
Amaranthus hybridus L.
习　　性：一年生草本
海　　拔：400~1100 m
国内分布：安徽、福建、甘肃、广东、广西、贵州、河北、河南、湖北、湖南、江苏、江西、陕西、四川、浙江
国外分布：原产北美洲；世界各地归化

千穗谷
Amaranthus hypochondriacus L.
习　　性：一年生草本
国内分布：安徽、重庆、福建、贵州、河北、吉林、内蒙古、四川、天津、西藏、新疆、云南、浙江栽培或逸生
国外分布：原产墨西哥

长芒苋
Amaranthus palmeri S. Watson
习　　性：一年生草本
国内分布：北京、湖北、辽宁、山东、天津
国外分布：原产美国；欧洲、大洋洲和日本归化

泰山苋
Amaranthus polygonoides L.
习　　性：一年生草本
国内分布：安徽、北京、广西、河北、辽宁、山东
国外分布：原产北美洲；欧洲和亚洲归化

反枝苋
Amaranthus retroflexus L.

反枝苋（原亚种）
Amaranthus retroflexus subsp. **retroflexus**
习　　性：一年生草本
国内分布：甘肃、河北、黑龙江、吉林、辽宁、内蒙古、宁夏、山东、山西、陕西、新疆、浙江
国外分布：世界各地栽培
资源利用：食用（蔬菜）

短苞反枝苋
Amaranthus retroflexus subsp. **delilei**(Richt. et Loret)Tzvelev
习　　性：一年生草本
国内分布：北京、河北、山西
国外分布：可能原产北美洲；南非、南亚、欧洲归化

刺苋
Amaranthus spinosus L.
习　　性：一年生草本
国内分布：安徽、重庆、北京、福建、广东、广西、贵州、海南、河北、河南、湖北、湖南、江苏、江西、辽宁、山东、山西、陕西、上海、四川、台湾、香港、云南、浙江
国外分布：世界暖温带、热带地区分布
资源利用：药用（中草药）；食品（蔬菜）

菱叶苋
Amaranthus standleyanus Parodi ex Covas
习　　性：一年生草本
国内分布：北京归化
国外分布：原产阿根廷；欧洲归化

薄叶苋
Amaranthus tenuifolius Willd.
习　　性：一年生草本
国内分布：山东
国外分布：巴基斯坦、孟加拉国、印度；欧洲有归化

苋
Amaranthus tricolor L.
习　　性：一年生草本
国内分布：安徽、澳门、北京、福建、甘肃、广东、广西、贵州、海南、河北、河南、黑龙江、湖北、湖南、吉林、江苏、江西、辽宁、内蒙古、宁夏、青海、香港
国外分布：可能原产印度；各地栽培和归化
资源利用：药用（中草药）；环境利用（观赏）；食品（蔬菜）；原料（精油）

皱果苋
Amaranthus viridis L.
习　　性：一年生草本
海　　拔：200~2000 m
国内分布：除西北各省和西藏外，各省均有分布
国外分布：广布热带及温带
濒危等级：LC
资源利用：药用（中草药）；动物饲料（饲料）；食品（蔬菜）

假木贼属 Anabasis L.

无叶假木贼
Anabasis aphylla L.
习　　性：亚灌木
海　　拔：200~2400 m
国内分布：甘肃、新疆
国外分布：俄罗斯
濒危等级：DD
资源利用：药用（中草药）；农药

短叶假木贼
Anabasis brevifolia C. A. Mey.
习　　性：亚灌木
海　　拔：500~1700 m
国内分布：甘肃、内蒙古、宁夏、新疆
国外分布：俄罗斯、哈萨克斯坦、蒙古
濒危等级：DD

白垩假木贼
Anabasis cretacea Pall.
习　　性：多年生草本

海　　拔：500~1800 m
国内分布：新疆
国外分布：俄罗斯
濒危等级：LC

高枝假木贼
Anabasis elatior(C. A. Mey.)Schischk.
习　　性：亚灌木
海　　拔：400~1800 m
国内分布：新疆
国外分布：俄罗斯、哈萨克斯坦、蒙古
濒危等级：LC

毛足假木贼
Anabasis eriopoda(Schrenk)Benth. ex Volkens
习　　性：多年生草本
海　　拔：200~400 m
国内分布：新疆
国外分布：阿富汗、蒙古、西南亚、中亚
濒危等级：LC

粗糙假木贼
Anabasis pelliotii Danguy
习　　性：多年生草本
国内分布：新疆
国外分布：塔吉克斯坦、乌兹别克斯坦
濒危等级：LC

盐生假木贼
Anabasis salsa(C. A. Mey.)Benth. ex Volkens
习　　性：亚灌木
海　　拔：400~1900 m
国内分布：新疆
国外分布：俄罗斯、哈萨克斯坦、蒙古、西南亚
濒危等级：LC
资源利用：动物饲料（牧草）

展枝假木贼
Anabasis truncata(Schrenk)Bunge
习　　性：多年生草本
海　　拔：500~2100 m
国内分布：新疆
国外分布：俄罗斯
濒危等级：LC

单性滨藜属 Archiatriplex G. L. Chu

单性滨藜
Archiatriplex nanpinensis G. L. Chu
习　　性：一年生草本
海　　拔：约2100 m
分　　布：四川
濒危等级：EN D

节节木属 Arthrophytum Schrenk

长枝节节木
Arthrophytum iliensis Iljin
习　　性：亚灌木

海　　拔：约1550 m
国内分布：新疆
国外分布：哈萨克斯坦
濒危等级：VU A2c

棒叶节节木
Arthrophytum korovinii Botschantz.
习　　性：亚灌木
国内分布：新疆
国外分布：哈萨克斯坦
濒危等级：LC

长叶节节木
Arthrophytum longibracteatum Korovin
习　　性：亚灌木
国内分布：新疆
国外分布：哈萨克斯坦
濒危等级：LC

滨藜属 Atriplex L.

野榆钱菠菜
Atriplex aucheri Moq.
习　　性：一年生草本
海　　拔：700~1900 m
国内分布：新疆
国外分布：阿富汗、俄罗斯、哈萨克斯坦、土库曼斯坦
濒危等级：LC
资源利用：动物饲料（牧草）

白滨藜
Atriplex cana C. A. Mey.
习　　性：亚灌木
海　　拔：400~1400 m
国内分布：新疆
国外分布：俄罗斯、哈萨克斯坦
濒危等级：LC

中亚滨藜
Atriplex centralasiatica Iljin

中亚滨藜（原变种）
Atriplex centralasiatica var. **centralasiatica**
习　　性：一年生草本
海　　拔：约2300 m
国内分布：甘肃、河北、吉林、辽宁、内蒙古、宁夏、青海、山西、西藏、新疆
国外分布：俄罗斯、蒙古；中亚
资源利用：药用（中草药）；动物饲料（饲料）

大苞滨藜
Atriplex centralasiatica var. **megalotheca**(Popov ex Iljin)G. L. Chu
习　　性：一年生草本
国内分布：甘肃、新疆
国外分布：哈萨克斯坦
濒危等级：DD

犁苞滨藜
Atriplex dimorphostegia Kar. et Kir.

习　　性：一年生草本
国内分布：新疆
国外分布：阿富汗、巴基斯坦、俄罗斯、哈萨克斯坦、土库曼斯坦、乌兹别克斯坦
濒危等级：LC
资源利用：动物饲料（牧草）

野滨藜
Atriplex fera(L.)Bunge
习　　性：一年生草本
海　　拔：500~3000 m
国内分布：甘肃、河北、黑龙江、吉林、内蒙古、青海、山西、陕西、新疆
国外分布：俄罗斯、蒙古
濒危等级：LC
资源利用：动物饲料（饲料，牧草）

榆钱菠菜
Atriplex hortensis L.
习　　性：一年生草本
海　　拔：约2250 m
国内分布：河北、黑龙江、吉林、辽宁、内蒙古、山西、陕西
国外分布：世界各地引种

光滨藜
Atriplex laevis C. A. Mey.
习　　性：一年生草本
海　　拔：1000~3000 m
国内分布：内蒙古、新疆
国外分布：俄罗斯、蒙古
濒危等级：DD

海滨藜
Atriplex maximowicziana Makino
习　　性：多年生草本
国内分布：福建
国外分布：日本；太平洋诸岛归化
濒危等级：EN D

异苞滨藜
Atriplex micrantha C. A. Mey.
习　　性：一年生草本
海　　拔：200~1900 m
国内分布：新疆
国外分布：俄罗斯、哈萨克斯坦；亚洲西南部、欧洲。引入北美洲
濒危等级：LC

大洋洲滨藜
Atriplex nummularia Lindl.
习　　性：多年生草本
国内分布：台湾
国外分布：原产澳大利亚
濒危等级：DD

滨藜
Atriplex patens(Litv.)Iljin
习　　性：一年生草本
海　　拔：300~2900 m
国内分布：甘肃、河北、黑龙江、吉林、辽宁、内蒙古、宁夏、青海、陕西、新疆
国外分布：俄罗斯
濒危等级：LC

草地滨藜
Atriplex patula L.
习　　性：一年生草本
海　　拔：700~1700 m
国内分布：新疆
国外分布：亚洲、欧洲、北美洲；归化于世界各地
濒危等级：NT B1a

戟叶滨藜
Atriplex prostrata Boucher ex DC.
习　　性：一年生草本
国内分布：新疆
国外分布：中亚和亚洲西南部、北非、欧洲；归化于世界各地
濒危等级：LC

匍匐滨藜
Atriplex repens Roth
习　　性：灌木
国内分布：海南
国外分布：阿富汗、东南亚、印度
濒危等级：LC

西伯利亚滨藜
Atriplex sibirica L.
习　　性：一年生草本
海　　拔：200~2900 m
国内分布：甘肃、河北、黑龙江、吉林、辽宁、内蒙古、宁夏、青海、陕西、新疆
国外分布：俄罗斯、哈萨克斯坦、蒙古
濒危等级：LC
资源利用：动物饲料（饲料，牧草）

鞑靼滨藜
Atriplex tatarica L.

鞑靼滨藜（原变种）
Atriplex tatarica var. **tatarica**
习　　性：一年生草本
海　　拔：200~1800 m
国内分布：甘肃、青海、新疆
国外分布：巴基斯坦、蒙古、俄罗斯；非洲北部、欧洲、中亚和亚洲西南部。世界各地归化
濒危等级：LC
资源利用：动物饲料（牧草）

帕米尔滨藜
Atriplex tatarica var. **pamirica**(Iljin)G. L. Chu
习　　性：一年生草本
国内分布：西藏
国外分布：巴基斯坦
濒危等级：LC

疣苞滨藜
Atriplex verrucifera M. Bieb.
习　　性：亚灌木

海　　拔：400~1500 m
国内分布：新疆
国外分布：俄罗斯、蒙古
濒危等级：LC
资源利用：动物饲料（牧草）

轴藜属 Axyris L.

轴藜
Axyris amaranthoides L.
　　习　　性：一年生草本
　　海　　拔：100~3200 m
　　国内分布：甘肃、河北、黑龙江、吉林、辽宁、内蒙古、青海、陕西、新疆
　　国外分布：朝鲜、俄罗斯、哈萨克斯坦、蒙古、日本
　　濒危等级：LC

杂配轴藜
Axyris hybrida L.
　　习　　性：一年生草本
　　海　　拔：350~3300 m
　　国内分布：甘肃、河北、河南、黑龙江、内蒙古、青海、山西、西藏、新疆、云南
　　国外分布：俄罗斯、蒙古、尼泊尔
　　濒危等级：DD

苞藜属 Baolia H. W. Kung et G. L. Chu

苞藜
Baolia bracteata H. W. Kung et G. L. Chu
　　习　　性：一年生草本
　　海　　拔：约1900 m
　　分　　布：甘肃
　　濒危等级：LC
　　国家保护：Ⅱ级
　　资源利用：食品（淀粉）

雾冰藜属 Bassia All.

雾冰藜
Bassia dasyphylla(Fisch. et C. A. Mey.)Kuntze
　　习　　性：一年生草本
　　海　　拔：100~4400 m
　　国内分布：甘肃、河北、黑龙江、辽宁、内蒙古、青海、山东、山西、西藏、新疆
　　国外分布：俄罗斯、蒙古、中亚和西南亚
　　濒危等级：LC

钩刺雾冰藜
Bassia hyssopifolia(Pall.)Kuntze
　　习　　性：一年生草本
　　海　　拔：400~2400 m
　　国内分布：甘肃、新疆
　　国外分布：俄罗斯、蒙古
　　濒危等级：LC

肉叶雾冰藜
Bassia sedoides(Schrad.)Asch.
　　习　　性：一年生草本
　　海　　拔：约500 m
　　国内分布：新疆
　　国外分布：俄罗斯、蒙古
　　濒危等级：LC

甜菜属 Beta L.

甜菜
Beta vulgaris L.

甜菜（原变种）
Beta vulgaris var. **vulgaris**
　　习　　性：一年生或二年生草本
　　国内分布：全国广布
　　国外分布：原产非洲北部、亚洲西南部、欧洲；栽培于世界各地
　　资源利用：原料（精油）

糖萝卜
Beta vulgaris var. **altissima** Doll
　　习　　性：一年生或二年生草本
　　分　　布：我国北方部分省区有栽培

莙荙菜
Beta vulgaris var. **cicla** L.
　　习　　性：一年生或二年生草本
　　分　　布：我国南方栽培
　　资源利用：环境利用（观赏）；原料（精油）

饲用甜菜
Beta vulgaris var. **lutea** DC.
　　习　　性：一年生或二年生草本
　　分　　布：内蒙古、甘肃有栽培
　　资源利用：原料（精油）

异子蓬属 Borszczowia Bunge

异子蓬
Borszczowia aralocaspica Bunge
　　习　　性：一年生草本
　　国内分布：新疆
　　国外分布：哈萨克斯坦、乌兹别克斯坦
　　濒危等级：LC

樟味藜属 Camphorosma L.

樟味藜
Camphorosma monspeliaca L.

樟味藜（原亚种）
Camphorosma monspeliaca subsp. **monspeliaca**
　　习　　性：亚灌木
　　海　　拔：400~2900 m
　　国内分布：新疆
　　国外分布：俄罗斯、蒙古
　　濒危等级：LC

同齿樟味藜
Camphorosma monspeliaca subsp. **lessingii**(Litv.)Aellen
　　习　　性：亚灌木
　　国内分布：新疆
　　国外分布：俄罗斯、蒙古

苋科 AMARANTHACEAE

濒危等级：LC

青葙属 Celosia L.

青葙
Celosia argentea L.
- 习　　性：一年生草本
- 国内分布：安徽、福建、甘肃、广东、广西、贵州、海南、河南、黑龙江、湖北、湖南、吉林、江苏、江西、辽宁、内蒙古、宁夏、青海、山东、山西、陕西、四川、台湾、西藏、新疆、云南、浙江
- 国外分布：不丹、朝鲜、俄罗斯、菲律宾、柬埔寨、老挝、马来西亚、缅甸、尼泊尔、日本、泰国、印度、越南
- 濒危等级：LC
- 资源利用：药用（中草药）；动物饲料（饲料）；环境利用（观赏）；食品（蔬菜）

鸡冠花
Celosia cristata L.
- 习　　性：一年生草本
- 国内分布：安徽、北京、福建、甘肃、广东、广西、贵州、海南、河北、河南、黑龙江、湖北、湖南、吉林、江苏、江西、辽宁、内蒙古、宁夏、青海、陕西、香港
- 国外分布：世界各地栽培和逸生
- 濒危等级：LC
- 资源利用：药用（中草药）；环境利用（观赏）

角果藜属 Ceratocarpus L.

角果藜
Ceratocarpus arenarius L.
- 习　　性：一年生草本
- 海　　拔：500~2200 m
- 国内分布：新疆
- 国外分布：阿富汗、巴基斯坦、俄罗斯、蒙古
- 濒危等级：LC

藜属 Chenopodium L.

尖头叶藜
Chenopodium acuminatum Willd.

尖头叶藜（原亚种）
Chenopodium acuminatum subsp. **acuminatum**
- 习　　性：一年生草本
- 海　　拔：2900 m 以下
- 国内分布：甘肃、河北、河南、黑龙江、吉林、辽宁、内蒙古、宁夏、青海、山东、山西、陕西、新疆、浙江
- 国外分布：朝鲜、俄罗斯、蒙古、日本；中亚
- 濒危等级：LC

狭叶尖头叶藜
Chenopodium acuminatum subsp. **virgatum**(Thunb.)Kitam.
- 习　　性：一年生草本
- 国内分布：福建、广东、广西、河北、江苏、辽宁、内蒙古、台湾、浙江
- 国外分布：日本、越南
- 濒危等级：LC

藜
Chenopodium album L.
- 习　　性：一年生草本
- 海　　拔：4200 m 以下
- 国内分布：遍布全国
- 国外分布：世界温带和热带广布
- 濒危等级：LC
- 资源利用：药用（中草药）；食品（蔬菜）

菱叶藜
Chenopodium bryoniifolium Bunge
- 习　　性：一年生草本
- 国内分布：河北、黑龙江、吉林、辽宁、内蒙古
- 国外分布：朝鲜、俄罗斯、日本
- 濒危等级：LC

合被藜
Chenopodium chenopodioides(L.)Aellen
- 习　　性：一年生草本
- 海　　拔：约 600 m
- 国内分布：新疆
- 国外分布：非洲北部、亚洲中部及西南部、欧洲、北美洲
- 濒危等级：DD

小藜
Chenopodium ficifolium Sm.
- 习　　性：一年生草本
- 国内分布：安徽、重庆、福建、甘肃、广东、广西、贵州、海南、河北、河南、黑龙江、湖北、湖南、吉林、江苏、江西、辽宁、内蒙古、宁夏、青海、山东、山西、陕西、四川、台湾、新疆、云南
- 国外分布：原产欧洲；世界各地归化
- 濒危等级：LC

球花藜
Chenopodium foliosum(Moench)Asch.
- 习　　性：一年生草本
- 海　　拔：1700~3300 m
- 国内分布：甘肃、新疆
- 国外分布：中亚和亚洲西南部、欧洲、北非；其他地区有逸生
- 濒危等级：LC

杖藜
Chenopodium giganteum D. Don
- 习　　性：一年生草本
- 海　　拔：1000~2000 m
- 国内分布：北京、重庆、甘肃、广西、贵州、河北、河南、湖南、辽宁、山西、陕西、上海、四川、台湾、云南
- 国外分布：世界各地普遍栽培和归化
- 资源利用：食品（粮食，蔬菜）

灰绿藜
Chenopodium glaucum L.
- 习　　性：一年生草本
- 海　　拔：4600 m 以下
- 国内分布：除福建、贵州、广东、广西、江西、云南外，各省均有分布
- 国外分布：南、北温带地区

濒危等级：LC

细穗藜
Chenopodium gracilispicum H. W. Kung
习　　性：一年生草本
海　　拔：1000～2000 m
国内分布：甘肃、广东、河北、河南、湖南、江苏、江西、山东、陕西、四川、台湾、浙江
国外分布：日本
濒危等级：LC

杂配藜
Chenopodium hybridum L.
习　　性：一年生草本
国内分布：甘肃、河北、黑龙江、吉林、辽宁、内蒙古、宁夏、青海、山西、陕西、四川、西藏、新疆、云南、浙江
国外分布：原产欧洲和西亚；朝鲜、俄罗斯、蒙古、日本、印度以及中亚和北美洲归化
资源利用：药用（中草药）

小白藜
Chenopodium iljinii Golosk.
习　　性：一年生草本
海　　拔：2000～4000 m
国内分布：甘肃、内蒙古、宁夏、青海、四川、新疆
国外分布：哈萨克斯坦
濒危等级：LC

平卧藜
Chenopodium karoi (Murr) Aellen
习　　性：一年生草本
海　　拔：1500～4000 m
国内分布：甘肃、河北、内蒙古、青海、四川、西藏、新疆
国外分布：俄罗斯、蒙古；中亚
濒危等级：LC

铺地藜
Chenopodium pumilio R. Br.
习　　性：一年生或多年生草本
国内分布：河南、山东
国外分布：原产澳大利亚；欧洲、非洲和美洲归化

红叶藜
Chenopodium rubrum L.
习　　性：一年生草本
海　　拔：1000～1700 m
国内分布：甘肃、黑龙江、内蒙古、宁夏、新疆
国外分布：中亚和亚洲西南部、欧洲、北美洲；逸生于其他地区
濒危等级：DD

圆头藜
Chenopodium strictum Roth
习　　性：一年生草本
海　　拔：700～2700 m
国内分布：甘肃、河北、山西、陕西、新疆
国外分布：朝鲜、俄罗斯、日本
濒危等级：LC

市藜
Chenopodium urbicum L.

市藜（原亚种）
Chenopodium urbicum subsp. **urbicum**
习　　性：一年生草本
海　　拔：约 700 m
国内分布：新疆
国外分布：亚洲中部和西南部、欧洲、北非；逸生于北美洲及其他一些地区
濒危等级：LC

东亚市藜
Chenopodium urbicum subsp. **sinicum** H. W. Kung et G. L. Chu
习　　性：一年生草本
分　　布：河北、黑龙江、吉林、江苏、辽宁、内蒙古、山东、山西、陕西、新疆
濒危等级：LC

虫实属 Corispermum L.

烛台虫实
Corispermum candelabrum Iljin
习　　性：一年生草本
分　　布：河北、辽宁、内蒙古
濒危等级：LC

兴安虫实
Corispermum chinganicum Iljin

兴安虫实（原变种）
Corispermum chinganicum var. **chinganicum**
习　　性：一年生草本
国内分布：甘肃、河北、黑龙江、吉林、辽宁、内蒙古、宁夏
国外分布：俄罗斯、蒙古
濒危等级：LC

毛果虫实
Corispermum chinganicum var. **stellipile** C. P. Tsien et C. G. Ma
习　　性：一年生草本
分　　布：黑龙江、内蒙古
濒危等级：LC

密穗虫实
Corispermum confertum Bunge
习　　性：一年生草本
海　　拔：约 500 m
国内分布：黑龙江、吉林、辽宁
国外分布：俄罗斯
濒危等级：LC

绳虫实
Corispermum declinatum Stephan ex Iljin
习　　性：一年生草本
海　　拔：500～3200 m
国内分布：甘肃、河北、辽宁、内蒙古、山西、陕西、新疆
国外分布：俄罗斯、蒙古；亚洲中北部。欧洲东部归化
濒危等级：LC

辽西虫实
Corispermum dilutum (Kitag.) C. P. Tsien et C. G. Ma

习　　性：一年生草本
海　　拔：约 600 m
分　　布：辽宁、内蒙古
濒危等级：DD

粗喙虫实
Corispermum dutreuilii Iljin
习　　性：一年生草本
海　　拔：2300 ~ 4250 m
国内分布：甘肃、西藏、新疆
国外分布：中亚
濒危等级：LC

长穗虫实
Corispermum elongatum Bunge
习　　性：一年生草本
海　　拔：约 500 m
国内分布：黑龙江、吉林、辽宁、内蒙古、宁夏
国外分布：俄罗斯
濒危等级：LC

镰叶虫实
Corispermum falcatum Iljin
习　　性：一年生草本
分　　布：青海、西藏
濒危等级：LC

中亚虫实
Corispermum heptapotamicum Iljin
习　　性：一年生草本
海　　拔：2800 ~ 3200 m
国内分布：甘肃、新疆
国外分布：哈萨克斯坦
濒危等级：LC

黄河虫实
Corispermum huanghoense C. P. Tsien et C. G. Ma
习　　性：一年生草本
分　　布：河南
濒危等级：NT B1

倒披针叶虫实
Corispermum lehmannianum Bunge
习　　性：一年生草本
国内分布：新疆
国外分布：阿富汗
濒危等级：DD

鳞果虫实
Corispermum lepidocarpum Grubov
习　　性：一年生草本
海　　拔：3160 ~ 3200 m
分　　布：西藏
濒危等级：NT B1

拉萨虫实
Corispermum lhasaense C. P. Tsien et C. G. Ma
习　　性：一年生草本
海　　拔：约 3600 m
分　　布：西藏
濒危等级：NT B1a

大果虫实
Corispermum macrocarpum Bunge ex Maxim.
习　　性：一年生草本
海　　拔：约 700 m
国内分布：黑龙江、辽宁
国外分布：俄罗斯
濒危等级：LC

蒙古虫实
Corispermum mongolicum Iljin
习　　性：一年生草本
海　　拔：1800 ~ 2800 m
国内分布：甘肃、内蒙古、宁夏、新疆
国外分布：俄罗斯、蒙古
濒危等级：DD

东方虫实
Corispermum orientale Lam.
习　　性：一年生草本
海　　拔：约 550 m
国内分布：新疆
国外分布：俄罗斯、哈萨克斯坦、蒙古西部
濒危等级：LC

帕米尔虫实
Corispermum pamiricum Iljin

帕米尔虫实（原变种）
Corispermum pamiricum var. **pamiricum**
习　　性：一年生草本
海　　拔：约 4400 m
国内分布：甘肃、西藏、新疆
国外分布：帕米尔地区
濒危等级：LC

毛果帕米尔虫实
Corispermum pamiricum var. **pilocarpum** C. P. Tsien et C. G. Ma
习　　性：一年生草本
海　　拔：约 4400 m
分　　布：西藏
濒危等级：DD

碟果虫实
Corispermum patelliforme Iljin
习　　性：一年生草本
海　　拔：1200 ~ 3000 m
国内分布：甘肃、内蒙古、宁夏、青海
国外分布：蒙古
濒危等级：LC

宽翅虫实
Corispermum platypterum Kitag.
习　　性：一年生草本
海　　拔：约 500 m
分　　布：河北、吉林、辽宁、内蒙古
濒危等级：LC

早熟虫实
Corispermum praecox C. P. Tsien et C. G. Ma
 习 性：一年生草本
 分 布：河南
 濒危等级：NT B1

假镰叶虫实
Corispermum pseudofalcatum C. P. Tsien et C. G. Ma
 习 性：一年生草本
 海 拔：约3800 m
 分 布：西藏
 濒危等级：DD

软毛虫实
Corispermum puberulum Iljin
 习 性：一年生草本
 海 拔：约500 m
 分 布：河北、黑龙江、辽宁、内蒙古、山东
 濒危等级：LC

扭果虫实
Corispermum retortum P. Y. Fu et Wang-Wei
 习 性：一年生草本
 海 拔：约200 m
 分 布：黑龙江
 濒危等级：LC

华虫实
Corispermum stauntonii Moq.
 习 性：一年生草本
 海 拔：3600～4000 m
 分 布：河北、黑龙江、辽宁、内蒙古
 濒危等级：LC

细苞虫实
Corispermum stenolepis Kitag.
 习 性：一年生草本
 海 拔：300～800 m
 分 布：吉林、辽宁、内蒙古
 濒危等级：LC

藏虫实
Corispermum tibeticum Iljin

藏虫实（原变种）
Corispermum tibeticum var. **tibeticum**
 习 性：一年生草本
 海 拔：2300～4500 m
 国内分布：青海、西藏
 国外分布：巴基斯坦、克什米尔地区、中亚
 濒危等级：LC

毛果西藏虫实
Corispermum tibeticum var. **pilocarpum** R. F. Huang
 习 性：一年生草本
 海 拔：2900～3300 m
 分 布：青海
 濒危等级：LC

毛果绳虫实
Corispermum tylocarpum Hance
 习 性：一年生草本
 国内分布：河北、江苏、辽宁、内蒙古、山西、新疆
 国外分布：蒙古东部
 濒危等级：LC

单刺蓬属 Cornulaca Delile

阿拉善单刺蓬
Cornulaca alaschanica C. P. Tsien et G. L. Chu
 习 性：一年生草本
 分 布：甘肃、内蒙古
 濒危等级：NT B1
 国家保护：II级
 资源利用：动物饲料（牧草）

杯苋属 Cyathula Lour.

头花杯苋
Cyathula capitata Moq.
 习 性：多年生草本
 海 拔：1700～2300 m
 国内分布：四川、西藏、云南
 国外分布：不丹、尼泊尔、印度、越南
 濒危等级：LC
 资源利用：药用（中草药）

川牛膝
Cyathula officinalis K. C. Kuan
 习 性：多年生草本
 海 拔：1500 m 以上
 国内分布：贵州、河北、四川、云南、浙江
 国外分布：尼泊尔
 濒危等级：LC
 资源利用：药用（中草药）

杯苋
Cyathula prostrata (L.) Blume
 习 性：多年生草本
 海 拔：800～1580 m
 国内分布：广东、广西、海南、台湾、云南
 国外分布：不丹、菲律宾、柬埔寨、老挝、马来西亚、缅甸、尼泊尔、泰国、印度、越南
 濒危等级：LC
 资源利用：药用（中草药）

绒毛杯苋
Cyathula tomentosa (Roth) Moq.
 习 性：亚灌木
 海 拔：1800～2300 m
 国内分布：贵州、西藏
 国外分布：不丹、缅甸、尼泊尔、印度
 濒危等级：LC

浆果苋属 Deeringia R. Br.

浆果苋
Deeringia amaranthoides (Lam.) Merr.
 习 性：攀援灌木
 海 拔：100～2200 m
 国内分布：广东、广西、贵州、海南、四川、台湾、西藏、云南
 国外分布：澳大利亚、不丹、老挝、马来西亚、缅甸、尼泊

尔、泰国、印度、印度尼西亚、越南
濒危等级：LC

长序苋属 Digera Forssk.

长序苋
Digera muricata(L.) Mart.
习　　性：多年生草本
国内分布：安徽、河南
国外分布：阿富汗、阿拉伯、巴基斯坦、孟加拉国、斯里兰卡、印度、爪哇；非洲北部

刺藜属 Dysphania R. Br.

土荆芥
Dysphania ambrosioides(L.) Mosyakin et Clemants
习　　性：一年生或多年生草本
国内分布：福建、广东、广西、湖南、江苏、江西、四川、台湾、云南、浙江
国外分布：原产美洲热带地区
资源利用：药用（中草药）；原料（精油）

刺藜
Dysphania aristata(L.) Mosyakin et Clemants
习　　性：一年生草本
国内分布：河北、河南、黑龙江、吉林、内蒙古、宁夏、青海、山东、山西、陕西、四川、新疆
国外分布：欧洲东南部、亚洲
濒危等级：LC
资源利用：药用（中草药）

香藜
Dysphania botrys(L.) Mosyakin et Clemants
习　　性：一年生草本
国内分布：新疆
国外分布：亚洲中部和西南部、北非、欧洲南部；亚热带到暖温带地区归化
濒危等级：LC

菊叶香藜
Dysphania schraderiana(Roem. et Schult.) Mosyakin et Clemants
习　　性：一年生草本
国内分布：甘肃、辽宁、内蒙古、青海、山西、陕西、四川、西藏、云南
国外分布：亚洲西南部、非洲南部、欧洲；北美洲归化
濒危等级：LC

对叶盐蓬属 Girgensohnia Bunge

对叶盐蓬
Girgensohnia oppositiflora(Pall.) Fenzl
习　　性：一年生草本
海　　拔：700～900 m
国内分布：新疆
国外分布：阿富汗、巴基斯坦
濒危等级：LC

千日红属 Gomphrena L.

银花苋
Gomphrena celosioides C. Mart.
习　　性：一年生草本
国内分布：澳门、福建、广东、海南、台湾
国外分布：原产热带美洲；泛热带归化

千日红
Gomphrena globosa L.
习　　性：一年生草本
国内分布：福建、广西、贵州、河北、湖北、山西、四川、新疆、浙江
国外分布：原产新热带地区；热带亚洲栽培并归化
资源利用：药用（中草药）；环境利用（观赏）

盐蓬属 Halimocnemis C. A. Mey.

短苞盐蓬
Halimocnemis karelinii Moq.
习　　性：一年生草本
海　　拔：约 2600 m
国内分布：新疆
国外分布：哈萨克斯坦
濒危等级：LC

长叶盐蓬
Halimocnemis longifolia Bunge
习　　性：一年生草本
海　　拔：500～700 m
国内分布：新疆
国外分布：哈萨克斯坦
濒危等级：LC

柔毛盐蓬
Halimocnemis villosa Kar. et Kir.
习　　性：一年生草本
国内分布：新疆
国外分布：哈萨克斯坦
濒危等级：LC

盐节木属 Halocnemum M. Bieb.

盐节木
Halocnemum strobilaceum(Pall.) M. Bieb.
习　　性：亚灌木
海　　拔：400～1800 m
国内分布：甘肃、新疆
国外分布：阿富汗、俄罗斯、哈萨克斯坦、蒙古；西南亚
濒危等级：LC

盐生草属 Halogeton C. A. Mey.

白茎盐生草
Halogeton arachnoideus Moq.
习　　性：一年生草本
海　　拔：400～3200 m
国内分布：甘肃、内蒙古、宁夏、青海、山西、陕西、新疆
国外分布：中亚
濒危等级：LC

盐生草
Halogeton glomeratus(Bieb.) C. A. Mey.

盐生草（原变种）
Halogeton glomeratus var. **glomeratus**
习　　性：一年生草本
海　　拔：500～4200 m
国内分布：甘肃、青海、西藏、新疆

国外分布：蒙古、俄罗斯；中亚。归化于北美洲西南部
濒危等级：LC

西藏盐生草
Halogeton glomeratus var. **tibeticus** (Bunge) Grubov
习　　性：一年生草本
国内分布：青海、西藏、新疆
国外分布：中亚
濒危等级：DD

盐千屈菜属 Halopeplis Bunge

盐千屈菜
Halopeplis pygmaea (Pall.) Bunge ex Ung. -Sternb.
习　　性：一年生草本
国内分布：新疆
国外分布：中亚和西南亚
濒危等级：LC

盐穗木属 Halostachys C. A. Mey. ex Schrenk

盐穗木
Halostachys caspica C. A. Mey. ex Schrenk
习　　性：灌木
国内分布：甘肃、新疆
国外分布：阿富汗、巴基斯坦、蒙古
濒危等级：LC

新疆藜属 Halothamnus Jaub. et Spach

新疆藜
Halothamnus glaucus (M. Bieb.) Botschantz.
习　　性：亚灌木
国内分布：新疆
国外分布：中亚和西南亚
濒危等级：LC

梭梭属 Haloxylon Bunge

梭梭
Haloxylon ammodendron (C. A. Mey.) Bunge
习　　性：乔木
海　　拔：300~3000 m
国内分布：甘肃、内蒙古、宁夏、青海、新疆
国外分布：蒙古、中亚
濒危等级：LC
资源利用：原料（木材）

白梭梭
Haloxylon persicum Bunge ex Boiss. et Buhse
习　　性：乔木
海　　拔：300~500 m
国内分布：新疆
国外分布：亚洲中南部至西南部、非洲东北部
濒危等级：LC
资源利用：原料（木材）；动物饲料（饲料）

对节刺属 Horaninovia Fisch. et C. A. Mey.

对节刺
Horaninovia ulicina Fisch. et C. A. Mey.
习　　性：一年生草本
海　　拔：700~2800 m
国内分布：新疆
国外分布：阿富汗、哈萨克斯坦、土库曼斯坦、伊朗
濒危等级：LC

戈壁藜属 Iljinia Korovin

戈壁藜
Iljinia regelii (Bunge) Korovin
习　　性：半灌木
海　　拔：400~500 m
国内分布：甘肃、新疆
国外分布：哈萨克斯坦、蒙古
濒危等级：NT B1ab (i, iii)

血苋属 Iresine P. Browne

血苋
Iresine herbstii Hook. ex Lindl.
习　　性：多年生草本
国内分布：广东、广西、海南、江苏、上海、云南
国外分布：原产南美洲
资源利用：药用（中草药）

盐爪爪属 Kalidium Moq.

里海盐爪爪
Kalidium caspicum Ung. -Sternb.
习　　性：小灌木
海　　拔：500~2850 m
国内分布：新疆
国外分布：欧洲东南部、西南亚、中亚
濒危等级：LC

尖叶盐爪爪
Kalidium cuspidatum (Ung. -Sternb.) Grubov

尖叶盐爪爪（原变种）
Kalidium cuspidatum var. **cuspidatum**
习　　性：小灌木
海　　拔：1300~3900 m
国内分布：甘肃、河北、内蒙古、宁夏、陕西、新疆
国外分布：蒙古
濒危等级：LC

黄毛头
Kalidium cuspidatum var. **sinicum** A. J. Li
习　　性：小灌木
分　　布：甘肃、宁夏、青海
濒危等级：DD

盐爪爪
Kalidium foliatum (Pall.) Moq.
习　　性：小灌木
海　　拔：200~4000 m
国内分布：甘肃、河北、黑龙江、内蒙古、宁夏、青海、新疆
国外分布：俄罗斯、蒙古
濒危等级：LC

细枝盐爪爪
Kalidium gracile Fenzl

习　　性：小灌木
海　　拔：约 2520 m
国内分布：内蒙古、新疆
国外分布：蒙古
濒危等级：LC

圆叶盐爪爪
Kalidium schrenkianum Bunge ex Ung. -Sternb.
习　　性：小灌木
海　　拔：400 ~ 2200 m
国内分布：新疆
国外分布：哈萨克斯坦
濒危等级：LC

棉藜属 Kirilowia Bunge

棉藜
Kirilowia eriantha Bunge
习　　性：一年生草本
海　　拔：400 ~ 2400 m
国内分布：新疆
国外分布：中亚
濒危等级：LC

地肤属 Kochia Roth.

全翅地肤
Kochia krylovii Litv.
习　　性：一年生草本
国内分布：新疆
国外分布：俄罗斯、蒙古西部
濒危等级：DD

毛花地肤
Kochia laniflora(S. G. Gmel.)Borbás
习　　性：一年生草本
国内分布：新疆
国外分布：中亚和亚洲西南部、非洲北部、欧洲
濒危等级：LC
资源利用：动物饲料（牧草）

黑翅地肤
Kochia melanoptera Bunge
习　　性：一年生草本
海　　拔：1000 ~ 3600 m
国内分布：甘肃、内蒙古、宁夏、青海、新疆
国外分布：哈萨克斯坦、蒙古
濒危等级：DD

尖翅地肤
Kochia odontoptera Schrenk
习　　性：一年生草本
海　　拔：1000 ~ 1700 m
国内分布：新疆
国外分布：中亚
濒危等级：LC

木地肤
Kochia prostrata(L.)C. Schrad.

木地肤（原变种）
Kochia prostrata var. **prostrata**
习　　性：亚灌木
海　　拔：100 ~ 2700 m
国内分布：甘肃、河北、黑龙江、辽宁、内蒙古、宁夏、山西、陕西、西藏、新疆
国外分布：中亚和亚洲西南部、欧洲
濒危等级：LC
资源利用：动物饲料（牧草）

灰毛木地肤
Kochia prostrata var. **canescens** Moq.
习　　性：亚灌木
分　　布：甘肃、内蒙古、宁夏、新疆
濒危等级：LC

密毛木地肤
Kochia prostrata var. **villosissima** Bong. et C. A. Mey.
习　　性：亚灌木
分　　布：新疆
濒危等级：DD

地肤
Kochia scoparia(L.)Schrad.
习　　性：一年生草本
海　　拔：3200 m 以下
国内分布：全国各地分布
国外分布：亚洲、欧洲；非洲、南美洲、北美洲及澳大利亚归化
濒危等级：LC
资源利用：药用（中草药）；食品（蔬菜）；环境利用（观赏）

碱地肤
Kochia sieversiana(Pall.)C. A. Mey.
习　　性：一年生草本
国内分布：甘肃、河北、黑龙江、吉林、辽宁、内蒙古、宁夏、青海、山西、陕西、新疆
国外分布：欧洲、亚洲
濒危等级：LC
资源利用：环境利用（观赏）

伊朗地肤
Kochia stellaris Moq.
习　　性：一年生草本
国内分布：甘肃、新疆
国外分布：阿富汗、巴基斯坦
濒危等级：LC

驼绒藜属 Krascheninnikovia Gueldenst.

华北驼绒藜
Krascheninnikovia arborescens(Losinsk.)Czerep.
习　　性：灌木或亚灌木
分　　布：甘肃、吉林、辽宁、四川
濒危等级：LC

驼绒藜
Krascheninnikovia ceratoides(L.)Gueldenst.

驼绒藜（原变种）
Krascheninnikovia ceratoides var. **ceratoides**
习　　性：灌木或亚灌木
国内分布：甘肃、内蒙古、青海、西藏、新疆
国外分布：蒙古
濒危等级：LC

长苞草原驼绒藜
Krascheninnikovia ceratoides var. **longibracteata** Zhu. Li
  习 性：灌木或亚灌木
  分 布：新疆
  濒危等级：LC

垫状驼绒藜
Krascheninnikovia compacta(Losina-Losinskaja)Grubov

垫状驼绒藜（原变种）
Krascheninnikovia compacta var. **compacta**
  习 性：灌木
  海 拔：3500~5000 m
  国内分布：甘肃、青海、西藏、新疆
  国外分布：塔吉克斯坦
  濒危等级：DD

长毛驼绒藜
Krascheninnikovia compacta var. **longipilosa**(C. P. Tsien et C. G. Ma)Mosyakin
  习 性：灌木
  海 拔：4300~4800 m
  分 布：青海、西藏
  濒危等级：DD

叶城驼绒藜
Krascheninnikovia compacta var. **yechengensis** A. L. Fu
  习 性：灌木
  海 拔：1000~1800 m
  分 布：新疆
  濒危等级：LC

心叶驼绒藜
Krascheninnikovia ewersmanniana(Stschegl. ex Losinsk.)Grubov
  习 性：亚灌木或灌木
  国内分布：新疆
  国外分布：哈萨克斯坦、蒙古
  濒危等级：LC

绒藜属 Londesia Fisch. et C. A. Mey.

绒藜
Londesia eriantha Fisch. et C. A. Mey.
  习 性：一年生草本
  国内分布：新疆
  国外分布：蒙古
  濒危等级：LC

小果滨藜属 Microgynoecium Hook. f.

小果滨藜
Microgynoecium tibeticum Hook. f.
  习 性：一年生草本
  海 拔：4000 m 以上
  国内分布：甘肃、青海、西藏
  国外分布：尼泊尔、印度；中亚
  濒危等级：DD

小蓬属 Nanophyton Less.

小蓬
Nanophyton erinaceum(Pall.)Bunge
  习 性：亚灌木
  海 拔：400~2600 m
  国内分布：新疆
  国外分布：俄罗斯、蒙古；中亚
  濒危等级：LC
  资源利用：动物饲料（饲料，牧草）

兜藜属 Panderia Fisch. et C. A. Mey.

兜藜
Panderia turkestanica Iljin
  习 性：一年生草本
  海 拔：400~740 m
  国内分布：新疆
  国外分布：哈萨克斯坦；西南亚
  濒危等级：LC

叉毛蓬属 Petrosimonia Bunge

灰绿叉毛蓬
Petrosimonia glaucescens(Bunge)Iljin
  习 性：一年生草本
  国内分布：新疆
  国外分布：俄罗斯、哈萨克斯坦
  濒危等级：LC

对生叶叉毛蓬
Petrosimonia oppositifolia(Pall.)Litv.
  习 性：一年生草本
  国内分布：新疆
  国外分布：欧洲东南部、亚洲西南部、中亚
  濒危等级：LC

叉毛蓬
Petrosimonia sibirica(Pall.)Bunge
  习 性：一年生草本
  海 拔：500~840 m
  国内分布：新疆
  国外分布：俄罗斯
  濒危等级：LC
  资源利用：动物饲料（牧草）

粗糙叉毛蓬
Petrosimonia squarrosa(Schrenk)Bunge
  习 性：一年生草本
  国内分布：新疆
  国外分布：哈萨克斯坦；中亚和西南亚
  濒危等级：LC

安旱苋属 Philoxerus R. Br.

安旱苋
Philoxerus wrightii Hook. f.
  习 性：草本
  国内分布：台湾
  国外分布：日本
  濒危等级：VU D1+2

多节草属 Polycnemum L.

多节草
Polycnemum arvense L.
  习 性：一年生草本

国内分布：新疆
国外分布：亚洲西南部、中欧和南欧、中亚；归化于世界各地
濒危等级：LC

青花苋属 Psilotrichopsis C. C. Towns.

青花苋
Psilotrichopsis curtisii(F. C. How) H. S. Kiu
习　　性：多年生草本
分　　布：海南
濒危等级：LC

林地苋属 Psilotrichum Blume

苋叶林地苋
Psilotrichum erythrostachyum Gagnep.
习　　性：一年生草本
海　　拔：100～200 m
国内分布：海南
国外分布：柬埔寨、泰国、越南
濒危等级：LC

林地苋
Psilotrichum ferrugineum(Roxb.) Moq.

林地苋（原变种）
Psilotrichum ferrugineum var. **ferrugineum**
习　　性：一年生草本
海　　拔：1000～2000 m
国内分布：海南、云南
国外分布：柬埔寨、老挝、马来西亚、缅甸、尼泊尔、泰国、印度、越南
濒危等级：LC

海南林地苋
Psilotrichum ferrugineum var. **hainanense** H. S. Kiu
习　　性：一年生草本
海　　拔：100～700 m
分　　布：广西、海南
濒危等级：LC

西盟林地苋
Psilotrichum ferrugineum var. **ximengense** Y. Y. Qian
习　　性：一年生草本
海　　拔：约1200 m
分　　布：云南
濒危等级：DD

云南林地苋
Psilotrichum yunnanense D. D. Tao
习　　性：亚灌木
海　　拔：900～2200 m
分　　布：云南
濒危等级：LC

盐角草属 Salicornia L.

盐角草
Salicornia europaea L.
习　　性：一年生草本
海　　拔：200～3000 m
国内分布：甘肃、河北、江苏、辽宁、内蒙古、宁夏、青海、山东、山西、陕西、新疆
国外分布：朝鲜、俄罗斯、日本、印度
濒危等级：LC

猪毛菜属 Salsola L.

蒿叶猪毛菜
Salsola abrotanoides Bunge
习　　性：亚灌木
海　　拔：1900～3800 m
国内分布：甘肃、内蒙古、青海、新疆
国外分布：蒙古
濒危等级：LC

紫翅猪毛菜
Salsola affinis C. A. Mey.
习　　性：一年生草本
国内分布：新疆
国外分布：欧洲东南部、中亚
濒危等级：LC

露果猪毛菜
Salsola aperta Paulsen
习　　性：一年生草本
国内分布：新疆
国外分布：俄罗斯
濒危等级：LC

木本猪毛菜
Salsola arbuscula Pall.
习　　性：灌木
海　　拔：200～3300 m
国内分布：甘肃、内蒙古、宁夏、新疆
国外分布：阿富汗、巴基斯坦、蒙古
濒危等级：LC

白枝猪毛菜
Salsola arbusculiformis Drobow
习　　性：灌木
海　　拔：1100～2300 m
国内分布：新疆
国外分布：中亚
濒危等级：LC

散枝猪毛菜
Salsola brachiata Pall.
习　　性：一年生草本
国内分布：新疆
国外分布：俄罗斯、蒙古
濒危等级：LC

青海猪毛菜
Salsola chinghaiensis A. J. Li
习　　性：一年生草本
海　　拔：约2900 m
分　　布：青海
濒危等级：LC

猪毛菜
Salsola collina Pall.
习　　性：一年生草本
海　　拔：400～4100 m

国内分布：安徽、甘肃、贵州、河北、河南、黑龙江、湖南、吉林、江苏、辽宁、内蒙古、宁夏、青海、山东、山西、陕西、四川、西藏、新疆、云南
国外分布：巴基斯坦、朝鲜、俄罗斯、蒙古；中亚。中欧和西欧、北美洲归化
濒危等级：LC
资源利用：药用（中草药）；食品（蔬菜）

准噶尔猪毛菜
Salsola dschungarica Iljin
习　　性：亚灌木
海　　拔：约 420 m
国内分布：新疆
国外分布：中亚
濒危等级：LC

费尔干猪毛菜
Salsola ferganica Drobow
习　　性：一年生草本
国内分布：新疆
国外分布：中亚
濒危等级：LC

浆果猪毛菜
Salsola foliosa（L.）Schrad. ex Schult.
习　　性：一年生草本
海　　拔：200～900 m
国内分布：新疆
国外分布：俄罗斯、蒙古
濒危等级：LC

钝叶猪毛菜
Salsola heptapotamica Iljin
习　　性：一年生草本
国内分布：新疆
国外分布：哈萨克斯坦
濒危等级：LC

蒙古猪毛菜
Salsola ikonnikovii Iljin
习　　性：一年生草本
国内分布：内蒙古
国外分布：蒙古
濒危等级：LC

密枝猪毛菜
Salsola implicata Botschantz.
习　　性：一年生草本
海　　拔：约 2800 m
国内分布：新疆
国外分布：中亚
濒危等级：LC

天山猪毛菜
Salsola junatovii Botschantz.
习　　性：亚灌木
海　　拔：1300～2900 m
分　　布：新疆
濒危等级：VU B1ab（i, iii）

无翅猪毛菜
Salsola komarovii Iljin
习　　性：一年生草本
海　　拔：500～3800 m
国内分布：河北、黑龙江、吉林、江苏、辽宁、内蒙古、山东、浙江
国外分布：朝鲜、俄罗斯、日本
濒危等级：LC

褐翅猪毛菜
Salsola korshinskyi Drobow
习　　性：一年生草本
国内分布：新疆
国外分布：中亚
濒危等级：LC

短柱猪毛菜
Salsola lanata Pall.
习　　性：一年生草本
国内分布：新疆
国外分布：巴基斯坦
濒危等级：LC

松叶猪毛菜
Salsola laricifolia Turcz. ex Litv.
习　　性：灌木
海　　拔：200～3000 m
国内分布：新疆
国外分布：蒙古；中亚
濒危等级：LC

小药猪毛菜
Salsola micranthera Botschantz.
习　　性：一年生草本
国内分布：新疆
国外分布：中亚
濒危等级：LC

单翅猪毛菜
Salsola monoptera Bunge
习　　性：一年生草本
海　　拔：3300～4800 m
国内分布：内蒙古、青海、西藏、新疆
国外分布：俄罗斯、蒙古
濒危等级：LC

尼泊尔猪毛菜
Salsola nepalensis Grubb
习　　性：一年生草本
国内分布：西藏
国外分布：尼泊尔
濒危等级：LC

钠猪毛菜
Salsola nitraria Pall.
习　　性：一年生草本
海　　拔：200～1000 m
国内分布：新疆
国外分布：阿富汗、巴基斯坦
濒危等级：LC

东方猪毛菜
Salsola orientalis S. G. Gmel.
习　　性：亚灌木

海　　拔：200～800 m
国内分布：新疆
国外分布：中亚和西南亚
濒危等级：LC

珍珠猪毛菜
Salsola passerina Bunge
习　　性：亚灌木
海　　拔：2600～3200 m
国内分布：甘肃、内蒙古、宁夏、青海
国外分布：蒙古
濒危等级：LC

长刺猪毛菜
Salsola paulsenii Litv.
习　　性：一年生草本
海　　拔：400～3400 m
国内分布：新疆
国外分布：阿富汗、蒙古；中亚、欧洲东南部。归化于北美洲西南部
濒危等级：LC

薄翅猪毛菜
Salsola pellucida Litv.
习　　性：一年生草本
海　　拔：2300～3200 m
国内分布：甘肃、内蒙古、宁夏、青海、新疆
国外分布：西南亚、中亚
濒危等级：LC

早熟猪毛菜
Salsola praecox(Litv.) Iljin
习　　性：一年生草本
国内分布：新疆
国外分布：阿富汗、巴基斯坦；西南亚、中亚
濒危等级：LC

蔷薇猪毛菜
Salsola rosacea L.
习　　性：一年生草本
海　　拔：700～1100 m
国内分布：新疆
国外分布：俄罗斯、蒙古；中亚
濒危等级：LC

新疆猪毛菜
Salsola sinkiangensis A. J. Li
习　　性：一年生草本
海　　拔：900～2500 m
分　　布：甘肃、新疆
濒危等级：LC

苏打猪毛菜
Salsola soda L.
习　　性：一年生草本
国内分布：新疆
国外分布：中亚和亚洲西南部、欧洲南部、北非；北美洲、南美洲归化
濒危等级：NT C1

粗枝猪毛菜
Salsola subcrassa Popov ex Iljin
习　　性：一年生草本
国内分布：新疆
国外分布：中亚
濒危等级：LC

长柱猪毛菜
Salsola sukaczevii(Botsch.) A. J. Li
习　　性：一年生草本
国内分布：新疆
国外分布：中亚
濒危等级：DD

柽柳叶猪毛菜
Salsola tamariscina Pall.
习　　性：一年生草本
国内分布：新疆
国外分布：俄罗斯、蒙古
濒危等级：LC

刺沙蓬
Salsola tragus L.
习　　性：一年生草本
国内分布：甘肃、河北、黑龙江、吉林、江苏、辽宁、内蒙古、宁夏、青海、山东、山西、陕西、西藏、新疆
国外分布：原产中亚和亚洲西南部、欧洲；南非、亚洲、澳大利亚、欧洲、北美洲、南美洲归化

柴达木猪毛菜
Salsola zaidamica Iljin
习　　性：一年生草本
海　　拔：1100～3000 m
国内分布：甘肃、内蒙古、青海、新疆
国外分布：蒙古
濒危等级：LC

菠菜属 Spinacia L.

菠菜
Spinacia oleracea L.
习　　性：一年生草本
国内分布：各地栽培
国外分布：世界广泛栽培
资源利用：食用（蔬菜）

巨苋藤属 Stilbanthus Hook. f.

巨苋藤
Stilbanthus scandens Hook. f.
习　　性：大藤本
海　　拔：900～2300 m
国内分布：广西、云南
国外分布：不丹、缅甸、印度
濒危等级：LC

碱蓬属 Suaeda Forssk. ex J. F. Gmel.

刺毛碱蓬
Suaeda acuminata(C. A. Mey.) Moq.

习　　性：一年生草本
海　　拔：400～900 m
国内分布：新疆
国外分布：俄罗斯
濒危等级：LC

高碱蓬
Suaeda altissima（L.）Pall.
习　　性：一年生草本
国内分布：新疆
国外分布：俄罗斯
濒危等级：LC

五蕊碱蓬
Suaeda arcuata Bunge
习　　性：一年生草本
国内分布：新疆
国外分布：中亚
濒危等级：LC

南方碱蓬
Suaeda australis（R. Br.）Moq.
习　　性：灌木
国内分布：福建、广东、广西、江苏、台湾
国外分布：日本、东南亚、澳大利亚
濒危等级：LC

角果碱蓬
Suaeda corniculata（C. A. Mey.）Bunge

角果碱蓬（原变种）
Suaeda corniculata var. **corniculata**
习　　性：一年生草本
海　　拔：100 m 以上
国内分布：甘肃、河北、黑龙江、吉林、辽宁、内蒙古、宁夏、青海、新疆
国外分布：俄罗斯、蒙古
濒危等级：LC

藏角果碱蓬
Suaeda corniculata var. **olufsenii**（Paulsen）G. L. Chu
习　　性：一年生草本
海　　拔：2800～5200 m
国内分布：西藏
国外分布：中亚
濒危等级：LC

镰叶碱蓬
Suaeda crassifolia Pall.
习　　性：一年生草本
国内分布：新疆
国外分布：欧洲东南部、西南亚、中亚
濒危等级：LC

木碱蓬
Suaeda dendroides（C. A. Mey.）Moq.
习　　性：亚灌木
海　　拔：1000～1700 m
国内分布：新疆
国外分布：西南亚、中亚
濒危等级：LC

碱蓬
Suaeda glauca（Bunge）Bunge
习　　性：一年生草本
海　　拔：100～1200 m
国内分布：甘肃、河北、河南、黑龙江、江苏、内蒙古、宁夏、青海、山东、山西、新疆、浙江
国外分布：朝鲜、俄罗斯、蒙古、日本
濒危等级：LC
资源利用：原料（香料，工业用油）

盘果碱蓬
Suaeda heterophylla（Kar. et Kir.）Bunge
习　　性：一年生草本
海　　拔：400～3100 m
国内分布：甘肃、宁夏、青海、西藏、新疆
国外分布：欧洲东南部、中亚和亚洲西南部
濒危等级：DD

肥叶碱蓬
Suaeda kossinskyi Iljin
习　　性：一年生草本
国内分布：新疆
国外分布：俄罗斯
濒危等级：LC

亚麻叶碱蓬
Suaeda linifolia Pall.
习　　性：一年生草本
国内分布：新疆
国外分布：俄罗斯
濒危等级：LC

小叶碱蓬
Suaeda microphylla Pall.
习　　性：亚灌木
海　　拔：300～700 m
国内分布：新疆
国外分布：西南亚、中亚
濒危等级：LC

奇异碱蓬
Suaeda paradoxa（Bunge）Bunge
习　　性：一年生草本
海　　拔：约2300 m
国内分布：青海、新疆
国外分布：中亚
濒危等级：LC

囊果碱蓬
Suaeda physophora Pall.
习　　性：亚灌木
海　　拔：400～700 m
国内分布：甘肃、新疆
国外分布：俄罗斯
濒危等级：LC

平卧碱蓬
Suaeda prostrata Pall.
习　　性：一年生草本
海　　拔：约3200 m

国内分布：甘肃、河北、江苏、内蒙古、宁夏、山西、陕西、新疆
国外分布：俄罗斯
濒危等级：LC

阿拉善碱蓬
Suaeda przewalskii Bunge
习　　性：一年生草本
海　　拔：约1250 m
国内分布：甘肃、内蒙古、宁夏
国外分布：蒙古
濒危等级：LC

纵翅碱蓬
Suaeda pterantha(Kar. et Kir.)Bunge
习　　性：一年生草本
海　　拔：约2100 m
国内分布：新疆
国外分布：俄罗斯
濒危等级：LC

硬枝碱蓬
Suaeda rigida H. W. Kung et G. L. Chu
习　　性：一年生草本
分　　布：新疆
濒危等级：LC
资源利用：原料（香料，工业用油）

盐地碱蓬
Suaeda salsa(L.)Pall.
习　　性：一年生草本
海　　拔：100~3800 m
国内分布：甘肃、河北、黑龙江、吉林、江苏、辽宁、内蒙古、宁夏、青海、山东、山西、陕西、新疆、浙江
国外分布：朝鲜、蒙古
濒危等级：LC
资源利用：食品（种子、蔬菜）

星花碱蓬
Suaeda stellatiflora G. L. Chu
习　　性：一年生草本
海　　拔：900~2200 m
分　　布：甘肃、新疆
濒危等级：LC

合头草属 Sympegma Bunge

合头草
Sympegma regelii Bunge
习　　性：亚灌木
海　　拔：1000~3600 m
国内分布：甘肃、宁夏、青海、新疆
国外分布：哈萨克斯坦、蒙古
濒危等级：LC
资源利用：动物饲料（牧草）

针叶苋属 Trichuriella Bennet

针叶苋
Trichuriella monsoniae(L. f.)Bennet
习　　性：多年生草本
国内分布：海南
国外分布：缅甸、斯里兰卡、泰国、印度、越南
濒危等级：LC

石蒜科 AMARYLLIDACEAE
（6属：178种）

葱属 Allium L.

针叶韭
Allium aciphyllum J. M. Xu
习　　性：多年生草本
海　　拔：2000~2100 m
分　　布：四川
濒危等级：NT C1

鄂尔多斯韭
Allium alabasicum Y. Z. Zhao
习　　性：多年生草本
分　　布：内蒙古
濒危等级：LC

阿尔泰葱
Allium altaicum Pall.
习　　性：多年生草本
海　　拔：400~2900 m
国内分布：黑龙江、内蒙古、新疆
国外分布：俄罗斯、哈萨克斯坦、蒙古
濒危等级：NT B1b（iv）
资源利用：食品（蔬菜）

直立韭
Allium amphibolum Ledeb.
习　　性：多年生草本
海　　拔：2500~3000 m
国内分布：新疆
国外分布：俄罗斯、哈萨克斯坦、蒙古
濒危等级：LC

矮韭
Allium anisopodium Ledeb.

矮韭（原变种）
Allium anisopodium var. **anisopodium**
习　　性：多年生草本
海　　拔：海平面至1300 m
国内分布：河北、黑龙江、吉林、辽宁、内蒙古、山东、山西、新疆
国外分布：朝鲜半岛、俄罗斯、哈萨克斯坦、蒙古
濒危等级：LC

糙葶韭
Allium anisopodium var. **zimmermannianum**(Gilg)F. T. Wang et Tang
习　　性：多年生草本
海　　拔：海平面至2200 m
分　　布：甘肃、河北、黑龙江、吉林、辽宁、内蒙古、山东、山西、陕西

濒危等级：LC

蓝苞葱
Allium atrosanguineum Schrenk

蓝苞葱（原变种）
Allium atrosanguineum var. **atrosanguineum**
- 习　　性：多年生草本
- 海　　拔：2500~3000 m
- 国内分布：青海、四川、新疆
- 国外分布：阿富汗、俄罗斯、哈萨克斯坦、吉尔吉斯斯坦、蒙古、塔吉克斯坦
- 濒危等级：LC

费葱
Allium atrosanguineum var. **fedschenkoanum** (Regel) G. H. Zhu et Turland
- 习　　性：多年生草本
- 海　　拔：2400~3500 m
- 国内分布：西藏、新疆
- 国外分布：阿富汗、巴基斯坦、哈萨克斯坦、吉尔吉斯斯坦、塔吉克斯坦、乌兹别克斯坦、印度
- 濒危等级：LC

藏葱
Allium atrosanguineum var. **tibeticum** (Regel) G. H. Zhu et Turland
- 习　　性：多年生草本
- 海　　拔：3500~5400 m
- 分　　布：甘肃、青海、四川、西藏、云南
- 濒危等级：LC

蓝花韭
Allium beesianum W. W. Sm.
- 习　　性：多年生草本
- 海　　拔：3000~4200 m
- 分　　布：四川、云南
- 濒危等级：LC

砂韭
Allium bidentatum Fisch. ex Prokh. et Ikonn.-Gal.
- 习　　性：多年生草本
- 海　　拔：600~2000 m
- 国内分布：河北、黑龙江、吉林、辽宁、内蒙古、山西、新疆
- 国外分布：俄罗斯、哈萨克斯坦、蒙古
- 濒危等级：LC

白韭
Allium blandum Wall.
- 习　　性：多年生草本
- 海　　拔：3500~5000 m
- 国内分布：新疆
- 国外分布：阿富汗、巴基斯坦、塔吉克斯坦、印度
- 濒危等级：LC

矮齿韭
Allium brevidentatum F. Z. Li
- 习　　性：多年生草本
- 分　　布：山东
- 濒危等级：NT C1

棱叶薤
Allium caeruleum Pall.
- 习　　性：多年生草本
- 海　　拔：1100~2300 m
- 国内分布：新疆
- 国外分布：俄罗斯、哈萨克斯坦、吉尔吉斯斯坦、塔吉克斯坦、乌兹别克斯坦
- 濒危等级：LC

知母薤
Allium caesium Schrenk
- 习　　性：多年生草本
- 海　　拔：700~2000 m
- 国内分布：新疆
- 国外分布：哈萨克斯坦、吉尔吉斯斯坦、塔吉克斯坦、乌兹别克斯坦
- 濒危等级：LC

疏生韭
Allium caespitosum Siev. ex Bong. et C. A. Mey.
- 习　　性：多年生草本
- 海　　拔：约640 m
- 国内分布：新疆
- 国外分布：哈萨克斯坦
- 濒危等级：NT D

石生韭
Allium caricoides Regel
- 习　　性：多年生草本
- 海　　拔：1800~3300 m
- 国内分布：新疆
- 国外分布：哈萨克斯坦、吉尔吉斯斯坦
- 濒危等级：LC

镰叶韭
Allium carolinianum Redouté
- 习　　性：多年生草本
- 海　　拔：3000~5000 m
- 国内分布：西藏、新疆
- 国外分布：阿富汗、巴基斯坦、不丹、哈萨克斯坦、吉尔吉斯斯坦、尼泊尔、塔吉克斯坦、乌兹别克斯坦、印度
- 濒危等级：LC

洋葱
Allium cepa L.

洋葱（原变种）
Allium cepa var. **cepa**
- 习　　性：多年生草本
- 国内分布：各地栽培
- 国外分布：原产亚洲西部
- 资源利用：食品（蔬菜）

火葱
Allium cepa var. **aggregatum** L.
- 习　　性：多年生草本
- 国内分布：安徽、福建、广东、广西、海南、河南、湖北、湖南、江西、浙江栽培
- 国外分布：广泛栽培

资源利用：食品（蔬菜）；食品添加剂（调味剂）

楼子葱
Allium cepa var. **proliferum** Regel
习　　性：多年生草本
分　　布：甘肃、河北、河南、宁夏、陕西、四川
濒危等级：LC
资源利用：食品（蔬菜）

香葱
Allium cepiforme G. Don
习　　性：多年生草本
分　　布：广泛栽培

昌都韭
Allium changduense J. M. Xu
习　　性：多年生草本
海　　拔：3200～4500 m
分　　布：四川、西藏
濒危等级：DD

剑川韭
Allium chienchuanense J. M. Xu
习　　性：多年生草本
海　　拔：约 3100 m
分　　布：云南
濒危等级：CR B1ac（ii）+2ac（ii）

薤头
Allium chinense G. Don
习　　性：多年生草本
海　　拔：700～2700 m
国内分布：安徽、福建、广东、广西、贵州、海南、河南、湖北、湖南、江西、浙江等栽培
国外分布：柬埔寨、老挝、美国、日本、越南
濒危等级：LC

冀韭
Allium chiwui F. T. Wang et Tang
习　　性：多年生草本
海　　拔：2100～2500 m
分　　布：河北
濒危等级：EN A2c；D

野葱
Allium chrysanthum Regel
习　　性：多年生草本
海　　拔：2000～4500 m
分　　布：甘肃、湖北、青海、陕西、四川、西藏、云南
濒危等级：LC

折被韭
Allium chrysocephalum Regel
习　　性：多年生草本
海　　拔：3400～4800 m
分　　布：甘肃、青海、四川
濒危等级：LC

细叶北韭
Allium clathratum Ledeb.
习　　性：多年生草本
海　　拔：400～2000 m
国内分布：新疆
国外分布：俄罗斯、哈萨克斯坦、蒙古
濒危等级：LC

黄花韭
Allium condensatum Turcz.
习　　性：多年生草本
海　　拔：海平面至 2000 m
国内分布：河北、黑龙江、吉林、辽宁、内蒙古、山东、山西
国外分布：朝鲜半岛、俄罗斯、蒙古
濒危等级：LC

天蓝韭
Allium cyaneum Regel
习　　性：多年生草本
海　　拔：2100～5000 m
国内分布：甘肃、湖北、宁夏、青海、陕西、四川、西藏
国外分布：朝鲜半岛
濒危等级：LC

杯花韭
Allium cyathophorum Bureau et Franch.

杯花韭（原变种）
Allium cyathophorum var. **cyathophorum**
习　　性：多年生草本
海　　拔：3000～4600 m
分　　布：青海、四川、西藏、云南
濒危等级：LC

川甘韭
Allium cyathophorum var. **farreri**(Stearn)Stearn
习　　性：多年生草本
海　　拔：2700～3600 m
分　　布：甘肃、四川
濒危等级：NT C1

星花韭
Allium decipiens Fisch. ex Roem. et Schult.
习　　性：多年生草本
海　　拔：1000～2450 m
国内分布：新疆
国外分布：俄罗斯、哈萨克斯坦
濒危等级：LC

迷人葱
Allium delicatulum Siev. ex Schult. f.
习　　性：多年生草本
国内分布：新疆
国外分布：俄罗斯、哈萨克斯坦
濒危等级：LC

短齿韭
Allium dentigerum Prokh.
习　　性：多年生草本
海　　拔：1500～2500 m
分　　布：甘肃、陕西
濒危等级：LC

贺兰韭
Allium eduardii Stearn
习　　性：多年生草本

国内分布：河北、内蒙古、宁夏、新疆
国外分布：俄罗斯、蒙古
濒危等级：LC

雅韭
Allium elegantulum Kitag.
习　　性：多年生草本
分　　布：辽宁
濒危等级：LC

真籽薤
Allium eusperma Airy Shaw
习　　性：多年生草本
海　　拔：2000～2800 m
分　　布：四川、云南
濒危等级：LC

梵净山韭
Allium fanjingshanense C. D. Yang et G. Q. Gou
习　　性：多年生草本
分　　布：贵州
濒危等级：LC

粗根韭
Allium fasciculatum Rendle
习　　性：多年生草本
海　　拔：2200～5400 m
国内分布：青海、四川、西藏
国外分布：不丹、尼泊尔、印度
濒危等级：LC

多籽蒜
Allium fetisowii Regel
习　　性：多年生草本
海　　拔：1500～2000 m
国内分布：新疆
国外分布：吉尔吉斯斯坦、塔吉克斯坦
濒危等级：LC

葱
Allium fistulosum L.
习　　性：多年生草本
国内分布：可能原产我国西部；各省广泛栽培
国外分布：广泛栽培
资源利用：药用（中草药）；食品（蔬菜）

新疆韭
Allium flavidum Ledeb.
习　　性：多年生草本
海　　拔：1500～2500 m
国内分布：新疆
国外分布：俄罗斯、哈萨克斯坦、蒙古
濒危等级：LC

阿拉善韭
Allium flavovirens Regel
习　　性：多年生草本
海　　拔：1800～3100 m
分　　布：内蒙古
濒危等级：LC

梭沙韭
Allium forrestii Diels
习　　性：多年生草本
海　　拔：2700～4200 m
分　　布：四川、西藏、云南
濒危等级：LC

玉簪叶山葱
Allium funckiifolium Hand. -Mazz.
习　　性：多年生草本
海　　拔：2200～2300 m
分　　布：湖北、四川
濒危等级：VU A2c；D1＋2

实葶葱
Allium galanthum Kar. et Kir.
习　　性：多年生草本
海　　拔：500～1500 m
国内分布：新疆
国外分布：俄罗斯、哈萨克斯坦、蒙古
濒危等级：LC

头花薤
Allium glomeratum Prokh.
习　　性：多年生草本
海　　拔：1500～3000 m
国内分布：新疆
国外分布：吉尔吉斯斯坦
濒危等级：LC

灰皮薤
Allium grisellum J. M. Xu
习　　性：多年生草本
海　　拔：约300 m
分　　布：新疆
濒危等级：LC

灌县韭
Allium guanxianense J. M. Xu
习　　性：多年生草本
海　　拔：1800～2000 m
分　　布：四川
濒危等级：NT B1ab（i）

疏花韭
Allium henryi C. H. Wright
习　　性：多年生草本
海　　拔：1300～2300 m
分　　布：湖北、四川
濒危等级：VU A2c；D1＋2

金头韭
Allium herderianum Regel
习　　性：多年生草本
海　　拔：2900～3900 m
分　　布：甘肃、青海
濒危等级：LC

异梗韭
Allium heteronema F. T. Wang et Tang
习　　性：多年生草本
海　　拔：1600～2300 m
分　　布：四川

濒危等级：LC

宽叶韭
Allium hookeri Thwaites

宽叶韭（原变种）
Allium hookeri var. **hookeri**
习　　性：多年生草本
海　　拔：1400～4000 m
国内分布：四川、西藏、云南
国外分布：不丹、缅甸、斯里兰卡、印度
濒危等级：LC

木里韭
Allium hookeri var. **muliense** Airy Shaw
习　　性：多年生草本
海　　拔：2800～4200 m
分　　布：四川、云南
濒危等级：LC

雪韭
Allium humile Kunth
习　　性：多年生草本
海　　拔：4000～4500 m
国内分布：西藏、云南
国外分布：巴基斯坦、印度
濒危等级：DD

北疆韭
Allium hymenorhizum Ledeb.

北疆韭（原变种）
Allium hymenorhizum var. **hymenorhizum**
习　　性：多年生草本
海　　拔：1100～2700 m
国内分布：新疆
国外分布：俄罗斯、哈萨克斯坦、吉尔吉斯斯坦、蒙古、塔吉克斯坦
濒危等级：NT C1

旱生韭
Allium hymenorhizum var. **dentatum** J. M. Xu
习　　性：多年生草本
海　　拔：1100～1700 m
分　　布：新疆
濒危等级：NT B1b（i，iii）c（i）

齿棱茎合被韭
Allium inutile Makino
习　　性：多年生草本
国内分布：安徽
国外分布：日本
濒危等级：NT C1

尤尔都斯薤
Allium juldusicola Regel
习　　性：多年生草本
分　　布：新疆
濒危等级：NT B1ab（iii）

草地韭
Allium kaschianum Regel
习　　性：多年生草本
海　　拔：2400～3000 m
国内分布：新疆
国外分布：哈萨克斯坦、吉尔吉斯斯坦
濒危等级：LC

钟花韭
Allium kingdonii Stearn
习　　性：多年生草本
海　　拔：4500～5000 m
分　　布：西藏
濒危等级：LC

狭叶韭
Allium kirilovii N. Friesen et Seregin
习　　性：多年生草本
分　　布：新疆
濒危等级：DD

褐皮韭
Allium korolkowii Regel
习　　性：多年生草本
海　　拔：1500～2500 m
国内分布：新疆
国外分布：哈萨克斯坦、吉尔吉斯斯坦
濒危等级：LC

条叶长喙韭
Allium kurssanovii Popov
习　　性：多年生草本
海　　拔：2200～2700 m
国内分布：新疆
国外分布：哈萨克斯坦、吉尔吉斯斯坦
濒危等级：DD

硬皮葱
Allium ledebourianum Schultes et Schult. f.
习　　性：多年生草本
海　　拔：100～1800 m
国内分布：黑龙江、吉林、辽宁、内蒙古、新疆
国外分布：俄罗斯、哈萨克斯坦、蒙古
濒危等级：LC

白头韭
Allium leucocephalum Turcz. ex Ledeb.
习　　性：多年生草本
海　　拔：500～1100 m
国内分布：甘肃、黑龙江、内蒙古
国外分布：俄罗斯、蒙古
濒危等级：LC

北韭
Allium lineare L.
习　　性：多年生草本
海　　拔：1800～2400 m
国内分布：新疆
国外分布：俄罗斯、哈萨克斯坦、蒙古
濒危等级：NT C1

对叶山葱
Allium listera Stearn
习　　性：多年生草本

海　　拔：600~2000 m
　　分　　布：安徽、河北、河南、吉林、山西、陕西
　　濒危等级：DD

长柱韭
Allium longistylum Baker
　　习　　性：多年生草本
　　海　　拔：1500~3000 m
　　分　　布：河北、内蒙古、山西
　　濒危等级：LC

马克韭
Allium maackii (Maxim.) Prokh. ex Kom. et Aliss.
　　习　　性：多年生草本
　　海　　拔：200~500 m
　　国内分布：黑龙江
　　国外分布：俄罗斯
　　濒危等级：LC

大花韭
Allium macranthum Baker
　　习　　性：多年生草本
　　海　　拔：2700~4200 m
　　国内分布：甘肃、陕西、四川、西藏、云南
　　国外分布：不丹、印度

薤白
Allium macrostemon Bunge
　　习　　性：多年生草本
　　海　　拔：100~3200 m
　　国内分布：除海南、青海、新疆外，各省均有分布
　　国外分布：朝鲜、俄罗斯、蒙古、日本
　　濒危等级：LC
　　资源利用：药用（中草药）；食品（蔬菜）

滇韭
Allium mairei H. Lév.
　　习　　性：多年生草本
　　海　　拔：1200~4200 m
　　分　　布：四川、西藏、云南
　　濒危等级：LC

茂汶韭
Allium maowenense J. M. Xu
　　习　　性：多年生草本
　　海　　拔：1100~1500 m
　　分　　布：四川
　　濒危等级：LC

马葱
Allium maximowiczii Regel
　　习　　性：多年生草本
　　海　　拔：100~500 m
　　国内分布：黑龙江、吉林、内蒙古
　　国外分布：朝鲜半岛、俄罗斯、蒙古、日本
　　濒危等级：LC

大鳞韭
Allium megalobulbon Regel
　　习　　性：多年生草本
　　分　　布：新疆
　　濒危等级：LC

单花薤
Allium monanthum Maxim.
　　习　　性：多年生草本
　　海　　拔：100~800 m
　　国内分布：河北、黑龙江、吉林、辽宁
　　国外分布：朝鲜半岛、俄罗斯、日本
　　濒危等级：LC

蒙古韭
Allium mongolicum Turcz. ex Regel

蒙古韭（原变种）
Allium mongolicum var. **mongolicum**
　　习　　性：多年生草本
　　海　　拔：800~2800 m
　　国内分布：甘肃、辽宁、内蒙古、宁夏、青海、陕西、新疆
　　国外分布：俄罗斯、哈萨克斯坦、蒙古
　　濒危等级：LC
　　资源利用：食用（蔬菜）；环境利用（观赏）

哈巴河葱
Allium mongolicum var. **kabaense** C. Y. Yang et T. H. Huang
　　习　　性：多年生草本
　　分　　布：新疆
　　濒危等级：DD

山地草原葱
Allium montanostepposum N. Friesen et Seregin
　　习　　性：多年生草本
　　海　　拔：800~1400 m
　　分　　布：新疆
　　濒危等级：LC

短葶山葱
Allium nanodes Airy Shaw
　　习　　性：多年生草本
　　海　　拔：3300~5200 m
　　分　　布：四川、云南
　　濒危等级：LC

长梗合被韭
Allium neriniflorum (Herb.) G. Don
　　习　　性：多年生草本
　　海　　拔：海平面至2000 m
　　国内分布：河北、黑龙江、吉林、辽宁、内蒙古
　　国外分布：俄罗斯、蒙古
　　濒危等级：LC

齿丝山韭
Allium nutans L.
　　习　　性：多年生草本
　　国内分布：新疆
　　国外分布：俄罗斯、哈萨克斯坦、蒙古
　　濒危等级：LC

高葶韭
Allium obliquum L.
　　习　　性：多年生草本
　　海　　拔：1300~2000 m
　　国内分布：新疆

国外分布：俄罗斯、哈萨克斯坦、吉尔吉斯斯坦、蒙古
濒危等级：LC

峨眉韭
Allium omeiense Z. Y. Zhu
习　　性：多年生草本
海　　拔：1000~1200 m
分　　布：四川
濒危等级：LC

高地蒜
Allium oreophilum C. A. Mey.
习　　性：多年生草本
海　　拔：2500~3000 m
国内分布：新疆
国外分布：阿富汗、巴基斯坦、俄罗斯、哈萨克斯坦、吉尔吉斯斯坦、塔吉克斯坦、乌兹别克斯坦
濒危等级：LC

滩地韭
Allium oreoprasum Schrenk
习　　性：多年生草本
海　　拔：1200~2700 m
国内分布：西藏、新疆
国外分布：阿富汗、巴基斯坦、哈萨克斯坦、吉尔吉斯斯坦、塔吉克斯坦、乌兹别克斯坦
濒危等级：LC

卵叶山葱
Allium ovalifolium Hand.-Mazz.

卵叶山葱（原变种）
Allium ovalifolium var. **ovalifolium**
习　　性：多年生草本
海　　拔：1500~4000 m
分　　布：甘肃、贵州、湖北、青海、陕西、四川、云南
濒危等级：LC
资源利用：食品（蔬菜）

心叶山葱
Allium ovalifolium var. **cordifolium** (J. M. Xu) J. M. Xu
习　　性：多年生草本
海　　拔：3000~3800 m
分　　布：四川
濒危等级：NT B1b（i, iii）c（i）

白脉山葱
Allium ovalifolium var. **leuconeurum** J. M. Xu
习　　性：多年生草本
海　　拔：2800~3800 m
分　　布：四川
濒危等级：LC

天蒜
Allium paepalanthoides Airy Shaw
习　　性：多年生草本
海　　拔：1400~2000 m
分　　布：内蒙古、山西、陕西、四川
濒危等级：LC
资源利用：食品（蔬菜）

小山蒜
Allium pallasii Murray
习　　性：多年生草本
海　　拔：600~2300 m
国内分布：新疆
国外分布：俄罗斯、哈萨克斯坦、蒙古
濒危等级：LC

石坡韭
Allium petraeum Kar. et Kir.
习　　性：多年生草本
海　　拔：约1400 m
国内分布：新疆
国外分布：哈萨克斯坦
濒危等级：LC

昆仑韭
Allium pevtzovii Prokh.
习　　性：多年生草本
海　　拔：1300~1400 m
分　　布：新疆
濒危等级：NT B1ac（iii）

帕里韭
Allium phariense Rendle
习　　性：多年生草本
海　　拔：4400~5200 m
国内分布：四川、西藏
国外分布：不丹
濒危等级：LC

宽苞韭
Allium platyspathum Schrenk

宽苞韭（原亚种）
Allium platyspathum subsp. **platyspathum**
习　　性：多年生草本
海　　拔：2700~3700 m
国内分布：新疆
国外分布：阿富汗、俄罗斯、哈萨克斯坦、吉尔吉斯斯坦、蒙古、塔吉克斯坦、乌兹别克斯坦
濒危等级：LC

钝叶韭
Allium platyspathum subsp. **amblyophyllum** Frizen
习　　性：多年生草本
海　　拔：1900~2500 m
国内分布：新疆
国外分布：俄罗斯、哈萨克斯坦、吉尔吉斯斯坦、蒙古
濒危等级：LC

多叶韭
Allium plurifoliatum Rendle

多叶韭（原变种）
Allium plurifoliatum var. **plurifoliatum**
习　　性：多年生草本
海　　拔：1600~3300 m
分　　布：安徽、甘肃、湖北、陕西、四川
濒危等级：LC

鹧鸪韭
Allium plurifoliatum var. **zhegushanense** J. M. Xu
 习 性：多年生草本
 海 拔：3200~3300 m
 分 布：四川
 濒危等级：NT A1a

碱韭
Allium polyrhizum Turcz. ex Regel
 习 性：多年生草本
 海 拔：1000~3700 m
 国内分布：甘肃、河北、黑龙江、吉林、辽宁、内蒙古、宁夏、青海、山西、新疆
 国外分布：俄罗斯、哈萨克斯坦、蒙古
 濒危等级：LC

韭葱
Allium porrum L.
 习 性：多年生草本
 国内分布：作为调料广泛栽培
 国外分布：欧洲、亚洲西南部
 资源利用：食品（蔬菜）

太白山葱
Allium prattii C. H. Wright ex F. B. Forbes et Hemsl.
 习 性：多年生草本
 海 拔：2000~4900 m
 国内分布：安徽、甘肃、河南、青海、陕西、四川、西藏、云南
 国外分布：不丹、尼泊尔、印度
 濒危等级：LC

蒙古野韭
Allium prostratum Trevir.
 习 性：多年生草本
 海 拔：600~800 m
 国内分布：内蒙古、新疆
 国外分布：俄罗斯、蒙古
 濒危等级：LC

青甘韭
Allium przewalskianum Regel
 习 性：多年生草本
 海 拔：2000~4800 m
 国内分布：甘肃、内蒙古、宁夏、青海、陕西、四川、西藏、新疆、云南
 国外分布：巴基斯坦、尼泊尔、印度
 濒危等级：LC

假山韭
Allium pseudosenescens H. J. Choi et B. U. Oh
 习 性：多年生草本
 海 拔：约382 m
 分 布：黑龙江
 濒危等级：LC

野韭
Allium ramosum L.
 习 性：多年生草本
 海 拔：500~2100 m
 国内分布：甘肃、河北、黑龙江、吉林、辽宁、内蒙古、宁夏、青海、山东、山西、陕西、新疆
 国外分布：俄罗斯、哈萨克斯坦、蒙古
 濒危等级：LC
 资源利用：食品（蔬菜）

宽叶滇韭
Allium rhynchogynum Diels
 习 性：多年生草本
 海 拔：2700~3200 m
 分 布：云南
 濒危等级：LC

新疆蒜
Allium roborowskianum Regel
 习 性：多年生草本
 海 拔：1000~1300 m
 国内分布：新疆
 国外分布：蒙古
 濒危等级：LC

健蒜
Allium robustum Kar. et Kir.
 习 性：多年生草本
 海 拔：600~1000 m
 国内分布：新疆
 国外分布：哈萨克斯坦
 濒危等级：LC

红花韭
Allium rubens Schrad. ex Willd.
 习 性：多年生草本
 国内分布：新疆
 国外分布：俄罗斯、哈萨克斯坦、蒙古
 濒危等级：NT C1

野黄韭
Allium rude J. M. Xu
 习 性：多年生草本
 海 拔：2700~5000 m
 分 布：甘肃、青海、四川、西藏
 濒危等级：LC

沙地薤
Allium sabulosum Stev. ex Bunge
 习 性：多年生草本
 国内分布：新疆
 国外分布：俄罗斯、哈萨克斯坦、吉尔吉斯斯坦、塔吉克斯坦、土库曼斯坦、乌兹别克斯坦
 濒危等级：LC

朝鲜薤
Allium sacculiferum Maxim.
 习 性：多年生草本
 海 拔：100~500 m
 国内分布：黑龙江、吉林、辽宁、内蒙古
 国外分布：朝鲜半岛、俄罗斯、日本
 濒危等级：LC

赛里木薤
Allium sairamense Regel
 习 性：多年生草本

海　　拔：2400~3400 m
国内分布：新疆
国外分布：哈萨克斯坦
濒危等级：LC

蒜
Allium sativum L.
　　习　　性：多年生草本
　　国内分布：我国广泛栽培
　　国外分布：原产亚洲；广泛栽培
　　资源利用：药用（中草药）

长喙韭
Allium saxatile Bieb.
　　习　　性：多年生草本
　　海　　拔：1100~3100 m
　　国内分布：新疆
　　国外分布：俄罗斯、哈萨克斯坦
　　濒危等级：LC

类北葱
Allium schoenoprasoides Regel
　　习　　性：多年生草本
　　海　　拔：2700~3000 m
　　国内分布：新疆
　　国外分布：哈萨克斯坦、吉尔吉斯斯坦、塔吉克斯坦
　　濒危等级：LC

北葱
Allium schoenoprasum L.

北葱（原变种）
Allium schoenoprasum var. **schoenoprasum**
　　习　　性：多年生草本
　　海　　拔：2000~3000 m
　　国内分布：新疆
　　国外分布：巴基斯坦、朝鲜半岛、俄罗斯、哈萨克斯坦、蒙古、日本、印度
　　濒危等级：LC

糙葶北葱
Allium schoenoprasum var. **scaberrimum** Regel
　　习　　性：多年生草本
　　海　　拔：2000~2500 m
　　国内分布：新疆
　　国外分布：俄罗斯、哈萨克斯坦、蒙古
　　濒危等级：LC

单丝辉韭
Allium schrenkii Regel
　　习　　性：多年生草本
　　海　　拔：2400~2800 m
　　国内分布：新疆
　　国外分布：俄罗斯、哈萨克斯坦、蒙古
　　濒危等级：LC

管丝葱
Allium semenowii Regel
　　习　　性：多年生草本
　　海　　拔：2000~3000 m
　　国内分布：新疆
　　国外分布：哈萨克斯坦、吉尔吉斯斯坦
　　濒危等级：LC

丝叶韭
Allium setifolium Schrenk
　　习　　性：多年生草本
　　海　　拔：400~1000 m
　　国内分布：新疆
　　国外分布：哈萨克斯坦、吉尔吉斯斯坦、蒙古
　　濒危等级：NT C1

高山韭
Allium sikkimense Baker
　　习　　性：多年生草本
　　海　　拔：2400~5000 m
　　国内分布：甘肃、宁夏、青海、陕西、四川、西藏、云南
　　国外分布：不丹、尼泊尔、印度
　　濒危等级：LC

管花韭
Allium siphonanthum J. M. Xu
　　习　　性：多年生草本
　　海　　拔：约2800 m
　　分　　布：云南
　　濒危等级：EN B1ac（i）

松潘葱
Allium songpanicum J. M. Xu
　　习　　性：多年生草本
　　海　　拔：1600~1700 m
　　分　　布：四川
　　濒危等级：LC

扭叶韭
Allium spirale Willd.
　　习　　性：多年生草本
　　国内分布：甘肃、河北、河南、黑龙江、吉林、辽宁、内蒙古、宁夏、山西、陕西
　　国外分布：朝鲜半岛、俄罗斯、蒙古
　　濒危等级：LC

丽韭
Allium splendens Willd. ex Schult. et Schult. f.
　　习　　性：多年生草本
　　海　　拔：100~1000 m
　　国内分布：黑龙江、吉林、辽宁、内蒙古
　　国外分布：朝鲜半岛、俄罗斯、蒙古、日本
　　濒危等级：LC

岩韭
Allium spurium G. Don
　　习　　性：多年生草本
　　国内分布：河北、黑龙江、吉林、辽宁、内蒙古
　　国外分布：俄罗斯、蒙古
　　濒危等级：LC

雾灵韭
Allium stenodon Nakai et Kitag.
　　习　　性：多年生草本

海　　拔：1600~3000 m
分　　布：河北、河南、内蒙古、山西
濒危等级：LC

辉韭
Allium strictum Schrad.
习　　性：多年生草本
海　　拔：400~1500 m
国内分布：甘肃、内蒙古、新疆
国外分布：俄罗斯、哈萨克斯坦、吉尔吉斯斯坦、蒙古
濒危等级：LC

紫花韭
Allium subangulatum Regel
习　　性：多年生草本
分　　布：甘肃、宁夏、青海
濒危等级：LC

蜜囊韭
Allium subtilissimum Ledeb.
习　　性：多年生草本
海　　拔：700~1500 m
国内分布：内蒙古、新疆
国外分布：俄罗斯、哈萨克斯坦、蒙古
濒危等级：LC

泰山韭
Allium taishanense J. M. Xu
习　　性：多年生草本
海　　拔：300~600 m
分　　布：山东
濒危等级：LC

唐古薤
Allium tanguticum Regel
习　　性：多年生草本
海　　拔：2000~3500 m
分　　布：甘肃、青海、西藏
濒危等级：LC

荒漠韭
Allium tekesicola Regel
习　　性：多年生草本
国内分布：新疆
国外分布：哈萨克斯坦
濒危等级：LC

细叶韭
Allium tenuissimum L.
习　　性：多年生草本
海　　拔：海平面至2000 m
国内分布：甘肃、河北、河南、黑龙江、吉林、江苏、辽宁、内蒙古、宁夏、山东、山西、陕西、四川、新疆、浙江
国外分布：俄罗斯、哈萨克斯坦、蒙古
濒危等级：LC

西疆韭
Allium teretifolium Regel
习　　性：多年生草本
海　　拔：800~1500 m
国内分布：新疆
国外分布：哈萨克斯坦、吉尔吉斯斯坦
濒危等级：LC

球序薤
Allium thunbergii G. Don
习　　性：多年生草本
海　　拔：海平面至1300 m
国内分布：河北、河南、黑龙江、湖北、吉林、江苏、辽宁、内蒙古、山东、山西、陕西、台湾
国外分布：朝鲜半岛、日本
濒危等级：LC

天山韭
Allium tianschanicum Rupr.
习　　性：多年生草本
海　　拔：1800~2500 m
国内分布：新疆
国外分布：哈萨克斯坦、吉尔吉斯斯坦、塔吉克斯坦
濒危等级：LC

三柱韭
Allium trifurcatum (F. T. Wang et Tang) J. M. Xu
习　　性：多年生草本
海　　拔：3000~4000 m
分　　布：四川、云南
濒危等级：LC

韭
Allium tuberosum Rottler ex Spreng.
习　　性：多年生草本
海　　拔：1000~1100 m
国内分布：我国广泛栽培
国外分布：热带亚洲
资源利用：药用（中草药）

合被韭
Allium tubiflorum Rendle
习　　性：多年生草本
海　　拔：海平面至2000 m
分　　布：甘肃、河北、河南、湖北、山西、陕西、四川
濒危等级：LC

郁金叶蒜
Allium tulipifolium Ledeb.
习　　性：多年生草本
海　　拔：600~1000 m
国内分布：新疆
国外分布：俄罗斯、哈萨克斯坦
濒危等级：LC

茖葱
Allium victorialis L.
习　　性：多年生草本
海　　拔：600~2500 m
国内分布：安徽、甘肃、河北、河南、黑龙江、湖北、吉林、辽宁、内蒙古、山西、陕西、四川、浙江

国外分布：朝鲜半岛、俄罗斯、哈萨克斯坦、蒙古、日本、印度
濒危等级：LC
资源利用：食品（蔬菜）；药用（中草药）

多星韭
Allium wallichii Kunth

多星韭（原变种）
Allium wallichii var. **wallichii**
习　　性：多年生草本
海　　拔：2300 ~ 4800 m
国内分布：广西、贵州、湖南、四川、西藏、云南
国外分布：不丹、缅甸、尼泊尔、印度
濒危等级：LC

柳叶韭
Allium wallichii var. **platyphyllum**（Diels）J. M. Xu
习　　性：多年生草本
海　　拔：3100 ~ 3400 m
分　　布：云南
濒危等级：LC

坛丝韭
Allium weschniakowii Regel
习　　性：多年生草本
海　　拔：1800 ~ 3500 m
国内分布：新疆
国外分布：哈萨克斯坦、吉尔吉斯斯坦
濒危等级：LC

伊犁蒜
Allium winklerianum Regel
习　　性：多年生草本
海　　拔：1000 ~ 2500 m
国内分布：新疆
国外分布：阿富汗、吉尔吉斯斯坦、塔吉克斯坦
濒危等级：LC

乡城韭
Allium xiangchengense J. M. Xu
习　　性：多年生草本
海　　拔：约 3300 m
分　　布：四川
濒危等级：LC

西川韭
Allium xichuanense J. M. Xu
习　　性：多年生草本
海　　拔：3100 ~ 4400 m
分　　布：四川、云南
濒危等级：LC

白花薤
Allium yanchiense J. M. Xu
习　　性：多年生草本
海　　拔：1300 ~ 2000 m
分　　布：甘肃、河北、内蒙古、宁夏、青海、山西、陕西
濒危等级：LC

永登韭
Allium yongdengense J. M. Xu
习　　性：多年生草本
分　　布：甘肃、青海
濒危等级：NT A1c

齿被韭
Allium yuanum F. T. Wang et Tang
习　　性：多年生草本
海　　拔：2800 ~ 3500 m
分　　布：四川
濒危等级：LC

文殊兰属 Crinum L.

文殊兰
Crinum asiaticum（Roxb. ex Herb.）Baker
习　　性：多年生草本
海　　拔：500 m
分　　布：福建、广东、广西、台湾
资源利用：药用（中草药）；环境利用（观赏）

西南文殊兰
Crinum latifolium L.
习　　性：多年生草本
海　　拔：400 ~ 1800 m
国内分布：广西、贵州、云南
国外分布：老挝、缅甸、斯里兰卡、泰国、印度、越南
濒危等级：LC

石蒜属 Lycoris Herb.

乳白石蒜
Lycoris albiflora Koidz.
习　　性：多年生草本
国内分布：江苏、浙江
国外分布：朝鲜、日本
濒危等级：LC

安徽石蒜
Lycoris anhuiensis Y. Xu et G. J. Fan
习　　性：多年生草本
分　　布：安徽、江苏
濒危等级：EN A2c；B1ab（i，ii，v）；C1

忽地笑
Lycoris aurea（L'Hér.）Herb.
习　　性：多年生草本
海　　拔：100 ~ 2300 m
国内分布：福建、甘肃、广东、广西、贵州、河南、湖北、湖南、江苏、江西、陕西、四川、台湾、云南、浙江
国外分布：巴基斯坦、老挝、缅甸、日本、泰国、印度、印度尼西亚、越南
濒危等级：LC
资源利用：药用（中草药）；食品（淀粉）

短蕊石蒜
Lycoris caldwellii Traub

习　　性：多年生草本
分　　布：江苏、江西、浙江
濒危等级：NT B1ab（i, iii）+2ab（i, iii）

中国石蒜
Lycoris chinensis Traub
习　　性：多年生草本
海　　拔：约 800 m
国内分布：河南、江苏、陕西、四川、浙江
国外分布：韩国
濒危等级：LC

广西石蒜
Lycoris guangxiensis Y. Xu et G. J. Fan
习　　性：多年生草本
分　　布：广西
濒危等级：VU A2c；B1ab（i, ii, v）；C1

江苏石蒜
Lycoris houdyshelii Traub
习　　性：多年生草本
分　　布：江苏、浙江
濒危等级：VU A2c；B1ab（i, iii, v）；C1

香石蒜
Lycoris incarnata Comes ex Sprenger
习　　性：多年生草本
分　　布：湖北、云南
濒危等级：DD

长筒石蒜
Lycoris longituba Y. Xu et G. J. Fan

长筒石蒜（原变种）
Lycoris longituba var. **longituba**
习　　性：多年生草本
分　　布：江苏
濒危等级：VU B2ab（i, ii）

黄长筒石蒜
Lycoris longituba var. **flava** Y. Xu et X. L. Huang
习　　性：多年生草本
分　　布：江苏
濒危等级：LC

石蒜
Lycoris radiata（L'Hér.）Herb.
习　　性：多年生草本
海　　拔：海平面至 1000（2500）m
国内分布：安徽、福建、广东、广西、贵州、河南、湖北、湖南、江苏、江西、山东、陕西、四川、云南、浙江
国外分布：朝鲜、尼泊尔、日本
濒危等级：LC
资源利用：药用（中草药）；环境利用（观赏）；食品（淀粉）

玫瑰石蒜
Lycoris rosea Traub et Moldenke
习　　性：多年生草本
分　　布：江苏、浙江
濒危等级：LC

陕西石蒜
Lycoris shaanxiensis Y. Hsu et Z. B. Hu
习　　性：多年生草本
海　　拔：约 1000 m
分　　布：陕西、四川
濒危等级：LC

换锦花
Lycoris sprengeri Comes ex Baker
习　　性：多年生草本
海　　拔：约 100 m
分　　布：安徽、湖北、江苏、浙江
濒危等级：LC

鹿葱
Lycoris squamigera Maxim.
习　　性：多年生草本
海　　拔：海平面至 1200 m
国内分布：江苏、山东、浙江
国外分布：朝鲜、日本
濒危等级：LC

稻草石蒜
Lycoris straminea Lindl.
习　　性：多年生草本
海　　拔：约 100 m
国内分布：江苏、浙江
国外分布：日本
濒危等级：VU A2ac；B1ab（i, iii, v）

水仙属 Narcissus L.

黄水仙
Narcissus pseudonarcissus L.
习　　性：多年生草本
国内分布：我国有栽培
国外分布：原产欧洲

水仙
Narcissus tazetta M. Roem.
习　　性：多年生草本
海　　拔：海平面至 100 m
分　　布：福建、浙江
资源利用：环境利用（观赏）

全能花属 Pancratium L.

全能花
Pancratium biflorum Roxb.
习　　性：多年生草本
国内分布：香港
国外分布：印度

葱莲属 Zephyranthes Herb.

葱莲
Zephyranthes candida（Lindl.）Herb.
习　　性：多年生草本
国内分布：广泛栽培；在华南归化
国外分布：原产南美洲

资源利用：环境利用（观赏）

韭莲
Zephyranthes carinata Herb.
习　　性：多年生草本
国内分布：各省广泛栽培
国外分布：原产墨西哥

漆树科 ANACARDIACEAE
（17 属：81 种）

腰果属 Anacardium L.

腰果
Anacardium occidentale L.
习　　性：灌木或小乔木
国内分布：福建、广东、广西、台湾、云南栽培
国外分布：原产热带美洲
资源利用：药用（中草药）；原料（单宁，木材）；食品（水果）

山榄子属 Buchanania Spreng.

山榄子
Buchanania arborescens (Blume) Blume
习　　性：常绿乔木
国内分布：台湾
国外分布：澳大利亚、巴布亚新几内亚、菲律宾、柬埔寨、老挝、缅甸、泰国、印度、印度尼西亚、越南
濒危等级：NT

豆腐果
Buchanania latifolia Roxb.
习　　性：常绿乔木
海　　拔：100～900 m
国内分布：海南、云南
国外分布：老挝、马来西亚、缅甸、尼泊尔、泰国、新加坡、印度、越南
濒危等级：LC
资源利用：原料（木材）

小叶山榄子
Buchanania microphylla Engl.
习　　性：乔木
国内分布：海南
国外分布：菲律宾
濒危等级：LC

云南山榄子
Buchanania yunnanensis C. Y. Wu
习　　性：落叶乔木
海　　拔：1000～1100 m
分　　布：云南
濒危等级：EN B1ab（i, iii）

南酸枣属 Choerospondias B. L. Burtt et A. W. Hill

南酸枣
Choerospondias axillaris (Roxb.) B. L. Burtt et A. W. Hill

南酸枣（原变种）
Choerospondias axillaris var. axillaris
习　　性：落叶乔木
海　　拔：300～2000 m
国内分布：安徽、福建、广东、广西、贵州、湖北、湖南、江西、台湾、西藏、云南、浙江
国外分布：不丹、柬埔寨、老挝、尼泊尔、日本、泰国、印度、越南
濒危等级：LC
资源利用：药用（中草药）；原料（单宁，纤维）；食品（水果）

毛脉南酸枣
Choerospondias axillaris var. pubinervis (Rehder et E. H. Wilson) B. L. Burtt et A. W. Hill
习　　性：落叶乔木
海　　拔：400～1000 m
分　　布：甘肃、贵州、湖北、湖南、四川
濒危等级：VU A2c

黄栌属 Cotinus Mill.

黄栌
Cotinus coggygria Scop.
习　　性：灌木
海　　拔：700～2400 m
国内分布：甘肃、贵州、河北、河南、湖北、江苏、山东、山西、陕西、四川、云南、浙江
国外分布：巴基斯坦、尼泊尔、印度
资源利用：环境利用（观赏）；原料（精油）

城口黄栌
Cotinus coggygria var. chengkouensis Y. T. Wu
习　　性：灌木
分　　布：重庆
濒危等级：LC

灰毛黄栌
Cotinus coggygria var. cinerea Engl.
习　　性：灌木
海　　拔：700～1700 m
国内分布：河北、河南、湖北、山东、四川
国外分布：欧洲、西南亚
濒危等级：LC
资源利用：原料（染料，木材，精油）；食品（蔬菜）

粉背黄栌
Cotinus coggygria var. glaucophylla C. Y. Wu
习　　性：灌木
海　　拔：1600～2400 m
国内分布：甘肃、贵州、河南、湖北、江苏、山东、山西、陕西、四川、云南、浙江
国外分布：欧洲、西南亚
濒危等级：LC

矮黄栌
Cotinus nana W. W. Sm.
习　　性：灌木
海　　拔：1500～2500 m
分　　布：云南
濒危等级：VU A3c；B1ab（i, iii）

四川黄栌
Cotinus szechuanensis Pénzes
 习 性：灌木
 海 拔：800～1900 m
 分 布：四川
 濒危等级：LC

九子母属 Dobinea Buch. -Ham. ex D. Don

羊角天麻
Dobinea delavayi（Baill.）Baill.
 习 性：多年生草本
 海 拔：1100～2300 m
 分 布：四川、云南
 濒危等级：LC
 资源利用：药用（中草药）

九子母
Dobinea vulgaris Buch. -Ham. ex D. Don
 习 性：灌木
 海 拔：1300～1400 m
 国内分布：西藏、云南
 国外分布：不丹、尼泊尔、印度
 濒危等级：VU A4a

人面子属 Dracontomelon Blume

人面子
Dracontomelon duperreanum Pierre
 习 性：常绿乔木
 海 拔：100～400 m
 国内分布：广东、广西、云南
 国外分布：越南
 濒危等级：LC
 资源利用：药用（中草药）；原料（木材，工业用油）；食品（水果）

大果人面子
Dracontomelon macrocarpum H. L. Li
 习 性：乔木
 海 拔：约1200 m
 分 布：云南
 濒危等级：EN B1ab（i, iii）

辛果漆属 Drimycarpus Hook. f.

大果辛果漆
Drimycarpus anacardiifolius C. Y. Wu et T. L. Ming
 习 性：乔木
 海 拔：600～700 m
 分 布：云南
 濒危等级：EN A3c；B1ab（i, iii）

辛果漆
Drimycarpus racemosus（Roxb.）Hook. f.
 习 性：乔木
 海 拔：100～900 m
 国内分布：云南
 国外分布：不丹、缅甸、尼泊尔、印度、越南
 濒危等级：LC

单叶槟榔青属 Haplospondias Kosterm.

单叶槟榔青
Haplospondias haplophylla（Airy Shaw et Forman）Kosterm.
 习 性：乔木
 海 拔：约1500 m
 国内分布：云南
 国外分布：缅甸
 濒危等级：CR B1ab（i, ii, v）

厚皮树属 Lannea A. Rich.

厚皮树
Lannea coromandelica（Houtt.）Merr.
 习 性：落叶乔木
 海 拔：100～1800 m
 国内分布：广东、广西、云南
 国外分布：不丹、缅甸、尼泊尔、斯里兰卡、印度；东南亚广泛栽培
 濒危等级：LC
 资源利用：原料（单宁，纤维，木材，工业用油）

杧果属 Mangifera L.

杧果
Mangifera indica L.
 习 性：常绿乔木
 国内分布：福建、广东、广西、台湾、云南栽培
 国外分布：原产东南亚；世界热带地区栽培
 资源利用：药用（中草药）；原料（染料，木材）；食品添加剂（调味剂）；环境利用（观赏）

长梗杧果
Mangifera laurina Blume
 习 性：乔木
 海 拔：约300 m
 国内分布：云南
 国外分布：菲律宾、柬埔寨、马来西亚、新加坡、印度尼西亚
 濒危等级：LC

天桃木
Mangifera persiciforma C. Y. Wu et T. L. Ming
 习 性：乔木
 海 拔：200～600 m
 分 布：广西、贵州、西藏、云南
 濒危等级：VU A2c
 资源利用：药用（中草药）；原料（木材）；基因源（抗旱）；环境利用（砧木）；食品添加剂（着色剂）

泰国杧果
Mangifera siamensis Warb. ex Craib
 习 性：乔木
 海 拔：600～700 m
 国内分布：云南
 国外分布：泰国
 濒危等级：EN A3c；B1ab（i, iii）

林生杧果
Mangifera sylvatica Roxb.
习　　性：常绿乔木
海　　拔：600~1900 m
国内分布：云南
国外分布：不丹、柬埔寨、孟加拉国、缅甸、泰国、印度
濒危等级：EN A3c；B1ab（i，iii）
国家保护：Ⅱ级

藤漆属 Pegia Colebr.

藤漆
Pegia nitida Colebr.
习　　性：攀援藤本
海　　拔：200~1800 m
国内分布：广西、贵州、云南
国外分布：不丹、缅甸、尼泊尔、泰国、印度
濒危等级：LC

利黄藤
Pegia sarmentosa（Lecomte）Hand.-Mazz.
习　　性：攀援藤本
海　　拔：200~900 m
国内分布：广东、广西、贵州、云南
国外分布：柬埔寨、老挝、马来西亚、泰国、印度尼西亚、越南
濒危等级：LC

黄连木属 Pistacia L.

黄连木
Pistacia chinensis Bunge
习　　性：落叶乔木
海　　拔：100~3600 m
分　　布：安徽、福建、甘肃、广东、广西、贵州、海南、河北、河南、湖北、湖南、江苏、江西、山东、山西、陕西、四川、台湾、西藏、云南、浙江
濒危等级：LC
资源利用：原料（染料，木材，工业用油，单宁，树脂）；食品（蔬菜）；环境利用（观赏）；药用（中草药）

阿月浑子
Pistacia vera L.
习　　性：乔木
国内分布：新疆栽培
国外分布：欧洲、中东地区
资源利用：药用（中草药）；原料（工业用油）

清香木
Pistacia weinmannifolia J. Poiss. ex Franch.
习　　性：灌木或小乔木
海　　拔：500~2700 m
国内分布：广西、贵州、四川、西藏、云南
国外分布：缅甸
濒危等级：LC
资源利用：药用（中草药）；原料（树脂，精油）

盐麸木属 Rhus L.

盐麸木
Rhus chinensis Mill.

盐麸木（原变种）
Rhus chinensis var. **chinensis**
习　　性：灌木或乔木
海　　拔：100~2800 m
国内分布：除黑龙江、吉林、辽宁外，全国广布
国外分布：不丹、朝鲜、柬埔寨、老挝、马来西亚、日本、泰国、新加坡、印度、印度尼西亚、越南
濒危等级：LC
资源利用：药用（中草药）；原料（工业用油，单宁，树脂）；农药；食品（水果）；环境利用（观赏）

光枝盐麸木
Rhus chinensis var. **glabra** S. B. Liang
习　　性：灌木或乔木
分　　布：山东
濒危等级：LC

滨盐麸木
Rhus chinensis var. **roxburghii**（DC.）Rehder
习　　性：灌木或乔木
海　　拔：200~2800 m
分　　布：广东、广西、贵州、海南、湖南、江西、四川、台湾、云南
濒危等级：LC

白背麸杨
Rhus hypoleuca Champ. ex Benth.

白背麸杨（原变种）
Rhus hypoleuca var. **hypoleuca**
习　　性：灌木或小乔木
海　　拔：800~1500 m
分　　布：福建、广东、湖南、台湾
濒危等级：LC

髯毛白背麸杨
Rhus hypoleuca var. **barbata** Z. X. Yu et Q. G. Zhang
习　　性：灌木或小乔木
分　　布：江西
濒危等级：LC

青麸杨
Rhus potaninii Maxim.
习　　性：落叶乔木
海　　拔：900~2500 m
分　　布：甘肃、河南、山西、陕西、四川、云南
濒危等级：LC
资源利用：原料（单宁，树脂）

旁遮普麸杨
Rhus punjabensis J. L. Stewart ex Brandis

毛叶麸杨
Rhus punjabensis var. **pilosa** Engl.
习　　性：乔木
海　　拔：2000~3500 m
国内分布：四川、西藏、云南
国外分布：克什米尔地区、印度

濒危等级：LC

红麸杨
Rhus punjabensis var. **sinica**(Diels)Rehder et E. H. Wilson
- 习　　性：乔木
- 海　　拔：400~3000 m
- 分　　布：甘肃、贵州、湖北、湖南、陕西、四川、西藏、云南
- 濒危等级：LC

泰山盐麸木
Rhus taishanensis S. B. Liang
- 习　　性：乔木或灌木
- 海　　拔：300~800 m
- 分　　布：泰山
- 濒危等级：LC

滇麸杨
Rhus teniana Hand.-Mazz.
- 习　　性：灌木
- 海　　拔：约1900 m
- 分　　布：云南
- 濒危等级：LC

火炬树
Rhus typhina L.
- 习　　性：落叶小乔木
- 国内分布：河北、山西、山东、河南；西北及长江流域
- 国外分布：北美洲
- 资源利用：环境利用（观赏）

川麸杨
Rhus wilsonii Hemsl.

川麸杨（原变种）
Rhus wilsonii var. **wilsonii**
- 习　　性：灌木
- 海　　拔：300~2300 m
- 分　　布：四川、云南
- 濒危等级：LC

无毛川麸杨
Rhus wilsonii var. **glabra** Y. T. Wu
- 习　　性：灌木
- 分　　布：四川
- 濒危等级：LC

肉托果属 Semecarpus L. f.

钝叶肉托果
Semecarpus cuneiformis Blanco
- 习　　性：乔木
- 国内分布：台湾
- 国外分布：菲律宾、印度尼西亚
- 濒危等级：EN B2ab（i）

大叶肉托果
Semecarpus longifolius Blume
- 习　　性：乔木
- 国内分布：台湾
- 国外分布：菲律宾、印度尼西亚
- 濒危等级：NT

小果肉托果
Semecarpus microcarpus Wall. ex Hook.
- 习　　性：落叶乔木
- 海　　拔：约1200 m
- 国内分布：云南
- 国外分布：缅甸
- 濒危等级：VU B1ab（i, ii, v）

网脉肉托果
Semecarpus reticulatus Lecomte
- 习　　性：乔木
- 海　　拔：500~1400 m
- 国内分布：云南
- 国外分布：老挝、泰国、越南
- 濒危等级：LC

槟榔青属 Spondias L.

岭南酸枣
Spondias lakonensis Pierre

岭南酸枣（原变种）
Spondias lakonensis var. **lakonensis**
- 习　　性：落叶乔木
- 海　　拔：200~900 m
- 国内分布：福建、广东、广西、海南、云南
- 国外分布：老挝、泰国、越南
- 濒危等级：LC
- 资源利用：原料（木材，工业用油）；环境利用（绿化）；食品（水果）

毛叶岭南酸枣
Spondias lakonensis var. **hirsuta** C. Y. Wu et T. L. Ming
- 习　　性：落叶乔木
- 海　　拔：200~900 m
- 分　　布：云南
- 濒危等级：LC

槟榔青
Spondias pinnata(L. f.)Kurz.
- 习　　性：落叶乔木
- 海　　拔：300~1200 m
- 国内分布：广西、海南、云南
- 国外分布：可能原产菲律宾、印度尼西亚；东南亚广泛栽培并归化
- 濒危等级：LC
- 资源利用：原料（单宁）；食品（果，嫩叶）；药用（中草药）

三叶漆属 Terminthia Bernh.

三叶漆
Terminthia paniculata(Wall. ex G. Don)C. Y. Wu et T. L. Ming
- 习　　性：灌木或小乔木
- 海　　拔：400~1500 m
- 国内分布：云南
- 国外分布：不丹、缅甸、印度

濒危等级：LC

漆树属 Toxicodendron Mill.

尖叶漆
Toxicodendron acuminatum(DC.)C. Y. Wu et T. L. Ming
习　　性：乔木
海　　拔：1600~2600 m
国内分布：西藏、云南
国外分布：不丹、克什米尔地区、尼泊尔、印度
濒危等级：LC

石山漆
Toxicodendron calcicola C. Y. Wu
习　　性：灌木或小乔木
海　　拔：约1500 m
分　　布：云南
濒危等级：LC

小漆树
Toxicodendron delavayi(Franch.)F. A. Barkley

小漆树（原变种）
Toxicodendron delavayi var. **delavayi**
习　　性：灌木
海　　拔：1100~2500 m
分　　布：四川、云南
濒危等级：LC

狭叶小漆树
Toxicodendron delavayi var. **augustifolium** C. Y. Wu
习　　性：灌木
海　　拔：1100~2500 m
分　　布：四川、云南
濒危等级：LC

多叶小漆树
Toxicodendron delavayi var. **quinquejugum**(Rehder et E. H. Wilson)C. Y. Wu et T. L. Ming
习　　性：灌木
海　　拔：1900~2400 m
分　　布：四川、云南
濒危等级：LC

黄毛漆
Toxicodendron fulvum(Craib)C. Y. Wu et T. L. Ming
习　　性：乔木
海　　拔：约1000 m
国内分布：云南
国外分布：泰国
濒危等级：LC

大花漆
Toxicodendron grandiflorum C. Y. Wu et T. L. Ming

大花漆（原变种）
Toxicodendron grandiflorum var. **grandiflorum**
习　　性：灌木或小乔木
海　　拔：700~2700 m
分　　布：四川、云南
濒危等级：LC

长梗大花漆
Toxicodendron grandiflorum var. **longipes**(Franch.)C. Y. Wu et T. L. Ming
习　　性：灌木或小乔木
海　　拔：700~2500 m
分　　布：四川、云南
濒危等级：LC

裂果漆
Toxicodendron griffithii(Hook. f.)Kuntze

裂果漆（原变种）
Toxicodendron griffithii var. **griffithii**
习　　性：乔木
海　　拔：1400~2500 m
国内分布：贵州、云南
国外分布：印度
濒危等级：LC

镇康裂果漆
Toxicodendron griffithii var. **barbatum** C. Y. Wu et T. L. Ming
习　　性：乔木
海　　拔：2400~2500 m
分　　布：云南
濒危等级：LC

小果裂果漆
Toxicodendron griffithii var. **microcarpum** C. Y. Wu et T. L. Ming
习　　性：乔木
海　　拔：1400~1800 m
分　　布：云南
濒危等级：LC

硬毛漆
Toxicodendron hirtellum C. Y. Wu
习　　性：灌木
海　　拔：约1400 m
分　　布：四川
濒危等级：LC

小果大叶漆
Toxicodendron hookeri(C. C. Huang ex T. L. Ming)C. Y. Wu et T. L. Ming
习　　性：乔木
海　　拔：1200~2600 m
分　　布：西藏、云南
濒危等级：LC

五叶漆
Toxicodendron quinquefoliolatum Q. H. Chen
习　　性：落叶灌木
分　　布：贵州
濒危等级：DD

刺果毒漆藤
Toxicodendron radicans(Engl.)Gillis
习　　性：木质藤本
海　　拔：600~2200 m
分　　布：贵州、湖北、湖南、四川、台湾、云南

濒危等级：LC

喙果漆
Toxicodendron rostratum T. L. Ming et Z. F. Chen
  习 性：乔木
  海 拔：约1200 m
  分 布：云南
  濒危等级：LC

野漆
Toxicodendron succedaneum(L.) Kuntze

野漆（原变种）
Toxicodendron succedaneum var. **succedaneum**
  习 性：乔木或灌木
  海 拔：100～2500 m
  国内分布：安徽、福建、甘肃、广东、广西、贵州、海南、河北、河南、湖北、湖南、江苏、江西、宁夏、青海、山东、山西、陕西、四川、台湾、西藏、云南、浙江
  国外分布：朝鲜、柬埔寨、老挝、日本、泰国、印度、越南
  濒危等级：LC
  资源利用：药用（中草药）；原料（蜡烛，单宁，木材，工业用油）

江西野漆
Toxicodendron succedaneum var. **kiangsiense** C. Y. Wu
  习 性：乔木或灌木
  海 拔：500～600 m
  分 布：江西
  濒危等级：LC

小叶野漆
Toxicodendron succedaneum var. **microphyllum** C. Y. Wu et T. L. Ming
  习 性：乔木或灌木
  海 拔：100～200 m
  分 布：广西
  濒危等级：LC

毛轴野漆
Toxicodendron succedaneum var. **trichorachis** Z. F. Chen
  习 性：乔木或灌木
  分 布：云南
  濒危等级：LC

木蜡树
Toxicodendron sylvestre(Siebold et Zucc.) Kuntze
  习 性：乔木
  海 拔：100～2300 m
  国内分布：安徽、福建、广东、广西、贵州、湖北、湖南、江苏、江西、四川、台湾、云南、浙江
  国外分布：朝鲜、日本
  濒危等级：LC

毛漆树
Toxicodendron trichocarpum(Miq.) Kuntze
  习 性：落叶乔木
  海 拔：900～2000 m
  国内分布：安徽、福建、贵州、湖北、湖南、江西、浙江
  国外分布：朝鲜、日本
  濒危等级：LC

漆
Toxicodendron vernicifluum(Stokes) F. A. Barkley

漆（原变种）
Toxicodendron vernicifluum var. **vernicifluum**
  习 性：落叶乔木
  海 拔：800～2800 m
  国内分布：安徽、福建、甘肃、广东、广西、贵州、河北、河南、湖北、湖南、江苏、江西、辽宁、山东、山西、陕西、四川、西藏、云南、浙江
  国外分布：朝鲜、日本、印度
  濒危等级：LC
  资源利用：药用（中草药）；原料（蜡烛，蜡纸，单宁，木材，工业用油）；农药

陕西漆树
Toxicodendron vernicifluum var. **shaanxiense** J. Z. Zhang et Z. Y. Shang
  习 性：落叶乔木
  分 布：陕西
  濒危等级：LC

绒毛漆
Toxicodendron wallichii(Hook. f.) Kuntze

绒毛漆（原变种）
Toxicodendron wallichii var. **wallichii**
  习 性：乔木
  海 拔：700～2400 m
  国内分布：西藏
  国外分布：尼泊尔、印度
  濒危等级：LC

小果绒毛漆
Toxicodendron wallichii var. **microcarpum** C. C. Huang ex T. L. Ming
  习 性：乔木
  海 拔：700～2400 m
  分 布：广西、西藏、云南
  濒危等级：LC

云南漆
Toxicodendron yunnanense C. Y. Wu

云南漆（原变种）
Toxicodendron yunnanense var. **yunnanense**
  习 性：灌木
  海 拔：400～2200 m
  分 布：云南
  濒危等级：LC

长序云南漆
Toxicodendron yunnanense var. **longipaniculatum** C. Y. Wu et T. L. Ming

习　　性：灌木
海　　拔：400~2200 m
分　　布：四川、云南
濒危等级：LC

钩枝藤科 ANCISTROCLADACEAE
（1属：1种）

钩枝藤属 Ancistrocladus Wall.

钩枝藤
Ancistrocladus tectorius (Lour.) Merr.
习　　性：攀援灌木
海　　拔：500~700 m
国内分布：海南
国外分布：柬埔寨、老挝、马来西亚、缅甸、泰国、新加坡、印度、印度尼西亚、越南
濒危等级：VU A2ce

番荔枝科 ANNONACEAE
（27属：112种）

藤春属 Alphonsea Hook. f. et Thomson

金平藤春
Alphonsea boniana Finet et Gagnep
习　　性：灌木
海　　拔：300~700 m
国内分布：云南
国外分布：泰国、越南
濒危等级：LC

海南藤春
Alphonsea hainanensis Merr. et Chun
习　　性：常绿乔木
海　　拔：400~700 m
分　　布：广西、海南、云南
濒危等级：NT A2cde；B1ab (i, iii, v)
资源利用：原料（木材）；食品（水果）

毛叶藤春
Alphonsea mollis Dunn
习　　性：常绿乔木
海　　拔：600~1000 m
分　　布：广东、广西、海南、云南
濒危等级：LC
资源利用：原料（木材）；食品（水果）

藤春
Alphonsea monogyna Merr. et Chun
习　　性：乔木
海　　拔：400~1200 m
分　　布：广西、海南、云南
濒危等级：VU A2c+3c；C1
资源利用：原料（木材，精油）

多苞藤春
Alphonsea squamosa Finet et Gagnep
习　　性：小乔木
海　　拔：1500~2300 m
国内分布：广西、云南
国外分布：越南
濒危等级：LC

多脉藤春
Alphonsea tsangyuanensis P. T. Li
习　　性：乔木
海　　拔：700~1500 m
分　　布：云南
濒危等级：EN B2ab (i, ii, v)

蒙蒿子属 Anaxagorea St.-Hil.

蒙蒿子
Anaxagorea luzonensis A. Gray
习　　性：灌木
海　　拔：500~700 m
国内分布：广西、海南
国外分布：菲律宾、老挝、缅甸、斯里兰卡、泰国、印度、印度尼西亚
濒危等级：LC

番荔枝属 Annona L.

刺果番荔枝
Annona muricata L.
习　　性：常绿乔木
国内分布：广东、广西、海南、台湾、云南栽培
国外分布：原产美洲热带地区
资源利用：原料（木材）；食品（水果）；环境利用（观赏）

番荔枝
Annona squamosa L.
习　　性：落叶小乔木
国内分布：福建、广东、广西、海南、台湾、云南、浙江栽培
国外分布：原产美洲
资源利用：药用（中草药）；原料（纤维）；食品（水果）；环境利用（观赏）

鹰爪花属 Artabotrys R. Br.

香鹰爪花
Artabotrys fragrans Ast ex Jovet-Ast
习　　性：木质藤本
海　　拔：约1000 m
国内分布：云南
国外分布：越南
濒危等级：NT B1b (i, iii, v)

海南鹰爪花
Artabotrys hainanensis R. E. Fries
- 习　　性：灌木
- 海　　拔：200～500 m
- 分　　布：广东、广西、海南
- 濒危等级：LC

鹰爪花
Artabotrys hexapetalus(L. f.)Bhandari
- 习　　性：攀援灌木
- 国内分布：福建、广东、广西、贵州、海南、江西、台湾、云南、浙江栽培
- 国外分布：原产斯里兰卡、印度
- 资源利用：药用（中草药）；原料（精油）；环境利用（绿化，观赏）

香港鹰爪花
Artabotrys hongkongensis Hance
- 习　　性：灌木
- 海　　拔：300～1500 m
- 国内分布：广东、广西、贵州、海南、湖南、云南
- 国外分布：越南
- 濒危等级：LC

多花鹰爪花
Artabotrys multiflorus C. E. C. Fisch.
- 习　　性：木质藤本
- 海　　拔：800～1000 m
- 国内分布：广东、广西、云南
- 国外分布：缅甸
- 濒危等级：LC

毛叶鹰爪花
Artabotrys pilosus Merr. et Chun
- 习　　性：灌木
- 海　　拔：200～500 m
- 分　　布：广东、海南
- 濒危等级：DD
- 资源利用：原料（单宁，纤维）

点叶鹰爪
Artabotrys punctulatus C. Y. Wu ex S. H. Yuan
- 习　　性：灌木
- 海　　拔：约1500 m
- 分　　布：云南
- 濒危等级：EN B1ab (i, iii, v); C1

喙果鹰爪
Artabotrys rhynchocarpus C. Y. Wu ex S. H. Yuan
- 习　　性：灌木
- 海　　拔：约1200 m
- 分　　布：云南
- 濒危等级：EN B1ab (i, iii, v); C1

依兰属 Cananga Hook. f. et Thomson

依兰
Cananga odorata(Lam.)Hook. f. et Thomson

依兰（原变种）
Cananga odorata var. **odorata**
- 习　　性：灌木或小乔木
- 国内分布：福建、广东、广西、海南、四川、台湾、云南栽培
- 国外分布：原产澳大利亚、菲律宾、老挝、马来西亚、缅甸、泰国、印度、印度尼西亚
- 资源利用：原料（化工，精油）

小依兰
Cananga odorata var. **fruticosa**(Craib)J. Sincl.
- 习　　性：灌木或小乔木
- 国内分布：广东、云南栽培
- 国外分布：原产马来西亚、泰国、印度尼西亚
- 资源利用：原料（化工，精油）

杯冠木属 Cyathostemma Griff.

杯冠木
Cyathostemma yunnanense H. H. Hu
- 习　　性：灌木
- 海　　拔：约1000 m
- 国内分布：云南
- 国外分布：越南
- 濒危等级：DD

皂帽花属 Dasymaschalon(Hook. f. et Thomson) Dalla Torre et Harnth.

钝叶皂帽花
Dasymaschalon robinsonii Jovet-Ast
- 习　　性：乔木
- 海　　拔：约600 m
- 国内分布：贵州
- 国外分布：越南
- 濒危等级：LC

喙果皂帽花
Dasymaschalon rostratum Merr. et Chun
- 习　　性：乔木
- 海　　拔：300～1000 m
- 国内分布：福建、广东、广西、海南、西藏、云南
- 国外分布：老挝、泰国、越南
- 濒危等级：LC

黄花皂帽花
Dasymaschalon sootepense Craib
- 习　　性：乔木
- 海　　拔：600～1300 m
- 国内分布：云南
- 国外分布：泰国
- 濒危等级：LC

西藏皂帽花
Dasymaschalon tibetense X. L. Hou
- 习　　性：乔木
- 海　　拔：500～1300 m
- 分　　布：西藏

濒危等级：DD

皂帽花
Dasymaschalon trichophorum Merr.
- 习　　性：乔木
- 海　　拔：100 m 以下
- 分　　布：广东、广西、海南
- 濒危等级：LC

假鹰爪属 Desmos Lour.

假鹰爪
Desmos chinensis Lour.
- 习　　性：木质藤本
- 海　　拔：100 ~ 1500 m
- 国内分布：广东、广西、贵州、云南
- 国外分布：菲律宾、柬埔寨、老挝、马来西亚、新加坡、印度、印度尼西亚、越南
- 濒危等级：LC
- 资源利用：药用（中草药，兽药）；原料（纤维）；环境利用（观赏）

毛叶假鹰爪
Desmos dumosus(Roxb.)Saff.
- 习　　性：灌木
- 海　　拔：500 ~ 1700 m
- 国内分布：广西、贵州、云南
- 国外分布：不丹、老挝、泰国、新加坡、印度、越南
- 濒危等级：LC

大叶假鹰爪
Desmos grandifolius(Finet et Gagnep.)C. Y. Wu ex P. T. Li
- 习　　性：灌木
- 海　　拔：100 ~ 500 m
- 国内分布：云南
- 国外分布：越南
- 濒危等级：EN A2c

云南假鹰爪
Desmos yunnanensis(Hu)P. T. Li
- 习　　性：灌木或小乔木
- 海　　拔：1000 ~ 1400 m
- 分　　布：云南
- 濒危等级：EN A2c

异萼花属 Disepalum Hook. f.

窄叶异萼花
Disepalum petelotii(Merr.)D. M. Johnson
- 习　　性：灌木或小乔木
- 海　　拔：100 ~ 2000 m
- 国内分布：广西、贵州、海南、云南
- 国外分布：越南
- 濒危等级：LC

斜脉异萼花
Disepalum plagioneurum(Diels)D. M. Johnson
- 习　　性：乔木
- 海　　拔：500 ~ 1600 m
- 国内分布：广西、贵州、海南
- 国外分布：越南
- 濒危等级：LC

瓜馥木属 Fissistigma Griff.

尖叶瓜馥木
Fissistigma acuminatissimum Merr.
- 习　　性：攀援灌木
- 海　　拔：900 ~ 2000 m
- 国内分布：贵州、云南
- 国外分布：越南
- 濒危等级：LC
- 资源利用：原料（纤维）

多脉瓜馥木
Fissistigma balansae(Aug. DC.)Merr.
- 习　　性：攀援灌木
- 海　　拔：500 ~ 1200 m
- 国内分布：云南
- 国外分布：越南
- 濒危等级：LC

排骨灵
Fissistigma bracteolatum Chatterjee
- 习　　性：攀援灌木
- 海　　拔：800 ~ 1800 m
- 国内分布：云南
- 国外分布：缅甸
- 濒危等级：EN C1
- 资源利用：药用（中草药）

独山瓜馥木
Fissistigma cavaleriei(H. Lév.)Rehder
- 习　　性：攀援灌木
- 海　　拔：500 ~ 1500 m
- 分　　布：广西、贵州、云南
- 濒危等级：LC

阔叶瓜馥木
Fissistigma chloroneurum(Hand.-Mazz.)Tsiang
- 习　　性：攀援灌木
- 海　　拔：100 ~ 900 m
- 国内分布：广西、贵州、湖南、云南
- 国外分布：越南
- 濒危等级：LC

金果瓜馥木
Fissistigma cupreonitens Merr. et Chun
- 习　　性：攀援灌木
- 海　　拔：300 ~ 1000 m
- 国内分布：广西
- 国外分布：越南
- 濒危等级：NT A2acde

白叶瓜馥木
Fissistigma glaucescens(Hance)Merr.
- 习　　性：攀援灌木
- 海　　拔：100 ~ 1000 m
- 国内分布：福建、广东、广西、海南、台湾

国外分布：越南
濒危等级：LC
资源利用：药用（中草药）；原料（纤维）

广西瓜馥木
Fissistigma kwangsiense Tsiang et P. T. Li
习　　性：攀援灌木
海　　拔：200~500 m
分　　布：广西、云南
濒危等级：EN A3cd

大叶瓜馥木
Fissistigma latifolium(Dunal)Merr.
习　　性：攀援灌木
海　　拔：500~1200 m
国内分布：云南
国外分布：菲律宾、马来西亚、泰国、印度、印度尼西亚、越南
濒危等级：LC

毛瓜馥木
Fissistigma maclurei Merr.
习　　性：攀援灌木
海　　拔：200~1100 m
国内分布：广西、海南、云南
国外分布：越南
濒危等级：LC

小萼瓜馥木
Fissistigma minuticalyx(R. W. MacGregor et W. W. Sm.)Chatterjee
习　　性：攀援灌木
海　　拔：500~1600 m
国内分布：贵州、云南
国外分布：老挝、缅甸、越南
濒危等级：LC

瓜馥木
Fissistigma oldhamii(Hemsl.)Merr.
习　　性：攀援灌木
海　　拔：500~1500 m
分　　布：福建、广东、广西、海南、湖南、江西、台湾、云南、浙江
濒危等级：LC
资源利用：环境利用（观赏）

苍叶瓜馥木
Fissistigma pallens(Finet et Gagnep.)Merr.
习　　性：攀援灌木
海　　拔：600~800 m
国内分布：广西
国外分布：越南
濒危等级：LC

火绳藤
Fissistigma poilanei(Ast)Tsiang et P. T. Li
习　　性：攀援灌木
海　　拔：700~1000 m
国内分布：云南
国外分布：越南
濒危等级：DD

黑风藤
Fissistigma polyanthum(Hook. f. et Thomson)Merr.
习　　性：攀援灌木
海　　拔：100~1200 m
国内分布：广东、广西、贵州、西藏、云南
国外分布：不丹、缅甸、印度、越南
濒危等级：LC
资源利用：药用（中草药）；原料（单宁，纤维）

凹叶瓜馥木
Fissistigma retusum(H. Lév.)Rehder
习　　性：攀援灌木
海　　拔：700~2000 m
分　　布：广西、贵州、海南、西藏、云南
濒危等级：LC

上思瓜馥木
Fissistigma shangtzeense Tsiang et P. T. Li
习　　性：攀援灌木
海　　拔：600~800 m
分　　布：广西
濒危等级：DD

天堂瓜馥木
Fissistigma tientangense Tsiang et P. T. Li
习　　性：攀援灌木
海　　拔：300~600 m
分　　布：广西、海南、云南
濒危等级：EN B1ab（i，iii，v）；C1

东京瓜馥木
Fissistigma tonkinense(Finet et Gagnep.)Merr.
习　　性：攀援灌木
海　　拔：200~800 m
国内分布：云南
国外分布：越南
濒危等级：LC

东方瓜馥木
Fissistigma tungfangense Tsiang et P. T. Li
习　　性：攀援灌木
海　　拔：400~600 m
分　　布：海南
濒危等级：EN B1ab（i，iii，v）；C1

香港瓜馥木
Fissistigma uonicum(Dunn)Merr.
习　　性：攀援灌木
海　　拔：100~800 m
国内分布：福建、广东、广西、贵州、海南、湖南
国外分布：印度尼西亚
濒危等级：LC
资源利用：药用（中草药）；食品（水果）

贵州瓜馥木
Fissistigma wallichii(Hook. f. et Thomson)Merr.
习　　性：攀援灌木
海　　拔：400~1600 m
国内分布：广西、贵州、云南
国外分布：印度
濒危等级：DD

木瓣瓜馥木
Fissistigma xylopetalum Tsiang et P. T. Li
习　　性：攀援灌木
海　　拔：300~500 m
国内分布：广西、海南、云南
国外分布：越南
濒危等级：VU B1ab（iii）

哥纳香属 Goniothalamus（Blume）Hook. f. et Thomson

台湾哥纳香
Goniothalamus amuyon（Blanco）Merr.
习　　性：灌木或小乔木
海　　拔：300~500 m
国内分布：台湾
国外分布：菲律宾
濒危等级：CR B2bc（iv）；C2b

景洪哥纳香
Goniothalamus cheliensis H. H. Hu
习　　性：乔木
海　　拔：约1500 m
分　　布：云南
濒危等级：CR A2c；B1ab（i, iii, v）；C1

哥纳香
Goniothalamus chinensis Merr. et Chun
习　　性：灌木
海　　拔：300~600 m
分　　布：广西、海南
濒危等级：VU A2c；B1ab（i, iii, v）

田方骨
Goniothalamus donnaiensis Finet et Gagnep.
习　　性：小乔木或灌木
海　　拔：200~800 m
国内分布：广西、贵州、云南
国外分布：越南
濒危等级：LC
资源利用：药用（中草药）

保亭哥纳香
Goniothalamus gabriacianus（Baill.）Ast
习　　性：乔木
海　　拔：300~800 m
国内分布：海南
国外分布：柬埔寨、老挝、泰国、越南
濒危等级：LC

长叶哥纳香
Goniothalamus gardneri Hook. f. et Thomson
习　　性：乔木
海　　拔：200~700 m
国内分布：海南
国外分布：斯里兰卡、印度、越南
濒危等级：LC

海南哥纳香
Goniothalamus howii Merr. et Chun
习　　性：乔木
海　　拔：300~800 m
分　　布：海南、云南
濒危等级：LC

柄芽银钩花
Goniothalamus laoticus（Finet et Gagnep.）Ban
习　　性：乔木
海　　拔：约700 m
国内分布：云南
国外分布：老挝、泰国
濒危等级：DD

金平哥纳香
Goniothalamus leiocarpus（W. T. Wang）P. T. Li
习　　性：乔木
海　　拔：700~1600 m
分　　布：云南
濒危等级：VU A2c；B1ab（i, iii, v）

盈江哥纳香
Goniothalamus lii X. L. Hou et Y. M. Shui
习　　性：乔木
海　　拔：约300 m
分　　布：云南
濒危等级：DD

云南哥纳香
Goniothalamus yunnanensis W. T. Wang
习　　性：乔木
海　　拔：100~800 m
分　　布：云南
濒危等级：LC

红果木属 Hubera Chaowasku

细基丸
Hubera cerasoides（Roxb.）Chaowasku
习　　性：乔木
海　　拔：100~1100 m
国内分布：广东、广西、海南、云南
国外分布：柬埔寨、老挝、缅甸、泰国、印度、越南
濒危等级：LC
资源利用：原料（单宁，纤维，木材）

香花红果木
Hubera rumphii（Blume ex Hensch.）Chaowasku
习　　性：乔木
国内分布：海南
国外分布：菲律宾、马来西亚、泰国、印度尼西亚
濒危等级：LC

囊瓣木属 Marsypopetalum Scheff.

弯瓣木
Marsypopetalum littorale（Blume）B. Xue et M. K. Saunders
习　　性：灌木或小乔木
国内分布：广东、广西、海南、云南
国外分布：泰国、印度尼西亚、越南
濒危等级：LC

鹿茸木属 Meiogyne Miq.

蕉木
Meiogyne hainanensis（Merr.）N. T. Ban
习　　性：乔木
海　　拔：300~600 m

分　　布：广西、海南
濒危等级：NT
国家保护：Ⅱ级

鹿茸木
Meiogyne kwangtungensis P. T. Li
　　习　　性：灌木
　　海　　拔：约 600 m
　　分　　布：海南
　　濒危等级：CR D

野独活属 Miliusa Lesch. ex DC.

版纳野独活
Miliusa bannaensis X. L. Hou
　　习　　性：小乔木
　　海　　拔：300～800 m
　　分　　布：云南
　　濒危等级：VU B1ab（i，iii，v）

楔叶野独活
Miliusa cuneata Craib
　　习　　性：乔木
　　海　　拔：500～1500 m
　　国内分布：云南
　　国外分布：泰国
　　濒危等级：LC

广西野独活
Miliusa glochidioides Hand.-Mazz.
　　习　　性：灌木
　　海　　拔：900 m 以下
　　分　　布：广西、云南
　　濒危等级：LC

囊瓣木
Miliusa horsfieldii（Bennett）Pierre
　　习　　性：乔木
　　海　　拔：300～1000 m
　　国内分布：广东、海南
　　国外分布：澳大利亚、菲律宾、老挝、马来西亚、缅甸、泰国、印度、印度尼西亚
　　濒危等级：VU A2acde
　　资源利用：原料（木材）

中华野独活
Miliusa sinensis Finet et Gagnep.
　　习　　性：乔木
　　海　　拔：500～1500 m
　　分　　布：广东、广西、贵州、云南
　　濒危等级：LC

云南野独活
Miliusa tenuistipitata W. T. Wang
　　习　　性：乔木
　　海　　拔：700～1500 m
　　分　　布：西藏、云南
　　濒危等级：EN B2ab（i，ii，iv）

大叶野独活
Miliusa velutina Hook. f. et Thomson
　　习　　性：乔木
　　海　　拔：500～700 m
　　国内分布：云南
　　国外分布：柬埔寨、老挝、马来西亚、缅甸、尼泊尔、泰国、印度、越南
　　濒危等级：LC

银钩花属 Mitrephora Hook. f. et Thomson

山蕉
Mitrephora macclurei Weeras. et R. M. K. Saunders
　　习　　性：乔木
　　海　　拔：约 800 m
　　国内分布：广西、贵州、海南、云南
　　国外分布：老挝、马来西亚、越南
　　濒危等级：LC

银钩花
Mitrephora tomentosa Hook. f. et Thomson
　　习　　性：乔木
　　海　　拔：100～1200 m
　　国内分布：广西、贵州、海南、云南
　　国外分布：柬埔寨、老挝、泰国、印度、越南
　　濒危等级：LC
　　资源利用：原料（木材）

云南银钩花
Mitrephora wangii H. H. Hu
　　习　　性：乔木
　　海　　拔：500～1600 m
　　国内分布：云南
　　国外分布：泰国
　　濒危等级：VU A2c；B1ab（i，iii，v）

单子木属 Monoon Miq.

海南单子木
Monoon laui（Merr.）B. Xue et R. M. K. Saunders
　　习　　性：乔木
　　海　　拔：300～700 m
　　国内分布：海南
　　国外分布：越南
　　濒危等级：LC

腺叶单子木
Monoon simiarum（Buch.-Ham. ex Hook. f. et Thomson）B. Xue et R. M. K. Saunders
　　习　　性：乔木
　　国内分布：云南
　　国外分布：不丹、柬埔寨、老挝、缅甸、泰国、印度、越南
　　濒危等级：LC

毛脉单子木
Monoon viridis（Craib）B. Xue et R. M. K. Saunders
　　习　　性：乔木
　　国内分布：云南
　　国外分布：泰国
　　濒危等级：LC

澄广花属 Orophea Blume

澄广花
Orophea hainanensis Merr.
　　习　　性：乔木
　　海　　拔：400～700 m

分　　布：广西、海南
濒危等级：VU A2c；B1ab (i, iii, v)；C1

毛澄广花
Orophea hirsuta King
习　　性：灌木
海　　拔：300~600 m
国内分布：海南、云南
国外分布：柬埔寨、老挝、马来西亚、印度、越南
濒危等级：LC

蚁花
Orophea laui Leonardia et Kessler
习　　性：灌木或小乔木
海　　拔：400~1200 m
分　　布：海南、云南
濒危等级：LC

多花澄广花
Orophea multiflora Jovet-Ast
习　　性：灌木
海　　拔：约 500 m
国内分布：广西
国外分布：越南
濒危等级：LC

广西澄广花
Orophea polycarpa A. Candolle
习　　性：乔木
海　　拔：约 600 m
国内分布：广西、海南、云南
国外分布：柬埔寨、老挝、马来西亚、孟加拉国、缅甸、斯里兰卡、泰国、越南
濒危等级：LC

云南澄广花
Orophea yunnanensis P. T. Li
习　　性：灌木
海　　拔：约 600 m
分　　布：云南
濒危等级：CR D

暗罗属 Polyalthia Blume

伞花暗罗
Polyalthia fragrans(Dalzell)Benth. et Hook. f.
习　　性：乔木
海　　拔：约 700 m
国内分布：云南
国外分布：印度
濒危等级：LC

剑叶暗罗
Polyalthia lancilimba C. Y. Wu ex P. T. Li
习　　性：乔木
海　　拔：约 200 m
分　　布：云南
濒危等级：DD

琉球暗罗
Polyalthia liukiuensis Hatus.
习　　性：乔木

国内分布：台湾
国外分布：日本
濒危等级：CR B1ab (ii, v)；C1

长叶暗罗
Polyalthia longifolia(Sonn.)Thwaites
习　　性：乔木
国内分布：福建、广东、海南、台湾、云南
国外分布：原产斯里兰卡、印度
濒危等级：LC

沙煲暗罗
Polyalthia obliqua Hook. f. et Thomson
习　　性：乔木
国内分布：海南
国外分布：马来西亚
濒危等级：LC
资源利用：食品（水果）

暗罗
Polyalthia suberosa(Roxb.)Thwaites
习　　性：灌木或小乔木
国内分布：广东、广西、海南
国外分布：菲律宾、老挝、马来西亚、缅甸、斯里兰卡、泰国、印度、越南
濒危等级：LC

疣叶暗罗
Polyalthia verrucipes C. Y. Wu ex P. T. Li
习　　性：乔木
海　　拔：1000~1900 m
分　　布：西藏、云南
濒危等级：CR B1ab (i, iii, iv, v)

嘉陵花属 Popowia Endl.

嘉陵花
Popowia pisocarpa(Blume)Endl.
习　　性：灌木或小乔木
海　　拔：200~300 m
国内分布：广东、海南
国外分布：菲律宾、马来西亚、缅甸、泰国、印度尼西亚、越南
濒危等级：LC
资源利用：原料（精油）

金钩花属 Pseuduvaria Miq.

金钩花
Pseuduvaria indochinensis Merr.
习　　性：乔木
海　　拔：200~1500 m
国内分布：云南
国外分布：缅甸、泰国、越南
濒危等级：NT B1ab (i, iii, v)

尖花藤属 Richella A. Gray

尖花藤
Richella hainanensis(Tsiang et P. T. Li)Tsiang et P. T. Li

习　　性：攀援灌木
海　　拔：300~500 m
分　　布：海南
濒危等级：EX

海岛木属 Trivalvaria (Miq.) Miq.

海岛木
Trivalvaria costata (Hook. f. et Thomson) I. M. Turner
习　　性：灌木或小乔木
海　　拔：约800 m
国内分布：海南
国外分布：老挝、马来西亚、缅甸、泰国、印度
濒危等级：NT

紫玉盘属 Uvaria L.

光叶紫玉盘
Uvaria boniana Finet et Gagnep.
习　　性：灌木
海　　拔：100~800 m
国内分布：广东、广西、江西
国外分布：越南
濒危等级：LC

刺果紫玉盘
Uvaria calamistrata Hance
习　　性：灌木
海　　拔：200~800 m
国内分布：广东、广西
国外分布：越南
濒危等级：LC
资源利用：原料（单宁，纤维）

大花紫玉盘
Uvaria grandiflora Roxb.
习　　性：灌木
海　　拔：400~1000 m
国内分布：广东、广西、海南
国外分布：菲律宾、马来西亚、缅甸、斯里兰卡、泰国、印度、印度尼西亚、越南
濒危等级：LC

黄花紫玉盘
Uvaria kurzii (King) P. T. Li
习　　性：灌木
海　　拔：400~1300 m
国内分布：广西、云南
国外分布：印度
濒危等级：LC

瘤果紫玉盘
Uvaria kweichowensis P. T. Li
习　　性：灌木
海　　拔：约1000 m
分　　布：贵州、云南
濒危等级：VU A2c；B1ab (i, iii, v)；C1

紫玉盘
Uvaria macrophylla Roxb.
习　　性：灌木
海　　拔：400~1400 m
国内分布：福建、广东、广西、台湾、云南
国外分布：巴布亚新几内亚、菲律宾、老挝、马来西亚、孟加拉国、斯里兰卡、泰国、印度尼西亚、越南
濒危等级：LC
资源利用：药用（中草药，兽药）；原料（纤维）

小花紫玉盘
Uvaria rufa Blume
习　　性：灌木
海　　拔：400~1700 m
国内分布：海南、云南
国外分布：菲律宾、柬埔寨、老挝、马来西亚、泰国、印度、印度尼西亚、越南
濒危等级：LC

扣匹
Uvaria tonkinensis Finet et Gagnep.
习　　性：灌木
海　　拔：200~600 m
国内分布：广东、广西、云南
国外分布：越南
濒危等级：LC
资源利用：药用（中草药）

文采木属 Wangia Guo & Saunders

小花文采木
Wangia florulenta (C. Y. Wu ex P. T. Li) B. Xue
习　　性：灌木
海　　拔：1100~1400 m
分　　布：云南
濒危等级：VU A2c；B1ab (i, iii, v)

文采木
Wangia saccopetaloides (W. T. Wang) Guo et Saunders
习　　性：乔木或木质藤本
海　　拔：1200~2300 m
分　　布：云南
濒危等级：VU A2cde
国家保护：Ⅱ级

征镒木属 Wuodendron B. Xue, Y. H. Tan et Chaowasku

征镒木
Wuodendron praecox (Hook. f & Thomson) B. Xue, Y. H. Tan et X. L. Hou
习　　性：乔木
海　　拔：约600 m
国内分布：云南
国外分布：印度、缅甸
濒危等级：EN B1ab (i, ii, iii, iv, v)

木瓣树属 Xylopia L.

木瓣树
Xylopia vielana Pierre
习　　性：乔木
海　　拔：400~700 m
国内分布：广西

国外分布：柬埔寨、泰国、越南
濒危等级：LC

伞形科 APIACEAE
（100 属：697 种）

丝瓣芹属 Acronema Falc. ex Edgew.

高山丝瓣芹
Acronema alpinum S. L. Liou et Shan
习　　性：二年生或多年生草本
海　　拔：4700~4800 m
分　　布：西藏
濒危等级：NT B1ab（i, iii）

星叶丝瓣芹
Acronema astrantiifolium H. Wolff
习　　性：二年生或多年生草本
海　　拔：2800~4000 m
分　　布：四川、云南
濒危等级：LC

短柄丝瓣芹
Acronema brevipedicellatum Z. H. Pan et M. F. Watson
习　　性：二年生或多年生草本
海　　拔：3300~3800 m
分　　布：西藏、云南
濒危等级：LC

条叶丝瓣芹
Acronema chienii Shan

条叶丝瓣芹（原变种）
Acronema chienii var. chienii
习　　性：二年生或多年生草本
海　　拔：3000~4800 m
分　　布：四川、西藏
濒危等级：LC

细裂丝瓣芹
Acronema chienii var. dissectum Shan
习　　性：二年生或多年生草本
海　　拔：2500~4200 m
分　　布：四川、云南
濒危等级：NT B1ab（i, iii）

尖瓣芹
Acronema chinense H. Wolff

尖瓣芹（原变种）
Acronema chinense var. chinense
习　　性：二年生或多年生草本
海　　拔：3200~4900 m
分　　布：甘肃、青海、四川、西藏
濒危等级：LC

矮尖瓣芹
Acronema chinense var. humile S. L. Liou et Shan
习　　性：二年生或多年生草本
海　　拔：3300~4400 m
分　　布：甘肃、青海、四川
濒危等级：NT B1ab（i, iii）

多变丝瓣芹
Acronema commutatum H. Wolff
习　　性：二年生或多年生草本
海　　拔：2700~3500 m
分　　布：四川、西藏、云南
濒危等级：LC

疏齿丝瓣芹
Acronema forrestii H. Wolff
习　　性：二年生或多年生草本
海　　拔：3600~4000 m
分　　布：云南
濒危等级：LC

细梗丝瓣芹
Acronema gracile S. L. Liou et Shan
习　　性：二年生或多年生草本
海　　拔：3300~3800 m
分　　布：西藏
濒危等级：LC

禾叶丝瓣芹
Acronema graminifolium（W. W. Sm.）S. L. Liou et Shan
习　　性：二年生或多年生草本
海　　拔：2600~4000 m
国内分布：四川、西藏
国外分布：不丹、印度
濒危等级：LC

中甸丝瓣芹
Acronema handelii H. Wolff
习　　性：二年生或多年生草本
海　　拔：3400~4000 m
国内分布：云南
国外分布：缅甸、印度
濒危等级：LC

锡金丝瓣芹
Acronema hookeri（C. B. Clarke）H. Wolff
习　　性：二年生或多年生草本
海　　拔：2100~3200 m
国内分布：西藏、云南
国外分布：不丹、尼泊尔、印度
濒危等级：LC

矮小丝瓣芹
Acronema minus（M. F. Watson）M. F. Watson et Z. H. Pan
习　　性：二年生或多年生草本
海　　拔：3000~4600 m
国内分布：西藏、云南
国外分布：不丹
濒危等级：LC

苔间丝瓣芹
Acronema muscicola（Hand.-Mazz.）Hand.-Mazz.
习　　性：二年生或多年生草本
海　　拔：3200~4100 m

分　　布：四川、西藏、云南
濒危等级：LC

羽轴丝瓣芹
Acronema nervosum H. Wolff
习　　性：二年生或多年生草本
海　　拔：4100~4500 m
国内分布：四川、西藏
国外分布：不丹、尼泊尔、印度

圆锥丝瓣芹
Acronema paniculatum(Franch.) H. Wolff
习　　性：二年生或多年生草本
海　　拔：2000~3800 m
分　　布：四川、云南
濒危等级：LC

丽江丝瓣芹
Acronema schneideri H. Wolff
习　　性：二年生或多年生草本
海　　拔：2500~4200 m
分　　布：四川、云南
濒危等级：LC

四川丝瓣芹
Acronema sichuanense S. L. Liou et Shan
习　　性：二年生或多年生草本
海　　拔：3200~4000 m
国内分布：青海、四川、西藏、云南
国外分布：不丹、印度
濒危等级：LC

丝瓣芹
Acronema tenerum(DC.) Edgew.
习　　性：二年生或多年生草本
海　　拔：3400~3500 m
国内分布：西藏、云南
国外分布：不丹、尼泊尔、泰国、印度

西藏丝瓣芹
Acronema xizangense S. L. Liou et Shan
习　　性：二年生或多年生草本
海　　拔：约3400 m
分　　布：四川、西藏
濒危等级：LC

亚东丝瓣芹
Acronema yadongense S. L. Liou
习　　性：多年生草本
海　　拔：约3700 m
分　　布：西藏
濒危等级：LC

羊角芹属 Aegopodium L.

东北羊角芹
Aegopodium alpestre Ledeb.
习　　性：多年生草本
海　　拔：900~2200 m
国内分布：黑龙江、吉林、辽宁、内蒙古、新疆
国外分布：朝鲜、俄罗斯、蒙古、日本
濒危等级：LC

湘桂羊角芹
Aegopodium handelii H. Wolff ex Hand.-Mazz.
习　　性：多年生草本
海　　拔：800~1200 m
分　　布：广西、贵州、湖南、浙江
濒危等级：LC

巴东羊角芹
Aegopodium henryi Diels
习　　性：多年生草本
海　　拔：500~1700 m
国内分布：甘肃、湖北、陕西、四川
国外分布：印度
濒危等级：LC

宽叶羊角芹
Aegopodium latifolium Turcz.
习　　性：多年生草本
海　　拔：约1000 m
国内分布：新疆
国外分布：俄罗斯
濒危等级：LC

塔什克羊角芹
Aegopodium tadshikorum Schischk.
习　　性：多年生草本
海　　拔：约1100 m
国内分布：新疆
国外分布：吉尔吉斯斯坦、塔吉克斯坦
濒危等级：LC

阿米芹属 Ammi L.

大阿米芹
Ammi majus L.
习　　性：一年生草本
国内分布：我国引种栽培
国外分布：原产地中海地区

阿米芹
Ammi visnaga(L.) Lam.
习　　性：二年生草本
国内分布：我国引种栽培
国外分布：原产地中海地区

莳萝属 Anethum L.

莳萝
Anethum graveolens L.
习　　性：一年生或二年生草本
海　　拔：200~1500 m
国内分布：甘肃、广东、广西、四川栽培
国外分布：原产地中海地区；世界广泛栽培
资源利用：药用（中草药）；原料（精油）；食品（蔬菜）

当归属 Angelica L.

东当归
Angelica acutiloba(Siebold et Zucc.) Kitag.

习　　性：多年生草本
海　　拔：约 400 m
国内分布：吉林
国外分布：朝鲜、日本
濒危等级：LC
资源利用：药用（中草药）

黑水当归
Angelica amurensis Schischk.
习　　性：多年生草本
海　　拔：500～1000 m
国内分布：黑龙江、吉林、辽宁、内蒙古
国外分布：朝鲜、俄罗斯、日本
濒危等级：LC
资源利用：动物饲料（饲料）；食品（蔬菜）

狭叶当归
Angelica anomala Avé-Lall.
习　　性：多年生草本
海　　拔：500～1000 m
国内分布：黑龙江、吉林、内蒙古
国外分布：朝鲜、俄罗斯
濒危等级：LC
资源利用：药用（中草药）

阿坝当归
Angelica apaensis Shan et C. Q. Yuan
习　　性：多年生草本
海　　拔：3000～4000 m
分　　布：四川、西藏、云南
濒危等级：NT B1ab（i，iii）
资源利用：药用（中草药）

巴郎山当归
Angelica balangshanensis Shan et F. T. Pu
习　　性：多年生草本
海　　拔：约 3500 m
分　　布：四川
濒危等级：DD

重齿当归
Angelica biserrata（Shan et C. Q. Yuan）C. Q. Yuan et Shan
习　　性：多年生草本
海　　拔：1000～1700 m
分　　布：安徽、湖北、江西、四川、浙江
濒危等级：LC
资源利用：药用（中草药）

长鞘当归
Angelica cartilaginomarginata（Makino ex Y. Yabe）Nakai

长鞘当归（原变种）
Angelica cartilaginomarginata var. **cartilaginomarginata**
习　　性：二年生草本
海　　拔：300～1000 m
国内分布：吉林、辽宁
国外分布：朝鲜、日本
濒危等级：LC

骨缘当归
Angelica cartilaginomarginata var. **foliosa** C. Q. Yuan et Shan

习　　性：二年生草本
分　　布：安徽、江苏
濒危等级：LC

湖北当归
Angelica cincta H. Boissieu
习　　性：多年生草本
海　　拔：1000～1600 m
分　　布：湖北
濒危等级：DD

大巴山当归
Angelica dabashanensis C. Y. Liao et X. J. He
习　　性：多年生草本
海　　拔：约 2100 m
分　　布：陕西
濒危等级：DD

白芷
Angelica dahurica（Fisch.）Benth. & Hook. f.

白芷（原变种）
Angelica dahurica var. **dahurica**
习　　性：多年生草本
海　　拔：500～1000 m
国内分布：河北、黑龙江、吉林、辽宁、陕西
国外分布：朝鲜、俄罗斯、日本
濒危等级：LC
资源利用：药用（中草药）；食品（蔬菜）

台湾当归
Angelica dahurica var. **formosana**（H. Boissieu.）Yen
习　　性：多年生草本
海　　拔：600～800 m
分　　布：台湾
濒危等级：VU D1

带岭当归
Angelica dailingensis Z. H. Pan et T. D. Zhuang
习　　性：多年生草本
海　　拔：约 600 m
分　　布：黑龙江
濒危等级：LC

紫花前胡
Angelica decursiva（Miq.）Franch. et Sav.
习　　性：多年生草本
海　　拔：200～800 m
国内分布：安徽、广东、广西、河北、河南、湖北、江苏、江西、辽宁、台湾、浙江
国外分布：朝鲜、俄罗斯、日本、越南
濒危等级：LC
资源利用：药用（中草药）；原料（精油）

城口当归
Angelica dielsii H. Boissieu
习　　性：多年生草本
海　　拔：1300～1800 m
分　　布：重庆、湖北、四川
濒危等级：LC

东川当归
Angelica duclouxii Fedde ex H. Wolff
习　　性：多年生草本
海　　拔：2800~3500 m
分　　布：云南
濒危等级：LC

曲柄当归
Angelica fargesii H. Boissieu
习　　性：多年生草本
海　　拔：900~1100 m
分　　布：重庆
濒危等级：LC

毛珠当归
Angelica genuflexa Nutt.
习　　性：多年生草本
海　　拔：200~300 m
国内分布：辽宁
国外分布：北美洲；俄罗斯、日本
濒危等级：DD

朝鲜当归
Angelica gigas Nakai
习　　性：多年生草本
海　　拔：约1000 m
国内分布：黑龙江、吉林、辽宁
国外分布：朝鲜、日本
濒危等级：LC

灰叶当归
Angelica glauca Edgew.
习　　性：多年生草本
海　　拔：约3000 m
国内分布：西藏
国外分布：阿富汗、巴基斯坦、印度
濒危等级：DD

滨当归
Angelica hirsutiflora S. L. Liu
习　　性：多年生草本
海　　拔：100 m以下
分　　布：台湾
濒危等级：VU D1

康定当归
Angelica kangdingensis Shan et F. T. Pu
习　　性：多年生草本
海　　拔：约3000 m
分　　布：四川
濒危等级：LC

疏叶当归
Angelica laxifoliata Diels
习　　性：多年生草本
海　　拔：2300~3000 m
分　　布：甘肃、陕西、四川
濒危等级：LC
资源利用：药用（中草药）；动物饲料（饲料）

丽江当归
Angelica likiangensis H. Wolff
习　　性：多年生草本
海　　拔：3100~4000 m
分　　布：贵州、云南
濒危等级：EN A2c；B1ab（i，iii）；C1

长尾叶当归
Angelica longicaudata C. Q. Yuan et Shan
习　　性：多年生草本
海　　拔：约1500 m
分　　布：四川、云南
濒危等级：LC

长柄当归
Angelica longipedicellata（H. Wolff）M. Hiroe
习　　性：多年生草本
海　　拔：约3000 m
分　　布：云南
濒危等级：LC

长序当归
Angelica longipes H. Wolff
习　　性：多年生草本
海　　拔：1100~3000 m
分　　布：贵州、云南
濒危等级：LC

茂汶当归
Angelica maowenensis C. Q. Yuan et Shan
习　　性：多年生草本
海　　拔：2000~3400 m
分　　布：四川
濒危等级：NT B1ab（i，iii）

大叶当归
Angelica megaphylla Diels
习　　性：多年生草本
海　　拔：1500~2000 m
分　　布：四川
濒危等级：VU A2c
资源利用：药用（中草药）

福参
Angelica morii Hayata
习　　性：多年生草本
海　　拔：800~1200 m
分　　布：福建、台湾、浙江
濒危等级：LC
资源利用：药用（中草药）

玉山当归
Angelica morrisonicola Hayata

玉山当归（原变种）
Angelica morrisonicola var. **morrisonicola**
习　　性：多年生草本
海　　拔：3000~3500 m
分　　布：台湾

濒危等级：LC

南湖当归
Angelica morrisonicola var. **nanhutashanensis** S. L. Liu
- 习　　性：多年生草本
- 分　　布：台湾
- 濒危等级：DD

多茎当归
Angelica multicaulis Pimenov
- 习　　性：多年生草本
- 海　　拔：1000~1100 m
- 国内分布：新疆
- 国外分布：俄罗斯
- 濒危等级：LC

青海当归
Angelica nitida H. Wolff
- 习　　性：多年生草本
- 海　　拔：2600~4000 m
- 分　　布：甘肃、青海、四川
- 濒危等级：LC

隆萼当归
Angelica oncosepala Hand.-Mazz.
- 习　　性：多年生草本
- 海　　拔：3500~4300 m
- 分　　布：云南
- 濒危等级：LC

牡丹叶当归
Angelica paeoniifolia Shan et C. Q. Yuan
- 习　　性：多年生草本
- 海　　拔：3500~4200 m
- 分　　布：西藏
- 濒危等级：DD

羽苞当归
Angelica pinnatiloba Shan et F. T. Pu
- 习　　性：多年生草本
- 海　　拔：约2700 m
- 分　　布：四川
- 濒危等级：LC

拐芹
Angelica polymorpha Maxim.
- 习　　性：多年生草本
- 海　　拔：1000~1500 m
- 国内分布：安徽、河北、黑龙江、湖北、吉林、江苏、辽宁、山东、陕西、浙江
- 国外分布：朝鲜、日本
- 濒危等级：LC
- 资源利用：食品（蔬菜）

管鞘当归
Angelica pseudoselinum H. Boissieu
- 习　　性：多年生草本
- 海　　拔：1500~3600 m
- 分　　布：湖北、四川
- 濒危等级：NT B1ab（i, iii）

四川当归
Angelica setchuenensis Diels
- 习　　性：匍匐草本
- 海　　拔：2400~3600 m
- 分　　布：湖北、四川
- 濒危等级：LC

当归
Angelica sinensis（Oliv.）Diels

当归（原变种）
Angelica sinensis var. **sinensis**
- 习　　性：多年生草本
- 海　　拔：2500~3000 m
- 分　　布：甘肃、湖北、陕西、四川、云南
- 濒危等级：EN A2c；B1ab（i, iii）；C1
- 资源利用：药用（中草药）

川西当归
Angelica sinensis var. **wilsonii**（H. Wolff）Z. H. Pan et M. F. Watson
- 习　　性：多年生草本
- 海　　拔：约2500 m
- 分　　布：四川
- 濒危等级：LC

松潘当归
Angelica songpanensis Shan et F. T. Pu
- 习　　性：多年生草本
- 海　　拔：2900~4000 m
- 分　　布：四川
- 濒危等级：LC

林当归
Angelica sylvestris L.
- 习　　性：多年生草本
- 海　　拔：900~1100 m
- 国内分布：新疆
- 国外分布：俄罗斯
- 濒危等级：LC

太鲁阁当归
Angelica tarokoensis Hayata
- 习　　性：多年生草本
- 海　　拔：400~2000 m
- 分　　布：台湾
- 濒危等级：EN D

三小叶当归
Angelica ternata Regel et Schmalh.
- 习　　性：多年生草本
- 海　　拔：2800~3400 m
- 国内分布：新疆
- 国外分布：俄罗斯、吉尔吉斯斯坦、塔吉克斯坦
- 濒危等级：LC

天目当归
Angelica tianmuensis Z. H. Pan et T. D. Zhuang
- 习　　性：多年生草本
- 海　　拔：约1100 m

分　　布：浙江
濒危等级：VU A4（e）

秦岭当归
Angelica tsinlingensis K. T. Fu
习　　性：多年生草本
海　　拔：1200~2300 m
分　　布：甘肃、山西
濒危等级：LC

金山当归
Angelica valida Diels
习　　性：多年生草本
海　　拔：1000~1800 m
分　　布：重庆
濒危等级：LC

峨参属 Anthriscus (Pers.) Hoffm.

峨参
Anthriscus sylvestris (L.) Hoffm.

峨参（原亚种）
Anthriscus sylvestris subsp. **sylvestris**
习　　性：二年生或多年生草本
海　　拔：4500 m 以下
国内分布：安徽、甘肃、河北、河南、湖北、江苏、江西、辽宁、内蒙古、山西、陕西、四川、新疆、云南
国外分布：朝鲜、俄罗斯、日本
濒危等级：LC
资源利用：药用（中草药）；食用（蔬菜）

刺果峨参
Anthriscus sylvestris subsp. **nemorosa** (M. Bieb.) Koso-Pol.
习　　性：二年生或多年生草本
海　　拔：1600~3800 m
国内分布：甘肃、河北、吉林、辽宁、内蒙古、陕西、四川、西藏、新疆
国外分布：巴基斯坦、俄罗斯、克什米尔地区、尼泊尔、日本、印度
濒危等级：LC

隐棱芹属 Aphanopleura Boiss.

细叶隐棱芹
Aphanopleura capillifolia (Regel et Schmalh.) Lipsky
习　　性：一年生草本
海　　拔：1400~2500 m
国内分布：新疆
国外分布：哈萨克斯坦、吉尔吉斯斯坦、塔吉克斯坦、土库曼斯坦、乌兹别克斯坦
濒危等级：LC

芹属 Apium L.

旱芹
Apium graveolens L.
习　　性：二年生或多年生草本
国内分布：全国栽培
国外分布：世界广布
资源利用：药用（中草药）

古当归属 Archangelica Wolf

短茎古当归
Archangelica brevicaulis (Rupr.) Rchb.
习　　性：多年生草本
海　　拔：2500~3400 m
国内分布：新疆
国外分布：吉尔吉斯斯坦、塔吉克斯坦
濒危等级：LC
资源利用：药用（中草药）

下延叶古当归
Archangelica decurrens Ledeb.
习　　性：多年生草本
海　　拔：500~1500 m
国内分布：内蒙古、新疆
国外分布：俄罗斯、哈萨克斯坦、吉尔吉斯斯坦、蒙古
濒危等级：LC

弓翅芹属 Arcuatopterus M. L. Sheh et Shan

条叶弓翅芹
Arcuatopterus linearifolius M. L. Sheh et Shan
习　　性：多年生草本
海　　拔：2400~2700 m
分　　布：四川、云南
濒危等级：LC

弓翅芹
Arcuatopterus sikkimensis (C. B. Clarke) Pimenov et Ostroumova
习　　性：多年生草本
海　　拔：1500~3000 m
国内分布：西藏、云南
国外分布：不丹、印度
濒危等级：LC

唐松叶弓翅芹
Arcuatopterus thalictrioideus M. L. Sheh et Shan
习　　性：多年生草本
海　　拔：1900~2800 m
分　　布：四川、西藏、云南
濒危等级：LC

天山泽芹属 Berula W. D. J. Koch

天山泽芹
Berula erecta (Huds.) Coville
习　　性：多年生草本
海　　拔：约1500 m
国内分布：新疆
国外分布：阿富汗、巴基斯坦、俄罗斯、哈萨克斯坦、吉尔吉斯斯坦、克什米尔地区、尼泊尔、塔吉克斯坦、土库曼斯坦、乌兹别克斯坦、印度

濒危等级：LC

柴胡属 Bupleurum L.

翅果柴胡
Bupleurum alatum Shan et M. L. Sheh
习　　性：多年生草本
海　　拔：约 3900 m
分　　布：西藏
濒危等级：NT D1

线叶柴胡
Bupleurum angustissimum(Franch.)Kitag.
习　　性：多年生草本
海　　拔：1600~2000 m
国内分布：甘肃、内蒙古、宁夏、青海、山东、山西、陕西
国外分布：蒙古
濒危等级：LC

金黄柴胡
Bupleurum aureum Fisch. ex Hoffm.

金黄柴胡（原变种）
Bupleurum aureum var. **aureum**
习　　性：多年生草本
海　　拔：1300~1900 m
国内分布：新疆
国外分布：俄罗斯、哈萨克斯坦、吉尔吉斯斯坦、蒙古
濒危等级：LC

短苞金黄柴胡
Bupleurum aureum var. **breviinvolucratum**(Trautv. ex H. Wolff) Shan et Yin Li
习　　性：多年生草本
海　　拔：1400~1600 m
分　　布：新疆
濒危等级：LC

锥叶柴胡
Bupleurum bicaule Helm

锥叶柴胡（原变种）
Bupleurum bicaule var. **bicaule**
习　　性：多年生草本
海　　拔：600~1600 m
国内分布：河北、黑龙江、内蒙古、山西、陕西
国外分布：阿富汗、朝鲜、俄罗斯、蒙古、日本
濒危等级：LC
资源利用：药用（中草药）

呼玛柴胡
Bupleurum bicaule var. **latifolium** Y. C. Chu
习　　性：多年生草本
海　　拔：约 600 m
分　　布：黑龙江
濒危等级：LC

紫花阔叶柴胡
Bupleurum boissieuanum H. Wolff
习　　性：多年生草本
海　　拔：800~1500 m
分　　布：甘肃、河南、湖北、陕西、四川
濒危等级：DD

川滇柴胡
Bupleurum candollei Wall. ex DC.

川滇柴胡（原变种）
Bupleurum candollei var. **candollei**
习　　性：多年生草本
海　　拔：1800~3200 m
国内分布：四川、西藏、云南
国外分布：巴基斯坦、不丹、克什米尔地区、缅甸、尼泊尔、印度
濒危等级：LC
资源利用：药用（中草药）

紫红川滇柴胡
Bupleurum candollei var. **atropurpureum** C. Y. Wu ex Shan et Yin Li
习　　性：多年生草本
海　　拔：约 2900 m
分　　布：云南
濒危等级：LC

多枝川滇柴胡
Bupleurum candollei var. **virgatissimum** C. Y. Wu ex Shan et Yin Li
习　　性：多年生草本
海　　拔：2500~3000 m
分　　布：四川、云南
濒危等级：NT

柴首
Bupleurum chaishoui Shan et M. L. Sheh
习　　性：多年生草本
海　　拔：2100~2700 m
分　　布：四川
濒危等级：LC
资源利用：药用（中草药）

北柴胡
Bupleurum Chinense DC.
习　　性：多年生草本
海　　拔：2000 m 以上
分　　布：安徽、河北、河南、黑龙江、湖北、湖南、吉林、江苏、江西、辽宁、内蒙古、山东、山西、陕西、浙江
濒危等级：LC
资源利用：药用（中草药）；环境利用（观赏）

紫花鸭跖柴胡
Bupleurum commelynoideum H. Boissieu

紫花鸭跖柴胡（原变种）
Bupleurum commelynoideum var. **commelynoideum**
习　　性：多年生草本
海　　拔：3000~4300 m
分　　布：四川、西藏、云南
濒危等级：LC

黄花鸭跖柴胡
Bupleurum commelynoideum var. **flaviflorum** Shan et Yin Li

习　　性：多年生草本
海　　拔：2700~4000 m
分　　布：甘肃、青海、四川、西藏
濒危等级：LC

簇生柴胡
Bupleurum condensatum Shan et Yin Li
习　　性：多年生草本
海　　拔：3000~3700 m
分　　布：青海
濒危等级：LC

匐枝柴胡
Bupleurum dalhousieanum (C. B. Clarke) Koso-Pol.
习　　性：多年生草本
海　　拔：3700~4800 m
国内分布：四川、西藏、云南
国外分布：不丹、缅甸、印度
濒危等级：LC

密花柴胡
Bupleurum densiflorum Rupr.
习　　性：多年生草本
海　　拔：2500~3100 m
国内分布：青海、新疆
国外分布：哈萨克斯坦、吉尔吉斯斯坦、塔吉克斯坦
濒危等级：LC

太白柴胡
Bupleurum dielsianum H. Wolff
习　　性：多年生草本
海　　拔：约2000 m
分　　布：陕西
濒危等级：DD

大苞柴胡
Bupleurum euphorbioides Nakai
习　　性：一年生或二年生草本
海　　拔：1200~2500 m
国内分布：吉林
国外分布：朝鲜
濒危等级：LC

新疆柴胡
Bupleurum exaltatum M. Bieb.
习　　性：多年生草本
海　　拔：约1500 m
国内分布：新疆
国外分布：哈萨克斯坦、吉尔吉斯斯坦、塔吉克斯坦、土库曼斯坦
濒危等级：LC

细柄柴胡
Bupleurum gracilipes Diels
习　　性：多年生草本
海　　拔：1400~1700 m
分　　布：重庆
濒危等级：LC

纤细柴胡
Bupleurum gracillimum Klotzsch
习　　性：多年生草本
海　　拔：3200~4500 m
国内分布：四川
国外分布：巴基斯坦、不丹、克什米尔地区、缅甸、尼泊尔
濒危等级：LC

噶尔克孜柴胡
Bupleurum gulczense O. Fedtsch. et B. Fedtsch.
习　　性：多年生草本
分　　布：新疆
濒危等级：NT

小柴胡
Bupleurum hamiltonii N. P. Balakr.

小柴胡（原变种）
Bupleurum hamiltonii var. **hamiltonii**
习　　性：一年生或多年生草本
海　　拔：600~2900 m
国内分布：广西、贵州、湖北、四川、西藏、云南
国外分布：巴基斯坦、不丹、克什米尔地区、马来西亚、缅甸、尼泊尔、泰国、印度、越南
濒危等级：LC

矮小柴胡
Bupleurum hamiltonii var. **humile** (Franch.) Shan et M. L. Sheh
习　　性：一年生或多年生草本
海　　拔：1100~2300 m
国内分布：四川、云南
国外分布：越南
濒危等级：NT A1ac

三苞柴胡
Bupleurum hamiltonii var. **paucefulcrans** C. Y. Wu ex Shan et Yin Li
习　　性：一年生或多年生草本
海　　拔：约1300 m
分　　布：贵州
濒危等级：LC

台湾柴胡
Bupleurum kaoi T. S. Liu
习　　性：多年生草本
海　　拔：约100 m
分　　布：台湾
濒危等级：EN D

长白柴胡
Bupleurum komarovianum O. A. Lincz.
习　　性：多年生草本
海　　拔：200~300 m
国内分布：黑龙江、吉林
国外分布：朝鲜、俄罗斯、日本
濒危等级：NT A2c

阿尔泰柴胡
Bupleurum krylovianum Schischk. ex G. V. Krylov
习　　性：多年生草本
海　　拔：1200~2000 m
国内分布：新疆
国外分布：俄罗斯、哈萨克斯坦、吉尔吉斯斯坦

濒危等级：LC

韭叶柴胡
Bupleurum kunmingense Yin Li et S. L. Pan
- 习　　性：多年生草本
- 海　　拔：约2000 m
- 分　　布：云南
- 濒危等级：LC

贵州柴胡
Bupleurum kweichowense Shan
- 习　　性：多年生草本
- 海　　拔：约2100 m
- 分　　布：贵州
- 濒危等级：EN B1ab（i，iii）；C1

长茎柴胡
Bupleurum longicaule Wall. ex DC.

长茎柴胡（原变种）
Bupleurum longicaule var. **longicaule**
- 习　　性：多年生草本
- 海　　拔：2500~3600 m
- 国内分布：湖北、青海、四川、西藏、云南
- 国外分布：巴基斯坦、克什米尔地区、尼泊尔、印度
- 濒危等级：DD

抱茎柴胡
Bupleurum longicaule var. **amplexicaule** C. Y. Wu ex Shan et Yin Li
- 习　　性：多年生草本
- 海　　拔：2500~2700 m
- 分　　布：云南
- 濒危等级：LC

空心柴胡
Bupleurum longicaule var. **franchetii** H. Boissieu
- 习　　性：多年生草本
- 海　　拔：1000~4000 m
- 分　　布：甘肃、湖北、宁夏、陕西、四川、云南
- 濒危等级：LC

秦岭柴胡
Bupleurum longicaule var. **giraldii** H. Wolff
- 习　　性：多年生草本
- 海　　拔：2600~3300 m
- 分　　布：宁夏、青海、山西、陕西
- 濒危等级：LC

大叶柴胡
Bupleurum longiradiatum Turcz.

大叶柴胡（原变种）
Bupleurum longiradiatum var. **longiradiatum**
- 习　　性：多年生草本
- 海　　拔：200~900 m
- 国内分布：甘肃、黑龙江、吉林、辽宁、内蒙古
- 国外分布：朝鲜、俄罗斯、日本
- 濒危等级：LC

短伞大叶柴胡
Bupleurum longiradiatum var. **breviradiatum** F. Schmidt ex Maxim.
- 习　　性：多年生草本
- 海　　拔：200~800 m
- 国内分布：黑龙江、辽宁
- 国外分布：朝鲜、俄罗斯、日本
- 濒危等级：LC

泸西柴胡
Bupleurum luxiense Yin Li et S. L. Pan
- 习　　性：多年生草本
- 海　　拔：约1800 m
- 分　　布：云南
- 濒危等级：LC

马尔康柴胡
Bupleurum malconense Shan et Yin Li
- 习　　性：多年生草本
- 海　　拔：2000~3700 m
- 分　　布：甘肃、青海、四川、西藏
- 濒危等级：DD

竹叶柴胡
Bupleurum marginatum Wall. ex DC.

竹叶柴胡（原变种）
Bupleurum marginatum var. **marginatum**
- 习　　性：多年生草本
- 海　　拔：700~3100 m
- 国内分布：甘肃、贵州、湖北、四川、西藏、云南
- 国外分布：巴基斯坦、不丹、克什米尔地区、缅甸、尼泊尔、印度
- 濒危等级：LC

窄竹叶柴胡
Bupleurum marginatum var. **stenophyllum**(H. Wolff)Shan et Yin Li
- 习　　性：多年生草本
- 海　　拔：2300~4000 m
- 国内分布：青海、四川、西藏、云南
- 国外分布：不丹、尼泊尔
- 濒危等级：LC

马尾柴胡
Bupleurum microcephalum Diels
- 习　　性：二年生草本
- 海　　拔：1400~3200 m
- 分　　布：甘肃、四川、西藏
- 濒危等级：LC
- 资源利用：药用（中草药）

有柄柴胡
Bupleurum petiolulatum Franch.

有柄柴胡（原变种）
Bupleurum petiolulatum var. **petiolulatum**
- 习　　性：多年生草本
- 海　　拔：2300~3400 m
- 分　　布：甘肃、四川、西藏、云南
- 濒危等级：LC

细茎有柄柴胡
Bupleurum petiolulatum var. **tenerum** Shan et Yin Li
- 习　　性：多年生草本
- 海　　拔：2800~3900 m

分　　布：青海、四川、西藏
濒危等级：LC

多枝柴胡
Bupleurum polyclonum Yin Li et S. L. Pan
习　　性：多年生草本
海　　拔：约2200 m
分　　布：云南
濒危等级：LC

短茎柴胡
Bupleurum pusillum Krylov
习　　性：多年生草本
海　　拔：2300～3500 m
国内分布：内蒙古、宁夏、青海、新疆
国外分布：俄罗斯、蒙古
濒危等级：LC

青海柴胡
Bupleurum qinghaiense Yin Li et J. X. Guo
习　　性：多年生草本
海　　拔：3200～3700 m
分　　布：青海
濒危等级：LC

丽江柴胡
Bupleurum rockii H. Wolff
习　　性：多年生草本
海　　拔：1900～4200 m
分　　布：四川、云南
濒危等级：LC

红柴胡
Bupleurum scorzonerifolium Willd.
习　　性：多年生草本
海　　拔：100～2300 m
国内分布：安徽、甘肃、广西、河北、黑龙江、吉林、江苏、辽宁、内蒙古、山东、山西、陕西
国外分布：朝鲜、俄罗斯、蒙古、日本
濒危等级：LC
资源利用：药用（中草药）；环境利用（观赏）

兴安柴胡
Bupleurum sibiricum Vest ex Roem. et Schult.

兴安柴胡（原变种）
Bupleurum sibiricum var. **sibiricum**
习　　性：多年生草本
海　　拔：300～800 m
国内分布：黑龙江、辽宁、内蒙古
国外分布：俄罗斯、蒙古
濒危等级：DD

雾灵柴胡
Bupleurum sibiricum var. **jeholense** (Nakai) Y. C. Chu ex Shan et Yin Li
习　　性：多年生草本
海　　拔：1500～2000 m
分　　布：湖北
濒危等级：EN C1

黑柴胡
Bupleurum smithii H. Wolff

黑柴胡（原变种）
Bupleurum smithii var. **smithii**
习　　性：多年生草本
海　　拔：1400～3400 m
分　　布：甘肃、河北、河南、内蒙古、山西、陕西
濒危等级：LC

耳叶黑柴胡
Bupleurum smithii var. **auriculatum** Shan et Yin Li
习　　性：多年生草本
海　　拔：2100～2400 m
分　　布：山西
濒危等级：LC

小叶黑柴胡
Bupleurum smithii var. **parvifolium** Shan et Yin Li
习　　性：多年生草本
海　　拔：2700～3700 m
分　　布：甘肃、内蒙古、宁夏、青海
濒危等级：LC

天山柴胡
Bupleurum thianschanicum Freyn
习　　性：多年生草本
海　　拔：1700～2000 m
国内分布：新疆
国外分布：哈萨克斯坦、吉尔吉斯斯坦
濒危等级：LC

三辐柴胡
Bupleurum triradiatum Adams ex Hoffm.
习　　性：多年生草本
海　　拔：2300～4900 m
国内分布：青海、四川、西藏、新疆、云南
国外分布：俄罗斯、日本
濒危等级：LC

汶川柴胡
Bupleurum wenchuanense Shan et Yin Li
习　　性：多年生草本
海　　拔：1400～1800 m
分　　布：四川
濒危等级：LC
资源利用：药用（中草药）

银州柴胡
Bupleurum yinchowense Shan et Yin Li
习　　性：多年生草本
海　　拔：500～1900 m
分　　布：甘肃、内蒙古、宁夏、陕西
濒危等级：LC
资源利用：药用（中草药）

云南柴胡
Bupleurum yunnanense Franch.
习　　性：多年生草本
海　　拔：2500～5000 m
分　　布：四川、西藏、云南

濒危等级：LC

山茴香属 Carlesia Dunn

山茴香
Carlesia sinensis Dunn
- 习　　性：多年生草本
- 海　　拔：300~1000 m
- 国内分布：辽宁、山东
- 国外分布：朝鲜
- 濒危等级：LC
- 国家保护：Ⅱ级

葛缕子属 Carum L.

暗红葛缕子
Carum atrosanguineum Kar. et Kir.
- 习　　性：多年生草本
- 海　　拔：1800~3600 m
- 国内分布：新疆
- 国外分布：俄罗斯、哈萨克斯坦、吉尔吉斯斯坦
- 濒危等级：LC

河北葛缕子
Carum bretschneideri H. Wolff
- 习　　性：多年生草本
- 海　　拔：1500~2000 m
- 分　　布：河北、山西
- 濒危等级：LC

田葛缕子
Carum buriaticum Turcz.
- 习　　性：二年生或多年生草本
- 海　　拔：1500~3600 m
- 国内分布：甘肃、河北、河南、吉林、辽宁、内蒙古、青海、山东、山西、陕西、四川、西藏、新疆
- 国外分布：俄罗斯、蒙古
- 濒危等级：LC

葛缕子
Carum carvi L.
- 习　　性：二年生或多年生草本
- 海　　拔：1500~4300 m
- 分　　布：甘肃、河北、河南、吉林、辽宁、内蒙古、青海、山东、陕西、四川、西藏、新疆、云南
- 濒危等级：LC
- 资源利用：原料（精油）；动物饲料（饲料）；药用（中草药）

空棱芹属 Cenolophium W. D. J. Koch

空棱芹
Cenolophium denudatum (Fisch. ex Horn.) Tutin
- 习　　性：多年生草本
- 海　　拔：400~1800 m
- 国内分布：新疆
- 国外分布：俄罗斯、高加索地区
- 濒危等级：LC

积雪草属 Centella L.

积雪草
Centella asiatica (L.) Urb.
- 习　　性：多年生草本
- 海　　拔：200~1900 m
- 国内分布：安徽、福建、广东、广西、湖北、湖南、江苏、江西、陕西、四川、台湾、云南、浙江
- 国外分布：巴基斯坦、不丹、朝鲜、老挝、马来西亚、缅甸、尼泊尔、日本、泰国、印度、印度尼西亚、越南
- 濒危等级：LC
- 资源利用：药用（中草药）；食用（野菜）

滇藏细叶芹属 Chaerophyllopsis H. Boissieu

滇藏细叶芹
Chaerophyllopsis huai H. Boissieu
- 习　　性：一年生草本
- 海　　拔：3600~3800 m
- 分　　布：西藏、云南
- 濒危等级：LC

细叶芹属 Chaerophyllum L.

新疆细叶芹
Chaerophyllum prescottii DC.
- 习　　性：多年生草本
- 海　　拔：约2000 m
- 国内分布：新疆
- 国外分布：俄罗斯、高加索地区
- 濒危等级：LC

细叶芹
Chaerophyllum villosum DC.
- 习　　性：一年生草本
- 海　　拔：2100~2800 m
- 国内分布：四川、西藏、云南
- 国外分布：阿富汗、巴基斯坦、不丹、克什米尔地区、尼泊尔、印度
- 濒危等级：LC

矮伞芹属 Chamaesciadium C. A. Mey.

单羽矮伞芹
Chamaesciadium acaule Shan et F. T. Pu
- 习　　性：多年生草本
- 海　　拔：2500~2700 m
- 分　　布：新疆
- 濒危等级：NT B1ab（i，iii）

矮泽芹属 Chamaesium H. Wolff

鹤庆矮泽芹
Chamaesium delavayi (Franch.) Shan et S. L. Liou
- 习　　性：多年生草本
- 海　　拔：3500~4000 m
- 分　　布：四川、云南
- 濒危等级：LC

聂拉木矮泽芹
Chamaesium mallaeanum Farille et S. B. Malla
- 习　　性：多年生草本
- 海　　拔：4200~4400 m
- 国内分布：西藏
- 国外分布：尼泊尔
- 濒危等级：LC

粗棱矮泽芹
Chamaesium novemjugum (C. B. Clarke) C. Norman
 习 性：多年生草本
 海 拔：3400~4700 m
 国内分布：四川、西藏、云南
 国外分布：不丹、尼泊尔、印度
 濒危等级：LC

矮泽芹
Chamaesium paradoxum H. Wolff
 习 性：二年生草本
 海 拔：3200~4800 m
 分 布：青海、四川、西藏、云南
 濒危等级：LC

松潘矮泽芹
Chamaesium thalictrifolium H. Wolff
 习 性：多年生草本
 海 拔：3200~4000 m
 分 布：甘肃、四川、西藏、云南
 濒危等级：LC

绿花矮泽芹
Chamaesium viridiflorum (Franch.) H. Wolff ex Shan
 习 性：多年生草本
 海 拔：3200~4300 m
 国内分布：四川、西藏、云南
 国外分布：印度
 濒危等级：LC

细叶矮泽芹
Chamaesium wolffianum Fedde ex H. Wolff
 习 性：多年生草本
 海 拔：3300~3600 m
 分 布：云南
 濒危等级：LC

明党参属 Changium H. Wolff

明党参
Changium smyrnioides Fedde ex H. Wolff
 习 性：多年生草本
 海 拔：100~300 m
 分 布：安徽、湖北、江苏、江西、浙江
 濒危等级：VU A2ac；B1ab（i，iii）
 国家保护：Ⅱ级
 资源利用：药用（中草药）

川明参属 Chuanminshen M. L. Sheh et Shan

川明参
Chuanminshen violaceum M. L. Sheh et Shan
 习 性：多年生草本
 海 拔：100~800 m
 分 布：湖北、四川
 濒危等级：EN A2c
 国家保护：Ⅱ级
 资源利用：药用（中草药）

毒芹属 Cicuta L.

毒芹
Cicuta virosa L.
 习 性：多年生草本
 海 拔：300~3300 m
 国内分布：甘肃、河北、黑龙江、吉林、辽宁、内蒙古、陕西、四川、西藏、云南
 国外分布：朝鲜、俄罗斯、克什米尔地区、蒙古、日本
 濒危等级：LC
 资源利用：药用（中草药）

蛇床属 Cnidium Cusson

兴安蛇床
Cnidium dauricum (Jacq.) Fisch. et C. A. Mey.
 习 性：多年生草本
 海 拔：500~2000 m
 国内分布：河北、黑龙江、吉林、内蒙古
 国外分布：朝鲜、俄罗斯、蒙古、日本
 濒危等级：LC

滨蛇床
Cnidium japonicum Miq.
 习 性：二年生草本
 海 拔：约100 m
 国内分布：辽宁
 国外分布：朝鲜、日本
 濒危等级：NT D1

蛇床
Cnidium monnieri (L.) Cusson

蛇床（原变种）
Cnidium monnieri var. **monnieri**
 习 性：一年生草本
 国内分布：几乎遍布全国
 国外分布：朝鲜、俄罗斯、老挝、蒙古、印度、越南
 濒危等级：LC
 资源利用：药用（中草药）

台湾蛇床
Cnidium monnieri var. **formosanum** (Y. Yabe) Kitag.
 习 性：一年生草本
 分 布：台湾
 濒危等级：LC

碱蛇床
Cnidium salinum Turcz.
 习 性：多年生草本
 国内分布：甘肃、河北、黑龙江、内蒙古、宁夏、青海
 国外分布：俄罗斯、蒙古
 濒危等级：LC

辛加山蛇床
Cnidium sinchianum K. T. Fu
 习 性：多年生草本
 分 布：陕西

濒危等级：LC

高山芹属 Coelopleurum Ledeb.

长白高山芹
Coelopleurum nakaianum(Kitag.)Kitag.
- 习　　性：二年生草本
- 海　　拔：2000~? m
- 国内分布：吉林
- 国外分布：朝鲜
- 濒危等级：NT B1ab（i, iii）; C1

高山芹
Coelopleurum saxatile(Turcz. ex Ledeb.)Drude
- 习　　性：二年生草本
- 海　　拔：1900~? m
- 国内分布：吉林
- 国外分布：朝鲜、俄罗斯
- 濒危等级：NT B1ab（i, iii）; C1

山芎属 Conioselinum Fish. ex Hoffm.

山芎
Conioselinum chinense(L.)Britton, Sterns et Poggenb.
- 习　　性：多年生草本
- 海　　拔：约1000 m
- 国内分布：安徽、江西
- 国外分布：俄罗斯、日本
- 濒危等级：LC

台湾山芎
Conioselinum morrisonense Hayata
- 习　　性：多年生草本
- 海　　拔：1500~3200 m
- 分　　布：台湾
- 濒危等级：LC

纸叶山芎
Conioselinum papyraceum(C. B. Clarke)Pimenov et Kljuykov
- 习　　性：多年生草本
- 国内分布：新疆
- 国外分布：阿富汗、巴基斯坦、吉尔吉斯斯坦、塔吉克斯坦、乌兹别克斯坦、印度
- 濒危等级：LC

鞘山芎
Conioselinum vaginatum(Spreng.)Thell.
- 习　　性：多年生草本
- 海　　拔：1300~2700 m
- 国内分布：新疆
- 国外分布：俄罗斯、哈萨克斯坦、吉尔吉斯斯坦、土库曼斯坦、乌兹别克斯坦
- 濒危等级：LC

毒参属 Conium L.

毒参
Conium maculatum L.
- 习　　性：二年生草本
- 海　　拔：600~1700 m
- 国内分布：新疆
- 国外分布：北美洲、非洲、欧洲、亚洲西南部
- 濒危等级：LC
- 资源利用：药用（中草药）；原料（纤维）

芫荽属 Coriandrum L.

芫荽
Coriandrum sativum L.
- 习　　性：一年生或二年生草本
- 国内分布：广泛栽培
- 国外分布：原产地中海地区；世界广泛栽培
- 资源利用：药用（中草药）；原料（精油）；食品（蔬菜）；食品添加剂（调味剂）

喜峰芹属 Cortia DC.

喜峰芹
Cortia depressa(D. Don)Norman
- 习　　性：多年生草本
- 海　　拔：约4400 m
- 国内分布：西藏
- 国外分布：巴基斯坦、不丹、印度
- 濒危等级：LC

栓果芹属 Cortiella C. Norman

宽叶栓果芹
Cortiella caespitosa Shan et M. L. Sheh
- 习　　性：多年生草本
- 海　　拔：4900~5200 m
- 分　　布：西藏
- 濒危等级：LC

锡金栓果芹
Cortiella cortioides(C. Norman)M. F. Watson
- 习　　性：多年生草本
- 海　　拔：4000~5400 m
- 国内分布：西藏
- 国外分布：不丹、尼泊尔、印度
- 濒危等级：LC

栓果芹
Cortiella hookeri(C. B. Clarke)C. Norman
- 习　　性：多年生草本
- 海　　拔：约4200 m
- 国内分布：西藏
- 国外分布：不丹、尼泊尔、印度
- 濒危等级：LC

鸭儿芹属 Cryptotaenia DC.

鸭儿芹
Cryptotaenia japonica Hassk.
- 习　　性：多年生草本
- 海　　拔：200~2400 m
- 国内分布：安徽、福建、甘肃、广东、广西、贵州、河北、湖北、湖南、江苏、江西、山西、陕西、四川、台湾、云南
- 国外分布：朝鲜、日本
- 濒危等级：LC

资源利用：药用（中草药）；原料（工业用油）

孜然芹属 Cuminum L.

孜然芹
Cuminum cyminum L.
- 习　　性：一年生或二年生草本
- 国内分布：新疆
- 国外分布：可能原产亚洲西南部、地中海地区
- 资源利用：药用（中草药）；食品添加剂（调味剂）

环根芹属 Cyclorhiza M. L. Sheh et Shan

南竹叶环根芹
Cyclorhiza peucedanifolia(Franch.) Constance
- 习　　性：多年生草本
- 海　　拔：1800～3600 m
- 分　　布：四川、西藏、云南
- 濒危等级：LC

环根芹
Cyclorhiza waltonii(H. Wolff) M. L. Sheh et Shan
- 习　　性：多年生草本
- 海　　拔：2500～4600 m
- 分　　布：四川、西藏、云南
- 濒危等级：LC

细叶旱芹属 Cyclospermum Lagasca

细叶旱芹
Cyclospermum leptophyllum (Pers.) Sprague ex Britton et P. Wilson
- 习　　性：一年生草本
- 国内分布：福建、广东、江苏、台湾
- 国外分布：广布热带、温带地区
- 濒危等级：LC

柳叶芹属 Czernaevia Turcz. ex Ledeb.

柳叶芹
Czernaevia laevigata Turcz.

柳叶芹（原变种）
Czernaevia laevigata var. **laevigata**
- 习　　性：二年生草本
- 海　　拔：300～700 m
- 国内分布：河北、黑龙江、吉林、辽宁、内蒙古
- 国外分布：朝鲜、俄罗斯
- 濒危等级：LC
- 资源利用：原料（精油）；动物饲料（饲料）

无翼柳叶芹
Czernaevia laevigata var. **exalatocarpa** Y. C. Chu
- 习　　性：二年生草本
- 分　　布：河北、黑龙江、吉林、辽宁
- 濒危等级：LC

胡萝卜属 Daucus L.

野胡萝卜
Daucus carota L.

野胡萝卜（原变种）
Daucus carota var. **carota**
- 习　　性：二年生草本
- 海　　拔：2000～3000 m
- 国内分布：安徽、贵州、湖北、江苏、江西、四川、浙江栽培
- 国外分布：温带地区广泛栽培
- 资源利用：药用（中草药）；原料（精油）

胡萝卜
Daucus carota var. **sativus** Hoffm.
- 习　　性：二年生草本
- 分　　布：广泛栽培
- 资源利用：食用（蔬菜）

马蹄芹属 Dickinsia Franch.

马蹄芹
Dickinsia hydrocotyloides Franch.
- 习　　性：一年生草本
- 海　　拔：1500～3200 m
- 分　　布：贵州、湖北、湖南、四川、云南
- 濒危等级：LC

绒果芹属 Eriocycla Lindl.

绒果芹
Eriocycla albescens(Franch.) H. Wolff

绒果芹（原变种）
Eriocycla albescens var. **albescens**
- 习　　性：多年生草本
- 海　　拔：500～1100 m
- 分　　布：河北、内蒙古
- 濒危等级：LC

大叶绒果芹
Eriocycla albescens var. **latifolia** Shan et C. C. Yuan
- 习　　性：多年生草本
- 海　　拔：500～1100 m
- 分　　布：河北、辽宁
- 濒危等级：LC

裸茎绒果芹
Eriocycla nuda Lindl.

裸茎绒果芹（原变种）
Eriocycla nuda var. **nuda**
- 习　　性：多年生草本
- 海　　拔：2900～4000 m
- 国内分布：西藏
- 国外分布：巴基斯坦、克什米尔地区、尼泊尔、印度
- 濒危等级：LC

紫花裸茎绒果芹
Eriocycla nuda var. **purpurascens** Shan et C. Q. Yuan
- 习　　性：多年生草本
- 海　　拔：2900～4800 m
- 分　　布：西藏
- 濒危等级：LC

新疆绒果芹
Eriocycla pelliotii (H. Boissieu) H. Wolff
习　　性：多年生草本
海　　拔：2700 ~ 3000 m
分　　布：新疆
濒危等级：LC

刺芹属 Eryngium L.

刺芹
Eryngium foetidum L.
习　　性：二年生或多年生草本
海　　拔：100 ~ 1500 m
国内分布：广东、广西、贵州、云南栽培
国外分布：原产中美洲
资源利用：食品添加剂（调味剂）；药用（中草药）

扁叶刺芹
Eryngium planum L.
习　　性：多年生草本
海　　拔：500 ~ 1500 m
国内分布：新疆
国外分布：俄罗斯、克什米尔地区
濒危等级：LC

阿魏属 Ferula L.

山地阿魏
Ferula akitschkensis B. Fedtsch. ex Koso-Pol.
习　　性：多年生草本
海　　拔：900 ~ 2100 m
国内分布：新疆
国外分布：俄罗斯、哈萨克斯坦、吉尔吉斯斯坦
濒危等级：LC

硬阿魏
Ferula bungeana Kitag.
习　　性：多年生草本
海　　拔：200 ~ 2500 m
分　　布：甘肃、河北、河南、黑龙江、吉林、辽宁、内蒙古、宁夏、山西、陕西
濒危等级：LC
资源利用：药用（中草药）

灰色阿魏
Ferula canescens (Ledeb.) Ledeb.
习　　性：多年生草本
海　　拔：约 800 m
国内分布：新疆
国外分布：俄罗斯、吉尔吉斯斯坦、乌兹别克斯坦
濒危等级：LC

里海阿魏
Ferula caspica M. Bieb.
习　　性：多年生草本
海　　拔：500 ~ 1800 m
国内分布：新疆
国外分布：俄罗斯、吉尔吉斯斯坦、蒙古、乌兹别克斯坦
濒危等级：NT

圆锥茎阿魏
Ferula conocaula Korovin
习　　性：多年生草本
海　　拔：约 2800 m
国内分布：新疆
国外分布：吉尔吉斯斯坦
濒危等级：VU B2ab（i, ii, iii）；C1

全裂叶阿魏
Ferula dissecta (Ledeb.) Ledeb.
习　　性：多年生草本
海　　拔：1000 ~ 1700 m
国内分布：新疆
国外分布：俄罗斯、哈萨克斯坦
濒危等级：LC

沙生阿魏
Ferula dubjanskyi Korovin ex Pavlov
习　　性：多年生草本
海　　拔：400 ~ 600 m
国内分布：新疆
国外分布：哈萨克斯坦、吉尔吉斯斯坦、蒙古、乌兹别克斯坦
濒危等级：LC

多伞阿魏
Ferula feruloides (Steud.) Korovin
习　　性：多年生草本
海　　拔：400 ~ 1100 m
国内分布：新疆
国外分布：俄罗斯、哈萨克斯坦、吉尔吉斯斯坦、蒙古、乌兹别克斯坦
濒危等级：LC
资源利用：药用（中草药）；原料（树脂）

阜康阿魏
Ferula fukanensis K. M. Shen
习　　性：多年生草本
海　　拔：约 700 m
分　　布：新疆
濒危等级：CR B1ab（i, ii, iii, v）
国家保护：Ⅱ级
资源利用：药用（中草药）；原料（树脂）

细茎阿魏
Ferula gracilis (Ledeb.) Ledeb.
习　　性：多年生草本
海　　拔：700 ~ 1700 m
国内分布：新疆
国外分布：俄罗斯
濒危等级：LC

河西阿魏
Ferula hexiensis K. M. Shen
习　　性：多年生草本
海　　拔：约 2300 m
分　　布：甘肃
濒危等级：LC

中亚阿魏
Ferula jaeschkeana Vatke
 习 性：多年生草本
 海 拔：约3600 m
 国内分布：西藏
 国外分布：阿富汗、巴基斯坦、不丹、印度
 濒危等级：DD

短柄阿魏
Ferula karataviensis(Regel et Schmalh.)Korovin
 习 性：多年生草本
 海 拔：1100~1700 m
 国内分布：新疆
 国外分布：亚洲中部
 濒危等级：DD

草甸阿魏
Ferula kingdon-wardii H. Wolff
 习 性：多年生草本
 海 拔：2700~3300 m
 分 布：云南
 濒危等级：NT B2ab (i, ii, iii); C1

山蛇床阿魏
Ferula kirialovii Pimenov
 习 性：多年生草本
 海 拔：约1500 m
 国内分布：新疆
 国外分布：亚洲中部
 濒危等级：LC

托里阿魏
Ferula krylovii Korovin
 习 性：多年生草本
 海 拔：600~800 m
 国内分布：新疆
 国外分布：俄罗斯
 濒危等级：LC

多石阿魏
Ferula lapidosa Korovin
 习 性：多年生草本
 海 拔：约1200 m
 国内分布：新疆
 国外分布：吉尔吉斯斯坦
 濒危等级：LC

大果阿魏
Ferula lehmannii Boiss.
 习 性：多年生草本
 海 拔：1000~1100 m
 国内分布：新疆
 国外分布：阿富汗、巴基斯坦、哈萨克斯坦、吉尔吉斯斯坦、乌兹别克斯坦
 濒危等级：LC
 资源利用：药用（中草药）

平滑叶阿魏
Ferula leiophylla Korovin
 习 性：多年生草本
 国内分布：新疆
 国外分布：哈萨克斯坦
 濒危等级：LC

太行阿魏
Ferula licentiana Hand.-Mazz.

太行阿魏（原变种）
Ferula licentiana var. **licentiana**
 习 性：多年生草本
 海 拔：1200~2100 m
 分 布：河南、山西、陕西
 濒危等级：NT B1ab (i, iii)

铜山阿魏
Ferula licentiana var. **tunshanica**(Su)Shan et Q. X. Liu
 习 性：多年生草本
 海 拔：100~200 m
 分 布：安徽、江苏、山东
 濒危等级：LC
 资源利用：食品（蔬菜）

麝香阿魏
Ferula moschata(H. Reinsch)Koso-Pol.
 习 性：多年生草本
 海 拔：1500~1600 m
 国内分布：新疆
 国外分布：吉尔吉斯斯坦、塔吉克斯坦
 濒危等级：VU D1
 国家保护：Ⅱ级

榄绿阿魏
Ferula olivacea(Diels)H. Wolff ex Hand.-Mazz.
 习 性：多年生草本
 海 拔：3300~3800 m
 分 布：云南
 濒危等级：NT B1ab (i, iii); C1
 资源利用：药用（中草药）

羊食阿魏
Ferula ovina(Boiss.)Boiss.
 习 性：多年生草本
 海 拔：1200~1700 m
 国内分布：新疆
 国外分布：阿富汗、巴基斯坦、哈萨克斯坦、吉尔吉斯斯坦、塔吉克斯坦、伊朗
 濒危等级：LC

新疆阿魏
Ferula sinkiangensis K. M. Shen
 习 性：多年生草本
 海 拔：800~900 m
 分 布：新疆
 濒危等级：EN A2c; D
 国家保护：Ⅱ级
 资源利用：药用（中草药）；原料（树脂）

准噶尔阿魏
Ferula songarica Pallas ex Spreng.
 习 性：多年生草本
 海 拔：1100~1800 m

国内分布：新疆
国外分布：俄罗斯、哈萨克斯坦
濒危等级：LC

荒地阿魏
Ferula syreitschikowii Koso-Pol.
习　　性：多年生草本
海　　拔：500~1000 m
国内分布：新疆
国外分布：吉尔吉斯斯坦、乌兹别克斯坦
濒危等级：LC

臭阿魏
Ferula teterrima H. Karst. et Kir.
习　　性：多年生草本
海　　拔：约 900 m
国内分布：新疆
国外分布：俄罗斯、哈萨克斯坦
濒危等级：LC

茴香属 Foeniculum Mill.

茴香
Foeniculum vulgare Mill.
习　　性：草本
国内分布：遍布全国
国外分布：原产地中海地区；世界范围栽培
资源利用：药用（中草药）；食品（蔬菜）；食品添加剂（调味剂）

珊瑚菜属 Glehnia F. Schmidt ex Miq.

珊瑚菜
Glehnia littoralis F. Schmidt ex Miq.
习　　性：多年生草本
海　　拔：50~100 m
国内分布：福建、广东、河北、江苏、辽宁、山东、台湾、浙江
国外分布：朝鲜、俄罗斯、日本
濒危等级：CR A2c
国家保护：Ⅱ级
资源利用：药用（中草药）；食品（蔬菜）

单球芹属 Haplosphaera Hand.-Mazz.

西藏单球芹
Haplosphaera himalayensis Ludlow
习　　性：多年生草本
海　　拔：约 3900 m
国内分布：青海、西藏
国外分布：不丹、印度
濒危等级：NT A2c；B1ab（i, iii）

单球芹
Haplosphaera phaea Hand.-Mazz.
习　　性：多年生草本
海　　拔：3000~4200 m
分　　布：四川、云南
濒危等级：LC

细裂芹属 Harrysmithia H. Wolff

云南细裂芹
Harrysmithia franchetii（M. Hiroe）M. L. Sheh
习　　性：一年生草本
海　　拔：约 2500 m
分　　布：云南
濒危等级：DD

细裂芹
Harrysmithia heterophylla H. Wolff
习　　性：一年生草本
海　　拔：约 3300 m
分　　布：四川、西藏
濒危等级：LC

独活属 Heracleum L.

二管独活
Heracleum bivittatum H. Boissieu
习　　性：多年生草本
海　　拔：约 3000 m
国内分布：广西、贵州、四川、云南
国外分布：老挝、越南
濒危等级：LC
资源利用：药用（中草药）

白亮独活
Heracleum candicans Wall. ex DC.

白亮独活（原变种）
Heracleum candicans var. **candicans**
习　　性：多年生草本
海　　拔：1800~4500 m
国内分布：四川、西藏、云南
国外分布：巴基斯坦、克什米尔地区、尼泊尔、印度
濒危等级：LC

钝叶独活
Heracleum candicans var. **obtusifolium**（Wall. ex DC.）F. T. Pu et M. F. Watson
习　　性：多年生草本
海　　拔：3000~4200 m
国内分布：四川、西藏、云南
国外分布：不丹、尼泊尔、印度
濒危等级：LC

多裂独活
Heracleum dissectifolium K. T. Fu
习　　性：多年生草本
海　　拔：1900~3200 m
分　　布：甘肃、四川
濒危等级：LC
资源利用：药用（中草药）

兴安独活
Heracleum dissectum Ledeb.
习　　性：多年生草本
海　　拔：2200 m 以下

国内分布：黑龙江、吉林、新疆
国外分布：朝鲜、俄罗斯、哈萨克斯坦、吉尔吉斯斯坦、蒙古、乌兹别克斯坦
濒危等级：LC

城口独活
Heracleum fargesii H. Boissieu
习　　性：多年生草本
海　　拔：1500～2000 m
分　　布：四川
濒危等级：LC

中甸独活
Heracleum forrestii H. Wolff
习　　性：多年生草本
海　　拔：2700～3900 m
分　　布：重庆、云南
濒危等级：LC

尖叶独活
Heracleum franchetii M. Hiroe
习　　性：多年生草本
海　　拔：2500～4500 m
分　　布：湖北、青海、四川、云南
濒危等级：LC

独活
Heracleum hemsleyanum Diels
习　　性：多年生草本
海　　拔：2000～3000 m
分　　布：湖北、四川
濒危等级：LC
资源利用：药用（中草药）

思茅独活
Heracleum henryi H. Wolff
习　　性：多年生草本
海　　拔：1300～2300 m
分　　布：云南
濒危等级：LC

贡山独活
Heracleum kingdonii H. Wolff
习　　性：多年生草本
海　　拔：600～3200 m
国内分布：广西、贵州、西藏、云南
国外分布：缅甸
濒危等级：LC

裂叶独活
Heracleum millefolium Diels

裂叶独活（原变种）
Heracleum millefolium var. **millefolium**
习　　性：多年生草本
海　　拔：2900～5000 m
国内分布：甘肃、青海、四川、西藏、云南
国外分布：不丹
濒危等级：LC

长裂叶独活
Heracleum millefolium var. **longilobum** C. Norman
习　　性：多年生草本
海　　拔：2800～3500 m
分　　布：甘肃、青海、四川、西藏
濒危等级：LC

短毛独活
Heracleum moellendorffii Hance

短毛独活（原变种）
Heracleum moellendorffii var. **moellendorffii**
习　　性：多年生草本
海　　拔：3200 m 以下
国内分布：安徽、甘肃、河北、黑龙江、湖南、吉林、江苏、江西、辽宁、内蒙古、山东、陕西、四川、云南、浙江
国外分布：朝鲜、日本
濒危等级：LC
资源利用：药用（中草药）；食用（野菜）

少管短毛独活
Heracleum moellendorffii var. **paucivittatum** Shan et T. S. Wang
习　　性：多年生草本
海　　拔：100 m 以下
分　　布：山东
濒危等级：LC

狭叶短毛独活
Heracleum moellendorffii var. **subbipinnatum**（Franch.）Kitag.
习　　性：多年生草本
海　　拔：1000～3000 m
国内分布：河北、黑龙江、吉林、内蒙古
国外分布：朝鲜
濒危等级：LC

尼泊尔独活
Heracleum nepalense D. Don
习　　性：多年生草本
海　　拔：2000～4000 m
国内分布：云南
国外分布：不丹、缅甸、尼泊尔、印度
濒危等级：LC

聂拉木独活
Heracleum nyalamense Shan et T. S. Wang
习　　性：多年生草本
海　　拔：约 2300 m
分　　布：西藏
濒危等级：LC

大叶独活
Heracleum olgae Regel et Schmalh.
习　　性：多年生草本
海　　拔：约 2000 m
国内分布：新疆
国外分布：阿富汗、巴基斯坦、哈萨克斯坦、吉尔吉斯斯坦、塔吉克斯坦、乌兹别克斯坦
濒危等级：LC

伞形科 APIACEAE

山地独活
Heracleum oreocharis H. Wolff
习　　性：多年生草本
海　　拔：2800～4200 m
分　　布：云南
濒危等级：LC

鹤庆独活
Heracleum rapula Franch.
习　　性：多年生草本
海　　拔：2000～2200 m
分　　布：云南
濒危等级：VU B1ab（i，iii）；C1；D
资源利用：药用（中草药）

糙独活
Heracleum scabridum Franch.
习　　性：多年生草本
海　　拔：2000～2700 m
分　　布：四川、云南
濒危等级：LC
资源利用：药用（中草药）

康定独活
Heracleum souliei H. Boissieu
习　　性：多年生草本
海　　拔：2600～3500 m
分　　布：四川
濒危等级：LC

腾冲独活
Heracleum stenopteroides Fedde ex H. Wolff
习　　性：多年生草本
海　　拔：2000～2300 m
分　　布：云南
濒危等级：LC

狭翅独活
Heracleum stenopterum Diels
习　　性：多年生草本
海　　拔：2700～4300 m
分　　布：四川、云南
濒危等级：LC
资源利用：药用（中草药）

微绒毛独活
Heracleum subtomentellum C. Y. Wu et M. L. Sheh
习　　性：多年生草本
海　　拔：约4400 m
分　　布：西藏
濒危等级：LC

椴叶独活
Heracleum tiliifolium H. Wolff
习　　性：多年生草本
海　　拔：约1000 m
分　　布：湖南、江西
濒危等级：LC
资源利用：药用（中草药）

平截独活
Heracleum vicinum H. Boissieu
习　　性：多年生草本
海　　拔：2600～3100 m
分　　布：四川
濒危等级：LC

汶川独活
Heracleum wenchuanense F. T. Pu et X. J. He
习　　性：多年生草本
海　　拔：约3500 m
分　　布：四川
濒危等级：LC

卧龙独活
Heracleum wolongense F. T. Pu et X. J. He
习　　性：多年生草本
海　　拔：1900～2200 m
分　　布：四川
濒危等级：LC

小金独活
Heracleum xiaojinense F. T. Pu et X. J. He
习　　性：多年生草本
海　　拔：3500～4000 m
分　　布：四川
濒危等级：LC

永宁独活
Heracleum yungningense Hand.-Mazz.
习　　性：多年生草本
海　　拔：2700～4500 m
分　　布：四川、云南
濒危等级：LC

云南独活
Heracleum yunnanense Franch.
习　　性：多年生草本
海　　拔：3600～4100 m
分　　布：云南
濒危等级：NT C1

斑膜芹属 Hyalolaena Bunge

柴胡状斑膜芹
Hyalolaena bupleuroides（Schrenk ex Fisch. et C. A. Mey.）Pimenov et Kljuykov
习　　性：多年生草本
国内分布：新疆
国外分布：哈萨克斯坦、吉尔吉斯斯坦、塔吉克斯坦
濒危等级：LC

斑膜芹
Hyalolaena trichophylla（Schrenk）Pimenov et Kljuykov
习　　性：多年生草本
国内分布：新疆
国外分布：哈萨克斯坦、吉尔吉斯斯坦、塔吉克斯坦、土库曼斯坦
濒危等级：LC

天胡荽属 Hydrocotyle L.

吕宋天胡荽
Hydrocotyle benguetensis Elmer

习　　性：多年生草本
海　　拔：约1800 m
国内分布：台湾
国外分布：朝鲜、菲律宾、日本
濒危等级：LC

石山天胡荽
Hydrocotyle calcicola Y. H. Li
习　　性：多年生草本
海　　拔：约1500 m
分　　布：云南
濒危等级：LC

长安天胡荽
Hydrocotyle changanensis X. C. Du et Y. Ren
习　　性：多年生草本
分　　布：陕西
濒危等级：LC

毛柄天胡荽
Hydrocotyle dichondroides Makino
习　　性：多年生草本
海　　拔：海平面至2350 m
国内分布：台湾
国外分布：日本
濒危等级：LC

裂叶天胡荽
Hydrocotyle dielsiana H. Wolff
习　　性：多年生草本
海　　拔：约1200 m
分　　布：湖北、四川
濒危等级：NT B1ab（i，iii）

喜马拉雅天胡荽
Hydrocotyle himalaica P. K. Mukh.
习　　性：多年生草本
海　　拔：100～2200 m
国内分布：贵州、海南、四川、西藏、云南
国外分布：不丹、缅甸、尼泊尔、印度
濒危等级：LC

缅甸天胡荽
Hydrocotyle hookeri（C. B. Clarke）Craib

缅甸天胡荽（原亚种）
Hydrocotyle hookeri subsp. **hookeri**
习　　性：多年生草本
海　　拔：900～2400 m
国内分布：广东、西藏、云南
国外分布：缅甸
濒危等级：LC

中华天胡荽
Hydrocotyle hookeri subsp. **chinensis**（Dunn ex Shan et S. L. Liou）M. F. Watson et M. L. Sheh
习　　性：多年生草本
海　　拔：1000～2900 m
国内分布：湖南、四川、云南
国外分布：越南
濒危等级：LC
资源利用：药用（中草药）

普渡天胡荽
Hydrocotyle hookeri subsp. **handelii**（H. Wolff）M. F. Watson et M. L. Sheh
习　　性：多年生草本
海　　拔：2300～2500 m
分　　布：四川、云南
濒危等级：NT B1ab（i，iii）

红马蹄草
Hydrocotyle nepalensis Hook.
习　　性：多年生草本
海　　拔：300～3600 m
国内分布：安徽、广东、广西、贵州、海南、湖北、湖南、江西、陕西、四川、西藏、云南、浙江
国外分布：不丹、缅甸、尼泊尔、印度、越南
濒危等级：LC
资源利用：药用（中草药）

柄状天胡荽
Hydrocotyle petiformis R. Li et H. Li
习　　性：多年生草本
分　　布：云南
濒危等级：LC

密伞天胡荽
Hydrocotyle pseudoconferta Masam.
习　　性：多年生草本
海　　拔：800～1500 m
国内分布：台湾、云南
国外分布：缅甸
濒危等级：LC

长梗天胡荽
Hydrocotyle ramiflora Maxim.
习　　性：多年生草本
海　　拔：500～800 m
国内分布：台湾、浙江
国外分布：日本
濒危等级：NT B1ab（i，iii）

怒江天胡荽
Hydrocotyle salwinica Shan et S. L. Liou
习　　性：多年生草本
海　　拔：1600～3100 m
分　　布：西藏、云南
濒危等级：LC

刺毛天胡荽
Hydrocotyle setulosa Hayata
习　　性：多年生草本
海　　拔：1500～3000 m
分　　布：台湾
濒危等级：LC

天胡荽
Hydrocotyle sibthorpioides Lam.

天胡荽（原变种）
Hydrocotyle sibthorpioides var. **sibthorpioides**

习　　性：多年生草本
海　　拔：400~3000 m
国内分布：安徽、福建、广东、广西、贵州、海南、湖北、湖南、江苏、江西、陕西、四川、台湾、云南、浙江
国外分布：不丹、朝鲜、尼泊尔、日本、泰国、印度、印度尼西亚、越南
濒危等级：LC
资源利用：药用（中草药）

破铜钱
Hydrocotyle sibthorpioides var. **batrachaum** (Hance) Hand.-Mazz. ex Shan
习　　性：多年生草本
海　　拔：100~2500 m
国内分布：安徽、福建、广东、广西、湖北、湖南、江苏、江西、四川、台湾
国外分布：菲律宾、越南
濒危等级：LC
资源利用：药用（中草药）

肾叶天胡荽
Hydrocotyle wilfordii Maxim.
习　　性：多年生草本
海　　拔：300~1400 m
国内分布：福建、广东、广西、江西、四川、台湾、云南、浙江
国外分布：朝鲜、日本、越南
濒危等级：LC

鄂西天胡荽
Hydrocotyle wilsonii Diels ex Shan et S. L. Liou
习　　性：多年生草本
海　　拔：1200~1800 m
分　　布：重庆、湖北
濒危等级：NT B1ab (i, iii)

块茎芹属 Krasnovia Popov ex Schischk.

块茎芹
Krasnovia longiloba (Karelin et Kirilov) Popov ex Schischk.
习　　性：多年生草本
海　　拔：约2000 m
国内分布：新疆
国外分布：哈萨克斯坦
濒危等级：NT B1ab (i, iii)

欧当归属 Levisticum Hill

欧当归
Levisticum officinale W. D. J. Koch
习　　性：多年生草本
海　　拔：100~600 m
国内分布：河北、河南、江苏、辽宁、内蒙古、山东、山西、陕西栽培
国外分布：原产欧洲、亚洲西南部
资源利用：药用（中草药）；食品添加剂（调味剂）

岩风属 Libanotis Haller ex Zinn

狼山岩风
Libanotis abolinii (Korovin) Korovin
习　　性：多年生草本
海　　拔：1000~2100 m
国内分布：内蒙古、新疆
国外分布：哈萨克斯坦、蒙古
濒危等级：LC

阔鞘岩风
Libanotis acaulis Shan et M. L. Sheh
习　　性：多年生草本
海　　拔：2300~2600 m
分　　布：新疆
濒危等级：VU A2c；B1ab (i, iii)；D1

岩风
Libanotis buchtormensis (Fisch.) DC.
习　　性：多年生草本
海　　拔：1000~3000 m
国内分布：甘肃、宁夏、陕西、四川、新疆
国外分布：阿富汗、巴基斯坦、俄罗斯、哈萨克斯坦、吉尔吉斯斯坦、蒙古
濒危等级：LC
资源利用：药用（中草药）

密花岩风
Libanotis condensata (L.) Crantz
习　　性：多年生草本
海　　拔：1400~2400 m
国内分布：河北、内蒙古、山西、新疆
国外分布：俄罗斯、哈萨克斯坦、蒙古
濒危等级：LC

地岩风
Libanotis depressa Shan et M. L. Sheh
习　　性：多年生草本
海　　拔：3400~4100 m
分　　布：青海、四川、西藏
濒危等级：NT B1ab (i, iii)

绵毛岩风
Libanotis eriocarpa Schrenk
习　　性：多年生草本
海　　拔：约1600 m
国内分布：新疆
国外分布：哈萨克斯坦、蒙古
濒危等级：LC

锐棱岩风
Libanotis grubovii (V. M. Vinogr. et Sanchir) M. L. Sheh et M. F. Watson
习　　性：多年生草本
海　　拔：1600~2400 m
国内分布：新疆
国外分布：蒙古
濒危等级：LC

伊犁岩风
Libanotis iliensis (Lipsky) Korovin
习　　性：多年生草本
海　　拔：1000~2100 m
国内分布：新疆

国外分布：哈萨克斯坦、蒙古
濒危等级：LC

碎叶岩风
Libanotis incana (Stephan ex Willd.) O. Fedtsch. et B. Fedtsch.
习　性：多年生草本
海　拔：约 1300 m
国内分布：新疆
国外分布：哈萨克斯坦
濒危等级：NT B1ab (i, iii)

济南岩风
Libanotis jinanensis L. C. Xu et M. D. Xu
习　性：多年生草本
海　拔：500~600 m
分　布：山东
濒危等级：VU A2c；C1

条叶岩风
Libanotis lancifolia K. T. Fu
习　性：多年生草本
海　拔：400~1100 m
分　布：河北、河南、山东、山西、陕西
濒危等级：LC

兰州岩风
Libanotis lanzhouensis K. T. Fu ex Shan et M. L. Sheh
习　性：多年生草本
分　布：甘肃、青海
濒危等级：NT B1ab (i, iii)

宽萼岩风
Libanotis laticalycina Shan et M. L. Sheh
习　性：多年生草本
海　拔：约 1600 m
分　布：河北、河南、山西
濒危等级：LC

坚挺岩风
Libanotis schrenkiana C. A. Mey. ex Schischk.
习　性：多年生草本
海　拔：1700~2600 m
国内分布：新疆
国外分布：哈萨克斯坦、吉尔吉斯斯坦、塔吉克斯坦、乌兹别克斯坦
濒危等级：LC

香芹
Libanotis seseloides (Fisch. et C. A. Mey. ex Turcz.) Turcz.
习　性：多年生草本
海　拔：200~1100 m
国内分布：河南、黑龙江、吉林、江苏、辽宁、内蒙古、山东
国外分布：亚洲东部及东北部、欧洲中部
濒危等级：LC

亚洲岩风
Libanotis sibirica (L.) C. A. Mey.
习　性：多年生草本
海　拔：1000~1400 m
国内分布：甘肃、陕西、新疆
国外分布：俄罗斯、哈萨克斯坦
濒危等级：LC

灰毛岩风
Libanotis spodotrichoma K. T. Fu
习　性：多年生草本
海　拔：1100~1800 m
分　布：陕西
濒危等级：NT B1ab (i, iii)

万年春
Libanotis wannienchun K. T. Fu
习　性：多年生草本
海　拔：1200~1400 m
分　布：甘肃
濒危等级：LC

藁本属 Ligusticum L.

尖叶藁本
Ligusticum acuminatum Franch.
习　性：多年生草本
海　拔：1500~4000 m
分　布：甘肃、河南、湖北、湖南、陕西、四川、云南
濒危等级：LC
资源利用：药用（中草药）

黑水岩茴香
Ligusticum ajanense (Regel et Tiling) Koso-Pol.
习　性：多年生草本
海　拔：1500 m
国内分布：河北、黑龙江、吉林、山东
国外分布：俄罗斯、日本
濒危等级：LC

归叶藁本
Ligusticum angelicifolium Franch.
习　性：多年生草本
海　拔：1800~4200 m
分　布：陕西、四川、西藏、云南
濒危等级：LC

短片藁本
Ligusticum brachylobum Franch.
习　性：多年生草本
海　拔：1600~4100 m
分　布：贵州、青海、陕西、四川、西藏、云南
濒危等级：LC

细苞藁本
Ligusticum capillaceum H. Wolff
习　性：多年生草本
海　拔：2500~4000 m
分　布：四川、云南
濒危等级：LC

羽苞藁本
Ligusticum daucoides (Franch.) Franch.
习　性：多年生草本
海　拔：2600~4800 m
分　布：湖北、四川、西藏、云南

濒危等级：LC

丽江藁本
Ligusticum delavayi Franch.
- 习　　性：多年生草本
- 海　　拔：2800~4500 m
- 分　　布：西藏、云南
- 濒危等级：LC

异色藁本
Ligusticum discolor Ledeb.
- 习　　性：多年生草本
- 海　　拔：约1200 m
- 国内分布：新疆
- 国外分布：俄罗斯、哈萨克斯坦、吉尔吉斯斯坦、塔吉克斯坦
- 濒危等级：LC

高升藁本
Ligusticum elatum(Edgew.)C. B. Clarke
- 习　　性：多年生草本
- 海　　拔：约3600 m
- 国内分布：西藏
- 国外分布：阿富汗、巴基斯坦、不丹、尼泊尔、印度
- 濒危等级：LC

紫色藁本
Ligusticum franchetii H. Boissieu
- 习　　性：多年生草本
- 海　　拔：3800~3900 m
- 分　　布：四川、云南
- 濒危等级：LC

粉绿藁本
Ligusticum glaucescens Franch.
- 习　　性：多年生草本
- 分　　布：云南
- 濒危等级：LC

白叶藁本
Ligusticum glaucifolium H. Wolff
- 习　　性：多年生草本
- 海　　拔：3000~3300 m
- 分　　布：云南
- 濒危等级：NT A2c；B1b（i，iii）c

贡山藁本
Ligusticum gongshanense F. T. Pu et H. Li
- 习　　性：多年生草本
- 分　　布：云南
- 濒危等级：EN A2ac；B1ab（iiii）

吉隆藁本
Ligusticum gyirongense Shan et H. T. Chang
- 习　　性：多年生草本
- 海　　拔：2500~3000 m
- 分　　布：西藏、云南
- 濒危等级：LC

毛藁本
Ligusticum hispidum(Franch.)H. Wolff ex Hand.-Mazz.
- 习　　性：多年生草本
- 海　　拔：2600~4500 m
- 分　　布：四川、西藏、云南
- 濒危等级：LC

多苞藁本
Ligusticum involucratum Franch.
- 习　　性：多年生草本
- 海　　拔：2800~4900 m
- 分　　布：四川、西藏、云南
- 濒危等级：LC

辽藁本
Ligusticum jeholense(Nakai et Kitag.)Nakai et Kitag.
- 习　　性：多年生草本
- 海　　拔：1200~2500 m
- 分　　布：河北、吉林、辽宁、山东、山西
- 濒危等级：LC
- 资源利用：药用（中草药）

草甸藁本
Ligusticum kingdon-wardii H. Wolff
- 习　　性：多年生草本
- 海　　拔：3000~3900 m
- 分　　布：四川、云南
- 濒危等级：NT C1

美脉藁本
Ligusticum likiangense(H. Wolff)F. T. Pu et M. F. Watson
- 习　　性：多年生草本
- 海　　拔：2800~4000 m
- 分　　布：四川、云南
- 濒危等级：NT C1

理塘藁本
Ligusticum litangense F. T. Pu
- 习　　性：多年生草本
- 海　　拔：约4300 m
- 分　　布：四川
- 濒危等级：LC

利特藁本
Ligusticum littledalei Fedde ex H. Wolff
- 习　　性：多年生草本
- 海　　拔：3000 m以上
- 分　　布：西藏
- 濒危等级：LC

白龙藁本
Ligusticum mairei M. Hiroe
- 习　　性：多年生草本
- 海　　拔：约3300 m
- 分　　布：云南
- 濒危等级：LC

串珠藁本
Ligusticum moniliforme Z. X. Peng et B. Y. Zhang
- 习　　性：多年生草本
- 分　　布：甘肃
- 濒危等级：LC

短尖藁本
Ligusticum mucronatum(Schrenk)Leute
 习 性：多年生草本
 海 拔：1700~3300 m
 国内分布：新疆
 国外分布：俄罗斯、哈萨克斯坦、吉尔吉斯斯坦
 濒危等级：LC

多管藁本
Ligusticum multivittatum Franch.
 习 性：多年生草本
 海 拔：3000~4100 m
 分 布：四川、云南
 濒危等级：DD

线叶藁本
Ligusticum nematophyllum(Pimenov et Kljuykov)F. T. Pu et M. F. Watson
 习 性：多年生草本
 海 拔：3000~4200 m
 分 布：四川
 濒危等级：LC

无管藁本
Ligusticum nullivittatum(K. T. Fu)F. T. Pu et M. F. Watson
 习 性：多年生草本
 海 拔：1400~2400 m
 分 布：湖北、陕西、四川
 濒危等级：LC

膜苞藁本
Ligusticum oliverianum(H. Boissieu)Shan
 习 性：多年生草本
 海 拔：2000~4300 m
 分 布：湖北、四川、西藏、云南
 濒危等级：LC

蕨叶藁本
Ligusticum pteridophyllum Franch.
 习 性：多年生草本
 海 拔：1800~3600 m
 分 布：甘肃、四川、西藏、云南
 濒危等级：LC
 资源利用：药用（中草药）；食用（野菜）

玉龙藁本
Ligusticum rechingeranum(Leute)Shan et F. T. Pu
 习 性：多年生草本
 海 拔：1500~4600 m
 分 布：四川、云南
 濒危等级：LC

葡匐藁本
Ligusticum reptans(Diels)H. Wolff
 习 性：多年生草本
 海 拔：2000~2200 m
 分 布：重庆、贵州
 濒危等级：LC

抽葶藁本
Ligusticum scapiforme H. Wolff
 习 性：多年生草本
 海 拔：2700~4800 m
 分 布：四川、西藏、云南
 濒危等级：LC

川滇藁本
Ligusticum sikiangense M. Hiroe
 习 性：多年生草本
 海 拔：3400~4500 m
 分 布：四川、云南
 濒危等级：DD

藁本
Ligusticum sinense Oliv.

藁本（原变种）
Ligusticum sinense var. **sinense**
 习 性：多年生草本
 海 拔：500~2700 m
 分 布：黄河以南地区
 濒危等级：LC
 资源利用：药用（中草药）

水藁本
Ligusticum sinense var. **hupehense** H. D. Zhang
 习 性：多年生草本
 海 拔：1500~1600 m
 分 布：湖北
 濒危等级：LC

条纹藁本
Ligusticum striatum DC.
 习 性：多年生草本
 海 拔：1500~3700 m
 国内分布：四川、云南
 国外分布：克什米尔地区、尼泊尔、印度
 濒危等级：LC

岩茴香
Ligusticum tachiroei(Franch. et Sav.)M. Hiroe et Constance
 习 性：多年生草本
 海 拔：1200~2500 m
 国内分布：河北、河南、吉林、辽宁、山西
 国外分布：朝鲜、蒙古、日本
 濒危等级：LC

细裂藁本
Ligusticum tenuisectum H. Boissieu
 习 性：多年生草本
 海 拔：2000~4500 m
 国内分布：湖北、四川、云南
 国外分布：朝鲜
 濒危等级：LC

细叶藁本
Ligusticum tenuissimum(Nakai)Kitag.
 习 性：多年生草本
 海 拔：1000~2000 m
 国内分布：河北、辽宁
 国外分布：朝鲜
 濒危等级：LC

资源利用：药用（中草药）

长茎藁本
Ligusticum thomsonii C. B. Clarke
- 习　　性：多年生草本
- 海　　拔：2200~4200 m
- 国内分布：甘肃、青海、四川、西藏、云南
- 国外分布：阿富汗、巴基斯坦、克什米尔地区、印度
- 濒危等级：LC

尖瓣藁本
Ligusticum weberbauerianum Fedde ex H. Wolff
- 习　　性：多年生草本
- 海　　拔：约3300 m
- 分　　布：甘肃
- 濒危等级：LC

西藏藁本
Ligusticum xizangense Z. H. Pan et M. L. Sheh
- 习　　性：多年生草本
- 海　　拔：约4500 m
- 分　　布：西藏
- 濒危等级：LC

盐源藁本
Ligusticum yanyuanense F. T. Pu
- 习　　性：多年生草本
- 海　　拔：约3800 m
- 分　　布：四川
- 濒危等级：LC

云南藁本
Ligusticum yunnanense F. T. Pu
- 习　　性：多年生草本
- 分　　布：河北
- 濒危等级：LC

石蛇床属 Lithosciadium Turcz.

石蛇床
Lithosciadium kamelinii (V. M. Vinogr.) Pimenov ex Gubanov
- 习　　性：多年生草本
- 海　　拔：2600~2900 m
- 国内分布：新疆
- 国外分布：蒙古
- 濒危等级：DD

节果芹属 Lomatocarpa Pimenov

白边节果芹
Lomatocarpa albomarginata (Schrenk) Pimenov et Lavrova
- 习　　性：草本
- 国内分布：新疆
- 国外分布：哈萨克斯坦、吉尔吉斯斯坦、塔吉克斯坦
- 濒危等级：LC

滇芹属 Meeboldia H. Wolff

蓍叶滇芹
Meeboldia achilleifolia (DC.) P. K. Mukh. et Constance
- 习　　性：多年生草本
- 海　　拔：约3500 m
- 国内分布：西藏、云南
- 国外分布：不丹、尼泊尔、印度
- 濒危等级：LC

滇芹
Meeboldia yunnanensis (H. Wolff) Constance et F. T. Pu
- 习　　性：多年生草本
- 海　　拔：2000~3500 m
- 分　　布：四川、西藏、云南
- 濒危等级：NT B1ab (i, iii)

紫伞芹属 Melanosciadium H. Boissieu

羽叶紫伞芹
Melanosciadium bipinnatum (Shan et F. T. Pu) Pimenov et Kljuykov
- 习　　性：多年生草本
- 海　　拔：约2700 m
- 分　　布：四川
- 濒危等级：LC

膝曲紫伞芹
Melanosciadium genuflexum Pimenov et Kljukov
- 习　　性：多年生草本
- 分　　布：云南
- 濒危等级：LC

紫伞芹
Melanosciadium pimpinelloideum H. Boissieu
- 习　　性：多年生草本
- 海　　拔：1400~2900 m
- 分　　布：贵州、湖北、四川
- 濒危等级：LC

白苞芹属 Nothosmyrnium Miq.

白苞芹
Nothosmyrnium japonicum Miq.

白苞芹（原变种）
Nothosmyrnium japonicum var. **japonicum**
- 习　　性：多年生草本
- 海　　拔：500~2900 m
- 国内分布：安徽、福建、甘肃、广西、贵州、河南、湖北、湖南、江苏、江西、陕西、四川、浙江
- 国外分布：日本栽培
- 濒危等级：LC
- 资源利用：药用（中草药）；原料（精油）

川白苞芹
Nothosmyrnium japonicum var. **sutchuensis** H. Boissieu
- 习　　性：多年生草本
- 海　　拔：900~2500 m
- 分　　布：甘肃、广东、广西、贵州、湖北、江西、陕西、四川、云南
- 濒危等级：LC
- 资源利用：药用（中草药）

西藏白苞芹
Nothosmyrnium xizangense Shan et T. S. Wang

西藏白苞芹（原变种）
Nothosmyrnium xizangense var. **xizangense**
习　　性：多年生草本
海　　拔：3100~3200 m
分　　布：四川、西藏
濒危等级：LC

少裂西藏白苞芹
Nothosmyrnium xizangense var. **simpliciorum** Shan et T. S. Wang
习　　性：多年生草本
海　　拔：3100~3400 m
分　　布：西藏
濒危等级：LC

羌活属 Notopterygium H. Boissieu

澜沧羌活
Notopterygium forrestii H. Wolff
习　　性：多年生草本
海　　拔：2000~3000 m
分　　布：四川、云南
濒危等级：LC

宽叶羌活
Notopterygium franchetii H. Boissieu
习　　性：多年生草本
海　　拔：1700~4800 m
分　　布：甘肃、湖北、内蒙古、青海、山西、陕西、四川、云南
濒危等级：LC

羌活
Notopterygium incisum Ting ex H. T. Chang
习　　性：多年生草本
海　　拔：1600~5000 m
分　　布：甘肃、青海、陕西、四川、西藏
濒危等级：NT A2c+3c
资源利用：药用（中草药）

卵叶羌活
Notopterygium oviforme Shan
习　　性：多年生草本
海　　拔：1800~2700 m
分　　布：重庆、陕西、四川
濒危等级：LC
资源利用：药用（中草药）

羽苞羌活
Notopterygium pinnatiinvolucellatum F. T. Pu et Y. P. Wang
习　　性：多年生草本
海　　拔：约3400 m
分　　布：四川
濒危等级：DD

细叶羌活
Notopterygium tenuifolium M. L. Sheh et F. T. Pu
习　　性：多年生草本
海　　拔：约4300 m
分　　布：四川
濒危等级：LC

水芹属 Oenanthe L.

短辐水芹
Oenanthe benghalensis (Roxb.) Kurz.
习　　性：多年生草本
海　　拔：500~1500 m
国内分布：广东、四川、云南
国外分布：印度
濒危等级：LC

高山水芹
Oenanthe hookeri C. B. Clarke
习　　性：多年生草本
海　　拔：2500~4600 m
国内分布：四川、西藏、云南
国外分布：不丹、尼泊尔、印度
濒危等级：LC

水芹
Oenanthe javanica (Blume) DC.

水芹（原变种）
Oenanthe javanica var. **javanica**
习　　性：多年生草本
海　　拔：600~4000 m
国内分布：遍布全国
国外分布：巴布亚新几内亚、巴基斯坦、朝鲜、俄罗斯、菲律宾、老挝、马来西亚、缅甸、尼泊尔、日本、泰国、印度、印度尼西亚、越南
濒危等级：LC
资源利用：药用（中草药）；食品（蔬菜）

卵叶水芹
Oenanthe javanica subsp. **rosthornii** (Diels) F. T. Pu
习　　性：多年生草本
海　　拔：1400~4000 m
国内分布：福建、广东、广西、贵州、湖南、四川、台湾、云南
国外分布：泰国
濒危等级：LC

线叶水芹
Oenanthe linearis Wall. ex DC.

线叶水芹（原亚种）
Oenanthe linearis subsp. **linearis**
习　　性：多年生草本
海　　拔：800~3000 m
国内分布：重庆、贵州、湖北、四川、台湾、西藏、云南
国外分布：老挝、缅甸、尼泊尔、印度、印度尼西亚、越南
濒危等级：LC

蒙自水芹
Oenanthe linearis subsp. **rivularis** (Dunn) C. Y. Wu et F. T. Pu
习　　性：多年生草本
海　　拔：1100~2500 m
国内分布：贵州、四川、云南

国外分布：老挝
濒危等级：LC

多裂叶水芹
Oenanthe thomsonii C. B. Clarke

多裂叶水芹（原亚种）
Oenanthe thomsonii subsp. **thomsonii**
- 习　　性：多年生草本
- 海　　拔：1800~3500 m
- 国内分布：广东、贵州、湖北、江西、四川、西藏、云南
- 国外分布：不丹、缅甸、尼泊尔、印度
- 濒危等级：LC

窄叶水芹
Oenanthe thomsonii subsp. **stenophylla**（H. Boissieu）F. T. Pu
- 习　　性：多年生草本
- 海　　拔：1000~2500 m
- 国内分布：重庆、四川
- 国外分布：越南
- 濒危等级：LC

羽苞芹属 Oreocomopsis Pimenov et Kljuykov

西藏羽苞芹
Oreocomopsis xizangensis Pimenov et Kljuykov
- 习　　性：多年生草本
- 海　　拔：5100~5300 m
- 分　　布：西藏
- 濒危等级：LC

山茉莉芹属 Oreomyrrhis Endl.

山茉莉芹
Oreomyrrhis involucrata Hayata
- 习　　性：多年生草本
- 海　　拔：2000~4000 m
- 分　　布：台湾
- 濒危等级：VU B2ac（i, ii）

香根芹属 Osmorhiza Raf.

香根芹
Osmorhiza aristata（Thunb.）Rydb.

香根芹（原变种）
Osmorhiza aristata var. **aristata**
- 习　　性：多年生草本
- 海　　拔：200~1200 m
- 国内分布：全国广泛栽培
- 国外分布：朝鲜、俄罗斯、蒙古、日本
- 濒危等级：LC

疏叶香根芹
Osmorhiza aristata var. **laxa**（Royle）Constance et Shan
- 习　　性：多年生草本
- 海　　拔：1600~3500 m
- 国内分布：甘肃、贵州、陕西、四川、西藏、云南
- 国外分布：巴基斯坦、不丹、克什米尔地区、尼泊尔、印度
- 濒危等级：LC

资源利用：药用（中草药）

山芹属 Ostericum Hoffm.

隔山香
Ostericum citriodorum（Hance）C. Q. Yuan et Shan
- 习　　性：多年生草本
- 海　　拔：800~1200 m
- 分　　布：福建、广东、广西、湖南、江西、浙江
- 濒危等级：LC
- 资源利用：药用（中草药）

大齿山芹
Ostericum grosseserratum（Maxim.）Kitag.
- 习　　性：多年生草本
- 海　　拔：300~2400 m
- 国内分布：安徽、福建、河北、河南、吉林、江苏、辽宁、青海、山西、陕西、四川、浙江
- 国外分布：朝鲜、蒙古
- 濒危等级：LC
- 资源利用：药用（中草药）；原料（精油）；食品（蔬菜）

华东山芹
Ostericum huadongense Z. H. Pan et X. H. Li
- 习　　性：多年生草本
- 海　　拔：400~600 m
- 分　　布：安徽、江苏、浙江
- 濒危等级：NT A2c

全叶山芹
Ostericum maximowiczii（F. Schmidt）Kitag.

全叶山芹（原变种）
Ostericum maximowiczii var. **maximowiczii**
- 习　　性：多年生草本
- 海　　拔：2200~2300 m
- 国内分布：黑龙江、吉林
- 国外分布：朝鲜、俄罗斯
- 濒危等级：NT B1ab（i, iii）
- 资源利用：动物饲料（饲料）

高山全叶山芹
Ostericum maximowiczii var. **alpinum** C. Q. Yuan et Shan
- 习　　性：多年生草本
- 海　　拔：2200~2300 m
- 分　　布：四川
- 濒危等级：LC

大全叶山芹
Ostericum maximowiczii var. **australe**（Kom.）Kitag.
- 习　　性：多年生草本
- 国内分布：黑龙江、吉林
- 国外分布：朝鲜、俄罗斯
- 濒危等级：NT B1ab（i, iii）

丝叶山芹
Ostericum maximowiczii var. **filisectum**（Y. C. Chu）C. Q. Yuan et Shan
- 习　　性：多年生草本

分　　布：黑龙江
濒危等级：LC

疏毛山芹
Ostericum scaberulum (Franch.) C. Q. Yuan et Shan

疏毛山芹（原变种）
Ostericum scaberulum var. **scaberulum**
习　　性：多年生草本
海　　拔：2500～3300 m
分　　布：云南
濒危等级：LC

长苞山芹
Ostericum scaberulum var. **longiinvolucellatum** C. Y. Wu et F. T. Pu
习　　性：多年生草本
海　　拔：2700～3400 m
分　　布：云南
濒危等级：DD

山芹
Ostericum sieboldii (Miq.) Nakai

山芹（原变种）
Ostericum sieboldii var. **sieboldii**
习　　性：多年生草本
海　　拔：600～1200 m
国内分布：河北、黑龙江、吉林、辽宁、内蒙古、山东
国外分布：朝鲜、俄罗斯、日本
濒危等级：LC
资源利用：药用（中草药）

狭叶山芹
Ostericum sieboldii var. **praeteritum** (Kitag.) Y. H. Huang
习　　性：多年生草本
海　　拔：800～1000 m
国内分布：黑龙江、吉林、内蒙古、陕西
国外分布：朝鲜
濒危等级：LC

绿花山芹
Ostericum viridiflorum (Turcz.) Kitag.
习　　性：多年生草本
海　　拔：800～1100 m
国内分布：黑龙江、吉林、辽宁
国外分布：俄罗斯
濒危等级：LC
资源利用：原料（精油）；食品（蔬菜）

厚棱芹属 Pachypleurum Ledeb.

高山厚棱芹
Pachypleurum alpinum Ledeb.
习　　性：多年生草本
海　　拔：2400～2500 m
国内分布：新疆
国外分布：俄罗斯、哈萨克斯坦、蒙古
濒危等级：LC

拉萨厚棱芹
Pachypleurum lhasanum H. T. Chang et Shan
习　　性：多年生草本
海　　拔：4300～4600 m
分　　布：四川、西藏
濒危等级：LC

木里厚棱芹
Pachypleurum muliense Shan et F. T. Pu
习　　性：多年生草本
海　　拔：约2600 m
分　　布：四川
濒危等级：LC

聂拉木厚棱芹
Pachypleurum nyalamense H. T. Chang et Shan
习　　性：多年生草本
海　　拔：3500～3600 m
分　　布：西藏
濒危等级：LC

西藏厚棱芹
Pachypleurum xizangense H. T. Chang et Shan
习　　性：多年生草本
海　　拔：3700～4600 m
分　　布：西藏
濒危等级：LC

欧防风属 Pastinaca L.

欧防风
Pastinaca sativa L.
习　　性：二年生草本
国内分布：广泛栽培
国外分布：原产欧洲；广泛栽培

欧芹属 Petroselinum Hill

欧芹
Petroselinum crispum (Mill.) Fuss
习　　性：二年生草本
国内分布：部分城市有栽培
国外分布：可能原产地中海地区
资源利用：食品（蔬菜）

前胡属 Peucedanum L.

会泽前胡
Peucedanum acaule Shan et M. L. Sheh
习　　性：多年生草本
海　　拔：约3500 m
分　　布：云南
濒危等级：LC

天竺山前胡
Peucedanum ampliatum K. T. Fu
习　　性：多年生草本
海　　拔：1600～2000 m
分　　布：陕西
濒危等级：CR B1ab (i, iii); C1; D

芷叶前胡
Peucedanum angelicoides H. Wolff ex Kretschmer

习　　性：多年生草本
海　　拔：2500～3000 m
分　　布：贵州、四川、云南
濒危等级：LC

兴安前胡
Peucedanum baicalense (Redow. ex Willd.) W. D. J. Koch
习　　性：多年生草本
海　　拔：200～800 m
国内分布：黑龙江、内蒙古
国外分布：俄罗斯、蒙古
濒危等级：LC

北京前胡
Peucedanum caespitosum H. Wolff
习　　性：多年生草本
海　　拔：1300～2500 m
分　　布：河北
濒危等级：LC

林地前胡
Peucedanum chinense M. Hiroe
习　　性：多年生草本
分　　布：四川
濒危等级：LC

滇西前胡
Peucedanum delavayi Franch.
习　　性：多年生草本
海　　拔：2600～3400 m
分　　布：云南
濒危等级：NT B1ab（i，iii）；D1

竹节前胡
Peucedanum dielsianum Fedde ex H. Wolff
习　　性：多年生草本
海　　拔：600～1500 m
分　　布：重庆、湖北
濒危等级：LC

南川前胡
Peucedanum dissolutum (Diels) H. Wolff
习　　性：多年生草本
海　　拔：1100～2200 m
分　　布：重庆、贵州、四川
濒危等级：LC

刺尖前胡
Peucedanum elegans Kom.
习　　性：多年生草本
海　　拔：300～800 m
国内分布：黑龙江、吉林
国外分布：朝鲜、俄罗斯、日本
濒危等级：VU B1ab（i，iii）

镰叶前胡
Peucedanum falcaria Turcz.
习　　性：多年生草本
海　　拔：约1900 m
国内分布：新疆
国外分布：俄罗斯、蒙古北部
濒危等级：LC

台湾前胡
Peucedanum formosanum Hayata
习　　性：多年生草本
海　　拔：600～2000 m
分　　布：广东、广西、江西、台湾
濒危等级：LC

异叶前胡
Peucedanum franchetii C. Y. Wu et F. T. Pu
习　　性：多年生草本
海　　拔：约3000 m
分　　布：云南
濒危等级：LC

广西前胡
Peucedanum guangxiense Shan et M. L. Sheh
习　　性：多年生草本
海　　拔：约300 m
分　　布：广西
濒危等级：VU A2c+3c

华北前胡
Peucedanum harry-smithii Fedde ex H. Wolff

华北前胡（原变种）
Peucedanum harry-smithii var. **harry-smithii**
习　　性：多年生草本
海　　拔：600～2600 m
分　　布：甘肃、河北、河南、内蒙古、山西、陕西、四川
濒危等级：LC

广序北前胡
Peucedanum harry-smithii var. **grande** (K. T. Fu) Shan et M. L. Sheh
习　　性：多年生草本
海　　拔：300～2000 m
分　　布：河北、山西、陕西
濒危等级：NT A2c

少毛北前胡
Peucedanum harry-smithii var. **subglabrum** (Shan et M. L. Sheh) Shan et M. L. Sheh
习　　性：多年生草本
海　　拔：约1000 m
分　　布：河南、陕西
濒危等级：LC

鄂西前胡
Peucedanum henryi H. Wolff
习　　性：多年生草本
海　　拔：约1500 m
分　　布：湖北
濒危等级：NT A3c

滨海前胡
Peucedanum japonicum Thunb.
习　　性：多年生草本
海　　拔：100 m以下
国内分布：福建、江苏、山东、台湾、香港、浙江
国外分布：朝鲜、菲律宾、日本
濒危等级：LC

华山前胡
Peucedanum ledebourielloides K. T. Fu
 习 性：多年生草本
 海 拔：400~1000 m
 分 布：河南、陕西
 濒危等级：LC

拉萨前胡
Peucedanum lhasense C. B. Clarke ex H. Wolff
 习 性：多年生草本
 分 布：西藏
 濒危等级：DD

南岭前胡
Peucedanum longshengense Shan et M. L. Sheh
 习 性：多年生草本
 海 拔：800~2100 m
 分 布：广西、江西
 濒危等级：LC

细裂前胡
Peucedanum macilentum Franch.
 习 性：多年生草本
 海 拔：3000~4200 m
 分 布：四川、云南
 濒危等级：VU A2a；B1ab (i, iii)；C1

马山前胡
Peucedanum mashanense Shan et M. L. Sheh
 习 性：多年生草本
 海 拔：约 300 m
 分 布：广西
 濒危等级：VU C1

华中前胡
Peucedanum medicum Dunn

华中前胡（原变种）
Peucedanum medicum var. **medicum**
 习 性：多年生草本
 海 拔：700~2000 m
 分 布：重庆、广东、广西、贵州、湖北、湖南、江西、四川
 濒危等级：LC
 资源利用：药用（中草药）

岩前胡
Peucedanum medicum var. **gracile** Dunn ex Shan et M. L. Sheh
 习 性：多年生草本
 海 拔：约 1100 m
 分 布：重庆、四川
 濒危等级：LC

准噶尔前胡
Peucedanum morisonii Bess. ex Spreng
 习 性：多年生草本
 海 拔：1200~1700 m
 国内分布：新疆
 国外分布：俄罗斯、哈萨克斯坦
 濒危等级：LC

矮前胡
Peucedanum nanum Shan et M. L. Sheh
 习 性：多年生草本
 海 拔：3500~3800 m
 分 布：西藏
 濒危等级：LC

乳头前胡
Peucedanum piliferum Hand.-Mazz.
 习 性：多年生草本
 分 布：中国东北部
 濒危等级：DD

前胡
Peucedanum praeruptorum Dunn
 习 性：多年生草本
 海 拔：200~2000 m
 国内分布：安徽、福建、甘肃、广西、贵州、河南、湖北、湖南、江苏、江西、四川、浙江
 濒危等级：LC
 资源利用：药用（中草药）

蒙古前胡
Peucedanum pricei Simpson
 习 性：多年生草本
 国内分布：内蒙古
 国外分布：蒙古
 濒危等级：LC

毛前胡
Peucedanum pubescens Hand.-Mazz.
 习 性：多年生草本
 海 拔：1900~3000 m
 分 布：四川、云南
 濒危等级：LC

红前胡
Peucedanum rubricaule Shan et M. L. Sheh
 习 性：多年生草本
 海 拔：2000~3000 m
 分 布：四川、云南
 濒危等级：LC

松潘前胡
Peucedanum songpanense Shan et F. T. Pu
 习 性：多年生草本
 海 拔：2800~3000 m
 分 布：四川
 濒危等级：LC

草原前胡
Peucedanum stepposum Huang
 习 性：多年生草本
 海 拔：100~1300 m
 分 布：黑龙江、吉林、辽宁
 濒危等级：LC

石防风
Peucedanum terebinthaceum (Fisch. ex Trevir.) Ledeb.

石防风（原变种）
Peucedanum terebinthaceum var. **terebinthaceum**
- 习　　性：多年生草本
- 海　　拔：200～1200 m
- 国内分布：河北、黑龙江、吉林、辽宁、内蒙古
- 国外分布：俄罗斯
- 濒危等级：LC

宽叶石防风
Peucedanum terebinthaceum var. **deltoideum**（Makino ex K. Yabe）Makino
- 习　　性：多年生草本
- 海　　拔：200～600 m
- 国内分布：河北、黑龙江、吉林、辽宁
- 国外分布：朝鲜、俄罗斯、日本
- 濒危等级：LC

窃衣叶前胡
Peucedanum torilifolium H. Boissieu
- 习　　性：多年生草本
- 分　　布：四川
- 濒危等级：DD

长前胡
Peucedanum turgeniifolium H. Wolff
- 习　　性：多年生草本
- 海　　拔：2000～3600 m
- 分　　布：甘肃、四川
- 濒危等级：LC

华西前胡
Peucedanum veitchii H. Boissieu
- 习　　性：多年生草本
- 海　　拔：约2900 m
- 分　　布：四川
- 濒危等级：DD

紫茎前胡
Peucedanum violaceum Shan et M. L. Sheh
- 习　　性：多年生草本
- 海　　拔：2100～3500 m
- 分　　布：西藏
- 濒危等级：NT D1

泰山前胡
Peucedanum wawrae（H. Wolff）Su ex M. L. Sheh
- 习　　性：多年生草本
- 海　　拔：0～500 m
- 分　　布：安徽、江苏、山东
- 濒危等级：NT B1ab（i，iii）；C1
- 资源利用：药用（中草药）

武隆前胡
Peucedanum wulongense Shan et M. L. Sheh
- 习　　性：多年生草本
- 海　　拔：约600 m
- 分　　布：重庆
- 濒危等级：NT B1ab（i，iii）

云南前胡
Peucedanum yunnanense H. Wolff
- 习　　性：多年生草本
- 海　　拔：约2000 m
- 分　　布：云南
- 濒危等级：DD

胀果芹属 Phlojodicarpus Turcz. ex Ledeb.

胀果芹
Phlojodicarpus sibiricus（Fisch. ex Spreng.）Koso-Pol.
- 习　　性：多年生草本
- 海　　拔：500～1100 m
- 国内分布：河北、黑龙江、内蒙古
- 国外分布：俄罗斯、蒙古
- 濒危等级：LC

柔毛胀果芹
Phlojodicarpus villosus（Turcz. ex Fisch. et C. A. Mey.）Turcz. ex Ledeb.
- 习　　性：多年生草本
- 海　　拔：800～1200 m
- 国内分布：内蒙古
- 国外分布：俄罗斯、蒙古
- 濒危等级：LC

滇芎属 Physospermopsis H. Wolff

全叶滇芎
Physospermopsis alepidioides（H. Wolff et Hand. -Mazz.）Shan
- 习　　性：多年生草本
- 海　　拔：2200～3300 m
- 分　　布：四川
- 濒危等级：LC

楔叶滇芎
Physospermopsis cuneata H. Wolff
- 习　　性：多年生草本
- 海　　拔：3300～3400 m
- 分　　布：四川、云南
- 濒危等级：LC

滇芎
Physospermopsis delavayi（Franch.）H. Wolff
- 习　　性：多年生草本
- 海　　拔：2800～3900 m
- 分　　布：四川、云南
- 濒危等级：LC

小滇芎
Physospermopsis kingdon-wardii（H. Wolff）C. Norman
- 习　　性：多年生草本
- 海　　拔：2700～4800 m
- 国内分布：四川、西藏、云南
- 国外分布：不丹、尼泊尔、印度
- 濒危等级：LC

木里滇芎
Physospermopsis muliensis Shan et S. L. Liou

习　　性：多年生草本
海　　拔：3100～4000 m
分　　布：四川、云南
濒危等级：NT B1ab（i，iii）

波棱滇芎
Physospermopsis obtusiuscula(Wall. ex DC.) C. Norman
　　习　　性：多年生草本
　　海　　拔：3900～4300 m
　　国内分布：四川、西藏、云南
　　国外分布：不丹、尼泊尔、印度
　　濒危等级：LC

紫脉滇芎
Physospermopsis rubrinervis(Franch.) C. Norman
　　习　　性：多年生草本
　　海　　拔：3200～4800 m
　　国内分布：四川、云南
　　国外分布：尼泊尔、印度
　　濒危等级：LC

丽江滇芎
Physospermopsis shaniana C. Y. Wu et F. T. Pu
　　习　　性：多年生草本
　　海　　拔：2900～4500 m
　　国内分布：四川、西藏、云南
　　国外分布：缅甸
　　濒危等级：LC

茴芹属 Pimpinella L.

尖叶茴芹
Pimpinella acuminata(Edgew.) C. B. Clarke
　　习　　性：多年生草本
　　海　　拔：2000～2300 m
　　国内分布：青海、四川、西藏、云南
　　国外分布：巴基斯坦、克什米尔地区、印度
　　濒危等级：LC

茴芹
Pimpinella anisum L.
　　习　　性：一年生草本
　　分　　布：新疆
　　濒危等级：VU B1ab（i，iii）

锐叶茴芹
Pimpinella arguta Diels
　　习　　性：多年生草本
　　海　　拔：1300～3400 m
　　分　　布：甘肃、贵州、河北、河南、湖北、陕西、四川
　　濒危等级：LC

深紫茴芹
Pimpinella atropurpurea C. Y. Wu ex Shan et F. T. Pu
　　习　　性：多年生草本
　　海　　拔：2900～3500 m
　　分　　布：云南
　　濒危等级：LC

重波茴芹
Pimpinella bisinuata H. Wolff
　　习　　性：多年生草本
　　海　　拔：1000～3500 m
　　分　　布：四川、云南
　　濒危等级：LC

短果茴芹
Pimpinella brachycarpa(Kom.) Nakai
　　习　　性：多年生草本
　　海　　拔：500～900 m
　　国内分布：贵州、河北、吉林、辽宁、山西
　　国外分布：朝鲜、俄罗斯
　　濒危等级：LC
　　资源利用：食用（野菜）

短柱茴芹
Pimpinella brachystyla Hand. -Mazz.
　　习　　性：多年生草本
　　海　　拔：500～2000 m
　　分　　布：甘肃、河北、内蒙古、山西
　　濒危等级：LC

具萼茴芹
Pimpinella calycina Maxim.
　　习　　性：多年生草本
　　国内分布：东北
　　国外分布：朝鲜、日本
　　濒危等级：LC

杏叶茴芹
Pimpinella candolleana Wight et Arn.
　　习　　性：多年生草本
　　海　　拔：1300～3500 m
　　国内分布：广东、广西、贵州、四川、云南
　　国外分布：印度
　　濒危等级：LC
　　资源利用：药用（中草药）

尾尖茴芹
Pimpinella caudata(Franch.) H. Wolff
　　习　　性：多年生草本
　　海　　拔：3000～3600 m
　　分　　布：四川、西藏、云南
　　濒危等级：LC

中甸茴芹
Pimpinella chungdienensis C. Y. Wu
　　习　　性：多年生草本
　　海　　拔：2400～3500 m
　　分　　布：四川、西藏、云南
　　濒危等级：LC

蛇床茴芹
Pimpinella cnidioides H. Pearson ex H. Wolff
　　习　　性：多年生草本
　　海　　拔：约750 m
　　分　　布：河北、黑龙江、吉林
　　濒危等级：LC

革叶茴芹
Pimpinella coriacea(Franch.) H. Boissieu
　　习　　性：多年生草本
　　海　　拔：900～3200 m

伞形科 APIACEAE

分　　布：广西、贵州、四川、云南
濒危等级：LC

异叶茴芹
Pimpinella diversifolia DC.

异叶茴芹（原变种）
Pimpinella diversifolia var. **diversifolia**
习　　性：多年生草本
海　　拔：200~3300 m
国内分布：福建、甘肃、广东、广西、海南、河南、湖北、湖南、青海、山东、山西、四川
国外分布：阿富汗、巴基斯坦、不丹、柬埔寨、克什米尔地区、尼泊尔、日本、印度、越南
濒危等级：LC
资源利用：药用（中草药）

尖瓣异叶茴芹
Pimpinella diversifolia var. **angustipetala** Shan et F. T. Pu
习　　性：多年生草本
分　　布：四川
濒危等级：LC

走茎异叶茴芹
Pimpinella diversifolia var. **stolonifera** Hand.-Mazz.
习　　性：多年生草本
海　　拔：1800~3300 m
国内分布：四川、云南
国外分布：不丹、尼泊尔、印度
濒危等级：LC

城口茴芹
Pimpinella fargesii H. Boissieu
习　　性：多年生草本
海　　拔：500~3400 m
分　　布：湖北、江西、四川
濒危等级：LC

细柄茴芹
Pimpinella filipedicellata S. L. Liou
习　　性：多年生草本
分　　布：西藏
濒危等级：LC

细软茴芹
Pimpinella flaccida C. B. Clarke
习　　性：一年生草本
海　　拔：2200~3800 m
国内分布：四川、云南
国外分布：印度
濒危等级：LC

灰叶茴芹
Pimpinella grisea H. Wolff
习　　性：二年生草本
海　　拔：1200~4000 m
分　　布：西藏、云南
濒危等级：LC

沼生茴芹
Pimpinella helosciadoidea H. Boissieu
习　　性：多年生草本
海　　拔：1300~1600 m
分　　布：湖北、四川
濒危等级：LC

川鄂茴芹
Pimpinella henryi Diels
习　　性：多年生草本
海　　拔：1500~3100 m
分　　布：甘肃、湖北、陕西、四川
濒危等级：LC

德钦茴芹
Pimpinella kingdon-wardii H. Wolff
习　　性：多年生草本
海　　拔：1700~4000 m
分　　布：四川、西藏、云南
濒危等级：LC

辽冀茴芹
Pimpinella komarovii (Kitag.) Shan et F. T. Pu
习　　性：多年生草本
国内分布：河北、黑龙江、辽宁
国外分布：朝鲜
濒危等级：LC

朝鲜茴芹
Pimpinella koreana (Y. Yabe) Nakai
习　　性：多年生草本
海　　拔：500~1500 m
国内分布：浙江
国外分布：朝鲜、日本
濒危等级：NT B1ab (i, iii)

景东茴芹
Pimpinella liana M. Hiroe
习　　性：多年生草本
海　　拔：1200~2400 m
分　　布：云南
濒危等级：LC

台湾茴芹
Pimpinella niitakayamensis Hayata
习　　性：多年生草本
海　　拔：2000~3500 m
分　　布：台湾
濒危等级：LC

林芝茴芹
Pimpinella nyingchiensis Z. H. Pan et K. Yao
习　　性：多年生草本
海　　拔：约3100 m
分　　布：西藏
濒危等级：NT B1ab (i, iii)

喜马拉雅茴芹
Pimpinella pimpinellisimulacrum (Farille et Malla) Farille
习　　性：多年生草本
海　　拔：4100~4500 m
国内分布：西藏
国外分布：尼泊尔

濒危等级：NT B1ab（i，iii）

微毛茴芹
Pimpinella puberula(DC.)Boiss.
　　习　　性：一年生草本
　　海　　拔：1000～1800 m
　　国内分布：新疆
　　国外分布：阿富汗、巴基斯坦、俄罗斯、哈萨克斯坦、吉尔吉斯斯坦、塔吉克斯坦、土库曼斯坦、乌兹别克斯坦
　　濒危等级：LC

紫瓣茴芹
Pimpinella purpurea(Franch.)H. Boissieu
　　习　　性：多年生草本
　　海　　拔：3000～3800 m
　　国内分布：云南
　　国外分布：缅甸
　　濒危等级：LC

下曲茴芹
Pimpinella refracta H. Wolff
　　习　　性：一年生草本
　　海　　拔：约2000 m
　　分　　布：贵州、云南
　　濒危等级：LC

肾叶茴芹
Pimpinella renifolia H. Wolff
　　习　　性：多年生草本
　　海　　拔：约1800 m
　　分　　布：湖北
　　濒危等级：LC

菱叶茴芹
Pimpinella rhomboidea Diels

菱叶茴芹（原变种）
Pimpinella rhomboidea var. **rhomboidea**
　　习　　性：多年生草本
　　海　　拔：900～3700 m
　　分　　布：甘肃、贵州、河北、河南、陕西、四川
　　濒危等级：LC

小菱叶茴芹
Pimpinella rhomboidea var. **tenuiloba** Shan et F. T. Pu
　　习　　性：多年生草本
　　海　　拔：2600～3400 m
　　分　　布：四川
　　濒危等级：LC

丽江茴芹
Pimpinella rockii H. Wolff
　　习　　性：多年生草本
　　海　　拔：2800～4500 m
　　分　　布：云南
　　濒危等级：LC

少花茴芹
Pimpinella rubescens(Franch.)H. Wolff ex Hand.-Mazz.
　　习　　性：一年生草本
　　海　　拔：3000～3600 m
　　分　　布：四川、云南
　　濒危等级：NT B1ab（i，iii）

锯边茴芹
Pimpinella serra Franch. et Sav.
　　习　　性：一年生草本
　　海　　拔：800～900 m
　　国内分布：安徽
　　国外分布：日本
　　濒危等级：LC

木里茴芹
Pimpinella silvatica Hand.-Mazz.
　　习　　性：一年生草本
　　海　　拔：2500～3400 m
　　分　　布：四川、云南
　　濒危等级：LC

直立茴芹
Pimpinella smithii H. Wolff
　　习　　性：多年生草本
　　海　　拔：1400～3600 m
　　分　　布：甘肃、广西、河南、湖北、内蒙古、青海、山西、陕西、四川、云南
　　濒危等级：LC

羊红膻
Pimpinella thellungiana H. Wolff
　　习　　性：多年生草本
　　海　　拔：600～2300 m
　　国内分布：河北、黑龙江、吉林、辽宁、内蒙古、山东、山西、陕西
　　国外分布：俄罗斯
　　濒危等级：LC
　　资源利用：药用（中草药，兽药）

藏茴芹
Pimpinella tibetanica H. Wolff
　　习　　性：多年生草本
　　海　　拔：1200～3000 m
　　国内分布：四川、西藏、云南
　　国外分布：不丹、尼泊尔、印度
　　濒危等级：LC

瘤果茴芹
Pimpinella tonkinensis Cherm.
　　习　　性：多年生草本
　　海　　拔：1500～2200 m
　　国内分布：香港、云南
　　国外分布：越南
　　濒危等级：NT B1ab（i，iii）

三出叶茴芹
Pimpinella triternata Diels
　　习　　性：多年生草本
　　海　　拔：800～1700 m
　　分　　布：重庆
　　濒危等级：NT B1ab（i，iii）

谷生茴芹
Pimpinella valleculosa K. T. Fu
习　　性：多年生草本
海　　拔：400~1200 m
分　　布：甘肃、湖北、陕西、四川
濒危等级：LC

多花茴芹
Pimpinella xizangensis Shan et F. T. Pu
习　　性：多年生草本
海　　拔：约2700 m
分　　布：西藏
濒危等级：NT B1ab（i，iii）

云南茴芹
Pimpinella yunnanensis(Franch.) H. Wolff
习　　性：多年生草本
海　　拔：1400~3200 m
分　　布：河北
濒危等级：LC

簇苞芹属 Pleurospermopsis C. Norman

簇苞芹
Pleurospermopsis sikkimensis(C. B. Clarke) C. Norman
习　　性：二年生或多年生草本
海　　拔：约4000 m
国内分布：西藏
国外分布：不丹、尼泊尔、印度
濒危等级：LC

棱子芹属 Pleurospermum Hoffm.

白苞棱子芹
Pleurospermum album C. B. Clarke ex H. Wolff
习　　性：多年生草本
海　　拔：3900~4900 m
国内分布：西藏
国外分布：不丹、尼泊尔、印度
濒危等级：NT B1ab（i，iii）

美丽棱子芹
Pleurospermum amabile Craib ex W. W. Sm.
习　　性：多年生草本
海　　拔：3000~5100 m
国内分布：西藏、云南
国外分布：不丹、印度
濒危等级：VU A2c+3c；B1ab（i，iii）

归叶棱子芹
Pleurospermum angelicoides(Wall. ex DC.) Benth. ex C. B. Clarke
习　　性：多年生草本
海　　拔：3000~4000 m
国内分布：四川、西藏、云南
国外分布：不丹、克什米尔地区、缅甸、尼泊尔、印度
濒危等级：LC

畸形棱子芹
Pleurospermum anomalum B. Fedtsch.
习　　性：多年生草本
国内分布：新疆
国外分布：俄罗斯、哈萨克斯坦、蒙古
濒危等级：LC

紫色棱子芹
Pleurospermum apiolens C. B. Clarke
习　　性：多年生草本
海　　拔：3800~4700 m
国内分布：西藏
国外分布：不丹、尼泊尔、印度
濒危等级：LC

芳香棱子芹
Pleurospermum aromaticum W. W. Sm.
习　　性：多年生草本
海　　拔：3800~4100 m
分　　布：四川、西藏、云南
濒危等级：LC

雅江棱子芹
Pleurospermum astrantioideum(H. Boissieu) K. T. Fu et Y. C. Ho
习　　性：多年生草本
海　　拔：4000~4600 m
分　　布：四川
濒危等级：NT A2c+3c；B1ab（i，iii）

宝兴棱子芹
Pleurospermum benthamii(Wall. ex DC.) C. B. Clarke
习　　性：多年生草本
海　　拔：2200~4300 m
国内分布：四川、新疆、云南
国外分布：不丹、缅甸、尼泊尔、印度
濒危等级：LC

二色棱子芹
Pleurospermum bicolor(Franch.) C. Norman ex Z. H. Pan et M. F. Watson
习　　性：多年生草本
海　　拔：3500~4300 m
分　　布：四川、西藏、云南
濒危等级：LC

疣叶棱子芹
Pleurospermum calcareum H. Wolff
习　　性：多年生草本
海　　拔：3200~4200 m
分　　布：云南
濒危等级：DD

鸡冠棱子芹
Pleurospermum cristatum H. Boissieu
习　　性：二年生草本
海　　拔：1000~2600 m
分　　布：安徽、甘肃、河南、湖北、宁夏、青海、山西、陕西、四川
濒危等级：LC

翼叶棱子芹
Pleurospermum decurrens Franch.
习　　性：多年生草本

海　　拔：3000~4000 m
分　　布：云南
濒危等级：LC

丽江棱子芹
Pleurospermum foetens Franch.
习　　性：多年生草本
海　　拔：3600~4500 m
分　　布：甘肃、四川、西藏、云南
濒危等级：LC

松潘棱子芹
Pleurospermum franchianum Hemsl.
习　　性：多年生草本
海　　拔：2500~4300 m
分　　布：甘肃、湖北、宁夏、青海、陕西、四川
濒危等级：LC

太白棱子芹
Pleurospermum giraldii Diels
习　　性：多年生草本
海　　拔：3000~3600 m
分　　布：甘肃、湖北、陕西、四川
濒危等级：LC
资源利用：药用（中草药）

多枝棱子芹
Pleurospermum gonocaulum (M. Pop.) K. M. Shen
习　　性：多年生草本
国内分布：新疆
国外分布：哈萨克斯坦
濒危等级：LC

高山棱子芹
Pleurospermum handelii H. Wolff ex Hand.-Mazz.
习　　性：多年生草本
海　　拔：2900~4100 m
国内分布：云南
国外分布：缅甸
濒危等级：LC

垫状棱子芹
Pleurospermum hedinii Diels
习　　性：多年生草本
海　　拔：4200~5000 m
分　　布：青海、西藏、云南
濒危等级：LC

芷叶棱子芹
Pleurospermum heracleifolium Franch. ex H. Boissieu
习　　性：多年生草本
海　　拔：3000~3900 m
分　　布：西藏、云南
濒危等级：LC

异伞棱子芹
Pleurospermum heterosciadium H. Wolff
习　　性：多年生草本
海　　拔：3500~4500 m
分　　布：四川、西藏
濒危等级：LC

喜马拉雅棱子芹
Pleurospermum hookeri C. B. Clarke

喜马拉雅棱子芹（原变种）
Pleurospermum hookeri var. **hookeri**
习　　性：多年生草本
海　　拔：4100~5400 m
国内分布：西藏、云南
国外分布：不丹、尼泊尔、印度
濒危等级：LC

西藏棱子芹
Pleurospermum hookeri var. **thomsonii** C. B. Clarke
习　　性：多年生草本
海　　拔：2700~4500 m
分　　布：甘肃、青海、四川、西藏、云南
濒危等级：LC

天山棱子芹
Pleurospermum lindleyanum (Klotzsch) B. Fedtsch.
习　　性：多年生草本
海　　拔：约4000 m
国内分布：西藏、新疆
国外分布：巴基斯坦、克什米尔地区、印度
濒危等级：LC

线裂棱子芹
Pleurospermum linearilobum W. W. Sm.
习　　性：多年生草本
海　　拔：2400~3000 m
分　　布：四川、云南
濒危等级：LC

长果棱子芹
Pleurospermum longicarpum Shan et Z. H. Pan
习　　性：多年生草本
海　　拔：约3100 m
分　　布：西藏、云南
濒危等级：NT B1ab（i, iii）

大苞棱子芹
Pleurospermum macrochlaenum K. T. Fu et Y. C. Ho
习　　性：多年生草本
海　　拔：约3500 m
分　　布：西藏
濒危等级：LC

矮棱子芹
Pleurospermum nanum Franch.
习　　性：多年生草本
海　　拔：2600~4600 m
分　　布：西藏、云南
濒危等级：LC

皱果棱子芹
Pleurospermum nubigenum H. Wolff
习　　性：多年生草本
海　　拔：约4900 m
分　　布：四川、西藏、云南
濒危等级：NT B1ab（i, iii）

疏毛棱子芹
Pleurospermum pilosum C. B. Clarke ex H. Wolff
- 习　　性：多年生草本
- 海　　拔：约 4100 m
- 国内分布：西藏
- 国外分布：不丹、印度
- 濒危等级：NT B1ab（i，iii）

青藏棱子芹
Pleurospermum pulszkyi Kanitz
- 习　　性：多年生草本
- 海　　拔：3600~4600 m
- 分　　布：甘肃、青海、西藏、云南
- 濒危等级：LC

心叶棱子芹
Pleurospermum rivulorum(Diels) M. Hiroe
- 习　　性：多年生草本
- 海　　拔：3100~4000 m
- 分　　布：云南
- 濒危等级：LC

红花棱子芹
Pleurospermum roseum(Korov.) K. M. Shen
- 习　　性：多年生草本
- 分　　布：新疆
- 濒危等级：LC

圆叶棱子芹
Pleurospermum rotundatum(DC.) C. B. Clarke
- 习　　性：多年生草本
- 海　　拔：3300~3800 m
- 国内分布：西藏
- 国外分布：尼泊尔
- 濒危等级：NT B1ab（i，iii）

岩生棱子芹
Pleurospermum rupestre(Popov) K. T. Fu et Y. C. Ho
- 习　　性：多年生草本
- 海　　拔：2500~3500 m
- 国内分布：新疆
- 国外分布：土库曼斯坦
- 濒危等级：LC

单茎棱子芹
Pleurospermum simplex(Rupr.) Benth. et Hook. f. ex Drude
- 习　　性：多年生草本
- 海　　拔：约 2500 m
- 国内分布：新疆
- 国外分布：土库曼斯坦
- 濒危等级：LC

尖头棱子芹
Pleurospermum stellatum(D. Don) Benth. ex C. B. Clarke
- 习　　性：多年生草本
- 海　　拔：约 3500 m
- 国内分布：西藏
- 国外分布：巴基斯坦、克什米尔地区、尼泊尔、印度
- 濒危等级：LC

新疆棱子芹
Pleurospermum stylosum C. B. Clarke
- 习　　性：多年生草本
- 海　　拔：约 3800 m
- 国内分布：新疆
- 国外分布：阿富汗、巴基斯坦、克什米尔地区、印度
- 濒危等级：LC

青海棱子芹
Pleurospermum szechenyii Kanitz
- 习　　性：多年生草本
- 海　　拔：3700~4200 m
- 分　　布：甘肃、青海、西藏
- 濒危等级：LC

三深裂棱子芹
Pleurospermum tripartitum F. T. Pu, R. Li et H. Li
- 习　　性：多年生草本
- 海　　拔：约 3100 m
- 分　　布：云南
- 濒危等级：DD

泽库棱子芹
Pleurospermum tsekuense Shan
- 习　　性：多年生草本
- 海　　拔：3400~3500 m
- 分　　布：青海
- 濒危等级：NT A2c；C1

棱子芹
Pleurospermum uralense Hoffm.
- 习　　性：多年生草本
- 国内分布：河北、吉林、辽宁、内蒙古、山西、陕西
- 国外分布：俄罗斯、蒙古、日本
- 濒危等级：LC

粗茎棱子芹
Pleurospermum wilsonii H. Boissieu
- 习　　性：多年生草本
- 海　　拔：3000~4500 m
- 国内分布：甘肃、青海、四川、西藏、云南
- 国外分布：尼泊尔
- 濒危等级：LC

瘤果棱子芹
Pleurospermum wrightianum H. Boissieu
- 习　　性：多年生草本
- 海　　拔：3600~4600 m
- 分　　布：青海、四川、西藏、云南
- 濒危等级：LC

云南棱子芹
Pleurospermum yunnanense Franch.
- 习　　性：多年生草本
- 海　　拔：3600~4100 m
- 国内分布：云南

国外分布：缅甸
濒危等级：LC

栓翅芹属 Prangos Lindl.

毛栓翅芹
Prangos cachroides(Schrenk ex Fisch. et C. A. Mey.) Pimenov et V. N. Tikhom.
 习 性：多年生草本
 海 拔：400~900 m
 国内分布：新疆
 国外分布：俄罗斯、哈萨克斯坦、吉尔吉斯斯坦、塔吉克斯坦
 濒危等级：LC

双生栓翅芹
Prangos didyma(Regel)Pimenov et V. N. Tikhom.
 习 性：多年生草本
 海 拔：400~1300 m
 国内分布：新疆
 国外分布：吉尔吉斯斯坦、塔吉克斯坦
 濒危等级：LC

新疆栓翅芹
Prangos herderi X. Y. Chen et Q. X. Liu
 习 性：多年生草本
 海 拔：约1100 m
 分 布：新疆
 濒危等级：NT C1

大果栓翅芹
Prangos ledebourii Herrnst. et Heyn
 习 性：多年生草本
 海 拔：500~1100 m
 国内分布：新疆
 国外分布：俄罗斯、哈萨克斯坦、吉尔吉斯斯坦、乌兹别克斯坦
 濒危等级：LC

囊瓣芹属 Pternopetalum Franch.

散血芹
Pternopetalum botrychioides(Dunn)Hand.-Mazz.

散血芹（原变种）
Pternopetalum botrychioides var. **botrychioides**
 习 性：多年生草本
 海 拔：700~3000 m
 分 布：贵州、四川、云南
 濒危等级：LC

宽叶散血芹
Pternopetalum botrychioides var. **latipinnulatum** Shan
 习 性：多年生草本
 海 拔：800~1400 m
 分 布：四川
 濒危等级：LC

丛枝囊瓣芹
Pternopetalum caespitosum Shan
 习 性：多年生草本
 海 拔：2300~3600 m
 分 布：甘肃、陕西、四川、西藏
 濒危等级：LC

心果囊瓣芹
Pternopetalum cardiocarpum(Franch.)Hand.-Mazz.
 习 性：多年生草本
 海 拔：2700~4300 m
 分 布：四川、西藏、云南
 濒危等级：LC

骨缘囊瓣芹
Pternopetalum cartilagineum C. Y. Wu ex Shan et F. T. Pu
 习 性：多年生草本
 海 拔：2400~2500 m
 分 布：云南
 濒危等级：LC

囊瓣芹
Pternopetalum davidii Franch.
 习 性：多年生草本
 海 拔：1500~3000 m
 分 布：甘肃、贵州、湖北、陕西、四川、云南
 濒危等级：LC

澜沧囊瓣芹
Pternopetalum delavayi(Franch.)Hand.-Mazz.
 习 性：多年生草本
 海 拔：2300~4500 m
 分 布：四川、西藏、云南
 濒危等级：LC

嫩弱囊瓣芹
Pternopetalum delicatulum(H. Wolff)Hand.-Mazz.
 习 性：多年生草本
 海 拔：800~3000 m
 分 布：贵州、四川、云南
 濒危等级：LC

羊齿囊瓣芹
Pternopetalum filicinum(Franch.)Hand.-Mazz.
 习 性：多年生草本
 海 拔：1500~3900 m
 分 布：甘肃、湖北、青海、陕西、四川、云南
 濒危等级：LC

纤细囊瓣芹
Pternopetalum gracillimum(H. Wolff)Hand.-Mazz.
 习 性：多年生草本
 海 拔：1500~3400 m
 分 布：甘肃、湖北、四川、云南
 濒危等级：LC

异叶囊瓣芹
Pternopetalum heterophyllum Hand.-Mazz.

习　　性：多年生草本
海　　拔：1200～3400 m
分　　布：甘肃、湖北、湖南、青海、陕西、四川
濒危等级：LC

薄叶囊瓣芹
Pternopetalum leptophyllum(Dunn)Hand.-Mazz.
　　习　　性：多年生草本
　　海　　拔：1000～1800 m
　　分　　布：四川
　　濒危等级：LC
　　资源利用：药用（中草药）

长茎囊瓣芹
Pternopetalum longicaule Shan

长茎囊瓣芹（原变种）
Pternopetalum longicaule var. **longicaule**
　　习　　性：多年生草本
　　海　　拔：2000～3200 m
　　分　　布：贵州、四川、西藏
　　濒危等级：LC

短茎囊瓣芹
Pternopetalum longicaule var. **humile** Shan et F. T. Pu
　　习　　性：多年生草本
　　海　　拔：1900～3700 m
　　分　　布：甘肃、陕西、四川
　　濒危等级：LC

洱源囊瓣芹
Pternopetalum molle(Franch.)Hand.-Mazz.

洱源囊瓣芹（原变种）
Pternopetalum molle var. **molle**
　　习　　性：多年生草本
　　海　　拔：2600～3500 m
　　分　　布：四川、云南
　　濒危等级：LC

裂叶囊瓣芹
Pternopetalum molle var. **dissectum** Shan et F. T. Pu
　　习　　性：多年生草本
　　海　　拔：1400～3200 m
　　分　　布：四川、云南
　　濒危等级：LC

裸茎囊瓣芹
Pternopetalum nudicaule(H. Boissieu)Hand.-Mazz.
　　习　　性：多年生草本
　　海　　拔：600～1800 m
　　国内分布：广东、广西、贵州、湖南、云南
　　国外分布：印度、越南
　　濒危等级：LC

川鄂囊瓣芹
Pternopetalum rosthornii(Diels)Hand.-Mazz.
　　习　　性：多年生草本
　　海　　拔：1300～2100 m
　　分　　布：湖北、四川
　　濒危等级：LC

华囊瓣芹
Pternopetalum sinense(Franch.)Hand.-Mazz.
　　习　　性：多年生草本
　　海　　拔：1400～3100 m
　　分　　布：云南
　　濒危等级：LC

高山囊瓣芹
Pternopetalum subalpinum Hand.-Mazz.
　　习　　性：多年生草本
　　海　　拔：3000～4100 m
　　国内分布：云南
　　国外分布：不丹、印度
　　濒危等级：LC

东亚囊瓣芹
Pternopetalum tanakae(Franch. et Sav.)Hand.-Mazz.

东亚囊瓣芹（原变种）
Pternopetalum tanakae var. **tanakae**
　　习　　性：多年生草本
　　海　　拔：700～1600 m
　　分　　布：安徽、福建
　　濒危等级：LC

假苞囊瓣芹
Pternopetalum tanakae var. **fulcratum** Y. H. Zhang
　　习　　性：多年生草本
　　海　　拔：约1500 m
　　分　　布：安徽、福建、江西、浙江
　　濒危等级：LC

膜蕨囊瓣芹
Pternopetalum trichomanifolium(Franch.)Hand.-Mazz.
　　习　　性：多年生草本
　　海　　拔：600～2400 m
　　分　　布：广东、广西、贵州、湖北、湖南、江西、四川、西藏、云南
　　濒危等级：LC

鹧鸪山囊瓣芹
Pternopetalum trifoliatum Shan et F. T. Pu
　　习　　性：多年生草本
　　海　　拔：3400～3900 m
　　分　　布：四川
　　濒危等级：LC

五匹青
Pternopetalum vulgare(Dunn)Hand.-Mazz.
　　濒危等级：LC

五匹青（原变种）
Pternopetalum vulgare var. **vulgare**
　　习　　性：多年生草本
　　海　　拔：1400～3500 m
　　国内分布：甘肃、贵州、湖北、湖南、陕西、四川、云南
　　国外分布：缅甸、尼泊尔、印度
　　濒危等级：LC

资源利用：药用（中草药）

尖叶五匹青
Pternopetalum vulgare var. **acuminatum** C. Y. Wu ex Shan et F. T. Pu
- 习　　性：多年生草本
- 海　　拔：1300~1600 m
- 分　　布：陕西、四川、云南
- 濒危等级：LC

毛叶五匹青
Pternopetalum vulgare var. **strigosum** Shan et F. T. Pu
- 习　　性：多年生草本
- 海　　拔：1900~2500 m
- 分　　布：四川
- 濒危等级：LC

滇西囊瓣芹
Pternopetalum wolffianum（Fedde ex H. Wolff）Hand. -Mazz.
- 习　　性：多年生草本
- 海　　拔：2000~3300 m
- 分　　布：贵州、云南
- 濒危等级：LC

宜良囊瓣芹
Pternopetalum yiliangense Shan et F. T. Pu
- 习　　性：多年生草本
- 海　　拔：1900~2000 m
- 分　　布：云南
- 濒危等级：LC

翅棱芹属 Pterygopleurum Kitag.

脉叶翅棱芹
Pterygopleurum neurophyllum（Maxim.）Kitag.
- 习　　性：多年生草本
- 海　　拔：约 15 m
- 国内分布：安徽、江苏、浙江
- 国外分布：朝鲜、日本
- 濒危等级：VU A2c；D

变豆菜属 Sanicula L.

川滇变豆菜
Sanicula astrantiifolia H. Wolff ex Kretsch.
- 习　　性：多年生草本
- 海　　拔：1900~3000 m
- 分　　布：四川、西藏、云南
- 濒危等级：LC
- 资源利用：药用（中草药）

天蓝变豆菜
Sanicula caerulescens Franch.
- 习　　性：多年生草本
- 海　　拔：800~1600 m
- 分　　布：重庆、四川、云南
- 濒危等级：NT A2c+3c
- 资源利用：药用（中草药）

变豆菜
Sanicula chinensis Bunge
- 习　　性：多年生草本
- 海　　拔：200~2300 m
- 国内分布：全国广布
- 国外分布：朝鲜、俄罗斯、日本
- 濒危等级：LC

软雀花
Sanicula elata Buch. -Ham. ex D. Don
- 习　　性：多年生草本
- 海　　拔：800~3200 m
- 国内分布：广西、四川、西藏、云南
- 国外分布：巴基斯坦、不丹、菲律宾、马来西亚、缅甸、尼泊尔、日本、斯里兰卡、印度、印度尼西亚、越南
- 濒危等级：LC
- 资源利用：药用（中草药）

长序变豆菜
Sanicula elongata K. T. Fu
- 习　　性：多年生草本
- 海　　拔：1200~1600 m
- 分　　布：甘肃、陕西
- 濒危等级：NT B1ab（i，iii）

首阳变豆菜
Sanicula giraldii H. Wolff

首阳变豆菜（原变种）
Sanicula giraldii var. **giraldii**
- 习　　性：多年生草本
- 海　　拔：1500~3400 m
- 分　　布：甘肃、河北、河南、青海、山西、陕西、四川、西藏
- 濒危等级：LC

卵萼变豆菜
Sanicula giraldii var. **ovicalycina** Shan et S. L. Liou
- 习　　性：多年生草本
- 海　　拔：1300~1600 m
- 分　　布：重庆、陕西
- 濒危等级：DD

鳞果变豆菜
Sanicula hacquetioides Franch.
- 习　　性：多年生草本
- 海　　拔：2600~3800 m
- 分　　布：贵州、四川、西藏、云南
- 濒危等级：LC

薄片变豆菜
Sanicula lamelligera Hance
- 习　　性：多年生草本
- 海　　拔：500~2000 m
- 国内分布：安徽、广东、广西、贵州、湖北、江西、四川、台湾、云南、浙江
- 国外分布：日本
- 濒危等级：LC
- 资源利用：药用（中草药）

直刺变豆菜
Sanicula orthacantha S. Moore

直刺变豆菜（原变种）
Sanicula orthacantha var. **orthacantha**
　　习　　性：多年生草本
　　海　　拔：200～3200 m
　　国内分布：安徽、福建、甘肃、广东、广西、贵州、湖南、江西、陕西、四川、云南、浙江
　　国外分布：柬埔寨、老挝、印度、越南
　　濒危等级：LC

短刺变豆菜
Sanicula orthacantha var. **brevispina** H. Boissieu
　　习　　性：多年生草本
　　海　　拔：1700～2400 m
　　分　　布：重庆、四川
　　濒危等级：NT B1ab（i，iii）
　　资源利用：药用（中草药）

走茎变豆菜
Sanicula orthacantha var. **stolonifera** Shan et S. L. Liou
　　习　　性：多年生草本
　　海　　拔：2300～2500 m
　　分　　布：四川
　　濒危等级：LC

卵叶变豆菜
Sanicula oviformis X. T. Liu et Z. Y. Liu
　　习　　性：多年生草本
　　海　　拔：600～700 m
　　分　　布：重庆
　　濒危等级：LC

彭水变豆菜
Sanicula pengshuiensis M. L. Sheh et Z. Y. Liu
　　习　　性：多年生草本
　　海　　拔：约500 m
　　分　　布：重庆
　　濒危等级：LC

台湾变豆菜
Sanicula petagnioides Hayata
　　习　　性：多年生草本
　　海　　拔：2500～2700 m
　　分　　布：台湾
　　濒危等级：LC

红花变豆菜
Sanicula rubriflora F. Schmidt ex Maxim.
　　习　　性：多年生草本
　　海　　拔：200～500 m
　　国内分布：黑龙江、吉林、辽宁、内蒙古
　　国外分布：朝鲜、俄罗斯、蒙古、日本
　　濒危等级：LC

皱叶变豆菜
Sanicula rugulosa Diels
　　习　　性：多年生草本
　　海　　拔：800～2500 m
　　分　　布：重庆、西藏
　　濒危等级：LC

锯叶变豆菜
Sanicula serrata H. Wolff
　　习　　性：多年生草本
　　海　　拔：1300～3200 m
　　分　　布：湖北、青海、四川、西藏、云南
　　濒危等级：LC

天目变豆菜
Sanicula tienmuensis Shan et Constance

天目变豆菜（原变种）
Sanicula tienmuensis var. **tienmuensis**
　　习　　性：多年生草本
　　海　　拔：500～800 m
　　分　　布：浙江
　　濒危等级：NT A2c＋3c

疏花变豆菜
Sanicula tienmuensis var. **pauciflora** Shan et F. T. Pu
　　习　　性：多年生草本
　　海　　拔：约2300 m
　　分　　布：四川
　　濒危等级：LC

瘤果变豆菜
Sanicula tuberculata Maxim.
　　习　　性：多年生草本
　　海　　拔：200～600 m
　　国内分布：黑龙江
　　国外分布：朝鲜、日本南部
　　濒危等级：LC

防风属 Saposhnikovia Schischk.

防风
Saposhnikovia divaricata(Turcz.)Schischk.
　　习　　性：多年生草本
　　海　　拔：400～800 m
　　国内分布：甘肃、河北、黑龙江、吉林、辽宁、内蒙古、宁夏、山东、山西、陕西
　　国外分布：朝鲜、俄罗斯、蒙古
　　濒危等级：LC
　　资源利用：药用（中草药）

丝叶芹属 Scaligeria DC.

丝叶芹
Scaligeria setacea(Schrenk ex Fisch. et C. A. Mey.)Korovin
　　习　　性：多年生草本
　　国内分布：新疆
　　国外分布：阿富汗、哈萨克斯坦、吉尔吉斯斯坦、塔吉克斯坦
　　濒危等级：LC

针果芹属 Scandix L.

针果芹
Scandix stellata Banks et Sol.
　　习　　性：一年生草本

海　　拔：约2000 m
国内分布：新疆
国外分布：亚洲中部及西南部、地中海地区广布
濒危等级：LC

双球芹属 Schrenkia Fisch. et C. A. Mey.

双球芹
Schrenkia vaginata (Ledeb.) Fisch. et C. A. Mey.
　　习　　性：多年生草本
　　海　　拔：约2000 m
　　国内分布：新疆
　　国外分布：哈萨克斯坦
　　濒危等级：NT D1

苞裂芹属 Schulzia Spreng.

白花苞裂芹
Schulzia albiflora (Kar. et Kir.) Popov
　　习　　性：多年生草本
　　海　　拔：2700~4600 m
　　国内分布：新疆
　　国外分布：俄罗斯、哈萨克斯坦、吉尔吉斯斯坦、塔吉克斯坦
　　濒危等级：LC

长毛苞裂芹
Schulzia crinita (Pall.) Spreng.
　　习　　性：多年生草本
　　海　　拔：2500~2900 m
　　国内分布：新疆
　　国外分布：俄罗斯、哈萨克斯坦、蒙古
　　濒危等级：LC

苞裂芹
Schulzia dissecta (C. B. Clarke) C. Norman
　　习　　性：多年生草本
　　海　　拔：5100~5300 m
　　国内分布：西藏
　　国外分布：不丹、尼泊尔、印度
　　濒危等级：LC

天山苞裂芹
Schulzia prostrata Pimenov et Kljuykov
　　习　　性：多年生草本
　　海　　拔：2500~3200 m
　　国内分布：新疆
　　国外分布：吉尔吉斯斯坦
　　濒危等级：NT B1ab (i, iii)

球根阿魏属 Schumannia Kuntze

球根阿魏
Schumannia karelinii (Bunge) Korovin
　　习　　性：多年生草本
　　海　　拔：500~700 m
　　国内分布：新疆
　　国外分布：吉尔吉斯斯坦、塔吉克斯坦、土库曼斯坦、乌兹别克斯坦、伊朗

濒危等级：VU A2c

亮蛇床属 Selinum L.

亮蛇床
Selinum cryptotaenium H. Boissieu
　　习　　性：多年生草本
　　海　　拔：2500~4100 m
　　分　　布：四川、云南
　　濒危等级：VU B1ab (ii, iii, v)

长萼亮蛇床
Selinum longicalycinum M. L. Sheh
　　习　　性：多年生草本
　　海　　拔：约3600 m
　　分　　布：云南
　　濒危等级：LC

细叶亮蛇床
Selinum wallichianum (DC.) Raizada et H. O. Saxena
　　习　　性：多年生草本
　　海　　拔：2600~4200 m
　　国内分布：四川、西藏、云南
　　国外分布：巴基斯坦、不丹、克什米尔地区、尼泊尔、印度
　　濒危等级：LC

大瓣芹属 Semenovia Regel et Herder

毛果大瓣芹
Semenovia dasycarpa (Regel et Schmalh.) Korovin ex Pimenov et V. N. Tikhom.
　　习　　性：多年生草本
　　海　　拔：2000~3000 m
　　国内分布：新疆
　　国外分布：阿富汗、哈萨克斯坦、吉尔吉斯斯坦、塔吉克斯坦、乌兹别克斯坦
　　濒危等级：LC

密毛大瓣芹
Semenovia pimpinelloides (Nevski) Manden.
　　习　　性：多年生草本
　　海　　拔：2600~3100 m
　　国内分布：新疆
　　国外分布：哈萨克斯坦
　　濒危等级：LC

光果大瓣芹
Semenovia rubtzovii (Schischk.) Manden.
　　习　　性：多年生草本
　　海　　拔：3000~3200 m
　　国内分布：新疆
　　国外分布：哈萨克斯坦
　　濒危等级：LC

大瓣芹
Semenovia transiliensis Regel et Herder
　　习　　性：多年生草本
　　海　　拔：1900~3200 m
　　国内分布：新疆
　　国外分布：哈萨克斯坦、吉尔吉斯斯坦

濒危等级：LC

西风芹属 Seseli L.

大果西风芹
Seseli aemulans Popov
习　　性：多年生草本
海　　拔：约 1000 m
国内分布：新疆
国外分布：哈萨克斯坦
濒危等级：LC

微毛西风芹
Seseli asperulum (Trautv.) Schischk.
习　　性：多年生草本
海　　拔：700~900 m
国内分布：青海、新疆
国外分布：哈萨克斯坦
濒危等级：LC

柱冠西风芹
Seseli coronatum Ledeb.
习　　性：多年生草本
海　　拔：1000~1300 m
国内分布：新疆
国外分布：哈萨克斯坦
濒危等级：LC

多毛西风芹
Seseli delavayi Franch.
习　　性：多年生草本
海　　拔：1500~4500 m
分　　布：云南
濒危等级：NT B1ab（i，iii）；C1

毛序西风芹
Seseli eriocephalum (Pall. ex Spreng.) Schischk.
习　　性：多年生草本
国内分布：新疆
国外分布：哈萨克斯坦
濒危等级：LC

膜盘西风芹
Seseli glabratum Willd. ex Spreng.
习　　性：多年生草本
海　　拔：1000~1500 m
国内分布：新疆
国外分布：哈萨克斯坦、蒙古、乌兹别克斯坦
濒危等级：LC

锐齿西风芹
Seseli incisodentatum K. T. Fu
习　　性：一年生草本
海　　拔：约 900 m
分　　布：甘肃
濒危等级：NT B1ab（i，iii）；D1

内蒙西风芹
Seseli intramongolicum Y. C. Ma
习　　性：多年生草本
海　　拔：1500~2200 m
分　　布：甘肃、内蒙古、宁夏
濒危等级：LC

硬枝西风芹
Seseli junatovii V. M. Vinogr.
习　　性：多年生草本
海　　拔：约 1000 m
分　　布：新疆
濒危等级：LC

竹叶西风芹
Seseli mairei H. Wolff

竹叶西风芹（原变种）
Seseli mairei var. **mairei**
习　　性：多年生草本
海　　拔：1200~3200 m
国内分布：广西、贵州、四川、云南
国外分布：泰国
濒危等级：LC

单叶西风芹
Seseli mairei var. **simplicifolium** C. Y. Wu ex Shan et M. L. Sheh
习　　性：多年生草本
海　　拔：1200~3200 m
分　　布：四川、云南
濒危等级：NT A2c；B1ab（i，iii）；D1

西藏西风芹
Seseli nortonii Fedde ex H. Wolff
习　　性：多年生草本
海　　拔：约 4000 m
分　　布：西藏
濒危等级：LC

紫鞘西风芹
Seseli purpureovaginatum Shan et M. L. Sheh
习　　性：一年生草本
海　　拔：约 3800 m
分　　布：西藏
濒危等级：LC

山西西风芹
Seseli sandbergiae Fedde ex H. Wolff
习　　性：多年生草本
海　　拔：约 1000 m
分　　布：山西
濒危等级：VU A2c；B1ab（i，iii）；C1

无柄西风芹
Seseli sessiliflorum Schrenk
习　　性：多年生草本
海　　拔：700~1500 m
国内分布：新疆
国外分布：哈萨克斯坦、吉尔吉斯斯坦
濒危等级：LC

粗糙西风芹
Seseli squarrulosum Shan et M. L. Sheh
习　　性：多年生草本
海　　拔：1400~3600 m

分　　布：青海、四川
濒危等级：LC
资源利用：药用（中草药）

劲直西风芹
Seseli strictum Ledeb.
　　习　　性：一年生草本
　　海　　拔：约1000 m
　　国内分布：新疆
　　国外分布：俄罗斯、哈萨克斯坦
　　濒危等级：LC

绒果西风芹
Seseli togasii(M. Hiroe)Pimenov et Kljuykov
　　习　　性：多年生草本
　　海　　拔：约1000 m
　　分　　布：吉林
　　濒危等级：EN C1

叉枝西风芹
Seseli valentinae Popov
　　习　　性：二年生或多年生草本
　　海　　拔：1500~2300 m
　　国内分布：新疆
　　国外分布：哈萨克斯坦、吉尔吉斯斯坦
　　濒危等级：LC

松叶西风芹
Seseli yunnanense Franch.
　　习　　性：多年生草本
　　海　　拔：600~3100 m
　　国内分布：四川、云南
　　国外分布：泰国
　　濒危等级：LC

西归芹属 Seselopsis Schischk.

西归芹
Seselopsis tianschanica Schischk.
　　习　　性：二年生草本
　　海　　拔：1500~2500 m
　　国内分布：新疆
　　国外分布：哈萨克斯坦、吉尔吉斯斯坦
　　濒危等级：NT B1ab（i，iii）
　　资源利用：药用（中草药）

小芹属 Sinocarum H. Wolff ex Shan et F. T. Pu

紫茎小芹
Sinocarum coloratum(Diels)H. Wolff ex Shan et F. T. Pu
　　习　　性：多年生草本
　　海　　拔：2900~4600 m
　　国内分布：四川、西藏、云南
　　国外分布：印度
　　濒危等级：LC

钝瓣小芹
Sinocarum cruciatum(Franch.)H. Wolff ex Shan et F. T. Pu

钝瓣小芹（原变种）
Sinocarum cruciatum var. **cruciatum**
　　习　　性：多年生草本
　　海　　拔：2800~4200 m
　　分　　布：四川、西藏、云南
　　濒危等级：LC

尖瓣小芹
Sinocarum cruciatum var. **linearilobum**(Franch.)Shan et F. T. Pu
　　习　　性：多年生草本
　　海　　拔：3500~4200 m
　　国内分布：四川、西藏、云南
　　国外分布：缅甸
　　濒危等级：LC

长柄小芹
Sinocarum dolichopodum(Diels)H. Wolff ex Shan et F. T. Pu
　　习　　性：多年生草本
　　海　　拔：3000~4000 m
　　分　　布：四川、云南
　　濒危等级：VU A2c；B1ab（i，iii）；D1

蕨叶小芹
Sinocarum filicinum H. Wolff
　　习　　性：多年生草本
　　海　　拔：2500~4500 m
　　分　　布：四川、西藏、云南
　　濒危等级：LC

少辐小芹
Sinocarum pauciradiatum Shan et F. T. Pu
　　习　　性：多年生草本
　　海　　拔：3200~4500 m
　　国内分布：四川、西藏、云南
　　国外分布：不丹
　　濒危等级：LC

松林小芹
Sinocarum pityophilum(Diels)H. Wolff
　　习　　性：多年生草本
　　海　　拔：3000~3300 m
　　分　　布：云南
　　濒危等级：LC

裂瓣小芹
Sinocarum schizopetalum(Franch.)H. Wolff ex Shan et M. L. Sheh

裂瓣小芹（原变种）
Sinocarum schizopetalum var. **schizopetalum**
　　习　　性：多年生草本
　　海　　拔：2400~4000 m
　　分　　布：西藏、云南
　　濒危等级：LC

碧江小芹
Sinocarum schizopetalum var. **bijiangense**(S. L. Liou)X. T. Liu
　　习　　性：多年生草本
　　海　　拔：约2400 m
　　国内分布：云南
　　国外分布：缅甸
　　濒危等级：LC

阔鞘小芹
Sinocarum vaginatum H. Wolff
   习　　性：多年生草本
   海　　拔：3200~4300 m
   分　　布：四川、西藏、云南
   濒危等级：LC

舟瓣芹属 Sinolimprichtia H. Wolff

舟瓣芹
Sinolimprichtia alpina H. Wolff

舟瓣芹（原变种）
Sinolimprichtia alpina var. **alpina**
   习　　性：多年生草本
   海　　拔：3300~5000 m
   分　　布：青海、四川、西藏、云南
   濒危等级：LC

裂苞舟瓣芹
Sinolimprichtia alpina var. **dissecta** Shan et S. L. Liou
   习　　性：多年生草本
   海　　拔：3500~4800 m
   分　　布：四川、西藏、云南
   濒危等级：DD

泽芹属 Sium L.

滇西泽芹
Sium frigidum Hand.-Mazz.
   习　　性：多年生草本
   海　　拔：约3500 m
   分　　布：云南
   濒危等级：LC

中亚泽芹
Sium medium Fisch. et C. A. Mey.
   习　　性：多年生草本
   海　　拔：500~1800 m
   国内分布：新疆
   国外分布：哈萨克斯坦、吉尔吉斯斯坦、塔吉克斯坦、乌兹别克斯坦
   濒危等级：LC

拟泽芹
Sium sisaroideum DC.
   习　　性：多年生草本
   海　　拔：100~1300 m
   国内分布：新疆
   国外分布：阿富汗、俄罗斯、哈萨克斯坦、吉尔吉斯斯坦、塔吉克斯坦、土库曼斯坦、乌兹别克斯坦
   濒危等级：LC

泽芹
Sium suave Walt.
   习　　性：多年生草本
   海　　拔：100~1100 m
   国内分布：河北、黑龙江、吉林、江苏、辽宁、内蒙古、宁夏、山东、台湾
   国外分布：朝鲜、俄罗斯、日本
   濒危等级：LC
   资源利用：药用（中草药）

簇花芹属 Soranthus Ledeb.

簇花芹
Soranthus meyeri Ledeb.
   习　　性：多年生草本
   海　　拔：400~800 m
   国内分布：新疆
   国外分布：俄罗斯、哈萨克斯坦
   濒危等级：LC

迷果芹属 Sphallerocarpus Besser ex DC.

迷果芹
Sphallerocarpus gracilis(Besser ex Trevir.)Koso-Pol.
   习　　性：多年生草本
   海　　拔：500~2800 m
   国内分布：甘肃、河北、黑龙江、吉林、辽宁、内蒙古、青海、山西、四川、新疆
   国外分布：俄罗斯、蒙古、日本
   濒危等级：LC

狭腔芹属 Stenocoelium Ledeb.

狭腔芹
Stenocoelium popovii V. M. Vinogr. et Fedor.
   习　　性：多年生草本
   国内分布：新疆
   国外分布：俄罗斯、哈萨克斯坦、蒙古
   濒危等级：LC

毛果狭腔芹
Stenocoelium trichocarpum Schrenk
   习　　性：多年生草本
   海　　拔：1300~2600 m
   国内分布：新疆
   国外分布：哈萨克斯坦
   濒危等级：NT B1ab（i，iii）

伊犁芹属 Talassia Korovin

伊犁芹
Talassia transiliensis(Regel et Herder)S. P. Korovin
   习　　性：多年生草本
   海　　拔：2100~2800 m
   国内分布：新疆
   国外分布：中亚
   濒危等级：NT D1

东俄芹属 Tongoloa H. Wolff

宜昌东俄芹
Tongoloa dunnii(H. Boissieu)H. Wolff
   习　　性：多年生草本
   海　　拔：2000~4000 m
   分　　布：湖北、四川、西藏
   濒危等级：LC

大东俄芹
Tongoloa elata H. Wolff
- 习　　性：多年生草本
- 海　　拔：2300~4300 m
- 分　　布：甘肃、青海、四川
- 濒危等级：LC

细颈东俄芹
Tongoloa filicaudicis K. T. Fu
- 习　　性：多年生草本
- 海　　拔：2800~3800 m
- 分　　布：甘肃
- 濒危等级：LC

纤细东俄芹
Tongoloa gracilis H. Wolff
- 习　　性：多年生草本
- 海　　拔：2300~4500 m
- 国内分布：甘肃、青海、陕西、四川、西藏、云南
- 国外分布：不丹、印度
- 濒危等级：LC

云南东俄芹
Tongoloa loloensis (Franch.) H. Wolff
- 习　　性：多年生草本
- 海　　拔：2500~3600 m
- 国内分布：四川、西藏、云南
- 国外分布：不丹、尼泊尔、印度
- 濒危等级：LC

裂苞东俄芹
Tongoloa napifera (H. Wolff) C. Norman
- 习　　性：多年生草本
- 海　　拔：约 4000 m
- 分　　布：四川
- 濒危等级：LC

少辐东俄芹
Tongoloa pauciradiata H. Wolff
- 习　　性：多年生草本
- 海　　拔：3200~4000 m
- 分　　布：青海、西藏
- 濒危等级：LC

滇西东俄芹
Tongoloa rockii H. Wolff
- 习　　性：多年生草本
- 海　　拔：3800~4700 m
- 分　　布：云南
- 濒危等级：LC

红脉东俄芹
Tongoloa rubronervis S. L. Liou
- 习　　性：多年生草本
- 海　　拔：约 3700 m
- 分　　布：四川
- 濒危等级：NT A2c；B1ab（i, iii）；C1

城口东俄芹
Tongoloa silaifolia (H. Boissieu) H. Wolff
- 习　　性：多年生草本
- 海　　拔：2200~4000 m
- 分　　布：重庆、青海、陕西、四川、云南
- 濒危等级：LC
- 资源利用：药用（中草药）

短鞘东俄芹
Tongoloa smithii H. Wolff
- 习　　性：多年生草本
- 海　　拔：约 4000 m
- 分　　布：四川
- 濒危等级：LC

牯岭东俄芹
Tongoloa stewardii H. Wolff
- 习　　性：多年生草本
- 海　　拔：800~3000 m
- 分　　布：江西、云南
- 濒危等级：NT A2c；D1

条叶东俄芹
Tongoloa taeniophylla (H. Boissieu) H. Wolff
- 习　　性：多年生草本
- 海　　拔：3200~4200 m
- 分　　布：青海、四川、云南
- 濒危等级：LC

细叶东俄芹
Tongoloa tenuifolia H. Wolff
- 习　　性：多年生草本
- 海　　拔：3500~4300 m
- 分　　布：四川、西藏、云南
- 濒危等级：LC

中甸东俄芹
Tongoloa zhongdianensis S. L. Liou
- 习　　性：多年生草本
- 海　　拔：约 2800 m
- 分　　布：云南
- 濒危等级：VU B1ab（i, iii）；C1

阔翅芹属 Tordyliopsis DC.

珠峰阔翅芹
Tordyliopsis brunonis DC.
- 习　　性：多年生草本
- 海　　拔：4200~4300 m
- 国内分布：西藏
- 国外分布：不丹、尼泊尔、印度
- 濒危等级：DD

窃衣属 Torilis Adans.

小窃衣
Torilis japonica (Houtt.) DC.
- 习　　性：一年生或多年生草本
- 海　　拔：100~3800 m
- 国内分布：遍布全国（黑龙江和内蒙古除外）
- 国外分布：广泛丛生于亚洲、欧洲
- 濒危等级：LC
- 资源利用：药用（中草药）；原料（精油）

窃衣
Torilis scabra(Thunb.)DC.
　习　　性：一年生草本
　海　　拔：200~2400 m
　国内分布：安徽、福建、甘肃、广东、广西、贵州、湖北、湖南、江苏、江西、陕西、四川
　国外分布：日本、朝鲜；北美洲引种
　濒危等级：LC
　资源利用：药用（中草药）

瘤果芹属 Trachydium Lindl.

裂苞瘤果芹
Trachydium involucellatum Shan et F. T. Pu
　习　　性：多年生草本
　海　　拔：4000~4500 m
　分　　布：西藏
　濒危等级：LC

瘤果芹
Trachydium roylei Lindl.
　习　　性：多年生草本
　海　　拔：3000~5600 m
　国内分布：四川、西藏
　国外分布：巴基斯坦、克什米尔地区、印度
　濒危等级：LC

单叶瘤果芹
Trachydium simplicifolium W. W. Sm.
　习　　性：多年生草本
　海　　拔：2700~4000 m
　分　　布：云南
　濒危等级：LC

密瘤瘤果芹
Trachydium subnudum C. B. Clarke ex H. Wolff
　习　　性：多年生草本
　海　　拔：3000~5000 m
　国内分布：四川、西藏
　国外分布：印度
　濒危等级：LC

西藏瘤果芹
Trachydium tibetanicum H. Wolff
　习　　性：多年生草本
　海　　拔：3000~4000 m
　分　　布：四川、西藏、云南
　濒危等级：LC

三叶瘤果芹
Trachydium trifoliatum H. Wolff
　习　　性：多年生草本
　海　　拔：约4000 m
　分　　布：四川
　濒危等级：LC

糙果芹属 Trachyspermum Link

细叶糙果芹
Trachyspermum ammi(L.)Sprague
　习　　性：一年生草本
　国内分布：新疆
　国外分布：印度
　濒危等级：LC

滇南糙果芹
Trachyspermum roxburghianum(DC.)H. Wolff
　习　　性：一年生草本
　国内分布：云南
　国外分布：印度
　濒危等级：LC

糙果芹
Trachyspermum scaberulum(Franch.)H. Wolff ex Hand.-Mazz.

糙果芹（原变种）
Trachyspermum scaberulum var. **scaberulum**
　习　　性：多年生草本
　海　　拔：600~2600 m
　分　　布：广西、贵州、四川、云南
　濒危等级：LC

豚草叶糙果芹
Trachyspermum scaberulum var. **ambrosiifolium**(Franch.)Shan
　习　　性：多年生草本
　海　　拔：约3000 m
　分　　布：四川、云南
　濒危等级：LC

马尔康糙果芹
Trachyspermum triradiatum H. Wolff
　习　　性：多年生草本
　海　　拔：2600~3200 m
　分　　布：四川
　濒危等级：VU A2c；B1ab（i，iii）；C1

刺果芹属 Turgenia Hoffm.

刺果芹
Turgenia latifolia(L.)Hoffm.
　习　　性：一年生草本
　海　　拔：约2000 m
　国内分布：新疆
　国外分布：阿富汗、巴基斯坦、俄罗斯、哈萨克斯坦、克什米尔地区
　濒危等级：LC

凹乳芹属 Vicatia DC.

少裂凹乳芹
Vicatia bipinnata Shan et F. T. Pu
　习　　性：多年生草本
　海　　拔：约2700 m
　分　　布：四川、云南
　濒危等级：LC

凹乳芹
Vicatia coniifolia Wall. ex DC.
　习　　性：多年生草本
　海　　拔：3000~4700 m

国内分布：青海、四川、西藏、云南
国外分布：阿富汗、巴基斯坦、不丹、克什米尔地区、尼泊尔、印度
濒危等级：LC

西藏凹乳芹
Vicatia thibetica H. Boissieu
习　　性：多年生草本
海　　拔：2000～5000 m
国内分布：青海、四川、西藏、云南
国外分布：尼泊尔
濒危等级：LC
资源利用：药用（中草药）

艾叶芹属 Zosima Hoffm.

艾叶芹
Zosima korovinii Pimenov
习　　性：二年生或多年生草本
海　　拔：1200～1500 m
国内分布：新疆
国外分布：中亚五国
濒危等级：LC

夹竹桃科 APOCYNACEAE
（89属：431种）

长药花属 Acokanthera G. Don

长药花
Acokanthera oppositifolia（Lam.）Codd
习　　性：灌木
国内分布：北京有栽培
国外分布：原产非洲

乳突果属 Adelostemma Hook. f.

乳突果
Adelostemma gracillimum（Wall. ex Wight）Hook. f.
习　　性：木质藤本
海　　拔：500～1000 m
国内分布：广西、贵州、云南
国外分布：缅甸
濒危等级：LC

香花藤属 Aganosma G. Don

贵州香花藤
Aganosma breviloba Kerr
习　　性：木质藤本
国内分布：贵州
国外分布：缅甸、泰国
濒危等级：LC

云南香花藤
Aganosma cymosa（Roxb.）G. Don
习　　性：木质藤本
国内分布：广西、云南
国外分布：柬埔寨、老挝、孟加拉国、缅甸、斯里兰卡、泰国、印度、越南
濒危等级：LC

香花藤
Aganosma marginata（Roxb.）G. Don
习　　性：木质藤本
国内分布：广东、海南
国外分布：菲律宾、柬埔寨、老挝、马来西亚、泰国、印度、印度尼西亚、越南
濒危等级：LC

海南香花藤
Aganosma schlechteriana H. Lév.
习　　性：木质藤本
海　　拔：200～1800 m
国内分布：广西、贵州、海南、四川、云南
国外分布：缅甸、泰国、印度、越南
濒危等级：LC

广西香花藤
Aganosma siamensis Craib
习　　性：木质藤本
海　　拔：300～1500 m
国内分布：广西、贵州、云南
国外分布：泰国
濒危等级：LC

黄蝉属 Allamanda L.

软枝黄蝉
Allamanda cathartica L.
习　　性：灌木
国内分布：澳门、福建、广东、广西、海南、台湾、香港、云南栽培
国外分布：原产南美洲
资源利用：环境利用（观赏）

黄蝉
Allamanda schottii Pohl
习　　性：灌木
国内分布：澳门、福建、广东、广西、海南、台湾、香港栽培
国外分布：原产巴西

鸡骨常山属 Alstonia R. Br.

黄花羊角棉
Alstonia henryi Tsiang
习　　性：灌木
海　　拔：约1500 m
分　　布：云南
濒危等级：VU B2ab（i，iii）；C1

大叶糖胶树
Alstonia macrophylla Wall. ex G. Don
习　　性：乔木
国内分布：广东、云南
国外分布：菲律宾、马来西亚、泰国、印度尼西亚、越南

濒危等级：LC

羊角棉
Alstonia mairei H. Lév.
- 习　　性：灌木
- 海　　拔：700~1500 m
- 分　　布：贵州、四川、云南
- 濒危等级：LC

竹叶羊角棉
Alstonia neriifolia D. Don
- 习　　性：灌木
- 海　　拔：200~700 m
- 国内分布：广西
- 国外分布：马来西亚、斯里兰卡、印度、印度尼西亚
- 濒危等级：VU D2

盆架树
Alstonia rostrata C. E. C. Fisch.
- 习　　性：常绿乔木
- 海　　拔：300~1100 m
- 国内分布：广东、广西、海南、云南
- 国外分布：马来西亚、缅甸、泰国、印度、印度尼西亚
- 濒危等级：LC

岩生羊角棉
Alstonia rupestris Kerr
- 习　　性：灌木
- 海　　拔：500~1800 m
- 国内分布：广西
- 国外分布：泰国
- 濒危等级：LC

糖胶树
Alstonia scholaris(L.)R. Br.
- 习　　性：乔木
- 海　　拔：200~1000 m
- 国内分布：澳门、福建、广东、广西、海南、湖南、台湾、香港、云南
- 国外分布：巴布亚新几内亚、菲律宾、柬埔寨、马来西亚、缅甸、尼泊尔、斯里兰卡、泰国、印度、越南。原产热带亚洲、大洋洲
- 濒危等级：LC
- 资源利用：药用（中草药）；环境利用（观赏）

鸡骨常山
Alstonia yunnanensis Diels
- 习　　性：灌木
- 海　　拔：800~2400 m
- 分　　布：广西、贵州、云南
- 濒危等级：LC
- 资源利用：药用（中草药）

链珠藤属 Alyxia Banks ex R. Br.

长序链珠藤
Alyxia balansae Pit.
- 习　　性：木质藤本
- 海　　拔：200~1000 m
- 国内分布：广东、广西、云南
- 国外分布：越南
- 濒危等级：LC

尾尖链珠藤
Alyxia fascicularis(Wall. ex G. Don)Benth. ex Hook. f.
- 习　　性：木质藤本
- 海　　拔：约1800 m
- 国内分布：西藏
- 国外分布：印度
- 濒危等级：LC

富宁链珠藤
Alyxia funingensis Tsiang et P. T. Li
- 习　　性：木质藤本
- 海　　拔：约650 m
- 国内分布：云南
- 国外分布：缅甸
- 濒危等级：LC

海南链珠藤
Alyxia hainanensis Merr. et Chun
- 习　　性：木质藤本
- 海　　拔：200~2000 m
- 国内分布：海南
- 国外分布：越南
- 濒危等级：LC

勐龙链珠藤
Alyxia menglungensis Tsiang et P. T. Li
- 习　　性：木质藤本
- 海　　拔：约2000 m
- 分　　布：云南
- 濒危等级：VU B2ab（i，iii）；C1

长花链珠藤
Alyxia reinwardtii Blume
- 习　　性：木质藤本
- 海　　拔：800~1700 m
- 国内分布：广东、广西、贵州、四川、云南
- 国外分布：菲律宾、柬埔寨、老挝、马来西亚、缅甸、泰国、印度尼西亚
- 濒危等级：LC

狭叶链珠藤
Alyxia schlechteri H. Lév.
- 习　　性：木质藤本
- 海　　拔：500~1500 m
- 国内分布：广西、贵州、云南
- 国外分布：泰国
- 濒危等级：LC

兰屿链珠藤
Alyxia sibuyanensis Elmer
- 习　　性：木质藤本
- 国内分布：台湾
- 国外分布：菲律宾
- 濒危等级：NT

链珠藤
Alyxia sinensis Champ. ex Benth.
- 习　　性：木质藤本
- 海　　拔：200~500 m

国内分布：澳门、福建、广东、广西、贵州、海南、湖南、江西、台湾、香港、浙江
国外分布：越南
濒危等级：LC
资源利用：药用（中草药）

毛车藤属 Amalocalyx Pierre

毛车藤
Amalocalyx microlobus Pierre
习　　性：木质藤本
海　　拔：800~1000 m
国内分布：云南
国外分布：老挝、缅甸、泰国、越南
濒危等级：LC

水甘草属 Amsonia Walter

水甘草
Amsonia elliptica (Thunb.) Roem. et Schult.
习　　性：多年生草本
海　　拔：约15 m
国内分布：安徽、江苏
国外分布：日本
濒危等级：VU B2ab (i, iii); C1
资源利用：药用（中草药）

鳝藤属 Anodendron DC.

鳝藤
Anodendron affine (Hook. et Arn.) Druce
习　　性：木质藤本
海　　拔：200~1000 m
国内分布：澳门、福建、广东、广西、贵州、海南、湖北、湖南、四川、台湾、香港、云南、浙江
国外分布：日本、印度、越南
濒危等级：LC

台湾鳝藤
Anodendron benthamianum Hemsl.
习　　性：攀援灌木
海　　拔：约400 m
分　　布：台湾
濒危等级：LC

保亭鳝藤
Anodendron howii Tsiang
习　　性：攀援灌木
分　　布：广西、海南
濒危等级：LC

平脉藤
Anodendron nervosum Kerr
习　　性：攀援灌木
海　　拔：约1800 m
国内分布：云南
国外分布：老挝、泰国、印度、印度尼西亚、越南
濒危等级：LC

腺叶鳝藤
Anodendron punctatum Tsiang
习　　性：木质藤本
海　　拔：300~800 m
国内分布：广西、海南、四川
国外分布：柬埔寨、泰国
濒危等级：LC

罗布麻属 Apocynum L.

白麻
Apocynum pictum Schrenk
习　　性：多年生草本
海　　拔：700~3100 m
国内分布：甘肃、青海、新疆
国外分布：哈萨克斯坦、蒙古
濒危等级：LC
资源利用：原料（纤维）

罗布麻
Apocynum venetum L.
习　　性：多年生草本
海　　拔：3200 m以下
国内分布：甘肃、河北、河南、江苏、辽宁、内蒙古、青海、山东、山西、陕西、天津、西藏、新疆
国外分布：巴基斯坦、俄罗斯、蒙古、日本、印度
濒危等级：LC
资源利用：药用（中草药）；原料（纤维，木材）；蜜源植物；环境利用（观赏）

马利筋属 Asclepias L.

马利筋
Asclepias curassavica L.
习　　性：多年生草本
国内分布：安徽、澳门、北京、福建、广东、广西、贵州、海南、河南、黑龙江、湖北、湖南、江苏、江西、辽宁、青海、山东、陕西、四川、台湾、天津、西藏、香港、云南、浙江栽培或逸生
国外分布：原产热带美洲、西印度群岛；热带及亚热带地区归化
资源利用：药用（中草药）；环境利用（观赏）

清明花属 Beaumontia Wall.

断肠花
Beaumontia brevituba Oliv.
习　　性：木质藤本
海　　拔：300~1000 m
分　　布：广西、海南
濒危等级：LC

清明花
Beaumontia grandiflora Wall.
习　　性：藤本
海　　拔：300~1500 m
国内分布：引种并逸生于广东、海南、江苏、四川、云南、浙江
国外分布：不丹、老挝、孟加拉国、缅甸、尼泊尔、泰国、印度、越南

资源利用：药用（中草药）

云南清明花
Beaumontia khasiana Hook. f.
- 习　　性：藤本
- 海　　拔：1500~1800 m
- 国内分布：云南
- 国外分布：缅甸、印度
- 濒危等级：VU B2ab（i，iii）；C1

思茅清明花
Beaumontia murtonii Craib
- 习　　性：常绿藤本
- 海　　拔：1000~1500 m
- 国内分布：云南
- 国外分布：柬埔寨、老挝、马来西亚、泰国、越南
- 濒危等级：LC

广西清明花
Beaumontia pitardii Tsiang
- 习　　性：木质藤本
- 海　　拔：800~1500 m
- 国内分布：广西、云南
- 国外分布：越南
- 濒危等级：VU A2c

箭药藤属 Belostemma Wall. ex Wight

心叶箭药藤
Belostemma cordifolium（Link et al.）P. T. Li
- 习　　性：攀援灌木
- 国内分布：华南地区
- 国外分布：英国栽培
- 濒危等级：DD

箭药藤
Belostemma hirsutum Wall. ex Wight
- 习　　性：木质藤本
- 海　　拔：700~1500 m
- 国内分布：四川、云南
- 国外分布：尼泊尔、印度
- 濒危等级：NT B1ab（i，iii）；C1

镰药藤
Belostemma yunnanense Tsiang
- 习　　性：木质藤本
- 海　　拔：约1400 m
- 分　　布：云南
- 濒危等级：LC

秦岭藤属 Biondia Schltr.

秦岭藤
Biondia chinensis Schltr.
- 习　　性：多年生草质藤本
- 海　　拔：约1600 m
- 分　　布：甘肃、陕西
- 濒危等级：NT B1ab（i，iii）；C1

厚叶秦岭藤
Biondia crassipes M. G. Gilbert et P. T. Li
- 习　　性：多年生草质藤本
- 海　　拔：约2700 m
- 分　　布：西藏
- 濒危等级：LC

宽叶秦岭藤
Biondia hemsleyana（Warb.）Tsiang
- 习　　性：多年生草质藤本
- 海　　拔：1400~2000 m
- 分　　布：甘肃、河南、湖北、陕西、四川
- 濒危等级：LC

青龙藤
Biondia henryi（Warb. ex Diels）Tsiang et P. T. Li
- 习　　性：多年生草质藤本
- 海　　拔：约1200 m
- 分　　布：安徽、福建、江西、四川、浙江
- 濒危等级：LC
- 资源利用：药用（中草药）

黑水藤
Biondia insignis Tsiang
- 习　　性：多年生草质藤本
- 海　　拔：200~2900 m
- 分　　布：贵州、湖南、四川、西藏、云南
- 濒危等级：LC

杯冠秦岭藤
Biondia laxa M. G. Gilbert et P. T. Li
- 习　　性：多年生草质藤本
- 分　　布：云南
- 濒危等级：VU D1

长序梗秦岭藤
Biondia longipes P. T. Li
- 习　　性：多年生草质藤本
- 海　　拔：约2500 m
- 分　　布：四川
- 濒危等级：EN B1ab（i，iii）；C1

祛风藤
Biondia microcentra（Tsiang）P. T. Li
- 习　　性：多年生草质藤本
- 海　　拔：约800 m
- 分　　布：安徽、四川、云南、浙江
- 濒危等级：LC

小花秦岭藤
Biondia parviurnula M. G. Gilbert et P. T. Li
- 习　　性：多年生草质藤本
- 海　　拔：约800 m
- 分　　布：安徽
- 濒危等级：DD

宝兴藤
Biondia pilosa Tsiang et P. T. Li
- 习　　性：多年生草质藤本
- 海　　拔：约2700 m
- 分　　布：四川、云南
- 濒危等级：LC

卷冠秦岭藤
Biondia revoluta M. G. Gilbert et P. T. Li
 习 性：多年生草质藤本
 海 拔：约 3000 m
 分 布：甘肃、西藏、云南
 濒危等级：LC

茨菇秦岭藤
Biondia tsiukowensis M. G. Gilbert et P. T. Li
 习 性：多年生草质藤本
 海 拔：约 2400 m
 分 布：云南
 濒危等级：CR B1ab（i, iii）；C1

短叶秦岭藤
Biondia yunnanensis（H. Lév.）Tsiang
 习 性：多年生草质藤本
 海 拔：2000～2500 m
 分 布：安徽、河南、湖北、四川、云南
 濒危等级：LC

奶子藤属 Bousigonia Pierre

闷奶果
Bousigonia angustifolia Pierre
 习 性：攀援灌木
 海 拔：800～1400 m
 国内分布：云南
 国外分布：老挝、泰国、越南
 濒危等级：LC

奶子藤
Bousigonia mekongensis Pierre
 习 性：攀援灌木
 海 拔：500～1000 m
 国内分布：云南
 国外分布：越南
 濒危等级：LC

润肺草属 Brachystelma R. Br.

润肺草
Brachystelma edule Collett et Hemsl.
 习 性：多年生草本
 海 拔：300～1200 m
 国内分布：广西、云南
 国外分布：缅甸
 濒危等级：EN A2c
 资源利用：药用（中草药）；食品（蔬菜）

长节润肺草
Brachystelma kerrii Craib
 习 性：多年生草本
 国内分布：广西
 国外分布：泰国、越南
 濒危等级：LC

牛角瓜属 Calotropis R. Br.

牛角瓜
Calotropis gigantea（L.）W. T. Aiton
 习 性：灌木
 海 拔：0～1400 m
 国内分布：广东、广西、海南、四川、云南
 国外分布：巴基斯坦、老挝、马来西亚、缅甸、尼泊尔、斯里兰卡、泰国、印度、印度尼西亚、越南
 濒危等级：LC
 资源利用：药用（中草药）；原料（染料，纤维）

白花牛角瓜
Calotropis procera（Aiton）W. T. Aiton
 习 性：灌木或小乔木
 国内分布：广东、广西、云南
 国外分布：阿富汗、澳大利亚、巴基斯坦、缅甸、尼泊尔、泰国、印度、越南
 濒危等级：LC

鸭蛋花属 Cameraria L.

鸭蛋花
Cameraria latifolia L.
 习 性：乔木
 国内分布：广东栽培
 国外分布：原产古巴

假虎刺属 Carissa L.

刺黄果
Carissa carandas L.
 习 性：常绿灌木
 国内分布：福建、广东、贵州、海南、台湾、天津、香港
 国外分布：孟加拉国、印度；菲律宾、马来西亚、缅甸、泰国、斯里兰卡、印度尼西亚栽培
 濒危等级：LC
 资源利用：食品（水果）

大果假虎刺
Carissa macrocarpa（Eckl.）A. DC.
 习 性：灌木或小乔木
 国内分布：福建、广东、香港栽培
 国外分布：引自非洲
 濒危等级：LC
 资源利用：环境利用（观赏）

假虎刺
Carissa spinarum L.
 习 性：灌木或小乔木
 海 拔：540～1650 m
 国内分布：贵州、四川、云南
 国外分布：澳大利亚、柬埔寨、老挝、马达加斯加、缅甸、斯里兰卡、泰国、印度、印度尼西亚、越南
 濒危等级：LC

长春花属 Catharanthus G. Don

长春花
Catharanthus roseus（L.）G. Don
 习 性：多年生草本或亚灌木
 国内分布：安徽、澳门、重庆、福建、广东、广西、贵州、海南、湖北、湖南、江苏、江西、山东、上海、四川、台湾、天津、香港、云南、浙江

国外分布：原产马达加斯加；热带、亚热带地区归化
资源利用：药用（中草药）；环境利用（观赏）

海杧果属 Cerbera L.

海杧果
Cerbera manghas L.
习　　性：乔木
国内分布：澳门、广东、广西、海南、台湾、香港
国外分布：澳大利亚、柬埔寨、老挝、马来西亚、缅甸、日本、泰国、印度尼西亚、越南
濒危等级：LC
资源利用：药用（中草药）；环境利用（观赏，绿化）

吊灯花属 Ceropegia L.

丽江吊灯花
Ceropegia aridicola W. W. Sm.
习　　性：多年生草本
海　　拔：1500~3000 m
分　　布：云南
濒危等级：EN B1ab（i, iii）; D

短序吊灯花
Ceropegia christenseniana Hand.-Mazz.
习　　性：多年生草本
海　　拔：约1800 m
分　　布：贵州、云南
濒危等级：LC

剑叶吊灯花
Ceropegia dolichophylla Schltr.
习　　性：多年生草本
海　　拔：500~1500 m
分　　布：广西、贵州、四川、云南
濒危等级：LC

巴东吊灯花
Ceropegia driophila C. K. Schneid.
习　　性：草质藤本
海　　拔：600~900 m
分　　布：湖北、四川
濒危等级：LC

四川吊灯花
Ceropegia exigua（H. Huber）M. G. Gilbert et P. T. Li
习　　性：多年生攀援藤本
海　　拔：约1200 m
分　　布：四川
濒危等级：DD

匙冠吊灯花
Ceropegia hookeri C. B. Clarke
习　　性：缠绕多年生草本
海　　拔：约3000 m
国内分布：四川、西藏
国外分布：尼泊尔、印度
濒危等级：LC

长叶吊灯花
Ceropegia longifolia Wall.
习　　性：缠绕多年生草本
海　　拔：约2100 m
国内分布：西藏、云南
国外分布：缅甸、尼泊尔、印度
濒危等级：LC

金雀马尾参
Ceropegia mairei（H. Lév.）H. Huber
习　　性：多年生草本
海　　拔：1000~3200 m
分　　布：贵州、四川、云南
濒危等级：LC
资源利用：药用（中草药）

白马吊灯花
Ceropegia monticola W. W. Sm.
习　　性：多年生攀援藤本
海　　拔：0~2000 m
国内分布：贵州、四川、西藏、云南
国外分布：泰国
濒危等级：LC

木里吊灯花
Ceropegia muliensis W. W. Sm.
习　　性：多年生草本
海　　拔：约3000 m
分　　布：四川
濒危等级：VU B1ab（i, iii）

宝兴吊灯花
Ceropegia paohsingensis Tsiang et P. T. Li
习　　性：草质藤本
海　　拔：300~900 m
分　　布：湖南、陕西、四川
濒危等级：VU C1

西藏吊灯花
Ceropegia pubescens Wall.
习　　性：草质藤本
海　　拔：1500~3200 m
国内分布：贵州、四川、西藏、云南
国外分布：不丹、缅甸、尼泊尔、印度
濒危等级：LC

柳叶吊灯花
Ceropegia salicifolia H. Huber
习　　性：多年生草本
海　　拔：500~1000 m
分　　布：广西、云南
濒危等级：LC

鹤庆吊灯花
Ceropegia sinoerecta M. G. Gilbert et P. T. Li
习　　性：多年生草本
海　　拔：约2000 m
分　　布：云南
濒危等级：LC

狭叶吊灯花
Ceropegia stenophylla C. K. Schneid.
习　　性：攀援半灌木

海　　拔：1900~2600 m
分　　布：四川
濒危等级：LC

马鞍山吊灯花
Ceropegia teniana Hand.-Mazz.
习　　性：藤本
海　　拔：约 1840 m
分　　布：云南
濒危等级：LC

吊灯花
Ceropegia trichantha Hemsl.
习　　性：草质藤本
海　　拔：100~1000 m
国内分布：广东、海南、香港
国外分布：泰国
濒危等级：LC
资源利用：药用（中草药）

吊金钱
Ceropegia woodii Schltr.
习　　性：缠绕多年生草本
国内分布：天津、广东栽培
国外分布：原产南非

鹿角藤属 Chonemorpha G. Don

鹿角藤
Chonemorpha eriostylis Pit.
习　　性：木质藤本
海　　拔：300~1000 m
国内分布：广东、广西、香港、云南
国外分布：越南
濒危等级：LC
资源利用：药用（中草药）

丛毛鹿角藤
Chonemorpha floccosa Tsiang et P. T. Li
习　　性：木质藤本
海　　拔：800 m
分　　布：广西
濒危等级：VU B2ab（i，iii）；C1

大叶鹿角藤
Chonemorpha fragrans（Moon）Alston
习　　性：木质藤本
国内分布：广西、云南；福建、广东栽培
国外分布：马来西亚、缅甸、斯里兰卡、泰国、印度、印度尼西亚

漾濞鹿角藤
Chonemorpha griffithii Hook. f.
习　　性：木质藤本
海　　拔：900~1600 m
国内分布：西藏、云南
国外分布：缅甸、尼泊尔、泰国、印度
濒危等级：NT C1

长萼鹿角藤
Chonemorpha megacalyx Pierre
习　　性：木质藤本
海　　拔：900~1500 m
国内分布：云南
国外分布：老挝、泰国
濒危等级：NT
资源利用：药用（中草药）

小花鹿角藤
Chonemorpha parviflora Tsiang et P. T. Li
习　　性：木质藤本
海　　拔：500~1000 m
分　　布：广西、云南
濒危等级：VU B2ab（i，iii）；C1

海南鹿角藤
Chonemorpha splendens Chun et Tsiang
习　　性：木质藤本
海　　拔：300~800 m
分　　布：海南、云南
濒危等级：VU B2ab（i，iii）；C1

尖子藤
Chonemorpha verrucosa（Blume）D. J. Middleton
习　　性：木质藤本
海　　拔：300~1000 m
国内分布：广东、海南、云南
国外分布：不丹、老挝、马来西亚、缅甸、泰国、印度、印度尼西亚、越南
濒危等级：LC

金平藤属 Cleghornia Wight

金平藤
Cleghornia malaccensis（Hook. f.）King et Gamble
习　　性：藤本
海　　拔：500~1600 m
国内分布：贵州、云南
国外分布：老挝、马来西亚、泰国、越南
濒危等级：LC

荟蔓藤属 Cosmostigma Wight

荟蔓藤
Cosmostigma hainanense Tsiang
习　　性：藤状灌木
海　　拔：500 m
分　　布：海南
濒危等级：VU B1ab（i，iii）

白叶藤属 Cryptolepis R. Br.

古钩藤
Cryptolepis buchananii Schult.
习　　性：木质藤本
海　　拔：500~1500 m
国内分布：广东、广西、贵州、云南
国外分布：巴基斯坦、克什米尔地区、老挝、缅甸、尼泊尔、斯里兰卡、泰国、印度、越南
濒危等级：LC
资源利用：原料（纤维）；药用（中草药）

白叶藤
Cryptolepis sinensis(Lour.)Merr.
　习　　性：藤本
　海　　拔：100~800 m
　国内分布：广东、广西、贵州、海南、台湾、香港、云南
　国外分布：柬埔寨、马来西亚、印度、印度尼西亚、越南
　濒危等级：LC
　资源利用：药用（中草药）；原料（纤维）

鹅绒藤属 Cynanchum L.

潮风草
Cynanchum acuminatifolium Hemsl.
　习　　性：多年生草本
　国内分布：安徽、河北、吉林、辽宁、山东、陕西
　国外分布：朝鲜、俄罗斯、日本
　濒危等级：LC

戟叶鹅绒藤
Cynanchum acutum(Willd.)Rech. f.
　习　　性：乔木
　海　　拔：900~1400 m
　国内分布：甘肃、河北、内蒙古、宁夏、西藏、新疆
　国外分布：阿富汗、巴基斯坦、俄罗斯、哈萨克斯坦、克什米尔地区、蒙古、土库曼斯坦
　濒危等级：LC
　资源利用：药用（中草药）

合掌消
Cynanchum amplexicaule(Siebold et Zucc.)Hemsl.
　习　　性：多年生草本
　海　　拔：0~1000 m
　国内分布：广西、河北、河南、黑龙江、湖北、湖南、吉林、江苏、江西、辽宁、内蒙古、山东、陕西、天津
　国外分布：朝鲜、日本
　濒危等级：LC
　资源利用：药用（中草药）

小叶鹅绒藤
Cynanchum anthonyanum Hand.-Mazz.
　习　　性：草本
　海　　拔：1500~2500 m
　分　　布：四川、云南
　濒危等级：LC

白薇
Cynanchum atratum Bunge
　习　　性：草本
　海　　拔：100~2000 m
　国内分布：福建、广东、广西、贵州、河北、河南、黑龙江、湖南、吉林、江苏、江西、辽宁、内蒙古、山东、山西、陕西、四川、天津、云南
　国外分布：朝鲜、俄罗斯、日本
　濒危等级：NT
　资源利用：药用（中草药）

牛皮消
Cynanchum auriculatum Buch.-Ham. ex Wight

牛皮消（原变种）
Cynanchum auriculatum var. **auriculatum**
　习　　性：蔓性半灌木
　海　　拔：2800~3600 m
　国内分布：四川、西藏、云南
　国外分布：巴基斯坦、不丹、克什米尔地区、尼泊尔、印度
　濒危等级：LC

华鹅绒藤
Cynanchum auriculatum var. **sinense** T. Yamazaki
　习　　性：蔓性半灌木
　国内分布：湖北、江西、陕西、上海、四川、云南
　国外分布：不丹
　濒危等级：LC

巴塘白前
Cynanchum batangense P. T. Li
　习　　性：多年生攀援草本
　分　　布：四川
　濒危等级：LC

钟冠白前
Cynanchum bicampanulatum M. G. Gilbert et P. T. Li
　习　　性：灌木或多年生草本
　海　　拔：2400~2700 m
　分　　布：甘肃、四川
　濒危等级：LC

秦岭藤白前
Cynanchum biondioides W. T. Wang ex Tsiang et P. T. Li
　习　　性：多年生草本
　海　　拔：约2100 m
　分　　布：云南
　濒危等级：VU A2c

折冠牛皮消
Cynanchum boudieri H. Lév. et Vaniot
　习　　性：灌木或多年生草本
　海　　拔：300~3500 m
　国内分布：安徽、甘肃、广东、广西、贵州、河北、河南、江苏、江西、山东、陕西、四川、台湾、云南、浙江
　国外分布：日本
　濒危等级：LC

短冠豹药藤
Cynanchum brevicoronatum M. G. Gilbert et P. T. Li
　习　　性：缠绕草本
　分　　布：湖北
　濒危等级：LC

白首乌
Cynanchum bungei Decne.
　习　　性：攀援灌木
　海　　拔：约1500 m
　国内分布：甘肃、河北、辽宁、内蒙古、山东、山西、天津、浙江
　国外分布：朝鲜
　濒危等级：DD

资源利用：药用（中草药）

美翼杯冠藤
Cynanchum callialatum Buch.-Ham. ex Wight
习　　性：草质藤本
海　　拔：1000~1500 m
国内分布：广西、云南
国外分布：巴基斯坦、缅甸、印度
濒危等级：LC

粉绿白前
Cynanchum canescens (Willd.) K. Schum.
习　　性：多年生草本
海　　拔：约2500 m
国内分布：四川、西藏、云南
国外分布：阿富汗、巴基斯坦、不丹、俄罗斯、克什米尔地区、尼泊尔、印度
濒危等级：LC

蔓剪草
Cynanchum chekiangense M. Cheng
习　　性：多年生草本
分　　布：广东、河南、湖北、湖南、浙江
濒危等级：LC
资源利用：药用（中草药）

鹅绒藤
Cynanchum chinense R. Br.
习　　性：缠绕草本
海　　拔：0~500（900）m
国内分布：甘肃、河北、河南、吉林、江苏、辽宁、宁夏、青海、山东、山西、陕西、天津
国外分布：朝鲜、蒙古
濒危等级：LC

刺瓜
Cynanchum corymbosum Wight
习　　性：多年生草本
海　　拔：100~2100 m
国内分布：福建、广东、广西、湖南、四川、香港、云南
国外分布：柬埔寨、老挝、马来西亚、缅甸、印度、越南
濒危等级：LC
资源利用：药用（中草药）

豹药藤
Cynanchum decipiens C. K. Schneid.
习　　性：攀援灌木
海　　拔：2000~3500 m
分　　布：贵州、湖南、四川、云南
濒危等级：LC

小药杯冠藤
Cynanchum duclouxii M. G. Gilbert et P. T. Li
习　　性：缠绕草本
分　　布：云南
濒危等级：LC

山白前
Cynanchum fordii Hemsl.
习　　性：缠绕藤本
海　　拔：200~800 m
分　　布：福建、广东、湖北、湖南、云南
濒危等级：LC

台湾杯冠藤
Cynanchum formosanum (Maxim.) Hemsl.
习　　性：缠绕藤本
分　　布：台湾
濒危等级：LC

大理白前
Cynanchum forrestii Schltr.

大理白前（原变种）
Cynanchum forrestii var. **forrestii**
习　　性：多年生草本
海　　拔：1000~5000 m
分　　布：甘肃、贵州、四川、西藏、云南
濒危等级：LC
资源利用：药用（中草药）

折叶白前
Cynanchum forrestii var. **conduplicatum** J. Wang et F. Du
习　　性：多年生草本
海　　拔：约2200 m
分　　布：四川、云南
濒危等级：LC

峨眉牛皮消
Cynanchum giraldii Schltr.
习　　性：草本
海　　拔：1000~1800 m
分　　布：甘肃、河南、陕西、四川
濒危等级：LC

白前
Cynanchum glaucescens (Decne.) Hand.-Mazz.
习　　性：多年生草本
海　　拔：100~800 m
分　　布：福建、广东、广西、湖南、江苏、江西、四川、浙江
濒危等级：NT
资源利用：药用（中草药）

西藏鹅绒藤
Cynanchum heydei Hook. f.
习　　性：缠绕藤本
国内分布：西藏
国外分布：巴基斯坦、克什米尔地区
濒危等级：LC

水白前
Cynanchum hydrophilum Tsiang et H. D. Zhang
习　　性：草本
海　　拔：1100~1200 m
分　　布：四川
濒危等级：LC

竹灵消
Cynanchum inamoenum (Maxim.) Loes.
习　　性：草本

海　　拔：100～3500 m
国内分布：安徽、甘肃、贵州、河北、河南、湖北、湖南、辽宁、青海、山东、山西、陕西、四川、西藏、浙江
国外分布：朝鲜、俄罗斯、日本
濒危等级：LC
资源利用：药用（中草药）

海南杯冠藤
Cynanchum insulanum (Hance) Hemsl.

海南杯冠藤（原变种）
Cynanchum insulanum var. **insulanum**
习　　性：多年生草本
海　　拔：0～100 m
分　　布：广东、广西、海南、香港
濒危等级：LC

线叶杯冠藤
Cynanchum insulanum var. **lineare** (Tsiang et H. D. Zhang) Tsiang et H. D. Zhang
习　　性：多年生草本
分　　布：广东、海南
濒危等级：LC

阿克苏牛皮消
Cynanchum kaschgaricum Y. X. Liou
习　　性：亚灌木或多年生草本
分　　布：新疆
濒危等级：LC

宁蒗杯冠藤
Cynanchum kingdonwardii M. G. Gilbert et P. T. Li
习　　性：缠绕草本
分　　布：云南
濒危等级：NT D2

景东杯冠藤
Cynanchum kintungense Tsiang
习　　性：缠绕草本
分　　布：广西、贵州、四川、西藏、云南
濒危等级：LC

广西杯冠藤
Cynanchum kwangsiense Tsiang et H. D. Zhang
习　　性：缠绕草本
海　　拔：500～600 m
分　　布：广西
濒危等级：VU B1ab (i, iii); C1

线萼白前
Cynanchum linearisepalum P. T. Li
习　　性：多年生草本
海　　拔：2300 m
分　　布：四川
濒危等级：DD

短柱豹药藤
Cynanchum longipedunculatum M. G. Gilbert et P. T. Li
习　　性：缠绕草本
海　　拔：约3600 m
分　　布：湖北、四川
濒危等级：DD

白牛皮消
Cynanchum lysimachioides Tsiang et P. T. Li
习　　性：多年生草本
海　　拔：1300～1800 m
分　　布：云南
濒危等级：VU B1ab (i, iii); C1

大花刺瓜
Cynanchum megalanthum M. G. Gilbert et P. T. Li
习　　性：缠绕草本
海　　拔：约3300 m
国内分布：云南
国外分布：缅甸
濒危等级：LC

华北白前
Cynanchum mongolicum (Maxim.) Hemsl.
习　　性：多年生草本
海　　拔：0～3000 m
分　　布：甘肃、河北、内蒙古、宁夏、青海、山西、陕西、四川、天津
濒危等级：LC

毛白前
Cynanchum mooreanum Hemsl.
习　　性：藤本
海　　拔：200～800 m
分　　布：安徽、福建、广东、广西、河南、湖北、湖南、江西、台湾、浙江
濒危等级：LC
资源利用：药用（中草药）

朱砂藤
Cynanchum officinale (Hemsl.) Tsiang et H. D. Zhang
习　　性：多年生草本或亚灌木
海　　拔：1000～2800 m
分　　布：安徽、甘肃、广西、贵州、湖北、湖南、江西、陕西、四川、云南
濒危等级：LC
资源利用：药用（中草药）

青羊参
Cynanchum otophyllum C. K. Schneid.
习　　性：多年生草本
海　　拔：1000～3000 m
分　　布：广西、贵州、湖北、湖南、四川、西藏、云南
濒危等级：LC
资源利用：药用（兽药）

徐长卿
Cynanchum paniculatum (Bunge) Kitag.
习　　性：多年生草本
国内分布：安徽、福建、甘肃、广东、广西、贵州、河北、河南、湖北、湖南、江苏、江西、辽宁、内蒙古、山东、山西、陕西、四川、台湾、天津、香港、云南、浙江
国外分布：朝鲜、蒙古、日本

濒危等级：LC
资源利用：药用（中草药）

平山白前
Cynanchum pingshanicum M. G. Gilbert et P. T. Li
习　　性：亚灌木或多年生草本
分　　布：四川
濒危等级：LC

紫花鹅绒藤
Cynanchum purpureum(Pall.)K. Schum.
习　　性：多年生草本
海　　拔：100~670 m
国内分布：河北、内蒙古
国外分布：朝鲜、俄罗斯、蒙古
濒危等级：LC

荷花柳
Cynanchum riparium Tsiang et H. D. Zhang
习　　性：多年生草本
分　　布：河南
濒危等级：LC

高冠白前
Cynanchum rockii M. G. Gilbert et P. T. Li
习　　性：灌木或多年生草本
海　　拔：约3300 m
分　　布：四川
濒危等级：LC

尖叶杯冠藤
Cynanchum sinoracemosum M. G. Gilbert et P. T. Li
习　　性：缠绕草本
分　　布：四川、云南
濒危等级：LC

柳叶白前
Cynanchum stauntonii(Decne.)Schltr. ex H. Lév.
习　　性：多年生草本
分　　布：安徽、福建、甘肃、广东、广西、贵州、河南、湖南、江苏、江西、云南、浙江
濒危等级：NT
资源利用：药用（中草药）

狭叶白前
Cynanchum stenophyllum Hemsl.
习　　性：草本
分　　布：贵州、湖北、四川
濒危等级：LC

镇江白前
Cynanchum sublanceolatum(Miq.)Matsum.
习　　性：缠绕蔓性藤本
国内分布：江苏
国外分布：日本
濒危等级：NT

四川鹅绒藤
Cynanchum szechuanense Tsiang et H. D. Zhang
习　　性：多年生草本
海　　拔：2300~3200 m
分　　布：四川、西藏
濒危等级：LC

太行白前
Cynanchum taihangense Tsiang et H. D. Zhang
习　　性：草质藤本
分　　布：安徽、山西
濒危等级：LC

地梢瓜
Cynanchum thesioides(Freyn)K. Schum.
习　　性：亚灌木状草本
海　　拔：0~3000 m
国内分布：甘肃、河北、河南、黑龙江、湖南、吉林、江苏、辽宁、内蒙古、山东、山西、陕西、天津、新疆
国外分布：朝鲜、俄罗斯、哈萨克斯坦、蒙古
濒危等级：LC
资源利用：药用（中草药）

变色白前
Cynanchum versicolor Bunge
习　　性：亚灌木
海　　拔：0~800 m
国内分布：河北、河南、湖北、湖南、吉林、江苏、辽宁、山东、四川、天津、浙江
濒危等级：LC
资源利用：药用（中草药）；原料（纤维，精油）；食品（淀粉）

轮叶白前
Cynanchum verticillatum Hemsl.
习　　性：多年生草本
海　　拔：500~1000 m
分　　布：广西、贵州、湖北、四川、云南
濒危等级：LC

肉珊瑚
Cynanchum viminale(L.)L.
习　　性：亚灌木或多年生草本
海　　拔：海平面至300 m
国内分布：广东、广西、海南
国外分布：缅甸、尼泊尔、泰国、印度、越南
濒危等级：LC
资源利用：药用（中草药）

蔓白前
Cynanchum volubile(Maxim.)Hemsl.
习　　性：缠绕蔓性藤本
国内分布：黑龙江
国外分布：朝鲜、俄罗斯
濒危等级：LC

昆明杯冠藤
Cynanchum wallichii Wight
习　　性：多年生草本
海　　拔：660~2100 m
国内分布：云南
国外分布：孟加拉国、缅甸
濒危等级：LC

启无白前
Cynanchum wangii P. T. Li et W. Kittr.
习　　性：灌木或多年生草本
海　　拔：700~900 m
分　　布：云南
濒危等级：NT

隔山消
Cynanchum wilfordii(Maxim.) Hook. f.
习　　性：多年生草本
海　　拔：800~1500 m
国内分布：安徽、甘肃、河北、湖北、湖南、江苏、辽宁、山东、山西、陕西、四川、天津、西藏、云南
国外分布：朝鲜、俄罗斯、日本
濒危等级：LC
资源利用：药用（中草药）

马兰藤属 Dischidanthus Tsiang

马兰藤
Dischidanthus urceolatus(Decne.) Tsiang
习　　性：草质藤本
海　　拔：300~800 m
国内分布：广东、广西、海南、湖南、四川
国外分布：越南
濒危等级：LC
资源利用：药用（中草药）

眼树莲属 Dischidia R. Br.

尖叶眼树莲
Dischidia australis Tsiang et P. T. Li
习　　性：附生草本
海　　拔：500~800 m
分　　布：广西、云南
濒危等级：LC
资源利用：药用（中草药）

眼树莲
Dischidia chinensis Champ. ex Benth.
习　　性：附生草本
海　　拔：100~600 m
国内分布：澳门、广东、广西、海南、香港
国外分布：越南
濒危等级：LC
资源利用：药用（中草药）

台湾眼树莲
Dischidia formosana Maxim.
习　　性：附生草本
分　　布：台湾
濒危等级：LC

倒卵叶眼树莲
Dischidia griffithii Hook. f.
习　　性：附生草本
国内分布：云南
国外分布：老挝、泰国、越南
濒危等级：LC

圆叶眼树莲
Dischidia nummularia R. Br.
习　　性：草质藤本
海　　拔：300~1000 m
国内分布：福建、广东、广西、海南、云南
国外分布：澳大利亚、老挝、马来西亚、斯里兰卡、泰国、印度、印度尼西亚、越南
濒危等级：LC

线叶眼树莲
Dischidia singularis Craib
习　　性：附生草本
国内分布：云南
国外分布：缅甸、泰国、越南
濒危等级：LC

滴锡眼树莲
Dischidia tonkinensis Costantin
习　　性：附生草本
海　　拔：300~1500 m
国内分布：广西、贵州、云南
国外分布：越南
濒危等级：LC

金凤藤属 Dolichopetalum Tsiang

金凤藤
Dolichopetalum kwangsiense Tsiang
习　　性：藤本
海　　拔：约1320 m
分　　布：广西、贵州、云南
濒危等级：LC
资源利用：药用（中草药）

南山藤属 Dregea E. Mey.

楔叶南山藤
Dregea cuneifolia Tsiang et P. T. Li
习　　性：攀援藤本
海　　拔：500~800 m
分　　布：广西
濒危等级：VU A2c；C1

苦绳
Dregea sinensis Hemsl.

苦绳（原变种）
Dregea sinensis var. **sinensis**
习　　性：藤本
海　　拔：500~3000 m
分　　布：甘肃、广西、贵州、湖北、湖南、江苏、山西、陕西、四川、西藏、云南、浙江
濒危等级：LC
资源利用：药用（中草药）；原料（纤维）

贯筋藤
Dregea sinensis var. **corrugata**(C. K. Schneid.) Tsiang et P. T. Li
习　　性：藤本
分　　布：甘肃、贵州、陕西、四川、云南
濒危等级：LC

南山藤
Dregea volubilis(L. f.) Benth. ex Hook. f.
  习 性：藤本
  海 拔：约 500 m
  国内分布：广东、广西、贵州、台湾、香港、云南
  国外分布：菲律宾、柬埔寨、克什米尔地区、老挝、马来西亚、孟加拉国、尼泊尔、斯里兰卡、泰国、印度、印度尼西亚、越南
  濒危等级：LC
  资源利用：药用（中草药，兽药）；原料（纤维）；食品（蔬菜）

丽子藤
Dregea yunnanensis(Tsiang) Tsiang et P. T. Li
  习 性：藤本
  海 拔：3500 m 以下
  分 布：甘肃、四川、西藏、云南
  濒危等级：LC

思茅藤属 Epigynum Wight

思茅藤
Epigynum auritum(C. K. Schneid.) Tsiang et P. T. Li
  习 性：攀援灌木
  海 拔：700~1300 m
  国内分布：云南
  国外分布：马来西亚、泰国
  濒危等级：CR B2ab（i, iii）; C1

丝胶树属 Funtumia Stapf

丝胶树
Funtumia elastica(Preuss) Stapf
  习 性：乔木
  国内分布：云南栽培
  国外分布：原产非洲

须花藤属 Genianthus Hook. f.

红叶须花藤
Genianthus aurantiacus(C. Y. Wu ex Tsiang et P. T. Li) Klack.
  习 性：藤本
  国内分布：云南
  国外分布：不丹、泰国
  濒危等级：LC

须花藤
Genianthus bicoronatus Klack.
  习 性：藤本
  海 拔：500~1000 m
  国内分布：云南
  国外分布：缅甸、泰国
  濒危等级：LC

钉头果属 Gomphocarpus R. Br.

汽球花
Gomphocarpus fruticosus(L.) W. T. Aiton
  习 性：灌木
  国内分布：广西、云南及华北栽培
  国外分布：原产非洲
  资源利用：原料（纤维）

钝钉头果
Gomphocarpus physocarpus E. Mey.
  习 性：灌木
  国内分布：澳门、广东、海南有栽培
  国外分布：原产非洲

纤冠藤属 Gongronema(Endl.) Decne.

多苞纤冠藤
Gongronema multibracteolatum P. T. Li et X. Ming Wang
  习 性：藤本
  海 拔：约 600 m
  分 布：贵州
  濒危等级：DD

纤冠藤
Gongronema napalense(Wall.) Decne.
  习 性：藤本
  海 拔：500~1500 m
  国内分布：广东、广西、贵州、海南、西藏、云南
  国外分布：老挝、尼泊尔、印度
  濒危等级：LC

勐腊藤属 Goniostemma Wight et Arnott

勐腊藤
Goniostemma punctatum Tsiang et P. T. Li
  习 性：藤状灌木
  海 拔：约 200 m
  分 布：云南
  濒危等级：CR D

天星藤属 Graphistemma Champ. ex Benth.

天星藤
Graphistemma pictum(Champ. ex Benth.) Benth. et Hook. f. ex Maxim.
  习 性：木质藤本
  海 拔：100~700 m
  国内分布：广东、广西、海南、香港
  国外分布：越南
  濒危等级：LC
  资源利用：药用（中草药）

海岛藤属 Gymnanthera R. Br.

海岛藤
Gymnanthera oblonga(Burm. f.) P. S. Green
  习 性：藤本
  国内分布：澳门、广东、海南、香港
  国外分布：澳大利亚、巴布亚新几内亚、菲律宾、柬埔寨、马来西亚、泰国、印度尼西亚、越南
  濒危等级：LC

匙羹藤属 Gymnema R. Br.

华宁藤
Gymnema foetidum Tsiang
  习 性：藤本

海　　拔：200~1900 m
分　　布：云南
濒危等级：LC
资源利用：药用（中草药）

海南匙羹藤
Gymnema hainanense Tsiang
　　习　　性：木质藤本
　　分　　布：海南
　　濒危等级：LC

广东匙羹藤
Gymnema inodorum（Lour.）Decne.
　　习　　性：木质藤本
　　海　　拔：200~1000 m
　　国内分布：广东、广西、贵州、海南、香港、云南
　　国外分布：菲律宾、尼泊尔、泰国、印度、越南
　　濒危等级：LC

宽叶匙羹藤
Gymnema latifolium Wall. ex Wight
　　习　　性：木质藤本
　　海　　拔：500~1000 m
　　国内分布：广东、广西、海南、云南
　　国外分布：缅甸、泰国、印度、越南
　　濒危等级：LC

会东藤
Gymnema longiretinaculatum Tsiang
　　习　　性：藤状灌木
　　海　　拔：1000~2400 m
　　分　　布：贵州、四川、云南
　　濒危等级：LC
　　资源利用：药用（中草药）

匙羹藤
Gymnema sylvestre（Retz.）R. Br. ex Schult.
　　习　　性：木质藤本
　　海　　拔：100~1000 m
　　国内分布：澳门、福建、广西、海南、台湾、香港、云南、浙江
　　国外分布：马来西亚、日本、斯里兰卡、印度、印度尼西亚、越南
　　濒危等级：LC
　　资源利用：药用（中草药）

云南匙羹藤
Gymnema yunnanense Tsiang
　　习　　性：藤本
　　海　　拔：1000~2000 m
　　分　　布：广西、云南
　　濒危等级：LC

醉魂藤属 **Heterostemma** Wight et Arn.

台湾醉魂藤
Heterostemma brownii Hayata
　　习　　性：木质藤本
　　海　　拔：500~1000 m
　　分　　布：福建、广东、广西、贵州、海南、四川、台湾、云南
　　濒危等级：LC

贵州醉魂藤
Heterostemma esquirolii（H. Lév.）Tsiang
　　习　　性：藤本
　　海　　拔：400~2000 m
　　国内分布：广西、贵州、云南
　　国外分布：泰国
　　濒危等级：LC

大花醉魂藤
Heterostemma grandiflorum Costantin
　　习　　性：木质藤本
　　海　　拔：300~1850 m
　　国内分布：广东、广西、海南、四川、云南
　　国外分布：越南
　　濒危等级：LC

裂冠醉魂藤
Heterostemma lobulatum Y. H. Li et Konta
　　习　　性：木质藤本
　　分　　布：云南
　　濒危等级：LC

勐海醉魂藤
Heterostemma menghaiense（H. Zhu et H. Wang）M. G. Gilbert et P. T. Li
　　习　　性：木质藤本
　　海　　拔：1000~2000 m
　　分　　布：云南
　　濒危等级：LC

催乳藤
Heterostemma oblongifolium Costantin
　　习　　性：木质藤本
　　海　　拔：100~200 m
　　国内分布：广东、广西、海南、云南
　　国外分布：老挝、越南
　　濒危等级：LC
　　资源利用：药用（中草药）

秉滔醉魂藤
Heterostemma pingtaoi Shao Y. He et J. Y. Lin
　　习　　性：藤本
　　分　　布：海南
　　濒危等级：NT

心叶醉魂藤
Heterostemma siamicum Craib
　　习　　性：木质藤本
　　海　　拔：约1000 m
　　国内分布：广西、云南
　　国外分布：泰国、越南
　　濒危等级：LC

海南醉魂藤
Heterostemma sinicum Tsiang
　　习　　性：木质藤本
　　分　　布：广东、海南
　　濒危等级：LC

广西醉魂藤
Heterostemma tsoongii Tsiang
- 习　　性：木质藤本
- 海　　拔：300～1000 m
- 分　　布：福建、广西、海南
- 濒危等级：LC

云南醉魂藤
Heterostemma wallichii Wight
- 习　　性：木质藤本
- 海　　拔：800～2100 m
- 国内分布：云南
- 国外分布：尼泊尔、印度
- 濒危等级：LC

止泻木属 Holarrhena R. Br.

止泻木
Holarrhena pubescens Wall. ex G. Don
- 习　　性：灌木或乔木
- 海　　拔：500～1000 m
- 国内分布：云南；广东、广西、海南、台湾栽培
- 国外分布：柬埔寨、老挝、孟加拉国、缅甸、尼泊尔、泰国、印度、越南
- 资源利用：药用（中草药）；原料（木材）

铰剪藤属 Holostemma R. Br.

铰剪藤
Holostemma ada-kodien Schult.
- 习　　性：藤本
- 国内分布：广东、广西、贵州、云南
- 国外分布：巴基斯坦、克什米尔地区、缅甸、尼泊尔、斯里兰卡、泰国、印度
- 濒危等级：LC
- 资源利用：药用（中草药）

球兰属 Hoya R. Br.

白沙球兰
Hoya baishaensis Shao Y. He et P. T. Li
- 习　　性：附生灌木
- 分　　布：海南
- 濒危等级：LC

坝王岭球兰
Hoya bawanglingensis Shao Y. He et P. T. Li
- 习　　性：附生攀援藤本
- 分　　布：海南
- 濒危等级：LC

球兰
Hoya carnosa(L. f.) R. Br.

球兰（原变种）
Hoya carnosa var. **carnosa**
- 习　　性：附生灌木
- 海　　拔：200～1200 m
- 国内分布：澳门、福建、广东、广西、海南、台湾、香港、云南
- 国外分布：马来西亚、日本、印度、越南
- 濒危等级：LC

彩叶球兰
Hoya carnosa var. **gushanica** W. Xu
- 习　　性：附生灌木
- 海　　拔：约300 m
- 分　　布：福建
- 濒危等级：DD

景洪球兰
Hoya chinghungensis(Tsiang et P. T. Li) M. G. Gilbert et al.
- 习　　性：附生灌木
- 海　　拔：1500～2000 m
- 国内分布：云南
- 国外分布：缅甸
- 濒危等级：LC

广西球兰
Hoya commutata M. G. Gilbert et P. T. Li
- 习　　性：亚灌木或藤本
- 国内分布：广西
- 国外分布：缅甸
- 濒危等级：LC

心叶球兰
Hoya cordata P. T. Li et S. Z. Huang
- 习　　性：亚灌木
- 分　　布：广西
- 濒危等级：EN B2ab（ii，iii，iv）

大勐龙球兰
Hoya daimenglongensis Shao Y. He et P. T. Li
- 习　　性：附生植物
- 分　　布：云南
- 濒危等级：LC

厚花球兰
Hoya dasyantha Tsiang
- 习　　性：亚灌木
- 海　　拔：约1100 m
- 分　　布：海南
- 濒危等级：LC

护耳草
Hoya fungii Merr.
- 习　　性：附生灌木
- 海　　拔：300～1000 m
- 分　　布：广东、广西、海南、云南
- 濒危等级：LC
- 资源利用：药用（中草药）

黄花球兰
Hoya fusca Wall.
- 习　　性：藤本
- 海　　拔：500～2600 m
- 国内分布：广西、贵州、海南、西藏、云南
- 国外分布：不丹、柬埔寨、老挝、缅甸、尼泊尔、泰国、印度、越南
- 濒危等级：LC

荷秋藤
Hoya griffithii Hook. f.
　　习　　性：附生灌木
　　海　　拔：约800 m
　　国内分布：广东、广西、贵州、海南、云南
　　国外分布：印度
　　濒危等级：LC

尖峰岭球兰
Hoya jianfenglingensis Shao Y. He et P. T. Li
　　习　　性：附生藤本
　　分　　布：海南
　　濒危等级：LC

凹叶球兰
Hoya kerrii Craib
　　习　　性：多年生草本
　　海　　拔：约390 m
　　国内分布：广东栽培
　　国外分布：老挝、马来西亚、泰国、越南
　　濒危等级：LC
　　资源利用：环境利用（观赏）

裂瓣球兰
Hoya lacunosa Blume
　　习　　性：亚灌木
　　国内分布：广东、香港
　　国外分布：印度尼西亚
　　濒危等级：LC

橙花球兰
Hoya lasiogynostegia P. T. Li
　　习　　性：附生草本
　　海　　拔：约900 m
　　分　　布：海南
　　濒危等级：EN A2c

乐东球兰
Hoya ledongensis Shao Y. He et P. T. Li
　　习　　性：多年生草本
　　分　　布：海南
　　濒危等级：LC

崖县球兰
Hoya liangii Tsiang
　　习　　性：附生灌木
　　分　　布：海南
　　濒危等级：LC

贡山球兰
Hoya lii C. M. Burton
　　习　　性：灌木
　　海　　拔：约1400 m
　　分　　布：云南
　　濒危等级：LC

线叶球兰
Hoya linearis Wall. ex D. Don
　　习　　性：亚灌木
　　海　　拔：1500~2000 m
　　国内分布：云南

　　国外分布：缅甸、尼泊尔、印度
　　濒危等级：LC

荔波球兰
Hoya lipoensis P. T. Li et Z. R. Xu
　　习　　性：附生灌木
　　海　　拔：约900 m
　　分　　布：贵州
　　濒危等级：EN A2c

长叶球兰
Hoya longifolia Wall. ex Wight
　　习　　性：附生灌木
　　海　　拔：1400~2400 m
　　国内分布：云南
　　国外分布：巴基斯坦、不丹、克什米尔地区、尼泊尔、泰国、印度
　　濒危等级：LC

香花球兰
Hoya lyi H. Lév.
　　习　　性：附生藤本
　　海　　拔：1000 m以下
　　分　　布：广西、贵州、四川、云南
　　濒危等级：LC
　　资源利用：环境利用（观赏）

尾叶球兰
Hoya mekongensis M. G. Gilbert et P. T. Li
　　习　　性：攀援藤本
　　分　　布：西藏、云南
　　濒危等级：LC

薄叶球兰
Hoya mengtzeensis Tsiang et P. T. Li
　　习　　性：亚灌木
　　分　　布：广西、云南
　　濒危等级：LC

蜂出巢
Hoya multiflora Blume
　　习　　性：藤本或亚灌木
　　海　　拔：500~1200 m
　　国内分布：广东、广西、云南
　　国外分布：菲律宾、老挝、马来西亚、缅甸、泰国、印度尼西亚、越南
　　濒危等级：LC
　　资源利用：环境利用（观赏）

凸脉球兰
Hoya nervosa Tsiang et P. T. Li
　　习　　性：附生灌木
　　分　　布：广西、云南
　　濒危等级：LC

尼科巴球兰
Hoya nicobarica R. Br. ex Traill
　　习　　性：藤本或亚灌木
　　国内分布：台湾栽培
　　国外分布：印度

卵叶球兰
Hoya ovalifolia Wight et Arn.
　　习　　性：附生灌木
　　国内分布：海南
　　国外分布：斯里兰卡、印度
　　濒危等级：LC

琴叶球兰
Hoya pandurata Tsiang
　　习　　性：亚灌木
　　海　　拔：1000～1600 m
　　分　　布：云南
　　濒危等级：VU B2ab（ii，iii，iv）

海南球兰
Hoya persicinicoronaria Shao Y. He et P. T. Li
　　习　　性：附生藤本
　　分　　布：海南
　　濒危等级：LC
　　资源利用：环境利用（观赏）

多脉球兰
Hoya polyneura Hook. f.
　　习　　性：附生灌木
　　海　　拔：约1400 m
　　国内分布：西藏、云南
　　国外分布：缅甸、印度
　　濒危等级：LC

三脉球兰
Hoya pottsii J. Traill
　　习　　性：亚灌木或藤本
　　海　　拔：0～500 m
　　分　　布：澳门、广东、广西、海南、台湾、云南
　　濒危等级：LC

匙叶球兰
Hoya radicalis Tsiang et P. T. Li
　　习　　性：附生灌木
　　分　　布：广东、广西
　　濒危等级：NT

卷边球兰
Hoya revolubilis Tsiang et P. T. Li
　　习　　性：附生灌木
　　分　　布：广西、云南
　　濒危等级：LC

怒江球兰
Hoya salweenica Tsiang et P. T. Li
　　习　　性：附生灌木
　　海　　拔：约1600 m
　　分　　布：云南
　　濒危等级：LC

菖蒲球兰
Hoya siamica Craib
　　习　　性：附生灌木
　　海　　拔：1500～2500 m
　　国内分布：云南
　　国外分布：泰国
　　濒危等级：DD

山球兰
Hoya silvatica Tsiang et P. T. Li
　　习　　性：附生灌木
　　海　　拔：约2000 m
　　分　　布：西藏、云南
　　濒危等级：LC

西藏球兰
Hoya thomsonii Hook. f.
　　习　　性：亚灌木
　　海　　拔：约900 m
　　国内分布：西藏
　　国外分布：印度
　　濒危等级：LC

毛球兰
Hoya villosa Costantin
　　习　　性：附生藤本
　　海　　拔：400～1000 m
　　国内分布：广西、贵州、海南、云南
　　国外分布：越南
　　濒危等级：LC
　　资源利用：药用（中草药）

扇叶藤
Hoya yuennanensis Hand.-Mazz.
　　习　　性：藤本或亚灌木
　　海　　拔：1000～1600 m
　　国内分布：云南
　　国外分布：缅甸、泰国、印度
　　濒危等级：LC

仔榄树属 Hunteria Roxb.

仔榄树
Hunteria zeylanica（Retz.）Gardner ex Thwaites
　　习　　性：乔木
　　国内分布：海南
　　国外分布：老挝、马来西亚、缅甸、斯里兰卡、泰国、印度、印度尼西亚、越南
　　濒危等级：LC
　　资源利用：原料（木材）；食品（水果）

腰骨藤属 Ichnocarpus R. Br.

腰骨藤
Ichnocarpus frutescens（L.）W. T. Aiton
　　习　　性：藤本
　　海　　拔：200～900 m
　　国内分布：澳门、福建
　　国外分布：澳大利亚、巴基斯坦、巴布亚新几内亚、不丹、菲律宾、柬埔寨、老挝、马来西亚、孟加拉国、缅甸、尼泊尔、斯里兰卡、泰国、印度、印度尼西亚、越南
　　濒危等级：LC
　　资源利用：环境利用（观赏）

少花腰背藤
Ichnocarpus jacquetii（Pierre）D. J. Middleton
　　习　　性：藤本

海　　拔：300~500 m
国内分布：广东、广西、海南、香港
国外分布：老挝、越南
濒危等级：LC

麻栗坡小花藤
Ichnocarpus malipoensis (Tsiang et P. T. Li) D. J. Middleton
习　　性：藤本
海　　拔：1000~1200 m
分　　布：云南
濒危等级：NT D

小花藤
Ichnocarpus polyanthus (Blume) P. I. Forst.
习　　性：藤本
海　　拔：200~1800 m
国内分布：广东、广西、海南、香港、云南
国外分布：不丹、老挝、马来西亚、缅甸、尼泊尔、泰国、印度、印度尼西亚、越南
濒危等级：LC

黑鳗藤属 Jasminanthes Blume

假木通
Jasminanthes chunii (Tsiang) W. D. Stevens et P. T. Li
习　　性：藤本
海　　拔：600~1000 m
分　　布：广东、广西、湖南
濒危等级：LC

黑鳗藤
Jasminanthes mucronata (Blanco) W. D. Stevens et P. T. Li
习　　性：藤本
海　　拔：100~600 m
分　　布：福建、广东、广西、贵州、湖南、四川、台湾、香港、浙江
濒危等级：LC

茶药藤
Jasminanthes pilosa (Kerr) W. D. Stevens et P. T. Li
习　　性：藤本
海　　拔：400~1600 m
国内分布：广西、云南
国外分布：泰国
濒危等级：LC

云南黑鳗藤
Jasminanthes saxatilis (Tsiang et P. T. Li) W. D. Stevens et P. T. Li
习　　性：藤本
海　　拔：800~1200 m
分　　布：广西、云南
濒危等级：LC

倒缨木属 Kibatalia G. Don

倒缨木
Kibatalia macrophylla (Pierre ex Hua) Woodson
习　　性：乔木
海　　拔：200~700 m
国内分布：云南
国外分布：柬埔寨、老挝、缅甸、泰国、越南
濒危等级：LC

蕊木属 Kopsia Blume

蕊木
Kopsia arborea Blume
习　　性：乔木
海　　拔：400~1000 m
国内分布：广东、广西、海南、香港、云南
国外分布：澳大利亚、菲律宾、马来西亚、泰国、印度尼西亚、越南
濒危等级：LC

红花蕊木
Kopsia fruticosa (Roxb.) A. DC.
习　　性：常绿灌木
国内分布：广东栽培
国外分布：菲律宾、马来西亚、缅甸、泰国、印度、印度尼西亚
濒危等级：LC
资源利用：环境利用（观赏）

海南蕊木
Kopsia hainanensis Tsiang
习　　性：灌木或乔木
分　　布：海南
濒危等级：EN B2ab (i, iii); C1

折冠藤属 Lygisma Hook. f.

折冠藤
Lygisma inflexum (Costantin) Kerr
习　　性：藤本
海　　拔：100~300 m
国内分布：广东、广西、海南
国外分布：越南
濒危等级：LC

文藤属 Mandevilla Lindl.

文藤
Mandevilla laxa (Ruiz et Pav.) Woodson
习　　性：多年生常绿藤本植物
国内分布：广东栽培
国外分布：原产南美洲

牛奶菜属 Marsdenia R. Br.

短裂牛奶菜
Marsdenia brachyloba M. G. Gilbert et P. T. Li
习　　性：藤本
海　　拔：2100~2300 m
分　　布：云南
濒危等级：LC

灵药牛奶菜
Marsdenia cavaleriei (H. Lév.) Hand.-Mazz. ex Woodson
习　　性：藤本
海　　拔：600~2200 m
国内分布：广西、贵州、云南

国外分布：印度
濒危等级：LC

台湾牛奶菜
Marsdenia formosana Masam.
习　　性：攀援灌木
海　　拔：约 2600 m
国内分布：台湾、云南
国外分布：日本
濒危等级：LC

光叶蓝叶藤
Marsdenia glabra Costantin
习　　性：藤本
海　　拔：500~800 m
国内分布：广东、广西、海南、云南
国外分布：老挝、越南
濒危等级：LC

团花牛奶菜
Marsdenia glomerata Tsiang
习　　性：攀援灌木
分　　布：浙江
濒危等级：LC

白药牛奶菜
Marsdenia griffithii Hook. f.
习　　性：藤本
海　　拔：约 2000 m
国内分布：贵州、湖南、云南
国外分布：印度
濒危等级：LC
资源利用：药用（中草药）

海南牛奶菜
Marsdenia hainanensis Tsiang
习　　性：藤本
海　　拔：约 500 m
国内分布：海南、湖南
国外分布：越南
濒危等级：LC
资源利用：原料（染料）

裂冠牛奶菜
Marsdenia incisa P. T. Li et Y. H. Li
习　　性：藤本
海　　拔：约 600 m
分　　布：广西、云南
濒危等级：LC

大叶牛奶菜
Marsdenia koi Tsiang
习　　性：藤本
海　　拔：500~3200? m
国内分布：广东、广西、贵州、西藏、云南
国外分布：缅甸、越南
濒危等级：LC

毛喉牛奶菜
Marsdenia lachnostoma Benth.
习　　性：半灌木状藤本
国内分布：香港
国外分布：柬埔寨、老挝、泰国
濒危等级：LC

百灵草
Marsdenia longipes W. T. Wang ex Tsiang et P. T. Li
习　　性：攀援灌木
海　　拔：0~2000 m
分　　布：广西、云南
濒危等级：LC
资源利用：药用（中草药）

墨脱牛奶菜
Marsdenia medogensis P. T. Li
习　　性：木质藤本
海　　拔：2200~2600 m
分　　布：西藏
濒危等级：LC

海枫藤
Marsdenia officinalis Tsiang et P. T. Li
习　　性：木质藤本
海　　拔：500~1000 m
分　　布：湖北、湖南、四川、云南、浙江
濒危等级：LC
资源利用：药用（中草药）

喙柱牛奶菜
Marsdenia oreophila W. W. Sm.
习　　性：攀援灌木
海　　拔：3000 m 以下
分　　布：四川、西藏、云南
濒危等级：LC

假蓝叶藤
Marsdenia pseudotinctoria Tsiang
习　　性：攀援灌木
海　　拔：700~1000 m
分　　布：广西、云南
濒危等级：LC

美蓝叶藤
Marsdenia pulchella Hand.-Mazz.
习　　性：攀援灌木
海　　拔：2000~2500 m
分　　布：四川
濒危等级：LC

四川牛奶菜
Marsdenia schneideri Tsiang
习　　性：攀援灌木
国内分布：四川、云南
国外分布：老挝、越南
濒危等级：LC

牛奶菜
Marsdenia sinensis Hemsl.
习　　性：木质藤本
海　　拔：0~800 m
分　　布：福建、广东、广西、贵州、湖北、湖南、江西、四川、云南、浙江

濒危等级：LC
资源利用：药用（中草药）

狭花牛奶菜
Marsdenia stenantha Hand.-Mazz.
习　　性：攀援灌木
海　　拔：1500~2600 m
分　　布：四川、云南
濒危等级：LC

通光藤
Marsdenia tenacissima(Roxb.)Moon
习　　性：木质藤本
海　　拔：约1500 m
国内分布：云南
国外分布：柬埔寨、老挝、缅甸、尼泊尔、斯里兰卡、泰国、印度、越南
濒危等级：NT
资源利用：药用（中草药）；原料（纤维）

绒毛牛奶菜
Marsdenia tenii M. G. Gilbert et P. T. Li
习　　性：藤本
分　　布：云南
濒危等级：LC

蓝叶藤
Marsdenia tinctoria R. Br.
习　　性：藤本
海　　拔：400~1000 m
国内分布：广东、广西、贵州、海南、湖北、湖南、四川、台湾、西藏、香港
国外分布：不丹、菲律宾、老挝、马来西亚、缅甸、尼泊尔、日本、斯里兰卡、泰国、印度、印度尼西亚、越南
濒危等级：LC

假防己
Marsdenia tomentosa Morren et Decne.
习　　性：攀援灌木
国内分布：台湾
国外分布：朝鲜、日本
濒危等级：LC

临沧牛奶菜
Marsdenia yuei M. G. Gilbert et P. T. Li
习　　性：藤本
海　　拔：约2300 m
分　　布：云南
濒危等级：LC

云南牛奶菜
Marsdenia yunnanensis(H. Lév.)Woodson
习　　性：藤本
海　　拔：1000~2000 m
分　　布：湖北、四川、云南
濒危等级：LC

山橙属 Melodinus J. R. Forst. et G. Forst.

台湾山橙
Melodinus angustifolius Hayata
习　　性：木质藤本
海　　拔：100~1000 m
国内分布：台湾
国外分布：越南
濒危等级：DD
资源利用：环境利用（观赏）

腋花山橙
Melodinus axillaris W. T. Wang ex Tsiang et P. T. Li
习　　性：攀援灌木
海　　拔：约1000 m
分　　布：云南
濒危等级：DD

贵州山橙
Melodinus chinensis P. T. Li et Z. R. Xu
习　　性：灌木
海　　拔：约800 m
国内分布：贵州、四川、云南
国外分布：澳大利亚、巴布亚新几内亚
濒危等级：LC

山橙
Melodinus cochinchinensis(Lour.)Merr.
习　　性：藤本
海　　拔：800~2800 m
国内分布：澳门、广东、广西、贵州、海南、香港、云南
国外分布：不丹、柬埔寨、老挝、马来西亚、孟加拉国、缅甸、泰国、印度、越南
濒危等级：LC

尖山橙
Melodinus fusiformis Champ. ex Benth.
习　　性：木质藤本
海　　拔：300~1500 m
分　　布：广东、广西、贵州、四川、香港、云南
濒危等级：LC
资源利用：药用（中草药）；环境利用（观赏）

东方橙
Melodinus orientalis Blume
习　　性：木质藤本或小灌木
国内分布：广东、四川、云南
国外分布：澳大利亚、巴布亚新几内亚、菲律宾、马来西亚、泰国、印度尼西亚
濒危等级：LC

驼峰藤属 Merrillanthus Chun et Tsiang

驼峰藤
Merrillanthus hainanensis Chun et Tsiang
习　　性：木质藤本
国内分布：广东、海南
国外分布：柬埔寨
濒危等级：EN A2c
国家保护：Ⅱ级

萝藦属 Metaplexis R. Br.

华萝藦
Metaplexis hemsleyana Oliv.
习　　性：多年生草本
海　　拔：300~2000 m

分　　布：广西、贵州、湖北、湖南、江西、陕西、四川、云南
濒危等级：LC
资源利用：药用（中草药）

萝藦
Metaplexis japonica(Thunb.)Makino
习　　性：多年生草本
海　　拔：100～1100 m
国内分布：安徽、澳门、北京、福建、甘肃、广东、广西、贵州、河北、河南、黑龙江、湖北、湖南、吉林、江苏、江西、辽宁、内蒙古、宁夏、青海、天津、香港
国外分布：朝鲜、俄罗斯、日本
濒危等级：LC
资源利用：药用（中草药）；原料（纤维）

翅果藤属 Myriopteron Griff.

翅果藤
Myriopteron extensum(Wight et Arn.)K. Schum.
习　　性：木质藤本
海　　拔：600～1600 m
国内分布：广西、贵州、云南
国外分布：老挝、缅甸、泰国、印度、印度尼西亚、越南
濒危等级：LC
资源利用：药用（中草药）

夹竹桃属 Nerium L.

夹竹桃
Nerium oleander L.
习　　性：乔木或灌木
国内分布：云南；广泛栽培和归化
国外分布：美洲、欧洲、亚洲
资源利用：药用（中草药）；环境利用（观赏，绿化）
濒危等级：LC

玫瑰树属 Ochrosia Juss.

光萼玫瑰树
Ochrosia coccinea(Teijsm. et Binn.)Miq.
习　　性：乔木
国内分布：广东栽培
国外分布：巴布亚新几内亚、新加坡；引自马来西亚

古城玫瑰树
Ochrosia elliptica Labill.
习　　性：乔木
国内分布：澳门、广东、台湾、香港栽培
国外分布：原产澳大利亚

玫瑰树
Ochrosia maculata Jacq.
习　　性：乔木
国内分布：广东、香港栽培
国外分布：马来西亚、斯里兰卡、印度尼西亚、越南

豹皮花属 Orbea L.

豹皮花
Orbea pulchella(Masson)L. C. Leach
习　　性：肉质草本
国内分布：内蒙古、天津等地温室栽培
国外分布：原产热带非洲
资源利用：环境利用（观赏）

尖槐藤属 Oxystelma R. Br.

尖槐藤
Oxystelma esculentum(L. f.)Sm.
习　　性：藤本
国内分布：广东、广西、云南
国外分布：巴基斯坦、柬埔寨、老挝、马来西亚、孟加拉国、缅甸、尼泊尔、斯里兰卡、泰国、印度、印度尼西亚、越南
濒危等级：LC
资源利用：药用（中草药）；食品（水果）

长节珠属 Parameria Benth.

长节珠
Parameria laevigata(Juss.)Moldenke
习　　性：常绿藤本
海　　拔：800～1500 m
国内分布：广西、云南
国外分布：菲律宾、柬埔寨、老挝、马来西亚、缅甸、泰国、印度、印度尼西亚、越南
濒危等级：LC

富宁藤属 Parepigynum Tsiang et P. T. Li

富宁藤
Parepigynum funingense Tsiang et P. T. Li
习　　性：藤本
海　　拔：1000～1800 m
分　　布：贵州、云南
濒危等级：EN B2ab（i, iii）；C1
国家保护：II级

同心结属 Parsonsia R. Br.

海南同心结
Parsonsia alboflavescens(Dennst.)Mabb.
习　　性：木质藤本
海　　拔：200～500 m
国内分布：福建、广东、海南、台湾
国外分布：菲律宾、柬埔寨、老挝、马来西亚、缅甸、日本、斯里兰卡、泰国、印度、印度尼西亚、越南
濒危等级：LC

广西同心结
Parsonsia goniostemon Hand.-Mazz.
习　　性：木质藤本
海　　拔：500～800 m
分　　布：广西
濒危等级：NT

石萝藦属 Pentasachme Wall. ex Wight

石萝藦
Pentasachme caudatum Wall. ex Wight
习　　性：多年生草本
海　　拔：0～1300 m

国内分布：广东、广西、海南、湖南、江西、香港、云南
国外分布：不丹、马来西亚、孟加拉国、缅甸、尼泊尔、泰国、新加坡、印度、越南
濒危等级：LC

白水藤属 Pentastelma Tsiang et P. T. Li

白水藤
Pentastelma auritum Tsiang et P. T. Li
习　　性：攀援灌木
海　　拔：300~600 m
分　　布：海南
濒危等级：CR B1ab (ii, iii, iv); D

杠柳属 Periploca L.

青蛇藤
Periploca calophylla (Wight) Falc.

青蛇藤（原变种）
Periploca calophylla var. calophylla
习　　性：攀援灌木
海　　拔：0~1000 m
国内分布：广西、贵州、湖北、湖南、四川、西藏、云南
国外分布：不丹、克什米尔地区、尼泊尔、印度、越南
濒危等级：LC

凸尖叶青蛇藤
Periploca calophylla var. mucronata P. T. Li
习　　性：攀援灌木
海　　拔：1700~2100 m
分　　布：西藏
濒危等级：LC

黄花杠柳
Periploca chrysantha D. S. Yao et al.
习　　性：攀援灌木
海　　拔：约1500 m
分　　布：甘肃
濒危等级：LC

多花青蛇藤
Periploca floribunda Tsiang
习　　性：攀援灌木
海　　拔：约1800 m
国内分布：云南
国外分布：越南
濒危等级：LC

黑龙骨
Periploca forrestii Schltr.
习　　性：攀援灌木
海　　拔：0~2000 m
国内分布：广西、贵州、青海、四川、西藏、云南
国外分布：克什米尔地区、缅甸、尼泊尔、印度
濒危等级：LC
资源利用：药用（中草药）

杠柳
Periploca sepium Bunge
习　　性：落叶灌木
分　　布：北京、甘肃、贵州、河北、河南、吉林、江苏、江西、辽宁、内蒙古、山东、山西、陕西、四川、天津
濒危等级：LC
资源利用：药用（中草药）；环境利用（观赏）；原料（纤维）

大花杠柳
Periploca tsiangii D. Fang et H. Z. Ling
习　　性：攀援灌木
分　　布：广西
濒危等级：LC

鸡蛋花属 Plumeria L.

钝叶鸡蛋花
Plumeria obtusa L.
习　　性：乔木
国内分布：广东、广西、海南、香港、云南
国外分布：原产加勒比海地区；现广泛栽培

鸡蛋花
Plumeria rubra L.
习　　性：乔木
国内分布：澳门、福建、广东、广西、海南、香港、云南
国外分布：原产美洲；现广泛栽培
资源利用：环境利用（观赏）；药用（中草药）

帘子藤属 Pottsia Hook. et Arn.

大花帘子藤
Pottsia grandiflora Markgr.
习　　性：攀援灌木
海　　拔：400~1100 m
分　　布：福建、广东、广西、湖南、香港、云南、浙江
濒危等级：LC

帘子藤
Pottsia laxiflora (Blume) Kuntze
习　　性：常绿攀援灌木
海　　拔：200~1000 m
国内分布：福建、广东、广西、贵州、海南、湖南、香港、云南、浙江
国外分布：柬埔寨、老挝、马来西亚、泰国、印度、印度尼西亚、越南
濒危等级：LC
资源利用：药用（中草药）

大花藤属 Raphistemma Wall.

广西大花藤
Raphistemma hooperianum (Blume) Decne.
习　　性：木质藤本
海　　拔：400~800 m
国内分布：广西
国外分布：泰国、印度尼西亚、越南
濒危等级：LC

大花藤
Raphistemma pulchellum (Roxb.) Wall.

习　　性：藤状灌木
海　　拔：400~1200 m
国内分布：广西、云南
国外分布：老挝、马来西亚、缅甸、尼泊尔、泰国、印度
濒危等级：LC
资源利用：环境利用（观赏）

萝芙木属 Rauvolfia L.

古巴萝芙木
Rauvolfia cubana A. DC.
　　习　　性：灌木或小乔木
　　国内分布：云南栽培
　　国外分布：引自古巴

蛇根木
Rauvolfia serpentina（L.）Benth. ex Kurz
　　习　　性：灌木
　　海　　拔：800~1500 m
　　国内分布：广东、广西、海南、云南栽培
　　国外分布：原产马来西亚、缅甸、斯里兰卡、泰国、印度、印度尼西亚
　　CITES 附录：Ⅱ
　　资源利用：药用（中草药）

苏门答腊萝芙木
Rauvolfia sumatrana Jack
　　习　　性：乔木
　　国内分布：广东栽培
　　国外分布：菲律宾、马来西亚、泰国、印度尼西亚
　　资源利用：原料（木材）

四叶萝芙木
Rauvolfia tetraphylla L.
　　习　　性：灌木
　　国内分布：广东、广西、海南、云南栽培
　　国外分布：原产热带美洲
　　资源利用：药用（中草药）；原料（染料）

吊罗山萝芙木
Rauvolfia tiaolushanensis Tsiang
　　习　　性：灌木
　　海　　拔：300~600 m
　　分　　布：海南
　　濒危等级：VU D2

萝芙木
Rauvolfia verticillata（Lour.）Baill.
　　习　　性：灌木
　　海　　拔：0~1700 m
　　国内分布：广东、广西、贵州、海南、台湾、香港、云南
　　国外分布：菲律宾、柬埔寨、马来西亚、缅甸、斯里兰卡、泰国、印度、印度尼西亚、越南
　　濒危等级：LC
　　资源利用：药用（中草药）

催吐萝芙木
Rauvolfia vomitoria Afzel.
　　习　　性：灌木
　　国内分布：广东、广西、云南栽培
　　国外分布：原产热带非洲
　　资源利用：药用（中草药）

鲫鱼藤属 Secamone R. Br.

斑皮鲫鱼藤
Secamone bonii Costantin
　　习　　性：藤状灌木
　　海　　拔：约 100 m
　　国内分布：海南
　　国外分布：越南
　　濒危等级：LC

鲫鱼藤
Secamone elliptica R. Br.
　　习　　性：藤本或攀援灌木
　　海　　拔：100~600 m
　　国内分布：广东、广西、海南、台湾、云南
　　国外分布：柬埔寨、马来西亚、印度尼西亚、越南
　　濒危等级：LC

锈毛鲫鱼藤
Secamone ferruginea Pierre ex Costantin
　　习　　性：藤状灌木
　　海　　拔：200~800 m
　　国内分布：广东、广西、海南
　　国外分布：泰国、越南
　　濒危等级：LC

丽江鲫鱼藤
Secamone likiangensis Tsiang
　　习　　性：藤状半灌木
　　海　　拔：1800~1900 m
　　分　　布：云南
　　濒危等级：LC

催吐鲫鱼藤
Secamone minutiflora（Woodson）Tsiang
　　习　　性：藤本或攀援灌木
　　海　　拔：0~800 m
　　分　　布：广西、贵州、四川、云南
　　濒危等级：LC

吊山桃
Secamone sinica Hand.-Mazz.
　　习　　性：藤状灌木
　　海　　拔：400~800 m
　　分　　布：广东、广西、贵州、云南
　　濒危等级：LC
　　资源利用：药用（中草药）

四川藤属 Sichuania M. G. Gilbert et P. T. Li

四川藤
Sichuania alterniloba M. E. Gilbert et P. T. Li
　　习　　性：藤本
　　分　　布：四川

濒危等级：LC

毛药藤属 Sindechites Oliv.

毛药藤
Sindechites henryi Oliv.
- 习　性：木质藤本
- 海　拔：500~1500 m
- 分　布：广西、贵州、湖北、湖南、江西、四川、云南、浙江
- 濒危等级：LC
- 资源利用：药用（中草药）

魔星花属 Stapelia L.

大花犀角
Stapelia grandiflora Masson
- 习　性：多年生草本
- 国内分布：广东栽培
- 国外分布：原产南非

须药藤属 Stelmocrypton Baill.

须药藤
Stelmocrypton khasianum (Kurz) Baill.
- 习　性：藤本
- 海　拔：1000~1600 m
- 国内分布：广西、贵州、云南
- 国外分布：缅甸、印度
- 濒危等级：LC

马莲鞍属 Streptocaulon Wight et Arn.

马莲鞍
Streptocaulon juventas (Lour.) Merr.
- 习　性：常绿木质藤本
- 海　拔：300~1000 m
- 国内分布：广西、贵州、云南
- 国外分布：柬埔寨、老挝、缅甸、泰国、印度、印度尼西亚、越南
- 濒危等级：LC

扭梗藤属 Streptoechites D. J. Middleton et Livsh.

泥藤
Streptoechites chinensis (Merr.) D. J. Middleton et Livsh.
- 习　性：藤本
- 海　拔：100~700 m
- 国内分布：海南
- 国外分布：老挝、泰国
- 濒危等级：LC

羊角拗属 Strophanthus DC.

卵萼羊角拗
Strophanthus caudatus (L.) Kurz
- 习　性：木质藤本
- 海　拔：500~900 m
- 国内分布：广西；台湾栽培
- 国外分布：菲律宾、柬埔寨、老挝、马来西亚、缅甸、泰国、新加坡、印度、印度尼西亚、越南
- 濒危等级：LC

羊角拗
Strophanthus divaricatus (Lour.) Hook. et Arn.
- 习　性：灌木
- 海　拔：100~1000 m
- 国内分布：澳门、福建、广东、广西、贵州、海南、香港、云南
- 国外分布：老挝、越南
- 濒危等级：LC
- 资源利用：药用（中草药）

旋花羊角拗
Strophanthus gratus (Wall. et Hook.) Baill.
- 习　性：木质藤本
- 国内分布：台湾栽培
- 国外分布：原产非洲
- 濒危等级：LC
- 资源利用：药用（中草药）

箭毒羊角拗
Strophanthus hispidus DC.
- 习　性：藤本或灌木
- 国内分布：广东、广西、海南、云南栽培
- 国外分布：原产非洲
- 资源利用：药用（中草药）

西非羊角拗
Strophanthus sarmentosus DC.
- 习　性：灌木
- 国内分布：云南栽培
- 国外分布：原产非洲
- 资源利用：药用（中草药，兽药）

云南羊角拗
Strophanthus wallichii A. DC.
- 习　性：木质藤本
- 海　拔：500~1500 m
- 国内分布：云南
- 国外分布：老挝、马来西亚、孟加拉国、泰国、印度、越南
- 濒危等级：LC

狗牙花属 Tabernaemontana L.

药用狗牙花
Tabernaemontana bovina Lour.
- 习　性：灌木或小乔木
- 海　拔：200~1000 m
- 国内分布：广西、海南、香港、云南
- 国外分布：泰国、越南
- 濒危等级：LC
- 资源利用：药用（中草药）

尖蕾狗牙花
Tabernaemontana bufalina Lour.
- 习　性：灌木或小乔木

海　　拔：100~1000 m
国内分布：广东、广西、海南、云南
国外分布：柬埔寨、缅甸、泰国、越南
濒危等级：LC

伞房狗牙花
Tabernaemontana corymbosa Roxb. ex Wall.
　　习　　性：灌木或小乔木
　　海　　拔：500~1700 m
　　国内分布：广西、贵州、云南
　　国外分布：老挝、马来西亚、缅甸、泰国、印度尼西亚、越南
　　濒危等级：NT D

狗牙花
Tabernaemontana divaricata(L.) R. Br. ex Roem. et Schult.
　　习　　性：灌木或小乔木
　　海　　拔：100~1600 m
　　国内分布：云南；澳门、福建、广东、广西、海南、台湾、香港栽培
　　国外分布：不丹、孟加拉国、缅甸、尼泊尔、泰国、印度；亚洲热带、亚热带地区广为栽培
　　濒危等级：EN D

平脉狗牙花
Tabernaemontana pandacaqui Lam.
　　习　　性：灌木或小乔木
　　国内分布：广东、台湾、云南
　　国外分布：澳大利亚、菲律宾、马来西亚、泰国、印度尼西亚
　　濒危等级：LC

夜来香属 Telosma Coville

夜来香
Telosma cordata(Burm. f.) Merr.
　　习　　性：藤本
　　国内分布：澳门、广东、广西、海南、香港
　　国外分布：巴基斯坦、克什米尔地区、缅甸、印度、越南
　　濒危等级：LC
　　资源利用：药用（中草药）；环境利用（观赏）

台湾夜来香
Telosma pallida(Roxb.) Craib
　　习　　性：藤状灌木
　　国内分布：台湾
　　国外分布：巴基斯坦、缅甸、尼泊尔、泰国、印度、越南
　　濒危等级：CR B2ab（ii）

卧茎夜来香
Telosma procumbens(Blanco) Merr.
　　习　　性：藤状灌木
　　海　　拔：300~800 m
　　国内分布：广东、广西、海南、云南
　　国外分布：菲律宾、越南
　　濒危等级：LC

黄花夹竹桃属 Thevetia L.

阔叶竹桃
Thevetia ahouai(L.) A. DC.
　　习　　性：常绿灌木或乔木
　　国内分布：广东栽培
　　国外分布：原产巴西

黄花夹竹桃
Thevetia peruviana(Pers.) K. Schum.
　　习　　性：乔木
　　国内分布：澳门、福建、广东、广西、海南、台湾、天津、香港、云南栽培
　　国外分布：原产美洲热带地区
　　资源利用：原料（香料，工业用油）；环境利用（绿化，观赏）；药用（中草药）

弓果藤属 Toxocarpus Wight et Arn.

锈毛弓果藤
Toxocarpus fuscus Tsiang
　　习　　性：攀援灌木
　　海　　拔：500~1500 m
　　分　　布：广东、广西、海南、香港、云南
　　濒危等级：LC

海南弓果藤
Toxocarpus hainanensis Tsiang
　　习　　性：攀援灌木
　　海　　拔：100~600 m
　　分　　布：海南
　　濒危等级：LC

西藏弓果藤
Toxocarpus himalensis Falc. ex Hook. f.
　　习　　性：攀援灌木
　　海　　拔：500~1000 m
　　国内分布：广西、贵州、西藏、云南
　　国外分布：印度
　　濒危等级：LC

平滑弓果藤
Toxocarpus laevigatus Tsiang
　　习　　性：攀援灌木
　　分　　布：海南
　　濒危等级：LC

广花弓果藤
Toxocarpus patens Tsiang
　　习　　性：攀援灌木
　　分　　布：海南
　　濒危等级：LC

凌云弓果藤
Toxocarpus paucinervius Tsiang
　　习　　性：攀援灌木
　　海　　拔：约800 m
　　分　　布：广西、云南
　　濒危等级：LC

毛弓果藤
Toxocarpus villosus(Blume) Decne.

毛弓果藤（原变种）
Toxocarpus villosus var. villosus

习　　性：木质藤本
海　　拔：500~1500 m
国内分布：福建、广西、湖北、四川、云南
国外分布：柬埔寨、印度尼西亚、越南
濒危等级：LC

短柱弓果藤
Toxocarpus villosus var. **brevistylis** Costantin
习　　性：木质藤本
国内分布：福建
国外分布：柬埔寨、老挝、越南
濒危等级：LC

小叶弓果藤
Toxocarpus villosus var. **thorelii** Costantin
习　　性：木质藤本
海　　拔：约 1500 m
国内分布：广西、云南
国外分布：柬埔寨、老挝、越南
濒危等级：LC

澜沧弓果藤
Toxocarpus wangianus Tsiang
习　　性：攀援灌木
海　　拔：约 1500 m
分　　布：贵州、云南
濒危等级：LC

弓果藤
Toxocarpus wightianus Hook. et Arn.
习　　性：攀援灌木
海　　拔：100~600 m
国内分布：澳门、广东、广西、贵州、海南、香港、云南
国外分布：印度、越南
濒危等级：LC
资源利用：药用（中草药，兽药）

络石属 Trachelospermum Lem.

亚洲络石
Trachelospermum asiaticum(Siebold et Zucc.) Nakai
习　　性：木质藤本
海　　拔：100~1000 m
国内分布：福建、甘肃、广东、广西、贵州、海南、湖北、湖南、江西、四川、台湾、西藏、云南
国外分布：朝鲜、日本、泰国、印度
濒危等级：LC

紫花络石
Trachelospermum axillare Hook. f.
习　　性：木质藤本
海　　拔：500~1500 m
分　　布：福建、广东、广西、贵州、湖北、湖南、江西、四川、西藏、云南、浙江
濒危等级：LC
资源利用：原料（纤维，橡胶）

贵州络石
Trachelospermum bodinieri(H. Lév.) Woodson
习　　性：木质藤本

海　　拔：500~2600 m
分　　布：福建、广东、广西、贵州、湖北、湖南、四川、台湾、西藏、云南、浙江
濒危等级：LC

短柱络石
Trachelospermum brevistylum Hand.-Mazz.
习　　性：木质藤本
海　　拔：600~1100 m
分　　布：安徽、福建、广东、广西、贵州、湖南、四川、西藏
濒危等级：LC

锈毛络石
Trachelospermum dunnii(H. Lév.) H. Lév.
习　　性：木质藤本
海　　拔：300~1600 m
国内分布：广西、贵州、湖南、云南、浙江
国外分布：越南
濒危等级：LC
资源利用：药用（中草药）；原料（橡胶）

络石
Trachelospermum jasminoides(Lindl.) Lem.
习　　性：木质藤本
海　　拔：200~1300 m
国内分布：安徽、福建、广东、广西、贵州、海南、河南、湖北、湖南、江苏、江西、山东、山西、四川、台湾、天津、西藏、香港、云南、浙江
国外分布：朝鲜、日本、越南
濒危等级：LC
资源利用：环境利用（观赏）；药用（中草药）

娃儿藤属 Tylophora R. Br.

花溪娃儿藤
Tylophora anthopotamica(Hand.-Mazz.) Tsiang et H. D. Zhang
习　　性：木质藤本
海　　拔：约 900 m
分　　布：贵州
濒危等级：VU A2c；C1

虎须娃儿藤
Tylophora arenicola Merr.
习　　性：藤状灌木
国内分布：广东、广西、海南
国外分布：越南
濒危等级：LC
资源利用：药用（中草药）

阔叶娃儿藤
Tylophora astephanoides Tsiang et P. T. Li
习　　性：缠绕藤本
海　　拔：约 1100 m
分　　布：云南
濒危等级：LC

宜昌娃儿藤
Tylophora augustiniana(Hemsl.) Craib
习　　性：藤状灌木

国内分布：广西、湖北、云南
国外分布：泰国
濒危等级：LC

光叶娃儿藤
Tylophora brownii Hayata
习　　性：藤本
海　　拔：200~500 m
分　　布：福建、广东、台湾
濒危等级：LC

黔娃儿藤
Tylophora cavaleriei H. Lév.
习　　性：多年生藤本
分　　布：贵州
濒危等级：LC

显脉娃儿藤
Tylophora chingtungensis Tsiang et P. T. Li
习　　性：草质藤本
海　　拔：约2100 m
分　　布：四川、云南
濒危等级：NT D

轮环娃儿藤
Tylophora cycleoides Tsiang
习　　性：木质藤本
分　　布：广西、海南
濒危等级：LC

小叶娃儿藤
Tylophora flexuosa R. Br.
习　　性：藤本
海　　拔：100~1000 m
国内分布：广东、广西、贵州、海南、陕西、台湾、云南
国外分布：柬埔寨、马来西亚、缅甸、斯里兰卡、泰国、印度、印度尼西亚、越南
濒危等级：LC

多花娃儿藤
Tylophora floribunda Miq.
习　　性：多年生草本
海　　拔：100~700 m
国内分布：广东、广西、贵州、湖南、江苏、江西、浙江
国外分布：朝鲜、日本
濒危等级：LC
资源利用：药用（中草药）

大花娃儿藤
Tylophora forrestii M. G. Gilbert et P. T. Li
习　　性：藤本
海　　拔：约2100 m
分　　布：云南
濒危等级：LC

长梗娃儿藤
Tylophora glabra Costantin
习　　性：藤本
海　　拔：0~500 m
国内分布：广东、广西、海南
国外分布：越南
濒危等级：LC

天峨娃儿藤
Tylophora gracilenta Tsiang et P. T. Li
习　　性：攀援灌木
分　　布：广西、云南
濒危等级：LC

紫花娃儿藤
Tylophora henryi Warb.
习　　性：多年生草本
海　　拔：500~1500 m
分　　布：福建、贵州、河南、湖北、湖南、四川
濒危等级：LC

建水娃儿藤
Tylophora hui Tsiang
习　　性：攀援灌木
海　　拔：1000~2000 m
分　　布：贵州、云南
濒危等级：LC

台湾娃儿藤
Tylophora insulana Tsiang et P. T. Li
习　　性：攀援灌木
分　　布：台湾
濒危等级：LC

人参娃儿藤
Tylophora kerrii Craib
习　　性：柔弱攀援小灌木
海　　拔：约800 m
国内分布：福建、广东、广西、贵州、四川、云南
国外分布：柬埔寨、泰国、越南
濒危等级：LC
资源利用：药用（中草药）

通天连
Tylophora koi Merr.
习　　性：攀援灌木
海　　拔：100~1000 m
国内分布：广东、广西、海南、湖南、台湾、云南
国外分布：泰国、越南
濒危等级：LC
资源利用：药用（中草药）

广花娃儿藤
Tylophora leptantha Tsiang
习　　性：攀援灌木
分　　布：广东、广西、海南
濒危等级：LC

高原娃儿藤
Tylophora leveilleana H. Lév.
习　　性：多年生藤本
分　　布：贵州
濒危等级：LC

长叶娃儿藤
Tylophora longifolia Wight
习　　性：藤本
国内分布：云南

国外分布：孟加拉国
濒危等级：LC

膜叶娃儿藤
Tylophora membranacea Tsiang et P. T. Li
习　　性：草质藤本
分　　布：广西
濒危等级：LC

汶川娃儿藤
Tylophora nana C. K. Schneid.
习　　性：灌木
海　　拔：1000～1800 m
分　　布：甘肃、四川
濒危等级：LC

滑藤
Tylophora oligophylla(Tsiang)M. G. Gilbert et al.
习　　性：多年生草质藤本
海　　拔：约700 m
分　　布：云南
濒危等级：LC

小花娃儿藤
Tylophora oshimae Hayata
习　　性：草质藤本
分　　布：台湾
濒危等级：LC

娃儿藤
Tylophora ovata(Lindl.)Hook. ex Steud.
习　　性：藤本
海　　拔：200～1000 m
国内分布：澳门、福建、广东、广西、贵州、海南、湖南、四川、台湾、香港、云南
国外分布：巴基斯坦、缅甸、尼泊尔、印度、越南
濒危等级：LC
资源利用：环境利用（观赏）；药用（中草药）

紫叶娃儿藤
Tylophora picta Tsiang
习　　性：攀援灌木
分　　布：海南
濒危等级：LC

山娃儿藤
Tylophora rockii M. G. Gilbert et P. T. Li
习　　性：草本
海　　拔：约3300 m
分　　布：四川
濒危等级：LC

圆叶娃儿藤
Tylophora rotundifolia Buch. -Ham. ex Wight
习　　性：多年生藤本
海　　拔：200～1000 m
国内分布：广东、广西、海南
国外分布：尼泊尔、印度
濒危等级：LC
资源利用：药用（中草药）

蛇胆草
Tylophora secamonoides Tsiang
习　　性：灌木
分　　布：广西、海南
濒危等级：LC
资源利用：药用（中草药）

湖北娃儿藤
Tylophora silvestrii(Pamp.)Tsiang et P. T. Li
习　　性：草质藤本
海　　拔：400～1440 m
分　　布：河南、湖北
濒危等级：LC

贵州娃儿藤
Tylophora silvestris Tsiang
习　　性：攀援灌木
海　　拔：300～2400 m
国内分布：安徽、福建、广东、广西、贵州、湖南、江苏、江西、四川、台湾、西藏、云南、浙江
濒危等级：LC

苏氏鸥蔓
Tylophora sui H. Y. Tseng et C. T. Chao
习　　性：多年生藤本
分　　布：台湾
濒危等级：LC

普定娃儿藤
Tylophora tengii Tsiang
习　　性：草本
海　　拔：约1200 m
分　　布：广西、贵州
濒危等级：LC

曲序娃儿藤
Tylophora tsiangii(P. T. Li)M. G. Gilbert et al.
习　　性：多年生藤本
海　　拔：约1300 m
国内分布：贵州
国外分布：越南
濒危等级：LC

个旧娃儿藤
Tylophora tuberculata M. G. Gilbert et P. T. Li
习　　性：藤本
海　　拔：约800 m
分　　布：云南
濒危等级：LC

钩毛娃儿藤
Tylophora uncinata M. G. Gilbert et P. T. Li
习　　性：藤本
海　　拔：约400 m
分　　布：海南
濒危等级：LC

云南娃儿藤
Tylophora yunnanensis Schltr.
习　　性：草本
海　　拔：0～2000 m

分　　布：贵州、四川、云南
濒危等级：LC
资源利用：药用（中草药）

水壶藤属 Urceola Roxb.

毛杜仲藤
Urceola huaitingii(Chun et Tsiang) D. J. Middleton
习　　性：木质藤本
海　　拔：200~1000 m
分　　布：广东、广西、贵州
濒危等级：LC

杜仲藤
Urceola micrantha(Wall. ex G. Don) D. J. Middleton
习　　性：木质藤本
海　　拔：300~1000 m
国内分布：福建、广东、广西、海南、四川、台湾、西藏、香港、云南
国外分布：老挝、马来西亚、尼泊尔、日本、泰国、印度、印度尼西亚、越南
濒危等级：LC

华南水壶藤
Urceola napeensis(Quintaret) D. J. Middleton
习　　性：木质藤本
国内分布：广东、广西、海南、香港
国外分布：老挝、泰国、越南
濒危等级：LC

华南杜仲藤
Urceola quintaretii(Pierre) D. J. Middleton
习　　性：木质藤本
海　　拔：300~500 m
国内分布：广东、广西、海南
国外分布：老挝、越南
濒危等级：LC

酸叶胶藤
Urceola rosea(Hook. et Arn.) D. J. Middleton
习　　性：木质藤本
海　　拔：300~1500 m
国内分布：澳门、福建、广东、广西、贵州、海南、湖南、四川、台湾、香港、云南
国外分布：柬埔寨、老挝、马来西亚、缅甸、日本、泰国、印度、印度尼西亚、越南
濒危等级：LC

云南水壶藤
Urceola tournieri(Pierre) D. J. Middleton
习　　性：木质藤本
海　　拔：800~1800 m
国内分布：云南
国外分布：不丹、老挝、缅甸、尼泊尔、泰国、印度、越南
濒危等级：LC

乐东藤
Urceola xylinabariopsoides(Tsiang) D. J. Middleton
习　　性：木质藤本
分　　布：海南、浙江

濒危等级：EN B2ab (i, iii); C1

纽子花属 Vallaris Burman

大纽子花
Vallaris indecora(Baill.) Tsiang et P. T. Li
习　　性：灌木
海　　拔：700~3000 m
分　　布：广西、贵州、四川、云南
濒危等级：LC
资源利用：药用（中草药）；环境利用（观赏）

纽子花
Vallaris solanacea(Roth) Kuntze
习　　性：攀援灌木
海　　拔：0~2700 m
国内分布：海南
国外分布：巴基斯坦、柬埔寨、老挝、缅甸、斯里兰卡、泰国、印度、印度尼西亚、越南
濒危等级：LC

蔓长春花属 Vinca L.

蔓长春花
Vinca major L.
习　　性：蔓性半灌木
国内分布：江苏、台湾、云南、浙江
国外分布：原产欧洲
资源利用：环境利用（观赏）

花叶蔓长春花
Vinca minor L.
习　　性：多年生草本
国内分布：江苏
国外分布：引自欧洲

马铃果属 Voacanga Du Petit Thouars

非洲马铃果
Voacanga africana Stapf
习　　性：乔木
国内分布：云南栽培
国外分布：引自非洲

马铃果
Voacanga chalotiana Pierre ex Stapf
习　　性：乔木
国内分布：广东栽培
国外分布：原产非洲

倒吊笔属 Wrightia R. Br.

胭木
Wrightia arborea(Dennst.) Mabb.
习　　性：乔木
海　　拔：200~1500 m
国内分布：广西、贵州、云南
国外分布：老挝、马来西亚、缅甸、斯里兰卡、泰国、印度、越南
濒危等级：LC

云南倒吊笔
Wrightia coccinea (Lodd.) Sims
- 习　　性：乔木
- 海　　拔：300~1800 m
- 国内分布：广西、云南
- 国外分布：巴基斯坦、缅甸、泰国、印度
- 濒危等级：LC

蓝树
Wrightia laevis Hook. f.
- 习　　性：乔木
- 海　　拔：200~1000 m
- 国内分布：广东、广西、贵州、海南、香港、云南
- 国外分布：澳大利亚、菲律宾、老挝、马来西亚、缅甸、泰国、印度、印度尼西亚、越南
- 濒危等级：LC
- 资源利用：药用（中草药）；原料（染料）

倒吊笔
Wrightia pubescens R. Br.
- 习　　性：乔木
- 海　　拔：约400 m
- 国内分布：广东、广西、贵州、海南、云南
- 国外分布：澳大利亚、菲律宾、柬埔寨、马来西亚、泰国、印度、印度尼西亚、越南
- 濒危等级：LC
- 资源利用：药用（中草药）；原料（纤维，木材）；环境利用（观赏）

无冠倒吊笔
Wrightia religiosa (Teijsm. et Binn.) Benth.
- 习　　性：灌木
- 国内分布：广东
- 国外分布：柬埔寨、老挝、马来西亚、泰国、越南
- 濒危等级：LC

个溥
Wrightia sikkimensis Gamble
- 习　　性：乔木
- 海　　拔：500~1500 m
- 国内分布：广西、贵州、海南、云南
- 国外分布：印度、越南
- 濒危等级：LC

水薤科 APONOGETONACEAE
（1属：1种）

水薤属 Aponogeton L. f.

水薤
Aponogeton lakhonensis A. Camus
- 习　　性：多年生草本
- 国内分布：福建、广东、广西、海南、江西、台湾、云南、浙江
- 国外分布：柬埔寨、马来西亚、缅甸、泰国、印度、印度尼西亚、越南
- 濒危等级：LC

冬青科 AQUIFOLIACEAE
（1属：242种）

冬青属 Ilex L.

满树星
Ilex aculeolata Nakai
- 习　　性：落叶灌木
- 海　　拔：100~1200 m
- 分　　布：福建、广东、广西、贵州、湖北、湖南、江西、浙江
- 濒危等级：LC
- 资源利用：药用（中草药）；原料（工业用油）

棱枝冬青
Ilex angulata Merr. et Chun
- 习　　性：灌木或乔木
- 海　　拔：400~500 m
- 分　　布：广西、海南
- 濒危等级：LC

阿里山冬青
Ilex arisanensis Yamam.
- 习　　性：常绿乔木
- 海　　拔：约800 m
- 分　　布：台湾
- 濒危等级：LC

秤星树
Ilex asprella (Hook. et Arn.) Champ. ex Benth.

秤星树（原变种）
Ilex asprella var. **asprella**
- 习　　性：落叶灌木
- 海　　拔：400~1000 m
- 国内分布：福建、广东、广西、湖南、江西、台湾、浙江
- 国外分布：菲律宾
- 濒危等级：LC
- 资源利用：药用（中草药）

大埔秤星树
Ilex asprella var. **tapuensis** S. Y. Hu
- 习　　性：落叶灌木
- 海　　拔：500~1000 m
- 分　　布：广东
- 濒危等级：DD

黑果冬青
Ilex atrata W. W. Sm.

黑果冬青（原变种）
Ilex atrata var. **atrata**
- 习　　性：常绿乔木
- 海　　拔：约2500 m
- 国内分布：云南
- 国外分布：缅甸
- 濒危等级：LC

长梗黑果冬青
Ilex atrata var. **wangii** S. Y. Hu
 习 性：常绿乔木
 海 拔：2000～2800 m
 分 布：西藏、云南
 濒危等级：LC

两广冬青
Ilex austrosinensis C. J. Tseng
 习 性：灌木或小乔木
 海 拔：800～1000 m
 分 布：广东、广西、海南
 濒危等级：LC

双齿冬青
Ilex bidens C. Y. Wu ex Y. R. Li
 习 性：常绿乔木
 海 拔：2400～2500 m
 分 布：云南
 濒危等级：DD

刺叶冬青
Ilex bioritsensis Hayata
 习 性：灌木或乔木
 海 拔：900～4000 m
 分 布：贵州、河北、湖北、湖南、四川、台湾、云南
 濒危等级：LC

短叶冬青
Ilex brachyphylla (Hand.-Mazz.) S. Y. Hu
 习 性：常绿乔木
 海 拔：800～1300 m
 分 布：湖南
 濒危等级：LC

短梗冬青
Ilex buergeri Miq.
 习 性：灌木或乔木
 海 拔：100～700 m
 国内分布：安徽、福建、广东、广西、湖北、湖南、江西、浙江
 国外分布：日本
 濒危等级：LC

黄杨冬青
Ilex buxoides S. Y. Hu
 习 性：常绿乔木
 海 拔：800～1500 m
 分 布：福建、广东、广西
 濒危等级：LC

茎花冬青
Ilex cauliflora H. W. Li ex Y. R. Li
 习 性：常绿灌木
 海 拔：2000～2600 m
 分 布：云南
 濒危等级：EN B1ab (i, iii)

华中枸骨
Ilex centrochinensis S. Y. Hu
 习 性：常绿灌木
 海 拔：500～1000 m
 分 布：安徽（栽培）、重庆、湖北、云南
 濒危等级：LC

矮杨梅冬青
Ilex chamaebuxus C. Y. Wu ex Y. R. Li
 习 性：常绿乔木
 海 拔：约1100 m
 分 布：云南
 濒危等级：LC

凹叶冬青
Ilex championii Loes.
 习 性：灌木或乔木
 海 拔：600～1900 m
 分 布：福建、广东、广西、贵州、湖南、江西
 濒危等级：LC

沙坝冬青
Ilex chapaensis Merr.
 习 性：落叶乔木
 海 拔：500～3000 m
 国内分布：福建、广东、广西、贵州、海南、云南
 国外分布：越南
 濒危等级：LC

纸叶冬青
Ilex chartaceifolia C. Y. Wu ex Y. R. Li

纸叶冬青（原变种）
Ilex chartaceifolia var. **chartaceifolia**
 习 性：常绿乔木
 海 拔：1400～2500 m
 分 布：云南
 濒危等级：LC

无毛纸叶冬青
Ilex chartaceifolia var. **glabra** C. Y. Wu ex Y. R. Li
 习 性：常绿乔木
 海 拔：约1900 m
 分 布：云南
 濒危等级：LC

城步冬青
Ilex chengbuensis C. J. Qi et Q. Z. Lin
 习 性：常绿乔木
 海 拔：约800 m
 分 布：湖南
 濒危等级：DD

城口冬青
Ilex chengkouensis C. J. Tseng
 习 性：常绿乔木
 海 拔：1500～2100 m
 分 布：重庆、四川
 濒危等级：VU B1ab (i, iii)

龙陵冬青
Ilex cheniana T. R. Dudley
 习 性：常绿乔木
 海 拔：约1500 m

分　　布：云南
濒危等级：LC

冬青
Ilex chinensis Sims
习　　性：常绿乔木
海　　拔：海平面至2000 m
国内分布：安徽、福建、广东、广西、河南、湖北、湖南、江苏、江西、台湾、云南、浙江
国外分布：日本
濒危等级：LC
资源利用：环境利用（观赏）；原料（单宁，树脂）

苗山冬青
Ilex chingiana Hu et T. Tang

苗山冬青（原变种）
Ilex chingiana var. **chingiana**
习　　性：常绿乔木
海　　拔：约800 m
分　　布：广西、贵州、湖南
濒危等级：LC

巨果冬青
Ilex chingiana var. **megacarpa**（H. G. Ye et H. S. Chen）L. G. Lei
习　　性：常绿乔木
海　　拔：约1100 m
分　　布：广东
濒危等级：LC

毛苗山冬青
Ilex chingiana var. **puberula** S. Y. Hu
习　　性：常绿乔木
海　　拔：800~1500 m
分　　布：广西
濒危等级：LC

铁仔冬青
Ilex chuniana S. Y. Hu
习　　性：灌木或小乔木
海　　拔：约1000 m
分　　布：广东、海南
濒危等级：LC

纤齿枸骨
Ilex ciliospinosa Loes.
习　　性：灌木或小乔木
海　　拔：1500~3100 m
分　　布：湖北、四川、西藏、云南
濒危等级：LC

灰冬青
Ilex cinerea Champ. ex Benth.
习　　性：灌木或小乔木
国内分布：广东、海南、香港
国外分布：越南
濒危等级：LC

越南冬青
Ilex cochinchinensis（Lour.）Loes.
习　　性：常绿乔木
海　　拔：约780 m
国内分布：广东、广西、海南、台湾
国外分布：柬埔寨、越南
濒危等级：LC

密花冬青
Ilex confertiflora Merr.

密花冬青（原变种）
Ilex confertiflora var. **confertiflora**
习　　性：灌木或小乔木
海　　拔：700~1200 m
分　　布：广东、广西、海南
濒危等级：LC

广西密花冬青
Ilex confertiflora var. **kwangsiensis** S. Y. Hu
习　　性：灌木或小乔木
海　　拔：约1200 m
分　　布：广西
濒危等级：LC

珊瑚冬青
Ilex corallina Franch.

珊瑚冬青（原变种）
Ilex corallina var. **corallina**
习　　性：灌木或乔木
海　　拔：400~3000 m
分　　布：甘肃、贵州、湖北、湖南、四川、云南
濒危等级：LC

刺叶珊瑚冬青
Ilex corallina var. **loeseneri** H. Lév.
习　　性：灌木或乔木
海　　拔：700~2100 m
分　　布：贵州、四川、云南
濒危等级：LC

枸骨
Ilex cornuta Lindl. et Paxton
习　　性：灌木或小乔木
海　　拔：100~1900 m
国内分布：安徽、北京、福建、广东、海南、河南、湖北、湖南、江苏、江西、山东、浙江
国外分布：朝鲜
濒危等级：LC
资源利用：药用（中草药）；原料（染料，木材）；环境利用（观赏）

齿叶冬青
Ilex crenata Thunb.
习　　性：常绿灌木
海　　拔：700~2100 m
国内分布：安徽、福建、广东、广西、海南、湖北、湖南、江苏、江西、山东、台湾、浙江
国外分布：朝鲜、日本
濒危等级：LC
资源利用：环境利用（观赏）

铜光冬青
Ilex cupreonitens C. Y. Wu ex Y. R. Li
 习 性：常绿乔木
 海 拔：1800～2200 m
 分 布：云南
 濒危等级：LC

弯尾冬青
Ilex cyrtura Merr.
 习 性：常绿乔木
 海 拔：700～1800 m
 国内分布：广东、广西、贵州、云南
 国外分布：不丹、缅甸
 濒危等级：LC

大别山冬青
Ilex dabieshanensis K. Yao et M. B. Deng
 习 性：常绿乔木
 海 拔：100～500 m
 分 布：安徽
 濒危等级：EN A2c；B1ab（i，iii）

毛枝冬青
Ilex dasyclada C. Y. Wu ex Y. R. Li
 习 性：常绿灌木
 海 拔：约1600 m
 分 布：云南
 濒危等级：LC

黄毛冬青
Ilex dasyphylla Merr.
 习 性：灌木或乔木
 海 拔：300～700 m
 分 布：福建、广东、广西、湖南、江西
 濒危等级：LC

德宏冬青
Ilex dehongensis S. K. Chen et Y. X. Feng
 习 性：常绿乔木
 海 拔：900～1000 m
 分 布：云南
 濒危等级：VU A2c；B1ab（i，iii）

陷脉冬青
Ilex delavayi Franch.

陷脉冬青（原变种）
Ilex delavayi var. **delavayi**
 习 性：灌木或乔木
 海 拔：2000～3700 m
 分 布：四川、西藏、云南
 濒危等级：LC

丽江陷脉冬青
Ilex delavayi var. **comberiana** S. Y. Hu
 习 性：灌木或乔木
 海 拔：2600～3600 m
 分 布：云南
 濒危等级：DD

高山陷脉冬青
Ilex delavayi var. **exalta** H. F. Comber
 习 性：灌木或乔木
 海 拔：2500～3600 m
 国内分布：四川、云南
 国外分布：缅甸
 濒危等级：DD

线叶陷脉冬青
Ilex delavayi var. **linearifolia** S. Y. Hu
 习 性：灌木或乔木
 海 拔：约3000 m
 分 布：云南
 濒危等级：DD

木里陷脉冬青
Ilex delavayi var. **muliensis** D. Fang et Z. M. Tan
 习 性：灌木或乔木
 海 拔：约3500 m
 分 布：四川
 濒危等级：DD

细齿冬青
Ilex denticulata Wall. ex Wight
 习 性：常绿乔木
 海 拔：约2000 m
 国内分布：云南
 国外分布：印度
 濒危等级：LC

滇贵冬青
Ilex dianguiensis C. J. Tseng
 习 性：常绿乔木
 海 拔：1400～2000 m
 分 布：贵州、云南
 濒危等级：LC

双果冬青
Ilex dicarpa Y. R. Li
 习 性：常绿乔木
 海 拔：约1600 m
 分 布：西藏
 濒危等级：LC

双核枸骨
Ilex dipyrena Wall.
 习 性：灌木或乔木
 海 拔：2000～3400 m
 国内分布：湖北、四川、西藏、云南
 国外分布：不丹、缅甸、尼泊尔、印度
 濒危等级：LC

长柄冬青
Ilex dolichopoda Merr. et Chun
 习 性：常绿乔木
 海 拔：约600 m
 分 布：海南
 濒危等级：LC

龙里冬青
Ilex dunniana H. Lév.
习　　性：常绿乔木
海　　拔：700~2200 m
分　　布：贵州、湖北、四川、云南
濒危等级：LC

显脉冬青
Ilex editicostata Hu et T. Tang
习　　性：灌木或小乔木
海　　拔：500~1700 m
分　　布：安徽、福建、广东、广西、贵州、湖北、湖南、江西、四川、浙江
濒危等级：LC

厚叶冬青
Ilex elmerrilliana S. Y. Hu
习　　性：灌木或小乔木
海　　拔：200~1500 m
分　　布：安徽、福建、广东、广西、贵州、湖北、湖南、江西、四川、浙江
濒危等级：LC

平核冬青
Ilex estriata C. J. Tseng
习　　性：常绿灌木
海　　拔：约1000 m
分　　布：四川
濒危等级：LC

柃叶冬青
Ilex euryoides C. J. Tseng
习　　性：常绿乔木
海　　拔：800~1500 m
分　　布：湖北
濒危等级：LC

高冬青
Ilex excelsa(Wall.) Hook. f.

高冬青（原变种）
Ilex excelsa var. **excelsa**
习　　性：常绿乔木
海　　拔：1800~1900 m
国内分布：广西、云南
国外分布：不丹、尼泊尔、印度
濒危等级：LC

毛背高冬青
Ilex excelsa var. **hypotricha**(Loes.)S. Y. Hu
习　　性：常绿乔木
海　　拔：800~2800 m
国内分布：云南
国外分布：不丹、孟加拉国、尼泊尔、印度
濒危等级：LC

狭叶冬青
Ilex fargesii Franch.

狭叶冬青（原变种）
Ilex fargesii var. **fargesii**
习　　性：常绿乔木
海　　拔：1500~3000 m
分　　布：甘肃、湖北、湖南、陕西、四川
濒危等级：LC

线叶冬青
Ilex fargesii var. **angustifolia** C. Y. Chang
习　　性：常绿乔木
海　　拔：1700~1800 m
分　　布：甘肃、陕西
濒危等级：LC

短狭叶冬青
Ilex fargesii var. **brevifolia** S. Andrews
习　　性：常绿乔木
分　　布：湖北
濒危等级：LC

凤庆冬青
Ilex fengqingensis C. Y. Wu ex Y. R. Li
习　　性：常绿乔木
海　　拔：2700~2800 m
分　　布：云南
濒危等级：VU A2c；B1ab（i，iii）；C1

锈毛冬青
Ilex ferruginea Hand. -Mazz.
习　　性：灌木或乔木
海　　拔：1000~1900 m
分　　布：广西、贵州、云南
濒危等级：LC

硬叶冬青
Ilex ficifolia C. J. Tseng ex S. K. Chen et Y. X. Feng
习　　性：灌木或乔木
海　　拔：400~1200 m
分　　布：福建、广东、广西、湖南、江西、浙江
濒危等级：LC

榕叶冬青
Ilex ficoidea Hemsl.
习　　性：灌木或乔木
海　　拔：100~1500 m
国内分布：安徽、福建、广东、广西、贵州、海南、湖北、湖南、江西、四川、台湾、云南、浙江
国外分布：日本
濒危等级：LC

台湾冬青
Ilex formosana Maxim.

台湾冬青（原变种）
Ilex formosana var. **formosana**
习　　性：灌木或乔木
海　　拔：100~2100 m
国内分布：安徽、福建、广东、广西、贵州、湖北、湖南、江西、四川、台湾、云南、浙江
国外分布：菲律宾
濒危等级：LC

大核台湾冬青
Ilex formosana var. **macropyrena** S. Y. Hu

习　　性：灌木或乔木
分　　布：广东、广西、湖南
濒危等级：LC

滇西冬青
Ilex forrestii H. F. Comber

滇西冬青（原变种）
Ilex forrestii var. **forrestii**
习　　性：灌木或乔木
海　　拔：1800～3500 m
分　　布：四川、西藏、云南
濒危等级：LC

无毛滇西冬青
Ilex forrestii var. **glabra** S. Y. Hu
习　　性：灌木或乔木
海　　拔：2500～2900 m
分　　布：四川、云南
濒危等级：LC

薄叶冬青
Ilex fragilis Hook. f.
习　　性：灌木或小乔木
海　　拔：1500～3000 m
国内分布：贵州、四川、西藏、云南
国外分布：不丹、缅甸、尼泊尔、印度
濒危等级：LC

康定冬青
Ilex franchetiana Loes.

康定冬青（原变种）
Ilex franchetiana var. **franchetiana**
习　　性：灌木或小乔木
海　　拔：800～2900 m
国内分布：贵州、湖北、四川、西藏、云南
国外分布：缅甸
濒危等级：LC

小叶康定冬青
Ilex franchetiana var. **parvifolia** S. Y. Hu
习　　性：灌木或小乔木
海　　拔：1800～2300 m
分　　布：四川
濒危等级：LC

福建冬青
Ilex fukienensis S. Y. Hu
习　　性：常绿灌木
海　　拔：600～900 m
分　　布：福建
濒危等级：NT A2c；D2

长叶枸骨
Ilex georgei H. F. Comber
习　　性：常绿灌木
海　　拔：1600～3700 m
国内分布：四川、西藏、云南
国外分布：缅甸、印度
濒危等级：LC

景东冬青
Ilex gintungensis H. W. Li ex Y. R. Li
习　　性：灌木或乔木
海　　拔：1800～2500 m
分　　布：云南
濒危等级：LC

团花冬青
Ilex glomerata King
习　　性：常绿乔木
海　　拔：200～900 m
国内分布：广东、广西、湖南
国外分布：马来西亚、缅甸、越南
濒危等级：LC

伞花冬青
Ilex godajam (Colebr. ex Wall.) Wall. ex Hook. f.
习　　性：灌木或乔木
海　　拔：300～1000 m
国内分布：广西、海南、湖南、云南
国外分布：不丹、老挝、缅甸、尼泊尔、印度、越南
濒危等级：LC

海岛冬青
Ilex goshiensis Hayata
习　　性：灌木或乔木
海　　拔：100～1800 m
国内分布：福建、广东、海南、台湾
国外分布：日本
濒危等级：LC

纤花冬青
Ilex graciliflora Champ. ex Benth.
习　　性：常绿乔木
海　　拔：海平面至450 m
分　　布：香港
濒危等级：EN B2ab（i, ii, v）

纤枝冬青
Ilex gracilis C. J. Tseng
习　　性：常绿乔木
海　　拔：2300～2900 m
分　　布：云南
濒危等级：LC

广南冬青
Ilex guangnanensis C. J. Tseng et Y. R. Li
习　　性：常绿乔木
海　　拔：1100～1600 m
分　　布：云南
濒危等级：LC

贵州冬青
Ilex guizhouensis C. J. Tseng
习　　性：灌木或小乔木
分　　布：贵州
濒危等级：DD

海南冬青
Ilex hainanensis Merr.
习　　性：常绿乔木

海　　拔：400~1000 m
分　　布：广东、广西、贵州、海南、湖南、云南
濒危等级：LC

青茶香
Ilex hanceana Maxim.
习　　性：灌木或乔木
海　　拔：900~1800 m
分　　布：福建、广东、广西、海南、湖南
濒危等级：LC

早田氏冬青
Ilex hayatana Loes.
习　　性：常绿乔木
海　　拔：200~300 m
国内分布：台湾
国外分布：日本
濒危等级：LC

硬毛冬青
Ilex hirsuta C. J. Tseng ex S. K. Chen et Y. X. Feng
习　　性：常绿乔木
海　　拔：200~2000 m
分　　布：湖北、湖南、江西
濒危等级：LC

贡山冬青
Ilex hookeri King
习　　性：常绿乔木
海　　拔：2100~3000 m
国内分布：西藏、云南
国外分布：不丹、缅甸、印度
濒危等级：LC

秀英冬青
Ilex huana C. J. Tseng ex S. K. Chen et Y. X. Feng
习　　性：常绿灌木
海　　拔：200~300 m
分　　布：海南
濒危等级：LC

细刺枸骨
Ilex hylonoma Hu et T. Tang

细刺枸骨（原变种）
Ilex hylonoma var. **hylonoma**
习　　性：常绿乔木
海　　拔：700~1800 m
分　　布：贵州、四川
濒危等级：LC

光叶细刺枸骨
Ilex hylonoma var. **glabra** S. Y. Hu
习　　性：常绿乔木
海　　拔：约300 m
分　　布：福建、广东、广西、贵州、湖北、湖南、浙江
濒危等级：LC

全缘冬青
Ilex integra Thunb.
习　　性：常绿乔木
海　　拔：海平面至2200 m
国内分布：台湾、浙江
国外分布：朝鲜、日本
濒危等级：LC

中型冬青
Ilex intermedia Loes.
习　　性：常绿乔木
海　　拔：600~1900 m
分　　布：贵州、湖北、湖南、江西、四川
濒危等级：LC

错枝冬青
Ilex intricata Hook. f.
习　　性：常绿灌木
海　　拔：3000~4000 m
国内分布：四川、西藏、云南
国外分布：不丹、缅甸、尼泊尔、印度
濒危等级：LC

蕉岭冬青
Ilex jiaolingensis C. J. Tseng et H. H. Liu
习　　性：常绿乔木
海　　拔：600~700 m
分　　布：广东
濒危等级：LC

缙云冬青
Ilex jinyunensis Z. M. Tan
习　　性：常绿乔木
海　　拔：700~800 m
分　　布：重庆
濒危等级：LC

九万山冬青
Ilex jiuwanshanensis C. J. Tseng
习　　性：常绿灌木
分　　布：广西
濒危等级：LC

扣树
Ilex kaushue S. Y. Hu
习　　性：常绿乔木
海　　拔：1000~1200 m
分　　布：广东、广西、海南、湖北、湖南、四川、云南
濒危等级：DD
国家保护：Ⅱ级

皱柄冬青
Ilex kengii S. Y. Hu
习　　性：常绿乔木
海　　拔：200~1500 m
分　　布：福建、广东、广西、贵州、湖南、浙江
濒危等级：LC

江西满树星
Ilex kiangsiensis（S. Y. Hu）C. J. Tseng et B. W. Liu
习　　性：灌木或小乔木
海　　拔：700~1000 m
分　　布：广东、湖南、江西
濒危等级：LC

凸脉冬青
Ilex kobuskiana S. Y. Hu
 习 性：灌木或乔木
 海 拔：500~1600 m
 国内分布：广东、海南
 国外分布：越南
 濒危等级：LC

昆明冬青
Ilex kunmingensis H. W. Li ex Y. R. Li

昆明冬青（原变种）
Ilex kunmingensis var. **kunmingensis**
 习 性：常绿灌木
 海 拔：2100~2300 m
 分 布：云南
 濒危等级：LC

头状昆明冬青
Ilex kunmingensis var. **capitata** Y. R. Li
 习 性：常绿灌木
 海 拔：2200~2500 m
 分 布：云南
 濒危等级：DD

兰屿冬青
Ilex kusanoi Hayata
 习 性：落叶乔木
 海 拔：海平面至400 m
 国内分布：台湾
 国外分布：日本
 濒危等级：NT

广东冬青
Ilex kwangtungensis Merr.
 习 性：灌木或乔木
 海 拔：300~1200 m
 分 布：福建、广东、广西、贵州、海南、湖南、江西、云南、浙江
 濒危等级：LC
 资源利用：环境利用（绿化）

剑叶冬青
Ilex lancilimba Merr.
 习 性：灌木或乔木
 海 拔：300~1800 m
 分 布：福建、广东、广西、海南
 濒危等级：LC

大叶冬青
Ilex latifolia Thunb.
 习 性：常绿乔木
 海 拔：200~1500 m
 国内分布：安徽、福建、广东、广西、河南、湖北、湖南、江苏、江西、云南、浙江
 国外分布：日本
 濒危等级：LC
 资源利用：药用（中草药）；原料（单宁，木材）；环境利用（绿化，观赏）

阔叶冬青
Ilex latifrons Chun
 习 性：常绿乔木
 海 拔：1200~1800 m
 分 布：广东、广西、海南、云南
 濒危等级：LC

毛核冬青
Ilex liana S. Y. Hu
 习 性：常绿乔木
 海 拔：2800~2900 m
 分 布：云南
 濒危等级：CR B1ab（i，iii）

保亭冬青
Ilex liangii S. Y. Hu
 习 性：灌木或乔木
 海 拔：800~1000 m
 分 布：海南
 濒危等级：LC

溪畔冬青
Ilex lihuaensis T. R. Dudley.
 习 性：常绿灌木
 分 布：贵州
 濒危等级：LC

汝昌冬青
Ilex linii C. J. Tseng
 习 性：常绿乔木
 海 拔：500~1200 m
 分 布：福建、广东、江西、浙江
 濒危等级：LC

木姜冬青
Ilex litseifolia Hu et T. Tang
 习 性：常绿灌木或小乔木
 海 拔：700~2100 m
 分 布：福建、广东、广西、贵州、湖南、江西、浙江
 濒危等级：LC

矮冬青
Ilex lohfauensis Merr.
 习 性：灌木或乔木
 海 拔：100~1300 m
 分 布：安徽、福建、广东、广西、贵州、湖南、江西、浙江
 濒危等级：LC

长尾冬青
Ilex longecaudata H. F. Comber

长尾冬青（原变种）
Ilex longecaudata var. **longecaudata**
 习 性：灌木或乔木
 海 拔：1300~2800 m
 分 布：云南
 濒危等级：LC

无毛长尾冬青
Ilex longecaudata var. **glabra** S. Y. Hu

习　　性：灌木或乔木
海　　拔：1400~2000 m
分　　布：云南
濒危等级：LC

龙州冬青
Ilex longzhouensis C. J. Tseng
　　习　　性：常绿乔木
　　海　　拔：500~1200 m
　　分　　布：广西、云南
　　濒危等级：EN B1ab（i，iii）；D

忍冬叶冬青
Ilex lonicerifolia Hayata

忍冬叶冬青（原变种）
Ilex lonicerifolia var. **lonicerifolia**
　　习　　性：常绿乔木
　　分　　布：台湾
　　濒危等级：NT

无毛忍冬叶冬青
Ilex lonicerifolia var. **matsudai**（Yamam.）Yamam.
　　习　　性：常绿乔木
　　分　　布：台湾
　　濒危等级：LC

鲁甸冬青
Ilex ludianensis S. C. Huang ex Y. R. Li
　　习　　性：常绿灌木
　　海　　拔：约1400 m
　　分　　布：云南
　　濒危等级：CR B1ab（i，iii）

楠叶冬青
Ilex machilifolia H. W. Li ex Y. R. Li
　　习　　性：常绿乔木
　　海　　拔：1700~2000 m
　　分　　布：云南
　　濒危等级：VU D2

长圆叶冬青
Ilex maclurei Merr.
　　习　　性：灌木或乔木
　　国内分布：广东
　　国外分布：越南
　　濒危等级：LC

大果冬青
Ilex macrocarpa Oliv.

大果冬青（原变种）
Ilex macrocarpa var. **macrocarpa**
　　习　　性：落叶乔木
　　海　　拔：400~4500 m
　　分　　布：安徽、福建、广东、广西、贵州、河南、湖北、
　　　　　　　湖南、江苏、江西、陕西、四川、云南、浙江
　　濒危等级：LC
　　资源利用：药用（中草药）

长梗大果冬青
Ilex macrocarpa var. **longipedunculata** S. Y. Hu

　　习　　性：落叶乔木
　　海　　拔：600~2200 m
　　分　　布：安徽、广西、贵州、湖北、湖南、江苏、四川、
　　　　　　　云南、浙江
　　濒危等级：LC
　　资源利用：药用（中草药）

柔毛冬青
Ilex macrocarpa var. **reevesiae**（S. Y. Hu）S. Y. Hu
　　习　　性：落叶乔木
　　海　　拔：500~900 m
　　分　　布：陕西、四川
　　濒危等级：LC

大柄冬青
Ilex macropoda Miq.
　　习　　性：落叶乔木
　　海　　拔：500~2100 m
　　国内分布：安徽、福建、河南、湖北、湖南、江西、浙江
　　国外分布：朝鲜、日本
　　濒危等级：LC

大柱头冬青
Ilex macrostigma C. Y. Wu ex Y. R. Li
　　习　　性：常绿灌木
　　海　　拔：1800~2500 m
　　分　　布：云南
　　濒危等级：NT B1ab（i，iii）；D1

乳头冬青
Ilex mamillata C. Y. Wu ex C. J. Tseng
　　习　　性：灌木或小乔木
　　海　　拔：200~300 m
　　分　　布：广西、云南
　　濒危等级：VU A2c；B1ab（i，iii）；D1

红河冬青
Ilex manneiensis S. Y. Hu
　　习　　性：灌木或乔木
　　海　　拔：2400~3200 m
　　分　　布：云南
　　濒危等级：LC

麻栗坡冬青
Ilex marlipoensis H. W. Li ex Y. R. Li
　　习　　性：常绿乔木
　　海　　拔：1300~1400 m
　　分　　布：云南
　　濒危等级：LC

倒卵叶冬青
Ilex maximowicziana Loes.
　　习　　性：常绿乔木
　　海　　拔：100~400 m
　　国内分布：台湾
　　国外分布：日本
　　濒危等级：LC

墨脱冬青
Ilex medogensis Y. R. Li
　　习　　性：常绿乔木

海　　拔：约 800 m
分　　布：西藏
濒危等级：LC

黑叶冬青
Ilex melanophylla H. T. Chang
　　习　　性：常绿灌木
　　海　　拔：300～1200 m
　　分　　布：广东、广西、湖南
　　濒危等级：LC

黑毛冬青
Ilex melanotricha Merr.
　　习　　性：常绿乔木
　　海　　拔：1500～3400 m
　　国内分布：重庆、西藏、云南
　　国外分布：缅甸
　　濒危等级：LC

谷木叶冬青
Ilex memecylifolia Champ. ex Benth.
　　习　　性：常绿乔木
　　海　　拔：300～600 m
　　国内分布：福建、广东、广西、贵州、江西
　　国外分布：越南
　　濒危等级：LC

河滩冬青
Ilex metabaptista Loes.

河滩冬青（原变种）
Ilex metabaptista var. **metabaptista**
　　习　　性：灌木或乔木
　　海　　拔：300～1100 m
　　分　　布：重庆、广西、贵州、湖北、湖南、四川、云南
　　濒危等级：LC

紫金牛叶冬青
Ilex metabaptista var. **bodinieri** (Loes. ex H. Lév.) Barriera
　　习　　性：灌木或乔木
　　海　　拔：400～1200 m
　　分　　布：重庆、广西、贵州
　　濒危等级：LC

小果冬青
Ilex micrococca Maxim.
　　习　　性：落叶乔木
　　海　　拔：500～1900 m
　　国内分布：重庆、广东、广西、贵州、湖北、湖南、四川、云南
　　国外分布：日本、越南
　　濒危等级：LC

小核冬青
Ilex micropyrena C. Y. Wu ex Y. R. Li
　　习　　性：常绿灌木
　　海　　拔：约 1700 m
　　分　　布：云南
　　濒危等级：LC

米谷冬青
Ilex miguensis S. Y. Hu
　　习　　性：常绿灌木
　　海　　拔：3300～3600 m
　　分　　布：西藏
　　濒危等级：LC

南川冬青
Ilex nanchuanensis Z. M. Tan
　　习　　性：常绿灌木
　　海　　拔：600～800 m
　　分　　布：重庆
　　濒危等级：CR B1ab（i，iii）

南宁冬青
Ilex nanningensis Hand.-Mazz.
　　习　　性：常绿乔木
　　海　　拔：600～800 m
　　分　　布：广东、广西、海南
　　濒危等级：LC

宁德冬青
Ilex ningdeensis C. J. Tseng
　　习　　性：常绿乔木
　　海　　拔：800～1400 m
　　分　　布：福建
　　濒危等级：LC

亮叶冬青
Ilex nitidissima C. J. Tseng
　　习　　性：常绿乔木
　　海　　拔：800～1300 m
　　分　　布：广西、湖南、江西
　　濒危等级：LC

小圆叶冬青
Ilex nothofagifolia Kingdon-Ward
　　习　　性：常绿乔木
　　海　　拔：2000～3000 m
　　国内分布：西藏、云南
　　国外分布：缅甸、印度
　　濒危等级：LC

云中冬青
Ilex nubicola C. Y. Wu ex Y. R. Li
　　习　　性：灌木或小乔木
　　海　　拔：约 2500 m
　　分　　布：云南
　　濒危等级：LC

洼皮冬青
Ilex nuculicava S. Y. Hu

洼皮冬青（原变种）
Ilex nuculicava var. **nuculicava**
　　习　　性：常绿乔木
　　海　　拔：500～1800 m
　　分　　布：海南
　　濒危等级：LC

秋花洼皮冬青
Ilex nuculicava var. **auctumnalis** S. Y. Hu
- 习　　性：常绿乔木
- 分　　布：海南
- 濒危等级：LC

光枝洼皮冬青
Ilex nuculicava var. **glabra** S. Y. Hu
- 习　　性：常绿乔木
- 分　　布：海南
- 濒危等级：LC

长圆果冬青
Ilex oblonga C. J. Tseng
- 习　　性：常绿乔木
- 海　　拔：800~1200 m
- 分　　布：广西
- 濒危等级：VU A2c；B1ab（i，iii）

隐脉冬青
Ilex occulta C. J. Tseng
- 习　　性：常绿灌木
- 海　　拔：600 m
- 分　　布：广东、广西
- 濒危等级：VU B1ab（i，iii）

疏齿冬青
Ilex oligodonta Merr. et Chun
- 习　　性：常绿灌木
- 海　　拔：800~1200 m
- 分　　布：福建、广东、湖南
- 濒危等级：LC

峨眉冬青
Ilex omeiensis Hu et Tang
- 习　　性：灌木或乔木
- 海　　拔：500~1800 m
- 分　　布：四川
- 濒危等级：LC

具柄冬青
Ilex pedunculosa Miq.
- 习　　性：灌木或乔木
- 海　　拔：900~3000 m
- 国内分布：安徽、福建、广西、贵州、河南、湖北、湖南、江西、陕西、四川、台湾、浙江
- 国外分布：日本
- 濒危等级：LC

上思冬青
Ilex peiradena S. Y. Hu
- 习　　性：常绿灌木
- 海　　拔：800~1200 m
- 国内分布：广西
- 国外分布：越南
- 濒危等级：LC

五棱苦丁茶
Ilex pentagona S. K. Chen，Y. X. Feng et C. F. Liang
- 习　　性：常绿乔木
- 海　　拔：300~1500 m
- 分　　布：广西、贵州、湖南、云南
- 濒危等级：LC

巨叶冬青
Ilex perlata C. Chen et S. C. Huang ex Y. R. Li
- 习　　性：灌木或小乔木
- 海　　拔：100~800 m
- 分　　布：云南
- 濒危等级：EN B1ab（i，iii）；D

猫儿刺
Ilex pernyi Franch.
- 习　　性：灌木或乔木
- 海　　拔：1000~2500 m
- 分　　布：安徽、甘肃、贵州、河南、湖北、湖南、江西、陕西、四川、西藏、浙江
- 濒危等级：LC
- 资源利用：药用（中草药）

皱叶冬青
Ilex perryana S. Y. Hu
- 习　　性：匍匐灌木
- 海　　拔：2400~3800 m
- 国内分布：西藏、云南
- 国外分布：缅甸、印度
- 濒危等级：LC

平和冬青
Ilex pingheensis C. J. Tseng
- 习　　性：常绿灌木
- 海　　拔：约900 m
- 分　　布：福建
- 濒危等级：DD

平南冬青
Ilex pingnanensis S. Y. Hu
- 习　　性：灌木或小乔木
- 海　　拔：200~600 m
- 分　　布：广东、广西
- 濒危等级：LC

多脉冬青
Ilex polyneura(Hand.-Mazz.)S. Y. Hu
- 习　　性：落叶乔木
- 海　　拔：1000~2600 m
- 分　　布：贵州、四川、西藏、云南
- 濒危等级：LC

多核冬青
Ilex polypyrena C. J. Tseng et B. W. Liu
- 习　　性：常绿乔木
- 海　　拔：约1000 m
- 分　　布：广西
- 濒危等级：NT B1ab（i，iii）；D1

假楠叶冬青
Ilex pseudomachilifolia C. Y. Wu ex Y. R. Li

习　　性：常绿乔木
海　　拔：约 1500 m
分　　布：云南
濒危等级：LC

毛冬青
Ilex pubescens Hook. et Arn.

毛冬青（原变种）
Ilex pubescens var. **pubescens**
习　　性：灌木或小乔木
海　　拔：100（海平面）~1000 m
分　　布：安徽、福建、广东、广西、贵州、海南、湖北、湖南、江西、台湾、云南、浙江
濒危等级：LC
资源利用：药用（中草药）

广西毛冬青
Ilex pubescens var. **kwangsiensis** Hand. -Mazz.
习　　性：灌木或小乔木
海　　拔：500~1000 m
分　　布：广西、贵州、云南
濒危等级：LC

有毛冬青
Ilex pubigera(C. Y. Wu ex Y. R. Li)S. K. Chen et Y. X. Feng
习　　性：常绿乔木
海　　拔：约 2100 m
分　　布：云南
濒危等级：NT B1ab（i，iii）；D1

毛叶冬青
Ilex pubilimba Merr. et Chun
习　　性：常绿乔木
海　　拔：400~800 m
国内分布：海南
国外分布：越南
濒危等级：LC

点叶冬青
Ilex punctatilimba C. Y. Wu ex Y. R. Li
习　　性：灌木或小乔木
海　　拔：2500~3000 m
分　　布：云南
濒危等级：LC

梨叶冬青
Ilex pyrifolia C. J. Tseng
习　　性：常绿乔木
海　　拔：1100~3000 m
分　　布：四川
濒危等级：LC

黔灵山冬青
Ilex qianlingshanensis C. J. Tseng
习　　性：常绿乔木
海　　拔：1100~1300 m
分　　布：贵州
濒危等级：DD

庆元冬青
Ilex qingyuanensis C. Z. Zheng
习　　性：常绿乔木
海　　拔：600~1000 m
分　　布：福建、浙江
濒危等级：LC

网脉冬青
Ilex reticulata C. J. Tseng
习　　性：常绿灌木
海　　拔：700~1500 m
分　　布：广西
濒危等级：DD

微凹冬青
Ilex retusifolia S. Y. Hu
习　　性：常绿灌木
海　　拔：500~2000 m
分　　布：广西
濒危等级：LC

粗枝冬青
Ilex robusta C. J. Tseng
习　　性：常绿灌木
海　　拔：400~1000 m
分　　布：广西
濒危等级：LC

粗脉冬青
Ilex robustinervosa C. J. Tseng ex S. K. Chen et Y. X. Feng
习　　性：灌木或小乔木
海　　拔：500~1000 m
分　　布：广东
濒危等级：LC

高山冬青
Ilex rockii S. Y. Hu
习　　性：常绿灌木
海　　拔：2700~4300 m
分　　布：四川、西藏、云南
濒危等级：LC

铁冬青
Ilex rotunda Thunb.
习　　性：灌木或乔木
海　　拔：400~1700 m
国内分布：安徽、福建、广东、广西、贵州、海南、湖北、湖南、江苏、江西、台湾、云南、浙江
国外分布：朝鲜、日本、越南
濒危等级：LC
资源利用：药用（中草药，兽药）；原料（染料，木材，单宁，树脂）；环境利用（观赏）

柳叶冬青
Ilex salicina Hand. -Mazz.
习　　性：常绿灌木
海　　拔：200~300 m
国内分布：广西
国外分布：越南

濒危等级：LC

石生冬青
Ilex saxicola C. J. Tseng et H. H. Liu
- 习　　性：常绿灌木
- 海　　拔：500～600 m
- 分　　布：广西
- 濒危等级：DD

落霜红
Ilex serrata Thunb.
- 习　　性：落叶灌木
- 海　　拔：500～1600 m
- 国内分布：福建、湖南、江西、四川、浙江
- 国外分布：日本
- 濒危等级：LC
- 资源利用：药用（中草药）

神农架冬青
Ilex shennongjiaensis T. R. Dudley et S. C. Sun
- 习　　性：常绿乔木
- 海　　拔：1800～2000 m
- 分　　布：湖北
- 濒危等级：EN B1ab（i，iii）

石枚冬青
Ilex shimeica K. F. Kwok
- 习　　性：常绿乔木
- 分　　布：海南
- 濒危等级：VU A2c；D

锡金冬青
Ilex sikkimensis Kurz
- 习　　性：常绿乔木
- 海　　拔：2100～3000 m
- 国内分布：西藏、云南
- 国外分布：不丹、缅甸、尼泊尔、印度
- 濒危等级：LC

中华冬青
Ilex sinica（Loes.）S. Y. Hu
- 习　　性：常绿乔木
- 海　　拔：500～1700 m
- 分　　布：广西、云南
- 濒危等级：LC

华南冬青
Ilex sterrophylla Merr. et Chun
- 习　　性：常绿乔木
- 海　　拔：500～1600 m
- 国内分布：广东、广西、海南
- 国外分布：越南
- 濒危等级：LC

黔桂冬青
Ilex stewardii S. Y. Hu
- 习　　性：灌木或乔木
- 海　　拔：500～800 m
- 国内分布：广东、广西、贵州、湖南
- 国外分布：越南

粗毛冬青
Ilex strigillosa T. R. Dudley
- 习　　性：常绿乔木
- 海　　拔：600～1400 m
- 分　　布：广东
- 濒危等级：LC

香冬青
Ilex suaveolens（H. Lév.）Loes.
- 习　　性：常绿乔木
- 海　　拔：600～1600 m
- 分　　布：安徽、福建、广东、广西、贵州、湖北、湖南、江西、四川、云南、浙江
- 濒危等级：LC

薄革叶冬青
Ilex subcoriacea Z. M. Tan
- 习　　性：常绿灌木
- 海　　拔：900～2000 m
- 分　　布：四川
- 濒危等级：NT B1ab（i，iii）；D1

拟钝齿冬青
Ilex subcrenata S. Y. Hu
- 习　　性：常绿灌木
- 海　　拔：700～1500 m
- 分　　布：广西
- 濒危等级：LC

拟榕叶冬青
Ilex subficoidea S. Y. Hu
- 习　　性：常绿乔木
- 海　　拔：400～1400 m
- 国内分布：福建、广东、广西、海南、湖南、江西
- 国外分布：越南
- 濒危等级：LC

拟长尾冬青
Ilex sublongecaudata C. J. Tseng
- 习　　性：常绿灌木
- 海　　拔：约2600 m
- 分　　布：云南
- 濒危等级：DD

微香冬青
Ilex subodorata S. Y. Hu
- 习　　性：常绿乔木
- 海　　拔：1600～1700 m
- 分　　布：贵州、云南
- 濒危等级：LC

异齿冬青
Ilex subrugosa Loes.
- 习　　性：常绿乔木
- 海　　拔：1200～2300 m
- 分　　布：四川、西藏、云南
- 濒危等级：NT A2c；B1ab（i，iii）

太平山冬青
Ilex sugerokii Maxim.
 习 性：灌木或小乔木
 海 拔：约 2200 m
 国内分布：台湾
 国外分布：日本
 濒危等级：LC

遂昌冬青
Ilex suichangensis C. Z. Zheng
 习 性：常绿乔木
 海 拔：约 1200 m
 分 布：浙江
 濒危等级：DD

铃木冬青
Ilex suzukii S. Y. Hu
 习 性：灌木或小乔木
 海 拔：约 2200 m
 分 布：台湾
 濒危等级：NT

合核冬青
Ilex synpyrena C. J. Tseng
 习 性：灌木
 分 布：云南
 濒危等级：DD

蒲桃叶冬青
Ilex syzygiophylla C. J. Tseng ex S. K. Chen et Y. X. Feng
 习 性：常绿乔木
 海 拔：600~1600 m
 分 布：广东
 濒危等级：NT A2c；B1ab (i, iii)；D

四川冬青
Ilex szechwanensis Loes.

四川冬青（原变种）
Ilex szechwanensis var. **szechwanensis**
 习 性：灌木或小乔木
 海 拔：200~2500 m
 分 布：重庆、广东、广西、贵州、湖北、湖南、江西、四川、西藏、云南
 濒危等级：LC

桂南四川冬青
Ilex szechwanensis var. **huiana** T. R. Dudley
 习 性：灌木或小乔木
 海 拔：800~1200 m
 分 布：广西
 濒危等级：LC

毛叶川冬青
Ilex szechwanensis var. **mollissima** C. Y. Wu ex Y. R. Li
 习 性：灌木或小乔木
 海 拔：1400~1800 m
 分 布：云南
 濒危等级：LC

卷边冬青
Ilex tamii T. R. Dudley
 习 性：常绿乔木
 海 拔：300~1000 m
 分 布：广东、海南
 濒危等级：NT B1ab (i, iii)；D1

薄核冬青
Ilex tenuis C. J. Tseng
 习 性：常绿乔木
 海 拔：约 900 m
 分 布：广东
 濒危等级：LC

灰叶冬青
Ilex tetramera(Rehder)C. J. Tseng

灰叶冬青（原变种）
Ilex tetramera var. **tetramera**
 习 性：灌木或乔木
 海 拔：500~1800 m
 分 布：重庆、广西、贵州、湖南、四川、云南
 濒危等级：LC

无毛灰叶冬青
Ilex tetramera var. **glabra**(C. Y. Wu ex Y. R. Li)T. R. Dudley
 习 性：灌木或乔木
 海 拔：约 1300 m
 分 布：云南
 濒危等级：LC

毛果冬青
Ilex trichocarpa H. W. Li ex Y. R. Li
 习 性：常绿乔木
 海 拔：1000~1500 m
 分 布：云南
 濒危等级：DD

三花冬青
Ilex triflora Blume

三花冬青（原变种）
Ilex triflora var. **triflora**
 习 性：灌木或乔木
 海 拔：100~2200 m
 国内分布：安徽、福建、广东、广西、贵州、海南、湖北、湖南、江西、四川、浙江
 国外分布：马来西亚、孟加拉国、缅甸、泰国、印度、印度尼西亚、越南
 濒危等级：LC

钝头冬青
Ilex triflora var. **kanehirai**(Yamam.)S. Y. Hu
 习 性：灌木或乔木
 海 拔：200~1100 m
 分 布：福建、广东、湖南、江西、台湾、浙江
 濒危等级：LC

细枝冬青
Ilex tsangii S. Y. Hu

细枝冬青（原变种）
Ilex tsangii var. **tsangii**
- 习　　性：常绿乔木
- 海　　拔：500～1000 m
- 分　　布：广东
- 濒危等级：LC

瑶山细枝冬青
Ilex tsangii var. **guangxiensis** T. R. Dudley
- 习　　性：常绿乔木
- 海　　拔：800～1500 m
- 分　　布：广西
- 濒危等级：LC

蒋英冬青
Ilex tsiangiana C. J. Tseng
- 习　　性：常绿乔木
- 海　　拔：3000～4000 m
- 分　　布：云南
- 濒危等级：NT D

紫果冬青
Ilex tsoi Merr. et Chun

紫果冬青（原变种）
Ilex tsoi var. **tsoi**
- 习　　性：落叶灌木或小乔木
- 海　　拔：500～2600 m
- 分　　布：安徽、福建、广东、广西、贵州、湖北、湖南、江苏、江西、四川、浙江
- 濒危等级：LC

广西紫果冬青
Ilex tsoi var. **guangxiensis** T. R. Dudley
- 习　　性：落叶灌木或小乔木
- 分　　布：广西
- 濒危等级：VU B1ab（i，iii）

雪山冬青
Ilex tugitakayamensis Sasaki
- 习　　性：常绿乔木
- 海　　拔：1500～2500 m
- 分　　布：台湾
- 濒危等级：LC

罗浮冬青
Ilex tutcheri Merr.
- 习　　性：常绿小乔木或灌木
- 海　　拔：400～1600 m
- 分　　布：广东、广西
- 濒危等级：LC

伞序冬青
Ilex umbellulata(Wall.)Loes.
- 习　　性：灌木或乔木
- 海　　拔：500～1700 m
- 国内分布：云南
- 国外分布：孟加拉国、缅甸、泰国、印度、越南
- 濒危等级：LC

乌来冬青
Ilex uraiensis Yamam.
- 习　　性：常绿乔木
- 海　　拔：800～2000 m
- 国内分布：福建、台湾
- 国外分布：日本
- 濒危等级：VU D1

细脉冬青
Ilex venosa C. Y. Wu ex Y. R. Li
- 习　　性：常绿乔木
- 海　　拔：约2100 m
- 分　　布：云南
- 濒危等级：NT D1

微脉冬青
Ilex venulosa Hook. f.

微脉冬青（原变种）
Ilex venulosa var. **venulosa**
- 习　　性：灌木或小乔木
- 海　　拔：1800～2700 m
- 国内分布：云南
- 国外分布：不丹、孟加拉国、缅甸、印度
- 濒危等级：LC

短梗微脉冬青
Ilex venulosa var. **simplicifrons** S. Y. Hu
- 习　　性：灌木或小乔木
- 海　　拔：900～1200 m
- 国内分布：云南
- 国外分布：印度
- 濒危等级：LC

湿生冬青
Ilex verisimilis C. J. Tseng ex S. K. Chen et Y. X. Feng
- 习　　性：灌木或小乔木
- 海　　拔：800～1500 m
- 分　　布：广东、广西、湖南
- 濒危等级：LC

绿叶冬青
Ilex viridis Champ. ex Benth.
- 习　　性：灌木或小乔木
- 海　　拔：300～2100 m
- 分　　布：安徽、福建、广东、广西、贵州、海南、湖南、江西、浙江
- 濒危等级：LC

假枝冬青
Ilex wangiana S. Y. Hu
- 习　　性：常绿灌木
- 海　　拔：1800～2000 m
- 分　　布：云南
- 濒危等级：CR D

滇缅冬青
Ilex wardii Merr.
- 习　　性：常绿灌木

海　　拔：1800～3000 m
国内分布：云南
国外分布：缅甸
濒危等级：NT A2c；B1ab（i，iii）；D1

假香冬青
Ilex wattii Loes.
习　　性：常绿乔木
海　　拔：2100～3000 m
国内分布：云南
国外分布：印度
濒危等级：LC

温州冬青
Ilex wenchowensis S. Y. Hu
习　　性：常绿灌木
海　　拔：600～900 m
分　　布：浙江
濒危等级：EN A2c；B1ab（i，iii）；D

尾叶冬青
Ilex wilsonii Loes.

尾叶冬青（原变种）
Ilex wilsonii var. **wilsonii**
习　　性：灌木或乔木
海　　拔：400～1900 m
分　　布：安徽、福建、广东、广西、贵州、湖北、湖南、江西、四川、台湾、云南、浙江
濒危等级：LC

武冈尾叶冬青
Ilex wilsonii var. **handel-mazzettii** T. R. Dudley
习　　性：灌木或乔木
海　　拔：900～1300 m
分　　布：湖南
濒危等级：LC

征镒冬青
Ilex wuana T. R. Dudley
习　　性：常绿灌木
海　　拔：1200～2200 m
分　　布：云南
濒危等级：LC

武功山冬青
Ilex wugongshanensis C. J. Tseng ex S. K. Chen et Y. X. Feng
习　　性：常绿灌木
海　　拔：500～1300 m
分　　布：江西
濒危等级：EN D

小金冬青
Ilex xiaojinensis Y. Q. Wang et P. Y. Chen
习　　性：常绿灌木
海　　拔：400～600 m
分　　布：广东
濒危等级：LC

西藏冬青
Ilex xizangensis Y. R. Li
习　　性：常绿灌木
海　　拔：约3200 m
分　　布：西藏
濒危等级：VU A2c；D1

阳春冬青
Ilex yangchunensis C. J. Tseng
习　　性：常绿灌木
海　　拔：500～1000 m
分　　布：广东
濒危等级：LC

独龙冬青
Ilex yuana S. Y. Hu
习　　性：常绿灌木
海　　拔：1400～2300 m
分　　布：云南
濒危等级：EN B1ab（i，iii）+2ab（ii，iii，v）

云南冬青
Ilex yunnanensis Franch.

云南冬青（原变种）
Ilex yunnanensis var. **yunnanensis**
习　　性：灌木或乔木
海　　拔：1500～3500 m
国内分布：甘肃、广西、贵州、湖北、陕西、四川、西藏、云南
国外分布：缅甸
濒危等级：LC

高贵云南冬青
Ilex yunnanensis var. **gentilis**（Loes.）Rehder
习　　性：灌木或乔木
海　　拔：1100～2600 m
分　　布：贵州、湖北、陕西、四川、台湾、云南
濒危等级：LC

小叶云南冬青
Ilex yunnanensis var. **parvifolia**（Hayata）S. Y. Hu
习　　性：灌木或乔木
海　　拔：2000～3300 m
分　　布：台湾
濒危等级：LC

硬叶云南冬青
Ilex yunnanensis var. **paucidentata** S. Y. Hu
习　　性：灌木或乔木
海　　拔：约2000 m
分　　布：云南
濒危等级：LC

浙江冬青
Ilex zhejiangensis C. J. Tseng ex S. K. Chen et Y. X. Feng
习　　性：灌木或小乔木
海　　拔：500～1200 m

分　　布：浙江
濒危等级：VU D2

天南星科 ARACEAE
（36属：231种）

广东万年青属 Aglaonema Schott

广东万年青
Aglaonema modestum Schott ex Engl.
习　　性：多年生草本
海　　拔：500~1700 m
国内分布：广东、广西、贵州
国外分布：老挝北部、泰国、越南
濒危等级：LC
资源利用：药用（中草药）；环境利用（观赏）

越南万年青
Aglaonema simplex (Blume) Blume
习　　性：多年生草本
海　　拔：1500 m 以下
国内分布：云南
国外分布：菲律宾、柬埔寨、老挝、马来西亚、缅甸、泰国、印度、印度尼西亚、越南
濒危等级：LC
资源利用：药用（中草药）

海芋属 Alocasia (Schott) G. Don

越境海芋
Alocasia acuminata Schott
习　　性：多年生草本
海　　拔：600~1800 m
国内分布：云南
国外分布：老挝北部、孟加拉国、缅甸、尼泊尔、泰国、印度、越南
濒危等级：DD

尖尾芋
Alocasia cucullata (Lour.) G. Don
习　　性：多年生草本
海　　拔：0~2000 m
国内分布：福建、广东、广西、贵州、海南、四川、台湾、云南
国外分布：老挝、孟加拉国、缅甸、尼泊尔、斯里兰卡、泰国、印度、越南
濒危等级：LC
资源利用：药用（中草药）

南海芋
Alocasia hainanica N. E. Br.
习　　性：多年生草本
国内分布：海南
国外分布：越南
濒危等级：NT A2ac+3c

紫苞海芋
Alocasia hypnosa J. T. Yin, Y. H. Wang et Z. F. Xu
习　　性：陆生或岩生草本
海　　拔：900~1000 m
国内分布：云南
国外分布：老挝北部、泰国
濒危等级：NT A2ac+3c

尖叶海芋
Alocasia longiloba Miq.
习　　性：多年生草本
海　　拔：100~1000 m
国内分布：广东、广西、海南、云南
国外分布：柬埔寨、老挝、马来西亚、缅甸、泰国、新加坡、印度尼西亚、越南
濒危等级：LC

大海芋
Alocasia macrorrhizos (L.) G. Don
习　　性：多年生草本
海　　拔：海平面至800 m
国内分布：福建、广东、广西、贵州、海南、四川、台湾、西藏、云南
国外分布：亚洲热带地区；泛热带栽培
濒危等级：LC

黄苞海芋
Alocasia navicularis (K. Koch et C. D. Bouché) K. Koch et C. D. Bouché
习　　性：多年生草本
分　　布：云南
濒危等级：DD

海芋
Alocasia odora (Roxb.) K. Koch
习　　性：多年生草本
海　　拔：1700 m 以下
国内分布：福建、广东、广西、贵州、海南、湖南、江西、四川、台湾、云南
国外分布：不丹、柬埔寨、老挝、孟加拉国、缅甸、尼泊尔、日本、泰国、印度
濒危等级：LC
资源利用：食品（淀粉）

魔芋属 Amorphophallus Blume ex Decne.

白魔芋
Amorphophallus albus P. Y. Liu et J. F. Chen
习　　性：多年生草本
海　　拔：800~1000 m
分　　布：四川、云南
濒危等级：NT A2ac+3c

珠芽魔芋
Amorphophallus bulbifer (Roxb.) Blume
习　　性：多年生草本
海　　拔：300~850 m
国内分布：云南
国外分布：不丹、孟加拉国、缅甸、尼泊尔、印度

濒危等级：LC

桂平魔芋
Amorphophallus coaetaneus S. Y. Liu et S. J. Wei
习　　性：多年生草本
海　　拔：300~900 m
国内分布：广西、云南
国外分布：越南
濒危等级：NT A2ac+3c

田阳魔芋
Amorphophallus corrugatus N. E. Br.
习　　性：多年生草本
海　　拔：800~1700 m
国内分布：广西、云南
国外分布：缅甸、泰国
濒危等级：NT

南蛇棒
Amorphophallus dunnii Tutcher
习　　性：多年生草本
海　　拔：200~800 m
分　　布：广东、广西
濒危等级：LC
资源利用：食品（淀粉）

红河魔芋
Amorphophallus hayi Hett.
习　　性：多年生草本
海　　拔：1100 m 以下
国内分布：云南
国外分布：越南
濒危等级：DD

台湾魔芋
Amorphophallus henryi N. E. Br.
习　　性：多年生草本
海　　拔：海平面至700 m
分　　布：台湾
濒危等级：LC

密毛魔芋
Amorphophallus hirtus N. E. Br.
习　　性：多年生草本
海　　拔：100 m 以下
分　　布：台湾
濒危等级：LC

勐海魔芋
Amorphophallus kachinensis Engl. et Gehrmann
习　　性：多年生草本
海　　拔：1000~1500 m
国内分布：云南
国外分布：老挝、缅甸、泰国
濒危等级：LC

东亚魔芋
Amorphophallus kiusianus (Makino) Makino
习　　性：多年生草本
海　　拔：300~900 m
国内分布：安徽、福建、广东、湖南、江西、台湾、浙江
国外分布：日本南部
濒危等级：LC

魔芋
Amorphophallus konjac K. Koch
习　　性：多年生草本
海　　拔：200~3000 m
国内分布：云南
国外分布：日本栽培
濒危等级：NT B1ab（iii）
资源利用：食品（食用）

西盟魔芋
Amorphophallus krausei Engl.
习　　性：多年生草本
海　　拔：1500 m 以下
国内分布：云南
国外分布：老挝、孟加拉国、缅甸、泰国
濒危等级：LC

疣柄魔芋
Amorphophallus paeoniifolius (Dennst.) Nicolson
习　　性：多年生草本
海　　拔：海平面至800 m
国内分布：广东、广西、海南、云南
国外分布：澳大利亚北部、巴布亚新几内亚、菲律宾、老挝、孟加拉国、缅甸、斯里兰卡、泰国、印度、印度尼西亚、越南、太平洋群岛；归化于印度洋群岛
濒危等级：LC

梗序魔芋
Amorphophallus stipitatus Engl.
习　　性：多年生草本
分　　布：广东
濒危等级：LC

东京魔芋
Amorphophallus tonkinensis Engl. et Gehrmann
习　　性：多年生草本
海　　拔：800~900 m
国内分布：云南
国外分布：越南
濒危等级：DD

谢君魔芋
Amorphophallus xiei H. Li et Z. L. Dao
习　　性：多年生草本
海　　拔：900~1100 m
分　　布：云南
濒危等级：DD

攸乐魔芋
Amorphophallus yuloensis H. Li
习　　性：多年生草本
海　　拔：200~2400 m
国内分布：云南
国外分布：老挝北部、缅甸
濒危等级：NT

滇魔芋
Amorphophallus yunnanensis Engl.

习　　性：多年生草本
海　　拔：100～3300 m
国内分布：广西、贵州、云南
国外分布：老挝、泰国、越南
濒危等级：LC

雷公连属 Amydrium Schott

穿心藤
Amydrium hainanense (Ting et C. Y. Wu) H. Li
习　　性：攀援藤本
海　　拔：300 m 以下
国内分布：广东、广西、海南、湖南、云南
国外分布：越南
濒危等级：LC

雷公连
Amydrium sinense (Engl.) H. Li
习　　性：附生藤本
海　　拔：500～1100 m
国内分布：广西、贵州、湖北、湖南、四川、云南
国外分布：越南
濒危等级：LC
资源利用：药用（中草药）

上树南星属 Anadendrum Schott

宽叶上树南星
Anadendrum latifolium Hook. f.
习　　性：攀援植物
海　　拔：100～300 m
国内分布：云南
国外分布：马来西亚、越南
濒危等级：NT

上树南星
Anadendrum montanum (Blume) Schott
习　　性：攀援植物
海　　拔：500 m 以下
国内分布：海南、云南
国外分布：老挝、马来西亚、泰国、新加坡、印度尼西亚、越南
濒危等级：LC

花烛属 Anthurium Schott

红掌
Anthurium andraeanum Linden
习　　性：多年生草本
国内分布：广东、广西、海南、云南栽培
国外分布：原产南美洲、中美洲
资源利用：环境利用（观赏）

掌叶花烛
Anthurium pedatoradiatum Schott
习　　性：多年生草本
国内分布：云南、广东栽培
国外分布：原产墨西哥
资源利用：环境利用（观赏）

天南星属 Arisaema Mart.

东北南星
Arisaema amurense Maxim.
习　　性：多年生草本
海　　拔：100～200 m
国内分布：河北、河南、黑龙江、吉林、辽宁、内蒙古、宁夏、山东、山西
国外分布：朝鲜、俄罗斯
濒危等级：LC
资源利用：环境利用（观赏）

狭叶南星
Arisaema angustatum Franch. et Sav.
习　　性：多年生草本
国内分布：河南、吉林、辽宁、山东
国外分布：日本
濒危等级：LC

旱生南星
Arisaema aridum H. Li
习　　性：多年生草本
海　　拔：1800～2800 m
分　　布：云南
濒危等级：VU A2acd+3cd+4acd；B1ab（ii，iii）

刺柄南星
Arisaema asperatum N. E. Br.
习　　性：多年生草本
海　　拔：1300～2900 m
分　　布：重庆、甘肃、河南、湖北、湖南、山西、四川
濒危等级：LC
资源利用：药用（中草药）

滇南南星
Arisaema austroyunnanense H. Li
习　　性：多年生草本
海　　拔：约 800 m
国内分布：云南
国外分布：越南
濒危等级：VU A2acd+3cd+4acd；B1ab（ii，iii）

元江南星
Arisaema balansae Engl.
习　　性：多年生草本
海　　拔：1100 m
国内分布：云南
国外分布：泰国、越南
濒危等级：VU A2acd+3cd+4acd；B1ab（ii，iii）

版纳南星
Arisaema bannaense H. Li
习　　性：多年生草本
海　　拔：700～1000 m
分　　布：云南
濒危等级：EN A2acd+3cd+4acd；B1ab（ii，iii）

灯台莲
Arisaema bockii Engl.
　　习　　性：多年生草本
　　海　　拔：600~1500 m
　　分　　布：安徽、福建、广东、广西、贵州、河南、湖北、湖南、江苏、江西、浙江
　　濒危等级：LC

丹珠南星
Arisaema bonatianum Engl.
　　习　　性：多年生草本
　　海　　拔：2800~3000 m
　　分　　布：四川、云南
　　濒危等级：EN A2acd+3cd+4acd；B1ab（ii，iii）

贝氏南星
Arisaema brucei H. Li, R. Li et J. Murata
　　习　　性：多年生草本
　　分　　布：云南
　　濒危等级：LC

北缅南星
Arisaema burmaense P. Boyce et H. Li
　　习　　性：多年生草本
　　国内分布：云南
　　国外分布：缅甸
　　濒危等级：EN A2acd+3cd+4acd；B1ab（ii，iii）

金江南星
Arisaema calcareum H. Li
　　习　　性：多年生草本
　　海　　拔：1000~1600 m
　　分　　布：云南
　　濒危等级：EN A2acd+3cd+4acd；B1ab（ii，iii）
　　资源利用：药用（中草药）

白苞南星
Arisaema candidissimum W. W. Sm.
　　习　　性：多年生草本
　　海　　拔：2200~3300 m
　　分　　布：四川、西藏、云南
　　濒危等级：LC

川西天南星
Arisaema chuanxiense Z. Y. Zhu, B. Q. Min et S. J. Zhu
　　习　　性：多年生草本
　　分　　布：四川
　　濒危等级：LC

缘毛南星
Arisaema ciliatum H. Li
　　习　　性：多年生草本
　　海　　拔：2600~3600 m
　　分　　布：四川、云南
　　濒危等级：VU A2acd+3cd+4acd；B1ab（ii，iii）

棒头南星
Arisaema clavatum Buchet
　　习　　性：多年生草本
　　海　　拔：600~1400 m
　　分　　布：重庆、贵州、湖北、四川
　　濒危等级：VU A2acd+3cd+4acd

皱序南星
Arisaema concinnum Schott
　　习　　性：多年生草本
　　海　　拔：2000~3500 m
　　分　　布：西藏
　　濒危等级：LC

心檐南星
Arisaema cordatum N. E. Br.
　　习　　性：多年生草本
　　分　　布：广东、广西
　　濒危等级：LC

多脉南星
Arisaema costatum（Wall.）Martius ex Schott et Endl.
　　习　　性：多年生草本
　　海　　拔：2300~2400 m
　　国内分布：西藏
　　国外分布：尼泊尔
　　濒危等级：VU A2acd+3cd+4acd

会泽南星
Arisaema dahaiense H. Li
　　习　　性：多年生草本
　　海　　拔：1400~2600 m
　　分　　布：云南
　　濒危等级：EN A2acd+3cd+4acd；B1ab（ii，iii）

雪里见
Arisaema decipiens Schott
　　习　　性：多年生草本
　　海　　拔：600~1600 m
　　国内分布：广西、贵州、湖南、四川、西藏、云南
　　国外分布：缅甸、印度、越南
　　濒危等级：LC
　　资源利用：药用（中草药）

刺棒南星
Arisaema echinatum（Wall.）Schott
　　习　　性：多年生草本
　　海　　拔：2600~3100 m
　　国内分布：西藏、云南
　　国外分布：不丹、尼泊尔、印度
　　濒危等级：LC

拟刺棒南星
Arisaema echinoides H. Li
　　习　　性：多年生草本
　　海　　拔：2900~3300 m
　　分　　布：云南
　　濒危等级：EN A2acd+3cd+4acd；B1ab（ii，iii）

象南星
Arisaema elephas Buchet
　　习　　性：多年生草本
　　海　　拔：1800~4000 m
　　国内分布：重庆、甘肃、贵州、四川、西藏、云南
　　国外分布：不丹、缅甸
　　濒危等级：LC

资源利用：药用（中草药）

一把伞南星
Arisaema erubescens (Wall.) Schott
- 习　　性：多年生草本
- 海　　拔：3200 m 以下
- 国内分布：安徽、福建、甘肃、广东、广西、贵州、河北、河南、湖北、湖南、江西、山东、山西、陕西、四川、台湾
- 国外分布：不丹、老挝、缅甸、尼泊尔、泰国、印度、越南
- 濒危等级：LC
- 资源利用：药用（中草药）

圈药南星
Arisaema exappendiculatum H. Hara
- 习　　性：多年生草本
- 海　　拔：2400~2500 m
- 国内分布：西藏
- 国外分布：尼泊尔
- 濒危等级：VU A2acd+3cd+4acd；B1ab（ii，iii）

螃蟹七
Arisaema fargesii Buchet
- 习　　性：多年生草本
- 海　　拔：900~2000 m
- 分　　布：重庆、甘肃、湖北、湖南、四川、西藏、云南
- 濒危等级：LC
- 资源利用：药用（中草药）

黄苞南星
Arisaema flavum (Forssk.) Schott
- 习　　性：多年生草本
- 海　　拔：2200~4400 m
- 国内分布：四川、西藏、云南
- 国外分布：不丹、印度
- 濒危等级：LC
- 资源利用：药用（中草药）

西藏黄苞南星
Arisaema flavum subsp. **tibeticum** J. Murata
- 习　　性：多年生草本
- 海　　拔：2200~4400 m
- 国内分布：四川、西藏、云南
- 国外分布：不丹、印度
- 濒危等级：LC

象头花
Arisaema franchetianum Engl.
- 习　　性：多年生草本
- 海　　拔：900~3000 m
- 国内分布：广西、贵州、湖南、四川、云南
- 国外分布：缅甸
- 濒危等级：LC
- 资源利用：药用（中草药，兽药）

盔檐南星
Arisaema galeatum N. E. Br.
- 习　　性：多年生草本
- 国内分布：西藏
- 国外分布：不丹、缅甸、印度
- 濒危等级：LC

毛笔南星
Arisaema grapsospadix Hayata
- 习　　性：多年生草本
- 海　　拔：200~1610 m
- 分　　布：台湾
- 濒危等级：EN A2acd+3cd+4acd；B1ab（ii，iii）

疣柄翼檐南星
Arisaema griffithii (Schott) H. Hara
- 习　　性：多年生草本
- 海　　拔：2800~3700 m
- 国内分布：云南
- 国外分布：印度
- 濒危等级：DD

广西南星
Arisaema guangxiense G. W. Hu et H. Li
- 习　　性：多年生草本
- 海　　拔：约 650 m
- 分　　布：广西
- 濒危等级：VU B2ab（ii，iii，iv）

黎婆花
Arisaema hainanense C. Y. Wu ex H. Li
- 习　　性：多年生草本
- 海　　拔：400~2100 m
- 分　　布：海南
- 濒危等级：VU A2acd+3cd+4acd

疣序南星
Arisaema handelii Stapf ex Hand.-Mazz.
- 习　　性：多年生草本
- 海　　拔：2800~3500 m
- 分　　布：西藏、云南
- 濒危等级：LC

天南星
Arisaema heterophyllum Blume
- 习　　性：多年生草本
- 海　　拔：2700 m 以下
- 国内分布：除西藏外，各省均有分布
- 国外分布：朝鲜、日本
- 濒危等级：LC
- 资源利用：药用（中草药）；原料（酒精）；食品（淀粉）

湘南星
Arisaema hunanense Hand.-Mazz.
- 习　　性：多年生草本
- 海　　拔：200~800 m
- 分　　布：重庆、广东、湖北、湖南、四川
- 濒危等级：LC

宜兰南星
Arisaema ilanense J. C. Wang
- 习　　性：多年生草本
- 海　　拔：1600~1900 m
- 分　　布：台湾
- 濒危等级：VU D1

高原南星
Arisaema intermedium Blume
习　　性：多年生草本
海　　拔：2600~3400 m
国内分布：西藏、云南
国外分布：克什米尔地区、尼泊尔、印度
濒危等级：LC

藏南绿南星
Arisaema jacquemontii Blume
习　　性：多年生草本
海　　拔：3000~4300 m
国内分布：西藏
国外分布：阿富汗、巴基斯坦、不丹、克什米尔地区、孟加拉国、尼泊尔、印度
濒危等级：LC

景东南星
Arisaema jingdongense H. Peng et H. Li
习　　性：多年生草本
海　　拔：2400~2500 m
分　　布：云南
濒危等级：EN A2acd+3cd+4acd; B1ab (ii, iii)

勐海南星
Arisaema lackneri Engler
习　　性：多年生草本
海　　拔：1800 m
国内分布：云南
国外分布：缅甸
濒危等级：EN A2acd+3cd+4acd

丽江南星
Arisaema lichiangense W. W. Sm.
习　　性：多年生草本
海　　拔：2400~3200 m
分　　布：四川、云南
濒危等级：LC
资源利用：药用（中草药）

文山南星
Arisaema lidaense J. Murata et S. G. Wa
习　　性：多年生草本
海　　拔：约1300 m
分　　布：云南
濒危等级：EN A2acd+3cd+4acd

李恒南星
Arisaema lihengianum J. Murata et S. G. Wu
习　　性：多年生草本
海　　拔：约1000 m
分　　布：云南
濒危等级：EN A2acd+3cd+4acd

凌云南星
Arisaema lingyunense H. Li
习　　性：多年生草本
海　　拔：1400~3000 m
国内分布：广西
国外分布：缅甸
濒危等级：VU A2acd+3cd+4acd

资源利用：药用（中草药）

花南星
Arisaema lobatum Engl.
习　　性：多年生草本
海　　拔：600~3300 m
国内分布：安徽、重庆、甘肃、广西、贵州、河北、河南、湖北、湖南、江苏、江西、山西、四川、云南、浙江
濒危等级：LC
资源利用：药用（中草药）

泸水南星
Arisaema lushuiense G. W. Hu et H. Li
习　　性：多年生草本
分　　布：云南
濒危等级：LC

乌蒙南星
Arisaema mairei H. Lév.
习　　性：多年生草本
海　　拔：1900~2000 m
分　　布：四川、云南
濒危等级：DD

线花南星
Arisaema matsudai Hayata
习　　性：多年生草本
分　　布：台湾
濒危等级：LC

褐斑南星
Arisaema meleagris Buchet
习　　性：多年生草本
海　　拔：2000~3000 m
分　　布：重庆、四川、云南
濒危等级：LC

勐腊南星
Arisaema menglaense H. Ji, H. Li et Z. F. Xu
习　　性：多年生草本
海　　拔：1000~1100 m
分　　布：云南
濒危等级：EN D

邑田南星
Arisaema muratae G. Gusaman et J. T. Yin
习　　性：多年生草本
海　　拔：1200~2400 m
分　　布：云南
濒危等级：DD

南漳南星
Arisaema nangtciangense Pamp.
习　　性：多年生草本
分　　布：湖北
濒危等级：DD

猪笼南星
Arisaema nepenthoides(Wall.) Martius ex Schott et Endl.
习　　性：多年生草本

海　　拔：2700~3600 m
国内分布：西藏、云南
国外分布：缅甸、尼泊尔、印度
濒危等级：VU A2acd+3cd+4acd
资源利用：药用（中草药）

香南星
Arisaema odoratum J. Murata et S. K. Wu
习　　性：多年生草本
海　　拔：约1400 m
分　　布：云南
濒危等级：VU A2acd+3cd+4acd

小南星
Arisaema parvum N. E. Br.
习　　性：多年生草本
海　　拔：3000~3600 m
分　　布：四川、西藏、云南
濒危等级：LC

画笔南星
Arisaema penicillatum N. E. Br.
习　　性：多年生草本
海　　拔：1000 m 以下
分　　布：广东、广西、海南、台湾
濒危等级：VU A2acd+3cd+4acd

细齿南星
Arisaema peninsulae Nakai
习　　性：多年生草本
海　　拔：500 m 以下
国内分布：河南、黑龙江、吉林
国外分布：朝鲜、日本
濒危等级：DD

紫根南星
Arisaema petelotii K. Krause
习　　性：多年生草本
海　　拔：800~1000 m
国内分布：云南
国外分布：越南
濒危等级：NT

三匹箭
Arisaema petiolulatum Hook. f.
习　　性：多年生草本
海　　拔：400~1700 m
国内分布：云南
国外分布：缅甸、印度
濒危等级：NT

片马南星
Arisaema pianmaense H. Li
习　　性：多年生草本
海　　拔：约2700 m
分　　布：云南
濒危等级：EN A2acd+3cd+4acd

屏边南星
Arisaema pingbianense H. Li
习　　性：多年生草本

海　　拔：1000~1600 m
分　　布：云南
濒危等级：EN A2acd+3cd+4acd；B1ab（ii, iii）

河谷南星
Arisaema prazeri Hook. f.
习　　性：多年生草本
海　　拔：100~1500 m
国内分布：云南
国外分布：缅甸、泰国
濒危等级：LC
资源利用：药用（中草药）

藏南星
Arisaema propinquum Schott
习　　性：多年生草本
海　　拔：2700~3900 m
国内分布：西藏
国外分布：巴基斯坦、不丹、尼泊尔、印度
濒危等级：DD

五叶山珠南星
Arisaema quinquelobatum H. Li et J. Murata
习　　性：多年生草本
分　　布：云南
濒危等级：DD

普陀南星
Arisaema ringens（Thunb.）Schott
习　　性：多年生草本
海　　拔：约2500 m
国内分布：江苏、台湾、浙江
国外分布：韩国、日本
濒危等级：LC

银南星
Arisaema saxatile Buchet
习　　性：多年生草本
海　　拔：1600~3400 m
分　　布：四川、云南
濒危等级：LC
资源利用：药用（中草药）

云台南星
Arisaema silvestrii Pamp.
习　　性：多年生草本
海　　拔：1800 m 以下
分　　布：安徽、福建、广东、贵州、河南、湖北、湖南、江苏、江西、山西、浙江
濒危等级：LC
资源利用：药用（中草药）

瑶山南星
Arisaema sinii K. Krause
习　　性：多年生草本
海　　拔：1000~2600 m
分　　布：广西、贵州、湖南、云南
濒危等级：LC

披发南星
Arisaema smitinandii S. Y. Hu

习　　性：多年生草本
海　　拔：800～900 m
国内分布：西藏
国外分布：泰国
濒危等级：EN A2acd+3cd+4acd

东俄洛南星
Arisaema souliei Buchet
习　　性：多年生草本
海　　拔：约3500 m
分　　布：重庆、四川
濒危等级：VU A2acd+3cd+4acd

美丽南星
Arisaema speciosum (Wall.) Mart. ex Schott
习　　性：多年生草本
海　　拔：2400～2800 m
国内分布：西藏
国外分布：不丹、尼泊尔、印度
濒危等级：VU A2acd+3cd+4acd

中泰南星
Arisaema sukotaiense Gagnep.
习　　性：多年生草本
海　　拔：1200～2500 m
国内分布：云南
国外分布：泰国
濒危等级：DD

蓬莱天南星
Arisaema taiwanense J. Murata

蓬莱天南星（原变种）
Arisaema taiwanense var. taiwanense
习　　性：多年生草本
分　　布：台湾
濒危等级：LC

短梗天南星
Arisaema taiwanense var. brevipedunculatum J. Murata
习　　性：多年生草本
分　　布：台湾
濒危等级：VU D1

腾冲南星
Arisaema tengtsungense H. Li
习　　性：多年生草本
海　　拔：2600～3200 m
国内分布：云南
国外分布：缅甸
濒危等级：VU A2acd+3cd+4acd

东台南星
Arisaema thunbergii subsp. autumnale J. C. Wang, J. Murata et H. Ohashi
习　　性：多年生草本
海　　拔：海平面至1100 m
国内分布：台湾
国外分布：日本

濒危等级：NT
资源利用：食品（淀粉）

曲序南星
Arisaema tortuosum (Wall.) Schott
习　　性：多年生草本
海　　拔：1300～2900 m
国内分布：四川、西藏、云南
国外分布：不丹、克什米尔地区、尼泊尔、印度
濒危等级：LC

网檐南星
Arisaema utile Hook. f. ex Schott
习　　性：多年生草本
海　　拔：2800～3100 m
国内分布：西藏、云南
国外分布：巴基斯坦、不丹、缅甸、尼泊尔、印度
濒危等级：LC

细腰南星
Arisaema vexillatum Hara et Ohashi
习　　性：多年生草本
海　　拔：3500～3700 m
国内分布：西藏
国外分布：尼泊尔
濒危等级：NT A2acd+3acd+4acd

桂越南星
Arisaema victoriae V. D. Nguyen
习　　性：多年生草本
海　　拔：600～700 m
国内分布：广西
国外分布：越南
濒危等级：EN A2acd+3cd+4acd

贵州南星
Arisaema wangmoense M. T. An, H. H. Zhang et Qi Lin
习　　性：多年生草本
分　　布：贵州
濒危等级：LC

隐序南星
Arisaema wardii C. Marquand et Airy Shaw
习　　性：多年生草本
海　　拔：2400～4200 m
分　　布：青海、山西、西藏、云南
濒危等级：LC

双耳南星
Arisaema wattii Hook. f.
习　　性：多年生草本
海　　拔：2100～3300 m
国内分布：西藏、云南
国外分布：缅甸、印度
濒危等级：NT A2acd+3cd+4acd

川中南星
Arisaema wilsonii Engl.
习　　性：多年生草本
海　　拔：1900～3200 m

分　　布：甘肃、四川、西藏、云南
濒危等级：LC

宣威南星
Arisaema xuanweiense H. Li
习　　性：多年生草本
海　　拔：2200 m
分　　布：云南
濒危等级：LC

山珠南星
Arisaema yunnanense Buchet
习　　性：多年生草本
海　　拔：700~3200 m
国内分布：贵州、四川、云南
国外分布：缅甸
濒危等级：LC
资源利用：药用（中草药）；动物饲料（饲料）

维明南星
Arisaema zhui H. Li
习　　性：多年生草本
海　　拔：4000 m
分　　布：云南
濒危等级：EN A2acd+3cd+4acd

疆南星属 Arum L.

疆南星
Arum jacquemontii Blume
习　　性：多年生草本
海　　拔：1600~3700 m
国内分布：新疆
国外分布：阿富汗、巴基斯坦、尼泊尔、塔吉克斯坦、土库曼斯坦东部、乌兹别克斯坦、印度
濒危等级：DD

科氏疆南星
Arum korolkowii Regel
习　　性：多年生草本
国内分布：新疆
国外分布：中亚
濒危等级：LC

水芋属 Calla L.

水芋
Calla palustris L.
习　　性：多年生水生草本
海　　拔：1100 m 以下
国内分布：黑龙江、吉林、辽宁、内蒙古
国外分布：北美洲、欧洲北部、亚洲
濒危等级：LC

芋属 Colocasia Schott

卷苞芋
Colocasia affinis Schott
习　　性：多年生草本
海　　拔：800~1400 m
国内分布：云南
国外分布：孟加拉国、缅甸、尼泊尔、印度
濒危等级：LC

滇南芋
Colocasia antiquorum Schott
习　　性：多年生草本
海　　拔：600~1200 m
国内分布：云南
国外分布：老挝、缅甸、泰国、印度
濒危等级：LC
资源利用：药用（中草药）；食品（淀粉，野菜）

双色芋
Colocasia bicolor L. M. Cao et C. L. Long
习　　性：多年生草本
国内分布：云南
国外分布：越南
濒危等级：LC

芋
Colocasia esculenta (L.) Schott
习　　性：多年生草本
海　　拔：500~2000 m
分　　布：安徽、福建、广东、广西、贵州、海南、湖北、湖南、江苏、江西、四川、台湾、云南、浙江
濒危等级：LC
资源利用：药用（中草药）；动物饲料（饲料）；食品（粮食，淀粉，蔬菜）

假芋
Colocasia fallax Schott
习　　性：多年生草本
海　　拔：700~1400 m
国内分布：西藏、云南
国外分布：不丹、孟加拉国、尼泊尔、泰国、印度
濒危等级：LC
资源利用：食品（野菜）

高黎贡芋
Colocasia gaoligongensis H. Li et C. L. Long
习　　性：多年生草本
分　　布：云南
濒危等级：LC

大野芋
Colocasia gigantea (Blume) Hook. f.
习　　性：多年生草本
海　　拔：100~700 m
国内分布：西藏；安徽、北京、福建、广东、广西、河北、河南、湖北、湖南、江苏、江西、辽宁、山东、陕西、台湾、云南栽培
国外分布：柬埔寨、老挝、马来西亚、缅甸、泰国、越南
濒危等级：NT B1ab(iii)
资源利用：药用（中草药）；食品（野菜）

龚氏芋
Colocasia gongii C. L. Long et H. Li
习　　性：多年生草本
分　　布：云南
濒危等级：LC

异色芋
Colocasia heterochroma H. Li et Z. X. Wei
 习 性：多年生草本
 分 布：云南
 濒危等级：LC

李恒香芋
Colocasia lihengiae C. L. Long et K. M. Liu
 习 性：多年生草本
 国内分布：云南
 国外分布：老挝、缅甸、越南
 濒危等级：LC

勐腊芋
Colocasia menglaensis J. T. Yin, H. Li et Z. F. Xu
 习 性：陆生草本
 海 拔：1000~1100 m
 国内分布：云南
 国外分布：老挝、缅甸、泰国
 濒危等级：CR D

隐棒花属 Cryptocoryne Fisch. ex Wydler

旋苞隐棒花
Cryptocoryne crispatula Engl.

旋苞隐棒花（原变种）
Cryptocoryne crispatula var. **crispatula**
 习 性：多年生草本
 海 拔：海平面至600 m
 国内分布：广东、广西、贵州、云南
 国外分布：柬埔寨、老挝、孟加拉国、缅甸、泰国、越南
 濒危等级：LC
 资源利用：药用（中草药）

广西隐棒花
Cryptocoryne crispatula var. **balansae** (Gagnep.) N. Jacobsen
 习 性：多年生草本
 国内分布：广西
 国外分布：老挝、泰国、越南
 濒危等级：VU B1ab (i, iii)

柔叶隐棒花
Cryptocoryne crispatula var. **flaccidifolia** N. Jacobsen
 习 性：多年生草本
 国内分布：广西
 国外分布：泰国、越南
 濒危等级：EN B1ab (i, iii)

八仙过海
Cryptocoryne crispatula var. **yunnanensis** (H. Li) H. Li. L Jacobsea
 习 性：多年生草本
 国内分布：云南
 国外分布：老挝、泰国、越南
 濒危等级：EN B1ab + 2ab (i, iii)

花叶万年青属 Dieffenbachia Schott

白斑万年青
Dieffenbachia bowmannii Carrière
 习 性：多年生草本
 国内分布：台湾栽培
 国外分布：原产南美洲

白肋万年青
Dieffenbachia leopoldii Bull.
 习 性：多年生草本
 国内分布：台湾栽培
 国外分布：原产南美洲

花叶万年青
Dieffenbachia picta (Lodd.) Schott
 习 性：亚灌木
 国内分布：福建、广东栽培
 国外分布：原产南美洲
 资源利用：环境利用（观赏）

彩叶万年青
Dieffenbachia seguine (Jacq.) Schott
 习 性：多年生草本
 国内分布：台湾栽培
 国外分布：原产中美洲和南美洲

麒麟尾属 Epipremnum Schott

麒麟叶
Epipremnum pinnatum (L.) Engl.
 习 性：藤本
 海 拔：2000 m 以下
 国内分布：广东、广西、海南、台湾、云南
 国外分布：澳大利亚、巴布亚新几内亚、菲律宾、柬埔寨、老挝、马来西亚、孟加拉国、缅甸、日本、泰国、新加坡、印度、印度尼西亚、越南
 濒危等级：LC
 资源利用：药用（中草药）；环境利用（观赏）

细柄芋属 Hapaline Schott

细柄芋
Hapaline ellipticifolium C. Y. Wu et H. Li
 习 性：多年生草本
 海 拔：约300 m
 分 布：云南
 濒危等级：CR A2c

千年健属 Homalomena Schott

芬芳千年健
Homalomena aromatica Gagnep.
 习 性：多年生草本
 海 拔：200~1000 m
 国内分布：广西、云南
 国外分布：老挝、孟加拉国、缅甸、泰国、印度、越南
 濒危等级：LC

海南千年健
Homalomena hainanensis H. Li
 习 性：多年生草本
 分 布：海南
 濒危等级：NT

台湾千年健
Homalomena kelungensis Hayata

习　　性：多年生草本
分　　布：台湾
濒危等级：DD

千年健
Homalomena occulta(Lour.)Schott
　　习　　性：多年生草本
　　海　　拔：100~1100 m
　　国内分布：广东、广西、海南、云南
　　国外分布：老挝、泰国、越南
　　濒危等级：LC
　　资源利用：药用（中草药）

菲律宾千年健
Homalomena philippinensis Engl. ex Engl. et Krause
　　习　　性：多年生草本
　　国内分布：台湾
　　国外分布：菲律宾
　　濒危等级：NT

兰氏萍属 Landoltia Les et D. J. Crawford

兰氏萍
Landoltia punctata(G. Mey.)Les et Crawford
　　习　　性：多年生水生草本
　　海　　拔：海平面至2400 m
　　国内分布：福建、河南、湖北、四川、台湾、西藏、云南、浙江
　　国外分布：澳大利亚、菲律宾、马来西亚、日本、泰国、印度、印度尼西亚、越南
　　濒危等级：LC

刺芋属 Lasia Lour.

刺芋
Lasia spinosa(L.)Thwaites
　　习　　性：多年生草本
　　海　　拔：1500 m以下
　　国内分布：广东、广西、海南、台湾、西藏、云南
　　国外分布：巴布亚新几内亚、不丹、柬埔寨、老挝、马来西亚、孟加拉国、缅甸、尼泊尔、斯里兰卡、泰国、印度、印度尼西亚、越南
　　濒危等级：LC
　　资源利用：药用（中草药，兽药）

浮萍属 Lemna L.

稀脉浮萍
Lemna aequinoctialis Welwitsch
　　习　　性：多年生水生草本
　　海　　拔：海平面至2800 m
　　国内分布：安徽、福建、广东、贵州、河北、河南、湖北、江苏、江西、辽宁、青海、山东、山西、陕西、台湾、云南、浙江
　　国外分布：世界广布
　　濒危等级：DD

日本浮萍
Lemna japonica Landolt
　　习　　性：多年生水生草本
　　海　　拔：海平面至2900 m
　　国内分布：河北、河南、黑龙江、湖北、江苏、内蒙古、山东、山西、陕西、四川、云南、浙江
　　国外分布：朝鲜、日本
　　濒危等级：LC

浮萍
Lemna minor L.
　　习　　性：多年生水生草本
　　海　　拔：海平面至2000（3000）m
　　国内分布：西藏
　　国外分布：阿富汗、巴基斯坦、俄罗斯、哈萨克斯坦、尼泊尔、土库曼斯坦、印度
　　濒危等级：LC
　　资源利用：药用（中草药）；动物饲料（饲料）

单脉萍
Lemna minuta Kunth
　　习　　性：多年生水生草本
　　国内分布：引入栽培
　　国外分布：原产美国

品藻
Lemna trisulca L.
　　习　　性：水生草本
　　海　　拔：海平面至3000 m
　　国内分布：安徽、河北、黑龙江、湖北、江苏、内蒙古、山西、陕西、四川、台湾、新疆、云南、浙江
　　国外分布：除南美洲外，全球广布
　　濒危等级：LC

鳞根萍
Lemna turionifera Landolt
　　习　　性：多年生水生草本
　　国内分布：安徽、河北、黑龙江、内蒙古
　　国外分布：俄罗斯、韩国、蒙古、日本北部
　　濒危等级：LC

喜林芋属 Philodendron Schott

红苞喜林芋
Philodendron erubescens C. Koch et Angustim
　　习　　性：攀援植物
　　国内分布：全国广泛栽培
　　国外分布：原产南美洲

心叶喜林芋
Philodendron gloriosum André
　　习　　性：攀援草本
　　国内分布：北京、台湾栽培
　　国外分布：原产哥伦比亚

三裂喜林芋
Philodendron tripartitum(Jacq.)Schott
　　习　　性：附生或地生藤本
　　国内分布：北京、福建、广东栽培
　　国外分布：原产墨西哥

半夏属 Pinellia Ten.

滴水珠
Pinellia cordata N. E. Br.
　　习　　性：多年生草本

海　　拔：800 m 以下
分　　布：安徽、福建、广东、广西、贵州、湖北、湖南、江西、浙江
濒危等级：LC
资源利用：药用（中草药）；环境利用（观赏）

闽半夏
Pinellia fujianensis H. Li
习　　性：多年生草本
分　　布：福建
濒危等级：VU A2ac + 3c

湖南半夏
Pinellia hunanensis C. L. Long et X. J. Wu
习　　性：多年生草本
海　　拔：约 650 m
分　　布：湖南
濒危等级：LC

石蜘蛛
Pinellia integrifolia N. E. Br.
习　　性：多年生草本
海　　拔：1000 m 以下
分　　布：重庆、湖北、四川
濒危等级：LC
资源利用：药用（中草药）

虎掌
Pinellia pedatisecta Schott
习　　性：多年生草本
海　　拔：1000 m 以下
分　　布：安徽、福建、广西、贵州、河北、河南、湖北、湖南、江苏、山东、山西、陕西、四川、云南、浙江
濒危等级：LC
资源利用：药用（中草药）

盾叶半夏
Pinellia peltata C. Pei
习　　性：多年生草本
海　　拔：0 ~ 1900 m
分　　布：福建、浙江
濒危等级：VU A2ac + 3c

大半夏
Pinellia polyphylla S. L. Hu
习　　性：多年生草本
海　　拔：800 m 以下
分　　布：四川
濒危等级：LC

半夏
Pinellia ternate(Thunb.) Breitenb.
习　　性：多年生草本
海　　拔：2500 m 以下
国内分布：除内蒙古、青海、西藏、新疆外，各省均有分布
国外分布：朝鲜、日本
濒危等级：LC
资源利用：环境利用（蔽荫）

三裂叶半夏
Pinellia tripartita(Blume)Schott
习　　性：多年生草本
国内分布：香港
国外分布：日本
濒危等级：LC

鹞落坪半夏
Pinellia yaoluopingensis X. H. Guo et X. L. Liu
习　　性：多年生草本
海　　拔：约 1000 m
分　　布：安徽、江苏
濒危等级：LC

大藻属 Pistia L.

大藻
Pistia stratiotes L.
习　　性：水生草本
海　　拔：200 ~ 1900 m
国内分布：福建、广东、广西、台湾、云南；安徽、湖北、湖南、江苏、江西、山东、四川栽培
国外分布：全球热带、亚热带地区
濒危等级：LC
资源利用：原料（纤维）；基因源（高产）；动物饲料（饲料）；食品（淀粉）；药用（中草药）

假石柑属 Pothoidium Schott

假石柑
Pothoidium lobbianum Schott
习　　性：攀援灌木
国内分布：台湾
国外分布：菲律宾、印度尼西亚
濒危等级：NT

石柑属 Pothos L.

石柑子
Pothos chinensis(Raf.)Merr.
习　　性：藤本
海　　拔：2400 m 以下
国内分布：广东、广西、贵州、海南、湖北、湖南、四川、台湾、西藏、云南
国外分布：不丹、柬埔寨、老挝、孟加拉国、缅甸、尼泊尔、泰国、印度、越南
濒危等级：LC
资源利用：药用（中草药）

长梗石柑
Pothos kerrii Buchet ex Gagnep.
习　　性：藤本
海　　拔：300 ~ 500 m
国内分布：广西
国外分布：老挝、越南
濒危等级：VU A2ac + 3c
资源利用：药用（中草药）

地柑
Pothos pilulifer Buchet ex Gagnep.

习　　性：藤本
海　　拔：200~1000 m
国内分布：广西、云南
国外分布：越南
濒危等级：LC
资源利用：药用（中草药）

百足藤
Pothos repens (Lour.) Druce
习　　性：附生藤本
海　　拔：900 m以下
国内分布：广东、广西、海南、云南
国外分布：老挝、越南
濒危等级：LC
资源利用：药用（中草药）；动物饲料（饲料）

螳螂跌打
Pothos scandens Lindl.
习　　性：附生藤本
海　　拔：200~1000 m
国内分布：广东、广西、贵州、海南、湖北、湖南、四川、台湾、西藏、云南
国外分布：不丹、柬埔寨、老挝、孟加拉国、缅甸、尼泊尔、泰国、印度、越南
濒危等级：LC
资源利用：药用（中草药）

岩芋属 Remusatia Schott

早花岩芋
Remusatia hookeriana Schott
习　　性：多年生草本
海　　拔：1800~2800 m
国内分布：云南
国外分布：不丹、缅甸、尼泊尔、泰国、印度
濒危等级：LC

曲苞芋
Remusatia pumila (D. Don) H. Li et A. Hay
习　　性：多年生草本
海　　拔：1000~2800 m
国内分布：西藏、云南
国外分布：不丹、尼泊尔、泰国、印度
濒危等级：LC
资源利用：药用（中草药）

岩芋
Remusatia vivipara (Roxb.) Schott
习　　性：多年生草本
海　　拔：700~1900 m
国内分布：云南
国外分布：澳大利亚、不丹、老挝、马达加斯加、孟加拉国、缅甸、尼泊尔、斯里兰卡、泰国、印度、印度尼西亚、越南
濒危等级：LC
资源利用：药用（中草药）；环境利用（观赏）

云南岩芋
Remusatia yunnanensis (H. Li et A. Hay) H. Li et A. Hay
习　　性：草质藤本
海　　拔：约1100 m
分　　布：云南
濒危等级：VU A3c

崖角藤属 Rhaphidophora Hassk.

粗茎崖角藤
Rhaphidophora crassicaulis Engl. et K. Krause
习　　性：藤本
海　　拔：1300 m以下
国内分布：广西、海南、云南
国外分布：老挝北部、越南

爬树龙
Rhaphidophora decursiva (Roxb.) Schott
习　　性：附生藤本
海　　拔：2200 m以下
国内分布：福建、广东、广西、贵州、海南、四川、台湾、西藏、云南
国外分布：不丹、柬埔寨、老挝、孟加拉国、缅甸、尼泊尔、斯里兰卡、泰国、印度、越南
濒危等级：LC
资源利用：药用（中草药）

独龙崖角藤
Rhaphidophora dulongensis H. Li
习　　性：藤本
海　　拔：2500 m以下
分　　布：云南
濒危等级：EN B1ab (i, ii, iii)

粉背崖角藤
Rhaphidophora glauca (Wall.) Schott
习　　性：藤本
海　　拔：2000 m以下
国内分布：西藏
国外分布：不丹、孟加拉国、缅甸、尼泊尔、泰国、印度
濒危等级：NT B1ab (i, ii, iii)

狮子尾
Rhaphidophora hongkongensis Schott
习　　性：附生藤本
海　　拔：100~2000 m
国内分布：福建、广东、广西、贵州、海南、台湾、云南
国外分布：老挝、马来西亚、缅甸、泰国、印度尼西亚、越南
濒危等级：LC
资源利用：药用（中草药）；环境利用（观赏）

毛过山龙
Rhaphidophora hookeri Schott
习　　性：攀援藤本
海　　拔：300~2200 m
国内分布：广东、广西、贵州、四川、西藏、云南
国外分布：不丹、老挝、孟加拉国、缅甸、泰国、印度、越南
濒危等级：LC
资源利用：药用（中草药）

莱州崖角藤
Rhaphidophora laichauensis Gagnep.
- 习　　性：藤本
- 海　　拔：1500 m 以下
- 国内分布：海南、云南
- 国外分布：越南
- 濒危等级：LC

上树蜈蚣
Rhaphidophora lancifolia Schott
- 习　　性：附生藤本
- 海　　拔：500~2500 m
- 国内分布：广西、云南
- 国外分布：孟加拉国、印度
- 濒危等级：LC

针房藤
Rhaphidophora liukiuensis Hatusima
- 习　　性：藤本
- 国内分布：台湾
- 国外分布：日本
- 濒危等级：LC

绿春崖角藤
Rhaphidophora luchunensis H. Li
- 习　　性：多年生附生藤本
- 海　　拔：1700~2500 m
- 分　　布：西藏、云南
- 濒危等级：VU A2ac+3c

大叶崖角藤
Rhaphidophora megaphylla H. Li
- 习　　性：附生藤本
- 海　　拔：600~1300 m
- 国内分布：云南
- 国外分布：老挝北部、泰国、越南
- 濒危等级：LC

大叶南苏
Rhaphidophora peepla(Roxb.)Schott
- 习　　性：附生藤本
- 海　　拔：1800~2800 m
- 国内分布：贵州、云南
- 国外分布：不丹、柬埔寨北部、老挝、孟加拉国、缅甸、尼泊尔、泰国、印度、越南
- 濒危等级：LC
- 资源利用：药用（中草药）

斑龙芋属 Sauromatum Schott

短柄斑龙芋
Sauromatum brevipes(Hook. f.)N. E. Br.
- 习　　性：多年生草本
- 海　　拔：1500~2700 m
- 国内分布：西藏
- 国外分布：孟加拉国、尼泊尔、印度
- 濒危等级：NT B1ab (i, ii, iii)

高原犁头尖
Sauromatum diversifolium(Wall. ex Schott)Cusimano et Hetterscheid
- 习　　性：多年生草本
- 海　　拔：约2300 m
- 国内分布：四川、西藏、云南
- 国外分布：不丹、柬埔寨、缅甸、尼泊尔、印度
- 濒危等级：LC

贡山斑龙芋
Sauromatum gaoligongense Z. L. Wang et H. Li
- 习　　性：多年生草本
- 海　　拔：约2200 m
- 分　　布：云南
- 濒危等级：NT D2

独角莲
Sauromatum giganteum(Engler)Cusimano et Hetterscheid
- 习　　性：多年生草本
- 海　　拔：1500 m 以下
- 分　　布：安徽、甘肃、河北、河南、吉林、辽宁、山东、山西、四川、西藏；广东、广西、吉林、云南栽培
- 濒危等级：LC
- 资源利用：药用（中草药）

毛犁头尖
Sauromatum hirsutum(S. Y. Hu)Cusimano et Hetterscheid
- 习　　性：多年生草本
- 海　　拔：500~1100 m
- 国内分布：云南
- 国外分布：泰国
- 濒危等级：LC

西南犁头尖
Sauromatum horsfieldii Miquel
- 习　　性：多年生草本
- 海　　拔：100~3100 m
- 国内分布：广西、贵州、四川、云南
- 国外分布：柬埔寨、老挝、缅甸、泰国、印度尼西亚、越南
- 濒危等级：VU B2ab (ii, iii, iv)

斑龙芋
Sauromatum venosum(Aiton)Kunth
- 习　　性：多年生草本
- 海　　拔：1300~2000 m
- 国内分布：西藏、云南
- 国外分布：不丹、缅甸、尼泊尔、印度
- 濒危等级：LC

落檐属 Schismatoglottis Zoll. et Moritzi

广西落檐
Schismatoglottis calyptrata(Roxb.)Zoll. et Moritzi
- 习　　性：多年生草本
- 海　　拔：700~900 m
- 国内分布：广西
- 国外分布：东南亚、太平洋岛屿
- 濒危等级：LC
- 资源利用：药用（中草药）

落檐
Schismatoglottis hainanensis H. Li
习　　性：多年生草本
海　　拔：100~200 m
分　　布：海南
濒危等级：NT B2ab（ii，iii，iv）

藤芋属 Scindapsus Schott

海南藤芋
Scindapsus maclurei(Merr.) Merr. et F. P. Metcalf
习　　性：藤本
海　　拔：400~600 m
国内分布：海南
国外分布：泰国、越南
濒危等级：NT B2ab（ii，iii，iv）

白鹤芋属 Spathiphyllum Schott

白鹤芋
Spathiphyllum floribundum N. E. Br.
习　　性：多年生草本
国内分布：我国温室栽培
国外分布：原产热带美洲
资源利用：环境利用（观赏）

紫萍属 Spirodela Schleid.

紫萍
Spirodela polyrhiza(L.)Schleid.
习　　性：多年生水生草本
海　　拔：海平面至2900 m
国内分布：全国广泛栽培
国外分布：世界广布
濒危等级：LC
资源利用：药用（中草药）；动物饲料（饲料）

泉七属 Steudnera K. Koch

泉七
Steudnera colocasiifolia K. Koch
习　　性：多年生草本
海　　拔：600~1400 m
国内分布：广西、云南
国外分布：老挝北部、孟加拉国、缅甸、泰国、印度、越南
濒危等级：LC
资源利用：药用（中草药）

全缘泉七
Steudnera griffithii(Schott)Schott
习　　性：多年生草本
海　　拔：100~500 m
国内分布：云南
国外分布：缅甸、印度
濒危等级：LC

滇南泉七
Steudnera henryana Engl.
习　　性：多年生水生草本
海　　拔：300~700 m
国内分布：云南
国外分布：老挝北部、越南
濒危等级：DD
资源利用：环境利用（观赏）

广西泉七
Steudnera kerrii Gagnep.
习　　性：多年生水生草本
海　　拔：400~600 m
国内分布：广西
国外分布：泰国、越南
濒危等级：DD

臭菘属 Symplocarpus Salisb. ex W. P. C. Barton

日本臭菘
Symplocarpus nipponicus Makino
习　　性：多年生水生草本
海　　拔：300 m以下
国内分布：黑龙江
国外分布：朝鲜、日本
濒危等级：LC

臭菘
Symplocarpus renifolius Schott ex Tzvelev
习　　性：多年生水生草本
海　　拔：300 m以下
国内分布：黑龙江
国外分布：俄罗斯、日本
濒危等级：LC

合果芋属 Syngonium Schott

合果芋
Syngonium podophyllum Schott
习　　性：多年生水生草本
国内分布：国内温室栽培
国外分布：原产热带美洲
资源利用：环境利用（观赏）

犁头尖属 Typhonium Schott

白脉犁头尖
Typhonium albidinervium C. Z. Tang et H. Li
习　　性：多年生草本
国内分布：广东、云南
国外分布：泰国
濒危等级：LC
资源利用：药用（中草药）

保山犁头尖
Typhonium baoshanense Z. L. Dao et H. Li
习　　性：多年生草本
海　　拔：1700 m
分　　布：云南
濒危等级：DD

犁头尖
Typhonium blumei Nicolson et Sivadasan
习　　性：多年生草本

海　　拔：1200 m 以下
国内分布：福建、广东、广西、贵州、海南、湖北、湖南
国外分布：柬埔寨、缅甸、日本、泰国、印度、印度尼西亚、越南
濒危等级：LC
资源利用：药用（中草药）

鞭檐犁头尖
Typhonium flagelliforme(Lodd.)Blume
　　习　　性：多年生草本
　　海　　拔：海平面至400 m
　　国内分布：广东、广西
　　国外分布：澳大利亚、不丹、菲律宾、柬埔寨、老挝、马来西亚、孟加拉国、缅甸、斯里兰卡、泰国、新加坡、印度、印度尼西亚
　　濒危等级：LC
　　资源利用：药用（中草药）

湖南犁头尖
Typhonium hunanense H. Li et Z. Q. Liu
　　习　　性：多年生草本
　　海　　拔：约100 m
　　分　　布：湖南
　　濒危等级：NT A2ac；B1ab（i, ii, iii）

金平犁头尖
Typhonium jinpingense Z. L. Wang, H. Li et F. H. Bian
　　习　　性：多年生草本
　　海　　拔：约1200 m
　　分　　布：云南
　　濒危等级：NT A2ac；B1ab（i, ii, iii）

金慈姑
Typhonium roxburghii Schott
　　习　　性：多年生草本
　　国内分布：台湾、云南
　　国外分布：巴布亚新几内亚、菲律宾、马来西亚、孟加拉国、日本、斯里兰卡、泰国、印度、印度尼西亚；引入东非、南美洲及澳大利亚
　　濒危等级：LC
　　资源利用：药用（中草药）

三叶犁头尖
Typhonium trifoliatum F. T. Wang et Lo ex H. Li, Y. Shiao et S. L. Tseng
　　习　　性：多年生草本
　　分　　布：河北、内蒙古、山西、陕西
　　濒危等级：LC
　　资源利用：药用（中草药）

马蹄犁头尖
Typhonium trilobatum(L.)Schott
　　习　　性：多年生草本
　　海　　拔：700 m 以下
　　国内分布：广东、广西、海南、云南
　　国外分布：不丹、菲律宾、柬埔寨、老挝、马来西亚、孟加拉国、缅甸、尼泊尔、印度尼西亚、斯里兰卡、泰国、新加坡、印度

濒危等级：LC
资源利用：药用（中草药）

无根萍属 Wolffia Horkel ex Schleid.

无根萍
Wolffia globosa Hartog et Plas
　　习　　性：多年生水生草本
　　海　　拔：海平面至1300 m
　　国内分布：福建、广东、海南、河南、湖北、江苏、吉林、四川、台湾、云南、浙江
　　国外分布：巴基斯坦、菲律宾、柬埔寨、老挝、马来西亚、孟加拉国、缅甸、尼泊尔、日本、斯里兰卡、泰国、新加坡、印度、印度尼西亚、越南；南美洲、北美洲有引进
　　濒危等级：LC

马蹄莲属 Zantedeschia Spreng.

马蹄莲
Zantedeschia aethiopica(L.)Spreng.
　　习　　性：多年生草本
　　国内分布：北京、福建、江苏、陕西、四川、台湾、云南栽培
　　国外分布：原产非洲
　　资源利用：环境利用（观赏）

白马蹄莲
Zantedeschia albomaculata(Hook.)Baill.
　　习　　性：多年生草本
　　国内分布：云南栽培
　　国外分布：原产南非
　　资源利用：环境利用（观赏）

紫心黄马蹄莲
Zantedeschia melanoleuca(Hook. f.)Engl.
　　习　　性：多年生草本
　　国内分布：云南栽培
　　国外分布：原产非洲
　　资源利用：环境利用（观赏）

红马蹄莲
Zantedeschia rehmannii Engl.
　　习　　性：多年生草本
　　国内分布：云南栽培
　　国外分布：原产非洲
　　资源利用：环境利用（观赏）

五加科 ARALIACEAE
（21属：187种）

楤木属 Aralia L.

芹叶龙眼独活
Aralia apioides Hand.-Mazz.
　　习　　性：多年生草本

海　　拔：3000～3600 m
分　　布：四川、西藏、云南
濒危等级：LC

野楤头
Aralia armata (Wall. ex G. Don) Seem.
习　　性：灌木
海　　拔：1600 m 以下
国内分布：云南
国外分布：缅甸、泰国、印度
濒危等级：LC
资源利用：药用（中草药）

浓紫龙眼独活
Aralia atropurpurea Franch.
习　　性：多年生草本
海　　拔：2700～3300 m
分　　布：四川、云南
濒危等级：LC

台湾楤木
Aralia bipinnata Blanco
习　　性：灌木或乔木
海　　拔：500～2100 m
国内分布：台湾
国外分布：巴布亚新几内亚、菲律宾、日本、印度尼西亚
濒危等级：LC

圆叶羽叶参
Aralia caesia Hand.-Mazz.
习　　性：灌木或小乔木
海　　拔：2400～3000 m
分　　布：四川、云南
濒危等级：LC

台湾羽叶参
Aralia castanopsidicola (Hayata) J. Wen
习　　性：灌木或小乔木
海　　拔：1800～2300 m
分　　布：台湾
濒危等级：DD

黄毛楤木
Aralia chinensis L.
习　　性：灌木或小乔木
海　　拔：海平面至2000 m
分　　布：福建、广东、广西、贵州、海南、江西、香港
濒危等级：LC
资源利用：药用（中草药）；食品（野菜）

东北土当归
Aralia continentalis Kitag.
习　　性：多年生草本
海　　拔：800～3200 m
国内分布：安徽、河北、河南、吉林、辽宁、陕西、四川、西藏
国外分布：朝鲜、俄罗斯
濒危等级：VU A2ac＋3c
资源利用：食品（蔬菜）

食用土当归
Aralia cordata Thunb.
习　　性：多年生草本
海　　拔：1300～1600 m
分　　布：安徽、福建、广西、湖北、江西、台湾、浙江
濒危等级：LC
资源利用：药用（中草药）；食品（蔬菜）

头序楤木
Aralia dasyphylla Miq.
习　　性：灌木或小乔木
海　　拔：100～1900 m
分　　布：安徽、重庆、福建、广东、广西、贵州、湖北、湖南、江西、四川、浙江
濒危等级：LC

秀丽楤木
Aralia debilis J. Wen
习　　性：灌木
海　　拔：800～1000 m
分　　布：广东、广西
濒危等级：NT B1ab（i，iii）＋2ab（i，iii）

台湾毛楤木
Aralia decaisneana Hance
习　　性：灌木
海　　拔：1300 m 以下
分　　布：台湾
濒危等级：LC
资源利用：药用（中草药）

云南羽叶参
Aralia delavayi J. Wen
习　　性：灌木或小乔木
海　　拔：1200～2500 m
分　　布：四川、云南
濒危等级：DD

棘茎楤木
Aralia echinocaulis Hand.-Mazz.
习　　性：乔木
海　　拔：200～1600 m
分　　布：安徽、福建、广东、广西、贵州、湖北、湖南、江西、四川、云南、浙江
濒危等级：LC

楤木
Aralia elata (Miq.) Seem.

楤木（原变种）
Aralia elata var. **elata**
习　　性：灌木或小乔木
海　　拔：海平面至2700 m
国内分布：安徽、重庆、福建、甘肃、广西、贵州、河南、湖北、湖南、江苏、江西、四川、云南、浙江
国外分布：朝鲜、日本
濒危等级：LC
资源利用：食用（蔬菜）；药用（中草药）

辽东楤木
Aralia elata var. **mandshurica**(Rupr. et Maxim.)J. Wen
  习 性：灌木或小乔木
  海 拔：1000 m 以下
  国内分布：河北、黑龙江、吉林、辽宁
  国外分布：朝鲜、俄罗斯
  濒危等级：LC

龙眼独活
Aralia fargesii Franch.
  习 性：多年生草本
  海 拔：1800～2700 m
  分 布：重庆、甘肃、湖北、青海、陕西、四川
  濒危等级：LC
  资源利用：药用（中草药）

虎刺楤木
Aralia finlaysoniana(Wall. ex G. Don)Seem.
  习 性：灌木
  海 拔：100～1300 m
  国内分布：广西、贵州、海南、云南
  国外分布：泰国、越南
  濒危等级：LC
  资源利用：药用（中草药）

小叶楤木
Aralia foliolosa Seem. ex C. B. Clarke
  习 性：灌木或乔木
  海 拔：700～1800 m
  国内分布：云南
  国外分布：不丹、孟加拉国、缅甸、泰国、印度、越南
  濒危等级：LC

锈毛羽叶参
Aralia franchetii J. Wen
  习 性：灌木或小乔木
  海 拔：1000～3000 m
  分 布：安徽、广西、湖北、江西、四川、浙江
  濒危等级：LC

总序羽叶参
Aralia gigantea J. Wen
  习 性：常绿乔木或附生灌木
  海 拔：1500～3200 m
  国内分布：西藏
  国外分布：不丹、尼泊尔、印度
  濒危等级：LC

景东楤木
Aralia gintungensis C. Y. Wu ex K. M. Feng
  习 性：灌木或乔木
  海 拔：1400～2900 m
  分 布：云南
  濒危等级：LC

光叶羽参
Aralia glabrifoliolata(C. B. Shang)J. Wen
  习 性：灌木或小乔木
  分 布：云南
  濒危等级：NT

柔毛龙眼独活
Aralia henryi Harms
  习 性：多年生草本
  海 拔：1500～2300 m
  分 布：安徽、重庆、甘肃、贵州、湖北、湖南、陕西、四川、云南
  濒危等级：LC

粉背羽叶参
Aralia hypoglauca(C. J. Qi et T. R. Cao)J. Wen et Y. F. Deng
  习 性：附生灌木
  海 拔：700～1400 m
  分 布：广西、湖南
  濒危等级：EN B2ab（ii）

独龙羽叶参
Aralia kingdon-wardii J. Wen, Lowry et Esser
  习 性：灌木
  海 拔：1200～2000 m
  国内分布：西藏、云南
  国外分布：不丹、缅甸、印度
  濒危等级：LC

羽叶参
Aralia leschenaultii(DC.)J. Wen
  习 性：灌木或小乔木
  海 拔：2000～3600 m
  国内分布：西藏、云南
  国外分布：不丹、孟加拉国、尼泊尔、斯里兰卡、泰国、印度、越南
  濒危等级：LC

李恒羽叶参
Aralia lihengiana J. Wen, L. L. Deng et X. Shi
  习 性：灌木或乔木
  分 布：云南
  濒危等级：LC

陕鄂楤木
Aralia officinalis Z. Z. Wang
  习 性：乔木
  海 拔：900～1900 m
  分 布：重庆、湖北、陕西、四川
  濒危等级：LC

寄生羽叶参
Aralia parasitica(D. Don)J. Wen
  习 性：匍匐灌木
  海 拔：2100～2500 m
  国内分布：四川、云南
  国外分布：不丹、尼泊尔、泰国、印度
  濒危等级：LC

糙羽叶参
Aralia plumosa H. L. Li
  习 性：灌木
  海 拔：2300～3000 m
  分 布：四川
  濒危等级：NT

糙叶楤木
Aralia scaberula G. Hoo
习　　性：灌木
海　　拔：1100～1500 m
分　　布：福建、江西
濒危等级：NT B1ab（i, iii）+2ab（i, iii）；C1

粗毛楤木
Aralia searelliana Dunn
习　　性：乔木
海　　拔：500～2400 m
国内分布：云南
国外分布：缅甸、越南
濒危等级：LC

向氏羽叶参
Aralia shangiana J. Wen
习　　性：落叶灌木
海　　拔：约1700 m
分　　布：云南
濒危等级：LC

长刺楤木
Aralia spinifolia Merr.
习　　性：灌木
海　　拔：200～800 m
分　　布：福建、广东、广西、湖南、江西、台湾、香港、浙江
濒危等级：LC

披针叶楤木
Aralia stipulata Franch.
习　　性：灌木或小乔木
海　　拔：约3000 m
分　　布：重庆、甘肃、湖北、陕西、四川、云南
濒危等级：LC

心叶羽叶参
Aralia subcordata（Wall. ex Don）J. Wen
习　　性：常绿乔木
海　　拔：约2000 m
国内分布：云南
国外分布：印度
濒危等级：LC

云南楤木
Aralia thomsonii Seem. ex C. B. Clarke
习　　性：灌木或乔木
海　　拔：200～2700 m
国内分布：广西、云南
国外分布：马来西亚、缅甸、泰国、印度、越南
濒危等级：LC

西藏土当归
Aralia tibetana G. Hoo
习　　性：多年生草本
海　　拔：3200～3500 m
国内分布：四川、西藏
国外分布：不丹、尼泊尔、印度
濒危等级：VU D1

马肠子树
Aralia tomentella Franch.
习　　性：灌木或乔木
海　　拔：1200～3200 m
分　　布：西藏、云南
濒危等级：DD

波缘楤木
Aralia undulata Hand.-Mazz.
习　　性：灌木或乔木
海　　拔：500～2500 m
国内分布：重庆、广东、广西、湖北、湖南、江西、四川、云南
国外分布：越南
濒危等级：LC

轮伞羽叶参
Aralia verticillata（Dunn）J. Wen
习　　性：灌木
海　　拔：1200～2000 m
国内分布：广西、云南
国外分布：越南
濒危等级：EN A2c

偃毛楤木
Aralia vietnamensis T. D. Ha
习　　性：灌木或小乔木
海　　拔：100～1500 m
国内分布：广东、广西、贵州、云南
国外分布：越南
濒危等级：LC

西南羽叶参
Aralia wilsonii Harms
习　　性：灌木
海　　拔：1700～2700 m
分　　布：四川、云南
濒危等级：LC

罗伞属 Brassaiopsis Decne. et Planch.

狭叶罗伞
Brassaiopsis angustifolia K. M. Feng
习　　性：灌木
海　　拔：约2100 m
国内分布：云南
国外分布：越南
濒危等级：LC

直序罗伞
Brassaiopsis bodinieri（H. Lév.）J. Wen et Lowry
习　　性：灌木或小乔木
海　　拔：500～2200 m
国内分布：贵州、云南
国外分布：越南
濒危等级：LC

镇康罗伞
Brassaiopsis chengkangensis Hu

习　　性：乔木
海　　拔：1700~2400 m
分　　布：云南
濒危等级：LC

纤齿罗伞
Brassaiopsis ciliata Dunn
习　　性：灌木
海　　拔：300~2200 m
国内分布：贵州、四川、云南
国外分布：越南
濒危等级：LC

翅叶罗伞
Brassaiopsis dumicola W. W. Sm.
习　　性：灌木或乔木
国内分布：云南
国外分布：越南
濒危等级：LC

盘叶罗伞
Brassaiopsis fatsioides Harms
习　　性：乔木
海　　拔：500~2700 m
分　　布：贵州、四川、西藏、云南
濒危等级：LC

锈毛罗伞
Brassaiopsis ferruginea (H. L. Li) G. Hoo
习　　性：灌木
海　　拔：1200~1700 m
分　　布：福建、广东、广西、贵州、四川、云南
濒危等级：DD

榕叶罗伞
Brassaiopsis ficifolia Dunn
习　　性：攀援灌木或乔木
海　　拔：600~2500 m
国内分布：云南
国外分布：越南
濒危等级：LC

罗伞
Brassaiopsis glomerulata (Blume) Regel
习　　性：乔木
海　　拔：400~2400 m
国内分布：广东、广西、贵州、四川、云南
国外分布：不丹、柬埔寨、老挝、缅甸、尼泊尔、泰国、印度、印度尼西亚、越南
濒危等级：LC

细梗罗伞
Brassaiopsis gracilis Hand.-Mazz.
习　　性：灌木
海　　拔：1000~1600 m
国内分布：广西、贵州、云南
国外分布：越南
濒危等级：NT B1ab (i, iii); C1

南星毛罗伞
Brassaiopsis grushvitzkyi J. Wen et al.
习　　性：乔木
国内分布：云南
国外分布：越南
濒危等级：LC

浅裂罗伞
Brassaiopsis hainla (Buch.-Ham.) Seem.
习　　性：乔木
海　　拔：1300~2100 m
国内分布：云南
国外分布：不丹、缅甸、尼泊尔、泰国、印度
濒危等级：LC

粗毛罗伞
Brassaiopsis hispida Seem.
习　　性：灌木
海　　拔：1400~2300 m
国内分布：西藏、云南
国外分布：不丹、缅甸、印度、越南
濒危等级：LC

广西罗伞
Brassaiopsis kwangsiensis G. Hoo
习　　性：灌木
海　　拔：400~1300 m
分　　布：广西、贵州、云南
濒危等级：LC

茂名罗伞
Brassaiopsis moumingensis C. B. Shang
习　　性：灌木
分　　布：广东
濒危等级：EN B1ab (i, iii); C1

尖苞罗伞
Brassaiopsis producta (Dunn) C. B. Shang
习　　性：乔木
海　　拔：1600 m以下
国内分布：广西、贵州、云南
国外分布：越南
濒危等级：LC

假榕叶罗伞
Brassaiopsis pseudoficifolia Lowry et C. B. Shang
习　　性：乔木
海　　拔：1700~2500 m
分　　布：云南
濒危等级：LC

栎叶罗伞
Brassaiopsis quercifolia G. Hoo
习　　性：乔木
海　　拔：800 m以下
分　　布：广西
濒危等级：NT B1ab (i, iii); C1

瑞丽罗伞
Brassaiopsis shweliensis W. W. Sm.
习　　性：灌木
海　　拔：1800~2700 m
分　　布：云南

濒危等级：LC

单叶罗伞
Brassaiopsis simplicifolia C. B. Clarke
- 习　　性：乔木
- 海　　拔：800～3000 m
- 国内分布：西藏
- 国外分布：印度
- 濒危等级：LC

星毛罗伞
Brassaiopsis stellata K. M. Feng
- 习　　性：乔木
- 海　　拔：600～1500 m
- 国内分布：广西、云南
- 国外分布：越南
- 濒危等级：LC

西藏罗伞
Brassaiopsis tibetana C. B. Shang
- 习　　性：乔木
- 海　　拔：约2200 m
- 分　　布：西藏
- 濒危等级：EN B1ab（i, iii）；C1

三裂罗伞
Brassaiopsis triloba K. M. Feng
- 习　　性：灌木
- 海　　拔：约600 m
- 国内分布：广西、云南
- 国外分布：越南
- 濒危等级：LC

显脉罗伞
Brassaiopsis tripteris（H. Lév.）Rehder
- 习　　性：灌木
- 海　　拔：1000 m以下
- 分　　布：广东、广西、贵州、云南
- 濒危等级：LC

人参木属 Chengiopanax C. B. Shang et J. Y. Huang

人参木
Chengiopanax fargesii（Franch.）C. B. Shang et J. Y. Huang
- 习　　性：落叶乔木
- 海　　拔：1000～2000 m
- 分　　布：重庆、湖南
- 濒危等级：LC

树参属 Dendropanax Decne. et Planch.

双室树参
Dendropanax bilocularis C. N. Ho
- 习　　性：灌木
- 海　　拔：200～900 m
- 分　　布：广东、广西、云南
- 濒危等级：LC

缅甸树参
Dendropanax burmanicus Merr.
- 习　　性：灌木或小乔木
- 海　　拔：1300～1800 m
- 国内分布：云南
- 国外分布：缅甸
- 濒危等级：LC

榕叶树参
Dendropanax caloneurus（Harms）Merr.
- 习　　性：灌木或小乔木
- 海　　拔：1000～1500 m
- 国内分布：云南
- 国外分布：越南
- 濒危等级：LC

大果树参
Dendropanax chevalieri（Vig.）Merr.
- 习　　性：乔木
- 海　　拔：1600～2000 m
- 国内分布：广西、云南
- 国外分布：印度、越南
- 濒危等级：VU A2c
- 资源利用：环境利用（观赏）

挤果树参
Dendropanax confertus H. L. Li
- 习　　性：灌木或乔木
- 海　　拔：500～1100 m
- 分　　布：广东、广西、湖南、江西
- 濒危等级：LC

树参
Dendropanax dentiger（Harms）Merr.
- 习　　性：灌木或小乔木
- 海　　拔：海平面至2500 m
- 国内分布：安徽、福建、广东、广西、贵州、湖北、湖南、江西、四川、台湾、云南、浙江
- 国外分布：柬埔寨、老挝、泰国、越南
- 濒危等级：LC
- 资源利用：药用（中草药）

海南树参
Dendropanax hainanensis（Merr. et Chun）Merr. et Chun
- 习　　性：乔木
- 海　　拔：700～1500 m
- 国内分布：广东、广西、贵州、海南、湖南、云南
- 国外分布：越南
- 濒危等级：LC

广西树参
Dendropanax kwangsiensis H. L. Li
- 习　　性：灌木
- 国内分布：广东、广西、云南
- 国外分布：越南
- 濒危等级：LC

保亭树参
Dendropanax oligodontus Merr. et Chun
- 习　　性：灌木
- 海　　拔：约800 m
- 分　　布：海南
- 濒危等级：CR B1ab（ii, iii, iv）

长萼树参
Dendropanax productus H. L. Li
- 习　　性：灌木或小乔木
- 海　　拔：300~900 m
- 分　　布：广东
- 濒危等级：NT

变叶树参
Dendropanax proteus(Champ. ex Benth.)Benth.
- 习　　性：灌木
- 海　　拔：400~1000 m
- 分　　布：福建、广东、广西、海南、湖南、江西、云南
- 濒危等级：LC
- 资源利用：药用（中草药）

星柱树参
Dendropanax stellatus H. L. Li
- 习　　性：灌木
- 分　　布：广西
- 濒危等级：LC

三裂树参
Dendropanax trifidus(Thunb.)Makino ex H. Hara
- 习　　性：乔木
- 国内分布：台湾
- 国外分布：日本
- 濒危等级：EN D

五加属 Eleutherococcus Maxim.

宝兴五加
Eleutherococcus baoxinensis(X. P. Fang et C. K. Hsieh)P. S. Hsu et S. L. Pan
- 习　　性：灌木
- 海　　拔：约2200 m
- 分　　布：四川
- 濒危等级：DD

短柄五加
Eleutherococcus brachypus(Harms)Nakai
- 习　　性：灌木
- 海　　拔：1000~2000 m
- 分　　布：甘肃、宁夏、陕西
- 濒危等级：LC

乌蔹莓五加
Eleutherococcus cissifolius(Griff. ex C. B. Clarke)Nakai
- 习　　性：灌木
- 海　　拔：2500~3600 m
- 国内分布：西藏、云南
- 国外分布：不丹、尼泊尔、印度
- 濒危等级：LC

离柱五加
Eleutherococcus eleutheristylus(G. Hoo)H. Ohashi
- 习　　性：灌木
- 海　　拔：约2500 m
- 分　　布：甘肃、陕西
- 濒危等级：LC

红毛五加
Eleutherococcus giraldii(Harms)Nakai
- 习　　性：灌木
- 海　　拔：1300~3500 m
- 分　　布：甘肃、河南、湖北、宁夏、青海、陕西、四川、云南
- 濒危等级：DD

糙叶五加
Eleutherococcus henryi Oliv.

糙叶五加（原变种）
Eleutherococcus henryi var. **henryi**
- 习　　性：灌木
- 海　　拔：800~3200 m
- 分　　布：安徽、河南、湖北、江西、山西、陕西、四川、浙江
- 濒危等级：LC

毛梗糙叶五加
Eleutherococcus henryi var. **faberi**(Harms)S. Y. Hu
- 习　　性：灌木
- 海　　拔：1200~1700 m
- 分　　布：安徽、陕西、浙江
- 濒危等级：LC

康定五加
Eleutherococcus lasiogyne(Harms)S. Y. Hu
- 习　　性：乔木
- 海　　拔：2000~3400 m
- 分　　布：四川、西藏、云南
- 濒危等级：LC
- 资源利用：药用（中草药）

藤五加
Eleutherococcus leucorrhizus Oliv.

藤五加（原变种）
Eleutherococcus leucorrhizus var. **leucorrhizus**
- 习　　性：灌木
- 海　　拔：100~3200 m
- 分　　布：安徽、甘肃、广东、贵州、湖北、湖南、江西、陕西、四川、云南、浙江
- 濒危等级：LC

糙叶藤五加
Eleutherococcus leucorrhizus var. **fulvescens**(Harms et Rehder)Nakai
- 习　　性：灌木
- 海　　拔：1000~3100 m
- 分　　布：广东、贵州、河南、湖北、湖南、江西、四川、云南
- 濒危等级：LC

狭叶藤五加
Eleutherococcus leucorrhizus var. **scaberulus**(Harms et Rehder)Nakai
- 习　　性：灌木
- 海　　拔：1000~3000 m

分　　布：安徽、广东、贵州、河南、湖北、湖南、江西、四川、云南、浙江
濒危等级：LC

蜀五加
Eleutherococcus leucorrhizus var. **setchuenensis**(Harms) C. B. Shang et J. Y. Huang
　　习　　性：灌木
　　海　　拔：1000~3200 m
　　分　　布：甘肃、贵州、河南、湖北、陕西、四川
　　濒危等级：DD

细柱五加
Eleutherococcus nodiflorus(Dunn) S. Y. Hu
　　习　　性：灌木
　　分　　布：安徽、福建、甘肃、广东、广西、贵州、河南、湖北、湖南、江苏、江西、山西、陕西、四川、台湾、云南、浙江
　　濒危等级：LC

匙叶五加
Eleutherococcus rehderianus(Harms) Nakai
　　习　　性：灌木
　　海　　拔：2000~2600 m
　　分　　布：湖北、陕西、四川
　　濒危等级：LC

葡匐五加
Eleutherococcus scandens(G. Hoo) H. Ohashi
　　习　　性：灌木
　　海　　拔：800 m 以下
　　分　　布：安徽、福建、江西、浙江
　　濒危等级：LC

刺五加
Eleutherococcus senticosus(Rupr. et Maxim.) Maxim.
　　习　　性：灌木
　　海　　拔：2000 m 以下
　　国内分布：河北、河南、黑龙江、吉林、辽宁、山西、陕西、四川
　　国外分布：朝鲜、俄罗斯、日本
　　濒危等级：LC
　　资源利用：药用（中草药）；食用（野菜）

无梗五加
Eleutherococcus sessiliflorus(Rupr. et Maxim.) S. Y. Hu
　　习　　性：乔木
　　海　　拔：200~1000 m
　　国内分布：河北、黑龙江、吉林、辽宁、山西
　　国外分布：朝鲜
　　濒危等级：LC
　　资源利用：药用（中草药）；食用（野菜）

刚毛白簕
Eleutherococcus setosus(H. L. Li) Y. R. Ling
　　习　　性：灌木
　　海　　拔：1300 m 以下
　　分　　布：福建、广东、广西、贵州、湖南、江西、台湾、云南
　　濒危等级：LC

细刺五加
Eleutherococcus setulosus(Franch.) S. Y. Hu
　　习　　性：灌木
　　海　　拔：400~2000 m
　　分　　布：安徽、甘肃、四川、浙江
　　濒危等级：LC

白簕
Eleutherococcus trifoliatus(L.) S. Y. Hu
　　习　　性：灌木
　　海　　拔：3200 m
　　国内分布：安徽、福建、广东、广西、贵州、湖北、湖南、江苏、江西、四川、台湾、云南、浙江
　　国外分布：菲律宾、日本、泰国、印度、越南
　　濒危等级：DD
　　资源利用：药用（中草药）

轮伞五加
Eleutherococcus verticillatus(G. Hoo) H. Ohashi
　　习　　性：灌木
　　海　　拔：2900~3200 m
　　分　　布：西藏
　　濒危等级：EN B1ab（i, iii）；C1
　　资源利用：药用（中草药）

狭叶五加
Eleutherococcus wilsonii(Harms) Nakai

狭叶五加（原变种）
Eleutherococcus wilsonii var. **wilsonii**
　　习　　性：灌木
　　海　　拔：2500~3600 m
　　分　　布：甘肃、湖北、陕西、四川、西藏、云南
　　濒危等级：LC

毛狭叶五加
Eleutherococcus wilsonii var. **pilosulus**(Rehder) P. S. Hsu et S. L. Pan
　　习　　性：灌木
　　海　　拔：2400~2900 m
　　分　　布：甘肃、青海
　　濒危等级：LC

八角金盘属 Fatsia Decne. et Planch.

八角金盘
Fatsia japonica(Thunb.) Decne. et Planch.
　　习　　性：灌木
　　国内分布：安徽、福建、江苏、云南、浙江栽培
　　国外分布：原产日本
　　资源利用：环境利用（观赏）

多室八角金盘
Fatsia polycarpa Hayata
　　习　　性：乔木
　　海　　拔：2000~2800 m
　　分　　布：台湾

濒危等级：LC
资源利用：环境利用（观赏）

萸叶五加属 Gamblea C. B. Clarke

萸叶五加
Gamblea ciliata C. B. Clarke

萸叶五加（原变种）
Gamblea ciliata var. **ciliata**
　　习　　性：灌木或乔木
　　海　　拔：1400~3500 m
　　国内分布：四川、西藏、云南
　　国外分布：不丹、缅甸、尼泊尔、印度
　　濒危等级：LC

吴茱萸五加
Gamblea ciliata var. **evodiifolia**（Franch.）C. B. Shang, Lowry et Frodin
　　习　　性：灌木或乔木
　　海　　拔：800~3700 m
　　国内分布：安徽、福建、广东、广西、贵州、湖北、湖南、江西、陕西、四川、云南、浙江
　　国外分布：越南
　　濒危等级：VU A2ac+3c

大果萸叶五加
Gamblea pseudoevodiifolia（K. M. Feng）C. B. Shang et al.
　　习　　性：灌木或乔木
　　海　　拔：1400~1800 m
　　国内分布：广西、云南
　　国外分布：老挝、越南
　　濒危等级：LC

常春藤属 Hedera L.

常春藤
Hedera nepalensis（Tobler）Rehder
　　习　　性：灌木
　　海　　拔：海平面至3500 m
　　国内分布：安徽、福建、甘肃、广东、广西、贵州、河南、湖北、湖南、江苏、江西、山东、陕西、四川、西藏、云南、浙江
　　国外分布：老挝、越南
　　濒危等级：LC
　　资源利用：药用（中草药）；原料（单宁）；环境利用（观赏）

台湾菱叶常春藤
Hedera rhombea（Nakai）H. L. Li
　　习　　性：灌木
　　海　　拔：800~2500 m
　　分　　布：台湾
　　濒危等级：LC

幌伞枫属 Heteropanax Seem.

短梗幌伞枫
Heteropanax brevipedicellatus H. L. Li
　　习　　性：常绿灌木或乔木
　　海　　拔：600 m以下
　　国内分布：福建、广东、广西、江西
　　国外分布：越南
　　濒危等级：LC
　　资源利用：药用（中草药）

华幌伞枫
Heteropanax chinensis（Dunn）H. L. Li
　　习　　性：常绿灌木
　　海　　拔：800 m以下
　　国内分布：广西、云南
　　国外分布：越南
　　濒危等级：LC
　　资源利用：药用（中草药）

幌伞枫
Heteropanax fragrans（Roxb）Seem.
　　习　　性：乔木
　　海　　拔：海平面至1000 m
　　国内分布：福建、广东、广西、海南、云南
　　国外分布：不丹、缅甸、尼泊尔、泰国、印度、印度尼西亚、越南
　　濒危等级：LC
　　资源利用：药用（中草药）

海南幌伞枫
Heteropanax hainanensis C. B. Shang
　　习　　性：乔木
　　海　　拔：800 m以下
　　分　　布：海南
　　濒危等级：EN B1ab（i, ii, iii）; C1

亮叶幌伞枫
Heteropanax nitentifolius G. Hoo
　　习　　性：常绿乔木
　　海　　拔：100~800 m
　　国内分布：云南
　　国外分布：越南
　　濒危等级：LC

云南幌伞枫
Heteropanax yunnanensis G. Hoo
　　习　　性：常绿乔木
　　海　　拔：100~1500 m
　　分　　布：云南
　　濒危等级：EN A2ac+3c

刺楸属 Kalopanax Miq.

刺楸
Kalopanax septemlobus（Thunb.）Koidz.
　　习　　性：乔木
　　海　　拔：海平面至2500 m
　　国内分布：安徽、福建、广东、广西、贵州、河北、河南、湖北、湖南、江苏、江西、辽宁、山东、陕西、四川、云南、浙江

国外分布：朝鲜、俄罗斯、日本
濒危等级：LC
资源利用：药用（中草药）；原料（单宁，木材，工业用油，纤维）；食品（蔬菜）；环境利用（观赏）

大参属 Macropanax Miq.

显脉大参
Macropanax chienii G. Hoo
习　　性：常绿小乔木
海　　拔：800~900 m
分　　布：云南
濒危等级：VU D2

十蕊大参
Macropanax decandrus G. Hoo
习　　性：常绿乔木
海　　拔：700~1200 m
分　　布：海南
濒危等级：LC

大参
Macropanax dispermus (Blume) Kuntze
习　　性：乔木
海　　拔：300~2300 m
国内分布：云南
国外分布：不丹、老挝、马来西亚、缅甸、尼泊尔、泰国、印度、越南
濒危等级：LC

疏脉大参
Macropanax paucinervis C. B. Shang
习　　性：乔木
海　　拔：500~800 m
分　　布：广西
濒危等级：DD

短梗大参
Macropanax rosthornii (Harms) C. Y. Wu ex G. Hoo
习　　性：常绿灌木或乔木
海　　拔：1500 m 以下
分　　布：福建、甘肃、广东、广西、贵州、湖北、湖南、江西、四川、云南
濒危等级：LC
资源利用：药用（中草药）

粗齿大参
Macropanax serratifolius K. M. Feng et Y. R. Li
习　　性：乔木
海　　拔：300~2300 m
分　　布：广西、云南
濒危等级：LC

波缘大参
Macropanax undulatum (Wall. ex G. Don) Seem.
习　　性：常绿灌木或乔木
海　　拔：400~2200 m

国内分布：广西、贵州、云南
国外分布：不丹、缅甸、尼泊尔、泰国、印度、越南
濒危等级：LC

常春木属 Merrilliopanax H. L. Li

西藏常春木
Merrilliopanax alpinus (C. B. Clarke) C. B. Shang
习　　性：乔木
海　　拔：1500~3100 m
国内分布：西藏
国外分布：不丹、尼泊尔、印度
濒危等级：LC

常春木
Merrilliopanax listeri (King) H. L. Li
习　　性：常绿灌木或乔木
海　　拔：1200~1700 m
国内分布：云南
国外分布：缅甸、印度
濒危等级：LC

长梗常春木
Merrilliopanax membranifolius (W. W. Sm.) C. B. Shang
习　　性：乔木
海　　拔：1600~3300 m
国内分布：云南
国外分布：缅甸、印度
濒危等级：LC

梁王茶属 Metapanax J. Wen et Frodin

异叶梁王茶
Metapanax davidii (Franch.) J. Wen et Frodin
习　　性：乔木
海　　拔：800~3000 m
国内分布：贵州、湖北、湖南、陕西、四川、云南
国外分布：越南
濒危等级：LC
资源利用：药用（中草药）

梁王茶
Metapanax delavayi (Franch.) J. Wen et Frodin
习　　性：灌木
海　　拔：1500~3000 m
国内分布：贵州、四川、云南
国外分布：越南
濒危等级：LC
资源利用：食品（野菜）；药用（中草药）

刺人参属 Oplopanax Miq.

刺参
Oplopanax elatus (Nakai) Nakai
习　　性：灌木
海　　拔：1400~1600 m
国内分布：吉林
国外分布：朝鲜、俄罗斯

濒危等级：LC
资源利用：药用（中草药）

兰屿加属 Osmoxylon Miquel

兰屿加
Osmoxylon pectinatum(Merr.)Philipson
习　　性：乔木
海　　拔：约 250 m
国内分布：台湾
国外分布：菲律宾
濒危等级：NT B1ab（ii）+2ab（ii）

人参属 Panax L.

疙瘩七
Panax bipinnatifidus Seem.

疙瘩七（原变种）
Panax bipinnatifidus var. **bipinnatifidus**
习　　性：多年生草本
海　　拔：1800~3400 m
国内分布：安徽、甘肃、广西、湖北、江西、四川、西藏、云南
国外分布：缅甸、尼泊尔、印度
濒危等级：EN B1ab（ii）
国家保护：II级
资源利用：药用（中草药）

狭叶竹节参
Panax bipinnatifidus var. **angustifolius**(Burkill)J. Wen
习　　性：多年生草本
海　　拔：1600~3600 m
国内分布：西藏
国外分布：尼泊尔、印度
濒危等级：EN A2ac；B1ab（i, iii）
国家保护：II级

人参
Panax ginseng C. A. Mey.
习　　性：多年生草本
海　　拔：2400~4200 m
国内分布：台湾；福建、广东、广西、贵州、海南、湖北、江苏、四川、台湾、云南、浙江栽培
国外分布：朝鲜、俄罗斯
濒危等级：CR A2c
国家保护：II级
资源利用：药用（中草药）

三七
Panax notoginseng(Burkill)F. H. Chen ex C. H. Chow
习　　性：多年生草本
海　　拔：1200~1800 m
国内分布：福建、广西、江西、云南、浙江
国外分布：越南
濒危等级：EW
国家保护：II级
资源利用：药用（中草药）

假人参
Panax pseudoginseng Wall.
习　　性：多年生草本
海　　拔：2400~4200 m
国内分布：西藏
国外分布：尼泊尔
国家保护：II级
濒危等级：LC

西洋参
Panax quinquefolius L.
习　　性：多年生草本
国内分布：贵州、黑龙江、吉林、江苏、江西、辽宁栽培
国外分布：原产加拿大、美国
资源利用：药用（中草药）

屏边三七
Panax stipuleanatus C. T. Tsai et K. M. Feng
习　　性：多年生草本
海　　拔：1100~1700 m
国内分布：云南
国外分布：越南
濒危等级：CR A2c；B1ab（iii, v）
国家保护：II级

越南参
Panax vietnamensis Ha et Grushv.
习　　性：多年生草本
海　　拔：1200~6000 m
国内分布：安徽、贵州、湖北、江西、四川、云南、浙江
国外分布：越南
濒危等级：DD
国家保护：II级

峨眉三七
Panax wangianum S. C. Sun
习　　性：多年生草本
分　　布：四川
濒危等级：DD
国家保护：II级

姜状三七
Panax zingiberensis C. Y. Wu et K. M. Feng
习　　性：多年生草本
海　　拔：1000~1700 m
国内分布：云南
国外分布：越南
濒危等级：CR D1
国家保护：II级

南洋参属 Polyscias J. R. Forst. et G. Forst.

线叶南洋参
Polyscias cumingiana(C. Presl)Fern.-Vill.
习　　性：灌木或乔木
国内分布：福建、海南栽培
国外分布：原产太平洋西南部诸岛屿

南洋参
Polyscias fruticosa(L.)Harms

习　　性：灌木或乔木
国内分布：海南栽培
国外分布：原产太平洋西南部诸岛屿

银边南洋参
Polyscias guilfoylei(W. Bull.) L. H. Bailey
习　　性：灌木或乔木
国内分布：福建、广东、海南栽培
国外分布：原产太平洋西南部诸岛屿

结节南洋参
Polyscias nodosa(Blume) Seem.
习　　性：乔木
国内分布：福建、广东栽培
国外分布：原产马来西亚、所罗门群岛

圆叶南洋参
Polyscias scutellaria(Burm. f.) Fosberg
习　　性：乔木
国内分布：福建、广东栽培
国外分布：原产太平洋西南部岛屿

鹅掌柴属 Schefflera J. R. Forst. et G. Forst.

鹅掌藤
Schefflera arboricola(Hayata) Merr.
习　　性：灌木
海　　拔：900 m 以下
分　　布：海南、台湾
濒危等级：LC
资源利用：药用（中草药）；环境利用（观赏）

短序鹅掌柴
Schefflera bodinieri(H. Lév.) Rehder
习　　性：灌木或小乔木
海　　拔：400 ~ 1000 m
国内分布：广西、贵州、湖北、四川、云南
国外分布：越南
濒危等级：LC
资源利用：环境利用（观赏）

多核鹅掌柴
Schefflera brevipedicellata Harms
习　　性：灌木或小乔木
海　　拔：800 ~ 1300 m
国内分布：广西、云南
国外分布：越南
濒危等级：LC

异叶鹅掌柴
Schefflera chapana Harms
习　　性：乔木
海　　拔：1600 ~ 2200 m
国内分布：云南
国外分布：越南
濒危等级：LC

中华鹅掌柴
Schefflera chinensis(Dunn) H. L. Li
习　　性：乔木
海　　拔：1500 ~ 2700 m

分　　布：江西、云南
濒危等级：LC

穗序鹅掌柴
Schefflera delavayi(Franch.) Harms
习　　性：乔木
海　　拔：600 ~ 3000 m
国内分布：福建、广东、广西、贵州、湖北、湖南、江西、四川、云南
国外分布：越南
濒危等级：LC
资源利用：药用（中草药）

高鹅掌柴
Schefflera elata(Buch. -Ham.) Harms
习　　性：乔木
国内分布：云南
国外分布：不丹、尼泊尔、印度、越南
濒危等级：VU B1ab（i，iii，v）

密脉鹅掌柴
Schefflera elliptica(Blume) Harms
习　　性：灌木或小乔木
海　　拔：900 ~ 2100 m
国内分布：广西、贵州、湖南、西藏、云南
国外分布：泰国、印度、越南
濒危等级：LC
资源利用：药用（中草药）

文山鹅掌柴
Schefflera fengii C. J. Tseng et G. Hoo
习　　性：灌木或乔木
海　　拔：1800 ~ 2500 m
分　　布：云南
濒危等级：LC

光叶鹅掌柴
Schefflera glabrescens(C. J. Tseng et G. Hoo) Frodin
习　　性：乔木
海　　拔：2500 ~ 3200 m
国内分布：西藏、云南
国外分布：缅甸
濒危等级：LC

贵州鹅掌柴
Schefflera guizhouensis C. B. Shang
习　　性：乔木
分　　布：贵州
濒危等级：NT B1ab（i，iii）

海南鹅掌柴
Schefflera hainanensis Merr. et Chun
习　　性：乔木
海　　拔：1300 ~ 1600 m
国内分布：海南
国外分布：越南
濒危等级：LC

鹅掌柴
Schefflera heptaphylla(L.) Frodin
习　　性：乔木

海　　拔：100~2100 m
国内分布：福建、广东、广西、贵州、湖南、江西、西藏、云南、浙江
国外分布：日本、泰国、印度、越南
濒危等级：LC
资源利用：药用（中草药）；原料（木材）；蜜源植物

红河鹅掌柴
Schefflera hoi(Dunn)R. Vig.
　　习　　性：乔木
　　海　　拔：1400~3300 m
　　国内分布：四川、西藏、云南
　　国外分布：越南
　　濒危等级：LC

白背鹅掌柴
Schefflera hypoleuca(Kurz)Harms
　　习　　性：乔木
　　海　　拔：约1300 m
　　国内分布：西藏、云南
　　国外分布：缅甸、印度、越南
　　濒危等级：LC
　　资源利用：药用（中草药）

离柱鹅掌柴
Schefflera hypoleucoides Harms
　　习　　性：乔木
　　海　　拔：1300~2400 m
　　国内分布：广西、云南
　　国外分布：泰国、越南
　　濒危等级：LC

粉背鹅掌柴
Schefflera insignis C. N. Ho
　　习　　性：灌木
　　分　　布：广东
　　濒危等级：LC

扁盘鹅掌柴
Schefflera khasiana(C. B. Clarke)R. Vig.
　　习　　性：乔木
　　海　　拔：800~1700 m
　　国内分布：西藏、云南
　　国外分布：不丹、印度、越南
　　濒危等级：LC

白花鹅掌柴
Schefflera leucantha R. Vig.
　　习　　性：灌木
　　海　　拔：1200~1700 m
　　国内分布：广东、广西、云南
　　国外分布：泰国、越南
　　濒危等级：LC
　　资源利用：环境利用（观赏）

谅山鹅掌柴
Schefflera lociana Grushv. et Skvortsova
　　习　　性：乔木
　　国内分布：广西
　　国外分布：越南

濒危等级：LC

大叶鹅掌柴
Schefflera macrophylla(Dunn)R. Vig.
　　习　　性：乔木
　　海　　拔：1900~2600 m
　　国内分布：云南
　　国外分布：越南
　　濒危等级：LC

麻栗坡鹅掌柴
Schefflera marlipoensis C. J. Tseng et G. Hoo
　　习　　性：乔木
　　海　　拔：约1000 m
　　分　　布：云南
　　濒危等级：LC

多叶鹅掌柴
Schefflera metcalfiana Merr. ex H. L. Li
　　习　　性：灌木或乔木
　　海　　拔：约1400 m
　　国内分布：广西
　　国外分布：越南
　　濒危等级：LC

星毛鹅掌柴
Schefflera minutistellata Merr. ex H. L. Li
　　习　　性：灌木或小乔木
　　海　　拔：1000~1800 m
　　分　　布：福建、广东、广西、贵州、湖南、江西、云南、浙江
　　濒危等级：LC

多脉鹅掌柴
Schefflera multinervia H. L. Li
　　习　　性：乔木
　　海　　拔：约3200 m
　　分　　布：云南
　　濒危等级：DD

那坡鹅掌柴
Schefflera napuoensis C. B. Shang
　　习　　性：乔木
　　分　　布：广西
　　濒危等级：NT B1ab（i，iii）

小叶鹅掌柴
Schefflera parvifoliolata C. J. Tseng et G. Hoo
　　习　　性：灌木
　　海　　拔：1300~1500 m
　　分　　布：云南
　　濒危等级：LC

球序鹅掌柴
Schefflera pauciflora R. Vig.
　　习　　性：乔木
　　海　　拔：200~1700 m
　　国内分布：广东、广西、贵州、云南
　　国外分布：老挝、印度、越南
　　濒危等级：LC

樟叶鹅掌柴
Schefflera pes-avis R. Vig.
习　　性：乔木
海　　拔：600～800 m
国内分布：广西
国外分布：越南
濒危等级：DD

金平鹅掌柴
Schefflera petelotii Merr.
习　　性：灌木
海　　拔：300～500 m
国内分布：云南
国外分布：越南
濒危等级：LC

多蕊木
Schefflera pueckleri (K. Koch) Frodin
习　　性：灌木或乔木
海　　拔：900～1700 m
国内分布：西藏、云南
国外分布：柬埔寨、老挝、孟加拉国、缅甸、泰国、印度、越南
濒危等级：LC
资源利用：药用（中草药）

凹脉鹅掌柴
Schefflera rhododendrifolia (Griff.) Frodin
习　　性：乔木
海　　拔：2500～3200 m
国内分布：西藏
国外分布：不丹、尼泊尔、印度
濒危等级：LC

瑞丽鹅掌柴
Schefflera shweliensis W. W. Sm.
习　　性：乔木
海　　拔：1900～2800 m
分　　布：云南
濒危等级：LC

台湾鹅掌柴
Schefflera taiwaniana (Nakai) Kaneh.
习　　性：乔木
海　　拔：2000～2900 m
分　　布：台湾
濒危等级：LC
资源利用：环境利用（观赏）

西藏鹅掌柴
Schefflera wardii C. Marquand et Airy Shaw
习　　性：灌木或小乔木
海　　拔：2000～2500 m
分　　布：西藏、云南
濒危等级：LC

光华鹅掌柴
Schefflera zhuana Lowry et C. B. Shang
习　　性：乔木

海　　拔：1400～2700 m
分　　布：西藏
濒危等级：LC

华参属 Sinopanax H. L. Li

华参
Sinopanax formosana (Hayata) H. L. Li
习　　性：常绿灌木或小乔木
海　　拔：2300～2600 m
分　　布：台湾
濒危等级：VU C2a（i）
国家保护：Ⅱ级

通脱木属 Tetrapanax (K. Koch) K. Koch

通脱木
Tetrapanax papyrifer (Hook.) K. Koch
习　　性：灌木或小乔木
海　　拔：100～2800 m
分　　布：安徽、福建、广东、广西、贵州、湖北、湖南、江西、陕西、四川、台湾、云南、浙江
濒危等级：LC
资源利用：药用（中草药）；环境利用（观赏）；原料（纤维）

刺通草属 Trevesia Vis.

刺通草
Trevesia palmata (Roxb. ex Lindl.) Vis.
习　　性：乔木
海　　拔：600～2000 m
国内分布：广西、贵州、云南
国外分布：柬埔寨、老挝、孟加拉国、尼泊尔、泰国、印度、越南
濒危等级：LC

棕榈科 ARECACEAE
（28属：93种）

假槟榔属 Archontophoenix H. Wendl. ex Drude

假槟榔
Archontophoenix alexandrae (F. Muell.) H. Wendl. et Drude
习　　性：乔木
国内分布：福建、广东、广西、海南、台湾、云南栽培
国外分布：原产澳大利亚
资源利用：环境利用（观赏）

槟榔属 Areca L.

槟榔
Areca catechu L.
习　　性：乔木状
国内分布：广西、海南、台湾、云南栽培
国外分布：可能原产马来西亚；热带亚洲广泛栽培
资源利用：食品（食用）；环境利用（观赏）

三药槟榔
Areca triandra Roxb. ex Buch. -Ham.
 习 性：乔木状
 国内分布：广东、台湾、云南等栽培
 国外分布：原产印度及马来半岛
 资源利用：环境利用（观赏）

桄榔属 Arenga Labill.

双籽棕
Arenga caudata(Lour.) H. E. Moore
 习 性：灌木
 海 拔：700 m 以下
 国内分布：广西、海南
 国外分布：柬埔寨、老挝、缅甸、泰国、越南
 濒危等级：LC

山棕
Arenga engleri Becc.
 习 性：灌木
 海 拔：900 m 以下
 分 布：台湾
 资源利用：环境利用（观赏）；食品（淀粉）

长果桄榔
Arenga longicarpa C. F. Wei
 习 性：乔木
 海 拔：800 m 以下
 分 布：广东
 濒危等级：DD

小花桄榔
Arenga micrantha C. F. Wei
 习 性：乔木
 海 拔：1400~2200 m
 国内分布：西藏
 国外分布：不丹、印度
 濒危等级：LC

砂糖椰子
Arenga pinnata(Wurmb) Merr.
 习 性：乔木状
 国内分布：福建、广西、海南、台湾、云南栽培
 国外分布：原产马来西亚、印度
 资源利用：环境利用（观赏）；食品（淀粉）

桄榔
Arenga westerhoutii Griff.
 习 性：乔木
 海 拔：600~1400 m
 国内分布：广西、海南、云南
 国外分布：柬埔寨、老挝、马来西亚、缅甸、泰国、越南
 濒危等级：LC
 资源利用：环境利用（观赏）

糖棕属 Borassus L.

糖棕
Borassus flabellifer L.
 习 性：常绿乔木
 国内分布：台湾、云南栽培
 国外分布：原产亚洲热带及亚热带地区

布迪椰子属 Butia(Becc.)Becc.

布迪椰子
Butia capitata(Mart.)Becc.
 习 性：攀援藤本
 国内分布：长江以南地区栽培
 国外分布：原产巴西、乌拉圭

省藤属 Calamus L.

云南省藤
Calamus acanthospathus Griff.
 习 性：攀援藤本
 海 拔：800~2400 m
 分 布：云南
 濒危等级：VU B1ab（ⅲ）

狭叶省藤
Calamus albidus L. X. Guo et A. J. Hend.
 习 性：攀援藤本
 海 拔：1000~1900 m
 分 布：云南
 濒危等级：EN D

桂南省藤
Calamus austroguangxiensis S. J. Pei et S. Y. Chen
 习 性：攀援藤本
 海 拔：700~1000 m
 分 布：广东、广西
 濒危等级：VU D2

土藤
Calamus beccarii A. J. Hend.
 习 性：灌木状
 分 布：台湾
 濒危等级：LC

短轴省藤
Calamus compsostachys Burret
 习 性：攀援藤本
 分 布：广东、广西
 濒危等级：EN B1ab（ⅲ）

电白省藤
Calamus dianbaiensis C. F. Wei
 习 性：藤本
 海 拔：900 m 以下
 分 布：广东、广西
 濒危等级：VU A2c

短叶省藤
Calamus egregius Burret
 习 性：攀援藤本
 海 拔：1000 m 以下
 分 布：海南
 濒危等级：VU B1ab（ⅲ）

棕榈科 ARECACEAE

直立省藤
Calamus erectus Roxb.
习　　性：灌木
海　　拔：1400 m以下
国内分布：云南
国外分布：不丹、老挝、孟加拉国、缅甸、尼泊尔、泰国、印度
濒危等级：LC

长鞭藤
Calamus flagellum Griff. ex Mart.
习　　性：攀援藤本
海　　拔：1500 m以下
国内分布：广西、西藏、云南
国外分布：不丹、老挝、孟加拉国、缅甸、尼泊尔、泰国、印度、越南
濒危等级：LC

台湾省藤
Calamus formosanus Becc.
习　　性：藤本
海　　拔：1000 m以下
分　　布：台湾
濒危等级：LC

细茎省藤
Calamus gracilis Roxb.
习　　性：攀援藤本
海　　拔：800~1500 m
国内分布：云南
国外分布：老挝、孟加拉国、缅甸、印度、越南
濒危等级：LC

褐鞘省藤
Calamus guruba Buch.-Ham. ex Mart.
习　　性：藤本
海　　拔：1200 m以下
国内分布：云南
国外分布：不丹、老挝、孟加拉国、缅甸、尼泊尔、泰国、印度、越南
濒危等级：LC

海南省藤
Calamus hainanensis C. C. Chang et L. G. Xu ex R. H. Miau
习　　性：攀援藤本
海　　拔：1000 m以下
分　　布：海南
濒危等级：LC

滇南省藤
Calamus henryanus Becc.
习　　性：攀援藤本
海　　拔：1700 m以下
国内分布：广西、四川、云南
国外分布：老挝、缅甸、泰国、越南
濒危等级：LC

南巴省藤
Calamus inermis T. Anderson
习　　性：攀援灌木
海　　拔：2000 m以下
国内分布：云南
国外分布：不丹、老挝、孟加拉国、缅甸、尼泊尔、泰国、印度、越南
濒危等级：EN D

大喙省藤
Calamus macrorrhynchus Burret
习　　性：灌木
海　　拔：400~1400 m
分　　布：广东、广西
濒危等级：LC
资源利用：药用（中草药）

瑶山省藤
Calamus melanochrous Burret
习　　性：攀援藤本
分　　布：广西
濒危等级：DD

裂苞省藤
Calamus multispicatus Burret
习　　性：攀援藤本
海　　拔：600 m以下
分　　布：海南
濒危等级：LC

尖果省藤
Calamus oxycarpus Becc.
习　　性：灌木
海　　拔：800~1100 m
分　　布：广西、贵州
濒危等级：LC

杖藤
Calamus rhabdocladus Burret
习　　性：攀援藤本
海　　拔：1600 m以下
国内分布：福建、广东、广西、贵州、海南、云南
国外分布：老挝、越南
濒危等级：LC

单叶省藤
Calamus simplicifolius C. F. Wei
习　　性：攀援藤本
海　　拔：850 m以下
分　　布：海南
濒危等级：VU B1ab（iii）

管苞省藤
Calamus siphonospathus Mart.
习　　性：攀援藤本
国内分布：台湾
国外分布：菲律宾、印度尼西亚
濒危等级：NT

多刺鸡藤
Calamus tetradactyloides Burret
习　　性：攀援藤本
海　　拔：600~900 m
分　　布：海南
濒危等级：EN B2ab（ii）

白藤
Calamus tetradactylus Hance
 习　　性：藤本
 海　　拔：1000 m 以下
 国内分布：福建、广东、广西、海南
 国外分布：柬埔寨、老挝、泰国、越南
 濒危等级：VU A4c
 资源利用：原料（纤维）

毛鳞省藤
Calamus thysanolepis Hance
 习　　性：灌木
 海　　拔：800 m 以下
 国内分布：福建、广东、广西、湖南、江西、浙江
 国外分布：越南
 濒危等级：LC

柳条省藤
Calamus viminalis Willd.
 习　　性：攀援藤本
 海　　拔：600 m 以下
 国内分布：云南
 国外分布：柬埔寨、老挝、马来西亚半岛、孟加拉国、缅甸、泰国、印度、印度尼西亚、越南
 濒危等级：LC

多果省藤
Calamus walkeri Hance
 习　　性：攀援藤本
 海　　拔：400~1300 m
 国内分布：广东、海南
 国外分布：越南
 濒危等级：VU B1ab（iii）

无量山省藤
Calamus wuliangshanensis S. Y. Chen, K. L. Wang et S. J. Pei
 习　　性：藤本
 海　　拔：2000~2400 m
 分　　布：云南
 濒危等级：EN D

鱼尾葵属 Caryota L.

鱼尾葵
Caryota maxima Blume ex Mart.
 习　　性：乔木状
 海　　拔：200~1800 m
 国内分布：广东、广西、海南、云南
 国外分布：不丹、老挝、马来西亚、缅甸、泰国、印度、印度尼西亚、越南
 濒危等级：LC
 资源利用：环境利用（绿化）；食品（淀粉）

短穗鱼尾葵
Caryota mitis Lour.
 习　　性：乔木状
 海　　拔：1000 m 以下
 国内分布：广东、广西、海南
 国外分布：菲律宾、柬埔寨、老挝、马来西亚、缅甸、泰国、新加坡、印度、印度尼西亚、越南
 濒危等级：LC
 资源利用：食品（淀粉）；环境利用（观赏）

单穗鱼尾葵
Caryota monostachya Becc.
 习　　性：乔木状
 海　　拔：1400 m 以下
 国内分布：广西、贵州、云南
 国外分布：越南
 濒危等级：LC

董棕
Caryota obtusa Griff.
 习　　性：乔木状
 海　　拔：1400~1800 m
 国内分布：云南
 国外分布：老挝、缅甸、泰国、印度、越南
 濒危等级：VU A2c；B1ab（i，iii）
 国家保护：Ⅱ级

琼棕属 Chuniophoenix Burret

琼棕
Chuniophoenix hainanensis Burret
 习　　性：灌木
 海　　拔：500~800 m
 分　　布：海南
 濒危等级：EN B1ab（i，iii）
 国家保护：Ⅱ级
 资源利用：环境利用（观赏）

矮琼棕
Chuniophoenix humilis C. Z. Tang et T. L. Wu
 习　　性：灌木
 分　　布：海南
 濒危等级：EN B1ab（iii）
 国家保护：Ⅱ级
 资源利用：原料（木材）；环境利用（绿化）

椰子属 Cocos L.

椰子
Cocos nucifera L.
 习　　性：乔木
 海　　拔：1000 m 以下
 国内分布：广东、海南、台湾、云南栽培
 国外分布：热带沿海地区
 濒危等级：LC
 资源利用：药用（中草药）；原料（纤维，木材）；环境利用（绿化，观赏）；食品（水果，油脂）

黄藤属 Daemonorops Blume

黄藤
Daemonorops jenkinsiana（Griff.）Mart.
 习　　性：灌木
 海　　拔：1000 m 以下
 国内分布：广东、广西、海南
 国外分布：不丹、柬埔寨、老挝、孟加拉国、缅甸、尼泊尔、泰国、印度、越南
 濒危等级：LC
 资源利用：原料（纤维）

散尾葵属 Dypsis Nor. ex Mart.

散尾葵
Dypsis lutescens（H. Wendl.）Beentje et Dransf.

习　　性：灌木
国内分布：我国南方有栽培
国外分布：原产马达加斯加

油棕属 Elaeis Jacq.

油棕
Elaeis guineensis Jacq.
习　　性：乔木状
国内分布：广东、海南、台湾、云南的热带地区栽培
国外分布：原产非洲
资源利用：环境利用（观赏）

石山棕属 Guihaia J. Dransf., S. K. Lee et F. N. Wei

石山棕
Guihaia argyrata(S. K. Lee et F. N. Wei) S. K. Lee, F. N. Wei et J. Dransf.
习　　性：灌木状
海　　拔：1000 m 以下
国内分布：广东、广西、贵州
国外分布：越南
濒危等级：LC
资源利用：环境利用（观赏）

两广石山棕
Guihaia grossefibrosa(Gagnep.) J. Dransf., S. K. Lee et F. N. Wei
习　　性：灌木
海　　拔：500～1100 m
国内分布：广东、广西
国外分布：越南
濒危等级：EN A2c＋3c；B1ab（i，iii）；C1
资源利用：环境利用（观赏）

轴榈属 Licuala Wurmb

毛花轴榈
Licuala dasyantha Burret
习　　性：灌木状
海　　拔：100～1000 m
国内分布：广西、云南
国外分布：越南
濒危等级：LC

穗花轴榈
Licuala fordiana Becc.
习　　性：灌木
海　　拔：500 m 以下
分　　布：广东、海南
濒危等级：LC
资源利用：环境利用（观赏）

海南轴榈
Licuala hainanensis A. J. Hend., L. X. Guo et Barfod
习　　性：灌木
海　　拔：600 m 以下

分　　布：海南
濒危等级：DD

蒲葵属 Livistona R. Br.

蒲葵
Livistona chinensis(Jacq.) R. Br. ex Mart.
习　　性：乔木
海　　拔：1100 m 以下
国内分布：广东、海南、台湾
国外分布：日本南部
濒危等级：VU D2
资源利用：药用（中草药）；环境利用（观赏）

美丽蒲葵
Livistona jenkinsiana Griff.
习　　性：乔木
海　　拔：100～2500 m
国内分布：海南、云南
国外分布：不丹、孟加拉国、缅甸、泰国、印度；马来半岛
濒危等级：NT

大叶蒲葵
Livistona saribus(Lour.) Merr. ex A. Chev.
习　　性：乔木
海　　拔：600～1100 m
国内分布：广东、云南
国外分布：菲律宾、柬埔寨、老挝、马来西亚、缅甸、泰国、新加坡、印度尼西亚、越南
濒危等级：NT

水椰属 Nypa Steck

水椰
Nypa fruticans Wurmb
习　　性：灌木
国内分布：海南
国外分布：澳大利亚、巴布亚新几内亚、菲律宾、柬埔寨、孟加拉国、缅甸、日本、斯里兰卡、所罗门群岛、泰国、印度、印度尼西亚、越南
濒危等级：VU A3c
国家保护：Ⅱ级

海枣属 Phoenix L.

无茎刺葵
Phoenix acaulis Roxb.
习　　性：灌木状
国内分布：广东、广西、云南等地栽培
国外分布：缅甸、尼泊尔、印度

加拿利海枣
Phoenix canariensis Chabaud
习　　性：乔木状
国内分布：长江以南地区栽培
国外分布：原产加纳利群岛
资源利用：环境利用（观赏）

海枣
Phoenix dactylifera L.
　习　　性：乔木状
　国内分布：福建、广东、广西、云南栽培
　国外分布：亚洲西南部、非洲北部栽培
　资源利用：环境利用（观赏）；食品添加剂（糖和非糖甜味剂）

刺葵
Phoenix loureiroi Kunth
　习　　性：灌木状
　海　　拔：1700 m 以下
　国内分布：福建、广东、广西、海南、台湾、云南
　国外分布：巴基斯坦、不丹、菲律宾、柬埔寨、老挝、孟加拉国、缅甸、尼泊尔、泰国、印度、越南
　濒危等级：LC
　资源利用：环境利用（绿化）；食品（蔬菜，水果）

江边刺葵
Phoenix roebelenii O'Brien
　习　　性：灌木
　海　　拔：890 m 以下
　国内分布：云南
　国外分布：老挝、缅甸、泰国、越南
　濒危等级：CR D2
　资源利用：环境利用（观赏）

山槟榔属 **Pinanga** Blume

滇缅山槟榔
Pinanga acuminata A. J. Hend.
　习　　性：灌木
　海　　拔：1000 m 以下
　国内分布：云南
　国外分布：缅甸
　濒危等级：VU B1ab（iii）

变色山槟榔
Pinanga baviensis Becc.
　习　　性：灌木
　国内分布：福建、广东、广西、海南、云南
　国外分布：越南
　濒危等级：DD

纤细山槟榔
Pinanga gracilis Blume
　习　　性：灌木
　海　　拔：1200 m 以下
　国内分布：西藏
　国外分布：不丹、孟加拉国、缅甸、尼泊尔、印度
　濒危等级：LC

华山竹
Pinanga sylvestris（Lour.）Hodel
　习　　性：灌木
　海　　拔：100～1700 m
　国内分布：云南
　国外分布：柬埔寨、老挝、缅甸、泰国
　濒危等级：NT

兰屿山槟榔
Pinanga tashiroi Hayata
　习　　性：灌木
　海　　拔：500 m 以下
　分　　布：台湾
　濒危等级：EN D
　资源利用：环境利用（绿化）

钩叶藤属 **Plectocomia** Mart. et Blume

高地钩叶藤
Plectocomia himalayana Griff.
　习　　性：攀援藤本
　海　　拔：1500～2500 m
　国内分布：云南
　国外分布：不丹、老挝、尼泊尔、泰国、印度
　濒危等级：NT

小钩叶藤
Plectocomia microstachys Burret
　习　　性：攀援藤本
　海　　拔：300～1000 m
　分　　布：海南
　濒危等级：VU D2
　国家保护：Ⅱ级

钩叶藤
Plectocomia pierreana Becc.
　习　　性：藤本
　海　　拔：1200 m 以下
　国内分布：广东、广西、云南
　国外分布：柬埔寨、老挝、泰国、越南
　濒危等级：LC

酒椰属 **Raphia** P. Beauv.

酒椰
Raphia vinifera P. Beauv.
　习　　性：乔木状
　国内分布：广东、广西、台湾、云南栽培
　国外分布：原产非洲西部
　资源利用：原料（木材）；环境利用（观赏，绿化）

棕竹属 **Rhapis** L. f.

棕竹
Rhapis excelsa（Thunb.）A. Henry
　习　　性：灌木
　海　　拔：1000 m 以下
　国内分布：福建、广东、贵州、海南、云南
　国外分布：泰国、越南
　濒危等级：LC
　资源利用：药用（中草药）；原料（纤维，木材）；环境利用（绿化，观赏）

棕榈科 ARECACEAE

细棕竹
Rhapis gracilis Burret
- 习　　性：灌木
- 海　　拔：900 m 以下
- 国内分布：广东、广西、海南
- 国外分布：越南
- 濒危等级：LC
- 资源利用：原料（木材）；环境利用（绿化，观赏）

矮棕竹
Rhapis humilis Blume
- 习　　性：灌木
- 海　　拔：1000 m 以下
- 分　　布：广西、贵州
- 濒危等级：LC
- 资源利用：环境利用（观赏，绿化）

多裂棕竹
Rhapis multifida Burret
- 习　　性：灌木
- 海　　拔：1500 m 以下
- 分　　布：广西、云南
- 濒危等级：LC
- 资源利用：原料（木材）；环境利用（绿化）

粗棕竹
Rhapis robusta Burret
- 习　　性：灌木
- 海　　拔：300~1000 m
- 国内分布：广西
- 国外分布：越南
- 濒危等级：LC
- 资源利用：环境利用（观赏）

王棕属 Roystonea O. F. Cook

菜王棕
Roystonea oleracea (Jacq.) O. F. Cook
- 习　　性：乔木状
- 国内分布：我国南方热带地区有栽培
- 国外分布：原产哥伦比亚、圭亚那、加勒比海地区、委内瑞拉

王棕
Roystonea regia (Kunth) O. F. Cook
- 习　　性：乔木状
- 国内分布：我国南方热带地区有栽培
- 国外分布：原产巴哈马、古巴、洪都拉斯、美国、墨西哥
- 资源利用：环境利用（观赏）

菜棕属 Sabal Adans.

矮菜棕
Sabal minor (Jacq.) Pers.
- 习　　性：灌木
- 国内分布：福建、广东、广西、台湾、云南栽培
- 国外分布：原产美国

菜棕
Sabal palmetto (Walter) Lodd. ex Schult. et Schult. f.
- 习　　性：乔木状
- 国内分布：福建、广东、广西、台湾、云南栽培
- 国外分布：原产美国
- 资源利用：原料（纤维）；食品（蔬菜）；环境利用（观赏）

蛇皮果属 Salacca Reinw.

滇西蛇皮果
Salacca griffithii A. J. Hend.
- 习　　性：灌木
- 海　　拔：1000 m 以下
- 国内分布：云南
- 国外分布：缅甸、泰国
- 濒危等级：LC

金山葵属 Syagrus Mart.

金山葵
Syagrus romanzoffiana (Cham.) Glassman
- 习　　性：乔木状
- 国内分布：重庆、福建、广东栽培
- 国外分布：原产阿根廷、巴西、乌拉圭

棕榈属 Trachycarpus H. Wendl.

棕榈
Trachycarpus fortunei (Hook.) H. Wendl.
- 习　　性：乔木状
- 海　　拔：100~2400 m
- 国内分布：秦岭及长江以南各省栽培
- 国外分布：不丹、缅甸、尼泊尔、印度、越南
- 资源利用：原料（纤维）；药用（中草药）；食品（淀粉，花序）

龙棕
Trachycarpus nanus Becc.
- 习　　性：灌木状
- 海　　拔：1800~2300 m
- 分　　布：云南
- 濒危等级：VU A4ac
- 国家保护：Ⅱ级

贡山棕榈
Trachycarpus princeps Gibbons, Spanner et S. Y. Chen
- 习　　性：乔木状
- 海　　拔：1500~1900 m
- 分　　布：云南
- 濒危等级：NT

瓦理棕属 Wallichia Roxb.

琴叶瓦理棕
Wallichia caryotoides Roxb.
- 习　　性：灌木
- 海　　拔：1800 m 以下
- 国内分布：云南
- 国外分布：孟加拉国、缅甸、泰国
- 濒危等级：LC
- 资源利用：环境利用（绿化）

二列瓦理棕
Wallichia disticha T. Anderson

习　　性：乔木
海　　拔：1200 m 以下
国内分布：云南
国外分布：不丹、老挝、孟加拉国、缅甸、泰国、印度
濒危等级：LC
资源利用：环境利用（观赏）；食品（淀粉）

瓦理棕
Wallichia gracilis Becc.
习　　性：灌木
海　　拔：200~1000 m
国内分布：广西
国外分布：越南
濒危等级：LC
资源利用：环境利用（绿化）

密花瓦理棕
Wallichia oblongifolia Griff.
习　　性：灌木
海　　拔：200~1200 m
国内分布：云南
国外分布：不丹、孟加拉国、缅甸、尼泊尔、印度
濒危等级：LC
资源利用：环境利用（绿化）

三药瓦理棕
Wallichia triandra(J. Joseph)S. K. Basu
习　　性：灌木
海　　拔：900~2000 m
国内分布：西藏
国外分布：印度

华盛顿棕属 Washingtonia H. Wendl.

毛华盛顿棕
Washingtonia filifera(Linden ex André)H. Wendl.
习　　性：乔木状
国内分布：福建、广东、台湾、云南栽培
国外分布：原产美国、墨西哥
资源利用：环境利用（观赏）

华盛顿棕
Washingtonia robusta H. Wendl.
习　　性：乔木状
国内分布：我国南方有栽培
国外分布：原产墨西哥
资源利用：食品（水果）

马兜铃科 ARISTOLOCHIACEAE
（4 属：99 种）

马兜铃属 Aristolochia L.

华南马兜铃
Aristolochia austrochinensis C. Y. Ching et J. S. Ma
习　　性：草质藤本
海　　拔：400~600 m
分　　布：福建、广东、广西、海南
濒危等级：LC

竹叶马兜铃
Aristolochia bambusifolia C. F. Liang ex H. Q. Wen
习　　性：木质藤本
海　　拔：约1200 m
分　　布：广西
濒危等级：EN D

翅茎马兜铃
Aristolochia caulialata C. Y. Wu ex J. S. Ma et C. Y. Cheng
习　　性：攀援灌木
海　　拔：600~1000 m
分　　布：福建、云南
濒危等级：NT

长叶马兜铃
Aristolochia championii Merr. et W. Y. Chun
习　　性：攀援灌木
海　　拔：500~900 m
分　　布：广东、广西、贵州、四川
濒危等级：NT A3cd
资源利用：药用（中草药）

苞叶马兜铃
Aristolochia chlamydophylla C. Y. Wu ex S. M. Hwang
习　　性：草质藤本
海　　拔：1000~1300 m
分　　布：广西、云南
濒危等级：LC

北马兜铃
Aristolochia contorta Bunge
习　　性：草质藤本
海　　拔：500~1200 m
国内分布：甘肃、河北、河南、黑龙江、吉林、辽宁、山东、山西、陕西
国外分布：朝鲜、俄罗斯、日本
濒危等级：LC
资源利用：药用（中草药）

瓜叶马兜铃
Aristolochia cucurbitifolia Hayata
习　　性：攀援灌木
海　　拔：约500 m
分　　布：台湾
濒危等级：VU D1+2

葫芦叶马兜铃
Aristolochia cucurbitoides C. F. Liang
习　　性：草质藤本
海　　拔：800~2400 m
国内分布：广西、贵州、云南
国外分布：缅甸
濒危等级：VU A3c

马兜铃
Aristolochia debilis Siebold et Zucc.
习　　性：草质藤本
海　　拔：200~1500 m
国内分布：安徽、福建、广东、广西、贵州、河南、湖北、

湖南、江苏、江西、山东、四川、浙江
国外分布：日本
濒危等级：LC
资源利用：环境利用（观赏）；药用（中草药）

贯叶马兜铃
Aristolochia delavayi Franch.
习　　性：草质藤本
海　　拔：1600~1900 m
分　　布：四川、云南
濒危等级：EN A1ac

广防己
Aristolochia fangchi Y. C. Wu ex L. D. Chow et S. M. Hwang
习　　性：攀援灌木
海　　拔：500~1000 m
分　　布：广东、广西、贵州
濒危等级：LC
资源利用：药用（中草药）

通城虎
Aristolochia fordiana Hemsl.
习　　性：草质藤本
海　　拔：500~700 m
分　　布：广东、广西
濒危等级：VU B1ab（i，iii，v）
资源利用：药用（中草药）

大囊马兜铃
Aristolochia forrestiana J. S. Ma
习　　性：攀援灌木
分　　布：云南
濒危等级：DD

蜂窝马兜铃
Aristolochia foveolata Merr.
习　　性：草质藤本
海　　拔：500~1000 m
国内分布：台湾
国外分布：菲律宾
濒危等级：NT

福建马兜铃
Aristolochia fujianensis S. M. Hwang
习　　性：草质藤本
海　　拔：约200 m
分　　布：福建、浙江
濒危等级：VU B2ab（ii，iii）

黄毛马兜铃
Aristolochia fulvicoma Merr. et Chun
习　　性：攀援灌木
海　　拔：200~600 m
分　　布：海南
濒危等级：VU A2c；D2

优贵马兜铃
Aristolochia gentilis Franch.
习　　性：草质藤本
海　　拔：1200~2700 m
分　　布：四川、云南

濒危等级：LC

西藏马兜铃
Aristolochia griffithii Hook. f. et Thomson ex Duch.
习　　性：攀援灌木
海　　拔：2100~2800 m
国内分布：西藏、云南
国外分布：不丹、缅甸、尼泊尔、印度
濒危等级：LC

海南马兜铃
Aristolochia hainanensis Merr.
习　　性：攀援灌木
海　　拔：800~1200 m
分　　布：广西、海南
濒危等级：VU B2ab（ii，iii，v）

南粤马兜铃
Aristolochia howii Merr. et Chun
习　　性：攀援灌木
海　　拔：200~600 m
分　　布：海南
濒危等级：VU A3cd
资源利用：药用（中草药）

环江马兜铃
Aristolochia huanjiangensis Yan Liu et L. Wu
习　　性：攀援灌木
海　　拔：约700 m
分　　布：广西
濒危等级：VU D

鲜黄马兜铃
Aristolochia hyperantha X. X. Zhu et J. S. Ma
习　　性：攀援灌木
海　　拔：800~900 m
分　　布：浙江
濒危等级：LC

凹脉马兜铃
Aristolochia impressinervis C. F. Liang
习　　性：草质藤本
海　　拔：约400 m
分　　布：广西
濒危等级：EN B2ab（ii）
资源利用：药用（中草药）

尖峰岭马兜铃
Aristolochia jianfenglingensis Han Xu, Y. D. Li et H. Q. Chen
习　　性：藤本
分　　布：海南
濒危等级：DD

异叶马兜铃
Aristolochia kaempferi Willd.
习　　性：攀援灌木
海　　拔：2500 m
国内分布：安徽、甘肃、湖北、陕西、四川、台湾
国外分布：日本
濒危等级：LC

昆明马兜铃
Aristolochia kunmingensis C. Y. Cheng et J. S. Ma
- 习　　性：攀援灌木
- 海　　拔：约2000 m
- 分　　布：贵州、云南
- 濒危等级：VU B1ab（i, iii, v）

广西马兜铃
Aristolochia kwangsiensis Chun et F. C. How
- 习　　性：攀援灌木
- 海　　拔：600~1600 m
- 分　　布：福建、广东、广西、贵州、湖南、四川、云南、浙江
- 濒危等级：LC
- 资源利用：药用（中草药）

乐东马兜铃
Aristolochia ledongensis Han Xu, Y. D. Li et H. J. Yang
- 习　　性：藤本
- 分　　布：海南
- 濒危等级：VU D

弄岗马兜铃
Aristolochia longgangensis C. F. Liang
- 习　　性：多年生匍匐草本
- 海　　拔：100~200 m
- 国内分布：广西
- 国外分布：越南
- 濒危等级：EN A2ac+3c；B1ab（i, ii, v）

木通马兜铃
Aristolochia manshuriensis Kom.
- 习　　性：攀援灌木
- 海　　拔：100~2200 m
- 国内分布：甘肃、黑龙江、湖北、吉林、辽宁、山西、陕西、四川
- 国外分布：朝鲜、俄罗斯
- 濒危等级：NT A2c；B1ab（i, iii, v）
- 资源利用：药用（中草药）

寻骨风
Aristolochia mollissima Hance
- 习　　性：攀援灌木
- 海　　拔：100~900 m
- 分　　布：安徽、贵州、河南、湖北、湖南、江苏、江西、山东、山西、陕西、浙江
- 濒危等级：NT
- 资源利用：药用（中草药）

淮通
Aristolochia moupinensis Franch.
- 习　　性：攀援灌木
- 海　　拔：2000~3200 m
- 分　　布：福建、贵州、湖南、江西、四川、云南、浙江
- 濒危等级：LC
- 资源利用：药用（中草药）

木仑马兜铃
Aristolochia mulunensis Y. S. Huang et Yan Liu
- 习　　性：攀援灌木
- 海　　拔：约600 m
- 分　　布：广西
- 濒危等级：DD

偏花马兜铃
Aristolochia obliqua S. M. Hwang
- 习　　性：攀援灌木
- 海　　拔：2200~2600 m
- 分　　布：云南
- 濒危等级：VU B2ab（ii, iii）
- 资源利用：药用（中草药）

卵叶马兜铃
Aristolochia ovatifolia S. M. Hwang
- 习　　性：攀援灌木
- 海　　拔：1000~1600 m
- 分　　布：贵州、四川、云南
- 濒危等级：NT D

滇南马兜铃
Aristolochia petelotii O. C. Schmidt
- 习　　性：攀援灌木
- 海　　拔：1800~1900 m
- 国内分布：广西、云南
- 国外分布：越南
- 濒危等级：NT B1ab（i, iii, v）

多型马兜铃
Aristolochia polymorpha S. M. Hwang
- 习　　性：草质藤本
- 海　　拔：100~200 m
- 分　　布：海南
- 濒危等级：VU D2

袋形马兜铃
Aristolochia saccata Wall.
- 习　　性：攀援灌木
- 国内分布：西藏、云南
- 国外分布：不丹、缅甸、尼泊尔、印度
- 濒危等级：LC

革叶马兜铃
Aristolochia scytophylla S. M. Hwang et D. Y. Chen
- 习　　性：攀援灌木
- 海　　拔：约600 m
- 分　　布：广西、贵州、四川、云南
- 濒危等级：EN B1ab（iii）

耳叶马兜铃
Aristolochia tagala Cham.
- 习　　性：草质藤本
- 海　　拔：100~2000 m
- 国内分布：福建、广东、广西、贵州、台湾、云南
- 国外分布：不丹、菲律宾、柬埔寨、马来西亚、缅甸、尼泊尔、日本、印度、印度尼西亚、越南
- 濒危等级：LC
- 资源利用：药用（中草药）

川西马兜铃
Aristolochia thibetica Franch.
- 习　　性：攀援灌木
- 海　　拔：约2500 m

分　　布：四川、云南
濒危等级：DD

海边马兜铃
Aristolochia thwaitesii Hook.
　　习　　性：亚灌木
　　分　　布：广东
　　濒危等级：VU A2c；B1ab（i，iii）
　　资源利用：药用（中草药）

粉质花马兜铃
Aristolochia transsecta（Chatterjee）C. Y. Wu ex S. M. Hwang
　　习　　性：攀援灌木
　　海　　拔：600~2100 m
　　国内分布：云南
　　国外分布：缅甸
　　濒危等级：LC
　　资源利用：药用（中草药）

背蛇生
Aristolochia tuberosa C. F. Liang et S. M. Hwang
　　习　　性：草质藤本
　　海　　拔：100~1600 m
　　国内分布：广西、贵州、湖北、湖南、四川、云南
　　国外分布：泰国
　　濒危等级：VU A2c；B1ab（i，iii）
　　资源利用：药用（中草药）

管花马兜铃
Aristolochia tubiflora Dunn
　　习　　性：草质藤本
　　海　　拔：100~1700 m
　　分　　布：安徽、福建、甘肃、广东、广西、贵州、河南、湖北、湖南、江西、四川、浙江
　　濒危等级：LC
　　资源利用：药用（中草药）

囊花马兜铃
Aristolochia utriformis S. M. Hwang
　　习　　性：攀援灌木
　　海　　拔：约1900 m
　　分　　布：云南
　　濒危等级：EN B1ab（i，iii，v）
　　国家保护：Ⅱ级

变色马兜铃
Aristolochia versicolor S. M. Hwang
　　习　　性：攀援灌木
　　海　　拔：500~1500 m
　　分　　布：广东、广西、云南
　　濒危等级：NT A3c
　　资源利用：药用（中草药）

香港马兜铃
Aristolochia westlandii Hemsl.
　　习　　性：攀援灌木
　　海　　拔：300~800 m
　　分　　布：广东、香港
　　濒危等级：CR B1ab（ii，iii，v）
　　资源利用：药用（中草药）

大果马兜铃
Aristolochia wuana Zhen W. Liu et Y. F. Deng
　　习　　性：攀援灌木
　　海　　拔：约2100 m
　　分　　布：西藏
　　濒危等级：LC

中甸马兜铃
Aristolochia zhongdianensis J. S. Ma
　　习　　性：草质藤本
　　海　　拔：1200~1400 m
　　分　　布：云南
　　濒危等级：VU D2

港口马兜铃
Aristolochia zollingeriana Miq.
　　习　　性：草质藤本
　　国内分布：台湾
　　国外分布：马来西亚、日本、印度尼西亚
　　濒危等级：NT

细辛属 Asarum L.

巴山细辛
Asarum bashanense Z. L. Yang
　　习　　性：多年生草本
　　海　　拔：700~900 m
　　分　　布：四川
　　濒危等级：DD

钟花细辛
Asarum campaniflorum Yong Wang et Q. F. Wang
　　习　　性：多年生草本
　　分　　布：湖北
　　濒危等级：VU B1ab（i，iii）

花叶细辛
Asarum cardiophyllum Franch.
　　习　　性：多年生草本
　　海　　拔：约1100 m
　　分　　布：四川、云南
　　濒危等级：VU B1ab（i，iii，v）；C1

短尾细辛
Asarum caudigerellum C. Y. Cheng et C. S. Yang
　　习　　性：多年生草本
　　海　　拔：1600~2100 m
　　分　　布：贵州、湖北、四川、云南
　　濒危等级：VU B1ab（i，iii，v）；D1
　　资源利用：药用（中草药）

尾花细辛
Asarum caudigerum Hance
　　习　　性：多年生草本
　　海　　拔：300~1700 m
　　国内分布：福建、广东、广西、贵州、湖北、湖南、四川、台湾、云南
　　国外分布：越南
　　濒危等级：LC
　　资源利用：药用（中草药，兽药）

双叶细辛
Asarum caulescens Maxim.
 习 性：多年生草本
 海 拔：700~1700 m
 分 布：贵州、湖北、陕西、四川
 濒危等级：LC
 资源利用：药用（中草药）；环境利用（观赏）

神秘湖细辛
Asarum chatienshanianum Bot.
 习 性：多年生草本
 海 拔：600~950 m
 分 布：台湾
 濒危等级：DD

城口细辛
Asarum chengkouense Z. L. Yang
 习 性：多年生草本
 海 拔：1000~1200 m
 分 布：重庆
 濒危等级：EN B1ab (i, iii, v); D

川北细辛
Asarum chinense Franch.
 习 性：多年生草本
 海 拔：1300~1500 m
 分 布：湖北、四川
 濒危等级：LC

鸳鸯湖细辛
Asarum crassisepalum S. F. Huang, C. X. Xie et T. C. Huang
 习 性：多年生草本
 海 拔：1600~1700 m
 分 布：台湾
 濒危等级：LC

皱花细辛
Asarum crispulatum C. Y. Cheng et C. S. Yang
 习 性：多年生草本
 海 拔：700~1000 m
 分 布：四川
 濒危等级：VU A2c; C1

铜钱细辛
Asarum debile Franch.
 习 性：多年生草本
 海 拔：1300~2300 m
 分 布：安徽、湖北、陕西、四川
 濒危等级：LC
 资源利用：药用（中草药）

川滇细辛
Asarum delavayi Franch.
 习 性：多年生草本
 海 拔：800~1600 m
 分 布：四川、云南
 濒危等级：LC
 资源利用：药用（中草药，兽药）

台湾细辛
Asarum epigynum Hayata
 习 性：多年生草本
 分 布：海南、台湾
 濒危等级：VU B1ab (i, iii, v); C1

杜衡
Asarum forbesii Maxim.
 习 性：多年生草本
 海 拔：800 m 以下
 分 布：安徽、河南、湖北、江苏、江西、四川、浙江
 濒危等级：NT A2c; B1ab (i, iii, v); D1
 资源利用：药用（中草药）；原料（精油）；环境利用（观赏）

福建细辛
Asarum fukienense C. Y. Cheng et C. S. Yang
 习 性：多年生草本
 海 拔：300~1000 m
 分 布：安徽、福建、江西、浙江
 濒危等级：LC
 资源利用：药用（中草药）

地花细辛
Asarum geophilum Hemsl.
 习 性：多年生草本
 海 拔：200~700 m
 分 布：广东、广西、贵州
 濒危等级：LC
 资源利用：药用（中草药，兽药）

库页细辛
Asarum heterotropoides F. Schmidt
 习 性：多年生草本
 海 拔：100~1300 m
 国内分布：黑龙江、吉林、辽宁
 国外分布：朝鲜、俄罗斯、日本
 濒危等级：VU A2c; B1ab (i, iii, v); D1

单叶细辛
Asarum himalaicum Hook. f. et Thomson ex Klotzsch
 习 性：多年生草本
 海 拔：1300~3100 m
 国内分布：甘肃、贵州、湖北、陕西、四川、西藏
 国外分布：不丹、尼泊尔、印度
 濒危等级：VU A2c; B1ab (i, iii, v); D1
 资源利用：药用（中草药）；环境利用（观赏）

香港细辛
Asarum hongkongense S. M. Hwang et Wong Sui
 习 性：多年生草本
 海 拔：500~700 m
 分 布：香港
 濒危等级：VU D1

下花细辛
Asarum hypogynum Hayata
 习 性：多年生草本
 海 拔：1000~2000 m
 分 布：台湾
 濒危等级：VU D1

马兜铃科 ARISTOLOCHIACEAE

小叶马蹄香
Asarum ichangense C. Y. Cheng et C. S. Yang
习　　性：多年生草本
海　　拔：300~1400 m
分　　布：安徽、福建、广东、广西、湖北、湖南、江西、浙江
濒危等级：LC
资源利用：药用（中草药）

灯笼细辛
Asarum inflatum C. Y. Cheng et C. S. Yang
习　　性：多年生草本
海　　拔：1000~1400 m
分　　布：四川
濒危等级：LC
资源利用：药用（中草药）

金耳环
Asarum insigne Diels
习　　性：多年生草本
海　　拔：约500 m
分　　布：广东、广西、江西
濒危等级：VU A2c；B1ab (i, iii, v)；D1
国家保护：Ⅱ级
资源利用：药用（中草药）

长茎金耳环
Asarum longirhizomatosum C. F. Liang et C. S. Yang
习　　性：多年生草本
海　　拔：约200 m
分　　布：广西
濒危等级：NT A3c
资源利用：药用（中草药）

大花细辛
Asarum macranthum Hook. f.
习　　性：多年生草本
海　　拔：500~1000 m
分　　布：台湾
濒危等级：LC

祁阳细辛
Asarum magnificum Tsiang ex C. Y. Cheng et C. S. Yang

祁阳细辛（原变种）
Asarum magnificum var. **magnificum**
习　　性：多年生草本
海　　拔：300~700 m
分　　布：湖南
濒危等级：VU B1ab (iii)
资源利用：药用（中草药）

鼎湖细辛
Asarum magnificum var. **dinghuense** C. Y. Cheng et C. S. Yang
习　　性：多年生草本
海　　拔：300~700 m
分　　布：广东
濒危等级：EN A2c；D
资源利用：药用（中草药）

大叶细辛
Asarum maximum Hemsl.
习　　性：多年生草本
海　　拔：600~800 m
分　　布：湖北、四川
濒危等级：VU A2c；B1ab (i, iii, v)；C1
资源利用：药用（中草药）；环境利用（观赏）

南川细辛
Asarum nanchuanense C. S. Yang et J. L. Wu
习　　性：多年生草本
海　　拔：700~1000 m
分　　布：重庆
濒危等级：EN D

高贵细辛
Asarum nobilissimum Z. L. Yang
习　　性：多年生草本
海　　拔：800~1100 m
分　　布：四川
濒危等级：CR B1ab (i, iii, v)

红金耳环
Asarum petelotii O. C. Schmidt
习　　性：多年生草本
海　　拔：1100~1700 m
国内分布：云南
国外分布：越南
濒危等级：LC
资源利用：药用（中草药）

紫背细辛
Asarum porphyronotum C. Y. Cheng et C. S. Yang

紫背细辛（原变种）
Asarum porphyronotum var. **porphyronotum**
习　　性：多年生草本
分　　布：四川
濒危等级：EN B1ab (i, iii, v)

深绿细辛
Asarum porphyronotum var. **atrovirens** C. Y. Cheng et C. S. Yang
习　　性：多年生草本
分　　布：四川
濒危等级：NT A3c
资源利用：药用（中草药）

长毛细辛
Asarum pulchellum Hemsl.
习　　性：多年生草本
海　　拔：700~1700 m
分　　布：安徽、贵州、湖北、江西、四川、云南
濒危等级：LC
资源利用：药用（中草药）

肾叶细辛
Asarum renicordatum C. Y. Cheng et C. S. Yang
习　　性：多年生草本
海　　拔：约700 m

分　　布：安徽
濒危等级：EN B1ab（i, iii, v）
资源利用：药用（中草药）

慈姑叶细辛
Asarum sagittarioides C. F. Liang
　　习　　性：多年生草本
　　海　　拔：900 ~ 1200 m
　　分　　布：广西
　　濒危等级：LC
　　资源利用：药用（中草药）

汉城细辛
Asarum sieboldii Miq.
　　习　　性：多年生草本
　　海　　拔：1700 ~ 2300 m
　　国内分布：辽宁
　　国外分布：朝鲜、日本
　　濒危等级：VU D1
　　资源利用：药用（中草药）；环境利用（观赏）

青城细辛
Asarum splendens（F. Maek.）C. Y. Cheng et C. S. Yang
　　习　　性：多年生草本
　　海　　拔：800 ~ 1300 m
　　分　　布：贵州、湖北、四川、云南
　　濒危等级：LC
　　资源利用：药用（中草药）

南漳细辛
Asarum sprengeri Pamp.
　　习　　性：多年生草本
　　海　　拔：约 600 m
　　分　　布：湖北
　　濒危等级：CR D

太平山细辛
Asarum taipingshanianum S. F. Huang, C. X. Xie et T. C. Huang
　　习　　性：多年生草本
　　海　　拔：约 1900 m
　　分　　布：台湾
　　濒危等级：VU D1 + 2

大武山细辛
Asarum tawushanianum C. T. Lu et J. C. Wang
　　习　　性：多年生草本
　　分　　布：台湾
　　濒危等级：CR B2ab（ii, iii, v）

同江细辛
Asarum tongjiangense Z. L. Yang
　　习　　性：多年生草本
　　海　　拔：800 ~ 1400 m
　　分　　布：四川
　　濒危等级：EN D

插天山细辛
Asarum villisepalum C. T. Lu et J. C. Wang
　　习　　性：多年生草本
　　海　　拔：400 ~ 1400 m
　　分　　布：台湾
　　濒危等级：VU B2ab（ii, iii）

五岭细辛
Asarum wulingense C. F. Liang
　　习　　性：多年生草本
　　海　　拔：约 1100 m
　　分　　布：广东、广西、贵州、湖南、江西
　　濒危等级：LC
　　资源利用：药用（中草药）

云南细辛
Asarum yunnanense T. Sugawara, Ogisu et C. Y. Cheng
　　习　　性：多年生草本
　　海　　拔：800 ~ 1200 m
　　分　　布：云南
　　濒危等级：EN D

马蹄香属 Saruma Oliv.

马蹄香
Saruma henryi Oliv.
　　习　　性：多年生草本
　　海　　拔：600 ~ 1000 m
　　分　　布：甘肃、贵州、湖北、江西、陕西、四川
　　濒危等级：EN A2c + 3c；B1ab（i, iii）
　　国家保护：Ⅱ级
　　资源利用：药用（中草药）

线果兜铃属 Thottea Rottb.

海南线果兜铃
Thottea hainanensis（Merr. et W. Y. Chun）Ding Hou
　　习　　性：亚灌木
　　海　　拔：100 ~ 500 m
　　分　　布：海南
　　濒危等级：VU A3c

天门冬科 ASPARAGACEAE
（26 属：335 种）

龙舌兰属 Agave L.

龙舌兰
Agave americana L.
　　习　　性：多年生草本
　　国内分布：中国南方归化
　　国外分布：原产热带美洲
　　资源利用：药用（中草药）；原料（纤维）；环境利用（观赏）

狭叶龙舌兰
Agave angustifolia Haw.
　　习　　性：多年生草本
　　国内分布：南方栽培
　　国外分布：原产美洲
　　资源利用：药用（中草药）；环境利用（观赏）；原料（纤维）

马盖麻
Agave cantula Roxb.
习　　性：多年生草本
国内分布：南方引种栽培
国外分布：原产墨西哥；亚洲热带广泛栽培
资源利用：原料（纤维）

剑麻
Agave sisalana Perrine ex Engelm.
习　　性：多年生草本
国内分布：华南各地栽培或有逸生
国外分布：原产墨西哥
资源利用：药用（中草药）；原料（纤维）

知母属 Anemarrhena Bunge

知母
Anemarrhena asphodeloides Bunge
习　　性：多年生草本
海　　拔：海平面至1500 m
国内分布：甘肃、贵州、河北、黑龙江、吉林、江苏、辽宁、内蒙古、山东、山西、陕西、四川；台湾栽培
国外分布：朝鲜半岛、蒙古
濒危等级：VU B1ab（i，iii）
资源利用：药用（中草药）；环境利用（观赏）

天门冬属 Asparagus L.

山文竹
Asparagus acicularis F. T. Wang et S. C. Chen
习　　性：多年生草本
海　　拔：海平面至200 m
分　　布：广东、广西、湖北、湖南、江西
濒危等级：LC

折枝天门冬
Asparagus angulofractus Iljin
习　　性：多年生草本
海　　拔：1300~2000 m
国内分布：新疆
国外分布：哈萨克斯坦
濒危等级：LC

攀援天门冬
Asparagus brachyphyllus Turcz.
习　　性：多年生草本
海　　拔：800~2000 m
国内分布：河北、吉林、辽宁、宁夏、山西、陕西
国外分布：朝鲜半岛、哈萨克斯坦、蒙古、塔吉克斯坦、土库曼斯坦、乌兹别克斯坦
濒危等级：LC

西北天门冬
Asparagus breslerianus Schult. f.
习　　性：多年生草本
海　　拔：海平面至2900 m
国内分布：甘肃、宁夏、青海、新疆
国外分布：俄罗斯、哈萨克斯坦、蒙古、土库曼斯坦、乌兹别克斯坦
濒危等级：LC

天门冬
Asparagus cochinchinensis (Lour.) Merr.
习　　性：多年生草本
海　　拔：海平面至1700 m
国内分布：安徽、福建、甘肃、广东、广西、贵州、海南、河北、河南、湖北、湖南、江苏、江西、山东、山西、陕西、四川、台湾、西藏、云南、浙江
国外分布：朝鲜半岛、老挝、日本、越南
濒危等级：LC
资源利用：药用（中草药）；环境利用（观赏）

兴安天门冬
Asparagus dauricus Link
习　　性：多年生草本
海　　拔：海平面至2200 m
国内分布：河北、黑龙江、吉林、江苏、辽宁、内蒙古、山东、山西、陕西
国外分布：朝鲜半岛、俄罗斯、蒙古
濒危等级：LC
资源利用：环境利用（观赏）

非洲天门冬
Asparagus densiflorus (Kunth) Jessop
习　　性：亚灌木
国内分布：我国各地公园常见
国外分布：非洲
资源利用：环境利用（观赏）

羊齿天门冬
Asparagus filicinus D. Don
习　　性：多年生草本
海　　拔：1200~3000 m
国内分布：甘肃、贵州、河南、湖北、湖南、山西、陕西、四川、云南、浙江
国外分布：不丹、缅甸、泰国、印度
濒危等级：LC
资源利用：药用（中草药）

戈壁天门冬
Asparagus gobicus Ivanova ex Grubov
习　　性：亚灌木
海　　拔：1600~2600 m
国内分布：甘肃、内蒙古、宁夏、青海、陕西
国外分布：蒙古
濒危等级：LC
资源利用：药用（中草药）

甘肃天门冬
Asparagus kansuensis F. T. Wang et Tang
习　　性：亚灌木
海　　拔：900~1600 m
分　　布：甘肃
濒危等级：LC

长花天门冬
Asparagus longiflorus Franch.

习　　性：多年生草本
海　　拔：2400~3300 m
分　　布：甘肃、河北、河南、青海、山东、山西、陕西
濒危等级：LC

短梗天门冬
Asparagus lycopodineus (Baker) F. T. Wang et Tang
习　　性：多年生草本
海　　拔：500~2600 m
国内分布：甘肃、广西、贵州、湖北、湖南、陕西、四川、云南
国外分布：不丹、缅甸、印度
濒危等级：LC
资源利用：药用（中草药）

昆明天门冬
Asparagus mairei H. Lév.
习　　性：多年生草本
海　　拔：约1900 m
分　　布：云南
濒危等级：EN B1b（i, iii）c（i）

密齿天门冬
Asparagus meioclados H. Lév.
习　　性：多年生草本
海　　拔：1300~3500 m
分　　布：贵州、四川、云南
濒危等级：LC

西南天门冬
Asparagus munitus F. T. Wang et S. C. Chen
习　　性：亚灌木
海　　拔：1900~2400 m
分　　布：四川、云南
濒危等级：VU B1ab（iii）

多刺天门冬
Asparagus myriacanthus F. T. Wang et S. C. Chen
习　　性：亚灌木
海　　拔：2100~3100 m
分　　布：西藏、云南
濒危等级：LC

新疆天门冬
Asparagus neglectus Kar. et Kir.
习　　性：多年生草本
海　　拔：600~1700 m
国内分布：新疆
国外分布：阿富汗、巴基斯坦、俄罗斯、哈萨克斯坦、蒙古、塔吉克斯坦、土库曼斯坦、乌兹别克斯坦
濒危等级：LC

石刁柏
Asparagus officinalis L.
习　　性：草本
海　　拔：约3800 m
国内分布：新疆
国外分布：俄罗斯、哈萨克斯坦、蒙古；亚洲西南部、欧洲、非洲。各地广泛栽培
濒危等级：LC
资源利用：食品（蔬菜）；环境利用（观赏）

南玉带
Asparagus oligoclonos Maxim.
习　　性：多年生草本
海　　拔：海平面至500 m
国内分布：河北、河南、黑龙江、吉林、辽宁、山东
国外分布：朝鲜半岛、俄罗斯、蒙古、日本
濒危等级：LC

北天门冬
Asparagus przewalskyi N. A. Ivanova ex Grubov et T. V. Egorova
习　　性：多年生草本
海　　拔：2200~2300 m
分　　布：青海
濒危等级：LC

长刺天门冬
Asparagus racemosus Willd.
习　　性：亚灌木
海　　拔：2100~2200 m
国内分布：西藏
国外分布：澳大利亚、巴基斯坦、不丹、马来西亚、缅甸、尼泊尔、印度
濒危等级：LC

龙须菜
Asparagus schoberioides Kunth
习　　性：多年生草本
海　　拔：400~2300 m
国内分布：甘肃、河北、河南、黑龙江、吉林、辽宁、山东、山西、陕西
国外分布：朝鲜半岛、俄罗斯、蒙古、日本
濒危等级：LC
资源利用：药用（中草药）

文竹
Asparagus setaceus (Kunth) Jessop
习　　性：匍匐草本
国内分布：各省广泛栽培
国外分布：原产非洲南部

四川天门冬
Asparagus sichuanicus S. C. Chen et D. Q. Liu
习　　性：多年生草本
海　　拔：1500~3300 m
分　　布：四川、西藏
濒危等级：LC

滇南天门冬
Asparagus subscandens F. T. Wang et S. C. Chen
习　　性：多年生草本
海　　拔：800~1700 m
分　　布：云南
濒危等级：VU A2c+3c；B1ab（i, iii）

大理天门冬
Asparagus taliensis F. T. Wang et Tang ex S. C. Chen
习　　性：多年生草本

海　　拔：1800~2000 m
分　　布：云南
濒危等级：LC

西藏天门冬
Asparagus tibeticus F. T. Wang et S. C. Chen
习　　性：亚灌木
海　　拔：3800~4000 m
分　　布：西藏
濒危等级：LC

细枝天门冬
Asparagus trichoclados (F. T. Wang et Tang) F. T. Wang et S. C. Chen
习　　性：多年生草本
海　　拔：1100~1400 m
分　　布：云南
濒危等级：LC

曲枝天门冬
Asparagus trichophyllus Bunge
习　　性：多年生草本
海　　拔：海平面至2100 m
国内分布：河北、辽宁、内蒙古、山西
国外分布：俄罗斯、蒙古
濒危等级：LC

盐边天门冬
Asparagus yanbianensis S. C. Chen
习　　性：多年生草本
海　　拔：约2200 m
分　　布：四川
濒危等级：LC

盐源天门冬
Asparagus yanyuanensis S. C. Chen
习　　性：多年生草本
分　　布：四川
濒危等级：LC

蜘蛛抱蛋属 Aspidistra Ker Gawl.

蝶柱蜘蛛抱蛋
Aspidistra acetabuliformis Y. Wan et C. C. Huang
习　　性：多年生草本
海　　拔：约1800 m
分　　布：广西
濒危等级：DD

白花蜘蛛抱蛋
Aspidistra albiflora C. R. Lin, W. B. Xu et Yan Liu
习　　性：多年生草本
分　　布：广西
濒危等级：CR B1ac (ii, iv)

忻城蜘蛛抱蛋
Aspidistra alternativa D. Fang et L. Y. Yu
习　　性：多年生草本
海　　拔：200~300 m

分　　布：广西
濒危等级：EN B1ac (ii, iv)

防城蜘蛛抱蛋
Aspidistra arnautovii var. **angustifolia** L. Wu et Y. F. Huang
习　　性：多年生草本
海　　拔：约550 m
分　　布：广西
濒危等级：DD

吉婆岛蜘蛛抱蛋
Aspidistra arnautovii subsp. **catbaensis** Tillich
习　　性：多年生草本
国内分布：广西
国外分布：越南
濒危等级：DD

薄叶蜘蛛抱蛋
Aspidistra attenuata Hayata
习　　性：多年生草本
海　　拔：1000~2000 m
分　　布：台湾
濒危等级：LC

黔南蜘蛛抱蛋
Aspidistra australis S. Z. He et W. F. Xu
习　　性：多年生草本
海　　拔：约500 m
分　　布：贵州
濒危等级：VU B1ab (i, iii)

华南蜘蛛抱蛋
Aspidistra austrosinensis Y. Wan et C. C. Huang
习　　性：多年生草本
分　　布：广西
濒危等级：DD

巴马蜘蛛抱蛋
Aspidistra bamaensis C. R. Lin, Y. Y. Liang et Yan Liu
习　　性：多年生草本
海　　拔：约450 m
分　　布：广西
濒危等级：EN B1ac (ii, iv)

两色蜘蛛抱蛋
Aspidistra bicolor Tillich
习　　性：多年生草本
国内分布：广西
国外分布：越南
濒危等级：CR D

丛生蜘蛛抱蛋
Aspidistra caespitosa C. Pei
习　　性：多年生草本
海　　拔：500~1600 m
分　　布：四川
濒危等级：LC
资源利用：环境利用（观赏）

天峨蜘蛛抱蛋
Aspidistra carinata Y. Wan et X. H. Lu

习　　性：多年生草本
海　　拔：约450 m
分　　布：广西
濒危等级：EN A3c；B1ab（i, iii）

洞生蜘蛛抱蛋
Aspidistra cavicola D. Fang et K. C. Yen
习　　性：多年生草本
海　　拔：500~600 m
分　　布：广西
濒危等级：EN B1ab（i, iii）；C1

蜡黄蜘蛛抱蛋
Aspidistra cerina G. Z. Li et S. C. Tang
习　　性：多年生草本
海　　拔：100~200 m
分　　布：广西
濒危等级：NT

赤水蜘蛛抱蛋
Aspidistra chishuiensis S. Z. He et W. F. Xu
习　　性：多年生草本
分　　布：贵州
濒危等级：EN B1ac（i, iii）

崇左蜘蛛抱蛋
Aspidistra chongzuoensis C. R. Lin et Y. S. Huang
习　　性：多年生草本
海　　拔：约240 m
分　　布：广西
濒危等级：EN B1ac（i, iii）

春秀蜘蛛抱蛋
Aspidistra chunxiuensis C. R. Lin et Y. Liu
习　　性：多年生草本
海　　拔：约300 m
分　　布：广西
濒危等级：VU D2

棒蕊蜘蛛抱蛋
Aspidistra claviformis Y. Wan
习　　性：多年生草本
分　　布：广西
濒危等级：DD

合瓣蜘蛛抱蛋
Aspidistra connata Tillich
习　　性：多年生草本
国内分布：广西
国外分布：越南
濒危等级：CR C2a（i）

粗丝蜘蛛抱蛋
Aspidistra crassifila Yan Liu et C. I Peng
习　　性：多年生草本
海　　拔：约1000 m
分　　布：广西
濒危等级：VU B1ab（i, iii）

十字蜘蛛抱蛋
Aspidistra cruciformis Y. Wan et X. H. Lu
习　　性：多年生草本
分　　布：广西
濒危等级：VU B1ac（ii, iv）

杯花蜘蛛抱蛋
Aspidistra cyathiflora Y. Wan et C. C. Huang
习　　性：多年生草本
分　　布：广西
濒危等级：EN B1ab（ii, v）

大武蜘蛛抱蛋
Aspidistra daibuensis Hayata
习　　性：多年生草本
海　　拔：700~1800 m
分　　布：台湾
濒危等级：LC

大新蜘蛛抱蛋
Aspidistra daxinensis M. F. Hou et Yan Liu
习　　性：多年生草本
海　　拔：约320 m
分　　布：广西
濒危等级：EN B1ac（ii, iv）

长药蜘蛛抱蛋
Aspidistra dolichanthera X. X. Chen
习　　性：多年生草本
分　　布：广西
濒危等级：LC

峨边蜘蛛抱蛋
Aspidistra ebianensis K. Y. Lang et Z. Y. Zhu
习　　性：多年生草本
海　　拔：约800 m
分　　布：四川
濒危等级：LC

蜘蛛抱蛋
Aspidistra elatior Blume
习　　性：多年生草本
国内分布：广泛栽培
国外分布：原产日本
资源利用：环境利用（观赏）；药用（中草药）

直立蜘蛛抱蛋
Aspidistra erecta Yan Liu et C. I Peng
习　　性：多年生草本
海　　拔：约800 m
分　　布：广西
濒危等级：CR B1ac（ii, iv）

红头蜘蛛抱蛋
Aspidistra erythrocephala C. R. Lin et Y. Y. Liang
习　　性：多年生草本
分　　布：广西
濒危等级：EN C2a（i）

带叶蜘蛛抱蛋
Aspidistra fasciaria G. Z. Li
习　　性：多年生草本
海　　拔：100~200 m

分　　布：广西
濒危等级：EN B1ab（ii, v）+2ab（ii, v）

凤凰蜘蛛抱蛋
Aspidistra fenghuangensis K. Y. Lang
　　习　　性：多年生草本
　　海　　拔：约700 m
　　分　　布：湖南
　　濒危等级：LC

流苏蜘蛛抱蛋
Aspidistra fimbriata F. T. Wang et K. Y. Lang
　　习　　性：多年生草本
　　海　　拔：400~500 m
　　分　　布：福建、广东、海南
　　濒危等级：LC

黄花蜘蛛抱蛋
Aspidistra flaviflora K. Y. Lang et Z. Y. Zhu
　　习　　性：多年生草本
　　海　　拔：约800 m
　　分　　布：四川
　　濒危等级：CR B1ab（i, iii）

伞柱蜘蛛抱蛋
Aspidistra fungilliformis Y. Wan
　　习　　性：多年生草本
　　海　　拔：300~400 m
　　分　　布：广西
　　濒危等级：LC

细长梗蜘蛛抱蛋
Aspidistra gracilis Tillich
　　习　　性：多年生草本
　　分　　布：香港
　　濒危等级：DD

窄瓣蜘蛛抱蛋
Aspidistra guangxiensis S. C. Tang et Y. Liu
　　习　　性：多年生草本
　　海　　拔：400 m
　　分　　布：广西
　　濒危等级：EN B1ac（ii, v）+2ac（ii, v）

贵州蜘蛛抱蛋
Aspidistra guizhouensis S. Z. He et W. F. Xu
　　习　　性：多年生草本
　　分　　布：贵州
　　濒危等级：VU A2d

海南蜘蛛抱蛋
Aspidistra hainanensis Chun et F. C. How
　　习　　性：多年生草本
　　海　　拔：约600 m
　　分　　布：广东、广西、海南
　　濒危等级：LC

河口蜘蛛抱蛋
Aspidistra hekouensis H. Li
　　习　　性：多年生草本
　　海　　拔：200~300 m
　　分　　布：云南
　　濒危等级：DD

贺州蜘蛛抱蛋
Aspidistra hezhouensis Qi Gao et Yan Liu
　　习　　性：多年生草本
　　分　　布：广西
　　濒危等级：DD

环江蜘蛛抱蛋
Aspidistra huanjiangensis G. Z. Li et Y. G. Wei
　　习　　性：多年生草本
　　海　　拔：100~200 m
　　分　　布：广西
　　濒危等级：VU A2c；B1b（i, iii）c（i）；C1

靖西蜘蛛抱蛋
Aspidistra jingxiensis Yan Liu et C. R. Lin
　　习　　性：多年生草本
　　海　　拔：约600 m
　　分　　布：广西
　　濒危等级：EN D2

乐山蜘蛛抱蛋
Aspidistra leshanensis K. Y. Lang et Z. Y. Zhu
　　习　　性：多年生草本
　　海　　拔：约600 m
　　分　　布：四川
　　濒危等级：VU A2c

乐业蜘蛛抱蛋
Aspidistra leyeensis Y. Wan et C. C. Huang
　　习　　性：多年生草本
　　分　　布：广西
　　濒危等级：DD

荔波蜘蛛抱蛋
Aspidistra liboensis S. Z. He et J. Y. Wu
　　习　　性：多年生草本
　　分　　布：贵州
　　濒危等级：VU B1ab（i, iii）

线叶蜘蛛抱蛋
Aspidistra linearifolia Y. Wan et C. C. Huang
　　习　　性：多年生草本
　　分　　布：广西
　　濒危等级：LC

灵川蜘蛛抱蛋
Aspidistra lingchuanensis C. R. Lin et L. F. Guo
　　习　　性：多年生草本
　　海　　拔：约280 m
　　分　　布：广西
　　濒危等级：NT

凌云蜘蛛抱蛋
Aspidistra lingyunensis C. R. Lin et L. F. Guo
　　习　　性：多年生草本
　　海　　拔：约550 m
　　分　　布：广西

濒危等级：DD

浅裂蜘蛛抱蛋
Aspidistra lobata Tillich
习　　性：多年生草本
海　　拔：约 1400 m
分　　布：四川
濒危等级：DD

隆安蜘蛛抱蛋
Aspidistra longanensis Y. Wan
习　　性：多年生草本
分　　布：广西
濒危等级：LC

弄岗蜘蛛抱蛋
Aspidistra longgangensis C. R. Lin, Y. S. Huang et Yan Liu
习　　性：多年生草本
海　　拔：约 280 m
分　　布：广西
濒危等级：CR B1ac (ii, iv)

巨型蜘蛛抱蛋
Aspidistra longiloba G. Z. Li
习　　性：多年生草本
分　　布：广西
濒危等级：VU D2

长梗蜘蛛抱蛋
Aspidistra longipedunculata D. Fang
习　　性：多年生草本
海　　拔：300~800 m
分　　布：广西
濒危等级：CR B1ab (iii)

长瓣蜘蛛抱蛋
Aspidistra longipetala S. Z. Huang
习　　性：多年生草本
分　　布：广西
濒危等级：EN B1ab (i, ii, iii, v) c (i, ii, v)

长筒蜘蛛抱蛋
Aspidistra longituba Yan Liu et C. R. Lin
习　　性：多年生草本
分　　布：广西
濒危等级：EN B1ac (ii, iv)

龙胜蜘蛛抱蛋
Aspidistra longshengensis C. R. Lin et W. B. Xu
习　　性：多年生草本
海　　拔：约 370 m
分　　布：广西
濒危等级：VU D2

罗甸蜘蛛抱蛋
Aspidistra luodianensis D. D. Tao
习　　性：多年生草本
海　　拔：约 500 m
分　　布：广西、贵州
濒危等级：LC

九龙盘
Aspidistra lurida Ker Gawl.
习　　性：多年生草本
海　　拔：约 300 m
分　　布：广东、广西、贵州
濒危等级：LC
资源利用：药用（中草药）；环境利用（观赏）

黄瓣蜘蛛抱蛋
Aspidistra lutea Tillich
习　　性：多年生草本
海　　拔：700~800 m
国内分布：广西
国外分布：越南
濒危等级：NT

啮边蜘蛛抱蛋
Aspidistra marginella D. Fang et L. Zeng
习　　性：多年生草本
海　　拔：500~600 m
分　　布：广西
濒危等级：VU B1ac (ii, iv)

小花蜘蛛抱蛋
Aspidistra minutiflora Stapf
习　　性：多年生草本
海　　拔：约 400 m
分　　布：广东、广西、贵州、海南、湖南、香港
濒危等级：LC

帆状蜘蛛抱蛋
Aspidistra molendinacea G. Z. Li et S. C. Tang
习　　性：多年生草本
海　　拔：100~200 m
分　　布：广西
濒危等级：DD

糙果蜘蛛抱蛋
Aspidistra muricata F. C. How ex K. Y. Lang
习　　性：多年生草本
分　　布：广西
濒危等级：EN C1

雾庄蜘蛛抱蛋
Aspidistra mushaensis Hayata
习　　性：多年生草本
海　　拔：800~1900 m
分　　布：台湾
濒危等级：VU D1

南川蜘蛛抱蛋
Aspidistra nanchuanensis Tillich
习　　性：多年生草本
海　　拔：约 1200 m
分　　布：四川
濒危等级：DD

南昆山蜘蛛抱蛋
Aspidistra nankunshanensis Yan Liu et C. R. Lin

习　　性：多年生草本
海　　拔：约 400 m
分　　布：广东
濒危等级：LC

锥花蜘蛛抱蛋
Aspidistra obconica C. R. Lin et Yan Liu
习　　性：多年生草本
分　　布：广西
濒危等级：CR B1ac（ii，iv）

棕叶草
Aspidistra oblanceifolia F. T. Wang et K. Y. Lang
习　　性：多年生草本
海　　拔：400~1300 m
分　　布：贵州、湖北、四川
濒危等级：LC

歪盾蜘蛛抱蛋
Aspidistra obliquipeltata D. Fang et L. Y. Yu
习　　性：多年生草本
海　　拔：300~400 m
分　　布：广西
濒危等级：NT

长圆叶蜘蛛抱蛋
Aspidistra oblongifolia F. T. Wang et K. Y. Lang
习　　性：多年生草本
分　　布：广西
濒危等级：DD

峨眉蜘蛛抱蛋
Aspidistra omeiensis Z. Y. Zhu et J. L. Zhang
习　　性：多年生草本
海　　拔：600~1100 m
分　　布：四川
濒危等级：NT C1

拟卵叶蜘蛛抱蛋
Aspidistra ovatifolia Yan Liu et C. R. Lin
习　　性：多年生草本
海　　拔：约 300 m
分　　布：广西
濒危等级：CR D1

乳突蜘蛛抱蛋
Aspidistra papillata G. Z. Li
习　　性：多年生草本
海　　拔：100~200 m
分　　布：广西
濒危等级：NT C1

柳江蜘蛛抱蛋
Aspidistra patentiloba Y. Wan et X. H. Lu
习　　性：多年生草本
分　　布：广西
濒危等级：CR C1

帽状蜘蛛抱蛋
Aspidistra pileata D. Fang et L. Y. Yu
习　　性：多年生草本
分　　布：广西
濒危等级：DD

平伐蜘蛛抱蛋
Aspidistra pingfaensis S. Z. He et Q. W. Sun
习　　性：多年生草本
海　　拔：约 780 m
分　　布：贵州
濒危等级：LC

平塘蜘蛛抱蛋
Aspidistra pingtangensis S. Z. He, W. F. Xu et Q. W. Sun
习　　性：多年生草本
分　　布：贵州
濒危等级：DD

斑点蜘蛛抱蛋
Aspidistra punctata Lindl.
习　　性：多年生草本
海　　拔：200~700 m
分　　布：广东、香港
濒危等级：EN B1ab（i，iii）

拟斑点蜘蛛抱蛋
Aspidistra punctatoides Yan Liu et C. R. Lin
习　　性：多年生草本
分　　布：广西
濒危等级：CR D1

裂柱蜘蛛抱蛋
Aspidistra quadripartita G. Z. Li et S. C. Tang
习　　性：多年生草本
海　　拔：100~200 m
分　　布：广西
濒危等级：NT

广西蜘蛛抱蛋
Aspidistra retusa K. Y. Lang et S. Z. Huang
习　　性：多年生草本
海　　拔：100~300 m
分　　布：广西
濒危等级：LC

卷瓣蜘蛛抱蛋
Aspidistra revoluta H. Zhou, S. R. Yi et Q. Gao
习　　性：多年生草本
分　　布：重庆
濒危等级：DD

融安蜘蛛抱蛋
Aspidistra ronganensis C. R. Lin, J. Liu et W. B. Xu
习　　性：多年生草本
分　　布：广西
濒危等级：CR D2

石山蜘蛛抱蛋
Aspidistra saxicola Y. Wan
习　　性：多年生草本
海　　拔：300~400 m

分　　布：广西
濒危等级：VU D1 + 2

四川蜘蛛抱蛋
Aspidistra sichuanensis K. Y. Lang et Z. Y. Zhu
习　　性：多年生草本
海　　拔：500~1100 m
分　　布：广西、贵州、湖南、四川、云南
濒危等级：LC

刺果蜘蛛抱蛋
Aspidistra spinula S. Z. He
习　　性：多年生草本
分　　布：贵州
濒危等级：DD

狭叶蜘蛛抱蛋
Aspidistra stenophylla C. R. Lin et R. C. Hu
习　　性：多年生草本
海　　拔：约800 m
分　　布：广西
濒危等级：EN B1ac（ii, v）+2ac（ii, v）

辐花蜘蛛抱蛋
Aspidistra subrotata Y. Wan et C. C. Huang
习　　性：多年生草本
分　　布：广西
濒危等级：LC

剑叶蜘蛛抱蛋
Aspidistra tenuifolia C. R. Lin et J. C. Yang
习　　性：多年生草本
海　　拔：约900 m
分　　布：广西
濒危等级：CR B1ab（ii）

大花蜘蛛抱蛋
Aspidistra tonkinensis（Gagnep.）F. T. Wang et K. Y. Lang
习　　性：多年生草本
海　　拔：约1800 m
国内分布：广西、贵州、云南
国外分布：越南
濒危等级：LC

湖南蜘蛛抱蛋
Aspidistra triloba F. T. Wang et K. Y. Lang
习　　性：多年生草本
海　　拔：300~400 m
分　　布：湖南、江西
濒危等级：LC

卵叶蜘蛛抱蛋
Aspidistra typica Baill.
习　　性：多年生草本
海　　拔：海平面至500 m
国内分布：广西、云南
国外分布：越南
濒危等级：DD
资源利用：环境利用（观赏）

坛花蜘蛛抱蛋
Aspidistra urceolata F. T. Wang et K. Y. Lang
习　　性：多年生草本
分　　布：贵州
濒危等级：NT D

乌江蜘蛛抱蛋
Aspidistra wujiangensis W. F. Xu et S. Z. He
习　　性：多年生草本
分　　布：贵州
濒危等级：LC

西林蜘蛛抱蛋
Aspidistra xilinensis Y. Wan et X. H. Lu
习　　性：多年生草本
分　　布：广西
濒危等级：VU B1ac（ii, iv）

盈江蜘蛛抱蛋
Aspidistra yingjiangensis L. J. Peng
习　　性：多年生草本
海　　拔：1500~1600 m
分　　布：云南
濒危等级：DD

宜州蜘蛛抱蛋
Aspidistra yizhouensis B. Pan et C. R. Lin
习　　性：多年生草本
分　　布：广西
濒危等级：EN B1ac（ii, v）+2ac（ii, v）

云雾蜘蛛抱蛋
Aspidistra yunwuensis S. Z. He et W. F. Xu
习　　性：多年生草本
海　　拔：约780 m
分　　布：贵州
濒危等级：CR C2a（i）

棕耙叶
Aspidistra zongbayi K. Y. Lang et Z. Y. Zhu
习　　性：多年生草本
海　　拔：约1200 m
分　　布：四川
濒危等级：DD

绵枣儿属 Barnardia Lindl.

绵枣儿
Barnardia japonica（Thunb.）Schult. et Schult. f.
习　　性：多年生草本
海　　拔：海平面至2600 m
国内分布：广东、广西、河北、河南、黑龙江、湖北、湖南、吉林、江苏、江西、辽宁、内蒙古、山西、四川、台湾、云南
国外分布：朝鲜半岛、俄罗斯、日本
濒危等级：LC

开口箭属 Campylandra Baker

环花开口箭
Campylandra annulata（H. Li et J. L. Huang）M. N. Tamura, S.

Yun Liang et Turland
- 习　　性：多年生草本
- 海　　拔：1800～2900 m
- 分　　布：云南
- 濒危等级：DD

橙花开口箭
Campylandra aurantiaca Baker
- 习　　性：多年生草本
- 海　　拔：1800～2900 m
- 国内分布：西藏、云南
- 国外分布：尼泊尔、印度
- 濒危等级：LC

开口箭
Campylandra chinensis(Baker)M. N. Tamura, S. Yun Liang et Turland
- 习　　性：多年生草本
- 海　　拔：600～3000 m
- 国内分布：安徽、福建、广东、广西、河南、湖北、湖南、江西、陕西、四川、台湾、云南
- 濒危等级：LC

筒花开口箭
Campylandra delavayi(Franch.) M. N. Tamura, S. Yun Liang et Turland
- 习　　性：多年生草本
- 海　　拔：1000～1500 m
- 分　　布：广西、贵州、湖北、湖南、四川、云南
- 濒危等级：LC

峨眉开口箭
Campylandra emeiensis(Z. Y. Zhu)M. N. Tamura, S. Yun Liang et Turland
- 习　　性：多年生草本
- 海　　拔：1800～2500 m
- 分　　布：四川
- 濒危等级：LC

剑叶开口箭
Campylandra ensifolia(F. T. Wang et Tang)M. N. Tamura, S. Yun Liang et Turland
- 习　　性：多年生草本
- 海　　拔：1000～3200 m
- 分　　布：云南
- 濒危等级：VU A2c；B1ab（i，iii）；C1

齿瓣开口箭
Campylandra fimbriata(Hand.-Mazz.)M. N. Tamura, S. Yun Liang et Turland
- 习　　性：多年生草本
- 海　　拔：1200～2900 m
- 国内分布：西藏、云南
- 国外分布：尼泊尔、印度
- 濒危等级：NT

金山开口箭
Campylandra jinshanensis(Z. L. Yang et X. G. Luo)M. N. Tamura, S. Yun Liang et Turland
- 习　　性：多年生草本
- 海　　拔：约1800 m
- 分　　布：四川
- 濒危等级：VU D2

凉山开口箭
Campylandra liangshanensis(Z. Y. Zhu)M. N. Tamura, S. Yun Liang et Turland
- 习　　性：多年生草本
- 海　　拔：约2500 m
- 分　　布：四川
- 濒危等级：VU D2

利川开口箭
Campylandra lichuanensis(Y. K. Yang, J. K. Wu et D. T. Peng)M. N. Tamura
- 习　　性：多年生草本
- 海　　拔：1100～1500 m
- 分　　布：湖北
- 濒危等级：LC

长梗开口箭
Campylandra longipedunculata(F. T. Wang et S. Yun Liang)M. N. Tamura, S. Yun Liang
- 习　　性：多年生草本
- 海　　拔：500～1700 m
- 分　　布：云南
- 濒危等级：LC

蝶花开口箭
Campylandra tui(F. T. Wang et Tang)M. N. Tamura, S. Yun Liang et Turland
- 习　　性：多年生草本
- 海　　拔：1000～2500 m
- 分　　布：四川
- 濒危等级：LC

尾萼开口箭
Campylandra urotepala(Hand.-Mazz.)M. N. Tamura, S. Yun Liang et Turland
- 习　　性：多年生草本
- 海　　拔：1700～3000 m
- 分　　布：四川
- 濒危等级：LC

疣点开口箭
Campylandra verruculosa(Q. H. Chen)M. N. Tamura, S. Yun Liang et Turland
- 习　　性：多年生草本
- 海　　拔：约700 m
- 分　　布：贵州
- 濒危等级：VU A2c

弯蕊开口箭
Campylandra wattii C. B. Clarke
- 习　　性：多年生草本
- 海　　拔：800～2800 m
- 国内分布：广东、广西、贵州、四川、云南
- 国外分布：不丹、印度
- 濒危等级：LC

云南开口箭
Campylandra yunnanensis(F. T. Wang et S. Yun Liang)M. N.

Tamura et S. Yun Liang
习　　性：多年生草本
海　　拔：1200～2800 m
分　　布：云南
濒危等级：LC

吊兰属 Chlorophytum Ker Gawl.

狭叶吊兰
Chlorophytum chinense Bureau et Franch.
习　　性：多年生草本
海　　拔：2600～3000 m
分　　布：四川、云南
濒危等级：LC

小花吊兰
Chlorophytum laxum R. Br.
习　　性：多年生草本
海　　拔：海平面至200 m
国内分布：广东、海南
国外分布：澳大利亚、马来西亚、缅甸、斯里兰卡、泰国、印度、印度尼西亚
濒危等级：LC
资源利用：药用（中草药）

大叶吊兰
Chlorophytum malayense Ridl.
习　　性：多年生草本
海　　拔：400～1500 m
国内分布：广西、云南
国外分布：老挝、马来西亚、泰国、越南
濒危等级：LC

西南吊兰
Chlorophytum nepalense (Lindl.) Baker
习　　性：多年生草本
海　　拔：1300～2800 m
国内分布：贵州、四川、西藏、云南
国外分布：不丹、缅甸、尼泊尔、印度
濒危等级：LC
资源利用：环境利用（观赏）

铃兰属 Convallaria L.

铃兰
Convallaria majalis L.
习　　性：多年生草本
海　　拔：800～2500 m
国内分布：甘肃、河北、河南、黑龙江、湖南、吉林、辽宁、内蒙古、宁夏、山东、山西、陕西、浙江
国外分布：朝鲜半岛、俄罗斯、蒙古、缅甸、日本
濒危等级：LC
资源利用：药用（中草药）；环境利用（观赏）

朱蕉属 Cordyline Comm. et R. Br.

朱蕉
Cordyline fruticosa (L.) A. Chev.
习　　性：灌木状

国内分布：福建、广东、广西、海南
国外分布：可能原产太平洋岛屿，泛热带地区栽培
资源利用：药用（中草药）

竹根七属 Disporopsis Hance

散斑竹根七
Disporopsis aspersa (Hua) Engl. ex K. Krause
习　　性：多年生草本
海　　拔：700～2900 m
分　　布：广西、湖北、湖南、四川、云南
濒危等级：LC

竹根七
Disporopsis fuscopicta Hance
习　　性：多年生草本
海　　拔：500～2500 m
国内分布：福建、广东、广西、贵州、湖南、江西、四川、云南
国外分布：菲律宾
濒危等级：LC

金佛山竹根七
Disporopsis jinfushanensis Z. Y. Liu
习　　性：多年生草本
海　　拔：1600～1700 m
分　　布：四川
濒危等级：NT A1c；D

长叶竹根七
Disporopsis longifolia Craib
习　　性：多年生草本
海　　拔：100～1800 m
国内分布：广西、云南
国外分布：老挝、泰国、越南
濒危等级：LC

深裂竹根七
Disporopsis pernyi (Hua) Diels
习　　性：多年生草本
海　　拔：300～2500 m
分　　布：广东、广西、贵州、湖南、江西、四川、台湾、云南、浙江
濒危等级：LC

峨眉竹根七
Disporopsis undulata M. N. Tamura et Ogisu
习　　性：多年生草本
海　　拔：1000～1100 m
分　　布：四川
濒危等级：NT C1

鹭鸶兰属 Diuranthera Hemsl.

秦岭鹭鸶兰
Diuranthera chinglingensis J. Q. Xing et T. C. Cui
习　　性：多年生草本
海　　拔：1200 m
分　　布：陕西

濒危等级：LC

南川鹭鸶兰
Diuranthera inarticulata F. T. Wang et K. Y. Lang
习　　性：多年生草本
海　　拔：约 1800 m
分　　布：四川
濒危等级：EN B1ab（i，iii）

鹭鸶兰
Diuranthera major Hemsl.
习　　性：多年生草本
海　　拔：1200～3000 m
分　　布：贵州、四川、云南
濒危等级：LC

小鹭鸶兰
Diuranthera minor（C. H. Wright）C. H. Wright ex Hemsl.
习　　性：多年生草本
海　　拔：1100～3200 m
分　　布：贵州、四川、云南
濒危等级：LC

龙血树属 Dracaena Vand. ex L.

长花龙血树
Dracaena angustifolia Roxb.
习　　性：灌木
海　　拔：100～1100 m
国内分布：海南、台湾、云南
国外分布：澳大利亚、巴布亚新几内亚、不丹、菲律宾、柬埔寨、老挝、马来西亚、缅甸、泰国、印度、印度尼西亚、越南
濒危等级：LC
资源利用：环境利用（观赏）

柬埔寨龙血树
Dracaena cambodiana Pierre ex Gagnep.
习　　性：乔木状
海　　拔：海平面至 300 m
国内分布：海南
国外分布：柬埔寨、老挝、泰国、越南
濒危等级：VU A2c+3c
国家保护：Ⅱ级
资源利用：环境利用（观赏）

剑叶龙血树
Dracaena cochinchinensis（Lour.）S. C. Chen
习　　性：乔木状
海　　拔：900～1700 m
国内分布：广西、云南
国外分布：柬埔寨、越南
濒危等级：VU A2c+3c
国家保护：Ⅱ级
资源利用：药用（中草药）；环境利用（观赏）

细枝龙血树
Dracaena elliptica Thunb.
习　　性：灌木
国内分布：广西
国外分布：老挝、马来西亚、缅甸、泰国、印度尼西亚、越南
濒危等级：NT D

河口龙血树
Dracaena hokouensis G. Z. Ye
习　　性：灌木
海　　拔：100～700 m
国内分布：广西、云南
国外分布：泰国、越南
濒危等级：LC

深脉龙血树
Dracaena impressivenia Yu H. Yan et H. J. Guo
习　　性：多年生草本
分　　布：云南
濒危等级：DD

矮龙血树
Dracaena terniflora Roxb.
习　　性：亚灌木
海　　拔：1000～1100 m
国内分布：云南
国外分布：马来西亚、泰国、印度
濒危等级：LC
资源利用：环境利用（观赏）

异黄精属 Heteropolygonatum Tamura et Ogisu

金佛山异黄精
Heteropolygonatum ginfushanicum（F. T. Wang et T. Tang）M. N. Tamura, S. C. Chen et Turland
习　　性：多年生草本
海　　拔：1300～1800 m
分　　布：贵州、湖北、四川
濒危等级：VU B1b（i）c（iii）

垂茎异黄精
Heteropolygonatum pendulum（Z. G. Liu et X. H. Hu）M. N. Tamura et Ogisu
习　　性：多年生草本
海　　拔：2000～2200 m
分　　布：四川
濒危等级：EN C1

异黄精
Heteropolygonatum roseolum M. N. Tamura et Ogisu
习　　性：多年生草本
海　　拔：1200～1300 m
分　　布：广西
濒危等级：LC

壶花异黄精
Heteropolygonatum urceolatum J. M. H. Shaw
习　　性：多年生草本
分　　布：广西
濒危等级：DD

四川异黄精
Heteropolygonatum xui W. K. Bao et M. N. Tamura
习　　性：多年生草本

海　　拔：2600~2700 m
分　　布：四川
濒危等级：EN B1ab（iii）；D

玉簪属 Hosta Tratt.

白粉玉簪
Hosta albofarinosa D. Q. Wang
习　　性：多年生草本
海　　拔：约 800 m
分　　布：安徽
濒危等级：LC

白缘玉簪
Hosta albomarginata(Hook.) Ohwi
习　　性：多年生草本
国内分布：江西
国外分布：日本

东北玉簪
Hosta ensata F. Maek.
习　　性：多年生草本
海　　拔：海平面至 500 m
国内分布：吉林、辽宁
国外分布：朝鲜半岛、俄罗斯
濒危等级：LC

玉簪
Hosta plantaginea(Lam.) Asch.
习　　性：多年生草本
海　　拔：海平面至 2200 m
分　　布：安徽、福建、广东、广西、湖北、湖南、江苏、四川；广泛栽培
濒危等级：LC
资源利用：药用（中草药）；食品（蔬菜）；环境利用（观赏）

紫萼
Hosta ventricosa(Salisb.) Stearn
习　　性：多年生草本
海　　拔：500~2400 m
分　　布：安徽、福建、广东、广西、贵州、湖北、湖南、江苏、江西、四川；多地栽培
濒危等级：LC
资源利用：环境利用（观赏）；药用（中草药）

山麦冬属 Liriope Lour.

禾叶山麦冬
Liriope graminifolia(L.) Baker
习　　性：多年生草本
海　　拔：海平面至 2300 m
分　　布：安徽、福建、甘肃、广东、贵州、河北、河南、湖北、江苏、江西、山西、陕西、四川、台湾、浙江
濒危等级：LC
资源利用：环境利用（观赏）

甘肃山麦冬
Liriope kansuensis(Batalin) C. H. Wright
习　　性：多年生草本
分　　布：甘肃、四川
濒危等级：LC

长梗山麦冬
Liriope longipedicellata F. T. Wang et Tang
习　　性：多年生草本
海　　拔：1400~2000 m
分　　布：四川
濒危等级：LC

矮小山麦冬
Liriope minor(Maxim.) Makino
习　　性：多年生草本
海　　拔：600~2600 m
国内分布：福建、广西、河南、湖北、江苏、辽宁、陕西、四川、台湾、浙江
国外分布：日本
濒危等级：LC

阔叶山麦冬
Liriope muscari(Decne.) L. H. Bailey
习　　性：多年生草本
海　　拔：100~2000 m
国内分布：安徽、福建、广东、广西、贵州、河南、湖北、湖南、江苏、江西、山东、四川、台湾、浙江
国外分布：日本
濒危等级：LC

山麦冬
Liriope spicata(Thunb.) Lour.
习　　性：多年生草本
海　　拔：海平面至 1800 m
国内分布：安徽、福建、甘肃、广东、广西、贵州、海南、河北、河南、湖北、湖南、江苏、江西、山东、山西、陕西、四川、台湾、云南、浙江
国外分布：朝鲜半岛、日本、越南
濒危等级：LC
资源利用：环境利用（观赏）

浙江山麦冬
Liriope zhejiangensis G. H. Xia et G. Y. Li
习　　性：多年生草本
海　　拔：约 1000 m
分　　布：浙江
濒危等级：LC

舞鹤草属 Maianthemum F. H. Wigg.

高大鹿药
Maianthemum atropurpureum(Franch.) LaFrankie
习　　性：多年生草本
海　　拔：1400~3000 m
分　　布：四川、云南
濒危等级：NT

舞鹤草
Maianthemum bifolium(L.) F. W. Schmidt
习　　性：多年生草本
海　　拔：500~2700 m
国内分布：甘肃、河北、黑龙江、吉林、辽宁、内蒙古、青

海、山西、陕西、四川、新疆
国外分布：朝鲜半岛、俄罗斯、蒙古、日本
濒危等级：LC
资源利用：药用（中草药）

兴安鹿药
Maianthemum dahuricum (Turcz. ex Fisch. et C. A. Mey.) LaFrankie
习　　性：多年生草本
海　　拔：400~1000 m
国内分布：黑龙江、吉林、辽宁、内蒙古
国外分布：朝鲜半岛、俄罗斯
濒危等级：LC

革叶鹿药
Maianthemum dulongense R. Li et H. Li
习　　性：多年生草本
分　　布：云南
濒危等级：DD

台湾鹿药
Maianthemum formosanum (Hayata) LaFrankie
习　　性：多年生草本
海　　拔：2000~3700 m
分　　布：台湾
濒危等级：LC

抱茎鹿药
Maianthemum forrestii (W. W. Sm.) LaFrankie
习　　性：多年生草本
海　　拔：2800~3200 m
分　　布：云南
濒危等级：NT C1

褐花鹿药
Maianthemum fuscidulflorum (Kawano) S. C. Chen et Kawano
习　　性：多年生草本
海　　拔：2200~3600 m
国内分布：西藏、云南
国外分布：缅甸
濒危等级：NT

西南鹿药
Maianthemum fuscum (Wall.) LaFrankie

西南鹿药（原变种）
Maianthemum fuscum var. **fuscum**
习　　性：多年生草本
海　　拔：1600~2800 m
国内分布：西藏、云南
国外分布：不丹、缅甸、尼泊尔、印度
濒危等级：NT

心叶鹿药
Maianthemum fuscum var. **cordatum** R. Li et H. Li
习　　性：多年生草本
海　　拔：1800~3000 m
分　　布：西藏、云南
濒危等级：LC

贡山鹿药
Maianthemum gongshanense (S. Yun Liang) H. Li
习　　性：多年生草本
海　　拔：3400~3600 m
分　　布：云南
濒危等级：VU A2c

原氏鹿药
Maianthemum harae Y. H. Tseng et C. T. Chao
习　　性：多年生草本
海　　拔：约2400 m
分　　布：台湾
濒危等级：LC

管花鹿药
Maianthemum henryi (Baker) LaFrankie
习　　性：多年生草本
海　　拔：1300~4000 m
国内分布：甘肃、河南、湖北、湖南、山西、陕西、四川、西藏、云南
国外分布：缅甸、越南
濒危等级：LC

鹿药
Maianthemum japonicum (A. Gray) LaFrankie
习　　性：多年生草本
海　　拔：900~2000 m
国内分布：安徽、福建、甘肃、广西、贵州、河北、河南、黑龙江、湖北、湖南、吉林、江苏、江西、辽宁、山东、山西、陕西、四川、浙江
国外分布：朝鲜半岛、俄罗斯、日本
濒危等级：LC
资源利用：食用（野菜）

丽江鹿药
Maianthemum lichiangense (W. W. Sm.) LaFrankie
习　　性：多年生草本
海　　拔：2800~3500 m
分　　布：甘肃、陕西、四川、云南
濒危等级：LC

南川鹿药
Maianthemum nanchuanense H. Li et J. L. Huang
习　　性：多年生草本
海　　拔：1700~2100 m
分　　布：四川
濒危等级：EN D

长柱鹿药
Maianthemum oleraceum (Baker) LaFrankie
习　　性：多年生草本
海　　拔：2100~3300 m
国内分布：贵州、四川、西藏、云南
国外分布：不丹、缅甸、尼泊尔、印度
濒危等级：LC

紫花鹿药
Maianthemum purpureum (Wall.) LaFrankie
习　　性：多年生草本
海　　拔：3200~4000 m

国内分布：西藏、云南
国外分布：不丹、尼泊尔、印度
濒危等级：LC

少叶鹿药
Maianthemum stenolobum(Franch.)S. C. Chen et Kawano
习　　性：多年生草本
海　　拔：2000~3000 m
分　　布：甘肃、湖北、四川
濒危等级：NT B1ab（i, iii）+2ab（i, iii）

四川鹿药
Maianthemum szechuanicum(F. T. Wang et Tang)H. Li
习　　性：多年生草本
海　　拔：2000~3600 m
分　　布：四川、云南
濒危等级：LC

窄瓣鹿药
Maianthemum tatsienense(Franch.)LaFrankie
习　　性：多年生草本
海　　拔：1500~3500 m
国内分布：甘肃、广西、贵州、湖北、湖南、四川、云南
国外分布：不丹、缅甸、印度
濒危等级：LC

三叶鹿药
Maianthemum trifolium(L.)Sloboda
习　　性：多年生草本
海　　拔：400~700 m
国内分布：黑龙江、吉林、内蒙古
国外分布：朝鲜半岛、俄罗斯
濒危等级：NT B1ab（iii）

合瓣鹿药
Maianthemum tubiferum(Batalin)LaFrankie
习　　性：多年生草本
海　　拔：2500~3000 m
分　　布：甘肃、湖北、青海、陕西、四川
濒危等级：LC

沿阶草属 Ophiopogon Ker Gawl.

深圳沿阶草
Ophiopogon acerobracteatus R. H. Miao ex W. B. Liao, J. H. Jin et W. Q. Liu
习　　性：多年生草本
分　　布：云南
濒危等级：DD

白边沿阶草
Ophiopogon albimarginatus D. Fang
习　　性：多年生草本
海　　拔：约300 m
分　　布：广西
濒危等级：DD

钝叶沿阶草
Ophiopogon amblyphyllus F. T. Wang et L. K. Dai
习　　性：多年生草本
海　　拔：1600~2200 m
分　　布：四川、云南
濒危等级：LC

短药沿街草
Ophiopogon angustifoliatus(F. T. Wang et Tang)S. C. Chen
习　　性：多年生草本
海　　拔：800~3200 m
分　　布：贵州、湖北、湖南、四川
濒危等级：LC

连药沿阶草
Ophiopogon bockianus Diels
习　　性：多年生草本
海　　拔：900~2100 m
分　　布：广西、贵州、湖北、湖南、四川、云南
濒危等级：LC

沿阶草
Ophiopogon bodinieri H. Lév.
习　　性：多年生草本
海　　拔：500~3600 m
国内分布：甘肃、贵州、河南、湖北、陕西、四川、台湾、西藏、云南
国外分布：不丹
濒危等级：LC
资源利用：环境利用（观赏）

长茎沿阶草
Ophiopogon chingii F. T. Wang et Tang
习　　性：多年生草本
海　　拔：700~2100 m
分　　布：广东、广西、贵州、海南、四川、云南
濒危等级：LC

长丝沿阶草
Ophiopogon clarkei Hook. f.
习　　性：多年生草本
海　　拔：2000~3500 m
国内分布：西藏、云南
国外分布：不丹、尼泊尔、印度
濒危等级：LC

棒叶沿阶草
Ophiopogon clavatus C. H. Wright ex Oliv.
习　　性：多年生草本
海　　拔：1000~1600 m
分　　布：广东、广西、贵州、湖北、湖南、四川
濒危等级：LC

厚叶沿阶草
Ophiopogon corifolius F. T. Wang et L. K. Dai
习　　性：多年生草本
海　　拔：1200~1400 m
分　　布：广西、贵州
濒危等级：VU B1ab（i, iii）

褐鞘沿阶草
Ophiopogon dracaenoides(Baker)Hook. f.
习　　性：多年生草本

海　　拔：200~1800 m
国内分布：广西、贵州、云南
国外分布：老挝、泰国、印度、越南
濒危等级：LC

丝梗沿阶草
Ophiopogon filipes D. Fang
习　　性：多年生草本
分　　布：广西
濒危等级：NT D

富宁沿阶草
Ophiopogon fooningensis F. T. Wang et L. K. Dai
习　　性：多年生草本
海　　拔：1000~1600 m
分　　布：云南
濒危等级：LC

大沿阶草
Ophiopogon grandis W. W. Sm.
习　　性：多年生草本
海　　拔：1800~2800 m
分　　布：贵州、云南
濒危等级：LC

异药沿阶草
Ophiopogon heterandrus F. T. Wang et L. K. Dai
习　　性：多年生草本
海　　拔：1200~1700 m
分　　布：广西、贵州、湖北、湖南、四川
濒危等级：LC

红疆沿阶草
Ophiopogon hongjiangensis Y. Y. Qian
习　　性：多年生草本
海　　拔：约1100 m
分　　布：云南
濒危等级：LC

间型沿阶草
Ophiopogon intermedius D. Don
习　　性：多年生草本
海　　拔：700~3000 m
国内分布：广东、广西、贵州、海南、河南、湖北、湖南、陕西、四川、台湾、西藏、云南
国外分布：不丹、孟加拉国、尼泊尔、斯里兰卡、泰国、印度、越南
濒危等级：LC

剑叶沿阶草
Ophiopogon jaburan (Siebold) Lodd.
习　　性：多年生草本
国内分布：浙江
国外分布：朝鲜半岛、日本
濒危等级：NT

麦冬
Ophiopogon japonicus (L. f.) Ker Gawl.
习　　性：多年生草本
海　　拔：200~2800 m
国内分布：安徽、福建、广东、广西、贵州、河北、河南、湖北、湖南、江苏、江西、山东、陕西、四川、台湾、云南、浙江
国外分布：朝鲜半岛、日本
濒危等级：LC
资源利用：药用（中草药）；环境利用（观赏）

江城沿阶草
Ophiopogon jiangchengensis Y. Y. Qian
习　　性：多年生草本
海　　拔：300~1300 m
分　　布：云南
濒危等级：LC

大叶沿阶草
Ophiopogon latifolius L. Rodrigues
习　　性：多年生草本
海　　拔：100~1200 m
国内分布：广西、云南
国外分布：越南
濒危等级：LC

泸水沿阶草
Ophiopogon lushuiensis S. C. Chen
习　　性：多年生草本
海　　拔：1900~3000 m
分　　布：云南
濒危等级：NT C1

西南沿阶草
Ophiopogon mairei H. Lév.
习　　性：多年生草本
海　　拔：800~2100 m
分　　布：贵州、湖北、四川、云南
濒危等级：LC

丽叶沿阶草
Ophiopogon marmoratus Pierre ex L. Rodr.
习　　性：多年生草本
海　　拔：1800~2550 m
国内分布：广西、云南
国外分布：柬埔寨、老挝、泰国、越南
濒危等级：LC

大花沿阶草
Ophiopogon megalanthus F. T. Wang et L. K. Dai
习　　性：多年生草本
海　　拔：1100~2800 m
分　　布：云南
濒危等级：LC

勐连沿阶草
Ophiopogon menglianensis H. W. Li
习　　性：多年生草本
海　　拔：约1000 m
分　　布：云南
濒危等级：LC

墨脱沿阶草
Ophiopogon motouensis S. C. Chen
习　　性：多年生草本
海　　拔：800~1700 m
分　　布：西藏

濒危等级：LC

隆安沿阶草
Ophiopogon multiflorus Y. Wan
习　　性：多年生草本
分　　布：广西
濒危等级：LC

芦山沿阶草
Ophiopogon ogisui M. N. Tamura et J. M. Xu
习　　性：多年生草本
分　　布：广西
濒危等级：DD

锥序沿阶草
Ophiopogon paniculatus Z. Y. Zhu
习　　性：多年生草本
海　　拔：约 1000 m
分　　布：四川
濒危等级：LC

长药沿阶草
Ophiopogon peliosanthoides F. T. Wang et Tang
习　　性：多年生草本
海　　拔：1000～2100 m
分　　布：广西、贵州、云南
濒危等级：LC

屏边沿阶草
Ophiopogon pingbienensis F. T. Wang et L. K. Dai
习　　性：多年生草本
海　　拔：1800～2000 m
分　　布：云南
濒危等级：NT D

宽叶沿阶草
Ophiopogon platyphyllus Merr. et Chun
习　　性：多年生草本
海　　拔：600～1800 m
分　　布：广东、广西、海南
濒危等级：LC
资源利用：环境利用（观赏）

拟多花沿阶草
Ophiopogon pseudotonkinensis D. Fang
习　　性：多年生草本
分　　布：广西
濒危等级：DD

蔓茎沿阶草
Ophiopogon reptans Hook. f.
习　　性：多年生草本
海　　拔：1300～1800 m
国内分布：广西、海南
国外分布：泰国、印度、越南
濒危等级：LC

高节沿阶草
Ophiopogon reversus C. C. Huang
习　　性：多年生草本
海　　拔：700～1400 m
分　　布：广西、海南
濒危等级：LC

卷瓣沿阶草
Ophiopogon revolutus F. T. Wang et L. K. Dai
习　　性：多年生草本
海　　拔：500～1900 m
国内分布：云南
国外分布：泰国
濒危等级：LC

匍茎沿阶草
Ophiopogon sarmentosus F. T. Wang et L. K. Dai
习　　性：多年生草本
海　　拔：1000～2700 m
分　　布：云南
濒危等级：LC

中华沿阶草
Ophiopogon sinensis Y. Wan et C. C. Huang
习　　性：多年生草本
海　　拔：1300～1400 m
国内分布：广西、云南
国外分布：越南
濒危等级：NT A

疏花沿阶草
Ophiopogon sparsiflorus F. T. Wang et L. K. Dai
习　　性：多年生草本
海　　拔：800～1400 m
分　　布：广东、广西
濒危等级：NT D

狭叶沿阶草
Ophiopogon stenophyllus(Merr.)L. Rodr.
习　　性：多年生草本
海　　拔：900～2300 m
分　　布：广东、广西、海南、江西、云南
濒危等级：LC
资源利用：环境利用（观赏）

林生沿阶草
Ophiopogon sylvicola F. T. Wang et Tang
习　　性：多年生草本
海　　拔：700～1800 m
分　　布：贵州、四川
濒危等级：NT C1

四川沿阶草
Ophiopogon szechuanensis F. T. Wang et Tang
习　　性：多年生草本
海　　拔：1000～2000 m
分　　布：四川、云南
濒危等级：NT D

云南沿阶草
Ophiopogon tienensis F. T. Wang et Tang
习　　性：多年生草本
海　　拔：1700～2500 m
分　　布：广西、云南
濒危等级：LC

多花沿阶草
Ophiopogon tonkinensis L. Rodr.
- 习　　性：多年生草本
- 海　　拔：1000~1600 m
- 国内分布：广西、云南
- 国外分布：越南
- 濒危等级：NT D
- 资源利用：环境利用（观赏）

簇叶沿阶草
Ophiopogon tsaii F. T. Wang et Tang
- 习　　性：多年生草本
- 海　　拔：800~1800 m
- 分　　布：云南
- 濒危等级：LC

阴生沿阶草
Ophiopogon umbraticola Hance
- 习　　性：多年生草本
- 海　　拔：700~1000 m
- 分　　布：广东、贵州、江西、四川
- 濒危等级：LC

木根沿阶草
Ophiopogon xylorrhizus F. T. Wang et L. K. Dai
- 习　　性：多年生草本
- 海　　拔：600~1200 m
- 分　　布：云南
- 濒危等级：LC

阳朔沿阶草
Ophiopogon yangshuoensis R. H. Jiang et W. B. Xu
- 习　　性：多年生草本
- 海　　拔：约250 m
- 分　　布：广西
- 濒危等级：LC

滇西沿阶草
Ophiopogon yunnanensis S. C. Chen
- 习　　性：多年生草本
- 海　　拔：1700~2200 m
- 分　　布：云南
- 濒危等级：LC

姜状沿阶草
Ophiopogon zingiberaceus F. T. Wang et L. K. Dai
- 习　　性：多年生草本
- 海　　拔：1400~3000 m
- 分　　布：四川、云南
- 濒危等级：LC
- 资源利用：药用（中草药）

球子草属 Peliosanthes Andrews

滇西球子草
Peliosanthes dehongensis H. Li
- 习　　性：多年生草本
- 海　　拔：1000 m
- 分　　布：云南
- 濒危等级：LC

展花球子草
Peliosanthes divaricatanthera N. Tanaka
- 习　　性：多年生草本
- 分　　布：云南
- 濒危等级：VU B1ab（i, iii）

台东球子草
Peliosanthes kaoi Ohwi
- 习　　性：多年生草本
- 海　　拔：1400~1600 m
- 分　　布：台湾
- 濒危等级：LC

大盖球子草
Peliosanthes macrostegia Hance
- 习　　性：多年生草本
- 海　　拔：400~1800 m
- 分　　布：广东、广西、贵州、湖南、四川、台湾、云南
- 濒危等级：LC

长苞球子草
Peliosanthes ophiopogonoides F. T. Wang et Tang
- 习　　性：多年生草本
- 海　　拔：1300~1800 m
- 分　　布：云南
- 濒危等级：NT C1

粗穗球子草
Peliosanthes pachystachya W. H. Chen et Y. M. Shui
- 习　　性：多年生草本
- 海　　拔：800~1000 m
- 分　　布：云南
- 濒危等级：DD

反折球子草
Peliosanthes reflexa M. N. Tamura et Ogisu
- 习　　性：多年生草本
- 分　　布：广西
- 濒危等级：DD

无柄球子草
Peliosanthes sessile H. Li
- 习　　性：多年生草本
- 海　　拔：1200 m
- 分　　布：云南
- 濒危等级：DD

匍匐球子草
Peliosanthes sinica F. T. Wang et Tang
- 习　　性：多年生草本
- 海　　拔：400~2100 m
- 分　　布：广西、云南
- 濒危等级：NT D

簇花球子草
Peliosanthes teta Andrews
- 习　　性：多年生草本
- 海　　拔：约600 m
- 国内分布：广西、海南、云南

国外分布：老挝、马来西亚、孟加拉国、缅甸、泰国、印度、越南
习　　性：多年生草本
分　　布：台湾
濒危等级：LC
濒危等级：DD

云南球子草
Peliosanthes yunnanensis F. T. Wang et Tang
　　习　　性：多年生草本
　　海　　拔：200~1800 m
　　分　　布：云南
　　濒危等级：LC

卷叶黄精
Polygonatum cirrhifolium (Wall.) Royle
　　习　　性：多年生草本
　　海　　拔：2000~4000 m
　　国内分布：重庆、甘肃、广西、宁夏、青海、陕西、四川、西藏、云南
　　国外分布：不丹、尼泊尔、印度
　　濒危等级：NT
　　资源利用：环境利用（观赏）；药用（中草药）

黄精属 Polygonatum Mill.

五叶黄精
Polygonatum acuminatifolium Kom.
　　习　　性：多年生草本
　　海　　拔：1100~1400 m
　　国内分布：河北、吉林、辽宁
　　国外分布：俄罗斯
　　濒危等级：LC

垂叶黄精
Polygonatum curvistylum Hua
　　习　　性：多年生草本
　　海　　拔：2700~3900 m
　　分　　布：四川、云南
　　濒危等级：LC

贴梗黄精
Polygonatum adnatum S. Yun Liang
　　习　　性：多年生草本
　　海　　拔：约2300 m
　　分　　布：四川
　　濒危等级：LC

多花黄精
Polygonatum cyrtonema Hua
　　习　　性：多年生草本
　　海　　拔：500~2100 m
　　分　　布：安徽、福建、广东、广西、贵州、河南、湖北、湖南、江苏、江西、陕西、四川、浙江
　　濒危等级：NT B1ab（ⅲ）

短筒黄精
Polygonatum altelobatum Hayata
　　习　　性：多年生草本
　　海　　拔：600~1900 m
　　分　　布：台湾
　　濒危等级：LC

长苞黄精
Polygonatum desoulavyi Kom.
　　习　　性：多年生草本
　　海　　拔：约600 m
　　国内分布：黑龙江
　　国外分布：朝鲜半岛、俄罗斯
　　濒危等级：LC

互卷黄精
Polygonatum alternicirrhosum Hand.-Mazz.
　　习　　性：多年生草本
　　海　　拔：1700~1800 m
　　分　　布：四川
　　濒危等级：NT D

长果黄精
Polygonatum dolichocarpum M. N. Tamura, Fuse et Y. P. Yang
　　习　　性：多年生草本
　　分　　布：云南
　　濒危等级：LC

钟花黄精
Polygonatum campanulatum G. W. Hu
　　习　　性：多年生草本
　　海　　拔：约1500 m
　　分　　布：广西
　　濒危等级：DD

长梗黄精
Polygonatum filipes Merr. ex C. Jeffrey et McEwan
　　习　　性：多年生草本
　　海　　拔：200~600 m
　　分　　布：安徽、福建、广东、广西、湖南、江苏、江西、浙江
　　濒危等级：LC

棒丝黄精
Polygonatum cathcartii Baker
　　习　　性：多年生草本
　　海　　拔：2400~2900 m
　　国内分布：四川、西藏、云南
　　国外分布：不丹、尼泊尔、印度
　　濒危等级：DD

距药黄精
Polygonatum franchetii Hua
　　习　　性：多年生草本
　　海　　拔：1100~1900 m
　　分　　布：湖北、湖南、陕西、四川
　　濒危等级：NT B1ac（ⅰ）

清水山黄精
Polygonatum chingshuishanianum S. S. Ying

贡山蓼
Polygonatum gongshanense L. H. Zhao et X. J. He
　　习　　性：多年生草本

海　　拔：约2100 m
分　　布：云南
濒危等级：VU A2ac；B1ab（i，iii）

细根茎黄精
Polygonatum gracile P. Y. Li
　　习　　性：多年生草本
　　海　　拔：2100~2400 m
　　分　　布：甘肃、山西、陕西
　　濒危等级：LC

三脉黄精
Polygonatum griffithii Baker
　　习　　性：多年生草本
　　海　　拔：1700 m
　　国内分布：西藏
　　国外分布：尼泊尔
　　濒危等级：DD

粗毛黄精
Polygonatum hirtellum Hand. -Mazz.
　　习　　性：多年生草本
　　海　　拔：1000~2900 m
　　分　　布：甘肃、陕西、四川
　　濒危等级：NT B1ab（i）；D

独花黄精
Polygonatum hookeri Baker
　　习　　性：多年生草本
　　海　　拔：3200~4300 m
　　国内分布：甘肃、青海、陕西、四川、西藏、云南
　　国外分布：印度
　　濒危等级：LC

小玉竹
Polygonatum humile Fisch. ex Maxim.
　　习　　性：多年生草本
　　海　　拔：800~2200 m
　　国内分布：河北、黑龙江、吉林、辽宁、内蒙古、山西
　　国外分布：朝鲜半岛、俄罗斯、蒙古、日本
　　濒危等级：LC

毛筒玉竹
Polygonatum inflatum Kom.
　　习　　性：多年生草本
　　海　　拔：海平面至1000 m
　　分　　布：黑龙江、吉林、辽宁
　　濒危等级：LC

二苞黄精
Polygonatum involucratum(Franch. et Sav.)Maxim.
　　习　　性：多年生草本
　　海　　拔：700~1400 m
　　国内分布：河北、河南、黑龙江、吉林、辽宁、内蒙古、山西、陕西
　　国外分布：朝鲜半岛、俄罗斯、日本
　　濒危等级：LC
　　资源利用：环境利用（观赏）

金寨黄精
Polygonatum jinzhaiense D. C. Zhang et J. Z. Shao
　　习　　性：多年生草本
　　海　　拔：约850 m
　　分　　布：安徽
　　濒危等级：VU D1 +2

滇黄精
Polygonatum kingianum Collett et Hemsl.
　　习　　性：多年生草本
　　海　　拔：700~3600 m
　　国内分布：重庆、广西、贵州、四川、云南
　　国外分布：缅甸、泰国、越南
　　濒危等级：VU A2cd +3cd
　　资源利用：环境利用（观赏）；药用（中草药）

雷波黄精
Polygonatum leiboense S. C. Chen et D. Q. Liu
　　习　　性：多年生草本
　　海　　拔：2000 m
　　分　　布：四川
　　濒危等级：DD

长柄黄精
Polygonatum longipedunculatum S. Yun Liang
　　习　　性：多年生草本
　　海　　拔：1800~1900 m
　　分　　布：四川、云南
　　濒危等级：DD

百色黄精
Polygonatum longistylum Y. Wan et C. Z. Gao
　　习　　性：多年生草本
　　分　　布：广西
　　濒危等级：NT

淡黄多疣黄精
Polygonatum luteoverrucosum Floden
　　习　　性：多年生草本
　　海　　拔：约1600 m
　　分　　布：西藏
　　濒危等级：LC

热河黄精
Polygonatum macropodum Turcz.
　　习　　性：多年生草本
　　海　　拔：400~1500 m
　　分　　布：河北、辽宁、内蒙古、山东、山西
　　濒危等级：LC

大苞黄精
Polygonatum megaphyllum P. Y. Li
　　习　　性：多年生草本
　　海　　拔：1700~2500 m
　　分　　布：甘肃、河北、山西、陕西、四川
　　濒危等级：NT B1ab（i，iii）

节根黄精
Polygonatum nodosum Hua
　　习　　性：多年生草本
　　海　　拔：1600~2000 m
　　分　　布：甘肃、广西、湖北、陕西、四川、云南
　　濒危等级：LC

玉竹
Polygonatum odoratum (Mill.) Druce

玉竹（原变种）
Polygonatum odoratum var. **odoratum**
- 习　　性：多年生草本
- 海　　拔：500~3000 m
- 国内分布：安徽、甘肃、广西、河北、河南、黑龙江、湖北、湖南、江苏、江西、辽宁、内蒙古、青海、山东、山西、陕西、台湾、浙江
- 国外分布：朝鲜半岛、俄罗斯、蒙古、日本
- 濒危等级：LC
- 资源利用：药用（中草药）；环境利用（观赏）；食品（淀粉、野菜）

萎蕤
Polygonatum odoratum var. **pluriflorum** (Miq.) Ohwi
- 习　　性：多年生草本
- 国内分布：台湾
- 国外分布：朝鲜半岛、日本
- 濒危等级：LC

峨眉黄精
Polygonatum omeiense Z. Y. Zhu
- 习　　性：多年生草本
- 海　　拔：约1800 m
- 分　　布：四川
- 濒危等级：NT

对叶黄精
Polygonatum oppositifolium (Wall.) Royle
- 习　　性：多年生草本
- 海　　拔：1800~2200 m
- 国内分布：西藏
- 国外分布：不丹、尼泊尔、印度
- 濒危等级：LC
- 资源利用：环境利用（观赏）

康定玉竹
Polygonatum prattii Baker
- 习　　性：多年生草本
- 海　　拔：2500~3300 m
- 分　　布：四川、云南
- 濒危等级：LC

点花黄精
Polygonatum punctatum Royle ex Kunth
- 习　　性：多年生草本
- 海　　拔：1100~2700 m
- 国内分布：广西、贵州、海南、陕西、四川、西藏、云南
- 国外分布：不丹、缅甸、尼泊尔、泰国、印度、越南
- 濒危等级：LC
- 资源利用：环境利用（观赏）；药用（中草药）

青海黄精
Polygonatum qinghaiense Z. L. Wu et Y. C. Yang
- 习　　性：多年生草本
- 海　　拔：约3800 m
- 分　　布：青海
- 濒危等级：NT B1b (i , iii) c (i)

新疆黄精
Polygonatum roseum (Ledeb.) Kunth
- 习　　性：多年生草本
- 海　　拔：1400~1900 m
- 国内分布：新疆
- 国外分布：俄罗斯、哈萨克斯坦、吉尔吉斯斯坦、塔吉克斯坦
- 濒危等级：VU A2c；B1ab (i , iii)

黄精
Polygonatum sibiricum Redouté
- 习　　性：多年生草本
- 海　　拔：800~2800 m
- 国内分布：安徽、甘肃、河北、河南、黑龙江、吉林、辽宁、内蒙古、宁夏、山东、山西、陕西、浙江
- 国外分布：朝鲜半岛、俄罗斯、蒙古
- 濒危等级：LC
- 资源利用：药用（中草药）；环境利用（观赏）；食品（淀粉）

狭叶黄精
Polygonatum stenophyllum Maxim.
- 习　　性：多年生草本
- 海　　拔：约700 m
- 国内分布：河北、黑龙江、吉林、辽宁、内蒙古
- 国外分布：朝鲜半岛、俄罗斯
- 濒危等级：NT A1a

西南黄精
Polygonatum stewartianum Diels
- 习　　性：多年生草本
- 海　　拔：2700~3300 m
- 分　　布：四川、云南
- 濒危等级：DD

格脉黄精
Polygonatum tessellatum F. T. Wang et Tang
- 习　　性：多年生草本
- 海　　拔：1600~2200 m
- 国内分布：广西、云南
- 国外分布：缅甸、泰国
- 濒危等级：LC

轮叶黄精
Polygonatum verticillatum (L.) All.
- 习　　性：多年生草本
- 海　　拔：2100~4000 m
- 国内分布：重庆、甘肃、内蒙古、青海、山西、陕西、四川、西藏、云南
- 国外分布：阿富汗、巴基斯坦、不丹、俄罗斯、尼泊尔、印度
- 濒危等级：NT

西藏黄精
Polygonatum wardii F. T. Wang et Tang
- 习　　性：多年生草本
- 海　　拔：3000~3600 m
- 国内分布：西藏
- 国外分布：印度

濒危等级：NT A1a

湖北黄精
Polygonatum zanlanscianense Pamp.
- 习　　性：多年生草本
- 海　　拔：800~2700 m
- 分　　布：甘肃、广西、贵州、河南、湖北、湖南、江苏、江西、陕西、四川、浙江
- 濒危等级：LC

吉祥草属 Reineckea Kunth

吉祥草
Reineckea carnea (Andrews) Kunth
- 习　　性：多年生草本
- 海　　拔：100~3200 m
- 国内分布：安徽、广东、广西、贵州、河南、湖北、湖南、江苏、江西、陕西、四川、云南、浙江
- 国外分布：日本
- 濒危等级：LC
- 资源利用：环境利用（观赏）；药用（中草药）

万年青属 Rohdea Roth

秦岭万年青
Rohdea chinensis N. Tanaka
- 习　　性：多年生草本
- 分　　布：陕西
- 濒危等级：VU A2ac；B1ab（i，iii）

万年青
Rohdea japonica (Thunb.) Roth
- 习　　性：多年生草本
- 海　　拔：700~1700 m
- 国内分布：广西、贵州、湖北、湖南、江苏、山东、四川、浙江
- 国外分布：日本
- 濒危等级：LC
- 资源利用：环境利用（观赏）

李恒万年青
Rohdea lihengiana Q. Qiao et C. Q. Zhang
- 习　　性：多年生草本
- 海　　拔：约2200 m
- 分　　布：云南
- 濒危等级：NT

假叶树属 Ruscus L.

假叶树
Ruscus aculeatus L.
- 习　　性：半灌木
- 国内分布：我国南方有引种
- 国外分布：原产南欧、北非、西欧和地中海沿岸地区

白穗花属 Speirantha Baker

白穗花
Speirantha gardenii (Hook.) Baill.
- 习　　性：多年生草本
- 海　　拔：600~900 m
- 分　　布：安徽、江苏、江西、浙江
- 濒危等级：LC
- 资源利用：环境利用（观赏）

夏须草属 Theropogon Maxim.

夏须草
Theropogon pallidus Maxim.
- 习　　性：多年生草本
- 海　　拔：2300~2600 m
- 国内分布：西藏、云南
- 国外分布：不丹、尼泊尔、印度
- 濒危等级：LC

异蕊草属 Thysanotus R. Br.

异蕊草
Thysanotus chinensis Benth.
- 习　　性：多年生草本
- 国内分布：福建、广东、广西、台湾
- 国外分布：澳大利亚、菲律宾、马来西亚、泰国、印度尼西亚、越南
- 濒危等级：LC

长柱开口箭属 Tupistra Ker Gawl.

伞柱开口箭
Tupistra fungilliformis F. T. Wang et S. Yun Liang
- 习　　性：多年生草本
- 海　　拔：1000~1600 m
- 分　　布：广西、云南
- 濒危等级：LC

长柱开口箭
Tupistra grandistigma F. T. Wang et S. Yun Liang
- 习　　性：多年生草本
- 海　　拔：约1600 m
- 国内分布：广西、云南
- 国外分布：越南
- 濒危等级：LC

红河开口箭
Tupistra hongheensis G. W. Hu et H. Li
- 习　　性：多年生草本
- 海　　拔：约1100 m
- 分　　布：云南
- 濒危等级：DD

长穗开口箭
Tupistra longispica Y. Wan et X. H. Lu
- 习　　性：多年生草本
- 海　　拔：300~400 m
- 分　　布：广西
- 濒危等级：CR B1b（i，iii）c（i）

屏边开口箭
Tupistra pingbianensis J. L. Huang et X. Z. Liu

习　　性：多年生草本
海　　拔：约 1700 m
分　　布：云南
濒危等级：EN A2c；B1ab（i, ii, v）；C1

菊科 ASTERACEAE
（251 属：2576 种）

刺苞果属 Acanthospermum Schrank

刺苞果
Acanthospermum hispidum DC.
习　　性：一年生草本
海　　拔：1900 m 以下
国内分布：广东、云南
国外分布：南美洲
濒危等级：LC

蓍属 Achillea L.

齿叶蓍
Achillea acuminata（Ledeb.）Sch.-Bip.
习　　性：多年生草本
海　　拔：500～2900 m
国内分布：甘肃、河北、河南、吉林、内蒙古、宁夏、青海、山西、陕西
国外分布：朝鲜半岛、俄罗斯、蒙古、日本
濒危等级：LC
资源利用：环境利用（观赏）

高山蓍
Achillea alpina L.
习　　性：多年生草本
海　　拔：800～2400 m
国内分布：安徽、甘肃、河北、黑龙江、吉林、辽宁、内蒙古、宁夏、青海、山西、陕西、四川、云南
国外分布：朝鲜半岛、俄罗斯、蒙古、尼泊尔、日本
濒危等级：LC
资源利用：环境利用（观赏）；药用（中草药）

亚洲蓍
Achillea asiatica Serg.
习　　性：多年生草本
海　　拔：600～2600 m
国内分布：河北、黑龙江、辽宁、内蒙古、新疆
国外分布：俄罗斯、哈萨克斯坦、蒙古
濒危等级：LC
资源利用：药用（中草药）

褐苞蓍
Achillea impatiens L.
习　　性：多年生草本
海　　拔：1500～2000 m
国内分布：新疆
国外分布：俄罗斯、哈萨克斯坦、蒙古
濒危等级：LC

阿尔泰蓍
Achillea ledebourii Heimerl
习　　性：多年生草本
海　　拔：2200～2500 m
国内分布：新疆
国外分布：俄罗斯、哈萨克斯坦
濒危等级：DD

蓍
Achillea millefolium L.
习　　性：多年生草本
海　　拔：500～3000 m
国内分布：内蒙古、新疆
国外分布：北半球
濒危等级：LC
资源利用：药用（中草药）；原料（精油）；环境利用（观赏）

壮观蓍
Achillea nobilis L.
习　　性：多年生草本
国内分布：新疆
国外分布：俄罗斯、哈萨克斯坦、土库曼斯坦
濒危等级：LC

短瓣蓍
Achillea ptarmicoides Maxim.
习　　性：多年生草本
海　　拔：200～400 m
国内分布：河北、黑龙江、辽宁、内蒙古
国外分布：朝鲜半岛、俄罗斯、蒙古、日本
濒危等级：LC

柳叶蓍
Achillea salicifolia Besser
习　　性：多年生草本
海　　拔：500～1200 m
国内分布：陕西、新疆
国外分布：俄罗斯、哈萨克斯坦
濒危等级：LC

丝叶蓍
Achillea setacea Waldst. et Kit.
习　　性：多年生草本
海　　拔：500～2400 m
国内分布：黑龙江、新疆
国外分布：俄罗斯、哈萨克斯坦、蒙古
濒危等级：LC

云南蓍
Achillea wilsoniana（Heimerl ex Hand.-Mazz.）Heimerl
习　　性：多年生草本
海　　拔：400～3700 m
分　　布：甘肃、贵州、湖北、湖南、山西、陕西、四川、云南
濒危等级：LC
资源利用：药用（中草药）；环境利用（观赏）

金纽扣属 Acmella Persoon

短舌花金纽扣
Acmella brachyglossa Cass.

习　　性：一年生草本
国内分布：台湾归化和栽培
国外分布：原产加勒比海地区、美洲中部和南部

美形金纽扣
Acmella calva (DC.) R. K. Jansen
习　　性：多年生草本
海　　拔：1000~1900 m
国内分布：云南
国外分布：菲律宾、缅甸、尼泊尔、斯里兰卡、泰国、印度、印度尼西亚
濒危等级：LC

天文草
Acmella ciliata (Kunth) Cass.
习　　性：多年生草本
国内分布：台湾归化
国外分布：原产南美洲

桂圆菊
Acmella oleracea (L.) R. K. Jansen
习　　性：一年生草本
国内分布：我国南部和台湾栽培
国外分布：原产南美洲

金纽扣
Acmella paniculata (Wall. ex DC.) R. K. Jansen
习　　性：一年生草本
海　　拔：800~1900 m
国内分布：广东、广西、台湾、云南
国外分布：菲律宾、老挝、马来西亚、缅甸、尼泊尔、斯里兰卡、泰国、印度、印度尼西亚、越南
濒危等级：LC

沼生金纽扣
Acmella uliginosa (Sw.) Cass.
习　　性：一年生草本
国内分布：台湾、香港归化
国外分布：原产亚洲、北非和美洲热带地区

和尚菜属 Adenocaulon Hook.

和尚菜
Adenocaulon himalaicum Edgew.
习　　性：多年生草本
海　　拔：3400 m 以下
国内分布：安徽、甘肃、贵州、河北、河南、黑龙江、湖北、湖南、吉林、江西、辽宁、山东、山西、陕西、四川、西藏、云南、浙江
国外分布：朝鲜、俄罗斯、尼泊尔、日本、印度
濒危等级：LC
资源利用：药用（中草药）

下田菊属 Adenostemma J. R. Forst. ex G. Forst.

下田菊
Adenostemma lavenia (L.) Kuntze

下田菊（原变种）
Adenostemma lavenia var. **lavenia**
习　　性：一年生草本
海　　拔：400~2000 m
国内分布：安徽、福建、广东、广西、贵州、海南、湖南、江苏、江西、台湾、云南、浙江
国外分布：澳大利亚、朝鲜半岛、菲律宾、尼泊尔、日本、印度
濒危等级：LC
资源利用：药用（中草药）

宽叶下田菊
Adenostemma lavenia var. **latifolium** (D. Don) Hand.-Mazz.
习　　性：一年生草本
海　　拔：500~2300 m
国内分布：福建、广东、广西、贵州、海南、湖北、湖南、江苏、四川、台湾、西藏、云南、浙江
国外分布：朝鲜半岛、日本、印度
濒危等级：LC

小花下田菊
Adenostemma lavenia var. **parviflorum** (Blume) Hochr.
习　　性：一年生草本
分　　布：海南、湖南、江西、台湾
濒危等级：LC
资源利用：药用（中草药）

紫茎泽兰属 Ageratina Spach

紫茎泽兰
Ageratina adenophora (Spreng.) R. M. King et H. Rob.
习　　性：灌木或多年生草本
国内分布：广西、贵州、云南及南海诸岛归化
国外分布：原产墨西哥
资源利用：药用（兽药）

泽假藿香蓟
Ageratina riparia (Regel) R. M. King et H. Rob.
习　　性：灌木或多年生草本
国内分布：台湾归化
国外分布：原产中美洲；在太平洋地区入侵

藿香蓟属 Ageratum L.

藿香蓟
Ageratum conyzoides L.
习　　性：一年生草本
国内分布：安徽、福建、广东、广西、贵州、海南、河南、江苏、江西、陕西、四川、台湾、云南栽培和归化；河北、浙江仅栽培
国外分布：原产热带美洲；尼泊尔、印度、亚洲及非洲热带归化
资源利用：环境利用（观赏）；药用（中草药）

熊耳草
Ageratum houstonianum Mill.
习　　性：一年生草本
国内分布：安徽、福建、广东、广西、贵州、海南、河北、江苏、山东、四川、台湾、云南、浙江归化栽培
国外分布：原产热带美洲；缅甸、泰国、尼泊尔、印度及

非洲归化
资源利用：药用（中草药）；环境利用（观赏）

兔儿风属 Ainsliaea DC.

槭叶兔儿风
Ainsliaea acerifolia Nakai
习　　性：多年生草本
海　　拔：300~500 m
国内分布：吉林、辽宁
国外分布：朝鲜半岛、日本
濒危等级：LC

马边兔儿风
Ainsliaea angustata C. C. Chang
习　　性：多年生草本
海　　拔：600~1300 m
分　　布：重庆、甘肃、陕西、四川
濒危等级：DD

龟甲兔儿风
Ainsliaea apiculata Sch. -Bip.

龟甲兔儿风（原变种）
Ainsliaea apiculata var. apiculata
习　　性：多年生草本
国内分布：江苏
国外分布：朝鲜半岛、日本
濒危等级：DD

五裂龟甲兔儿风
Ainsliaea apiculata var. acerifolia Masam.
习　　性：多年生草本
国内分布：台湾
国外分布：日本
濒危等级：DD

无翅兔儿风
Ainsliaea aptera DC.
习　　性：多年生草本
海　　拔：1200~3600 m
国内分布：西藏、云南
国外分布：阿富汗、巴基斯坦、不丹、尼泊尔、印度
濒危等级：LC

狭翅兔儿风
Ainsliaea apteroides (C. C. Chang) Y. C. Tseng
习　　性：多年生草本
海　　拔：1200~1800 m
国内分布：四川、云南
国外分布：不丹、印度
濒危等级：LC

细辛叶兔儿风
Ainsliaea asaroides Y. S. Ye
习　　性：多年生草本
海　　拔：600~700 m
分　　布：广东
濒危等级：DD

心叶兔儿风
Ainsliaea bonatii Beauverd

心叶兔儿风（原变种）
Ainsliaea bonatii var. bonatii
习　　性：多年生草本
海　　拔：900~3000 m
分　　布：重庆、贵州、四川、云南
濒危等级：DD

薄叶兔儿风
Ainsliaea bonatii var. multibracteata (Mattf.) S. E. Freire
习　　性：多年生草本
海　　拔：3000~3500 m
分　　布：四川
濒危等级：LC

蓝兔儿风
Ainsliaea caesia Hand. -Mazz.
习　　性：多年生草本
海　　拔：900~1200 m
分　　布：广东、江西
濒危等级：LC

卡氏兔儿风
Ainsliaea cavaleriei H. Lév.
习　　性：多年生草本
海　　拔：300~1100 m
分　　布：广东、广西、江西
濒危等级：LC

边地兔儿风
Ainsliaea chapaensis Merr.
习　　性：多年生草本
海　　拔：800 m 以下
国内分布：广西、海南
国外分布：越南
濒危等级：LC

厚叶兔儿风
Ainsliaea crassifolia C. C. Chang
习　　性：多年生草本
海　　拔：2800~3000 m
分　　布：四川、云南
濒危等级：DD

秀丽兔儿风
Ainsliaea elegans Hemsl.
习　　性：多年生草本
海　　拔：1000~2500 m
国内分布：贵州、云南
国外分布：越南
濒危等级：LC

异叶兔儿风
Ainsliaea foliosa Hand. -Mazz.
习　　性：多年生草本
海　　拔：2700~4300 m
分　　布：四川、云南
濒危等级：LC

杏香兔儿风
Ainsliaea fragrans Champ. ex Benth.
习　　性：多年生草本

海　　拔：海平面至 1300 m
国内分布：安徽、福建、广东、广西、贵州、湖北、湖南、江苏、江西、四川、台湾、云南、浙江
国外分布：日本
濒危等级：LC
资源利用：药用（中草药）

黄毛兔儿风
Ainsliaea fulvipes Jeffrey et W. W. Smith
习　　性：多年生草本
海　　拔：1300～2700 m
分　　布：广东、四川、云南
濒危等级：LC

光叶兔儿风
Ainsliaea glabra Hemsl.
习　　性：多年生草本
海　　拔：600～2400 m
分　　布：重庆、福建、贵州、湖北、湖南、江西、四川、云南
濒危等级：DD

纤枝兔儿风
Ainsliaea gracilis Franch.
习　　性：多年生草本
海　　拔：400～1600 m
分　　布：重庆、广东、广西、贵州、湖北、湖南、江西、四川
濒危等级：LC

粗齿兔儿风
Ainsliaea grossedentata Franch.
习　　性：多年生草本
海　　拔：1200～2100 m
分　　布：重庆、广西、贵州、湖北、湖南、江西、四川
濒危等级：LC

长穗兔儿风
Ainsliaea henryi Diels

长穗兔儿风（原变种）
Ainsliaea henryi var. **henryi**
习　　性：多年生草本
海　　拔：700～2000 m
分　　布：福建、广东、广西、贵州、海南、湖北、湖南、四川、台湾、云南
濒危等级：LC

亚高山长穗兔儿风
Ainsliaea henryi var. **subalpina** (Hand.-Mazz.) S. E. Freire
习　　性：多年生草本
海　　拔：2000～3900 m
分　　布：台湾、云南
濒危等级：DD

灯台兔儿风
Ainsliaea kawakamii Hayata
习　　性：多年生草本
海　　拔：600～1600 m
分　　布：安徽、福建、广东、湖南、台湾、浙江
濒危等级：LC

澜沧兔儿风
Ainsliaea lancangensis Y. Y. Qian
习　　性：多年生草本
海　　拔：约 2000 m
分　　布：云南
濒危等级：LC

宽叶兔儿风
Ainsliaea latifolia (D. Don) Sch.-Bip.
习　　性：多年生草本
海　　拔：800～3600 m
国内分布：广东、广西、贵州、海南、湖北、四川、西藏、云南
国外分布：不丹、克什米尔地区、孟加拉国、缅甸、尼泊尔、泰国、印度、印度尼西亚、越南
濒危等级：LC

大头兔儿风
Ainsliaea macrocephala (Mattf.) Y. C. Tseng
习　　性：多年生草本
海　　拔：2300～3600 m
分　　布：四川、云南
濒危等级：DD

阿里山兔儿风
Ainsliaea macroclinidioides Hayata
习　　性：多年生草本
海　　拔：500～2000 m
国内分布：台湾
国外分布：日本
濒危等级：LC

药山兔儿风
Ainsliaea mairei H. Lév.
习　　性：多年生草本
海　　拔：2000～3500 m
分　　布：贵州、四川、云南
濒危等级：NT

小兔儿风
Ainsliaea nana Y. C. Tseng
习　　性：多年生草本
海　　拔：1200～2400 m
分　　布：四川
濒危等级：DD

直脉兔儿风
Ainsliaea nervosa Franch.
习　　性：多年生草本
海　　拔：1000～1800 m
分　　布：贵州、四川、云南
濒危等级：LC

小叶兔儿风
Ainsliaea parvifolia Merr.
习　　性：多年生草本

海　　拔：500~1000 m
分　　布：广东
濒危等级：LC

花莲兔儿风
Ainsliaea paucicapitata Hayata
习　　性：多年生草本
海　　拔：3000 m
分　　布：台湾
濒危等级：LC

腋花兔儿风
Ainsliaea pertyoides Franch.

腋花兔儿风（原变种）
Ainsliaea pertyoides var. **pertyoides**
习　　性：亚灌木
海　　拔：1500~2500 m
分　　布：贵州、四川、云南
濒危等级：LC

白背兔儿风
Ainsliaea pertyoides var. **albotomentosa** Beauverd
习　　性：亚灌木
海　　拔：1700~2500 m
分　　布：贵州、四川、云南
濒危等级：DD
资源利用：药用（中草药）

屏边兔儿风
Ainsliaea pingbianensis Y. C. Tseng
习　　性：多年生草本
海　　拔：1300~1900 m
分　　布：广东、四川、云南
濒危等级：LC

钱氏兔儿风
Ainsliaea qianiana S. E. Freire
习　　性：多年生草本
海　　拔：3000~3600 m
分　　布：四川、云南
濒危等级：LC

莲沱兔儿风
Ainsliaea ramosa Hemsl.
习　　性：多年生草本
海　　拔：100~800 m
分　　布：重庆、广东、广西、贵州、湖北、湖南、四川
濒危等级：LC

长柄兔儿风
Ainsliaea reflexa Merr.
习　　性：多年生草本
海　　拔：500~3500 m
国内分布：广东、海南、台湾、西藏、云南
国外分布：菲律宾、印度尼西亚、越南
濒危等级：LC

红脉兔儿风
Ainsliaea rubrinervis C. C. Chang
习　　性：多年生草本
海　　拔：800~1000 m
分　　布：四川
濒危等级：DD

紫枝兔儿风
Ainsliaea smithii Mattf.
习　　性：多年生草本
海　　拔：3000~3400 m
分　　布：四川、云南
濒危等级：LC

细穗兔儿风
Ainsliaea spicata Vaniot
习　　性：多年生草本
海　　拔：1100~2000 m
国内分布：重庆、广东、广西、贵州、湖北、四川、云南
国外分布：不丹、孟加拉国、泰国、印度
濒危等级：LC

三脉兔儿风
Ainsliaea trinervis Y. C. Tseng
习　　性：多年生草本
海　　拔：600~900 m
国内分布：福建、广东、广西、贵州、江西
国外分布：日本
濒危等级：LC

华南兔儿风
Ainsliaea walkeri Hook. f.
习　　性：多年生草本
海　　拔：700 m以下
分　　布：福建、广东、广西
濒危等级：LC

云南兔儿风
Ainsliaea yunnanensis Franch.
习　　性：多年生草本
海　　拔：1700~3700 m
分　　布：贵州、四川、云南
濒危等级：LC

亚菊属 Ajania Poljakov

蓍状亚菊
Ajania achilleoides(Turcz.) Poljakov ex Grubov
习　　性：亚灌木
海　　拔：约200 m
国内分布：内蒙古
国外分布：蒙古
濒危等级：DD

丽江亚菊
Ajania adenantha(Diels) Y. Ling et C. Shih
习　　性：多年生草本
海　　拔：3000~3700 m
分　　布：河北、云南
濒危等级：NT

内蒙亚菊
Ajania alabasica H. C. Fu

习　　性：亚灌木
分　　布：内蒙古
濒危等级：VU B1ab（i，iii）

灰叶亚菊

Ajania amphisericea（Hand.-Mazz.）C. Shih
习　　性：亚灌木
海　　拔：1700～2300 m
分　　布：四川
濒危等级：DD

短冠亚菊

Ajania brachyantha C. Shih
习　　性：多年生草本
海　　拔：3500～3600 m
分　　布：西藏
濒危等级：DD

短裂亚菊

Ajania breviloba（Franch. ex Hand.-Mazz.）Y. Ling et C. Shih
习　　性：多年生草本
海　　拔：2800～4100 m
分　　布：湖北、吉林、陕西、云南
濒危等级：LC

云南亚菊

Ajania elegantula（W. W. Smith）C. Shih
习　　性：多年生草本
海　　拔：约3300 m
分　　布：云南
濒危等级：LC

新疆亚菊

Ajania fastigiata C. Winkl.
习　　性：多年生草本
海　　拔：900～2300 m
国内分布：新疆
国外分布：阿富汗、哈萨克斯坦
濒危等级：LC

灌木亚菊

Ajania fruticulosa（Ledeb.）Poljakov
习　　性：亚灌木
海　　拔：500～4400 m
国内分布：甘肃、江苏、内蒙古、青海、陕西、西藏、新疆
国外分布：俄罗斯、哈萨克斯坦、蒙古、土库曼斯坦
濒危等级：LC

纤细亚菊

Ajania gracilis（Hook. f. et Thomson）Poljakov
习　　性：亚灌木
海　　拔：3000～? m
国内分布：宁夏、西藏
国外分布：吉尔吉斯斯坦、塔吉克斯坦
濒危等级：LC

下白亚菊

Ajania hypoleuca Y. Ling ex C. Shih
习　　性：亚灌木
海　　拔：600～700 m
分　　布：甘肃、四川
濒危等级：DD

铺散亚菊

Ajania khartensis（Dunn）C. Shih
习　　性：多年生草本
海　　拔：2500～5300 m
国内分布：甘肃、内蒙古、宁夏、青海、四川、西藏、云南
国外分布：印度
濒危等级：LC

宽叶亚菊

Ajania latifolia C. Shih
习　　性：多年生草本
海　　拔：约3100 m
分　　布：四川
濒危等级：DD

多花亚菊

Ajania myriantha（Franch.）Y. Ling ex C. Shih
习　　性：多年生草本
海　　拔：2200～3600 m
国内分布：甘肃、湖北、青海、四川、西藏、云南
国外分布：不丹
濒危等级：LC

丝裂亚菊

Ajania nematoloba（Hand.-Mazz.）Y. Ling et C. Shih
习　　性：亚灌木
海　　拔：1700～2300 m
分　　布：甘肃、内蒙古、青海
濒危等级：DD

光苞亚菊

Ajania nitida C. Shih
习　　性：多年生草本
海　　拔：约3900 m
分　　布：四川
濒危等级：LC

黄花亚菊

Ajania nubigena（Wall. ex DC.）C. Shih
习　　性：多年生草本
海　　拔：3900～4100 m
国内分布：甘肃、四川、西藏、云南
国外分布：不丹、尼泊尔、印度
濒危等级：DD

亚菊

Ajania pallasiana（Fisch. ex Besser）Poljakov
习　　性：多年生草本
海　　拔：200～2900 m
国内分布：甘肃、黑龙江、吉林、辽宁、陕西
国外分布：朝鲜、俄罗斯、蒙古
濒危等级：LC

小花亚菊

Ajania parviflora（Grüning）Y. Ling
习　　性：亚灌木
海　　拔：约1400 m
国内分布：河北、内蒙古、山西
国外分布：蒙古

濒危等级：LC

细裂亚菊
Ajania przewalskii Poljakov
习　　性：多年生草本
海　　拔：2800~4500 m
分　　布：甘肃、内蒙古、宁夏、青海、四川
濒危等级：LC

紫花亚菊
Ajania purpurea C. Shih
习　　性：亚灌木
海　　拔：4800~5300 m
分　　布：西藏
濒危等级：LC

栎叶亚菊
Ajania quercifolia(W. W. Smith) Y. Ling et C. Shih
习　　性：亚灌木
海　　拔：3200~3900 m
分　　布：四川、云南
濒危等级：LC

分枝亚菊
Ajania ramosa(C. C. Chang) C. Shih
习　　性：灌木
海　　拔：2900~4600 m
分　　布：湖北、陕西、四川、西藏
濒危等级：LC

疏齿亚菊
Ajania remotipinna(Hand.-Mazz.) Y. Ling et C. Shih
习　　性：多年生草本
海　　拔：200~3800 m
分　　布：甘肃、山西、陕西、四川、西藏
濒危等级：LC

柳叶亚菊
Ajania salicifolia(Mattf. ex Rehder et Kobuski) Poljakov
习　　性：亚灌木
海　　拔：2600~4600 m
分　　布：甘肃、青海、陕西、四川
濒危等级：LC

单头亚菊
Ajania scharnhorstii(Regel et Schmalh.) Tzvelev
习　　性：亚灌木
海　　拔：3900~5100 m
分　　布：甘肃、青海、西藏、新疆
濒危等级：LC

密绒亚菊
Ajania sericea C. Shih
习　　性：多年生草本
分　　布：云南
濒危等级：LC

细叶亚菊
Ajania tenuifolia(Jacquem. ex DC.) Tzvelev
习　　性：多年生草本
海　　拔：2200~4600 m

分　　布：甘肃、江苏、青海、四川、西藏、云南
濒危等级：LC

西藏亚菊
Ajania tibetica(Hook. f. et Thomson ex C. B. Clarke) Tzvelev
习　　性：亚灌木
海　　拔：3900~4700 m
国内分布：四川、西藏
国外分布：巴基斯坦、哈萨克斯坦、印度
濒危等级：LC

女蒿
Ajania trifida(Turcz.) Muldashev
习　　性：亚灌木
海　　拔：900~1400 m
国内分布：内蒙古
国外分布：蒙古
濒危等级：LC

矮亚菊
Ajania trilobata Poljakov
习　　性：亚灌木
海　　拔：约3200 m
分　　布：新疆
濒危等级：LC

多裂亚菊
Ajania tripinnatisecta Y. Ling et C. Shih
习　　性：多年生草本
海　　拔：3200~3300 m
分　　布：四川
濒危等级：LC

深裂亚菊
Ajania truncata(Hand.-Mazz.) Y. Ling ex C. Shih
习　　性：亚灌木
海　　拔：1900~2100 m
分　　布：四川
濒危等级：DD

异叶亚菊
Ajania variifolia(C. C. Chang) Tzvelev
习　　性：亚灌木
海　　拔：1200~3500 m
国内分布：黑龙江、湖北、陕西
国外分布：朝鲜半岛、俄罗斯
濒危等级：LC
资源利用：药用（中草药）

画笔菊属 Ajaniopsis C. Shih

画笔菊
Ajaniopsis penicilliformis C. Shih
习　　性：一年生草本
海　　拔：4600~5000 m
分　　布：西藏
濒危等级：DD

翅膜菊属 Alfredia Cass.

薄叶翅膜菊
Alfredia acantholepis Kar. et Kir.

习　　性：多年生草本
海　　拔：1600~3300 m
国内分布：新疆
国外分布：哈萨克斯坦
濒危等级：LC

糙毛翅膜菊
Alfredia aspera C. Shih
习　　性：多年生草本
海　　拔：1700~3100 m
分　　布：新疆
濒危等级：DD

翅膜菊
Alfredia cernua(L.)Cass.
习　　性：多年生草本
海　　拔：1400~2000 m
国内分布：新疆
国外分布：俄罗斯、哈萨克斯坦
濒危等级：DD

长叶翅膜菊
Alfredia fetissowii Iljin
习　　性：多年生草本
海　　拔：2100~2800 m
分　　布：新疆
濒危等级：DD

厚叶翅膜菊
Alfredia nivea Kar. et Kir.
习　　性：多年生草本
海　　拔：1400~2400 m
国内分布：新疆
国外分布：哈萨克斯坦
濒危等级：LC

扁毛菊属 Allardia Decaisne

扁毛菊
Allardia glabra Decne.
习　　性：多年生草本
海　　拔：3500~5500 m
国内分布：西藏
国外分布：阿富汗、巴基斯坦、不丹、哈萨克斯坦、乌兹别克斯坦、印度
濒危等级：LC

多毛扁毛菊
Allardia huegelii Sch.-Bip.
习　　性：多年生草本
海　　拔：约5800 m
国内分布：西藏
国外分布：巴基斯坦、印度
濒危等级：DD

毛果扁毛菊
Allardia lasiocarpa(G. X. Fu)Bremer et Humphries
习　　性：多年生草本
海　　拔：4700~5200 m
分　　布：西藏
濒危等级：LC

小扁毛菊
Allardia nivea Hook. f. et Thomson ex C. B. Clarke
习　　性：多年生草本
海　　拔：5300~5400 m
国内分布：西藏
国外分布：阿富汗、巴基斯坦、尼泊尔、印度
濒危等级：DD

光叶扁毛菊
Allardia stoliczkae C. B. Clarke
习　　性：多年生草本
海　　拔：3000~5000 m
国内分布：西藏、新疆
国外分布：阿富汗、巴基斯坦、哈萨克斯坦、乌兹别克斯坦、印度
濒危等级：LC

羽裂扁毛菊
Allardia tomentosa Decne.
习　　性：多年生草本
海　　拔：4200~5200 m
国内分布：西藏
国外分布：阿富汗、巴基斯坦、哈萨克斯坦、乌兹别克斯坦、印度
濒危等级：DD

三指扁毛菊
Allardia tridactylites(Kar. et Kir.)Sch.-Bip.
习　　性：多年生草本
海　　拔：3000~4000 m
国内分布：西藏、新疆
国外分布：俄罗斯、哈萨克斯坦、蒙古
濒危等级：LC

厚毛扁毛菊
Allardia vestita Hook. f. et Thomson ex C. B. Clarke
习　　性：多年生草本
海　　拔：5000~5300 m
国内分布：西藏
国外分布：巴基斯坦、印度
濒危等级：DD

珀菊属 Amberboa Vaill.

珀菊
Amberboa moschata(L.)DC.
习　　性：二年生或一年生草本
国内分布：甘肃归化
国外分布：原产亚洲西南部

黄花珀菊
Amberboa turanica Iljin
习　　性：一年生草本
海　　拔：约400 m
国内分布：新疆
国外分布：阿富汗、俄罗斯、哈萨克斯坦、塔吉克斯坦、土

库曼斯坦、乌兹别克斯坦
濒危等级：LC

豚草属 Ambrosia L.

豚草
Ambrosia artemisiifolia L.
 习 性：一年生草本
 国内分布：我国广泛分布
 国外分布：原产北美洲和中美洲；亚洲、欧洲广泛归化

裸穗豚草
Ambrosia psilostachya DC.
 习 性：多年生草本
 国内分布：台湾归化
 国外分布：原产南美洲温带地区、中美洲

三裂叶豚草
Ambrosia trifida L.
 习 性：一年生草本
 国内分布：河北、黑龙江、湖南、吉林、江西、辽宁、山东、四川、浙江归化
 国外分布：原产北美洲

香青属 Anaphalis DC.

尖叶香青
Anaphalis acutifolia Hand.-Mazz.
 习 性：多年生草本
 海 拔：约 3900 m
 分 布：西藏
 濒危等级：LC

黄腺香青
Anaphalis aureopunctata Lingelsh. et Borza

黄腺香青（原变种）
Anaphalis aureopunctata var. **aureopunctata**
 习 性：多年生草本
 海 拔：1200~3600 m
 分 布：甘肃、广东、广西、贵州、河南、湖北、湖南、青海、山西、陕西、四川、云南
 濒危等级：LC

黑鳞黄腺香青
Anaphalis aureopunctata var. **atrata**(Hand.-Mazz.)Hand.-Mazz.
 习 性：多年生草本
 海 拔：3000~4200 m
 分 布：四川、云南
 濒危等级：LC

车前叶黄腺香青
Anaphalis aureopunctata var. **plantaginifolia** F. H. Chen
 习 性：多年生草本
 海 拔：1000~2700 m
 分 布：湖北、湖南、江西、四川
 濒危等级：LC

绒毛黄腺香青
Anaphalis aureopunctata var. **tomentosa** Hand.-Mazz.
 习 性：多年生草本
 海 拔：2100~3800 m
 分 布：贵州、河南、湖北、陕西、四川、云南
 濒危等级：LC

巴塘香青
Anaphalis batangensis Y. L. Chen
 习 性：多年生草本
 海 拔：4000~4200 m
 分 布：四川
 濒危等级：DD

二色香青
Anaphalis bicolor(Franch.)Diels

二色香青（原变种）
Anaphalis bicolor var. **bicolor**
 习 性：多年生草本
 海 拔：2000~3500 m
 分 布：四川、云南
 濒危等级：LC

青海二色香青
Anaphalis bicolor var. **kokonorica** Y. Ling
 习 性：多年生草本
 海 拔：3000~3800 m
 分 布：甘肃、青海
 濒危等级：LC

长叶二色香青
Anaphalis bicolor var. **longifolia** C. C. Chang
 习 性：多年生草本
 海 拔：3400~3800 m
 分 布：四川、云南
 濒危等级：LC

同色二色香青
Anaphalis bicolor var. **subconcolor** Hand.-Mazz.
 习 性：多年生草本
 海 拔：3100~3600 m
 分 布：甘肃、四川、西藏
 濒危等级：LC

波缘二色香青
Anaphalis bicolor var. **undulata**(Hand.-Mazz.)Y. Ling
 习 性：多年生草本
 海 拔：2200 m
 分 布：四川、云南
 濒危等级：LC

黏毛香青
Anaphalis bulleyana(Jeffrey)C. C. Chang
 习 性：一年生或二年生草本
 海 拔：1100~3300 m
 分 布：贵州、四川、云南
 濒危等级：LC
 资源利用：药用（中草药）

蛛毛香青
Anaphalis busua(Buch.-Ham. ex D. Don)DC.

习　　性：二年生草本
海　　拔：1500~2800 m
国内分布：四川、西藏、云南
国外分布：不丹、克什米尔地区、尼泊尔、印度
濒危等级：LC

茧衣香青
Anaphalis chlamydophylla Diels
习　　性：灌木
海　　拔：2700~3700 m
分　　布：云南
濒危等级：NT C1

中甸香青
Anaphalis chungtienensis F. H. Chen
习　　性：多年生草本
海　　拔：3100~3800 m
分　　布：云南
濒危等级：LC

灰毛香青
Anaphalis cinerascens Y. Ling et W. Wang

灰毛香青（原变种）
Anaphalis cinerascens var. **cinerascens**
习　　性：多年生草本
海　　拔：约 4000 m
分　　布：四川、云南
濒危等级：LC

密聚灰毛香青
Anaphalis cinerascens var. **congesta** Y. Ling et W. Wang
习　　性：多年生草本
海　　拔：4300~4400 m
分　　布：四川
濒危等级：DD
资源利用：原料（木材）

旋叶香青
Anaphalis contorta (D. Don) Hook. f.
习　　性：多年生草本
海　　拔：1700~3500 m
国内分布：贵州、湖南、四川、西藏、云南
国外分布：阿富汗、不丹、克什米尔地区、尼泊尔、印度
濒危等级：LC

银衣香青
Anaphalis contortiformis Hand.-Mazz.
习　　性：亚灌木
海　　拔：1500~2800 m
分　　布：西藏、云南
濒危等级：LC

伞房香青
Anaphalis corymbifera C. C. Chang
习　　性：多年生草本
海　　拔：3000~3200 m
国内分布：云南
国外分布：缅甸
濒危等级：LC

苍山香青
Anaphalis delavayi (Franch.) Diels
习　　性：多年生草本
海　　拔：3000~4000 m
分　　布：云南
濒危等级：LC

江孜香青
Anaphalis deserti J. R. Drumm.
习　　性：多年生草本
海　　拔：约 3900 m
分　　布：西藏
濒危等级：LC

雅致香青
Anaphalis elegans Y. Ling
习　　性：多年生草本
海　　拔：3100~3200 m
分　　布：四川、云南
濒危等级：LC

萎软香青
Anaphalis flaccida Y. Ling
习　　性：多年生草本
海　　拔：1800~2400 m
分　　布：贵州、四川、云南
濒危等级：LC

淡黄香青
Anaphalis flavescens Hand.-Mazz.

淡黄香青（原变种）
Anaphalis flavescens var. **flavescens**
习　　性：多年生草本
海　　拔：2800~4700 m
分　　布：甘肃、青海、陕西、四川、西藏
濒危等级：LC

棉毛淡黄香青
Anaphalis flavescens var. **lanata** Y. Ling
习　　性：多年生草本
海　　拔：2800~4700 m
分　　布：四川
濒危等级：LC
资源利用：药用（中草药）

纤枝香青
Anaphalis gracilis Hand.-Mazz.

纤枝香青（原变种）
Anaphalis gracilis var. **gracilis**
习　　性：亚灌木
海　　拔：3200~4000 m
分　　布：四川
濒危等级：LC

糙叶纤枝香青
Anaphalis gracilis var. **aspera** Hand.-Mazz.
习　　性：亚灌木
海　　拔：2600~3500 m

分　　布：四川
濒危等级：LC

皱缘纤枝香青
Anaphalis gracilis var. **ulophylla** Hand. -Mazz.
　　习　　性：亚灌木
　　海　　拔：2000~3000 m
　　分　　布：四川、云南
　　濒危等级：LC

铃铃香青
Anaphalis hancockii Maxim.
　　习　　性：多年生草本
　　海　　拔：2000~3700 m
　　分　　布：甘肃、河北、青海、山西、陕西、四川、西藏
　　濒危等级：LC
　　资源利用：药用（中草药）

多茎香青
Anaphalis hondae Kitam.
　　习　　性：多年生草本
　　国内分布：西藏
　　国外分布：尼泊尔
　　濒危等级：DD

大山香青
Anaphalis horaimontana Masam.
　　习　　性：多年生草本
　　分　　布：台湾
　　濒危等级：LC

膜苞香青
Anaphalis hymenolepis Y. Ling
　　习　　性：多年生草本
　　海　　拔：2500~2800 m
　　分　　布：甘肃、四川
　　濒危等级：LC

乳白香青
Anaphalis lactea Maxim.
　　习　　性：灌木
　　海　　拔：2000~3400 m
　　分　　布：甘肃、青海、四川
　　濒危等级：DD

德钦香青
Anaphalis larium Hand. -Mazz.
　　习　　性：多年生草本
　　海　　拔：3000~4300 m
　　分　　布：云南
　　濒危等级：DD

宽翅香青
Anaphalis latialata Y. Ling et Y. L. Chen
　　习　　性：多年生草本
　　海　　拔：2500~3600 m
　　分　　布：甘肃、青海、四川、云南
　　濒危等级：LC

丽江香青
Anaphalis likiangensis(Franch.)Y. Ling
　　习　　性：多年生草本
　　海　　拔：3100~3400 m
　　分　　布：云南
　　濒危等级：DD

珠光香青
Anaphalis margaritacea(L.)Benth. et Hook. f.

珠光香青（原变种）
Anaphalis margaritacea var. **margaritacea**
　　习　　性：多年生草本
　　海　　拔：300~3400 m
　　国内分布：甘肃、广西、湖北、湖南、青海、山西、四川、西藏、云南
　　国外分布：俄罗斯、尼泊尔、日本、印度
　　濒危等级：LC
　　资源利用：环境利用（观赏）

线叶珠光香青
Anaphalis margaritacea var. **angustifolia**(Franch. et Sav.)Hayata
　　习　　性：多年生草本
　　海　　拔：300~3400 m
　　国内分布：甘肃、贵州、河南、湖北、青海、山西、四川、西藏、云南
　　国外分布：朝鲜半岛、日本
　　濒危等级：LC

黄褐珠光香青
Anaphalis margaritacea var. **cinnamomea**(DC.)Herder ex Maxim.
　　习　　性：多年生草本
　　海　　拔：500~2800 m
　　国内分布：甘肃、广东、广西、贵州、湖北、湖南、江西、山西、四川、西藏、云南
　　国外分布：不丹、缅甸、尼泊尔、印度
　　濒危等级：LC

玉山香青
Anaphalis morrisonicola Hayata
　　习　　性：多年生草本
　　海　　拔：1600~3500 m
　　国内分布：台湾
　　国外分布：菲律宾
　　濒危等级：LC

木里香青
Anaphalis muliensis(Hand. -Mazz.)Hand. -Mazz.
　　习　　性：亚灌木
　　海　　拔：3400~4000 m
　　国内分布：四川、云南
　　国外分布：尼泊尔
　　濒危等级：DD

永健香青
Anaphalis nagasawae Hayata
　　习　　性：多年生草本
　　分　　布：台湾
　　濒危等级：LC

尼泊尔香青
Anaphalis nepalensis(Spreng.)Hand. -Mazz.

尼泊尔香青（原变种）
Anaphalis nepalensis var. **nepalensis**
- 习　　性：多年生草本
- 海　　拔：2400~4500 m
- 国内分布：甘肃、陕西、四川、西藏、云南
- 国外分布：不丹、尼泊尔、印度
- 濒危等级：LC

伞房尼泊尔香青
Anaphalis nepalensis var. **corymbosa**(Bureau et Franch.) Hand. -Mazz.
- 习　　性：多年生草本
- 海　　拔：2500~4100 m
- 国内分布：四川、云南
- 国外分布：不丹、缅甸、尼泊尔
- 濒危等级：LC

单头尼泊尔香青
Anaphalis nepalensis var. **monocephala**(DC.) Hand. -Mazz.
- 习　　性：多年生草本
- 海　　拔：4100~4500 m
- 国内分布：四川、西藏、云南
- 国外分布：不丹、尼泊尔、印度
- 濒危等级：LC

锐叶香青
Anaphalis oxyphylla Y. Ling et C. Shih
- 习　　性：多年生草本
- 海　　拔：3100~3900 m
- 分　　布：云南
- 濒危等级：DD

厚衣香青
Anaphalis pachylaena F. H. Chen et Y. Ling
- 习　　性：多年生草本
- 海　　拔：3200~3800 m
- 分　　布：四川
- 濒危等级：LC

污毛香青
Anaphalis pannosa Hand. -Mazz.
- 习　　性：多年生草本
- 海　　拔：3800~4300 m
- 分　　布：云南
- 濒危等级：LC

褶苞香青
Anaphalis plicata Kitam.
- 习　　性：多年生草本
- 分　　布：西藏
- 濒危等级：LC

紫苞香青
Anaphalis porphyrolepis Y. Ling et Y. L. Chen
- 习　　性：多年生草本
- 海　　拔：约4000 m
- 分　　布：西藏
- 濒危等级：LC

红指香青
Anaphalis rhododactyla W. W. Smith
- 习　　性：多年生草本
- 海　　拔：3800~4200 m
- 分　　布：四川、西藏、云南
- 濒危等级：LC

须弥香青
Anaphalis royleana DC.
- 习　　性：草本或亚灌木
- 国内分布：西藏
- 国外分布：不丹、克什米尔地区、尼泊尔、印度
- 濒危等级：LC

香青
Anaphalis sinica Hance

香青（原变种）
Anaphalis sinica var. **sinica**
- 习　　性：多年生草本
- 海　　拔：400~2000 m
- 国内分布：安徽、广西、湖北、湖南、江苏、江西、四川、浙江
- 国外分布：朝鲜半岛、日本
- 濒危等级：LC

疏生香青
Anaphalis sinica var. **alata**(Maxim.)S. X. Zhu et R. J. Bayer
- 习　　性：多年生草本
- 海　　拔：800~2100 m
- 分　　布：甘肃、河北、山西、陕西
- 濒危等级：LC

密生香青
Anaphalis sinica var. **densata** Y. Ling
- 习　　性：多年生草本
- 分　　布：山东
- 濒危等级：LC

棉毛香青
Anaphalis sinica var. **lanata** Y. Ling
- 习　　性：多年生草本
- 海　　拔：1000~1100 m
- 分　　布：河南
- 濒危等级：DD

蜀西香青
Anaphalis souliei Diels
- 习　　性：多年生草本
- 海　　拔：3000~4200 m
- 分　　布：四川
- 濒危等级：LC

灰叶香青
Anaphalis spodiophylla Y. Ling et Y. L. Chen
- 习　　性：多年生草本
- 海　　拔：3000~3100 m
- 分　　布：西藏
- 濒危等级：LC

狭苞香青
Anaphalis stenocephala Y. Ling et C. Shih
- 习　　性：亚灌木

海　　拔：3000～3200 m
分　　布：西藏、云南
濒危等级：LC

亚灌木香青
Anaphalis suffruticosa Hand.-Mazz.
习　　性：亚灌木
海　　拔：1800～3100 m
分　　布：云南
濒危等级：DD

萌条香青
Anaphalis surculosa(Hand.-Mazz.) Hand.-Mazz.
习　　性：多年生草本
海　　拔：100～2700 m
分　　布：四川、云南
濒危等级：DD

四川香青
Anaphalis szechuanensis Y. Ling et Y. L. Chen
习　　性：多年生草本
海　　拔：3500～4500 m
分　　布：四川
濒危等级：DD

细弱香青
Anaphalis tenuissima C. C. Chang
习　　性：多年生草本
分　　布：四川
濒危等级：LC

西藏香青
Anaphalis tibetica Kitam.
习　　性：多年生草本
海　　拔：3800～4100 m
分　　布：西藏
濒危等级：LC

能高香青
Anaphalis transnokoensis Sasaki
习　　性：多年生草本
分　　布：台湾
濒危等级：LC

三脉香青
Anaphalis triplinervis(Sims) C. B. Clarke
习　　性：多年生草本
海　　拔：约 2300 m
国内分布：西藏
国外分布：阿富汗、巴基斯坦、不丹、克什米尔地区、尼泊尔、印度
濒危等级：LC

黄绿香青
Anaphalis virens C. C. Chang
习　　性：多年生草本
海　　拔：1800～3600 m
分　　布：四川、云南
濒危等级：LC

帚枝香青
Anaphalis virgata Thomson
习　　性：多年生草本或亚灌木
海　　拔：3000～4000 m
国内分布：西藏、新疆
国外分布：巴基斯坦、克什米尔地区、尼泊尔
濒危等级：LC

绿香青
Anaphalis viridis Cummins

绿香青（原变种）
Anaphalis viridis var. **viridis**
习　　性：多年生草本
海　　拔：3000～4800 m
分　　布：西藏、云南
濒危等级：LC

无茎绿香青
Anaphalis viridis var. **acaulis** Hand.-Mazz.
习　　性：多年生草本
海　　拔：3600～4800 m
分　　布：四川
濒危等级：LC

木根香青
Anaphalis xylorhiza Sch.-Bip. ex Hook. f.
习　　性：多年生草本
海　　拔：3800～4000 m
国内分布：西藏
国外分布：不丹、尼泊尔、印度
濒危等级：LC

竞生香青
Anaphalis yangii Y. L. Chen et Y. L. Lin
习　　性：多年生草本
海　　拔：约 3700 m
分　　布：西藏
濒危等级：LC

云南香青
Anaphalis yunnanensis(Franch.) Diels
习　　性：亚灌木
海　　拔：2800～4000 m
国内分布：四川、云南
国外分布：尼泊尔
濒危等级：LC

肋果蓟属 Ancathia DC.

肋果蓟
Ancathia igniaria(Spreng.) DC.
习　　性：多年生草本
海　　拔：1100～1500 m
国内分布：新疆
国外分布：俄罗斯、哈萨克斯坦、蒙古
濒危等级：LC

山黄菊属 Anisopappus Hook. et Arn.

山黄菊
Anisopappus chinensis(L.) Hook. et Arn.
习　　性：一年生草本

海　　拔：2400 m以下
国内分布：福建、广东、广西、江西、四川、云南
国外分布：马达加斯加、缅甸、泰国、印度
濒危等级：LC

蝶须属 Antennaria Gaertn.

蝶须
Antennaria dioica(L.)Gaertn.
习　　性：多年生草本
海　　拔：600～2700 m
国内分布：甘肃、黑龙江、新疆
国外分布：俄罗斯、哈萨克斯坦、蒙古、日本
濒危等级：LC
资源利用：药用（中草药）

春黄菊属 Anthemis L.

臭春黄菊
Anthemis cotula L.
习　　性：一年生草本
国内分布：内蒙古
国外分布：北非、欧洲、亚洲西南部
濒危等级：DD

滇麻花头属 Archiserratula L. Martins

滇麻花头
Archiserratula forrestii(Iljin)L. Martins
习　　性：草本和亚灌木
海　　拔：1300～2000 m
分　　布：云南
濒危等级：LC

牛蒡属 Arctium L.

牛蒡
Arctium lappa L.
习　　性：二年生草本
海　　拔：700～3500 m
国内分布：除海南、台湾、西藏外，各省均有分布
国外分布：阿富汗、巴基斯坦、不丹、尼泊尔、日本、印度
濒危等级：LC
资源利用：药用（中草药）

毛头牛蒡
Arctium tomentosum Mill.
习　　性：二年生草本
海　　拔：1200～2100 m
国内分布：新疆
国外分布：俄罗斯、哈萨克斯坦、吉尔吉斯斯坦、塔吉克斯坦、乌兹别克斯坦
濒危等级：LC

莎菀属 Arctogeron DC.

莎菀
Arctogeron gramineum(L.)DC.
习　　性：多年生草本
海　　拔：600～700 m
国内分布：黑龙江、内蒙古
国外分布：俄罗斯、哈萨克斯坦、蒙古
濒危等级：DD

蒿属 Artemisia L.

阿坝蒿
Artemisia abaensis Y. R. Ling et S. Y. Zhao
习　　性：多年生草本
海　　拔：2600～3000 m
分　　布：甘肃、青海、四川
濒危等级：LC

中亚苦蒿
Artemisia absinthium L.
习　　性：多年生草本
海　　拔：1100～1500 m
国内分布：江苏、新疆
国外分布：阿富汗、巴基斯坦、俄罗斯、哈萨克斯坦、吉尔吉斯斯坦、日本、印度
濒危等级：LC
资源利用：药用（中草药）

东北丝裂蒿
Artemisia adamsii Besser
习　　性：多年生草本或亚灌木
海　　拔：约600 m
国内分布：黑龙江、内蒙古
国外分布：俄罗斯、蒙古
濒危等级：LC

阿克塞蒿
Artemisia aksaiensis Y. R. Ling
习　　性：草本或亚灌木
海　　拔：3100～3800 m
分　　布：甘肃
濒危等级：DD

碱蒿
Artemisia anethifolia Weber ex Stechm.
习　　性：一年生或二年生草本
海　　拔：800～2500 m
国内分布：甘肃、河北、黑龙江、内蒙古、宁夏、青海、山西、陕西、新疆
国外分布：俄罗斯、蒙古
濒危等级：LC
资源利用：药用（中草药）；动物饲料（饲料）

莳萝蒿
Artemisia anethoides Mattf.
习　　性：一年生或二年生草本
海　　拔：3300 m以下
国内分布：甘肃、河北、河南、黑龙江、吉林、辽宁、内蒙古、宁夏、青海、山东、山西、陕西、四川、新疆
国外分布：俄罗斯、蒙古
濒危等级：LC
资源利用：药用（中草药）；动物饲料（饲料）

狭叶牡蒿
Artemisia angustissima Nakai
- 习　　性：多年生草本
- 海　　拔：0～500 m
- 国内分布：甘肃、河北、河南、黑龙江、吉林、江苏、辽宁、山东、山西、陕西
- 国外分布：朝鲜半岛
- 濒危等级：LC
- 资源利用：药用（中草药）

黄花蒿
Artemisia annua L.
- 习　　性：一年生草本
- 海　　拔：2000～3700 m
- 国内分布：全国广布
- 国外分布：北美洲、非洲、欧洲、亚洲
- 濒危等级：LC
- 资源利用：原料（精油）；药用（中草药）

奇蒿
Artemisia anomala S. Moore

奇蒿（原变种）
Artemisia anomala var. **anomala**
- 习　　性：多年生草本
- 海　　拔：200～1200 m
- 分　　布：安徽、福建、广东、广西、贵州、河南、湖北、湖南、江苏、江西、四川、台湾
- 濒危等级：LC
- 资源利用：药用（中草药）；原料（精油）

密毛奇蒿
Artemisia anomala var. **tomentella** Hand.-Mazz.
- 习　　性：多年生草本
- 分　　布：广东、广西、湖北、湖南、江西、浙江
- 濒危等级：LC
- 资源利用：药用（中草药）

艾
Artemisia argyi H. Lév. et Vaniot
- 习　　性：多年生草本或亚灌木
- 海　　拔：0～1500 m
- 国内分布：我国大部分地区
- 国外分布：朝鲜半岛、俄罗斯、蒙古
- 濒危等级：LC
- 资源利用：药用（中草药）

银叶蒿
Artemisia argyrophylla Ledeb.

银叶蒿（原变种）
Artemisia argyrophylla var. **argyrophylla**
- 习　　性：多年生草本或亚灌木
- 海　　拔：2000 m 以下
- 国内分布：甘肃、内蒙古、宁夏、新疆
- 国外分布：俄罗斯、蒙古
- 濒危等级：DD

小银叶蒿
Artemisia argyrophylla var. **brevis**(Pamp.) Y. R. Ling
- 习　　性：多年生草本或亚灌木
- 海　　拔：约 2400 m
- 分　　布：新疆
- 濒危等级：DD

褐头蒿
Artemisia aschurbajewii C. Winkl.
- 习　　性：多年生草本
- 海　　拔：1200～3500 m
- 国内分布：甘肃、青海、新疆
- 国外分布：哈萨克斯坦、吉尔吉斯斯坦、塔吉克斯坦
- 濒危等级：LC
- 资源利用：动物饲料（饲料）

暗绿蒿
Artemisia atrovirens Hand.-Mazz.
- 习　　性：多年生草本
- 海　　拔：0～1200 m
- 国内分布：安徽、福建、甘肃、广东、广西、贵州、河南、湖北、湖南、江西、陕西、四川、云南、浙江
- 国外分布：蒙古
- 濒危等级：LC

黄金蒿
Artemisia aurata Kom.
- 习　　性：一年生草本
- 海　　拔：700～800 m
- 国内分布：黑龙江、吉林、辽宁
- 国外分布：朝鲜、俄罗斯、日本
- 濒危等级：LC

银蒿
Artemisia austriaca Jacquem.
- 习　　性：多年生草本或亚灌木
- 海　　拔：400～3400 m
- 国内分布：内蒙古、新疆
- 国外分布：俄罗斯、哈萨克斯坦、吉尔吉斯斯坦、塔吉克斯坦、伊朗
- 濒危等级：LC
- 资源利用：原料（香料，纤维，精油）；动物饲料（饲料）

滇南艾
Artemisia austroyunnanensis Y. Ling et Y. R. Ling
- 习　　性：亚灌木
- 海　　拔：800～2300 m
- 国内分布：云南
- 国外分布：不丹、缅甸、泰国、印度、越南
- 濒危等级：LC

班玛蒿
Artemisia baimaensis Y. R. Ling et Z. C. Chou
- 习　　性：亚灌木
- 海　　拔：约 3400 m
- 分　　布：青海
- 濒危等级：LC

巴尔古津蒿
Artemisia bargusinensis Spreng.
- 习　　性：多年生草本
- 海　　拔：约 800 m
- 国内分布：黑龙江

国外分布：俄罗斯、欧洲
濒危等级：LC

白莎蒿
Artemisia blepharolepis Bunge
- 习　　性：一年生草本
- 海　　拔：900~1600 m
- 国内分布：内蒙古、宁夏、陕西
- 国外分布：蒙古
- 濒危等级：LC

山蒿
Artemisia brachyloba Franch.
- 习　　性：亚灌木或灌木
- 海　　拔：1000~2100 m
- 国内分布：甘肃、河北、辽宁、内蒙古、宁夏、山西、陕西
- 国外分布：蒙古
- 濒危等级：LC
- 资源利用：药用（中草药）

高岭蒿
Artemisia brachyphylla Kitam.
- 习　　性：多年生草本
- 海　　拔：约1100 m
- 国内分布：吉林
- 国外分布：朝鲜半岛
- 濒危等级：LC

矮丛蒿
Artemisia caespitosa Ledeb.
- 习　　性：多年生草本
- 国内分布：内蒙古、新疆
- 国外分布：俄罗斯、蒙古
- 濒危等级：LC

美叶蒿
Artemisia calophylla Pamp.
- 习　　性：亚灌木
- 海　　拔：1600~3000 m
- 分　　布：广西、贵州、青海、四川、西藏、云南
- 濒危等级：LC

绒毛蒿
Artemisia campbellii Hook. f. et Thomson ex C. B. Clarke
- 习　　性：亚灌木
- 海　　拔：3800~5300 m
- 国内分布：青海、四川、西藏
- 国外分布：巴基斯坦、不丹、印度
- 濒危等级：LC

荒野蒿
Artemisia campestris L.
- 习　　性：灌木
- 海　　拔：300~3100 m
- 国内分布：甘肃、台湾、新疆
- 国外分布：俄罗斯、日本
- 濒危等级：LC

茵陈蒿
Artemisia capillaris Thunb.
- 习　　性：半灌木状草本
- 海　　拔：100~2700 m
- 国内分布：安徽、福建、广东、广西、河北、河南、湖北、湖南、江苏、江西、辽宁、山东、陕西、四川、台湾、云南、浙江
- 国外分布：朝鲜半岛、俄罗斯、菲律宾、柬埔寨、马来西亚、尼泊尔、日本、印度尼西亚、越南
- 濒危等级：LC
- 资源利用：药用（中草药）；原料（精油）；动物饲料（饲料）

青蒿
Artemisia caruifolia Buch. -Ham. ex Roxb.

青蒿（原变种）
Artemisia caruifolia var. **caruifolia**
- 习　　性：一年生或二年生草本
- 国内分布：安徽、福建、广东、广西、贵州、河北、河南、湖北、湖南、吉林、江苏、江西、辽宁、山东、陕西、四川、云南、浙江
- 国外分布：朝鲜半岛、缅甸、尼泊尔、日本、印度、越南
- 濒危等级：LC

大头青蒿
Artemisia caruifolia var. **schochii** (Mattf.) Pamp.
- 习　　性：一年生或二年生草本
- 分　　布：广东、广西、贵州、湖北、湖南、江苏、江西、云南
- 濒危等级：LC

千山蒿
Artemisia chienshanica Y. Ling et W. Wang
- 习　　性：亚灌木
- 海　　拔：约600 m
- 分　　布：辽宁
- 濒危等级：LC

南毛蒿
Artemisia chingii Pamp.
- 习　　性：多年生草本
- 海　　拔：700~1800 m
- 分　　布：安徽、甘肃、广东、广西、贵州、河南、湖北、湖南、江西、山西、陕西、四川、台湾、云南、浙江
- 濒危等级：LC

高山矮蒿
Artemisia comaiensis Y. Ling et Y. R. Ling
- 习　　性：多年生草本
- 海　　拔：4000~5000 m
- 分　　布：四川、西藏
- 濒危等级：LC

错那蒿
Artemisia conaensis Y. Ling et Y. R. Ling
- 习　　性：多年生草本
- 海　　拔：3000~4000 m
- 分　　布：西藏
- 濒危等级：LC
- 资源利用：药用（中草药）

米蒿
Artemisia dalai-lamae Krasch.

习　　性：亚灌木
海　　拔：1800～3200 m
分　　布：甘肃、内蒙古、青海、西藏
濒危等级：LC
资源利用：动物饲料（饲料）

纤杆蒿
Artemisia demissa Krasch.
习　　性：一年生或二年生草本
海　　拔：2600～4800 m
国内分布：甘肃、内蒙古、青海、四川、西藏、新疆
国外分布：阿富汗、塔吉克斯坦、印度
濒危等级：LC

中亚草原蒿
Artemisia depauperata Krasch.
习　　性：多年生草本
海　　拔：2300～2600 m
国内分布：新疆
国外分布：俄罗斯、哈萨克斯坦、蒙古
濒危等级：LC
资源利用：动物饲料（饲料）

沙蒿
Artemisia desertorum Spreng.

沙蒿（原变种）
Artemisia desertorum var. **desertorum**
习　　性：多年生草本
海　　拔：0～4000 m
国内分布：甘肃、贵州、河北、黑龙江、吉林、辽宁、内蒙古、宁夏、青海、山西、陕西、四川、西藏、新疆、云南
国外分布：巴基斯坦、朝鲜半岛、俄罗斯、蒙古、尼泊尔、日本、印度
濒危等级：LC

矮沙蒿
Artemisia desertorum var. **foetida**（Jacquem. ex DC.）Y. Ling et Y. R. Ling
习　　性：多年生草本
海　　拔：3500～4200 m
分　　布：青海、四川、西藏
濒危等级：LC

东俄洛沙蒿
Artemisia desertorum var. **tongolensis** Pamp.
习　　性：多年生草本
海　　拔：3500～4600 m
分　　布：甘肃、四川、西藏
濒危等级：LC

侧蒿
Artemisia deversa Diels
习　　性：多年生草本
海　　拔：1000～2300 m
分　　布：甘肃、湖北、陕西、四川
濒危等级：LC

矮丛光蒿
Artemisia disjuncta Krasch.
习　　性：多年生草本
海　　拔：1700～2700 m
国内分布：新疆
国外分布：蒙古
濒危等级：LC

叉枝蒿
Artemisia divaricata（Pamp.）Pamp.
习　　性：多年生草本
海　　拔：2000～3400 m
分　　布：湖北、四川、云南
濒危等级：LC

龙蒿
Artemisia dracunculus L.

龙蒿（原变种）
Artemisia dracunculus var. **dracunculus**
习　　性：亚灌木
海　　拔：500～3800 m
国内分布：甘肃、黑龙江、吉林、辽宁、内蒙古、宁夏、青海、山西、陕西、新疆
国外分布：阿富汗、巴基斯坦、蒙古、印度
濒危等级：LC
资源利用：药用（中草药）；原料（精油）；动物饲料（饲料）；食品添加剂（调味剂）

杭爱龙蒿
Artemisia dracunculus var. **changaica**（Krasch.）Y. R. Ling
习　　性：亚灌木
国内分布：甘肃、宁夏、青海、新疆
国外分布：蒙古
濒危等级：LC

帕米尔蒿
Artemisia dracunculus var. **pamirica**（C. Winkl.）Y. R. Ling et Humphries
习　　性：亚灌木
海　　拔：3000～3400 m
国内分布：青海、西藏、新疆
国外分布：阿富汗、巴基斯坦、塔吉克斯坦
濒危等级：LC

青海龙蒿
Artemisia dracunculus var. **qinghaiensis** Y. R. Ling
习　　性：亚灌木
海　　拔：2500～3500 m
分　　布：青海
濒危等级：LC

宽裂龙蒿
Artemisia dracunculus var. **turkestanica** Krasch.
习　　性：亚灌木
海　　拔：800～2500 m
国内分布：新疆
国外分布：哈萨克斯坦
濒危等级：LC
资源利用：药用（中草药）

牛尾蒿
Artemisia dubia Wall. ex Besser

牛尾蒿（原变种）
Artemisia dubia var. **dubia**
习　　性：亚灌木
海　　拔：3500 m 以下
国内分布：甘肃、内蒙古、四川、西藏、云南
国外分布：不丹、尼泊尔、日本、泰国、印度
濒危等级：LC
资源利用：药用（中草药）

无毛牛尾蒿
Artemisia dubia var. **subdigitata**(Mattf.) Y. R. Ling
习　　性：亚灌木
海　　拔：3000 m 以下
国内分布：甘肃、广西、贵州、河北、河南、湖北、内蒙古、宁夏、青海、山东、山西、陕西、四川、云南
国外分布：不丹、尼泊尔、印度
濒危等级：LC
资源利用：药用（中草药）

青藏蒿
Artemisia duthreuil-de-rhinsi Krasch.
习　　性：多年生草本
海　　拔：3700 ~ 4600 m
分　　布：青海、四川、西藏
濒危等级：LC

峨眉蒿
Artemisia emeiensis Y. R. Ling
习　　性：多年生草本
海　　拔：2500 ~ 2800 m
分　　布：四川
濒危等级：DD

南牡蒿
Artemisia eriopoda Bunge

南牡蒿（原变种）
Artemisia eriopoda var. **eriopoda**
习　　性：多年生草本
海　　拔：0 ~ 1500 m
国内分布：安徽、河北、河南、湖北、湖南、江苏、辽宁、内蒙古、山东、山西、陕西、四川、云南
国外分布：朝鲜半岛、蒙古、日本
濒危等级：LC
资源利用：药用（中草药）

甘肃南牡蒿
Artemisia eriopoda var. **gansuensis** Y. Ling et Y. R. Ling
习　　性：多年生草本
海　　拔：2100 m 以下
分　　布：甘肃
濒危等级：LC

渤海滨南牡蒿
Artemisia eriopoda var. **maritima** Y. Ling et Y. R. Ling
习　　性：多年生草本
分　　布：山东
濒危等级：LC

圆叶南牡蒿
Artemisia eriopoda var. **rotundifolia**(Debeaux) Y. R. Ling
习　　性：多年生草本
分　　布：河北、江苏、山东
濒危等级：LC

山西南牡蒿
Artemisia eriopoda var. **shanxiensis** Y. R. Ling
习　　性：多年生草本
分　　布：山西
濒危等级：LC

二郎山蒿
Artemisia erlangshanensis Y. Ling et Y. R. Ling
习　　性：亚灌木
海　　拔：2300 ~ 3100 m
分　　布：四川
濒危等级：LC

海州蒿
Artemisia fauriei Nakai
习　　性：多年生草本
国内分布：河北、江苏、山东
国外分布：朝鲜半岛、日本
濒危等级：LC

垂叶蒿
Artemisia flaccida Hand. -Mazz.

垂叶蒿（原变种）
Artemisia flaccida var. **flaccida**
习　　性：多年生草本
海　　拔：1000 ~ 4100 m
分　　布：贵州、四川、云南
濒危等级：LC

齿裂垂叶蒿
Artemisia flaccida var. **meiguensis** Y. R. Ling
习　　性：多年生草本
分　　布：四川
濒危等级：LC

亮苞蒿
Artemisia forrestii W. W. Smith
习　　性：亚灌木
海　　拔：2200 ~ 3800 m
分　　布：云南
濒危等级：LC

绿栉齿叶蒿
Artemisia freyniana(Pamp.) Krasch.
习　　性：亚灌木
国内分布：甘肃、黑龙江、吉林、内蒙古、宁夏
国外分布：俄罗斯、蒙古
濒危等级：LC

冷蒿
Artemisia frigida Willd.

冷蒿（原变种）
Artemisia frigida var. **frigida**

习　　性：多年生草本
海　　拔：1000~4000 m
国内分布：甘肃、黑龙江、湖北、吉林、辽宁、内蒙古、宁夏、青海、陕西、西藏、新疆
国外分布：俄罗斯、吉尔吉斯斯坦、蒙古、塔吉克斯坦
濒危等级：LC
资源利用：药用（中草药）；动物饲料（饲料）

紫花冷蒿
Artemisia frigida var. **atropurpurea** Pamp.
习　　性：多年生草本
海　　拔：2000~2600 m
分　　布：甘肃、宁夏、新疆
濒危等级：LC

滨艾
Artemisia fukudo Makino
习　　性：二年生或多年生草本
国内分布：台湾、浙江
国外分布：朝鲜半岛、日本
濒危等级：LC

亮蒿
Artemisia fulgens Pamp.
习　　性：多年生草本
海　　拔：3400~3600 m
分　　布：青海、四川、西藏
濒危等级：LC

甘肃蒿
Artemisia gansuensis Y. Ling et Y. R. Ling

甘肃蒿（原变种）
Artemisia gansuensis var. **gansuensis**
习　　性：亚灌木
分　　布：甘肃、河北、内蒙古、宁夏、青海、山西、陕西
濒危等级：LC

小甘肃蒿
Artemisia gansuensis var. **oligantha** Y. Ling et Y. R. Ling
习　　性：亚灌木
分　　布：内蒙古
濒危等级：LC

湘赣艾
Artemisia gilvescens Miq.
习　　性：多年生草本
国内分布：安徽、湖北、湖南、江西、陕西、四川
国外分布：日本
濒危等级：LC
资源利用：药用（中草药）

华北米蒿
Artemisia giraldii Pamp.

华北米蒿（原变种）
Artemisia giraldii var. **giraldii**
习　　性：亚灌木
海　　拔：1000~2300 m
分　　布：甘肃、河北、内蒙古、宁夏、山西、陕西、四川
濒危等级：LC
资源利用：药用（中草药）

长梗米蒿
Artemisia giraldii var. **longipedunculata** Y. R. Ling
习　　性：亚灌木
分　　布：河北、内蒙古
濒危等级：DD

假球蒿
Artemisia globosoides Y. Ling et Y. R. Ling
习　　性：亚灌木
分　　布：内蒙古、宁夏
濒危等级：DD

细裂叶莲蒿
Artemisia gmelinii Weber ex Stechm.

细裂叶莲蒿（原变种）
Artemisia gmelinii var. **gmelinii**
习　　性：亚灌木
海　　拔：1500~4900 m
国内分布：安徽、甘肃、广东、河北、河南、湖北、吉林、江苏、辽宁、内蒙古、宁夏、山西、陕西、四川、西藏、新疆
国外分布：阿富汗、巴基斯坦、朝鲜半岛、俄罗斯、哈萨克斯坦、吉尔吉斯斯坦、蒙古、尼泊尔、日本、塔吉克斯坦、印度
濒危等级：LC

灰莲蒿
Artemisia gmelinii var. **incana**(Besser) H. C. Fu
习　　性：亚灌木
海　　拔：1000~1300 m
国内分布：全国广布
国外分布：朝鲜半岛、蒙古、日本
濒危等级：LC

密毛细裂叶莲蒿
Artemisia gmelinii var. **messerschmidiana**(Besser) Poljakov
习　　性：亚灌木
国内分布：甘肃、河北、河南、黑龙江、吉林、江苏、辽宁、内蒙古、宁夏、青海、山东、山西、陕西、新疆
国外分布：阿富汗、朝鲜半岛、俄罗斯、蒙古、日本
濒危等级：LC

贡山蒿
Artemisia gongshanensis Y. R. Ling et Humphries
习　　性：多年生草本
海　　拔：3500~3600 m
分　　布：云南
濒危等级：LC

江孜蒿
Artemisia gyangzeensis Y. Ling et Y. R. Ling
习　　性：亚灌木
海　　拔：约3900 m
分　　布：甘肃、青海、西藏

濒危等级：LC

吉塘蒿
Artemisia gyitangensis Y. Ling et Y. R. Ling
- 习　　性：多年生草本
- 海　　拔：3100~3800 m
- 分　　布：四川、西藏
- 濒危等级：DD

盐蒿
Artemisia halodendron Turcz. ex Besser
- 习　　性：灌木
- 海　　拔：200~1400 m
- 国内分布：甘肃、河北、黑龙江、吉林、辽宁、内蒙古、宁夏、山西、陕西、新疆
- 国外分布：俄罗斯、蒙古
- 濒危等级：LC

雷琼牡蒿
Artemisia hancei (Pamp.) Y. Ling et Y. R. Ling
- 习　　性：亚灌木
- 国内分布：广东、海南
- 国外分布：越南
- 濒危等级：LC

臭蒿
Artemisia hedinii Ostenf.
- 习　　性：一年生草本
- 海　　拔：1000~5000 m
- 国内分布：甘肃、内蒙古、青海、四川、西藏、新疆、云南
- 国外分布：巴基斯坦、塔吉克斯坦、印度
- 濒危等级：LC
- 资源利用：药用（中草药）

歧茎蒿
Artemisia igniaria Maxim.
- 习　　性：亚灌木
- 海　　拔：100 m以下
- 分　　布：河北、河南、黑龙江、吉林、辽宁、内蒙古、宁夏、山东、山西、陕西
- 濒危等级：LC
- 资源利用：药用（中草药）

锈苞蒿
Artemisia imponens Pamp.
- 习　　性：多年生草本
- 海　　拔：3400~4700 m
- 分　　布：湖北、青海、四川、西藏、云南
- 濒危等级：LC

尖裂叶蒿
Artemisia incisa Pamp.
- 习　　性：多年生草本
- 海　　拔：300~1500 m
- 国内分布：西藏
- 国外分布：阿富汗、巴基斯坦、克什米尔地区、尼泊尔、印度
- 濒危等级：LC

五月艾
Artemisia indica Willd.

五月艾（原变种）
Artemisia indica var. **indica**
- 习　　性：多年生草本或亚灌木
- 国内分布：安徽、福建、甘肃、广东、广西、贵州、海南、河北、河南、湖北、湖南、吉林、江苏、江西、辽宁、内蒙古、山东、山西、陕西、四川、台湾、西藏、云南、浙江
- 国外分布：朝鲜半岛、菲律宾、缅甸、日本、泰国、印度、印度尼西亚、越南
- 濒危等级：LC

雅致艾
Artemisia indica var. **elegantissima** (Pamp.) Y. R. Ling et Humphries
- 习　　性：多年生草本或亚灌木
- 国内分布：西藏
- 国外分布：印度
- 濒危等级：LC

柳叶蒿
Artemisia integrifolia L.
- 习　　性：多年生草本
- 国内分布：河北、黑龙江、吉林、辽宁、内蒙古
- 国外分布：朝鲜半岛、俄罗斯、蒙古
- 濒危等级：LC

牡蒿
Artemisia japonica Thunb.

牡蒿（原变种）
Artemisia japonica var. **japonica**
- 习　　性：多年生草本
- 海　　拔：0~3300 m
- 国内分布：安徽、福建、甘肃、广东、广西、贵州、河北、河南、黑龙江、湖北、湖南、江苏、江西、辽宁、山东、山西、陕西、四川、台湾、西藏、云南、浙江
- 国外分布：阿富汗、不丹、朝鲜半岛、俄罗斯、菲律宾、老挝、缅甸、尼泊尔、日本、泰国、印度、越南
- 濒危等级：LC
- 资源利用：药用（中草药）；原料（精油）；农药；动物饲料（饲料）

海南牡蒿
Artemisia japonica var. **hainanensis** Y. R. Ling
- 习　　性：多年生草本
- 分　　布：广西、海南
- 濒危等级：DD
- 资源利用：药用（中草药）

吉隆蒿
Artemisia jilongensis Y. R. Ling et Humphries
- 习　　性：多年生草本
- 海　　拔：约4200 m
- 分　　布：西藏
- 濒危等级：LC

狭裂白蒿
Artemisia kanashiroi Kitam.
习　　性：多年生草本
海　　拔：2300 m 以下
分　　布：甘肃、河北、内蒙古、宁夏、青海、山西、陕西
濒危等级：LC

康马蒿
Artemisia kangmarensis Y. Ling et Y. R. Ling
习　　性：亚灌木
海　　拔：4300～4500 m
分　　布：西藏
濒危等级：DD

山艾
Artemisia kawakamii Hayata
习　　性：亚灌木
海　　拔：2700～3900 m
分　　布：台湾
濒危等级：LC

无齿蒌蒿
Artemisia keiskeana Miq.
习　　性：亚灌木
海　　拔：100～900 m
国内分布：河北、黑龙江、吉林、辽宁、山东
国外分布：朝鲜半岛、俄罗斯、日本
濒危等级：LC
资源利用：药用（中草药）

蒙古沙地蒿
Artemisia klementzae Krasch.
习　　性：灌木
海　　拔：1500 m 以下
国内分布：内蒙古
国外分布：蒙古
濒危等级：LC

掌裂蒿
Artemisia kuschakewiczii C. Winkl.
习　　性：多年生草本
海　　拔：3500～4000 m
国内分布：西藏、新疆
国外分布：塔吉克斯坦
濒危等级：LC

白苞蒿
Artemisia lactiflora Wall. ex DC.

白苞蒿（原变种）
Artemisia lactiflora var. **lactiflora**
习　　性：多年生草本
海　　拔：? ～3000 m
国内分布：安徽、福建、甘肃、广东、广西、贵州、河南、湖北、湖南、江苏、江西、陕西、四川、台湾、云南、浙江
国外分布：柬埔寨、老挝、泰国、新加坡、印度、印度尼西亚
濒危等级：LC
资源利用：药用（中草药）；原料（精油）

细裂叶白苞蒿
Artemisia lactiflora var. **incisa**(Pamp.)Y. Ling et Y. R. Ling
习　　性：多年生草本
海　　拔：1800 m 以下
分　　布：湖北、陕西、四川
濒危等级：DD
资源利用：药用（中草药）；原料（精油）

太白山白苞蒿
Artemisia lactiflora var. **taibaishanensis** X. D. Cui
习　　性：多年生草本
海　　拔：1200～1900 m
分　　布：甘肃、陕西
濒危等级：LC

白山蒿
Artemisia lagocephala(Fisch. ex Besser)DC.
习　　性：半灌木状草本
海　　拔：2600 m 以下
国内分布：黑龙江、吉林、内蒙古、四川
国外分布：俄罗斯
濒危等级：LC

矮蒿
Artemisia lancea Vaniot
习　　性：多年生草本
海　　拔：300～1700 m
国内分布：我国大部分地方
国外分布：朝鲜半岛、俄罗斯、日本、印度
濒危等级：LC
资源利用：原料（精油）

宽叶蒿
Artemisia latifolia Ledeb.
习　　性：多年生草本
海　　拔：1000 m
国内分布：甘肃、黑龙江、吉林、辽宁、内蒙古
国外分布：朝鲜半岛、俄罗斯、哈萨克斯坦、蒙古、乌兹别克斯坦
濒危等级：LC

野艾蒿
Artemisia lavandulifolia DC.
习　　性：多年生草本或灌木
海　　拔：400～3000 m
国内分布：安徽、甘肃、广东、广西、贵州、河北、河南、黑龙江、湖北、湖南、吉林、江苏、江西、辽宁、内蒙古、山东、山西、陕西、四川、云南
国外分布：朝鲜半岛、俄罗斯、蒙古、日本
濒危等级：LC

白叶蒿
Artemisia leucophylla(Turcz. ex Ledeb.)C. B. Clarke
习　　性：多年生草本
海　　拔：0～4000 m
国内分布：甘肃、贵州、河北、黑龙江、吉林、辽宁、内蒙古、宁夏、青海、山西、陕西、四川、西藏、新

疆、云南
国外分布：朝鲜半岛、俄罗斯、蒙古
濒危等级：LC
资源利用：药用（中草药）

有润蒿
Artemisia lingyeouruennii L. M. Shultz et Boufford
习　　性：多年生草本
海　　拔：约3800 m
分　　布：四川
濒危等级：DD

滨海牡蒿
Artemisia littoricola Kitam.
习　　性：多年生草本
国内分布：黑龙江、内蒙古
国外分布：朝鲜半岛、俄罗斯、日本
濒危等级：DD
资源利用：药用（中草药）

细杆沙蒿
Artemisia macilenta (Maxim.) Krasch.
习　　性：多年生草本
海　　拔：600 ~ 1500 m
国内分布：河北、内蒙古、山西
国外分布：俄罗斯
濒危等级：DD

亚洲大花蒿
Artemisia macrantha Ledeb.
习　　性：半灌木状草本
海　　拔：? ~ 1500 m
国内分布：内蒙古、新疆
国外分布：俄罗斯、哈萨克斯坦、吉尔吉斯斯坦、蒙古、塔吉克斯坦、土库曼斯坦、乌兹别克斯坦
濒危等级：LC

大花蒿
Artemisia macrocephala Jacquem. ex Besser
习　　性：一年生草本
海　　拔：1500 ~ 5500 m
国内分布：甘肃、宁夏、青海、西藏、新疆
国外分布：阿富汗、巴基斯坦、俄罗斯、哈萨克斯坦、吉尔吉斯斯坦、蒙古、塔吉克斯坦、亚洲西南部、印度
濒危等级：LC
资源利用：药用（中草药，兽药）；原料（精油）；动物饲料（饲料）

小亮苞蒿
Artemisia mairei H. Lév.
习　　性：多年生草本
海　　拔：2100 ~ 3600 m
分　　布：云南
濒危等级：LC

东北牡蒿
Artemisia manshurica (Kom.) Kom.
习　　性：多年生草本
海　　拔：约700 m
分　　布：河北、黑龙江、吉林、辽宁、内蒙古
濒危等级：LC
资源利用：药用（中草药）

中亚旱蒿
Artemisia marschalliana Spreng.

中亚旱蒿（原变种）
Artemisia marschalliana var. **marschalliana**
习　　性：亚灌木或灌木
海　　拔：500 ~ 2200 m
国内分布：新疆
国外分布：俄罗斯、哈萨克斯坦
濒危等级：LC
资源利用：动物饲料（饲料）

绢毛旱蒿
Artemisia marschalliana var. **sericophylla** (Rupr.) Y. R. Ling
习　　性：亚灌木或灌木
海　　拔：500 ~ 2200 m
国内分布：新疆
国外分布：俄罗斯、哈萨克斯坦
濒危等级：LC
资源利用：动物饲料（饲料）

黏毛蒿
Artemisia mattfeldii Pamp.

黏毛蒿（原变种）
Artemisia mattfeldii var. **mattfeldii**
习　　性：多年生草本
海　　拔：2600 ~ 4800 m
分　　布：甘肃、青海、四川、西藏
濒危等级：LC

无绒黏毛蒿
Artemisia mattfeldii var. **etomentosa** Hand.-Mazz.
习　　性：多年生草本
海　　拔：3600 ~ 4200 m
分　　布：甘肃、青海、四川、西藏
濒危等级：LC

东亚栉齿蒿
Artemisia maximovicziana Krasch. ex Poljakov
习　　性：亚灌木或草本
海　　拔：300 ~ 1500 m
国内分布：黑龙江、内蒙古
国外分布：俄罗斯
濒危等级：LC

尖栉齿叶蒿
Artemisia medioxima Krasch. ex Poljakov
习　　性：亚灌木
海　　拔：300 ~ 1500 m
国内分布：河北、黑龙江、内蒙古、山西
国外分布：俄罗斯
濒危等级：LC

垫型蒿
Artemisia minor Jacquem. ex Besser
习　　性：草本或矮小亚灌木

海　　拔：3000~5800 m
国内分布：甘肃、青海、西藏、新疆
国外分布：巴基斯坦、印度
濒危等级：LC
资源利用：动物饲料（饲料）

蒙古蒿
Artemisia mongolica (Fisch. ex Besser) Nakai
习　　性：多年生草本
海　　拔：0~2000 m
国内分布：安徽、福建、甘肃、广东、贵州、河北、河南、黑龙江、湖北、湖南、吉林、江苏、江西、辽宁、内蒙古、宁夏、青海、山东、山西、陕西、四川、台湾、新疆
国外分布：朝鲜、俄罗斯、哈萨克斯坦、吉尔吉斯斯坦、土库曼斯坦、乌兹别克斯坦
濒危等级：LC
资源利用：药用（中草药）；原料（纤维，化工，精油）；动物饲料（饲料）

山地蒿
Artemisia montana (Nakai) Pamp.
习　　性：多年生草本
海　　拔：300~2800 m
国内分布：安徽、湖南、江西
国外分布：俄罗斯、日本
濒危等级：LC

小球花蒿
Artemisia moorcroftiana Wall. ex DC.
习　　性：亚灌木
海　　拔：2000~5300 m
国内分布：甘肃、宁夏、青海、四川、西藏、云南
国外分布：巴基斯坦、不丹、印度
濒危等级：LC
资源利用：药用（中草药）

细叶山艾
Artemisia morrisonensis Hayata
习　　性：亚灌木
海　　拔：300~2500 m
分　　布：台湾
濒危等级：LC

多花蒿
Artemisia myriantha Wall. ex Besser

多花蒿（原变种）
Artemisia myriantha var. **myriantha**
习　　性：多年生草本
海　　拔：2800 m 以下
国内分布：甘肃、广西、贵州、青海、四川、云南
国外分布：不丹、缅甸、尼泊尔、泰国、印度
濒危等级：LC

白毛多花蒿
Artemisia myriantha var. **pleiocephala** (Pamp.) Y. R. Ling
习　　性：多年生草本
海　　拔：800~2800 m
国内分布：贵州、青海、四川、西藏、云南

国外分布：不丹、尼泊尔、印度
濒危等级：LC

矮滨蒿
Artemisia nakaii Pamp.
习　　性：二年生草本
国内分布：河北、辽宁、内蒙古
国外分布：朝鲜
濒危等级：LC

昆仑蒿
Artemisia nanschanica Krasch.
习　　性：多年生草本
海　　拔：2100~5300 m
分　　布：甘肃、青海、西藏、新疆
濒危等级：LC

西南圆头蒿
Artemisia neosinensis B. H. Jiao et T. G. Gao
习　　性：多年生草本
海　　拔：2600~3900 m
分　　布：青海、四川、西藏、云南
濒危等级：LC

玉山艾
Artemisia niitakayamensis Hayata
习　　性：多年生草本
海　　拔：3000~3800 m
分　　布：台湾
濒危等级：LC

南亚蒿
Artemisia nilagirica (C. B. Clarke) Pamp.
习　　性：多年生草本
国内分布：四川、西藏
国外分布：缅甸、印度
濒危等级：LC

藏旱蒿
Artemisia nortonii Pamp.
习　　性：多年生草本
海　　拔：约 4200 m
分　　布：西藏
濒危等级：DD

怒江蒿
Artemisia nujianensis (Y. Ling et Y. R. Ling) Y. R. Ling
习　　性：亚灌木
海　　拔：2200~2300 m
分　　布：西藏、云南
濒危等级：DD

钝裂蒿
Artemisia obtusiloba Ledeb.

钝裂蒿（原变种）
Artemisia obtusiloba var. **obtusiloba**
习　　性：多年生草本
海　　拔：900~1700 m
国内分布：新疆
国外分布：俄罗斯、哈萨克斯坦、蒙古

濒危等级：LC

亮绿蒿
Artemisia obtusiloba var. **glabra** Ledeb.
习　　性：多年生草本
国内分布：新疆
国外分布：俄罗斯
濒危等级：LC

川西腺毛蒿
Artemisia occidentalisichuanensis Y. R. Ling et S. Y. Zhao
习　　性：多年生草本
分　布：四川
濒危等级：DD

华西蒿
Artemisia occidentalisinensis Y. R. Ling

华西蒿（原变种）
Artemisia occidentalisinensis var. **occidentalisinensis**
习　　性：多年生草本
分　布：西藏
濒危等级：LC

齿裂华西蒿
Artemisia occidentalisinensis var. **denticulata** Y. R. Ling
习　　性：多年生草本
海　　拔：3000~3800 m
分　布：四川、西藏
濒危等级：LC

高山艾
Artemisia oligocarpa Hayata
习　　性：亚灌木
海　　拔：2500~3800 m
分　布：台湾
濒危等级：LC

黑沙蒿
Artemisia ordosica Krasch.
习　　性：小灌木
海　　拔：1500 m 以下
分　布：甘肃、河北、内蒙古、宁夏、山西、陕西、新疆
濒危等级：LC
资源利用：药用（中草药）；动物饲料（饲料）

东方蒿
Artemisia orientalihengduangensis Y. Ling et Y. R. Ling
习　　性：多年生草本
海　　拔：2300~3200 m
国内分布：四川、云南
国外分布：缅甸
濒危等级：LC
资源利用：药用（中草药）

昌都蒿
Artemisia orientalixizangensis Y. R. Ling et Humphries
习　　性：多年生草本
分　布：西藏
濒危等级：DD

滇东蒿
Artemisia orientaliyunnanensis Y. R. Ling
习　　性：多年生草本
海　　拔：1500~2700 m
分　布：云南
濒危等级：LC

光沙蒿
Artemisia oxycephala Kitag.
习　　性：亚灌木
海　　拔：约700 m
分　布：河北、黑龙江、吉林、辽宁、内蒙古、山西
濒危等级：LC
资源利用：动物饲料（饲料）

黑蒿
Artemisia palustris L.
习　　性：一年生草本
海　　拔：200~1500 m
国内分布：河北、黑龙江、吉林、辽宁、内蒙古
国外分布：朝鲜、俄罗斯、蒙古
濒危等级：LC
资源利用：动物饲料（饲料）

西南牡蒿
Artemisia parviflora Buch. -Ham. ex D. Don
习　　性：多年生草本或亚灌木
海　　拔：400~4000 m
国内分布：甘肃、贵州、河南、湖北、青海、陕西、四川、西藏、云南
国外分布：阿富汗、缅甸、尼泊尔、斯里兰卡、印度
濒危等级：LC
资源利用：药用（中草药）

彭错蒿
Artemisia pengchuoensis Y. R. Ling et S. Y. Zhao
习　　性：多年生草本
海　　拔：300~1500 m
分　布：四川
濒危等级：DD

伊朗蒿
Artemisia persica Boiss.

伊朗蒿（原变种）
Artemisia persica var. **persica**
习　　性：草本和亚灌木
海　　拔：2900~4000 m
国内分布：青海、西藏
国外分布：阿富汗、巴基斯坦、哈萨克斯坦、吉尔吉斯斯坦、缅甸、塔吉克斯坦、印度
濒危等级：LC
资源利用：药用（中草药）

微刺伊朗蒿
Artemisia persica var. **subspinescens**(Boiss.) Boiss.
习　　性：草本和亚灌木
国内分布：西藏
国外分布：阿富汗

濒危等级：LC

纤梗蒿
Artemisia pewzowii C. Winkl.
- 习　　性：一年生草本
- 海　　拔：1000～3900 m
- 分　　布：青海、西藏、新疆
- 濒危等级：LC

褐苞蒿
Artemisia phaeolepis Krasch.
- 习　　性：多年生草本
- 海　　拔：2500～3600 m
- 国内分布：甘肃、内蒙古、宁夏、青海、山西、西藏、新疆
- 国外分布：俄罗斯、哈萨克斯坦、蒙古
- 濒危等级：LC

叶苞蒿
Artemisia phyllobotrys(Hand.-Mazz.)Y. Ling et Y. R. Ling
- 习　　性：多年生草本
- 海　　拔：3000～3900 m
- 分　　布：青海、四川
- 濒危等级：DD

甘新青蒿
Artemisia polybotryoidea Y. R. Ling
- 习　　性：多年生草本
- 海　　拔：1000～1500 m
- 分　　布：甘肃、新疆
- 濒危等级：DD

西北蒿
Artemisia pontica L.
- 习　　性：半灌木状草本
- 国内分布：甘肃、宁夏、新疆
- 国外分布：俄罗斯、哈萨克斯坦
- 濒危等级：LC

藏岩蒿
Artemisia prattii(Pamp.)Y. Ling et Y. R. Ling
- 习　　性：亚灌木
- 海　　拔：2500～3600 m
- 分　　布：青海、四川、西藏
- 濒危等级：LC

魁蒿
Artemisia princeps Pamp.
- 习　　性：多年生草本
- 海　　拔：100～1400 m
- 国内分布：安徽、甘肃、广东、广西、贵州、河北、河南、湖北、湖南、江苏、江西、辽宁、内蒙古、山东、山西、陕西、四川、台湾、云南
- 国外分布：朝鲜半岛、日本
- 濒危等级：LC
- 资源利用：药用（中草药）；原料（精油）

甘青小蒿
Artemisia przewalskii Krasch.
- 习　　性：一年生草本
- 海　　拔：2700～3300 m
- 分　　布：甘肃、青海
- 濒危等级：DD

柔毛蒿
Artemisia pubescens Ledeb.

柔毛蒿（原变种）
Artemisia pubescens var. **pubescens**
- 习　　性：多年生草本或亚灌木
- 分　　布：甘肃、黑龙江、吉林、辽宁、内蒙古、青海、山西、陕西、四川、新疆
- 濒危等级：LC
- 资源利用：动物饲料（饲料）

黑柔毛蒿
Artemisia pubescens var.**coracina**(W. Wang)Y. Ling et Y. R. Ling
- 习　　性：多年生草本或亚灌木
- 分　　布：吉林
- 濒危等级：LC

大头柔毛蒿
Artemisia pubescens var. **gebleriana**(Besser)Y. R. Ling
- 习　　性：多年生草本或亚灌木
- 国内分布：黑龙江、吉林、辽宁、内蒙古
- 国外分布：俄罗斯、蒙古
- 濒危等级：LC

秦岭蒿
Artemisia qinlingensis Y. Ling et Y. R. Ling
- 习　　性：多年生草本
- 海　　拔：1300～1500 m
- 分　　布：甘肃、河南、陕西
- 濒危等级：LC
- 资源利用：药用（中草药）

粗茎蒿
Artemisia robusta(Pamp.)Y. Ling et Y. R. Ling
- 习　　性：亚灌木
- 海　　拔：1600～3500 m
- 分　　布：四川、西藏、云南
- 濒危等级：LC

川南蒿
Artemisia rosthornii Pamp.
- 习　　性：多年生草本
- 海　　拔：300～1500 m
- 分　　布：四川
- 濒危等级：DD

灰苞蒿
Artemisia roxburghiana Besser

灰苞蒿（原变种）
Artemisia roxburghiana var. **roxburghiana**
- 习　　性：亚灌木
- 海　　拔：700～3900 m
- 国内分布：甘肃、贵州、湖北、青海、陕西、四川、西藏、云南
- 国外分布：阿富汗、尼泊尔、泰国、印度

濒危等级：LC
资源利用：药用（中草药）

紫苞蒿
Artemisia roxburghiana var. **purpurascens** (Jacquem. ex Besser) Hook. f.
习　　性：亚灌木
海　　拔：2000~3800 m
国内分布：四川、西藏
国外分布：巴基斯坦、尼泊尔、印度
濒危等级：LC

红足蒿
Artemisia rubripes Nakai
习　　性：多年生草本
海　　拔：0~1200 m
国内分布：安徽、福建、河北、黑龙江、吉林、江苏、江西、辽宁、内蒙古、山东、山西、四川、浙江
国外分布：朝鲜半岛、俄罗斯、蒙古、日本
濒危等级：LC
资源利用：药用（中草药）

岩蒿
Artemisia rupestris L.
习　　性：多年生草本
海　　拔：1100~2900 m
国内分布：新疆
国外分布：阿富汗、俄罗斯、哈萨克斯坦、吉尔吉斯斯坦、蒙古、塔吉克斯坦
濒危等级：LC
资源利用：药用（中草药）

香叶蒿
Artemisia rutifolia Stephan ex Spreng.

香叶蒿（原变种）
Artemisia rutifolia var. **rutifolia**
习　　性：半灌木状草本
海　　拔：1300~5000 m
国内分布：青海、西藏、新疆
国外分布：阿富汗、巴基斯坦、俄罗斯、哈萨克斯坦、吉尔吉斯斯坦、蒙古、尼泊尔、塔吉克斯坦
濒危等级：LC

阿尔泰香叶蒿
Artemisia rutifolia var. **altaica** (Krylov) Krasch.
习　　性：亚灌木或灌木
国内分布：新疆
国外分布：蒙古
濒危等级：LC

诺羌香叶蒿
Artemisia rutifolia var. **ruoqiangensis** Y. R. Ling
习　　性：半灌木状草本
海　　拔：3100~4200 m
分　　布：新疆
濒危等级：LC

昆仑沙蒿
Artemisia saposhnikovii Krasch. ex Poljakov
习　　性：亚灌木

海　　拔：1300~2500 m
国内分布：新疆
国外分布：吉尔吉斯斯坦
濒危等级：LC

猪毛蒿
Artemisia scoparia Waldst. et Kit.
习　　性：多年生草本
海　　拔：3200 m 以下
国内分布：全国各地广布
国外分布：阿富汗、巴基斯坦、朝鲜半岛、俄罗斯、日本、泰国、印度
濒危等级：LC

蒌蒿
Artemisia selengensis Turcz. ex Besser

蒌蒿（原变种）
Artemisia selengensis var. **selengensis**
习　　性：多年生草本
国内分布：安徽、甘肃、广东、贵州、河北、河南、黑龙江、湖北、湖南、吉林、江苏、江西、辽宁、内蒙古、山东、山西、陕西、四川、云南
国外分布：朝鲜、俄罗斯、蒙古
资源利用：药用（中草药）；食品（野菜）
濒危等级：LC

山西蒌蒿
Artemisia selengensis var. **shansiensis** Y. R. Ling
习　　性：多年生草本
分　　布：河北、河南、湖北、湖南、山西
濒危等级：LC

绢毛蒿
Artemisia sericea Weber ex Stechm.
习　　性：多年生草本或亚灌木
海　　拔：600~1600 m
国内分布：内蒙古、宁夏、新疆
国外分布：巴基斯坦、俄罗斯、哈萨克斯坦、蒙古、印度
濒危等级：LC

商南蒿
Artemisia shangnanensis Y. Ling et Y. R. Ling
习　　性：一年生或二年生草本
海　　拔：约1500 m
分　　布：河南、湖北、陕西、四川、云南
濒危等级：LC

神农架蒿
Artemisia shennongjiaensis Y. Ling et Y. R. Ling
习　　性：多年生草本
海　　拔：约1600 m
分　　布：湖北
濒危等级：DD

四川艾
Artemisia sichuanensis Y. Ling et Y. R. Ling

四川艾（原变种）
Artemisia sichuanensis var. **sichuanensis**
习　　性：多年生草本

海　　拔：约 2500 m
分　　布：四川
濒危等级：LC

密毛四川艾
Artemisia sichuanensis var. **tomentosa** Y. Ling et Y. R. Ling
习　　性：多年生草本
分　　布：四川
濒危等级：LC

大籽蒿
Artemisia sieversiana Ehrhart ex Willd.
习　　性：一年生或二年生草本
海　　拔：海平面至 4200 m
国内分布：甘肃、贵州、河北、黑龙江、吉林、辽宁、内蒙古、宁夏、青海、山西、陕西、四川、西藏、新疆、云南
国外分布：阿富汗、巴基斯坦、朝鲜、俄罗斯、哈萨克斯坦、吉尔吉斯斯坦、尼泊尔、日本、塔吉克斯坦、土库曼斯坦、乌兹别克斯坦、印度
濒危等级：LC

中南蒿
Artemisia simulans Pamp.
习　　性：多年生草本
海　　拔：2900 m 以下
分　　布：安徽、福建、广东、广西、贵州、湖北、湖南、江西、四川、云南、浙江
濒危等级：LC

球花蒿
Artemisia smithii Mattf.
习　　性：多年生草本
海　　拔：3200~4600 m
分　　布：甘肃、青海、四川
濒危等级：LC

台湾狭叶艾
Artemisia somae Hayata

台湾狭叶艾（原变种）
Artemisia somae var. **somae**
习　　性：多年生草本
海　　拔：1500~2000 m
分　　布：台湾
濒危等级：LC

太鲁阁艾
Artemisia somae var. **batakensis** (Hayata) Kitam.
习　　性：多年生草本
海　　拔：1500~2300 m
分　　布：台湾
濒危等级：NT

准噶尔沙蒿
Artemisia songarica Schrenk ex Fisch. et C. A. Meyer
习　　性：灌木
海　　拔：400~1100 m
国内分布：新疆
国外分布：哈萨克斯坦
濒危等级：LC

西南大头蒿
Artemisia speciosa (Pamp.) Y. Ling et Y. R. Ling
习　　性：多年生草本
海　　拔：3000~3800 m
分　　布：四川、西藏、云南
濒危等级：LC

圆头蒿
Artemisia sphaerocephala Krasch.
习　　性：灌木
海　　拔：1000~2900 m
国内分布：甘肃、内蒙古、宁夏、青海、山西、陕西、新疆
国外分布：蒙古
濒危等级：LC
资源利用：药用（中草药）；基因源（抗风蚀）；动物饲料（饲料）

白莲蒿
Artemisia stechmanniana Besser
习　　性：亚灌木
海　　拔：1500~4900 m
国内分布：甘肃、湖北、内蒙古、宁夏、青海、陕西、四川、西藏、新疆
国外分布：朝鲜半岛、哈萨克斯坦、吉尔吉斯斯坦、蒙古、塔吉克斯坦、乌兹别克斯坦
濒危等级：LC
资源利用：药用（中草药）；原料（精油）；动物饲料（饲料）

宽叶山蒿
Artemisia stolonifera (Maxim.) Kom.
习　　性：多年生草本
海　　拔：500~1500 m
国内分布：河南、湖北、吉林、江苏、江西、辽宁、内蒙古、山东、山西、新疆、浙江
国外分布：朝鲜半岛、俄罗斯、日本
濒危等级：LC

冻原白蒿
Artemisia stracheyi Hook. f. et Thomson ex C. B. Clarke
习　　性：多年生草本
海　　拔：4300~5200 m
国内分布：西藏
国外分布：巴基斯坦、印度
濒危等级：LC

直茎蒿
Artemisia stricta Edgew.

直茎蒿（原变种）
Artemisia stricta var. **stricta**
习　　性：一年生或二年生草本
海　　拔：2200~4700 m
国内分布：甘肃、青海、四川、西藏、新疆、云南
国外分布：不丹、尼泊尔、印度
濒危等级：LC

披散直茎蒿
Artemisia stricta var. **diffusa** (Pamp.) Y. R. Ling et M. G. Gilbert
习　　性：一年生或二年生草本

国内分布：四川、西藏、云南
国外分布：尼泊尔、印度
濒危等级：LC
资源利用：药用（中草药）

线叶蒿
Artemisia subulata Nakai
习　　性：多年生草本
海　　拔：200~1300 m
国内分布：河北、黑龙江、吉林、辽宁、内蒙古、山西
国外分布：朝鲜半岛、俄罗斯、日本
濒危等级：LC

苏联肉质叶蒿
Artemisia succulenta Ledeb.
习　　性：一年生或二年生草本
海　　拔：1000~1400 m
国内分布：新疆
国外分布：俄罗斯、哈萨克斯坦
濒危等级：LC

肉质叶蒿
Artemisia succulentoides Y. Ling et Y. R. Ling
习　　性：一年生或二年生草本
海　　拔：3700~3800 m
分　　布：西藏
濒危等级：LC

阴地蒿
Artemisia sylvatica Maxim.

阴地蒿（原变种）
Artemisia sylvatica var. sylvatica
习　　性：多年生草本
国内分布：安徽、甘肃、贵州、河北、河南、黑龙江、湖北、湖南、吉林、江苏、江西、辽宁、内蒙古、青海、山东、山西、陕西、四川、云南、浙江
国外分布：朝鲜半岛、俄罗斯、蒙古
濒危等级：LC

密序阴地蒿
Artemisia sylvatica var. meridionalis Pamp.
习　　性：多年生草本
国内分布：河南、江苏、山西
国外分布：朝鲜半岛、俄罗斯、蒙古
濒危等级：LC

波密蒿
Artemisia tafelii Mattf.
习　　性：多年生草本
海　　拔：约3600 m
分　　布：西藏
濒危等级：LC

太白山蒿
Artemisia taibaishanensis Y. R. Ling et Humphries
习　　性：多年生草本或亚灌木
分　　布：陕西、四川
濒危等级：LC

川藏蒿
Artemisia tainingensis Hand. -Mazz.

川藏蒿（原变种）
Artemisia tainingensis var. tainingensis
习　　性：多年生草本
海　　拔：3300~4000 m
分　　布：湖北、青海、四川、西藏
濒危等级：LC

无毛川藏蒿
Artemisia tainingensis var. nitida (Pamp.) Y. R. Ling
习　　性：多年生草本
海　　拔：4100~5300 m
国内分布：西藏
国外分布：印度
濒危等级：LC

裂叶蒿
Artemisia tanacetifolia L.
习　　性：多年生草本
海　　拔：2400 m
国内分布：甘肃、河北、黑龙江、吉林、辽宁、内蒙古、宁夏、山西、陕西
国外分布：朝鲜、俄罗斯、哈萨克斯坦、蒙古、乌兹别克斯坦
濒危等级：LC
资源利用：动物饲料（饲料）

甘青蒿
Artemisia tangutica Pamp.

甘青蒿（原变种）
Artemisia tangutica var. tangutica
习　　性：多年生草本
海　　拔：3000~3800 m
分　　布：甘肃、青海、四川、西藏
濒危等级：LC

绒毛甘青蒿
Artemisia tangutica var. tomentosa Hand. -Mazz.
习　　性：多年生草本
海　　拔：约3200 m
分　　布：四川
濒危等级：LC

藏腺毛蒿
Artemisia thellungiana Pamp.
习　　性：多年生草本
海　　拔：1200~3000 m
国内分布：西藏、云南
国外分布：不丹、尼泊尔
濒危等级：LC

湿地蒿
Artemisia tournefortiana Rchb.
习　　性：一年生草本
海　　拔：800~1500 m
国内分布：西藏、新疆

国外分布：阿富汗、巴基斯坦、哈萨克斯坦、蒙古；亚洲西南部、欧洲栽培
濒危等级：LC
资源利用：药用（中草药）

指裂蒿
Artemisia tridactyla Hand. -Mazz.

指裂蒿（原变种）
Artemisia tridactyla var. **tridactyla**
习　　性：多年生草本或亚灌木
海　　拔：约 3800 m
分　　布：四川、西藏
濒危等级：DD

小指裂蒿
Artemisia tridactyla var. **minima** Y. R. Ling
习　　性：多年生草本或亚灌木
分　　布：四川
濒危等级：LC

雪山艾
Artemisia tsugitakaensis(Kitam.) Y. Ling et Y. R. Ling
习　　性：多年生草本
海　　拔：约 3900 m
分　　布：台湾
濒危等级：LC

黄毛蒿
Artemisia velutina Pamp.
习　　性：多年生草本
海　　拔：500~2000 m
分　　布：安徽、福建、河北、河南、湖北、湖南、江西、山东、山西、陕西、四川、西藏、云南
濒危等级：LC

辽东蒿
Artemisia verbenacea(Kom.)Kitag.
习　　性：多年生草本
海　　拔：2200~3500 m
分　　布：甘肃、黑龙江、吉林、辽宁、内蒙古、宁夏、青海、山西、陕西、四川
濒危等级：LC
资源利用：药用（中草药）

南艾蒿
Artemisia verlotorum Lamotte
习　　性：多年生草本
海　　拔：海平面至 2000 m
国内分布：甘肃、广东、广西、贵州、河北、河南、黑龙江、湖北、湖南、吉林、江苏、江西、辽宁、内蒙古、山东、山西、陕西、四川、台湾、云南、浙江
国外分布：北美洲、大洋洲、南美洲、欧洲、亚洲大部分地区
濒危等级：LC
资源利用：药用（中草药）

毛莲蒿
Artemisia vestita Wall. ex Besser
习　　性：亚灌木

海　　拔：2000~4300 m
国内分布：甘肃、广西、贵州、湖北、辽宁、青海、四川、西藏、新疆、云南
国外分布：巴基斯坦、尼泊尔、印度
濒危等级：LC
资源利用：药用（中草药）

藏东蒿
Artemisia vexans Pamp.
习　　性：亚灌木
海　　拔：3000~5000 m
国内分布：四川、西藏
国外分布：不丹
濒危等级：LC

绿苞蒿
Artemisia viridisquama Kitam.
习　　性：多年生草本
分　　布：甘肃、河北、山西、四川
濒危等级：LC

林艾蒿
Artemisia viridissima(Kom.)Pamp.
习　　性：多年生草本
海　　拔：1400~1700 m
国内分布：吉林、辽宁
国外分布：朝鲜半岛
濒危等级：LC

腺毛蒿
Artemisia viscida(Mattf.)Pamp.
习　　性：多年生草本
海　　拔：3000~5000 m
分　　布：甘肃、青海、四川、西藏、云南
濒危等级：LC

密腺毛蒿
Artemisia viscidissima Y. Ling et Y. R. Ling
习　　性：亚灌木
分　　布：西藏
濒危等级：DD

北艾
Artemisia vulgaris L.

北艾（原变种）
Artemisia vulgaris var. **vulgaris**
习　　性：多年生草本
海　　拔：1500~2100 m
国内分布：甘肃、青海、陕西、四川、新疆
国外分布：阿富汗、巴基斯坦、俄罗斯、蒙古、缅甸、日本、泰国、越南
濒危等级：LC
资源利用：药用（中草药）；原料（精油）；动物饲料（饲料）

藏北艾
Artemisia vulgaris var. **xizangensis** Y. Ling et Y. R. Ling
习　　性：多年生草本
海　　拔：3500~3800 m
分　　布：西藏
濒危等级：DD

藏龙蒿
Artemisia waltonii J. R Drumm. ex Pamp.

藏龙蒿（原变种）
Artemisia waltonii var. **waltonii**
- 习　　性：灌木
- 海　　拔：3000~4300 m
- 分　　布：青海、四川、西藏、云南
- 濒危等级：LC

玉树龙蒿
Artemisia waltonii var. **yushuensis** Y. R. Ling
- 习　　性：灌木
- 分　　布：青海、西藏
- 濒危等级：LC

藏沙蒿
Artemisia wellbyi Hemsl. et H. Pearson
- 习　　性：亚灌木
- 海　　拔：3600~5300 m
- 国内分布：西藏
- 国外分布：印度
- 濒危等级：LC
- 资源利用：药用（中草药）

乌丹蒿
Artemisia wudanica Liou et W. Wang
- 习　　性：灌木
- 海　　拔：约600 m
- 分　　布：河北、内蒙古
- 濒危等级：LC
- 资源利用：基因源（抗风固沙）

黄绿蒿
Artemisia xanthochroa Krasch.
- 习　　性：亚灌木
- 国内分布：内蒙古
- 国外分布：蒙古
- 濒危等级：LC

内蒙古旱蒿
Artemisia xerophytica Krasch.
- 习　　性：灌木
- 海　　拔：1700~3500 m
- 国内分布：甘肃、内蒙古、宁夏、青海、陕西、新疆
- 国外分布：蒙古
- 濒危等级：LC
- 资源利用：基因源（耐旱）；动物饲料（饲料）

日喀则蒿
Artemisia xigazeensis Y. R. Ling et M. G. Gilbert
- 习　　性：半灌木状草本
- 海　　拔：2700~4600 m
- 分　　布：甘肃、青海、西藏
- 濒危等级：DD

亚东蒿
Artemisia yadongensis Y. Ling et Y. R. Ling
- 习　　性：多年生草本
- 海　　拔：约2900 m
- 分　　布：西藏
- 濒危等级：LC

藏白蒿
Artemisia younghusbandii J. R. Drumm. ex Pamp.
- 习　　性：草本或亚灌木
- 海　　拔：4000~4700 m
- 分　　布：西藏
- 濒危等级：LC

高原蒿
Artemisia youngii Y. R. Ling
- 习　　性：多年生草本
- 海　　拔：约3500 m
- 分　　布：青海、西藏
- 濒危等级：DD

云南蒿
Artemisia yunnanensis Jeffrey ex Diels
- 习　　性：亚灌木
- 海　　拔：3700 m以下
- 分　　布：青海、四川、西藏、云南
- 濒危等级：LC

察隅蒿
Artemisia zayuensis Y. Ling et Y. R. Ling

察隅蒿（原变种）
Artemisia zayuensis var. **zayuensis**
- 习　　性：多年生草本
- 海　　拔：约3100 m
- 分　　布：西藏
- 濒危等级：LC

片马蒿
Artemisia zayuensis var. **pienmaensis** Y. Ling et Y. R. Ling
- 习　　性：多年生草本
- 海　　拔：2600~3300 m
- 分　　布：云南
- 濒危等级：LC

中甸艾
Artemisia zhongdianensis Y. R. Ling
- 习　　性：多年生草本
- 海　　拔：约2700 m
- 分　　布：云南
- 濒危等级：LC

假苦菜属 Askellia W. A. Weber

红齿假苦菜
Askellia alaica (Krasch.) W. A. Weber
- 习　　性：多年生草本
- 海　　拔：2500?~4500 m
- 国内分布：新疆
- 国外分布：吉尔吉斯斯坦、塔吉克斯坦
- 濒危等级：DD

弯茎假苦菜
Askellia flexuosa (Ledeb.) W. A. Weber
- 习　　性：多年生草本
- 海　　拔：800~5100 m
- 国内分布：甘肃、内蒙古、宁夏、青海、山西、西藏、新疆
- 国外分布：阿富汗、巴基斯坦、俄罗斯、哈萨克斯坦、吉

尔吉斯斯坦、克什米尔地区、蒙古、尼泊尔、塔吉克斯坦

濒危等级：LC

乌恰假苦菜

Askellia karelinii（Popov et Schischk. ex Czerep.）W. A. Weber

习　　性：多年生草本

海　　拔：2600～4600 m

国内分布：青海、新疆

国外分布：俄罗斯、哈萨克斯坦、吉尔吉斯斯坦

濒危等级：LC

红花假苦菜

Askellia lactea（Lipsch.）W. A. Weber

习　　性：多年生草本

海　　拔：3100～4000 m

国内分布：西藏、新疆

国外分布：塔吉克斯坦

濒危等级：LC

长苞假苦菜

Askellia pseudonaniformis（C. Shih）Sennikov

习　　性：多年生草本

海　　拔：约2500 m

分　　布：新疆

濒危等级：DD

矮小假苦菜

Askellia pygmaea（Ledeb.）Sennikov

习　　性：多年生草本

海　　拔：4600～4700 m

国内分布：西藏、新疆

国外分布：北美洲；俄罗斯、哈萨克斯坦、蒙古

濒危等级：LC

紫菀属 Aster L.

三脉紫菀

Aster ageratoides Turcz.

三脉紫菀（原变种）

Aster ageratoides var. **ageratoides**

习　　性：多年生草本

海　　拔：100～3400 m

国内分布：甘肃、河北、河南、黑龙江、吉林、辽宁、内蒙古、青海、山东、山西、陕西、四川、云南

国外分布：朝鲜半岛、俄罗斯

濒危等级：LC

坚叶三脉紫菀

Aster ageratoides var. **firmus**（Diels）Hand.-Mazz.

习　　性：多年生草本

海　　拔：100～2300 m

国内分布：安徽、湖南、陕西、四川、云南

国外分布：喜马拉雅地区南部

濒危等级：DD

狭叶三脉紫菀

Aster ageratoides var. **gerlachii**（Hance）C. C. Chang ex Y. Ling

习　　性：多年生草本

分　　布：广东、广西、贵州、湖北

濒危等级：DD

异叶三脉紫菀

Aster ageratoides var. **holophyllus** Maxim.

习　　性：多年生草本

分　　布：甘肃、河北、湖北、山西、陕西、四川、云南

濒危等级：LC

毛枝三脉紫菀

Aster ageratoides var. **lasiocladus**（Hayata）Hand.-Mazz.

习　　性：多年生草本

分　　布：安徽、福建、广东、广西、贵州、海南、湖南、江西、台湾、云南

濒危等级：DD

资源利用：药用（中草药）

宽伞三脉紫菀

Aster ageratoides var. **laticorymbus**（Vaniot）Hand.-Mazz.

习　　性：多年生草本

分　　布：安徽、福建、广东、广西、贵州、湖北、湖南、江西、陕西、四川

濒危等级：LC

光叶三脉紫菀

Aster ageratoides var. **leiophyllus**（Franch. et Sav.）Y. Ling

习　　性：多年生草本

国内分布：台湾

国外分布：日本

濒危等级：LC

小花三脉紫菀

Aster ageratoides var. **micranthus** Y. Ling

习　　性：多年生草本

分　　布：四川

濒危等级：LC

卵叶三脉紫菀

Aster ageratoides var. **oophyllus** Y. Ling

习　　性：多年生草本

分　　布：湖北、陕西、四川、云南

濒危等级：DD

垂茎三脉紫菀

Aster ageratoides var. **pendulus** W. P. Li et G. X. Chen

习　　性：多年生草本

分　　布：湖南

濒危等级：DD

长毛三脉紫菀

Aster ageratoides var. **pilosus**（Diels）Hand.-Mazz.

习　　性：多年生草本

分　　布：湖北、陕西、四川

濒危等级：LC

微糙三脉紫菀

Aster ageratoides var. **scaberulus**（Miq.）Y. Ling

习　　性：多年生草本

国内分布：安徽、福建、广东、广西、贵州、湖北、湖南、江苏、江西、四川、云南、浙江

国外分布：越南

濒危等级：LC

翼柄紫菀
Aster alatipes Hemsl.
- 习　　性：多年生草本
- 海　　拔：800～1600 m
- 分　　布：安徽、河南、湖北、陕西、四川
- 濒危等级：DD

小舌紫菀
Aster albescens（DC.）Wall. ex Koehne

小舌紫菀（原变种）
Aster albescens var. **albescens**
- 习　　性：灌木
- 海　　拔：500～3000 m
- 国内分布：甘肃、贵州、湖北、四川、西藏、云南
- 国外分布：喜马拉雅地区
- 濒危等级：DD

白背小舌紫菀
Aster albescens var. **discolor** Y. Ling
- 习　　性：灌木
- 海　　拔：2400 m
- 分　　布：四川
- 濒危等级：DD

无毛小舌紫菀
Aster albescens var. **glabratus**（Diels）Bouford et Y. S. Chen
- 习　　性：灌木
- 海　　拔：800～3000 m
- 分　　布：湖北、四川、云南
- 濒危等级：LC

腺点小舌紫菀
Aster albescens var. **glandulosus** Hand.-Mazz.
- 习　　性：灌木
- 海　　拔：1900～3900 m
- 国内分布：四川、西藏、云南
- 国外分布：印度
- 濒危等级：LC

狭叶小舌紫菀
Aster albescens var. **gracilior**（Hand.-Mazz.）Hand.-Mazz.
- 习　　性：灌木
- 海　　拔：2200～3100 m
- 分　　布：甘肃、陕西、四川、云南
- 濒危等级：DD

椭叶小舌紫菀
Aster albescens var. **limprichtii**（Diels）Hand.-Mazz.
- 习　　性：灌木
- 海　　拔：2400～3100 m
- 分　　布：甘肃、四川
- 濒危等级：LC

大叶小舌紫菀
Aster albescens var. **megaphyllus** Y. Ling
- 习　　性：灌木
- 分　　布：四川
- 濒危等级：DD

长毛小舌紫菀
Aster albescens var. **pilosus** Hand.-Mazz.
- 习　　性：灌木
- 海　　拔：2800～4000 m
- 分　　布：四川、西藏、云南
- 濒危等级：DD

糙毛小舌紫菀
Aster albescens var. **rugosus** Y. Ling
- 习　　性：灌木
- 分　　布：四川、云南
- 濒危等级：DD

柳叶小舌紫菀
Aster albescens var. **salignus**（Franch.）Hand.-Mazz.
- 习　　性：灌木
- 海　　拔：1900～3900 m
- 国内分布：四川、云南
- 国外分布：印度
- 濒危等级：DD

高山紫菀
Aster alpinus L.
- 习　　性：多年生草本
- 海　　拔：2400～2900 m
- 国内分布：甘肃、河北、黑龙江、内蒙古、青海、山西、陕西、新疆
- 国外分布：俄罗斯、蒙古、塔吉克斯坦
- 濒危等级：LC
- 资源利用：环境利用（观赏）

异苞高山紫菀
Aster alpinus var. **diversisquamus** Y. Ling
- 习　　性：多年生草本
- 海　　拔：1700 m
- 分　　布：新疆
- 濒危等级：DD

伪形高山紫菀
Aster alpinus var. **fallax**（Tamamsch.）Y. Ling
- 习　　性：多年生草本
- 海　　拔：1500～2100 m
- 国内分布：黑龙江、内蒙古
- 国外分布：俄罗斯
- 濒危等级：LC

蛇岩高山紫菀
Aster alpinus var. **serpentimontanus**（Tamamsch.）Y. Ling
- 习　　性：多年生草本
- 海　　拔：2300～2500 m
- 国内分布：新疆
- 国外分布：俄罗斯、蒙古、塔吉克斯坦
- 濒危等级：LC

空秆高山紫菀
Aster alpinus var. **vierhapperi**（Onno）Cronquist
- 习　　性：多年生草本

国内分布：河北、黑龙江、内蒙古、山西、新疆
国外分布：俄罗斯；北美洲
濒危等级：LC

阿尔泰狗娃花
Aster altaicus Willd.

阿尔泰狗娃花（原变种）
Aster altaicus var. **altaicus**
习　　性：多年生草本
海　　拔：4000 m 以下
国内分布：甘肃、河北、河南、黑龙江、吉林、辽宁、内蒙古、宁夏、青海、山东、山西、陕西、四川、西藏、新疆
国外分布：俄罗斯、哈萨克斯坦、克什米尔地区、蒙古
濒危等级：LC

灰白阿尔泰狗娃花
Aster altaicus var. **canescens** (Nees) Serg.
习　　性：多年生草本
国内分布：新疆
国外分布：阿富汗、巴基斯坦、俄罗斯、哈萨克斯坦、蒙古、土库曼斯坦、乌兹别克斯坦、伊朗、印度
濒危等级：LC

糙毛阿尔泰狗娃花
Aster altaicus var. **hirsutus** Hand.-Mazz.
习　　性：多年生草本
海　　拔：2200~3500 m
分　　布：四川、云南
濒危等级：LC

千叶阿尔泰狗娃花
Aster altaicus var. **millefolius** (Vaniot) Hand.-Mazz.
习　　性：多年生草本
分　　布：甘肃、河北、黑龙江、辽宁、内蒙古、山西、陕西
濒危等级：LC

粗糙阿尔泰狗娃花
Aster altaicus var. **scaber** (Avé-Lall.) Hand.-Mazz.
习　　性：多年生草本
分　　布：辽宁、山西
濒危等级：LC

台东阿尔泰狗娃花
Aster altaicus var. **taitoensis** Kitam.
习　　性：多年生草本
分　　布：台湾
濒危等级：EN C2b；D

普陀狗娃花
Aster arenarius (Kitam.) Nemoto
习　　性：二年生或多年生草本
国内分布：浙江
国外分布：日本
濒危等级：DD

银鳞紫菀
Aster argyropholis Hand.-Mazz.

银鳞紫菀（原变种）
Aster argyropholis var. **argyropholis**
习　　性：灌木
海　　拔：2000~2800 m
分　　布：四川、西藏
濒危等级：LC

白雪银鳞紫菀
Aster argyropholis var. **niveus** Y. Ling
习　　性：灌木
海　　拔：3300 m
分　　布：四川、云南
濒危等级：LC

奇形银鳞紫菀
Aster argyropholis var. **paradoxus** Y. Ling
习　　性：灌木
分　　布：四川
濒危等级：DD

华南狗娃花
Aster asagrayi Makino
习　　性：多年生草本
海　　拔：海平面至 100 m
国内分布：福建、广东、海南
国外分布：日本
濒危等级：LC

星舌紫菀
Aster asteroides (DC.) Kuntze
习　　性：多年生草本
海　　拔：3200~4600 m
国内分布：甘肃、青海、四川、西藏、云南
国外分布：不丹、克什米尔地区、尼泊尔、印度
濒危等级：DD

耳叶紫菀
Aster auriculatus Franch.
习　　性：多年生草本
海　　拔：800~3000 m
分　　布：甘肃、广西、贵州、湖北、四川、西藏、云南
濒危等级：DD

白舌紫菀
Aster baccharoides (Benth.) Steetz
习　　性：灌木或多年生草本
海　　拔：海平面至 1000 m
分　　布：福建、广东、广西、湖南、江西、浙江
濒危等级：LC

髯毛紫菀
Aster barbellatus Grierson
习　　性：多年生草本
海　　拔：3000~4000 m
国内分布：西藏
国外分布：不丹、尼泊尔、印度
濒危等级：LC

巴塘紫菀
Aster batangensis Bureau et Franch.

巴塘紫菀（原变种）
Aster batangensis var. **batangensis**
　　习　　性：多年生草本
　　海　　拔：3400～4600 m
　　分　　布：四川、西藏、云南
　　濒危等级：LC

匙叶巴塘紫菀
Aster batangensis var. **staticifolius**（Franch.）Y. Ling
　　习　　性：多年生草本
　　海　　拔：2500～4000 m
　　分　　布：四川、云南
　　濒危等级：LC

线舌紫菀
Aster bietii Franch.
　　习　　性：多年生草本
　　海　　拔：3300～4600 m
　　分　　布：云南
　　濒危等级：DD

重羽紫菀
Aster bipinnatisectus Ludlow ex Grierson
　　习　　性：多年生草本
　　海　　拔：约3200 m
　　分　　布：西藏
　　濒危等级：DD

青藏狗娃花
Aster boweri Hemsl.
　　习　　性：二年生或多年生草本
　　海　　拔：2200～5200 m
　　分　　布：甘肃、青海、西藏、新疆、云南
　　濒危等级：LC

短毛紫菀
Aster brachytrichus Franch.
　　习　　性：多年生草本
　　海　　拔：2500～4900 m
　　国内分布：贵州、四川、云南
　　国外分布：缅甸
　　濒危等级：LC

短茎紫菀
Aster brevis Hand.-Mazz.
　　习　　性：多年生草本
　　海　　拔：约3900 m
　　分　　布：云南
　　濒危等级：DD

扁毛紫菀
Aster bulleyanus Jeffrey ex Diels
　　习　　性：多年生草本
　　海　　拔：2800～4300 m
　　分　　布：云南
　　濒危等级：LC

清水马兰
Aster chingshuiensis Y. C. Liu et C. H. Ou
　　习　　性：多年生草本
　　海　　拔：2000～2200 m
　　分　　布：台湾
　　濒危等级：EN B2ab（ii）

圆齿狗娃花
Aster crenatifolius Hand.-Mazz.
　　习　　性：一年生或二年生草本
　　海　　拔：1200～4100 m
　　国内分布：甘肃、河北、宁夏、青海、陕西、四川、西藏、云南
　　国外分布：尼泊尔
　　濒危等级：LC

重冠紫菀
Aster diplostephioides（DC.）Benth. ex C. B. Clarke
　　习　　性：多年生草本
　　海　　拔：2700～4600 m
　　国内分布：甘肃、青海、四川、西藏、云南
　　国外分布：巴基斯坦、不丹、克什米尔地区、尼泊尔、印度
　　濒危等级：LC

长叶紫菀
Aster dolichophyllus Y. Ling
　　习　　性：多年生草本
　　海　　拔：800～1150 m
　　分　　布：广西
　　濒危等级：VU B1ab（i，iii）

长梗紫菀
Aster dolichopodus Y. Ling
　　习　　性：多年生草本
　　海　　拔：2400～3500 m
　　分　　布：甘肃、陕西、四川
　　濒危等级：LC

无舌狗娃花
Aster eligulatus（Y. Ling ex Y. L. Chen，S. Yun Liang et K. Y. Pan）Brouillet，Semple et Y. L. Chen
　　习　　性：多年生草本
　　海　　拔：3200～3900 m
　　分　　布：西藏
　　濒危等级：DD

镰叶紫菀
Aster falcifolius Hand.-Mazz.
　　习　　性：多年生草本
　　海　　拔：600～1800 m
　　分　　布：甘肃、湖北、陕西、四川
　　濒危等级：LC

梵净山紫菀
Aster fanjingshanicus Y. L. Chen et D. J. Liu
　　习　　性：多年生草本
　　海　　拔：2000～2400 m
　　分　　布：贵州
　　濒危等级：DD

狭苞紫菀
Aster farreri W. W. Smith et Jeffrey
　　习　　性：多年生草本
　　海　　拔：1300～4100 m
　　分　　布：甘肃、河北、青海、山西、四川

濒危等级：LC

萎软紫菀
Aster flaccidus Bunge

萎软紫菀（原亚种）
Aster flaccidus subsp. **flaccidus**
- 习　　性：多年生草本
- 海　　拔：1800～5100 m
- 国内分布：甘肃、河北、青海、山西、陕西、四川、西藏、新疆、云南
- 国外分布：巴基斯坦、不丹、俄罗斯、哈萨克斯坦、克什米尔地区、蒙古、尼泊尔、乌兹别克斯坦、伊朗、印度
- 濒危等级：LC

腺毛萎软紫菀
Aster flaccidus subsp. **glandulosus** (Keissler) Onno
- 习　　性：多年生草本
- 海　　拔：4000～5000 m
- 国内分布：西藏、新疆
- 国外分布：克什米尔地区、印度
- 濒危等级：DD

台岩紫菀
Aster formosanus Hayata
- 习　　性：多年生草本
- 海　　拔：1400～2700 m
- 分　　布：台湾、浙江
- 濒危等级：LC

辉叶紫菀
Aster fulgidulus Grierson
- 习　　性：灌木
- 海　　拔：2200～3000 m
- 分　　布：西藏
- 濒危等级：DD

褐毛紫菀
Aster fuscescens Bureau et Franch.

褐毛紫菀（原变种）
Aster fuscescens var. **fuscescens**
- 习　　性：多年生草本
- 海　　拔：2700～4200 m
- 国内分布：四川、西藏、云南
- 国外分布：缅甸
- 濒危等级：LC

长圆叶褐毛紫菀
Aster fuscescens var. **oblongifolius** Grierson
- 习　　性：多年生草本
- 海　　拔：2900～4200 m
- 国内分布：西藏
- 国外分布：缅甸
- 濒危等级：DD

少毛褐毛紫菀
Aster fuscescens var. **scaberoides** C. C. Chang
- 习　　性：多年生草本
- 海　　拔：2500～3600 m
- 分　　布：西藏、云南
- 濒危等级：LC

秦中紫菀
Aster giraldii Diels
- 习　　性：多年生草本
- 海　　拔：1800～2600 m
- 分　　布：甘肃、陕西
- 濒危等级：DD

拉萨狗娃花
Aster gouldii C. E. C. Fisch.
- 习　　性：一年生草本
- 海　　拔：2900～5600 m
- 国内分布：青海、西藏
- 国外分布：不丹、印度
- 濒危等级：LC

细茎紫菀
Aster gracilicaulis Y. Ling ex J. Q. Fu
- 习　　性：多年生草本
- 海　　拔：1000～1300 m
- 分　　布：甘肃
- 濒危等级：LC

红冠紫菀
Aster handelii Onno
- 习　　性：多年生草本
- 海　　拔：3000～3500 m
- 分　　布：四川、云南
- 濒危等级：DD

横斜紫菀
Aster hersileoides C. K. Schneid.
- 习　　性：灌木
- 海　　拔：1300～2800 m
- 分　　布：四川
- 濒危等级：LC

异苞紫菀
Aster heterolepis Hand.-Mazz.
- 习　　性：多年生草本
- 海　　拔：1500～2500 m
- 分　　布：甘肃
- 濒危等级：DD

须弥紫菀
Aster himalaicus C. B. Clarke
- 习　　性：多年生草本
- 海　　拔：3600～4800 m
- 国内分布：四川、西藏、云南
- 国外分布：不丹、缅甸、尼泊尔、印度
- 濒危等级：LC

狗娃花
Aster hispidus Thunb.
- 习　　性：一年生或二年生草本
- 海　　拔：海平面至2400 m
- 国内分布：安徽、福建、甘肃、河北、黑龙江、湖北、吉林、江苏、江西、内蒙古、山东、山西、陕西、四川、台湾、浙江

国外分布：朝鲜半岛、俄罗斯、蒙古、日本
濒危等级：LC

全茸紫菀
Aster hololachnus Y. Ling ex Y. L. Chen, S. Yun Liang et K. Y. Pan
习　　性：多年生草本
海　　拔：5300~5400 m
分　　布：西藏
濒危等级：LC

等苞紫菀
Aster homochlamydeus Hand. -Mazz.
习　　性：多年生草本
海　　拔：3000~3700 m
分　　布：甘肃、四川、云南
濒危等级：DD

湖南紫菀
Aster hunanensis Hand. -Mazz.
习　　性：多年生草本
海　　拔：500~800 m
分　　布：湖南
濒危等级：DD

白背紫菀
Aster hypoleucus Hand. -Mazz.
习　　性：灌木
海　　拔：3000~3700 m
分　　布：西藏
濒危等级：DD

裂叶马兰
Aster incisus Fisch.
习　　性：多年生草本
海　　拔：400~1000 m
国内分布：黑龙江、吉林、辽宁、内蒙古
国外分布：朝鲜半岛、俄罗斯、日本
濒危等级：LC

叶苞紫菀
Aster indamellus Grierson
习　　性：多年生草本
海　　拔：1900~4200 m
国内分布：西藏
国外分布：阿富汗、巴基斯坦、克什米尔地区、尼泊尔、印度
濒危等级：LC

马兰
Aster indicus L.

马兰（原变种）
Aster indicus var. **indicus**
习　　性：多年生草本
海　　拔：海平面至3900 m
国内分布：安徽、福建、甘肃、广东、广西、贵州、河北、河南、湖北、湖南、江苏、江西、宁夏、山东、山西、陕西、四川、台湾、云南、浙江
国外分布：朝鲜半岛、俄罗斯、老挝、马来西亚、缅甸、日本、泰国、印度、越南
濒危等级：LC

丘陵马兰
Aster indicus var. **collinus** (Hance) Soejima et Igari
习　　性：多年生草本
海　　拔：200~1700 m
分　　布：福建、广东、广西、贵州、海南、湖南、江西、云南
濒危等级：LC

狭苞马兰
Aster indicus var. **stenolepis** (Hand. -Mazz.) Soejima et Igari
习　　性：多年生草本
海　　拔：200~3000 m
分　　布：安徽、福建、甘肃、广东、河南、湖北、湖南、江苏、江西、陕西、四川、浙江
濒危等级：DD

堇舌紫菀
Aster ionoglossus Y. Ling ex Y. L. Chen, S. Yun Liang et K. Y. Pan
习　　性：多年生草本
海　　拔：3100~3800 m
分　　布：西藏
濒危等级：LC

大埔紫菀
Aster itsunboshi Kitam.
习　　性：多年生草本
分　　布：台湾
濒危等级：LC

滇西北紫菀
Aster jeffreyanus Diels
习　　性：多年生草本
海　　拔：2800~3800 m
分　　布：贵州、四川、云南
濒危等级：DD

吉首紫菀
Aster jishouensis W. P. Li et S. X. Liu
习　　性：多年生草本
海　　拔：600~700 m
分　　布：湖南
濒危等级：DD

岚皋紫菀
Aster langaoensis J. Q. Fu
习　　性：多年生草本
海　　拔：600~700 m
分　　布：陕西
濒危等级：DD

宽苞紫菀
Aster latibracteatus Franch.
习　　性：多年生草本
海　　拔：2800~4000 m
国内分布：云南
国外分布：缅甸
濒危等级：LC

山马兰
Aster lautureanus (Debeaux) Franch.
濒危等级：LC

山马兰（原变种）
Aster lautureanus var. **lautureanus**
习　　性：多年生草本
海　　拔：100～2200 m
分　　布：甘肃、河北、河南、黑龙江、吉林、江苏、辽宁、宁夏、山东、山西、陕西、浙江
濒危等级：LC

小龙山马兰
Aster lautureanus var. **mangtaoensis**(Kitag.) Kitag.
习　　性：多年生草本
分　　布：辽宁
濒危等级：DD

线叶紫菀
Aster lavandulifolius Hand.-Mazz.
习　　性：灌木
海　　拔：2000～2900 m
分　　布：四川、云南
濒危等级：DD

丽江紫菀
Aster likiangensis Franch.
习　　性：多年生草本
海　　拔：3500～4500 m
国内分布：四川、西藏、云南
国外分布：不丹
濒危等级：LC

湿生紫菀
Aster limosus Hemsl.
习　　性：多年生草本
海　　拔：约1200 m
分　　布：湖北
濒危等级：DD

舌叶紫菀
Aster lingulatus Franch.
习　　性：多年生草本
海　　拔：2600～3600 m
分　　布：四川、云南
濒危等级：LC

青海紫菀
Aster lipskii Kom.
习　　性：多年生草本
海　　拔：3800 m
分　　布：青海
濒危等级：DD

理县裸菀
Aster lixianensis(J. Q. Fu) Brouillet
习　　性：多年生草本
海　　拔：2600～2800 m
分　　布：四川
濒危等级：DD

长柄马兰
Aster longipetiolatus C. C. Chang
习　　性：多年生草本
海　　拔：约2500 m
分　　布：四川
濒危等级：DD

圆苞紫菀
Aster maackii Regel
习　　性：多年生草本
海　　拔：400～1000 m
国内分布：黑龙江、吉林、辽宁、内蒙古、宁夏
国外分布：朝鲜半岛、俄罗斯、日本
濒危等级：DD

莽山紫菀
Aster mangshanensis Y. Ling
习　　性：多年生草本
分　　布：湖南
濒危等级：DD

短冠东风菜
Aster marchandii H. Lév.
习　　性：多年生草本
海　　拔：300～1400 m
分　　布：福建、广东、广西、贵州、湖北、江西、四川、浙江
濒危等级：LC

大花紫菀
Aster megalanthus Y. Ling
习　　性：多年生草本
海　　拔：约4000 m
分　　布：四川
濒危等级：LC

黔中紫菀
Aster menelii H. Lév.
习　　性：多年生草本
分　　布：贵州
濒危等级：DD

砂狗娃花
Aster meyendorffii(Regel et Maack) Voss
习　　性：一年生草本
海　　拔：800～? m
国内分布：甘肃、河北、黑龙江、吉林、内蒙古、山西、陕西
国外分布：朝鲜半岛、俄罗斯、日本
濒危等级：LC

软毛紫菀
Aster molliusculus(Lindl. ex DC.) C. B. Clarke
习　　性：多年生草本
海　　拔：1800～3500 m
国内分布：西藏
国外分布：巴基斯坦、克什米尔地区、印度
濒危等级：DD

蒙古马兰
Aster mongolicus Franch.
习　　性：多年生草本
海　　拔：海平面至1300 m
国内分布：河北、黑龙江、吉林、辽宁、内蒙古
国外分布：朝鲜半岛、俄罗斯
濒危等级：LC

玉山紫菀
Aster morrisonensis Hayata
习　　性：多年生草本
海　　拔：3000～3700 m
分　　布：台湾
濒危等级：EN B2ab（ⅱ）

墨脱紫菀
Aster motuoensis Y. L. Chen
习　　性：灌木
海　　拔：900～1100 m
分　　布：西藏
濒危等级：DD

川鄂紫菀
Aster moupinensis(Franch.)Hand.-Mazz.
习　　性：多年生草本
海　　拔：100～200 m
分　　布：重庆、湖北
濒危等级：DD

鞑靼狗娃花
Aster neobiennis Brouillet
习　　性：二年生草本
国内分布：河北、内蒙古、山西
国外分布：俄罗斯、蒙古
濒危等级：LC

新雅紫菀
Aster neoelegans Grierson
习　　性：多年生草本
海　　拔：2700～3000 m
国内分布：西藏
国外分布：不丹、印度
濒危等级：LC

棉毛紫菀
Aster neolanuginosus Brouillet
习　　性：多年生草本
海　　拔：约5000 m
分　　布：四川
濒危等级：DD

黑山紫菀
Aster nigromontanus Dunn
习　　性：多年生草本
海　　拔：1500～3000 m
分　　布：云南
濒危等级：DD

亮叶紫菀
Aster nitidus C. C. Chang
习　　性：灌木
海　　拔：500～1100 m
分　　布：重庆、贵州
濒危等级：LC

台北狗娃花
Aster oldhamii Hemsl.
习　　性：二年生草本
分　　布：台湾

濒危等级：LC

石生紫菀
Aster oreophilus Franch.
习　　性：多年生草本
海　　拔：2000～4000 m
分　　布：四川、西藏、云南
濒危等级：LC

卵叶紫菀
Aster ovalifolius Kitam.
习　　性：多年生草本
海　　拔：约1700 m
分　　布：台湾
濒危等级：EN B2ab（ⅱ）

琴叶紫菀
Aster panduratus Nees ex Walpers
习　　性：多年生草本
海　　拔：100～1400 m
分　　布：福建、广东、广西、贵州、湖北、湖南、江苏、
　　　　　江西、四川、浙江
濒危等级：LC
资源利用：药用（中草药）

全叶马兰
Aster pekinensis(Hance)F. H. Chen
习　　性：多年生草本
海　　拔：海平面至1600 m
国内分布：安徽、甘肃、河北、河南、黑龙江、湖北、湖南、
　　　　　吉林、江苏、江西、辽宁、内蒙古、山东、山西、
　　　　　陕西、四川、云南、浙江
国外分布：朝鲜半岛、俄罗斯
濒危等级：LC

裸菀
Aster piccolii Hook. f.
习　　性：多年生草本
海　　拔：900～1700 m
分　　布：甘肃、贵州、河南、山西、陕西、四川
濒危等级：LC

阔苞紫菀
Aster platylepis Y. L. Chen
习　　性：多年生草本
海　　拔：3000～4000 m
国内分布：西藏
国外分布：印度
濒危等级：LC

灰枝紫菀
Aster poliothamnus Diels
习　　性：亚灌木
海　　拔：800～4200 m
分　　布：甘肃、青海、陕西、四川、西藏
濒危等级：LC

灰毛紫菀
Aster polius C. K. Schneid.
习　　性：灌木
海　　拔：2000～2700 m

分　　布：四川
濒危等级：DD

厚棉紫菀
Aster prainii (J. R. Drummond) Y. L. Chen
　　习　　性：多年生草本
　　海　　拔：4200～5400 m
　　国内分布：四川、西藏
　　国外分布：不丹
　　濒危等级：DD

高茎紫菀
Aster procerus Hemsl.
　　习　　性：多年生草本
　　海　　拔：400 m 以下
　　分　　布：安徽、湖北、浙江
　　濒危等级：DD

四川裸菀
Aster pseudosimplex Brouillet
　　习　　性：多年生草本
　　海　　拔：2600～3000 m
　　分　　布：四川
　　濒危等级：DD

密叶紫菀
Aster pycnophyllus Franch. ex W. W. Smith
　　习　　性：多年生草本
　　海　　拔：1000～3800 m
　　国内分布：四川、西藏、云南
　　国外分布：缅甸、印度
　　濒危等级：LC

凹叶紫菀
Aster retusus Ludlow
　　习　　性：多年生草本
　　海　　拔：4000～4300 m
　　分　　布：西藏
　　濒危等级：DD

腾越紫菀
Aster rockianus Hand. -Mazz.
　　习　　性：多年生草本
　　分　　布：云南
　　濒危等级：DD

怒江紫菀
Aster salwinensis Onno
　　习　　性：多年生草本
　　海　　拔：3300～4600 m
　　国内分布：四川、西藏、云南
　　国外分布：缅甸
　　濒危等级：DD

短舌紫菀
Aster sampsonii (Hance) Hemsl.

短舌紫菀（原变种）
Aster sampsonii var. sampsonii
　　习　　性：多年生草本

　　海　　拔：500～1000 m
　　分　　布：广东、湖南
　　濒危等级：LC

等毛短舌紫菀
Aster sampsonii var. isochaetus C. C. Chang
　　习　　性：多年生草本
　　分　　布：广东、广西、湖南
　　濒危等级：DD

东风菜
Aster scaber Thunb.
　　习　　性：多年生草本
　　海　　拔：2000 m 以下
　　国内分布：安徽、福建、广东、广西、贵州、河北、河南、黑龙江、湖北、湖南、吉林、江苏、江西、辽宁、内蒙古、山东、山西、陕西、四川、浙江
　　国外分布：朝鲜半岛、俄罗斯、日本
　　濒危等级：LC
　　资源利用：食品（野菜）

半卧狗娃花
Aster semiprostratus (Grierson) H. Ikeda
　　习　　性：多年生草本
　　海　　拔：3200～4600 m
　　国内分布：青海、西藏
　　国外分布：克什米尔地区、尼泊尔
　　濒危等级：LC

狗舌草紫菀
Aster senecioides Franch.
　　习　　性：多年生草本
　　海　　拔：2000～3000 m
　　分　　布：四川、云南
　　濒危等级：LC

四川紫菀
Aster setchuenensis Franch.
　　习　　性：多年生草本
　　海　　拔：3100～3500 m
　　分　　布：四川
　　濒危等级：DD

神农架紫菀
Aster shennongjiaensis W. P. Li et Z. G. Zhang
　　习　　性：多年生草本
　　海　　拔：约 450 m
　　分　　布：湖北
　　濒危等级：VU D2

毡毛马兰
Aster shimadae (Kitam.) Nemoto
　　习　　性：多年生草本
　　海　　拔：海平面至 2800 m
　　分　　布：安徽、福建、甘肃、河南、湖北、湖南、江苏、江西、山东、山西、陕西、四川、台湾、浙江
　　濒危等级：LC

锡金紫菀
Aster sikkimensis Hook. f.
　　习　　性：半灌木状草本

海　　拔：2400~3600 m
国内分布：西藏
国外分布：尼泊尔、印度
濒危等级：LC

西固紫菀
Aster sikuensis W. W. Smith et Farrer
习　　性：亚灌木
海　　拔：800~2300 m
分　　布：甘肃、四川
濒危等级：LC

岳麓紫菀
Aster sinianus Hand. -Mazz.
习　　性：多年生草本
海　　拔：600~900 m
分　　布：湖南、江西
濒危等级：DD

狭叶裸菀
Aster sinoangustifolius Brouillet
习　　性：多年生草本
海　　拔：约600 m
分　　布：福建、浙江
濒危等级：LC

甘川紫菀
Aster smithianus Hand. -Mazz.
习　　性：半灌木状草本
海　　拔：1300~3400 m
分　　布：甘肃、四川、云南
濒危等级：LC

缘毛紫菀
Aster souliei Franch.
濒危等级：LC

缘毛紫菀（原变种）
Aster souliei var. **souliei**
习　　性：多年生草本
海　　拔：2700~4600 m
国内分布：四川、西藏、云南
国外分布：不丹、缅甸
濒危等级：LC
资源利用：药用（中草药）；环境利用（观赏）

毛背缘毛紫菀
Aster souliei var. **limitaneus** (W. W. Smith et Farrer) Hand. -Mazz.
习　　性：多年生草本
国内分布：甘肃、青海、四川、云南
国外分布：不丹、缅甸
濒危等级：LC

圆耳紫菀
Aster sphaerotus Y. Ling
习　　性：多年生草本
海　　拔：约2700 m
分　　布：广西
濒危等级：DD

匍生紫菀
Aster stracheyi Hook. f.
习　　性：多年生草本
海　　拔：3300~4800 m
国内分布：西藏
国外分布：不丹、尼泊尔、印度
濒危等级：LC

台湾紫菀
Aster taiwanensis Kitam.
习　　性：多年生草本
海　　拔：100~3000 m
分　　布：台湾
濒危等级：LC

山紫菀
Aster takasagomontanus Sasaki
习　　性：多年生草本
海　　拔：3400~3700 m
分　　布：台湾
濒危等级：LC

凉山紫菀
Aster taliangshanensis Y. Ling
习　　性：多年生草本
海　　拔：2500~3100 m
分　　布：四川
濒危等级：LC

桃园马兰
Aster taoyuenensis S. S. Ying
习　　性：多年生草本
海　　拔：500~900 m
分　　布：台湾
濒危等级：EN D

紫菀
Aster tataricus L. f.
习　　性：多年生草本
海　　拔：400~3300 m
国内分布：安徽、甘肃、贵州、河北、河南、黑龙江、湖北、吉林、辽宁、内蒙古、宁夏、山东、山西、陕西、四川
国外分布：朝鲜半岛、俄罗斯、蒙古、日本
濒危等级：LC
资源利用：环境利用（观赏）；药用（中草药）

德钦紫菀
Aster techinensis Y. Ling
习　　性：多年生草本
海　　拔：3500 m
分　　布：云南
濒危等级：DD

天门山紫菀
Aster tianmenshanensis G. J. Zhang et T. G. Gao
习　　性：多年生草本
海　　拔：约1400 m
分　　布：湖南

濒危等级：VU D

天全紫菀
Aster tientschwanensis Hand. -Mazz.
习　　性：多年生草本
海　　拔：约 3300 m
分　　布：四川
濒危等级：NT A2c

东俄洛紫菀
Aster tongolensis Franch.
习　　性：多年生草本
海　　拔：2500～4000 m
分　　布：甘肃、青海、四川、西藏、云南
濒危等级：LC
资源利用：环境利用（观赏）

三头紫菀
Aster tricephalus C. B. Clarke
习　　性：多年生草本
海　　拔：3600～4000 m
国内分布：西藏
国外分布：尼泊尔、印度
濒危等级：DD

毛脉紫菀
Aster trichoneurus Y. Ling
习　　性：多年生草本
海　　拔：约 2700 m
分　　布：云南
濒危等级：LC

三基脉紫菀
Aster trinervius Roxb. ex D. Don
习　　性：多年生草本
海　　拔：100～3400 m
国内分布：西藏
国外分布：不丹、缅甸、尼泊尔、泰国、印度
濒危等级：LC

察瓦龙紫菀
Aster tsarungensis（Grierson）Y. Ling
习　　性：多年生草本
海　　拔：2600～4800 m
分　　布：四川、西藏、云南
濒危等级：DD

陀螺紫菀
Aster turbinatus S. Moore

陀螺紫菀（原变种）
Aster turbinatus var. **turbinatus**
习　　性：多年生草本
海　　拔：200～800 m
分　　布：安徽、福建、江苏、江西、浙江
濒危等级：LC

仙白草
Aster turbinatus var. **chekiangensis** C. Ling ex Y. Ling
习　　性：多年生草本

分　　布：浙江
濒危等级：LC
资源利用：药用（中草药）

峨眉紫菀
Aster veitchianus Hutch. et J. R. Drumm. ex G. J. Zhang et T. G. Gao
习　　性：多年生草本
海　　拔：800～2400 m
分　　布：四川
濒危等级：DD

毡毛紫菀
Aster velutinosus Hutch et J. R. Drumm. ex Y. Ling
习　　性：多年生草本
海　　拔：约 200 m
分　　布：广西
濒危等级：DD

秋分草
Aster verticillatus（Reinw.）Brouillet
习　　性：多年生草本
海　　拔：400～2500 m
国内分布：福建、广东、广西、贵州、湖北、湖南、江西、四川、台湾、西藏、云南
国外分布：不丹、马来西亚、缅甸、尼泊尔、日本、印度、印度尼西亚、越南
濒危等级：LC
资源利用：药用（中草药）

密毛紫菀
Aster vestitus Franch.
习　　性：多年生草本
海　　拔：2200～3200 m
国内分布：四川、西藏、云南
国外分布：不丹、缅甸、泰国、印度
濒危等级：LC

垣曲裸菀
Aster yuanqunensis（J. Q. Fu）Brouillet
习　　性：多年生草本
海　　拔：900～1000 m
分　　布：山西
濒危等级：DD

云南紫菀
Aster yunnanensis Franch.

云南紫菀（原变种）
Aster yunnanensis var. **yunnanensis**
习　　性：多年生草本
海　　拔：2500～4500 m
分　　布：四川、云南
濒危等级：LC

狭苞云南紫菀
Aster yunnanensis var. **angustior** Hand. -Mazz.
习　　性：多年生草本
海　　拔：2300～4100 m
分　　布：四川、云南

濒危等级：LC

夏河云南紫菀
Aster yunnanensis var. **labrangensis** (Hand.-Mazz.) Y. Ling
- 习　　性：多年生草本
- 海　　拔：3600~4300 m
- 分　　布：甘肃、青海、四川、西藏

紫菀木属 Asterothamnus Novopokr.

紫菀木
Asterothamnus alyssoides (Turcz.) Novopokr.
- 习　　性：亚灌木
- 国内分布：内蒙古
- 国外分布：蒙古
- 濒危等级：EN C2a（i）

中亚紫菀木
Asterothamnus centraliasiaticus Novopokr.
- 习　　性：亚灌木
- 海　　拔：1300~3400 m
- 国内分布：甘肃、内蒙古、宁夏、青海、新疆
- 国外分布：蒙古
- 濒危等级：LC

灌木紫菀木
Asterothamnus fruticosus (C. Winkl.) Novopokr.
- 习　　性：亚灌木
- 海　　拔：1000~1600 m
- 国内分布：甘肃、新疆
- 国外分布：俄罗斯、哈萨克斯坦
- 濒危等级：LC

软叶紫菀木
Asterothamnus molliusculus Novopokr.
- 习　　性：亚灌木
- 国内分布：内蒙古
- 国外分布：蒙古
- 濒危等级：LC

毛叶紫菀木
Asterothamnus poliifolius Novopokr.
- 习　　性：亚灌木
- 海　　拔：1000~1900 m
- 国内分布：新疆
- 国外分布：俄罗斯、蒙古
- 濒危等级：DD

苍术属 Atractylodes DC.

鄂西苍术
Atractylodes carlinoides (Hand.-Mazz.) Kitam.
- 习　　性：多年生草本
- 海　　拔：约1600 m
- 分　　布：湖北
- 濒危等级：DD

朝鲜苍术
Atractylodes koreana (Nakai) Kitam.
- 习　　性：多年生草本
- 海　　拔：200~700 m
- 国内分布：辽宁、山东
- 国外分布：朝鲜半岛
- 濒危等级：LC

苍术
Atractylodes lancea (Thunb.) DC.
- 习　　性：多年生草本
- 海　　拔：200~2500 m
- 国内分布：安徽、重庆、甘肃、河北、河南、黑龙江、湖北、湖南、吉林、江苏、江西、辽宁、内蒙古、山东、山西、陕西、浙江
- 国外分布：朝鲜半岛、俄罗斯、日本
- 濒危等级：LC
- 资源利用：药用（中草药）

白术
Atractylodes macrocephala Koidz.
- 习　　性：多年生草本
- 海　　拔：600~2800 m
- 分　　布：安徽、重庆、福建、贵州、湖北、湖南、江西、浙江
- 濒危等级：NT
- 资源利用：药用（中草药）

云木香属 Aucklandia Falc.

云木香
Aucklandia costus Falc.
- 习　　性：多年生草本
- 国内分布：安徽、福建、广西、贵州、陕西、四川、云南、浙江等地栽培
- 国外分布：原产巴基斯坦、克什米尔地区、印度
- 资源利用：药用（中草药）

南泽兰属 Austroeupatorium R. M. King et H. Rob.

南泽兰
Austroeupatorium inulifolium (Kunth) R. M. King et H. Rob.
- 习　　性：多年生草本或亚灌木
- 国内分布：台湾归化
- 国外分布：原产中美洲、南美洲；印度尼西亚、斯里兰卡归化

雏菊属 Bellis L.

雏菊
Bellis perennis L.
- 习　　性：一年生或多年生草本
- 国内分布：四川归化；全国广泛栽培
- 国外分布：原产非洲；亚洲、欧洲广泛栽培
- 资源利用：环境利用（观赏）

鬼针草属 Bidens L.

婆婆针
Bidens bipinnata L.
- 习　　性：一年生草本
- 海　　拔：1800~3000 m

国内分布：安徽、福建、甘肃、广东、广西、河北、吉林、江苏、江西、辽宁、内蒙古、山东、山西、陕西、四川、台湾、云南、浙江
国外分布：朝鲜半岛、柬埔寨、老挝、尼泊尔、泰国、越南
濒危等级：LC
资源利用：药用（中草药）

金盏银盘
Bidens biternata(Lour.)Merr. et Sherff
习　　性：一年生草本
海　　拔：1300 m 以下
国内分布：安徽、福建、甘肃、广东、广西、贵州、海南、河北、河南、湖北、湖南、江西、辽宁、山东、山西、陕西、台湾、云南、浙江
国外分布：大洋洲、非洲、亚洲
濒危等级：LC
资源利用：药用（中草药）

柳叶鬼针草
Bidens cernua L.
习　　性：一年生草本
海　　拔：海平面至2300 m
国内分布：河北、黑龙江、吉林、辽宁、内蒙古、四川、西藏、云南
国外分布：俄罗斯、蒙古
濒危等级：LC

大狼杷草
Bidens frondosa L.
习　　性：一年生草本
国内分布：江苏、江西、上海、广东归化
国外分布：原产北美洲
资源利用：药用（中草药）

薄叶鬼针草
Bidens leptophylla C. H. An
习　　性：一年生草本
分　　布：新疆
濒危等级：DD

羽叶鬼针草
Bidens maximowicziana Oett.
习　　性：一年生草本
海　　拔：200~1000 m
国内分布：黑龙江、吉林、辽宁、内蒙古
国外分布：朝鲜半岛、俄罗斯、日本
濒危等级：LC

小花鬼针草
Bidens parviflora Willd.
习　　性：一年生草本
海　　拔：100~2800 m
国内分布：安徽、甘肃、贵州、河北、河南、黑龙江、吉林、江苏、辽宁、内蒙古、宁夏、青海、山东、山西、陕西、四川
国外分布：朝鲜半岛、俄罗斯、蒙古、日本
濒危等级：LC
资源利用：药用（中草药）

鬼针草
Bidens pilosa L.
习　　性：一年生草本
国内分布：大部分地区归化
国外分布：热带和亚热带区域广布
资源利用：药用（中草药）

大羽叶鬼针草
Bidens radiata Thuill.
习　　性：一年生草本
海　　拔：400~600 m
国内分布：黑龙江、吉林、内蒙古、新疆
国外分布：朝鲜半岛、俄罗斯、蒙古、日本
濒危等级：LC

狼杷草
Bidens tripartita L.
习　　性：一年生草本
海　　拔：3600 m 以下
国内分布：安徽、福建、甘肃、贵州、河北、河南、黑龙江、湖北、湖南、吉林、江苏、江西、辽宁、内蒙古、宁夏、青海、山东、陕西、四川、台湾、西藏、新疆、云南、浙江
国外分布：澳大利亚、不丹、朝鲜半岛、俄罗斯、菲律宾、马来西亚、蒙古、尼泊尔、日本、印度、印度尼西亚
濒危等级：LC
资源利用：药用（中草药）

百能葳属 Blainvillea Cass.

百能葳
Blainvillea acmella(L.)Philipson
习　　性：一年生草本
海　　拔：2600 m 以下
国内分布：海南、四川、云南
国外分布：澳大利亚、菲律宾、马来西亚、缅甸、尼泊尔、泰国、印度、印度尼西亚、越南
濒危等级：LC

艾纳香属 Blumea DC.

具腺艾纳香
Blumea adenophora Franch.
习　　性：草本
海　　拔：约1800 m
国内分布：云南
国外分布：越南
濒危等级：NT

馥芳艾纳香
Blumea aromatica DC.
习　　性：亚灌木
海　　拔：300~2400 m
国内分布：福建、广东、广西、贵州、湖南、江西、四川、台湾、云南、浙江
国外分布：不丹、缅甸、尼泊尔、泰国、印度、越南
濒危等级：LC

柔毛艾纳香
Blumea axillaris(Lam.)DC.
习　　性：一年生或二年生草本

海　　拔：1500 m 以下
国内分布：福建、广东、广西、贵州、海南、湖南、江西、四川、台湾、云南、浙江
国外分布：阿富汗、澳大利亚、巴基斯坦、不丹、菲律宾、柬埔寨、缅甸、尼泊尔、斯里兰卡、泰国、印度、印度尼西亚、越南
濒危等级：LC

艾纳香
Blumea balsamifera (L.) DC.
习　　性：灌木或亚灌木
海　　拔：1200 m 以下
国内分布：福建、广东、广西、贵州、海南、台湾、云南
国外分布：巴基斯坦、不丹、菲律宾、柬埔寨、老挝、马来西亚、缅甸、尼泊尔、泰国、印度、印度尼西亚、越南
濒危等级：LC
资源利用：药用（中草药）

七里明
Blumea clarkei Hook. f.
习　　性：多年生草本
海　　拔：1000 m 以下
国内分布：福建、广东、广西、海南、江西
国外分布：菲律宾、马来西亚、缅甸、泰国、印度、印度尼西亚、越南
濒危等级：LC

大花艾纳香
Blumea conspicua Hayata
习　　性：亚灌木
国内分布：台湾
国外分布：日本
濒危等级：VU D1+2

节节红
Blumea fistulosa (Roxb.) Kurz
习　　性：一年生草本
海　　拔：300~1900 m
国内分布：广东、广西、贵州、海南、四川、云南
国外分布：不丹、缅甸、尼泊尔、泰国、印度、越南
濒危等级：LC

拟艾纳香
Blumea flava DC.
习　　性：一年生草本
海　　拔：2000 m 以下
国内分布：广西、贵州、海南、云南
国外分布：巴基斯坦、不丹、马来西亚、缅甸、泰国、印度、印度尼西亚、越南
濒危等级：LC

台北艾纳香
Blumea formosana Kitam.
习　　性：一年生草本
海　　拔：100~1000 m
分　　布：福建、广东、广西、湖南、江西、台湾
濒危等级：LC

拟毛毡草
Blumea hamiltonii DC.
习　　性：草本
海　　拔：约 500 m
国内分布：福建、广东、广西、贵州、湖南、江西、台湾、浙江
国外分布：菲律宾、缅甸、印度、印度尼西亚、越南
濒危等级：LC

毛毡草
Blumea hieraciifolia (Spreng.) DC.
习　　性：多年生草本
海　　拔：300~1200 m
国内分布：福建、广东、广西、贵州、海南、江西、四川、台湾、云南、浙江
国外分布：巴布亚新几内亚、巴基斯坦、菲律宾、缅甸、尼泊尔、日本、泰国、印度、印度尼西亚
濒危等级：LC

薄叶艾纳香
Blumea hookeri C. B. Clarke ex Hook. f.
习　　性：多年生草本
海　　拔：1200~2800 m
国内分布：云南
国外分布：不丹、印度、越南
濒危等级：LC

见霜黄
Blumea lacera (N. L. Burman) DC.
习　　性：一年生或二年生草本
海　　拔：100~800 m
国内分布：福建、广东、广西、贵州、海南、江西、四川、台湾、云南、浙江
国外分布：澳大利亚、巴布亚新几内亚、巴基斯坦、不丹、老挝、马来西亚、缅甸、尼泊尔、日本、斯里兰卡、泰国、印度、越南
濒危等级：LC
资源利用：药用（中草药）

千头艾纳香
Blumea lanceolaria (Roxb.) Druce
习　　性：草本或亚灌木
海　　拔：400~1500 m
国内分布：广东、广西、贵州、台湾、云南
国外分布：巴基斯坦、不丹、菲律宾、缅甸、日本、斯里兰卡、泰国、印度、印度尼西亚、越南
濒危等级：LC
资源利用：药用（中草药）

条叶艾纳香
Blumea linearis C. I Peng et W. P. Leu
习　　性：亚灌木
海　　拔：400 m 以下
分　　布：台湾
濒危等级：VU D1+2

裂苞艾纳香
Blumea martiniana Vaniot

习　　性：亚灌木
海　　拔：600~1300 m
国内分布：广西、贵州、云南
国外分布：越南
濒危等级：LC

东风草
Blumea megacephala (Randeria) C. C. Chang et Y. Q. Tseng
习　　性：亚灌木或灌木
海　　拔：100~1900 m
国内分布：福建、广东、广西、贵州、湖南、江西、四川、台湾、云南、浙江
国外分布：日本、泰国、越南
濒危等级：LC

长柄艾纳香
Blumea membranacea DC.
习　　性：一年生草本
海　　拔：300~1400 m
国内分布：广东、广西、海南、云南
国外分布：巴基斯坦、马来西亚、缅甸、尼泊尔、斯里兰卡、泰国、印度、印度尼西亚、越南
濒危等级：LC

芜菁叶艾纳香
Blumea napifolia DC.
习　　性：一年生草本
海　　拔：600 m 以下
国内分布：云南
国外分布：老挝、马来西亚、缅甸、泰国、印度、越南
濒危等级：LC

长圆叶艾纳香
Blumea oblongifolia Kitam.
习　　性：多年生草本
国内分布：福建、广东、江西、台湾、浙江
国外分布：缅甸、印度、越南
濒危等级：LC

尖齿艾纳香
Blumea oxyodonta DC.
习　　性：多年生草本
海　　拔：1200~1700 m
国内分布：云南
国外分布：巴基斯坦、不丹、缅甸、尼泊尔、泰国、印度、越南
濒危等级：LC

高艾纳香
Blumea repanda (Roxb.) Hand.-Mazz.
习　　性：多年生草本
海　　拔：1200~2000 m
国内分布：云南
国外分布：巴基斯坦、不丹、缅甸、尼泊尔、印度、越南
濒危等级：LC

假东风草
Blumea riparia DC.
习　　性：匍匐灌木
海　　拔：400~1800 m
国内分布：广东、广西、台湾、云南
国外分布：巴布亚新几内亚、不丹、菲律宾、马来西亚、缅甸、尼泊尔、泰国、印度、印度尼西亚、越南
濒危等级：LC

戟叶艾纳香
Blumea sagittata Gagnep.
习　　性：草本
海　　拔：500~1000 m
国内分布：广西、贵州、云南
国外分布：老挝、越南
濒危等级：LC

全裂艾纳香
Blumea saussureoides C. C. Chang et Y. Q. Tseng
习　　性：多年生草本
海　　拔：约 1600 m
分　　布：云南
濒危等级：DD

无梗艾纳香
Blumea sessiliflora Decne.
习　　性：草本
海　　拔：700 m 以下
国内分布：广东、海南、江西
国外分布：缅甸、泰国、印度、印度尼西亚、越南
濒危等级：LC

六耳铃
Blumea sinuata (Lour.) Merr.
习　　性：一年生或二年生草本
海　　拔：200~1500 m
国内分布：福建、广东、广西、贵州、海南、台湾、云南
国外分布：巴布亚新几内亚、巴基斯坦、不丹、菲律宾、马来西亚、缅甸、尼泊尔、斯里兰卡、印度、印度尼西亚、越南
濒危等级：LC

狭叶艾纳香
Blumea tenuifolia C. Y. Wu ex C. C. Chang et Y. Q. Tseng
习　　性：多年生草本
海　　拔：900~1900 m
分　　布：云南
濒危等级：LC

纤枝艾纳香
Blumea veronicifolia Franch.
习　　性：多年生草本
海　　拔：600~1200 m
分　　布：四川、云南
濒危等级：DD

绿艾纳香
Blumea virens DC.
习　　性：草本
海　　拔：约 1400 m
国内分布：云南
国外分布：巴基斯坦、不丹、菲律宾、柬埔寨、老挝、马来西亚、缅甸、斯里兰卡、泰国、印度、越南
濒危等级：LC

球菊属 Bolocephalus Hand.-Mazz.

球菊
Bolocephalus saussureoides Hand.-Mazz.
- 习　　性：多年生草本
- 海　　拔：4000~5000 m
- 分　　布：西藏
- 濒危等级：DD

短舌菊属 Brachanthemum DC.

灌木短舌菊
Brachanthemum fruticulosum DC.
- 习　　性：亚灌木
- 国内分布：新疆
- 国外分布：哈萨克斯坦
- 濒危等级：DD

戈壁短舌菊
Brachanthemum gobicum Krasch.
- 习　　性：亚灌木
- 国内分布：内蒙古
- 国外分布：蒙古
- 濒危等级：EN D1

吉尔吉斯短舌菊
Brachanthemum kirghisorum Krasch.
- 习　　性：亚灌木
- 海　　拔：1000 ~ ? m
- 国内分布：新疆
- 国外分布：哈萨克斯坦
- 濒危等级：LC

蒙古短舌菊
Brachanthemum mongolicum Krasch.
- 习　　性：亚灌木
- 海　　拔：约1650 m
- 国内分布：甘肃、新疆
- 国外分布：蒙古
- 濒危等级：DD

星毛短舌菊
Brachanthemum pulvinatum (Hand.-Mazz.) C. Shih
- 习　　性：亚灌木
- 海　　拔：1200~3200 m
- 分　　布：甘肃、内蒙古、宁夏、青海、新疆
- 濒危等级：LC

无毛短舌菊
Brachanthemum titovii Krasch.
- 习　　性：亚灌木
- 国内分布：新疆
- 国外分布：哈萨克斯坦
- 濒危等级：LC

牛眼菊属 Buphthalmum L.

牛眼菊
Buphthalmum salicifolium L.
- 习　　性：多年生草本
- 国内分布：我国栽培
- 国外分布：原产欧洲

金盏花属 Calendula L.

金盏菊
Calendula officinalis L.
- 习　　性：一年生草本
- 分　　布：我国广泛栽培
- 资源利用：环境利用（观赏）

翠菊属 Callistephus Cass.

翠菊
Callistephus chinensis (L.) Nees
- 习　　性：一年生或二年生草本
- 海　　拔：300~2700 m
- 国内分布：甘肃、河北、河南、黑龙江、吉林、江苏、辽宁、内蒙古、山东、山西、四川、新疆、云南；各地广泛栽培
- 国外分布：朝鲜半岛、日本；世界各地均有栽培
- 濒危等级：LC
- 资源利用：环境利用（观赏）

刺冠菊属 Calotis R. Br.

刺冠菊
Calotis caespitosa C. C. Chang
- 习　　性：一年生草本
- 分　　布：海南
- 濒危等级：DD

金腰箭舅属 Calyptocarpus Less.

金腰箭舅
Calyptocarpus vialis Less.
- 习　　性：多年生草本
- 国内分布：台湾、云南归化
- 国外分布：原产古巴、美国、墨西哥

凋缨菊属 Camchaya Gagnep.

凋缨菊
Camchaya loloana Kerr
- 习　　性：一年生草本
- 海　　拔：500~1600 m
- 国内分布：广西、云南
- 国外分布：泰国
- 濒危等级：LC

小甘菊属 Cancrinia Kar. et Kir.

黄头小甘菊
Cancrinia chrysocephala Kar. et Kir.
- 习　　性：多年生草本
- 海　　拔：3300~4000 m
- 国内分布：新疆
- 国外分布：哈萨克斯坦
- 濒危等级：DD

小甘菊
Cancrinia discoidea(Ledeb.)Poljakov ex Tzvelev
 习 性：二年生或多年生草本
 海 拔：500~1200 m
 国内分布：甘肃、内蒙古、西藏、新疆
 国外分布：俄罗斯、哈萨克斯坦、蒙古
 濒危等级：LC

毛果小甘菊
Cancrinia lasiocarpa C. Winkl.
 习 性：多年生草本
 海 拔：1500~2000 m
 国内分布：甘肃、宁夏、西藏
 国外分布：蒙古
 濒危等级：LC

灌木小甘菊
Cancrinia maximowiczii C. Winkl.
 习 性：亚灌木
 海 拔：2100~3600 m
 国内分布：甘肃、内蒙古、青海、新疆、云南
 国外分布：蒙古
 濒危等级：LC

天山小甘菊
Cancrinia tianschanica(Krasch.)Tzvelev
 习 性：多年生草本
 海 拔：约 3200 m
 国内分布：新疆
 国外分布：哈萨克斯坦
 濒危等级：DD

飞廉属 Carduus L.

节毛飞廉
Carduus acanthoides L.
 习 性：二年生或多年生草本
 海 拔：200~3500 m
 国内分布：甘肃、贵州、河北、河南、湖南、江苏、江西、内蒙古、宁夏、青海、山东、山西、陕西、四川、西藏、新疆、云南
 国外分布：俄罗斯；欧洲、亚洲西南部
 濒危等级：LC

丝毛飞廉
Carduus crispus L.
 习 性：二年生或多年生草本
 海 拔：400~3600 m
 国内分布：广泛分布
 国外分布：朝鲜半岛、俄罗斯、哈萨克斯坦、蒙古
 濒危等级：LC
 资源利用：蜜源植物

飞廉
Carduus nutans L.
 习 性：二年生或多年生草本
 海 拔：500~2300 m
 国内分布：新疆
 国外分布：俄罗斯、哈萨克斯坦、蒙古
 濒危等级：LC
 资源利用：蜜源植物

刺苞菊属 Carlina L.

刺苞菊
Carlina biebersteinii Bernh. ex Hornem.
 习 性：二年生草本
 海 拔：约 1000 m
 国内分布：新疆
 国外分布：俄罗斯、哈萨克斯坦
 濒危等级：DD

天名精属 Carpesium L.

天名精
Carpesium abrotanoides L.
 习 性：多年生草本
 海 拔：2800（3400）m 以下
 国内分布：安徽、福建、甘肃、广东、广西、贵州、海南、河南、湖北、湖南、江苏、江西、陕西、四川、台湾、西藏、云南、浙江
 国外分布：阿富汗、不丹、朝鲜半岛、俄罗斯、缅甸、尼泊尔、日本、印度、越南
 濒危等级：LC
 资源利用：药用（中草药）；原料（精油）

烟管头草
Carpesium cernuum L.
 习 性：多年生草本
 海 拔：2900~3400 m
 国内分布：安徽、福建、甘肃、广东、广西、贵州、河北、河南、湖北、湖南、吉林、江苏、江西、辽宁、山东、山西、陕西、四川、台湾、西藏、云南、浙江
 国外分布：阿富汗、澳大利亚、巴布亚新几内亚、巴基斯坦、朝鲜半岛、俄罗斯、菲律宾、日本、印度、印度尼西亚、越南
 濒危等级：LC
 资源利用：药用（中草药）

心叶天名精
Carpesium cordatum F. H. Chen et C. M. Hu
 习 性：多年生草本
 海 拔：2300~3500 m
 国内分布：四川、西藏、云南
 国外分布：尼泊尔、印度
 濒危等级：DD

金挖耳
Carpesium divaricatum Siebold et Zucc.
 习 性：多年生草本
 海 拔：600~1600 m
 国内分布：安徽、福建、广东、贵州、河南、湖北、湖南、吉林、江西、辽宁、四川、台湾、浙江
 国外分布：朝鲜半岛、日本
 濒危等级：LC

资源利用：药用（中草药）

中日金挖耳
Carpesium faberi C. Winkl.
- 习　　性：多年生草本
- 海　　拔：700~2000 m
- 国内分布：广西、贵州、湖北、四川、台湾
- 国外分布：日本
- 濒危等级：LC

矮天名精
Carpesium humile C. Winkl.
- 习　　性：多年生草本
- 海　　拔：2000~3700 m
- 分　　布：甘肃、青海、四川、西藏、云南
- 濒危等级：LC

高原天名精
Carpesium lipskyi C. Winkl.
- 习　　性：多年生草本
- 海　　拔：2000~3700 m
- 分　　布：甘肃、青海、山西、四川、云南
- 濒危等级：LC

长叶天名精
Carpesium longifolium F. H. Chen et C. M. Hu
- 习　　性：多年生草本
- 海　　拔：600~2300 m
- 分　　布：甘肃、贵州、湖北、陕西、四川
- 濒危等级：LC

大花金挖耳
Carpesium macrocephalum Franch. et Sav.
- 习　　性：多年生草本
- 海　　拔：700~2300 m
- 国内分布：甘肃、河南、黑龙江、吉林、辽宁、陕西、四川
- 国外分布：朝鲜半岛、俄罗斯、日本
- 濒危等级：LC
- 资源利用：药用（中草药）；原料（精油）

小花金挖耳
Carpesium minus Hemsl.
- 习　　性：多年生草本
- 海　　拔：700~1000 m
- 分　　布：湖北、湖南、江西、四川、云南
- 濒危等级：LC

尼泊尔天名精
Carpesium nepalense Less.

尼泊尔天名精（原变种）
Carpesium nepalense var. **nepalense**
- 习　　性：多年生草本
- 海　　拔：1400~3200 m
- 国内分布：台湾、西藏、云南
- 国外分布：巴基斯坦、不丹、尼泊尔、印度
- 濒危等级：LC

棉毛尼泊尔天名精
Carpesium nepalense var. **lanatum** (Hook. f. et Thomson ex C. B. Clarke) Kitam.
- 习　　性：多年生草本
- 海　　拔：1100~2700 m
- 国内分布：贵州、湖北、湖南、陕西、四川、云南
- 国外分布：不丹、印度
- 濒危等级：LC

葶茎天名精
Carpesium scapiforme F. H. Chen et C. M. Hu
- 习　　性：多年生草本
- 海　　拔：3000~4100 m
- 国内分布：四川、西藏、云南
- 国外分布：不丹、尼泊尔、印度
- 濒危等级：LC

四川天名精
Carpesium szechuanense F. H. Chen et C. M. Hu
- 习　　性：多年生草本
- 海　　拔：1400~2500 m
- 分　　布：湖北、四川、云南
- 濒危等级：LC

粗齿天名精
Carpesium tracheliifolium Less.
- 习　　性：多年生草本
- 海　　拔：2000~3500 m
- 国内分布：四川、台湾、西藏、云南
- 国外分布：不丹、尼泊尔、印度
- 濒危等级：LC

暗花金挖耳
Carpesium triste Maxim.
- 习　　性：多年生草本
- 海　　拔：700~3700 m
- 国内分布：甘肃、贵州、河北、河南、黑龙江、湖北、吉林、辽宁、陕西、台湾、新疆、浙江
- 国外分布：朝鲜半岛、俄罗斯、日本
- 濒危等级：LC

绒毛天名精
Carpesium velutinum C. Winkl.
- 习　　性：多年生草本
- 海　　拔：2000~3200 m
- 分　　布：甘肃、陕西、四川
- 濒危等级：DD

红花属 Carthamus L.

红花
Carthamus tinctorius L.
- 习　　性：一年生草本
- 国内分布：甘肃、贵州、河北、黑龙江、吉林、江苏、辽宁、内蒙古、青海、山东、山西、陕西、四川、西藏、浙江、新疆等地栽培
- 国外分布：原产地不详；广泛栽培
- 资源利用：药用（中草药）；基因源（抗寒，耐盐碱）；原料（精油）

葶菊属 Cavea W. W. Sm. et J. Small

葶菊
Cavea tanguensis (J. R. Drumm.) W. W. Smith et J. Small
- 习　　性：多年生草本
- 海　　拔：4000~5100 m
- 国内分布：四川、西藏
- 国外分布：不丹、印度
- 濒危等级：LC

矢车菊属 Centaurea L.

藏掖花
Centaurea benedicta (L.) L.
- 习　　性：一年生草本
- 海　　拔：约2300 m
- 国内分布：新疆
- 国外分布：阿富汗、巴基斯坦、俄罗斯、哈萨克斯坦、吉尔吉斯斯坦、塔吉克斯坦、土库曼斯坦、乌兹别克斯坦
- 濒危等级：LC
- 资源利用：药用（中草药）

铺散矢车菊
Centaurea diffusa Lam.
- 习　　性：二年生草本
- 国内分布：辽宁
- 国外分布：原产欧洲、亚洲西南部

薄鳞菊
Centaurea glastifolia (Boiss.) L. Martins
- 习　　性：多年生草本
- 海　　拔：约800 m
- 国内分布：新疆
- 国外分布：俄罗斯、哈萨克斯坦
- 濒危等级：LC

针刺矢车菊
Centaurea iberica Trevir. ex Spreng.
- 习　　性：一年生或二年生草本
- 海　　拔：500~900 m
- 国内分布：新疆
- 国外分布：阿富汗、巴基斯坦、俄罗斯、哈萨克斯坦、吉尔吉斯斯坦、塔吉克斯坦、土库曼斯坦、乌兹别克斯坦
- 濒危等级：LC

琉苞菊
Centaurea pulchella Ledeb.
- 习　　性：一年生草本
- 海　　拔：700~2400 m
- 国内分布：新疆
- 国外分布：阿富汗、哈萨克斯坦、吉尔吉斯斯坦、蒙古、塔吉克斯坦、土库曼斯坦、乌兹别克斯坦
- 濒危等级：LC

糙叶矢车菊
Centaurea scabiosa (Ledeb.) Gugler
- 习　　性：多年生草本
- 海　　拔：400~1400 m
- 国内分布：内蒙古、新疆
- 国外分布：俄罗斯、哈萨克斯坦、吉尔吉斯斯坦、欧洲、乌兹别克斯坦
- 濒危等级：LC

小花矢车菊
Centaurea virgata (Boiss.) Gugler
- 习　　性：多年生草本
- 海　　拔：500~1500 m
- 国内分布：新疆
- 国外分布：阿富汗、巴基斯坦、俄罗斯、哈萨克斯坦、吉尔吉斯斯坦、塔吉克斯坦、土库曼斯坦、乌兹别克斯坦
- 濒危等级：DD

石胡荽属 Centipeda Lour.

石胡荽
Centipeda minima (L.) A. Braun et Asch.
- 习　　性：一年生草本
- 海　　拔：1500~2500 m
- 国内分布：安徽、重庆、福建、广东、广西、贵州、海南、河南、湖北、湖南、江苏、江西、山东、陕西、四川、台湾、云南、浙江
- 国外分布：澳大利亚、巴布亚新几内亚、俄罗斯、菲律宾、日本、泰国、印度、印度尼西亚
- 濒危等级：LC
- 资源利用：药用（中草药）

纽扣花属 Centratherum Cass.

菲律宾纽扣花
Centratherum punctatum Cass.
- 习　　性：多年生宿根草本或小灌木
- 国内分布：台湾归化
- 国外分布：原产菲律宾

粉苞菊属 Chondrilla L.

沙地粉苞菊
Chondrilla ambigua Fisch. ex Kar. et Kir.
- 习　　性：多年生草本
- 海　　拔：300~800 m
- 国内分布：新疆
- 国外分布：俄罗斯、哈萨克斯坦、土库曼斯坦、乌兹别克斯坦
- 濒危等级：LC

硬叶粉苞菊
Chondrilla aspera Poir.
- 习　　性：多年生草本
- 海　　拔：1100~1400 m
- 国内分布：新疆
- 国外分布：俄罗斯、哈萨克斯坦、吉尔吉斯斯坦、塔吉克斯坦
- 濒危等级：LC

短喙粉苞菊
Chondrilla brevirostris Fisch. et C. A. Meyer
习　　性：多年生草本
海　　拔：约1300 m
国内分布：新疆
国外分布：俄罗斯、哈萨克斯坦、吉尔吉斯斯坦
濒危等级：LC

宽冠粉苞菊
Chondrilla laticoronata Leonova
习　　性：多年生草本
海　　拔：1000～2200 m
国内分布：新疆
国外分布：俄罗斯、哈萨克斯坦
濒危等级：LC

北疆粉苞菊
Chondrilla leiosperma Kar. et Kir.
习　　性：多年生草本
海　　拔：200～1500 m
国内分布：新疆
国外分布：哈萨克斯坦、吉尔吉斯斯坦、蒙古、塔吉克斯坦、乌兹别克斯坦
濒危等级：LC

暗粉苞菊
Chondrilla maracandica Bunge
习　　性：多年生草本
海　　拔：900～4000 m
国内分布：新疆
国外分布：阿富汗、哈萨克斯坦、吉尔吉斯斯坦、塔吉克斯坦、乌兹别克斯坦
濒危等级：LC

中亚粉苞菊
Chondrilla ornata Iljin
习　　性：多年生草本
海　　拔：400～1000 m
国内分布：新疆
国外分布：吉尔吉斯斯坦
濒危等级：DD

少花粉苞菊
Chondrilla pauciflora Ledeb.
习　　性：多年生草本
海　　拔：500～1500 m
国内分布：新疆
国外分布：俄罗斯、哈萨克斯坦、乌兹别克斯坦
濒危等级：LC

粉苞菊
Chondrilla piptocoma Fisch. , C. A. Meyer et Avé-Lall.
习　　性：多年生草本
海　　拔：600～3300 m
国内分布：新疆
国外分布：俄罗斯、哈萨克斯坦
濒危等级：LC

基叶粉苞菊
Chondrilla rouillieri Kar. et Kir.
习　　性：多年生草本
海　　拔：700～900 m
国内分布：新疆
国外分布：俄罗斯、哈萨克斯坦
濒危等级：LC

飞机草属 Chromolaena DC.

飞机草
Chromolaena odorata(L.) R. M. King et H. Rob.
习　　性：多年生草本
国内分布：福建、海南、云南归化
国外分布：原产墨西哥

菊属 Chrysanthemum L.

北极菊
Chrysanthemum arcticum L.
习　　性：多年生草本
国内分布：河北
国外分布：北美洲、俄罗斯
濒危等级：LC

银背菊
Chrysanthemum argyrophyllum Y. Ling
习　　性：多年生草本
海　　拔：1400～2100 m
分　　布：河南、陕西
濒危等级：LC

阿里山菊
Chrysanthemum arisanense Hayata
习　　性：多年生草本
分　　布：江苏、台湾
濒危等级：LC

小红菊
Chrysanthemum chanetii H. Lév.
习　　性：多年生草本
海　　拔：300～2700 m
国内分布：河北、黑龙江、吉林、辽宁、内蒙古、宁夏、山东、山西、陕西、台湾
国外分布：朝鲜半岛、俄罗斯、蒙古
濒危等级：LC

异色菊
Chrysanthemum dichroum(C. Shih) H. Ohashi et Yonek.
习　　性：多年生草本
分　　布：河北
濒危等级：DD

叶状菊
Chrysanthemum foliaceum(G. F. Peng, C. Shih et S. Q. Zhang) J. M. Wang et Y. T. Hou
习　　性：多年生草本
海　　拔：100～300 m
分　　布：山东
濒危等级：LC

拟亚菊
Chrysanthemum glabriusculum(W. W. Smith) Hand.-Mazz.
习　　性：多年生草本
海　　拔：900～2600 m

分　　布：陕西、四川、云南
濒危等级：DD

蓬莱油菊
Chrysanthemum horaimontanum Masam.
　　习　　性：多年生草本
　　海　　拔：1200～1400 m
　　分　　布：台湾
　　濒危等级：DD

黄花小山菊
Chrysanthemum hypargyreum Diels
　　习　　性：多年生草本
　　海　　拔：1400～3900 m
　　分　　布：陕西、四川
　　濒危等级：LC

野菊
Chrysanthemum indicum L.
　　习　　性：多年生草本
　　海　　拔：100～2900 m
　　国内分布：安徽、福建、广东、广西、贵州、河北、河南、黑龙江、湖北、湖南、江苏、江西、山东、四川、台湾、云南
　　国外分布：不丹、朝鲜半岛、俄罗斯、尼泊尔、日本、乌兹别克斯坦、印度
　　濒危等级：LC
　　资源利用：药用（中草药）；原料（精油）

甘菊
Chrysanthemum lavandulifolium(Fisch. ex Trautv.)Makino
　　习　　性：多年生草本
　　海　　拔：600～2800 m
　　国内分布：安徽、甘肃、贵州、河北、湖北、吉林、江苏、江西、辽宁、内蒙古、青海、山东、山西、陕西、四川、台湾、新疆、云南、浙江
　　国外分布：朝鲜半岛、蒙古、日本、印度
　　濒危等级：LC

长苞菊
Chrysanthemum longibracteatum(C. Shih, G. F. Peng et S. Y. Jin)J. M. Wang et Y. T. Hou
　　习　　性：多年生草本
　　海　　拔：约100 m
　　分　　布：山东
　　濒危等级：VU D1

细叶菊
Chrysanthemum maximowiczii Kom.
　　习　　性：二年生草本
　　海　　拔：1200～1300 m
　　国内分布：内蒙古
　　国外分布：朝鲜半岛、俄罗斯
　　濒危等级：LC

蒙菊
Chrysanthemum mongolicum Y. Ling
　　习　　性：多年生草本
　　海　　拔：1500～2500 m
　　国内分布：内蒙古

　　国外分布：俄罗斯、蒙古
　　濒危等级：LC

菊花
Chrysanthemum morifolium Ramat.
　　习　　性：多年生草本
　　国内分布：全国各地栽培
　　国外分布：多数国家引种栽培
　　濒危等级：LC
　　资源利用：药用（中草药）

森氏菊
Chrysanthemum morii Hayata
　　习　　性：多年生草本
　　海　　拔：400～2400 m
　　分　　布：台湾
　　濒危等级：LC

楔叶菊
Chrysanthemum naktongense Nakai
　　习　　性：多年生草本
　　海　　拔：1400～1700 m
　　国内分布：甘肃、河北、黑龙江、吉林、辽宁、内蒙古、山东、山西
　　国外分布：朝鲜、俄罗斯、蒙古
　　濒危等级：LC

小山菊
Chrysanthemum oreastrum Hance
　　习　　性：多年生草本
　　海　　拔：1800～3000 m
　　国内分布：河北、吉林、云南
　　国外分布：朝鲜半岛、俄罗斯
　　濒危等级：LC

小叶菊
Chrysanthemum parvifolium C. C. Chang
　　习　　性：多年生草本
　　分　　布：贵州
　　濒危等级：DD

委陵菊
Chrysanthemum potentilloides Hand.-Mazz.
　　习　　性：多年生草本
　　海　　拔：1000～1500 m
　　分　　布：山西、陕西
　　濒危等级：LC

菱叶菊
Chrysanthemum rhombifolium(Y. Ling et C. Shih)H. Ohashi et Yonek.
　　习　　性：亚灌木
　　分　　布：重庆
　　濒危等级：LC

毛华菊
Chrysanthemum vestitum(Hemsl.)Stapf

毛华菊（原变种）
Chrysanthemum vestitum var. **vestitum**
　　习　　性：多年生草本
　　海　　拔：300～1500 m

分　　布：安徽、河南、湖北、陕西
濒危等级：LC

阔叶毛华菊
Chrysanthemum vestitum var. **latifolium** J. Zhou et Jun Y. Chen
习　　性：多年生草本
海　　拔：约1500 m
分　　布：安徽、河南
濒危等级：LC

桌子山菊
Chrysanthemum zhuozishanense L. Q. Zhao et Jie Yang
习　　性：多年生草本
海　　拔：约2100 m
分　　布：内蒙古
濒危等级：LC

岩参属 Cicerbita Wallroth

抱茎岩参
Cicerbita auriculiformis (C. Shih) N. Kilian
习　　性：多年生草本
海　　拔：2000~2300 m
分　　布：甘肃、内蒙古、青海
濒危等级：DD

岩参
Cicerbita azurea (Ledeb.) Beauverd
习　　性：多年生草本
海　　拔：600~2900 m
国内分布：新疆
国外分布：俄罗斯、哈萨克斯坦、吉尔吉斯斯坦、蒙古
濒危等级：LC
资源利用：药用（中草药）

高原岩参
Cicerbita ladyginii (Tzvelev) N. Kilian
习　　性：多年生草本
海　　拔：4000~4100 m
分　　布：西藏
濒危等级：LC

光苞岩参
Cicerbita neglecta (Tzvelev) N. Kilian
习　　性：多年生草本
海　　拔：4000~4100 m
分　　布：西藏
濒危等级：LC

川甘岩参
Cicerbita roborowskii (Maxim.) Beauverd
习　　性：多年生草本
海　　拔：1900~4200 m
分　　布：甘肃、宁夏、青海、四川、西藏
濒危等级：LC

天山岩参
Cicerbita thianschanica (Regel et Schmalh.) Beauverd
习　　性：多年生草本
海　　拔：1600~2000 m
国内分布：新疆
国外分布：哈萨克斯坦、塔吉克斯坦
濒危等级：LC

振铎岩参
Cicerbita zhenduoi (S. W. Liu et T. N. Ho) N. Kilian
习　　性：多年生草本
海　　拔：3600~3700 m
分　　布：青海
濒危等级：LC

菊苣属 Cichorium L.

菊苣
Cichorium intybus L.
习　　性：多年生草本
海　　拔：1200 m 以下
国内分布：甘肃、河北、河南、黑龙江、吉林、辽宁、山东、山西、陕西、台湾、新疆
国外分布：非洲、欧洲、亚洲
濒危等级：LC
资源利用：药用（中草药）

蓟属 Cirsium Mill.

天山蓟
Cirsium alberti Regel et Schmalh.
习　　性：多年生草本
海　　拔：1000~2400 m
国内分布：新疆
国外分布：哈萨克斯坦
濒危等级：DD

南蓟
Cirsium argyracanthum DC.
习　　性：多年生草本
海　　拔：2100~3700 m
国内分布：西藏、云南
国外分布：巴基斯坦、不丹、尼泊尔、印度
濒危等级：LC

丝路蓟
Cirsium arvense (L.) Scop.

丝路蓟（原变种）
Cirsium arvense var. **arvense**
习　　性：多年生草本
海　　拔：700~4300 m
国内分布：甘肃、西藏、新疆
国外分布：阿富汗、哈萨克斯坦、尼泊尔、印度
濒危等级：LC

藏蓟
Cirsium arvense var. **alpestre** Nägeli
习　　性：多年生草本
海　　拔：500~4300 m
国内分布：甘肃、青海、西藏、新疆
国外分布：欧洲
濒危等级：LC

刺儿菜
Cirsium arvense var. **integrifolium** Wimmer et Grab.
习　　性：多年生草本

海　　拔：100~2700 m
国内分布：安徽、重庆、福建、甘肃、贵州、河北、河南、黑龙江、湖北、湖南、吉林、江苏、江西、辽宁、内蒙古、宁夏、青海、山东、山西、陕西、四川、新疆、浙江
国外分布：朝鲜半岛、俄罗斯、蒙古、日本
濒危等级：LC

阿尔泰蓟
Cirsium arvense var. **vestitum** Wimmer et Grab.
习　　性：多年生草本
海　　拔：500~1700 m
国内分布：新疆
国外分布：哈萨克斯坦
濒危等级：LC

灰蓟
Cirsium botryodes Petrak
习　　性：多年生草本
海　　拔：2800~3000 m
分　　布：贵州、湖南、四川、云南
濒危等级：LC

刺盖草
Cirsium bracteiferum C. Shih
习　　性：多年生草本
海　　拔：约 1500 m
分　　布：重庆
濒危等级：LC

绿蓟
Cirsium chinense Gardner et Champ.
习　　性：多年生草本
海　　拔：100~1600 m
分　　布：福建、广东、广西、河北、江苏、江西、辽宁、内蒙古、山东、四川、浙江
濒危等级：LC

两面蓟
Cirsium chlorolepis Petrak
习　　性：多年生草本
海　　拔：1300~1800 m
分　　布：贵州、云南
濒危等级：LC

黄苞蓟
Cirsium chrysolepis C. Shih
习　　性：多年生草本
海　　拔：约 3500 m
分　　布：西藏
濒危等级：DD

贡山蓟
Cirsium eriophoroides (Hook. f.) Petrak
习　　性：多年生草本
海　　拔：2000~4100 m
国内分布：四川、西藏、云南
国外分布：不丹、印度
濒危等级：LC

莲座蓟
Cirsium esculentum (Sievers) C. A. Meyer
习　　性：多年生草本
海　　拔：500~3200 m
国内分布：河北、吉林、辽宁、内蒙古、新疆
国外分布：俄罗斯、哈萨克斯坦、蒙古、乌兹别克斯坦
濒危等级：LC

峨眉蓟
Cirsium fangii Petrak
习　　性：多年生草本
海　　拔：2300~2400 m
分　　布：四川
濒危等级：DD

梵净蓟
Cirsium fanjingshanense C. Shih
习　　性：多年生草本
分　　布：贵州
濒危等级：DD

等苞蓟
Cirsium fargesii (Franch.) Diels
习　　性：多年生草本
海　　拔：2400~2500 m
分　　布：湖北、陕西、四川
濒危等级：DD

褐毛蓟
Cirsium fuscotrichum C. C. Chang
习　　性：多年生草本
海　　拔：约 2500 m
分　　布：四川
濒危等级：DD

无毛蓟
Cirsium glabrifolium (C. Winkl.) Petrak
习　　性：多年生草本
海　　拔：2500~2700 m
国内分布：西藏、新疆
国外分布：哈萨克斯坦、乌兹别克斯坦、印度
濒危等级：LC

骆骑
Cirsium handelii Petrak
习　　性：多年生草本
海　　拔：1700~3400 m
分　　布：四川、云南
濒危等级：LC

堆心蓟
Cirsium helenioides (L.) Hill
习　　性：多年生草本
海　　拔：1700~2300 m
国内分布：新疆
国外分布：俄罗斯、哈萨克斯坦
濒危等级：DD

刺苞蓟
Cirsium henryi (Franch.) Diels
习　　性：多年生草本

海　　拔：2700~3500 m
分　　布：湖北、四川、云南
濒危等级：LC

披裂蓟
Cirsium interpositum Petrak
　　习　　性：多年生草本
　　海　　拔：2000~2500 m
　　分　　布：西藏、云南
　　濒危等级：DD

蓟
Cirsium japonicum DC.
　　习　　性：多年生草本
　　海　　拔：400~2100 m
　　国内分布：重庆、福建、广东、广西、贵州、河北、湖北、湖南、江苏、江西、内蒙古、青海、山东、陕西、四川、台湾、云南、浙江
　　国外分布：朝鲜半岛、俄罗斯、日本、越南
　　濒危等级：LC
　　资源利用：药用（中草药）

覆瓦蓟
Cirsium leducii (Franch.) H. Lév.
　　习　　性：多年生草本
　　海　　拔：500~1500 m
　　国内分布：广东、广西、贵州、四川、云南
　　国外分布：越南
　　濒危等级：LC

魁蓟
Cirsium leo Nakai et Kitag.
　　习　　性：多年生草本
　　海　　拔：700~3400 m
　　分　　布：甘肃、河北、河南、宁夏、山西、陕西、四川
　　濒危等级：LC

丽江蓟
Cirsium lidjiangense Petrak et Hand.-Mazz.
　　习　　性：多年生草本
　　海　　拔：1800~3200 m
　　分　　布：四川、云南
　　濒危等级：LC

线叶蓟
Cirsium lineare (Thunb.) Sch.-Bip.
　　习　　性：多年生草本
　　海　　拔：500~2500 m
　　国内分布：安徽、重庆、福建、甘肃、广东、贵州、河北、河南、湖北、湖南、江西、陕西、四川、台湾、云南、浙江
　　国外分布：日本、泰国、越南
　　濒危等级：LC

野蓟
Cirsium maackii Maxim.
　　习　　性：多年生草本
　　海　　拔：100~1100 m
　　国内分布：安徽、河北、黑龙江、吉林、江苏、辽宁、内蒙古、山东、四川、浙江

国外分布：朝鲜半岛、俄罗斯
濒危等级：LC

马刺蓟
Cirsium monocephalum (Vaniot) H. Lév.
　　习　　性：多年生草本
　　海　　拔：700~2000 m
　　分　　布：重庆、甘肃、贵州、湖北、山西、陕西、四川
　　濒危等级：LC

木里蓟
Cirsium muliense C. Shih
　　习　　性：多年生草本
　　海　　拔：约3200 m
　　分　　布：四川
　　濒危等级：LC

烟管蓟
Cirsium pendulum Fisch. ex DC.
　　习　　性：多年生草本
　　海　　拔：300~2300 m
　　国内分布：甘肃、河北、河南、黑龙江、吉林、辽宁、内蒙古、山西、陕西、云南
　　国外分布：朝鲜半岛、俄罗斯、蒙古、日本
　　濒危等级：LC

川蓟
Cirsium periacanthaceum C. Shih
　　习　　性：多年生草本
　　海　　拔：2400~2600 m
　　分　　布：四川
　　濒危等级：LC

总序蓟
Cirsium racemiforme Y. Ling et C. Shih
　　习　　性：多年生草本
　　海　　拔：1000~1300 m
　　分　　布：福建、广西、贵州、湖南、江西、云南
　　濒危等级：LC

赛里木蓟
Cirsium sairamense (C. Winkl.) O. Fedtsch. et B. Fedtsch.
　　习　　性：多年生草本
　　海　　拔：1700~2300 m
　　国内分布：新疆
　　国外分布：哈萨克斯坦、乌兹别克斯坦
　　濒危等级：LC

林蓟
Cirsium schantarense Trautv. et C. A. Meyer
　　习　　性：多年生草本
　　海　　拔：1500~2000 m
　　国内分布：黑龙江、吉林、辽宁
　　国外分布：俄罗斯
　　濒危等级：LC

新疆蓟
Cirsium semenowii Regel
　　习　　性：多年生草本
　　海　　拔：1700~3000 m
　　国内分布：新疆

国外分布：哈萨克斯坦、乌兹别克斯坦
濒危等级：DD

麻花头蓟
Cirsium serratuloides (L.) Hill
习　　性：多年生草本
海　　拔：1200～2600 m
国内分布：新疆
国外分布：俄罗斯、蒙古
濒危等级：LC

牛口蓟
Cirsium shansiense Petrak
习　　性：多年生草本
海　　拔：1300～3400 m
国内分布：安徽、重庆、福建、甘肃、广东、广西、贵州、河北、河南、湖北、湖南、江西、内蒙古、青海、山西、陕西、四川、西藏、云南
国外分布：不丹、缅甸、印度、越南
濒危等级：LC

薄叶蓟
Cirsium shihianum Greuter
习　　性：多年生草本
海　　拔：1400～1600 m
分　　布：新疆
濒危等级：DD

附片蓟
Cirsium sieversii (Fisch. et C. A. Meyer) Petrak
习　　性：多年生草本
海　　拔：1600～2900 m
国内分布：新疆
国外分布：俄罗斯、哈萨克斯坦、乌兹别克斯坦
濒危等级：LC

葵花大蓟
Cirsium souliei (Franch.) Mattf.
习　　性：多年生草本
海　　拔：1900～4800 m
国内分布：甘肃、宁夏、青海、四川、西藏
国外分布：印度
濒危等级：LC

钻苞蓟
Cirsium subulariforme C. Shih
习　　性：多年生草本
海　　拔：1500～2500 m
分　　布：西藏、云南
濒危等级：DD

杭蓟
Cirsium tianmushanicum C. Shih
习　　性：多年生草本
海　　拔：约1300 m
分　　布：浙江
濒危等级：DD

斑鸠蓟
Cirsium vernonioides C. Shih
习　　性：多年生草本
分　　布：广西
濒危等级：DD

苞叶蓟
Cirsium verutum (D. Don) Spreng.
习　　性：多年生草本
海　　拔：2900～3900 m
国内分布：西藏
国外分布：阿富汗、巴基斯坦、不丹、尼泊尔、印度、越南
濒危等级：LC

块蓟
Cirsium viridifolium (Hand.-Mazz.) C. Shih
习　　性：多年生草本
海　　拔：200～2000 m
分　　布：河北、吉林、内蒙古
濒危等级：LC

绒背蓟
Cirsium vlassovianum Fisch. ex DC.
习　　性：多年生草本
海　　拔：300～1500 m
国内分布：河北、河南、黑龙江、吉林、辽宁、内蒙古、山西
国外分布：朝鲜半岛、俄罗斯、蒙古
濒危等级：LC
资源利用：药用（中草药）

翼蓟
Cirsium vulgare (Savi) Tenore
习　　性：二年生草本
海　　拔：400～1800 m
国内分布：新疆
国外分布：阿富汗、巴基斯坦、俄罗斯、哈萨克斯坦、吉尔吉斯斯坦、土库曼斯坦
濒危等级：LC

藤菊属 Cissampelopsis (DC.) Miq.

尼泊尔藤菊
Cissampelopsis buimalia (Buch.-Ham. ex D. Don) C. Jeffrey et Y. L. Chen
习　　性：半灌木状草本
海　　拔：约2100 m
国内分布：云南
国外分布：不丹、尼泊尔、印度
濒危等级：LC

革叶藤菊
Cissampelopsis corifolia C. Jeffrey et Y. L. Chen
习　　性：半灌木状草本
海　　拔：1500～2800 m
国内分布：西藏、云南
国外分布：不丹、缅甸、泰国、印度
濒危等级：LC

赤缨藤菊
Cissampelopsis erythrochaeta C. Jeffrey et Y. L. Chen
习　　性：半灌木状草本
海　　拔：900～1200 m

分　　布：湖南
濒危等级：DD

腺毛藤菊
Cissampelopsis glandulosa C. Jeffrey et Y. L. Chen
　　习　　性：半灌木状草本
　　海　　拔：2300~2400 m
　　分　　布：云南
　　濒危等级：DD

岩穴藤菊
Cissampelopsis spelaeicola(Vaniot)C. Jeffrey et Y. L. Chen
　　习　　性：半灌木状草本
　　海　　拔：1000~2000 m
　　分　　布：广西、贵州、四川、云南
　　濒危等级：LC

藤菊
Cissampelopsis volubilis(Blume)Miq.
　　习　　性：半灌木状草本
　　海　　拔：800~2000 m
　　国内分布：广东、广西、贵州、海南、云南
　　国外分布：马来西亚、缅甸、泰国、印度、越南
　　濒危等级：LC

苏利南野菊属 Clibadium F. Allamand ex L.

苏利南野菊
Clibadium surinamense L.
　　习　　性：灌木
　　国内分布：台湾归化
　　国外分布：原产印度、印度尼西亚；中美洲、南美洲

锥托泽兰属 Conoclinium DC.

锥托泽兰
Conoclinium coelestinum(L.)DC.
　　习　　性：多年生草本
　　国内分布：贵州、云南归化
　　国外分布：原产美国

非洲白酒草属 Conyza Less.

劲直非洲白酒草
Conyza stricta Willd.

劲直非洲白酒草（原变种）
Conyza stricta var. **stricta**
　　习　　性：一年生草本
　　海　　拔：1100~2300 m
　　国内分布：海南、四川、西藏、云南
　　国外分布：阿富汗、巴基斯坦、不丹、缅甸、尼泊尔、泰国、印度、越南
　　濒危等级：DD

羽裂非洲白酒草
Conyza stricta var. **pinnatifida** Kitam.
　　习　　性：一年生草本
　　海　　拔：1800~2600 m
　　国内分布：四川、西藏、云南
　　国外分布：阿富汗、巴基斯坦、不丹、缅甸、尼泊尔、印度

濒危等级：DD

金鸡菊属 Coreopsis L.

大花金鸡菊
Coreopsis grandiflora Hogg ex Sweet
　　习　　性：多年生草本
　　国内分布：广泛栽培或归化
　　国外分布：原产北美洲

剑叶金鸡菊
Coreopsis lanceolata L.
　　习　　性：多年生草本
　　国内分布：广泛栽培或归化
　　国外分布：原产北美洲
　　资源利用：原料（精油）

两色金鸡菊
Coreopsis tinctoria Nutt.
　　习　　性：一年生草本
　　国内分布：广泛栽培或归化
　　国外分布：原产北美洲
　　资源利用：环境利用（观赏）

秋英属 Cosmos Cav.

秋英
Cosmos bipinnatus Cav.
　　习　　性：多年生草本
　　国内分布：我国广泛栽培
　　国外分布：原产美国、墨西哥
　　资源利用：环境利用（观赏）

硫磺菊
Cosmos sulphureus Cav.
　　习　　性：多年生草本
　　国内分布：北京、广东、云南等栽培
　　国外分布：原产墨西哥
　　资源利用：环境利用（观赏）

山芫荽属 Cotula L.

芫荽菊
Cotula anthemoides L.
　　习　　性：一年生草本
　　海　　拔：1000~1100 m
　　国内分布：福建、广东、湖北、四川、台湾、云南
　　国外分布：巴基斯坦、柬埔寨、老挝、缅甸、尼泊尔、泰国、印度、印度尼西亚、越南
　　濒危等级：LC

南方山芫荽
Cotula australis Hook. f.
　　习　　性：一年生或多年生草本
　　国内分布：台湾
　　国外分布：澳大利亚、加那利群岛、美国（夏威夷）、墨西哥、日本、新西兰、智利
　　濒危等级：DD

山芫荽
Cotula hemisphaerica(Roxb.)Wall. ex Benth.

习　　性：一年生草本
海　　拔：约 100 m
国内分布：湖北、四川、台湾
国外分布：巴基斯坦、不丹、尼泊尔、印度
濒危等级：LC

刺头菊属 Cousinia Cass.

刺头菊
Cousinia affinis Schrenk ex Fisch. et C. A. Meyer
　　习　　性：多年生草本
　　海　　拔：400~800 m
　　国内分布：新疆
　　国外分布：哈萨克斯坦、蒙古
　　濒危等级：LC

翼茎刺头菊
Cousinia alata Schrenk ex Fisch. et C. A. Meyer
　　习　　性：多年生草本
　　海　　拔：500~700 m
　　国内分布：新疆
　　国外分布：哈萨克斯坦、乌兹别克斯坦
　　濒危等级：LC

丛生刺头菊
Cousinia caespitosa C. Winkl.
　　习　　性：多年生草本
　　海　　拔：约 3200 m
　　国内分布：新疆
　　国外分布：哈萨克斯坦
　　濒危等级：LC

深裂刺头菊
Cousinia dissecta Kar. et Kir.
　　习　　性：二年生草本
　　海　　拔：约 1180 m
　　国内分布：新疆
　　国外分布：哈萨克斯坦
　　濒危等级：DD

穗花刺头菊
Cousinia falconeri Hook. f.
　　习　　性：二年生草本
　　海　　拔：4100~4400 m
　　分　　布：西藏
　　濒危等级：LC

丝毛刺头菊
Cousinia lasiophylla C. Shih
　　习　　性：二年生草本
　　海　　拔：3000~3200 m
　　分　　布：新疆
　　濒危等级：LC

光苞刺头菊
Cousinia leiocephala(Regel)Juz.
　　习　　性：二年生草本
　　海　　拔：1100~1800 m
　　国内分布：新疆
　　国外分布：乌兹别克斯坦
　　濒危等级：LC

宽苞刺头菊
Cousinia platylepis Fisch.,C. A. Meyer et Avé-Lall.
　　习　　性：二年生草本
　　海　　拔：1200~2000 m
　　国内分布：新疆
　　国外分布：哈萨克斯坦、乌兹别克斯坦
　　濒危等级：LC

多花刺头菊
Cousinia polycephala Rupr.
　　习　　性：多年生草本
　　海　　拔：约 3000 m
　　国内分布：新疆
　　国外分布：塔吉克斯坦
　　濒危等级：DD

硬苞刺头菊
Cousinia sclerolepis C. Shih
　　习　　性：二年生草本
　　海　　拔：约 3200 m
　　分　　布：新疆
　　濒危等级：LC

毛苞刺头菊
Cousinia thomsonii C. B. Clarke
　　习　　性：二年生草本
　　海　　拔：3700~4300 m
　　国内分布：西藏
　　国外分布：巴基斯坦、尼泊尔、印度
　　濒危等级：LC

野茼蒿属 Crassocephalum Moench

野茼蒿
Crassocephalum crepidioides(Benth.)S. Moore
　　习　　性：草本
　　国内分布：安徽、福建、广东、广西、贵州、海南、湖北、湖南、江苏、江西、陕西、四川、台湾、西藏、云南、浙江等地归化
　　国外分布：原产澳大利亚；东亚和东南亚、太平洋岛屿、中美洲、南美洲、非洲
　　资源利用：药用（中草药）

蓝花野茼蒿
Crassocephalum rubens(Juss. ex Jacq.)S. Moore
　　习　　性：一年生或多年生草本
　　国内分布：云南归化
　　国外分布：原产印度、亚洲、非洲

垂头菊属 Cremanthodium Benth.

狭叶垂头菊
Cremanthodium angustifolium W. W. Smith
　　习　　性：多年生草本
　　海　　拔：3200~4800 m
　　分　　布：四川、西藏、云南

濒危等级：LC

宽舌垂头菊
Cremanthodium arnicoides (DC. ex Royle) Good
习　　性：多年生草本
海　　拔：3600~4600 m
国内分布：西藏
国外分布：巴基斯坦、尼泊尔
濒危等级：LC

黑垂头菊
Cremanthodium atrocapitatum Good
习　　性：多年生草本
海　　拔：约4000 m
国内分布：云南
国外分布：缅甸
濒危等级：LC

不丹垂头菊
Cremanthodium bhutanicum Ludlow
习　　性：多年生草本
海　　拔：约4300 m
国内分布：西藏
国外分布：不丹、印度
濒危等级：LC

总状垂头菊
Cremanthodium botryocephalum S. W. Liu
习　　性：多年生草本
海　　拔：约3100 m
分　　布：西藏
濒危等级：DD

短缨垂头菊
Cremanthodium brachychaetum C. C. Chang
习　　性：多年生草本
海　　拔：约3500 m
分　　布：云南
濒危等级：LC

褐毛垂头菊
Cremanthodium brunneopilosum S. W. Liu
习　　性：多年生草本
海　　拔：3000~4300 m
分　　布：甘肃、青海、四川、西藏
濒危等级：LC

珠芽垂头菊
Cremanthodium bulbilliferum W. W. Smith
习　　性：多年生草本
海　　拔：3000~4000 m
分　　布：西藏、云南
濒危等级：DD

柴胡叶垂头菊
Cremanthodium bupleurifolium W. W. Smith
习　　性：多年生草本
海　　拔：3500~4100 m
分　　布：四川、西藏、云南

濒危等级：LC

长鞘垂头菊
Cremanthodium calcicola W. W. Smith
习　　性：多年生草本
海　　拔：3400~3500 m
分　　布：云南
濒危等级：DD

钟花垂头菊
Cremanthodium campanulatum Diels

钟花垂头菊（原变种）
Cremanthodium campanulatum var. **campanulatum**
习　　性：多年生草本
海　　拔：3200~4800 m
国内分布：四川、西藏、云南
国外分布：缅甸
濒危等级：LC

短毛钟花垂头菊
Cremanthodium campanulatum var. **brachytrichum** Y. Ling et S. W. Liu
习　　性：多年生草本
海　　拔：约4300 m
分　　布：云南
濒危等级：LC

黄苞钟花垂头菊
Cremanthodium campanulatum var. **flavidum** S. W. Liu et T. N. Ho
习　　性：多年生草本
海　　拔：3800~4500 m
分　　布：四川
濒危等级：LC

中甸垂头菊
Cremanthodium chungdienense Y. Ling et S. W. Liu
习　　性：多年生草本
海　　拔：3600~4100 m
分　　布：云南
濒危等级：LC

柠檬色垂头菊
Cremanthodium citriflorum Good
习　　性：多年生草本
海　　拔：3600~4000 m
国内分布：云南
国外分布：缅甸
濒危等级：LC

错那垂头菊
Cremanthodium conaense S. W. Liu
习　　性：多年生草本
海　　拔：4300~4600 m
分　　布：西藏
濒危等级：LC

心叶垂头菊
Cremanthodium cordatum S. W. Liu
习　　性：多年生草本

海　　拔：约4200 m
分　　布：西藏
濒危等级：LC

革叶垂头菊
Cremanthodium coriaceum S. W. Liu
习　　性：多年生草本
海　　拔：3000~4000 m
分　　布：云南
濒危等级：LC

兜鞘垂头菊
Cremanthodium cucullatum Y. Ling et S. W. Liu
习　　性：多年生草本
海　　拔：约3500 m
分　　布：云南
濒危等级：LC

香客来垂头菊
Cremanthodium cyclaminanthum Hand.-Mazz.
习　　性：多年生草本
海　　拔：2900~4400 m
分　　布：四川、云南
濒危等级：DD

稻城垂头菊
Cremanthodium daochengense Y. Ling et S. W. Liu
习　　性：多年生草本
海　　拔：4700~5400 m
分　　布：四川
濒危等级：DD

喜马拉雅垂头菊
Cremanthodium decaisnei C. B. Clarke
习　　性：多年生草本
海　　拔：3500~5400 m
国内分布：甘肃、青海、四川、西藏、云南
国外分布：不丹、尼泊尔、印度
濒危等级：LC

大理垂头菊
Cremanthodium delavayi (Franch.) Diels ex H. Lév.
习　　性：多年生草本
海　　拔：3600~4200 m
国内分布：云南
国外分布：缅甸
濒危等级：LC

盘花垂头菊
Cremanthodium discoideum Maxim.
习　　性：多年生草本
海　　拔：3000~5000 m
国内分布：甘肃、青海、四川、西藏
国外分布：不丹、尼泊尔、印度
濒危等级：LC

细裂垂头菊
Cremanthodium dissectum Grierson
习　　性：多年生草本

海　　拔：约3000 m
分　　布：云南
濒危等级：LC

车前叶垂头菊
Cremanthodium ellisii (Hook. f.) Kitam.

车前叶垂头菊（原变种）
Cremanthodium ellisii var. **ellisii**
习　　性：多年生草本
海　　拔：3400~5600 m
国内分布：甘肃、青海、四川、西藏、云南
国外分布：巴基斯坦、尼泊尔
濒危等级：LC

祁连垂头菊
Cremanthodium ellisii var. **ramosum** (Y. Ling) Y. Ling et S. W. Liu
习　　性：多年生草本
海　　拔：3000~4600 m
分　　布：青海、西藏
濒危等级：LC

红舌垂头菊
Cremanthodium ellisii var. **roseum** (Hand.-Mazz.) S. W. Liu
习　　性：多年生草本
海　　拔：4000~4300 m
分　　布：四川
濒危等级：LC

红花垂头菊
Cremanthodium farreri W. W. Smith
习　　性：多年生草本
海　　拔：4000~4600 m
国内分布：云南
国外分布：缅甸
濒危等级：LC

矢叶垂头菊
Cremanthodium forrestii Jeffrey
习　　性：多年生草本
海　　拔：3500~4000 m
分　　布：西藏、云南
濒危等级：DD

腺毛垂头菊
Cremanthodium glandulipilosum Y. L. Chen ex S. W. Liu
习　　性：多年生草本
海　　拔：5200~5300 m
分　　布：西藏、新疆
濒危等级：DD

灰绿垂头菊
Cremanthodium glaucum Hand.-Mazz.
习　　性：多年生草本
海　　拔：3400~4000 m
分　　布：云南
濒危等级：LC

向日垂头菊
Cremanthodium helianthus (Franch.) W. W. Smith

习　　性：多年生草本
海　　拔：2800~4500 m
分　　布：云南
濒危等级：LC

矮垂头菊
Cremanthodium humile Maxim.
习　　性：多年生草本
海　　拔：3500~5300 m
国内分布：甘肃、青海、四川、西藏、云南
国外分布：不丹
濒危等级：LC

条裂垂头菊
Cremanthodium laciniatum Y. Ling et Y. L. Chen ex S. W. Liu
习　　性：多年生草本
海　　拔：约4100 m
分　　布：西藏
濒危等级：LC

宽裂垂头菊
Cremanthodium latilobum Y. S. Chen
习　　性：多年生草本
海　　拔：3600~3700 m
分　　布：云南
濒危等级：LC

条叶垂头菊
Cremanthodium lineare Maxim.

条叶垂头菊（原变种）
Cremanthodium lineare var. **lineare**
习　　性：多年生草本
海　　拔：2400~4800 m
分　　布：甘肃、青海、四川、西藏
濒危等级：LC

无舌条叶垂头菊
Cremanthodium lineare var. **eligulatum** Y. Ling et S. W. Liu
习　　性：多年生草本
海　　拔：4000~4600 m
分　　布：四川
濒危等级：LC

红花条叶垂头菊
Cremanthodium lineare var. **roseum** Hand.-Mazz.
习　　性：多年生草本
海　　拔：3900~4300 m
分　　布：四川
濒危等级：LC

舌叶垂头菊
Cremanthodium lingulatum S. W. Liu
习　　性：多年生草本
海　　拔：2800~5000 m
分　　布：西藏、云南
濒危等级：DD

墨脱垂头菊
Cremanthodium medogense Y. S. Chen
习　　性：多年生草本
海　　拔：3700~4200 m
分　　布：西藏
濒危等级：LC

小舌垂头菊
Cremanthodium microglossum S. W. Liu
习　　性：多年生草本
海　　拔：4000~5400 m
分　　布：甘肃、青海、四川、云南
濒危等级：LC

小叶垂头菊
Cremanthodium microphyllum S. W. Liu
习　　性：多年生草本
海　　拔：4800~5000 m
分　　布：西藏
濒危等级：LC

小垂头菊
Cremanthodium nanum(Decne.)W. W. Smith
习　　性：多年生草本
海　　拔：4000~5400 m
国内分布：四川、西藏、新疆、云南
国外分布：巴基斯坦、尼泊尔、印度
濒危等级：LC

尼泊尔垂头菊
Cremanthodium nepalense Kitam.
习　　性：多年生草本
海　　拔：4300~4800 m
国内分布：西藏
国外分布：尼泊尔
濒危等级：LC

显脉垂头菊
Cremanthodium nervosum S. W. Liu
习　　性：多年生草本
海　　拔：3500~4800 m
分　　布：西藏
濒危等级：LC

壮观垂头菊
Cremanthodium nobile(Franch.)Diels ex H. Lév.
习　　性：多年生草本
海　　拔：3400~5000 m
分　　布：四川、西藏、云南
濒危等级：DD

矩叶垂头菊
Cremanthodium oblongatum C. B. Clarke
习　　性：多年生草本
海　　拔：4500~5300 m
国内分布：西藏
国外分布：尼泊尔、印度
濒危等级：LC

硕首垂头菊
Cremanthodium obovatum Y. Ling et S. W. Liu

习　　性：多年生草本
海　　拔：4800～5000 m
分　　布：四川、西藏
濒危等级：DD

掌叶垂头菊
Cremanthodium palmatum Benth.
习　　性：多年生草本
海　　拔：3000～4000 m
国内分布：西藏
国外分布：不丹、印度
濒危等级：DD

长柄垂头菊
Cremanthodium petiolatum S. W. Liu
习　　性：多年生草本
海　　拔：约4500 m
分　　布：西藏
濒危等级：LC

叶状柄垂头菊
Cremanthodium phyllodineum S. W. Liu
习　　性：多年生草本
海　　拔：3700～4200 m
分　　布：西藏、云南
濒危等级：LC

黄毛垂头菊
Cremanthodium pilosum S. W. Liu
习　　性：多年生草本
海　　拔：3500～4000 m
分　　布：四川
濒危等级：LC

羽裂垂头菊
Cremanthodium pinnatifidum Benth.
习　　性：多年生草本
海　　拔：4300～4600 m
国内分布：西藏
国外分布：不丹、尼泊尔、印度
濒危等级：LC

裂叶垂头菊
Cremanthodium pinnatisectum(Ludlow) Y. L. Chen et S. W. Liu
习　　性：多年生草本
海　　拔：约4200 m
国内分布：西藏、云南
国外分布：缅甸
濒危等级：LC

戟叶垂头菊
Cremanthodium potaninii C. Winkl.
习　　性：多年生草本
海　　拔：3600～4500 m
分　　布：甘肃、陕西、四川
濒危等级：LC

长舌垂头菊
Cremanthodium prattii(Hemsl.) Good
习　　性：多年生草本
海　　拔：3200～4400 m
分　　布：四川
濒危等级：LC

方叶垂头菊
Cremanthodium principis(Franch.) Good
习　　性：多年生草本
海　　拔：3800 m
分　　布：云南
濒危等级：CR C2a（ii）

无毛垂头菊
Cremanthodium pseudo-oblongatum Good
习　　性：多年生草本
海　　拔：5100～5300 m
国内分布：西藏
国外分布：不丹、印度
濒危等级：LC

毛叶垂头菊
Cremanthodium puberulum S. W. Liu
习　　性：多年生草本
海　　拔：4800～5000 m
分　　布：青海、西藏
濒危等级：DD

美丽垂头菊
Cremanthodium pulchrum Good
习　　性：多年生草本
海　　拔：约4000 m
国内分布：云南
国外分布：缅甸
濒危等级：LC

紫叶垂头菊
Cremanthodium purpureifolium Kitam.
习　　性：多年生草本
海　　拔：3600～4900 m
国内分布：西藏
国外分布：尼泊尔
濒危等级：DD

肾叶垂头菊
Cremanthodium reniforme(DC.) Benth.
习　　性：多年生草本
海　　拔：3300～4500 m
国内分布：西藏、云南
国外分布：不丹、尼泊尔、印度
濒危等级：LC

长柱垂头菊
Cremanthodium rhodocephalum Diels
习　　性：多年生草本
海　　拔：3000～5000 m
分　　布：四川、西藏、云南
濒危等级：LC

箭叶垂头菊
Cremanthodium sagittifolium Y. Ling et Y. L. Chen ex S. W. Liu
习　　性：多年生草本

海　　拔：3400~4400 m
分　　布：云南
濒危等级：NT

铲叶垂头菊
Cremanthodium sino-oblongatum Good
　　习　　性：多年生草本
　　海　　拔：3900~5000 m
　　分　　布：云南
　　濒危等级：LC

紫茎垂头菊
Cremanthodium smithianum(Hand.-Mazz.)Hand.-Mazz.
　　习　　性：多年生草本
　　海　　拔：3000~5200 m
　　国内分布：四川、西藏、云南
　　国外分布：缅甸
　　濒危等级：LC

匙叶垂头菊
Cremanthodium spathulifolium S. W. Liu
　　习　　性：多年生草本
　　海　　拔：约2900 m
　　分　　布：西藏
　　濒危等级：LC

膜苞垂头菊
Cremanthodium stenactinium Diels
　　习　　性：多年生草本
　　海　　拔：约3600 m
　　分　　布：四川、西藏
　　濒危等级：LC

狭舌垂头菊
Cremanthodium stenoglossum Y. Ling et S. W. Liu
　　习　　性：多年生草本
　　海　　拔：3700~5000 m
　　分　　布：青海、四川
　　濒危等级：DD

木里垂头菊
Cremanthodium suave W. W. Smith
　　习　　性：多年生草本
　　海　　拔：3000~4300 m
　　分　　布：四川、云南
　　濒危等级：DD

叉舌垂头菊
Cremanthodium thomsonii C. B. Clarke
　　习　　性：多年生草本
　　海　　拔：3500~4800 m
　　国内分布：西藏、云南
　　国外分布：不丹、尼泊尔、印度
　　濒危等级：LC

裂舌垂头菊
Cremanthodium trilobum S. W. Liu
　　习　　性：多年生草本
　　海　　拔：3700~4300 m
　　分　　布：西藏
　　濒危等级：LC

变叶垂头菊
Cremanthodium variifolium Good
　　习　　性：多年生草本
　　海　　拔：3200~4500 m
　　分　　布：四川、西藏、云南
　　濒危等级：LC

乌蒙山垂头菊
Cremanthodium wumengshanicum L. Wang, C. Ren et Q. E. Yang
　　习　　性：多年生草本
　　海　　拔：约4100 m
　　分　　布：云南
　　濒危等级：EN D1

亚东垂头菊
Cremanthodium yadongense S. W. Liu
　　习　　性：多年生草本
　　海　　拔：4000~4800 m
　　分　　布：西藏
　　濒危等级：LC

假还阳参属 Crepidiastrum Nakai

叉枝假还阳参
Crepidiastrum akagii(Kitag.) J. W. Zhang et N. Kilian
　　习　　性：灌木
　　海　　拔：1400~4900 m
　　国内分布：甘肃、河北、内蒙古、新疆
　　国外分布：俄罗斯、蒙古
　　濒危等级：LC

少花假还阳参
Crepidiastrum chelidoniifolium(Makino)Pak et Kawano
　　习　　性：一年生草本
　　海　　拔：1000~1700 m
　　国内分布：黑龙江、吉林
　　国外分布：朝鲜半岛、俄罗斯、日本
　　濒危等级：LC

黄瓜假还阳参
Crepidiastrum denticulatum(Houtt.)Pak et Kawano

黄瓜假还阳参（原亚种）
Crepidiastrum denticulatum subsp. **denticulatum**
　　习　　性：一年生或二年生草本
　　海　　拔：100~2000 m
　　国内分布：安徽、福建、广东、广西、贵州、河北、河南、黑龙江、湖北、湖南、吉林、江苏、江西、辽宁、山东、山西、浙江
　　国外分布：朝鲜半岛、俄罗斯、蒙古、日本、越南
　　濒危等级：LC

长叶假还阳参
Crepidiastrum denticulatum subsp. **longiflorum**(Stebbins)N. Kilian
　　习　　性：一年生或二年生草本
　　海　　拔：400~1000 m
　　分　　布：福建、广东、江西
　　濒危等级：LC

枝状假还阳参
Crepidiastrum denticulatum subsp. **ramosissimum**(Benth.)N.

Kilian
- 习　　性：一年生或二年生草本
- 海　　拔：600~2000 m
- 分　　布：广东、广西、贵州、云南
- 濒危等级：LC

细裂假还阳参
Crepidiastrum diversifolium(Ledeb. ex Spreng.) J. W. Zhang et N. Kilian
- 习　　性：多年生草本
- 海　　拔：1800~4700 m
- 国内分布：甘肃、西藏、新疆
- 国外分布：俄罗斯、哈萨克斯坦、蒙古、尼泊尔、印度
- 濒危等级：LC

心叶假还阳参
Crepidiastrum humifusum(Dunn) Sennikov
- 习　　性：多年生草本
- 海　　拔：900~2500 m
- 分　　布：重庆、湖北、云南
- 濒危等级：LC

假还阳参
Crepidiastrum lanceolatum(Houtt.) Nakai
- 习　　性：多年生草本
- 国内分布：台湾
- 国外分布：朝鲜半岛、日本
- 濒危等级：LC

尖裂假还阳参
Crepidiastrum sonchifolium(Maxim.) Pak et Kawano

尖裂假还阳参（原亚种）
Crepidiastrum sonchifolium subsp. **sonchifolium**
- 习　　性：一年生或二年生草本
- 海　　拔：100~1900 m
- 国内分布：安徽、重庆、甘肃、贵州、河北、河南、黑龙江、湖北、湖南、吉林、江苏、江西、辽宁、内蒙古、山东、山西、陕西、四川
- 国外分布：朝鲜半岛、俄罗斯、蒙古
- 濒危等级：LC

柔毛假还阳参
Crepidiastrum sonchifolium subsp. **pubescens**(Stebbins) N. Kilian
- 习　　性：一年生或二年生草本
- 海　　拔：1150~1900 m
- 分　　布：湖北
- 濒危等级：LC

台湾假还阳参
Crepidiastrum taiwanianum Nakai
- 习　　性：多年生草本
- 海　　拔：海平面至200 m
- 分　　布：台湾
- 濒危等级：NT

细叶假还阳参
Crepidiastrum tenuifolium(Willd.) Sennikov
- 习　　性：多年生草本
- 海　　拔：1500~4000 m
- 国内分布：河北、黑龙江、吉林、辽宁、内蒙古、西藏、新疆
- 国外分布：俄罗斯、蒙古
- 濒危等级：LC

还阳参属 Crepis L.

果山还阳参
Crepis bodinieri H. Lév.
- 习　　性：多年生草本
- 海　　拔：1500~2900 m
- 分　　布：西藏、云南
- 濒危等级：NT

金黄还阳参
Crepis chrysantha(Ledeb.) Turcz.
- 习　　性：多年生草本
- 海　　拔：500~1500 m
- 国内分布：新疆
- 国外分布：俄罗斯、哈萨克斯坦、蒙古
- 濒危等级：DD

宽叶还阳参
Crepis coreana(Nakai) H. S. Pak
- 习　　性：多年生草本
- 海　　拔：1600~2200 m
- 国内分布：吉林、辽宁
- 国外分布：朝鲜半岛
- 濒危等级：LC

北方还阳参
Crepis crocea(Lam.) Babc.
- 习　　性：多年生草本
- 海　　拔：800~2900 m
- 国内分布：甘肃、河北、内蒙古、青海、山西、陕西
- 国外分布：俄罗斯、蒙古
- 濒危等级：LC
- 资源利用：药用（中草药）

新疆还阳参
Crepis darvazica Krasch.
- 习　　性：多年生草本
- 海　　拔：1300~2600 m
- 国内分布：新疆
- 国外分布：哈萨克斯坦、吉尔吉斯斯坦、塔吉克斯坦
- 濒危等级：LC

藏滇还阳参
Crepis elongata Babc.
- 习　　性：多年生草本
- 海　　拔：2600~4200 m
- 国内分布：四川、西藏、云南
- 国外分布：不丹、尼泊尔、印度
- 濒危等级：LC

绿茎还阳参
Crepis lignea(Vaniot) Babc.
- 习　　性：多年生草本
- 海　　拔：1500~2700 m
- 国内分布：广西、贵州、四川、云南
- 国外分布：老挝、泰国、越南

濒危等级：LC
资源利用：药用（中草药）

琴叶还阳参
Crepis lyrata (L.) Froelich
习　　性：多年生草本
海　　拔：1200~2400 m
国内分布：新疆
国外分布：俄罗斯、哈萨克斯坦
濒危等级：VU D1

多茎还阳参
Crepis multicaulis Ledeb.
习　　性：多年生草本
海　　拔：1600~3600 m
国内分布：新疆
国外分布：巴基斯坦、俄罗斯、哈萨克斯坦、吉尔吉斯斯坦、克什米尔地区、蒙古、塔吉克斯坦
濒危等级：LC

芜菁还阳参
Crepis napifera (Franch.) Babc.
习　　性：多年生草本
海　　拔：1400~3300 m
分　　布：贵州、四川、云南
濒危等级：LC
资源利用：药用（中草药）

山地还阳参
Crepis oreades Schrenk ex Fisch. et C. A. Meyer
习　　性：多年生草本
海　　拔：1000~3800 m
国内分布：青海、新疆
国外分布：阿富汗、哈萨克斯坦、吉尔吉斯斯坦、塔吉克斯坦
濒危等级：LC

万丈深
Crepis phoenix Dunn
习　　性：多年生草本
海　　拔：约2000 m
分　　布：云南
濒危等级：DD
资源利用：药用（中草药）

还阳参
Crepis rigescens Diels
习　　性：多年生草本
海　　拔：1600~3000 m
国内分布：四川、云南
国外分布：缅甸
濒危等级：LC

全叶还阳参
Crepis shihii Tzvelev
习　　性：多年生草本
海　　拔：1300~1400 m
分　　布：新疆
濒危等级：DD

西伯利亚还阳参
Crepis sibirica L.
习　　性：多年生草本
海　　拔：1000~2700 m
国内分布：黑龙江、辽宁、内蒙古、新疆
国外分布：俄罗斯、哈萨克斯坦、吉尔吉斯斯坦、蒙古、塔吉克斯坦
濒危等级：LC

抽茎还阳参
Crepis subscaposa Collett et Hemsl.
习　　性：多年生草本
海　　拔：1400~2200 m
国内分布：云南
国外分布：老挝、缅甸
濒危等级：LC

屋根草
Crepis tectorum L.
习　　性：一年生或二年生草本
海　　拔：900~1800 m
国内分布：黑龙江、内蒙古、新疆
国外分布：俄罗斯、哈萨克斯坦、蒙古
濒危等级：LC

天山还阳参
Crepis tianshanica C. Shih
习　　性：多年生草本
海　　拔：约2600 m
分　　布：新疆
濒危等级：DD

麻菀属 Crinitina Soják

新疆麻菀
Crinitina tatarica (Less.) Soják
习　　性：多年生草本
海　　拔：700~1200 m
国内分布：新疆
国外分布：俄罗斯、哈萨克斯坦
濒危等级：LC

灰毛麻菀
Crinitina villosa (L.) Soják
习　　性：多年生草本
海　　拔：约1100 m
国内分布：新疆
国外分布：俄罗斯、哈萨克斯坦
濒危等级：LC

芙蓉菊属 Crossostephium Less.

芙蓉菊
Crossostephium chinensis (L.) Makino
习　　性：亚灌木
国内分布：福建、广东、台湾、云南、浙江
国外分布：日本
濒危等级：LC

半毛菊属 Crupina (Pers.) DC.

半毛菊
Crupina vulgaris Pers. ex Cass.
 习 性：一年生草本
 海 拔：约 1100 m
 国内分布：新疆
 国外分布：阿富汗、俄罗斯、哈萨克斯坦、吉尔吉斯斯坦、塔吉克斯坦、土库曼斯坦、乌兹别克斯坦、印度
 濒危等级：DD

蓝花矢车菊属 Cyanus Mill.

蓝花矢车菊
Cyanus segetum Hill
 习 性：一年生草本
 国内分布：青海、新疆归化
 国外分布：原产欧洲

杯菊属 Cyathocline Cass.

杯菊
Cyathocline purpurea (Buch.-Ham. ex D. Don) Kuntze
 习 性：一年生草本
 海 拔：100～2000 m
 国内分布：广东、广西、贵州、四川、云南
 国外分布：不丹、柬埔寨、老挝、孟加拉国、缅甸、尼泊尔、泰国、印度、越南
 濒危等级：LC

歧笔菊属 Dicercoclados C. Jeffrey et Y. L. Chen

歧笔菊
Dicercoclados triplinervis C. Jeffrey et Y. L. Chen
 习 性：多年生草本
 分 布：贵州
 濒危等级：DD

鱼眼草属 Dichrocephala L'Hér. ex DC.

小鱼眼草
Dichrocephala benthamii C. B. Clarke
 习 性：一年生草本
 海 拔：700～3200 m
 国内分布：甘肃、广西、贵州、湖北、四川、西藏、云南
 国外分布：不丹、柬埔寨、老挝、尼泊尔、印度、越南
 濒危等级：LC
 资源利用：药用（中草药）

菊叶鱼眼草
Dichrocephala chrysanthemifolia (Blume) DC.
 习 性：一年生草本
 海 拔：约 2900 m
 国内分布：西藏、云南
 国外分布：澳大利亚、巴布亚新几内亚、不丹、菲律宾、马来西亚、缅甸、尼泊尔、日本、印度、印度尼西亚
 濒危等级：LC

鱼眼草
Dichrocephala integrifolia (L. f.) Kuntze
 习 性：一年生草本
 海 拔：200～2000 m
 国内分布：福建、广东、广西、贵州、海南、湖北、湖南、江西、陕西、四川、台湾、西藏、云南、浙江
 国外分布：巴布亚新几内亚、菲律宾、柬埔寨、老挝、马来西亚、缅甸、尼泊尔、泰国、印度、印度尼西亚、越南
 濒危等级：LC
 资源利用：药用（中草药）

重羽菊属 Diplazoptilon Y. Ling

重羽菊
Diplazoptilon picridifolium (Hand.-Mazz.) Y. Ling
 习 性：多年生草本
 海 拔：3600～3800 m
 分 布：西藏、云南
 濒危等级：DD

黄花斑鸠菊属 Distephanus Cass.

滇西斑鸠菊
Distephanus forrestii (J. Anthony) H. Rob. et B. Kahn
 习 性：灌木
 海 拔：1400～2000 m
 分 布：四川、云南
 濒危等级：DD

黄花斑鸠菊
Distephanus henryi (Dunn) H. Rob.
 习 性：灌木
 海 拔：1200～1400 m
 分 布：云南
 濒危等级：LC

川木香属 Dolomiaea DC.

厚叶川木香
Dolomiaea berardioidea (Franch.) C. Shih
 习 性：多年生草本
 海 拔：2800～5200 m
 分 布：云南
 濒危等级：LC

美叶川木香
Dolomiaea calophylla Y. Ling
 习 性：多年生草本
 海 拔：3300～4700 m
 分 布：西藏
 濒危等级：LC

皱叶川木香
Dolomiaea crispoundulata (C. C. Chang) Y. Ling
 习 性：多年生草本
 海 拔：4100～4400 m
 分 布：西藏
 濒危等级：DD

菜川木香
Dolomiaea edulis (Franch.) C. Shih
习　　性：多年生草本
海　　拔：2600~4700 m
国内分布：四川、西藏、云南
国外分布：缅甸
濒危等级：DD

膜缘川木香
Dolomiaea forrestii (Diels) C. Shih
习　　性：多年生草本
海　　拔：3000~4200 m
分　　布：四川、西藏、云南
濒危等级：DD

腺叶川木香
Dolomiaea georgei (J. Anthony) C. Shih
习　　性：多年生草本
海　　拔：约 3200 m
分　　布：云南
濒危等级：DD

红冠川木香
Dolomiaea lateritia C. Shih
习　　性：多年生草本
海　　拔：约 3400 m
分　　布：西藏
濒危等级：LC

平苞川木香
Dolomiaea platylepis (Hand. -Mazz.) C. Shih
习　　性：多年生草本
海　　拔：3100~3400 m
分　　布：四川
濒危等级：LC

怒江川木香
Dolomiaea salwinensis (Hand. -Mazz.) C. Shih
习　　性：多年生草本
海　　拔：2900~3800 m
国内分布：云南
国外分布：缅甸
濒危等级：LC

糙羽川木香
Dolomiaea scabrida (C. Shih et S. Y. Jin) C. Shih
习　　性：多年生草本
海　　拔：4400~4500 m
分　　布：西藏
濒危等级：LC

川木香
Dolomiaea souliei (Franch.) C. Shih
习　　性：多年生草本
海　　拔：3500~4800 m
分　　布：四川、西藏、云南
濒危等级：NT
资源利用：药用（中草药）

西藏川木香
Dolomiaea wardii (Hand. -Mazz.) Y. Ling
习　　性：多年生草本
海　　拔：3800~4500 m
分　　布：西藏
濒危等级：LC

多榔菊属 Doronicum L.

阿尔泰多榔菊
Doronicum altaicum Pall.
习　　性：多年生草本
海　　拔：2300~2500 m
国内分布：内蒙古、陕西、新疆
国外分布：俄罗斯、蒙古
濒危等级：LC

西藏多榔菊
Doronicum calotum (Diels) Q. Yuan
习　　性：多年生草本
海　　拔：3400~4200 m
分　　布：青海、陕西、四川、西藏、云南
濒危等级：LC

错那多榔菊
Doronicum conaense Y. L. Chen
习　　性：多年生草本
海　　拔：3800~3900 m
分　　布：西藏
濒危等级：DD

甘肃多榔菊
Doronicum gansuense Y. L. Chen
习　　性：多年生草本
海　　拔：约 3100 m
分　　布：甘肃
濒危等级：LC

长圆叶多榔菊
Doronicum oblongifolium DC.
习　　性：多年生草本
海　　拔：1800~2700 m
国内分布：新疆
国外分布：俄罗斯、哈萨克斯坦、蒙古
濒危等级：DD

狭舌多榔菊
Doronicum stenoglossum Maxim.
习　　性：多年生草本
海　　拔：2100~3900 m
分　　布：甘肃、青海、四川、西藏、云南
濒危等级：LC

中亚多榔菊
Doronicum turkestanicum Cavill.
习　　性：多年生草本
海　　拔：1900~2700 m
国内分布：内蒙古、新疆
国外分布：俄罗斯、哈萨克斯坦、蒙古

濒危等级：LC

厚喙菊属 Dubyaea DC.

棕毛厚喙菊
Dubyaea amoena(Hand.-Mazz.)Stebbins
习　　性：多年生草本
海　　拔：3500~4400 m
分　　布：云南
濒危等级：LC

紫花厚喙菊
Dubyaea atropurpurea(Franch.)Stebbins
习　　性：多年生草本
海　　拔：3000~4100 m
国内分布：四川、云南
国外分布：缅甸
濒危等级：LC

刚毛厚喙菊
Dubyaea blinii(H. Lév.)N. Kilian
习　　性：多年生草本
海　　拔：约 2600 m
分　　布：四川、云南
濒危等级：LC

伞房厚喙菊
Dubyaea cymiformis C. Shih
习　　性：多年生草本
海　　拔：约 3200 m
分　　布：西藏
濒危等级：DD

峨眉厚喙菊
Dubyaea emeiensis C. Shih
习　　性：多年生草本
海　　拔：约 2500 m
分　　布：四川
濒危等级：DD

光滑厚喙菊
Dubyaea glaucescens Stebbins
习　　性：多年生草本
海　　拔：900~1300 m
分　　布：四川
濒危等级：DD

矮小厚喙菊
Dubyaea gombalana(Hand.-Mazz.)Stebbins
习　　性：多年生草本
海　　拔：3200~3900 m
分　　布：西藏、云南
濒危等级：NT

厚喙菊
Dubyaea hispida(D. Don)DC.
习　　性：多年生草本
海　　拔：2700~4500 m
国内分布：四川、西藏、云南

国外分布：不丹、缅甸、尼泊尔、印度
濒危等级：LC

金阳厚喙菊
Dubyaea jinyangensis C. Shih
习　　性：多年生草本
海　　拔：约 3400 m
分　　布：四川
濒危等级：DD

长柄厚喙菊
Dubyaea rubra Stebbins
习　　性：多年生草本
海　　拔：3200~4500 m
分　　布：四川
濒危等级：DD

朗县厚喙菊
Dubyaea stebbinsii Ludlow
习　　性：多年生草本
海　　拔：3500~3800 m
国内分布：西藏
国外分布：不丹
濒危等级：NT

察隅厚喙菊
Dubyaea tsarongensis(W. W. Smith)Stebbins
习　　性：多年生草本
海　　拔：2500~4100 m
国内分布：云南
国外分布：缅甸
濒危等级：LC

羊耳菊属 Duhaldea DC.

羊耳菊
Duhaldea cappa(Buch.-Ham. ex D. Don)Pruski et Anderb.
习　　性：灌木
海　　拔：200~3200 m
国内分布：福建、广东、广西、贵州、海南、四川、云南、浙江
国外分布：巴基斯坦、不丹、马来西亚、尼泊尔、泰国、印度、越南
濒危等级：LC

泽兰羊耳菊
Duhaldea eupatorioides(DC.)Steetz
习　　性：灌木
海　　拔：1700~1800 m
国内分布：西藏
国外分布：巴基斯坦、不丹、老挝、缅甸、尼泊尔、泰国、印度、越南
濒危等级：LC

拟羊耳菊
Duhaldea forrestii(J. Anthony)Anderb.
习　　性：灌木
海　　拔：2000~3000 m
分　　布：四川、云南

濒危等级：NT

显脉旋覆花
Duhaldea nervosa(Wall. ex DC.) Anderb.
- 习　　性：多年生草本或亚灌木
- 海　　拔：1000～2600 m
- 国内分布：贵州、四川、西藏、云南
- 国外分布：不丹、缅甸、尼泊尔、泰国、印度、越南
- 濒危等级：LC

翼茎羊耳菊
Duhaldea pterocaula(Franch.) Anderb.
- 习　　性：多年生草本
- 海　　拔：2000～2800 m
- 分　　布：四川、云南
- 濒危等级：LC

赤茎羊耳菊
Duhaldea rubricaulis(DC.) Anderb.
- 习　　性：亚灌木
- 海　　拔：1000～2000 m
- 国内分布：云南
- 国外分布：不丹、缅甸、尼泊尔、泰国、印度、越南
- 濒危等级：LC

滇南羊耳菊
Duhaldea wissmanniana(Hand. -Mazz.) Anderb.
- 习　　性：亚灌木
- 海　　拔：1200～1700 m
- 国内分布：云南
- 国外分布：越南
- 濒危等级：LC

蓝刺头属 Echinops L.

截叶蓝刺头
Echinops coriophyllus C. Shih
- 习　　性：多年生草本
- 分　　布：江苏
- 濒危等级：DD

驴欺口
Echinops davuricus Fisch. ex Hornem.
- 习　　性：多年生草本
- 海　　拔：100～2200 m
- 国内分布：甘肃、河北、河南、黑龙江、吉林、辽宁、内蒙古、宁夏、山东、山西、陕西
- 国外分布：俄罗斯、蒙古
- 濒危等级：LC

东北蓝刺头
Echinops dissectus Kitag.
- 习　　性：多年生草本
- 海　　拔：1300～1800 m
- 国内分布：河北、黑龙江、吉林、辽宁、内蒙古、山东、山西
- 国外分布：朝鲜半岛、俄罗斯
- 濒危等级：LC

砂蓝刺头
Echinops gmelinii Turcz.
- 习　　性：一年生草本
- 海　　拔：500～3200 m
- 国内分布：甘肃、河北、河南、黑龙江、吉林、辽宁、内蒙古、宁夏、青海、山西、陕西、新疆
- 国外分布：俄罗斯、蒙古
- 濒危等级：LC
- 资源利用：环境利用（观赏）

华东蓝刺头
Echinops grijsii Hance
- 习　　性：多年生草本
- 海　　拔：100～800 m
- 分　　布：安徽、福建、广西、河南、湖北、江苏、江西、辽宁、山东、台湾、浙江
- 濒危等级：LC

矮蓝刺头
Echinops humilis M. Bieb.
- 习　　性：多年生草本
- 海　　拔：约3000 m
- 国内分布：新疆
- 国外分布：俄罗斯、哈萨克斯坦、蒙古
- 濒危等级：LC

全缘叶蓝刺头
Echinops integrifolius Kar. et Kir.
- 习　　性：多年生草本
- 海　　拔：400～2400 m
- 国内分布：新疆
- 国外分布：俄罗斯、哈萨克斯坦、蒙古
- 濒危等级：LC

丝毛蓝刺头
Echinops nanus Bunge
- 习　　性：一年生草本
- 海　　拔：1300～1500 m
- 国内分布：新疆
- 国外分布：俄罗斯、哈萨克斯坦、蒙古、乌兹别克斯坦
- 濒危等级：DD

火烙草
Echinops przewalskyi Iljin
- 习　　性：多年生草本
- 海　　拔：500～2200 m
- 分　　布：甘肃、内蒙古、宁夏、山东、山西、新疆
- 濒危等级：LC

羽裂蓝刺头
Echinops pseudosetifer Kitag.
- 习　　性：多年生草本
- 海　　拔：400～700 m
- 分　　布：河北、山西
- 濒危等级：LC

硬叶蓝刺头
Echinops ritro L.
- 习　　性：多年生草本
- 海　　拔：400～2400 m
- 国内分布：新疆
- 国外分布：俄罗斯、哈萨克斯坦、蒙古、土库曼斯坦

濒危等级：LC

糙毛蓝刺头
Echinops setifer Iljin
习　　性：多年生草本
国内分布：河南、山东
国外分布：朝鲜半岛、日本
濒危等级：LC

蓝刺头
Echinops sphaerocephalus L.
习　　性：多年生草本
海　　拔：约 2000 m
国内分布：新疆
国外分布：俄罗斯、哈萨克斯坦
濒危等级：LC
资源利用：蜜源植物

林生蓝刺头
Echinops sylvicola C. Shih
习　　性：多年生草本
海　　拔：1300~1500 m
分　　布：新疆
濒危等级：DD

大蓝刺头
Echinops talassicus Golosk.
习　　性：多年生草本
国内分布：新疆
国外分布：哈萨克斯坦
濒危等级：LC

天山蓝刺头
Echinops tjanschanicus Bobrov
习　　性：多年生草本
海　　拔：约 2200 m
国内分布：新疆
国外分布：哈萨克斯坦
濒危等级：DD

薄叶蓝刺头
Echinops tricholepis Schrenk ex Fisch. et C. A. Meyer
习　　性：多年生草本
海　　拔：900~1300 m
国内分布：新疆
国外分布：哈萨克斯坦
濒危等级：LC

鳢肠属 Eclipta L.

鳢肠
Eclipta prostrata(L.)L.
习　　性：一年生草本
海　　拔：1600 m 以下
国内分布：安徽、福建、甘肃、广西、贵州、河北、河南、湖北、湖南、吉林、江苏、江西、辽宁、山东、山西、陕西、四川、台湾、云南、浙江
国外分布：原产中美洲、北美洲和南美洲；非洲、亚洲、澳大利亚、欧洲和太平洋岛屿广泛引种

资源利用：药用（中草药）

地胆草属 Elephantopus L.

地胆草
Elephantopus scaber L.
习　　性：多年生草本
海　　拔：约 1400 m
国内分布：福建、广东、广西、贵州、海南、湖南、江西、台湾、云南、浙江
国外分布：亚洲、非洲、美洲热带地区
濒危等级：LC
资源利用：药用（中草药）

白花地胆草
Elephantopus tomentosus L.
习　　性：多年生草本
国内分布：福建、广东、海南、台湾
国外分布：热带广布
濒危等级：LC
资源利用：药用（中草药）

离药金腰箭属 Eleutheranthera Poit.

离药金腰箭
Eleutheranthera ruderalis(Sw.)Sch.-Bip.
习　　性：一年生草本
国内分布：台湾归化
国外分布：澳大利亚；非洲、中美洲、南美洲

一点红属 Emilia Cass.

绒缨菊
Emilia coccinea(Sims)G. Don
习　　性：一年生草本
国内分布：全国栽培
国外分布：原产非洲；全世界广泛栽培

缨荣花
Emilia fosbergii Nicolson
习　　性：一年生草本
国内分布：台湾栽培和归化
国外分布：原产非洲、热带太平洋岛屿

黄花紫背草
Emilia praetermissa Milne-Redhead
习　　性：一年生草本
国内分布：台湾栽培
国外分布：原产热带西非

小一点红
Emilia prenanthoidea DC.
习　　性：一年生草本
海　　拔：500~2000 m
国内分布：福建、广东、广西、贵州、四川、云南、浙江
国外分布：巴布亚新几内亚、菲律宾、马来西亚、泰国、印度、印度尼西亚、越南
濒危等级：LC

一点红
Emilia sonchifolia(L.)DC.

一点红（原变种）
Emilia sonchifolia var. **sonchifolia**
- 习　　性：一年生草本
- 海　　拔：800~2100 m
- 国内分布：安徽、福建、广东、贵州、海南、河北、河南、湖北、湖南、江苏、陕西、四川、台湾、云南、浙江
- 国外分布：泛热带广布
- 濒危等级：LC

紫背草
Emilia sonchifolia var. **javanica**(N. L. Burman)Mattf.
- 习　　性：一年生草本
- 海　　拔：海平面至900 m
- 国内分布：安徽、福建、广东、海南、湖南、台湾、浙江
- 国外分布：日本、印度尼西亚
- 濒危等级：LC

沼菊属 Enydra Lour.

沼菊
Enydra fluctuans Lour.
- 习　　性：草本
- 海　　拔：约600 m
- 国内分布：海南、云南
- 国外分布：澳大利亚、马来西亚、缅甸、泰国、印度、印度尼西亚、越南
- 濒危等级：LC

鹅不食草属 Epaltes Cass.

鹅不食草
Epaltes australis Less.
- 习　　性：一年生草本
- 国内分布：福建、广东、广西、海南、台湾、云南
- 国外分布：澳大利亚、马来西亚、泰国、印度、越南
- 濒危等级：LC

翅柄球菊
Epaltes divaricata(L.)Cass.
- 习　　性：一年生草本
- 国内分布：海南
- 国外分布：斯里兰卡、印度、印度尼西亚、越南
- 濒危等级：LC

鼠毛菊属 Epilasia (Bunge) Benth.

顶毛鼠毛菊
Epilasia acrolasia(Bunge)C. B. Clarke ex Lipsch.
- 习　　性：一年生草本
- 海　　拔：500~1000 m
- 国内分布：新疆
- 国外分布：阿富汗、巴基斯坦、哈萨克斯坦、塔吉克斯坦、土库曼斯坦、乌兹别克斯坦
- 濒危等级：DD

鼠毛菊
Epilasia hemilasia(Bunge)C. B. Clarke ex Kuntze
- 习　　性：一年生草本
- 海　　拔：800~1500 m
- 国内分布：新疆
- 国外分布：阿富汗、巴基斯坦、哈萨克斯坦、塔吉克斯坦、土库曼斯坦、乌兹别克斯坦
- 濒危等级：LC

菊芹属 Erechtites Raf.

梁子菜
Erechtites hieraciifolius(L.)Raf. ex DC.
- 习　　性：一年生草本
- 国内分布：福建、贵州、四川、台湾、西藏、云南等地归化
- 国外分布：原产热带美洲

败酱叶菊芹
Erechtites valerianifolius(Link ex Spreng.)DC.
- 习　　性：一年生草本
- 国内分布：广东、海南、台湾归化
- 国外分布：原产热带美洲

飞蓬属 Erigeron L.

飞蓬
Erigeron acris L.

飞蓬（原亚种）
Erigeron acris subsp. **acris**
- 习　　性：二年生或多年生草本
- 海　　拔：1400~3500 m
- 国内分布：甘肃、广东、广西、河北、河南、黑龙江、湖北、湖南、吉林、辽宁、内蒙古、青海、山西、陕西、四川、西藏、新疆、云南
- 国外分布：阿富汗、不丹、朝鲜半岛、俄罗斯、哈萨克斯坦、吉尔吉斯斯坦、蒙古、日本、乌兹别克斯坦
- 濒危等级：LC

堪察加飞蓬
Erigeron acris subsp. **kamtschaticus**(DC.)H. Hara
- 习　　性：二年生或多年生草本
- 海　　拔：700~1200 m
- 国内分布：广东、河北、河南、黑龙江、吉林、辽宁、内蒙古、青海、山西、陕西
- 国外分布：俄罗斯、蒙古
- 濒危等级：LC

长茎飞蓬
Erigeron acris Subsp. **politus**(Fr.)H. Lindb.
- 习　　性：二年生或多年生草本
- 海　　拔：1900~2600 m
- 国内分布：甘肃、河北、黑龙江、吉林、内蒙古、宁夏、青海、山西、陕西、四川、西藏、新疆
- 国外分布：俄罗斯、哈萨克斯坦、吉尔吉斯斯坦
- 濒危等级：LC

异色飞蓬
Erigeron allochrous Botsch.

习　　性：多年生草本
海　　拔：约 2800 m
国内分布：新疆
国外分布：哈萨克斯坦
濒危等级：DD

山飞蓬
Erigeron alpicola Makino
习　　性：多年生草本
海　　拔：1700～2600 m
国内分布：吉林
国外分布：俄罗斯、日本
濒危等级：LC

阿尔泰飞蓬
Erigeron altaicus Popov
习　　性：多年生草本
海　　拔：约 2500 m
国内分布：新疆
国外分布：俄罗斯、哈萨克斯坦
濒危等级：LC

一年蓬
Erigeron annuus (L.) Pers.
习　　性：一年生或二年生草本
国内分布：大部分地区归化
国外分布：原产北美洲
资源利用：药用（中草药）

橙花飞蓬
Erigeron aurantiacus Regel
习　　性：多年生草本
海　　拔：2100～3400 m
国内分布：新疆
国外分布：哈萨克斯坦
濒危等级：LC

类雏菊飞蓬
Erigeron bellioides DC.
习　　性：多年生草本
国内分布：台湾归化
国外分布：原产南非；夏威夷、澳大利亚、波多黎各及南美洲归化

香丝草
Erigeron bonariensis L.
习　　性：一年生或二年生草本
国内分布：安徽、福建、甘肃、广东、广西、贵州、河北、河南、海南、湖北、湖南、江苏、江西、山东、陕西、四川、台湾、西藏、云南、浙江归化
国外分布：原产南美洲；热带和亚热带地区广布

短葶飞蓬
Erigeron breviscapus (Vaniot) Hand.-Mazz.
习　　性：多年生草本
海　　拔：1200～3600 m
分　　布：广西、贵州、湖南、四川、西藏、云南
濒危等级：NT A2c
资源利用：药用（中草药）

小蓬草
Erigeron canadensis L.
习　　性：一年生草本
国内分布：全国各地归化
国外分布：原产北美洲

棉苞飞蓬
Erigeron eriocalyx (Ledeb.) Vierh.
习　　性：多年生草本
海　　拔：2400～2600 m
国内分布：内蒙古、新疆
国外分布：俄罗斯、哈萨克斯坦、蒙古
濒危等级：LC

台湾飞蓬
Erigeron fukuyamae Kitam.
习　　性：多年生草本
海　　拔：1800～3000 m
分　　布：台湾
濒危等级：LC

珠峰飞蓬
Erigeron himalajensis Vierh.
习　　性：多年生草本
海　　拔：2000～3600 m
国内分布：四川、西藏、云南
国外分布：阿富汗
濒危等级：LC

加勒比飞蓬
Erigeron karvinskianus DC.
习　　性：多年生草本
国内分布：香港归化
国外分布：原产北美洲、热带美洲

俅江飞蓬
Erigeron kiukiangensis Y. Ling et Y. L. Chen
习　　性：多年生草本
海　　拔：3000～3200 m
分　　布：西藏、云南
濒危等级：DD

西疆飞蓬
Erigeron krylovii Serg.
习　　性：多年生草本
海　　拔：1700～2800 m
国内分布：新疆
国外分布：俄罗斯、哈萨克斯坦
濒危等级：LC

贡山飞蓬
Erigeron kunshanensis Y. Ling et Y. L. Chen
习　　性：多年生草本
海　　拔：3000～3800 m
分　　布：云南
濒危等级：DD

毛苞飞蓬
Erigeron lachnocephalus Botsch.

习　　性：多年生草本
海　　拔：2500～3600 m
国内分布：新疆
国外分布：哈萨克斯坦、乌兹别克斯坦
濒危等级：LC

棉毛飞蓬
Erigeron lanuginosus Y. L. Chen
习　　性：多年生草本
海　　拔：3200～4200 m
分　　布：西藏
濒危等级：DD

宽叶飞蓬
Erigeron latifolius Hao Zhang et Zhi F. Zhang
习　　性：多年生草本
海　　拔：约3100 m
分　　布：四川
濒危等级：LC

光山飞蓬
Erigeron leioreades Popov
习　　性：多年生草本
海　　拔：2100～3400 m
国内分布：新疆
国外分布：俄罗斯、哈萨克斯坦
濒危等级：LC

白舌飞蓬
Erigeron leucoglossus Y. Ling et Y. L. Chen
习　　性：多年生草本
海　　拔：约3400 m
分　　布：西藏
濒危等级：LC

矛叶飞蓬
Erigeron lonchophyllus Hook.
习　　性：二年生或多年生草本
海　　拔：约2200 m
国内分布：新疆
国外分布：俄罗斯、哈萨克斯坦、蒙古
濒危等级：LC

玉山飞蓬
Erigeron morrisonensis Hayata
习　　性：多年生草本
海　　拔：1500～3600 m
分　　布：台湾
濒危等级：LC

密叶飞蓬
Erigeron multifolius Hand.-Mazz.
习　　性：多年生草本
海　　拔：2600～4100 m
分　　布：西藏、云南
濒危等级：LC

多舌飞蓬
Erigeron multiradiatus（Lindl. ex DC.）Benth. ex C. B. Clarke
习　　性：多年生草本
海　　拔：2300～4600 m
国内分布：四川、西藏、云南
国外分布：阿富汗、不丹、尼泊尔、印度
濒危等级：LC

山地飞蓬
Erigeron oreades（Schrenk ex Fisch. et C. A. Meyer）Fisch. et C. A. Meyer
习　　性：二年生或多年生草本
海　　拔：约2500 m
国内分布：新疆
国外分布：俄罗斯、哈萨克斯坦、蒙古
濒危等级：LC

展苞飞蓬
Erigeron patentisquama Jeffrey ex Diels
习　　性：多年生草本
海　　拔：2400～4100 m
分　　布：四川、西藏、云南
濒危等级：LC

柄叶飞蓬
Erigeron petiolaris Vierh.
习　　性：多年生草本
海　　拔：2700～3100 m
国内分布：新疆
国外分布：俄罗斯、哈萨克斯坦、乌兹别克斯坦
濒危等级：DD

紫苞飞蓬
Erigeron porphyrolepis Y. Ling et Y. L. Chen
习　　性：多年生草本
海　　拔：3900～4700 m
分　　布：四川、西藏
濒危等级：DD

假泽山飞蓬
Erigeron pseudoseravschanicus Botsch.
习　　性：多年生草本
海　　拔：1700～2800 m
国内分布：新疆
国外分布：俄罗斯、哈萨克斯坦、乌兹别克斯坦
濒危等级：LC

细茎飞蓬
Erigeron pseudotenuicaulis Brouillet et Y. L. Chen
习　　性：多年生草本
海　　拔：约2200 m
分　　布：四川
濒危等级：DD

紫茎飞蓬
Erigeron purpurascens Y. Ling et Y. L. Chen
习　　性：多年生草本
分　　布：四川
濒危等级：LC

革叶飞蓬
Erigeron schmalhausenii Popov
习　　性：多年生草本
海　　拔：1600~3600 m
国内分布：新疆
国外分布：俄罗斯、哈萨克斯坦、乌兹别克斯坦
濒危等级：LC

泽山飞蓬
Erigeron seravschanicus Popov
习　　性：多年生草本
海　　拔：约2600 m
国内分布：新疆
国外分布：哈萨克斯坦、乌兹别克斯坦
濒危等级：LC

糙伏毛飞蓬
Erigeron strigosus Muhl. ex Willd.
习　　性：一年生草本
国内分布：安徽、福建、河北、河南、湖北、湖南、吉林、江苏、江西、山东、四川、西藏归化
国外分布：原产北美洲

苏门白酒草
Erigeron sumatrensis Retz.
习　　性：一年生或二年生草本
国内分布：安徽、福建、甘肃、广东、广西、贵州、海南、湖南、江苏、江西、四川、台湾、西藏、云南、浙江等地归化
国外分布：原产南美洲；热带和亚热带区域广布

太白飞蓬
Erigeron taipeiensis Y. Ling et Y. L. Chen
习　　性：多年生草本
海　　拔：约3200 m
分　　布：陕西
濒危等级：DD

天山飞蓬
Erigeron tianschanicus Botsch.
习　　性：多年生草本
海　　拔：约2900 m
国内分布：新疆
国外分布：哈萨克斯坦
濒危等级：LC

蓝舌飞蓬
Erigeron vicarius Botsch.
习　　性：多年生草本
海　　拔：2800~4500 m
国内分布：新疆
国外分布：哈萨克斯坦、乌兹别克斯坦
濒危等级：DD

白酒草属 Eschenbachia Moench

埃及白酒草
Eschenbachia aegyptiaca (L.) Brouillet
习　　性：一年生草本
国内分布：福建、广东、台湾
国外分布：阿富汗、澳大利亚、巴基斯坦、马来西亚、孟加拉国、缅甸、日本、伊朗、印度、越南
濒危等级：LC

熊胆草
Eschenbachia blinii (H. Lév.) Brouillet
习　　性：一年生草本
海　　拔：1800~2600 m
分　　布：贵州、四川、云南
濒危等级：LC

白酒草
Eschenbachia japonica (Thunb.) J. Koster
习　　性：一年生或二年生草本
海　　拔：400~2500 m
国内分布：安徽、福建、广东、广西、贵州、湖南、江苏、江西、四川、台湾、西藏、云南、浙江
国外分布：阿富汗、巴基斯坦、不丹、马来西亚、缅甸、尼泊尔、日本、泰国、印度、越南
濒危等级：LC

黏毛白酒草
Eschenbachia leucantha (D. Don) Brouillet
习　　性：一年生草本
海　　拔：200~1800 m
国内分布：福建、广东、广西、贵州、海南、台湾、云南
国外分布：澳大利亚、不丹、菲律宾、柬埔寨、老挝、马来西亚、孟加拉国、缅甸、尼泊尔、泰国、印度、印度尼西亚、越南
濒危等级：LC

木里白酒草
Eschenbachia muliensis (Y. L. Chen) Brouillet
习　　性：多年生草本
海　　拔：约2200 m
分　　布：四川
濒危等级：DD

宿根白酒草
Eschenbachia perennis (Hand. -Mazz.) Brouillet
习　　性：多年生草本
海　　拔：约1600 m
分　　布：贵州、云南
濒危等级：LC

都丽菊属 Ethulia L. f.

都丽菊
Ethulia conyzoides L. f.
习　　性：一年生草本
海　　拔：600~1400 m
国内分布：台湾、云南
国外分布：柬埔寨、老挝、泰国、印度
濒危等级：LC

纤细都丽菊
Ethulia gracilis Delile
习　　性：一年生草本
国内分布：云南
国外分布：泰国

濒危等级：LC

泽兰属 Eupatorium L.

多花泽兰
Eupatorium amabile Kitam.
- 习　　性：灌木
- 分　　布：台湾
- 濒危等级：LC

大麻叶泽兰
Eupatorium cannabinum L.
- 习　　性：多年生草本
- 国内分布：江苏、台湾、浙江
- 国外分布：原产欧洲
- 资源利用：食品添加剂（糖和非糖甜味剂）

多须公
Eupatorium chinense L.
- 习　　性：多年生草本
- 海　　拔：200~1900 m
- 国内分布：安徽、福建、甘肃、广东、广西、贵州、海南、河南、湖北、湖南、江苏、江西、陕西、四川、台湾、云南、浙江
- 国外分布：朝鲜半岛、尼泊尔、日本、印度
- 濒危等级：LC
- 资源利用：药用（中草药）

台湾泽兰
Eupatorium formosanum Hayata
- 习　　性：多年生草本
- 海　　拔：约3000 m
- 国内分布：台湾
- 国外分布：日本
- 濒危等级：LC

佩兰
Eupatorium fortunei Turcz.
- 习　　性：多年生草本
- 海　　拔：约2000 m
- 国内分布：安徽、福建、广东、广西、贵州、海南、河南、湖北、湖南、江苏、江西、山东、陕西、四川、云南、浙江
- 国外分布：朝鲜半岛、日本、泰国、越南
- 濒危等级：LC
- 资源利用：药用（中草药）

异叶泽兰
Eupatorium heterophyllum DC.
- 习　　性：多年生草本
- 海　　拔：1700~3000 m
- 国内分布：安徽、甘肃、贵州、湖北、陕西、四川、台湾、西藏、云南
- 国外分布：尼泊尔
- 濒危等级：LC

花莲泽兰
Eupatorium hualienense C. H. Ou, S. W. Chung et C. I Peng
- 习　　性：多年生草本
- 分　　布：台湾

濒危等级：NT

白头婆
Eupatorium japonicum Thunb.
- 习　　性：多年生草本
- 海　　拔：100~3000 m
- 国内分布：安徽、福建、广东、贵州、海南、河南、黑龙江、湖北、吉林、江苏、江西、辽宁、山东、山西、陕西、四川、云南、浙江
- 国外分布：朝鲜半岛、日本
- 濒危等级：LC
- 资源利用：药用（中草药）；食品添加剂（糖和非糖甜味剂）

林泽兰
Eupatorium lindleyanum DC.
- 习　　性：多年生草本
- 海　　拔：200~2600 m
- 国内分布：除新疆外，各省均有分布
- 国外分布：朝鲜半岛、俄罗斯、菲律宾、缅甸、日本
- 濒危等级：LC
- 资源利用：药用（中草药）

基隆泽兰
Eupatorium luchuense Nakai
- 习　　性：多年生草本
- 海　　拔：1400~2100 m
- 国内分布：台湾
- 国外分布：日本
- 濒危等级：LC

南川泽兰
Eupatorium nanchuanense Y. Ling et C. Shih
- 习　　性：多年生草本
- 海　　拔：1200~1700 m
- 分　　布：重庆、云南
- 濒危等级：LC

峨眉泽兰
Eupatorium omeiense Y. Ling et C. Shih
- 习　　性：多年生草本
- 海　　拔：700~900 m
- 分　　布：四川
- 濒危等级：DD

毛果泽兰
Eupatorium shimadae Kitam.
- 习　　性：多年生草本
- 分　　布：福建、台湾
- 濒危等级：LC

木泽兰
Eupatorium tashiroi Hayata
- 习　　性：灌木
- 分　　布：台湾
- 濒危等级：LC

北美紫菀属 Eurybia (Cass.) Cass.

西伯利亚紫菀
Eurybia sibirica (L.) G. L. Nesom
- 习　　性：多年生草本

海　　拔：约 300 m
国内分布：黑龙江
国外分布：俄罗斯、蒙古、日本
濒危等级：LC

花佩菊属 Faberia Hemsl. ex Forbes et Hemsl.

贵州花佩菊
Faberia cavaleriei H. Lév.
　　习　　性：多年生草本
　　海　　拔：900~1500 m
　　分　　布：广西、贵州
　　濒危等级：DD

滇花佩菊
Faberia ceterach Beauverd
　　习　　性：多年生草本
　　海　　拔：2200~2600 m
　　分　　布：云南
　　濒危等级：LC

狭锥花佩菊
Faberia faberi(Hemsl.)N. Kilian, Ze H. Wang et J. W. Zhang
　　习　　性：多年生草本
　　海　　拔：1800~3000 m
　　分　　布：重庆、贵州、四川、云南
　　濒危等级：LC

披针叶花佩菊
Faberia lancifolia J. Anthony
　　习　　性：多年生草本
　　海　　拔：2100~2500 m
　　分　　布：云南
　　濒危等级：DD

假花佩菊
Faberia nanchuanensis C. Shih
　　习　　性：多年生草本
　　海　　拔：600~700 m
　　分　　布：重庆
　　濒危等级：DD

花佩菊
Faberia sinensis Hemsl.
　　习　　性：多年生草本
　　海　　拔：600~3200 m
　　分　　布：四川、云南
　　濒危等级：LC
　　资源利用：药用（中草药）

光滑花佩菊
Faberia thibetica(Franch.)Beauverd
　　习　　性：多年生草本
　　海　　拔：约 2700 m
　　分　　布：四川
　　濒危等级：DD

大吴风草属 Farfugium Lindl.

大吴风草
Farfugium japonicum(L.)Kitam.
　　习　　性：多年生草本
　　国内分布：安徽、福建、广东、广西、湖北、湖南、台湾、浙江
　　国外分布：日本
　　濒危等级：LC
　　资源利用：原料（精油）

絮菊属 Filago L.

絮菊
Filago arvensis L.
　　习　　性：一年生草本
　　海　　拔：约 1000 m
　　国内分布：西藏、新疆
　　国外分布：俄罗斯、哈萨克斯坦、蒙古
　　濒危等级：LC

匙叶絮菊
Filago spathulata C. Presl
　　习　　性：一年生草本
　　海　　拔：约 1000 m
　　国内分布：西藏、新疆
　　国外分布：俄罗斯、哈萨克斯坦
　　濒危等级：LC

线叶菊属 Filifolium Kitam.

线叶菊
Filifolium sibiricum(L.)Kitam.
　　习　　性：多年生草本
　　海　　拔：1500~2600 m
　　国内分布：河北、黑龙江、吉林、辽宁、内蒙古、山西
　　国外分布：朝鲜半岛、俄罗斯、蒙古、日本
　　濒危等级：LC

黄顶菊属 Flaveria Juss.

黄顶菊
Flaveria bidentis(L.)Kuntze
　　习　　性：一年生草本
　　国内分布：河北逸生
　　国外分布：原产南美洲

复芒菊属 Formania W. W. Sm. et J. Small

复芒菊
Formania mekongensis W. W. Smith et J. Small
　　习　　性：灌木
　　海　　拔：约 3000 m
　　分　　布：四川、云南
　　濒危等级：VU B1ab（iii）

齿冠属 Frolovia(DC.)Lipsch.

大序齿冠
Frolovia frolowii(Ledeb.)Raab-Straube
　　习　　性：多年生草本
　　海　　拔：约 2000 m
　　国内分布：新疆
　　国外分布：俄罗斯、哈萨克斯坦

濒危等级：LC

天人菊属 Gaillardia Foug.

天人菊
Gaillardia pulchella Foug.
习　　性：一年生草本
国内分布：广泛栽培并归化
国外分布：原产北美洲
资源利用：环境利用（观赏）

乳菀属 Galatella Cass.

阿尔泰乳菀
Galatella altaica Tzvelev
习　　性：多年生草本
海　　拔：约1800 m
国内分布：新疆
国外分布：俄罗斯、蒙古；中亚
濒危等级：LC

窄叶乳菀
Galatella angustissima(Tausch) Novopokr.
习　　性：多年生草本
海　　拔：900~2000 m
国内分布：新疆
国外分布：俄罗斯、哈萨克斯坦、蒙古
濒危等级：LC

盘花乳菀
Galatella biflora(L.) Nees
习　　性：多年生草本
海　　拔：约1700 m
国内分布：新疆
国外分布：俄罗斯、哈萨克斯坦
濒危等级：LC

紫缨乳菀
Galatella chromopappa Novopokr.
习　　性：多年生草本
海　　拔：约2000 m
国内分布：新疆
国外分布：俄罗斯、哈萨克斯坦、乌兹别克斯坦
濒危等级：LC

兴安乳菀
Galatella dahurica DC.
习　　性：多年生草本
海　　拔：500~3900 m
国内分布：黑龙江、吉林、辽宁、内蒙古、新疆
国外分布：俄罗斯、哈萨克斯坦、蒙古、乌兹别克斯坦
濒危等级：LC

帚枝乳菀
Galatella fastigiiformis Novopokr.
习　　性：多年生草本
海　　拔：1200~1400 m
国内分布：新疆
国外分布：俄罗斯、哈萨克斯坦、乌兹别克斯坦
濒危等级：DD

鳞苞乳菀
Galatella hauptii(Ledeb.) Lindl. ex DC.
习　　性：多年生草本
海　　拔：1100~1800 m
国内分布：新疆
国外分布：俄罗斯、哈萨克斯坦、蒙古
濒危等级：LC

乳菀
Galatella punctata(Waldst. et Kit.) Nees
习　　性：多年生草本
海　　拔：约1700 m
国内分布：新疆
国外分布：俄罗斯、哈萨克斯坦
濒危等级：LC

昭苏乳菀
Galatella regelii Tzvelev
习　　性：多年生草本
海　　拔：1200~1800 m
国内分布：新疆
国外分布：俄罗斯、哈萨克斯坦
濒危等级：DD

卷缘乳菀
Galatella scoparia(Kar. et Kir.) Novopokr.
习　　性：多年生草本
国内分布：新疆
国外分布：俄罗斯、哈萨克斯坦
濒危等级：LC

天山乳菀
Galatella tianschanica Novopokr.
习　　性：多年生草本
海　　拔：约1200 m
国内分布：新疆
国外分布：哈萨克斯坦
濒危等级：LC

牛膝菊属 Galinsoga Ruiz et Pav.

牛膝菊
Galinsoga parviflora Cav.
习　　性：一年生草本
国内分布：贵州、四川、台湾、西藏、云南等地归化
国外分布：原产南美洲
资源利用：药用（中草药）

粗毛牛膝菊
Galinsoga quadriradiata Ruiz et Pavon
习　　性：一年生草本
国内分布：我国各地广布并归化
国外分布：原产南美洲

合冠鼠曲草属 Gamochaeta Wedd.

直茎合冠鼠曲草
Gamochaeta calviceps(Fernald) Cabrera
习　　性：一年生草本
国内分布：台湾引种

国外分布：原产南美洲

里白合冠鼠曲草
Gamochaeta coarctata (Willd.) Kerguélen
习　　性：草本
国内分布：贵州、台湾归化
国外分布：原产南美洲

南川合冠鼠曲草
Gamochaeta nanchuanensis (Y. Ling et Y. Q. Tseng) Y. S. Chen et R. J. Bayer
习　　性：多年生草本
海　　拔：1800~2200 m
分　　布：重庆、湖北

挪威合冠鼠曲草
Gamochaeta norvegica (Gunnerus) Y. S. Chen et R. J. Bayer
习　　性：多年生草本
海　　拔：约 3000 m
国内分布：新疆
国外分布：北美洲、俄罗斯、欧洲
濒危等级：LC

匙叶合冠鼠曲草
Gamochaeta pensylvanica (Willd.) Cabrera
习　　性：一年生草本
海　　拔：1500 m 以下
国内分布：福建、广东、广西、贵州、海南、湖南、江西、四川、台湾、西藏、云南、浙江
国外分布：澳大利亚

合冠鼠曲草
Gamochaeta purpurea (L.) Cabrera
习　　性：一年生或二年生草本
国内分布：台湾引种
国外分布：原产北美洲

林地合冠鼠曲草
Gamochaeta sylvatica (L.) Fourr.
习　　性：多年生草本
海　　拔：2000 m 以下
国内分布：新疆
国外分布：俄罗斯、哈萨克斯坦、蒙古
濒危等级：LC

小疮菊属 Garhadiolus Jaub. et Spach

小疮菊
Garhadiolus papposus Boiss. et Buhse
习　　性：一年生草本
海　　拔：600~? m
国内分布：新疆
国外分布：哈萨克斯坦、吉尔吉斯斯坦、塔吉克斯坦、土库曼斯坦、乌兹别克斯坦
濒危等级：VU D2

火石花属 Gerbera L.

火石花
Gerbera delavayi Franch.

火石花（原变种）
Gerbera delavayi var. delavayi
习　　性：多年生草本
海　　拔：1800~3200 m
国内分布：四川、云南
国外分布：越南
濒危等级：LC

蒙自火石花
Gerbera delavayi var. henryi (Dunn) C. Y. Wu et H. Peng
习　　性：多年生草本
海　　拔：1800~3200 m
分　　布：贵州、云南
濒危等级：LC

阔舌火石花
Gerbera latiligulata Y. C. Tseng
习　　性：多年生草本
分　　布：云南
濒危等级：DD

箭叶火石花
Gerbera maxima (D. Don) Beauverd
习　　性：多年生草本
海　　拔：约 2300 m
国内分布：西藏
国外分布：巴基斯坦、不丹、尼泊尔、泰国、印度
濒危等级：DD

白背火石花
Gerbera nivea (DC.) Sch. -Bip.
习　　性：多年生草本
海　　拔：3300~4100 m
国内分布：四川、西藏、云南
国外分布：不丹、尼泊尔、印度
濒危等级：LC

光叶火石花
Gerbera raphanifolia Franch.
习　　性：多年生草本
海　　拔：约 2700 m
分　　布：云南
濒危等级：DD

巨头火石花
Gerbera rupicola T. G. Gao et D. J. N. Hind
习　　性：多年生草本
分　　布：云南
濒危等级：EN D

钝苞火石花
Gerbera tanantii Franch.
习　　性：多年生草本
分　　布：云南
濒危等级：DD

茼蒿属 Glebionis Cass.

蒿子杆
Glebionis carinata (Schousb.) Tzvelev
习　　性：一年生草本

国内分布：全国栽培
国外分布：原产非洲

茼蒿
Glebionis coronaria (L.) Cass. ex Spach
- 习　　性：一年生草本
- 国内分布：安徽、福建、广东、广西、贵州、海南、河北、湖南、吉林、山东、浙江等地栽培
- 国外分布：原产地中海地区

南茼蒿
Glebionis segetum (L.) Fourr.
- 习　　性：一年生草本
- 国内分布：安徽、北京、福建、广东、贵州、海南、湖北、湖南、江苏、江西、云南、浙江等地栽培
- 国外分布：原产地中海地区

鹿角草属 Glossocardia Cass.

鹿角草
Glossocardia bidens (Retz.) Veldkamp
- 习　　性：多年生草本
- 国内分布：福建、广东、广西、海南、台湾、西藏
- 国外分布：澳大利亚、巴布亚新几内亚、菲律宾、马来西亚、孟加拉国、泰国、印度、印度尼西亚、越南

鼠麴草属 Gnaphalium L.

星芒鼠麴草
Gnaphalium involucratum G. Forst.
- 习　　性：二年生或多年生草本
- 国内分布：台湾
- 国外分布：澳大利亚、菲律宾、马来西亚、印度尼西亚
- 濒危等级：LC

细叶鼠麴草
Gnaphalium japonicum Thunb.
- 习　　性：多年生草本
- 海　　拔：200～1800 m
- 国内分布：安徽、福建、广东、广西、贵州、河南、湖北、湖南、江苏、江西、陕西、四川、台湾、云南、浙江
- 国外分布：朝鲜半岛、日本
- 濒危等级：LC
- 资源利用：药用（中草药）

多茎鼠麴草
Gnaphalium polycaulon Pers.
- 习　　性：一年生草本
- 海　　拔：300～2000 m
- 国内分布：福建、广东、贵州、海南、台湾、云南、浙江
- 国外分布：巴基斯坦、日本、泰国、印度
- 濒危等级：LC

矮鼠麴草
Gnaphalium stewartii C. B. Clarke ex Hook. f.
- 习　　性：草本
- 海　　拔：2500～4000 m
- 国内分布：西藏、新疆
- 国外分布：阿富汗、巴基斯坦、印度
- 濒危等级：LC

平卧鼠麴草
Gnaphalium supinum L.
- 习　　性：多年生草本
- 海　　拔：200～1300 m
- 国内分布：新疆
- 国外分布：俄罗斯、哈萨克斯坦
- 濒危等级：LC

湿生鼠麴草
Gnaphalium uliginosum L.
- 习　　性：一年生草本
- 海　　拔：600 m以下
- 国内分布：河北、黑龙江、吉林、辽宁、内蒙古、西藏、新疆
- 国外分布：巴基斯坦、朝鲜半岛、俄罗斯、哈萨克斯坦、蒙古、日本
- 濒危等级：LC

垫头鼠麴草属 Gnomophalium Greuter

垫头鼠麴草
Gnomophalium pulvinatum (Delile) Greuter
- 习　　性：一年生草本
- 海　　拔：约4000 m
- 国内分布：西藏
- 国外分布：阿富汗、巴基斯坦、尼泊尔、印度
- 濒危等级：DD

田基黄属 Grangea Adans.

田基黄
Grangea maderaspatana (L.) Poir.
- 习　　性：一年生草本
- 海　　拔：100～1000 m
- 国内分布：广东、广西、海南、台湾、云南
- 国外分布：巴基斯坦、柬埔寨、老挝、马来西亚、缅甸、尼泊尔、斯里兰卡、泰国、印度、印度尼西亚、越南；热带非洲
- 濒危等级：LC

胶菀属 Grindelia Willd.

胶菀
Grindelia squarrosa (Pursh) Dunal
- 习　　性：二年生草本
- 国内分布：辽宁归化
- 国外分布：原产北美洲西部

小葵子属 Guizotia Cass.

小葵子
Guizotia abyssinica (L. f.) Cass.
- 习　　性：一年生草本
- 国内分布：福建、四川、云南栽培
- 国外分布：原产非洲

裸冠菊属 Gymnocoronis DC.

裸冠菊
Gymnocoronis spilanthoides (D. Don ex Hook. et Arn.) DC.
- 习　　性：多年生草本
- 国内分布：广西、台湾、云南归化

国外分布：原产南美洲

菊三七属 Gynura Cass.

山芥菊三七
Gynura barbareifolia Gagnep.
习　　性：多年生草本
海　　拔：海平面至 1500 m
国内分布：海南、云南
国外分布：越南
濒危等级：LC

红凤菜
Gynura bicolor(Roxb. ex Willd.) DC.
习　　性：多年生草本
海　　拔：600~1500 m
国内分布：福建、广东、广西、贵州、海南、四川、台湾、云南、浙江
国外分布：缅甸、泰国
濒危等级：LC
资源利用：药用（中草药）

木耳菜
Gynura cusimbua(D. Don) S. Moore
习　　性：多年生草本
海　　拔：1300~3400 m
国内分布：四川、西藏、云南
国外分布：不丹、孟加拉国、缅甸、尼泊尔、泰国、印度
濒危等级：LC

白子菜
Gynura divaricata(L.) DC.
习　　性：多年生草本
海　　拔：海平面至 2800 m
国内分布：广东、海南、四川、云南
国外分布：越南
濒危等级：LC

兰屿木耳菜
Gynura elliptica Y. Yabe et Hayata
习　　性：多年生草本
海　　拔：海平面至 500 m
国内分布：台湾
国外分布：菲律宾
濒危等级：VU D2

白凤菜
Gynura formosana Kitam.
习　　性：多年生草本
海　　拔：海平面至 500 m
分　　布：台湾
濒危等级：LC

菊三七
Gynura japonica(Thunb.) Juel
习　　性：多年生草本
海　　拔：1200~3000 m
国内分布：安徽、福建、广西、贵州、河北、河南、湖北、湖南、江苏、江西、陕西、四川、台湾、云南、浙江
国外分布：尼泊尔、日本、泰国
濒危等级：LC
资源利用：药用（中草药）；食用（蔬菜）

尼泊尔菊三七
Gynura nepalensis DC.
习　　性：多年生草本
海　　拔：1100~2100 m
国内分布：贵州、云南
国外分布：不丹、缅甸、尼泊尔、泰国、印度
濒危等级：LC

平卧菊三七
Gynura procumbens(Lour.) Merr.
习　　性：攀援草本
海　　拔：200~900 m
国内分布：福建、广东、贵州、海南、四川、云南
国外分布：马来西亚、缅甸、泰国、印度尼西亚、越南
濒危等级：LC

狗头七
Gynura pseudochina(L.) DC.
习　　性：多年生草本
海　　拔：200~2100 m
国内分布：广东、广西、贵州、海南、云南
国外分布：不丹、缅甸、尼泊尔、斯里兰卡、泰国、印度、印度尼西亚
濒危等级：LC

海南菊属 Hainanecio Y. Liu et Q. E. Yang

海南菊
Hainanecio hainanensis(C. C. Chang et Y. C. Tseng) Y. Liu et Q. E. Yang
习　　性：多年生草本
海　　拔：900~1200 m
分　　布：海南
濒危等级：VU D2

天山蓍属 Handelia Heimerl

天山蓍
Handelia trichophylla(Schrenk ex Fisch. et C. A. Meyer) Heimerl
习　　性：多年生草本
海　　拔：约 1000 m
国内分布：新疆
国外分布：阿富汗、巴基斯坦、哈萨克斯坦、乌兹别克斯坦
濒危等级：DD

向日葵属 Helianthus L.

向日葵
Helianthus annuus L.
习　　性：一年生草本
国内分布：广泛栽培
国外分布：原产北美洲
资源利用：药用（中草药）；动物饲料（饲料）；食品（油

脂）；环境利用（观赏）

瓜叶葵
Helianthus debilis(Torrey et A. Gray)Heiser
习　　性：一年生或多年生草本
国内分布：北京、上海、台湾栽培及归化
国外分布：原产北美洲

菊芋
Helianthus tuberosus L.
习　　性：多年生草本
国内分布：广泛栽培
国外分布：原产北美洲
资源利用：药用（中草药）；原料（酒精，纤维）；动物饲料（饲料）；食品（淀粉，蔬菜）

拟蜡菊属 Helichrysum Mill.

沙生蜡菊
Helichrysum arenarium(L.)Moench
习　　性：多年生草本
海　　拔：400~2400 m
国内分布：新疆
国外分布：俄罗斯、蒙古
濒危等级：LC
资源利用：药用（中草药）；原料（单宁，精油）；环境利用（观赏）

喀什蜡菊
Helichrysum kashgaricum C. H. An
习　　性：多年生草本
海　　拔：约2000 m
分　　布：新疆
濒危等级：LC

天山蜡菊
Helichrysum thianschanicum Regel
习　　性：多年生草本
海　　拔：3000 m 以下
国内分布：新疆
国外分布：哈萨克斯坦
濒危等级：LC

泥胡菜属 Hemisteptia Bunge ex Fisch.

泥胡菜
Hemisteptia lyrata(Bunge)Fisch. et C. A. Meyer
习　　性：一年生草本
海　　拔：海平面至3300 m
国内分布：我国大部分地区
国外分布：澳大利亚、不丹、朝鲜、老挝、孟加拉国、缅甸、尼泊尔、日本、泰国、印度、越南
濒危等级：LC

异喙菊属 Heteracia Fisch. et C. A. Mey.

异喙菊
Heteracia szovitsii Fisch. et C. A. Meyer
习　　性：一年生草本

海　　拔：800~1000 m
国内分布：新疆
国外分布：俄罗斯、哈萨克斯坦、吉尔吉斯斯坦、塔吉克斯坦、土库曼斯坦、乌兹别克斯坦
濒危等级：LC

异裂菊属 Heteroplexis C. C. Chang

凹脉异裂菊
Heteroplexis impressinervia J. Y. Liang
习　　性：多年生草本
分　　布：广西
濒危等级：DD

柳州异裂菊
Heteroplexis incana J. Y. Liang
习　　性：多年生草本
分　　布：广西
濒危等级：LC

小花异裂菊
Heteroplexis microcephala Y. L. Chen
习　　性：多年生草本
海　　拔：约300 m
分　　布：广西
濒危等级：EN A2c；B1b（i，iii，v）c（i）；C1；D

绢叶异裂菊
Heteroplexis sericophylla Y. L. Chen
习　　性：草本
海　　拔：约400 m
分　　布：广西
濒危等级：VU D2

异裂菊
Heteroplexis vernonioides C. C. Chang
习　　性：攀援草本
海　　拔：200~400 m
分　　布：广西
濒危等级：EN B2ab（i，iii，v）

山柳菊属 Hieracium L.

高山柳菊
Hieracium korshinskyi Zahn
习　　性：多年生草本
海　　拔：1600~2200 m
国内分布：新疆
国外分布：俄罗斯、哈萨克斯坦、蒙古
濒危等级：LC

腺毛山柳菊
Hieracium morii Hayata
习　　性：多年生草本
分　　布：台湾
濒危等级：LC

卵叶山柳菊
Hieracium regelianum Zahn

习　　性：多年生草本
海　　拔：1700~2000 m
国内分布：新疆
国外分布：哈萨克斯坦
濒危等级：LC

新疆山柳菊
Hieracium robustum Fr.
习　　性：多年生草本
海　　拔：1700?~2100 m
国内分布：新疆
国外分布：俄罗斯、哈萨克斯坦、印度
濒危等级：LC

山西山柳菊
Hieracium sinoaestivum Sennikov
习　　性：多年生草本
海　　拔：约2400 m
分　　布：山西
濒危等级：VU D2

山柳菊
Hieracium umbellatum L.
习　　性：多年生草本
海　　拔：200~3300 m
国内分布：广西、贵州、河北、河南、黑龙江、湖北、湖南、江西、辽宁、内蒙古、山东、山西、陕西、四川、西藏、新疆、云南
国外分布：巴基斯坦、俄罗斯、哈萨克斯坦、蒙古、日本、乌兹别克斯坦、印度
濒危等级：LC
资源利用：动物饲料（饲料）

粗毛山柳菊
Hieracium virosum Pall.
习　　性：多年生草本
海　　拔：1700~2100 m
国内分布：新疆
国外分布：俄罗斯、哈萨克斯坦、蒙古、日本、乌兹别克斯坦、印度
濒危等级：LC

须弥菊属 Himalaiella Raab-Straube

普兰须弥菊
Himalaiella abnormis (Lipsch.) Raab-Straube
习　　性：多年生草本
海　　拔：3800~4400 m
国内分布：西藏
国外分布：尼泊尔、印度
濒危等级：LC

白背须弥菊
Himalaiella auriculata (DC.) Raab-Straube
习　　性：多年生草本
海　　拔：2700~4000 m
国内分布：西藏
国外分布：不丹、尼泊尔、印度
濒危等级：LC

三角叶须弥菊
Himalaiella deltoidea (DC.) Raab-Straube
习　　性：二年生草本
海　　拔：700~3400 m
国内分布：安徽、福建、广东、广西、贵州、河南、湖北、湖南、江西、陕西、四川、台湾、西藏、云南、浙江
国外分布：巴基斯坦、不丹、老挝、缅甸、尼泊尔、泰国、印度、越南
濒危等级：LC

小头须弥菊
Himalaiella nivea (DC.) Raab-Straube
习　　性：二年生草本
海　　拔：200~2800 m
国内分布：贵州、四川、西藏、云南
国外分布：老挝、缅甸、尼泊尔、泰国、印度、越南
濒危等级：LC

叶头须弥菊
Himalaiella peguensis (C. B. Clarke) Raab-Straube
习　　性：二年生草本
海　　拔：1200~1600 m
国内分布：贵州、云南
国外分布：缅甸、泰国
濒危等级：LC

青海须弥菊
Himalaiella qinghaiensis (S. W. Liu et T. N. Ho) Raab-Straube
习　　性：多年生草本
海　　拔：约3600 m
分　　布：青海
濒危等级：VU B1ab (i, iii)

亚东须弥菊
Himalaiella yakla (C. B. Clarke) Fujikawa et H. Ohba
习　　性：多年生草本
海　　拔：约4100 m
国内分布：西藏
国外分布：不丹、尼泊尔、印度
濒危等级：DD

女蒿属 Hippolytia Poljakov

川滇女蒿
Hippolytia delavayi (Franch. ex W. W. Smith) C. Shih
习　　性：多年生草本
海　　拔：3300~4000 m
分　　布：四川、云南
濒危等级：LC
资源利用：药用（中草药）

束伞女蒿
Hippolytia desmantha C. Shih
习　　性：亚灌木
海　　拔：3800~3900 m
分　　布：青海

濒危等级：DD

团伞女蒿
Hippolytia glomerata C. Shih
习　　性：多年生草本
海　　拔：约4600 m
分　　布：西藏
濒危等级：LC

棉毛女蒿
Hippolytia gossypina(C. B. Clarke) C. Shih
习　　性：多年生草本
海　　拔：4500~5400 m
国内分布：西藏
国外分布：不丹、尼泊尔、印度
濒危等级：LC

新疆女蒿
Hippolytia herderi(Regel et Schmalh.) Poljakov
习　　性：多年生草本
海　　拔：约2500 m
国内分布：新疆
国外分布：哈萨克斯坦
濒危等级：LC

贺兰山女蒿
Hippolytia kaschgarica(Krasch.) Poljakov
习　　性：亚灌木或灌木
海　　拔：1900~2300 m
分　　布：甘肃、内蒙古、宁夏、新疆
濒危等级：DD

垫状女蒿
Hippolytia kennedyi(Dunn) Y. Ling
习　　性：多年生草本
海　　拔：4700~5200 m
国内分布：西藏
国外分布：印度
濒危等级：DD
资源利用：药用（中草药）

普兰女蒿
Hippolytia senecionis(Jacquem. ex Besser) Poljakov ex Tzvelev
习　　性：多年生草本
海　　拔：2000~3700 m
国内分布：西藏
国外分布：印度
濒危等级：LC

合头女蒿
Hippolytia syncalathiformis C. Shih
习　　性：多年生草本
海　　拔：4500~5500 m
分　　布：西藏
濒危等级：DD

灰叶女蒿
Hippolytia tomentosa(DC.) Tzvelev
习　　性：多年生草本
海　　拔：3500~4700 m
分　　布：西藏
濒危等级：LC

云南女蒿
Hippolytia yunnanensis(Jeffrey) C. Shih
习　　性：多年生草本
海　　拔：3400~4000 m
分　　布：云南
濒危等级：LC

全光菊属 Hololeion Kitam.

全光菊
Hololeion maximowiczii Kitam.
习　　性：多年生草本
海　　拔：700~2200 m
国内分布：黑龙江、吉林、江苏、辽宁、内蒙古、山东、浙江
国外分布：朝鲜半岛、俄罗斯、日本
濒危等级：LC

猫儿菊属 Hypochaeris L.

白花猫儿菊
Hypochaeris albiflora(Kuntze) Azevêdo-Gonç. & Matzenb.
习　　性：多年生草本
国内分布：台湾归化
国外分布：原产南美洲

智利猫儿菊
Hypochaeris chillensis(Kunth) Britton
习　　性：多年生草本
国内分布：台湾归化
国外分布：原产南美洲

猫儿菊
Hypochaeris ciliata(Thunb.) Makino
习　　性：多年生草本
海　　拔：800~1200 m
国内分布：河北、河南、黑龙江、吉林、辽宁、内蒙古、山西
国外分布：朝鲜半岛、俄罗斯、蒙古
濒危等级：LC

光猫儿菊
Hypochaeris glabra L.
习　　性：一年生草本
国内分布：台湾归化
国外分布：原产非洲、欧洲

新疆猫儿菊
Hypochaeris maculata L.
习　　性：多年生草本
海　　拔：1000 m
国内分布：新疆
国外分布：俄罗斯、欧洲
濒危等级：LC

假蒲公英猫儿菊
Hypochaeris radicata L.
 习 性：多年生草本
 国内分布：台湾、云南归化
 国外分布：原产非洲、欧洲

旋覆花属 Inula L.

欧亚旋覆花
Inula britannica L.

欧亚旋覆花（原变种）
Inula britannica var. **britannica**
 习 性：多年生草本
 海 拔：300~1700 m
 国内分布：河北、内蒙古、新疆
 国外分布：俄罗斯、欧洲
 濒危等级：LC

狭叶欧亚旋覆花
Inula britannica var. **angustifolia** Beck
 习 性：多年生草本
 国内分布：新疆
 国外分布：俄罗斯、欧洲
 濒危等级：LC

多枝欧亚旋覆花
Inula britannica var. **ramosissima** Ledeb.
 习 性：多年生草本
 国内分布：新疆
 国外分布：俄罗斯
 濒危等级：LC

棉毛欧亚旋覆花
Inula britannica var. **sublanata** Kom.
 习 性：多年生草本
 国内分布：黑龙江、内蒙古、新疆
 国外分布：俄罗斯
 濒危等级：LC

里海旋覆花
Inula caspica Ledeb.
 习 性：二年生草本
 海 拔：200~2400 m
 国内分布：西藏、新疆
 国外分布：巴基斯坦、俄罗斯、哈萨克斯坦、土库曼斯坦、乌兹别克斯坦、印度
 濒危等级：LC

土木香
Inula helenium L.
 习 性：多年生草本
 海 拔：2000 m 以下
 国内分布：新疆
 国外分布：俄罗斯、欧洲、塔吉克斯坦、乌兹别克斯坦；亚洲西南部；北美洲
 濒危等级：LC
 资源利用：药用（中草药）；原料（精油）

水朝阳旋覆花
Inula helianthusaquatilis C. Y. Wu ex Y. Ling
 习 性：多年生草本
 海 拔：1200~3000 m
 分 布：甘肃、贵州、四川、云南
 濒危等级：LC

锈毛旋覆花
Inula hookeri C. B. Clarke
 习 性：多年生草本
 海 拔：2400~3600 m
 国内分布：西藏、云南
 国外分布：不丹、缅甸、尼泊尔、印度
 濒危等级：LC

湖北旋覆花
Inula hupehensis (Y. Ling) Y. Ling
 习 性：多年生草本
 海 拔：1300~1900 m
 分 布：湖北、四川
 濒危等级：LC

旋覆花
Inula japonica Thunb.

旋覆花（原变种）
Inula japonica var. **japonica**
 习 性：多年生草本
 海 拔：100~2400 m
 国内分布：安徽、福建、甘肃、广东、广西、河北、河南、黑龙江、湖北、吉林、江苏、江西、辽宁、内蒙古、山东、山西、陕西、四川、浙江
 国外分布：朝鲜半岛、俄罗斯、蒙古、日本
 濒危等级：LC

卵叶旋覆花
Inula japonica var. **ovata** C. Y. Li
 习 性：多年生草本
 分 布：吉林、辽宁、内蒙古
 濒危等级：LC

多枝旋覆花
Inula japonica var. **ramosa** (Kom.) C. Y. Li
 习 性：多年生草本
 国内分布：安徽、黑龙江、吉林、辽宁、内蒙古、陕西
 国外分布：朝鲜半岛、日本
 濒危等级：LC

线叶旋覆花
Inula linariifolia Turcz.
 习 性：多年生草本
 海 拔：1800 m 以下
 国内分布：安徽、河北、河南、黑龙江、湖北、吉林、江苏、江西、辽宁、山东、山西、陕西、浙江
 国外分布：朝鲜半岛、俄罗斯、蒙古、日本
 濒危等级：LC

钝叶旋覆花
Inula obtusifolia A. Kern.

习　　性：多年生草本
海　　拔：2000~4500 m
国内分布：西藏
国外分布：阿富汗、巴基斯坦、克什米尔地区、印度
濒危等级：LC

总状土木香
Inula racemosa Hook. f.
习　　性：多年生草本
海　　拔：1500~3100 m
国内分布：新疆
国外分布：阿富汗、巴基斯坦、克什米尔地区、尼泊尔
濒危等级：LC
资源利用：药用（中草药）

羊眼花
Inula rhizocephala Schrenk ex Fisch. et C. A. Meyer
习　　性：多年生草本
海　　拔：1700~3800 m
国内分布：西藏、新疆
国外分布：阿富汗、巴基斯坦、哈萨克斯坦、塔吉克斯坦、土库曼斯坦、乌兹别克斯坦、印度
濒危等级：DD

柳叶旋覆花
Inula salicina L.
习　　性：多年生草本
海　　拔：200~1000 m
国内分布：河南、黑龙江、吉林、辽宁、内蒙古
国外分布：朝鲜半岛、俄罗斯、日本、乌兹别克斯坦
濒危等级：LC

蓼子朴
Inula salsoloides (Turcz.) Ostenf.
习　　性：多年生草本
海　　拔：500~2000 m
国内分布：甘肃、河北、辽宁、内蒙古、青海、山西、陕西、新疆
国外分布：阿富汗、俄罗斯、蒙古
濒危等级：LC
资源利用：基因源（耐旱）；环境利用（观赏）

绢叶旋覆花
Inula sericophylla Franch.
习　　性：多年生草本
海　　拔：1500~3000 m
国内分布：云南
国外分布：越南
濒危等级：LC

小苦荬属 **Ixeridium** (A. Gray) Tzvelev

刺株小苦荬
Ixeridium aculeolatum C. Shih
习　　性：多年生草本
海　　拔：约4000 m
分　　布：西藏
濒危等级：DD

狭叶小苦荬
Ixeridium beauverdianum (H. Lév.) Springate
习　　性：多年生草本
海　　拔：300~3000 m
国内分布：重庆、福建、甘肃、广西、贵州、湖北、湖南、江西、四川、西藏、云南、浙江
国外分布：不丹、尼泊尔、日本、泰国、越南
濒危等级：LC

喜钙小苦荬
Ixeridium calcicola C. I Peng, S. W. Chung et T. C. Hsu
习　　性：多年生草本
海　　拔：约200 m
分　　布：台湾
濒危等级：LC

小苦荬
Ixeridium dentatum (Thunb.) Tzvelev
习　　性：多年生草本
海　　拔：300~1100 m
国内分布：安徽、福建、湖北、江苏、江西、山东、浙江
国外分布：朝鲜半岛、俄罗斯、日本
濒危等级：LC

细叶小苦荬
Ixeridium gracile (DC.) Pak et Kawano
习　　性：多年生草本
海　　拔：1400~2700? m
国内分布：西藏、云南
国外分布：不丹、尼泊尔、印度
濒危等级：LC

褐冠小苦荬
Ixeridium laevigatum (Blume) Pak et Kawano
习　　性：多年生草本
海　　拔：海平面至2300 m
国内分布：福建、广东、海南、台湾、浙江
国外分布：巴布亚新几内亚、菲律宾、柬埔寨、老挝、日本、印度尼西亚、越南
濒危等级：LC

戟叶小苦荬
Ixeridium sagittarioides (C. B. Clarke) Pak et Kawano
习　　性：多年生草本
海　　拔：1900~2000 m
国内分布：云南
国外分布：不丹、缅甸、尼泊尔、泰国、印度
濒危等级：LC

能高小苦荬
Ixeridium transnokoense (Sasaki) Pak et Kawano
习　　性：多年生草本
海　　拔：2600~3300 m
分　　布：台湾
濒危等级：LC

云南小苦荬
Ixeridium yunnanense C. Shih

习　　性：多年生草本
海　　拔：1700～3600 m
分　　布：云南
濒危等级：DD

苦荬菜属 Ixeris (Cass.) Cass.

中华苦荬菜
Ixeris chinensis (Thunb.) Kitag.

中华苦荬菜（原亚种）
Ixeris chinensis subsp. **chinensis**
习　　性：多年生草本
海　　拔：100～4000 m
国内分布：全国广布
国外分布：朝鲜半岛、俄罗斯、柬埔寨、老挝、蒙古、日本、泰国、越南
濒危等级：LC
资源利用：药用（中草药）；食用（蔬菜）

光滑苦荬
Ixeris chinensis subsp. **strigosa** (H. Lév. et Vaniot) Kitam.
习　　性：多年生草本
海　　拔：500～1500 m
国内分布：安徽、河北、黑龙江、湖北、吉林、江苏、辽宁、内蒙古、山东、山西
国外分布：朝鲜半岛、俄罗斯、蒙古、日本
濒危等级：LC

多色苦荬
Ixeris chinensis subsp. **versicolor** (Fisch. ex Link) Kitam.
习　　性：多年生草本
海　　拔：100～4000 m
国内分布：安徽、福建、甘肃、贵州、河北、河南、黑龙江、湖北、湖南、吉林、江苏、江西、内蒙古、青海、山东、山西、陕西、四川、西藏、新疆、云南、浙江
国外分布：朝鲜半岛、俄罗斯、蒙古
濒危等级：LC

剪刀股
Ixeris japonica (N. L. Burman) Nakai
习　　性：多年生草本
海　　拔：海平面至500 m
国内分布：安徽、福建、广东、广西、河南、辽宁、台湾、浙江
国外分布：朝鲜半岛、日本
濒危等级：LC

苦荬菜
Ixeris polycephala Cass. ex DC.
习　　性：一年生草本
海　　拔：100～2000 m
国内分布：河南、山东
国外分布：阿富汗、不丹、柬埔寨、克什米尔地区、老挝、缅甸、尼泊尔、日本、印度、越南
濒危等级：LC
资源利用：药用（中草药）

沙苦荬菜
Ixeris repens (L.) A. Gray
习　　性：多年生草本
国内分布：福建、广东、海南、河北、江苏、辽宁、山东、台湾、浙江
国外分布：朝鲜半岛、俄罗斯、日本、越南
濒危等级：LC

圆叶苦荬菜
Ixeris stolonifera A. Gray
习　　性：多年生草本
海　　拔：1500～2000 m
国内分布：安徽、江苏、江西、台湾、浙江
国外分布：朝鲜半岛、日本
濒危等级：LC

泽苦荬
Ixeris tamagawaensis (Makino) Kitam.
习　　性：多年生草本
国内分布：台湾
国外分布：朝鲜半岛、日本
濒危等级：LC

苓菊属 Jurinea Cass.

腺果苓菊
Jurinea adenocarpa Schrenk ex Fisch. et C. A. Meyer
习　　性：多年生草本
海　　拔：约1500 m
国内分布：新疆
国外分布：哈萨克斯坦
濒危等级：DD

矮小苓菊
Jurinea algida Iljin
习　　性：多年生草本
海　　拔：2800～3100 m
国内分布：新疆
国外分布：哈萨克斯坦、吉尔吉斯斯坦、塔吉克斯坦、乌兹别克斯坦
濒危等级：DD

刺果苓菊
Jurinea chaetocarpa (Ledeb.) Ledeb.
习　　性：多年生草本
海　　拔：500～2000 m
国内分布：新疆
国外分布：哈萨克斯坦、蒙古
濒危等级：LC

天山苓菊
Jurinea dshungarica (N. I. Rubtzov) Iljin
习　　性：多年生草本
海　　拔：1800～2700 m
国内分布：新疆
国外分布：哈萨克斯坦
濒危等级：DD

毛蕊苓菊
Jurinea filifolia (Regel et Schmalh.) C. Winkl.

习　　性：多年生草本
海　　拔：700~1000 m
国内分布：新疆
国外分布：哈萨克斯坦
濒危等级：DD

南疆苓菊
Jurinea kaschgarica Iljin
习　　性：多年生草本
海　　拔：约2300 m
分　　布：新疆
濒危等级：DD

绒毛苓菊
Jurinea lanipes Rupr.
习　　性：多年生草本
海　　拔：1200~2900 m
国内分布：新疆
国外分布：哈萨克斯坦、吉尔吉斯斯坦、塔吉克斯坦
濒危等级：LC

苓菊
Jurinea lipskyi Iljin
习　　性：多年生草本
海　　拔：约1900 m
国内分布：新疆
国外分布：哈萨克斯坦
濒危等级：DD

蒙疆苓菊
Jurinea mongolica Maxim.
习　　性：多年生草本
海　　拔：1000~1500 m
国内分布：内蒙古、宁夏、陕西、新疆
国外分布：蒙古
濒危等级：LC

多花苓菊
Jurinea multiflora(L.)B. Fedtsch.
习　　性：多年生草本
海　　拔：1800~2000 m
国内分布：新疆
国外分布：俄罗斯、哈萨克斯坦、蒙古
濒危等级：LC

花花柴属 Karelinia Less.

花花柴
Karelinia caspia(Pall.)Less.
习　　性：多年生草本
海　　拔：900~1300 m
国内分布：甘肃、内蒙古、青海、新疆
国外分布：俄罗斯、哈萨克斯坦、蒙古、土库曼斯坦
濒危等级：LC

喀什菊属 Kaschgaria Poljakov

密枝喀什菊
Kaschgaria brachanthemoides(C. Winkl.)Poljakov
习　　性：亚灌木

海　　拔：1000~1500 m
国内分布：新疆
国外分布：哈萨克斯坦
濒危等级：DD

喀什菊
Kaschgaria komarovii(Krasch. et N. I. Rubtzov)Poljakov
习　　性：亚灌木
海　　拔：800~2000 m
国内分布：新疆
国外分布：哈萨克斯坦、蒙古
濒危等级：LC

麻花头属 Klasea Cass.

分枝麻花头
Klasea cardunculus(Pall.)Holub
习　　性：多年生草本
海　　拔：500~1500 m
国内分布：内蒙古、新疆
国外分布：俄罗斯、哈萨克斯坦、蒙古
濒危等级：DD

麻花头
Klasea centauroides(L.)Cass. ex Kitag.

麻花头（原亚种）
Klasea centauroides subsp. **centauroides**
习　　性：多年生草本
海　　拔：800~1700 m
国内分布：河北、黑龙江、辽宁、内蒙古、山东
国外分布：俄罗斯、蒙古
濒危等级：LC

碗苞麻花头
Klasea centauroides subsp. **chanetii**(H. Lév.)L. Martins
习　　性：多年生草本
海　　拔：200~2100 m
分　　布：安徽、河北、河南、山东、山西
濒危等级：LC

钟苞麻花头
Klasea centauroides subsp. **cupuliformis**(Nakai et Kitag.)L. Martins
习　　性：多年生草本
海　　拔：900~2400 m
分　　布：河北、河南、辽宁、山西
濒危等级：LC

北麻花头
Klasea centauroides subsp. **komarovii**(Iljin)L. Martins
习　　性：多年生草本
海　　拔：200~1800 m
国内分布：河北、黑龙江、吉林、辽宁、内蒙古、山西、陕西
国外分布：朝鲜半岛、俄罗斯
濒危等级：LC

多花麻花头
Klasea centauroides subsp. **polycephala**(Iljin)L. Martins
习　　性：多年生草本

海　　拔：600~2000 m
分　　布：河北、辽宁、内蒙古、山西
濒危等级：LC

缢苞麻花头
Klasea centauroides subsp. **strangulata**(Iljin) L. Martins
习　　性：多年生草本
海　　拔：1300~3500 m
分　　布：甘肃、河南、内蒙古、宁夏、青海、山西、陕西、四川
濒危等级：LC

羽裂麻花头
Klasea dissecta(Ledeb.) L. Martins
习　　性：多年生草本
海　　拔：1000~1500 m
国内分布：新疆
国外分布：哈萨克斯坦
濒危等级：LC

无茎麻花头
Klasea lyratifolia(Schrenk ex Fisch. et C. A. Meyer) L. Martins
习　　性：多年生草本
海　　拔：2000~3400 m
国内分布：新疆
国外分布：哈萨克斯坦、吉尔吉斯斯坦、塔吉克斯坦、乌兹别克斯坦
濒危等级：LC

薄叶麻花头
Klasea marginata(Tausch) Kitag.
习　　性：多年生草本
海　　拔：1500~2300 m
国内分布：甘肃、黑龙江、内蒙古、新疆
国外分布：俄罗斯、哈萨克斯坦、吉尔吉斯斯坦、蒙古、塔吉克斯坦、乌兹别克斯坦
濒危等级：LC

歪斜麻花头
Klasea procumbens(Regel) Holub
习　　性：多年生草本
海　　拔：2600~3600 m
国内分布：新疆
国外分布：阿富汗、巴基斯坦、克什米尔地区、塔吉克斯坦
濒危等级：DD

阿拉套麻花头
Klasea sogdiana(Bunge) L. Martins
习　　性：多年生草本
海　　拔：约1400 m
国内分布：新疆
国外分布：哈萨克斯坦、吉尔吉斯斯坦、塔吉克斯坦、乌兹别克斯坦
濒危等级：LC

木根麻花头
Klasea suffruticulosa(Schrenk) L. Martins
习　　性：多年生草本
海　　拔：约1500 m
国内分布：新疆
国外分布：哈萨克斯坦、吉尔吉斯斯坦
濒危等级：DD

蝎尾菊属 Koelpinia Pall.

蝎尾菊
Koelpinia linearis Pall.
习　　性：一年生草本
海　　拔：400~1000 m
国内分布：西藏、新疆
国外分布：阿富汗、巴基斯坦、俄罗斯、哈萨克斯坦、吉尔吉斯斯坦、克什米尔地区、塔吉克斯坦、土库曼斯坦、乌兹别克斯坦、印度
濒危等级：LC

莴苣属 Lactuca L.

裂叶莴苣
Lactuca dissecta D. Don
习　　性：一年生草本
海　　拔：约2000 m
国内分布：西藏、新疆
国外分布：阿富汗、巴基斯坦、不丹、哈萨克斯坦、吉尔吉斯斯坦、克什米尔地区、尼泊尔、塔吉克斯坦、印度
濒危等级：LC

长叶莴苣
Lactuca dolichophylla Kitam.
习　　性：一年生或二年生草本
海　　拔：约3200 m
国内分布：西藏、云南
国外分布：阿富汗、巴基斯坦、不丹、缅甸、尼泊尔、印度
濒危等级：LC

台湾翅果菊
Lactuca formosana Maxim.
习　　性：一年生或多年生草本
海　　拔：100~2000 m
分　　布：安徽、福建、广东、广西、贵州、河南、湖北、湖南、江苏、江西、宁夏、陕西、四川、台湾、云南、浙江
濒危等级：LC
资源利用：药用（中草药）

翅果菊
Lactuca indica L.
习　　性：一年生或多年生草本
海　　拔：200~3000 m
国内分布：安徽、福建、广东、广西、贵州、海南、河北、河南、黑龙江、湖南、吉林、江苏、江西、辽宁、山东、山西、陕西、四川、台湾、西藏、云南、浙江
国外分布：朝鲜半岛、不丹、俄罗斯、菲律宾、日本、泰国、印度、印度尼西亚、越南
濒危等级：LC
资源利用：药用（中草药）

雀苣
Lactuca orientalis(Boiss.) Boiss.

习　　性：亚灌木
海　　拔：3800 m以下
国内分布：新疆
国外分布：巴基斯坦、哈萨克斯坦、吉尔吉斯斯坦、塔吉克斯坦
濒危等级：LC

毛脉翅果菊
Lactuca raddeana Maxim.
习　　性：二年生或多年生草本
海　　拔：200~3000 m
国内分布：安徽、福建、甘肃、广东、广西、贵州、河北、河南、湖北、湖南、吉林、江西、辽宁、山东、山西、陕西、四川、云南
国外分布：朝鲜半岛、俄罗斯、日本、越南
濒危等级：LC
资源利用：药用（中草药）

莴苣
Lactuca sativa L.
习　　性：一年生或二年生草本
海　　拔：约500 m
国内分布：广泛栽培
国外分布：可能起源于地中海地区或亚洲西南部
濒危等级：LC
资源利用：食品（蔬菜）

野莴苣
Lactuca serriola L.
习　　性：一年生草本
海　　拔：500~2000 m
国内分布：台湾、新疆
国外分布：阿富汗、俄罗斯、哈萨克斯坦、吉尔吉斯斯坦、蒙古、塔吉克斯坦、印度
濒危等级：LC

山莴苣
Lactuca sibirica(L.)Benth. ex Maxim.
习　　性：多年生草本
海　　拔：300~2100 m
国内分布：甘肃、河北、黑龙江、吉林、辽宁、内蒙古、青海、山西、陕西、新疆
国外分布：朝鲜半岛、俄罗斯、哈萨克斯坦、蒙古、日本
濒危等级：LC

乳苣
Lactuca tatarica(L.)C. A. Meyer
习　　性：多年生草本
海　　拔：1200~4300 m
国内分布：甘肃、河北、河南、辽宁、内蒙古、青海、山西、陕西、西藏、新疆
国外分布：阿富汗、巴基斯坦、俄罗斯、哈萨克斯坦、吉尔吉斯斯坦、克什米尔地区、蒙古、塔吉克斯坦、乌兹别克斯坦、印度
濒危等级：LC

翼柄翅果菊
Lactuca triangulata Maxim.
习　　性：二年生或多年生草本
海　　拔：700~1900 m
国内分布：河北、黑龙江、吉林、辽宁、山西
国外分布：朝鲜半岛、俄罗斯、日本
濒危等级：LC

飘带果
Lactuca undulata Ledeb.
习　　性：一年生草本
海　　拔：500~2000 m
国内分布：新疆
国外分布：阿富汗、巴基斯坦、俄罗斯、哈萨克斯坦、吉尔吉斯斯坦、塔吉克斯坦、土库曼斯坦、乌兹别克斯坦
濒危等级：LC

单花葵属 Lagascea Cavanilles

单花葵
Lagascea mollis Cav.
习　　性：一年生草本
国内分布：香港引种
国外分布：原产美洲

瓶头草属 Lagenophora Cass.

瓶头草
Lagenophora stipitata(Labill.)Druce
习　　性：一年生草本
海　　拔：1700~1800 m
国内分布：福建、广东、广西、台湾
国外分布：澳大利亚、印度、印度尼西亚、越南
濒危等级：LC

六棱菊属 Laggera Sch. -Bip. ex Benth.

六棱菊
Laggera alata(D. Don)Sch. -Bip. ex Oliv.
习　　性：多年生草本
海　　拔：2300 m以下
国内分布：福建、广西、贵州、海南、湖北、湖南、江西、台湾、云南、浙江
国外分布：巴基斯坦、不丹、菲律宾、老挝、马达加斯加、缅甸、尼泊尔、斯里兰卡、泰国、印度、印度尼西亚、越南
濒危等级：LC
资源利用：药用（中草药）

翼齿六棱菊
Laggera crispata(Vahl)Hepper et J. R. I. Wood
习　　性：草本
海　　拔：2000 m以下
国内分布：广西、贵州、湖北、四川、西藏、云南
国外分布：不丹、泰国、印度、越南
濒危等级：LC

稻槎菜属 Lapsanastrum Pak et K. Bremer

稻槎菜
Lapsanastrum apogonoides(Maxim.)Pak et K. Bremer
习　　性：一年生或二年生草本
国内分布：安徽、福建、广东、广西、湖南、江苏、江西、

陕西、台湾、云南、浙江
国外分布：朝鲜半岛、日本
濒危等级：LC
资源利用：动物饲料（饲料）

矮小稻槎菜
Lapsanastrum humile(Thunb.)Pak et K. Bremer
习　　性：一年生或多年生草本
海　　拔：500~1000 m
国内分布：安徽、福建、江苏、浙江
国外分布：朝鲜半岛、日本
濒危等级：LC

台湾稻槎菜
Lapsanastrum takasei(Sasaki)Pak et K. Bremer
习　　性：多年生草本
海　　拔：1800~2800 m
分　　布：台湾
濒危等级：LC

具钩稻槎菜
Lapsanastrum uncinatum(Stebbins)Pak et K. Bremer
习　　性：一年生草本
分　　布：安徽
濒危等级：LC

栓果菊属 Launaea Cass.

光茎栓果菊
Launaea acaulis(Roxb.)Babc. ex Kerr
习　　性：多年生草本
海　　拔：300~3600 m
国内分布：广西、贵州、海南、四川、云南
国外分布：不丹、老挝、孟加拉国、缅甸、尼泊尔、泰国、印度、越南
濒危等级：LC

河西菊
Launaea polydichotoma(Ostenf.)Amin ex N. Kilian
习　　性：多年生草本
海　　拔：400~2100 m
分　　布：甘肃、新疆
濒危等级：DD

假小喙菊
Launaea procumbens(Roxb.)Ramayya et Rajagopal
习　　性：多年生草本
海　　拔：1500~2000 m
国内分布：甘肃、内蒙古、四川、新疆、云南
国外分布：阿富汗、巴基斯坦、哈萨克斯坦、缅甸、尼泊尔、塔吉克斯坦、土库曼斯坦、乌兹别克斯坦、印度
濒危等级：LC

匐枝栓果菊
Launaea sarmentosa(Willd.)Kuntze
习　　性：多年生草本
国内分布：广东、海南
国外分布：澳大利亚、缅甸、斯里兰卡、泰国、印度、印度尼西亚、越南
濒危等级：LC

大丁草属 Leibnitzia Cass.

大丁草
Leibnitzia anandria(L.)Turcz.
习　　性：多年生草本
海　　拔：600~2600 m
国内分布：除西藏、新疆外，各省均有栽培
国外分布：朝鲜、俄罗斯、日本
濒危等级：LC
资源利用：药用（中草药）

尼泊尔大丁草
Leibnitzia nepalensis(Kunze)Kitam.
习　　性：多年生草本
海　　拔：3200~4600 m
国内分布：四川、西藏、云南
国外分布：巴基斯坦、不丹、尼泊尔、印度
濒危等级：LC

灰岩大丁草
Leibnitzia pusilla(DC.)S. Gould
习　　性：多年生草本
海　　拔：2400~3600 m
国内分布：贵州、青海、四川、西藏、云南
国外分布：不丹、尼泊尔
濒危等级：LC

红缨大丁草
Leibnitzia ruficoma(Franch.)Kitam.
习　　性：多年生草本
海　　拔：2200~2500 m
国内分布：四川、西藏、云南
国外分布：不丹、尼泊尔
濒危等级：DD

火绒草属 Leontopodium R. Br. ex Cass.

松毛火绒草
Leontopodium andersonii C. B. Clarke
习　　性：多年生草本
海　　拔：1000~3600 m
国内分布：贵州、四川、云南
国外分布：老挝、缅甸
濒危等级：LC

艾叶火绒草
Leontopodium artemisiifolium(H. Lév.)Beauverd
习　　性：多年生草本
海　　拔：2100~3200 m
分　　布：四川、云南
濒危等级：LC
资源利用：药用（中草药）

黄毛火绒草
Leontopodium aurantiacum Hand.-Mazz.
习　　性：多年生草本
海　　拔：3600~4000 m
国内分布：云南

国外分布：缅甸
濒危等级：LC

短星火绒草
Leontopodium brachyactis Gand.
- 习　　性：多年生草本
- 海　　拔：2200~4100 m
- 国内分布：西藏
- 国外分布：巴基斯坦、尼泊尔、印度
- 濒危等级：LC

丛生火绒草
Leontopodium caespitosum Diels
- 习　　性：多年生草本
- 海　　拔：3300~3600 m
- 国内分布：四川、云南
- 国外分布：缅甸
- 濒危等级：LC

美头火绒草
Leontopodium calocephalum（Franch.）Beauverd
- 习　　性：多年生草本
- 海　　拔：2600~4200 m
- 分　　布：甘肃、青海、四川、云南
- 濒危等级：LC

团球火绒草
Leontopodium conglobatum（Turcz.）Hand.-Mazz.
- 习　　性：多年生草本
- 海　　拔：400~1700 m
- 国内分布：黑龙江、内蒙古
- 国外分布：俄罗斯、蒙古
- 濒危等级：LC

戟叶火绒草
Leontopodium dedekensii（Bureau et Franch.）Beauverd
- 习　　性：多年生草本
- 海　　拔：1400~4100 m
- 国内分布：甘肃、青海、四川、西藏、云南
- 国外分布：缅甸
- 濒危等级：LC

云岭火绒草
Leontopodium delavayanum Hand.-Mazz.
- 习　　性：多年生草本
- 海　　拔：3400~4000 m
- 国内分布：云南
- 国外分布：缅甸
- 濒危等级：LC

梵净火绒草
Leontopodium fangingense Y. Ling
- 习　　性：多年生草本
- 海　　拔：2100~2300 m
- 分　　布：贵州
- 濒危等级：DD

山野火绒草
Leontopodium fedtschenkoanum Beauverd
- 习　　性：多年生草本
- 海　　拔：700~4500 m
- 国内分布：青海、新疆
- 国外分布：俄罗斯、哈萨克斯坦、蒙古
- 濒危等级：LC

鼠麹火绒草
Leontopodium forrestianum Hand.-Mazz.
- 习　　性：多年生草本
- 海　　拔：3500~3800 m
- 国内分布：云南
- 国外分布：缅甸
- 濒危等级：LC

坚杆火绒草
Leontopodium franchetii Beauverd
- 习　　性：多年生草本
- 海　　拔：3000~4000 m
- 分　　布：四川、云南
- 濒危等级：LC

秦岭火绒草
Leontopodium giraldii Diels
- 习　　性：多年生草本
- 海　　拔：2000~3200 m
- 分　　布：陕西
- 濒危等级：LC

密垫火绒草
Leontopodium haastioides Hand.-Mazz.
- 习　　性：多年生草本
- 海　　拔：4300~5300 m
- 国内分布：四川、西藏
- 国外分布：不丹、尼泊尔、印度
- 濒危等级：LC

香芸火绒草
Leontopodium haplophylloides Hand.-Mazz.
- 习　　性：多年生草本
- 海　　拔：2400~4000 m
- 分　　布：四川
- 濒危等级：LC

珠峰火绒草
Leontopodium himalayanum DC.
- 习　　性：多年生草本
- 海　　拔：3000~5100 m
- 国内分布：西藏、云南
- 国外分布：巴基斯坦、不丹、缅甸、尼泊尔、印度
- 濒危等级：LC

雅谷火绒草
Leontopodium jacotianum Beauverd
- 习　　性：多年生草本
- 海　　拔：2200~4400 m
- 国内分布：西藏
- 国外分布：巴基斯坦、不丹、缅甸、尼泊尔、印度

薄雪火绒草
Leontopodium japonicum Miq.

薄雪火绒草（原变种）
Leontopodium japonicum var. **japonicum**

习　　性：多年生草本
海　　拔：700~2300 m
国内分布：安徽、甘肃、河南、湖北、江苏、山西、陕西、四川、浙江
国外分布：日本
濒危等级：LC
资源利用：药用（中草药）

小头薄雪火绒草
Leontopodium japonicum var. **microcephalum** Hand.-Mazz.
习　　性：多年生草本
海　　拔：800~1700 m
分　　布：河南、山西、陕西
濒危等级：LC

岩生薄雪火绒草
Leontopodium japonicum var. **saxatile** Y. S. Chen.
习　　性：多年生草本
海　　拔：1000~1800 m
分　　布：安徽、浙江
濒危等级：NT

长叶火绒草
Leontopodium junpeianum Kitam.
习　　性：多年生草本
海　　拔：1100~4800 m
分　　布：甘肃、河北、内蒙古、青海、山西、陕西、四川、西藏
濒危等级：LC

火绒草
Leontopodium leontopodioides (Willd.) Beauverd
习　　性：多年生草本
海　　拔：100~3800 m
国内分布：甘肃、河北、内蒙古、青海、山东、山西、陕西、新疆
国外分布：朝鲜半岛、俄罗斯、蒙古、日本
濒危等级：LC
资源利用：药用（中草药）

小叶火绒草
Leontopodium microphyllum Hayata
习　　性：多年生草本
海　　拔：3200~3800 m
分　　布：台湾
濒危等级：LC

单头火绒草
Leontopodium monocephalum Edgew.
习　　性：多年生草本
海　　拔：4000~5000 m
国内分布：西藏
国外分布：巴基斯坦、不丹、尼泊尔、印度
濒危等级：LC

藓状火绒草
Leontopodium muscoides Hand.-Mazz.
习　　性：多年生草本
海　　拔：4000~4200 m
分　　布：西藏、云南
濒危等级：LC

矮火绒草
Leontopodium nanum (Hook. f. et Thomson ex C. B. Clarke) Hand.-Mazz.
习　　性：多年生草本
海　　拔：2100~5000 m
国内分布：甘肃、陕西、四川、西藏、新疆
国外分布：阿富汗、巴基斯坦、哈萨克斯坦、尼泊尔、印度
濒危等级：LC

黄白火绒草
Leontopodium ochroleucum Beauverd
习　　性：多年生草本
海　　拔：2200~5000 m
国内分布：青海、西藏、新疆
国外分布：俄罗斯、哈萨克斯坦、蒙古、印度
濒危等级：LC

峨眉火绒草
Leontopodium omeiense Y. Ling
习　　性：多年生草本
海　　拔：1800~2800 m
分　　布：甘肃、四川
濒危等级：LC

弱小火绒草
Leontopodium pusillum (Beauverd) Hand.-Mazz.
习　　性：多年生草本
海　　拔：3500~5600 m
国内分布：青海、四川、西藏、新疆
国外分布：印度
濒危等级：LC

红花火绒草
Leontopodium roseum Hand.-Mazz.
习　　性：多年生草本
海　　拔：1200~3700 m
分　　布：四川
濒危等级：LC

华火绒草
Leontopodium sinense Hemsl.
习　　性：亚灌木
海　　拔：700~3600 m
分　　布：贵州、湖北、四川、西藏、云南
濒危等级：LC
资源利用：药用（中草药）

绢茸火绒草
Leontopodium smithianum Hand.-Mazz.
习　　性：多年生草本
海　　拔：1600~2900 m
分　　布：甘肃、河北、内蒙古、青海、山西、陕西
濒危等级：LC

银叶火绒草
Leontopodium souliei Beauverd
习　　性：多年生草本
海　　拔：2700~4500 m
分　　布：四川、西藏、云南

濒危等级：LC

匍枝火绒草
Leontopodium stoloniferum Hand.-Mazz.
- 习　　性：多年生草本
- 海　　拔：2900~3600 m
- 分　　布：四川
- 濒危等级：LC

毛香火绒草
Leontopodium stracheyi(Hook. f.) C. B. Clarke ex Hemsl.
- 习　　性：多年生草本
- 海　　拔：2000~4700 m
- 国内分布：青海、四川、西藏、云南
- 国外分布：不丹、尼泊尔、印度
- 濒危等级：LC

亚灌木火绒草
Leontopodium suffruticosum Y. L. Chen
- 习　　性：亚灌木
- 海　　拔：约3200 m
- 分　　布：西藏
- 濒危等级：LC

柔毛火绒草
Leontopodium villosum Hand.-Mazz.
- 习　　性：多年生草本
- 海　　拔：约4000 m
- 分　　布：四川
- 濒危等级：NT

川西火绒草
Leontopodium wilsonii Beauverd
- 习　　性：多年生草本
- 海　　拔：2000~2500 m
- 分　　布：甘肃、四川
- 濒危等级：LC

小滨菊属 Leucanthemella Tzvelev

小滨菊
Leucanthemella linearis(Matsum.) Tzvelev
- 习　　性：多年生草本
- 海　　拔：约300 m
- 国内分布：黑龙江、吉林、内蒙古
- 国外分布：朝鲜半岛、俄罗斯、日本
- 濒危等级：LC

滨菊属 Leucanthemum Mill.

滨菊
Leucanthemum vulgare Lam.
- 习　　性：多年生草本
- 国内分布：福建、甘肃、河北、河南、江苏、江西；各地广泛栽培
- 国外分布：原产欧洲

白菊木属 Leucomeris D. Don

白菊木
Leucomeris decora Kurz
- 习　　性：小乔木
- 海　　拔：1000~1900 m
- 国内分布：云南
- 国外分布：缅甸、泰国、越南
- 濒危等级：VU A2ac；B1ab（i, iii）
- 国家保护：Ⅱ级

橐吾属 Ligularia Cass.

牦牛山橐吾
Ligularia × maoniushanensis X. Gong et Y. Z. Pan
- 习　　性：多年生草本
- 分　　布：云南

刚毛橐吾
Ligularia achyrotricha(Diels) Y. Ling
- 习　　性：多年生草本
- 海　　拔：3300~3700 m
- 分　　布：陕西
- 濒危等级：LC

翅柄橐吾
Ligularia alatipes Hand.-Mazz.
- 习　　性：多年生草本
- 海　　拔：2700~3600 m
- 分　　布：四川、云南
- 濒危等级：LC

帕米尔橐吾
Ligularia alpigena Pojark.
- 习　　性：多年生草本
- 海　　拔：1900~4500 m
- 国内分布：新疆
- 国外分布：阿富汗、巴基斯坦、吉尔吉斯斯坦、塔吉克斯坦、乌兹别克斯坦
- 濒危等级：LC

阿勒泰橐吾
Ligularia altaica DC.
- 习　　性：多年生草本
- 海　　拔：1100~3000 m
- 国内分布：新疆
- 国外分布：俄罗斯、哈萨克斯坦、蒙古
- 濒危等级：LC

白序橐吾
Ligularia anoleuca Hand.-Mazz.
- 习　　性：多年生草本
- 海　　拔：3400~3500 m
- 分　　布：云南
- 濒危等级：LC

亚东橐吾
Ligularia atkinsonii(C. B. Clarke) S. W. Liu
- 习　　性：多年生草本
- 海　　拔：3000~3500 m
- 国内分布：西藏
- 国外分布：不丹、印度
- 濒危等级：LC

黑紫橐吾
Ligularia atroviolacea (Franch.) Hand. -Mazz.
  习 性：多年生草本
  海 拔：3000 ~ 4000 m
  分 布：四川、云南
  濒危等级：LC

无缨橐吾
Ligularia biceps Kitag.
  习 性：多年生草本
  分 布：辽宁
  濒危等级：DD

总状橐吾
Ligularia botryodes (C. Winkl.) Hand. -Mazz.
  习 性：多年生草本
  海 拔：3100 ~ 4000 m
  国内分布：甘肃、陕西、四川
  国外分布：尼泊尔
  濒危等级：LC

黄亮橐吾
Ligularia caloxantha (Diels) Hand. -Mazz.
  习 性：多年生草本
  海 拔：1600 ~ 4000 m
  分 布：四川、云南
  濒危等级：LC

乌苏里橐吾
Ligularia calthifolia Maxim.
  习 性：多年生草本
  海 拔：100 ~ 1600 m
  国内分布：黑龙江
  国外分布：俄罗斯
  濒危等级：LC

灰苞橐吾
Ligularia chalybea S. W. Liu
  习 性：多年生草本
  海 拔：约 4700 m
  分 布：四川
  濒危等级：LC

长毛橐吾
Ligularia changiana S. W. Liu ex Y. L. Chen et Z. Yu Li
  习 性：多年生草本
  海 拔：2900 ~ 3100 m
  分 布：云南
  濒危等级：LC

浙江橐吾
Ligularia chekiangensis Kitam.
  习 性：多年生草本
  海 拔：约 1100 m
  分 布：安徽、浙江
  濒危等级：LC

缅甸橐吾
Ligularia chimiliensis C. C. Chang
  习 性：多年生草本
  海 拔：约 3600 m
  国内分布：西藏、云南
  国外分布：缅甸

密花橐吾
Ligularia confertiflora C. C. Chang
  习 性：多年生草本
  海 拔：3200 ~ 3300 m
  分 布：云南
  濒危等级：LC

垂头橐吾
Ligularia cremanthodioides Hand. -Mazz.
  习 性：多年生草本
  海 拔：3600 ~ 5300 m
  国内分布：西藏、云南
  国外分布：尼泊尔
  濒危等级：DD

楔舌橐吾
Ligularia cuneata S. W. Liu et T. N. Ho
  习 性：多年生草本
  海 拔：约 3800 m
  分 布：西藏
  濒危等级：LC

弯苞橐吾
Ligularia curvisquama Hand. -Mazz.
  习 性：多年生草本
  海 拔：约 4000 m
  分 布：云南
  濒危等级：LC

浅苞橐吾
Ligularia cyathiceps Hand. -Mazz.
  习 性：多年生草本
  海 拔：3000 ~ 4000 m
  分 布：云南
  濒危等级：LC

舟叶橐吾
Ligularia cymbulifera (W. W. Smith) Hand. -Mazz.
  习 性：多年生草本
  海 拔：2900 ~ 4800 m
  分 布：四川、西藏、云南
  濒危等级：LC

聚伞橐吾
Ligularia cymosa (Hand. -Mazz.) S. W. Liu
  习 性：多年生草本
  海 拔：约 4000 m
  分 布：四川、西藏
  濒危等级：LC

齿叶橐吾
Ligularia dentata (A. Gray) H. Hara
  习 性：多年生草本
  海 拔：700 ~ 3200 m

国内分布：安徽、甘肃、广西、贵州、河南、湖北、湖南、江西、山西、陕西、四川、云南、浙江
国外分布：缅甸、日本、越南
濒危等级：LC

网脉橐吾
Ligularia dictyoneura(Franch.) Hand. -Mazz.
习　　性：多年生草本
海　　拔：1900～3600 m
分　　布：四川、西藏、云南
濒危等级：LC

盘状橐吾
Ligularia discoidea S. W. Liu
习　　性：多年生草本
海　　拔：约 4300 m
分　　布：西藏
濒危等级：NT D2

太白山橐吾
Ligularia dolichobotrys Diels
习　　性：多年生草本
海　　拔：2000～3300 m
分　　布：河南、陕西
濒危等级：LC

大黄橐吾
Ligularia duciformis(C. Winkl.) Hand. -Mazz.
习　　性：多年生草本
海　　拔：1900～4300 m
分　　布：甘肃、宁夏、四川、云南
濒危等级：LC

紫花橐吾
Ligularia dux(C. B. Clarke) Y. Ling

紫花橐吾（原变种）
Ligularia dux var. **dux**
习　　性：多年生草本
海　　拔：3200～3900 m
国内分布：西藏
国外分布：缅甸、印度
濒危等级：LC

小紫花橐吾
Ligularia dux var. **minima** S. W. Liu
习　　性：多年生草本
海　　拔：3200～4200 m
分　　布：西藏
濒危等级：LC

毛茎橐吾
Ligularia eriocaulis M. Zhang et L. S. Xu
习　　性：多年生草本
海　　拔：3500～4000 m
分　　布：甘肃、青海、四川、云南
濒危等级：LC

广叶橐吾
Ligularia euryphylla(C. Winkl.) Hand. -Mazz.

习　　性：多年生草本
海　　拔：约 4300 m
分　　布：四川
濒危等级：DD

矢叶橐吾
Ligularia fargesii(Franch.) Diels
习　　性：多年生草本
海　　拔：1400～2700 m
分　　布：重庆、湖北、陕西、四川
濒危等级：LC

蹄叶橐吾
Ligularia fischeri(Ledeb.) Turcz.
习　　性：多年生草本
海　　拔：2500 m 以下
国内分布：安徽、河南、黑龙江、湖北、吉林、辽宁、内蒙古、陕西、四川、浙江
国外分布：不丹、朝鲜半岛、俄罗斯、蒙古、缅甸、尼泊尔、日本、印度
濒危等级：LC

隐舌橐吾
Ligularia franchetiana(H. Lév.) Hand. -Mazz.
习　　性：多年生草本
海　　拔：2400～3900 m
分　　布：四川、云南
濒危等级：LC

粗茎橐吾
Ligularia ghatsukupa Kitam.
习　　性：多年生草本
海　　拔：4700～5000 m
分　　布：西藏
濒危等级：LC

哈密橐吾
Ligularia hamiica C. H. An
习　　性：多年生草本
分　　布：新疆
濒危等级：DD

异叶橐吾
Ligularia heterophylla Rupr.
习　　性：多年生草本
海　　拔：2200～2500 m
国内分布：新疆
国外分布：哈萨克斯坦、吉尔吉斯斯坦、塔吉克斯坦、乌兹别克斯坦
濒危等级：LC

鹿蹄橐吾
Ligularia hodgsonii Hook. f.
习　　性：多年生草本
海　　拔：900～2800 m
国内分布：甘肃、广西、贵州、湖北、陕西、四川、云南
国外分布：俄罗斯、日本
濒危等级：LC
资源利用：药用（中草药）；环境利用（观赏）

细茎橐吾
Ligularia hookeri(C. B. Clarke)Hand. -Mazz.
　　习　　性：多年生草本
　　海　　拔：3000~4500 m
　　国内分布：陕西、四川、西藏、云南
　　国外分布：不丹、尼泊尔、印度
　　濒危等级：LC

河北橐吾
Ligularia hopeiensis Nakai
　　习　　性：多年生草本
　　分　　布：河北
　　濒危等级：LC

狭苞橐吾
Ligularia intermedia Nakai
　　习　　性：多年生草本
　　海　　拔：100~3400 m
　　国内分布：甘肃、广西、贵州、河北、河南、黑龙江、湖北、湖南、吉林、辽宁、内蒙古、山西、陕西、四川、云南
　　国外分布：朝鲜半岛
　　濒危等级：LC

复序橐吾
Ligularia jaluensis Kom.
　　习　　性：多年生草本
　　海　　拔：400~1000 m
　　国内分布：黑龙江、吉林、辽宁
　　国外分布：朝鲜半岛、俄罗斯
　　濒危等级：LC

长白山橐吾
Ligularia jamesii(Hemsl.)Kom.
　　习　　性：多年生草本
　　海　　拔：300~2500 m
　　国内分布：吉林、辽宁、内蒙古
　　国外分布：朝鲜半岛
　　濒危等级：LC

大头橐吾
Ligularia japonica(Thunb.)Less.

大头橐吾（原变种）
Ligularia japonica var. **japonica**
　　习　　性：多年生草本
　　海　　拔：900~2300 m
　　国内分布：安徽、福建、广东、广西、湖北、湖南、江西、台湾、浙江
　　国外分布：朝鲜半岛、日本
　　濒危等级：LC

糙叶大头橐吾
Ligularia japonica var. **scaberrima** Hayata ex Y. Ling
　　习　　性：多年生草本
　　海　　拔：600~700 m
　　国内分布：福建、广东、江西、台湾、浙江
　　国外分布：日本
　　濒危等级：LC

干崖子橐吾
Ligularia kanaitzensis(Franch.)Hand. -Mazz.

干崖子橐吾（原变种）
Ligularia kanaitzensis var. **kanaitzensis**
　　习　　性：多年生草本
　　海　　拔：2400~4300 m
　　分　　布：四川、云南
　　濒危等级：LC

菱苞橐吾
Ligularia kanaitzensis var. **subnudicaulis**(Hand. -Mazz.)S. W. Liu
　　习　　性：多年生草本
　　海　　拔：2400~3700 m
　　分　　布：云南
　　濒危等级：LC

台湾橐吾
Ligularia kojimae Kitam.
　　习　　性：多年生草本
　　海　　拔：约3000 m
　　分　　布：台湾
　　濒危等级：VU C2a（i）

贡嘎岭橐吾
Ligularia konkalingensis Hand. -Mazz.
　　习　　性：多年生草本
　　海　　拔：3800~4800 m
　　分　　布：四川
　　濒危等级：NT B2ac（ii，iii）

昆仑山橐吾
Ligularia kunlunshanica C. H. An
　　习　　性：多年生草本
　　海　　拔：2400~2700 m
　　分　　布：新疆
　　濒危等级：VU B1ab（iii）

沼生橐吾
Ligularia lamarum(Diels)C. C. Chang
　　习　　性：多年生草本
　　海　　拔：3300~5300 m
　　国内分布：甘肃、四川、西藏、云南
　　国外分布：缅甸
　　濒危等级：LC

洱源橐吾
Ligularia lankongensis(Franch.)Hand. -Mazz.
　　习　　性：多年生草本
　　海　　拔：2100~3800 m
　　分　　布：四川、云南
　　濒危等级：LC

牛旁叶橐吾
Ligularia lapathifolia(Franch.)Hand. -Mazz.
　　习　　性：多年生草本
　　海　　拔：1800~3300 m
　　分　　布：四川、云南
　　濒危等级：LC

宽戟橐吾
Ligularia latihastata(W. W. Smith) Hand. -Mazz.
- 习　　性：多年生草本
- 海　　拔：2400～4000 m
- 分　　布：四川、云南
- 濒危等级：LC

阔柄橐吾
Ligularia latipes S. W. Liu
- 习　　性：多年生草本
- 海　　拔：约2600 m
- 分　　布：四川
- 濒危等级：LC

贵州橐吾
Ligularia leveillei(Vaniot) Hand. -Mazz.
- 习　　性：多年生草本
- 海　　拔：2000～2200 m
- 分　　布：贵州
- 濒危等级：LC

缘毛橐吾
Ligularia liatroides(C. Winkl.) Hand. -Mazz.

缘毛橐吾（原变种）
Ligularia liatroides var. **liatroides**
- 习　　性：多年生草本
- 海　　拔：2900～4500 m
- 分　　布：青海、四川、西藏
- 濒危等级：LC

什邡缘毛橐吾
Ligularia liatroides var. **shifangensis**(G. H. Chen et W. J. Zhang) S. W. Liu et T. N. Ho
- 习　　性：多年生草本
- 海　　拔：3200～3700 m
- 分　　布：四川
- 濒危等级：DD

丽江橐吾
Ligularia lidjiangensis Hand. -Mazz.
- 习　　性：多年生草本
- 海　　拔：2600～3300 m
- 分　　布：云南
- 濒危等级：LC

君范橐吾
Ligularia lingiana S. W. Liu
- 习　　性：多年生草本
- 海　　拔：约3600 m
- 分　　布：四川
- 濒危等级：DD

长叶橐吾
Ligularia longifolia Hand. -Mazz.
- 习　　性：多年生草本
- 海　　拔：1900～3100 m
- 分　　布：四川、云南
- 濒危等级：LC

长戟橐吾
Ligularia longihastata Hand. -Mazz.
- 习　　性：多年生草本
- 海　　拔：3400～3800 m
- 分　　布：云南
- 濒危等级：LC

大齿橐吾
Ligularia macrodonta Y. Ling
- 习　　性：多年生草本
- 海　　拔：2600～4300 m
- 分　　布：甘肃、青海
- 濒危等级：LC

大叶橐吾
Ligularia macrophylla(Ledeb.) DC.
- 习　　性：多年生草本
- 海　　拔：700～2900 m
- 国内分布：新疆
- 国外分布：巴基斯坦、哈萨克斯坦、吉尔吉斯斯坦、塔吉克斯坦
- 濒危等级：LC

黑苞橐吾
Ligularia melanocephala(Franch.) Hand. -Mazz.
- 习　　性：多年生草本
- 海　　拔：3400～4000 m
- 分　　布：四川、云南
- 濒危等级：DD

黑穗橐吾
Ligularia melanothyrsa Hand. -Mazz.
- 习　　性：多年生草本
- 海　　拔：3200～4300 m
- 分　　布：四川
- 濒危等级：DD

心叶橐吾
Ligularia microcardia Hand. -Mazz.
- 习　　性：多年生草本
- 海　　拔：3300～4000 m
- 分　　布：四川
- 濒危等级：DD

小头橐吾
Ligularia microcephala(Hand. -Mazz.) Hand. -Mazz.
- 习　　性：多年生草本
- 海　　拔：3700～4800 m
- 分　　布：云南
- 濒危等级：LC

全缘橐吾
Ligularia mongolica(Turcz.) DC.
- 习　　性：多年生草本
- 海　　拔：1500 m以下
- 国内分布：河北、黑龙江、内蒙古
- 国外分布：朝鲜半岛、俄罗斯、蒙古
- 濒危等级：LC

木里橐吾
Ligularia muliensis Hand. -Mazz.
  习 性：多年生草本
  海 拔：3800~4200 m
  分 布：四川、云南
  濒危等级：LC

千花橐吾
Ligularia myriocephala Y. Ling ex S. W. Liu
  习 性：多年生草本
  海 拔：2600~4300 m
  分 布：西藏
  濒危等级：LC

南川橐吾
Ligularia nanchuanica S. W. Liu
  习 性：多年生草本
  海 拔：1300~2000 m
  分 布：重庆
  濒危等级：LC

山地橐吾
Ligularia narynensis (C. Winkl.) O. Fedtsch. et B. Fedtsch.
  习 性：多年生草本
  海 拔：600~3200 m
  国内分布：新疆
  国外分布：哈萨克斯坦、吉尔吉斯斯坦
  濒危等级：LC

莲叶橐吾
Ligularia nelumbifolia (Bureau et Franch.) Hand. -Mazz.
  习 性：多年生草本
  海 拔：2400~3900 m
  分 布：甘肃、湖北、四川、云南
  濒危等级：DD

林芝橐吾
Ligularia nyingchiensis S. W. Liu
  习 性：多年生草本
  海 拔：约4400 m
  分 布：西藏、云南
  濒危等级：LC

马蹄叶橐吾
Ligularia odontomanes Hand. -Mazz.
  习 性：多年生草本
  海 拔：2500~2800 m
  分 布：四川
  濒危等级：LC

疏舌橐吾
Ligularia oligonema Hand. -Mazz.
  习 性：多年生草本
  海 拔：3000~4000 m
  分 布：四川、云南
  濒危等级：LC

奇异橐吾
Ligularia paradoxa Hand. -Mazz.
  习 性：多年生草本
  海 拔：3400~4500 m
  分 布：云南
  濒危等级：LC

小叶橐吾
Ligularia parvifolia C. C. Chang
  习 性：多年生草本
  海 拔：1900~2300 m
  分 布：云南
  濒危等级：EX

裸柱橐吾
Ligularia petiolaris Hand. -Mazz.
  习 性：多年生草本
  海 拔：约3600 m
  分 布：西藏
  濒危等级：DD

紫缨橐吾
Ligularia phaenicochaeta (Franch.) S. W. Liu
  习 性：多年生草本
  海 拔：3200~4200 m
  分 布：西藏、云南
  濒危等级：LC

叶状鞘橐吾
Ligularia phyllocolea Hand. -Mazz.
  习 性：多年生草本
  海 拔：2100~3400 m
  分 布：云南
  国外分布：缅甸
  濒危等级：LC

宽舌橐吾
Ligularia platyglossa (Franch.) Hand. -Mazz.
  习 性：多年生草本
  海 拔：1200~3800 m
  分 布：云南
  濒危等级：LC

侧茎橐吾
Ligularia pleurocaulis (Franch.) Hand. -Mazz.
  习 性：多年生草本
  海 拔：3000~4700 m
  分 布：四川、西藏、云南
  濒危等级：LC

浅齿橐吾
Ligularia potaninii (C. Winkl.) Y. Ling
  习 性：多年生草本
  海 拔：约4000 m
  分 布：甘肃、四川
  濒危等级：LC

掌叶橐吾
Ligularia przewalskii (Maxim.) Diels
  习 性：多年生草本
  海 拔：1100~3700 m

分　　布：甘肃、河南、内蒙古、宁夏、青海、山西、陕西、四川
濒危等级：LC

宽翅橐吾
Ligularia pterodonta C. C. Chang
习　　性：多年生草本
海　　拔：约4000 m
分　　布：西藏
濒危等级：LC

毛叶橐吾
Ligularia pubifolia S. W. Liu
习　　性：多年生草本
海　　拔：约3600 m
分　　布：西藏
濒危等级：LC

褐毛橐吾
Ligularia purdomii（Turrill）Chitt.
习　　性：多年生草本
海　　拔：3700~4100 m
分　　布：甘肃、青海、四川
濒危等级：LC

梨叶橐吾
Ligularia pyrifolia S. W. Liu
习　　性：多年生草本
海　　拔：1600~2500 m
分　　布：云南
濒危等级：VU D2

巧家橐吾
Ligularia qiaojiaensis Y. S. Chen et H. J. Dong
习　　性：多年生草本
海　　拔：2700~3400 m
分　　布：云南
濒危等级：DD

黑毛橐吾
Ligularia retusa DC.
习　　性：多年生草本
海　　拔：3800~4500 m
国内分布：西藏、云南
国外分布：不丹、尼泊尔、印度
濒危等级：LC

独舌橐吾
Ligularia rockiana Hand. -Mazz.
习　　性：多年生草本
海　　拔：3400~3900 m
分　　布：云南
濒危等级：LC

节毛橐吾
Ligularia ruficoma（Franch.）Hand. -Mazz.
习　　性：多年生草本
海　　拔：3500~4200 m
分　　布：云南
濒危等级：LC

藏橐吾
Ligularia rumicifolia（J. R. Drumm.）S. W. Liu
习　　性：多年生草本
海　　拔：3700~4500 m
国内分布：四川、西藏
国外分布：尼泊尔
濒危等级：LC

黑龙江橐吾
Ligularia sachalinensis Nakai
习　　性：多年生草本
海　　拔：1200 m 以下
国内分布：黑龙江
国外分布：俄罗斯
濒危等级：DD

箭叶橐吾
Ligularia sagitta（Maxim.）Mattf. ex Rehder et Kobuski
习　　性：多年生草本
海　　拔：1300~4000 m
国内分布：甘肃、河北、黑龙江、内蒙古、宁夏、青海、山西、陕西、四川、西藏、云南
国外分布：蒙古
濒危等级：LC

高山橐吾
Ligularia schischkinii N. I. Rubtzov
习　　性：多年生草本
海　　拔：2300~3200 m
国内分布：新疆
国外分布：哈萨克斯坦
濒危等级：LC

合苞橐吾
Ligularia schmidtii（Maxim.）Makino
习　　性：多年生草本
海　　拔：100~1500 m
国内分布：黑龙江
国外分布：朝鲜半岛、俄罗斯
濒危等级：DD

橐吾
Ligularia sibirica（L.）Cass.
习　　性：多年生草本
海　　拔：2200 m 以下
国内分布：黑龙江、吉林、内蒙古
国外分布：俄罗斯、蒙古
濒危等级：LC

准噶尔橐吾
Ligularia songarica（Fisch.）Y. Ling
习　　性：多年生草本
海　　拔：500~1100 m
国内分布：新疆
国外分布：哈萨克斯坦、吉尔吉斯斯坦
濒危等级：LC

窄头橐吾
Ligularia stenocephala（Maxim.）Matsum. et Koidz.

窄头橐吾（原变种）
Ligularia stenocephala var. **stenocephala**
习　　性：多年生草本
海　　拔：900~3300 m
国内分布：安徽、福建、广东、广西、河北、河南、湖北、江苏、江西、山东、山西、四川、台湾、西藏、云南、浙江
国外分布：日本
濒危等级：LC

糙叶窄头橐吾
Ligularia stenocephala var. **scabrida** Koidz.
习　　性：多年生草本
海　　拔：2000~3300 m
国内分布：广西、四川、云南
国外分布：日本
濒危等级：DD

裂舌橐吾
Ligularia stenoglossa(Franch.) Hand.-Mazz.
习　　性：多年生草本
海　　拔：2100~4000 m
分　　布：云南
濒危等级：LC

穗序橐吾
Ligularia subspicata(Bureau et Franch.) Hand.-Mazz.
习　　性：多年生草本
海　　拔：2800~5300 m
分　　布：四川、云南
濒危等级：LC

唐古特橐吾
Ligularia tangutorum Pojark.
习　　性：多年生草本
海　　拔：2700~4000 m
分　　布：甘肃、青海、四川
濒危等级：LC

纤细橐吾
Ligularia tenuicaulis C. C. Chang
习　　性：多年生草本
海　　拔：3200~4500 m
分　　布：云南
濒危等级：LC

蔟梗橐吾
Ligularia tenuipes(Franch.) Diels
习　　性：多年生草本
海　　拔：2200~3200 m
分　　布：贵州、湖北、陕西、四川
濒危等级：LC

西域橐吾
Ligularia thomsonii(C. B. Clarke) Pojark.
习　　性：多年生草本
海　　拔：1500~3800 m
国内分布：新疆
国外分布：阿富汗、巴基斯坦、哈萨克斯坦、吉尔吉斯斯坦、尼泊尔、塔吉克斯坦、乌兹别克斯坦
濒危等级：LC

塔序橐吾
Ligularia thyrsoidea(Ledeb.) DC.
习　　性：多年生草本
海　　拔：500~2000 m
国内分布：新疆
国外分布：俄罗斯、哈萨克斯坦、吉尔吉斯斯坦、蒙古
濒危等级：LC

天山橐吾
Ligularia tianschanica Chang Y. Yang et S. L. Keng
习　　性：多年生草本
海　　拔：2400~2700 m
分　　布：新疆
濒危等级：LC

东久橐吾
Ligularia tongkyukensis Hand.-Mazz.
习　　性：多年生草本
海　　拔：3400~4000 m
分　　布：西藏
濒危等级：DD

东俄洛橐吾
Ligularia tongolensis(Franch.) Hand.-Mazz.
习　　性：多年生草本
海　　拔：2100~4000 m
分　　布：四川、西藏、云南
濒危等级：LC

横叶橐吾
Ligularia transversifolia Hand.-Mazz.
习　　性：多年生草本
海　　拔：3400~4500 m
分　　布：云南
濒危等级：LC

苍山橐吾
Ligularia tsangchanensis(Franch.) Hand.-Mazz.
习　　性：多年生草本
海　　拔：2800~4100 m
分　　布：四川、西藏、云南
濒危等级：LC

土鲁番橐吾
Ligularia tulupanica C. H. An
习　　性：多年生草本
分　　布：新疆
濒危等级：LC

离舌橐吾
Ligularia veitchiana(Hemsl.) Greenm.
习　　性：多年生草本
海　　拔：1100~3300 m
分　　布：甘肃、贵州、河南、湖北、陕西、四川、云南
濒危等级：LC

棉毛橐吾
Ligularia vellerea(Franch.) Hand.-Mazz.

习　　性：多年生草本
海　　拔：2100~4600 m
分　　布：云南
濒危等级：LC

黄帚橐吾
Ligularia virgaurea(Maxim.) Mattf. ex Rehder et Kobuski

黄帚橐吾（原变种）
Ligularia virgaurea var. **virgaurea**
习　　性：多年生草本
海　　拔：2400~4700 m
国内分布：甘肃、青海、四川、西藏、云南
国外分布：不丹、尼泊尔、印度
濒危等级：LC

疏序黄帚橐吾
Ligularia virgaurea var. **oligocephala**(R. D. Good)S. W. Liu
习　　性：多年生草本
海　　拔：3200~4500 m
分　　布：甘肃、青海
濒危等级：LC

毛黄帚橐吾
Ligularia virgaurea var. **pilosa** S. W. Liu et T. N. Ho
习　　性：多年生草本
海　　拔：3800~4500 m
分　　布：四川、西藏
濒危等级：DD

川鄂橐吾
Ligularia wilsoniana(Hemsl.)Greenm.
习　　性：多年生草本
海　　拔：1600~2100 m
分　　布：湖北、四川
濒危等级：LC

黄毛橐吾
Ligularia xanthotricha(Grüning) Y. Ling
习　　性：多年生草本
海　　拔：1700~3500 m
分　　布：甘肃、河北、山西
濒危等级：LC

新疆橐吾
Ligularia xinjiangensis Chang Y. Yang et S. L. Keng
习　　性：多年生草本
海　　拔：2400~2800 m
分　　布：新疆
濒危等级：LC

云南橐吾
Ligularia yunnanensis(Franch.)C. C. Chang
习　　性：多年生草本
海　　拔：3100~4000 m
分　　布：云南
濒危等级：LC

征镒橐吾
Ligularia zhengyiana Xin W. Li , Q. Luo et Q. L. Gan
习　　性：多年生草本
海　　拔：约950 m
分　　布：湖北
濒危等级：NT

舟曲橐吾
Ligularia zhouquensis W. D. Peng et Z. X. Peng
习　　性：多年生草本
海　　拔：2800~3600 m
分　　布：甘肃
濒危等级：DD

假橐吾属 Ligulariopsis Y. L. Chen

假橐吾
Ligulariopsis shichuana Y. L. Chen
习　　性：多年生草本
海　　拔：1500~2100 m
分　　布：甘肃、陕西
濒危等级：DD

母菊属 Matricaria L.

同花母菊
Matricaria matricarioides(Less.)Porter ex Britton
习　　性：一年生草本
海　　拔：400~700 m
国内分布：吉林、辽宁、内蒙古
国外分布：朝鲜半岛、不丹、俄罗斯、哈萨克斯坦、日本
濒危等级：LC

母菊
Matricaria recutita L.
习　　性：一年生草本
海　　拔：1800~3300 m
国内分布：安徽、河北、江苏、辽宁、山东、陕西、四川、新疆
国外分布：俄罗斯、哈萨克斯坦、蒙古、乌兹别克斯坦
濒危等级：LC
资源利用：药用（中草药）

毛鳞菊属 Melanoseris Decaisne

大花毛鳞菊
Melanoseris atropurpurea(Franch.)N. Kilian et Ze H. Wang
习　　性：多年生草本
海　　拔：2800~4000 m
国内分布：四川、西藏、云南
国外分布：缅甸
濒危等级：DD

东川毛鳞菊
Melanoseris bonatii(Beauverd)Ze H. Wang
习　　性：多年生草本
海　　拔：约2000 m
分　　布：云南
濒危等级：LC

苞叶毛鳞菊
Melanoseris bracteata(Hook. f. et Thomson ex C. B. Clarke) N. Kilian
习　　性：多年生草本

海　　拔：800～3000 m
国内分布：西藏
国外分布：不丹、尼泊尔、印度
濒危等级：LC

景东毛鳞菊
Melanoseris ciliata(C. Shih)N. Kilian
习　　性：多年生草本
海　　拔：2800～2900 m
分　　布：云南
濒危等级：DD

蓝花毛鳞菊
Melanoseris cyanea(D. Don)Edgew.
习　　性：多年生草本
海　　拔：1500～3100 m
国内分布：重庆、贵州、四川、西藏、云南
国外分布：不丹、缅甸、尼泊尔、印度
濒危等级：LC

长叶毛鳞菊
Melanoseris dolichophylla(C. Shih)Ze H. Wang
习　　性：多年生草本
海　　拔：3200 m
分　　布：云南
濒危等级：LC

细莴苣
Melanoseris graciliflora(DC.)N. Kilian
习　　性：多年生草本
海　　拔：2800～3500 m
国内分布：贵州、四川、西藏、云南
国外分布：不丹、缅甸、尼泊尔、印度
濒危等级：LC

普洱毛鳞菊
Melanoseris henryi(Dunn)N. Kilian
习　　性：多年生草本
海　　拔：1500 m
分　　布：云南
濒危等级：DD

鹤庆毛鳞菊
Melanoseris hirsuta(C. Shih)N. Kilian
习　　性：多年生草本
海　　拔：1700～3300 m
分　　布：四川、云南
濒危等级：DD

光苞毛鳞菊
Melanoseris leiolepis(C. Shih)N. Kilian et J. W. Zhang
习　　性：多年生草本
海　　拔：约2500 m
分　　布：云南
濒危等级：DD

景东细莴苣
Melanoseris leptantha(C. Shih)N. Kilian
习　　性：多年生草本
海　　拔：2500～3200 m
分　　布：四川、云南
濒危等级：DD

丽江毛鳞菊
Melanoseris likiangensis(Franch.)N. Kilian et Ze H. Wang
习　　性：多年生草本
海　　拔：1900～3100 m
分　　布：云南
濒危等级：LC

缘毛毛鳞菊
Melanoseris macrantha(C. B. Clarke)N. Kilian et J. W. Zhang
习　　性：多年生草本
海　　拔：3200～4100 m
国内分布：西藏
国外分布：不丹、尼泊尔、印度
濒危等级：LC

大头毛鳞菊
Melanoseris macrocephala(C. Shih)N. Kilian et J. W. Zhang
习　　性：多年生草本
海　　拔：2000～3500 m
分　　布：西藏
濒危等级：VU D2

头嘴菊
Melanoseris macrorhiza(Royle)N. Kilian
习　　性：多年生草本
海　　拔：2700～4000 m
国内分布：西藏、云南
国外分布：阿富汗、巴基斯坦、不丹、缅甸、尼泊尔、印度
濒危等级：LC

单头毛鳞菊
Melanoseris monocephala(C. C. Chang)Ze H. Wang
习　　性：多年生草本
分　　布：云南
濒危等级：DD

栉齿毛鳞菊
Melanoseris pectiniformis(C. Shih)N. Kilian et J. W. Zhang
习　　性：多年生草本
海　　拔：约3200 m
分　　布：西藏
濒危等级：DD

青海毛鳞菊
Melanoseris qinghaica(S. W. Liu et T. N. Ho)N. Kilian et Ze H. Wang
习　　性：多年生草本
国内分布：青海、西藏、云南
国外分布：巴基斯坦、不丹、尼泊尔、印度
濒危等级：LC

菱裂毛鳞菊
Melanoseris rhombiformis(C. Shih)N. Kilian et Ze H. Wang
习　　性：多年生草本
海　　拔：约2500 m
分　　布：云南

濒危等级：DD

全叶细莴苣
Melanoseris tenuis (C. Shih) N. Kilian
- 习　　性：多年生草本
- 海　　拔：2400~3100 m
- 分　　布：西藏、云南
- 濒危等级：LC

西藏毛鳞菊
Melanoseris violifolia (Decne.) N. Kilian
- 习　　性：多年生草本
- 海　　拔：3000~3700 m
- 国内分布：西藏
- 国外分布：不丹、尼泊尔、印度
- 濒危等级：DD

云南毛鳞菊
Melanoseris yunnanensis (C. Shih) N. Kilian et Ze H. Wang
- 习　　性：多年生草本
- 海　　拔：700~3400 m
- 分　　布：四川、云南
- 濒危等级：LC

卤地菊属 Melanthera Rohrb.

卤地菊
Melanthera prostrata (Hemsl.) W. L. Wagner et H. Rob.
- 习　　性：多年生草本
- 国内分布：广东、台湾
- 国外分布：朝鲜半岛、日本、泰国、越南
- 濒危等级：DD

小花菊属 Microcephala Pobed.

近球状小花菊
Microcephala subglobosa (Krasch.) Pobed.
- 习　　性：一年生草本
- 国内分布：新疆
- 国外分布：哈萨克斯坦、吉尔吉斯斯坦、土库曼斯坦
- 濒危等级：DD

小舌菊属 Microglossa DC.

小舌菊
Microglossa pyrifolia (Lam.) Kuntze
- 习　　性：亚灌木
- 海　　拔：海平面至1800 m
- 国内分布：广东、广西、贵州、海南、台湾、云南
- 国外分布：不丹、菲律宾、柬埔寨、老挝、马来西亚、孟加拉国、缅甸、泰国、印度、印度尼西亚、越南
- 濒危等级：LC

假泽兰属 Mikania Willd.

假泽兰
Mikania cordata (N. L. Burman) B. L. Rob.
- 习　　性：多年生草本
- 海　　拔：100~1700 m
- 国内分布：海南、台湾、云南
- 国外分布：巴布亚新几内亚、菲律宾、柬埔寨、老挝、加里曼丹岛、泰国、印度尼西亚、越南
- 濒危等级：LC

微甘菊
Mikania micrantha Kunth
- 习　　性：藤本
- 国内分布：我国南部归化
- 国外分布：原产墨西哥

黏冠草属 Myriactis Less.

羽裂黏冠草
Myriactis delavayi Gagnep.
- 习　　性：多年生草本
- 海　　拔：2700~3000 m
- 国内分布：四川、云南
- 国外分布：越南
- 濒危等级：LC

台湾黏冠草
Myriactis humilis Merr.
- 习　　性：多年生草本
- 海　　拔：1700~3000 m
- 分　　布：台湾
- 濒危等级：LC

圆舌黏冠草
Myriactis nepalensis Less.
- 习　　性：多年生草本
- 海　　拔：700~3700 m
- 国内分布：广东、广西、贵州、湖北、湖南、江西、四川、西藏、云南
- 国外分布：巴基斯坦、不丹、缅甸、尼泊尔、印度、越南
- 濒危等级：LC

狐狸草
Myriactis wallichii Less.
- 习　　性：一年生草本
- 海　　拔：2600~3600 m
- 国内分布：贵州、湖南、四川、西藏、云南
- 国外分布：阿富汗、巴基斯坦、不丹、缅甸、尼泊尔、泰国、印度、印度尼西亚、越南
- 濒危等级：LC

黏冠草
Myriactis wightii DC.
- 习　　性：一年生草本
- 海　　拔：1900~3600 m
- 国内分布：贵州、四川、西藏、云南
- 国外分布：尼泊尔、斯里兰卡、印度、印度尼西亚、越南
- 濒危等级：LC

蚂蚱腿子属 Myripnois Bunge

蚂蚱腿子
Myripnois dioica Bunge
- 习　　性：落叶小灌木

海　　拔：100～600 m
分　　布：河北、河南、湖北、辽宁、内蒙古、山西、陕西
濒危等级：LC

耳菊属 Nabalus Cass.

耳菊
Nabalus ochroleucus Maxim.
　　习　　性：多年生草本
　　海　　拔：100～200 m
　　国内分布：吉林
　　国外分布：朝鲜半岛、俄罗斯
　　濒危等级：DD

盘果菊
Nabalus tatarinowii(Maxim.) Nakai

盘果菊（原亚种）
Nabalus tatarinowii subsp. **tatarinowii**
　　习　　性：多年生草本
　　海　　拔：500～3000 m
　　国内分布：甘肃、河北、河南、黑龙江、湖北、吉林、辽宁、内蒙古、宁夏、山东、山西、陕西、四川、云南
　　国外分布：朝鲜半岛、俄罗斯
　　濒危等级：LC

多裂耳菊
Nabalus tatarinowii subsp. **macrantha**(Stebbins) N. Kilian
　　习　　性：多年生草本
　　海　　拔：1100～2700 m
　　分　　布：甘肃、河北、河南、山西、陕西、四川
　　濒危等级：LC

毛冠菊属 Nannoglottis Maxim.

毛冠菊
Nannoglottis carpesioides Maxim.
　　习　　性：多年生草本
　　海　　拔：2000～3400 m
　　分　　布：甘肃、青海、陕西、云南
　　濒危等级：DD

厚毛毛冠菊
Nannoglottis delavayi(Franch.) Y. Ling et Y. L. Chen
　　习　　性：多年生草本
　　海　　拔：2600～3600 m
　　分　　布：四川、云南
　　濒危等级：LC

狭舌毛冠菊
Nannoglottis gynura(C. Winkl.) Y. Ling et Y. L. Chen
　　习　　性：多年生草本
　　海　　拔：3400～4000 m
　　国内分布：青海、四川、西藏、云南
　　国外分布：尼泊尔
　　濒危等级：LC

玉龙毛冠菊
Nannoglottis hieraciophylla(Hand.-Mazz.) Y. Ling et Y. L. Chen
　　习　　性：多年生草本
　　海　　拔：3400～3800 m
　　分　　布：云南
　　濒危等级：DD

虎克毛冠菊
Nannoglottis hookeri(C. B. Clarke ex Hook. f.) Kitam.
　　习　　性：多年生草本
　　海　　拔：3400～4100 m
　　国内分布：西藏
　　国外分布：不丹、尼泊尔、印度
　　濒危等级：LC

宽苞毛冠菊
Nannoglottis latisquama Y. Ling et Y. L. Chen
　　习　　性：多年生草本
　　海　　拔：3200～3900 m
　　分　　布：四川、云南
　　濒危等级：LC

大果毛冠菊
Nannoglottis macrocarpa Y. Ling et Y. L. Chen
　　习　　性：多年生草本
　　海　　拔：3500～3700 m
　　国内分布：西藏
　　国外分布：尼泊尔
　　濒危等级：DD

青海毛冠菊
Nannoglottis ravida(C. Winkl.) Y. Ling et Y. L. Chen
　　习　　性：亚灌木
　　海　　拔：3700～4100 m
　　分　　布：青海、西藏
　　濒危等级：DD

云南毛冠菊
Nannoglottis yunnanensis(Hand.-Mazz.) Hand.-Mazz.
　　习　　性：多年生草本
　　海　　拔：2900～4000 m
　　分　　布：四川、云南
　　濒危等级：LC

羽叶菊属 Nemosenecio(Kitam.) B. Nordenstam

裸果羽叶菊
Nemosenecio concinnus(Franch.) C. Jeffrey et Y. L. Chen
　　习　　性：二年生或多年生草本
　　海　　拔：约1900 m
　　分　　布：重庆
　　濒危等级：DD

台湾刘寄奴
Nemosenecio formosanus(Kitam.) B. Nord.
　　习　　性：二年生草本
　　海　　拔：2300～2900 m
　　分　　布：台湾
　　濒危等级：VU D1

刻裂羽叶菊
Nemosenecio incisifolius(Jeffrey) B. Nord.
　　习　　性：二年生或多年生草本

海　　拔：2200~2800 m
分　　布：云南
濒危等级：LC

茄状羽叶菊
Nemosenecio solenoides(Dunn) B. Nord.
习　　性：二年生或多年生草本
海　　拔：约1800 m
分　　布：云南
濒危等级：NT D2

滇羽叶菊
Nemosenecio yunnanensis B. Nord.
习　　性：二年生或多年生草本
海　　拔：1700~2800 m
分　　布：贵州、云南
濒危等级：LC

短星菊属 Neobrachyactis Brouillet

香短星菊
Neobrachyactis anomala(DC.) Brouillet
习　　性：多年生草本
海　　拔：3300~4000 m
国内分布：西藏
国外分布：不丹、尼泊尔、印度
濒危等级：DD

腺毛短星菊
Neobrachyactis pubescens(DC.) Brouillet
习　　性：一年生草本
海　　拔：约5200 m
国内分布：西藏
国外分布：阿富汗、巴基斯坦、尼泊尔、印度
濒危等级：LC

西疆短星菊
Neobrachyactis roylei(DC.) Brouille
习　　性：一年生草本
海　　拔：1800~4300 m
国内分布：西藏、新疆
国外分布：阿富汗、巴基斯坦、俄罗斯、哈萨克斯坦、尼泊尔、乌兹别克斯坦、印度
濒危等级：LC

栉叶蒿属 Neopallasia Poljakov

栉叶蒿
Neopallasia pectinata(Pall.) Poljakov
习　　性：一年生或多年生草本
海　　拔：1300~3400 m
国内分布：甘肃、河北、黑龙江、吉林、辽宁、内蒙古、宁夏、青海、山西、四川、西藏、新疆
国外分布：俄罗斯、哈萨克斯坦、蒙古
濒危等级：LC

紫菊属 Notoseris C. Shih

多裂紫菊
Notoseris henryi(Dunn) C. Shih
习　　性：多年生草本
海　　拔：1300~2200 m
分　　布：重庆、贵州、湖北、湖南、四川、云南
濒危等级：LC

光苞紫菊
Notoseris macilenta(Vaniot et H. Lév.) N. Kilian
习　　性：多年生草本
海　　拔：800~2300 m
分　　布：重庆、广西、贵州、湖北、湖南、江西、云南
濒危等级：LC

藤本紫菊
Notoseris scandens(Hook. f.) N. Kilian
习　　性：多年生草本
海　　拔：900~2000 m
国内分布：西藏、云南
国外分布：印度
濒危等级：DD

三花紫菊
Notoseris triflora(Hemsl.) C. Shih
习　　性：多年生草本
海　　拔：1400~3000 m
分　　布：重庆、四川、云南
濒危等级：DD

垭口紫菊
Notoseris yakoensis(Jeffrey) N. Kilian
习　　性：多年生攀援藤本
海　　拔：1300~2800 m
国内分布：云南
国外分布：缅甸
濒危等级：DD

栌菊木属 Nouelia Franch.

栌菊木
Nouelia insignis Franch.
习　　性：灌木或小乔木
海　　拔：1000~2900 m
分　　布：四川、云南
濒危等级：NT A2ac；B1ab（i, iii）

蝟菊属 Olgaea Iljin

九眼菊
Olgaea laniceps(C. Winkl.) Iljin
习　　性：多年生草本
海　　拔：1800~2100 m
国内分布：新疆
国外分布：哈萨克斯坦
濒危等级：DD

火媒草
Olgaea leucophylla(Turcz.) Iljin
习　　性：多年生草本
海　　拔：700~1800 m
国内分布：甘肃、河北、河南、黑龙江、吉林、内蒙古、宁夏、山西、陕西
国外分布：蒙古

濒危等级：LC

蝟菊
Olgaea lomonossowii (Trautv.) Iljin
- 习　　性：多年生草本
- 海　　拔：800～2300 m
- 国内分布：甘肃、河北、吉林、内蒙古、宁夏、山西、陕西
- 国外分布：蒙古
- 濒危等级：LC

新疆蝟菊
Olgaea pectinata Iljin
- 习　　性：多年生草本
- 海　　拔：约 2900 m
- 国内分布：新疆
- 国外分布：哈萨克斯坦
- 濒危等级：DD

假九眼菊
Olgaea roborowskyi Iljin
- 习　　性：多年生草本
- 海　　拔：2700～2800 m
- 分　　布：新疆
- 濒危等级：LC

刺疙瘩
Olgaea tangutica Iljin
- 习　　性：多年生草本
- 海　　拔：1200～2000 m
- 分　　布：甘肃、河北、内蒙古、宁夏、青海、山西、陕西
- 濒危等级：LC

寡毛菊属 Oligochaeta K. Koch

寡毛菊
Oligochaeta minima (Boiss.) Briq.
- 习　　性：一年生草本
- 国内分布：新疆
- 国外分布：阿富汗、巴基斯坦、土库曼斯坦、乌兹别克斯坦
- 濒危等级：DD

大翅蓟属 Onopordum L.

大翅蓟
Onopordum acanthium L.
- 习　　性：二年生草本
- 海　　拔：400～1200 m
- 国内分布：新疆
- 国外分布：阿富汗、巴基斯坦、俄罗斯、哈萨克斯坦、吉尔吉斯斯坦、塔吉克斯坦、土库曼斯坦、乌兹别克斯坦
- 濒危等级：LC

羽冠大翅蓟
Onopordum leptolepis DC.
- 习　　性：二年生草本
- 国内分布：新疆
- 国外分布：哈萨克斯坦
- 濒危等级：LC

太行菊属 Opisthopappus C. Shih

太行菊
Opisthopappus taihangensis (Y. Ling) C. Shih
- 习　　性：多年生草本
- 海　　拔：800～1200 m
- 分　　布：河北、河南、山西
- 濒危等级：VU A2ac+3cd；B1ab（i, iii）

假福王草属 Paraprenanthes C. C. Chang ex C. Shih

林生假福王草
Paraprenanthes diversifolia (Vaniot) N. Kilian
- 习　　性：一年生草本
- 海　　拔：500～2500 m
- 国内分布：重庆、福建、广东、广西、贵州、湖北、湖南、江苏、江西、陕西、四川、云南、浙江
- 濒危等级：LC

黑花假福王草
Paraprenanthes melanantha (Franch.) Ze H. Wang
- 习　　性：多年生草本
- 分　　布：重庆、广东、广西、贵州、湖北、湖南、四川、台湾、云南
- 濒危等级：LC

蕨叶假福王草
Paraprenanthes meridionalis (C. Shih) Sennikov
- 习　　性：一年生草本
- 海　　拔：800～2000 m
- 分　　布：广西、四川、云南
- 濒危等级：DD

大理假福王草
Paraprenanthes oligolepis (C. C. Chang ex C. Shih) Ze H. Wang
- 习　　性：多年生草本
- 分　　布：云南
- 濒危等级：DD

异叶假福王草
Paraprenanthes prenanthoides (Hemsl.) C. Shih
- 习　　性：多年生草本
- 海　　拔：500～1200 m
- 分　　布：广西、贵州、四川、云南
- 濒危等级：LC

假福王草
Paraprenanthes sororia (Miq.) C. Shih
- 习　　性：多年生草本
- 海　　拔：200～3200 m
- 国内分布：安徽、重庆、福建、广东、广西、湖北、湖南、江西、四川、台湾、云南、浙江
- 国外分布：日本、越南
- 濒危等级：LC

栉齿假福王草
Paraprenanthes triflora (C. C. Chang ex C. Shih) Ze H. Wang

菊科 ASTERACEAE

习　　性：多年生草本
分　　布：云南
濒危等级：DD

伞房假福王草
Paraprenanthes umbrosa（Dunn）Sennikov
习　　性：一年生草本
海　　拔：约 1200 m
分　　布：云南
濒危等级：DD

长叶假福王草
Paraprenanthes wilsonii Ze H. Wang
习　　性：多年生草本
海　　拔：1600 ~ 1700 m
分　　布：四川
濒危等级：LC

云南假福王草
Paraprenanthes yunnanensis（Franch.）C. Shih
习　　性：多年生草本
海　　拔：1500 ~ 2700 m
分　　布：云南
濒危等级：LC

蟹甲草属 Parasenecio W. W. Smith et J. Small

兔儿风蟹甲草
Parasenecio ainsliaeiflorus（Franch.）Y. L. Chen
习　　性：多年生草本
海　　拔：1500 ~ 2600 m
分　　布：贵州、湖北、湖南、四川
濒危等级：LC

无毛蟹甲草
Parasenecio albus Y. S. Chen
习　　性：多年生草本
海　　拔：800 ~ 2300 m
分　　布：重庆、福建、广西、贵州、湖北、湖南、江西
濒危等级：LC

两似蟹甲草
Parasenecio ambiguus（Y. Ling）Y. L. Chen

两似蟹甲草（原变种）
Parasenecio ambiguus var. **ambiguus**
习　　性：多年生草本
海　　拔：1200 ~ 2400 m
分　　布：河北、河南、山西、陕西
濒危等级：LC

王氏两似蟹甲草
Parasenecio ambiguus var. **wangianus**（Y. Ling）Y. L. Chen
习　　性：多年生草本
海　　拔：约 1700 m
分　　布：山西
濒危等级：DD

耳叶蟹甲草
Parasenecio auriculatus（DC.）J. R. Grant
习　　性：多年生草本

海　　拔：1400 ~ 1600 m
国内分布：黑龙江、吉林、内蒙古
国外分布：朝鲜半岛、俄罗斯、日本
濒危等级：LC

秋海棠叶蟹甲草
Parasenecio begoniifolius（Franch.）Y. L. Chen
习　　性：多年生草本
海　　拔：700 ~ 2200 m
分　　布：重庆、湖北、四川

珠芽蟹甲草
Parasenecio bulbiferoides（Hand.-Mazz.）Y. L. Chen
习　　性：多年生草本
海　　拔：1000 ~ 2200 m
分　　布：湖北、湖南、陕西
濒危等级：DD

藏南蟹甲草
Parasenecio chola（W. W. Smith）R. C. Srivast. et C. Jeffrey
习　　性：多年生草本
海　　拔：3300 ~ 3800 m
国内分布：西藏
国外分布：克什米尔地区、尼泊尔、印度
濒危等级：LC

轮叶蟹甲草
Parasenecio cyclotus（Bureau et Franch.）Y. L. Chen
习　　性：多年生草本
海　　拔：2200 ~ 3600 m
分　　布：四川
濒危等级：LC

山西蟹甲草
Parasenecio dasythyrsus（Hand.-Mazz.）Y. L. Chen
习　　性：多年生草本
海　　拔：700 ~ 1200 m
分　　布：甘肃、山西、陕西
濒危等级：LC

翠雀蟹甲草
Parasenecio delphiniifolius（Sieb. et Zucc.）H. Koyama
习　　性：多年生草本
海　　拔：1600 ~ 3200 m
国内分布：贵州、云南
国外分布：日本
濒危等级：LC

三角叶蟹甲草
Parasenecio deltophyllus（Maxim.）Y. L. Chen
习　　性：多年生草本
海　　拔：3100 ~ 4000 m
分　　布：甘肃、青海、四川
濒危等级：LC

湖北蟹甲草
Parasenecio dissectus Y. S. Chen
习　　性：多年生草本
分　　布：湖北
濒危等级：LC

大叶蟹甲草
Parasenecio firmus(Kom.)Y. L. Chen
习　　性：多年生草本
海　　拔：800～1100 m
国内分布：吉林
国外分布：朝鲜半岛
濒危等级：LC

蟹甲草
Parasenecio forrestii W. W. Smith et J. Small
习　　性：多年生草本
海　　拔：2300～3700 m
分　　布：四川、云南
濒危等级：LC

甘肃蟹甲草
Parasenecio gansuensis Y. L. Chen
习　　性：多年生草本
海　　拔：1300～2500 m
分　　布：甘肃、陕西
濒危等级：DD

山尖子
Parasenecio hastatus(L.)H. Koyama

山尖子（原变种）
Parasenecio hastatus var. **hastatus**
习　　性：多年生草本
海　　拔：1700～2300 m
国内分布：甘肃、河北、黑龙江、吉林、辽宁、内蒙古、宁夏、山西、陕西
国外分布：朝鲜半岛、俄罗斯、蒙古、日本
濒危等级：LC

无毛山尖子
Parasenecio hastatus var. **glaber**(Ledeb.)Y. L. Chen
习　　性：多年生草本
分　　布：河北、黑龙江、吉林、辽宁、内蒙古、宁夏、山西、陕西
濒危等级：LC

戟状蟹甲草
Parasenecio hastiformis Y. L. Chen
习　　性：多年生草本
海　　拔：约2400 m
分　　布：云南
濒危等级：LC

黄山蟹甲草
Parasenecio hwangshanicus(Y. Ling)C. I Peng et S. W. Chung
习　　性：多年生草本
海　　拔：1500～1800 m
分　　布：安徽、江西、台湾、浙江
濒危等级：LC

紫背蟹甲草
Parasenecio ianthophyllus(Franch.)Y. L. Chen
习　　性：多年生草本
海　　拔：1400～1600 m
分　　布：重庆、湖北
濒危等级：LC

九龙蟹甲草
Parasenecio jiulongensis Y. L. Chen
习　　性：多年生草本
海　　拔：约2700 m
分　　布：四川
濒危等级：DD

康县蟹甲草
Parasenecio kangxianensis(Z. Ying Zhang et Y. H. Gou)Y. L. Chen
习　　性：多年生草本
海　　拔：约1400 m
分　　布：甘肃
濒危等级：DD

星叶蟹甲草
Parasenecio komarovianus(Pojark.)Y. L. Chen
习　　性：多年生草本
海　　拔：800～2000 m
国内分布：吉林、辽宁
国外分布：朝鲜半岛、俄罗斯
濒危等级：LC

瓜拉坡蟹甲草
Parasenecio koualapensis(Franch.)Y. L. Chen
习　　性：多年生草本
海　　拔：2800～3200 m
分　　布：云南
濒危等级：NT D2

披针叶蟹甲草
Parasenecio lancifolius(Franch.)Y. L. Chen
习　　性：多年生草本
海　　拔：1300～2100 m
分　　布：重庆、湖北、四川
濒危等级：LC

阔柄蟹甲草
Parasenecio latipes(Franch.)Y. L. Chen
习　　性：多年生草本
海　　拔：3200～4100 m
分　　布：四川、云南
濒危等级：LC

白头蟹甲草
Parasenecio leucocephalus(Franch.)Y. L. Chen
习　　性：多年生草本
海　　拔：1200～3000 m
分　　布：重庆、湖北
濒危等级：DD

丽江蟹甲草
Parasenecio lidjiangensis(Hand.-Mazz.)Y. L. Chen
习　　性：多年生草本
海　　拔：3400～3500 m
分　　布：云南
濒危等级：LC

长穗蟹甲草
Parasenecio longispicus(Hand. -Mazz.) Y. L. Chen
- 习　　性：多年生草本
- 海　　拔：2000~3100 m
- 分　　布：四川
- 濒危等级：LC

茂汶蟹甲草
Parasenecio maowenensis Y. L. Chen
- 习　　性：多年生草本
- 海　　拔：约2800 m
- 分　　布：四川
- 濒危等级：LC

天目山蟹甲草
Parasenecio matsudae(Kitam.) Y. L. Chen
- 习　　性：多年生草本
- 海　　拔：约1000 m
- 分　　布：安徽、浙江
- 濒危等级：DD

玉山蟹甲草
Parasenecio morrisonensis Ying Liu, C. I Peng et Q. E. Yang
- 习　　性：多年生草本
- 海　　拔：约3000 m
- 分　　布：台湾
- 濒危等级：LC

能高蟹甲草
Parasenecio nokoensis (Masam. et Suzuki) C. I Peng et S. W. Chung
- 习　　性：多年生草本
- 海　　拔：约2900 m
- 分　　布：台湾
- 濒危等级：EN B2ab（ii）

耳翼蟹甲草
Parasenecio otopteryx(Hand. -Mazz.) Y. L. Chen
- 习　　性：多年生草本
- 海　　拔：1400~2800 m
- 分　　布：河南、湖北、陕西、四川
- 濒危等级：LC

掌裂蟹甲草
Parasenecio palmatisectus(Jeffrey) Y. L. Chen

掌裂蟹甲草（原变种）
Parasenecio palmatisectus var. **palmatisectus**
- 习　　性：多年生草本
- 海　　拔：2600~3800 m
- 分　　布：四川、西藏、云南
- 濒危等级：LC

腺毛掌裂蟹甲草
Parasenecio palmatisectus var. **moupinensis**(Franch.) Y. L. Chen
- 习　　性：多年生草本
- 海　　拔：2400~2900 m
- 国内分布：四川、西藏
- 国外分布：不丹
- 濒危等级：LC

蜂斗菜状蟹甲草
Parasenecio petasitoides(H. Lév.) Y. L. Chen
- 习　　性：多年生草本
- 海　　拔：1700~2200 m
- 分　　布：贵州、四川
- 濒危等级：DD

苞鳞蟹甲草
Parasenecio phyllolepis(Franch.) Y. L. Chen
- 习　　性：多年生草本
- 海　　拔：1000~2500 m
- 分　　布：重庆、湖北、四川
- 濒危等级：DD

太白蟹甲草
Parasenecio pilgerianus(Diels) Y. L. Chen
- 习　　性：多年生草本
- 海　　拔：1200~2500 m
- 分　　布：甘肃、青海、陕西
- 濒危等级：LC

长白蟹甲草
Parasenecio praetermissus(Pojark.) Y. L. Chen
- 习　　性：多年生草本
- 海　　拔：900~1400 m
- 国内分布：黑龙江、吉林
- 国外分布：朝鲜半岛、俄罗斯
- 濒危等级：DD

深山蟹甲草
Parasenecio profundorum(Dunn) Y. L. Chen
- 习　　性：多年生草本
- 海　　拔：1000~2100 m
- 分　　布：重庆、湖北、四川
- 濒危等级：LC

五裂蟹甲草
Parasenecio quinquelobus(Wall. ex DC.) Y. L. Chen

五裂蟹甲草（原变种）
Parasenecio quinquelobus var. **quinquelobus**
- 习　　性：多年生草本
- 海　　拔：2800~4100 m
- 国内分布：四川、西藏、云南
- 国外分布：不丹、缅甸、尼泊尔、印度
- 濒危等级：LC

深裂五裂蟹甲草
Parasenecio quinquelobus var. **sinuatus**(H. Koyama) Y. L. Chen
- 习　　性：多年生草本
- 海　　拔：3000~3600 m
- 国内分布：西藏
- 国外分布：不丹
- 濒危等级：LC

蛛毛蟹甲草
Parasenecio roborowskii(Maxim.) Y. L. Chen
- 习　　性：多年生草本

海　　拔：1700～3400 m
分　　布：甘肃、青海、陕西、四川、云南
濒危等级：LC

玉龙蟹甲草
Parasenecio rockianus(Hand.-Mazz.) Y. L. Chen
习　　性：多年生草本
海　　拔：约 2400 m
分　　布：云南
濒危等级：DD

矢镞叶蟹甲草
Parasenecio rubescens(S. Moore) Y. L. Chen
习　　性：多年生草本
海　　拔：800～1400 m
分　　布：安徽、福建、湖南、江西
濒危等级：LC

红毛蟹甲草
Parasenecio rufipilis(Franch.) Y. L. Chen
习　　性：多年生草本
海　　拔：1100～1800 m
分　　布：甘肃、河南、陕西、四川
濒危等级：LC

中华蟹甲草
Parasenecio sinicus(Y. Ling) Y. L. Chen
习　　性：多年生草本
海　　拔：1000～2000 m
分　　布：河南、陕西
濒危等级：LC

川西蟹甲草
Parasenecio souliei(Franch.) Y. L. Chen
习　　性：多年生草本
海　　拔：3100～3700 m
分　　布：四川
濒危等级：LC

大理蟹甲草
Parasenecio taliensis(Franch.) Y. L. Chen
习　　性：多年生草本
海　　拔：3000～3400 m
分　　布：云南
濒危等级：DD

盐丰蟹甲草
Parasenecio tenianus(Hand.-Mazz.) Y. L. Chen
习　　性：多年生草本
海　　拔：2700～3200 m
分　　布：云南
濒危等级：DD

昆明蟹甲草
Parasenecio tripteris(Hand.-Mazz.) Y. L. Chen
习　　性：多年生草本
海　　拔：1900～3100 m
分　　布：云南
濒危等级：LC

秦岭蟹甲草
Parasenecio tsinlingensis(Hand.-Mazz.) Y. L. Chen
习　　性：多年生草本
海　　拔：1400～1800 m
分　　布：甘肃、陕西
濒危等级：DD

川鄂蟹甲草
Parasenecio vespertilio(Franch.) Y. L. Chen
习　　性：多年生草本
海　　拔：1200～2400 m
分　　布：重庆、湖北
濒危等级：LC

威宁蟹甲草
Parasenecio weiningensis S. Z. He et H. Peng
习　　性：多年生草本
海　　拔：约 2600 m
分　　布：贵州
濒危等级：DD

辛家山蟹甲草
Parasenecio xinjiashanensis(Z. Ying Zhang et Y. H. Gou) Y. L. Chen
习　　性：多年生草本
海　　拔：2300～2600 m
分　　布：陕西
濒危等级：LC

假合头菊属 Parasyncalathium J. W. Zhang, D. E. Boufford et H. Sun

假合头菊
Parasyncalathium souliei(Franch.) J. W. Zhang, Boufford et H. Sun
习　　性：莲座状多年生草本
国内分布：四川、西藏、云南
国外分布：不丹、缅甸
濒危等级：DD

银胶菊属 Parthenium L.

银胶菊
Parthenium hysterophorus L.
习　　性：一年生草本
国内分布：广东、广西、贵州、云南等地归化
国外分布：原产热带美洲

香檬菊属 Pectis L.

伏生香檬菊
Pectis prostrata Cav.
习　　性：一年生草本
国内分布：台湾归化
国外分布：原产加勒比地区、美国、墨西哥及中美洲

苇谷草属 Pentanema Cass.

垂头苇谷草
Pentanema cernuum(Dalzell) Y. Ling

习　　性：一年生草本
海　　拔：约1500 m
国内分布：云南
国外分布：不丹、尼泊尔、印度
濒危等级：DD

苇谷草
Pentanema indicum(L.) Y. Ling

苇谷草（原变种）
Pentanema indicum var. **indicum**
习　　性：一年生或多年生草本
海　　拔：700~2000 m
国内分布：广西、贵州、云南
国外分布：巴基斯坦、缅甸、斯里兰卡、泰国、印度、越南
濒危等级：LC
资源利用：药用（中草药）

白背苇谷草
Pentanema indicum var. **hypoleucum**(Hand.-Mazz.) Y. Ling
习　　性：一年生或多年生草本
海　　拔：700~2000 m
国内分布：广西、贵州、四川、云南
国外分布：缅甸、斯里兰卡、印度、越南
濒危等级：LC

毛苇谷草
Pentanema vestitum(Wall. ex DC.) Y. Ling
习　　性：一年生或二年生草本
海　　拔：约1500 m
国内分布：西藏
国外分布：阿富汗、巴基斯坦、尼泊尔、印度
濒危等级：DD

瓜叶菊属 Pericallis D. Don

瓜叶菊
Pericallis hybrida B. Nord.
习　　性：多年生草本
国内分布：广泛栽培
国外分布：原产地中海地区
资源利用：环境利用（观赏）

帚菊属 Pertya Sch.-Bip.

狭叶帚菊
Pertya angustifolia Y. C. Tseng
习　　性：灌木
海　　拔：约3600 m
分　　布：四川
濒危等级：LC

异叶帚菊
Pertya berberidoides(Hand.-Mazz.) Y. C. Tseng
习　　性：灌木
海　　拔：2400~3200 m
分　　布：四川、西藏、云南
濒危等级：DD

昆明帚菊
Pertya bodinieri Vaniot
习　　性：亚灌木
海　　拔：约1900 m
分　　布：云南
濒危等级：DD

心叶帚菊
Pertya cordifolia Mattf.
习　　性：亚灌木
海　　拔：800~1500 m
分　　布：安徽、湖南、江西
濒危等级：LC

疏花帚菊
Pertya corymbosa Y. C. Tseng
习　　性：亚灌木
分　　布：广西、湖南
濒危等级：LC

聚头帚菊
Pertya desmocephala Diels
习　　性：多年生草本
海　　拔：500~1200 m
分　　布：福建、广东、江西、浙江
濒危等级：LC

两色帚菊
Pertya discolor Rehder
习　　性：灌木
海　　拔：1900~3200 m
分　　布：甘肃、宁夏、青海、山西、四川
濒危等级：DD

瓜叶帚菊
Pertya henanensis Y. C. Tseng
习　　性：多年生草本
海　　拔：900~1100 m
分　　布：河南、四川
濒危等级：LC

单头帚菊
Pertya monocephala W. W. Smith
习　　性：灌木
海　　拔：1900~3000 m
分　　布：西藏、云南
濒危等级：LC

多花帚菊
Pertya multiflora Cai F. Zhang et T. G. Gao
习　　性：亚灌木
海　　拔：100~200 m
分　　布：浙江
濒危等级：LC

针叶帚菊
Pertya phylicoides Jeffrey
习　　性：灌木
海　　拔：2400~3100 m
分　　布：四川、西藏、云南
濒危等级：LC

腺叶帚菊
Pertya pubescens Y. Ling
 习 性：亚灌木
 海 拔：600~1000 m
 分 布：福建、广东、江西、浙江
 濒危等级：LC

尖苞帚菊
Pertya pungens Y. C. Tseng
 习 性：亚灌木
 分 布：广东、广西
 濒危等级：DD

长花帚菊
Pertya scandens (Thunb.) Sch.-Bip.
 习 性：灌木
 海 拔：200~1200 m
 国内分布：福建、江西
 国外分布：日本
 濒危等级：EN A2ac；B1b (i, iii, v) c (i, ii)

台湾帚菊
Pertya simozawae Masam.
 习 性：灌木
 海 拔：300~1400 m
 分 布：台湾
 濒危等级：LC

华帚菊
Pertya sinensis Oliv.
 习 性：灌木
 海 拔：2100~2500 m
 分 布：甘肃、河南、湖北、宁夏、青海、山西、陕西、四川
 濒危等级：LC

巫山帚菊
Pertya tsoongiana Y. Ling
 习 性：灌木
 海 拔：300~700 m
 分 布：重庆
 濒危等级：VU A2c；B1b (i, iii, v) c (i)；C1

单花帚菊
Pertya uniflora (Maxim.) Mattf.
 习 性：灌木
 海 拔：1900~2100 m
 分 布：甘肃
 濒危等级：LC

蜂斗菜属 Petasites Mill.

台湾蜂斗菜
Petasites formosanus Kitam.
 习 性：多年生草本
 海 拔：1500~2500 m
 分 布：台湾
 濒危等级：LC

蜂斗菜
Petasites japonicus (Sieb. et Zucc.) Maxim.
 习 性：多年生草本
 国内分布：安徽、福建、河南、湖北、江苏、江西、山东、陕西、四川、浙江
 国外分布：朝鲜半岛、俄罗斯、日本
 濒危等级：LC
 资源利用：药用（中草药）；食品（蔬菜）

长白蜂斗菜
Petasites rubellus (J. F. Gmelin) Toman
 习 性：多年生草本
 海 拔：1800~2800 m
 国内分布：吉林、辽宁
 国外分布：朝鲜半岛、俄罗斯、蒙古
 濒危等级：DD

掌叶蜂斗菜
Petasites tatewakianus Kitam.
 习 性：多年生草本
 海 拔：约300 m
 国内分布：黑龙江
 国外分布：俄罗斯
 濒危等级：LC

毛裂蜂斗菜
Petasites tricholobus Franch.
 习 性：多年生草本
 海 拔：700~4300 m
 国内分布：甘肃、贵州、河南、青海、山西、陕西、四川、西藏、云南
 国外分布：不丹、尼泊尔、印度、越南
 濒危等级：LC
 资源利用：药用（中草药）

盐源蜂斗菜
Petasites versipilus Hand.-Mazz.
 习 性：多年生草本
 海 拔：2700~3800 m
 分 布：四川、云南
 濒危等级：DD

绵毛菊属 Phagnalon Cass.

绵毛菊
Phagnalon niveum Edgew.
 习 性：亚灌木
 海 拔：1800~2700 m
 国内分布：西藏
 国外分布：阿富汗、巴基斯坦、克什米尔地区、尼泊尔、印度
 濒危等级：DD

毛连菜属 Picris L.

滇苦菜
Picris divaricata Vaniot
 习 性：多年生草本
 海 拔：1400~3200 m

分　　布：西藏、云南
濒危等级：LC
资源利用：药用（中草药）

毛连菜
Picris hieracioides L.
　　习　　性：一年生或多年生草本
　　海　　拔：200～3600 m
　　国内分布：甘肃、贵州、河北、河南、黑龙江、湖北、吉林、山东、山西、陕西、四川、西藏、云南
　　国外分布：不丹、俄罗斯、哈萨克斯坦、克什米尔地区、印度、越南
　　濒危等级：LC

日本毛连菜
Picris japonica Thunb.
　　习　　性：多年生草本
　　海　　拔：600～3700 m
　　国内分布：安徽、广西、贵州、河北、河南、黑龙江、吉林、辽宁、内蒙古、青海、山东、山西、陕西、四川、西藏、新疆
　　国外分布：俄罗斯、哈萨克斯坦、蒙古、日本
　　濒危等级：LC
　　资源利用：药用（中草药）

云南毛连菜
Picris junnanensis V. N. Vassiljev
　　习　　性：一年生或二年生草本
　　海　　拔：2900～3500 m
　　分　　布：西藏、云南
　　濒危等级：DD

台湾毛连菜
Picris morrisonensis Hayata
　　习　　性：多年生草本
　　海　　拔：1400～3500 m
　　分　　布：台湾
　　濒危等级：LC

新疆毛连菜
Picris nuristanica Bornm.
　　习　　性：一年生或多年生草本
　　海　　拔：1600～1700 m
　　国内分布：新疆
　　国外分布：阿富汗、巴基斯坦、哈萨克斯坦、吉尔吉斯斯坦、克什米尔地区、塔吉克斯坦
　　濒危等级：LC

黄毛毛连菜
Picris ohwiana Kitam.
　　习　　性：多年生草本
　　海　　拔：3400～? m
　　分　　布：台湾
　　濒危等级：LC

细毛菊属 Pilosella Hill

刚毛细毛菊
Pilosella echioides(Lumn.)F. W. Schultz et Sch. -Bip.
　　习　　性：多年生草本
　　海　　拔：约2000 m
　　国内分布：新疆
　　国外分布：哈萨克斯坦
　　濒危等级：LC

棕毛细毛菊
Pilosella procera(Fr.)F. W. Schultz et Sch. -Bip.
　　习　　性：多年生草本
　　海　　拔：1200～2500 m
　　国内分布：新疆
　　国外分布：哈萨克斯坦、乌兹别克斯坦
　　濒危等级：LC

兔耳一枝箭属 Piloselloides(Less.) C. Jeffrey

兔耳一枝箭
Piloselloides hirsuta(Forssk.)C. Jeffrey ex Cufod.
　　习　　性：多年生草本
　　海　　拔：900～2400 m
　　国内分布：重庆、福建、广东、广西、贵州、海南、湖北、湖南、江苏、江西、四川、西藏、云南、浙江
　　国外分布：澳大利亚、老挝、缅甸、尼泊尔、日本、泰国、印度、印度尼西亚、越南
　　濒危等级：LC

斜果菊属 Plagiobasis Schrenk

斜果菊
Plagiobasis centauroides Schrenk
　　习　　性：多年生草本
　　海　　拔：约800 m
　　国内分布：新疆
　　国外分布：哈萨克斯坦、吉尔吉斯斯坦
　　濒危等级：LC

阔苞菊属 Pluchea Cass.

美洲阔苞菊
Pluchea carolinensis(Jacquin)G. Don
　　习　　性：灌木
　　国内分布：台湾归化
　　国外分布：原产非洲、美洲

长叶阔苞菊
Pluchea eupatorioides Kurz
　　习　　性：草本或亚灌木
　　海　　拔：约1900 m
　　国内分布：广西、云南
　　国外分布：柬埔寨、老挝、缅甸、泰国、越南
　　濒危等级：LC

阔苞菊
Pluchea indica(L.)Less.
　　习　　性：灌木
　　国内分布：广东、海南、台湾
　　国外分布：澳大利亚、菲律宾、柬埔寨、老挝、马来西亚、日本、泰国、新加坡、印度、越南
　　濒危等级：LC

光梗阔苞菊
Pluchea pteropoda Hemsl. ex Forbes et Hemsl.
　　习　　性：草本或亚灌木
　　海　　拔：约 2000 m
　　国内分布：广东、广西、海南、台湾
　　国外分布：越南
　　濒危等级：LC

翼茎阔苞菊
Pluchea sagittalis (Lam.) Cabrera
　　习　　性：多年生草本
　　国内分布：台湾归化
　　国外分布：原产美洲

柄果菊属 Podospermum DC.

准噶柄果菊
Podospermum songoricum (Kar. et Kir.) Tzvelev
　　习　　性：二年生或多年生草本
　　海　　拔：约 1000 m
　　国内分布：新疆
　　国外分布：阿富汗、哈萨克斯坦、吉尔吉斯斯坦、塔吉克斯坦、土库曼斯坦、乌兹别克斯坦
　　濒危等级：LC

假臭草属 Praxelis Cass.

假臭草
Praxelis clematidea (Hieronymus ex Kuntze) R. M. King et H. Rob.
　　习　　性：亚灌木
　　国内分布：广东、台湾归化
　　国外分布：原产南美洲；东亚和澳大利亚归化

矮小矢车菊属 Psephellus Cass.

矮小矢车菊
Psephellus sibiricus (L.) Wagenitz
　　习　　性：多年生草本
　　海　　拔：约 1200 m
　　国内分布：新疆
　　国外分布：俄罗斯、哈萨克斯坦
　　濒危等级：LC

假地胆草属 Pseudelephantopus Rohrb.

假地胆草
Pseudelephantopus spicatus (Juss. ex Aublet) C. F. Baker
　　习　　性：多年生草本
　　国内分布：广东、台湾归化
　　国外分布：原产非洲、美洲；菲律宾、马来西亚、泰国、印度尼西亚归化

假飞蓬属 Pseudoconyza Cuatrecasas

假飞蓬
Pseudoconyza viscosa (Mill.) D'Arcy
　　习　　性：多年生草本
　　国内分布：台湾归化
　　国外分布：巴基斯坦、印度

拟鼠麴草属 Pseudognaphalium Kirpicznikov

宽叶拟鼠麴草
Pseudognaphalium adnatum (DC.) Y. S. Chen.
　　习　　性：草本
　　海　　拔：500～3000 m
　　国内分布：福建、甘肃、广东、广西、贵州、河南、湖南、江苏、江西、四川、台湾、西藏、云南、浙江
　　国外分布：不丹、菲律宾、缅甸、尼泊尔、泰国、印度、越南
　　濒危等级：LC

拟鼠麴草
Pseudognaphalium affine (D. Don) Anderb.
　　习　　性：二年生草本
　　海　　拔：海平面至 2000 m
　　国内分布：安徽、福建、广东、广西、贵州、海南、河南、湖北、湖南、江苏、江西、山东、陕西、四川、台湾、西藏、云南、浙江
　　国外分布：阿富汗、澳大利亚、巴基斯坦、不丹、朝鲜半岛、菲律宾、缅甸、尼泊尔、日本、印度、印度尼西亚、越南
　　濒危等级：LC

金头拟鼠麴草
Pseudognaphalium chrysocephalum Hilliard et B. L. Burtt
　　习　　性：多年生草本
　　海　　拔：2600～2800 m
　　分　　布：四川、云南
　　濒危等级：LC

拉萨拟鼠麴草
Pseudognaphalium flavescens (Kitam.) Anderb.
　　习　　性：多年生草本
　　海　　拔：3000～3800 m
　　分　　布：西藏
　　濒危等级：LC

秋拟鼠麴草
Pseudognaphalium hypoleucum (DC.) Hilliard et B. L. Burtt
　　习　　性：草本
　　海　　拔：2700 m 以下
　　国内分布：安徽、福建、广东、湖南、江西、四川、台湾、云南、浙江
　　国外分布：巴基斯坦、不丹、朝鲜半岛、菲律宾、缅甸、尼泊尔、日本、泰国、印度、印度尼西亚、越南
　　濒危等级：LC

丝棉草
Pseudognaphalium luteoalbum (L.) Hilliard et B. L. Burtt
　　习　　性：一年生草本
　　海　　拔：3200 m 以下
　　国内分布：甘肃、海南、河南、湖北、江苏、山东、陕西、四川、台湾
　　国外分布：阿富汗、澳大利亚、巴基斯坦、老挝、泰国、

印度、越南
濒危等级：LC

拟天山菁属 Pseudohandelia Tzvelev

拟天山菁
Pseudohandelia umbellifera (Boiss.) Tzvelev
习　　性：二年生或多年生草本
国内分布：新疆
国外分布：阿富汗、哈萨克斯坦、塔吉克斯坦、土库曼斯坦
濒危等级：LC

寒蓬属 Psychrogeton Boiss.

黑山寒蓬
Psychrogeton nigromontanus (Boiss. et Buhse) Grierson
习　　性：一年生或二年生草本
海　　拔：1200～1500 m
国内分布：新疆
国外分布：阿富汗、哈萨克斯坦、吉尔吉斯斯坦
濒危等级：LC

藏寒蓬
Psychrogeton poncinsii (Franch.) Y. Ling et Y. L. Chen
习　　性：多年生草本
海　　拔：3000～4600 m
国内分布：西藏、新疆
国外分布：阿富汗、巴基斯坦、俄罗斯、塔吉克斯坦、印度
濒危等级：LC

翼茎草属 Pterocaulon Elliott

翼茎草
Pterocaulon redolens (Willd.) Fernández-Villar
习　　性：草本
国内分布：海南
国外分布：澳大利亚、菲律宾、老挝、印度、印度尼西亚、越南
濒危等级：LC

蚤草属 Pulicaria Gaertn.

金仙草
Pulicaria chrysantha (Diels) Y. Ling
习　　性：亚灌木
海　　拔：2500～3000 m
分　　布：四川
濒危等级：LC

止痢蚤草
Pulicaria dysenterica (L.) Bernh.
习　　性：多年生草本
国内分布：中国引种
国外分布：原产巴基斯坦、尼泊尔、印度

鼠麴蚤草
Pulicaria gnaphalodes (Vent.) Boiss.
习　　性：多年生草本
国内分布：西藏
国外分布：阿富汗、巴基斯坦、吉尔吉斯斯坦、塔吉克斯坦、土库曼斯坦、伊拉克、伊朗
濒危等级：LC

臭蚤草
Pulicaria insignis J. R. Drumm. ex Dunn
习　　性：多年生草本
海　　拔：3400～4600 m
国内分布：青海、西藏
国外分布：印度
濒危等级：LC
资源利用：药用（中草药）

鼠尾蚤草
Pulicaria salviifolia Bunge
习　　性：多年生草本
国内分布：新疆
国外分布：阿富汗、巴基斯坦、吉尔吉斯斯坦、克什米尔、塔吉克斯坦、乌兹别克斯坦
濒危等级：LC

蚤草
Pulicaria vulgaris Gaertn.
习　　性：一年生草本
海　　拔：600～2800 m
国内分布：新疆
国外分布：巴基斯坦、俄罗斯、哈萨克斯坦、蒙古、土库曼斯坦、乌兹别克斯坦
濒危等级：LC
资源利用：药用（中草药）

欧亚矢车菊属 Rhaponticoides Vail

准噶尔矢车菊
Rhaponticoides dschungarica (C. Shih) L. Martins
习　　性：多年生草本
海　　拔：1600～2000 m
国内分布：新疆
国外分布：吉尔吉斯斯坦
濒危等级：LC

天山矢车菊
Rhaponticoides kasakorum (Iljin) M. V. Agababjan et Greuter
习　　性：多年生草本
海　　拔：约2300 m
国内分布：新疆
国外分布：俄罗斯、哈萨克斯坦
濒危等级：DD

欧亚矢车菊
Rhaponticoides ruthenica (Lam.) M. V. Agababjan et Greuter
习　　性：多年生草本
海　　拔：1200～1900 m
国内分布：新疆
国外分布：阿富汗、巴基斯坦、俄罗斯、哈萨克斯坦、吉尔吉斯斯坦、塔吉克斯坦、乌兹别克斯坦
濒危等级：LC

漏芦属 Rhaponticum Vail

漏草
Rhaponticum carthamoides (Willd.) Iljin
习　　性：多年生草本
海　　拔：2000～2700 m

国内分布：新疆
国外分布：俄罗斯、哈萨克斯坦、蒙古
濒危等级：VU A2c

华漏芦
Rhaponticum chinense (S. Moore) L. Martins et Hidalgo

华漏芦（原变种）
Rhaponticum chinense var. **chinense**
- 习　　性：多年生草本
- 海　　拔：300~1400 m
- 分　　布：安徽、福建、甘肃、广东、河南、湖北、湖南、江苏、江西、陕西、四川、浙江
- 濒危等级：LC

滇黔漏芦
Rhaponticum chinense var. **missionis** (H. Lév.) L. Martins
- 习　　性：多年生草本
- 分　　布：贵州、云南
- 濒危等级：LC

顶羽菊
Rhaponticum repens (L.) Hidalgo
- 习　　性：多年生草本
- 海　　拔：600~2600 m
- 国内分布：甘肃、河北、内蒙古、宁夏、青海、山西、陕西、新疆
- 国外分布：阿富汗、巴基斯坦、俄罗斯、哈萨克斯坦、吉尔吉斯斯坦、克什米尔地区、蒙古、塔吉克斯坦、土库曼斯坦、乌兹别克斯坦
- 濒危等级：LC

漏芦
Rhaponticum uniflorum (L.) DC.
- 习　　性：多年生草本
- 海　　拔：100~2700 m
- 国内分布：甘肃、河北、河南、黑龙江、湖北、吉林、辽宁、内蒙古、宁夏、青海、山东、山西、陕西、四川
- 国外分布：朝鲜半岛、俄罗斯、蒙古
- 濒危等级：LC
- 资源利用：药用（中草药）

岩菀属 **Rhinactinidia** Novopokr.

沙生岩菀
Rhinactinidia eremophila (Bunge) Novopokr. ex Botsch.
- 习　　性：多年生草本
- 海　　拔：1800~2700 m
- 国内分布：新疆
- 国外分布：俄罗斯、哈萨克斯坦、蒙古
- 濒危等级：LC

岩菀
Rhinactinidia limoniifolia (Less.) Novopokr. ex Botsch.
- 习　　性：多年生草本
- 海　　拔：1200~3500 m
- 国内分布：新疆
- 国外分布：俄罗斯、哈萨克斯坦、蒙古、乌兹别克斯坦
- 濒危等级：LC

灰叶匹菊属 **Richteria** Kar. et Kir.

灰叶匹菊
Richteria pyrethroides Kar. et Kir.
- 习　　性：多年生草本
- 海　　拔：3700 m以下
- 国内分布：新疆
- 国外分布：俄罗斯、哈萨克斯坦、乌兹别克斯坦、印度
- 濒危等级：LC

金光菊属 **Rudbeckia** L.

黑心菊
Rudbeckia hirta L.
- 习　　性：一年生草本
- 国内分布：广泛栽培
- 国外分布：原产北美洲

金光菊
Rudbeckia laciniata L.
- 习　　性：多年生草本
- 国内分布：广泛栽培
- 国外分布：原产北美洲
- 资源利用：环境利用（观赏）

纹苞菊属 **Russowia** C. Winkl.

纹苞菊
Russowia sogdiana (Bunge) B. Fedtsch.
- 习　　性：一年生草本
- 海　　拔：800~1000 m
- 国内分布：新疆
- 国外分布：阿富汗、哈萨克斯坦、塔吉克斯坦、土库曼斯坦、乌兹别克斯坦
- 濒危等级：LC

风毛菊属 **Saussurea** DC.

肾叶风毛菊
Saussurea acromelaena Hand.-Mazz.
- 习　　性：多年生草本
- 海　　拔：1400~2500 m
- 分　　布：河北、河南、湖北、陕西
- 濒危等级：LC

破血丹
Saussurea acrophila Diels
- 习　　性：多年生草本
- 海　　拔：2800~3100 m
- 分　　布：陕西
- 濒危等级：LC

川甘风毛菊
Saussurea acroura Cummins
- 习　　性：多年生草本
- 海　　拔：2100~3600 m
- 分　　布：甘肃、四川
- 濒危等级：LC

渐尖风毛菊
Saussurea acuminata Turcz. ex Fisch. et C. A. Meyer
　　习　　性：多年生草本
　　海　　拔：约170 m
　　国内分布：黑龙江、内蒙古
　　国外分布：俄罗斯、蒙古
　　濒危等级：LC

尖苞风毛菊
Saussurea acutisquama Raab-Straube
　　习　　性：多年生草本
　　海　　拔：3400～4900 m
　　分　　布：甘肃、青海、四川、西藏、云南
　　濒危等级：LC

阿尔金风毛菊
Saussurea aerjingensis K. M. Shen
　　习　　性：多年生草本
　　海　　拔：1900～3000 m
　　分　　布：新疆
　　濒危等级：LC

阿拉善风毛菊
Saussurea alaschanica Maxim.
　　习　　性：多年生草本
　　国内分布：内蒙古、宁夏
　　国外分布：蒙古
　　濒危等级：DD

具翅风毛菊
Saussurea alata DC.
　　习　　性：多年生草本
　　海　　拔：500～1200 m
　　国内分布：内蒙古、新疆
　　国外分布：俄罗斯、蒙古
　　濒危等级：LC

翼柄风毛菊
Saussurea alatipes Hemsl.
　　习　　性：多年生草本
　　海　　拔：1500～2600 m
　　分　　布：重庆、湖北
　　濒危等级：LC

新疆风毛菊
Saussurea alberti Regel et C. Winkl.
　　习　　性：多年生草本
　　海　　拔：2700～2900 m
　　国内分布：新疆
　　国外分布：吉尔吉斯斯坦
　　濒危等级：LC

高山风毛菊
Saussurea alpina(L.) DC.
　　习　　性：多年生草本
　　海　　拔：约3000 m
　　国内分布：新疆
　　国外分布：俄罗斯、哈萨克斯坦、吉尔吉斯斯坦、蒙古、塔吉克斯坦
　　濒危等级：LC

草地风毛菊
Saussurea amara(L.) DC.

草地风毛菊（原变种）
Saussurea amara var. **amara**
　　习　　性：多年生草本
　　海　　拔：500～3200 m
　　国内分布：甘肃、河北、河南、黑龙江、吉林、辽宁、内蒙古、宁夏、青海、山西、陕西、新疆
　　国外分布：俄罗斯、哈萨克斯坦、吉尔吉斯斯坦、蒙古、塔吉克斯坦、乌兹别克斯坦
　　濒危等级：LC

尖苞草地风毛菊
Saussurea amara var. **exappendiculata** H. C. Fu
　　习　　性：多年生草本
　　分　　布：内蒙古
　　濒危等级：LC

龙江风毛菊
Saussurea amurensis Turcz. ex DC.
　　习　　性：多年生草本
　　海　　拔：900～1300 m
　　国内分布：黑龙江、吉林、辽宁、内蒙古
　　国外分布：朝鲜半岛、俄罗斯
　　濒危等级：LC

卵苞风毛菊
Saussurea andersonii C. B. Clarke
　　习　　性：多年生草本
　　海　　拔：3500～4300 m
　　国内分布：西藏、云南
　　国外分布：印度
　　濒危等级：DD

吉隆风毛菊
Saussurea andryaloides(DC.) Sch. -Bip.
　　习　　性：多年生草本
　　海　　拔：3200～5400 m
　　国内分布：青海、西藏、新疆
　　国外分布：克什米尔地区、印度
　　濒危等级：LC

无梗风毛菊
Saussurea apus Maxim.
　　习　　性：多年生草本
　　海　　拔：4000～5400 m
　　分　　布：甘肃、青海、西藏
　　濒危等级：LC

沙生风毛菊
Saussurea arenaria Maxim.
　　习　　性：多年生草本
　　海　　拔：2800～4500 m
　　分　　布：甘肃、青海、西藏
　　濒危等级：LC

云状雪兔子
Saussurea aster Hemsl.
　　习　　性：多年生草本
　　海　　拔：3900～5400 m

国内分布：青海、四川、西藏
国外分布：克什米尔地区、印度
濒危等级：DD

藏南风毛菊
Saussurea austrotibetica Y. S. Chen
习　　性：多年生草本
海　　拔：约 4000 m
分　　布：西藏
濒危等级：LC

大头风毛菊
Saussurea baicalensis (Adams) B. L. Robinson
习　　性：多年生草本
海　　拔：2000~3200 m
国内分布：河北
国外分布：俄罗斯、蒙古
濒危等级：LC

巴朗山雪莲
Saussurea balangshanensis Y. Z. Zhang et H. Sun
习　　性：多年生草本
海　　拔：3000~4000 m
分　　布：四川
濒危等级：EN A2acd+3cd；B1ab（i，iii，v）
国家保护：Ⅱ级
资源利用：药用（中草药）

宝兴雪莲
Saussurea baoxingensis Y. S. Chen
习　　性：多年生草本
海　　拔：约 4000 m
分　　布：四川
濒危等级：LC

棕脉风毛菊
Saussurea baroniana Diels
习　　性：多年生草本
海　　拔：2200~2800 m
分　　布：陕西
濒危等级：DD

玉树风毛菊
Saussurea bartholomewii S. W. Liu et T. N. Ho
习　　性：多年生草本
海　　拔：约 3600 m
分　　布：青海
濒危等级：LC

漂亮风毛菊
Saussurea bella Y. Ling
习　　性：多年生草本
海　　拔：3200~4500 m
分　　布：青海、西藏
濒危等级：LC

不丹风毛菊
Saussurea bhutanensis Y. S. Chen
习　　性：多年生草本
海　　拔：约 4900 m
国内分布：西藏
国外分布：不丹
濒危等级：LC

定日雪兔子
Saussurea bhutkesh Fujikawa et H. Ohba
习　　性：多年生草本
海　　拔：4400~5300 m
国内分布：西藏
国外分布：尼泊尔
濒危等级：LC

碧罗雪山风毛菊
Saussurea bijiangensis Y. L. Chen ex B. Q. Xu, N. H. Xia et G. Hao
习　　性：多年生草本
海　　拔：约 4400 m
分　　布：四川、云南
濒危等级：NT B1ab（i，iii）

绿风毛菊
Saussurea blanda Schrenk
习　　性：草本或亚灌木
海　　拔：约 1600 m
国内分布：新疆
国外分布：哈萨克斯坦
濒危等级：LC

短苞风毛菊
Saussurea brachylepis Hand.-Mazz.
习　　性：多年生草本
海　　拔：约 3600 m
分　　布：四川
濒危等级：LC

膜苞雪莲
Saussurea bracteata Decne.
习　　性：多年生草本
海　　拔：4500~5400 m
国内分布：西藏、新疆
国外分布：巴基斯坦、克什米尔地区、印度
濒危等级：LC

异色风毛菊
Saussurea brunneopilosa Hand.-Mazz.
习　　性：多年生草本
海　　拔：2900~4900 m
分　　布：甘肃、青海
濒危等级：LC

泡叶风毛菊
Saussurea bullata W. W. Smith
习　　性：多年生草本
海　　拔：3600~4300 m
分　　布：云南
濒危等级：LC

庐山风毛菊
Saussurea bullockii Dunn
习　　性：多年生草本
海　　拔：800~2100 m
分　　布：安徽、福建、广东、湖北、湖南、江西、陕西、浙江

濒危等级：LC

灰白风毛菊
Saussurea cana Ledeb.
习　　性：多年生草本
海　　拔：800~2800 m
国内分布：甘肃、内蒙古、宁夏、青海、山西、四川、新疆
国外分布：俄罗斯、哈萨克斯坦
濒危等级：LC

宽翅风毛菊
Saussurea candolleana(DC.) Wall. ex Sch. -Bip.
习　　性：多年生草本
海　　拔：2800~3900 m
国内分布：西藏
国外分布：不丹、克什米尔地区、尼泊尔、印度
濒危等级：LC

伊宁风毛菊
Saussurea canescens C. Winkl.
习　　性：多年生草本
海　　拔：1600~2500 m
国内分布：新疆
国外分布：哈萨克斯坦
濒危等级：LC

蓟状风毛菊
Saussurea carduiformis Franch.
习　　性：多年生草本
海　　拔：2600~2800 m
分　　布：重庆、甘肃、陕西、四川
濒危等级：LC

尾叶风毛菊
Saussurea caudata Franch.
习　　性：多年生草本
海　　拔：3000~4000 m
分　　布：四川、云南
濒危等级：LC

翅茎风毛菊
Saussurea cauloptera Hand. -Mazz.
习　　性：多年生草本
海　　拔：1700~3000 m
分　　布：重庆、河南、陕西
濒危等级：LC

百裂风毛菊
Saussurea centiloba Hand. -Mazz.
习　　性：多年生草本
海　　拔：3200~4200 m
分　　布：四川、云南
濒危等级：LC

康定风毛菊
Saussurea ceterach Hand. -Mazz.
习　　性：多年生草本
海　　拔：3800~4900 m
分　　布：青海、四川、西藏
濒危等级：LC

大坪风毛菊
Saussurea chetchozensis Franch.

大坪风毛菊（原变种）
Saussurea chetchozensis var. **chetchozensis**
习　　性：多年生草本
海　　拔：2000~3700 m
分　　布：贵州、四川、云南
濒危等级：DD

光叶风毛菊
Saussurea chetchozensis var. **glabrescens**(Hand. -Mazz.) Lipsch.
习　　性：多年生草本
海　　拔：3000~3600 m
分　　布：四川、云南
濒危等级：LC

称多风毛菊
Saussurea chinduensis Y. S. Chen
习　　性：多年生草本
海　　拔：约4400 m
分　　布：青海
濒危等级：VU D2

中华风毛菊
Saussurea chinensis(Maxim.) Lipsch.
习　　性：多年生草本
海　　拔：1900~2300 m
分　　布：河北
濒危等级：LC

抱茎风毛菊
Saussurea chingiana Hand. -Mazz.
习　　性：多年生草本
海　　拔：约2400 m
分　　布：甘肃
濒危等级：LC

京风毛菊
Saussurea chinnampoensis H. Lév. et Vaniot
习　　性：二年生草本
海　　拔：海平面至1200 m
国内分布：河北、辽宁、内蒙古、陕西
国外分布：朝鲜半岛
濒危等级：LC

木质风毛菊
Saussurea chondrilloides C. Winkl.
习　　性：亚灌木
海　　拔：1800~2800 m
国内分布：新疆
国外分布：阿富汗、巴基斯坦、塔吉克斯坦、乌兹别克斯坦
濒危等级：LC

菊状风毛菊
Saussurea chrysanthemoides F. H. Chen
习　　性：多年生草本
海　　拔：约4000 m
分　　布：云南
濒危等级：DD

尖叶风毛菊
Saussurea ciliaris Franch.
　　习　　性：多年生草本
　　海　　拔：2600～4400 m
　　分　　布：四川、云南
　　濒危等级：LC

昆仑风毛菊
Saussurea cinerea Franch.
　　习　　性：多年生草本
　　海　　拔：3000～3800 m
　　分　　布：新疆
　　濒危等级：DD

匙叶风毛菊
Saussurea cochleariifolia Y. L. Chen et S. Yun Liang
　　习　　性：多年生草本
　　海　　拔：约4000 m
　　国内分布：西藏
　　国外分布：印度
　　濒危等级：LC

鞘基风毛菊
Saussurea colpodes Y. L. Chen et S. Yun Liang
　　习　　性：多年生草本
　　海　　拔：3300～3400 m
　　分　　布：西藏
　　濒危等级：LC

柱茎风毛菊
Saussurea columnaris Hand. -Mazz.
　　习　　性：多年生草本
　　海　　拔：3000～4700 m
　　国内分布：四川、西藏、云南
　　国外分布：不丹
　　濒危等级：LC

华美风毛菊
Saussurea compta Franch.
　　习　　性：多年生草本
　　海　　拔：2300～2600 m
　　分　　布：四川
　　濒危等级：LC

错那雪兔子
Saussurea conaensis(S. W. Liu)Fujikawa et H. Ohba
　　习　　性：多年生草本
　　海　　拔：4000～4700 m
　　国内分布：西藏
　　国外分布：不丹
　　濒危等级：LC

假蓬风毛菊
Saussurea conyzoides Hemsl.
　　习　　性：多年生草本
　　海　　拔：1000～2300 m
　　分　　布：贵州、河南、湖北、陕西、四川
　　濒危等级：LC

心叶风毛菊
Saussurea cordifolia Hemsl.
　　习　　性：多年生草本
　　海　　拔：700～2200 m
　　分　　布：安徽、重庆、贵州、河南、湖北、湖南、陕西、四川、浙江
　　濒危等级：LC

黄苞风毛菊
Saussurea coriacea Y. L. Chen et S. Yun Liang
　　习　　性：多年生草本
　　海　　拔：3600～4400 m
　　分　　布：四川、西藏
　　濒危等级：LC

硬苞风毛菊
Saussurea coriolepis Hand. -Mazz.
　　习　　性：多年生草本
　　海　　拔：约4000 m
　　分　　布：四川
　　濒危等级：LC

副冠风毛菊
Saussurea coronata Schrenk
　　习　　性：草本或亚灌木
　　海　　拔：1400～2100 m
　　国内分布：新疆
　　国外分布：哈萨克斯坦、蒙古
　　濒危等级：NT B1ab（i，iii）

达乌里风毛菊
Saussurea daurica Adams
　　习　　性：多年生草本
　　海　　拔：1000～3600 m
　　国内分布：甘肃、黑龙江、内蒙古、宁夏、青海、新疆
　　国外分布：俄罗斯、蒙古
　　濒危等级：LC

大理雪兔子
Saussurea delavayi Franch.

大理雪兔子（原变种）
Saussurea delavayi var. **delavayi**
　　习　　性：多年生草本
　　海　　拔：3300～4000 m
　　分　　布：云南
　　濒危等级：LC

硬毛大理雪兔子
Saussurea delavayi var. **hirsuta**(J. Anthony)Raab-Straube
　　习　　性：多年生草本
　　海　　拔：4300～4400 m
　　分　　布：云南
　　濒危等级：LC

昆仑雪兔子
Saussurea depsangensis Pamp.
　　习　　性：多年生草本
　　海　　拔：4800～5400 m
　　国内分布：青海、西藏、新疆
　　国外分布：克什米尔地区
　　濒危等级：LC

荒漠风毛菊
Saussurea deserticola H. C. Fu
- 习　　性：多年生草本
- 海　　拔：1300~1400 m
- 分　　布：内蒙古
- 濒危等级：LC

狭头风毛菊
Saussurea dielsiana Koidz.
- 习　　性：多年生草本
- 海　　拔：800~1800 m
- 分　　布：内蒙古、山西、陕西、四川
- 濒危等级：LC

东川风毛菊
Saussurea dimorphaea Franch.
- 习　　性：多年生草本
- 分　　布：重庆
- 濒危等级：LC

长梗风毛菊
Saussurea dolichopoda Diels
- 习　　性：多年生草本
- 海　　拔：1400~3700 m
- 分　　布：甘肃、贵州、河南、湖北、陕西、四川、云南
- 濒危等级：LC

亚东风毛菊
Saussurea donkiah C. B. Clarke ex Spring.
- 习　　性：多年生草本
- 海　　拔：约4500 m
- 国内分布：西藏
- 国外分布：不丹、尼泊尔、印度
- 濒危等级：LC

中甸风毛菊
Saussurea dschungdienensis Hand.-Mazz.
- 习　　性：多年生草本
- 海　　拔：3000~4000 m
- 分　　布：四川、云南
- 濒危等级：LC

独龙江风毛菊
Saussurea dulongjiangensis Y. S. Chen
- 习　　性：多年生草本
- 海　　拔：约3700 m
- 分　　布：云南
- 濒危等级：VU D2

川西风毛菊
Saussurea dzeurensis Franch.
- 习　　性：多年生草本
- 海　　拔：2600~4000 m
- 分　　布：甘肃、青海、四川
- 濒危等级：LC

高风毛菊
Saussurea elata Ledeb.
- 习　　性：多年生草本
- 国内分布：新疆
- 国外分布：哈萨克斯坦
- 濒危等级：LC

优雅风毛菊
Saussurea elegans Ledeb.
- 习　　性：多年生草本
- 海　　拔：1100~3200 m
- 国内分布：新疆
- 国外分布：俄罗斯、哈萨克斯坦、吉尔吉斯斯坦、蒙古、塔吉克斯坦、乌兹别克斯坦
- 濒危等级：LC

藏新风毛菊
Saussurea elliptica C. B. Clarke ex Hook. f.
- 习　　性：多年生草本
- 海　　拔：2500~4600 m
- 国内分布：新疆
- 国外分布：巴基斯坦、哈萨克斯坦、吉尔吉斯斯坦、克什米尔地区、塔吉克斯坦
- 濒危等级：LC

柳叶菜风毛菊
Saussurea epilobioides Maxim.
- 习　　性：多年生草本
- 海　　拔：2600~4200 m
- 分　　布：甘肃、宁夏、青海、四川
- 濒危等级：DD

棉头风毛菊
Saussurea eriocephala Franch.
- 习　　性：多年生草本
- 海　　拔：1900~2900 m
- 分　　布：四川、云南
- 濒危等级：LC

尼泊尔风毛菊
Saussurea eriostemon Wall. ex C. B. Clarke
- 习　　性：多年生草本
- 海　　拔：3500~4200 m
- 国内分布：西藏
- 国外分布：不丹、尼泊尔、印度
- 濒危等级：LC

红柄雪莲
Saussurea erubescens Lipsch.
- 习　　性：多年生草本
- 海　　拔：2400~4900 m
- 分　　布：甘肃、青海、四川、西藏
- 濒危等级：LC

锐齿风毛菊
Saussurea euodonta Diels
- 习　　性：多年生草本
- 海　　拔：2300~3700 m
- 分　　布：四川、云南
- 濒危等级：DD

中新风毛菊
Saussurea famintziniana Krasn.
- 习　　性：多年生草本
- 海　　拔：3700~4200 m
- 国内分布：新疆

国外分布：哈萨克斯坦、吉尔吉斯斯坦、塔吉克斯坦
濒危等级：LC

川东风毛菊
Saussurea fargesii Franch.
习　　性：多年生草本
分　　布：重庆
濒危等级：LC

奇形风毛菊
Saussurea fastuosa（Decne.）Sch. -Bip.
习　　性：多年生草本
海　　拔：2400～4000 m
国内分布：四川、西藏、云南
国外分布：不丹、缅甸、尼泊尔、印度
濒危等级：LC

硬叶风毛菊
Saussurea firma（Kitag.）Kitam.
习　　性：多年生草本
海　　拔：1100～1800 m
国内分布：河北、黑龙江、吉林、辽宁、内蒙古
国外分布：俄罗斯
濒危等级：LC

管茎雪兔子
Saussurea fistulosa J. Anthony
习　　性：多年生草本
海　　拔：3400～4300 m
分　　布：云南
濒危等级：LC

萎软风毛菊
Saussurea flaccida Y. Ling
习　　性：多年生草本
海　　拔：2700～2800 m
分　　布：河北、河南、湖北、陕西
濒危等级：DD

城口风毛菊
Saussurea flexuosa Franch.
习　　性：多年生草本
海　　拔：1300～2000 m
分　　布：重庆、甘肃、河南、湖北、陕西、四川
濒危等级：LC

狭翼风毛菊
Saussurea frondosa Hand. -Mazz.
习　　性：多年生草本
海　　拔：1400～2300 m
分　　布：福建、河南、山西、陕西、四川、云南
濒危等级：LC

褐冠风毛菊
Saussurea fuscipappa Y. S. Chen
习　　性：多年生草本
分　　布：四川、西藏、云南
濒危等级：NT B1ab（i，iii）

川滇雪兔子
Saussurea georgei J. Anthony
习　　性：多年生草本
海　　拔：3400～5300 m
分　　布：青海、四川、西藏、云南
濒危等级：LC

冰川雪兔子
Saussurea glacialis Herder
习　　性：多年生草本
海　　拔：3800～5200 m
国内分布：青海、西藏、新疆
国外分布：阿富汗、巴基斯坦、俄罗斯、哈萨克斯坦、吉尔吉斯斯坦、克什米尔地区、蒙古、塔吉克斯坦、印度
濒危等级：LC

腺点风毛菊
Saussurea glandulosa Kitam.
习　　性：多年生草本
海　　拔：2000～3700 m
分　　布：台湾
濒危等级：VU D2

球花雪莲
Saussurea globosa F. H. Chen
习　　性：多年生草本
海　　拔：3000～4800 m
分　　布：四川、云南
濒危等级：LC

鼠曲雪兔子
Saussurea gnaphalodes（Royle ex DC.）Sch. -Bip.
习　　性：多年生草本
海　　拔：2700～5800 m
国内分布：甘肃、青海、四川、西藏、新疆
国外分布：阿富汗、巴基斯坦、哈萨克斯坦、吉尔吉斯斯坦、克什米尔地区、尼泊尔、塔吉克斯坦、印度
濒危等级：LC

贡日风毛菊
Saussurea gongriensis Y. S. Chen
习　　性：多年生草本
海　　拔：约3400 m
分　　布：西藏
濒危等级：LC

雪兔子
Saussurea gossipiphora D. Don
习　　性：多年生草本
海　　拔：4200～5000 m
国内分布：西藏、云南
国外分布：不丹、克什米尔地区、尼泊尔、印度
濒危等级：VU A2ac＋3cd
国家保护：Ⅱ级
资源利用：环境利用（观赏）；药用（中草药）

纤细风毛菊
Saussurea graciliformis Lipsch.
习　　性：多年生草本
海　　拔：2200～3400 m

分　　布：甘肃、青海
濒危等级：LC

禾叶风毛菊
Saussurea graminea Dunn

禾叶风毛菊（原变种）
Saussurea graminea var. **graminea**
　　习　　性：多年生草本
　　海　　拔：3000～4400 m
　　分　　布：甘肃、内蒙古、宁夏、四川、云南
　　濒危等级：LC

直鳞禾叶风毛菊
Saussurea graminea var. **ortholepis** Hand. -Mazz.
　　习　　性：多年生草本
　　海　　拔：3300～5400 m
　　分　　布：甘肃、青海、四川、西藏
　　濒危等级：LC

密毛风毛菊
Saussurea graminifolia Wall. ex DC.
　　习　　性：多年生草本
　　海　　拔：4500～4700 m
　　国内分布：西藏
　　国外分布：不丹、克什米尔地区、尼泊尔、印度
　　濒危等级：LC

硕首雪兔子
Saussurea grandiceps S. W. Liu
　　习　　性：多年生草本
　　海　　拔：5000～5300 m
　　分　　布：西藏
　　濒危等级：LC

大叶风毛菊
Saussurea grandifolia Maxim.
　　习　　性：多年生草本
　　海　　拔：200～1100 m
　　国内分布：黑龙江、吉林、辽宁
　　国外分布：朝鲜半岛、俄罗斯
　　濒危等级：DD

粗裂风毛菊
Saussurea grosseserrata Franch.
　　习　　性：多年生草本
　　海　　拔：2300～4000 m
　　分　　布：云南
　　濒危等级：LC

蒙新风毛菊
Saussurea grubovii Lipsch.
　　习　　性：多年生草本
　　海　　拔：400～1900 m
　　国内分布：新疆
　　国外分布：哈萨克斯坦、蒙古
　　濒危等级：LC

加查雪兔子
Saussurea gyacaensis S. W. Liu
　　习　　性：多年生草本
　　海　　拔：约4800 m
　　分　　布：西藏
　　濒危等级：LC

裸头雪莲
Saussurea gymnocephala（Y. Ling）Raab-Straube
　　习　　性：多年生草本
　　海　　拔：3400～4300 m
　　分　　布：青海、四川、西藏
　　濒危等级：LC

哈巴山雪莲
Saussurea habashanensis Y. S. Chen
　　习　　性：多年生草本
　　海　　拔：约3900 m
　　分　　布：云南
　　濒危等级：VU B1ab（i，iii，v）

湖北风毛菊
Saussurea hemsleyi Lipsch.
　　习　　性：多年生草本
　　海　　拔：2200～3800 m
　　分　　布：贵州、湖北、四川、云南
　　濒危等级：LC

巴东风毛菊
Saussurea henryi Hemsl.
　　习　　性：多年生草本
　　海　　拔：2000～2800 m
　　分　　布：重庆、湖北、陕西、四川
　　濒危等级：LC

长毛风毛菊
Saussurea hieracioides Hook. f.
　　习　　性：多年生草本
　　海　　拔：4400～5200 m
　　国内分布：四川、西藏、云南
　　国外分布：不丹、尼泊尔、印度
　　濒危等级：LC

椭圆风毛菊
Saussurea hookeri C. B. Clarke
　　习　　性：多年生草本
　　海　　拔：4300～5300 m
　　国内分布：青海、四川、西藏
　　国外分布：不丹、克什米尔地区、尼泊尔、印度
　　濒危等级：LC

华山风毛菊
Saussurea huashanensis（Y. Ling）X. Y. Wu
　　习　　性：多年生草本
　　海　　拔：1800～2100 m
　　分　　布：河南、陕西
　　濒危等级：LC

雅龙风毛菊
Saussurea hultenii Lipsch.
　　习　　性：多年生草本
　　海　　拔：约2300 m
　　分　　布：云南
　　濒危等级：LC

黄山风毛菊
Saussurea hwangshanensis Y. Ling
    习　　性：多年生草本
    海　　拔：1000～1700 m
    分　　布：安徽、浙江
    濒危等级：DD

林地风毛菊
Saussurea hylophila Hand. -Mazz.
    习　　性：多年生草本
    海　　拔：3000～3200 m
    分　　布：西藏、云南
    濒危等级：LC

锐裂风毛菊
Saussurea incisa F. H. Chen
    习　　性：多年生草本
    分　　布：河北
    濒危等级：DD

全缘叶风毛菊
Saussurea integrifolia Hand. -Mazz.
    习　　性：多年生草本
    海　　拔：2000～3500 m
    分　　布：四川、云南
    濒危等级：LC

黑毛雪兔子
Saussurea inversa Raab-Straube
    习　　性：多年生草本
    海　　拔：3700～5400 m
    国内分布：青海、西藏、新疆
    国外分布：克什米尔地区
    濒危等级：LC

雪莲花
Saussurea involucrata(Kar. et Kir.)Sch. -Bip.
    习　　性：多年生草本
    海　　拔：2400～4100 m
    国内分布：新疆
    国外分布：哈萨克斯坦、吉尔吉斯斯坦、蒙古
    濒危等级：VU A2acd + 3cd
    国家保护：Ⅱ级
    资源利用：环境利用（观赏）；药用（中草药）

浅堇色风毛菊
Saussurea iodoleuca Hand. -Mazz.
    习　　性：多年生草本
    海　　拔：2000～2300 m
    分　　布：云南
    濒危等级：LC

紫苞雪莲
Saussurea iodostegia Hance
    习　　性：多年生草本
    海　　拔：1300～3500 m
    分　　布：甘肃、河北、河南、内蒙古、宁夏、山西、陕西
    濒危等级：LC

风毛菊
Saussurea japonica(Thunb.)DC.

风毛菊（原变种）
Saussurea japonica var. **japonica**
    习　　性：二年生草本
    海　　拔：200～2800 m
    国内分布：我国大部分地区
    国外分布：朝鲜半岛、蒙古、日本
    濒危等级：LC
    资源利用：药用（中草药）

翼茎风毛菊
Saussurea japonica var. **pteroclada**(Nakai et Kitag.)Raab-Straube
    习　　性：二年生草本
    海　　拔：200～2900 m
    分　　布：甘肃、河北、黑龙江、内蒙古、宁夏、青海、山东、四川
    濒危等级：LC

金东雪莲
Saussurea jindongensis Y. S. Chen
    习　　性：多年生草本
    海　　拔：约4800 m
    分　　布：西藏
    濒危等级：LC

九龙风毛菊
Saussurea jiulongensis Y. S. Chen
    习　　性：多年生草本
    海　　拔：约2600 m
    分　　布：四川
    濒危等级：LC

阿右风毛菊
Saussurea jurineoides H. C. Fu
    习　　性：多年生草本
    海　　拔：2400～2500 m
    分　　布：内蒙古
    濒危等级：LC

甘肃风毛菊
Saussurea kansuensis Hand. -Mazz.
    习　　性：多年生草本
    海　　拔：3400～4300 m
    分　　布：甘肃、青海、四川
    濒危等级：LC

台湾风毛菊
Saussurea kanzanensis Kitam.
    习　　性：多年生草本
    海　　拔：约3500 m
    分　　布：台湾
    濒危等级：VU D2

喀什风毛菊
Saussurea kaschgarica Rupr.
    习　　性：多年生草本
    海　　拔：约3200 m
    国内分布：新疆
    国外分布：吉尔吉斯斯坦
    濒危等级：LC

重齿风毛菊
Saussurea katochaete Maxim.
习　　性：多年生草本
海　　拔：2200～4800 m
国内分布：甘肃、青海、四川、西藏、云南
国外分布：不丹、印度
濒危等级：LC

拉萨雪兔子
Saussurea kingii C. E. C. Fisch.
习　　性：二年生草本
海　　拔：2900～5000 m
分　　布：西藏
濒危等级：LC

台岛风毛菊
Saussurea kiraisiensis Masam.
习　　性：多年生草本
海　　拔：2900～3500 m
分　　布：台湾
濒危等级：LC

腋头风毛菊
Saussurea komarnitzkii Lipsch.
习　　性：多年生草本
海　　拔：2000～2300 m
分　　布：贵州
濒危等级：LC

阿尔泰风毛菊
Saussurea krylovii Schischk. et Serg.
习　　性：多年生草本
海　　拔：2300～2800 m
国内分布：新疆
国外分布：俄罗斯、哈萨克斯坦、蒙古
濒危等级：LC

洋县风毛菊
Saussurea kungii Y. Ling
习　　性：多年生草本
海　　拔：1800～1900 m
分　　布：陕西
濒危等级：LC

裂叶风毛菊
Saussurea laciniata Ledeb.
习　　性：多年生草本
海　　拔：1300～2200 m
国内分布：甘肃、内蒙古、宁夏、陕西、新疆
国外分布：俄罗斯、哈萨克斯坦、蒙古
濒危等级：LC

高盐地风毛菊
Saussurea lacostei Danguy
习　　性：多年生草本
海　　拔：2600～3000 m
分　　布：新疆
濒危等级：LC

拉氏风毛菊
Saussurea ladyginii Lipsch.
习　　性：二年生草本
海　　拔：3500 m
分　　布：青海
濒危等级：DD

鹤庆风毛菊
Saussurea lampsanifolia Franch.
习　　性：多年生草本
分　　布：云南
濒危等级：LC

浪坡风毛菊
Saussurea langpoensis Y. S. Chen
习　　性：多年生草本
海　　拔：约3600 m
分　　布：西藏
濒危等级：LC

绵头雪兔子
Saussurea laniceps Hand. -Mazz.
习　　性：多年生草本
海　　拔：3200～5500 m
国内分布：四川、西藏、云南
国外分布：缅甸、印度
濒危等级：VU A2acd+3cd
国家保护：Ⅱ级
资源利用：药用（中草药）；环境利用（观赏）

天山风毛菊
Saussurea larionowii C. Winkl.
习　　性：多年生草本
海　　拔：1800～3800 m
国内分布：新疆
国外分布：哈萨克斯坦、吉尔吉斯斯坦
濒危等级：LC

宽叶风毛菊
Saussurea latifolia Ledeb.
习　　性：多年生草本
海　　拔：2500 m以下
国内分布：新疆
国外分布：俄罗斯、哈萨克斯坦、蒙古
濒危等级：LC

双齿风毛菊
Saussurea lavrenkoana Lipsch.
习　　性：多年生草本
海　　拔：约4000 m
分　　布：四川
濒危等级：LC

利马川风毛菊
Saussurea leclerei H. Lév.
习　　性：多年生草本
海　　拔：2000～3300 m
分　　布：重庆、湖北、四川、云南
濒危等级：LC

光果风毛菊
Saussurea leiocarpa Hand. -Mazz.
 习 性：多年生草本
 海 拔：3800～4500 m
 分 布：四川、西藏、云南
 濒危等级：LC

狮牙草状风毛菊
Saussurea leontodontoides (DC.) Sch.-Bip.
 习 性：多年生草本
 海 拔：3200～5500 m
 国内分布：青海、四川、西藏、云南
 国外分布：克什米尔地区、尼泊尔、印度
 濒危等级：LC

薄苞风毛菊
Saussurea leptolepis Hand. -Mazz.
 习 性：多年生草本
 海 拔：4200～4400 m
 分 布：四川
 濒危等级：LC

羽裂雪兔子
Saussurea leucoma Diels
 习 性：多年生草本
 海 拔：3200～5300 m
 分 布：四川、西藏、云南
 濒危等级：DD

白叶风毛菊
Saussurea leucophylla Schrenk
 习 性：多年生草本
 海 拔：2600～4000 m
 国内分布：新疆
 国外分布：俄罗斯、哈萨克斯坦、吉尔吉斯斯坦、蒙古、塔吉克斯坦
 濒危等级：LC

洛扎雪兔子
Saussurea lhozhagensis Y. S. Chen
 习 性：多年生草本
 海 拔：4300～4600 m
 分 布：西藏
 濒危等级：LC

隆子风毛菊
Saussurea lhunzensis Y. S. Chen
 习 性：多年生草本
 海 拔：3800～4000 m
 分 布：西藏
 濒危等级：LC

林周风毛菊
Saussurea lhunzhubensis Y. L. Chen et S. Yun Liang
 习 性：多年生草本
 海 拔：4000～4600 m
 分 布：西藏
 濒危等级：LC

凉山风毛菊
Saussurea liangshanensis Y. S. Chen
 习 性：多年生草本
 海 拔：约3300 m
 分 布：四川
 濒危等级：LC

川陕风毛菊
Saussurea licentiana Hand. -Mazz.
 习 性：多年生草本
 海 拔：1900～3300 m
 分 布：甘肃、湖北、陕西、四川
 濒危等级：LC

巴塘风毛菊
Saussurea limprichtii Diels
 习 性：多年生草本
 海 拔：约5100 m
 分 布：四川
 濒危等级：LC

小舌风毛菊
Saussurea lingulata Franch.
 习 性：多年生草本
 海 拔：3000～4200 m
 分 布：四川、云南
 濒危等级：NT B1ab (i, iii, v)

纹苞风毛菊
Saussurea lomatolepis Lipsch.
 习 性：多年生草本
 海 拔：1300～2700 m
 分 布：新疆
 濒危等级：LC

长叶雪莲
Saussurea longifolia Franch.
 习 性：多年生草本
 海 拔：3000～4700 m
 分 布：青海、四川、西藏、云南
 濒危等级：LC

带叶风毛菊
Saussurea loriformis W. W. Smith
 习 性：多年生草本
 海 拔：4100～5100 m
 分 布：四川、西藏、云南
 濒危等级：LC

宝璐雪莲
Saussurea luae Raab-Straube
 习 性：多年生草本
 海 拔：4000～5000 m
 分 布：四川、西藏
 濒危等级：LC

大头羽裂风毛菊
Saussurea lyratifolia Y. L. Chen et S. Yun Liang
 习 性：多年生草本
 海 拔：约3800 m
 分 布：西藏
 濒危等级：LC

大耳叶风毛菊
Saussurea macrota Franch.
- 习　　性：多年生草本
- 海　　拔：2200~3300 m
- 分　　布：重庆、甘肃、湖北、宁夏、陕西、四川
- 濒危等级：LC

毓泉风毛菊
Saussurea mae H. C. Fu
- 习　　性：多年生草本
- 海　　拔：约 2400 m
- 分　　布：内蒙古
- 濒危等级：LC

尖头风毛菊
Saussurea malitiosa Maxim.
- 习　　性：二年生或多年生草本
- 海　　拔：3000~4300 m
- 分　　布：甘肃、青海
- 濒危等级：LC

东北风毛菊
Saussurea manshurica Kom.
- 习　　性：多年生草本
- 海　　拔：900~1500 m
- 国内分布：黑龙江、吉林、辽宁
- 国外分布：朝鲜半岛、俄罗斯
- 濒危等级：LC

羽叶风毛菊
Saussurea maximowiczii Herder
- 习　　性：多年生草本
- 海　　拔：海平面至 1000 m
- 国内分布：黑龙江、吉林、辽宁、内蒙古
- 国外分布：朝鲜半岛、俄罗斯、日本
- 濒危等级：LC

水母雪兔子
Saussurea medusa Maxim.
- 习　　性：多年生草本
- 海　　拔：3000~5600 m
- 国内分布：甘肃、青海、四川、西藏、新疆、云南
- 国外分布：克什米尔地区
- 濒危等级：VU A2acd+3cd
- 国家保护：Ⅱ级
- 资源利用：药用（中草药）

大花风毛菊
Saussurea megacephala C. C. Chang ex Y. S. Chen
- 习　　性：多年生草本
- 海　　拔：约 3500 m
- 分　　布：西藏
- 濒危等级：LC

秦岭风毛菊
Saussurea megaphylla(X. Y. Wu) Y. S. Chen
- 习　　性：多年生草本
- 海　　拔：1800~2000 m
- 分　　布：陕西
- 濒危等级：LC

黑苞风毛菊
Saussurea melanotricha Hand. -Mazz.
- 习　　性：多年生草本
- 海　　拔：3500~4700 m
- 分　　布：四川、云南
- 濒危等级：LC

截叶风毛菊
Saussurea merinoi H. Lév.
- 习　　性：多年生草本
- 海　　拔：约 3200 m
- 分　　布：云南
- 濒危等级：LC

滇风毛菊
Saussurea micradenia Hand. -Mazz.
- 习　　性：多年生草本
- 海　　拔：2300~3100 m
- 分　　布：云南
- 濒危等级：NT B1ab（ⅲ）

小风毛菊
Saussurea minuta C. Winkl.
- 习　　性：多年生草本
- 海　　拔：3500~4900 m
- 分　　布：甘肃、青海、四川
- 濒危等级：LC

小裂风毛菊
Saussurea minutiloba Y. S. Chen
- 习　　性：多年生草本
- 分　　布：四川
- 濒危等级：DD

蒙古风毛菊
Saussurea mongolica(Franch.) Franch.
- 习　　性：多年生草本
- 海　　拔：500~2900 m
- 国内分布：甘肃、河北、黑龙江、吉林、辽宁、内蒙古、宁夏、青海、山东、山西、陕西
- 国外分布：朝鲜半岛、蒙古
- 濒危等级：LC

山地风毛菊
Saussurea montana J. Anthony
- 习　　性：多年生草本
- 海　　拔：3600~4600 m
- 分　　布：四川、云南
- 濒危等级：LC

桑叶风毛菊
Saussurea morifolia F. H. Chen
- 习　　性：多年生草本
- 海　　拔：1800~2700 m
- 分　　布：甘肃、陕西
- 濒危等级：LC

小尖风毛菊
Saussurea mucronulata Lipsch.
- 习　　性：多年生草本

海　　拔：2100~3000 m
分　　布：新疆
濒危等级：LC

木里雪莲
Saussurea muliensis Hand. -Mazz.
习　　性：多年生草本
海　　拔：4300~4400 m
分　　布：四川
濒危等级：NT A2c；B1b（i，iii，v）c（i，ii）

多裂风毛菊
Saussurea multiloba Y. S. Chen
习　　性：多年生草本
海　　拔：约4100 m
分　　布：四川
濒危等级：LC

变叶风毛菊
Saussurea mutabilis Diels
习　　性：多年生草本
海　　拔：1300~1800 m
分　　布：甘肃、陕西
濒危等级：LC

尼泊尔雪兔子
Saussurea namikawae Kitam.
习　　性：多年生草本
海　　拔：4900~5200 m
国内分布：西藏
国外分布：尼泊尔
濒危等级：LC

矮小雪莲
Saussurea nana(Pamp.)Pamp.
习　　性：多年生草本
国内分布：西藏
国外分布：克什米尔地区、印度
濒危等级：LC

钻状风毛菊
Saussurea nematolepis Y. Ling
习　　性：多年生草本
海　　拔：1500~3800 m
分　　布：甘肃、青海、四川
濒危等级：DD

耳叶风毛菊
Saussurea neofranchetii Lipsch.
习　　性：多年生草本
海　　拔：3000~3800 m
分　　布：四川、云南
濒危等级：LC

齿叶风毛菊
Saussurea neoserrata Nakai
习　　性：多年生草本
国内分布：黑龙江、吉林、内蒙古
国外分布：朝鲜半岛、俄罗斯、蒙古
濒危等级：LC

钝苞雪莲
Saussurea nigrescens Maxim.
习　　性：多年生草本
海　　拔：1900~4000 m
分　　布：甘肃、河南、青海、陕西
濒危等级：LC

倒披针叶风毛菊
Saussurea nimborum W. W. Smith
习　　性：多年生草本
海　　拔：3000~5000 m
国内分布：西藏
国外分布：不丹、印度
濒危等级：LC

须弥雪兔子
Saussurea nishiokae Kitam.
习　　性：多年生草本
海　　拔：3900~5500 m
国内分布：西藏
国外分布：不丹、尼泊尔、印度
濒危等级：NT

银背风毛菊
Saussurea nivea Turcz.
习　　性：多年生草本
海　　拔：400~2200 m
国内分布：甘肃、河北、辽宁、内蒙古、宁夏、山西、陕西
国外分布：朝鲜半岛
濒危等级：LC

聂拉木风毛菊
Saussurea nyalamensis Y. L. Chen et S. Yun Liang
习　　性：多年生草本
海　　拔：约4700 m
分　　布：西藏
濒危等级：DD

林芝风毛菊
Saussurea nyingchiensis Y. S. Chen
习　　性：多年生草本
海　　拔：约4600 m
分　　布：西藏
濒危等级：LC

长圆叶风毛菊
Saussurea oblongifolia F. H. Chen
习　　性：多年生草本
分　　布：云南
濒危等级：VU A2c + 3cd

苞叶雪莲
Saussurea obvallata(DC.)Sch. -Bip.
习　　性：多年生草本
海　　拔：3200~5200 m
国内分布：青海、四川、西藏、云南
国外分布：不丹、克什米尔地区、缅甸、尼泊尔、印度
濒危等级：NT
资源利用：药用（中草药）

怒江风毛菊
Saussurea ochrochlaena Hand. -Mazz.

习　　性：多年生草本
海　　拔：3500~4900 m
分　　布：西藏、云南
濒危等级：LC

齿苞风毛菊
Saussurea odontolepis Sch.-Bip. ex Maxim.
习　　性：多年生草本
海　　拔：100~700 m
国内分布：黑龙江、吉林、辽宁、内蒙古、山西
国外分布：朝鲜半岛、俄罗斯、蒙古
濒危等级：LC

少花风毛菊
Saussurea oligantha Franch.
习　　性：多年生草本
海　　拔：1300~3800 m
分　　布：重庆、甘肃、河南、湖北、陕西、四川、西藏、云南
濒危等级：LC

少头风毛菊
Saussurea oligocephala (Y. Ling) Y. Ling
习　　性：多年生草本
海　　拔：2000~3000 m
分　　布：陕西
濒危等级：LC

阿尔泰雪莲
Saussurea orgaadayi Khanm. et Krasnob.
习　　性：二年生或多年生草本
国内分布：新疆
国外分布：俄罗斯、蒙古
濒危等级：VU A2acd+3cd
国家保护：Ⅱ组

卵叶风毛菊
Saussurea ovata Benth.
习　　性：多年生草本
海　　拔：2400~4300 m
国内分布：新疆
国外分布：塔吉克斯坦
濒危等级：LC

青藏风毛菊
Saussurea ovatifolia Y. L. Chen et S. Yun Liang
习　　性：多年生草本
海　　拔：4200~5200 m
分　　布：青海、西藏
濒危等级：LC

东俄洛风毛菊
Saussurea pachyneura Franch.
习　　性：多年生草本
海　　拔：3000~4700 m
国内分布：贵州、四川、西藏、云南
国外分布：不丹、缅甸、尼泊尔、印度
濒危等级：LC

帕里风毛菊
Saussurea pagriensis Y. S. Chen
习　　性：多年生草本
海　　拔：4600~4900 m
国内分布：西藏
国外分布：不丹
濒危等级：DD

糠秕风毛菊
Saussurea paleacea Y. L. Chen et S. Yun Liang
习　　性：多年生草本
海　　拔：4300~4400 m
分　　布：西藏
濒危等级：DD

膜片风毛菊
Saussurea paleata Maxim.
习　　性：多年生草本
海　　拔：1700~2200 m
分　　布：河北、辽宁
濒危等级：LC

小花风毛菊
Saussurea parviflora (Poir.) DC.
习　　性：多年生草本
海　　拔：1600~3800 m
国内分布：甘肃、河北、内蒙古、宁夏、青海、山西、四川、新疆、云南
国外分布：俄罗斯、哈萨克斯坦、蒙古
濒危等级：LC

深裂风毛菊
Saussurea paucijuga Y. Ling
习　　性：多年生草本
海　　拔：2400~2800 m
分　　布：陕西
濒危等级：LC

红叶雪兔子
Saussurea paxiana Diels
习　　性：多年生草本
海　　拔：3500~5000 m
分　　布：甘肃、青海、四川、西藏、云南
濒危等级：DD

篦苞风毛菊
Saussurea pectinata Bunge ex DC.
习　　性：多年生草本
海　　拔：300~1900 m
分　　布：甘肃、河北、河南、黑龙江、吉林、辽宁、内蒙古、山东、山西、陕西
濒危等级：LC

显梗风毛菊
Saussurea peduncularis Franch.
习　　性：多年生草本
海　　拔：2800~3500 m
分　　布：云南
濒危等级：LC

西北风毛菊
Saussurea petrovii Lipsch.
习　　性：多年生草本

海　　拔：1700～2500 m
分　　布：甘肃、内蒙古、宁夏
濒危等级：LC

褐花雪莲
Saussurea phaeantha Maxim.
习　　性：多年生草本
海　　拔：2300～4800 m
分　　布：甘肃、青海、四川、西藏、云南
濒危等级：LC

膜鞘风毛菊
Saussurea pilinophylla Diels
习　　性：多年生草本
海　　拔：4000～5300 m
分　　布：青海、四川、西藏
濒危等级：LC

松林风毛菊
Saussurea pinetorum Hand. -Mazz.
习　　性：多年生草本
海　　拔：1900～3800 m
分　　布：重庆、四川、云南
濒危等级：LC

羽裂风毛菊
Saussurea pinnatidentata Lipsch.
习　　性：二年生草本
海　　拔：2200～3200 m
分　　布：甘肃、内蒙古、青海
濒危等级：LC

川南风毛菊
Saussurea platypoda Hand. -Mazz.
习　　性：多年生草本
海　　拔：2900～3300 m
分　　布：四川
濒危等级：LC

多头风毛菊
Saussurea polycephala Hand. -Mazz.
习　　性：多年生草本
海　　拔：1200～4600 m
分　　布：湖北、四川
濒危等级：LC

多鞘雪莲
Saussurea polycolea Hand. -Mazz.
习　　性：多年生草本
海　　拔：3200～4700 m
分　　布：四川、西藏、云南
濒危等级：LC

蓼叶风毛菊
Saussurea polygonifolia F. H. Chen
习　　性：多年生草本
分　　布：云南
濒危等级：LC

水龙骨风毛菊
Saussurea polypodioides J. Anthony
习　　性：多年生草本
海　　拔：2700～4300 m
分　　布：西藏、云南
濒危等级：LC

革叶风毛菊
Saussurea poochlamys Hand. -Mazz.
习　　性：多年生草本
海　　拔：3200～4300 m
分　　布：四川、云南
濒危等级：LC

寡头风毛菊
Saussurea popovii Lipsch.
习　　性：草本或亚灌木
海　　拔：约600 m
国内分布：新疆
国外分布：蒙古
濒危等级：VU A2c；B1b（i，iii，v）c（i，ii）

杨叶风毛菊
Saussurea populifolia Hemsl.
习　　性：多年生草本
海　　拔：1700～3600 m
分　　布：重庆、甘肃、河南、湖北、陕西、四川、西藏、云南
濒危等级：LC

紫白风毛菊
Saussurea porphyroleuca Hand. -Mazz.
习　　性：多年生草本
海　　拔：3000～4200 m
分　　布：云南
濒危等级：LC

草原雪莲
Saussurea pratensis J. Anthony
习　　性：多年生草本
海　　拔：2000～3100 m
分　　布：云南
濒危等级：LC

展序风毛菊
Saussurea prostrata C. Winkl.
习　　性：二年生或多年生草本
海　　拔：500～2500 m
国内分布：新疆
国外分布：哈萨克斯坦、吉尔吉斯斯坦
濒危等级：LC

弯齿风毛菊
Saussurea przewalskii Maxim.
习　　性：多年生草本
海　　拔：3000～5100 m
国内分布：甘肃、青海、陕西、四川、西藏、云南
国外分布：不丹
濒危等级：LC

假高山风毛菊
Saussurea pseudoalpina N. D. Simpson
习　　性：多年生草本

海　　拔：2900 m 以下
国内分布：新疆
国外分布：俄罗斯、哈萨克斯坦、蒙古
濒危等级：LC

洮河风毛菊
Saussurea pseudobullockii Lipsch.
习　　性：多年生草本
海　　拔：2700~2800 m
分　　布：甘肃
濒危等级：LC

拟尼泊尔风毛菊
Saussurea pseudoeriostemon Y. S. Chen
习　　性：多年生草本
海　　拔：3900~4000 m
国内分布：西藏
国外分布：尼泊尔
濒危等级：LC

拟禾叶风毛菊
Saussurea pseudograminea Y. F. Wang, G. Z. Du et Y. S. Lian
习　　性：多年生草本
海　　拔：约4000 m
分　　布：甘肃
濒危等级：LC

拟九龙风毛菊
Saussurea pseudojiulongensis Y. S. Chen
习　　性：多年生草本
海　　拔：约2500 m
分　　布：四川
濒危等级：LC

拟羽裂雪兔子
Saussurea pseudoleucoma Y. S. Chen
习　　性：多年生草本
海　　拔：4600~4800 m
分　　布：西藏
濒危等级：LC

拟小舌风毛菊
Saussurea pseudolingulata Y. S. Chen
习　　性：多年生草本
海　　拔：约4000 m
分　　布：四川、西藏、云南
濒危等级：LC

类尖头风毛菊
Saussurea pseudomalitiosa Lipsch.
习　　性：二年生草本
海　　拔：3300~4200 m
分　　布：青海
濒危等级：DD

拟宽苞风毛菊
Saussurea pseudoplatyphyllaria Y. S. Chen
习　　性：多年生草本
海　　拔：约4000 m

分　　布：四川
濒危等级：NT

拟显鞘风毛菊
Saussurea pseudorockii Y. S. Chen
习　　性：多年生草本
海　　拔：约3900 m
分　　布：云南
濒危等级：VU A2c + 3cd

假盐地风毛菊
Saussurea pseudosalsa Lipsch.
习　　性：草本或亚灌木
海　　拔：2700~2800 m
国内分布：甘肃、内蒙古、青海、新疆
国外分布：蒙古
濒危等级：LC

朗县雪兔子
Saussurea pseudosimpsoniana Y. S. Chen
习　　性：多年生草本
海　　拔：约4800 m
分　　布：西藏
濒危等级：LC

拟三指雪兔子
Saussurea pseudotridactyla Y. S. Chen
习　　性：多年生草本
海　　拔：约3700 m
分　　布：西藏
濒危等级：LC

拟云南风毛菊
Saussurea pseudoyunnanensis Y. S. Chen
习　　性：多年生草本
海　　拔：3700~4100 m
分　　布：西藏、云南
濒危等级：VU A2c + 3cd

延翅风毛菊
Saussurea pteridophylla Hand.-Mazz.
习　　性：多年生草本
海　　拔：约3000 m
分　　布：四川
濒危等级：LC

毛果风毛菊
Saussurea pubescens Y. L. Chen et S. Yun Liang
习　　性：多年生草本
海　　拔：约4900 m
分　　布：西藏
濒危等级：LC

毛背雪莲
Saussurea pubifolia S. W. Liu

毛背雪莲（原变种）
Saussurea pubifolia var. **pubifolia**
习　　性：多年生草本
海　　拔：4500~5100 m

分　　布：西藏
濒危等级：LC

小苞雪莲
Saussurea pubifolia var. **lhasaensis** S. W. Liu
习　　性：多年生草本
海　　拔：4600~5200 m
分　　布：西藏
濒危等级：LC

美花风毛菊
Saussurea pulchella(Fisch.)Fisch.
习　　性：二年生草本
海　　拔：300~2200 m
国内分布：河北、黑龙江、吉林、辽宁、内蒙古、山西
国外分布：朝鲜半岛、俄罗斯、蒙古、日本
濒危等级：LC

美丽风毛菊
Saussurea pulchra Lipsch.
习　　性：多年生草本
海　　拔：1900~3100 m
分　　布：甘肃、青海
濒危等级：LC

甘青风毛菊
Saussurea pulvinata Maxim.
习　　性：多年生草本
海　　拔：2900~4300 m
分　　布：甘肃、青海、新疆
濒危等级：LC

垫状风毛菊
Saussurea pulviniformis C. Winkl.
习　　性：多年生草本
海　　拔：2100~3500 m
分　　布：新疆
濒危等级：LC

矮小风毛菊
Saussurea pumila C. Winkl.
习　　性：多年生草本
海　　拔：3600~4700 m
分　　布：青海、四川、西藏
濒危等级：LC

紫苞风毛菊
Saussurea purpurascens Y. L. Chen et S. Yun Liang
习　　性：多年生草本
海　　拔：约4200 m
国内分布：西藏
国外分布：不丹
濒危等级：LC

昌都风毛菊
Saussurea qamdoensis Y. S. Chen
习　　性：多年生草本
海　　拔：约3700 m
分　　布：西藏
濒危等级：LC

槲叶雪兔子
Saussurea quercifolia W. W. Smith
习　　性：多年生草本
海　　拔：3300~5300 m
分　　布：青海、四川、西藏、云南
濒危等级：DD

折苞风毛菊
Saussurea recurvata(Maxim.)Lipsch.
习　　性：多年生草本
海　　拔：1000~2900 m
国内分布：甘肃、黑龙江、吉林、辽宁、内蒙古、宁夏、青海、陕西
国外分布：朝鲜半岛、俄罗斯、蒙古
濒危等级：LC

倒齿风毛菊
Saussurea retroserrata Y. L. Chen et S. Yun Liang
习　　性：多年生草本
海　　拔：约3500 m
分　　布：西藏
濒危等级：LC

强壮风毛菊
Saussurea robusta Ledeb.
习　　性：二年生或多年生草本
海　　拔：700~2000 m
国内分布：新疆
国外分布：俄罗斯、哈萨克斯坦、蒙古
濒危等级：DD

显鞘风毛菊
Saussurea rockii J. Anthony
习　　性：多年生草本
海　　拔：2700~3900 m
分　　布：云南
濒危等级：LC

鸢尾叶风毛菊
Saussurea romuleifolia Franch.
习　　性：多年生草本
海　　拔：2200~4000 m
分　　布：四川、西藏、云南
濒危等级：DD

圆叶风毛菊
Saussurea rotundifolia F. H. Chen
习　　性：多年生草本
海　　拔：3100~3300 m
分　　布：陕西、四川
濒危等级：LC

倒羽叶风毛菊
Saussurea runcinata DC.

倒羽叶风毛菊（原变种）
Saussurea runcinata var. **runcinata**
习　　性：多年生草本

海　　拔：700~1300 m
国内分布：河北、黑龙江、吉林、内蒙古、宁夏、山西、陕西
国外分布：俄罗斯、蒙古
濒危等级：LC

全叶咸地风毛菊
Saussurea runcinata var. **integrifolia** H. C. Fu et D. S. Wen
习　　性：多年生草本
分　　布：内蒙古
濒危等级：LC

倒卵叶风毛菊
Saussurea salemannii C. Winkl.
习　　性：多年生草本
海　　拔：1600~2200 m
国内分布：新疆
国外分布：哈萨克斯坦
濒危等级：LC

柳叶风毛菊
Saussurea salicifolia(L.)DC.
习　　性：多年生草本
海　　拔：1600~3800 m
国内分布：甘肃、黑龙江、内蒙古
国外分布：俄罗斯、蒙古
濒危等级：LC

尾尖风毛菊
Saussurea saligna Franch.
习　　性：多年生草本
海　　拔：1200~2500 m
分　　布：重庆、陕西
濒危等级：DD

盐地风毛菊
Saussurea salsa(Pall.)Spreng.
习　　性：多年生草本
海　　拔：100~3300 m
国内分布：甘肃、内蒙古、宁夏、青海、新疆
国外分布：阿富汗、俄罗斯、哈萨克斯坦、吉尔吉斯斯坦、蒙古、塔吉克斯坦、乌兹别克斯坦
濒危等级：LC

糙毛风毛菊
Saussurea scabrida Franch.
习　　性：多年生草本
海　　拔：2700~4200 m
分　　布：四川、西藏、云南
濒危等级：LC

暗苞风毛菊
Saussurea schanginiana(Wydler)Fisch. ex Serg.
习　　性：多年生草本
海　　拔：2100~2800 m
国内分布：新疆
国外分布：俄罗斯、哈萨克斯坦、吉尔吉斯斯坦、蒙古
濒危等级：LC

腺毛风毛菊
Saussurea schlagintweitii Klatt
习　　性：多年生草本
海　　拔：4700~5500 m
国内分布：西藏、新疆
国外分布：克什米尔地区、印度
濒危等级：LC

克什米尔雪莲
Saussurea schultzii Hook. f.
习　　性：多年生草本
海　　拔：约5200 m
国内分布：新疆
国外分布：巴基斯坦、克什米尔地区、印度
濒危等级：LC

半抱茎风毛菊
Saussurea semiamplexicaulis Lipsch.
习　　性：多年生草本
海　　拔：约2700 m
分　　布：云南
濒危等级：LC

锯叶风毛菊
Saussurea semifasciata Hand.-Mazz.
习　　性：多年生草本
海　　拔：3800~4800 m
分　　布：甘肃、青海、四川、云南
濒危等级：LC

半琴叶风毛菊
Saussurea semilyrata Bureau et Franch.
习　　性：多年生草本
海　　拔：3200~4800 m
分　　布：四川、西藏、云南
濒危等级：LC

绢毛风毛菊
Saussurea sericea Y. L. Chen et S. Yun Liang
习　　性：多年生草本
海　　拔：5000~5200 m
分　　布：西藏
濒危等级：LC

香格里拉风毛菊
Saussurea shangrilaensis Y. S. Chen
习　　性：多年生草本
海　　拔：约3700 m
分　　布：四川、云南
濒危等级：DD

水洛风毛菊
Saussurea shuiluoensis Y. S. Chen
习　　性：多年生草本
海　　拔：2300~2850 m
分　　布：四川
濒危等级：LC

小果雪兔子
Saussurea simpsoniana(Fielding et Gardner)Lipsch.
习　　性：多年生草本

海　　拔：3700～5800 m
国内分布：青海、西藏、新疆
国外分布：不丹、克什米尔地区、尼泊尔、印度
濒危等级：LC

林风毛菊
Saussurea sinuata Kom.
习　　性：多年生草本
海　　拔：200～700 m
国内分布：黑龙江、吉林、内蒙古
国外分布：朝鲜半岛、俄罗斯
濒危等级：LC

西康风毛菊
Saussurea smithiana Hand.-Mazz.
习　　性：多年生草本
海　　拔：3000～3500 m
分　　布：四川
濒危等级：DD

昂头风毛菊
Saussurea sobarocephala Diels
习　　性：多年生草本
海　　拔：1900～3600 m
分　　布：河北、河南、山西、陕西、四川
濒危等级：LC

拟昂头风毛菊
Saussurea sobarocephaloides Y. S. Chen
习　　性：多年生草本
海　　拔：约3000 m
分　　布：四川、云南
濒危等级：NT

污花风毛菊
Saussurea sordida Kar. et Kir.
习　　性：多年生草本
海　　拔：2000～2800 m
国内分布：新疆
国外分布：哈萨克斯坦、吉尔吉斯斯坦、塔吉克斯坦、乌兹别克斯坦
濒危等级：LC

披针叶风毛菊
Saussurea souliei Franch.
习　　性：多年生草本
分　　布：四川
濒危等级：LC

维西风毛菊
Saussurea spatulifolia Franch.
习　　性：多年生草本
海　　拔：3000～4600 m
分　　布：四川、云南
濒危等级：DD

星状雪兔子
Saussurea stella Maxim.
习　　性：多年生草本
海　　拔：2000～5400 m
国内分布：甘肃、青海、四川、西藏、云南

国外分布：不丹、印度
濒危等级：LC

喜林风毛菊
Saussurea stricta Franch.
习　　性：多年生草本
海　　拔：1400～2200 m
分　　布：重庆、甘肃、四川
濒危等级：LC

吉林风毛菊
Saussurea subtriangulata Kom.
习　　性：多年生草本
海　　拔：700 m以下
国内分布：黑龙江、吉林
国外分布：朝鲜半岛、俄罗斯
濒危等级：LC

钻叶风毛菊
Saussurea subulata C. B. Clarke
习　　性：多年生草本
海　　拔：4100～5300 m
国内分布：甘肃、青海、西藏、新疆
国外分布：克什米尔地区、印度
濒危等级：LC

钻苞风毛菊
Saussurea subulisquama Hand.-Mazz.
习　　性：多年生草本
海　　拔：2400～4600 m
分　　布：甘肃、青海、四川
濒危等级：LC

武素功雪兔子
Saussurea sugongii S. W. Liu et T. N. Ho
习　　性：多年生草本
海　　拔：4800～5200 m
分　　布：新疆
濒危等级：NT

横断山风毛菊
Saussurea superba J. Anthony
习　　性：多年生草本
海　　拔：2800～5200 m
分　　布：甘肃、青海、四川、西藏、云南
濒危等级：LC

四川风毛菊
Saussurea sutchuenensis Franch.
习　　性：多年生草本
海　　拔：700～2000 m
分　　布：重庆、河南、湖北、陕西
濒危等级：LC

林生风毛菊
Saussurea sylvatica Maxim.
习　　性：多年生草本
海　　拔：1900～4500 m
分　　布：甘肃、河北、青海、山西、陕西、四川
濒危等级：LC

菊科 ASTERACEAE

太白山雪莲
Saussurea taipaiensis Y. Ling
习　　性：多年生草本
海　　拔：3200~3900 m
分　　布：陕西

唐古特雪莲
Saussurea tangutica Maxim.
习　　性：多年生草本
海　　拔：3600~5300 m
分　　布：甘肃、青海、四川、西藏
濒危等级：LC

蒲公英风毛菊
Saussurea taraxacifolia(Lindl. ex Royle)Wall. ex DC.
习　　性：多年生草本
海　　拔：3800~4700 m
国内分布：西藏、云南
国外分布：不丹、克什米尔地区、尼泊尔、印度
濒危等级：LC

打箭风毛菊
Saussurea tatsienensis Franch.
习　　性：多年生草本
海　　拔：3000~4600 m
分　　布：青海、四川、云南
濒危等级：LC

长白山风毛菊
Saussurea tenerifolia Kitag.
习　　性：多年生草本
海　　拔：1100~1700 m
分　　布：吉林
濒危等级：DD

肉叶雪兔子
Saussurea thomsonii C. B. Clarke
习　　性：多年生草本
海　　拔：4000~5200 m
国内分布：青海、西藏、新疆
国外分布：巴基斯坦、克什米尔地区、印度
濒危等级：LC

草甸雪兔子
Saussurea thoroldii Hemsl.
习　　性：多年生草本
海　　拔：3100~5200 m
分　　布：甘肃、青海、西藏、新疆
濒危等级：LC

天水风毛菊
Saussurea tianshuiensis X. Y. Wu

天水风毛菊（原变种）
Saussurea tianshuiensis var. **tianshuiensis**
习　　性：多年生草本
海　　拔：1800~2500 m
分　　布：甘肃、宁夏、陕西
濒危等级：LC

户县风毛菊
Saussurea tianshuiensis var. **huxianensis** X. Y. Wu
习　　性：多年生草本
海　　拔：2300~2400 m
分　　布：陕西
濒危等级：VU D2

西藏风毛菊
Saussurea tibetica C. Winkl.
习　　性：多年生草本
海　　拔：3400~4700 m
分　　布：青海、四川、西藏
濒危等级：LC

高岭风毛菊
Saussurea tomentosa Kom.
习　　性：多年生草本
海　　拔：1500~2600 m
国内分布：吉林
国外分布：朝鲜半岛、俄罗斯
濒危等级：LC

藏南雪兔子
Saussurea topkegolensis H. Ohba et S. Akiyama
习　　性：多年生草本
海　　拔：4500~5200 m
国内分布：西藏
国外分布：不丹、尼泊尔、印度
濒危等级：LC

毛苞风毛菊
Saussurea triangulata Trautv. et C. A. Meyer
习　　性：多年生草本
国内分布：吉林
国外分布：朝鲜半岛、俄罗斯
濒危等级：LC

三指雪兔子
Saussurea tridactyla Sch. -Bip. ex Hook. f.

三指雪兔子（原变种）
Saussurea tridactyla var. **tridactyla**
习　　性：多年生草本
海　　拔：4300~5300 m
国内分布：西藏
国外分布：不丹、尼泊尔、印度
濒危等级：LC

丛株雪兔子
Saussurea tridactyla var. **maiduoganla** S. W. Liu
习　　性：多年生草本
海　　拔：4600~4700 m
分　　布：西藏
濒危等级：LC

钟氏风毛菊
Saussurea tsoongii Y. S. Chen
习　　性：多年生草本
分　　布：青海、四川、西藏
濒危等级：LC

卷苞风毛菊
Saussurea tunglingensis F. H. Chen

习　　性：多年生草本
海　　拔：1700~1900 m
分　　布：河北、辽宁、内蒙古
濒危等级：VU D2

太加风毛菊
Saussurea turgaiensis B. Fedtsch.
习　　性：多年生草本
海　　拔：200~700 m
国内分布：新疆
国外分布：俄罗斯、哈萨克斯坦、吉尔吉斯斯坦、塔吉克斯坦
濒危等级：DD

湿地雪兔子
Saussurea uliginosa Hand.-Mazz.

湿地雪兔子（原变种）
Saussurea uliginosa var. **uliginosa**
习　　性：多年生草本
海　　拔：3600~4200 m
分　　布：四川、云南
濒危等级：LC

线叶湿地雪兔子
Saussurea uliginosa var. **vittifolia**（J. Anthony）Hand.-Mazz.
习　　性：多年生草本
海　　拔：2000~3400 m
分　　布：云南
濒危等级：VU D2

湿地风毛菊
Saussurea umbrosa Kom.
习　　性：多年生草本
海　　拔：200~600 m
国内分布：黑龙江、吉林、内蒙古
国外分布：朝鲜半岛、俄罗斯
濒危等级：LC

波缘风毛菊
Saussurea undulata Hand.-Mazz.
习　　性：多年生草本
海　　拔：2800~3300 m
分　　布：四川、云南
濒危等级：LC

单花雪莲
Saussurea uniflora（DC.）Wall. ex Sch.-Bip.
习　　性：多年生草本
海　　拔：3600~4800 m
国内分布：西藏、云南
国外分布：不丹、尼泊尔、印度
濒危等级：LC

乌苏里风毛菊
Saussurea ussuriensis Maxim.
习　　性：多年生草本
海　　拔：1100~2900 m
国内分布：甘肃、河北、河南、黑龙江、吉林、江苏、辽宁、内蒙古、宁夏、青海、山东、山西、陕西
国外分布：朝鲜半岛、俄罗斯、蒙古、日本
濒危等级：LC

变裂风毛菊
Saussurea variiloba Y. Ling
习　　性：多年生草本
海　　拔：1900~2700 m
分　　布：甘肃、青海、四川
濒危等级：DD

华中雪莲
Saussurea veitchiana J. R. Drumm et Hutch.
习　　性：多年生草本
海　　拔：1600~3000 m
分　　布：重庆、湖北、陕西
濒危等级：DD

毡毛雪莲
Saussurea velutina W. W. Smith
习　　性：多年生草本
海　　拔：3300~5500 m
分　　布：四川、西藏、云南
濒危等级：LC

绒背风毛菊
Saussurea vestita Franch.
习　　性：多年生草本
海　　拔：3000~3900 m
分　　布：云南
濒危等级：LC

河谷风毛菊
Saussurea vestitiformis Hand.-Mazz.
习　　性：多年生草本
海　　拔：约2900 m
分　　布：云南
濒危等级：VU A2c；B1b（i, iii, v）c（i, ii）；C1

帚状风毛菊
Saussurea virgata Franch.
习　　性：多年生草本
海　　拔：2800~3400 m
分　　布：云南
濒危等级：LC

川滇风毛菊
Saussurea wardii J. Anthony
习　　性：多年生草本
海　　拔：3500~4800 m
分　　布：青海、四川、西藏、云南
濒危等级：LC

羌塘雪兔子
Saussurea wellbyi Hemsl.
习　　性：多年生草本
海　　拔：4300~5500 m
分　　布：青海、四川、西藏、新疆
濒危等级：DD

文成风毛菊
Saussurea wenchengiae B. Q. Xu, G. Hao et N. H. Xia
习　　性：多年生草本
海　　拔：约4300 m
分　　布：青海

濒危等级：VU D2

锥叶风毛菊
Saussurea wernerioides Sch. -Bip. ex Hook. f.
- 习　　性：多年生草本
- 海　　拔：4200~5400 m
- 国内分布：四川、西藏、云南
- 国外分布：不丹、尼泊尔、印度
- 濒危等级：LC

垂头雪莲
Saussurea wettsteiniana Hand. -Mazz.
- 习　　性：多年生草本
- 海　　拔：3200~4300 m
- 分　　布：四川、云南
- 濒危等级：DD

牛耳风毛菊
Saussurea woodiana Hemsl.
- 习　　性：多年生草本
- 海　　拔：3000~4200 m
- 分　　布：青海、四川
- 濒危等级：LC

仙人洞风毛菊
Saussurea xianrendongensis Y. S. Chen
- 习　　性：多年生草本
- 海　　拔：约3400 m
- 分　　布：云南
- 濒危等级：VU D2

小金风毛菊
Saussurea xiaojinensis Y. S. Chen
- 习　　性：多年生草本
- 海　　拔：约2900 m
- 分　　布：四川
- 濒危等级：LC

雅布赖风毛菊
Saussurea yabulaiensis Y. Y. Yao
- 习　　性：多年生草本
- 海　　拔：1300~1400 m
- 分　　布：内蒙古
- 濒危等级：LC

亲二风毛菊
Saussurea yangii Y. S. Chen
- 习　　性：多年生草本
- 海　　拔：约3400 m
- 分　　布：云南
- 濒危等级：VU D2

盐源风毛菊
Saussurea yanyuanensis Y. S. Chen
- 习　　性：多年生草本
- 海　　拔：约4200 m
- 分　　布：四川
- 濒危等级：LC

德浚风毛菊
Saussurea yui Y. S. Chen
- 习　　性：多年生草本
- 海　　拔：约4100 m
- 分　　布：四川
- 濒危等级：LC

云南风毛菊
Saussurea yunnanensis Franch.
- 习　　性：多年生草本
- 海　　拔：2300~4300 m
- 分　　布：四川、云南
- 濒危等级：LC

察隅风毛菊
Saussurea zayuensis Y. S. Chen
- 习　　性：多年生草本
- 海　　拔：约3500 m
- 分　　布：西藏
- 濒危等级：LC

竹溪风毛菊
Saussurea zhuxiensis Y. S. Chen et Q. L. Gan
- 习　　性：多年生草本
- 海　　拔：约900 m
- 分　　布：湖北
- 濒危等级：LC

左贡雪兔子
Saussurea zogangensis Y. S. Chen
- 习　　性：多年生草本
- 海　　拔：约5000 m
- 分　　布：西藏
- 濒危等级：LC

白刺菊属 Schischkinia Iljin

白刺菊
Schischkinia albispina (Bunge) Iljin
- 习　　性：一年生草本
- 海　　拔：约600 m
- 国内分布：新疆
- 国外分布：阿富汗、巴基斯坦、哈萨克斯坦、塔吉克斯坦、乌兹别克斯坦
- 濒危等级：DD

虎头蓟属 Schmalhausenia C. Winkl.

虎头蓟
Schmalhausenia nidulans (Regel) Petrak
- 习　　性：多年生草本
- 海　　拔：约3600 m
- 国内分布：新疆
- 国外分布：哈萨克斯坦
- 濒危等级：DD

硬果菊属 Sclerocarpus Jacquin

硬果菊
Sclerocarpus africanus Jacquin
- 习　　性：一年生草本
- 国内分布：西藏归化
- 国外分布：原产非洲、亚洲

鸦葱属 Scorzonera L.

华北鸦葱
Scorzonera albicaulis Bunge
- 习　　性：多年生草本

海　　拔：200～2500 m
国内分布：安徽、贵州、河北、河南、黑龙江、湖北、江苏、内蒙古、山东、山西、陕西、四川
国外分布：朝鲜半岛、俄罗斯、蒙古
濒危等级：LC
资源利用：药用（中草药）

长茎鸦葱
Scorzonera aniana N. Kilian
习　　性：多年生草本
海　　拔：500～800 m
分　　布：新疆
濒危等级：NT

鸦葱
Scorzonera austriaca Willd.
习　　性：多年生草本
海　　拔：400～2000 m
国内分布：甘肃、河北、河南、吉林、辽宁、内蒙古、宁夏、山东、山西、陕西、新疆
国外分布：俄罗斯、哈萨克斯坦、蒙古
濒危等级：LC

棉毛鸦葱
Scorzonera capito Maxim.
习　　性：多年生草本
海　　拔：1100～1500 m
国内分布：内蒙古、宁夏
国外分布：蒙古
濒危等级：DD

皱波球根鸦葱
Scorzonera circumflexa Krasch. et Lipsch.
习　　性：多年生草本
海　　拔：约1100 m
国内分布：新疆
国外分布：阿富汗、哈萨克斯坦、吉尔吉斯斯坦、塔吉克斯坦、乌兹别克斯坦
濒危等级：LC

丝叶鸦葱
Scorzonera curvata (Poplavskaja) Lipsch.
习　　性：多年生草本
海　　拔：500～2500 m
国内分布：黑龙江、内蒙古、青海
国外分布：俄罗斯、蒙古
濒危等级：LC

拐轴鸦葱
Scorzonera divaricata Turcz.

拐轴鸦葱（原变种）
Scorzonera divaricata var. **divaricata**
习　　性：多年生草本或亚灌木
海　　拔：500～2000 m
国内分布：甘肃、河北、内蒙古、宁夏、山西、陕西
国外分布：蒙古
濒危等级：LC

紫花拐轴鸦葱
Scorzonera divaricata var. **sublilacina** Maxim.
习　　性：多年生草本或亚灌木
海　　拔：约1500 m
分　　布：甘肃、内蒙古
濒危等级：DD
资源利用：药用（中草药）

剑叶鸦葱
Scorzonera ensifolia M. Bieb.
习　　性：多年生草本
海　　拔：500～600 m
国内分布：新疆
国外分布：俄罗斯、哈萨克斯坦
濒危等级：LC

毛果鸦葱
Scorzonera ikonnikovii Lipsch. et Krasch.
习　　性：多年生草本
海　　拔：1300～1800 m
国内分布：辽宁、内蒙古、新疆
国外分布：蒙古
濒危等级：DD

北疆鸦葱
Scorzonera iliensis Krasch.
习　　性：多年生草本
海　　拔：900～1700 m
国内分布：新疆
国外分布：哈萨克斯坦、吉尔吉斯斯坦、乌兹别克斯坦
濒危等级：NT B1ab（iii）

皱叶鸦葱
Scorzonera inconspicua Lipsch. ex Pavlov
习　　性：多年生草本
海　　拔：800～1700 m
国内分布：新疆
国外分布：哈萨克斯坦、吉尔吉斯斯坦、塔吉克斯坦、乌兹别克斯坦
濒危等级：LC

轮台鸦葱
Scorzonera luntaiensis C. Shih
习　　性：多年生草本
海　　拔：约1500 m
分　　布：新疆
濒危等级：DD

东北鸦葱
Scorzonera manshurica Nakai
习　　性：多年生草本
海　　拔：约1000 m
分　　布：黑龙江、吉林、辽宁、内蒙古
濒危等级：LC

蒙古鸦葱
Scorzonera mongolica Maxim.
习　　性：多年生草本
海　　拔：海平面至3200 m
国内分布：甘肃、河北、河南、辽宁、内蒙古、宁夏、青海、山东、山西、陕西、新疆

国外分布：哈萨克斯坦、蒙古
濒危等级：LC

帕米尔鸦葱
Scorzonera pamirica C. Shih
习　　性：多年生草本
海　　拔：3300~3600 m
分　　布：新疆
濒危等级：LC

光鸦葱
Scorzonera parviflora Jacquin
习　　性：多年生草本
海　　拔：900~1700 m
国内分布：新疆
国外分布：阿富汗、俄罗斯、哈萨克斯坦、吉尔吉斯斯坦、蒙古、土库曼斯坦、乌兹别克斯坦
濒危等级：LC

帚状鸦葱
Scorzonera pseudodivaricata Lipsch.
习　　性：多年生草本或亚灌木
海　　拔：600~3100 m
国内分布：甘肃、内蒙古、宁夏、青海、陕西、四川、新疆
国外分布：蒙古
濒危等级：LC

基枝鸦葱
Scorzonera pubescens DC.
习　　性：多年生草本
海　　拔：600~1800 m
国内分布：新疆
国外分布：俄罗斯、哈萨克斯坦、吉尔吉斯斯坦、塔吉克斯坦
濒危等级：LC

细叶鸦葱
Scorzonera pusilla Pall.
习　　性：多年生草本
海　　拔：500~3400 m
国内分布：新疆
国外分布：阿富汗、巴基斯坦、俄罗斯、哈萨克斯坦、吉尔吉斯斯坦、蒙古、塔吉克斯坦、土库曼斯坦、乌兹别克斯坦
濒危等级：LC

毛梗鸦葱
Scorzonera radiata Fisch. ex Ledeb.
习　　性：多年生草本
海　　拔：900~2600 m
国内分布：黑龙江、吉林、辽宁、内蒙古、新疆
国外分布：俄罗斯、哈萨克斯坦、乌兹别克斯坦
濒危等级：LC

灰枝鸦葱
Scorzonera sericeolanata(Bunge)Krasch. et Lipsch.
习　　性：多年生草本
海　　拔：300~1400 m
国内分布：新疆
国外分布：俄罗斯、哈萨克斯坦、乌兹别克斯坦
濒危等级：LC

桃叶鸦葱
Scorzonera sinensis(Lipsch. et Krasch.)Nakai
习　　性：多年生草本
海　　拔：200~2500 m
国内分布：安徽、甘肃、河北、河南、江苏、辽宁、内蒙古、宁夏、山东、山西、陕西
国外分布：蒙古
濒危等级：LC

小鸦葱
Scorzonera subacaulis(Regel)Lipsch.
习　　性：多年生草本
海　　拔：2600 m 以上
国内分布：新疆
国外分布：哈萨克斯坦、吉尔吉斯斯坦
濒危等级：DD

橙黄鸦葱
Scorzonera transiliensis Popov
习　　性：多年生草本
海　　拔：约1700 m
国内分布：新疆
国外分布：哈萨克斯坦、吉尔吉斯斯坦
濒危等级：LC

千里光属 Senecio L.

湖南千里光
Senecio actinotus Hand.-Mazz.
习　　性：多年生草本
海　　拔：1200~1300 m
分　　布：广西、湖南
濒危等级：DD

尖羽千里光
Senecio acutipinnus Hand.-Mazz.
习　　性：多年生草本
海　　拔：约3300 m
分　　布：云南
濒危等级：LC

白紫千里光
Senecio albopurpureus Kitam.
习　　性：多年生草本
海　　拔：3900~4300 m
国内分布：西藏
国外分布：不丹、尼泊尔、印度
濒危等级：LC

琥珀千里光
Senecio ambraceus Turcz. ex DC.
习　　性：多年生草本
海　　拔：500~1400 m
国内分布：甘肃、河北、河南、黑龙江、吉林、辽宁、内蒙古、山东、陕西
国外分布：朝鲜半岛、俄罗斯、蒙古

濒危等级：LC

菊状千里光
Senecio analogus DC.
习　　性：多年生草本
海　　拔：1100～3800 m
国内分布：贵州、湖北、四川、西藏、云南
国外分布：巴基斯坦、不丹、尼泊尔、印度
濒危等级：LC

长舌千里光
Senecio arachnanthus Franch.
习　　性：多年生草本
海　　拔：约 3000 m
分　　布：云南
濒危等级：LC

额河千里光
Senecio argunensis Turcz.
习　　性：多年生草本
海　　拔：500～3300 m
国内分布：安徽、甘肃、河北、河南、黑龙江、湖北、吉林、江苏、辽宁、内蒙古、宁夏、青海、山西、陕西、四川
国外分布：朝鲜半岛、俄罗斯、蒙古、日本
濒危等级：LC
资源利用：药用（中草药）

糙叶千里光
Senecio asperifolius Franch.
习　　性：多年生草本
海　　拔：700～2500 m
分　　布：贵州、四川、云南
濒危等级：LC

黑褐千里光
Senecio atrofuscus Grierson
习　　性：多年生草本
海　　拔：约 3900 m
分　　布：四川、西藏、云南
濒危等级：LC

双舌千里光
Senecio biligulatus W. W. Smith
习　　性：多年生草本
海　　拔：3000～3900 m
国内分布：西藏
国外分布：不丹、缅甸、尼泊尔、印度
濒危等级：LC

麻叶千里光
Senecio cannabifolius Less.

麻叶千里光（原变种）
Senecio cannabifolius var. **cannabifolius**
习　　性：多年生草本
国内分布：河北、黑龙江、吉林、内蒙古
国外分布：阿留申群岛、朝鲜半岛、俄罗斯、日本
濒危等级：LC

全叶千里光
Senecio cannabifolius var. **integrifolius**（Koidz.）Kitam.
习　　性：多年生草本
海　　拔：100～1000 m
国内分布：吉林
国外分布：俄罗斯、日本
濒危等级：DD

肇骞千里光
Senecio changii C. Ren et Q. E. Yang
习　　性：多年生草本
分　　布：四川
濒危等级：LC

中甸千里光
Senecio chungtienensis C. Jeffrey et Y. L. Chen
习　　性：多年生草本
海　　拔：约 3000 m
分　　布：云南
濒危等级：DD

瓜叶千里光
Senecio cinarifolius H. Lév.
习　　性：多年生草本
海　　拔：2300～3200 m
分　　布：云南
濒危等级：DD

革苞千里光
Senecio coriaceisquamus C. C. Chang
习　　性：多年生草本
海　　拔：约 3000 m
分　　布：云南
濒危等级：LC

密齿千里光
Senecio densiserratus C. C. Chang
习　　性：多年生草本
海　　拔：2400～3000 m
分　　布：甘肃、陕西、四川
濒危等级：DD

苞叶千里光
Senecio desfontainei Druce
习　　性：一年生草本
海　　拔：3100～4600 m
国内分布：西藏
国外分布：克什米尔地区、马卡罗尼西亚群岛、印度
濒危等级：DD

异羽千里光
Senecio diversipinnus Y. Ling

异羽千里光（原变种）
Senecio diversipinnus var. **diversipinnus**
习　　性：多年生草本
海　　拔：1900～3800 m
分　　布：甘肃、青海、四川
濒危等级：LC

无舌异羽千里光
Senecio diversipinnus var. **discoideus** C. Jeffrey et Y. L. Chen
- 习　　性：多年生草本
- 海　　拔：2900~3200 m
- 分　　布：四川
- 濒危等级：DD

黑缘千里光
Senecio dodrans C. Winkl.
- 习　　性：多年生草本
- 海　　拔：约 4400 m
- 分　　布：四川
- 濒危等级：LC

垂头千里光
Senecio drukensis C. Marquand et Airy Shaw
- 习　　性：多年生草本
- 海　　拔：2900~3600 m
- 分　　布：西藏
- 濒危等级：LC

北千里光
Senecio dubitabilis C. Jeffrey et Y. L. Chen
- 习　　性：一年生草本
- 海　　拔：2000~4800 m
- 国内分布：甘肃、河北、内蒙古、青海、陕西、西藏、新疆
- 国外分布：巴基斯坦、俄罗斯、吉尔吉斯斯坦、克什米尔地区、蒙古、塔吉克斯坦、乌兹别克斯坦、印度
- 濒危等级：LC

裸缨千里光
Senecio echaetus Y. L. Chen et K. Y. Pan
- 习　　性：多年生草本
- 海　　拔：约 2700 m
- 国内分布：西藏
- 国外分布：尼泊尔
- 濒危等级：DD

散生千里光
Senecio exul Hance
- 习　　性：一年生草本
- 海　　拔：海平面至 600 m
- 国内分布：重庆、广东、湖北、四川、浙江
- 国外分布：泰国
- 濒危等级：LC

峨眉千里光
Senecio faberi Hemsl.
- 习　　性：多年生草本
- 海　　拔：900~2700 m
- 分　　布：贵州、陕西、四川
- 濒危等级：DD

匐枝千里光
Senecio filifer Franch.
- 习　　性：多年生草本
- 海　　拔：700~3700 m
- 分　　布：贵州、四川、云南
- 濒危等级：DD

闽千里光
Senecio fukienensis Y. Ling ex C. Jeffrey et Y. L. Chen
- 习　　性：多年生草本
- 海　　拔：约 600 m
- 分　　布：福建
- 濒危等级：DD

纤花千里光
Senecio graciliflorus DC.
- 习　　性：多年生草本
- 海　　拔：2000~4100 m
- 国内分布：贵州、四川、西藏、云南
- 国外分布：克什米尔地区、马来西亚、印度
- 濒危等级：LC

弥勒千里光
Senecio humbertii C. C. Chang
- 习　　性：多年生草本
- 海　　拔：2000~2400 m
- 分　　布：云南
- 濒危等级：DD

新疆千里光
Senecio jacobaea L.
- 习　　性：二年生草本
- 海　　拔：500~2000 m
- 国内分布：江苏、新疆
- 国外分布：俄罗斯、哈萨克斯坦、吉尔吉斯斯坦、蒙古、塔吉克斯坦、乌兹别克斯坦
- 濒危等级：LC

工布千里光
Senecio kongboensis Ludlow
- 习　　性：多年生草本
- 海　　拔：3600~3900 m
- 分　　布：西藏
- 濒危等级：DD

细梗千里光
Senecio krascheninnikovii Schischk.
- 习　　性：一年生草本
- 海　　拔：1800~3900 m
- 国内分布：青海、西藏、新疆
- 国外分布：阿富汗、巴基斯坦、俄罗斯、哈萨克斯坦、吉尔吉斯斯坦、塔吉克斯坦、印度
- 濒危等级：LC

关山千里光
Senecio kuanshanensis C. I Peng et S. W. Chung
- 习　　性：多年生草本
- 海　　拔：2500~3300 m
- 分　　布：台湾
- 濒危等级：EN D

须弥千里光
Senecio kumaonensis Duthie ex C. Jeffrey et Y. L. Chen
- 习　　性：多年生草本
- 海　　拔：3600~4500 m
- 国内分布：西藏

国外分布：不丹、尼泊尔、印度
濒危等级：LC

拉萨千里光
Senecio lhasaensis Y. Ling ex Y. L. Chen, S. Yun Liang et K. Y. Pan
习　　性：多年生草本
海　　拔：4000~5400 m
分　　布：西藏
濒危等级：DD

凉山千里光
Senecio liangshanensis C. Jeffrey et Y. L. Chen
习　　性：多年生草本
海　　拔：2600~3400 m
分　　布：四川、云南
濒危等级：LC

丽江千里光
Senecio lijiangensis C. Jeffrey et Y. L. Chen
习　　性：多年生草本
海　　拔：3000~3500 m
分　　布：四川、云南
濒危等级：LC

君范千里光
Senecio lingianus C. Jeffrey et Y. L. Chen
习　　性：多年生草本
海　　拔：3600~4000 m
分　　布：西藏
濒危等级：LC

大花千里光
Senecio megalanthus Y. L. Chen
习　　性：多年生草本
海　　拔：4100~4800 m
分　　布：四川
濒危等级：DD

玉山千里光
Senecio morrisonensis Hayata

玉山千里光（原变种）
Senecio morrisonensis var. **morrisonensis**
习　　性：多年生草本
海　　拔：2000~3300 m
分　　布：台湾
濒危等级：LC

齿叶玉山千里光
Senecio morrisonensis var. **dentatus** Kitam.
习　　性：多年生草本
海　　拔：1600~3300 m
分　　布：台湾
濒危等级：LC

木里千里光
Senecio muliensis C. Jeffrey et Y. L. Chen
习　　性：二年生或多年生草本
海　　拔：约4000 m
分　　布：四川
濒危等级：LC

多苞千里光
Senecio multibracteolatus C. Jeffrey et Y. L. Chen
习　　性：多年生草本
海　　拔：2700~2800 m
分　　布：四川、云南
濒危等级：LC

多裂千里光
Senecio multilobus C. C. Chang
习　　性：多年生草本
海　　拔：2700~3000 m
分　　布：云南
濒危等级：DD

林荫千里光
Senecio nemorensis L.
习　　性：多年生草本
海　　拔：700~3000 m
国内分布：安徽、福建、甘肃、贵州、河北、河南、湖北、吉林、内蒙古、山东、山西、陕西、四川、台湾、新疆、云南、浙江
国外分布：朝鲜半岛、俄罗斯、哈萨克斯坦、吉尔吉斯斯坦、蒙古、日本
濒危等级：LC

黑苞千里光
Senecio nigrocinctus Franch.
习　　性：多年生草本
海　　拔：3200~4000 m
分　　布：西藏、云南
濒危等级：DD

节花千里光
Senecio nodiflorus C. C. Chang
习　　性：多年生草本
海　　拔：3000~4500 m
分　　布：西藏、云南
濒危等级：LC

裸茎千里光
Senecio nudicaulis Buch. -Ham. ex D. Don
习　　性：多年生草本
海　　拔：1500~1900 m
国内分布：贵州、四川、云南
国外分布：巴基斯坦、不丹、克什米尔、缅甸、尼泊尔、印度
濒危等级：LC

钝叶千里光
Senecio obtusatus Wall. ex DC.
习　　性：多年生草本
海　　拔：1500~3300 m
国内分布：贵州、四川、云南
国外分布：孟加拉国、缅甸、泰国、印度
濒危等级：LC

田野千里光
Senecio oryzetorum Diels
习　　性：一年生草本

菊科 ASTERACEAE

海　　拔：1500~2400 m
分　　布：云南
濒危等级：LC

多肉千里光
Senecio pseudoarnica Less.
习　　性：多年生草本
国内分布：黑龙江
国外分布：阿留申群岛、俄罗斯、日本
濒危等级：LC

西南千里光
Senecio pseudomairei H. Lév.
习　　性：多年生草本
海　　拔：1700~3200 m
分　　布：贵州、四川、云南
濒危等级：LC

蕨叶千里光
Senecio pteridophyllus Franch.
习　　性：多年生草本
海　　拔：3000~3800 m
分　　布：云南
濒危等级：NT

莱菔千里光
Senecio raphanifolius Wall. ex DC.
习　　性：多年生草本
海　　拔：2700~4400 m
国内分布：西藏
国外分布：不丹、缅甸、尼泊尔、印度
濒危等级：LC

珠峰千里光
Senecio royleanus DC.
习　　性：多年生草本
海　　拔：2900~3600 m
国内分布：西藏
国外分布：不丹、克什米尔地区、缅甸
濒危等级：LC

风毛菊状千里光
Senecio saussureoides Hand.-Mazz.
习　　性：二年生或多年生草本
海　　拔：3900~4200 m
分　　布：四川、西藏
濒危等级：DD

千里光
Senecio scandens Buch.-Ham. ex D. Don

千里光（原变种）
Senecio scandens var. **scandens**
习　　性：多年生草本
海　　拔：海平面至3200 m
国内分布：安徽、福建、广东、广西、贵州、海南、河南、湖北、湖南、江苏、江西、陕西、四川、台湾、西藏、云南、浙江
国外分布：不丹、菲律宾、柬埔寨、老挝、缅甸、尼泊尔、日本、泰国、印度、越南
濒危等级：LC

山楂叶千里光
Senecio scandens var. **crataegifolius** (Hayata) Kitam.
习　　性：多年生草本
海　　拔：2100~2900 m
分　　布：台湾
濒危等级：LC

缺裂千里光
Senecio scandens var. **incisus** Franch.
习　　性：多年生草本
海　　拔：海平面至4000 m
国内分布：甘肃、广东、贵州、江西、青海、陕西、四川、台湾、西藏、云南、浙江
国外分布：不丹、尼泊尔、斯里兰卡、印度
濒危等级：LC

匙叶千里光
Senecio spathiphyllus Franch.
习　　性：多年生草本
海　　拔：1500~3000 m
分　　布：四川、云南
濒危等级：LC

闽粤千里光
Senecio stauntonii DC.
习　　性：多年生草本
海　　拔：约600 m
分　　布：广东、广西、湖南
濒危等级：DD

近全缘千里光
Senecio subdentatus Ledeb.
习　　性：一年生草本
海　　拔：400~700 m
国内分布：新疆
国外分布：俄罗斯、哈萨克斯坦、吉尔吉斯斯坦、蒙古、塔吉克斯坦、土库曼斯坦、乌兹别克斯坦
濒危等级：LC

太鲁阁千里光
Senecio tarokoensis C. I Peng
习　　性：多年生草本
海　　拔：1000~2000 m
分　　布：台湾
濒危等级：EN B1ab (ii, iv, v); D

天山千里光
Senecio thianschanicus Regel et Schmalh.
习　　性：多年生草本
海　　拔：2400~5000 m
国内分布：甘肃、内蒙古、青海、四川、西藏、新疆
国外分布：俄罗斯、哈萨克斯坦、吉尔吉斯斯坦、缅甸
濒危等级：LC

西藏千里光
Senecio tibeticus Hook. f.

习　　性：多年生草本
海　　拔：3000~3900 m
国内分布：新疆
国外分布：巴基斯坦
濒危等级：LC

三尖千里光
Senecio tricuspis Franch.
习　　性：多年生草本
海　　拔：3500~3800 m
分　　布：四川、云南
濒危等级：LC

欧洲千里光
Senecio vulgaris L.
习　　性：一年生草本
海　　拔：300~2300 m
国内分布：贵州、吉林、辽宁、内蒙古、四川、台湾、西藏、云南
国外分布：蒙古
濒危等级：LC

岩生千里光
Senecio wightii (DC.) Benth. ex C. B. Clarke
习　　性：多年生草本
海　　拔：1100~3000 m
国内分布：贵州、四川、云南
国外分布：不丹、缅甸、泰国、印度
濒危等级：LC

永宁千里光
Senecio yungningensis Hand.-Mazz.
习　　性：一年生草本
海　　拔：2600~2800 m
分　　布：四川
濒危等级：DD

绢蒿属 Seriphidium (Besser ex Less.) Fourr.

小针裂叶绢蒿
Seriphidium amoenum (Poljakov) Poljakov
习　　性：亚灌木
海　　拔：1500 m 以下
分　　布：新疆
濒危等级：LC
资源利用：原料（精油）

光叶绢蒿
Seriphidium aucheri (Boiss.) Y. Ling et Y. R. Ling
习　　性：亚灌木
海　　拔：2400~3700 m
国内分布：西藏
国外分布：阿富汗、巴基斯坦
濒危等级：LC

博洛塔绢蒿
Seriphidium borotalense (Poljakov) Y. Ling et Y. R. Ling
习　　性：多年生草本
海　　拔：1000~1500 m
分　　布：新疆
濒危等级：LC

短叶绢蒿
Seriphidium brevifolium (Wall. ex DC.) Y. Ling et Y. R. Ling
习　　性：亚灌木或灌木
海　　拔：2700~4500 m
国内分布：西藏
国外分布：阿富汗、巴基斯坦、印度
濒危等级：LC
资源利用：药用（中草药）；原料（精油）

蛔蒿
Seriphidium cinum (O. Berg et C. F. Schmidt) Poljakov
习　　性：多年生草本
国内分布：甘肃、陕西、新疆
国外分布：哈萨克斯坦
濒危等级：LC
资源利用：药用（中草药）；原料（精油）

聚头绢蒿
Seriphidium compactum (Fisch. ex DC.) Poljakov
习　　性：多年生草本
海　　拔：1500~3100 m
国内分布：甘肃、内蒙古、宁夏、青海、新疆
国外分布：俄罗斯、哈萨克斯坦、蒙古
濒危等级：LC
资源利用：原料（精油）

苍绿绢蒿
Seriphidium fedtschenkoanum (Krasch.) Poljakov
习　　性：多年生草本
海　　拔：1500 m 以下
国内分布：甘肃、新疆
国外分布：哈萨克斯坦、吉尔吉斯斯坦、塔吉克斯坦
濒危等级：LC

费尔干绢蒿
Seriphidium ferganense (Krasch. ex Poljakov) Poljakov
习　　性：多年生草本
海　　拔：约 2200 m
国内分布：新疆
国外分布：哈萨克斯坦、吉尔吉斯斯坦
濒危等级：LC

东北蛔蒿
Seriphidium finitum (Kitag.) Y. Ling et Y. R. Ling
习　　性：亚灌木
海　　拔：约 600 m
分　　布：内蒙古
濒危等级：LC
资源利用：药用（中草药）

纤细绢蒿
Seriphidium gracilescens (Krasch. et Iljin) Poljakov
习　　性：亚灌木
海　　拔：800~2300 m
国内分布：新疆
国外分布：俄罗斯、哈萨克斯坦、蒙古

濒危等级：LC
资源利用：原料（精油）；动物饲料（饲料）

高原绢蒿
Seriphidium grenardii(Franch.) Y. R. Ling et Humphries
习　　性：亚灌木
海　　拔：2000～2600 m
分　　布：新疆
濒危等级：DD

半荒漠绢蒿
Seriphidium heptapotamicum(Poljakov) Y. Ling et Y. R. Ling
习　　性：多年生草本
海　　拔：800～1500 m
国内分布：新疆
国外分布：哈萨克斯坦
濒危等级：LC

伊塞克绢蒿
Seriphidium issykkulense(Poljakov) Poljakov
习　　性：亚灌木
海　　拔：1400 m 以下
国内分布：新疆
国外分布：哈萨克斯坦
濒危等级：LC

三裂叶绢蒿
Seriphidium junceum(Kar. et Kir.) Poljakov

三裂叶绢蒿（原变种）
Seriphidium junceum var. **junceum**
习　　性：亚灌木
海　　拔：800～1500 m
国内分布：新疆
国外分布：哈萨克斯坦
濒危等级：LC
资源利用：原料（精油）

大头三裂叶绢蒿
Seriphidium junceum var. **macrosciadium**（Poljakov）Y. Ling et Y. R. Ling
习　　性：亚灌木
海　　拔：800～1500 m
国内分布：新疆
国外分布：哈萨克斯坦
濒危等级：LC

卡拉套绢蒿
Seriphidium karatavicum(Krasch. et Abolin ex Poljakov) Y. Ling et Y. R. Ling
习　　性：亚灌木
海　　拔：2500～3100 m
国内分布：新疆
国外分布：哈萨克斯坦
濒危等级：LC

新疆绢蒿
Seriphidium kaschgaricum(Krasch.) Poljakov

新疆绢蒿（原变种）
Seriphidium kaschgaricum var. **kaschgaricum**
习　　性：亚灌木
海　　拔：1200 m 以下
分　　布：新疆
濒危等级：LC

准噶尔绢蒿
Seriphidium kaschgaricum var. **dshungaricum**(Filatova) Y. R. Ling
习　　性：亚灌木
海　　拔：1200 m
分　　布：新疆
濒危等级：LC

昆仑绢蒿
Seriphidium korovinii(Poljakov) Poljakov
习　　性：多年生草本
海　　拔：2000～3000 m
国内分布：新疆
国外分布：阿富汗、哈萨克斯坦、吉尔吉斯斯坦、塔吉克斯坦
濒危等级：LC

球序绢蒿
Seriphidium lehmannianum(Bunge) Poljakov
习　　性：亚灌木
海　　拔：1800～2400 m
国内分布：新疆
国外分布：阿富汗、哈萨克斯坦、印度
濒危等级：LC
资源利用：原料（精油）；动物饲料（饲料）

民勤绢蒿
Seriphidium minchunense Y. R. Ling
习　　性：多年生草本
海　　拔：1300～1400 m
分　　布：甘肃、新疆
濒危等级：LC
资源利用：动物饲料（饲料）

蒙青绢蒿
Seriphidium mongolorum(Krasch.) Y. Ling et Y. R. Ling
习　　性：亚灌木
海　　拔：1100～2700 m
国内分布：内蒙古、青海
国外分布：蒙古
濒危等级：DD

西北绢蒿
Seriphidium nitrosum(Weber ex Stechm.) Poljakov

西北绢蒿（原变种）
Seriphidium nitrosum var. **nitrosum**
习　　性：多年生草本或亚灌木
海　　拔：1500 m 以下
国内分布：甘肃、内蒙古、新疆
国外分布：俄罗斯、哈萨克斯坦、蒙古
濒危等级：LC
资源利用：原料（精油）；动物饲料（饲料）

戈壁绢蒿
Seriphidium nitrosum var. **gobicum**(Krasch.) Y. R. Ling
习　　性：多年生草本或亚灌木

国内分布：新疆
国外分布：俄罗斯、哈萨克斯坦、蒙古
濒危等级：LC

高山绢蒿
Seriphidium rhodanthum(Rupr.)Poljakov
习　　性：多年生草本
海　　拔：1500~3700 m
国内分布：新疆
国外分布：哈萨克斯坦、吉尔吉斯斯坦、塔吉克斯坦
濒危等级：LC

沙漠绢蒿
Seriphidium santolinum(Schrenk)Poljakov
习　　性：亚灌木
海　　拔：1400 m 以下
国内分布：新疆
国外分布：哈萨克斯坦
濒危等级：LC

沙湾绢蒿
Seriphidium sawanense Y. R. Ling et Humphries
习　　性：亚灌木
海　　拔：1500 m 以下
分　　布：新疆
濒危等级：LC

草原绢蒿
Seriphidium schrenkianum(Ledeb.)Poljakov
习　　性：多年生草本
海　　拔：100~1000 m
国内分布：新疆
国外分布：俄罗斯、哈萨克斯坦、蒙古
濒危等级：LC
资源利用：原料（精油）；动物饲料（饲料）

半凋萎绢蒿
Seriphidium semiaridum(Krasch. et Lavrova)Y. Ling et Y. R. Ling
习　　性：多年生草本
国内分布：新疆
国外分布：哈萨克斯坦
濒危等级：LC

针裂叶绢蒿
Seriphidium sublessingianum(Krasch. ex Poljakov)Poljakov
习　　性：亚灌木
海　　拔：800~1300 m
国内分布：新疆
国外分布：俄罗斯、哈萨克斯坦、蒙古
濒危等级：LC

白茎绢蒿
Seriphidium terrae-albae(Krasch.)Poljakov
习　　性：多年生草本
海　　拔：500~1200 m
国内分布：新疆
国外分布：哈萨克斯坦、蒙古
濒危等级：LC
资源利用：原料（精油）；动物饲料（饲料）

西藏绢蒿
Seriphidium thomsonianum(C. B. Clarke)Y. Ling et Y. R. Ling
习　　性：亚灌木
海　　拔：3600~4300 m
国内分布：西藏
国外分布：阿富汗、巴基斯坦、印度
濒危等级：LC

伊犁绢蒿
Seriphidium transiliense(Poljakov)Poljakov
习　　性：亚灌木
海　　拔：500~2200 m
国内分布：新疆
国外分布：哈萨克斯坦
濒危等级：LC
资源利用：药用（中草药）；原料（精油）；动物饲料（饲料）

伪泥胡菜属 Serratula L.

伪泥胡菜
Serratula coronata L.
习　　性：多年生草本
海　　拔：100~1600 m
国内分布：安徽、甘肃、贵州、河北、河南、黑龙江、湖北、吉林、江苏、江西、辽宁、内蒙古、山东、山西、陕西、新疆
国外分布：朝鲜半岛、俄罗斯、哈萨克斯坦、吉尔吉斯斯坦、蒙古、日本
濒危等级：LC

虾须草属 Sheareria S. Moore

虾须草
Sheareria nana S. Moore
习　　性：二年生草本
海　　拔：海平面至 700 m
分　　布：安徽、广东、贵州、湖北、湖南、江苏、江西、陕西、四川、云南、浙江
濒危等级：DD

豨莶属 Sigesbeckia L.

毛梗豨莶
Sigesbeckia glabrescens(Makino)Makino
习　　性：一年生草本
海　　拔：300~2500 m
国内分布：安徽、福建、广东、广西、贵州、海南、河南、湖北、湖南、江苏、江西、辽宁、四川、台湾、云南、浙江
国外分布：朝鲜半岛、日本
濒危等级：LC

豨莶
Sigesbeckia orientalis L.
习　　性：一年生草本
海　　拔：100~2800 m
国内分布：安徽、福建、甘肃、广东、广西、贵州、海南、河南、湖北、湖南、江苏、江西、陕西、四川、

台湾、西藏、云南、浙江
国外分布：澳大利亚、不丹、俄罗斯、老挝、马来西亚、尼泊尔、日本、泰国、印度、越南
濒危等级：LC

腺梗豨莶
Sigesbeckia pubescens(Makino)Makino
习　　性：一年生草本
海　　拔：3400 m 以下
国内分布：安徽、福建、甘肃、广东、广西、贵州、海南、河北、河南、湖北、湖南、吉林、江苏、江西、辽宁、内蒙古、陕西、四川、台湾、西藏、云南、浙江
国外分布：朝鲜半岛、日本、印度
濒危等级：LC

华蟹甲属 Sinacalia H. Robinson et Brettell

革叶华蟹甲
Sinacalia caroli(C. Winkl.)C. Jeffrey et Y. L. Chen
习　　性：多年生草本
海　　拔：1000~2900 m
分　　布：甘肃、四川
濒危等级：LC

双花华蟹甲
Sinacalia davidii(Franch.)H. Koyama
习　　性：多年生草本
海　　拔：900~3200 m
分　　布：陕西、四川、西藏、云南
濒危等级：LC

大头华蟹甲
Sinacalia macrocephala(H. Rob. et Brettell)C. Jeffrey et Y. L. Chen
习　　性：多年生草本
分　　布：湖北
濒危等级：DD

华蟹甲
Sinacalia tangutica(Maxim.)B. Nord.
习　　性：多年生草本
海　　拔：1200~3500 m
分　　布：甘肃、河北、河南、湖北、湖南、宁夏、青海、山西、陕西、四川
濒危等级：LC

君范菊属 Sinoleontopodium Y. L. Chen

君范菊
Sinoleontopodium lingianum Y. L. Chen
习　　性：多年生草本
海　　拔：4500~4900 m
分　　布：西藏
濒危等级：DD

蒲儿根属 Sinosenecio B. Nordenstam

白脉蒲儿根
Sinosenecio albonervius Y. Liu et Q. E. Yang
习　　性：多年生草本
海　　拔：800~1200 m
分　　布：湖北、湖南
濒危等级：NT B1ab（iii）

保靖蒲儿根
Sinosenecio baojingensis Y. Liu et Q. E. Yang
习　　性：多年生草本
海　　拔：约 300 m
分　　布：湖南
濒危等级：VU D2

黔西蒲儿根
Sinosenecio bodinieri(Vaniot)B. Nord.
习　　性：多年生草本
海　　拔：900~1000 m
分　　布：贵州
濒危等级：LC

莲座狗舌草
Sinosenecio changii(B. Nord.)B. Nord.
习　　性：多年生草本
海　　拔：1800~2700 m
分　　布：重庆
濒危等级：LC

雨农蒲儿根
Sinosenecio chienii(Hand.-Mazz.)B. Nord.
习　　性：多年生草本
海　　拔：800~2800 m
分　　布：四川
濒危等级：LC

西南蒲儿根
Sinosenecio confervifer(H. Lév.)Y. Liu et Q. E. Yang
习　　性：多年生草本
海　　拔：500~2200 m
分　　布：重庆、贵州、湖南、四川、云南
濒危等级：LC

仙客来蒲儿根
Sinosenecio cyclaminifolius(Franch.)B. Nord.
习　　性：多年生草本
海　　拔：1300~1900 m
分　　布：重庆、四川
濒危等级：DD

齿裂蒲儿根
Sinosenecio denticulatus J. Q. Liu
习　　性：多年生草本
海　　拔：约 1500 m
分　　布：四川
濒危等级：LC

川鄂蒲儿根
Sinosenecio dryas(Dunn)C. Jeffrey et Y. L. Chen
习　　性：多年生草本
海　　拔：2000~2100 m
分　　布：重庆、湖北
濒危等级：LC

毛柄蒲儿根
Sinosenecio eriopodus C. Jeffrey et Y. L. Chen
  习 性：多年生草本
  海 拔：300~1600 m
  分 布：重庆、湖北、湖南、四川
  濒危等级：DD

耳柄蒲儿根
Sinosenecio euosmus(Hand. -Mazz.) B. Nord.
  习 性：草本
  海 拔：1800~4000 m
  国内分布：甘肃、湖北、陕西、四川、云南
  国外分布：缅甸
  濒危等级：LC

植夫蒲儿根
Sinosenecio fangianus Y. L. Chen
  习 性：多年生草本
  海 拔：2300~3200 m
  分 布：四川
  濒危等级：DD

梵净蒲儿根
Sinosenecio fanjingshanicus C. Jeffrey et Y. L. Chen
  习 性：草本
  海 拔：1400~2500 m
  分 布：重庆、贵州
  濒危等级：LC

匍枝蒲儿根
Sinosenecio globiger(C. C. Chang) B. Nord.

匍枝蒲儿根（原变种）
Sinosenecio globiger var. **globiger**
  习 性：多年生草本
  海 拔：500~2100 m
  分 布：重庆、贵州、湖北、江西、四川、云南
  濒危等级：LC

腺苞蒲儿根
Sinosenecio globiger var. **adenophyllus** C. Jeffrey et Y. L. Chen
  习 性：多年生草本
  海 拔：约2100 m
  分 布：重庆、贵州
  濒危等级：LC

广西蒲儿根
Sinosenecio guangxiensis C. Jeffrey et Y. L. Chen
  习 性：多年生草本
  海 拔：800~2300 m
  分 布：广西、湖南
  濒危等级：DD

单头蒲儿根
Sinosenecio hederifolius(Dümmer) B. Nord.
  习 性：多年生草本
  海 拔：500~2000 m
  分 布：重庆、甘肃、湖北、陕西、四川
  濒危等级：LC

肾叶蒲儿根
Sinosenecio homogyniphyllus(Cummins) B. Nord.
  习 性：多年生草本
  海 拔：1200~2900 m
  分 布：四川
  濒危等级：LC
  资源利用：药用（中草药）

湖南蒲儿根
Sinosenecio hunanensis(Y. Ling) B. Nord.
  习 性：多年生草本
  分 布：湖南
  濒危等级：LC

壶瓶山蒲儿根
Sinosenecio hupingshanensis Y. Liu et Q. E. Yang
  习 性：多年生草本
  海 拔：1000~1600 m
  分 布：湖北、湖南
  濒危等级：LC

江西蒲儿根
Sinosenecio jiangxiensis Y. Liu et Q. E. Yang
  习 性：多年生草本
  海 拔：1400~1700 m
  分 布：江西

吉首蒲儿根
Sinosenecio jishouensis D. G. Zhang, Y. Liu et Q. E. Yang
  习 性：多年生草本
  海 拔：约300 m
  分 布：湖南
  濒危等级：LC

九华蒲儿根
Sinosenecio jiuhuashanicus C. Jeffrey et Y. L. Chen
  习 性：草本
  海 拔：200~1700 m
  分 布：安徽、湖南、江西
  濒危等级：DD

白背蒲儿根
Sinosenecio latouchei(Jeffrey) B. Nord.
  习 性：草本
  海 拔：200~400 m
  分 布：福建、江西
  濒危等级：DD

雷波蒲儿根
Sinosenecio leiboensis C. Jeffrey et Y. L. Chen
  习 性：草本
  海 拔：约2000 m
  分 布：四川
  濒危等级：LC

橐吾状蒲儿根
Sinosenecio ligularioides(Hand. -Mazz.) B. Nord.
  习 性：多年生草本
  海 拔：1600~2300 m

分　　布：四川
濒危等级：LC

南川蒲儿根
Sinosenecio nanchuanicus Z. Y. Liu, Y. Liu et Q. E. Yang
习　　性：多年生草本
海　　拔：1200~1700 m
分　　布：重庆
濒危等级：LC

蒲儿根
Sinosenecio oldhamianus (Maxim.) B. Nord.
习　　性：一年生或二年生草本
海　　拔：400~2100 m
国内分布：安徽、重庆、福建、甘肃、广东、广西、贵州、河南、湖北、湖南、江苏、江西、山西、陕西、四川、云南、浙江
国外分布：缅甸、泰国、越南
濒危等级：LC

鄂西蒲儿根
Sinosenecio palmatisectus C. Jeffrey et Y. L. Chen
习　　性：多年生草本
海　　拔：约1400 m
分　　布：湖北
濒危等级：LC

假光果蒲儿根
Sinosenecio phalacrocarpoides (C. C. Chang) B. Nord.
习　　性：灌木
海　　拔：约2700 m
分　　布：云南
濒危等级：DD

秃果蒲儿根
Sinosenecio phalacrocarpus (Hance) B. Nord.
习　　性：多年生草本
海　　拔：约1850 m
分　　布：广东
濒危等级：LC

承经蒲儿根
Sinosenecio qii S. W. Liu et T. N. Ho
习　　性：多年生草本
分　　布：湖南
濒危等级：DD

圆叶蒲儿根
Sinosenecio rotundifolius Y. L. Chen
习　　性：多年生草本
海　　拔：2400~3000 m
分　　布：甘肃、四川
濒危等级：LC

岩生蒲儿根
Sinosenecio saxatilis Y. L. Chen
习　　性：多年生草本
海　　拔：1200~1700 m
分　　布：广东、湖南
濒危等级：DD

七裂蒲儿根
Sinosenecio septilobus (C. C. Chang) B. Nord.
习　　性：多年生草本
海　　拔：400~2300 m
分　　布：重庆、贵州
濒危等级：DD

四川蒲儿根
Sinosenecio sichuanicus Y. Liu et Q. E. Yang
习　　性：多年生草本
海　　拔：1300~2400 m
分　　布：四川
濒危等级：LC

革叶蒲儿根
Sinosenecio subcoriaceus C. Jeffrey et Y. L. Chen
习　　性：多年生草本
海　　拔：800~1800 m
分　　布：重庆
濒危等级：LC

莲座蒲儿根
Sinosenecio subrosulatus (Hand.-Mazz.) B. Nord.
习　　性：多年生草本
海　　拔：2700~4100 m
分　　布：甘肃、四川
濒危等级：LC

松潘蒲儿根
Sinosenecio sungpanensis (Hand.-Mazz.) B. Nord.
习　　性：草本
海　　拔：3300~4300 m
分　　布：四川
濒危等级：DD

三脉蒲儿根
Sinosenecio trinervius (C. C. Chang) B. Nord.
习　　性：多年生草本
分　　布：贵州
濒危等级：LC

紫毛蒲儿根
Sinosenecio villifer (Franch.) B. Nord.
习　　性：多年生草本
海　　拔：900~1700 m
分　　布：重庆、四川
濒危等级：DD

武夷蒲儿根
Sinosenecio wuyiensis Y. L. Chen
习　　性：多年生草本
海　　拔：1200~2200 m
分　　布：福建、江西
濒危等级：DD

艺林蒲儿根
Sinosenecio yilingii Y. Liu et Q. E. Yang
习　　性：多年生草本
海　　拔：2100~2200 m
分　　布：四川

包果菊属 Smallanthus Mackenzie

菊薯
Smallanthus sonchifolius (Poeppig) H. Rob.
习　　性：多年生草本
国内分布：福建、贵州、海南、河北、湖北、湖南、山东、台湾、云南、浙江等地栽培
国外分布：原产南美洲

包果菊
Smallanthus uvedalia (L.) Mack.
习　　性：多年生草本
国内分布：安徽、江苏归化
国外分布：北美洲

一枝黄花属 Solidago L.

高大一枝黄花
Solidago altissima L.
习　　性：多年生草本
国内分布：中国引种栽培；安徽、福建、河北、河南、湖北、江苏、江西、辽宁、山东、四川、台湾、云南、浙江等地归化
国外分布：原产北美洲
资源利用：环境利用（观赏）

加拿大一枝黄花
Solidago canadensis L.
习　　性：多年生草本
国内分布：中国栽培
国外分布：原产北美洲
资源利用：环境利用（观赏）

兴安一枝黄花
Solidago dahurica (Kitag.) Kitag. ex Juz.
习　　性：多年生草本
海　　拔：300～2100 m
国内分布：河北、黑龙江、吉林、辽宁、山西、新疆
国外分布：俄罗斯、哈萨克斯坦、吉尔吉斯斯坦、蒙古、尼泊尔、乌兹别克斯坦
濒危等级：LC

一枝黄花
Solidago decurrens Lour.
习　　性：多年生草本
海　　拔：100～2900 m
国内分布：安徽、福建、广东、广西、贵州、湖北、湖南、江苏、江西、山东、陕西、四川、台湾、云南、浙江
国外分布：朝鲜半岛、菲律宾、老挝、尼泊尔、日本、印度、越南
濒危等级：LC
资源利用：药用（中草药）；环境利用（观赏）

钝苞一枝黄花
Solidago pacifica Juz.
习　　性：多年生草本
海　　拔：约1600 m
濒危等级：LC

国内分布：河北、黑龙江、吉林、辽宁
国外分布：俄罗斯
濒危等级：LC

多皱一枝黄花
Solidago rugosa Mill.
习　　性：多年生草本
国内分布：江西引种
国外分布：原产北美洲

裸柱菊属 Soliva Ruiz et Pav.

裸柱菊
Soliva anthemifolia (Juss.) R. Br.
习　　性：一年生草本
国内分布：福建、广东、海南、江西、台湾、浙江栽培
国外分布：原产南美洲

翼子裸柱菊
Soliva pterosperma (Juss.) Less.
习　　性：一年生草本
国内分布：台湾栽培
国外分布：原产南美洲

小苦苣菜属 Sonchella Sennikov

草甸小苦苣菜
Sonchella dentata (Ledeb.) Sennikov
习　　性：多年生草本
海　　拔：2500～3700 m
国内分布：青海
国外分布：俄罗斯、蒙古
濒危等级：LC

碱小苦苣菜
Sonchella stenoma (Turcz. ex DC.) Sennikov
习　　性：多年生草本
海　　拔：900～1500 m
国内分布：甘肃、内蒙古
国外分布：俄罗斯、蒙古
濒危等级：LC

苦苣菜属 Sonchus L.

花叶滇苦菜
Sonchus asper (L.) Hill
习　　性：一年生草本
国内分布：广西、湖北、江苏、山东、四川、台湾、西藏、新疆、浙江等地归化
国外分布：原产欧洲；在世界各地归化

长裂苦苣菜
Sonchus brachyotus DC.
习　　性：多年生草本
海　　拔：300～4000 m
国内分布：甘肃、广东、广西、河北、河南、黑龙江、吉林、江苏、江西、辽宁、内蒙古、宁夏、青海、山东、山西、陕西、四川、西藏、新疆、云南
国外分布：俄罗斯、哈萨克斯坦、吉尔吉斯斯坦、蒙古、

日本、泰国
颁危等级：LC
资源利用：药用（中草药）

苦苣菜
Sonchus oleraceus L.
习　　性：一年生或二年生草本
国内分布：全国分布和归化
国外分布：原产欧洲；全世界归化
资源利用：药用（中草药）

沼生苦苣菜
Sonchus palustris L.
习　　性：多年生草本
海　　拔：400~900 m
国内分布：新疆
国外分布：俄罗斯、哈萨克斯坦、吉尔吉斯斯坦、塔吉克斯坦、土库曼斯坦、乌兹别克斯坦
颁危等级：LC

苣荬菜
Sonchus wightianus DC.
习　　性：多年生草本
海　　拔：300~2300 m
国内分布：福建、广东、广西、贵州、海南、湖北、湖南、江苏、宁夏、陕西、四川、台湾、西藏、新疆、云南、浙江
国外分布：阿富汗、巴基斯坦、不丹、菲律宾、克什米尔地区、老挝、马来西亚、缅甸、尼泊尔、斯里兰卡、泰国、印度、印度尼西亚、越南
颁危等级：LC

绢毛菊属 Soroseris Stebbins

矮生绢毛菊
Soroseris depressa(Hook. f. & Thomson) Stebbins
习　　性：多年生草本
海　　拔：3200~4500 m
国内分布：西藏
国外分布：不丹、尼泊尔、印度
颁危等级：LC

空桶参
Soroseris erysimoides(Hand.-Mazz.) C. Shih
习　　性：多年生草本
海　　拔：3000~3500 m
国内分布：甘肃、青海、陕西、四川、西藏、云南
国外分布：不丹、尼泊尔、印度
颁危等级：LC
资源利用：药用（中草药）

绢毛菊
Soroseris glomerata(Decne.) Stebbins
习　　性：多年生草本
海　　拔：3200~5600 m
国内分布：甘肃、青海、四川、西藏、新疆、云南
国外分布：巴基斯坦、克什米尔地区、尼泊尔、印度
颁危等级：LC

皱叶绢毛菊
Soroseris hookeriana(C. B. Clarke) Stebbins
习　　性：多年生草本
海　　拔：2800~5500 m
国内分布：甘肃、青海、四川、西藏、云南
国外分布：不丹、尼泊尔、印度
颁危等级：LC

矮小绢毛菊
Soroseris pumila Stebbins
习　　性：多年生草本
海　　拔：4300~4900 m
国内分布：西藏
国外分布：不丹、印度
颁危等级：LC

柱序绢毛菊
Soroseris teres C. Shih
习　　性：多年生草本
海　　拔：3900~4300 m
国内分布：西藏
国外分布：不丹
颁危等级：EN D

肉菊
Soroseris umbrella(Franch.) Stebbins
习　　性：多年生草本
海　　拔：2600~4600 m
国内分布：四川、西藏、云南
国外分布：不丹、印度
颁危等级：LC

戴星草属 Sphaeranthus L.

戴星草
Sphaeranthus africanus L.
习　　性：一年生草本
海　　拔：1300~2000 m
国内分布：广东、广西、海南、台湾、云南
国外分布：澳大利亚、柬埔寨、马来西亚、缅甸、泰国、越南
颁危等级：LC

绒毛戴星草
Sphaeranthus indicus L.
习　　性：一年生草本
海　　拔：700~1000 m
国内分布：云南
国外分布：澳大利亚、不丹、柬埔寨、老挝、马来西亚、尼泊尔、泰国、印度、越南
颁危等级：LC

非洲戴星草
Sphaeranthus senegalensis DC.
习　　性：一年生草本
海　　拔：600~1300 m
国内分布：云南
国外分布：热带非洲、亚洲
颁危等级：LC

蟛蜞菊属 Sphagneticola O. Hoffm.

广东蟛蜞菊
Sphagneticola × guangdongensis Q. Yuan
- 习　　性：多年生草本
- 海　　拔：约 30 m
- 分　　布：广东
- 濒危等级：LC

蟛蜞菊
Sphagneticola calendulacea（L.）Pruski
- 习　　性：多年生草本
- 国内分布：福建、广东、辽宁、台湾
- 国外分布：菲律宾、缅甸、日本、斯里兰卡、泰国、印度、印度尼西亚、越南
- 濒危等级：LC

南美蟛蜞菊
Sphagneticola trilobata（L.）Pruski
- 习　　性：多年生草本
- 国内分布：广东、台湾归化
- 国外分布：原产新世界热带地区

百花蒿属 Stilpnolepis Krasch.

百花蒿
Stilpnolepis centiflora（Maxim.）Krasch.
- 习　　性：一年生草本
- 海　　拔：1100～1300 m
- 国内分布：甘肃、内蒙古、宁夏、陕西
- 国外分布：蒙古
- 濒危等级：LC

紊蒿
Stilpnolepis intricata（Franch.）C. Shih
- 习　　性：一年生草本
- 海　　拔：1300～1400 m
- 国内分布：甘肃、内蒙古、宁夏、青海、新疆
- 国外分布：蒙古
- 濒危等级：LC

含苞草属 Symphyllocarpus Maxim.

含苞草
Symphyllocarpus exilis Maxim.
- 习　　性：一年生草本
- 海　　拔：约 200 m
- 国内分布：黑龙江、吉林
- 国外分布：俄罗斯
- 濒危等级：NT A1ac；B1ab（iii）

联毛紫菀属 Symphyotrichum Nees

短星菊
Symphyotrichum ciliatum（Ledeb.）G. L. Nesom
- 习　　性：一年生草本
- 海　　拔：500～1500 m
- 国内分布：甘肃、河北、河南、黑龙江、吉林、辽宁、内蒙古、宁夏、山东、山西、陕西、新疆
- 国外分布：朝鲜半岛、俄罗斯、哈萨克斯坦、蒙古、日本、乌兹别克斯坦
- 濒危等级：LC

倒折联毛紫菀
Symphyotrichum retroflexum（Lindl. ex DC.）G. L. Nesom
- 习　　性：多年生草本
- 国内分布：江西归化
- 国外分布：原产北美洲

钻叶紫菀
Symphyotrichum subulatum（Michx.）G. L. Nesom
- 习　　性：一年生草本
- 国内分布：安徽、福建、广西、贵州、河北、河南、湖北、湖南、江苏、江西、山东、陕西、四川、台湾、香港、云南、浙江等地归化
- 国外分布：原产非洲、美洲

合头菊属 Syncalathium Lipsch.

黄花合头菊
Syncalathium chrysocephalum（C. Shih）S. W. Liu
- 习　　性：多年生草本
- 海　　拔：4100～4700 m
- 分　　布：青海、西藏
- 濒危等级：EN B1ab（i, iii）；C1

盘状合头菊
Syncalathium disciforme（Mattf.）Y. Ling
- 习　　性：多年生草本
- 海　　拔：3900～4800 m
- 分　　布：甘肃、青海、四川
- 濒危等级：NT B1ab（iii）

合头菊
Syncalathium kawaguchii（Kitam.）Y. Ling
- 习　　性：一年生草本
- 海　　拔：3800～5400 m
- 分　　布：青海、西藏
- 濒危等级：NT D

紫花合头菊
Syncalathium porphyreum（C. Marquand et Airy Shaw）Y. Ling
- 习　　性：多年生草本
- 海　　拔：约 4500 m
- 分　　布：青海、西藏
- 濒危等级：LC

红花合头菊
Syncalathium roseum Y. Ling
- 习　　性：多年生草本
- 海　　拔：3700～3800 m
- 分　　布：西藏
- 濒危等级：EN B1ab（i, iii）；D

金腰箭属 Synedrella Gaertn.

金腰箭
Synedrella nodiflora（L.）Gaertn.

习　　性：一年生草本
海　　拔：110~1450 m
国内分布：广东、海南、台湾、云南
国外分布：南美洲

兔儿伞属 Syneilesis Maxim.

兔儿伞
Syneilesis aconitifolia(Bunge)Maxim.
　　习　　性：多年生草本
　　海　　拔：500~1800 m
　　国内分布：安徽、福建、甘肃、贵州、河北、河南、黑龙江、江苏、辽宁、山西、陕西、浙江
　　国外分布：朝鲜半岛、俄罗斯、日本
　　濒危等级：LC
　　资源利用：药用（中草药）；环境利用（观赏）

南方兔儿伞
Syneilesis australis Y. Ling
　　习　　性：多年生草本
　　海　　拔：700~900 m
　　分　　布：安徽、浙江
　　濒危等级：DD

台湾兔儿伞
Syneilesis hayatae Kitam.
　　习　　性：多年生草本
　　海　　拔：300~500 m
　　分　　布：台湾
　　濒危等级：CR B2ab（i, ii）c（iv）；D

高山兔儿伞
Syneilesis subglabrata(Yamam. et Sasaki)Kitam.
　　习　　性：多年生草本
　　海　　拔：1700~2800 m
　　分　　布：台湾
　　濒危等级：NT

合耳菊属 Synotis(C. B. Clarke)C. Jeffrey

尾尖合耳菊
Synotis acuminata(Wall. ex DC.)C. Jeffrey et Y. L. Chen
　　习　　性：多年生草本
　　海　　拔：2600~3400 m
　　国内分布：西藏
　　国外分布：不丹、尼泊尔、印度
　　濒危等级：LC

宽翅合耳菊
Synotis ainsliaeifolia C. Jeffrey et Y. L. Chen
　　习　　性：草本
　　海　　拔：约2700 m
　　分　　布：西藏
　　濒危等级：LC

翅柄合耳菊
Synotis alata(Wall. ex DC.)C. Jeffrey et Y. L. Chen
　　习　　性：多年生草本
　　海　　拔：1900~4000 m
　　国内分布：贵州、西藏、云南
　　国外分布：不丹、缅甸、尼泊尔、印度
　　濒危等级：LC

术叶合耳菊
Synotis atractylidifolia(Y. Ling)C. Jeffrey et Y. L. Chen
　　习　　性：亚灌木
　　海　　拔：1500~2300 m
　　分　　布：内蒙古、宁夏
　　濒危等级：DD

耳叶合耳菊
Synotis auriculata C. Jeffrey et Y. L. Chen
　　习　　性：灌木状草本或亚灌木
　　海　　拔：2100~2400 m
　　分　　布：西藏
　　濒危等级：DD

滇南合耳菊
Synotis austroyunnanensis C. Jeffrey et Y. L. Chen
　　习　　性：多年生草本
　　海　　拔：1000~1700 m
　　分　　布：贵州、云南
　　濒危等级：LC

缅甸合耳菊
Synotis birmanica C. Jeffrey et Y. L. Chen
　　习　　性：多年生草本
　　海　　拔：3000~3300 m
　　国内分布：云南
　　国外分布：缅甸
　　濒危等级：LC

短缨合耳菊
Synotis brevipappa C. Jeffrey et Y. L. Chen
　　习　　性：多年生草本
　　海　　拔：2400~2700 m
　　分　　布：西藏
　　濒危等级：DD

美头合耳菊
Synotis calocephala C. Jeffrey et Y. L. Chen
　　习　　性：亚灌木
　　海　　拔：2100~2700 m
　　国内分布：云南
　　国外分布：缅甸
　　濒危等级：LC

密花合耳菊
Synotis cappa(Buch.-Ham. ex D. Don)C. Jeffrey et Y. L. Chen
　　习　　性：多年生草本
　　海　　拔：1500~2300 m
　　国内分布：广西、四川、西藏、云南
　　国外分布：不丹、缅甸、尼泊尔、泰国、印度
　　濒危等级：LC

昆明合耳菊
Synotis cavaleriei(H. Lév.)C. Jeffrey et Y. L. Chen
　　习　　性：多年生草本

海　　拔：1700~3000 m
分　　布：贵州、四川、云南
濒危等级：LC

肇骞合耳菊
Synotis changiana Y. L. Chen
习　　性：多年生草本
海　　拔：400~1000 m
分　　布：广西
濒危等级：VU B1ab（ii）

子农合耳菊
Synotis chingiana C. Jeffrey et Y. L. Chen
习　　性：多年生草本
海　　拔：约3000 m
分　　布：云南
濒危等级：LC

大苗山合耳菊
Synotis damiaoshanica C. Jeffrey et Y. L. Chen
习　　性：多年生草本
海　　拔：1200~1500 m
分　　布：广西
濒危等级：DD

滇东合耳菊
Synotis duclouxii（Dunn）C. Jeffrey et Y. L. Chen
习　　性：多年生草本
海　　拔：700~2500 m
分　　布：云南
濒危等级：LC

红缨合耳菊
Synotis erythropappa（Bureau et Franch.）C. Jeffrey et Y. L. Chen
习　　性：多年生草本
海　　拔：1500~3900 m
分　　布：湖北、四川、西藏、云南
濒危等级：LC

褐柄合耳菊
Synotis fulvipes（Y. Ling）C. Jeffrey et Y. L. Chen
习　　性：多年生草本
海　　拔：约1100 m
分　　布：湖南、江西
濒危等级：DD

聚花合耳菊
Synotis glomerata C. Jeffrey et Y. L. Chen
习　　性：多年生草本
海　　拔：2500~3300 m
国内分布：云南
国外分布：缅甸
濒危等级：LC

黔合耳菊
Synotis guizhouensis C. Jeffrey et Y. L. Chen
习　　性：多年生草本
海　　拔：约1600 m
分　　布：贵州、云南
濒危等级：LC

毛叶合耳菊
Synotis hieraciifolia（H. Lév.）C. Jeffrey et Y. L. Chen
习　　性：多年生草本
海　　拔：800~2200 m
分　　布：贵州、云南
濒危等级：DD

紫毛合耳菊
Synotis ionodasys（Hand.-Mazz.）C. Jeffrey et Y. L. Chen
习　　性：半灌木状草本
海　　拔：1200~2500 m
分　　布：云南
濒危等级：DD

须弥合耳菊
Synotis kunthiana（Wall. ex DC.）C. Jeffrey et Y. L. Chen
习　　性：多年生草本
国内分布：西藏
国外分布：巴基斯坦、尼泊尔
濒危等级：DD

长柄合耳菊
Synotis longipes C. Jeffrey et Y. L. Chen
习　　性：多年生草本
分　　布：云南
濒危等级：LC

丽江合耳菊
Synotis lucorum（Franch.）C. Jeffrey et Y. L. Chen
习　　性：多年生草本
海　　拔：2800~4000 m
分　　布：云南
濒危等级：DD

木里合耳菊
Synotis muliensis Y. L. Chen
习　　性：多年生草本
海　　拔：2400~2700 m
分　　布：四川
濒危等级：LC

锯叶合耳菊
Synotis nagensium（C. B. Clarke）C. Jeffrey et Y. L. Chen
习　　性：半灌木状草本
海　　拔：100~2000 m
国内分布：甘肃、广东、广西、贵州、湖北、湖南、四川、西藏、云南
国外分布：缅甸、泰国、印度
濒危等级：LC

纳雍合耳菊
Synotis nayongensis C. Jeffrey et Y. L. Chen
习　　性：多年生草本
海　　拔：约2000 m
分　　布：贵州
濒危等级：LC

耳柄合耳菊
Synotis otophylla Y. L. Chen

习　　性：多年生草本
海　　拔：约 3300 m
分　　布：西藏
濒危等级：LC

掌裂合耳菊
Synotis palmatisecta Y. L. Chen et J. D. Liu
　　习　　性：多年生草本
　　分　　布：贵州
　　濒危等级：DD

紫背合耳菊
Synotis pseudoalata（C. C. Chang）C. Jeffrey et Y. L. Chen
　　习　　性：多年生草本
　　海　　拔：约 2700 m
　　国内分布：云南
　　国外分布：缅甸
　　濒危等级：DD

肾叶合耳菊
Synotis reniformis Y. L. Chen
　　习　　性：多年生草本
　　海　　拔：约 3000 m
　　分　　布：云南
　　濒危等级：LC

红脉合耳菊
Synotis rufinervis（DC.）C. Jeffrey et Y. L. Chen
　　习　　性：多年生草本
　　国内分布：西藏
　　国外分布：尼泊尔
　　濒危等级：NT B1ab（i，iii）

腺毛合耳菊
Synotis saluenensis（Diels）C. Jeffrey et Y. L. Chen
　　习　　性：灌木状草本或亚灌木
　　海　　拔：1000～3000 m
　　国内分布：西藏、云南
　　国外分布：缅甸、越南
　　濒危等级：LC

林荫合耳菊
Synotis sciatrephes（W. W. Smith）C. Jeffrey et Y. L. Chen
　　习　　性：多年生草本
　　海　　拔：2400～3000 m
　　分　　布：云南
　　濒危等级：DD

四川合耳菊
Synotis setchuenensis（Franch.）C. Jeffrey et Y. L. Chen
　　习　　性：多年生草本
　　海　　拔：2500～3200 m
　　分　　布：四川
　　濒危等级：DD

华合耳菊
Synotis sinica（Diels）C. Jeffrey et Y. L. Chen
　　习　　性：多年生草本
　　海　　拔：1300～2200 m
　　分　　布：重庆、贵州
　　濒危等级：DD

川西合耳菊
Synotis solidaginea（Hand.-Mazz.）C. Jeffrey et Y. L. Chen
　　习　　性：多年生草本
　　海　　拔：2900～3900 m
　　分　　布：四川、西藏、云南
　　濒危等级：LC

四花合耳菊
Synotis tetrantha（DC.）C. Jeffrey et Y. L. Chen
　　习　　性：攀援草本
　　海　　拔：2300～2700 m
　　国内分布：西藏
　　国外分布：不丹、尼泊尔、印度
　　濒危等级：LC

三舌合耳菊
Synotis triligulata（Buch.-Ham. ex D. Don）C. Jeffrey et Y. L. Chen
　　习　　性：灌木状草本或亚灌木
　　海　　拔：1200～2100 m
　　国内分布：西藏、云南
　　国外分布：不丹、缅甸、尼泊尔、泰国、印度
　　濒危等级：LC

羽裂合耳菊
Synotis vaniotii（H. Lév.）C. Jeffrey et Y. L. Chen
　　习　　性：多年生草本
　　海　　拔：2800～3100 m
　　分　　布：云南
　　濒危等级：DD

合耳菊
Synotis wallichii（DC.）C. Jeffrey et Y. L. Chen
　　习　　性：多年生草本
　　海　　拔：约 2700 m
　　国内分布：西藏
　　国外分布：不丹、尼泊尔、印度
　　濒危等级：LC

黄白合耳菊
Synotis xantholeuca（Hand.-Mazz.）C. Jeffrey et Y. L. Chen
　　习　　性：多年生草本
　　海　　拔：2200～2700 m
　　分　　布：云南
　　濒危等级：LC

新宁合耳菊
Synotis xinningensis M. Tang et Q. E. Yang
　　习　　性：多年生草本
　　分　　布：湖南
　　濒危等级：VU B1ab（i，iii）

丫口合耳菊
Synotis yakoensis（Jeffrey）C. Jeffrey et Y. L. Chen
　　习　　性：灌木状草本
　　海　　拔：约 2000 m
　　分　　布：云南
　　濒危等级：LC

蔓生合耳菊
Synotis yui C. Jeffrey et Y. L. Chen
　　习　　性：多年生草本

海　　拔：2700~2900 m
国内分布：西藏、云南
国外分布：缅甸
濒危等级：LC

山牛蒡属 Synurus Iljin

山牛蒡
Synurus deltoides (Aiton) Nakai
习　　性：多年生草本
海　　拔：500~2200 m
国内分布：安徽、重庆、甘肃、河北、河南、黑龙江、湖北、湖南、吉林、江西、辽宁、内蒙古、山东、山西、陕西、云南、浙江
国外分布：朝鲜半岛、俄罗斯、蒙古、日本
濒危等级：LC

疆菊属 Syreitschikovia Pavlov

疆菊
Syreitschikovia tenuifolia (Bong.) Pavlov
习　　性：多年生草本
海　　拔：1200~1700 m
国内分布：新疆
国外分布：哈萨克斯坦
濒危等级：LC

万寿菊属 Tagetes L.

万寿菊
Tagetes erecta L.
习　　性：一年生草本
国内分布：各地栽培
国外分布：原产北美洲
资源利用：环境利用（观赏）；药用（中草药）

印加孔雀草
Tagetes minuta L.
习　　性：一年生草本
国内分布：台湾归化
国外分布：原产中、南美洲

菊蒿属 Tanacetum L.

丝叶匹菊
Tanacetum abrotanoides K. Bremer et Humphries
习　　性：多年生草本
海　　拔：2000 m 以上
国内分布：新疆
国外分布：俄罗斯、哈萨克斯坦、蒙古
濒危等级：LC

新疆匹菊
Tanacetum alatavicum Herder
习　　性：多年生草本
海　　拔：1800~2500? m
国内分布：新疆
国外分布：俄罗斯、哈萨克斯坦、蒙古
濒危等级：DD

艾状菊蒿
Tanacetum artemisioides Sch.-Bip. ex Hook. f.
习　　性：多年生草本
海　　拔：2400~2700 m
国内分布：西藏
国外分布：巴基斯坦
濒危等级：LC

藏匹菊
Tanacetum atkinsonii (C. B. Clarke) Kitam.
习　　性：多年生草本
海　　拔：1800~2600 m
国内分布：西藏
国外分布：不丹、尼泊尔、印度
濒危等级：DD

阿尔泰菊蒿
Tanacetum barclayanum DC.
习　　性：多年生草本
海　　拔：500~2100 m
国内分布：新疆
国外分布：俄罗斯、哈萨克斯坦
濒危等级：DD

除虫菊
Tanacetum cinerariifolium (Trevir.) Sch.-Bip.
习　　性：多年生草本
国内分布：安徽、贵州、河北、辽宁、浙江等地栽培
国外分布：原产欧洲；全世界广泛栽培

红花除虫菊
Tanacetum coccineum (Willd.) Grierson
习　　性：多年生草本
国内分布：安徽、河北等地栽培
国外分布：原产亚洲西南部

密头菊蒿
Tanacetum crassipes (Stschegl.) Tzvelev
习　　性：多年生草本
海　　拔：约2100 m
国内分布：新疆
国外分布：俄罗斯、哈萨克斯坦
濒危等级：LC

西藏菊蒿
Tanacetum falconeri Hook. f.
习　　性：多年生草本
海　　拔：2000~4000 m
国内分布：西藏
国外分布：巴基斯坦、印度
濒危等级：LC

托毛匹菊
Tanacetum kaschgarianum K. Bremer et Humphries
习　　性：多年生草本
海　　拔：2000~2600 m
分　　布：新疆
濒危等级：LC

黑苞匹菊
Tanacetum krylovianum (Krasch.) K. Bremer et Humphries
习　　性：多年生草本
海　　拔：2500~3200 m
国内分布：新疆
国外分布：俄罗斯、哈萨克斯坦、蒙古
濒危等级：LC

岩匹菊
Tanacetum petraeum (C. Shih) K. Bremer et Humphries
习　　性：亚灌木
海　　拔：1800~2600 m
分　　布：新疆
濒危等级：DD

美丽匹菊
Tanacetum pulchrum (Ledeb.) Sch. -Bip.
习　　性：多年生草本
海　　拔：约2600 m
国内分布：新疆
国外分布：俄罗斯、哈萨克斯坦、蒙古
濒危等级：LC

单头匹菊
Tanacetum richterioides (C. Winkl.) K. Bremer et Humphries
习　　性：多年生草本
海　　拔：2000~3100 m
国内分布：新疆
国外分布：哈萨克斯坦
濒危等级：LC

散头菊蒿
Tanacetum santolina C. Winkl.
习　　性：多年生草本
海　　拔：1100~2100 m
国内分布：新疆
国外分布：俄罗斯、哈萨克斯坦
濒危等级：LC

岩菊蒿
Tanacetum scopulorum (Krasch.) Tzvelev
习　　性：多年生草本
海　　拔：约700 m
国内分布：新疆
国外分布：哈萨克斯坦
濒危等级：LC

伞房菊蒿
Tanacetum tanacetoides (DC.) Tzvelev
习　　性：多年生草本
海　　拔：500~1800 m
国内分布：新疆
国外分布：俄罗斯、哈萨克斯坦
濒危等级：DD

川西小黄菊
Tanacetum tatsienense (Bureau et Franch.) K. Bremer et Humphries

川西小黄菊（原变种）
Tanacetum tatsienense var. **tatsienense**
习　　性：多年生草本
海　　拔：3500~5200 m
国内分布：青海、四川、西藏、云南
国外分布：不丹
濒危等级：LC

无舌小黄菊
Tanacetum tatsienense var. **tanacetopsis** (W. W. Smith) Grierson
习　　性：多年生草本
海　　拔：3500~5000 m
分　　布：西藏、云南
濒危等级：LC

菊蒿
Tanacetum vulgare L.
习　　性：多年生草本
海　　拔：200~2400 m
国内分布：黑龙江、内蒙古、新疆
国外分布：朝鲜半岛、俄罗斯、哈萨克斯坦、蒙古、日本、土库曼斯坦
濒危等级：LC

蒲公英属 Taraxacum Zinn

平板蒲公英
Taraxacum abax Kirschner et Štěpanek
习　　性：多年生草本
海　　拔：700~2000 m
国内分布：河北、新疆
国外分布：俄罗斯
濒危等级：LC

短茎蒲公英
Taraxacum abbreviatulum Kirschner et Štěpanek
习　　性：多年生草本
海　　拔：1800~2800 m
分　　布：湖北
濒危等级：LC

无毛蒲公英
Taraxacum adglabrum Kirschner et Štěpanek
习　　性：多年生草本
海　　拔：500~1500 m
分　　布：新疆
濒危等级：LC

谦虚蒲公英
Taraxacum aeneum Kirschner et Štěpanek
习　　性：多年生草本
海　　拔：1000~1400 m
分　　布：新疆
濒危等级：LC

翼柄蒲公英
Taraxacum alatopetiolum D. T. Zhai et C. H. An
习　　性：多年生草本
海　　拔：约3400 m
分　　布：新疆
濒危等级：LC

白花蒲公英
Taraxacum albiflos Kirschner et Štěpanek

习　　性：多年生草本
海　　拔：约3800 m
分　　布：新疆
濒危等级：LC

白边蒲公英
Taraxacum albomarginatum Kitam.
习　　性：多年生草本
海　　拔：约300 m
国内分布：辽宁
国外分布：朝鲜半岛
濒危等级：LC

白蒲公英
Taraxacum album Kirschner et Štěpanek
习　　性：多年生草本
海　　拔：2000~3000 m
国内分布：新疆
国外分布：吉尔吉斯斯坦
濒危等级：LC

四川蒲公英
Taraxacum apargia Kirschner et Štěpanek
习　　性：多年生草本
海　　拔：3700~4200 m
分　　布：四川
濒危等级：LC

天全蒲公英
Taraxacum apargiiforme Dahlst.
习　　性：多年生草本
海　　拔：约4000 m
分　　布：四川
濒危等级：LC

全叶蒲公英
Taraxacum armeriifolium Soest
习　　性：多年生草本
海　　拔：1500~2800 m
国内分布：河北、宁夏、西藏、新疆
国外分布：阿富汗、蒙古、塔吉克斯坦、印度
濒危等级：LC

黑果蒲公英
Taraxacum atrocarpum Kirschner et Štěpanek
习　　性：多年生草本
海　　拔：约3200 m
分　　布：云南
濒危等级：LC

橘黄蒲公英
Taraxacum aurantiacum Dahlst.
习　　性：多年生草本
海　　拔：约3500 m
分　　布：甘肃、四川
濒危等级：LC

藏南蒲公英
Taraxacum austrotibetanum Kirschner et Štěpanek
习　　性：多年生草本
海　　拔：约4000 m

分　　布：西藏
濒危等级：LC

棕色蒲公英
Taraxacum badiocinnamomeum Kirschner et Štěpanek
习　　性：多年生草本
海　　拔：3800~4300 m
分　　布：西藏
濒危等级：LC

窄苞蒲公英
Taraxacum bessarabicum (Hornem.) Hand.-Mazz.
习　　性：多年生草本
海　　拔：400~2000 m
国内分布：宁夏、新疆
国外分布：俄罗斯、哈萨克斯坦、蒙古
濒危等级：LC

双角蒲公英
Taraxacum bicorne Dahlst.
习　　性：多年生草本
海　　拔：600~1800 m
国内分布：甘肃、青海、新疆
国外分布：哈萨克斯坦、吉尔吉斯斯坦
濒危等级：LC

短角蒲公英
Taraxacum brevicorniculatum Korol.
习　　性：多年生草本
海　　拔：1500~2000 m
国内分布：新疆
国外分布：哈萨克斯坦
濒危等级：LC

丽花蒲公英
Taraxacum calanthodium Dahlst.
习　　性：多年生草本
海　　拔：3000~4000 m
分　　布：甘肃、青海、四川、西藏
濒危等级：LC

纯白蒲公英
Taraxacum candidatum Kirschner et Štěpanek
习　　性：多年生草本
海　　拔：2000~3000 m
国内分布：西藏、新疆
国外分布：阿富汗、塔吉克斯坦、印度
濒危等级：LC

高茎蒲公英
Taraxacum celsum Kirschner et Štěpanek
习　　性：多年生草本
海　　拔：约3500 m
分　　布：四川
濒危等级：LC

中亚蒲公英
Taraxacum centrasiaticum D. T. Zhai et C. H. An
习　　性：多年生草本
海　　拔：3400~3500 m
分　　布：新疆

菊科 ASTERACEAE

濒危等级：LC

蜡黄蒲公英
Taraxacum cereum Kirschner et Štěpanek
习　　性：多年生草本
海　　拔：2100~2200 m
分　　布：新疆
濒危等级：LC

川西蒲公英
Taraxacum chionophilum Dahlst.
习　　性：多年生草本
海　　拔：约4600 m
分　　布：四川
濒危等级：LC

近亲蒲公英
Taraxacum consanguineum Kirschner et Štěpanek
习　　性：多年生草本
海　　拔：约3900 m
分　　布：西藏
濒危等级：LC

朝鲜蒲公英
Taraxacum coreanum Nakai
习　　性：多年生草本
海　　拔：100~500 m
国内分布：辽宁
国外分布：朝鲜半岛
濒危等级：LC

杯形蒲公英
Taraxacum cyathiforme Kirschner et Štěpanek
习　　性：多年生草本
海　　拔：2500~2600 m
分　　布：新疆
濒危等级：LC

丑蒲公英
Taraxacum damnabile Kirschner et Štěpanek
习　　性：多年生草本
海　　拔：1000~2800 m
分　　布：河南、湖北、陕西
濒危等级：LC

丽江蒲公英
Taraxacum dasypodum Soest
习　　性：多年生草本
海　　拔：约2700 m
分　　布：云南
濒危等级：LC

粉绿蒲公英
Taraxacum dealbatum Hand.-Mazz.
习　　性：多年生草本
海　　拔：600~1000 m
国内分布：内蒙古
国外分布：俄罗斯
濒危等级：LC

柔弱蒲公英
Taraxacum delicatum Kirschner et Štěpanek
习　　性：多年生草本
海　　拔：3000~3700 m
分　　布：甘肃、青海
濒危等级：LC

假蒲公英
Taraxacum deludens Kirschner et Štěpanek
习　　性：多年生草本
海　　拔：3000~3700 m
分　　布：四川
濒危等级：LC

毛柄蒲公英
Taraxacum eriopodum (D. Don) DC.
习　　性：多年生草本
海　　拔：2000~4500 m
国内分布：西藏、云南
国外分布：不丹、尼泊尔、印度
濒危等级：LC

淡红座蒲公英
Taraxacum erythropodium Kitag.
习　　性：多年生草本
海　　拔：100~400 m
分　　布：吉林、辽宁
濒危等级：LC

金发蒲公英
Taraxacum florum Kirschner et Štěpanek
习　　性：多年生草本
海　　拔：600~2000 m
分　　布：新疆
濒危等级：LC

台湾蒲公英
Taraxacum formosanum Kitam.
习　　性：多年生草本
海　　拔：200 m 以下
分　　布：台湾
濒危等级：EN A2cd

网苞蒲公英
Taraxacum forrestii Soest
习　　性：多年生草本
海　　拔：4200~4800 m
分　　布：西藏、云南
濒危等级：DD

光果蒲公英
Taraxacum glabrum DC.
习　　性：多年生草本
海　　拔：1600~3000 m
国内分布：新疆
国外分布：俄罗斯、哈萨克斯坦、蒙古
濒危等级：LC

灰叶蒲公英
Taraxacum glaucophylloides Kirschner et Štěpanek
习　　性：多年生草本

海　　拔：4100~4300 m
分　　布：四川
濒危等级：LC

苍叶蒲公英
Taraxacum glaucophyllum Soest
习　　性：多年生草本
海　　拔：3900~4200 m
分　　布：西藏
濒危等级：LC

小叶蒲公英
Taraxacum goloskokovii Schischk.
习　　性：多年生草本
海　　拔：3000~3700 m
国内分布：新疆
国外分布：哈萨克斯坦
濒危等级：LC

反苞蒲公英
Taraxacum grypodon Dahlst.
习　　性：多年生草本
海　　拔：3100~3300 m
分　　布：青海、四川
濒危等级：DD

平枝蒲公英
Taraxacum horizontale Kirschner et Štěpanek
习　　性：多年生草本
海　　拔：2000~2200 m
分　　布：新疆
濒危等级：LC

黄疸蒲公英
Taraxacum icterinum Kirschner et Štěpanek
习　　性：多年生草本
海　　拔：2600~3500 m
分　　布：四川
濒危等级：LC

大头蒲公英
Taraxacum ikonnikovii Schischk.
习　　性：多年生草本
海　　拔：3600~4000 m
国内分布：新疆
国外分布：塔吉克斯坦
濒危等级：LC

伊犁蒲公英
Taraxacum iliense Kirschner et Štěpanek
习　　性：多年生草本
海　　拔：约 600 m
分　　布：新疆
濒危等级：LC

叠鳞蒲公英
Taraxacum imbricatius Kirschner et Štěpanek
习　　性：多年生草本
海　　拔：约 1500 m
分　　布：新疆
濒危等级：LC

长春蒲公英
Taraxacum junpeianum Kitam.
习　　性：多年生草本
海　　拔：约 300 m
分　　布：吉林
濒危等级：LC

橡胶草
Taraxacum koksaghyz Rodin
习　　性：多年生草本
海　　拔：1600~2000 m
国内分布：新疆
国外分布：哈萨克斯坦
濒危等级：LC
资源利用：原料（橡胶）

大刺蒲公英
Taraxacum kozlovii Tzvelev
习　　性：多年生草本
海　　拔：2500 m 以上
分　　布：甘肃
濒危等级：DD

光苞蒲公英
Taraxacum lamprolepis Kitag.
习　　性：多年生草本
海　　拔：100~300 m
分　　布：吉林
濒危等级：LC

多毛蒲公英
Taraxacum lanigerum Soest
习　　性：多年生草本
海　　拔：3500~4200 m
分　　布：四川
濒危等级：DD

辽东蒲公英
Taraxacum liaotungense Kitag.
习　　性：多年生草本
海　　拔：100~400 m
分　　布：辽宁
濒危等级：LC

紫花蒲公英
Taraxacum lilacinum Schischk.
习　　性：多年生草本
海　　拔：3000~3800 m
国内分布：新疆
国外分布：哈萨克斯坦、吉尔吉斯斯坦
濒危等级：LC

林周蒲公英
Taraxacum ludlowii Soest
习　　性：多年生草本
海　　拔：约 4200 m
分　　布：西藏
濒危等级：LC

川甘蒲公英
Taraxacum lugubre Dahlst.
习　　性：多年生草本

海　　拔：4000~4600 m
分　　布：四川
濒危等级：LC

红角蒲公英
Taraxacum luridum G. E. Haglund
习　　性：多年生草本
海　　拔：2800~5000 m
国内分布：西藏、新疆
国外分布：吉尔吉斯斯坦、塔吉克斯坦、印度
濒危等级：LC

斑点蒲公英
Taraxacum macula Kirschner et Štěpanek
习　　性：多年生草本
海　　拔：3200~4500 m
分　　布：四川
濒危等级：LC

剑叶蒲公英
Taraxacum mastigophyllum Kirschner et Štěpanek
习　　性：多年生草本
海　　拔：4100~4500 m
分　　布：四川
濒危等级：LC

灰果蒲公英
Taraxacum maurocarpum Dahlst.
习　　性：多年生草本
海　　拔：约4000 m
分　　布：四川
濒危等级：LC

毛叶蒲公英
Taraxacum minutilobum Popov ex Kovalevsk.
习　　性：多年生草本
海　　拔：3500~4500 m
国内分布：西藏
国外分布：阿富汗、巴基斯坦、塔吉克斯坦、乌兹别克斯坦、印度
濒危等级：LC

亚东蒲公英
Taraxacum mitalii Soest
习　　性：多年生草本
海　　拔：3000~4300 m
国内分布：西藏
国外分布：缅甸、尼泊尔、印度
濒危等级：LC

蒙古蒲公英
Taraxacum mongolicum Hand.-Mazz.
习　　性：多年生草本
海　　拔：800~2800 m
分　　布：安徽、福建、广东、贵州、河北、河南、黑龙江、湖北、湖南、吉林、江苏、辽宁、内蒙古、山东、山西、陕西、四川、西藏、浙江
濒危等级：LC
资源利用：药用（中草药）；食用（野菜）

多莛蒲公英
Taraxacum multiscaposum Schischk.
习　　性：多年生草本
海　　拔：1200~2000 m
国内分布：新疆
国外分布：哈萨克斯坦
濒危等级：LC

异苞蒲公英
Taraxacum multisectum Kitag.
习　　性：多年生草本
海　　拔：100~300 m
分　　布：吉林、辽宁
濒危等级：DD

变化蒲公英
Taraxacum mutatum Kirschner et Štěpanek
习　　性：多年生草本
海　　拔：3400~3800 m
分　　布：云南
濒危等级：LC

雪白蒲公英
Taraxacum niveum Kirschner et Štěpanek
习　　性：多年生草本
海　　拔：约1200 m
国内分布：新疆
国外分布：俄罗斯
濒危等级：LC

垂头蒲公英
Taraxacum nutans Dahlst.
习　　性：多年生草本
海　　拔：1100~3200 m
分　　布：河北、宁夏、山西、陕西
濒危等级：DD

椭圆蒲公英
Taraxacum oblongatum Dahlst.
习　　性：多年生草本
国内分布：云南归化
国外分布：原产欧洲

东方蒲公英
Taraxacum orientale Kirschner et Štěpanek
习　　性：多年生草本
海　　拔：3100~3300 m
分　　布：四川
濒危等级：LC

小花蒲公英
Taraxacum parvulum DC.
习　　性：多年生草本
海　　拔：2000~4500 m
国内分布：四川、西藏、新疆、云南
国外分布：不丹、缅甸、尼泊尔、印度
濒危等级：LC

冷静蒲公英
Taraxacum patiens Kirschner et Štěpanek
习　　性：多年生草本

海　　拔：3400~3900 m
分　　布：四川、西藏
濒危等级：LC

五台山蒲公英
Taraxacum peccator Kirschner et Štěpanek
习　　性：多年生草本
海　　拔：1400~3000 m
分　　布：河北
濒危等级：LC

惊喜蒲公英
Taraxacum perplexans Kirschner et Štěpanek
习　　性：多年生草本
海　　拔：约 1500 m
分　　布：新疆
濒危等级：LC

尖角蒲公英
Taraxacum pingue Schischk.
习　　性：多年生草本
海　　拔：2800~3000 m
国内分布：新疆
国外分布：哈萨克斯坦
濒危等级：LC

白缘蒲公英
Taraxacum platypecidum Diels
习　　性：多年生草本
海　　拔：1900~3000 m
分　　布：甘肃、河北、山西
濒危等级：LC

新疆蒲公英
Taraxacum potaninii Tzvelev
习　　性：多年生草本
海　　拔：2000~2400 m
分　　布：新疆
濒危等级：LC

长叶蒲公英
Taraxacum protractifolium G. E. Haglund
习　　性：多年生草本
分　　布：新疆
濒危等级：LC

藏北蒲公英
Taraxacum przevalskii Tzvelev
习　　性：多年生草本
海　　拔：约 5000 m
分　　布：西藏
濒危等级：LC

窄边蒲公英
Taraxacum pseudoatratum Orazova
习　　性：多年生草本
海　　拔：3000~? m
国内分布：新疆
国外分布：哈萨克斯坦
濒危等级：LC

假大斗蒲公英
Taraxacum pseudocalanthodium Kirschner et Štěpanek
习　　性：多年生草本
海　　拔：1800~2000 m
分　　布：新疆
濒危等级：LC

假白花蒲公英
Taraxacum pseudoleucanthum Soest
习　　性：多年生草本
海　　拔：3500~3800 m
国内分布：新疆
国外分布：吉尔吉斯斯坦、塔吉克斯坦、印度
濒危等级：LC

假垂穗蒲公英
Taraxacum pseudonutans Kirschner et Štěpanek
习　　性：多年生草本
海　　拔：2300~2800 m
分　　布：甘肃、宁夏
濒危等级：LC

假紫果蒲公英
Taraxacum pseudosumneviczii Kirschner et Štěpanek
习　　性：多年生草本
海　　拔：3000~3300 m
分　　布：新疆
濒危等级：LC

疏毛蒲公英
Taraxacum puberulum G. E. Haglund
习　　性：多年生草本
海　　拔：约 1300 m
分　　布：新疆
濒危等级：LC

策勒蒲公英
Taraxacum qirae D. T. Zhai et C. H. An
习　　性：多年生草本
海　　拔：约 3100 m
分　　布：新疆
濒危等级：DD

红座蒲公英
Taraxacum rhodopodum Dahlst. ex M. P. Christiansen et Wiinstedt
习　　性：多年生草本
国内分布：云南归化
国外分布：原产欧洲

高山蒲公英
Taraxacum roborovskyi Tzvelev
习　　性：多年生草本
海　　拔：2500~? m
分　　布：新疆
濒危等级：LC

二色蒲公英
Taraxacum roseoflavescens Tzvelev
习　　性：多年生草本
海　　拔：约 4300 m

分　　布：青海
濒危等级：LC

红蒲公英
Taraxacum russum Kirschner et Štěpanek
习　　性：多年生草本
海　　拔：1500~2000 m
分　　布：贵州、云南
濒危等级：LC

瑞典蒲公英
Taraxacum scanicum Dahlst.
习　　性：多年生草本
国内分布：辽宁归化
国外分布：欧洲

深裂蒲公英
Taraxacum scariosum (Tausch) Kirschner et Štěpanek
习　　性：多年生草本
海　　拔：900~3000 m
国内分布：河北、黑龙江、内蒙古、山西、西藏
国外分布：俄罗斯、哈萨克斯坦、蒙古
濒危等级：LC

拉萨蒲公英
Taraxacum sherriffii Soest
习　　性：多年生草本
海　　拔：3500~3600 m
分　　布：西藏
濒危等级：LC

锡金蒲公英
Taraxacum sikkimense Hand.-Mazz.
习　　性：多年生草本
海　　拔：3800~5000 m
国内分布：西藏
国外分布：尼泊尔、印度
濒危等级：LC

拟蒲公英
Taraxacum simulans Kirschner et Štěpanek
习　　性：多年生草本
海　　拔：3200~3300 m
分　　布：四川
濒危等级：LC

华蒲公英
Taraxacum sinicum Kitag.
习　　性：多年生草本
海　　拔：600~2000 m
国内分布：甘肃、河北、黑龙江、吉林、辽宁、内蒙古、青海、山西、陕西
国外分布：俄罗斯、吉尔吉斯斯坦、蒙古
濒危等级：LC

凸尖蒲公英
Taraxacum sinomongolicum Kitag.
习　　性：多年生草本
海　　拔：1400~2000 m
分　　布：河北、内蒙古
濒危等级：LC

东天山蒲公英
Taraxacum sinotianschanicum Tzvelev
习　　性：多年生草本
海　　拔：约3500 m
分　　布：新疆
濒危等级：LC

管花蒲公英
Taraxacum siphonanthum X. D. Sun, X. J. Ge, Kirschner et Štěpanek
习　　性：多年生草本
海　　拔：800~1200 m
分　　布：内蒙古
濒危等级：LC

阿尔泰蒲公英
Taraxacum smirnovii M. S. Ivanova
习　　性：多年生草本
海　　拔：2000~2500 m
分　　布：新疆
濒危等级：LC

枣红蒲公英
Taraxacum spadiceum Kirschner et Štěpanek
习　　性：多年生草本
海　　拔：500~1000 m
分　　布：新疆
濒危等级：LC

柳叶蒲公英
Taraxacum staticifolium Soest
习　　性：多年生草本
海　　拔：约4200 m
分　　布：西藏
濒危等级：LC

角苞蒲公英
Taraxacum stenoceras Dahlst.
习　　性：多年生草本
海　　拔：3000~3600 m
分　　布：四川
濒危等级：LC

甜蒲公英
Taraxacum suavissimum Kirschner et Štěpanek
习　　性：多年生草本
海　　拔：3300~4200 m
分　　布：云南
濒危等级：DD

亚大斗蒲公英
Taraxacum subcalanthodium Kirschner et Štěpanek
习　　性：多年生草本
海　　拔：2000~2500 m
分　　布：新疆
濒危等级：DD

圆叶蒲公英
Taraxacum subcontristans Kirschner et Štěpanek
习　　性：多年生草本
海　　拔：900~3500 m

分　　布：西藏、新疆
濒危等级：LC

亚冠蒲公英
Taraxacum subcoronatum Tzvelev
习　　性：多年生草本
海　　拔：约 4500 m
分　　布：青海、西藏
濒危等级：LC

滇北蒲公英
Taraxacum suberiopodum Soest
习　　性：多年生草本
海　　拔：3100~3400 m
分　　布：云南
濒危等级：DD

寒生蒲公英
Taraxacum subglaciale Schischk.
习　　性：多年生草本
海　　拔：3500~4500 m
国内分布：新疆
国外分布：哈萨克斯坦
濒危等级：DD

高山耐旱蒲公英
Taraxacum syrtorum Dshanaeva
习　　性：多年生草本
海　　拔：约 4000 m
国内分布：新疆
国外分布：吉尔吉斯斯坦
濒危等级：LC

塔什蒲公英
Taraxacum taxkorganicum Z. X. An ex D. T. Zhai
习　　性：多年生草本
海　　拔：约 3600 m
分　　布：新疆
濒危等级：LC

藏蒲公英
Taraxacum tibetanum Hand.-Mazz.
习　　性：多年生草本
海　　拔：3800~5000 m
国内分布：四川、西藏
国外分布：印度
濒危等级：LC

短毛蒲公英
Taraxacum tonsum Kirschner et Štěpanek
习　　性：多年生草本
海　　拔：1200~1400 m
分　　布：新疆
濒危等级：LC

塔状蒲公英
Taraxacum turritum Kirschner et Štěpanek
习　　性：多年生草本
海　　拔：3200~4300 m
分　　布：云南
濒危等级：DD

斑叶蒲公英
Taraxacum variegatum Kitag.
习　　性：多年生草本
海　　拔：100~400 m
分　　布：吉林、辽宁
濒危等级：LC

普通蒲公英
Taraxacum vendibile Kirschner et Štěpanek
习　　性：多年生草本
海　　拔：3200~4300 m
国内分布：四川、西藏、云南
国外分布：俄罗斯
濒危等级：LC

新源蒲公英
Taraxacum xinyuanicum D. T. Zhai et C. H. An
习　　性：多年生草本
海　　拔：约 1500 m
分　　布：新疆
濒危等级：LC

阴山蒲公英
Taraxacum yinshanicum Z. Xu et H. C. Fu
习　　性：多年生草本
分　　布：内蒙古
濒危等级：LC

狗舌草属 Tephroseris (Reich.) Reich.

腺苞狗舌草
Tephroseris adenolepis C. Jeffrey et Y. L. Chen
习　　性：多年生草本
海　　拔：100~1000 m
国内分布：黑龙江、吉林
国外分布：俄罗斯
濒危等级：LC

红轮狗舌草
Tephroseris flammea (Turcz. ex DC.) Holub
习　　性：多年生草本
海　　拔：1200~2100 m
国内分布：河北、黑龙江、吉林、内蒙古、山西、陕西
国外分布：俄罗斯
濒危等级：LC

狗舌草
Tephroseris kirilowii (Turcz. ex DC.) Holub
习　　性：多年生草本
海　　拔：200~2000 m
国内分布：安徽、福建、甘肃、广东、贵州、河北、河南、黑龙江、湖北、湖南、吉林、江苏、江西、辽宁、内蒙古、山东、山西、陕西、四川、台湾、浙江
国外分布：朝鲜半岛、俄罗斯、蒙古、日本
濒危等级：LC

朝鲜蒲儿根
Tephroseris koreana (Kom.) B. Nord. et Pelser
习　　性：多年生草本

国内分布：吉林、辽宁
国外分布：朝鲜半岛
濒危等级：DD

湿生狗舌草
Tephroseris palustris(L.) Rchb.
习　　性：一年生或二年生草本
海　　拔：600 ~ 1000 m
国内分布：河北、黑龙江、内蒙古
国外分布：环北极地区
濒危等级：LC

长白狗舌草
Tephroseris phaeantha(Nakai) C. Jeffrey et Y. L. Chen
习　　性：多年生草本
海　　拔：2000 ~ 2500 m
国内分布：吉林
国外分布：朝鲜半岛
濒危等级：DD

浙江狗舌草
Tephroseris pierotii(Miq.) Holub
习　　性：多年生草本
海　　拔：300 ~ 500 m
国内分布：福建、黑龙江、江苏、辽宁、浙江
国外分布：朝鲜半岛、日本
濒危等级：LC

草原狗舌草
Tephroseris praticola(Schischk. et Serg.) Holub
习　　性：多年生草本
海　　拔：3000 ~ 3200 m
国内分布：新疆
国外分布：俄罗斯
濒危等级：DD

黔狗舌草
Tephroseris pseudosonchus(Vaniot) C. Jeffrey et Y. L. Chen
习　　性：多年生草本
海　　拔：300 ~ 400 m
分　　布：贵州、湖北、湖南、山西、陕西
濒危等级：LC

橙舌狗舌草
Tephroseris rufa(Hand. -Mazz.) B. Nord.

橙舌狗舌草（原变种）
Tephroseris rufa var. **rufa**
习　　性：多年生草本
海　　拔：2600 ~ 4000 m
分　　布：甘肃、河北、青海、陕西、四川、西藏
濒危等级：LC

毛果橙舌狗舌草
Tephroseris rufa var. **chaetocarpa** C. Jeffrey et Y. L. Chen
习　　性：多年生草本
海　　拔：2800 ~ 3200 m
分　　布：甘肃、河北、青海、山西
濒危等级：LC

蒲枝狗舌草
Tephroseris stolonifera(Cufod.) Holub
习　　性：多年生草本
海　　拔：1400 ~ 2800 m
分　　布：云南
濒危等级：LC

尖齿狗舌草
Tephroseris subdentata(Bunge) Holub
习　　性：多年生草本
海　　拔：300 ~ 1000 m
国内分布：河北、黑龙江、吉林、辽宁、内蒙古、青海
国外分布：朝鲜半岛、俄罗斯
濒危等级：LC

台东狗舌草
Tephroseris taitoensis(Hayata) Holub
习　　性：多年生草本
分　　布：台湾
濒危等级：DD

天山狗舌草
Tephroseris turczaninovii(DC.) Holub
习　　性：多年生草本
海　　拔：3000 m 以下
国内分布：新疆
国外分布：俄罗斯、蒙古
濒危等级：LC

歧伞菊属 Thespis DC.

歧伞菊
Thespis divaricata DC.
习　　性：一年生草本
海　　拔：100 ~ 1000 m
国内分布：广东、云南
国外分布：柬埔寨、老挝、孟加拉国、缅甸、尼泊尔、泰国、印度、越南
濒危等级：DD

肿柄菊属 Tithonia Desf. ex Juss.

肿柄菊
Tithonia diversifolia(Hemsl.) A. Gray
习　　性：多年生草本
国内分布：广东、台湾、云南归化
国外分布：原产墨西哥

婆罗门参属 Tragopogon L.

阿勒泰婆罗门参
Tragopogon altaicus S. A. Nikitin et Schischk.
习　　性：二年生草本
海　　拔：1500 ~ 3000 m
国内分布：新疆
国外分布：俄罗斯、哈萨克斯坦、蒙古
濒危等级：LC

头状婆罗门参
Tragopogon capitatus S. A. Nikitin

习　　性：二年生草本
海　　拔：500~2000 m
国内分布：新疆
国外分布：哈萨克斯坦、吉尔吉斯斯坦、塔吉克斯坦、土库曼斯坦、乌兹别克斯坦
濒危等级：LC

霜毛婆罗门参
Tragopogon dubius Scop.
习　　性：二年生草本
海　　拔：500~2000 m
国内分布：新疆
国外分布：俄罗斯、哈萨克斯坦
濒危等级：LC

长茎婆罗门参
Tragopogon elongatus S. A. Nikitin
习　　性：多年生草本
海　　拔：500~1200 m
国内分布：青海、新疆
国外分布：哈萨克斯坦、吉尔吉斯斯坦
濒危等级：LC

纤细婆罗门参
Tragopogon gracilis D. Don
习　　性：多年生草本
海　　拔：2500~3500 m
国内分布：西藏、新疆
国外分布：阿富汗、哈萨克斯坦、吉尔吉斯斯坦、尼泊尔、塔吉克斯坦、乌兹别克斯坦、印度
濒危等级：LC

长苞婆罗门参
Tragopogon heteropappus C. H. An
习　　性：多年生草本
海　　拔：1000~1300 m
分　　布：新疆
濒危等级：LC

中亚婆罗门参
Tragopogon kasachstanicus S. A. Nikitin
习　　性：多年生草本
海　　拔：500~2000 m
国内分布：新疆
国外分布：哈萨克斯坦、吉尔吉斯斯坦
濒危等级：LC

膜缘婆罗门参
Tragopogon marginifolius N. Pavlov
习　　性：多年生草本
海　　拔：800~1400 m
国内分布：新疆
国外分布：俄罗斯、哈萨克斯坦、吉尔吉斯斯坦、欧洲、乌兹别克斯坦
濒危等级：LC

山地婆罗门参
Tragopogon montanus S. A. Nikitin
习　　性：多年生草本
海　　拔：1200~2500 m
国内分布：新疆
国外分布：俄罗斯、哈萨克斯坦、吉尔吉斯斯坦、塔吉克斯坦、乌兹别克斯坦
濒危等级：LC

东方婆罗门参
Tragopogon orientalis C. H. An
习　　性：二年生草本
海　　拔：1000~2100 m
分　　布：新疆
濒危等级：LC

蒜叶婆罗门参
Tragopogon porrifolius L.
习　　性：一年生或二年生草本
海　　拔：700~2000 m
国内分布：北京、贵州、陕西、四川、新疆、云南
国外分布：欧洲
濒危等级：LC

北疆婆罗门参
Tragopogon pseudomajor S. A. Nikitin
习　　性：二年生草本
海　　拔：1000~2000 m
国内分布：新疆
国外分布：哈萨克斯坦、吉尔吉斯斯坦、塔吉克斯坦、乌兹别克斯坦
濒危等级：LC

红花婆罗门参
Tragopogon ruber S. G. Gmelin
习　　性：多年生草本
海　　拔：500~1500 m
国内分布：新疆
国外分布：俄罗斯、哈萨克斯坦
濒危等级：LC

沙婆罗门参
Tragopogon sabulosus Krasch. et S. A. Nikitin
习　　性：二年生草本
海　　拔：800~1500 m
国内分布：新疆
国外分布：俄罗斯、哈萨克斯坦
濒危等级：LC

西伯利亚婆罗门参
Tragopogon sibiricus Ganeschin
习　　性：二年生草本
海　　拔：约1700 m
国内分布：新疆
国外分布：俄罗斯；欧洲、亚洲西部
濒危等级：LC

准噶尔婆罗门参
Tragopogon songoricus S. A. Nikitin
习　　性：二年生草本
海　　拔：500~2200 m
国内分布：新疆
国外分布：俄罗斯、哈萨克斯坦、蒙古
濒危等级：LC

草原婆罗门参
Tragopogon stepposus (S. A. Nikitin) Stankov
- 习　　性：二年生草本
- 海　　拔：500~1500 m
- 国内分布：新疆
- 国外分布：俄罗斯、哈萨克斯坦
- 濒危等级：LC

高山婆罗门参
Tragopogon subalpinus S. A. Nikitin
- 习　　性：多年生草本
- 海　　拔：3000~3500 m
- 国内分布：新疆
- 国外分布：哈萨克斯坦、吉尔吉斯斯坦
- 濒危等级：DD

瘤苞婆罗门参
Tragopogon verrucosobracteatus C. H. An
- 习　　性：多年生草本
- 海　　拔：约500 m
- 分　　布：新疆
- 濒危等级：LC

针苞菊属 Tricholepis DC.

针苞菊
Tricholepis furcata DC.
- 习　　性：多年生草本
- 海　　拔：约2600 m
- 国内分布：西藏
- 国外分布：不丹、尼泊尔、印度
- 濒危等级：DD

云南针苞菊
Tricholepis karensium Kurz
- 习　　性：草本或亚灌木
- 海　　拔：约1400 m
- 国内分布：云南
- 国外分布：克什米尔地区、缅甸、泰国、印度
- 濒危等级：LC

红花针苞菊
Tricholepis tibetica Hook. f. et Thomson ex C. B. Clarke
- 习　　性：草本或亚灌木
- 海　　拔：约560 m
- 国内分布：西藏
- 国外分布：阿富汗、巴基斯坦、克什米尔地区
- 濒危等级：DD

羽芒菊属 Tridax L.

羽芒菊
Tridax procumbens L.
- 习　　性：一年生或多年生草本
- 国内分布：福建、海南、台湾归化
- 国外分布：原产美洲热带地区

三肋果属 Tripleurospermum Sch. -Bip.

褐苞三肋果
Tripleurospermum ambiguum (Ledeb.) Franch. et Sav.
- 习　　性：多年生草本
- 海　　拔：700~2600 m
- 国内分布：黑龙江、新疆
- 国外分布：俄罗斯、哈萨克斯坦、蒙古
- 濒危等级：LC

无舌三肋果
Tripleurospermum homogamum G. X. Fu ex Y. Ling et C. Shih
- 习　　性：多年生草本
- 海　　拔：约2500 m
- 分　　布：新疆
- 濒危等级：DD

新疆三肋果
Tripleurospermum inodorum (L.) Sch. -Bip.
- 习　　性：一年生或二年生草本
- 海　　拔：约1100 m
- 国内分布：吉林、江苏、辽宁、新疆
- 国外分布：俄罗斯、哈萨克斯坦、乌兹别克斯坦
- 濒危等级：LC

三肋果
Tripleurospermum limosum (Maxim.) Pobed.
- 习　　性：一年生或二年生草本
- 国内分布：河北、黑龙江、吉林、辽宁、内蒙古
- 国外分布：朝鲜半岛、俄罗斯、哈萨克斯坦、蒙古、日本、乌兹别克斯坦
- 濒危等级：LC

东北三肋果
Tripleurospermum tetragonospermum (F. Schmidt) Pobed.
- 习　　性：一年生草本
- 海　　拔：约300 m
- 国内分布：黑龙江、辽宁
- 国外分布：俄罗斯、日本
- 濒危等级：LC

碱菀属 Tripolium Nees

碱菀
Tripolium pannonicum (Jacquin) Dobroczajeva
- 习　　性：一年生草本
- 海　　拔：海平面至2500 m
- 国内分布：甘肃、河北、黑龙江、湖南、吉林、江苏、辽宁、内蒙古、宁夏、青海、山东、山西、陕西、四川、新疆、浙江
- 国外分布：朝鲜半岛、俄罗斯、哈萨克斯坦、吉尔吉斯斯坦、蒙古、日本、塔吉克斯坦、土库曼斯坦、乌兹别克斯坦

革苞菊属 Tugarinovia Iljin

革苞菊
Tugarinovia mongolica Iljin
- 国家保护：Ⅱ级

革苞菊（原变种）
Tugarinovia mongolica var. **mongolica**
- 习　　性：多年生草本
- 海　　拔：约1500 m
- 国内分布：内蒙古
- 国外分布：蒙古
- 濒危等级：VU B2ab (ii, iii); C1

卵叶革苞菊
Tugarinovia mongolica var. **ovatifolia** Y. Ling et Ma
习　　性：多年生草本
海　　拔：约 800 m
分　　布：内蒙古
濒危等级：DD

女菀属 Turczaninovia DC.

女菀
Turczaninovia fastigiata (Fisch.) DC.
习　　性：多年生草本
海　　拔：海平面至 500 m
国内分布：安徽、甘肃、河北、河南、黑龙江、湖北、湖南、吉林、江苏、江西、辽宁、内蒙古、山东、山西、陕西、四川、浙江
国外分布：朝鲜半岛、俄罗斯、蒙古、日本
濒危等级：LC

款冬属 Tussilago L.

款冬
Tussilago farfara L.
习　　性：多年生草本
海　　拔：600 ~ 3400 m
国内分布：安徽、甘肃、贵州、河北、河南、湖北、湖南、吉林、江苏、江西、内蒙古、宁夏、山西、陕西、四川、西藏、新疆、云南、浙江
国外分布：巴基斯坦、俄罗斯、尼泊尔、印度
濒危等级：LC
资源利用：药用（中草药）；环境利用（观赏）

斑鸠菊属 Vernonia Schreb.

白苞斑鸠菊
Vernonia albosquama Y. L. Chen
习　　性：灌木
分　　布：广西
濒危等级：DD

驱虫斑鸠菊
Vernonia anthelmintica (L.) Willd.
习　　性：一年生草本
海　　拔：1000 m
国内分布：云南
国外分布：阿富汗、巴基斯坦、老挝、马来西亚、缅甸、尼泊尔、斯里兰卡、印度
濒危等级：LC
资源利用：药用（中草药）

树斑鸠菊
Vernonia arborea Buch.-Ham.
习　　性：小乔木或灌木
海　　拔：100 ~ 1200 m
国内分布：广西、云南
国外分布：老挝、马来西亚、尼泊尔、斯里兰卡、泰国、印度、印度尼西亚、越南
濒危等级：LC

糙叶斑鸠菊
Vernonia aspera Buch.-Ham.
习　　性：多年生草本
海　　拔：约 1400 m
国内分布：贵州、海南、云南
国外分布：老挝、缅甸、尼泊尔、泰国、印度、越南
濒危等级：LC

狭长斑鸠菊
Vernonia attenuata DC.
习　　性：多年生草本
海　　拔：600 ~ 1100 m
国内分布：云南
国外分布：缅甸、印度
濒危等级：LC

本格特斑鸠菊
Vernonia benguetensis Elmer
习　　性：多年生草本
国内分布：云南
国外分布：菲律宾、泰国
濒危等级：DD

喜斑鸠菊
Vernonia blanda DC.
习　　性：攀援灌木
海　　拔：1700 ~ 2000 m
国内分布：广西、西藏、云南
国外分布：老挝、马来西亚、缅甸、印度、越南
濒危等级：LC

南川斑鸠菊
Vernonia bockiana Diels
习　　性：灌木或小乔木
海　　拔：500 ~ 1300 m
分　　布：重庆、贵州、四川、云南
濒危等级：LC

广西斑鸠菊
Vernonia chingiana Hand.-Mazz.
习　　性：攀援灌木
海　　拔：400 ~ 600 m
分　　布：广西
濒危等级：LC

少花斑鸠菊
Vernonia chunii C. C. Chang
习　　性：攀援灌木
分　　布：海南
濒危等级：DD

夜香牛
Vernonia cinerea (L.) Less.
习　　性：一年生或多年生草本
海　　拔：110 ~ 1800 m
国内分布：福建、广东、广西、湖北、湖南、江西、四川、台湾、云南、浙江
国外分布：巴布亚新几内亚、菲律宾、马来西亚、缅甸、日本、斯里兰卡、泰国、印度、印度尼西亚、越南、阿拉伯地区、澳大利亚
濒危等级：LC

资源利用：药用（中草药）

岗斑鸠菊
Vernonia clivorum Hance
 习 性：多年生草本
 海 拔：约 1900 m
 国内分布：广东、云南
 国外分布：缅甸
 濒危等级：DD

毒根斑鸠菊
Vernonia cumingiana Benth.
 习 性：攀援灌木
 海 拔：300~1500 m
 国内分布：福建、广东、广西、贵州、四川、台湾、云南
 国外分布：柬埔寨、老挝、泰国、越南
 濒危等级：LC

叉枝斑鸠菊
Vernonia divergens (DC.) Edgew.
 习 性：近木质草本
 海 拔：1000~2400 m
 国内分布：广西、贵州、云南
 国外分布：老挝、缅甸、泰国
 濒危等级：LC

泰国斑鸠菊
Vernonia doichangensis H. Koyama
 习 性：多年生草本
 国内分布：云南
 国外分布：泰国
 濒危等级：DD

光耀藤
Vernonia elliptica DC.
 习 性：藤本
 国内分布：台湾、香港栽培或逸生
 国外分布：原产缅甸、泰国、印度

斑鸠菊
Vernonia esculenta Hemsl.
 习 性：灌木或小乔木
 海 拔：1000~2700 m
 分 布：广西、贵州、四川、云南
 濒危等级：LC
 资源利用：环境利用（观赏）

展枝斑鸠菊
Vernonia extensa DC.
 习 性：灌木或亚灌木
 海 拔：1200~2100 m
 国内分布：贵州、云南
 国外分布：不丹、缅甸、尼泊尔、印度
 濒危等级：LC

台湾斑鸠菊
Vernonia gratiosa Hance
 习 性：攀援灌木
 海 拔：400~700 m
 分 布：台湾
 濒危等级：LC

滨海斑鸠菊
Vernonia maritima Merr.
 习 性：亚灌木
 国内分布：台湾
 国外分布：菲律宾
 濒危等级：VU D2

南漳斑鸠菊
Vernonia nantcianensis (Pamp.) Hand.-Mazz.
 习 性：一年生或多年生草本
 海 拔：700~2000 m
 分 布：湖北、四川
 濒危等级：LC

滇缅斑鸠菊
Vernonia parishii Hook. f.
 习 性：小乔木
 海 拔：500~1700 m
 国内分布：云南
 国外分布：老挝、缅甸、泰国
 濒危等级：LC

咸虾花
Vernonia patula (Aiton) Merr.
 习 性：一年生草本
 海 拔：100~800 m
 国内分布：福建、广东、广西、贵州、台湾、云南
 国外分布：巴布亚新几内亚、菲律宾、老挝、马达加斯加、马来西亚、缅甸、泰国、印度、印度尼西亚、越南
 濒危等级：LC
 资源利用：药用（中草药）

柳叶斑鸠菊
Vernonia saligna DC.
 习 性：多年生草本
 海 拔：500~2100 m
 国内分布：广东、广西、云南
 国外分布：孟加拉国、缅甸、尼泊尔、泰国、印度、越南
 濒危等级：LC

反苞斑鸠菊
Vernonia silhetensis (DC.) Hand.-Mazz.
 习 性：草本
 海 拔：1300~3000 m
 国内分布：云南
 国外分布：不丹、柬埔寨、缅甸、泰国、印度
 濒危等级：DD

茄叶斑鸠菊
Vernonia solanifolia Benth.
 习 性：灌木
 海 拔：500~1000 m
 国内分布：福建、广东、广西、云南
 国外分布：柬埔寨、老挝、缅甸、泰国、印度、越南
 濒危等级：LC
 资源利用：药用（中草药）

折苞斑鸠菊
Vernonia spirei Gand.
 习 性：多年生草本

海　　拔：1000～2400 m
国内分布：广西、贵州、云南
国外分布：老挝
濒危等级：LC

刺苞斑鸠菊
Vernonia squarrosa(D. Don) Less.
习　　性：多年生草本
海　　拔：1200～1800 m
国内分布：云南
国外分布：不丹、柬埔寨、缅甸、尼泊尔、泰国、印度、越南
濒危等级：LC

腾冲斑鸠菊
Vernonia subsessilis var. **macrophylla** Hook. f.
习　　性：草本
国内分布：云南
国外分布：缅甸、尼泊尔、印度
濒危等级：DD

林生斑鸠菊
Vernonia sylvatica Dunn
习　　性：灌木
海　　拔：500～1900 m
分　　布：广西、云南
濒危等级：LC

大叶斑鸠菊
Vernonia volkameriifolia DC.
习　　性：乔木
海　　拔：800～1600 m
国内分布：广西、贵州、西藏、云南
国外分布：不丹、老挝、缅甸、尼泊尔、泰国、印度、越南
濒危等级：LC

孪花菊属 Wollastonia DC.

孪花菊
Wollastonia biflora(L.) DC.
习　　性：亚灌木
海　　拔：约 540 m
国内分布：广东、广西、贵州、海南、湖北、湖南、江西、四川、台湾、西藏、云南
国外分布：菲律宾、马来西亚、日本、印度、印度尼西亚、越南
濒危等级：LC

山蟛蜞菊
Wollastonia montana(Blume) DC.
习　　性：多年生草本
海　　拔：500～3000 m
国内分布：广东、广西、贵州、海南、四川、云南
国外分布：不丹、缅甸、尼泊尔、泰国、印度
濒危等级：LC

苍耳属 Xanthium L.

刺苍耳
Xanthium spinosum L.
习　　性：一年生草本
国内分布：北京、河南归化
国外分布：原产美洲

苍耳
Xanthium strumarium L.
习　　性：一年生草本
国内分布：我国大部分省区
国外分布：泛热带杂草，广布新旧大陆
濒危等级：LC

黄缨菊属 Xanthopappus C. Winkl.

黄缨菊
Xanthopappus subacaulis C. Winkl.
习　　性：多年生草本
海　　拔：2400～4000 m
分　　布：甘肃、内蒙古、宁夏、青海、四川、云南
濒危等级：DD

蜡菊属 Xerochrysum Tzvelev

蜡菊
Xerochrysum bracteatum(Vent.)Tzvelev
习　　性：一年生或二年生草本
国内分布：我国栽培
国外分布：原产澳大利亚

黄鹌菜属 Youngia Cass.

纤细黄鹌菜
Youngia atripappa(Babc.) N. Kilian
习　　性：多年生草本
海　　拔：900～3000 m
国内分布：西藏
国外分布：不丹、印度
濒危等级：LC

顶凹黄鹌菜
Youngia bifurcata Babc. et Stebbins
习　　性：多年生草本
海　　拔：约 2500 m
分　　布：云南
濒危等级：EN Blab（i，iii）

鼠冠黄鹌菜
Youngia cineripappa(Babc.) Babc. et Stebbins
习　　性：多年生草本
海　　拔：600～3000 m
国内分布：广西、贵州、四川、云南
国外分布：印度、越南
濒危等级：LC

甘肃黄鹌菜
Youngia conjunctiva Babc. et Stebbins
习　　性：多年生草本
海　　拔：3800～4500 m
分　　布：甘肃、四川
濒危等级：DD

角冠黄鹌菜
Youngia cristata C. Shih et C. Q. Cai
习　　性：多年生草本

海　　拔：约 3900 m
分　　布：西藏
濒危等级：LC

红果黄鹌菜
Youngia erythrocarpa (Vaniot) Babc. et Stebbins
习　　性：一年生草本
海　　拔：400~1900 m
分　　布：安徽、重庆、福建、甘肃、贵州、湖北、江苏、陕西、四川、浙江
濒危等级：LC

厚绒黄鹌菜
Youngia fusca (Babc.) Babc. et Stebbins
习　　性：多年生草本
海　　拔：2000~3500 m
分　　布：贵州、云南
濒危等级：LC

细梗黄鹌菜
Youngia gracilipes (Hook. f.) Babc. et Stebbins
习　　性：多年生草本
海　　拔：2700~4800 m
国内分布：四川、西藏
国外分布：不丹、尼泊尔、印度
濒危等级：LC

顶戟黄鹌菜
Youngia hastiformis C. Shih
习　　性：多年生草本
海　　拔：2500~4000 m
分　　布：四川
濒危等级：LC

长裂黄鹌菜
Youngia henryi (Diels) Babc. et Stebbins
习　　性：多年生草本
海　　拔：1500~2000 m
分　　布：湖北、陕西、四川
濒危等级：DD

异叶黄鹌菜
Youngia heterophylla (Hemsl.) Babc. et Stebbins
习　　性：一年生或二年生草本
海　　拔：400~2300 m
分　　布：重庆、甘肃、广东、广西、贵州、湖北、湖南、江西、陕西、四川、云南
濒危等级：LC

黄鹌菜
Youngia japonica (L.) DC.

黄鹌菜（原亚种）
Youngia japonica subsp. **japonica**
习　　性：一年生草本
海　　拔：100~4500 m
国内分布：安徽、重庆、福建、甘肃、广东、广西、贵州、海南、河北、河南、湖北、湖南、江苏、江西、山东、陕西、四川、台湾、西藏、云南、浙江
国外分布：我国东部和南部邻国
濒危等级：LC
资源利用：药用（中草药）

卵裂黄鹌菜
Youngia japonica subsp. **elstonii** (Hochr.) Babc. et Stebbins
习　　性：一年生草本
海　　拔：300~2500 m
分　　布：安徽、福建、甘肃、广东、广西、贵州、海南、湖北、湖南、江苏、江西、陕西、四川、云南
濒危等级：LC

长花黄鹌菜
Youngia japonica subsp. **longiflora** Babc. et Stebbins
习　　性：一年生草本
海　　拔：100~3100 m
分　　布：安徽、重庆、福建、广东、广西、贵州、湖北、湖南、江苏、江西、四川、台湾、浙江
濒危等级：LC

山间黄鹌菜
Youngia japonica subsp. **monticola** Koh Nakam. et C. I Peng
习　　性：一年生草本
海　　拔：约 2200 m
分　　布：台湾
濒危等级：LC

康定黄鹌菜
Youngia kangdingensis C. Shih
习　　性：多年生草本
海　　拔：1800~3300 m
分　　布：四川
濒危等级：DD

绒毛黄鹌菜
Youngia lanata Babc. et Stebbins
习　　性：多年生草本
海　　拔：1700~2700 m
分　　布：云南
濒危等级：LC

戟叶黄鹌菜
Youngia longipes (Hemsl.) Babc. et Stebbins
习　　性：一年生草本
海　　拔：1000~1500 m
分　　布：湖北、浙江
濒危等级：DD

东川黄鹌菜
Youngia mairei (H. Lév.) Babc. et Stebbins
习　　性：多年生草本
海　　拔：约 2600 m
分　　布：云南
濒危等级：DD

羽裂黄鹌菜
Youngia paleacea (Diels) Babc. et Stebbins
习　　性：多年生草本
海　　拔：1800~3800 m
分　　布：甘肃、四川、西藏、云南
濒危等级：LC

糙毛黄鹌菜
Youngia pilifera C. Shih
习　　性：多年生草本

海　　拔：3200～3600 m
分　　布：四川
濒危等级：LC

川西黄鹌菜
Youngia prattii (Babc.) Babc. et Stebbins
习　　性：多年生草本
海　　拔：1500～2700 m
分　　布：河南、湖北、四川
濒危等级：LC

紫背黄鹌菜
Youngia purpimea Y. L. Peng et al.
习　　性：多年生草本
海　　拔：约650 m
分　　布：四川
濒危等级：DD

总序黄鹌菜
Youngia racemifera (Hook. f.) Babc. et Stebbins
习　　性：多年生草本
海　　拔：2800～4200 m
国内分布：四川、西藏、云南
国外分布：不丹、尼泊尔、印度
濒危等级：LC

多裂黄鹌菜
Youngia rosthornii (Diels) Babc. et Stebbins
习　　性：一年生草本
海　　拔：500～1500 m
分　　布：重庆、广东、湖北、四川、浙江
濒危等级：LC

川黔黄鹌菜
Youngia rubida Babc. et Stebbins
习　　性：一年生草本
海　　拔：约600 m
分　　布：贵州、湖南、四川
濒危等级：LC

绢毛黄鹌菜
Youngia sericea C. Shih
习　　性：多年生草本
海　　拔：3300～3400 m
分　　布：西藏
濒危等级：DD

无茎黄鹌菜
Youngia simulatrix (Babc.) Babc. et Stebbins
习　　性：多年生草本
海　　拔：2700～5000 m
国内分布：甘肃、青海、四川、西藏
国外分布：尼泊尔、印度
濒危等级：LC

少花黄鹌菜
Youngia szechuanica (E. S. Soderberg) S. Y. Hu
习　　性：多年生草本
海　　拔：900～1700 m
分　　布：四川
濒危等级：DD

大头黄鹌菜
Youngia terminalis Babc. et Stebbins
习　　性：多年生草本
海　　拔：1000～1800 m
分　　布：四川
濒危等级：DD

栉齿黄鹌菜
Youngia wilsonii (Babc.) Babc. et Stebbins
习　　性：多年生草本
海　　拔：约1500 m
分　　布：重庆、河南、湖北
濒危等级：LC

艺林黄鹌菜
Youngia yilingii C. Shih
习　　性：多年生草本
海　　拔：3000～3100 m
分　　布：云南
濒危等级：DD

征镒黄鹌菜
Youngia zhengyiana T. Deng et al.
习　　性：多年生草本
海　　拔：约800 m
分　　布：贵州
濒危等级：NT B1ab (i, iii)

百日菊属 Zinnia L.

多花百日菊
Zinnia peruviana L.
习　　性：一年生草本
国内分布：甘肃、河北、河南、四川、云南等地归化
国外分布：原产墨西哥

蛇菰科 BALANOPHORACEAE
（2属：13种）

蛇菰属 Balanophora J. R. Forst. et G. Forst.

短穗蛇菰
Balanophora abbreviate Blume
习　　性：寄生草本
海　　拔：600～1500 m
国内分布：福建、广东、广西、贵州、海南、湖南、江西、四川、云南、浙江
国外分布：柬埔寨、老挝、马达加斯加、马来西亚、缅甸、泰国、印度、印度尼西亚
濒危等级：LC

鹿仙草
Balanophora dioica R. Br. ex Royle
习　　性：寄生草本
海　　拔：1100～2600 m
国内分布：湖南、西藏、云南
国外分布：不丹、缅甸、尼泊尔、印度
濒危等级：VU B2ac (iv)

长枝蛇菰
Balanophora elongata Blume
习　　性：寄生草本
海　　拔：900~1600 m
国内分布：云南
国外分布：印度尼西亚
濒危等级：DD

川藏蛇菰
Balanophora fargesii(Tiegh.)Harms
习　　性：寄生草本
海　　拔：2700~3100 m
国内分布：四川、西藏、云南
国外分布：不丹
濒危等级：DD

蛇菰
Balanophora fungosa J. R. Forst. et G. Forst.
习　　性：寄生草本
海　　拔：海平面至900 m
国内分布：台湾
国外分布：澳大利亚、巴布亚新几内亚、菲律宾、日本、印度尼西亚
濒危等级：VU D2

葛菌
Balanophora harlandii Hook. f.
习　　性：寄生草本
海　　拔：600~2100 m
国内分布：安徽、福建、广东、广西、贵州、海南、河南、湖北、湖南、江西、陕西、四川、台湾、云南、浙江
国外分布：泰国、印度
濒危等级：LC

印度蛇菰
Balanophora indica(Arn.)Griff.
习　　性：寄生草本
海　　拔：900~1500 m
国内分布：广西、海南、云南
国外分布：菲律宾、老挝、马来西亚、缅甸、泰国、印度、印度尼西亚、越南
濒危等级：LC
资源利用：药用（中草药）

筒鞘蛇菰
Balanophora involucrata Hook. f.
习　　性：寄生草本
海　　拔：2300~3600 m
国内分布：贵州、河南、湖北、湖南、陕西、四川、西藏、云南
国外分布：不丹、尼泊尔、印度
濒危等级：LC
资源利用：药用（中草药）

疏花蛇菰
Balanophora laxiflora Hemsl.
习　　性：寄生草本
海　　拔：200~1700 m
国内分布：福建、广东、广西、贵州、湖北、湖南、江西、四川、台湾、云南、浙江
国外分布：老挝、泰国、越南
濒危等级：LC
资源利用：药用（中草药）

多蕊蛇菰
Balanophora polyandra Griff.
习　　性：寄生草本
海　　拔：1000~2500 m
国内分布：广西、湖北、湖南、西藏、云南
国外分布：不丹、缅甸、尼泊尔
濒危等级：LC

杯茎蛇菰
Balanophora subcupularis P. C. Tam
习　　性：寄生草本
海　　拔：800~1500 m
分　　布：广东、广西、贵州、湖南、江西、云南
濒危等级：DD

海桐蛇菰
Balanophora tobiracola Makino
习　　性：寄生草本
海　　拔：约500 m
国内分布：广东、广西、湖南、江西、台湾
国外分布：日本
濒危等级：NT

盾片蛇菰属 Rhopalocnemis Jungh.

盾片蛇菰
Rhopalocnemis phalloides Jungh.
习　　性：寄生草本
海　　拔：1000~2700 m
国内分布：广西、云南
国外分布：尼泊尔、泰国、印度、印度尼西亚、越南
濒危等级：LC

凤仙花科 BALSAMINACEAE
（2属：282种）

水角属 Hydrocera Blume

水角
Hydrocera triflora(L.)Wight et Arn.
习　　性：多年生水生草本
海　　拔：约100 m
国内分布：海南
国外分布：柬埔寨、老挝、马来西亚、缅甸、斯里兰卡、泰国、印度、印度尼西亚、越南
濒危等级：EN A2ac；B1ab（ii，iii）

凤仙花属 Impatiens L.

神父凤仙花
Impatiens abbatis Hook. f.
习　　性：一年生草本
海　　拔：1200~2100 m
分　　布：云南
濒危等级：LC

乌头凤仙花
Impatiens aconitoides Y. M. Shui et W. H. Chen
 习 性：一年生草本
 分 布：云南
 濒危等级：NT B1ab（ii, iii, v）

太子凤仙花
Impatiens alpicola Y. L. Chen et Y. Q. Lu
 习 性：一年生草本
 海 拔：2800~2900 m
 分 布：四川
 濒危等级：LC

迷人凤仙花
Impatiens amabilis Hook. f.
 习 性：一年生草本
 分 布：四川
 濒危等级：LC

抱茎凤仙花
Impatiens amplexicaulis Edgew.
 习 性：一年生草本
 海 拔：2900~3200 m
 国内分布：西藏
 国外分布：尼泊尔、印度
 濒危等级：LC

棱茎凤仙花
Impatiens angulata S. X. Yu, Y. L. Chen et H. N. Qin
 习 性：多年生草本
 海 拔：200~300 m
 分 布：广西
 濒危等级：LC

安徽凤仙花
Impatiens anhuiensis Y. L. Chen
 习 性：一年生草本
 海 拔：约1200 m
 分 布：安徽
 濒危等级：DD

大叶凤仙花
Impatiens apalophylla Hook. f.
 习 性：草本
 海 拔：900~1500 m
 分 布：广东、广西、贵州、云南
 濒危等级：LC
 资源利用：药用（中草药）；环境利用（观赏）

川西凤仙花
Impatiens apsotis Hook. f.
 习 性：一年生草本
 海 拔：2200~3000 m
 分 布：青海、四川、西藏
 濒危等级：LC

水凤仙花
Impatiens aquatilis Hook. f.
 习 性：一年生草本
 海 拔：1500~3000 m
 分 布：云南
 濒危等级：LC

紧萼凤仙花
Impatiens arctosepala Hook. f.
 习 性：一年生草本
 海 拔：1800~2500 m
 分 布：云南
 濒危等级：LC

锐齿凤仙花
Impatiens arguta Hook. f.
 习 性：多年生草本
 海 拔：1800~3200 m
 国内分布：四川、西藏、云南
 国外分布：不丹、缅甸、尼泊尔、印度
 濒危等级：LC
 资源利用：药用（中草药）

杏黄凤仙花
Impatiens armeniaca S. H. Huang
 习 性：亚灌木状草本
 海 拔：900~1200 m
 分 布：云南
 濒危等级：VU B1ab（i, iii）

芒萼凤仙花
Impatiens atherosepala Hook. f.
 习 性：一年生草本
 分 布：贵州
 濒危等级：LC

四裂凤仙花
Impatiens auadriloba K. M. Liu et Y. L. Xiang
 习 性：草本
 分 布：四川
 濒危等级：DD

缅甸凤仙花
Impatiens aureliana Hook. f.
 习 性：草本
 海 拔：700~1700 m
 国内分布：云南
 国外分布：缅甸
 濒危等级：LC

新滇南凤仙花
Impatiens austroyunnanensis S. H. Huang
 习 性：一年生草本
 海 拔：2400~2700 m
 国内分布：云南
 国外分布：泰国
 濒危等级：LC

马红凤仙花
Impatiens bachii H. Lévl
 习 性：一年生草本
 海 拔：1900~2800 m
 分 布：云南
 濒危等级：LC

白汉洛凤仙花
Impatiens bahanensis Hand. -Mazz.

习　　性：一年生草本
海　　拔：300～3000 m
分　　布：云南
濒危等级：LC

大苞凤仙花
Impatiens balansae Hook. f.
习　　性：一年生草本
海　　拔：1000～1400 m
国内分布：云南
国外分布：越南
濒危等级：LC

凤仙花
Impatiens balsamina L.
习　　性：一年生草本
国内分布：全国广泛栽培
国外分布：原产东南亚；栽培于世界各地
资源利用：药用（中草药）；环境利用（观赏）

西双版纳凤仙花
Impatiens bannaensis S. H. Huang
习　　性：亚灌木状草本
海　　拔：约1300 m
分　　布：云南
濒危等级：DD

髯毛凤仙花
Impatiens barbata H. F. Comber
习　　性：一年生草本
海　　拔：2000～3000 m
分　　布：四川、云南
濒危等级：DD

秋海棠叶凤仙花
Impatiens begonifolia S. Akiyama et H. Ohba
习　　性：一年生草本
海　　拔：1000～1400 m
分　　布：云南
濒危等级：DD

美丽凤仙花
Impatiens bellula Hook. f.
习　　性：一年生草本
海　　拔：1400～1600 m
分　　布：重庆
濒危等级：LC

双角凤仙花
Impatiens bicornuta Wall.
习　　性：一年生草本
海　　拔：2400～2800 m
国内分布：西藏
国外分布：尼泊尔、印度
濒危等级：LC

睫毛萼凤仙花
Impatiens blepharosepala Pritz. ex Diels
习　　性：一年生草本
海　　拔：500～1600 m
分　　布：安徽、福建、广东、广西、贵州、湖北、湖南、江西、浙江
濒危等级：LC

东川凤仙花
Impatiens blinii H. Lév.
习　　性：一年生草本
海　　拔：2100～2800 m
分　　布：云南
濒危等级：NT B1ab（i, iii）

包氏凤仙花
Impatiens bodinieri Hook. f.
习　　性：草本
海　　拔：700～1400 m
分　　布：贵州
濒危等级：LC

短距凤仙花
Impatiens brachycentra Kar. et Kir.
习　　性：一年生草本
海　　拔：800～2100 m
国内分布：新疆
国外分布：哈萨克斯坦、吉尔吉斯斯坦
濒危等级：LC

睫苞凤仙花
Impatiens bracteata Colebr.
习　　性：一年生草本
海　　拔：约2700 m
国内分布：西藏
国外分布：印度
濒危等级：LC

短柄凤仙花
Impatiens brevipes Hook. f.
习　　性：一年生草本
海　　拔：1500～1800 m
分　　布：四川
濒危等级：LC

具角凤仙花
Impatiens ceratophora H. F. Comber
习　　性：一年生草本
海　　拔：1700～2700 m
国内分布：云南
国外分布：缅甸
濒危等级：LC

茶山凤仙花
Impatiens chashanensis H. Y. Bi et S. X. Yu
习　　性：一年生草本
分　　布：四川
濒危等级：LC

浙江凤仙花
Impatiens chekiangensis Y. L. Chen
习　　性：一年生草本
海　　拔：400～1000 m
分　　布：浙江
濒危等级：LC

高黎贡山凤仙花
Impatiens chimiliensis H. F. Comber

习　　性：一年生草本
海　　拔：约 3200 m
国内分布：西藏、云南
国外分布：缅甸
濒危等级：LC

华凤仙
Impatiens chinensis L.
习　　性：一年生草本
海　　拔：100~1200 m
国内分布：安徽、福建、广东、广西、海南、湖南、江西、云南、浙江
国外分布：马来西亚、缅甸、泰国、印度、越南
濒危等级：LC
资源利用：药用（中草药）；环境利用（观赏）

赤水凤仙花
Impatiens chishuiensis Y. X. Xiong
习　　性：一年生草本
海　　拔：约 400 m
分　　布：贵州
濒危等级：NT A2c；B1ab（iii）

九龙凤仙花
Impatiens chiulungensis Y. L. Chen
习　　性：一年生草本
海　　拔：约 2700 m
分　　布：四川
濒危等级：LC

绿萼凤仙花
Impatiens chlorosepala Hand. -Mazz.
习　　性：一年生草本
海　　拔：300~1300 m
分　　布：广东、广西、贵州、湖南
濒危等级：DD

淡黄凤仙花
Impatiens chloroxantha Y. L. Chen
习　　性：一年生草本
海　　拔：500~700 m
分　　布：浙江
濒危等级：LC

棒尾凤仙花
Impatiens clavicuspis Hook. f. ex W. W. Sm.

棒尾凤仙花（原变种）
Impatiens clavicuspis var. **clavicuspis**
习　　性：一年生草本
海　　拔：2400~2800 m
分　　布：云南
濒危等级：LC

短尖棒尾凤仙花
Impatiens clavicuspis var. **brevicuspis** Hand. -Mazz.
习　　性：一年生草本
海　　拔：2400~2800 m
分　　布：云南
濒危等级：VU D2

棒凤仙花
Impatiens clavigera J. D. Hooker
习　　性：一年生草本
海　　拔：1000~1800 m
国内分布：广西、云南
国外分布：越南
濒危等级：LC
资源利用：药用（中草药）

拟棒凤仙花
Impatiens clavigeroides S. Akiyama et al.
习　　性：草本
海　　拔：1700~1900 m
分　　布：云南
濒危等级：EN B1ab（i，iii，v）

鸭跖草状凤仙花
Impatiens commelinoides Hand. -Mazz.
习　　性：一年生草本
海　　拔：300~900 m
分　　布：福建、广东、湖南、江西、浙江
濒危等级：LC

顶喙凤仙花
Impatiens compta Hook. f.
习　　性：一年生草本
海　　拔：1500~2200 m
分　　布：重庆、湖北
濒危等级：LC

错那凤仙花
Impatiens conaensis Y. L. Chen
习　　性：一年生草本
海　　拔：2700~2800 m
分　　布：西藏
濒危等级：LC

贝苞凤仙花
Impatiens conchibracteata Y. L. Chen et Y. Q. Lu
习　　性：一年生草本
海　　拔：1800~2800 m
分　　布：四川
濒危等级：LC

黄麻叶凤仙花
Impatiens corchorifolia Franch.
习　　性：一年生草本
海　　拔：2100~3500 m
分　　布：四川、云南
濒危等级：LC

叶底花凤仙花
Impatiens cornucopia Franch.
习　　性：一年生草本
海　　拔：1900~2600 m
分　　布：四川、云南
濒危等级：LC

喙萼凤仙花
Impatiens cornutisepala S. X. Yu, Y. L. Chen et H. N. Qin
习　　性：一年生草本

分　　布：广西
濒危等级：NT B1ab（iii）

粗茎凤仙花
Impatiens crassicaudex Hook. f.
习　　性：一年生草本
海　　拔：约3300 m
分　　布：四川、西藏、云南
濒危等级：LC

厚裂凤仙花
Impatiens crassiloba Hook. f.
习　　性：一年生草本
海　　拔：600~1600 m
分　　布：贵州
濒危等级：LC

细圆齿凤仙花
Impatiens crenulata Hook. f.
习　　性：一年生草本
海　　拔：1900~2400 m
分　　布：重庆
濒危等级：LC

西藏凤仙花
Impatiens cristata Wall.
习　　性：一年生草本
海　　拔：2000~3100 m
国内分布：西藏
国外分布：不丹、尼泊尔、印度
濒危等级：LC

蓝花凤仙花
Impatiens cyanantha Hook. f.
习　　性：一年生草本
海　　拔：1000~2500 m
分　　布：贵州、云南
濒危等级：LC
资源利用：药用（中草药）

金凤花
Impatiens cyathiflora Hook. f.
习　　性：一年生草本
海　　拔：1900~2300 m
分　　布：云南
濒危等级：DD
资源利用：环境利用（观赏）

环萼凤仙花
Impatiens cyclosepala Hook. f. ex W. W. Sm.
习　　性：一年生草本
海　　拔：约2600 m
分　　布：云南
濒危等级：NT

舟状凤仙花
Impatiens cymbifera Hook. f.
习　　性：一年生草本
海　　拔：约2500 m
国内分布：西藏
国外分布：不丹、缅甸、尼泊尔、印度
濒危等级：LC

大关凤仙花
Impatiens daguanensis S. H. Huang
习　　性：一年生草本
海　　拔：1700~1800 m
分　　布：云南
濒危等级：DD

牯岭凤仙花
Impatiens davidii Franch.
习　　性：一年生草本
海　　拔：300~700 m
分　　布：安徽、福建、广东、湖北、湖南、江西、浙江
濒危等级：LC

耳叶凤仙花
Impatiens delavayi Franch.
习　　性：一年生草本
海　　拔：3400~4200 m
分　　布：四川、西藏、云南
濒危等级：LC

德钦凤仙花
Impatiens deqinensis S. H. Huang
习　　性：亚灌木状草本
海　　拔：3600~3700 m
分　　布：云南
濒危等级：DD

束花凤仙花
Impatiens desmantha Hook. f.
习　　性：草本
海　　拔：2800~4000 m
分　　布：云南
濒危等级：LC

棣慕华凤仙花
Impatiens devolii Huang
习　　性：一年生草本
海　　拔：2000~2100 m
分　　布：台湾
濒危等级：VU D2

透明凤仙花
Impatiens diaphana Hook. f.
习　　性：草本
海　　拔：1200~2000 m
分　　布：四川
濒危等级：LC

齿萼凤仙花
Impatiens dicentra Franch. ex Hook. f.
习　　性：一年生草本
海　　拔：1000~2700 m
分　　布：贵州、河南、湖北、湖南、陕西、四川、云南
濒危等级：LC

二色凤仙花
Impatiens dichroa Hook. f.
习　　性：一年生草本
分　　布：云南
濒危等级：LC

色果凤仙花
Impatiens dichroocarpa H. Lév.
　　习　　性：一年生草本
　　海　　拔：约2700 m
　　分　　布：云南
　　濒危等级：DD

异型叶凤仙花
Impatiens dimorphophylla Franch.
　　习　　性：一年生草本
　　海　　拔：2800～3400 m
　　分　　布：四川、云南
　　濒危等级：LC

散生凤仙花
Impatiens distracta Hook. f.
　　习　　性：一年生草本
　　海　　拔：1400～2000 m
　　分　　布：四川
　　濒危等级：LC

叉开凤仙花
Impatiens divaricata Franch.
　　习　　性：草本
　　海　　拔：2100～3000 m
　　分　　布：云南
　　濒危等级：VU D2

长距凤仙花
Impatiens dolichoceras E. Pritz. ex Diels
　　习　　性：一年生草本
　　海　　拔：1200～2100 m
　　分　　布：重庆、湖北
　　濒危等级：LC

镰萼凤仙花
Impatiens drepanophora Hook. f.
　　习　　性：草本
　　海　　拔：2000～2200 m
　　国内分布：西藏、云南
　　国外分布：不丹、缅甸、尼泊尔、印度
　　濒危等级：LC

滇南凤仙花
Impatiens duclouxii Hook. f.
　　习　　性：一年生草本
　　海　　拔：1500～2500 m
　　国内分布：云南
　　国外分布：泰国
　　濒危等级：LC

柳叶菜状凤仙花
Impatiens epilobioides Y. L. Chen
　　习　　性：一年生草本
　　海　　拔：1000～2500 m
　　分　　布：四川
　　濒危等级：LC

川滇凤仙花
Impatiens ernstii Hook. f.
　　习　　性：草本
　　海　　拔：约2500 m
　　分　　布：四川、云南
　　濒危等级：LC

鄂西凤仙花
Impatiens exiguiflora Hook. f.
　　习　　性：一年生草本
　　海　　拔：800～1600 m
　　分　　布：湖北
　　濒危等级：LC

展叶凤仙花
Impatiens extensifolia Hook. f.
　　习　　性：草本
　　海　　拔：约1900 m
　　分　　布：云南
　　濒危等级：LC

华丽凤仙花
Impatiens faberi Hook. f.
　　习　　性：一年生草本
　　海　　拔：1300～2100 m
　　分　　布：四川
　　濒危等级：LC

镰瓣凤仙花
Impatiens falcifer Hook. f.
　　习　　性：一年生草本
　　海　　拔：2300～3300 m
　　国内分布：西藏
　　国外分布：不丹、尼泊尔、印度
　　濒危等级：LC

梵净山凤仙花
Impatiens fanjingshanica Y. L. Chen
　　习　　性：一年生草本
　　海　　拔：700～1500 m
　　分　　布：贵州
　　濒危等级：LC

川鄂凤仙花
Impatiens fargesii Hook. f.
　　习　　性：一年生草本
　　海　　拔：1300～1600 m
　　分　　布：重庆、湖北
　　濒危等级：LC

封怀凤仙花
Impatiens fenghwaiana Y. L. Chen
　　习　　性：一年生草本
　　海　　拔：500～1000 m
　　分　　布：江西
　　濒危等级：LC

裂距凤仙花
Impatiens fissicornis Maxim.
　　习　　性：一年生草本
　　海　　拔：1200～2100 m
　　分　　布：甘肃、湖北、陕西
　　濒危等级：LC

滇西凤仙花
Impatiens forrestii Hook. f. ex W. W. Sm.
- 习　　性：一年生草本
- 海　　拔：约2600 m
- 国内分布：四川、云南
- 国外分布：缅甸
- 濒危等级：LC

草莓凤仙花
Impatiens fragicolor C. Marquand et Airy Shaw
- 习　　性：一年生草本
- 海　　拔：3100～3200 m
- 分　　布：西藏
- 濒危等级：LC

福贡凤仙花
Impatiens fugongensis K. M. Liu et Y. Y. Cong
- 习　　性：一年生草本
- 海　　拔：2200 m
- 分　　布：云南
- 濒危等级：NT B1ab（iii, iv）

东北凤仙花
Impatiens furcillata Hemsl.
- 习　　性：一年生草本
- 海　　拔：700～1100 m
- 国内分布：河北、黑龙江、吉林、辽宁、内蒙古
- 国外分布：朝鲜、俄罗斯
- 濒危等级：LC

平坝凤仙花
Impatiens ganpiuana Hook. f.
- 习　　性：一年生草本
- 海　　拔：1000～2000 m
- 分　　布：贵州
- 濒危等级：LC

腹唇凤仙花
Impatiens gasterocheila Hook. f.
- 习　　性：一年生草本
- 海　　拔：约900 m
- 分　　布：四川
- 濒危等级：LC

贡山凤仙花
Impatiens gongshanensis Y. L. Chen
- 习　　性：一年生草本
- 海　　拔：1200～1300 m
- 分　　布：云南
- 濒危等级：DD

细梗凤仙花
Impatiens gracilipes Hook. f.
- 习　　性：一年生草本
- 海　　拔：3000 m
- 分　　布：四川
- 濒危等级：LC

贵州凤仙花
Impatiens guizhouensis Y. L. Chen
- 习　　性：一年生草本
- 海　　拔：700～1100 m
- 分　　布：贵州、云南
- 濒危等级：LC

海南凤仙花
Impatiens hainanensis Y. L. Chen
- 习　　性：一年生草本
- 海　　拔：1200～1300 m
- 分　　布：海南
- 濒危等级：NT A2c；B1ab（iii）

滇东南凤仙花
Impatiens hancockii C. H. Wright
- 习　　性：草本
- 海　　拔：约1400 m
- 分　　布：云南
- 濒危等级：LC

中州凤仙花
Impatiens henanensis Y. L. Chen
- 习　　性：一年生草本
- 海　　拔：1200～1500 m
- 分　　布：河南、山西
- 濒危等级：LC

横断山凤仙花
Impatiens hengduanensis Y. L. Chen
- 习　　性：一年生草本
- 海　　拔：1400～1500 m
- 分　　布：云南
- 濒危等级：LC

心萼凤仙花
Impatiens henryi Pritz. ex Diels
- 习　　性：一年生草本
- 海　　拔：1200～2000 m
- 分　　布：湖北
- 濒危等级：LC

同距凤仙花
Impatiens holocentra Hand.-Mazz.
- 习　　性：一年生草本
- 海　　拔：2700～2800 m
- 分　　布：云南
- 濒危等级：LC

香港凤仙花
Impatiens hongkongensis Grey-Wilson
- 习　　性：多年生草本
- 海　　拔：约100 m
- 分　　布：广东、香港
- 濒危等级：NT A2；B1ab

黄岩凤仙花
Impatiens huangyanensis X. F. Jin et B. Y. Ding

黄岩凤仙花（原亚种）
Impatiens huangyanensis subsp. **huangyanensis**
- 习　　性：草本
- 海　　拔：300～400 m
- 分　　布：浙江

濒危等级：NT A2c

纤刺黄岩凤仙花
Impatiens huangyanensis subsp. **attenuate** X. F. Jin et Z. H. Chen
  习 性：草本
  分 布：浙江
  濒危等级：DD

湖南凤仙花
Impatiens hunanensis Y. L. Chen
  习 性：一年生草本
  海 拔：700~800 m
  分 布：广东、广西、湖南、江西
  濒危等级：DD

纤袅凤仙花
Impatiens imbecilla Hook. f.
  习 性：一年生草本
  海 拔：1300~2300 m
  分 布：四川
  濒危等级：LC

脆弱凤仙花
Impatiens infirma Hook. f.
  习 性：一年生草本
  海 拔：3100~3600 m
  分 布：四川、西藏
  濒危等级：LC

井冈山凤仙花
Impatiens jinggangensis Y. L. Chen
  习 性：一年生草本
  海 拔：800~1200 m
  分 布：湖南、江西
  濒危等级：LC

九龙山凤仙花
Impatiens jiulongshanica Y. L. Xu et Y. L. Chen
  习 性：一年生草本
  海 拔：1000~1400 m
  分 布：浙江
  濒危等级：LC

甘堤龙凤仙花
Impatiens kamtilongensis Toppin
  习 性：一年生草本
  海 拔：约1100 m
  国内分布：云南
  国外分布：缅甸
  濒危等级：DD

高坡凤仙花
Impatiens labordei Hook. f.
  习 性：草本
  海 拔：约1400 m
  分 布：贵州
  濒危等级：LC

撕裂萼凤仙花
Impatiens lacinulifera Y. L. Chen
  习 性：一年生草本
  海 拔：约1600 m
  分 布：甘肃、四川
  濒危等级：LC

狭萼凤仙花
Impatiens lancisepala S. H. Huang
  习 性：多年生草本
  海 拔：1000~1300 m
  分 布：云南
  濒危等级：LC

老君山凤仙花
Impatiens laojunshanensis S. H. Huang
  习 性：一年生草本
  海 拔：1800~1900 m
  分 布：云南
  濒危等级：LC

毛凤仙花
Impatiens lasiophyton Hook. f.
  习 性：一年生草本
  海 拔：1700~2700 m
  分 布：广西、贵州、云南
  濒危等级：LC
  资源利用：药用（中草药）

阔苞凤仙花
Impatiens latebracteata Hook. f.
  习 性：一年生草本
  海 拔：约1900 m
  分 布：陕西、四川
  濒危等级：LC

侧穗凤仙花
Impatiens lateristachys Y. L. Chen et Y. Q. Lu
  习 性：一年生草本
  海 拔：2000~2500 m
  分 布：四川
  濒危等级：DD

宽瓣凤仙花
Impatiens latipetala S. H. Huang
  习 性：多年生草本
  海 拔：约1300 m
  分 布：云南
  濒危等级：LC

疏花凤仙花
Impatiens laxiflora Edgeworth
  习 性：一年生草本
  海 拔：约3200 m
  国内分布：西藏
  国外分布：不丹、克什米尔地区、尼泊尔、印度
  濒危等级：LC

滇西北凤仙花
Impatiens lecomtei Hook. f.
  习 性：一年生草本
  海 拔：2300~3000 m
  分 布：云南
  濒危等级：LC

荞麦地凤仙花
Impatiens lemeei H. Lév.
　　习　　性：一年生草本
　　海　　拔：1900~3000 m
　　分　　布：云南
　　濒危等级：LC

具鳞凤仙花
Impatiens lepida Hook. f.
　　习　　性：一年生草本
　　海　　拔：约 1000 m
　　分　　布：贵州、云南
　　濒危等级：LC

细柄凤仙花
Impatiens leptocaulon Hook. f.
　　习　　性：一年生草本
　　海　　拔：1200~2000 m
　　分　　布：贵州、河南、湖北、湖南、四川、云南
　　濒危等级：LC
　　资源利用：药用（中草药）

羊坪凤仙花
Impatiens leveillei Hook. f.
　　习　　性：草本
　　海　　拔：1200~1300 m
　　分　　布：贵州
　　濒危等级：LC

凉山凤仙花
Impatiens liangshanensis Q. Luo
　　习　　性：一年生草本
　　分　　布：四川
　　濒危等级：LC

丁香色凤仙花
Impatiens lilacina Hook. f.
　　习　　性：多年生草本
　　海　　拔：约 1900 m
　　分　　布：云南
　　濒危等级：DD

线萼凤仙花
Impatiens linearisepala S. Akiyama et al.
　　习　　性：草本
　　海　　拔：1700~1900 m
　　分　　布：云南
　　濒危等级：DD

林芝凤仙花
Impatiens linghziensis Y. L. Chen
　　习　　性：一年生草本
　　海　　拔：2500~2700 m
　　分　　布：西藏
　　濒危等级：LC

秦岭凤仙花
Impatiens linocentra Hand.-Mazz.
　　习　　性：一年生草本
　　海　　拔：800~1800 m
　　分　　布：河南、陕西
　　濒危等级：LC

裂萼凤仙花
Impatiens lobulifera S. X. Yu, Y. L. Chen et H. N. Qin
　　习　　性：一年生植物
　　海　　拔：约 800 m
　　分　　布：广西
　　濒危等级：LC

长翼凤仙花
Impatiens longialata E. Pritz. ex Diels
　　习　　性：一年生草本
　　海　　拔：500~2000 m
　　分　　布：湖北、四川
　　濒危等级：LC

长角凤仙花
Impatiens longicornuta Y. L. Chen
　　习　　性：一年生草本
　　海　　拔：约 1200 m
　　分　　布：湖南
　　濒危等级：LC

长梗凤仙花
Impatiens longipes Hook. f.
　　习　　性：一年生草本
　　海　　拔：约 4100 m
　　国内分布：西藏
　　国外分布：不丹、印度
　　濒危等级：LC

长喙凤仙花
Impatiens longirostris S. H. Huang
　　习　　性：一年生草本
　　海　　拔：2000~2700 m
　　分　　布：云南
　　濒危等级：LC

路南凤仙花
Impatiens loulanensis Hook. f.
　　习　　性：一年生草本
　　海　　拔：700~2500 m
　　分　　布：贵州、云南
　　濒危等级：LC
　　资源利用：药用（中草药）

绿春凤仙花
Impatiens luchunensis S. Akiyama et al.
　　习　　性：一年生草本
　　海　　拔：1900~2500 m
　　分　　布：云南
　　濒危等级：NT B1ab（iii，iv）

林生凤仙花
Impatiens lucorum Hook. f.
　　习　　性：一年生草本
　　海　　拔：800~2800 m
　　分　　布：四川
　　濒危等级：LC

卢氏凤仙花
Impatiens lushiensis Y. L. Chen
　　习　　性：一年生草本
　　海　　拔：500~1200 m

分　　布：河南
濒危等级：DD

大旗瓣凤仙花
Impatiens macrovexilla Y. L. Chen

大旗瓣凤仙花（原变种）
Impatiens macrovexilla var. **macrovexilla**
　　习　　性：一年生草本
　　海　　拔：1000~1600 m
　　分　　布：广西
　　濒危等级：LC

瑶山凤仙花
Impatiens macrovexilla var. **yaoshanensis** S. X. Yu, Y. L. Chen et H. N. Qin
　　习　　性：一年生草本
　　分　　布：广西
　　濒危等级：LC

马关凤仙花
Impatiens maguanensis S. Akiyama et al.
　　习　　性：一年生草本
　　海　　拔：1900~2500 m
　　分　　布：云南
　　濒危等级：LC

岔河凤仙花
Impatiens mairei H. Lév.
　　习　　性：一年生草本
　　海　　拔：2600~2700 m
　　分　　布：云南
　　濒危等级：LC

麻栗坡凤仙花
Impatiens malipoensis S. H. Huang
　　习　　性：一年生草本
　　海　　拔：约1400 m
　　分　　布：云南
　　濒危等级：LC

无距凤仙花
Impatiens margaritifera Hook. f.

无距凤仙花（原变种）
Impatiens margaritifera var. **margaritifera**
　　习　　性：一年生草本
　　海　　拔：2600~4000 m
　　分　　布：云南
　　濒危等级：LC

矮小无距凤仙花
Impatiens margaritifera var. **humilis** Y. L. Chen
　　习　　性：一年生草本
　　海　　拔：3700~4000 m
　　分　　布：四川、西藏、云南
　　濒危等级：LC

紫花无距凤仙花
Impatiens margaritifera var. **purpurascens** Y. L. Chen
　　习　　性：一年生草本
　　分　　布：西藏
　　濒危等级：LC

齿苞凤仙花
Impatiens martinii Hook. f.
　　习　　性：一年生草本
　　海　　拔：700~2000 m
　　分　　布：贵州
　　濒危等级：LC

墨脱凤仙花
Impatiens medongensis Y. L. Chen
　　习　　性：一年生草本
　　海　　拔：约3200 m
　　分　　布：西藏
　　濒危等级：LC

膜叶凤仙花
Impatiens membranifolia Franch. ex Hook. f.
　　习　　性：草本
　　海　　拔：1100~1600 m
　　分　　布：重庆
　　濒危等级：LC

蒙自凤仙花
Impatiens mengtszeana Hook. f.
　　习　　性：一年生草本
　　海　　拔：600~2100 m
　　分　　布：云南
　　濒危等级：LC

梅氏凤仙花
Impatiens meyana Hook. f.
　　习　　性：一年生草本
　　海　　拔：2200~3000 m
　　分　　布：云南
　　濒危等级：NT B1ab（iii，iv）

小距凤仙花
Impatiens microcentra Hand.-Mazz.
　　习　　性：多年生草本
　　海　　拔：2300~3500 m
　　分　　布：云南
　　濒危等级：LC

小穗凤仙花
Impatiens microstachys Hook. f.
　　习　　性：一年生草本
　　海　　拔：2000~2500 m
　　分　　布：四川
　　濒危等级：LC

微萼凤仙花
Impatiens minimisepala Hook. f.
　　习　　性：一年生草本
　　海　　拔：约1900 m
　　分　　布：云南
　　濒危等级：LC

山地凤仙花
Impatiens monticola Hook. f.
- 习　　性：一年生草本
- 海　　拔：900~1800 m
- 分　　布：重庆、四川
- 濒危等级：LC

龙州凤仙花
Impatiens morsei Hook. f.
- 习　　性：一年生草本
- 海　　拔：400~1000 m
- 分　　布：广西
- 濒危等级：NT B1ab（i, ii, iii）

木里凤仙花
Impatiens muliensis Y. L. Chen
- 习　　性：一年生草本
- 海　　拔：约3500 m
- 分　　布：四川
- 濒危等级：LC

多枝凤仙花
Impatiens multiramea S. H. Huang
- 习　　性：草本
- 海　　拔：1000~1300 m
- 分　　布：云南
- 濒危等级：LC

慕索凤仙花
Impatiens mussoti Hook. f.
- 习　　性：一年生草本
- 海　　拔：1400~3000 m
- 分　　布：四川
- 濒危等级：NT B1ab（i, iii）

越南凤仙花
Impatiens musyana Hook. f.
- 习　　性：草本
- 海　　拔：800~1900 m
- 国内分布：云南
- 国外分布：越南
- 濒危等级：NT A2c；B1ab（i, iii）

南迦巴瓦凤仙花
Impatiens namchabarwensis R. Morgan, Y. M. Yuan et X. J. Ge
- 习　　性：多年生草本
- 海　　拔：约950 m
- 分　　布：西藏
- 濒危等级：LC

南岭凤仙花
Impatiens nanlingensis A. Q. Dong et F. W. Xing
- 习　　性：一年生草本
- 分　　布：广东
- 濒危等级：LC

那坡凤仙花
Impatiens napoensis Y. L. Chen
- 习　　性：一年生草本
- 海　　拔：约1300 m
- 分　　布：广西
- 濒危等级：LC

大鼻凤仙花
Impatiens nasuta Hook. f.
- 习　　性：一年生草本
- 海　　拔：1200~2100 m
- 分　　布：重庆、湖北
- 濒危等级：VU A2c；B1ab（i, iii）

浙皖凤仙花
Impatiens neglecta Y. L. Xu et Y. L. Chen
- 习　　性：一年生草本
- 海　　拔：1000~1200 m
- 分　　布：安徽、浙江
- 濒危等级：LC

高贵凤仙花
Impatiens nobilis Hook. f.
- 习　　性：草本
- 海　　拔：约1900 m
- 分　　布：云南
- 濒危等级：LC

水金凤
Impatiens noli-tangere L.
- 习　　性：一年生草本
- 海　　拔：900~2400 m
- 国内分布：安徽、甘肃、河北、河南、黑龙江、湖北、湖南、吉林、辽宁、内蒙古、山东、山西、陕西、浙江
- 国外分布：朝鲜、俄罗斯、日本
- 濒危等级：LC
- 资源利用：环境利用（观赏）

西固凤仙花
Impatiens notolopha Maxim.
- 习　　性：一年生草本
- 海　　拔：2200~3600 m
- 分　　布：甘肃、河南、陕西、四川
- 濒危等级：LC

高山凤仙花
Impatiens nubigena W. W. Sm.
- 习　　性：一年生草本
- 海　　拔：2700~4000 m
- 分　　布：四川、西藏、云南
- 濒危等级：LC

米林凤仙花
Impatiens nyimana C. Marquand et Airy Shaw
- 习　　性：一年生草本
- 海　　拔：2400~3500 m
- 分　　布：西藏
- 濒危等级：LC

丰满华凤仙
Impatiens obesa Hook. f.
- 习　　性：肉质草本

海　　拔：400~800 m
分　　布：广东、湖南、江西
濒危等级：LC

长圆瓣凤仙花
Impatiens oblongipetala K. M. Liu et Y. Y. Cong
习　　性：一年生草本
分　　布：云南
濒危等级：LC

齿瓣凤仙花
Impatiens odontopetala Maxim.
习　　性：一年生草本
海　　拔：约1800 m
分　　布：甘肃、四川
濒危等级：LC

齿叶凤仙花
Impatiens odontophylla Hook. f.
习　　性：一年生草本
海　　拔：1600~2400 m
分　　布：湖北、四川
濒危等级：LC

少脉凤仙花
Impatiens oligoneura Hook. f.
习　　性：一年生草本
海　　拔：约2900 m
分　　布：四川
濒危等级：LC

峨眉凤仙花
Impatiens omeiana Hook. f.
习　　性：一年生草本
海　　拔：900~1000 m
分　　布：四川
濒危等级：NT A2c；B1ab (i, iii)；C1

红雄凤仙花
Impatiens oxyanthera Hook. f.
习　　性：一年生草本
海　　拔：1900~2200 m
分　　布：四川
濒危等级：LC

畸形凤仙花
Impatiens paradoxa C. S. Zhu et H. W. Yang
习　　性：一年生草本
海　　拔：1400~1800 m
分　　布：河南
濒危等级：LC

小花凤仙花
Impatiens parviflora DC.
习　　性：一年生草本
海　　拔：1200~1700 m
国内分布：新疆
国外分布：俄罗斯、哈萨克斯坦、吉尔吉斯斯坦、蒙古
濒危等级：LC

小萼凤仙花
Impatiens parvisepala S. X. Yu et Y. T. Hou
习　　性：多年生草本
分　　布：广西
濒危等级：DD

片马凤仙花
Impatiens pianmaensis S. H. Huang
习　　性：一年生草本
海　　拔：约2300 m
分　　布：云南
濒危等级：LC

松林凤仙花
Impatiens pinetorum Hook. f. ex W. W. Sm.
习　　性：一年生草本
海　　拔：2100~2400 m
分　　布：云南
濒危等级：LC

块节凤仙花
Impatiens pinfanensis Hook. f.
习　　性：一年生草本
海　　拔：900~2000 m
分　　布：重庆、贵州
濒危等级：LC

凭祥凤仙花
Impatiens pingxiangensis H. Y. Bi et S. X. Yu
习　　性：多年生草本
分　　布：广西
濒危等级：LC

宽距凤仙花
Impatiens platyceras Maxim.
习　　性：一年生草本
海　　拔：2000~3200 m
分　　布：甘肃、湖北、四川
濒危等级：LC

紫萼凤仙花
Impatiens platychlaena Hook. f.
习　　性：一年生草本
海　　拔：700~2500 m
分　　布：四川
濒危等级：LC

阔萼凤仙花
Impatiens platysepala Y. L. Chen
习　　性：一年生草本
海　　拔：约1000 m
分　　布：江西、浙江
濒危等级：LC

罗平凤仙花
Impatiens poculifer Hook. f.
习　　性：草本
海　　拔：3000~3600 m
分　　布：云南
濒危等级：NT A2ac；B1ab (i, iii)

多角凤仙花
Impatiens polyceras Hook. f. ex W. W. Sm.
　　习　　性：一年生草本
　　海　　拔：2400~2600 m
　　分　　布：云南
　　濒危等级：DD

多脉凤仙花
Impatiens polyneura K. M. Liu
　　习　　性：一年生草本
　　海　　拔：约400 m
　　分　　布：湖南
　　濒危等级：DD

紫色凤仙花
Impatiens porphyrea Toppin
　　习　　性：草本
　　海　　拔：1700~1900 m
　　国内分布：云南
　　国外分布：缅甸
　　濒危等级：LC

陇南凤仙花
Impatiens potaninii Maxim.
　　习　　性：一年生草本
　　海　　拔：1200~2300 m
　　分　　布：甘肃、陕西、四川
　　濒危等级：LC

澜沧凤仙花
Impatiens principis Hook. f.
　　习　　性：一年生草本
　　海　　拔：1700~2000 m
　　分　　布：云南
　　濒危等级：LC

湖北凤仙花
Impatiens pritzelii Hook. f.
　　习　　性：多年生草本
　　海　　拔：400~1800 m
　　分　　布：湖北、四川
　　濒危等级：VU A2c；B1ab（i，iii）
　　资源利用：药用（中草药）

平卧凤仙花
Impatiens procumbens Franch.
　　习　　性：一年生草本
　　海　　拔：1700~2000 m
　　分　　布：云南
　　濒危等级：LC

直距凤仙花
Impatiens pseudokingii Hand.-Mazz.
　　习　　性：一年生草本
　　海　　拔：2000~2600 m
　　分　　布：云南
　　濒危等级：NT A2bc

翼萼凤仙花
Impatiens pterosepala Hook. f.
　　习　　性：一年生草本
　　海　　拔：1500~1700 m
　　分　　布：安徽、广西、河南、湖北、湖南、陕西、四川
　　濒危等级：LC

柔毛凤仙花
Impatiens puberula DC.
　　习　　性：一年生草本
　　海　　拔：2100~2500 m
　　国内分布：西藏、云南
　　国外分布：不丹、尼泊尔、印度
　　濒危等级：LC

羞怯凤仙花
Impatiens pudica Hook. f.
　　习　　性：一年生草本
　　海　　拔：1300~2200 m
　　分　　布：四川
　　濒危等级：LC

紫花凤仙花
Impatiens purpurea Hand.-Mazz.
　　习　　性：一年生草本
　　海　　拔：2400~3300 m
　　分　　布：云南
　　濒危等级：LC

紫背凤仙花
Impatiens purpureifolia S. H. Huang et Y. M. Shui
　　习　　性：草本
　　分　　布：云南
　　濒危等级：VU B1ab（iii）

青城山凤仙花
Impatiens qingchengshanica Y. M. Yuan, Y. Song et X. J. Ge
　　习　　性：多年生草本
　　分　　布：四川
　　濒危等级：VU B1ab（iii）

总状凤仙花
Impatiens racemosa DC.

总状凤仙花（原变种）
Impatiens racemosa var. **racemosa**
　　习　　性：一年生草本
　　海　　拔：1200~3300 m
　　国内分布：西藏
　　国外分布：不丹、克什米尔地区、尼泊尔、印度
　　濒危等级：LC

无距总状凤仙花
Impatiens racemosa var. **ecalcarata** Hook. f.
　　习　　性：一年生草本
　　海　　拔：约3300 m
　　国内分布：西藏
　　国外分布：印度
　　濒危等级：LC

辐射凤仙花
Impatiens radiata Hook. f.
　　习　　性：一年生草本
　　海　　拔：2100~3500 m

国内分布：贵州、四川、西藏、云南
国外分布：不丹、尼泊尔、印度
濒危等级：LC
资源利用：环境利用（观赏）

直角凤仙花
Impatiens rectangula Hand. -Mazz.
习　　性：一年生草本
海　　拔：2700～3000 m
分　　布：云南
濒危等级：LC

直喙凤仙花
Impatiens rectirostrata Y. L. Chen et Y. Q. Lu
习　　性：一年生草本
海　　拔：1800～1900 m
分　　布：四川
濒危等级：LC

弯距凤仙花
Impatiens recurvicornis Maxim.
习　　性：一年生草本
海　　拔：500～1200 m
分　　布：湖北、四川
濒危等级：LC

匍匐凤仙花
Impatiens reptans Hook. f.
习　　性：一年生草本
分　　布：贵州、湖南
濒危等级：NT A2；B1ab

菱叶凤仙花
Impatiens rhombifolia Y. Q. Lu et Y. L. Chen
习　　性：一年生草本
海　　拔：800～1000 m
分　　布：四川
濒危等级：LC

粗壮凤仙花
Impatiens robusta Hook. f.
习　　性：一年生草本
分　　布：四川
濒危等级：LC

短喙凤仙花
Impatiens rostellata Franch.
习　　性：草本
海　　拔：1600～2400 m
分　　布：四川
濒危等级：LC

红纹凤仙花
Impatiens rubrostriata Hook. f.
习　　性：一年生草本
海　　拔：1700～2600 m
分　　布：贵州、云南
濒危等级：LC

皱茎凤仙花
Impatiens rugata S. H. Huang et Y. M. Shui
习　　性：草本
分　　布：云南
濒危等级：VU B1ab（iii）

瑞丽凤仙花
Impatiens ruiliensis S. Akiyama et H. Ohba
习　　性：一年生草本
海　　拔：700～1400 m
分　　布：云南
濒危等级：LC

岩生凤仙花
Impatiens rupestris K. M. Liu et X. Z. Cai
习　　性：亚灌木
海　　拔：400 m
分　　布：湖南
濒危等级：LC

怒江凤仙花
Impatiens salwinensis S. H. Huang
习　　性：一年生草本
海　　拔：3200～3400 m
分　　布：云南
濒危等级：DD

糙毛凤仙花
Impatiens scabrida DC.
习　　性：一年生草本
国内分布：西藏
国外分布：不丹、尼泊尔
濒危等级：LC

盾萼凤仙花
Impatiens scutisepala Hook. f.
习　　性：一年生草本
海　　拔：1800～3800 m
分　　布：云南
濒危等级：LC

藏南凤仙花
Impatiens serrata Benth. ex Hook. f. et Thoms
习　　性：一年生草本
海　　拔：2900～3300 m
国内分布：西藏
国外分布：不丹、尼泊尔、印度
濒危等级：LC

石棉凤仙花
Impatiens shimianensis G. C. Zhang & Li Bing Zhang
习　　性：一年生草本
分　　布：四川
濒危等级：VU B1ab（i，iii）

黄金凤
Impatiens siculifer Hook. f.

黄金凤（原变种）
Impatiens siculifer var. **siculifer**
习　　性：一年生草本
海　　拔：800～2600 m
分　　布：福建、广西、贵州、湖北、湖南、江西、四川、

云南
濒危等级：LC
资源利用：环境利用（观赏）

雅致黄金凤
Impatiens siculifer var. **mitis** Hook. f.
习　　性：一年生草本
海　　拔：约 2600 m
分　　布：云南
濒危等级：LC

紫花黄金凤
Impatiens siculifer var. **porphyrea** Hook. f.
习　　性：一年生草本
海　　拔：1400～2800 m
分　　布：广西、湖南、云南
濒危等级：LC

斯格玛凤仙花
Impatiens sigmoidea J. D. Hooker
习　　性：一年生草本
分　　布：贵州
濒危等级：DD

康定凤仙花
Impatiens soulieana Hook. f.
习　　性：草本
海　　拔：1400～3000 m
分　　布：四川
濒危等级：LC

匙叶凤仙花
Impatiens spathulata Y. X. Xiong
习　　性：一年生草本
海　　拔：约 400 m
分　　布：贵州
濒危等级：LC

窄花凤仙花
Impatiens stenentha Hook. f.
习　　性：一年生草本
海　　拔：2400～3000 m
国内分布：西藏、云南
国外分布：不丹、尼泊尔、印度
濒危等级：LC

窄萼凤仙花
Impatiens stenosepala Pritz. ex Diels

窄萼凤仙花（原变种）
Impatiens stenosepala var. **stenosepala**
习　　性：一年生草本
海　　拔：800～1800 m
分　　布：重庆、甘肃、贵州、河南、湖北、湖南、山西、陕西
濒危等级：LC

小花窄萼凤仙花
Impatiens stenosepala var. **parviflora** Pritz. ex Diels
习　　性：一年生草本
海　　拔：1000～1100 m

分　　布：重庆
濒危等级：LC

近无距凤仙花
Impatiens subecalcarata（Hand. -Mazz.）Y. L. Chen
习　　性：一年生草本
海　　拔：3500～3700 m
分　　布：四川、云南
濒危等级：LC

遂昌凤仙花
Impatiens suichangensis Y. L. Xu et Y. L. Chen
习　　性：一年生草本
海　　拔：1100～1600 m
分　　布：四川
濒危等级：NT B1ab（i，iii）

绥江凤仙花
Impatiens suijiangensis S. H. Huang
习　　性：一年生草本
海　　拔：约 800 m
分　　布：云南
濒危等级：DD

槽茎凤仙花
Impatiens sulcata Wall.
习　　性：一年生草本
海　　拔：3000～4000 m
国内分布：西藏
国外分布：不丹、尼泊尔、印度
濒危等级：NT D1
资源利用：食品（种子）

孙氏凤仙花
Impatiens sunii S. H. Huang
习　　性：一年生草本
海　　拔：约 900 m
分　　布：云南
濒危等级：LC

四川凤仙花
Impatiens sutchuanensis Franch. ex Hook. f.
习　　性：一年生草本
海　　拔：1200～1900 m
分　　布：湖北、陕西、四川
濒危等级：LC

泰顺凤仙花
Impatiens taishunensis Y. L. Chen et Y. L. Xu
习　　性：一年生草本
海　　拔：约 100 m
分　　布：浙江
濒危等级：LC

独龙凤仙花
Impatiens taronensis Hand. -Mazz.
习　　性：多年生草本
海　　拔：2800～3700 m
分　　布：云南
濒危等级：LC

关雾凤仙花
Impatiens tayemonii Hayata
    习   性：草本
    海   拔：1700～3000 m
    分   布：台湾
    濒危等级：VU B2b（ii, iii）C（iv）

柔茎凤仙花
Impatiens tenerrima Y. L. Chen
    习   性：一年生草本
    海   拔：约 2800 m
    分   布：四川
    濒危等级：LC

膜苞凤仙花
Impatiens tenuibracteata Y. L. Chen
    习   性：一年生草本
    海   拔：2100～2300 m
    分   布：西藏
    濒危等级：LC

野凤仙花
Impatiens textorii Miq.
    习   性：一年生草本
    海   拔：1000～1100 m
    国内分布：吉林、辽宁、山东
    国外分布：朝鲜、俄罗斯、日本
    濒危等级：LC

硫色凤仙花
Impatiens thiochroa Hand.-Mazz.
    习   性：一年生草本
    海   拔：2900～3200 m
    分   布：云南
    濒危等级：NT B1ab（i, iii）

藏西凤仙花
Impatiens thomsonii J. D. Hooker
    习   性：一年生草本
    海   拔：约 3700 m
    国内分布：西藏
    国外分布：克什米尔地区、缅甸、印度
    濒危等级：LC

天全凤仙花
Impatiens tienchuanensis Y. L. Chen
    习   性：一年生草本
    海   拔：1100～1200 m
    分   布：四川
    濒危等级：DD

天目山凤仙花
Impatiens tienmushanica Y. L. Chen

天目山凤仙花（原变种）
Impatiens tienmushanica var. **tienmushanica**
    习   性：一年生草本
    海   拔：800～1000 m
    分   布：浙江
    濒危等级：LC

长距天目山凤仙花
Impatiens tienmushanica var. **longicalcarata** Y. L. Xu et Y. L. Chen
    习   性：一年生草本
    海   拔：约 1000 m
    分   布：浙江
    濒危等级：LC

微绒毛凤仙花
Impatiens tomentella J. D. Hooker
    习   性：一年生草本
    海   拔：1400～1800 m
    分   布：云南
    濒危等级：LC

铜壁关凤仙花
Impatiens tongbiguanensis S. Akiyama et H. Ohba
    习   性：一年生草本
    海   拔：1000～1400 m
    分   布：云南
    濒危等级：LC

扭萼凤仙花
Impatiens tortisepala Hook. f.
    习   性：一年生草本
    海   拔：1500～2900 m
    分   布：四川
    濒危等级：LC

念珠凤仙花
Impatiens torulosa Hook. f.
    习   性：一年生草本
    海   拔：约 3200 m
    分   布：四川
    濒危等级：LC

东俄洛凤仙花
Impatiens toxophora Hook. f.
    习   性：一年生草本
    海   拔：2100～2400 m
    分   布：四川
    濒危等级：LC

毛柄凤仙花
Impatiens trichopoda Hook. f.
    习   性：草本
    海   拔：1900～2000 m
    分   布：四川
    濒危等级：DD

毛萼凤仙花
Impatiens trichosepala Y. L. Chen
    习   性：一年生草本
    海   拔：500～900 m
    分   布：广西、贵州、云南
    濒危等级：NT B1ab（i, iii）

三角萼凤仙花
Impatiens trigonosepala Hook. f.
    习   性：草本
    海   拔：1200～1300 m
    分   布：四川

濒危等级：LC

苍山凤仙花
Impatiens tsangshanesis Y. L. Chen
习　　性：一年生草本
分　　布：云南
濒危等级：DD

瘤果凤仙花
Impatiens tuberculata J. D. Hooker et Thomson
习　　性：一年生草本
海　　拔：约3800 m
国内分布：西藏
国外分布：不丹、印度
濒危等级：LC

管茎凤仙花
Impatiens tubulosa Hemsley
习　　性：一年生草本
海　　拔：500~700 m
分　　布：福建、广东、湖南、江西、浙江
濒危等级：LC

滇水金凤
Impatiens uliginosa Franchet
习　　性：一年生草本
海　　拔：1500~2600 m
分　　布：云南
濒危等级：LC
资源利用：药用（中草药）

波缘凤仙花
Impatiens undulata Y. L. Chen et Y. Q. Lu
习　　性：一年生草本
海　　拔：1800~2000 m
分　　布：四川
濒危等级：LC

单花凤仙花
Impatiens uniflora Hayata
习　　性：一年生草本
海　　拔：1600~3000 m
分　　布：台湾
濒危等级：LC

荨麻叶凤仙花
Impatiens urticifolia Wall.
习　　性：一年生草本
海　　拔：2300~3400 m
国内分布：西藏
国外分布：不丹、尼泊尔、印度
濒危等级：LC

巧家凤仙花
Impatiens vaniotiana H. Lév.
习　　性：一年生草本
海　　拔：约3200 m
分　　布：云南
濒危等级：DD

条纹凤仙花
Impatiens vittata Franch.
习　　性：一年生草本
海　　拔：1500~2000 m
分　　布：四川
濒危等级：DD

瓦氏凤仙花
Impatiens waldheimiana J. D. Hooker
习　　性：草本
分　　布：四川
濒危等级：LC

苏丹凤仙花
Impatiens walleriana Hook. f.
习　　性：多年生草本
海　　拔：约1800 m
国内分布：北京、广东、河北、天津、香港
国外分布：原产北非；世界各地广泛栽培
濒危等级：LC

维西凤仙花
Impatiens weihsiensis Y. L. Chen
习　　性：一年生草本
海　　拔：2300~3600 m
分　　布：云南
濒危等级：VU B2ab（ii, iii, iv）

文山凤仙花
Impatiens wenshanensis S. H. Huang
习　　性：一年生草本
海　　拔：1800 m
分　　布：广西、云南
濒危等级：DD

白花凤仙花
Impatiens wilsonii Hook. f.
习　　性：草本
海　　拔：800~1000 m
分　　布：四川
濒危等级：DD

吴氏凤仙花
Impatiens wuchengyihii S. Akiyama et H. Ohba
习　　性：一年生草本
海　　拔：1700~1900 m
分　　布：云南
濒危等级：DD

婺源凤仙花
Impatiens wuyuanensis Y. L. Chen
习　　性：一年生草本
海　　拔：约500 m
分　　布：江西
濒危等级：LC

金黄凤仙花
Impatiens xanthina H. F. Comber

金黄凤仙花（原变种）
Impatiens xanthina var. **xanthina**

习　　性：一年生草本
海　　拔：1200~2800 m
国内分布：云南
国外分布：缅甸
濒危等级：LC

细小金黄凤仙花
Impatiens xanthina var. pusilla Y. L. Chen
习　　性：一年生草本
海　　拔：1200~1300 m
分　　布：云南
濒危等级：LC

黄头凤仙花
Impatiens xanthocephala W. W. Smith
习　　性：一年生草本
海　　拔：约3100 m
分　　布：四川、云南
濒危等级：LC

药山凤仙花
Impatiens yaoshanensis K. M. Liu et Y. Y. Cong
习　　性：一年生草本
分　　布：云南
濒危等级：NT B1ab（i, iii）

艺林凤仙花
Impatiens yilinglana X. F. Jin, S. Z. Yang et L. Qian
习　　性：一年生草本
分　　布：浙江
濒危等级：LC

盈江凤仙花
Impatiens yingjiangensis S. Akiyama et H. Ohba
习　　性：一年生草本
海　　拔：1000~1400 m
分　　布：云南
濒危等级：LC

永善凤仙花
Impatiens yongshanensis S. H. Huang
习　　性：一年生草本
海　　拔：2400~2500 m
分　　布：云南
濒危等级：LC

德浚凤仙花
Impatiens yui S. H. Huang
习　　性：一年生草本
海　　拔：约1800 m
分　　布：云南
濒危等级：LC

云南凤仙花
Impatiens yunnanensis Franch.
习　　性：草本
海　　拔：2500 m
分　　布：云南
濒危等级：LC

紫溪凤仙花
Impatiens zixishanensis S. H. Huang
习　　性：一年生草本
海　　拔：约2000 m
分　　布：云南
濒危等级：LC

落葵科 BASELLACEAE
（2属：3种）

落葵薯属 Anredera Juss.

落葵薯
Anredera cordifolia (Ten.) Steenis
习　　性：缠绕藤本
国内分布：北京、福建、广东、海南、江苏、四川、云南、浙江
国外分布：原产南美洲
资源利用：药用（中草药）

短序落葵薯
Anredera scandens (L.) Moquin-Tandon
习　　性：肉质藤本
国内分布：福建、广东有栽培
国外分布：原产美洲
资源利用：药用（中草药）

落葵属 Basella L.

落葵
Basella alba L.
习　　性：一年生缠绕草本
国内分布：中国有栽培
国外分布：原产泛热带地区
资源利用：药用（中草药）；环境利用（观赏）；食品（蔬菜）；食品添加剂（着色剂）

秋海棠科 BEGONIACEAE
（1属：213种）

秋海棠属 Begonia L.

短葶秋海棠
Begonia × breviscapa C. I Peng, Yan Liu et S. M. Ku
习　　性：多年生草本
分　　布：广西
濒危等级：DD

无翅秋海棠
Begonia acetosella Craib

无翅秋海棠（原变种）
Begonia acetosella var. acetosella
习　　性：多年生草本
海　　拔：500~1800 m
国内分布：西藏、云南
国外分布：老挝、缅甸、泰国、越南
濒危等级：NT B1ab（i, iii, v）

粗毛无翅秋海棠
Begonia acetosella var. **hirtifolia** Irmsch.
 习 性：多年生草本
 海 拔：约 1500 m
 国内分布：云南
 国外分布：缅甸
 濒危等级：LC

尖被秋海棠
Begonia acutitepala K. Y. Guan et D. K. Tian
 习 性：多年生草本
 海 拔：约 1600 m
 分 布：云南
 濒危等级：DD

美丽秋海棠
Begonia algaia L. B. Sm. et Wassh.
 习 性：多年生草本
 海 拔：300~800 m
 分 布：江西
 濒危等级：NT B1ab（iii）

点叶秋海棠
Begonia alveolata T. T. Yu
 习 性：多年生草本
 海 拔：1000~1500 m
 国内分布：云南
 国外分布：越南
 濒危等级：LC

蛛网脉秋海棠
Begonia arachnoidea C. I Peng, Yan Liu et S. M. Ku
 习 性：多年生草本
 海 拔：约 200 m
 分 布：广西
 濒危等级：VU D2
 国家保护：Ⅱ级

树生秋海棠
Begonia arboreta Y. M. Shui
 习 性：多年生草本
 海 拔：1700~1900 m
 分 布：云南
 濒危等级：DD

糙叶秋海棠
Begonia asperifolia Irmsch.

糙叶秋海棠（原变种）
Begonia asperifolia var. **asperifolia**
 习 性：多年生草本
 海 拔：1500~3400 m
 分 布：西藏、云南
 濒危等级：LC

俅江秋海棠
Begonia asperifolia var. **tomentosa** T. T. Yu
 习 性：多年生草本
 海 拔：约 1800 m
 分 布：云南
 濒危等级：DD

窄檐糙叶秋海棠
Begonia asperifolia var. **unialata** T. C. Ku
 习 性：多年生草本
 分 布：云南
 濒危等级：DD

星果草叶秋海棠
Begonia asteropyrifolia Y. M. Shui et W. H. Chen
 习 性：多年生草本
 海 拔：300~400 m
 分 布：广西
 濒危等级：EN D

歪叶秋海棠
Begonia augustinei Hemsl.
 习 性：多年生草本
 海 拔：1000~1800 m
 分 布：云南
 濒危等级：LC

橙花侧膜秋海棠
Begonia aurantiflora C. I Peng et al.
 习 性：多年生草本
 分 布：广西
 濒危等级：EN D

耳托秋海棠
Begonia auritistipula Y. M. Shui et W. H. Chen
 习 性：多年生草本
 分 布：广西
 濒危等级：EN A2c

桂南秋海棠
Begonia austroguangxiensis Y. M. Shui et W. H. Chen
 习 性：多年生草本
 海 拔：200~600 m
 分 布：广西
 濒危等级：VU D2

南台湾秋海棠
Begonia austrotaiwanensis Y. K. Chen et C. I Peng
 习 性：多年生草本
 海 拔：200~1000 m
 分 布：台湾
 濒危等级：VU D2

巴马秋海棠
Begonia bamaensis Yan Liu et C. I Peng
 习 性：多年生草本
 分 布：广西
 濒危等级：VU D2

金平秋海棠
Begonia baviensis Gagnep.
 习 性：多年生草本
 海 拔：400~500 m
 国内分布：广西、云南

国外分布：越南
濒危等级：NT B1a

双花秋海棠
Begonia biflora T. C. Ku
  习 性：多年生草本
  海 拔：200～400 m
  分 布：云南
  濒危等级：VU B1ab（ii）

九九峰秋海棠
Begonia bouffordii C. I Peng
  习 性：多年生草本
  海 拔：300～400 m
  分 布：台湾
  濒危等级：EN B2ac（iv）

短刺秋海棠
Begonia brevisetulosa C. Y. Wu
  习 性：多年生草本
  分 布：四川
  濒危等级：DD

花叶秋海棠
Begonia cathayana Hemsl.
  习 性：多年生草本
  海 拔：800～1500 m
  国内分布：广西、云南
  国外分布：越南
  濒危等级：LC
  资源利用：环境利用（观赏）

昌感秋海棠
Begonia cavaleriei H. Lév.
  习 性：多年生草本
  海 拔：700～1800 m
  国内分布：广西、贵州、云南
  国外分布：越南
  濒危等级：LC

册亨秋海棠
Begonia cehengensis T. C. Ku
  习 性：多年生草本
  海 拔：700～800 m
  分 布：贵州
  濒危等级：VU A2c+3c

角果秋海棠
Begonia ceratocarpa S. H. Huang et Y. M. Shui
  习 性：多年生草本
  海 拔：300～400 m
  国内分布：云南
  国外分布：越南
  濒危等级：LC

凤山秋海棠
Begonia chingii Irmsch.
  习 性：多年生草本
  海 拔：200～800 m
  分 布：广西
  濒危等级：LC

赤水秋海棠
Begonia chishuiensis T. C. Ku
  习 性：多年生草本
  海 拔：约750 m
  分 布：贵州
  濒危等级：LC

溪头秋海棠
Begonia chitoensis T. S. Liu et M. J. Lai
  习 性：多年生草本
  海 拔：400～2200 m
  分 布：台湾
  濒危等级：LC

崇左秋海棠
Begonia chongzuoensis Yan Liu, S. M. Ku et C. I Peng
  习 性：多年生草本
  海 拔：约250 m
  分 布：广西
  濒危等级：EN A2c

出云山秋海棠
Begonia chuyunshanensis C. I Peng et Y. K. Chen
  习 性：多年生草本
  海 拔：500～1600 m
  分 布：台湾
  濒危等级：LC

周裂秋海棠
Begonia circumlobata Hance
  习 性：多年生草本
  海 拔：200～1100 m
  分 布：福建、广东、广西、贵州、湖北、湖南
  濒危等级：LC
  资源利用：环境利用（观赏）

卷毛秋海棠
Begonia cirrosa L. B. Sm. et Wassh.
  习 性：多年生草本
  海 拔：约1000 m
  分 布：广西、云南
  濒危等级：LC

腾冲秋海棠
Begonia clavicaulis Irmsch.
  习 性：多年生草本
  海 拔：约2100 m
  分 布：云南
  濒危等级：NT B1ab（iii）

假侧膜秋海棠
Begonia coelocentroides Y. M. Shui et Z. D. Wei
  习 性：多年生草本
  分 布：云南
  濒危等级：LC

阳春秋海棠
Begonia coptidifolia H. G. Ye et al.

习　　性：多年生草本
海　　拔：约 600 m
分　　布：广东
濒危等级：CR B2ab（iii，v）；C1
国家保护：Ⅱ级

黄连山秋海棠
Begonia coptidimontana C. Y. Wu
习　　性：多年生草本
海　　拔：1700~2200 m
分　　布：云南
濒危等级：LC

橙花秋海棠
Begonia crocea C. I Peng
习　　性：多年生草本
海　　拔：约 1200 m
分　　布：云南
濒危等级：LC

水晶秋海棠
Begonia crystallina Y. M. Shui et W. H. Chen
习　　性：多年生草本
分　　布：云南
濒危等级：LC

瓜叶秋海棠
Begonia cucurbitifolia C. Y. Wu
习　　性：多年生草本
海　　拔：约 400 m
分　　布：云南
濒危等级：LC

弯果秋海棠
Begonia curvicarpa S. M. Ku et al.
习　　性：多年生草本
分　　布：广西
濒危等级：NT B1ab（iii）；C1

柱果秋海棠
Begonia cylindrica D. R. Liang et X. X. Chen
习　　性：多年生草本
分　　布：广西
濒危等级：LC

大围山秋海棠
Begonia daweishanensis S. H. Huang et Y. M. Shui
习　　性：匍匐草本
海　　拔：1400~1800 m
分　　布：云南
濒危等级：LC

大新秋海棠
Begonia daxinensis T. C. Ku
习　　性：多年生草本
分　　布：广西
濒危等级：NT D1+2

德保秋海棠
Begonia debaoensis C. I Peng et al.
习　　性：多年生草本
海　　拔：约 600 m

分　　布：广西
濒危等级：VU D1

钩翅秋海棠
Begonia demissa Craib
习　　性：多年生草本
国内分布：云南
国外分布：泰国
濒危等级：LC

齿苞秋海棠
Begonia dentatobracteata C. Y. Wu
习　　性：多年生草本
海　　拔：1600~1900 m
分　　布：云南
濒危等级：VU B1ab（iii）；C1

南川秋海棠
Begonia dielsiana E. Pritz.
习　　性：多年生草本
海　　拔：1000~1300 m
分　　布：湖北、四川
濒危等级：NT B1

变形红孩儿
Begonia difformis（Irmsch.）W. C. Leong, C. I Peng et K. F. Chung
习　　性：多年生草本
海　　拔：1800~2500 m
分　　布：云南
濒危等级：LC

槭叶秋海棠
Begonia digyna Irmsch.
习　　性：多年生草本
海　　拔：500~700 m
分　　布：福建、江西、浙江
濒危等级：LC

细茎秋海棠
Begonia discrepans Irmsch.
习　　性：多年生草本
分　　布：云南
濒危等级：DD

景洪秋海棠
Begonia discreta Craib
习　　性：多年生草本
海　　拔：约 800 m
国内分布：云南
国外分布：泰国
濒危等级：NT B1a

厚叶秋海棠
Begonia dryadis Irmsch.
习　　性：多年生草本
海　　拔：600~1200 m
分　　布：云南
濒危等级：LC

川边秋海棠
Begonia duclouxii Gagnep.
习　　性：多年生草本
海　　拔：1000~1400 m

分　　布：云南
濒危等级：DD

食用秋海棠
Begonia edulis H. Lév.
　　习　　性：多年生草本
　　海　　拔：500～1500 m
　　国内分布：广东、广西、云南
　　国外分布：越南
　　濒危等级：LC

峨眉秋海棠
Begonia emeiensis C. M. Hu ex C. Y. Wu et T. C. Ku
　　习　　性：多年生草本
　　海　　拔：900～1000 m
　　分　　布：四川
　　濒危等级：LC

方氏秋海棠
Begonia fangii Y. M. Shui et C. I Peng
　　习　　性：多年生草本
　　海　　拔：400～700 m
　　国内分布：广西
　　国外分布：越南
　　濒危等级：LC

兰屿秋海棠
Begonia fenicis Merr.
　　习　　性：多年生草本
　　海　　拔：100 m 以下
　　国内分布：台湾
　　国外分布：菲律宾、日本
　　濒危等级：NT

黑峰秋海棠
Begonia ferox C. I Peng et Yan Liu
　　习　　性：多年生草本
　　海　　拔：约130 m
　　分　　布：广西
　　濒危等级：EN D2
　　国家保护：Ⅱ级

丝形秋海棠
Begonia filiformis Irmsch.
　　习　　性：多年生草本
　　海　　拔：约1000 m
　　分　　布：广西
　　濒危等级：DD

须苞秋海棠
Begonia fimbribracteata Y. M. Shui et W. H. Chen
　　习　　性：多年生草本
　　海　　拔：约300 m
　　分　　布：广西
　　濒危等级：LC

紫背天葵
Begonia fimbristipula Hance
　　习　　性：多年生草本
　　海　　拔：700～1100 m
　　分　　布：福建、广东、广西、海南、湖南、江西、香港、云南、浙江

濒危等级：LC
资源利用：环境利用（观赏）

黄花秋海棠
Begonia flaviflora H. Hara

黄花秋海棠（原变种）
Begonia flaviflora var. **flaviflora**
　　习　　性：多年生草本
　　海　　拔：约2600 m
　　国内分布：西藏
　　国外分布：印度
　　濒危等级：DD

浅裂黄花秋海棠
Begonia flaviflora var. **gamblei**(Irmsch.) Golding et Kareg.
　　习　　性：多年生草本
　　国内分布：西藏
　　国外分布：不丹、印度
　　濒危等级：LC

乳黄秋海棠
Begonia flaviflora var. **vivida** Golding et Kareg.
　　习　　性：多年生草本
　　海　　拔：1600～2300 m
　　国内分布：云南
　　国外分布：缅甸
　　濒危等级：LC

西江秋海棠
Begonia fordii Irmsch.
　　习　　性：多年生草本
　　分　　布：广东
　　濒危等级：LC

水鸭脚
Begonia formosana(Hayata) Masam.
　　习　　性：多年生草本
　　海　　拔：700～900 m
　　分　　布：台湾
　　濒危等级：LC

陇川秋海棠
Begonia forrestii Irmsch.
　　习　　性：多年生草本
　　海　　拔：1200～2600 m
　　分　　布：云南
　　濒危等级：LC

昭通秋海棠
Begonia gagnepainiana Irmsch.
　　习　　性：多年生草本
　　分　　布：云南
　　濒危等级：LC

巨苞秋海棠
Begonia gigabracteata H. Z. Li et H. Ma
　　习　　性：多年生草本
　　海　　拔：500～800 m
　　分　　布：广西
　　濒危等级：LC

金秀秋海棠
Begonia glechomifolia C. M. Hu ex C. Y. Wu et T. C. Ku
 习 性：多年生草本
 海 拔：约3000 m
 分 布：广西
 濒危等级：EN A2c

秋海棠
Begonia grandis Dryand.

秋海棠（原亚种）
Begonia grandis subsp. **grandis**
 习 性：多年生草本
 海 拔：100~1100 m
 分 布：安徽、福建、广西、贵州、河北、河南、湖南、
     江西、山东、山西、陕西、四川、浙江
 濒危等级：LC

全柱秋海棠
Begonia grandis subsp. **holostyla** Irmsch.
 习 性：多年生草本
 海 拔：2200~2800 m
 分 布：四川、云南
 濒危等级：NT B1

刺毛中华秋海棠
Begonia grandis var. **puberula** Irmsch.
 习 性：多年生草本
 海 拔：约1200 m
 分 布：湖北、四川
 濒危等级：LC

单翅秋海棠
Begonia grandis var. **unialata** Irmsch.
 习 性：多年生草本
 海 拔：约2200 m
 分 布：甘肃、四川、云南
 濒危等级：LC

柔毛中华秋海棠
Begonia grandis var. **villosa** T. C. Ku
 习 性：多年生草本
 海 拔：约1200 m
 分 布：四川
 濒危等级：LC

广西秋海棠
Begonia guangxiensis C. Y. Wu
 习 性：多年生草本
 海 拔：200~300 m
 分 布：广西
 濒危等级：EN D

管氏秋海棠
Begonia guaniana H. Ma et H. Z. Li
 习 性：多年生草本
 分 布：云南
 濒危等级：LC

圭山秋海棠
Begonia guishanensis S. H. Huang et Y. M. Shui
 习 性：多年生草本
 海 拔：1800~2000 m
 分 布：云南
 濒危等级：NT

桂西秋海棠
Begonia guixiensis Yan Liu, S. M. Ku et C. I Peng
 习 性：多年生草本
 分 布：广西
 濒危等级：VU D2

古林箐秋海棠
Begonia gulinqingensis S. H. Huang et Y. M. Shui
 习 性：多年生草本
 海 拔：1600~1900 m
 分 布：云南
 濒危等级：EN A2c
 国家保护：Ⅱ级

古龙山海棠
Begonia gulongshanensis Y. M. Shui & W. H. Chen
 习 性：多年生草本
 海 拔：350 m
 分 布：广西
 濒危等级：EN D2
 国家保护：Ⅱ级

贡山秋海棠
Begonia gungshanensis C. Y. Wu
 习 性：多年生草本
 海 拔：1400~2000 m
 分 布：云南
 濒危等级：LC

海南秋海棠
Begonia hainanensis Chun et F. Chun
 习 性：多年生草本
 海 拔：约1000 m
 分 布：海南
 濒危等级：VU D2
 国家保护：Ⅱ级

香花秋海棠
Begonia handelii Irmsch.

香花秋海棠（原变种）
Begonia handelii var. **handelii**
 习 性：多年生草本
 海 拔：100~900 m
 国内分布：广东、广西、海南、云南
 国外分布：缅甸、越南
 濒危等级：LC

铺地秋海棠
Begonia handelii var. **prostrata**(Irmsch.) Tebbitt
 习 性：多年生草本
 海 拔：100~1500 m
 国内分布：广东、广西、云南
 国外分布：老挝、泰国、越南
 濒危等级：LC

红毛香花秋海棠
Begonia handelii var. **rubropilosa**(S. H. Huang et Y. M. Shui) C. I Peng
 习 性：多年生草本
 海 拔：约1400 m

分　　布：云南
濒危等级：LC

墨脱秋海棠
Begonia hatacoa Buch. -Ham. ex D. Don
　　习　　性：多年生草本
　　海　　拔：1200~1500 m
　　国内分布：西藏
　　国外分布：不丹、尼泊尔、印度
　　濒危等级：LC

河口秋海棠
Begonia hekouensis S. H. Huang
　　习　　性：多年生草本
　　海　　拔：200~500 m
　　分　　布：云南
　　濒危等级：VU A2c；B1ab（i, iv, v）

掌叶秋海棠
Begonia hemsleyana Hook. f.

掌叶秋海棠（原变种）
Begonia hemsleyana var. **hemsleyana**
　　习　　性：多年生草本
　　海　　拔：1000~1300 m
　　国内分布：广西、云南
　　国外分布：越南
　　濒危等级：LC
　　资源利用：环境利用（观赏）

广西掌叶秋海棠
Begonia hemsleyana var. **kwangsiensis** Irmsch.
　　习　　性：多年生草本
　　海　　拔：1200~1300 m
　　分　　布：广西
　　濒危等级：DD

独牛
Begonia henryi Hemsl.
　　习　　性：多年生草本
　　海　　拔：800~2600 m
　　分　　布：广西、贵州、湖北、四川、云南
　　濒危等级：LC
　　资源利用：药用（中草药）

合欢山秋海棠
Begonia hohuanensis S. S. Ying
　　习　　性：多年生草本
　　海　　拔：约2700 m
　　分　　布：台湾
　　濒危等级：DD

香港秋海棠
Begonia hongkongensis F. W. Xing
　　习　　性：多年生草本
　　海　　拔：100~400 m
　　分　　布：香港
　　濒危等级：NT B1ab（iii）
　　国家保护：Ⅱ级

侯氏秋海棠
Begonia howii Merr. et Chun
　　习　　性：多年生草本
　　海　　拔：600~700 m
　　分　　布：海南
　　濒危等级：DD

黄氏秋海棠
Begonia huangii Y. M. Shui et W. H. Chen
　　习　　性：多年生草本
　　海　　拔：300~1000 m
　　分　　布：云南
　　濒危等级：LC

膜果秋海棠
Begonia hymenocarpa C. Y. Wu
　　习　　性：多年生草本
　　海　　拔：500~700 m
　　分　　布：广西
　　濒危等级：LC

鸡爪秋海棠
Begonia imitans Irmsch.
　　习　　性：多年生草本
　　海　　拔：1300~1400 m
　　分　　布：四川
　　濒危等级：LC

靖西秋海棠
Begonia jingxiensis D. Fang et Y. G. Wei
　　习　　性：多年生草本
　　海　　拔：100~600 m
　　分　　布：广西
　　濒危等级：NT B1ab（iii）

缙云秋海棠
Begonia jinyunensis C. I Peng, B. Ding et Q. Wang
　　习　　性：多年生草本
　　海　　拔：约800 m
　　分　　布：重庆
　　濒危等级：LC

重齿秋海棠
Begonia josephii A. DC.
　　习　　性：多年生草本
　　海　　拔：2600~2800 m
　　国内分布：西藏
　　国外分布：不丹、尼泊尔、印度
　　濒危等级：DD

心叶秋海棠
Begonia labordei H. Lév.
　　习　　性：多年生草本
　　海　　拔：800~3300 m
　　国内分布：贵州、四川、云南
　　国外分布：缅甸
　　濒危等级：NT B1
　　资源利用：环境利用（观赏）

撕裂秋海棠
Begonia lacerata Irmsch.
  习 性：多年生草本
  海 拔：1000～1900 m
  分 布：云南
  濒危等级：LC

圆翅秋海棠
Begonia laminariae Irmsch.
  习 性：多年生草本
  海 拔：1200～1800 m
  国内分布：贵州、云南
  国外分布：越南
  濒危等级：LC

澜沧秋海棠
Begonia lancangensis S. H. Huang
  习 性：多年生草本
  海 拔：约 1600 m
  分 布：云南
  濒危等级：DD

灯果秋海棠
Begonia lanternaria Irmsch.
  习 性：多年生草本
  国内分布：广西
  国外分布：越南
  濒危等级：LC

癞叶秋海棠
Begonia leprosa Hance
  习 性：匍匐草本
  海 拔：100～800 m
  分 布：广东、广西
  濒危等级：LC
  资源利用：环境利用（观赏）

截叶秋海棠
Begonia limprichtii Irmsch.
  习 性：多年生草本
  海 拔：500～1700 m
  分 布：四川、云南
  濒危等级：LC

黎平秋海棠
Begonia lipingensis Irmsch.
  习 性：多年生草本
  海 拔：300～1100 m
  分 布：广西、贵州、湖南
  濒危等级：LC

石生秋海棠
Begonia lithophila C. Y. Wu
  习 性：多年生草本
  海 拔：1700～2000 m
  分 布：云南
  濒危等级：LC

刘演秋海棠
Begonia liuyanii C. I Peng et al.
  习 性：多年生草本
  海 拔：约 200 m
  分 布：广西
  濒危等级：VU A2c；D1

隆安秋海棠
Begonia longanensis C. Y. Wu
  习 性：匍匐草本
  分 布：广西
  濒危等级：VU B1ab（i，iii，v）

弄岗秋海棠
Begonia longgangensis C. I Peng et Yan Liu
  习 性：多年生草本
  海 拔：约 170 m
  分 布：广西
  濒危等级：VU B1ab（i，iii，v）

长翅秋海棠
Begonia longialata K. Y. Guan et D. K. Tian
  习 性：多年生草本
  海 拔：约 900 m
  分 布：云南
  濒危等级：DD

长果秋海棠
Begonia longicarpa K. Y. Guan et D. K. Tian
  习 性：多年生草本
  海 拔：100～200 m
  国内分布：云南
  国外分布：越南
  濒危等级：NT

粗喙秋海棠
Begonia longifolia Blume
  习 性：多年生草本
  海 拔：200～2200 m
  国内分布：福建、广东、广西、贵州、海南、湖南、江西、台湾、云南
  国外分布：不丹、老挝、马来西亚、缅甸、泰国、印度、印度尼西亚、越南
  濒危等级：LC

长柱秋海棠
Begonia longistyla Y. M. Shui et W. H. Chen
  习 性：多年生草本
  海 拔：200～300 m
  分 布：云南
  濒危等级：NT B1

鹿谷秋海棠
Begonia lukuana Y. C. Liu et C. H. Ou
  习 性：多年生草本
  海 拔：700～1600 m
  分 布：台湾
  濒危等级：VU D2

罗城秋海棠
Begonia luochengensis S. M. Ku et al.
  习 性：多年生草本
  海 拔：200～300 m
  分 布：广西

濒危等级：NT A2c+3c

鹿寨秋海棠
Begonia luzhaiensis T. C. Ku
习　　性：多年生草本
海　　拔：100~700 m
分　　布：广西
濒危等级：VU D2

大裂秋海棠
Begonia macrotoma Irmsch.
习　　性：多年生草本
海　　拔：1200~1500 m
国内分布：云南
国外分布：尼泊尔、印度、越南
濒危等级：LC

麻栗坡秋海棠
Begonia malipoensis S. H. Huang et Y. M. Shui
习　　性：多年生草本
海　　拔：约1300 m
分　　布：云南
濒危等级：LC

蛮耗秋海棠
Begonia manhaoensis S. H. Huang et Y. M. Shui
习　　性：多年生草本
海　　拔：300~800 m
分　　布：云南
濒危等级：NT B1ab (i, iii, iv)

铁甲秋海棠
Begonia masoniana Irmsch. ex Ziesenh.
习　　性：多年生草本
海　　拔：100~300 m
国内分布：广西
国外分布：越南
濒危等级：VU A2c
资源利用：环境利用（观赏）

大叶秋海棠
Begonia megalophyllaria C. Y. Wu
习　　性：多年生草本
海　　拔：800~1000 m
分　　布：云南
濒危等级：VU B1ab (i, iii)

蒙自秋海棠
Begonia mengtzeana Irmsch.
习　　性：多年生草本
海　　拔：1700~2500 m
分　　布：云南
濒危等级：VU B1ab (i, iii)

截裂秋海棠
Begonia miranda Irmsch.
习　　性：多年生草本
海　　拔：1200~1600 m
分　　布：云南
濒危等级：DD

云南秋海棠
Begonia modestiflora Kurz
习　　性：多年生草本
海　　拔：500~1400 m
国内分布：云南
国外分布：缅甸、尼泊尔、泰国、印度
濒危等级：LC

桑叶秋海棠
Begonia morifolia T. T. Yu
习　　性：多年生草本
海　　拔：1300~1600 m
分　　布：云南
濒危等级：LC

龙州秋海棠
Begonia morsei Irmsch.

龙州秋海棠（原变种）
Begonia morsei var. **morsei**
习　　性：多年生草本
海　　拔：约700 m
分　　布：广西
濒危等级：DD

密毛龙州秋海棠
Begonia morsei var. **myriotricha** Y. M. Shui et W. H. Chen
习　　性：多年生草本
海　　拔：约700 m
分　　布：广西
濒危等级：DD

木里秋海棠
Begonia muliensis T. T. Yu
习　　性：多年生草本
海　　拔：1800~2600 m
分　　布：四川、云南
濒危等级：LC

南投秋海棠
Begonia nantoensis M. J. Lai et N. J. Chung
习　　性：多年生草本
分　　布：台湾
濒危等级：LC

宁明秋海棠
Begonia ningmingensis D. Fang et al.

宁明秋海棠（原变种）
Begonia ningmingensis var. **ningmingensis**
习　　性：多年生草本
海　　拔：100~400 m
分　　布：广西
濒危等级：LC

丽叶秋海棠
Begonia ningmingensis var. **bella** D. Fang et al.
习　　性：多年生草本
海　　拔：200~300 m
分　　布：广西
濒危等级：LC

斜叶秋海棠
Begonia obliquifolia S. H. Huang et Y. M. Shui
- 习　　性：多年生草本
- 海　　拔：1400~1500 m
- 分　　布：云南
- 濒危等级：VU A2c；B1ab（i，iii）

不显秋海棠
Begonia obsolescens Irmsch.
- 习　　性：多年生草本
- 海　　拔：500~1600 m
- 分　　布：广西、云南
- 濒危等级：LC

山地秋海棠
Begonia oreodoxa Chun et F. Chun ex G. Y. Wu et T. C. Ku
- 习　　性：多年生草本
- 海　　拔：100~1200 m
- 国内分布：云南
- 国外分布：越南
- 濒危等级：LC

鸟叶秋海棠
Begonia ornithophylla Irmsch.
- 习　　性：多年生草本
- 海　　拔：100~600 m
- 分　　布：广西
- 濒危等级：LC

卵叶秋海棠
Begonia ovatifolia A. DC.
- 习　　性：多年生草本
- 国内分布：西藏
- 国外分布：印度
- 濒危等级：DD

裂叶秋海棠
Begonia palmata D. Don

裂叶秋海棠（原变种）
Begonia palmata var. **palmata**
- 习　　性：多年生草本
- 海　　拔：1300~2100 m
- 国内分布：西藏、云南
- 国外分布：不丹、老挝、孟加拉国、缅甸、尼泊尔、泰国、印度、越南
- 濒危等级：LC

红孩儿
Begonia palmata var. **bowringiana**（Champ. ex Benth.）Golding et Kareg.
- 习　　性：多年生草本
- 海　　拔：100~2500 m
- 分　　布：福建、广西、贵州、海南、湖南、江西、四川、台湾、香港
- 濒危等级：LC

刺毛红孩儿
Begonia palmata var. **crassisetulosa**（Irmsch.）Golding et Kareg.
- 习　　性：多年生草本
- 海　　拔：1500~3200 m
- 分　　布：云南
- 濒危等级：LC

光叶红孩儿
Begonia palmata var. **laevifolia**（Irmsch.）Golding et Kareg.
- 习　　性：多年生草本
- 海　　拔：100~1700 m
- 分　　布：云南
- 濒危等级：LC

小叶秋海棠
Begonia parvula H. Lév. et Vaniot
- 习　　性：多年生草本
- 海　　拔：200~1300 m
- 分　　布：贵州、云南
- 濒危等级：LC

少裂秋海棠
Begonia paucilobata C. Y. Wu

少裂秋海棠（原变种）
Begonia paucilobata var. **paucilobata**
- 习　　性：多年生草本
- 海　　拔：约1700 m
- 分　　布：云南
- 濒危等级：LC

马关秋海棠
Begonia paucilobata var. **maguanensis**（S. H. Huang et Y. M. Shui）T. C. Ku
- 习　　性：多年生草本
- 海　　拔：约1800 m
- 分　　布：云南
- 濒危等级：VU C2ac（i）

掌裂秋海棠
Begonia pedatifida H. Lév.
- 习　　性：多年生草本
- 海　　拔：300~1700 m
- 分　　布：贵州、湖北、湖南、四川
- 濒危等级：LC
- 资源利用：环境利用（观赏）

小花秋海棠
Begonia peii C. Y. Wu
- 习　　性：多年生草本
- 海　　拔：约1000 m
- 分　　布：云南
- 濒危等级：VU B1ab（i，iii）

赤车叶秋海棠
Begonia pellionioides Y. M. Shui et W. H. Chen
- 习　　性：多年生草本
- 分　　布：云南
- 濒危等级：DD

盾叶秋海棠
Begonia peltatifolia H. L. Li
- 习　　性：多年生草本
- 海　　拔：约900 m
- 分　　布：海南

濒危等级：NT B1ab（i，iii）

彭氏秋海棠
Begonia pengii S. M. Ku et Yan Liu
习　　性：多年生草本
海　　拔：约 500 m
分　　布：广西
濒危等级：EN A2c；B1ab（i，iii）；D

樟木秋海棠
Begonia picta Sm.
习　　性：多年生草本
海　　拔：2200～2900 m
国内分布：西藏
国外分布：缅甸、尼泊尔、印度
濒危等级：LC

一口血秋海棠
Begonia picturata Yan Liu, S. M. Ku et C. I Peng
习　　性：多年生草本
海　　拔：700～800 m
国内分布：广西
国外分布：越南
濒危等级：LC

坪林秋海棠
Begonia pinglinensis C. I Peng
习　　性：多年生草本
海　　拔：200～300 m
分　　布：台湾
濒危等级：NT

扁果秋海棠
Begonia platycarpa Y. M. Shui et W. H. Chen
习　　性：多年生草本
海　　拔：约 900 m
分　　布：云南
濒危等级：NT B1ab（i，iii，iv）

多毛秋海棠
Begonia polytricha C. Y. Wu
习　　性：多年生草本
海　　拔：1800～2200 m
分　　布：云南
濒危等级：LC

罗甸秋海棠
Begonia porteri H. Lév. et Vaniot
习　　性：多年生草本
海　　拔：100～400 m
分　　布：广西、贵州
濒危等级：LC

假大新秋海棠
Begonia pseudodaxinensis S. M. Ku et al.
习　　性：多年生草本
海　　拔：约 400 m
分　　布：广西
濒危等级：LC

假厚叶秋海棠
Begonia pseudodryadis C. Y. Wu
习　　性：多年生草本
海　　拔：800～1500 m
分　　布：云南
濒危等级：NT B1ab（i，iii，iv）

假癞叶秋海棠
Begonia pseudoleprosa C. I Peng et al.
习　　性：多年生草本
海　　拔：约 250 m
分　　布：广西
濒危等级：LC

光滑秋海棠
Begonia psilophylla Irmsch.
习　　性：多年生草本
海　　拔：100～700 m
分　　布：云南
濒危等级：LC

美叶秋海棠
Begonia pulchrifolia D. K. Tian et C. H. Li
习　　性：多年生草本
海　　拔：约 1200 m
分　　布：四川
濒危等级：NT B1ab（i，iii，iv）

肿柄秋海棠
Begonia pulvinifera C. I Peng et Yan Liu
习　　性：匍匐草本
海　　拔：约 300 m
分　　布：广西
濒危等级：LC

紫叶秋海棠
Begonia purpureofolia S. H. Huang et Y. M. Shui
习　　性：多年生草本
海　　拔：900～1700 m
分　　布：云南
濒危等级：LC

岩生秋海棠
Begonia ravenii C. I Peng et Y. K. Chen
习　　性：多年生草本
海　　拔：300～1000 m
分　　布：台湾
濒危等级：LC

倒鳞秋海棠
Begonia reflexisquamosa C. Y. Wu
习　　性：多年生草本
海　　拔：700～1800 m
分　　布：云南
濒危等级：LC

匍茎秋海棠
Begonia repenticaulis Irmsch.
习　　性：多年生草本

分　　布：云南
濒危等级：DD

突脉秋海棠
Begonia retinervia D. Fang et al.
　　习　　性：多年生草本
　　海　　拔：200~600 m
　　分　　布：广西
　　濒危等级：VU A2c；B1ab（iii）

大王秋海棠
Begonia rex Putz.
　　习　　性：多年生草本
　　海　　拔：400~1100 m
　　国内分布：广西、贵州、云南
　　国外分布：印度、越南
　　濒危等级：LC

喙果秋海棠
Begonia rhynchocarpa Y. M. Shui et W. H. Chen
　　习　　性：多年生草本
　　分　　布：云南
　　濒危等级：LC

滇缅秋海棠
Begonia rockii Irmsch.
　　习　　性：多年生草本
　　海　　拔：700~800 m
　　国内分布：云南
　　国外分布：缅甸
　　濒危等级：NT

榕江秋海棠
Begonia rongjiangensis T. C. Ku
　　习　　性：多年生草本
　　分　　布：贵州
　　濒危等级：DD

圆叶秋海棠
Begonia rotundilimba S. H. Huang et Y. M. Shui
　　习　　性：多年生草本
　　海　　拔：1600~1800 m
　　分　　布：云南
　　濒危等级：VU A2c；B1ab（iii）

玉柄秋海棠
Begonia rubinea H. Z. Li et H. Ma
　　习　　性：多年生草本
　　海　　拔：约700 m
　　分　　布：贵州
　　濒危等级：LC

蕉状秋海棠
Begonia ruboides C. M. Hu ex C. Y. Wu et T. C. Ku
　　习　　性：多年生草本
　　海　　拔：1300~2200 m
　　分　　布：云南
　　濒危等级：LC

红斑秋海棠
Begonia rubropunctata S. H. Huang et Y. M. Shui
　　习　　性：多年生草本
　　海　　拔：600~1100 m
　　分　　布：云南
　　濒危等级：LC

成凤秋海棠
Begonia scitifolia Irmsch.
　　习　　性：多年生草本
　　海　　拔：1300~1600 m
　　分　　布：云南
　　濒危等级：DD

半侧膜秋海棠
Begonia semiparietalis Yan Liu et al.
　　习　　性：多年生草本
　　海　　拔：约120 m
　　分　　布：广西
　　濒危等级：VU A2c；B1ab（i，iii）；C1

刚毛秋海棠
Begonia setifolia Irmsch.
　　习　　性：多年生草本
　　海　　拔：1300~2100 m
　　分　　布：云南
　　濒危等级：LC

刺盾叶秋海棠
Begonia setulosopeltata C. Y. Wu
　　习　　性：多年生草本
　　海　　拔：约300 m
　　分　　布：广西
　　濒危等级：EN A2c；D

锡金秋海棠
Begonia sikkimensis A. DC.
　　习　　性：多年生草本
　　海　　拔：800~1200 m
　　国内分布：西藏
　　国外分布：尼泊尔、印度
　　濒危等级：LC

厚壁秋海棠
Begonia silletensis Tebbitt et K. Y. Guan
　　习　　性：多年生草本
　　海　　拔：500~1200 m
　　分　　布：云南
　　濒危等级：LC

多花秋海棠
Begonia sinofloribunda Dorr
　　习　　性：多年生草本
　　海　　拔：约200 m
　　分　　布：广西
　　濒危等级：LC

中越秋海棠
Begonia sinovietnamica C. Y. Wu
　　习　　性：多年生草本
　　海　　拔：200 m
　　国内分布：广西
　　国外分布：越南

濒危等级：LC

长柄秋海棠
Begonia smithiana T. T. Yu
 习 性：多年生草本
 海 拔：700~1300 m
 分 布：贵州、湖北、湖南、四川
 濒危等级：LC

近革叶秋海棠
Begonia subcoriacea C. I Peng et al.
 习 性：多年生草本
 海 拔：300 m
 分 布：广西
 濒危等级：VU A2c；D1

粉叶秋海棠
Begonia subhowii S. H. Huang
 习 性：多年生草本
 海 拔：700~1500 m
 国内分布：云南
 国外分布：越南
 濒危等级：LC

保亭秋海棠
Begonia sublongipes Y. M. Shui
 习 性：多年生草本
 分 布：海南
 濒危等级：CR A2ac；B1ab（i, iii）

都安秋海棠
Begonia suboblata D. Fang et D. H. Qin
 习 性：多年生草本
 海 拔：约800 m
 分 布：广西
 濒危等级：DD

抱茎叶秋海棠
Begonia subperfoliata Parish ex Kurz
 习 性：多年生草本
 国内分布：云南
 国外分布：缅甸
 濒危等级：DD

光叶秋海棠
Begonia summoglabra T. T. Yu
 习 性：多年生草本
 海 拔：约1400 m
 分 布：云南
 濒危等级：VU D2

台北秋海棠
Begonia taipeiensis C. I Peng
 习 性：多年生草本
 海 拔：200~500 m
 分 布：台湾
 濒危等级：DD

台湾秋海棠
Begonia taiwaniana Hayata
 习 性：多年生草本
 分 布：台湾
 濒危等级：DD

大理秋海棠
Begonia taliensis Gagnep.
 习 性：多年生草本
 海 拔：1300~2400 m
 分 布：云南
 濒危等级：LC

藤枝秋海棠
Begonia tengchiana C. I Peng et Y. K. Chen
 习 性：多年生草本
 海 拔：1500~1800 m
 分 布：台湾
 濒危等级：VU D1 + D2

陀螺果秋海棠
Begonia tessaricarpa C. B. Clarke
 习 性：多年生草本
 国内分布：西藏
 国外分布：印度
 濒危等级：LC

四裂秋海棠
Begonia tetralobata Y. M. Shui
 习 性：多年生草本
 分 布：云南
 濒危等级：NT

截叶秋海棠
Begonia truncatiloba Irmsch.
 习 性：多年生草本
 海 拔：1000~1600 m
 分 布：云南
 濒危等级：LC

观光秋海棠
Begonia tsoongii C. Y. Wu
 习 性：多年生草本
 分 布：广西
 濒危等级：EN A2cd；B1ab（i, iii）

伞叶秋海棠
Begonia umbraculifolia Y. Wan et B. N. Chang
 习 性：多年生草本
 海 拔：200~500 m
 分 布：广西
 濒危等级：VU A2c

变异秋海棠
Begonia variifolia Y. M. Shui et W. H. Chen
 习 性：多年生草本
 海 拔：约500 m
 分 布：广西
 濒危等级：VU A2c；B1ab（i, iii）；C1

变色秋海棠
Begonia versicolor Irmsch.
 习 性：多年生草本
 海 拔：1800~2100 m
 分 布：云南

濒危等级：LC

长毛秋海棠
Begonia villifolia Irmsch.
习　　性：多年生草本
海　　拔：1100~1700 m
国内分布：云南
国外分布：缅甸、越南
濒危等级：LC

少瓣秋海棠
Begonia wangii T. T. Yu
习　　性：多年生草本
海　　拔：600~1000 m
分　　布：广西、云南
濒危等级：NT C2a（i）

文山秋海棠
Begonia wenshanensis C. M. Hu ex C. Y. Wu et T. C. Ku
习　　性：多年生草本
海　　拔：1400~2200 m
分　　布：云南
濒危等级：LC

一点血
Begonia wilsonii Gagnep.
习　　性：多年生草本
海　　拔：700~1950 m
分　　布：重庆、四川
濒危等级：LC
资源利用：环境利用（观赏）；药用（中草药）

雾台秋海棠
Begonia wutaiana C. I Peng et Y. K. Chen
习　　性：多年生草本
海　　拔：800~1800 m
分　　布：台湾
濒危等级：VU D1+D2

五指山秋海棠
Begonia wuzhishanensis C. I Peng, X. H. Jin et S. M. Ku
习　　性：多年生草本
海　　拔：约 180 m
分　　布：海南
濒危等级：NT C2a（i）

黄瓣秋海棠
Begonia xanthina Hook. f.
习　　性：多年生草本
海　　拔：约 800 m
国内分布：云南
国外分布：印度
濒危等级：DD

兴义秋海棠
Begonia xingyiensis T. C. Ku
习　　性：多年生草本
海　　拔：约 1100 m
分　　布：贵州
濒危等级：NT B1ab（iii）

盈江秋海棠
Begonia yingjiangensis S. H. Huang
习　　性：多年生草本
海　　拔：约 1100 m
分　　布：云南
濒危等级：DD

吴氏秋海棠
Begonia zhengyiana Y. M. Shui
习　　性：多年生草本
海　　拔：500~600 m
分　　布：云南
濒危等级：EN B1ab（i, iii）

小檗科 BERBERIDACEAE
（11 属：339 种）

小檗属 Berberis L.

峨眉小檗
Berberis aemulans C. K. Schneid.
习　　性：灌木
海　　拔：2900~3200 m
分　　布：四川
濒危等级：LC

堆花小檗
Berberis aggregata C. K. Schneid.
习　　性：灌木
海　　拔：1000~3500 m
分　　布：甘肃、湖北、青海、山西、四川
濒危等级：LC
资源利用：药用（中草药）；环境利用（观赏）

暗红小檗
Berberis agricola Ahrendt
习　　性：灌木
海　　拔：3200~3600 m
分　　布：西藏
濒危等级：DD

高山小檗
Berberis alpicola C. K. Schneid.
习　　性：常绿灌木
海　　拔：约 3600 m
分　　布：台湾
濒危等级：CR D2

可爱小檗
Berberis amabilis C. K. Schneid.
习　　性：常绿灌木
海　　拔：1800~3300 m
国内分布：云南
国外分布：缅甸
濒危等级：NT

美丽小檗
Berberis amoena Dunn

习　　性：灌木
海　　拔：1600~3100 m
分　　布：四川、云南
濒危等级：LC

黄芦木
Berberis amurensis Rupr.
习　　性：灌木
海　　拔：1100~2900 m
国内分布：甘肃、河北、河南、黑龙江、吉林、辽宁、内蒙古、山东、山西、陕西
国外分布：朝鲜半岛、俄罗斯、日本
濒危等级：LC
资源利用：药用（中草药）

有棱小檗
Berberis angulosa Wall. ex Hook. f. et Thomson
习　　性：灌木
海　　拔：3500~4500 m
国内分布：青海、西藏
国外分布：尼泊尔、印度
濒危等级：DD

安徽小檗
Berberis anhweiensis Ahrendt
习　　性：灌木
海　　拔：400~1800 m
分　　布：安徽、湖北、浙江
濒危等级：LC

近似小檗
Berberis approximata Sprague
习　　性：灌木
海　　拔：2900~4300 m
分　　布：青海、四川、西藏、云南
濒危等级：LC

锐齿小檗
Berberis arguta(Franch.)C. K. Schneid.
习　　性：常绿灌木
海　　拔：1600~1800 m
分　　布：贵州、云南
濒危等级：LC

密齿小檗
Berberis aristatoserrulata Hayata
习　　性：灌木
海　　拔：2000~3000 m
分　　布：台湾
濒危等级：DD

直梗小檗
Berberis asmyana C. K. Schneid.
习　　性：常绿灌木
海　　拔：3000~3200 m
分　　布：四川
濒危等级：LC

黑果小檗
Berberis atrocarpa C. K. Schneid.
习　　性：常绿灌木
海　　拔：600~2800 m
分　　布：湖南、四川、云南
濒危等级：LC

那觉小檗
Berberis atroviridiana T. S. Ying
习　　性：落叶灌木
海　　拔：约3200 m
分　　布：西藏
濒危等级：LC

宝兴小檗
Berberis baoxingensis X. H. Li
习　　性：灌木
海　　拔：约2600 m
分　　布：四川
濒危等级：DD

巴塘小檗
Berberis batangensis T. S. Ying
习　　性：灌木
海　　拔：2600~3000 m
分　　布：四川
濒危等级：LC

康松小檗
Berberis beaniana Scheid.
习　　性：灌木
海　　拔：四川
分　　布：四川
濒危等级：LC

北京小檗
Berberis beijingensis T. S. Ying
习　　性：灌木
海　　拔：约100 m
分　　布：北京、山东
濒危等级：LC

汉源小檗
Berberis bergmanniae C. K. Schneid.

汉源小檗（原变种）
Berberis bergmanniae var. **bergmanniae**
习　　性：灌木
海　　拔：1200~2000 m
分　　布：四川
濒危等级：DD

汶川小檗
Berberis bergmanniae var. **acanthophylla** C. K. Schneid.
习　　性：灌木
海　　拔：2000~2500 m
分　　布：四川
濒危等级：LC

二色小檗
Berberis bicolor H. Lév.
习　　性：常绿灌木
海　　拔：1400~1500 m
分　　布：贵州
濒危等级：DD

小檗科 BERBERIDACEAE

短柄小檗
Berberis brachypoda Maxim.
习　　性：灌木
海　　拔：800~2500 m
分　　布：甘肃、河南、湖北、青海、山西、陕西、四川
濒危等级：LC
资源利用：药用（中草药）

长苞小檗
Berberis bracteata(Ahrendt) Ahrendt
习　　性：灌木
海　　拔：3200~3300 m
分　　布：云南
濒危等级：LC

钙原小檗
Berberis calcipratorum Ahrendt
习　　性：灌木
海　　拔：3300~3700 m
分　　布：云南
濒危等级：DD

弯果小檗
Berberis campylotropa T. S. Ying
习　　性：灌木
海　　拔：约 3700 m
分　　布：西藏
濒危等级：LC

单花小檗
Berberis candidula C. K. Schneid.
习　　性：常绿灌木
海　　拔：1200~3000 m
分　　布：湖北、四川
濒危等级：LC

贵州小檗
Berberis cavaleriei H. Lév.
习　　性：常绿灌木
海　　拔：900~1800 m
分　　布：贵州、云南
濒危等级：LC

多花大黄连刺
Berberis centiflora Diels
习　　性：常绿灌木
海　　拔：1800~2700 m
分　　布：云南
濒危等级：LC

华东小檗
Berberis chingii Cheng
习　　性：常绿灌木
海　　拔：200~2000 m
分　　布：福建、广东、湖南、江西
濒危等级：LC
资源利用：环境利用（观赏）

黄球小檗
Berberis chrysophaera Mulligan
习　　性：灌木
海　　拔：2700~3000 m
分　　布：西藏
濒危等级：LC

淳安小檗
Berberis chunanensis T. S. Ying
习　　性：常绿灌木
海　　拔：约 500 m
分　　布：浙江
濒危等级：DD

秦岭小檗
Berberis circumserrata(C. K. Schneid.) C. K. Schneid.

秦岭小檗（原变种）
Berberis circumserrata var. **circumserrata**
习　　性：灌木
海　　拔：1400~3300 m
分　　布：甘肃、河南、湖北、青海、陕西
濒危等级：LC
资源利用：药用（中草药）

多萼小檗
Berberis circumserrata var. **occidentaliar** Ahrendt
习　　性：灌木
海　　拔：约 3500 m
分　　布：甘肃
濒危等级：DD

雅洁小檗
Berberis concinna Hook.
习　　性：灌木
海　　拔：约 3700 m
国内分布：西藏
国外分布：尼泊尔、印度
濒危等级：LC

同色小檗
Berberis concolor W. W. Sm.
习　　性：灌木
海　　拔：2300~3600 m
分　　布：云南
濒危等级：DD

德钦小檗
Berberis contracta T. S. Ying
习　　性：灌木
海　　拔：2500~3000 m
分　　布：云南
濒危等级：LC

贡山小檗
Berberis coryi Veitch
习　　性：灌木
海　　拔：3000~3300 m
分　　布：云南
濒危等级：NT B1ab（iii）

厚檐小檗
Berberis crassilimba C. C. Wu
习　　性：常绿灌木

海　　拔：约 3600 m
分　　布：四川、云南
濒危等级：LC

城口小檗
Berberis daiana T. S. Ying
习　　性：灌木
海　　拔：2200～2500 m
分　　布：四川
濒危等级：DD

稻城小檗
Berberis daochengensis T. S. Ying
习　　性：灌木
海　　拔：约 3400 m
分　　布：四川
濒危等级：LC

直穗小檗
Berberis dasystachya Maxim.
习　　性：灌木
海　　拔：800～3400 m
分　　布：甘肃、河北、河南、湖北、宁夏、青海、山西、陕西、四川
濒危等级：LC
资源利用：药用（中草药）

密叶小檗
Berberis davidii Ahrendt
习　　性：常绿灌木
海　　拔：2000～3500 m
分　　布：云南
濒危等级：DD

道孚小檗
Berberis dawoensis K. Meyer
习　　性：灌木
海　　拔：3000～3900 m
分　　布：四川、云南
濒危等级：DD

壮刺小檗
Berberis deinacantha C. K. Schneid.
习　　性：常绿灌木
海　　拔：1700～3100 m
分　　布：贵州、四川、云南
濒危等级：LC

显脉小檗
Berberis delavayi C. K. Schneid.
习　　性：常绿灌木
海　　拔：1800～4000 m
分　　布：四川、云南
濒危等级：LC

得荣小檗
Berberis derongensis T. S. Ying
习　　性：常绿灌木
海　　拔：约 3200 m
分　　布：四川
濒危等级：DD

鲜黄小檗
Berberis diaphana Maxim.
习　　性：灌木
海　　拔：1600～3200 m
分　　布：甘肃、青海、陕西
濒危等级：LC

松潘小檗
Berberis dictyoneura C. K. Schneid.
习　　性：灌木
海　　拔：1700～4200 m
分　　布：甘肃、青海、山西、四川、西藏
濒危等级：LC

刺红珠
Berberis dictyophylla Franch.

刺红珠（原变种）
Berberis dictyophylla var. **dictyophylla**
习　　性：落叶灌木
海　　拔：2500～4000 m
分　　布：四川、西藏、云南
濒危等级：LC

无粉刺红珠
Berberis dictyophylla var. **epruinosa** C. K. Schneid.
习　　性：落叶灌木
海　　拔：2500～4800 m
分　　布：青海、四川、西藏、云南
濒危等级：LC

首阳小檗
Berberis dielsiana Fedde
习　　性：灌木
海　　拔：600～2300 m
分　　布：甘肃、河北、河南、湖北、山东、山西、陕西
濒危等级：LC
资源利用：药用（中草药）

东川小檗
Berberis dongchuanensis T. S. Ying
习　　性：常绿灌木
海　　拔：约 2600 m
分　　布：云南
濒危等级：LC

置疑小檗
Berberis dubia C. K. Schneid.
习　　性：灌木
海　　拔：1400～3900 m
分　　布：甘肃、内蒙古、宁夏、青海
濒危等级：LC

丛林小檗
Berberis dumicola C. K. Schneid.
习　　性：常绿灌木
海　　拔：2000～3000 m

分　　布：云南
濒危等级：DD

红枝小檗
Berberis erythroclada Ahrendt
　　习　　性：灌木
　　海　　拔：4000～4300 m
　　分　　布：西藏
　　濒危等级：LC

珠峰小檗
Berberis everestiana Ahrendt
　　习　　性：灌木
　　海　　拔：3800～5000 m
　　国内分布：西藏
　　国外分布：尼泊尔
　　濒危等级：DD

南川小檗
Berberis fallaciosa C. K. Schneid.
　　习　　性：常绿灌木
　　海　　拔：1000～2700 m
　　分　　布：湖北、四川
　　濒危等级：LC

假小檗
Berberis fallax C. K. Schneid.

假小檗（原变种）
Berberis fallax var. **fallax**
　　习　　性：常绿灌木
　　海　　拔：1800～3200 m
　　分　　布：云南
　　濒危等级：LC

阔叶假小檗
Berberis fallax var. **latifolia** C. C. Wu et S. Y. Bao
　　习　　性：常绿灌木
　　海　　拔：约2100 m
　　分　　布：云南
　　濒危等级：LC

陇西小檗
Berberis farreri Ahrendt
　　习　　性：灌木
　　海　　拔：1600～3100 m
　　分　　布：甘肃
　　濒危等级：DD

异长穗小檗
Berberis feddeana C. K. Schneid.
　　习　　性：灌木
　　海　　拔：800～3000 m
　　分　　布：湖北、青海、陕西、四川
　　濒危等级：LC

大果小檗
Berberis fengii S. Y. Bao
　　习　　性：灌木
　　海　　拔：3000～3700 m

分　　布：云南
濒危等级：LC

大叶小檗
Berberis ferdinandi-coburgii C. K. Schneid.
　　习　　性：常绿灌木
　　海　　拔：100～2700 m
　　分　　布：云南
　　濒危等级：LC
　　资源利用：药用（中草药）

金江小檗
Berberis forrestii Ahrendt
　　习　　性：灌木
　　海　　拔：2700～3600 m
　　分　　布：云南
　　濒危等级：LC

滇西北小檗
Berberis franchetiana C. K. Schneid.
　　习　　性：灌木
　　海　　拔：3000～4100 m
　　分　　布：四川、云南
　　濒危等级：LC

大黄檗
Berberis francisci-ferdinandi C. K. Schneid.
　　习　　性：灌木
　　海　　拔：1400～4000 m
　　分　　布：甘肃、山西、四川、西藏
　　濒危等级：LC

福建小檗
Berberis fujianensis C. M. Hu
　　习　　性：常绿灌木
　　海　　拔：1400～2100 m
　　分　　布：福建
　　濒危等级：LC

湖北小檗
Berberis gagnepainii C. K. Schneid.

湖北小檗（原变种）
Berberis gagnepainii var. **gagnepainii**
　　习　　性：常绿灌木
　　海　　拔：700～2700 m
　　分　　布：贵州、湖北、四川、云南
　　濒危等级：LC

眉山小檗
Berberis gagnepainii var. **omeiensis** C. K. Schneid.
　　习　　性：常绿灌木
　　海　　拔：1700～2800 m
　　分　　布：四川
　　濒危等级：LC

涝峪小檗
Berberis gilgiana Fedde
　　习　　性：灌木
　　海　　拔：800～2000 m

分　　布：湖北、陕西
濒危等级：LC

吉隆小檗
Berberis gilungensis T. S. Ying
习　　性：灌木
海　　拔：3200～3400 m
分　　布：西藏
濒危等级：DD

狭叶小檗
Berberis graminea Ahrendt
习　　性：灌木
海　　拔：3000～3600 m
分　　布：四川
濒危等级：LC

错那小檗
Berberis griffithiana C. K. Schneid.

错那小檗（原变种）
Berberis griffithiana var. **griffithiana**
习　　性：常绿灌木
海　　拔：2500～3300 m
国内分布：西藏
国外分布：不丹
濒危等级：LC

灰叶小檗
Berberis griffithiana var. **pallida**（Hook. f. et Thomson）D. F. Chamb. et C. M. Hu
习　　性：常绿灌木
海　　拔：2100～5300 m
国内分布：西藏
国外分布：不丹
濒危等级：DD

安宁小檗
Berberis grodtmanniana C. K. Schneid.

安宁小檗（原变种）
Berberis grodtmanniana var. **grodtmanniana**
习　　性：常绿灌木
海　　拔：1900～3100 m
分　　布：四川
濒危等级：LC

黄茎小檗
Berberis grodtmanniana var. **flavoramea** C. K. Schneid.
习　　性：常绿灌木
海　　拔：3300～3500 m
分　　布：云南
濒危等级：LC

毕节小檗
Berberis guizhouensis T. S. Ying
习　　性：常绿灌木
海　　拔：1300～1400 m
分　　布：贵州
濒危等级：LC

波密小檗
Berberis gyalaica Ahrendt
习　　性：灌木
海　　拔：2000～3200 m
分　　布：西藏
濒危等级：LC

洮河小檗
Berberis haoi T. S. Ying
习　　性：灌木
海　　拔：约1800 m
分　　布：甘肃
濒危等级：DD

南湖小檗
Berberis hayatana M. Mizush.
习　　性：灌木
分　　布：台湾
濒危等级：NT B1ab（iii）

拉萨小檗
Berberis hemsleyana Ahrendt
习　　性：灌木
海　　拔：3600～4400 m
分　　布：西藏
濒危等级：LC

川鄂小檗
Berberis henryana C. K. Schneid.
习　　性：落叶灌木
海　　拔：1000～2500 m
分　　布：甘肃、贵州、河南、湖北、湖南、陕西、四川
濒危等级：LC
资源利用：药用（中草药）

南阳小檗
Berberis hersii Ahrendt
习　　性：灌木
海　　拔：700～2100 m
分　　布：河北、山东、山西
濒危等级：DD

异果小檗
Berberis heteropoda Schrenk
习　　性：灌木
海　　拔：900～3200 m
国内分布：新疆
国外分布：俄罗斯
濒危等级：DD

毛梗小檗
Berberis hobsonii Ahrendt
习　　性：灌木
海　　拔：3400～4300 m
分　　布：西藏
濒危等级：DD

凤庆小檗
Berberis holocraspedon Ahrendt

习　　性：常绿灌木
海　　拔：1700~3100 m
分　　布：云南
濒危等级：LC

河南小檗
Berberis honanensis Ahrendt
习　　性：灌木
海　　拔：1100~1600 m
分　　布：河南
濒危等级：DD

叙永小檗
Berberis hsuyunensis P. G. Xiao et W. C. Sung
习　　性：常绿灌木
海　　拔：1200~1600 m
分　　布：四川
濒危等级：LC

阴湿小檗
Berberis humidoumbrosa Ahrendt
习　　性：落叶灌木
海　　拔：2800~4000 m
分　　布：西藏
濒危等级：DD

异叶小檗
Berberis hypericifolia T. S. Ying
习　　性：灌木
海　　拔：约4300 m
分　　布：西藏
濒危等级：LC

黄背小檗
Berberis hypoxantha C. Y. Wu
习　　性：常绿灌木
分　　布：云南
濒危等级：LC

烦果小檗
Berberis ignorata C. K. Schneid.
习　　性：灌木
海　　拔：2700~3800 m
国内分布：西藏
国外分布：不丹、印度
濒危等级：DD

伊犁小檗
Berberis iliensis Popov
习　　性：灌木
海　　拔：600~2000 m
国内分布：新疆
国外分布：哈萨克斯坦
濒危等级：LC

南岭小檗
Berberis impedita C. K. Schneid.
习　　性：常绿灌木
海　　拔：1400~2800 m
分　　布：广东、广西、湖南、江西、四川
濒危等级：DD

球果小檗
Berberis insignis（Ahrendt）D. F. Chamb. et C. M. Hu
习　　性：常绿灌木
海　　拔：1200~2400 m
分　　布：西藏、云南
濒危等级：LC

西昌小檗
Berberis insolita C. K. Schneid.
习　　性：常绿灌木
海　　拔：1000~2500 m
分　　布：贵州、四川、云南
濒危等级：LC

甘南小檗
Berberis integripetala T. S. Ying
习　　性：灌木
海　　拔：约1800 m
分　　布：甘肃
濒危等级：LC

鼠叶小檗
Berberis iteophylla C. Y. Wu
习　　性：常绿灌木
海　　拔：约2200 m
分　　布：云南
濒危等级：LC

川滇小檗
Berberis jamesiana Forrest et W. W. Sm.
习　　性：灌木
海　　拔：2100~3600 m
分　　布：四川、西藏、云南
濒危等级：LC

江西小檗
Berberis jiangxiensis C. M. Hu

江西小檗（原变种）
Berberis jiangxiensis var. **jiangxiensis**
习　　性：灌木
海　　拔：1500~1800 m
分　　布：江西
濒危等级：LC

短叶江西小檗
Berberis jiangxiensis var. **pulchella** C. M. Hu
习　　性：灌木
海　　拔：约1600 m
分　　布：江西
濒危等级：LC

金佛山小檗
Berberis jinfoshanensis T. S. Ying
习　　性：常绿乔木
海　　拔：约1600 m
分　　布：四川

濒危等级：LC

藤小檗
Berberis jingguensis G. S. Fan et X. W. Li
习　　性：木质大藤本
分　　布：云南
濒危等级：DD

小瓣小檗
Berberis jinshajiangensis X. H. Li
习　　性：常绿灌木
海　　拔：2800～3200 m
分　　布：云南
濒危等级：LC

九龙小檗
Berberis jiulongensis T. S. Ying
习　　性：常绿灌木
海　　拔：2300～2500 m
分　　布：四川
濒危等级：LC

腰果小檗
Berberis johannis Ahrendt
习　　性：灌木
海　　拔：3000～4000 m
分　　布：西藏
濒危等级：DD

豪猪刺
Berberis julianae C. K. Schneid.
习　　性：常绿灌木
海　　拔：1100～2100 m
分　　布：广西、贵州、湖北、湖南、四川
濒危等级：LC
资源利用：药用（中草药）；原料（染料）

康定小檗
Berberis kangdingensis T. S. Ying
习　　性：灌木
海　　拔：2600～3400 m
分　　布：四川
濒危等级：LC

甘肃小檗
Berberis kansuensis C. K. Schneid.
习　　性：灌木
海　　拔：1400～2800 m
分　　布：甘肃、宁夏、青海、陕西、四川
濒危等级：LC

喀什小檗
Berberis kaschgarica Rupr.
习　　性：灌木
海　　拔：1900～2800 m
国内分布：新疆
国外分布：俄罗斯
濒危等级：LC

台湾小檗
Berberis kawakamii Hayata
习　　性：常绿灌木
海　　拔：2500～3500 m
分　　布：台湾
濒危等级：NT B2ac（ii，iii）

工布小檗
Berberis kongboensis Ahrendt
习　　性：灌木
海　　拔：2700～3200 m
分　　布：西藏
濒危等级：DD

昆明小檗
Berberis kunmingensis C. Y. Wu
习　　性：常绿灌木
分　　布：云南
濒危等级：LC

老君山小檗
Berberis laojunshanensis T. S. Ying
习　　性：常绿灌木
分　　布：湖北
濒危等级：LC

雷波小檗
Berberis leboensis T. S. Ying
习　　性：灌木
海　　拔：2700～3500 m
分　　布：四川
濒危等级：LC

光叶小檗
Berberis lecomtei C. K. Schneid.
习　　性：灌木
海　　拔：2500～4200 m
分　　布：四川、西藏、云南
濒危等级：LC

天台小檗
Berberis lempergiana Ahrendt
习　　性：常绿灌木
海　　拔：约 1200 m
分　　布：浙江
濒危等级：LC
资源利用：环境利用（观赏）

鳞叶小檗
Berberis lepidifolia Ahrendt
习　　性：灌木
海　　拔：3000～3700 m
分　　布：四川、云南
濒危等级：LC

平滑小檗
Berberis levis Franch.
习　　性：常绿灌木
海　　拔：2100～2900 m

分　　布：四川、云南
濒危等级：DD

丽江小檗
Berberis lijiangensis C. Y. Wu ex S. Y. Bao
　　习　　性：常绿灌木
　　海　　拔：2700～3400 m
　　分　　布：云南
　　濒危等级：LC

滑叶小檗
Berberis liophylla C. K. Schneid.
　　习　　性：常绿灌木
　　海　　拔：2100～2800 m
　　分　　布：四川、云南
　　濒危等级：DD

长刺小檗
Berberis longispina T. S. Ying
　　习　　性：灌木
　　海　　拔：4000～4100 m
　　分　　布：西藏
　　濒危等级：LC

亮叶小檗
Berberis lubrica C. K. Schneid.
　　习　　性：常绿灌木
　　海　　拔：约2800 m
　　分　　布：四川
　　濒危等级：DD

炉霍小檗
Berberis luhuoensis T. S. Ying
　　习　　性：灌木
　　海　　拔：2100～3100 m
　　分　　布：四川
　　濒危等级：LC

麻栗坡小檗
Berberis malipoensis C. Y. Wu et S. Y. Bao
　　习　　性：常绿灌木
　　海　　拔：1000～1800 m
　　分　　布：云南
　　濒危等级：LC

矮生小檗
Berberis medogensis T. S. Ying
　　习　　性：灌木
　　海　　拔：3300～3400 m
　　分　　布：西藏
　　濒危等级：DD

湄公小檗
Berberis mekongensis W. W. Sm.
　　习　　性：灌木
　　海　　拔：3000～4000 m
　　分　　布：四川、西藏、云南
　　濒危等级：LC

万源小檗
Berberis metapolyantha Ahrendt
　　习　　性：灌木
　　海　　拔：1500～2700 m
　　分　　布：四川、云南
　　濒危等级：LC

冕宁小檗
Berberis mianningensis T. S. Ying
　　习　　性：灌木
　　海　　拔：2600～2700 m
　　分　　布：四川
　　濒危等级：LC

小毛小檗
Berberis microtrich C. K. Schneid.
　　习　　性：落叶灌木
　　海　　拔：2500～3000 m
　　分　　布：四川、云南
　　濒危等级：LC

小花小檗
Berberis minutiflora C. K. Schneid.
　　习　　性：灌木
　　海　　拔：2500～3800 m
　　分　　布：四川、西藏、云南
　　濒危等级：DD

玉山小檗
Berberis morrisonensis Hayata
　　习　　性：灌木
　　海　　拔：3000～4300 m
　　分　　布：台湾
　　濒危等级：LC

变刺小檗
Berberis mouillacana C. K. Schneid.
　　习　　性：落叶灌木
　　海　　拔：2000～3500 m
　　分　　布：青海、四川
　　濒危等级：LC

木里小檗
Berberis muliensis Ahrendt

木里小檗（原变种）
Berberis muliensis var. **muliensis**
　　习　　性：灌木
　　海　　拔：2800～4300 m
　　分　　布：四川、西藏、云南
　　濒危等级：LC

阿墩小檗
Berberis muliensis var. **atuntzeana** Ahrendt
　　习　　性：落叶灌木
　　海　　拔：3100～4200 m
　　分　　布：四川、西藏、云南
　　濒危等级：LC

多枝小檗
Berberis multicaulis T. S. Ying
　　习　　性：灌木
　　海　　拔：3500～4200 m

分　　布：西藏
濒危等级：DD

多株小檗
Berberis multiovula T. S. Ying
　　习　　性：常绿灌木
　　海　　拔：2900~3000 m
　　分　　布：四川
　　濒危等级：LC

粗齿小檗
Berberis multiserrata T. S. Ying
　　习　　性：灌木
　　海　　拔：3100~3900 m
　　分　　布：西藏
　　濒危等级：DD

林地小檗
Berberis nemoros C. K. Schneid.
　　习　　性：常绿灌木
　　海　　拔：约1400 m
　　分　　布：广西
　　濒危等级：DD

无脉小檗
Berberis nullinervis T. S. Ying
　　习　　性：灌木
　　海　　拔：4200~4300 m
　　分　　布：西藏
　　濒危等级：LC

垂果小檗
Berberis nutanticarpa C. Y. Wu
　　习　　性：灌木
　　海　　拔：3000~3700 m
　　分　　布：四川、西藏、云南
　　濒危等级：LC

石门小檗
Berberis oblanceifolia C. M. Hu
　　习　　性：灌木
　　海　　拔：约1200 m
　　分　　布：湖南
　　濒危等级：LC

裂瓣小檗
Berberis obovatifolia T. S. Ying
　　习　　性：常绿灌木
　　海　　拔：约3900 m
　　分　　布：西藏
　　濒危等级：DD

淡色小檗
Berberis pallens Franch.
　　习　　性：灌木
　　海　　拔：3000~3500 m
　　分　　布：云南
　　濒危等级：DD

乳突小檗
Berberis papillifera(Franch.) Koehne
　　习　　性：灌木
　　海　　拔：2900~3000 m
　　分　　布：四川、西藏、云南
　　濒危等级：LC

拟粉叶小檗
Berberis parapruinosa T. S. Ying
　　习　　性：常绿灌木
　　海　　拔：2600~2900 m
　　分　　布：西藏
　　濒危等级：LC

鸡脚连
Berberis paraspecta Ahrendt
　　习　　性：常绿灌木
　　海　　拔：2500~2700 m
　　分　　布：云南
　　濒危等级：DD

等萼小檗
Berberis parisepala Ahrendt
　　习　　性：灌木
　　海　　拔：3600~3900 m
　　国内分布：西藏
　　国外分布：不丹、缅甸、尼泊尔
　　濒危等级：DD

疏齿小檗
Berberis pectinocraspedon C. Y. Wu
　　习　　性：常绿灌木
　　海　　拔：700~1900 m
　　分　　布：云南
　　濒危等级：LC

石楠小檗
Berberis photiniifolia C. M. Hu
　　习　　性：常绿灌木
　　海　　拔：约1000 m
　　分　　布：广东
　　濒危等级：LC

平坝小檗
Berberis pingbaensis M. T. An
　　习　　性：灌木
　　海　　拔：1300~1400 m
　　分　　布：贵州
　　濒危等级：DD

屏边小檗
Berberis pingbienensis S. Y. Bao
　　习　　性：常绿灌木
　　海　　拔：约1900 m
　　分　　布：云南
　　濒危等级：LC

平武小檗
Berberis pingwuensis T. S. Ying
　　习　　性：落叶灌木
　　海　　拔：约1800 m
　　分　　布：四川
　　濒危等级：LC

屏山小檗
Berberis pinshanensis W. C. Sung et P. G. Xiao
  习 性：常绿灌木
  海 拔：约 800 m
  分 布：四川
  濒危等级：LC

阔叶小檗
Berberis platyphylla(Ahrendt) Ahrendt
  习 性：灌木
  海 拔：3100～3500 m
  分 布：四川、西藏、云南
  濒危等级：LC

细叶小檗
Berberis poiretii C. K. Schneid.
  习 性：灌木
  海 拔：600～2300 m
  国内分布：河北、吉林、辽宁、内蒙古、青海、山西、陕西
  国外分布：朝鲜半岛、俄罗斯、蒙古
  濒危等级：LC
  资源利用：药用（中草药）

刺黄花
Berberis polyantha Hemsl.
  习 性：灌木
  海 拔：2000～3600 m
  分 布：四川、西藏
  濒危等级：LC

少齿小檗
Berberis potaninii Maxim.
  习 性：常绿灌木
  海 拔：400～2100 m
  分 布：甘肃、陕西、四川
  濒危等级：LC

短锥花小檗
Berberis prattii C. K. Schneid.
  习 性：灌木
  海 拔：2100～3400 m
  分 布：四川、西藏
  濒危等级：LC

粉果小檗
Berberis pruinocarpa C. Y. Wu
  习 性：灌木
  海 拔：约 2700 m
  分 布：云南
  濒危等级：LC

粉叶小檗
Berberis pruinosa Franch.

粉叶小檗（原变种）
Berberis pruinosa var. **pruinosa**
  习 性：灌木
  海 拔：1800～4000 m
  分 布：贵州、四川、西藏、云南
  濒危等级：LC
  资源利用：药用（中草药）；环境利用（观赏）

易门小檗
Berberis pruinosa var. **barresiana** Ahrendt
  习 性：灌木
  海 拔：1800～2600 m
  分 布：云南
  濒危等级：DD

假美丽小檗
Berberis pseudoamoena T. S. Ying
  习 性：灌木
  海 拔：2900～3500 m
  分 布：四川
  濒危等级：DD

假藏小檗
Berberis pseudotibetica C. Y. Wu
  习 性：落叶灌木
  海 拔：800～3200 m
  分 布：云南
  濒危等级：LC

柔毛小檗
Berberis pubescens Pamp.
  习 性：灌木
  海 拔：1000～1600 m
  分 布：湖北、陕西
  濒危等级：DD

普兰小檗
Berberis pulangensis T. S. Ying
  习 性：常绿灌木
  海 拔：约 3700 m
  分 布：西藏
  濒危等级：LC

延安小檗
Berberis purdomii C. K. Schneid.
  习 性：灌木
  海 拔：1100～2500 m
  分 布：甘肃、青海、山西、陕西
  濒危等级：LC

巧家小檗
Berberis qiaojiaensis S. Y. Bao
  习 性：落叶小灌木
  海 拔：约 3300 m
  分 布：云南
  濒危等级：LC

短序小檗
Berberis racemulosa T. S. Ying
  习 性：灌木
  海 拔：3200～3600 m
  分 布：西藏
  濒危等级：LC

卷叶小檗
Berberis replicata W. W. Sm.
  习 性：常绿灌木
  海 拔：1800～3000 m
  分 布：云南

濒危等级：LC

网脉小檗
Berberis reticulata Bijh.
 习 性：灌木
 海 拔：1400～3000 m
 分 布：陕西
 濒危等级：LC

芒康小檗
Berberis reticulinervis T. S. Ying

芒康小檗（原变种）
Berberis reticulinervis var. **reticulinervis**
 习 性：灌木
 海 拔：3400～3900 m
 分 布：四川、西藏
 濒危等级：DD

无梗小檗
Berberis reticulinervis var. **brevipedicellata** T. S. Ying
 习 性：灌木
 海 拔：约1600 m
 分 布：甘肃
 濒危等级：DD

心叶小檗
Berberis retusa T. S. Ying
 习 性：灌木
 海 拔：约3000 m
 分 布：四川、云南
 濒危等级：LC

砂生小檗
Berberis sabulicola T. S. Ying
 习 性：灌木
 海 拔：约3800 m
 分 布：西藏
 濒危等级：LC

柳叶小檗
Berberis salicaria Fedde
 习 性：灌木
 海 拔：约1200 m
 分 布：甘肃、湖北、陕西
 濒危等级：LC

血红小檗
Berberis sanguinea Franch.
 习 性：常绿灌木
 海 拔：1100～3800 m
 分 布：湖北、四川
 濒危等级：LC

刺黑珠
Berberis sargentiana C. K. Schneid.
 习 性：常绿灌木
 海 拔：700～2100 m
 分 布：湖北、四川
 濒危等级：LC
 资源利用：药用（中草药）

陕西小檗
Berberis shensiana Ahrendt
 习 性：灌木
 海 拔：1200～3000 m
 分 布：陕西
 濒危等级：LC

短苞小檗
Berberis sherriffii Ahrendt
 习 性：灌木
 海 拔：2000～3300 m
 分 布：西藏
 濒危等级：LC

西伯利亚小檗
Berberis sibirica Pall.
 习 性：灌木
 海 拔：1400～3000 m
 国内分布：吉林、河北、黑龙江、辽宁、内蒙古、山西、新疆
 国外分布：俄罗斯（西伯利亚）、蒙古
 濒危等级：LC
 资源利用：药用（中草药）

四川小檗
Berberis sichuanica T. S. Ying
 习 性：常绿灌木
 海 拔：2600～3600 m
 分 布：四川、云南
 濒危等级：LC

锡金小檗
Berberis sikkimensis(C. K. Schneid.) Ahrendt
 习 性：灌木
 海 拔：2000～3000 m
 国内分布：西藏、云南
 国外分布：不丹、尼泊尔、印度
 濒危等级：LC

华西小檗
Berberis silva-taroucana C. K. Schneid.
 习 性：灌木
 海 拔：1600～3800 m
 分 布：福建、甘肃、四川、西藏、云南
 濒危等级：LC

兴山小檗
Berberis silvicola C. K. Schneid.
 习 性：常绿灌木
 海 拔：1200～2400 m
 分 布：湖北
 濒危等级：DD

假豪猪刺
Berberis souliean C. K. Schneid.
 习 性：常绿灌木
 海 拔：600～1800 m
 分 布：甘肃、湖北、陕西、四川
 濒危等级：LC

短梗小檗
Berberis stenostachya Ahrendt

习　　性：灌木
海　　拔：约 1500 m
分　　布：甘肃
濒危等级：DD

亚尖小檗
Berberis subacuminata C. K. Schneid.
习　　性：常绿灌木
海　　拔：1400～2500 m
分　　布：贵州、湖南、云南
濒危等级：LC

近缘小檗
Berberis subholophylla C. Y. Wu
习　　性：常绿灌木
海　　拔：2800～2900 m
分　　布：云南
濒危等级：LC

近光滑小檗
Berberis sublevis W. W. Sm.
习　　性：常绿灌木
海　　拔：1500～2700 m
国内分布：四川、云南
国外分布：缅甸、印度
濒危等级：LC

大理小檗
Berberis taliensis C. K. Schneid.
习　　性：常绿灌木
海　　拔：3000～3900 m
分　　布：云南
濒危等级：LC

独龙小檗
Berberis taronensis Ahrendt
习　　性：常绿灌木
海　　拔：2000～2600 m
分　　布：西藏、云南
濒危等级：LC

林芝小檗
Berberis temolaica Ahrendt
习　　性：落叶灌木
海　　拔：约 4000 m
分　　布：西藏
濒危等级：DD

细梗小檗
Berberis tenuipedicellata T. S. Ying
习　　性：常绿灌木
海　　拔：2300～3100 m
分　　布：四川
濒危等级：DD

西藏小檗
Berberis thibetica C. K. Schneid.
习　　性：灌木
海　　拔：1500～2400 m
国内分布：西藏
国外分布：日本
濒危等级：LC

日本小檗
Berberis thunbergii DC.
习　　性：落叶灌木
国内分布：大部分省区栽培
国外分布：原产日本
资源利用：原料（染料）；环境利用（观赏）

天水小檗
Berberis tianshuiensis T. S. Ying
习　　性：灌木
海　　拔：1700～2100 m
分　　布：甘肃
濒危等级：LC

川西小檗
Berberis tischleri C. K. Schneid.
习　　性：落叶灌木
海　　拔：1500～3800 m
分　　布：四川、西藏
濒危等级：LC

微毛小檗
Berberis tomentulosa Ahrendt
习　　性：灌木
海　　拔：约 2500 m
分　　布：云南
濒危等级：NT B1ab（iii）

芒齿小檗
Berberis triacanthophora Fedde
习　　性：常绿灌木
海　　拔：500～2100 m
分　　布：贵州、湖北、湖南、陕西、四川
濒危等级：LC

毛序小檗
Berberis trichiata T. S. Ying
习　　性：灌木
海　　拔：约 3500 m
分　　布：西藏
濒危等级：LC

隐脉小檗
Berberis tsarica Ahrendt
习　　性：灌木
海　　拔：3900～4400 m
国内分布：西藏
国外分布：不丹
濒危等级：DD

察瓦龙小檗
Berberis tsarongensis Stapf
习　　性：灌木
海　　拔：2900～3900 m
分　　布：西藏、云南
濒危等级：DD

永思小檗
Berberis tsienii T. S. Ying

习　　性：灌木
海　　拔：约2100 m
分　　布：贵州
濒危等级：LC

尤里小檗
Berberis ulicina Hook. f. et Thomson
习　　性：灌木
海　　拔：2500~3700 m
国内分布：西藏、新疆
国外分布：克什米尔地区
濒危等级：LC

阴生小檗
Berberis umbratica T. S. Ying
习　　性：灌木
海　　拔：约3300 m
分　　布：西藏
濒危等级：DD

独花小檗
Berberis uniflora F. N. Wei et Y. G. Wei
习　　性：灌木
海　　拔：1200~3000 m
分　　布：广西
濒危等级：DD

宁远小檗
Berberis valida（C. K. Schneid.）C. K. Schneid.
习　　性：常绿灌木
海　　拔：约2000 m
分　　布：四川、云南
濒危等级：LC

巴东小檗
Berberis veitchii C. K. Schneid.
习　　性：常绿灌木
海　　拔：2000~3300 m
分　　布：贵州、湖北、四川
濒危等级：LC

匙叶小檗
Berberis vernae C. K. Schneid.
习　　性：灌木
海　　拔：2200~3900 m
分　　布：甘肃、青海、四川
濒危等级：LC
资源利用：药用（中草药）；原料（染料）

春小檗
Berberis vernalis（C. K. Schneid.）Chamb.
习　　性：常绿灌木
海　　拔：1300~2600 m
分　　布：湖南、云南
濒危等级：DD

疣枝小檗
Berberis verruculosa Hemsl. et E. H. Wilson
习　　性：常绿灌木
海　　拔：1900~3200 m
分　　布：甘肃、四川、云南
濒危等级：LC
资源利用：药用（中草药）

可食小檗
Berberis vinifera T. S. Ying
习　　性：常绿灌木
海　　拔：2200~2500 m
分　　布：西藏
濒危等级：LC
资源利用：食品（水果）

变绿小檗
Berberis virescens Hook.
习　　性：灌木
海　　拔：3600~4100 m
国内分布：西藏、云南
国外分布：不丹、尼泊尔、印度
濒危等级：DD

庐山小檗
Berberis virgetorum C. K. Schneid.
习　　性：灌木
海　　拔：200~1800 m
分　　布：安徽、福建、贵州、湖北、湖南、江西、陕西、浙江
濒危等级：LC
资源利用：药用（中草药）；环境利用（观赏）

西山小檗
Berberis wangi C. K. Schneid.
习　　性：常绿灌木
海　　拔：1600~2300 m
分　　布：云南
濒危等级：LC

万花山小檗
Berberis wanhuashanensis Yue J. Zhang
习　　性：灌木
海　　拔：约1100 m
分　　布：陕西
濒危等级：DD

威宁小檗
Berberis weiningensis T. S. Ying
习　　性：常绿灌木
海　　拔：2100~2500 m
分　　布：贵州
濒危等级：LC

维西小檗
Berberis weisiensis C. Y. Wu ex S. Y. Bao
习　　性：常绿灌木
海　　拔：约2000 m
分　　布：云南
濒危等级：LC

威信小檗
Berberis weixinensis S. Y. Bao
习　　性：常绿灌木
海　　拔：1400~1500 m
分　　布：云南

濒危等级：LC

金花小檗
Berberis wilsonae Hemsl.

金花小檗（原变种）
Berberis wilsonae var. **wilsonae**
- 习　　性：半常绿灌木
- 海　　拔：1000 ~ 4000 m
- 分　　布：甘肃、四川、西藏、云南
- 濒危等级：LC
- 资源利用：药用（中草药）

古宗金花小檗
Berberis wilsonae var. **guhtzunica**(Ahrendt) Ahrendt
- 习　　性：半常绿灌木
- 海　　拔：1600 ~ 3200 m
- 分　　布：贵州、陕西、四川、西藏、云南
- 濒危等级：LC

乌蒙小檗
Berberis woomungensis C. Y. Wu
- 习　　性：灌木
- 海　　拔：3700 ~ 4400 m
- 分　　布：云南
- 濒危等级：LC

务川小檗
Berberis wuchuanensis Harber et S. Z. He
- 习　　性：常绿灌木
- 海　　拔：800 ~ 1100 m
- 分　　布：贵州
- 濒危等级：DD

无量山小檗
Berberis wuliangshanensis C. Y. Wu
- 习　　性：常绿灌木
- 海　　拔：1800 ~ 2500 m
- 分　　布：云南
- 濒危等级：LC

武夷小檗
Berberis wuyiensis C. M. Hu
- 习　　性：常绿灌木
- 海　　拔：1900 ~ 2100 m
- 分　　布：福建、江西
- 濒危等级：LC

梵净小檗
Berberis xanthoclada C. K. Schneid.
- 习　　性：常绿灌木
- 海　　拔：1300 ~ 2600 m
- 分　　布：贵州
- 濒危等级：LC

黄皮小檗
Berberis xanthophlaea Ahrendt
- 习　　性：落叶灌木
- 海　　拔：2800 ~ 4000 m
- 分　　布：西藏
- 濒危等级：DD

兴文小檗
Berberis xingwenensis T. S. Ying
- 习　　性：常绿灌木
- 海　　拔：约 1800 m
- 分　　布：四川
- 濒危等级：LC

荥经小檗
Berberis yingjingensis D. F. Chamb. et J. Harber
- 习　　性：常绿灌木
- 分　　布：四川
- 濒危等级：DD

德浚小檗
Berberis yui T. S. Ying
- 习　　性：落叶灌木
- 海　　拔：3600 ~ 4200 m
- 分　　布：四川
- 濒危等级：LC

云南小檗
Berberis yunnanensis Franch.
- 习　　性：灌木
- 海　　拔：3100 ~ 4200 m
- 分　　布：四川、西藏、云南
- 濒危等级：LC

鄂西小檗
Berberis zanlanscianensis Pamp.
- 习　　性：常绿灌木
- 海　　拔：1400 ~ 1700 m
- 分　　布：湖北、四川
- 濒危等级：LC

紫云小檗
Berberis ziyunensis P. G. Xiao
- 习　　性：常绿灌木
- 海　　拔：1000 ~ 1300 m
- 分　　布：贵州
- 濒危等级：LC

红毛七属 Caulophyllum Michx.

红毛七
Caulophyllum robustum Maxim.
- 习　　性：多年生草本
- 海　　拔：900 ~ 3500 m
- 国内分布：安徽、甘肃、贵州、河北、河南、黑龙江、湖北、吉林、辽宁、山西、陕西、四川、西藏、云南、浙江
- 国外分布：朝鲜半岛、俄罗斯、日本
- 濒危等级：LC
- 资源利用：药用（中草药）

山荷叶属 Diphylleia Michx.

南方山荷叶
Diphylleia sinensis H. L. Li
- 习　　性：多年生草本

海　　拔：1900~3700 m
分　　布：甘肃、湖北、陕西、四川、云南
濒危等级：LC
资源利用：药用（中草药）

鬼臼属 Dysosma Woodson

云南八角莲
Dysosma aurantiocaulis(Hand.-Mazz.)Hu
习　　性：多年生草本
海　　拔：2800~3000 m
国内分布：云南
国外分布：缅甸
濒危等级：EN B1ab（i，iii，v）；D
国家保护：Ⅱ级

小八角莲
Dysosma difformis(Hemsl. et E. H. Wilson)T. H. Wang
习　　性：多年生草本
海　　拔：700~1800 m
分　　布：广西、贵州、湖北、湖南、四川
濒危等级：VU A2c+3c+4c；B1ab（iii，v）
国家保护：Ⅱ级
资源利用：药用（中草药）

贵州八角莲
Dysosma majoensis(Gagnep.)M. Hiroe
习　　性：多年生草本
海　　拔：1300~1800 m
分　　布：广西、贵州、湖北、四川、云南
濒危等级：VU A2c+3c+4c；B1ab（iii，v）
国家保护：Ⅱ级
资源利用：药用（中草药）

六角莲
Dysosma pleiantha(Hance)Woodson
习　　性：多年生草本
海　　拔：400~1600 m
分　　布：安徽、福建、广东、广西、河南、湖北、湖南、江西、四川、台湾、浙江
濒危等级：VU A2c+3c+4c；B1ab（iii，v）
国家保护：Ⅱ级
资源利用：药用（中草药）；环境利用（观赏）

西藏八角莲
Dysosma tsayuensis T. S. Ying
习　　性：多年生草本
海　　拔：2500~3500 m
分　　布：西藏
濒危等级：VU A2c+3c+4c；B1ab（iii，v）
国家保护：Ⅱ级

川八角莲
Dysosma veitchii(Hemsl. et E. H. Wilson)L. K. Fu et T. S. Ying
习　　性：多年生草本
海　　拔：1200~2500 m
分　　布：贵州、四川、云南
濒危等级：VU A2c+3c+4c；B1ab（iii，v）
国家保护：Ⅱ级

资源利用：药用（中草药）

八角莲
Dysosma versipellis(Hance)M. Cheng
习　　性：多年生草本
海　　拔：300~2400 m
分　　布：安徽、广东、广西、贵州、河南、湖北、湖南、江西、山西、云南、浙江
濒危等级：VU A2c+3c+4c；B1ab（iii，v）
国家保护：Ⅱ级
资源利用：药用（中草药）；环境利用（观赏）

淫羊藿属 Epimedium L.

粗毛淫羊藿
Epimedium acuminatum Franch.
习　　性：多年生草本
海　　拔：300~2400 m
分　　布：广西、贵州、湖北、四川、云南
濒危等级：LC
资源利用：药用（中草药）

黔北淫羊藿
Epimedium borealiguizhouense S. Z. He et Y. K. Yang
习　　性：多年生草本
海　　拔：300~500 m
分　　布：贵州
濒危等级：VU A2c；B1ab（iii）
资源利用：药用（中草药）

短茎淫羊藿
Epimedium brachyrrhizum Stearn
习　　性：多年生草本
海　　拔：600~1200 m
分　　布：贵州
濒危等级：LC

淫羊藿
Epimedium brevicornu Maxim.
习　　性：多年生草本
海　　拔：600~3500 m
分　　布：甘肃、河南、湖北、青海、山西、陕西、四川
濒危等级：VU B1ab（iii）
资源利用：药用（中草药）

钟花淫羊藿
Epimedium campanulatum Ogisu
习　　性：多年生草本
海　　拔：约2000 m
分　　布：四川
濒危等级：EN A2cd+2cd；B1ab（iv，v）

绿药淫羊藿
Epimedium chlorandrum Stearn
习　　性：多年生草本
海　　拔：约900 m
分　　布：四川
濒危等级：VU A2c+3c+4c；B1ab（iv）

宝兴淫羊藿
Epimedium davidii Franch.

习　　性：多年生草本
海　　拔：1400~3000 m
分　　布：四川、云南
濒危等级：NT C1

德务淫羊藿
Epimedium dewuense S. Z. He, Probst et W. F. Xu
　　习　　性：多年生草本
　　海　　拔：1300~1400 m
　　分　　布：贵州
　　濒危等级：VU A3c

长蕊淫羊藿
Epimedium dolichostemon Stearn
　　习　　性：多年生草本
　　海　　拔：约1400 m
　　分　　布：四川
　　濒危等级：VU A3c

无距淫羊藿
Epimedium ecalcaratum G. Y. Zhong
　　习　　性：多年生草本
　　海　　拔：1100~2100 m
　　分　　布：四川
　　濒危等级：EN C1+2a（ii）

川西淫羊藿
Epimedium elongatum Kom.
　　习　　性：多年生草本
　　海　　拔：2600~3700 m
　　分　　布：四川
　　濒危等级：NT A3c

恩施淫羊藿
Epimedium enshiense B. L. Guo et P. G. Xiao
　　习　　性：多年生草本
　　海　　拔：约400 m
　　分　　布：湖北
　　濒危等级：EN A3c

紫距淫羊藿
Epimedium epsteinii Stearn
　　习　　性：多年生草本
　　海　　拔：400~1000 m
　　分　　布：湖南
　　濒危等级：NT D

方氏淫羊藿
Epimedium fangii Stearn
　　习　　性：多年生草本
　　海　　拔：1800~1900 m
　　分　　布：四川
　　濒危等级：EN C1

川鄂淫羊藿
Epimedium fargesii Franch.
　　习　　性：多年生草本
　　海　　拔：200~1700 m
　　分　　布：湖北、四川
　　濒危等级：EN A3c

天全淫羊藿
Epimedium flavum Stearn
　　习　　性：多年生草本
　　海　　拔：2000 m
　　分　　布：四川
　　濒危等级：VU A3c

木鱼坪淫羊藿
Epimedium franchetii Stearn
　　习　　性：多年生草本
　　海　　拔：约1200 m
　　分　　布：贵州、湖北
　　濒危等级：LC

腺毛淫羊藿
Epimedium glandulosopilosum H. R. Liang
　　习　　性：多年生草本
　　海　　拔：800~900 m
　　分　　布：四川
　　濒危等级：VU C1

湖南淫羊藿
Epimedium hunanense (Hand.-Mazz.) Hand.-Mazz.
　　习　　性：多年生草本
　　海　　拔：400~1400 m
　　分　　布：广西、湖北、湖南
　　濒危等级：VU B1ab（iii）

镇坪淫羊藿
Epimedium ilicifolium Stearn
　　习　　性：多年生草本
　　海　　拔：1600~1700 m
　　分　　布：陕西
　　濒危等级：EN C1

金城山淫羊藿
Epimedium jinchengshanense Yan J. Zhang et J. Q. Li
　　习　　性：多年生草本
　　海　　拔：约1100 m
　　分　　布：四川
　　濒危等级：NT A2ab（iii）

靖州淫羊藿
Epimedium jingzhouense G. H. Xia et G. Y. Li
　　习　　性：多年生草本
　　海　　拔：约300 m
　　分　　布：湖南
　　濒危等级：NT A2ab（iii）

朝鲜淫羊藿
Epimedium koreanum Nakai
　　习　　性：多年生草本
　　海　　拔：400~1500 m
　　国内分布：安徽、吉林、辽宁、浙江
　　国外分布：朝鲜半岛、日本
　　濒危等级：NT B1ab（iii）
　　资源利用：药用（中草药）

宽萼淫羊藿
Epimedium latisepalum Stearn
　　习　　性：多年生草本

海　　拔：约 900 m
分　　布：四川
濒危等级：CR D

黔岭淫羊藿
Epimedium leptorrhizum Stearn
习　　性：多年生草本
海　　拔：400~1500 m
分　　布：广西、贵州、湖北、湖南、四川
濒危等级：NT B1ab（iii）

时珍淫羊藿
Epimedium lishihchenii Stearn
习　　性：多年生草本
分　　布：江西
濒危等级：LC

裂叶淫羊藿
Epimedium lobophyllum L. H. Liu et B. G. Li
习　　性：多年生草本
海　　拔：700~1500 m
分　　布：湖南
濒危等级：LC

直距淫羊藿
Epimedium mikinorii Stearn
习　　性：多年生草本
海　　拔：约 700 m
分　　布：湖北
濒危等级：VU C1+2a（ii）

多花淫羊藿
Epimedium multiflorum T. S. Ying
习　　性：多年生草本
海　　拔：500~800 m
分　　布：贵州
濒危等级：VU A3c

天平山淫羊藿
Epimedium myrianthum Stearn
习　　性：多年生草本
海　　拔：700~1500 m
分　　布：广西、湖北、湖南
濒危等级：DD

芦山淫羊藿
Epimedium ogisui Stearn
习　　性：多年生草本
海　　拔：900~1000 m
分　　布：四川
濒危等级：CR B1ab（i, ii, iii, v）; C1

小叶淫羊藿
Epimedium parvifolium S. Z. He et T. L. Zhang
习　　性：多年生草本
海　　拔：1300~1400 m
分　　布：贵州
濒危等级：EN D

少花淫羊藿
Epimedium pauciflorum K. C. Yen
习　　性：多年生草本
海　　拔：约 1700 m
分　　布：四川
濒危等级：EN C1

茂汶淫羊藿
Epimedium platypetalum K. I. Mey.

茂汶淫羊藿（原变种）
Epimedium platypetalum var. **platypetalum**
习　　性：多年生草本
海　　拔：1600~2800 m
分　　布：陕西、四川
濒危等级：NT C1

纤细淫羊藿
Epimedium platypetalum var. **tenuis** B. L. Guo et P. G. Xiao
习　　性：多年生草本
分　　布：四川
濒危等级：DD

拟巫山淫羊藿
Epimedium pseudowushanense B. L. Guo
习　　性：多年生草本
海　　拔：约 1200 m
分　　布：广西、贵州
濒危等级：NT C1

柔毛淫羊藿
Epimedium pubescens Maxim.
习　　性：多年生草本
海　　拔：300~2000 m
分　　布：安徽、甘肃、贵州、河南、湖北、陕西、四川
濒危等级：LC
资源利用：药用（中草药）

普定淫羊藿
Epimedium pudingense S. Z. He, Y. Y. Wang et B. L. Guo
习　　性：多年生草本
海　　拔：约 1300 m
分　　布：贵州
濒危等级：DD

青城山淫羊藿
Epimedium qingchengshanense G. Y. Zhong et B. L. Guo
习　　性：多年生草本
海　　拔：1000~1500 m
分　　布：四川
濒危等级：EN C1

革叶淫羊藿
Epimedium reticulatum C. Y. Wu
习　　性：多年生草本
海　　拔：约 1100 m
分　　布：四川
濒危等级：EN A3c

强茎淫羊藿
Epimedium rhizomatosum Stearn
习　　性：多年生草本
海　　拔：2000~2200 m

分　　布：四川
濒危等级：VU A3c

三枝九叶草
Epimedium sagittatum(Siebold et Zucc.) Maxim.

三枝九叶草（原变种）
Epimedium sagittatum var. **sagittatum**
　　习　　性：多年生草本
　　海　　拔：200~1800 m
　　分　　布：安徽、福建、甘肃、广东、广西、湖北、湖南、江西、陕西、四川、浙江
　　濒危等级：NT B1abc（iii，v）
　　资源利用：药用（中草药，兽药）

光叶淫羊藿
Epimedium sagittatum var. **glabratum** T. S. Ying
　　习　　性：多年生草本
　　海　　拔：约700 m
　　分　　布：贵州、湖北
　　濒危等级：VU A3c

神农架淫羊藿
Epimedium shennongjiaensis Yan J. Zhang et J. Q. Li
　　习　　性：多年生草本
　　分　　布：湖北
　　濒危等级：LC

水城淫羊藿
Epimedium shuichengense S. Z. He
　　习　　性：多年生草本
　　海　　拔：约1800 m
　　分　　布：贵州
　　濒危等级：EN C1

单叶淫羊藿
Epimedium simplicifolium T. S. Ying
　　习　　性：多年生草本
　　海　　拔：约1100 m
　　分　　布：贵州
　　濒危等级：CR B1ab（i，ii，iii，v）；D

斯氏淫羊藿
Epimedium stearnii Ogisu et Rix
　　习　　性：多年生草本
　　海　　拔：约1200 m
　　分　　布：湖北
　　濒危等级：NT C2a（i）

星花淫羊藿
Epimedium stellulatum Stearn
　　习　　性：多年生草本
　　海　　拔：约900 m
　　分　　布：湖北、四川
　　濒危等级：LC

四川淫羊藿
Epimedium sutchuenense Franch.
　　习　　性：多年生草本
　　海　　拔：400~1900 m
　　分　　布：贵州、湖北、四川
　　濒危等级：LC

天门山淫羊藿
Epimedium tianmenshanense T. Deng, D. G. Zhang et H. Sun
　　习　　性：多年生草本
　　海　　拔：约1500 m
　　分　　布：湖南
　　濒危等级：LC

偏斜淫羊藿
Epimedium truncatum H. R. Liang
　　习　　性：多年生草本
　　海　　拔：600~1000 m
　　分　　布：湖南
　　濒危等级：VU C1

巫山淫羊藿
Epimedium wushanense T. S. Ying
　　习　　性：多年生草本
　　海　　拔：300~1700 m
　　分　　布：重庆、广西、贵州、湖北
　　濒危等级：VU A3C

印江淫羊藿
Epimedium yinjiangense M. Y. Sheng et X. J. Tian
　　习　　性：多年生草本
　　海　　拔：约1300 m
　　分　　布：贵州
　　濒危等级：NT C2a（i）

竹山淫羊藿
Epimedium zhushanense K. F. Wu et S. X. Qian
　　习　　性：多年生草本
　　海　　拔：约1200 m
　　分　　布：湖北
　　濒危等级：VU C1

牡丹草属 Gymnospermium Spach

阿尔泰牡丹草
Gymnospermium altaicum(Pall.) Spach
　　习　　性：多年生草本
　　海　　拔：约200 m
　　国内分布：新疆
　　国外分布：俄罗斯
　　濒危等级：LC

江南牡丹草
Gymnospermium kiangnanense(P. L. Chiu) Lecomte
　　习　　性：多年生草本
　　海　　拔：700~800 m
　　分　　布：安徽、浙江
　　濒危等级：DD
　　资源利用：药用（中草药）

牡丹草
Gymnospermium microrrhynchum(S. Moore) Takht.
　　习　　性：多年生草本
　　海　　拔：约100 m

国内分布：吉林、辽宁
国外分布：朝鲜半岛
濒危等级：EN B2ab（iii，v）

囊果草属 Leontice L.

囊果草
Leontice incerta Pall.
习　　性：多年生草本
海　　拔：约 600 m
国内分布：新疆
国外分布：哈萨克斯坦
濒危等级：NT

十大功劳属 Mahonia Nutt.

阔叶十大功劳
Mahonia bealei（Fortune）Carr.
习　　性：灌木或小乔木
海　　拔：500~2000 m
分　　布：安徽、福建、广东、广西、河南、湖北、湖南、江苏、江西、陕西、四川、浙江
濒危等级：LC
资源利用：环境利用（观赏）；药用（中草药）

小果十大功劳
Mahonia bodinieri Gagnep.
习　　性：灌木或小乔木
海　　拔：100~1800 m
分　　布：广东、广西、贵州、湖南、四川、浙江
濒危等级：LC

鹤庆十大功劳
Mahonia bracteolata Takeda
习　　性：灌木
海　　拔：1900~2500 m
分　　布：四川、云南
濒危等级：VU A2c；B1ab（i，iii，v）

短序十大功劳
Mahonia breviracema Y. S. Wang et P. G. Hsiao
习　　性：灌木
海　　拔：约 600 m
分　　布：广西、贵州
濒危等级：CR B1ab（i，iii）；C1+2a（ii）

察隅十大功劳
Mahonia calamicaulis（Ahrendt）T. S. Ying et Boufford.
习　　性：灌木
海　　拔：2500~3000 m
分　　布：西藏
濒危等级：LC

宜章十大功劳
Mahonia cardiophylla T. S. Ying et Boufford
习　　性：灌木
海　　拔：1500~1700 m
分　　布：广西、湖南、四川、云南
濒危等级：LC

密叶十大功劳
Mahonia conferta Takeda
习　　性：灌木或小乔木
海　　拔：1500~2100 m
分　　布：云南
濒危等级：VU B2ab（ii，iii）

鄂西十大功劳
Mahonia decipiens C. K. Schneid.
习　　性：灌木
海　　拔：800~1500 m
分　　布：湖北
濒危等级：VU A2c；B1ab（i，iii）
资源利用：药用（中草药）；原料（染料）

长柱十大功劳
Mahonia duclouxiana Gagnep.
习　　性：灌木
海　　拔：1800~2700 m
国内分布：广西、四川、云南
国外分布：缅甸、泰国、印度
濒危等级：LC

宽苞十大功劳
Mahonia eurybracteata Fedde

宽苞十大功劳（原亚种）
Mahonia eurybracteata subsp. **eurybracteata**
习　　性：灌木
海　　拔：300~2000 m
分　　布：广西、贵州、湖北、湖南、四川
濒危等级：LC

安坪十大功劳
Mahonia eurybracteata subsp. **ganpinensis**（H. Lév.）T. S. Ying et Boufford
习　　性：灌木
海　　拔：200~1200 m
分　　布：贵州、湖北、四川
濒危等级：DD

北江十大功劳
Mahonia fordii C. K. Schneid.
习　　性：灌木
海　　拔：800~900 m
分　　布：广东、四川
濒危等级：NT D

十大功劳
Mahonia fortunei（Lindl.）Fedde
习　　性：灌木
海　　拔：300~2000 m
分　　布：重庆、广西、贵州、湖北、湖南、江西、四川、台湾、浙江
濒危等级：LC
资源利用：药用（中草药）；环境利用（观赏）

细柄十大功劳
Mahonia gracilipes（Oliv.）Fedde

习　　性：灌木
海　　拔：700~2400 m
分　　布：四川、云南
濒危等级：LC
资源利用：药用（中草药）；环境利用（观赏）

滇南十大功劳
Mahonia hancockiana Takeda
习　　性：灌木
海　　拔：1000~3200 m
分　　布：云南
濒危等级：VU D2

遵义十大功劳
Mahonia imbricata T. S. Ying
习　　性：灌木
海　　拔：1200~2400 m
分　　布：贵州、云南
濒危等级：LC

台湾十大功劳
Mahonia japonica (Thunb.) DC.
习　　性：灌木
海　　拔：800~3400 m
国内分布：台湾
国外分布：日本及欧洲、北美洲有栽培
濒危等级：LC

靖西全缘叶十大功劳
Mahonia jingxiensis J. Y. Wu, M. Ogisu, H. N. Qin et S. N. Lu
习　　性：灌木
海　　拔：约500 m
分　　布：广西
濒危等级：CR B2ab (ii, iii)

细齿十大功劳
Mahonia leptodonta Gagnep.
习　　性：灌木
海　　拔：200~1500 m
分　　布：四川、云南
濒危等级：EN A2c; B1ab (i, iii)

长苞十大功劳
Mahonia longibracteata Takeda
习　　性：灌木
海　　拔：1900~3300 m
分　　布：四川、云南
濒危等级：VU A2c; B1ab (i, iii, v)

小叶十大功劳
Mahonia microphylla T. S. Ying et G. R. Long
习　　性：灌木
海　　拔：600~700 m
分　　布：广西
濒危等级：VU D
国家保护：Ⅱ级

单刺十大功劳
Mahonia monodens J. Y. Wu, H. N. Qin et S. Z. He
习　　性：多年生草本
海　　拔：约600 m
分　　布：广西
濒危等级：NT

门隅十大功劳
Mahonia monyulensis Ahrendt
习　　性：灌木
海　　拔：约2300 m
分　　布：西藏
濒危等级：VU D2

尼泊尔十大功劳
Mahonia napaulensis DC.
习　　性：灌木或小乔木
海　　拔：1200~3000 m
国内分布：广西、四川、西藏、云南
国外分布：不丹、缅甸、尼泊尔、印度
濒危等级：LC

亮叶十大功劳
Mahonia nitens C. K. Schneid.
习　　性：灌木
海　　拔：600~2000 m
分　　布：贵州、四川
濒危等级：LC

阿里山十大功劳
Mahonia oiwakensis Hayata
习　　性：灌木
海　　拔：600~3800 m
分　　布：贵州、四川、台湾、西藏、云南
濒危等级：LC

景东十大功劳
Mahonia paucijuga C. Y. Wu ex S. Y. Bao
习　　性：灌木
海　　拔：2500~3000 m
分　　布：云南
濒危等级：NT

峨眉十大功劳
Mahonia polyodonta Fedde
习　　性：灌木
海　　拔：1300~3100 m
国内分布：贵州、湖北、四川、西藏、云南
国外分布：缅甸、印度
濒危等级：LC

网脉十大功劳
Mahonia retinervis P. G. Xiao et Y. S. Wang
习　　性：灌木
海　　拔：1000~1500 m
分　　布：广西、云南
濒危等级：VU A2c; B1ab (i, iii, v)

刺齿十大功劳
Mahonia setosa Gagnep.
习　　性：灌木
海　　拔：约600 m

分　　布：四川、云南
濒危等级：DD

沈氏十大功劳
Mahonia shenii Chun
习　　性：灌木
海　　拔：400～1500 m
分　　布：广东、广西、贵州、湖南
濒危等级：DD

长阳十大功劳
Mahonia sheridaniana C. K. Schneid.
习　　性：灌木
海　　拔：1200～2600 m
分　　布：湖北、四川
濒危等级：LC

靖西十大功劳
Mahonia subimbricata Chun et F. Chun
习　　性：灌木
海　　拔：约1900 m
分　　布：广西、云南
濒危等级：VU A2c；B1ab（i, iii, v）
国家保护：Ⅱ级

独龙十大功劳
Mahonia taronensis Hand.-Mazz.
习　　性：灌木
海　　拔：1500～2900 m
分　　布：西藏、云南
濒危等级：LC

南天竹属 Nandina Thunb.

南天竹
Nandina domestica Thunb.
习　　性：常绿灌木
海　　拔：1000 m以下
国内分布：安徽、福建、广东、广西、贵州、河南、湖北、湖南、江苏、江西、山东、山西、陕西、四川、云南、浙江
国外分布：日本、印度；北美洲、西印度群岛、南美洲栽培
濒危等级：LC
资源利用：药用（中草药）；环境利用（观赏）

鲜黄连属 Plagiorhegma Maxim.

鲜黄连
Plagiorhegma dubium Maxim.
习　　性：多年生草本
海　　拔：500～1100 m
国内分布：吉林、辽宁
国外分布：朝鲜半岛、俄罗斯
濒危等级：LC

桃儿七属 Sinopodophyllum T. S. Ying

桃儿七
Sinopodophyllum hexandrum（Royle）T. S. Ying
习　　性：多年生草本
海　　拔：2200～4300 m
国内分布：甘肃、青海、陕西、四川、西藏、云南
国外分布：阿富汗、巴基斯坦、不丹、克什米尔地区、尼泊尔、印度
濒危等级：NT A2cd；B1ab（iii, iv, v）
国家保护：Ⅱ级
CITES 附录：Ⅱ
资源利用：药用（中草药）

桦木科 BETULACEAE
（6属：123种）

桤木属 Alnus Mill.

桤木
Alnus cremastogyne Burkill
习　　性：落叶乔木
海　　拔：500～3000 m
分　　布：甘肃、贵州、陕西、四川、浙江
濒危等级：LC
资源利用：原料（木材，单宁，树脂）；药用（中草药）

川滇桤木
Alnus ferdinandi-coburgii C. K. Schneid.
习　　性：落叶乔木
海　　拔：1500～3000 m
分　　布：贵州、四川、云南
濒危等级：LC

台湾桤木
Alnus formosana（Burkill）Makino
习　　性：落叶乔木
海　　拔：海平面至2900 m
分　　布：台湾
濒危等级：LC

辽东桤木
Alnus hirsuta（Spach）Rupr.
习　　性：乔木
海　　拔：700～1500 m
国内分布：黑龙江、吉林、辽宁、内蒙古、山东
国外分布：朝鲜、俄罗斯、日本
濒危等级：LC
资源利用：原料（木材）

日本桤木
Alnus japonica（Thunb.）Steud.
习　　性：乔木
海　　拔：800～1500 m
国内分布：安徽、河南、吉林、江苏、辽宁、山东
国外分布：朝鲜、俄罗斯、日本
濒危等级：LC

毛桤木
Alnus lanata Duthie ex Bean
习　　性：落叶乔木
海　　拔：1600～2300 m

分　　布：四川
濒危等级：DD

东北桤木
Alnus mandshurica (Callier ex C. K. Schneid.) Hand.-Mazz.
习　　性：灌木或乔木
海　　拔：200~1900 m
国内分布：黑龙江、吉林、辽宁、内蒙古
国外分布：俄罗斯、韩国
濒危等级：LC

尼泊尔桤木
Alnus nepalensis D. Don
习　　性：落叶乔木
海　　拔：200~2800 m
国内分布：广西、贵州、四川、西藏、云南
国外分布：不丹、孟加拉国、缅甸、尼泊尔、泰国、印度、越南
濒危等级：LC
资源利用：原料（纤维，单宁，树脂）

江南桤木
Alnus trabeculosa Hand.-Mazz.
习　　性：落叶乔木
海　　拔：200~1000 m
国内分布：安徽、福建、广东、贵州、河南、湖北、湖南、江苏、江西、浙江
国外分布：日本
濒危等级：LC
资源利用：原料（纤维，单宁，树脂）

桦木属 Betula L.

红桦
Betula albosinensis Burkill
习　　性：落叶乔木
海　　拔：1000~3400 m
分　　布：甘肃、河北、河南、湖北、宁夏、青海、山西、陕西、四川
濒危等级：LC

西桦
Betula alnoides Buch.-Ham. ex D. Don
习　　性：落叶乔木
海　　拔：700~2100 m
国内分布：福建、广东、广西、海南、云南
国外分布：不丹、缅甸、尼泊尔、泰国、印度、越南
濒危等级：LC
资源利用：原料（单宁，树脂）

工布桦
Betula ashburneri McAll. et Rushforth
习　　性：落叶乔木
海　　拔：约4000 m
国内分布：四川、西藏、云南
国外分布：不丹
濒危等级：LC

华南桦
Betula austrosinensis Chun ex P. C. Li
习　　性：落叶乔木
海　　拔：700~1900 m
分　　布：福建、广东、广西、贵州、湖北、湖南、江西、四川、云南
濒危等级：LC

岩桦
Betula calcicola (W. W. Sm.) P. C. Li
习　　性：落叶灌木
海　　拔：2800~3800 m
分　　布：四川、云南
濒危等级：LC

坚桦
Betula chinensis Maxim.
习　　性：落叶灌木
海　　拔：700~3000 m
国内分布：甘肃、河北、河南、辽宁、内蒙古、山东、山西、陕西
国外分布：朝鲜
濒危等级：LC
资源利用：原料（木材）

硕桦
Betula costata Trautv.

硕桦（原变种）
Betula costata var. **costata**
习　　性：落叶乔木
海　　拔：600~2500 m
国内分布：河北、黑龙江、吉林、辽宁、内蒙古
国外分布：朝鲜、俄罗斯
濒危等级：LC

柔毛硕桦
Betula costata var. **pubescens** Liou
习　　性：落叶乔木
海　　拔：约1700 m
分　　布：河北
濒危等级：DD

长穗桦
Betula cylindrostachya Lindl.
习　　性：落叶乔木
海　　拔：1400~2800 m
国内分布：四川、西藏、云南
国外分布：不丹、印度
濒危等级：LC

黑桦
Betula dahurica Pall.
习　　性：落叶乔木
海　　拔：400~1300 m
国内分布：河北、黑龙江、吉林、辽宁、内蒙古、山西、陕西
国外分布：朝鲜、俄罗斯、蒙古、日本

濒危等级：LC
资源利用：原料（木材，纤维，单宁，树脂）

高山桦
Betula delavayi Franch.

高山桦（原变种）
Betula delavayi var. **delavayi**
习　　性：灌木或乔木
海　　拔：2400～4000 m
分　　布：甘肃、四川、西藏、云南
濒危等级：LC

细穗高山桦
Betula delavayi var. **microstachya** P. C. Li
习　　性：灌木或乔木
海　　拔：3100～3800 m
分　　布：湖北、青海、四川、西藏
濒危等级：LC

多脉高山桦
Betula delavayi var. **polyneura** Hu ex P. C. Li
习　　性：灌木或乔木
海　　拔：约 2600 m
分　　布：云南
濒危等级：LC

岳桦
Betula ermanii Cham.

岳桦（原变种）
Betula ermanii var. **ermanii**
习　　性：落叶乔木
海　　拔：1000～1700 m
国内分布：黑龙江、吉林、辽宁、内蒙古
国外分布：朝鲜、俄罗斯、日本
濒危等级：LC
资源利用：原料（木材）

英吉里岳桦
Betula ermanii var. **yingkiliensis** Liou et Z. Wang
习　　性：落叶乔木
分　　布：黑龙江、内蒙古
濒危等级：LC

狭翅桦
Betula fargesii Franch.
习　　性：落叶乔木
海　　拔：1500～2600 m
分　　布：湖北、四川
濒危等级：DD

柴桦
Betula fruticosa Pall.

柴桦（原变种）
Betula fruticosa var. **fruticosa**
习　　性：落叶灌木
海　　拔：600～1100 m
国内分布：黑龙江、内蒙古
国外分布：朝鲜、俄罗斯、蒙古
濒危等级：LC

长穗柴桦
Betula fruticosa var. **macrostachys** S. L. Tung
习　　性：落叶灌木
分　　布：吉林
濒危等级：LC

福建桦
Betula fujianensis J. Zeng, J. H. Li et Z. D. Chen
习　　性：落叶乔木
分　　布：福建
濒危等级：LC

砂生桦
Betula gmelinii Bunge
习　　性：落叶灌木
海　　拔：500～1000 m
国内分布：黑龙江、辽宁、内蒙古
国外分布：俄罗斯、蒙古
濒危等级：LC

贡山桦
Betula gynoterminalis Y. C. Hsu et C. J. Wang
习　　性：落叶乔木
海　　拔：约 2600 m
分　　布：云南
濒危等级：CR D?

海南桦
Betula hainanensis J. Zeng et al.
习　　性：落叶乔木
海　　拔：约 850 m
分　　布：海南
濒危等级：LC

豫白桦
Betula honanensis S. Y. Wang et C. L. Chang
习　　性：落叶乔木
分　　布：河南
濒危等级：LC

甸生桦
Betula humilis Schrank
习　　性：落叶灌木
海　　拔：1400～1800 m
国内分布：新疆
国外分布：俄罗斯、哈萨克斯坦、蒙古
濒危等级：LC

香桦
Betula insignis Franch.
习　　性：落叶乔木
海　　拔：1400～3400 m

分　　布：贵州、湖北、四川
濒危等级：LC
资源利用：原料（木材，精油）

九龙桦
Betula jiulungensis Hu ex P. C. Li
　　习　　性：落叶乔木
　　海　　拔：约 2400 m
　　分　　布：四川
　　濒危等级：CR A2c

亮叶桦
Betula luminifera H. J. P. Winkl.
　　习　　性：落叶乔木
　　海　　拔：200~2900 m
　　分　　布：安徽、福建、甘肃、广东、广西、贵州、河南、湖北、湖南、江苏、江西、陕西、四川、云南、浙江
　　濒危等级：LC
　　资源利用：原料（木材，精油）

小叶桦
Betula microphylla Bunge

小叶桦（原变种）
Betula microphylla var. **microphylla**
　　习　　性：落叶乔木
　　海　　拔：1200~1600 m
　　国内分布：新疆
　　国外分布：哈萨克斯坦、蒙古
　　濒危等级：LC

艾比湖小叶桦
Betula microphylla var. **ebinurica** Chang Y. Yang et Wen H. Li
　　习　　性：落叶乔木
　　分　　布：新疆
　　濒危等级：LC

哈纳斯小叶桦
Betula microphylla var. **harasiica** Chang Y. Yang
　　习　　性：落叶乔木
　　分　　布：新疆
　　濒危等级：LC

宽苞小叶桦
Betula microphylla var. **latibracteata** Chang Y. Yang
　　习　　性：落叶乔木
　　海　　拔：约 1300 m
　　分　　布：新疆
　　濒危等级：LC

沼泽小叶桦
Betula microphylla var. **paludosa** Chang Y. Yang et J. Wang
　　习　　性：落叶乔木
　　分　　布：新疆
　　濒危等级：LC

土曼特小叶桦
Betula microphylla var. **tumantica** Chang Y. Yang et J. Wang

　　习　　性：落叶乔木
　　分　　布：新疆
　　濒危等级：LC

扇叶桦
Betula middendorffii Trautv. et C. A. Mey.
　　习　　性：落叶乔木
　　海　　拔：1000~1200 m
　　国内分布：黑龙江、内蒙古
　　国外分布：俄罗斯
　　濒危等级：LC

油桦
Betula ovalifolia Rupr.
　　习　　性：落叶灌木
　　海　　拔：500~1200 m
　　国内分布：黑龙江、吉林、内蒙古
　　国外分布：朝鲜、俄罗斯、日本
　　濒危等级：LC

垂枝桦
Betula pendula Roth
　　习　　性：落叶乔木
　　海　　拔：500~2300 m
　　国内分布：新疆
　　国外分布：俄罗斯、哈萨克斯坦、蒙古
　　濒危等级：LC
　　资源利用：原料（木材）

白桦
Betula platyphylla Sukaczev

白桦（原变种）
Betula platyphylla var. **platyphylla**
　　习　　性：落叶乔木
　　海　　拔：700~4200 m
　　国内分布：甘肃、河北、河南、黑龙江、吉林、江苏、辽宁、内蒙古、宁夏、青海、山西、陕西、四川、西藏、云南
　　国外分布：朝鲜、俄罗斯、蒙古、日本
　　濒危等级：LC

铁皮桦
Betula platyphylla var. **brunnea** J. X. Huang
　　习　　性：落叶乔木
　　分　　布：河北
　　濒危等级：LC

栓皮白桦
Betula platyphylla var. **phellodendroides** S. L. Tung
　　习　　性：落叶乔木
　　分　　布：黑龙江
　　濒危等级：DD

矮桦
Betula potaninii Batalin
　　习　　性：灌木或乔木

海　　拔：1900~3100 m
分　　布：甘肃、陕西、四川
濒危等级：LC

菱苞桦
Betula rhombibracteata P. C. Li
习　　性：落叶乔木
海　　拔：2500~2800 m
分　　布：云南
濒危等级：DD

圆叶桦
Betula rotundifolia Spach
习　　性：落叶灌木
海　　拔：约 2300 m
国内分布：新疆
国外分布：俄罗斯、哈萨克斯坦、蒙古
濒危等级：LC

赛黑桦
Betula schmidtii Regel
习　　性：落叶乔木
海　　拔：700~800 m
国内分布：吉林、辽宁
国外分布：朝鲜、俄罗斯、日本
濒危等级：NT B2ab（iii）；D
资源利用：原料（木材，纤维）

川桦
Betula skvortsovii McAll. et Ashburner
习　　性：落叶乔木
海　　拔：约 3450 m
分　　布：四川
濒危等级：DD

肃南桦
Betula sunanensis Y. J. Zhang
习　　性：落叶乔木
海　　拔：约 2300 m
分　　布：甘肃
濒危等级：DD

天山桦
Betula tianschanica Rupr.
习　　性：落叶乔木
海　　拔：1300~2500 m
国内分布：新疆
国外分布：吉尔吉斯斯坦、塔吉克斯坦
濒危等级：LC

峨眉矮桦
Betula trichogemma(Hu ex P. C. Li)T. Hong
习　　性：灌木或乔木
海　　拔：2400~3100 m
分　　布：四川
濒危等级：LC

糙皮桦
Betula utilis D. Don
习　　性：落叶乔木
海　　拔：2500~3800 m
国内分布：甘肃、湖北、宁夏、青海、陕西、四川、西藏、云南
国外分布：阿富汗、不丹、尼泊尔、印度
濒危等级：LC
资源利用：原料（木材）

武夷桦
Betula wuyiensis J. B. Xiao
习　　性：落叶乔木
海　　拔：约 550 m
分　　布：福建
濒危等级：DD

枣叶桦
Betula zyzyphifolia C. Wang et S. L. Tung
习　　性：落叶乔木
分　　布：内蒙古
濒危等级：DD

鹅耳枥属 Carpinus L.

粤北鹅耳枥
Carpinus chuniana Hu
习　　性：乔木
海　　拔：800~1200 m
分　　布：广东、贵州、湖北
濒危等级：LC

千金榆
Carpinus cordata Blume

千金榆（原变种）
Carpinus cordata var. **cordata**
习　　性：乔木
海　　拔：200~2500 m
国内分布：甘肃、河北、辽宁、山东、山西、陕西
国外分布：朝鲜、俄罗斯、日本
濒危等级：LC

直穗千斤榆
Carpinus cordata var. **brevistachya** S. L. Tung
习　　性：乔木
分　　布：吉林
濒危等级：DD

华千斤榆
Carpinus cordata var. **chinensis** Franch.
习　　性：乔木
海　　拔：700~2400 m
分　　布：安徽、甘肃、贵州、湖北、湖南、江苏、江西、陕西、四川、浙江
濒危等级：LC

毛叶千斤榆
Carpinus cordata var. **mollis**(Rehder)W. C. Cheng ex Chun
习　　性：乔木
海　　拔：1700~2400 m
分　　布：甘肃、宁夏、陕西
濒危等级：LC

大庸鹅耳枥
Carpinus dayongina K. W. Liu et Q. Z. Lin
习　　性：乔木
海　　拔：约1100 m
分　　布：湖南
濒危等级：DD

川黔千金榆
Carpinus fangiana Hu
习　　性：乔木
海　　拔：900~2000 m
分　　布：广西、贵州、四川、云南
濒危等级：LC

川陕鹅耳枥
Carpinus fargesiana H. J. P. Winkl.

川陕鹅耳枥（原变种）
Carpinus fargesiana var. **fargesiana**
习　　性：乔木
海　　拔：1000~2600 m
分　　布：甘肃、河南、湖北、陕西、四川
濒危等级：LC

狭叶鹅耳枥
Carpinus fargesiana var. **hwai**(Hu et W. C. Cheng)P. C. Li
习　　性：乔木
海　　拔：约1200 m
分　　布：湖北、四川
濒危等级：LC

厚叶鹅耳枥
Carpinus firmifolia(H. J. P. Winkl.)Hu
习　　性：乔木
海　　拔：1500~1600 m
分　　布：贵州
濒危等级：LC

密腺鹅耳枥
Carpinus glandulosopunctata(C. J. Qi)C. J. Qi
习　　性：乔木
海　　拔：约200 m
分　　布：湖南
濒危等级：LC

太鲁阁鹅耳枥
Carpinus hebestroma Yamam.
习　　性：乔木
海　　拔：1000~1500 m
分　　布：台湾
濒危等级：LC

川鄂鹅耳枥
Carpinus henryana(H. J. P. Winkl.)H. J. P. Winkl.
习　　性：乔木
海　　拔：1600~2900 m
分　　布：甘肃、贵州、河南、湖北、陕西、四川、云南
濒危等级：LC

湖北鹅耳枥
Carpinus hupeana Hu
习　　性：乔木
海　　拔：700~1800 m
分　　布：安徽、河南、湖北、湖南、江西、陕西、浙江
濒危等级：LC

香港鹅耳枥
Carpinus insularis N. H. Xia, K. S. Pang et Y. H. Tong
习　　性：落叶灌木
海　　拔：约200 m
分　　布：香港
濒危等级：LC

阿里山鹅耳枥
Carpinus kawakamii Hayata
习　　性：乔木
海　　拔：500~2000 m
分　　布：福建、台湾
濒危等级：LC

贵州鹅耳枥
Carpinus kweichowensis Hu
习　　性：乔木
海　　拔：1100~1200 m
分　　布：贵州、云南
濒危等级：NT B2ac（iii）

短尾鹅耳枥
Carpinus londoniana H. J. P. Winkl.

短尾鹅耳枥（原变种）
Carpinus londoniana var. **londoniana**
习　　性：乔木
海　　拔：300~1800 m
国内分布：安徽、福建、广东、广西、贵州、湖南、江西、四川、云南、浙江
国外分布：老挝、缅甸、泰国、越南
濒危等级：LC

海南鹅耳枥
Carpinus londoniana var. **lanceolata**(Hand.-Mazz.)P. C. Li
习　　性：乔木
海　　拔：600~800 m
分　　布：海南
濒危等级：DD

宽叶鹅耳枥
Carpinus londoniana var. **latifolia** P. C. Li
习　　性：乔木
海　　拔：约600 m
分　　布：浙江
濒危等级：LC

剑苞鹅耳枥
Carpinus londoniana var. **xiphobracteata** P. C. Li
习　　性：乔木
海　　拔：约700 m
分　　布：浙江
濒危等级：DD

蒙山鹅耳枥
Carpinus mengshanensis S. B. Liang et F. Z. Zhao

习　　性：乔木
海　　拔：700~800 m
分　　布：山东
濒危等级：DD

田阳鹅耳枥
Carpinus microphylla Z. C. Chen ex Y. S. Wang et J. P. Huang
习　　性：灌木
海　　拔：约2500 m
分　　布：广西
濒危等级：VU D2

细齿鹅耳枥
Carpinus minutiserrata Hayata
习　　性：乔木
分　　布：台湾
濒危等级：LC

软毛鹅耳枥
Carpinus mollicoma Hu
习　　性：乔木
海　　拔：1400~2900 m
分　　布：四川、西藏、云南
濒危等级：NT

云南鹅耳枥
Carpinus monbeigiana Hand.-Mazz.
习　　性：乔木
海　　拔：1700~2800 m
分　　布：西藏、云南
濒危等级：LC

宝华鹅耳枥
Carpinus oblongifolia(Hu)Hu et W. C. Cheng
习　　性：乔木
海　　拔：约400 m
分　　布：江苏
濒危等级：CR B1ab（ii，v）

峨眉鹅耳枥
Carpinus omeiensis Hu et D. Fang
习　　性：乔木
海　　拔：1000~1900 m
分　　布：贵州、四川
濒危等级：LC

多脉鹅耳枥
Carpinus polyneura Franch.
习　　性：乔木
海　　拔：400~2300 m
分　　布：福建、广东、贵州、湖北、湖南、江西、陕西、四川、浙江
濒危等级：LC

云贵鹅耳枥
Carpinus pubescens Burkill
习　　性：乔木
海　　拔：400~2000 m
国内分布：贵州、陕西、四川、云南
国外分布：越南
濒危等级：LC

紫脉鹅耳枥
Carpinus purpurinervis Hu
习　　性：乔木
海　　拔：600~1000 m
分　　布：广西、贵州
濒危等级：DD

普陀鹅耳枥
Carpinus putoensis W. C. Cheng
习　　性：乔木
海　　拔：200~300 m
分　　布：浙江
濒危等级：CR B1ab（iii）+2ab（iii）；D?
国家保护：Ⅰ级

兰邯千斤榆
Carpinus rankanensis Hayata

兰邯千斤榆（原变种）
Carpinus rankanensis var. **rankanensis**
习　　性：乔木
海　　拔：1000~2000 m
分　　布：台湾
濒危等级：LC

细叶兰邯千金榆
Carpinus rankanensis var. **matsudae** Yamam.
习　　性：乔木
海　　拔：约1000 m
分　　布：台湾
濒危等级：LC

岩生鹅耳枥
Carpinus rupestris A. Camus
习　　性：乔木
海　　拔：1100~1700 m
分　　布：广西、贵州、云南
濒危等级：LC

陕西鹅耳枥
Carpinus shensiensis H. H. Hu

陕西鹅耳枥（原变种）
Carpinus shensiensis var. **shensiensis**
习　　性：乔木
海　　拔：800~1000 m
分　　布：甘肃、陕西
濒危等级：LC

少脉鹅耳枥
Carpinus shensiensis var. **paucineura** S. Z. Qu et K. Y. Wang
习　　性：乔木
海　　拔：1200~1800 m
分　　布：陕西
濒危等级：DD

小叶鹅耳枥
Carpinus stipulata H. J. P. Winkl.
习　　性：乔木
海　　拔：800~2100 m
分　　布：甘肃、湖北、陕西

濒危等级：LC

松潘鹅耳枥
Carpinus sungpanensis W. Y. Hsia
习　　性：乔木
海　　拔：2000~2100 m
分　　布：四川
濒危等级：LC

天台鹅耳枥
Carpinus tientaiensis W. C. Cheng
习　　性：乔木
海　　拔：800~1000 m
分　　布：浙江
濒危等级：CR B1ab（iii）+2ab（iii）；C2a（i）；D？
国家保护：Ⅱ级

宽苞鹅耳枥
Carpinus tsaiana Hu
习　　性：乔木
海　　拔：1200~1500 m
分　　布：贵州、云南
濒危等级：LC

昌代鹅耳枥
Carpinus tschonoskii Maxim.
习　　性：乔木
海　　拔：1100~2400 m
国内分布：安徽、广西、贵州、河南、湖北、湖南、江苏、江西、四川、云南、浙江
国外分布：朝鲜、日本
濒危等级：LC

遵义鹅耳枥
Carpinus tsunyihensis Hu
习　　性：乔木
海　　拔：900~1100 m
分　　布：贵州
濒危等级：LC

鹅耳枥
Carpinus turczaninowii Hance
习　　性：乔木
海　　拔：500~2400 m
国内分布：北京、甘肃、河南、江苏、辽宁、山东、陕西
国外分布：朝鲜、日本
濒危等级：LC
资源利用：原料（单宁，树脂）

雷公鹅耳枥
Carpinus viminea Lindl.

雷公鹅耳枥（原变种）
Carpinus viminea var. **viminea**
习　　性：乔木
海　　拔：400~900 m
国内分布：安徽、福建、广东、广西、贵州、湖北、湖南、江苏、江西、四川、西藏、云南、浙江
国外分布：不丹、克什米尔地区、缅甸、尼泊尔、泰国、印度、越南
濒危等级：LC

贡山鹅耳枥
Carpinus viminea var. **chiukiangensis** Hu
习　　性：乔木
海　　拔：约2000 m
分　　布：西藏、云南
濒危等级：LC

榛属 Corylus L.

华榛
Corylus chinensis Franch.
习　　性：乔木
海　　拔：1200~3500 m
分　　布：甘肃、贵州、湖北、陕西、四川、西藏、云南
濒危等级：LC
资源利用：原料（木材）；食品（种子，淀粉）

披针叶榛
Corylus fargesii C. K. Schneid.
习　　性：乔木
海　　拔：800~3000 m
分　　布：甘肃、贵州、河南、湖北、江西、宁夏、陕西、四川
濒危等级：LC

刺榛
Corylus ferox Wall.

刺榛（原变种）
Corylus ferox var. **ferox**
习　　性：乔木
海　　拔：1700~3800 m
国内分布：贵州、四川、云南
国外分布：不丹、缅甸、尼泊尔、印度
濒危等级：LC
资源利用：食品（种子）

藏刺榛
Corylus ferox var. **thibetica**(Batalin)Franch.
习　　性：乔木
海　　拔：1500~3600 m
分　　布：甘肃、贵州、湖北、宁夏、陕西、四川、西藏、云南
濒危等级：LC
资源利用：食品（种子）

榛
Corylus heterophylla Fisch. ex Trautv.

榛（原变种）
Corylus heterophylla var. **heterophylla**
习　　性：灌木或小乔木
海　　拔：400~2400 m
国内分布：甘肃、河北、河南、黑龙江、吉林、辽宁、内蒙古、宁夏、山西
国外分布：朝鲜、俄罗斯、日本
濒危等级：LC

川榛
Corylus heterophylla var. **sutchuenensis** Franch.
习　　性：灌木或小乔木

海　　拔：500~2500 m
分　　布：安徽、甘肃、贵州、河南、湖北、湖南、江苏、江西、山东、陕西、四川、浙江
濒危等级：LC
资源利用：原料（香料，工业用油）；食品（种子）

毛榛
Corylus mandshurica Maxim.
习　　性：灌木
海　　拔：400~2600 m
国内分布：甘肃、河北、河南、黑龙江、湖北、吉林、辽宁、内蒙古、陕西、四川
国外分布：朝鲜、俄罗斯、日本
濒危等级：LC
资源利用：食品（种子）；原料（单宁，树脂）

维西榛
Corylus wangii Hu
习　　性：小乔木
海　　拔：约3000 m
分　　布：云南
濒危等级：DD

武陵榛
Corylus wulingensis Qi-xian Liu et C. M. Zhang
习　　性：乔木
海　　拔：1400~1500 m
分　　布：湖南
濒危等级：DD

滇榛
Corylus yunnanensis (Franch.) A. Camus
习　　性：灌木或小乔木
海　　拔：1600~3700 m
分　　布：贵州、湖北、四川、云南
濒危等级：LC

铁木属 Ostrya Scop.

铁木
Ostrya japonica Sarg.
习　　性：乔木
海　　拔：1000~2800 m
国内分布：甘肃、河北、河南、湖北、陕西、四川
国外分布：朝鲜、日本
濒危等级：LC
资源利用：原料（木材）

多脉铁木
Ostrya multinervis Rehder
习　　性：乔木
海　　拔：600~1300 m
分　　布：贵州、湖南、江苏、四川、浙江
濒危等级：LC

天目铁木
Ostrya rehderiana Chun
习　　性：乔木
海　　拔：200~400 m
分　　布：浙江
濒危等级：CR D1
国家保护：I 级

毛果铁木
Ostrya trichocarpa D. Fang et Y. S. Wang
习　　性：乔木
海　　拔：800~1300 m
分　　布：广西
濒危等级：EN D

云南铁木
Ostrya yunnanensis Hu ex P. C. Li
习　　性：乔木
海　　拔：约2600 m
分　　布：云南
濒危等级：CR B1ab（ii，v）+2ab（ii，v）

虎榛子属 Ostryopsis Decne.

虎榛子
Ostryopsis davidiana Decne.
习　　性：灌木
海　　拔：800~2800 m
分　　布：甘肃、河北、辽宁、内蒙古、宁夏、山西、陕西、四川
濒危等级：LC
资源利用：原料（单宁，工业用油，树脂）

中间型虎榛子
Ostryopsis intermidia B. Tian et J. Q. Liu
习　　性：落叶灌木
分　　布：云南
濒危等级：VU B1ab（iii）

滇虎榛
Ostryopsis nobilis I. B. Balfour et W. W. Sm.
习　　性：灌木
海　　拔：1500~3000 m
分　　布：四川、云南
濒危等级：VU B1ab（iii）
资源利用：原料（单宁，树脂）

熏倒牛科 BIEBERSTEINIACEAE
（1属：3种）

熏倒牛属 Biebersteinia Stephan

熏倒牛
Biebersteinia heterostemon Maxim.
习　　性：多年生草本
海　　拔：1000~3500 m
分　　布：甘肃、宁夏、青海、四川、西藏、新疆
濒危等级：LC

多裂熏倒牛
Biebersteinia multifida DC.
习　　性：多年生草本
海　　拔：2000~3000 m

国内分布：新疆
国外分布：中亚
濒危等级：LC

高山熏倒牛
Biebersteinia odora Stephan ex Fisch.
- 习　　性：多年生草本
- 海　　拔：1600~5600 m
- 国内分布：西藏、新疆
- 国外分布：巴基斯坦、俄罗斯、哈萨克斯坦、吉尔吉斯斯坦、克什米尔地区、蒙古、塔吉克斯坦、印度
- 濒危等级：LC

紫葳科 BIGNONIACEAE
（12属：40种）

凌霄花属 Campsis Lour.

凌霄
Campsis grandiflora (Thunb.) K. Schum.
- 习　　性：攀援藤本
- 海　　拔：400~1200 m
- 国内分布：河北、山西、山东、福建、台湾（栽培）、广东、广西
- 国外分布：巴基斯坦、日本、印度、越南
- 濒危等级：LC
- 资源利用：药用（中草药）；环境利用（观赏）

梓属 Catalpa Scop.

楸
Catalpa bungei C. A. Mey.
- 习　　性：乔木
- 海　　拔：500~1300 m
- 分　　布：甘肃、河北、河南、湖南、江苏、山东、山西、陕西、浙江；广西、贵州、云南栽培
- 濒危等级：LC
- 资源利用：药用（中草药）；原料（木材）；环境利用（观赏）；食品（蔬菜）

灰楸
Catalpa fargesii Bureau
- 习　　性：乔木
- 海　　拔：700~2500 m
- 分　　布：甘肃、广东、广西、贵州、河北、河南、湖北、湖南、山东、山西、四川、云南
- 濒危等级：LC
- 资源利用：药用（中草药）；原料（木材）；农药；环境利用（观赏）；食品（蔬菜）

梓
Catalpa ovata G. Don
- 习　　性：乔木
- 海　　拔：500~2500 m
- 分　　布：安徽、甘肃、河北、河南、黑龙江、湖北、吉林、江苏、辽宁、内蒙古、宁夏、青海、山东、山西、陕西、四川、新疆
- 濒危等级：LC
- 资源利用：药用（中草药）；原料（木材）；农药；环境利用（观赏）

藏楸
Catalpa tibetica Forrest
- 习　　性：灌木或小乔木
- 海　　拔：2400~2700 m
- 分　　布：西藏、云南
- 濒危等级：EN B1ab (i, iii)；C1

厚膜树属 Fernandoa Welw. ex Seem.

广西厚膜树
Fernandoa guangxiensis D. D. Tao
- 习　　性：乔木
- 海　　拔：约600 m
- 分　　布：广西、云南
- 濒危等级：EN C1

角蒿属 Incarvillea Juss.

高波罗花
Incarvillea altissima Forrest
- 习　　性：多年生草本
- 海　　拔：2100~2800 m
- 分　　布：四川、西藏、云南
- 濒危等级：LC

两头毛
Incarvillea arguta (Royle) Royle

两头毛（原变种）
Incarvillea arguta var. **arguta**
- 习　　性：多年生草本
- 海　　拔：1400~3400 m
- 国内分布：甘肃、贵州、四川、西藏、云南
- 国外分布：尼泊尔、印度
- 濒危等级：LC
- 资源利用：药用（中草药，兽药）；环境利用（观赏）

长梗两头毛
Incarvillea arguta var. **longipedicellata** Q. S. Zhao
- 习　　性：多年生草本
- 分　　布：四川、西藏
- 濒危等级：LC

四川波罗花
Incarvillea beresovskii Batalin
- 习　　性：多年生草本
- 海　　拔：2100~4200 m
- 分　　布：四川、西藏
- 濒危等级：VU A2c；D1

密生波罗花
Incarvillea compacta Maxim.
- 习　　性：多年生草本
- 海　　拔：2600~4100 m
- 分　　布：甘肃、青海、四川、西藏、云南
- 濒危等级：LC
- 资源利用：药用（中草药）；环境利用（观赏）

红波罗花
Incarvillea delavayi Bureau et Franch.
 习 性：多年生草本
 海 拔：2400～3900 m
 分 布：四川、云南
 濒危等级：VU A3c；D1
 资源利用：药用（中草药）

裂叶波罗花
Incarvillea dissectifoliola Q. S. Zhao
 习 性：多年生草本
 海 拔：约 3000 m
 分 布：四川
 濒危等级：CR A3c；D1

单叶波罗花
Incarvillea forrestii H. R. Fletcher
 习 性：多年生草本
 海 拔：3000～3500 m
 分 布：四川、云南
 濒危等级：LC

黄波罗花
Incarvillea lutea Bureau et Franch.
 习 性：多年生草本
 海 拔：2000～3400 m
 分 布：四川、西藏、云南
 濒危等级：EN D
 资源利用：药用（中草药）

鸡肉参
Incarvillea mairei(H. Lév.)Grierson

鸡肉参（原变种）
Incarvillea mairei var. **mairei**
 习 性：多年生草本
 海 拔：2400～4500 m
 分 布：四川、西藏、云南
 濒危等级：LC
 资源利用：药用（中草药）

大花鸡肉参
Incarvillea mairei var. **grandiflora**(Wehrh.)Grierson
 习 性：多年生草本
 海 拔：2500～3700 m
 国内分布：青海、四川、西藏、云南
 国外分布：不丹、尼泊尔
 濒危等级：LC

多小叶鸡肉参
Incarvillea mairei var. **multifoliolata**(C. Y. Wu et W. C. Yin)C. Y. Wu et W. C. Yin
 习 性：多年生草本
 海 拔：3200～4200 m
 分 布：四川、云南
 濒危等级：LC

聚叶角蒿
Incarvillea potaninii Batalin
 习 性：多年生草本
 国内分布：内蒙古
 国外分布：蒙古
 濒危等级：LC

角蒿
Incarvillea sinensis Lam.

角蒿（原变种）
Incarvillea sinensis var. **sinensis**
 习 性：一年生或多年生草本
 海 拔：500～3900 m
 分 布：甘肃、河北、河南、黑龙江、内蒙古、宁夏、青海、山东、山西、陕西、四川、西藏、云南
 濒危等级：LC
 资源利用：环境利用（观赏）

黄花角蒿
Incarvillea sinensis var. **przewalskii**(Batalin)C. Y. Wu et W. C. Yin
 习 性：一年生或多年生草本
 海 拔：2000～2600 m
 分 布：甘肃、青海、陕西、四川
 濒危等级：LC

藏波罗花
Incarvillea younghusbandii Sprague
 习 性：草本
 海 拔：4000～5500 m
 分 布：青海、西藏
 濒危等级：LC
 资源利用：药用（中草药）

猫尾木属 **Markhamia** Seem. ex Baillon

西南猫尾木
Markhamia stipulata(Wall.)Seem. ex K. Schum.

西南猫尾木（原变种）
Markhamia stipulata var. **stipulata**
 习 性：乔木
 海 拔：300～1700 m
 国内分布：广东、广西、海南、云南
 国外分布：柬埔寨、老挝、缅甸、泰国、越南
 濒危等级：LC
 资源利用：原料（木材）

毛叶猫尾木
Markhamia stipulata var. **kerrii** Sprague
 习 性：乔木
 海 拔：900～1200 m
 国内分布：福建、广东、广西、海南、云南
 国外分布：老挝、缅甸、泰国、越南
 濒危等级：LC

火烧花属 **Mayodendron** Kurz

火烧花
Mayodendron igneum(Kurz)Kurz
 习 性：常绿乔木
 海 拔：100～1900 m
 国内分布：广东、广西、台湾、云南
 国外分布：老挝、缅甸、泰国、越南
 濒危等级：LC

资源利用：原料（木材）；环境利用（观赏）；食品（蔬菜）

老鸦烟筒花属 Millingtonia L. f.

老鸦烟筒花
Millingtonia hortensis L. f.
习　　性：乔木
海　　拔：500~1200 m
国内分布：云南
国外分布：柬埔寨、老挝、马来西亚、缅甸、泰国、印度、印度尼西亚、越南
濒危等级：NT B1ab (i, iii); D1
资源利用：药用（中草药）

照夜白属 Nyctocalos Teijsm. et Binn.

照夜白
Nyctocalos brunfelsiiflorum Teijsm. et Binn.
习　　性：藤本
海　　拔：300~600 m
国内分布：云南
国外分布：马来西亚、缅甸、泰国、印度尼西亚
濒危等级：LC

羽叶照夜白
Nyctocalos pinnatum Steenis
习　　性：木质藤本
海　　拔：200~1500 m
分　　布：云南
濒危等级：VU B2ab (ii, iii)

木蝴蝶属 Oroxylum Vent.

木蝴蝶
Oroxylum indicum (L.) Kurz Forest
习　　性：乔木
海　　拔：500~900 m
国内分布：福建、广东、广西、贵州、四川、台湾、云南
国外分布：不丹、菲律宾、柬埔寨、老挝、马来西亚、缅甸、尼泊尔、泰国、印度、印度尼西亚、越南
濒危等级：LC
资源利用：药用（中草药）；原料（木材）；环境利用（观赏）

翅叶木属 Pauldopia Steenis

翅叶木
Pauldopia ghorta (Buch. -Ham. ex G. Don) Steenis
习　　性：灌木
海　　拔：600~1800 m
国内分布：云南
国外分布：老挝、缅甸、尼泊尔、斯里兰卡、泰国、印度、越南
濒危等级：LC

菜豆树属 Radermachera Zoll. et Moritzi

美叶菜豆树
Radermachera frondosa Chun et F. G. Hoow
习　　性：乔木
海　　拔：100~1000 m
分　　布：广东、广西、海南
濒危等级：LC
资源利用：原料（木材）

广西菜豆树
Radermachera glandulosa (Blume) Miq.
习　　性：乔木
海　　拔：约900 m
国内分布：广东、广西
国外分布：菲律宾、老挝、马来西亚、缅甸、泰国、印度、印度尼西亚
濒危等级：LC

海南菜豆树
Radermachera hainanensis Merr.
习　　性：乔木
海　　拔：300~600 m
国内分布：广东、海南、云南
国外分布：柬埔寨、老挝、泰国
濒危等级：LC
资源利用：药用（中草药）；原料（木材）；环境利用（绿化）

小萼菜豆树
Radermachera microcalyx C. Y. Wu et W. C. Yin
习　　性：乔木
海　　拔：300~1600 m
分　　布：广西、云南
濒危等级：LC

豇豆树
Radermachera pentandra Hemsl.
习　　性：乔木
海　　拔：1000~1700 m
分　　布：云南
濒危等级：NT A2c; D1
资源利用：药用（中草药）

菜豆树
Radermachera sinica (Hance) Hemsl.
习　　性：乔木
海　　拔：300~800 m
国内分布：广东、广西、贵州、台湾、云南
国外分布：不丹、缅甸、印度、越南
濒危等级：LC
资源利用：药用（中草药）；原料（木材）；环境利用（观赏）

滇菜豆树
Radermachera yunnanensis C. Y. Wu et W. C. Yin
习　　性：乔木
海　　拔：800~1100 m
分　　布：云南
濒危等级：LC
资源利用：药用（中草药）

羽叶楸属 Stereospermum Cham.

羽叶楸
Stereospermum colais (Buch. -Ham. ex Dillwyn) Mabb.
习　　性：乔木
海　　拔：400~1800 m

国内分布：广西、贵州、海南、云南
国外分布：不丹、柬埔寨、老挝、马来西亚、孟加拉国、缅甸、尼泊尔、斯里兰卡、泰国、印度、印度尼西亚、越南
濒危等级：LC
资源利用：原料（木材）

毛叶羽叶楸
Stereospermum neuranthum Kurz
习　　性：落叶乔木
海　　拔：500~1600 m
国内分布：云南
国外分布：柬埔寨、老挝、缅甸、泰国、印度、越南
濒危等级：LC

伏毛萼羽叶楸
Stereospermum strigillosum C. Y. Wu et W. C. Yin
习　　性：乔木
海　　拔：约 100 m
分　　布：云南
濒危等级：VU A2c；D1

红木科 BIXACEAE
（1 属：1 种）

红木属 Bixa L.

红木
Bixa orellana L.
习　　性：灌木或小乔木
海　　拔：300~1200 m
国内分布：广东、台湾、云南栽培
国外分布：原产热带美洲；热带地区广泛栽培
资源利用：药用（中草药）；原料（染料，精油）

紫草科 BORAGINACEAE
（48 属：343 种）

锚刺果属 Actinocarya Benth.

锚刺果
Actinocarya tibetica Benth.
习　　性：一年生草本
海　　拔：3100~4500 m
国内分布：甘肃、青海、西藏
国外分布：印度
濒危等级：LC

钝背草属 Amblynotus (A. DC.) I. M. Johnst.

钝背草
Amblynotus rupestris (Pall. ex Georgi) Popov ex Serg.
习　　性：多年生草本
国内分布：黑龙江、内蒙古、新疆
国外分布：俄罗斯、哈萨克斯坦、蒙古

濒危等级：LC

牛舌草属 Anchusa L.

狼紫草
Anchusa ovata Lehm.
习　　性：一年生草本
国内分布：甘肃、海南、河北、内蒙古、宁夏、青海、山西、陕西、西藏、新疆
国外分布：阿富汗、巴基斯坦、俄罗斯、哈萨克斯坦、吉尔吉斯斯坦、蒙古、尼泊尔、塔吉克斯坦、土库曼斯坦、乌兹别克斯坦、印度
濒危等级：LC

长蕊斑种草属 Antiotrema Hand.-Mazz.

长蕊斑种草
Antiotrema dunnianum (Diels) Hand.-Mazz.
习　　性：多年生草本
海　　拔：1600~2500 m
分　　布：广西、贵州、四川、云南
濒危等级：LC
资源利用：药用（中草药）

软紫草属 Arnebia Forssk.

硬萼软紫草
Arnebia decumbens (Vent.) Coss. et Kralik
习　　性：一年生草本
海　　拔：600~3000 m
国内分布：新疆
国外分布：阿富汗、巴基斯坦、蒙古、土库曼斯坦
濒危等级：LC

软紫草
Arnebia euchroma (Royle) I. M. Johnst.
习　　性：多年生草本
海　　拔：2500~4200 m
国内分布：西藏、新疆
国外分布：阿富汗、巴基斯坦、俄罗斯、哈萨克斯坦、吉尔吉斯斯坦、尼泊尔、塔吉克斯坦、土库曼斯坦、乌兹别克斯坦、印度
濒危等级：EN B1ab（ii）
资源利用：药用（中草药）；原料（精油）

灰毛软紫草
Arnebia fimbriata Maxim.
习　　性：多年生草本
海　　拔：3000~4000 m
国内分布：甘肃、宁夏、青海
国外分布：蒙古
濒危等级：LC

黄花软紫草
Arnebia guttata Bunge
习　　性：二年生或多年生草本
海　　拔：200~4200 m
国内分布：甘肃、河北、内蒙古、宁夏、西藏、新疆
国外分布：阿富汗、巴基斯坦、俄罗斯、哈萨克斯坦、吉尔吉斯斯坦、蒙古、塔吉克斯坦、土库曼斯坦、

乌兹别克斯坦、印度
- 濒危等级：VU A2c
- 资源利用：药用（中草药）

疏花软紫草
Arnebia szechenyi Kanitz
- 习　　性：多年生草本
- 海　　拔：1800~2300 m
- 分　　布：甘肃、内蒙古、宁夏、青海
- 濒危等级：LC

天山软紫草
Arnebia tschimganica (B. Fedtsch.) G. L. Chu
- 习　　性：多年生草本
- 海　　拔：1000~2000 m
- 国内分布：新疆
- 国外分布：哈萨克斯坦、乌兹别克斯坦
- 濒危等级：VU A2c

糙草属 Asperugo L.

糙草
Asperugo procumbens L.
- 习　　性：一年生草本
- 海　　拔：2000~? m
- 国内分布：甘肃、内蒙古、青海、山西、陕西、上海、四川、西藏、新疆
- 国外分布：俄罗斯、哈萨克斯坦、吉尔吉斯斯坦、克什米尔地区、蒙古、尼泊尔、塔吉克斯坦、土库曼斯坦、乌兹别克斯坦、印度
- 濒危等级：LC

琉璃苣属 Borago L.

琉璃苣
Borago officinalis L.
- 习　　性：一年生草本
- 国内分布：辽宁栽培
- 国外分布：原产地中海地区

斑种草属 Bothriospermum Bunge

斑种草
Bothriospermum chinense Bunge
- 习　　性：一年生或二年生草本
- 海　　拔：100~1600 m
- 分　　布：北京、甘肃、河北、河南、辽宁、山东、山西、陕西、天津
- 濒危等级：LC
- 资源利用：药用（中草药）

云南斑种草
Bothriospermum hispidissimum Hand.-Mazz.
- 习　　性：二年生草本
- 海　　拔：1600~1900 m
- 分　　布：四川、云南
- 濒危等级：LC

狭苞斑种草
Bothriospermum kusnezowii Bunge ex DC.
- 习　　性：一年生草本
- 海　　拔：800~2500 m
- 分　　布：北京、甘肃、河北、黑龙江、吉林、内蒙古、宁夏、青海、山西、陕西
- 濒危等级：LC

多苞斑种草
Bothriospermum secundum Maxim.
- 习　　性：一年生或二年生草本
- 海　　拔：300~2100 m
- 国内分布：甘肃、河北、黑龙江、吉林、江苏、辽宁、山东、山西、陕西、天津、云南
- 国外分布：朝鲜
- 濒危等级：LC

柔弱斑种草
Bothriospermum zeylanicum (J. Jacq.) Druce
- 习　　性：一年生草本
- 海　　拔：300~2000 m
- 国内分布：澳门、福建、广东、广西、海南、河北、黑龙江、湖南、吉林、江西、辽宁、内蒙古、宁夏、山东、山西、陕西、四川、台湾、香港、云南、浙江
- 国外分布：阿富汗、巴基斯坦、朝鲜、俄罗斯、哈萨克斯坦、吉尔吉斯斯坦、日本、塔吉克斯坦、土库曼斯坦、乌兹别克斯坦、印度、印度尼西亚、越南
- 濒危等级：LC

山茄子属 Brachybotrys Maxim. ex Oliv.

山茄子
Brachybotrys paridiformis Maxim. ex Oliv.
- 习　　性：多年生草本
- 海　　拔：100~1000 m
- 国内分布：黑龙江、吉林、辽宁
- 国外分布：朝鲜、俄罗斯
- 濒危等级：LC
- 资源利用：食品（蔬菜）

基及树属 Carmona Cav.

基及树
Carmona microphylla (Lam.) G. Don
- 习　　性：灌木
- 国内分布：澳门、广东、海南、台湾、香港
- 国外分布：澳大利亚、日本、印度尼西亚
- 濒危等级：LC
- 资源利用：环境利用（观赏）

垫紫草属 Chionocharis I. M. Johnst.

垫紫草
Chionocharis hookeri (C. B. Clarke) I. M. Johnst.
- 习　　性：多年生草本
- 海　　拔：3500~5000 m
- 国内分布：四川、西藏、云南
- 国外分布：不丹、尼泊尔、印度
- 濒危等级：LC

双柱紫草属 Coldenia L.

双柱紫草
Coldenia procumbens L.
习　　性：一年生草本
国内分布：海南、台湾
国外分布：澳大利亚、巴基斯坦、柬埔寨、马来西亚、斯里兰卡、泰国、印度、印度尼西亚、越南
濒危等级：LC

破布木属 Cordia L.

越南破布木
Cordia cochinchinensis Gagnep.
习　　性：小乔木或攀援灌木
国内分布：海南
国外分布：泰国、越南
濒危等级：LC

破布木
Cordia dichotoma G. Forst.
习　　性：乔木
海　　拔：约 2000 m
国内分布：澳门、福建、广东、广西、贵州、台湾、西藏、香港、云南
国外分布：澳大利亚、巴基斯坦、柬埔寨、克什米尔地区、老挝、马来西亚、缅甸、日本、泰国、印度、印度尼西亚、越南
濒危等级：LC
资源利用：药用（中草药）；原料（木材，工业用油）

二叉破布木
Cordia furcans I. M. Johnst.
习　　性：乔木
海　　拔：100～1200 m
国内分布：广西、海南、云南
国外分布：缅甸、泰国、印度、越南
濒危等级：LC

台湾破布木
Cordia kanehirai Hayata
习　　性：小乔木
国内分布：台湾
国外分布：日本
濒危等级：DD

橙花破布木
Cordia subcordata Lam.
习　　性：乔木
国内分布：海南
国外分布：泰国、印度、印度尼西亚、越南
濒危等级：NT B1ab（iii）
国家保护：Ⅱ级

颅果草属 Craniospermum Lehm.

颅果草
Craniospermum mongolicum I. M. Johnst.
习　　性：多年生草本
海　　拔：约 1700 m
国内分布：内蒙古、新疆
国外分布：俄罗斯、蒙古
濒危等级：LC

卷毛颅果草
Craniospermum subfloccosum Krylov
习　　性：多年生草本
国内分布：新疆
国外分布：俄罗斯、哈萨克斯坦、蒙古
濒危等级：LC

琉璃草属 Cynoglossum L.

高山倒提壶 Cynoglossum alpestre Ohwi
习　　性：多年生草本
海　　拔：1200～2500 m
分　　布：台湾
濒危等级：NT

倒提壶
Cynoglossum amabile Stapf et J. R. Drumm.

倒提壶（原变种）
Cynoglossum amabile var. **amabile**
习　　性：多年生草本
海　　拔：2600～3700 m
国内分布：甘肃、贵州、四川、西藏、云南
国外分布：不丹
濒危等级：LC
资源利用：药用（中草药）

滇西倒提壶
Cynoglossum amabile var. **pauciglochidiatum** Y. L. Liu
习　　性：多年生草本
海　　拔：2600～3700 m
分　　布：四川、云南
濒危等级：DD

大果琉璃草
Cynoglossum divaricatum Stephan ex Lehm.
习　　性：多年生草本
海　　拔：500～2500 m
国内分布：甘肃、河北、黑龙江、吉林、辽宁、内蒙古、宁夏、山东、山西、陕西、新疆
国外分布：俄罗斯、哈萨克斯坦、蒙古
濒危等级：LC
资源利用：药用（中草药）

台湾琉璃草
Cynoglossum formosanum Nakai
习　　性：一年生或二年生草本
国内分布：台湾
国外分布：日本
濒危等级：DD

琉璃草
Cynoglossum furcatum Wall.

习　　性：草本
海　　拔：300~3000 m
国内分布：福建、甘肃、广东、广西、贵州、海南、河南、湖南、江苏、江西、陕西、四川、台湾、云南、浙江
国外分布：阿富汗、巴基斯坦、菲律宾、马来西亚、日本、泰国、印度、越南
濒危等级：LC

甘青琉璃草
Cynoglossum gansuense Y. L. Liu
习　　性：多年生草本
海　　拔：1600~2900 m
分　　布：甘肃、宁夏、青海、四川
濒危等级：LC

小花琉璃草
Cynoglossum lanceolatum Forssk.
习　　性：多年生草本
海　　拔：300~2800 m
国内分布：福建、甘肃、广东、广西、贵州、海南、河南、湖南、江苏、江西、陕西、四川、台湾、云南、浙江
国外分布：巴基斯坦、菲律宾、柬埔寨、克什米尔地区、老挝、马来西亚、缅甸、尼泊尔、斯里兰卡、泰国、印度
濒危等级：LC

大萼琉璃草
Cynoglossum macrocalycinum Riedl
习　　性：二年生草本
海　　拔：1500~1800 m
分　　布：新疆
濒危等级：LC

西藏琉璃草
Cynoglossum schlagintweitii(Brand)Kazmi
习　　性：半灌木状草本
海　　拔：2500~4000 m
国内分布：西藏
国外分布：印度
濒危等级：LC

心叶琉璃草
Cynoglossum triste Diels
习　　性：多年生草本
海　　拔：2500~3100 m
分　　布：四川、云南
濒危等级：LC

绿花琉璃草
Cynoglossum viridiflorum Pall. ex Lehm.
习　　性：多年生草本
海　　拔：700~1700 m
国内分布：新疆
国外分布：俄罗斯、哈萨克斯坦、吉尔吉斯斯坦、塔吉克斯坦、土库曼斯坦、乌兹别克斯坦
濒危等级：LC

西南琉璃草
Cynoglossum wallichii G. Don

西南琉璃草（原变种）
Cynoglossum wallichii var. **wallichii**
习　　性：二年生草本
海　　拔：1300~3600 m
国内分布：甘肃、四川、西藏、云南
国外分布：阿富汗、巴基斯坦、不丹、尼泊尔、印度
濒危等级：LC

倒钩西南琉璃草
Cynoglossum wallichii var. **glochidiatum**(Wall. ex Benth.)Kazmi
习　　性：二年生草本
海　　拔：1800~4000 m
国内分布：甘肃、青海、四川、西藏、云南
国外分布：阿富汗、巴基斯坦、不丹、克什米尔地区、缅甸、尼泊尔、印度
濒危等级：LC

蓝蓟属 Echium L.

蓝蓟
Echium vulgare L.
习　　性：二年生草本
国内分布：新疆；其他省区偶见栽培
国外分布：俄罗斯、哈萨克斯坦、吉尔吉斯斯坦、塔吉克斯坦、土库曼斯坦、乌兹别克斯坦
濒危等级：LC

厚壳树属 Ehretia P. Browne

厚壳树
Ehretia acuminata R. Br.
习　　性：乔木
海　　拔：100~1700 m
国内分布：澳门、广东、广西、贵州、海南、河南、湖南、江苏、江西、山东、四川、台湾、香港、云南、浙江
国外分布：澳大利亚、不丹、日本、印度、印度尼西亚、越南
濒危等级：DD
资源利用：药用（中草药）；原料（染料，木材）；环境利用（观赏）；食品（蔬菜）

宿苞厚壳树
Ehretia asperula Zoll. et Moritzi
习　　性：攀援灌木
国内分布：海南
国外分布：印度尼西亚、越南
濒危等级：LC

昌江厚壳树
Ehretia changjiangensis F. W. Xing et Z. X. Li
习　　性：攀援灌木
海　　拔：约300 m

分　　布：海南
濒危等级：DD

云南厚壳树
Ehretia confinis I. M. Johnst.
习　　性：乔木
海　　拔：700~2400 m
分　　布：云南
濒危等级：VU B1ab（i，iii）

西南厚壳树
Ehretia coryifolia C. H. Wright
习　　性：乔木
分　　布：四川、云南
濒危等级：LC

密花厚壳树
Ehretia densiflora F. N. Wei et H. Q. Wen
习　　性：乔木
分　　布：广西
濒危等级：DD

粗糠树
Ehretia dicksonii Hance
习　　性：乔木
海　　拔：100~2300 m
国内分布：福建、甘肃、广东、广西、贵州、海南、河南、湖南、江苏、江西、青海、陕西、四川、台湾、云南、浙江
国外分布：不丹、尼泊尔、日本、越南
濒危等级：DD

云贵厚壳树
Ehretia dunniana H. Lév.
习　　性：乔木
海　　拔：约1600 m
分　　布：贵州、云南
濒危等级：LC

海南厚壳树
Ehretia hainanensis I. M. Johnst.
习　　性：乔木
海　　拔：约400 m
分　　布：海南
濒危等级：LC

毛萼厚壳树
Ehretia laevis Roxb.
习　　性：乔木
国内分布：海南
国外分布：澳大利亚、巴基斯坦、不丹、克什米尔地区、老挝、缅甸、印度、越南
濒危等级：LC

长花厚壳树
Ehretia longiflora Champ. ex Benth.
习　　性：乔木
海　　拔：300~900 m
国内分布：福建、广东、广西、台湾、香港
国外分布：越南
濒危等级：LC

光叶糙毛厚壳树
Ehretia macrophylla（Nakai）Y. L. Liu
习　　性：乔木
海　　拔：100~1700 m
分　　布：广西、贵州、湖北、四川、西藏
濒危等级：LC

屏边厚壳树
Ehretia pingbianensis Y. L. Liu
习　　性：乔木
海　　拔：800~1800 m
分　　布：云南
濒危等级：LC

台湾厚壳树
Ehretia resinosa Hance
习　　性：灌木或乔木
海　　拔：海面平至2300 m
国内分布：海南、台湾
国外分布：菲律宾
濒危等级：LC

上思厚壳树
Ehretia tsangii I. M. Johnst.
习　　性：乔木
海　　拔：200~500 m
分　　布：广西、贵州、云南
濒危等级：LC

齿缘草属 Eritrichium Schrad. ex Gaudin

针刺齿缘草
Eritrichium acicularum Y. S. Lian et J. Q. Wang
习　　性：一年生或二年生草本
海　　拔：2200~2400 m
分　　布：甘肃、青海
濒危等级：LC

狭叶齿缘草
Eritrichium angustifolium Y. S. Lian et J. Q. Wang
习　　性：多年生草本
海　　拔：4500~4600 m
分　　布：西藏
濒危等级：DD

腋花齿缘草
Eritrichium axillare W. T. Wang
习　　性：一年生草本
海　　拔：4500~4800 m
分　　布：西藏
濒危等级：NT B1ab（i，iii）

北齿缘草
Eritrichium borealisinense Kitag.

习　　性：多年生草本
海　　拔：300~800 m
分　　布：河北、辽宁、内蒙古、山西、天津
濒危等级：LC

灰毛齿缘草
Eritrichium canum (Benth.) Kitag.
习　　性：多年生草本
海　　拔：2700~5600 m
国内分布：西藏、新疆
国外分布：阿富汗、巴基斯坦、克什米尔地区、尼泊尔、印度
濒危等级：LC

密花齿缘草
Eritrichium confertiflorum W. T. Wang
习　　性：多年生草本
海　　拔：约2200 m
分　　布：新疆
濒危等级：LC

三角刺齿缘草
Eritrichium deltodentum Y. S. Lian et J. Q. Wang
习　　性：多年生草本
海　　拔：约2800 m
分　　布：新疆
濒危等级：LC

德钦齿缘草
Eritrichium deqinense W. T. Wang
习　　性：多年生草本
海　　拔：约4000 m
分　　布：云南
濒危等级：LC

云南齿缘草
Eritrichium echinocaryum (I. M. Johnst.) Y. S. Lian et J. Q. Wang
习　　性：一年生草本
海　　拔：约2700 m
分　　布：云南
濒危等级：LC

短梗齿缘草
Eritrichium fetisovii Regel
习　　性：多年生草本
国内分布：新疆
国外分布：吉尔吉斯斯坦
濒危等级：LC

小灌齿缘草
Eritrichium fruticulosum Klotzsch
习　　性：多年生草本
海　　拔：约4200 m
国内分布：西藏
国外分布：巴基斯坦、印度
濒危等级：LC

条叶齿缘草
Eritrichium gracile W. T. Wang
习　　性：多年生草本
海　　拔：约4600 m
分　　布：西藏
濒危等级：DD

半球齿缘草
Eritrichium hemisphaericum W. T. Wang
习　　性：多年生草本
海　　拔：4900~5700 m
分　　布：青海、西藏
濒危等级：LC

异果齿缘草
Eritrichium heterocarpum Y. S. Lian et J. Q. Wang
习　　性：一年生或二年生草本
海　　拔：约3200 m
分　　布：青海、云南
濒危等级：DD

矮齿缘草
Eritrichium humillimum W. T. Wang
习　　性：多年生草本
海　　拔：3400~4900 m
分　　布：甘肃、青海
濒危等级：LC

互助齿缘草
Eritrichium huzhuense X. F. Lu et G. R. Zheng
习　　性：一年生或多年生草本
分　　布：青海
濒危等级：DD

钝叶齿缘草
Eritrichium incanum (Turcz.) A. DC.
习　　性：二年生或多年生草本
国内分布：黑龙江、内蒙古
国外分布：朝鲜、俄罗斯
濒危等级：LC

康定齿缘草
Eritrichium kangdingense W. T. Wang
习　　性：多年生草本
海　　拔：3600~4000 m
分　　布：四川
濒危等级：LC

毛果齿缘草
Eritrichium lasiocarpum W. T. Wang
习　　性：多年生草本
海　　拔：4600~4900 m
分　　布：西藏
濒危等级：LC

宽叶齿缘草
Eritrichium latifolium Kar. et Kir.
习　　性：多年生草本
海　　拔：2000~3200 m
国内分布：新疆
国外分布：哈萨克斯坦
濒危等级：LC

疏花齿缘草
Eritrichium laxum I. M. Johnst.

习　　性：多年生草本
海　　拔：4000~5000 m
分　　布：青海、西藏、云南
濒危等级：LC

阿克陶齿缘草
Eritrichium longifolium Decne.
习　　性：多年生草本
海　　拔：约 3500 m
分　　布：新疆
濒危等级：LC

长梗齿缘草
Eritrichium longipes Y. S. Lian et J. Q. Wang
习　　性：多年生草本
海　　拔：约 3700 m
分　　布：青海
濒危等级：LC

东北齿缘草
Eritrichium mandshuricum Popov
习　　性：多年生草本
海　　拔：200~900 m
国内分布：河北、黑龙江、内蒙古
国外分布：哈萨克斯坦、吉尔吉斯斯坦、塔吉克斯坦、土库曼斯坦、乌兹别克斯坦
濒危等级：LC

青海齿缘草
Eritrichium medicarpum Y. S. Lian et J. Q. Wang
习　　性：多年生草本
海　　拔：3600~3800 m
分　　布：青海
濒危等级：DD

疏刺齿缘草
Eritrichium oligacanthum Y. S. Lian et J. Q. Wang
习　　性：多年生草本
海　　拔：约 2700 m
分　　布：新疆
濒危等级：LC

帕米尔齿缘草
Eritrichium pamiricum B. Fedtsch.
习　　性：多年生草本
海　　拔：约 3200 m
国内分布：新疆
国外分布：俄罗斯、哈萨克斯坦、吉尔吉斯斯坦、塔吉克斯坦、土库曼斯坦、乌兹别克斯坦
濒危等级：LC

少花齿缘草
Eritrichium pauciflorum (Ledeb.) DC.
习　　性：多年生草本
海　　拔：1400~2000 m
国内分布：甘肃、河北、内蒙古、宁夏、山西
国外分布：俄罗斯、哈萨克斯坦、蒙古
濒危等级：DD

篦毛齿缘草
Eritrichium pectinatociliatum Y. S. Lian et J. Q. Wang
习　　性：多年生草本
海　　拔：4100~4900 m
分　　布：青海、西藏
濒危等级：LC

垂果齿缘草
Eritrichium pendulifructum Y. S. Lian et J. Q. Wang
习　　性：多年生草本
海　　拔：约 2300 m
分　　布：新疆
濒危等级：LC

具柄齿缘草
Eritrichium petiolare W. T. Wang

具柄齿缘草（原变种）
Eritrichium petiolare var. **petiolare**
习　　性：多年生草本
海　　拔：4500~5100 m
分　　布：西藏
濒危等级：DD

陀果具柄齿缘草
Eritrichium petiolare var. **subturbinatum** W. T. Wang
习　　性：多年生草本
海　　拔：约 5100 m
分　　布：西藏
濒危等级：LC

柔毛具柄齿缘草
Eritrichium petiolare var. **villosum** W. T. Wang
习　　性：多年生草本
海　　拔：4500~5000 m
分　　布：西藏
濒危等级：DD

对叶齿缘草
Eritrichium pseudolatifolium Popov
习　　性：多年生草本
海　　拔：3000~3400 m
国内分布：新疆
国外分布：俄罗斯、哈萨克斯坦、吉尔吉斯斯坦、塔吉克斯坦、土库曼斯坦、乌兹别克斯坦
濒危等级：LC

珠峰齿缘草
Eritrichium qofengense Y. S. Lian et J. Q. Wang
习　　性：多年生草本
海　　拔：5400~5500 m
分　　布：西藏
濒危等级：LC

石渠齿缘草
Eritrichium serxuense W. T. Wang
习　　性：多年生草本
分　　布：四川
濒危等级：LC

无梗齿缘草
Eritrichium sessilifructum Y. S. Lian et J. Q. Wang
- 习　　性：一年生草本
- 海　　拔：约 2000 m
- 分　　布：新疆
- 濒危等级：LC

小果齿缘草
Eritrichium sinomicrocarpum W. T. Wang
- 习　　性：多年生草本
- 海　　拔：4500~4600 m
- 分　　布：西藏
- 濒危等级：LC

匙叶齿缘草
Eritrichium spathulatum(Benth.) C. B. Clarke
- 习　　性：多年生草本
- 海　　拔：3600~3700 m
- 国内分布：西藏
- 国外分布：巴基斯坦、印度
- 濒危等级：LC

新疆齿缘草
Eritrichium subjacquemontii Popov
- 习　　性：多年生草本
- 海　　拔：2700~3900 m
- 国内分布：新疆
- 国外分布：俄罗斯、哈萨克斯坦、吉尔吉斯斯坦、塔吉克斯坦、土库曼斯坦、乌兹别克斯坦
- 濒危等级：LC

唐古拉齿缘草
Eritrichium tangkulaense W. T. Wang
- 习　　性：一年生或二年生草本
- 海　　拔：3500~4900 m
- 分　　布：甘肃、西藏、新疆
- 濒危等级：LC

假鹤虱齿缘草
Eritrichium thymifolium(A. DC.) Y. S. Lian et J. Q. Wang

假鹤虱齿缘草（原亚种）
Eritrichium thymifolium subsp. **thymifolium**
- 习　　性：一年生草本
- 海　　拔：约 1800 m
- 国内分布：甘肃、黑龙江、内蒙古、宁夏、西藏、新疆
- 国外分布：俄罗斯、哈萨克斯坦、蒙古、日本、印度
- 濒危等级：DD

宽翅齿缘草
Eritrichium thymifolium subsp. **latialatum** Y. S. Lian et J. Q. Wang
- 习　　性：一年生草本
- 海　　拔：约 4800 m
- 分　　布：西藏
- 濒危等级：DD

长毛齿缘草
Eritrichium villosum(Ledeb.) Bunge
- 习　　性：多年生草本
- 海　　拔：2500~3000 m
- 国内分布：黑龙江、西藏、新疆
- 国外分布：阿富汗、巴基斯坦、俄罗斯、哈萨克斯坦、克什米尔地区、蒙古、印度
- 濒危等级：DD

腹脐草属 Gastrocotyle Bunge

腹脐草
Gastrocotyle hispida(Forssk.) Bunge
- 习　　性：一年生草本
- 海　　拔：0~1500 m
- 国内分布：新疆
- 国外分布：阿富汗、巴基斯坦、印度
- 濒危等级：LC

假鹤虱属 Hackelia Opiz ex Berch.

大叶假鹤虱
Hackelia brachytuba(Diels) I. M. Johnst.
- 习　　性：多年生草本
- 海　　拔：2900~3800 m
- 国内分布：甘肃、四川、西藏、云南
- 国外分布：尼泊尔
- 濒危等级：DD

异型假鹤虱
Hackelia difformis(Y. S. Lian et J. Q. Wang) Riedl
- 习　　性：多年生草本
- 海　　拔：2300~3800 m
- 分　　布：四川、西藏、云南
- 濒危等级：LC

卵萼假鹤虱
Hackelia uncinatum(Benth.) C. E. C. Fisch.
- 习　　性：多年生草本
- 海　　拔：2700~4500 m
- 国内分布：西藏、云南
- 国外分布：巴基斯坦、不丹、印度
- 濒危等级：DD

天芥菜属 Heliotropium L.

尖花天芥菜
Heliotropium acutiflorum Kar. et Kir.
- 习　　性：多年生草本
- 海　　拔：约 500 m
- 国内分布：新疆
- 国外分布：俄罗斯、哈萨克斯坦、吉尔吉斯斯坦、塔吉克斯坦、土库曼斯坦、乌兹别克斯坦
- 濒危等级：LC

新疆天芥菜
Heliotropium arguzioides Kar. et Kir.
- 习　　性：多年生草本
- 国内分布：新疆
- 国外分布：俄罗斯、哈萨克斯坦、乌兹别克斯坦
- 濒危等级：LC

椭圆叶天芥菜
Heliotropium ellipticum Ledeb.
习　　性：多年生草本
海　　拔：100~900 m
国内分布：北京、甘肃、河南、江苏、上海、西藏、新疆
国外分布：原产西亚、中亚
濒危等级：LC

天芥菜
Heliotropium europaeum L.
习　　性：一年生草本
海　　拔：100~800 m
国内分布：北京、甘肃、河北、河南、山西、西藏、新疆
国外分布：阿富汗、巴基斯坦、俄罗斯、印度；亚洲西南部、非洲。原产欧洲
濒危等级：LC

台湾天芥菜
Heliotropium formosanum I. M. Johnst.
习　　性：多年生草本
分　　布：台湾
濒危等级：LC

大尾摇
Heliotropium indicum L.
习　　性：一年生草本
海　　拔：0~700 m
国内分布：澳门、福建、海南、台湾、香港、云南
国外分布：柬埔寨、老挝、马来西亚、缅甸、日本、泰国、印度、印度尼西亚、越南
濒危等级：LC
资源利用：药用（中草药）

毛果天芥菜
Heliotropium lasiocarpum Fisch. et C. A. Mey.
习　　性：一年生草本
海　　拔：2000 m以下
国内分布：河南、山西、新疆
国外分布：巴基斯坦、俄罗斯、哈萨克斯坦、吉尔吉斯斯坦、克什米尔地区、塔吉克斯坦、土库曼斯坦、乌兹别克斯坦、印度
濒危等级：DD

大苞天芥菜
Heliotropium marifolium Retz.
习　　性：亚灌木
国内分布：海南
国外分布：巴基斯坦、柬埔寨、马来西亚、斯里兰卡、泰国、印度、印度尼西亚、越南
濒危等级：LC

小花天芥菜
Heliotropium micranthum (Pall.) Bunge
习　　性：多年生草本
海　　拔：约800 m
国内分布：新疆
国外分布：俄罗斯、哈萨克斯坦、吉尔吉斯斯坦、塔吉克斯坦、土库曼斯坦、乌兹别克斯坦
濒危等级：LC

拟大尾摇
Heliotropium pseudoindicum H. Chuang
习　　性：草本
海　　拔：约600 m
分　　布：云南
濒危等级：LC

细叶天芥菜
Heliotropium strigosum Willd.
习　　性：多年生草本
国内分布：福建、广东、海南、香港
国外分布：阿富汗、澳大利亚、巴基斯坦、不丹、柬埔寨、克什米尔地区、老挝、缅甸、尼泊尔、泰国、印度、越南
濒危等级：LC

异果鹤虱属 Heterocaryum A. DC.

异果鹤虱
Heterocaryum rigidum A. DC.
习　　性：一年生草本
国内分布：新疆
国外分布：阿富汗、巴基斯坦、俄罗斯、哈萨克斯坦、吉尔吉斯斯坦、塔吉克斯坦、土库曼斯坦、乌兹别克斯坦
濒危等级：LC

鹤虱属 Lappula Fabr.

阿尔套鹤虱
Lappula alatavica (Popov) Golosk.
习　　性：二年生草本
海　　拔：约2500 m
国内分布：新疆
国外分布：俄罗斯、哈萨克斯坦、塔吉克斯坦、土库曼斯坦、乌兹别克斯坦
濒危等级：LC

畸形果鹤虱
Lappula anocarpa C. J. Wang
习　　性：一年生草本
分　　布：甘肃
濒危等级：LC

密枝鹤虱
Lappula balchaschensis Popov ex Pavlov
习　　性：一年生草本
海　　拔：约1400 m
国内分布：新疆
国外分布：俄罗斯、哈萨克斯坦、吉尔吉斯斯坦、蒙古、塔吉克斯坦、土库曼斯坦、乌兹别克斯坦
濒危等级：LC

短刺鹤虱
Lappula brachycentra (Ledeb.) Gürke
习　　性：二年生草本
海　　拔：800~2800 m

国内分布：新疆
国外分布：俄罗斯、哈萨克斯坦、吉尔吉斯斯坦、塔吉克斯坦、土库曼斯坦、乌兹别克斯坦
濒危等级：LC

密丛鹤虱
Lappula caespitosa C. J. Wang
习　　性：多年生草本
海　　拔：约4200 m
分　　布：西藏
濒危等级：LC

蓝刺鹤虱
Lappula consanguinea (Fisch. et C. A. Mey.) Gürke

蓝刺鹤虱（原变种）
Lappula consanguinea var. **consanguinea**
习　　性：一年生或二年生草本
海　　拔：800~2200 m
国内分布：甘肃、河北、内蒙古、宁夏、青海、新疆
国外分布：巴基斯坦、俄罗斯、哈萨克斯坦、吉尔吉斯斯坦、克什米尔地区、蒙古、塔吉克斯坦、土库曼斯坦、乌兹别克斯坦、印度
濒危等级：LC

杯翅蓝刺鹤虱
Lappula consanguinea var. **cupuliformis** C. J. Wang
习　　性：一年生或二年生草本
海　　拔：约600 m
分　　布：新疆
濒危等级：LC

沙生鹤虱
Lappula deserticola C. J. Wang
习　　性：一年生草本
分　　布：甘肃、内蒙古
濒危等级：LC

两形果鹤虱
Lappula duplicicarpa Pavlov

两形果鹤虱（原变种）
Lappula duplicicarpa var. **duplicicarpa**
习　　性：一年生草本
国内分布：青海、新疆
国外分布：哈萨克斯坦、吉尔吉斯斯坦、塔吉克斯坦、土库曼斯坦、乌兹别克斯坦
濒危等级：LC

小刺两形果鹤虱
Lappula duplicicarpa var. **brevispinula** C. J. Wang
习　　性：一年生草本
海　　拔：约400 m
分　　布：新疆
濒危等级：LC

密毛两形果鹤虱
Lappula duplicicarpa var. **densihispida** C. J. Wang
习　　性：一年生草本
海　　拔：约1000 m
分　　布：甘肃、新疆
濒危等级：DD

费尔干鹤虱
Lappula ferganensis (Popov) Kamelin et G. L. Chu
习　　性：二年生草本
海　　拔：约3300 m
国内分布：新疆
国外分布：塔吉克斯坦
濒危等级：LC

粒状鹤虱
Lappula granulata (Krylov) Popov
习　　性：一年生草本
海　　拔：1300~1400 m
国内分布：甘肃、河北、黑龙江、吉林、辽宁、内蒙古、宁夏、山东、山西、陕西
国外分布：哈萨克斯坦、蒙古
濒危等级：DD

异刺鹤虱
Lappula heteracantha (Ledeb.) Gürke
习　　性：一年生草本
国内分布：河北、河南、黑龙江、吉林、辽宁、内蒙古
国外分布：巴基斯坦、俄罗斯、克什米尔地区、伊朗、印度
濒危等级：LC
资源利用：药用（中草药）

异形鹤虱
Lappula heteromorpha C. J. Wang
习　　性：一年生草本
分　　布：内蒙古、山西
濒危等级：LC

喜马拉雅鹤虱
Lappula himalayensis C. J. Wang
习　　性：一年生草本
海　　拔：3700~4200 m
分　　布：西藏
濒危等级：DD

蒙古鹤虱
Lappula intermedia (Ledeb.) Popov
习　　性：一年生草本
国内分布：甘肃、河北、黑龙江、吉林、辽宁、内蒙古、宁夏、青海、山东、山西、陕西、四川、西藏、新疆
国外分布：俄罗斯、哈萨克斯坦、吉尔吉斯斯坦、蒙古、塔吉克斯坦、土库曼斯坦、乌兹别克斯坦
濒危等级：LC

光胖鹤虱
Lappula karelinii (Fisch. et C. A. Mey.) Kamelin
习　　性：二年生草本
海　　拔：约400 m
分　　布：新疆
濒危等级：LC

翅鹤虱
Lappula lasiocarpa (W. T. Wang) Kamelin et G. L. Chu

习　　性：一年生草本
国内分布：新疆
国外分布：哈萨克斯坦
濒危等级：LC

短柱鹤虱
Lappula lipskyi Popov
习　　性：一年生草本
国内分布：新疆
国外分布：哈萨克斯坦、蒙古
濒危等级：LC

白花鹤虱
Lappula macra Popov ex Pavlov
习　　性：一年生草本
海　　拔：500~2000 m
国内分布：新疆
国外分布：哈萨克斯坦、蒙古
濒危等级：LC

大花鹤虱
Lappula macrantha(Ledeb.)Gürke
习　　性：一年生草本
国内分布：新疆
国外分布：哈萨克斯坦、蒙古
濒危等级：DD

小果鹤虱
Lappula microcarpa(Ledeb.)Gürke
习　　性：一年生或二年生草本
海　　拔：700~2500 m
国内分布：西藏、新疆
国外分布：阿富汗、巴基斯坦、俄罗斯、哈萨克斯坦、吉尔吉斯斯坦、克什米尔地区、蒙古、尼泊尔、塔吉克斯坦、土库曼斯坦、乌兹别克斯坦、印度
濒危等级：LC

单果鹤虱
Lappula monocarpa C. J. Wang
习　　性：一年生草本
海　　拔：约1100 m
分　　布：新疆
濒危等级：LC

鹤虱
Lappula myosotis Moench
习　　性：一年生或二年生草本
海　　拔：540~3800 m
国内分布：北京、甘肃、河北、河南、黑龙江、辽宁、内蒙古、宁夏、青海、山东、山西、陕西、上海、天津、新疆
国外分布：阿富汗、巴基斯坦、俄罗斯、哈萨克斯坦、吉尔吉斯斯坦、蒙古、塔吉克斯坦、土库曼斯坦、乌兹别克斯坦
濒危等级：LC
资源利用：药用（中草药）

隐果鹤虱
Lappula occultata Popov
习　　性：一年生草本
海　　拔：约1400 m
分　　布：新疆
国外分布：俄罗斯、哈萨克斯坦、吉尔吉斯斯坦、蒙古、塔吉克斯坦、土库曼斯坦、乌兹别克斯坦
濒危等级：LC

卵果鹤虱
Lappula patula(Lehm.)Asch. ex Gürke
习　　性：一年生草本
海　　拔：700~3000 m
国内分布：新疆
国外分布：阿富汗、巴基斯坦、俄罗斯、哈萨克斯坦、吉尔吉斯斯坦、塔吉克斯坦、土库曼斯坦、乌兹别克斯坦、印度
濒危等级：LC

囊刺鹤虱
Lappula physacantha Golosk.
习　　性：一年生草本
国内分布：新疆
国外分布：吉尔吉斯斯坦
濒危等级：LC

草地鹤虱
Lappula pratensis C. J. Wang
习　　性：二年生草本
海　　拔：2300~2800 m
分　　布：新疆
濒危等级：LC

多枝鹤虱
Lappula ramulosa C. J. Wang et X. D. Wang
习　　性：一年生或二年生草本
海　　拔：1900~2000 m
分　　布：新疆
濒危等级：LC

狭果鹤虱
Lappula semiglabra(Ledeb.)Gürke

狭果鹤虱（原变种）
Lappula semiglabra var. **semiglabra**
习　　性：一年生草本
国内分布：甘肃、青海、新疆
国外分布：阿富汗、巴基斯坦、俄罗斯、哈萨克斯坦、吉尔吉斯斯坦、蒙古、塔吉克斯坦、土库曼斯坦、乌兹别克斯坦、印度
濒危等级：LC

异形狭果鹤虱
Lappula semiglabra var. **heterocaryoides** Popov ex C. J. Wang
习　　性：一年生草本
海　　拔：1200~2800 m
国内分布：甘肃、青海、新疆
国外分布：俄罗斯、哈萨克斯坦、吉尔吉斯斯坦、塔吉克斯坦、土库曼斯坦、乌兹别克斯坦
濒危等级：DD

绢毛鹤虱
Lappula sericata Popov
- 习　　性：二年生或多年生草本
- 海　　拔：约2100 m
- 国内分布：新疆
- 国外分布：俄罗斯、哈萨克斯坦、吉尔吉斯斯坦、塔吉克斯坦、土库曼斯坦、乌兹别克斯坦
- 濒危等级：LC

山西鹤虱
Lappula shanhsiensis Kitag.
- 习　　性：一年生草本
- 海　　拔：2100~4300 m
- 分　　布：甘肃、河北、内蒙古、山西、西藏
- 濒危等级：LC

短萼鹤虱
Lappula sinaica(DC.) Asch. et Schweinf.
- 习　　性：一年生草本
- 海　　拔：700~1500 m
- 国内分布：新疆
- 国外分布：阿富汗、巴基斯坦、俄罗斯、哈萨克斯坦、吉尔吉斯斯坦、塔吉克斯坦、土库曼斯坦、乌兹别克斯坦、印度
- 濒危等级：LC

石果鹤虱
Lappula spinocarpos(Forssk.) Asch. ex Kuntze
- 习　　性：一年生草本
- 海　　拔：600~1500 m
- 国内分布：新疆
- 国外分布：阿富汗、巴基斯坦、俄罗斯、哈萨克斯坦、吉尔吉斯斯坦、塔吉克斯坦、土库曼斯坦、乌兹别克斯坦
- 濒危等级：LC

劲直鹤虱
Lappula stricta(Ledeb.) Gürke

劲直鹤虱（原变种）
Lappula stricta var. **stricta**
- 习　　性：一年生草本
- 国内分布：内蒙古、新疆
- 国外分布：哈萨克斯坦、吉尔吉斯斯坦、蒙古、塔吉克斯坦、土库曼斯坦、乌兹别克斯坦
- 濒危等级：LC

平滑果劲直鹤虱
Lappula stricta var. **leiocarpa** Popov ex C. J. Wang
- 习　　性：一年生草本
- 国内分布：甘肃、新疆
- 国外分布：俄罗斯、哈萨克斯坦、吉尔吉斯斯坦、塔吉克斯坦、土库曼斯坦、乌兹别克斯坦
- 濒危等级：LC

短梗鹤虱
Lappula tadshikorum Popov
- 习　　性：二年生草本
- 海　　拔：约1800 m
- 国内分布：新疆
- 国外分布：俄罗斯、哈萨克斯坦、吉尔吉斯斯坦、塔吉克斯坦、土库曼斯坦、乌兹别克斯坦
- 濒危等级：LC

细刺鹤虱
Lappula tenuis(Ledeb.) Gürke
- 习　　性：一年生草本
- 海　　拔：约1500 m
- 国内分布：新疆
- 国外分布：俄罗斯、哈萨克斯坦、吉尔吉斯斯坦、蒙古、塔吉克斯坦、土库曼斯坦、乌兹别克斯坦
- 濒危等级：LC

天山鹤虱
Lappula tianschanica Popov et Zakirov

天山鹤虱（原变种）
Lappula tianschanica var. **tianschanica**
- 习　　性：二年生或多年生草本
- 海　　拔：约1800 m
- 国内分布：新疆
- 国外分布：哈萨克斯坦、吉尔吉斯斯坦、塔吉克斯坦、土库曼斯坦、乌兹别克斯坦
- 濒危等级：LC

阿尔泰鹤虱
Lappula tianschanica var. **altaica** C. J. Wang
- 习　　性：二年生或多年生草本
- 海　　拔：约2500 m
- 分　　布：新疆
- 濒危等级：LC

细枝天山鹤虱
Lappula tianschanica var. **gracilis** C. J. Wang
- 习　　性：二年生或多年生草本
- 海　　拔：约2500 m
- 分　　布：新疆
- 濒危等级：LC

隐柱鹤虱
Lappula transalaica(B. Fedtsch. ex Popov) Nabiev
- 习　　性：多年生草本
- 国内分布：新疆
- 国外分布：吉尔吉斯斯坦、塔吉克斯坦
- 濒危等级：LC

毛果草属 Lasiocaryum I. M. Johnst.

毛果草
Lasiocaryum densiflorum(Duthie) I. M. Johnst.
- 习　　性：一年生草本
- 海　　拔：4000~4500 m
- 国内分布：四川、西藏
- 国外分布：巴基斯坦、不丹、尼泊尔、印度
- 濒危等级：LC

卢氏毛果草
Lasiocaryum ludlowii R. R. Mill

习　　性：一年生或二年生草本
海　　拔：4200～4800 m
国内分布：西藏
国外分布：不丹、尼泊尔
濒危等级：DD

小花毛果草
Lasiocaryum munroi（C. B. Clarke）I. M. Johnst.
　　习　　性：一年生草本
　　海　　拔：3400～4000 m
　　国内分布：西藏
　　国外分布：不丹、尼泊尔、印度
　　濒危等级：LC

云南毛果草
Lasiocaryum trichocarpum（Hand. -Mazz.）I. M. Johnst.
　　习　　性：一年生草本
　　海　　拔：约 3000 m
　　分　　布：四川、云南
　　濒危等级：LC

长柱琉璃草属 Lindelofia Lehm.

长柱琉璃草
Lindelofia stylosa（Kar. et Kir.）Brand

长柱琉璃草（原亚种）
Lindelofia stylosa subsp. **stylosa**
　　习　　性：多年生草本
　　海　　拔：1200～2800 m
　　国内分布：甘肃、西藏、新疆
　　国外分布：阿富汗、巴基斯坦、哈萨克斯坦、吉尔吉斯斯坦、克什米尔地区、蒙古、塔吉克斯坦、土库曼斯坦、乌兹别克斯坦、印度
　　濒危等级：LC

翅果长柱琉璃草
Lindelofia stylosa subsp. **pterocarpa**（Rupr.）Kamelin
　　习　　性：多年生草本
　　国内分布：西藏
　　国外分布：吉尔吉斯斯坦
　　濒危等级：DD

紫草属 Lithospermum L.

田紫草
Lithospermum arvense L.
　　习　　性：一年生草本
　　国内分布：安徽、北京、甘肃、河北、黑龙江、湖北、吉林、江苏、辽宁、山东、山西、陕西、四川、新疆、浙江
　　国外分布：阿富汗、巴基斯坦、朝鲜、俄罗斯、哈萨克斯坦、吉尔吉斯斯坦、克什米尔地区、日本、塔吉克斯坦、土库曼斯坦、乌兹别克斯坦、印度
　　濒危等级：LC

紫草
Lithospermum erythrorhizon Siebold et Zucc.
　　习　　性：多年生草本
　　海　　拔：2500 m 以下
　　国内分布：甘肃、广西、贵州、河北、河南、湖北、湖南、江西、辽宁、山东、山西、陕西、四川、天津
　　国外分布：朝鲜、俄罗斯、日本
　　濒危等级：LC
　　资源利用：药用（中草药）；原料（精油）

石生紫草
Lithospermum hancockianum Oliv.
　　习　　性：多年生草本
　　海　　拔：2300 m
　　分　　布：贵州、云南
　　濒危等级：LC

小花紫草
Lithospermum officinale L.
　　习　　性：多年生草本
　　海　　拔：1500～2700 m
　　国内分布：甘肃、内蒙古、宁夏、新疆
　　国外分布：阿富汗、不丹、俄罗斯、尼泊尔、印度
　　濒危等级：LC

梓木草
Lithospermum zollingeri A. DC.
　　习　　性：多年生草本
　　海　　拔：2100 m
　　国内分布：安徽、甘肃、贵州、江苏、陕西、四川、台湾、浙江
　　国外分布：朝鲜、日本
　　濒危等级：LC
　　资源利用：药用（中草药）

胀萼紫草属 Maharanga DC.

二色胀萼紫草
Maharanga bicolor（Wall. ex G. Don）A. DC.
　　习　　性：二年生或多年生草本
　　海　　拔：2300～3700 m
　　国内分布：西藏
　　国外分布：不丹、尼泊尔、印度
　　濒危等级：LC

丛林胀萼紫草
Maharanga dumetorum（I. M. Johnst.）I. M. Johnst.
　　习　　性：二年生草本
　　海　　拔：约 2400 m
　　分　　布：云南
　　濒危等级：LC

污花胀萼紫草
Maharanga emodi（Wall.）A. DC.
　　习　　性：多年生草本
　　海　　拔：1600～3000 m
　　国内分布：西藏
　　国外分布：不丹、尼泊尔、印度
　　濒危等级：LC

宽胀萼紫草
Maharanga lycopsioides（C. E. C. Fisch.）I. M. Johnst.
　　习　　性：多年生草本

海　　拔：1600~3000 m
国内分布：云南
国外分布：泰国、印度
濒危等级：LC

镇康胀萼紫草
Maharanga microstoma(I. M. Johnst.)I. M. Johnst.
习　　性：多年生草本
海　　拔：约3000 m
分　　布：云南
濒危等级：VU D2

盘果草属 Mattiastrum(Boiss.)Brand

盘果草
Mattiastrum himalayense(Klotzsch)Brand
习　　性：一年生草本
国内分布：西藏
国外分布：阿富汗、巴基斯坦、克什米尔地区、印度
濒危等级：LC

滨紫草属 Mertensia Roth

长筒滨紫草
Mertensia davurica(Sims)G. Don
习　　性：多年生草本
海　　拔：约2300 m
国内分布：河北
国外分布：俄罗斯、蒙古
濒危等级：LC

蓝花滨紫草
Mertensia dshagastanica Regel
习　　性：多年生草本
海　　拔：2000~2200 m
国内分布：新疆
国外分布：哈萨克斯坦、塔吉克斯坦
濒危等级：LC

短花滨紫草
Mertensia meyeriana J. F. Macbr.
习　　性：多年生草本
国内分布：新疆
国外分布：哈萨克斯坦、蒙古
濒危等级：LC

薄叶滨紫草
Mertensia pallasii(Ledeb.)G. Don
习　　性：多年生草本
国内分布：新疆
国外分布：俄罗斯、哈萨克斯坦
濒危等级：LC

大叶滨紫草
Mertensia sibirica(L.)G. Don
习　　性：多年生草本
海　　拔：约2500 m
国内分布：山西
国外分布：俄罗斯

濒危等级：LC

新疆滨紫草
Mertensia sinica Kamelin
习　　性：多年生草本
分　　布：新疆
濒危等级：LC

浅裂滨紫草
Mertensia tarbagataica B. Fedtsch.
习　　性：多年生草本
海　　拔：2500~2800 m
国内分布：新疆
国外分布：哈萨克斯坦
濒危等级：LC

颈果草属 Metaeritrichium W. T. Wang

颈果草
Metaeritrichium microuloides W. T. Wang
习　　性：一年生草本
海　　拔：4300~5000 m
分　　布：青海、西藏
濒危等级：VU B1ab（i，iii）

微果草属 Microcaryum I. M. Johnst.

微果草
Microcaryum pygmaeum(C. B. Clarke)I. M. Johnst.
习　　性：一年生草本
海　　拔：3900~4700 m
国内分布：四川
国外分布：印度
濒危等级：LC

微孔草属 Microula Benth.

大孔微孔草
Microula bhutanica(T. Yamaz.)H. Hara
习　　性：二年生草本
海　　拔：3000~4100 m
国内分布：四川、云南
国外分布：不丹
濒危等级：VU B1ab（i，iii）

尖叶微孔草
Microula blepharolepis(Maxim.)I. M. Johnst.
习　　性：二年生草本
海　　拔：2300~3800 m
分　　布：青海
濒危等级：LC

巴塘微孔草
Microula ciliaris(Bureau et Franch.)I. M. Johnst.
习　　性：二年生草本
海　　拔：约3800 m
分　　布：四川
濒危等级：LC

疏散微孔草
Microula diffusa(Maxim.)I. M. Johnst.

习　　性：二年生草本
海　　拔：2200～4200 m
分　　布：甘肃、青海、西藏
濒危等级：LC

无孔微孔草
Microula efoveolata W. T. Wang
习　　性：二年生草本
海　　拔：约3400 m
分　　布：四川
濒危等级：DD

细茎微孔草
Microula filicaulis W. T. Wang
习　　性：二年生草本
分　　布：四川
濒危等级：LC

多花微孔草
Microula floribunda W. T. Wang
习　　性：二年生草本
海　　拔：3300～3800 m
分　　布：青海、四川、西藏
濒危等级：LC

丽江微孔草
Microula forrestii (Diels) I. M. Johnst.
习　　性：二年生草本
海　　拔：约3400 m
分　　布：云南
濒危等级：LC

青海微孔草
Microula galactantha W. T. Yu et al.
习　　性：二年生草本
海　　拔：约2700 m
分　　布：青海
濒危等级：LC

密毛微孔草
Microula hispidissima W. T. Wang
习　　性：二年生草本
海　　拔：约3600 m
分　　布：西藏
濒危等级：LC

总苞微孔草
Microula involucriformis W. T. Wang
习　　性：二年生草本
海　　拔：约3100 m
分　　布：四川
濒危等级：DD

吉隆微孔草
Microula jilongensis W. T. Wang
习　　性：二年生草本
海　　拔：约4000 m
分　　布：西藏
濒危等级：LC

光果微孔草
Microula leiocarpa W. T. Wang
习　　性：二年生草本
海　　拔：约2700 m
分　　布：云南
濒危等级：DD

白花微孔草
Microula leucantha W. T. Wang
习　　性：二年生草本
分　　布：西藏
濒危等级：LC

长梗微孔草
Microula longipes W. T. Wang
习　　性：二年生草本
海　　拔：3300～3500 m
分　　布：四川
濒危等级：LC

长筒微孔草
Microula longituba W. T. Wang
习　　性：二年生草本
海　　拔：约3600 m
分　　布：西藏
濒危等级：DD

木里微孔草
Microula muliensis W. T. Wang
习　　性：二年生草本
海　　拔：约3500 m
分　　布：四川
濒危等级：LC

鹤庆微孔草
Microula myosotidea (Franch.) I. M. Johnst.
习　　性：二年生草本
海　　拔：约3800 m
分　　布：云南
濒危等级：LC

长圆叶微孔草
Microula oblongifolia Hand.-Mazz.

长圆叶微孔草（原变种）
Microula oblongifolia var. **oblongifolia**
习　　性：二年生草本
海　　拔：3200～3400 m
分　　布：云南
濒危等级：LC

疏毛长圆叶微孔草
Microula oblongifolia var. **glabrescens** W. T. Wang
习　　性：二年生草本
海　　拔：3400～3700 m
分　　布：云南
濒危等级：LC

卵叶微孔草
Microula ovalifolia (Bureau et Franch.) I. M. Johnst.

卵叶微孔草（原变种）
Microula ovalifolia var. **ovalifolia**
习　　性：二年生草本

海　　拔：3300～4400 m
分　　布：四川
濒危等级：LC

毛花卵叶微孔草
Microula ovalifolia var. **pubiflora** W. T. Wang
习　　性：二年生草本
海　　拔：约 4200 m
分　　布：西藏
濒危等级：LC

蓼状微孔草
Microula polygonoides W. T. Wang
习　　性：二年生草本
海　　拔：约 3300 m
分　　布：云南
濒危等级：LC

甘青微孔草
Microula pseudotrichocarpa W. T. Wang

甘青微孔草（原变种）
Microula pseudotrichocarpa var. **pseudotrichocarpa**
习　　性：二年生草本
海　　拔：2200～4500 m
分　　布：甘肃、青海、四川、西藏
濒危等级：LC

大花甘青微孔草
Microula pseudotrichocarpa var. **grandiflora** W. T. Wang
习　　性：二年生草本
海　　拔：3000～4600 m
分　　布：四川、西藏
濒危等级：LC

小果微孔草
Microula pustulosa（C. B. Clarke）Duthie

小果微孔草（原变种）
Microula pustulosa var. **pustulosa**
习　　性：二年生草本
海　　拔：4100～4700 m
国内分布：青海、西藏
国外分布：不丹、印度
濒危等级：LC

刚毛小果微孔草
Microula pustulosa var. **setulosa** W. T. Wang
习　　性：二年生草本
海　　拔：4200～4300 m
分　　布：西藏
濒危等级：LC

柔毛微孔草
Microula rockii I. M. Johnst.
习　　性：二年生草本
海　　拔：3400～4000 m
分　　布：甘肃、青海
濒危等级：LC

微孔草
Microula sikkimensis（C. B. Clarke）Hemsl.
习　　性：二年生草本
海　　拔：2900～4500 m
国内分布：甘肃、青海、陕西、四川、西藏、云南
国外分布：不丹、尼泊尔、印度
濒危等级：LC

匙叶微孔草
Microula spathulata W. T. Wang
习　　性：二年生草本
海　　拔：约 3300 m
分　　布：云南
濒危等级：LC

狭叶微孔草
Microula stenophylla W. T. Wang
习　　性：二年生草本
海　　拔：3000～4700 m
分　　布：甘肃、青海、四川、西藏
濒危等级：LC

宽苞微孔草
Microula tangutica Maxim.
习　　性：二年生草本
海　　拔：3600～5200 m
分　　布：甘肃、青海、西藏
濒危等级：LC

西藏微孔草
Microula tibetica Benth.

西藏微孔草（原变种）
Microula tibetica var. **tibetica**
习　　性：草本
海　　拔：4500～5300 m
国内分布：青海、西藏、新疆
国外分布：尼泊尔、印度
濒危等级：LC

光果西藏微孔草
Microula tibetica var. **laevis** W. T. Wang
习　　性：草本
海　　拔：4900～5200 m
分　　布：西藏
濒危等级：LC

小花西藏微孔草
Microula tibetica var. **pratensis**（Maxim.）W. T. Wang
习　　性：草本
海　　拔：3500～5300 m
分　　布：青海、西藏、新疆
濒危等级：DD

长叶微孔草
Microula trichocarpa（Maxim.）I. M. Johnst.

长叶微孔草（原变种）
Microula trichocarpa var. **trichocarpa**
习　　性：二年生草本
海　　拔：2400～3600 m
分　　布：甘肃、青海、陕西、四川
濒危等级：LC

毛花长叶微孔草
Microula trichocarpa var. **lasiantha** W. T. Wang
习　　性：二年生草本
海　　拔：3500~3600 m
分　　布：四川
濒危等级：DD

大花长叶微孔草
Microula trichocarpa var. **macrantha** W. T. Wang
习　　性：二年生草本
海　　拔：3200~3600 m
分　　布：四川
濒危等级：DD

长果微孔草
Microula turbinata W. T. Wang
习　　性：二年生草本
海　　拔：3000~3900 m
分　　布：甘肃、青海、陕西、四川
濒危等级：DD

小微孔草
Microula younghusbandii Duthie
习　　性：二年生草本
海　　拔：3000~4200 m
分　　布：青海、四川、西藏、云南
濒危等级：LC

勿忘草属 Myosotis L.

勿忘草
Myosotis alpestris F. W. Schmidt
习　　性：多年生草本
国内分布：甘肃、河北、黑龙江、吉林、江苏、辽宁、内蒙古、宁夏、青海、山东、山西、陕西、四川、新疆、云南
国外分布：阿富汗、巴基斯坦、俄罗斯、哈萨克斯坦、吉尔吉斯斯坦、克什米尔地区、塔吉克斯坦、土库曼斯坦、乌兹别克斯坦、印度
濒危等级：LC

承德勿忘草
Myosotis bothriospermoides Kitag.
习　　性：草本
分　　布：河北
濒危等级：DD

湿地勿忘草
Myosotis caespitosa Schultz
习　　性：多年生草本
海　　拔：100~3800 m
国内分布：甘肃、河北、河南、黑龙江、吉林、辽宁、四川、新疆、云南
国外分布：北美洲、非洲、欧洲、亚洲
濒危等级：LC

细根勿忘草
Myosotis krylovii Serg.
习　　性：二年生草本
国内分布：新疆
国外分布：俄罗斯、哈萨克斯坦、吉尔吉斯斯坦、蒙古、塔吉克斯坦、土库曼斯坦、乌兹别克斯坦
濒危等级：LC

稀花勿忘草
Myosotis sparsiflora J. C. Mikan
习　　性：一年生草本
海　　拔：1500~2000 m
国内分布：新疆
国外分布：俄罗斯、哈萨克斯坦、吉尔吉斯斯坦、塔吉克斯坦、土库曼斯坦、乌兹别克斯坦
濒危等级：LC

假狼紫草属 Nonea Medik.

假狼紫草
Nonea caspica (Willd.) G. Don
习　　性：一年生草本
海　　拔：540~2000 m
国内分布：新疆
国外分布：阿富汗、巴基斯坦、俄罗斯、哈萨克斯坦、吉尔吉斯斯坦、蒙古、塔吉克斯坦、土库曼斯坦、乌兹别克斯坦
濒危等级：LC

皿果草属 Omphalotrigonotis W. T. Wang

皿果草
Omphalotrigonotis cupulifera (I. M. Johnst.) W. T. Wang
习　　性：一年生草本
海　　拔：约100 m
分　　布：安徽、广西、湖南、江西、浙江
濒危等级：LC

具鞘皿果草
Omphalotrigonotis vaginata Y. Y. Fang
习　　性：多年生草本
分　　布：浙江
濒危等级：LC

滇紫草属 Onosma L.

腺花滇紫草
Onosma adenopus I. M. Johnst.
习　　性：多年生草本
海　　拔：2800~3500 m
分　　布：四川、西藏
濒危等级：LC

白花滇紫草
Onosma album W. W. Sm. et Jeffrey
习　　性：多年生草本

海　　拔：约 3000 m
分　　布：云南
濒危等级：LC

细尖滇紫草
Onosma apiculatum Riedl
习　　性：多年生草本
海　　拔：约 2100 m
分　　布：新疆
濒危等级：LC

昭通滇紫草
Onosma cingulatum W. W. Sm. et Jeffrey
习　　性：一年生草本
海　　拔：2000～2800 m
分　　布：云南
濒危等级：LC

密花滇紫草
Onosma confertum W. W. Sm.
习　　性：多年生草本
海　　拔：2300～3300 m
分　　布：四川、云南
濒危等级：LC

易门滇紫草
Onosma decastichum Y. L. Liu
习　　性：多年生草本
海　　拔：约 1300 m
分　　布：云南
濒危等级：LC

露蕊滇紫草
Onosma exsertum Hemsl.
习　　性：二年生草本
海　　拔：1800～2100 m
分　　布：贵州、四川、云南
濒危等级：LC

小花滇紫草
Onosma farreri I. M. Johnst.
习　　性：亚灌木
海　　拔：1000～1500 m
分　　布：甘肃、陕西
濒危等级：LC

管状滇紫草
Onosma fistulosum I. M. Johnst.
习　　性：二年生草本
海　　拔：1600～3000 m
分　　布：四川
濒危等级：LC

团花滇紫草
Onosma glomeratum Y. L. Liu
习　　性：草本
海　　拔：约 3700 m
分　　布：西藏
濒危等级：LC

黄花滇紫草
Onosma gmelinii Ledeb.
习　　性：多年生草本
海　　拔：约 1200 m
国内分布：新疆
国外分布：俄罗斯、哈萨克斯坦、吉尔吉斯斯坦、蒙古、塔吉克斯坦、土库曼斯坦、乌兹别克斯坦
濒危等级：LC

细花滇紫草
Onosma hookeri C. B. Clarke

细花滇紫草（原变种）
Onosma hookeri var. **hookeri**
习　　性：多年生草本
海　　拔：3100～4100 m
国内分布：西藏
国外分布：不丹、尼泊尔、印度
濒危等级：LC

毛柱细花滇紫草
Onosma hookeri var. **hirsutum** Y. L. Liu
习　　性：多年生草本
海　　拔：约 3800 m
分　　布：西藏
濒危等级：DD

长细花滇紫草
Onosma hookeri var. **longiflorum** (Duthie) A. V. Duthie ex Stapf
习　　性：多年生草本
海　　拔：3000～4700 m
国内分布：西藏
国外分布：尼泊尔
濒危等级：LC

过敏滇紫草
Onosma irritans Popov ex Pavlov
习　　性：多年生草本
国内分布：新疆
国外分布：俄罗斯、哈萨克斯坦、吉尔吉斯斯坦、塔吉克斯坦、土库曼斯坦、乌兹别克斯坦
濒危等级：LC

丽江滇紫草
Onosma lijiangense Y. L. Liu
习　　性：多年生草本
海　　拔：约 2700 m
分　　布：云南
濒危等级：LC

壤塘滇紫草
Onosma liui Kamelin et T. N. Popova
习　　性：草本
海　　拔：2300～3400 m
分　　布：四川
濒危等级：LC

禄劝滇紫草
Onosma luquanense Y. L. Liu

习　　性：二年生草本
海　　拔：约 1900 m
分　　布：云南
濒危等级：LC

马尔康滇紫草
Onosma maaikangense W. T. Wang ex Y. L. Liu
习　　性：多年生草本
海　　拔：2300~3800 m
分　　布：四川、西藏
濒危等级：LC

川西滇紫草
Onosma mertensioides I. M. Johnst.
习　　性：多年生草本
海　　拔：3900~4000 m
分　　布：四川
濒危等级：LC

多枝滇紫草
Onosma multiramosum Hand. -Mazz.
习　　性：多年生草本
海　　拔：1600~3100 m
分　　布：四川、西藏、云南
濒危等级：LC

囊谦滇紫草
Onosma nangqenense Y. L. Liu
习　　性：草本
海　　拔：3550 m
分　　布：青海
濒危等级：LC

滇紫草
Onosma paniculatum Bureau et Franch.
习　　性：二年生草本
海　　拔：2000~2300 m
国内分布：贵州、四川、云南
国外分布：不丹、印度
濒危等级：VU D2
资源利用：原料（精油）

刚毛滇紫草
Onosma setosa Ledeb.

刚毛滇紫草（原亚种）
Onosma setosa subsp. **setosa**
习　　性：多年生草本
国内分布：新疆
国外分布：俄罗斯、哈萨克斯坦
濒危等级：LC

黄刚毛滇紫草
Onosma setosa subsp. **transrhymnense**(Klokov ex Popov)Kamelin
习　　性：多年生草本
国内分布：新疆
国外分布：俄罗斯、哈萨克斯坦、蒙古
濒危等级：LC

单茎滇紫草
Onosma simplicissimum L.
习　　性：多年生草本或亚灌木
国内分布：新疆
国外分布：俄罗斯、哈萨克斯坦
濒危等级：LC

小叶滇紫草
Onosma sinicum Diels
习　　性：多年生草本
海　　拔：1700~3200 m
分　　布：甘肃、四川
濒危等级：LC

丛茎滇紫草
Onosma waddellii Duthie
习　　性：一年生或二年生草本
海　　拔：3000~4000 m
分　　布：西藏
濒危等级：LC

西藏滇紫草
Onosma waltonii Duthie
习　　性：多年生草本
海　　拔：约 3700 m
分　　布：西藏
濒危等级：LC

德钦滇紫草
Onosma wardii(W. W. Sm.)I. M. Johnst.
习　　性：多年生草本
海　　拔：2200~2800 m
分　　布：云南
濒危等级：LC

乡城滇紫草
Onosma xiangchengense W. T. Wang
习　　性：多年生草本
分　　布：四川
濒危等级：LC

雅江滇紫草
Onosma yajiangense W. T. Wang ex Y. L. Liu
习　　性：多年生草本
海　　拔：约 2600 m
分　　布：四川
濒危等级：LC

察隅滇紫草
Onosma zayuense Y. L. Liu
习　　性：多年生草本
海　　拔：约 3300 m
分　　布：西藏
濒危等级：LC

肺草属 Pulmonaria L.

腺毛肺草
Pulmonaria mollissima A. Kern.

习　　性：多年生草本
国内分布：内蒙古、山西
国外分布：俄罗斯、哈萨克斯坦、吉尔吉斯斯坦、蒙古、塔吉克斯坦、土库曼斯坦、乌兹别克斯坦
濒危等级：LC

翅果草属 Rindera Pall.

翅果草
Rindera tetraspis Pall.
习　　性：多年生草本
海　　拔：500~600 m
国内分布：新疆
国外分布：俄罗斯、哈萨克斯坦、吉尔吉斯斯坦、塔吉克斯坦、土库曼斯坦、乌兹别克斯坦
濒危等级：LC

孪果鹤虱属 Rochelia Rchb.

孪果鹤虱
Rochelia bungei Trautv.
习　　性：一年生草本
海　　拔：约 2700 m
国内分布：新疆
国外分布：阿富汗、俄罗斯、哈萨克斯坦、吉尔吉斯斯坦、蒙古、塔吉克斯坦、土库曼斯坦、乌兹别克斯坦
濒危等级：LC

心萼孪果鹤虱
Rochelia cardiosepala Bunge
习　　性：一年生草本
国内分布：西藏
国外分布：阿富汗、巴基斯坦、俄罗斯、哈萨克斯坦、吉尔吉斯斯坦、克什米尔地区、塔吉克斯坦、土库曼斯坦、乌兹别克斯坦
濒危等级：LC

光果孪果鹤虱
Rochelia leiocarpa Ledeb.
习　　性：一年生草本
海　　拔：700~1800 m
国内分布：新疆
国外分布：巴基斯坦、俄罗斯、哈萨克斯坦、吉尔吉斯斯坦、克什米尔地区、蒙古、塔吉克斯坦、土库曼斯坦、乌兹别克斯坦、印度
濒危等级：LC

总梗孪果鹤虱
Rochelia peduncularis Boiss.
习　　性：一年生草本
国内分布：西藏、新疆
国外分布：阿富汗、巴基斯坦、俄罗斯、哈萨克斯坦、吉尔吉斯斯坦、塔吉克斯坦、土库曼斯坦、乌兹别克斯坦
濒危等级：LC

直柄孪果鹤虱
Rochelia rectipes Stocks

习　　性：一年生草本
国内分布：西藏
国外分布：阿富汗、巴基斯坦、塔吉克斯坦、乌兹别克斯坦
濒危等级：DD

轮冠木属 Rotula Lour.

轮冠木
Rotula aquatica Lour.
习　　性：灌木
海　　拔：300~600 m
国内分布：广西、贵州、云南
国外分布：菲律宾、马来西亚、缅甸、泰国、印度、印度尼西亚、越南
濒危等级：LC

车前紫草属 Sinojohnstonia Hu

浙赣车前紫草
Sinojohnstonia chekiangensis (Migo) W. T. Wang
习　　性：多年生草本
海　　拔：约 900 m
分　　布：湖南、江西、山西、陕西、浙江
濒危等级：LC

短蕊车前紫草
Sinojohnstonia moupinensis (Franch.) W. T. Wang
习　　性：多年生草本
海　　拔：1000~2700 m
分　　布：甘肃、湖北、湖南、宁夏、山西、陕西、四川、云南
濒危等级：LC

车前紫草
Sinojohnstonia plantaginea Hu
习　　性：多年生草本
海　　拔：700~1600 m
分　　布：甘肃、河南、四川
濒危等级：LC

长蕊琉璃草属 Solenanthus Ledeb.

长蕊琉璃草
Solenanthus circinatus Ledeb.
习　　性：多年生草本
国内分布：新疆
国外分布：阿富汗、巴基斯坦、俄罗斯、哈萨克斯坦、吉尔吉斯斯坦、塔吉克斯坦、土库曼斯坦、乌兹别克斯坦
濒危等级：LC

湖北长蕊琉璃草
Solenanthus hupehensis R. R. Mill
习　　性：多年生草本
海　　拔：约 600 m
分　　布：湖北
濒危等级：DD

紫筒草属 Stenosolenium Turcz.

紫筒草
Stenosolenium saxatile (Pall.) Turcz.
习　　性：多年生草本
国内分布：甘肃、河北、黑龙江、吉林、辽宁、内蒙古、宁夏、青海、山东、山西、陕西、天津
国外分布：俄罗斯、哈萨克斯坦、蒙古
濒危等级：LC

聚合草属 Symphytum L.

聚合草
Symphytum officinale L.
习　　性：草本
国内分布：重庆、北京、福建、甘肃、广西、河北、河南、黑龙江、湖北、湖南、吉林、江苏、辽宁、山东、山西、上海、四川、台湾、新疆
国外分布：俄罗斯、哈萨克斯坦、吉尔吉斯斯坦、塔吉克斯坦、土库曼斯坦、乌兹别克斯坦
濒危等级：LC
资源利用：动物饲料（饲料）

盾果草属 Thyrocarpus Hance

弯齿盾果草
Thyrocarpus glochidiatus Maxim.
习　　性：一年生草本
海　　拔：100～1000 m
分　　布：安徽、甘肃、广东、河南、江苏、江西、陕西、四川
濒危等级：LC

盾果草
Thyrocarpus sampsonii Hance
习　　性：一年生草本
海　　拔：200～1600 m
国内分布：安徽、广东、广西、贵州、河南、湖北、湖南、江苏、江西、陕西、四川、台湾、云南、浙江
国外分布：越南
濒危等级：LC
资源利用：药用（中草药）

紫丹属 Tournefortia L.

银毛树
Tournefortia argentea L. f.
习　　性：灌木或乔木
国内分布：海南、台湾
国外分布：菲律宾、日本、斯里兰卡、印度尼西亚、越南
濒危等级：LC

紫丹
Tournefortia montana Lour.
习　　性：攀援灌木
海　　拔：500～600 m
国内分布：广东、香港、云南
国外分布：越南
濒危等级：LC

砂引草
Tournefortia sibirica L.

砂引草（原变种）
Tournefortia sibirica var. **sibirica**
习　　性：多年生草本
海　　拔：0～1900 m
国内分布：甘肃、河北、河南、宁夏、山东、陕西
国外分布：朝鲜、俄罗斯、蒙古、日本
濒危等级：LC

细叶砂引草
Tournefortia sibirica var. **angustior** (A. DC.) G. L. Chu et M. G. Gilbert
习　　性：多年生草本
海　　拔：500～1900 m
国内分布：甘肃、河北、河南、黑龙江、湖北、湖南、辽宁、内蒙古、宁夏、山东、山西、陕西、上海、天津、浙江
国外分布：俄罗斯、哈萨克斯坦
濒危等级：LC

毛束草属 Trichodesma R. Br.

毛束草
Trichodesma calycosum Collett et Hemsl.

毛束草（原变种）
Trichodesma calycosum var. **calycosum**
习　　性：亚灌木
海　　拔：500～2200 m
国内分布：贵州、云南
国外分布：老挝、缅甸、泰国、印度
濒危等级：LC

台湾毛束草
Trichodesma calycosum var. **formosanum** (Matsum.) I. M. Johnst.
习　　性：亚灌木
分　　布：台湾
濒危等级：LC

附地菜属 Trigonotis Steven

金川附地菜
Trigonotis barkamensis C. J. Wang
习　　性：二年生草本
海　　拔：约2200 m
分　　布：四川
濒危等级：DD

全苞附地菜
Trigonotis bracteata C. J. Wang
习　　性：多年生草本
海　　拔：约2100 m
分　　布：西藏
濒危等级：LC

西南附地菜
Trigonotis cavaleriei (H. Lév.) Hand.-Mazz.

西南附地菜（原变种）
Trigonotis cavaleriei var. **cavaleriei**
- 习　　性：多年生草本
- 海　　拔：700~2000 m
- 分　　布：贵州、四川、云南
- 濒危等级：LC

窄叶西南附地菜
Trigonotis cavaleriei var. **angustifolia** C. J. Wang
- 习　　性：多年生草本
- 分　　布：湖南、四川、云南
- 濒危等级：DD

城口附地菜
Trigonotis chengkouensis W. T. Wang
- 习　　性：多年生草本
- 海　　拔：约1900 m
- 分　　布：四川
- 濒危等级：LC

灰叶附地菜
Trigonotis cinereifolia C. J. Wang
- 习　　性：多年生草本
- 海　　拔：约2000 m
- 分　　布：西藏
- 濒危等级：LC

狭叶附地菜
Trigonotis compressa I. M. Johnst.
- 习　　性：多年生草本
- 海　　拔：约2900 m
- 分　　布：四川
- 濒危等级：LC

虫实附地菜
Trigonotis corispermoides C. J. Wang

虫实附地菜（原变种）
Trigonotis corispermoides var. **corispermoides**
- 习　　性：多年生草本
- 海　　拔：约2900 m
- 分　　布：四川、云南
- 濒危等级：NT B1ab（i，iii）

无柄虫实附地菜
Trigonotis corispermoides var. **sessilis** W. T. Wang
- 习　　性：多年生草本
- 分　　布：四川
- 濒危等级：DD

扭梗附地菜
Trigonotis delicatula Hand.-Mazz.
- 习　　性：二年生草本
- 海　　拔：3000~4200 m
- 分　　布：四川、云南
- 濒危等级：LC

凸脉附地菜
Trigonotis elevatovenosa Hayata
- 习　　性：多年生草本
- 分　　布：台湾
- 濒危等级：LC

多花附地菜
Trigonotis floribunda I. M. Johnst.
- 习　　性：多年生草本
- 海　　拔：600~1400 m
- 分　　布：四川
- 濒危等级：LC

台湾附地菜
Trigonotis formosana Hayata
- 习　　性：多年生草本
- 分　　布：台湾
- 濒危等级：LC

富宁附地菜
Trigonotis funingensis H. Chuang
- 习　　性：多年生草本
- 海　　拔：约1000 m
- 分　　布：云南
- 濒危等级：LC

秦岭附地菜
Trigonotis giraldii Brand
- 习　　性：多年生草本
- 海　　拔：2400~2900 m
- 分　　布：陕西
- 濒危等级：LC

细梗附地菜
Trigonotis gracilipes I. M. Johnst.
- 习　　性：多年生草本
- 海　　拔：2500~4200 m
- 分　　布：四川、西藏、云南
- 濒危等级：LC

松潘附地菜
Trigonotis harrysmithii R. R. Mill
- 习　　性：多年生草本
- 海　　拔：约3200 m
- 分　　布：四川
- 濒危等级：LC

毛花附地菜
Trigonotis heliotropifolia Hand.-Mazz.
- 习　　性：多年生草本
- 海　　拔：1500~3000 m
- 分　　布：四川、云南
- 濒危等级：LC

金佛山附地菜
Trigonotis jinfoshanica W. T. Wang
- 习　　性：多年生草本
- 分　　布：重庆
- 濒危等级：LC

南川附地菜
Trigonotis laxa I. M. Johnst.

南川附地菜（原变种）
Trigonotis laxa var. **laxa**
习　　性：多年生草本
海　　拔：1500~1600 m
分　　布：四川
濒危等级：LC

硬毛南川附地菜
Trigonotis laxa var. **hirsuta** W. T. Wang ex C. J. Wang
习　　性：多年生草本
海　　拔：500~1600 m
分　　布：贵州、湖南、江西
濒危等级：DD

西畴南川附地菜
Trigonotis laxa var. **xichougensis**(H. Chuang)C. J. Wang
习　　性：多年生草本
海　　拔：约1600 m
分　　布：云南
濒危等级：DD

白花附地菜
Trigonotis leucantha W. T. Wang
习　　性：一年生草本
海　　拔：约3700 m
分　　布：四川
濒危等级：LC

乐业附地菜
Trigonotis leyeensis W. T. Wang
习　　性：多年生草本
海　　拔：约1000 m
分　　布：广西
濒危等级：LC

鹧鸪山附地菜
Trigonotis longipes W. T. Wang
习　　性：多年生草本
海　　拔：3200~3500 m
分　　布：四川
濒危等级：DD

长枝附地菜
Trigonotis longiramosa W. T. Wang
习　　性：多年生草本
分　　布：四川
濒危等级：LC

大叶附地菜
Trigonotis macrophylla Vaniot

大叶附地菜（原变种）
Trigonotis macrophylla var. **macrophylla**
习　　性：多年生草本
分　　布：贵州、四川
濒危等级：DD

毛果大叶附地菜
Trigonotis macrophylla var. **trichocarpa** Hand.-Mazz.
习　　性：多年生草本
分　　布：贵州、四川
濒危等级：LC

瘤果大叶附地菜
Trigonotis macrophylla var. **verrucosa** I. M. Johnst.
习　　性：多年生草本
海　　拔：800~1500 m
分　　布：广东、广西、贵州
濒危等级：LC
资源利用：药用（中草药）

川滇附地菜
Trigonotis mairei(H. Lév.)I. M. Johnst.
习　　性：多年生草本
海　　拔：700~1300 m
分　　布：四川、云南
濒危等级：LC

毛脉附地菜
Trigonotis microcarpa(DC.)Benth. ex C. B. Clarke
习　　性：多年生草本
海　　拔：1000~2800 m
国内分布：广西、贵州、西藏、云南
国外分布：不丹、俄罗斯、哈萨克斯坦、尼泊尔、日本、印度
濒危等级：LC

湖北附地菜
Trigonotis mollis Hemsl.
习　　性：多年生草本
海　　拔：900~1100 m
分　　布：河南、湖北、陕西
濒危等级：LC

木里附地菜
Trigonotis muliensis W. T. Wang

木里附地菜（原变种）
Trigonotis muliensis var. **muliensis**
习　　性：多年生草本
海　　拔：3000~? m
分　　布：四川
濒危等级：LC

冕宁附地菜
Trigonotis muliensis var. **strigosa** W. T. Wang
习　　性：多年生草本
分　　布：四川
濒危等级：LC

水甸附地菜
Trigonotis myosotidea(Maxim.)Maxim.
习　　性：多年生草本
海　　拔：300~900 m
国内分布：河北、黑龙江、吉林、辽宁、天津
国外分布：俄罗斯
濒危等级：LC

南丹附地菜
Trigonotis nandanensis C. J. Wang
- 习　　性：多年生草本
- 海　　拔：约2500 m
- 分　　布：广西
- 濒危等级：LC

南湖大山附地菜
Trigonotis nankotaizanensis(Sasaki)Masam. et Ohwi
- 习　　性：多年生草本
- 海　　拔：约3000 m
- 分　　布：台湾
- 濒危等级：NT

峨眉附地菜
Trigonotis omeiensis Matsuda
- 习　　性：多年生草本
- 海　　拔：1000~1500 m
- 分　　布：四川
- 濒危等级：VU B1ab（i，iii）

厚叶附地菜
Trigonotis orbicularifolia C. J. Wang
- 习　　性：多年生草本
- 海　　拔：700~1800 m
- 分　　布：四川
- 濒危等级：LC

附地菜
Trigonotis peduncularis(Trevis.)Benth. ex Baker et S. Moore

附地菜（原变种）
Trigonotis peduncularis var. **peduncularis**
- 习　　性：一年生或二年生草本
- 国内分布：福建、甘肃、广西、黑龙江、吉林、江西、辽宁、内蒙古、西藏、新疆、云南
- 国外分布：欧洲、温带亚洲
- 濒危等级：LC
- 资源利用：药用（中草药）；环境利用（观赏）；食品（蔬菜）

钝萼附地菜
Trigonotis peduncularis var. **amblyosepala**(Nakai et Kitag.)W. T. Wang
- 习　　性：一年生或二年生草本
- 分　　布：北京、甘肃、河北、河南、辽宁、内蒙古、青海、山西、陕西、天津
- 濒危等级：LC

大花附地菜
Trigonotis peduncularis var. **macrantha** W. T. Wang
- 习　　性：一年生或二年生草本
- 海　　拔：200~2600 m
- 分　　布：甘肃、河北、内蒙古、宁夏、山东、山西、陕西
- 濒危等级：LC

祁连山附地菜
Trigonotis petiolaris Maxim.
- 习　　性：多年生草本
- 海　　拔：2700~2900 m
- 分　　布：甘肃、青海
- 濒危等级：LC

北附地菜
Trigonotis radicans Steven

北附地菜（原亚种）
Trigonotis radicans subsp. **radicans**
- 习　　性：多年生草本
- 国内分布：河北、黑龙江、吉林、辽宁
- 国外分布：朝鲜、俄罗斯、日本
- 濒危等级：LC

绢毛附地菜
Trigonotis radicans subsp. **sericea**（Maxim.）Riedl
- 习　　性：多年生草本
- 国内分布：河北、黑龙江、吉林、辽宁
- 国外分布：朝鲜、俄罗斯、日本

高山附地菜
Trigonotis rockii I. M. Johnst.
- 习　　性：多年生草本
- 海　　拔：3300~4900 m
- 分　　布：西藏、云南
- 濒危等级：LC

圆叶附地菜
Trigonotis rotundata I. M. Johnst.
- 习　　性：多年生草本
- 海　　拔：3000~4000 m
- 分　　布：四川、云南
- 濒危等级：LC

蒙山附地菜
Trigonotis tenera I. M. Johnst.
- 习　　性：多年生草本
- 海　　拔：约900 m
- 分　　布：山东
- 濒危等级：LC

西藏附地菜
Trigonotis tibetica(C. B. Clarke)I. M. Johnst.
- 习　　性：一年生或二年生草本
- 海　　拔：1800~4200 m
- 国内分布：青海、四川、西藏
- 国外分布：不丹、尼泊尔、印度
- 濒危等级：LC

灰毛附地菜
Trigonotis vestita(Hemsl.)I. M. Johnst.
- 习　　性：二年生草本
- 海　　拔：2000~3900 m
- 分　　布：湖北、陕西、四川、云南
- 濒危等级：LC

卓克基附地菜
Trigonotis zhuokejiensis W. T. Wang

习　　性：一年生草本
分　　布：四川
濒危等级：LC

节蒴木科 BORTHWICKIACEAE
（1属：1种）

节蒴木属 Borthwickia J. X. Su, Wei Wang, Li Bing Zhang et Z. D. Chen

节蒴木
Borthwickia trifoliata W. W. Sm.
习　　性：灌木或小乔木
海　　拔：300～1400 m
国内分布：云南
国外分布：缅甸
濒危等级：NT A2cd；B1ab（i，iii）；C1

十字花科 BRASSICACEAE
（107属：477种）

葱芥属 Alliaria Heist. ex Fabr.

葱芥
Alliaria petiolata(M. Bieb.)Cavara et Grande
习　　性：二年生草本
国内分布：西藏、新疆
国外分布：阿富汗、巴基斯坦、俄罗斯、哈萨克斯坦、吉尔吉斯斯坦、克什米尔地区、尼泊尔、塔吉克斯坦、土库曼斯坦、乌兹别克斯坦、印度；原产欧洲、西南亚；世界各地归化
濒危等级：DD

庭荠属 Alyssum L.

欧洲庭荠
Alyssum alyssoides(L.)L.
习　　性：一年生草本
海　　拔：海平面至2800 m
国内分布：辽宁
国外分布：阿富汗、俄罗斯、哈萨克斯坦、吉尔吉斯斯坦、塔吉克斯坦、乌兹别克斯坦、日本、土库曼斯坦；西南亚、欧洲、非洲。南美洲、北美洲有归化
濒危等级：NT B1ab（i，iii）；C1

灰毛庭荠
Alyssum canescens DC.
习　　性：多年生草本
海　　拔：1000～5000 m
国内分布：甘肃、河北、黑龙江、吉林、内蒙古、宁夏、青海、山西、陕西、西藏、新疆
国外分布：俄罗斯、哈萨克斯坦、克什米尔地区、蒙古
濒危等级：LC

粗果庭荠
Alyssum dasycarpum Stephan ex Willd.
习　　性：一年生草本
海　　拔：100～2600 m
国内分布：新疆
国外分布：阿富汗、巴基斯坦、俄罗斯、哈萨克斯坦、吉尔吉斯斯坦、塔吉克斯坦、土库曼斯坦、乌兹别克斯坦
濒危等级：LC

庭荠
Alyssum desertorum Stapf
习　　性：一年生草本
国内分布：西藏、新疆
国外分布：阿富汗、巴基斯坦、俄罗斯、哈萨克斯坦、克什米尔地区、蒙古、塔吉克斯坦、土库曼斯坦、乌兹别克斯坦、印度及欧洲；归化于北美洲
濒危等级：LC

西藏庭荠
Alyssum klimesii Al-Shehbaz
习　　性：多年生草本
海　　拔：5600～5900 m
国内分布：西藏
国外分布：印度
濒危等级：DD

北方庭荠
Alyssum lenense Adams
习　　性：多年生草本
海　　拔：500～1300 m
国内分布：甘肃、河北、黑龙江、内蒙古、新疆
国外分布：俄罗斯、哈萨克斯坦、蒙古
濒危等级：LC

条叶庭荠
Alyssum linifolium Stephan ex Willd.
习　　性：一年生草本
国内分布：新疆
国外分布：阿富汗、巴基斯坦、俄罗斯、哈萨克斯坦、吉尔吉斯斯坦、塔吉克斯坦、土库曼斯坦、乌兹别克斯坦；中东地区、欧洲、非洲北部。归化于澳大利亚
濒危等级：LC

倒卵叶庭荠
Alyssum obovatum(C. A. Mey.)Turcz.
习　　性：多年生草本
海　　拔：500～1500 m
国内分布：黑龙江、内蒙古
国外分布：俄罗斯、哈萨克斯坦、蒙古
濒危等级：LC

新疆庭荠
Alyssum simplex Rudolphi
习　　性：一年生草本
海　　拔：100～2600 m
国内分布：新疆
国外分布：俄罗斯、土库曼斯坦
濒危等级：LC

细叶庭荠
Alyssum tenuifolium Stephan ex Willd.
习　　性：多年生草本
海　　拔：900~2400 m
国内分布：内蒙古
国外分布：俄罗斯、哈萨克斯坦、蒙古
濒危等级：LC

扭庭荠
Alyssum tortuosum Willd.
习　　性：多年生草本
国内分布：新疆
国外分布：俄罗斯、哈萨克斯坦
濒危等级：LC

寒原荠属 Aphragmus Andrz. ex DC.

鲍氏寒原荠
Aphragmus bouffordii Al-Shehbaz
习　　性：多年生草本
分　　布：西藏
濒危等级：LC

尖果寒原荠
Aphragmus oxycarpus (Hook. f. et Thomson) Jafri
习　　性：多年生草本
海　　拔：3300~5600 m
国内分布：青海、四川、西藏、新疆、云南
国外分布：阿富汗、巴基斯坦、不丹、克什米尔地区、尼泊尔、塔吉克斯坦、印度
濒危等级：LC

四川寒原荠
Aphragmus pygmaeus Al-Shehbaz
习　　性：多年生草本
海　　拔：约4200 m
分　　布：四川
濒危等级：LC

鼠耳芥属 Arabidopsis Heynh.

叶芽鼠耳芥
Arabidopsis halleri (Matsum.) O'Kane et Al-Shehbaz
习　　性：多年生草本
海　　拔：1500~2600 m
国内分布：黑龙江、吉林、辽宁、台湾
国外分布：朝鲜半岛、俄罗斯、日本
濒危等级：LC

琴叶鼠耳芥
Arabidopsis lyrata (Fisch. ex DC.) O'Kane et Al-Shehbaz
习　　性：二年生或多年生草本
海　　拔：1700~3400 m
国内分布：吉林、台湾
国外分布：朝鲜半岛、俄罗斯、日本
濒危等级：LC

鼠耳芥
Arabidopsis thaliana (L.) Heynh.
习　　性：一年生草本
海　　拔：海平面至2000 m
国内分布：安徽、甘肃、贵州、河南、湖北、湖南、江苏、江西
国外分布：朝鲜、俄罗斯、哈萨克斯坦、蒙古、日本、塔吉克斯坦、乌兹别克斯坦、印度
濒危等级：LC

南芥属 Arabis L.

贺兰山南芥
Arabis alaschanica Maxim.
习　　性：多年生草本
海　　拔：2300~4200 m
分　　布：甘肃、内蒙古、宁夏、青海、山西、四川
濒危等级：LC

抱茎南芥
Arabis amplexicaulis Edgew.
习　　性：二年生或多年生草本
海　　拔：1800~3200 m
国内分布：西藏
国外分布：阿富汗、巴基斯坦、不丹、克什米尔地区、尼泊尔、印度
濒危等级：NT A2c

耳叶南芥
Arabis auriculata Lam.
习　　性：一年生草本
海　　拔：500~1800 m
国内分布：新疆
国外分布：哈萨克斯坦、吉尔吉斯斯坦、塔吉克斯坦、土库曼斯坦、乌兹别克斯坦
濒危等级：NT B1ab (i, iii)

腋花南芥
Arabis axilliflora (Jafri) H. Hara
习　　性：多年生草本
海　　拔：3600~5000 m
国内分布：西藏
国外分布：不丹
濒危等级：LC

大花南芥
Arabis bijuga Watt
习　　性：多年生草本
海　　拔：2400~3000 m
国内分布：四川、云南
国外分布：巴基斯坦、克什米尔地区
濒危等级：LC

匍匐南芥
Arabis flagellosa Miq.
习　　性：多年生草本
海　　拔：海平面至1300 m
国内分布：安徽、江苏、江西、浙江
国外分布：日本
濒危等级：LC
资源利用：药用（中草药）

小灌木南芥
Arabis fruticulosa C. A. Mey.
- 习　　性：亚灌木或灌木
- 海　　拔：500~3400 m
- 国内分布：新疆
- 国外分布：巴基斯坦、俄罗斯、哈萨克斯坦、吉尔吉斯斯坦、蒙古、塔吉克斯坦、伊朗
- 濒危等级：LC

硬毛南芥
Arabis hirsuta(L.)Scop.
- 习　　性：二年生或多年生草本
- 海　　拔：300~4000 m
- 国内分布：安徽、甘肃、贵州、河北、河南、黑龙江、湖北、吉林、辽宁、内蒙古、宁夏、青海、山东、山西、陕西、四川、西藏、新疆、云南、浙江
- 国外分布：朝鲜半岛、俄罗斯、哈萨克斯坦、日本
- 濒危等级：LC

圆锥南芥
Arabis paniculata Franch.
- 习　　性：二年生或多年生草本
- 海　　拔：1300~3400 m
- 国内分布：甘肃、贵州、湖北、陕西、四川、西藏、云南
- 国外分布：克什米尔地区、尼泊尔
- 濒危等级：LC

垂果南芥
Arabis pendula L.
- 习　　性：二年生草本
- 海　　拔：海平面至4300 m
- 国内分布：甘肃、贵州、河北、河南、黑龙江、湖北、吉林、辽宁、内蒙古、宁夏、青海、山东、山西、陕西、四川、西藏、新疆、云南
- 国外分布：朝鲜半岛、俄罗斯、哈萨克斯坦、蒙古、日本
- 濒危等级：LC

窄翅南芥
Arabis pterosperma Edgew.
- 习　　性：二年生或多年生草本
- 海　　拔：2900~4300 m
- 国内分布：青海、四川、西藏、云南
- 国外分布：巴基斯坦、不丹、克什米尔地区、尼泊尔、印度
- 濒危等级：LC

齿叶南芥
Arabis serrata Franch. et Sav.
- 习　　性：多年生草本
- 海　　拔：100~3200 m
- 国内分布：安徽、台湾
- 国外分布：朝鲜、日本
- 濒危等级：VU D1+2

刚毛南芥
Arabis setosifolia Al-Shehnaz
- 习　　性：多年生草本
- 海　　拔：3600~3700 m
- 分　　布：西藏
- 濒危等级：DD

基隆南芥
Arabis stelleri DC.
- 习　　性：多年生草本
- 海　　拔：海平面至600 m
- 国内分布：台湾
- 国外分布：朝鲜半岛、俄罗斯、日本
- 濒危等级：VU B2ab（iii）

西藏南芥
Arabis tibetica Hook. f. et Thomson
- 习　　性：二年生草本
- 海　　拔：3000~4700 m
- 国内分布：西藏
- 国外分布：阿富汗、巴基斯坦、吉尔吉斯斯坦、克什米尔地区、塔吉克斯坦
- 濒危等级：LC

辣根属 Armoracia P. Gaertn. , B. Mey. et Scherb.

辣根
Armoracia rusticana P. Gaerth. , B. Mey. et Scherb.
- 习　　性：多年生草本
- 国内分布：河北、黑龙江、吉林、江苏、辽宁栽培
- 国外分布：原产欧洲
- 资源利用：药用（中草药）；动物饲料（饲料）；食品（蔬菜）；食品添加剂（调味剂）

异药芥属 Atelanthera Hook. f. et Thomson

异药芥
Atelanthera perpusilla Hook. f. et Thomson
- 习　　性：一年生草本
- 海　　拔：2400~3100 m
- 国内分布：西藏
- 国外分布：阿富汗、巴基斯坦、哈萨克斯坦、塔吉克斯坦
- 濒危等级：DD

白马芥属 Baimashania Al-Shehbaz

白马芥
Baimashania pulvinata Al-Shehbza
- 习　　性：多年生草本
- 海　　拔：4200~4600 m
- 分　　布：云南
- 濒危等级：NT B1b（i，iii）

王氏白马芥
Baimashania wangii Al-Shehbaz
- 习　　性：多年生草本
- 海　　拔：约4100 m
- 分　　布：青海
- 濒危等级：LC

山芥属 Barbarea W. T. Aiton

洪氏山芥
Barbarea hongii Al-Shehbaz et G. Yang

习　　性：一年生或二年生草本
海　　拔：约1700 m
分　　布：吉林
濒危等级：LC

羽裂山芥
Barbarea intermedia Boreau
习　　性：二年生草本
海　　拔：约4100 m
国内分布：西藏、新疆
国外分布：巴基斯坦、不丹、尼泊尔、印度；原产西南亚和欧洲中部
濒危等级：VU B1ab（i，iii）

山芥
Barbarea orthoceras Ledeb.
习　　性：二年生或多年生草本
海　　拔：400～2100 m
国内分布：甘肃、黑龙江、吉林、辽宁、内蒙古、台湾、新疆
国外分布：朝鲜半岛、俄罗斯、蒙古、日本
濒危等级：LC

台湾山芥
Barbarea taiwaniana Ohwi
习　　性：多年生草本
海　　拔：3200～4000 m
分　　布：台湾
濒危等级：EN D

欧洲山芥
Barbarea vulgaris R. Br.
习　　性：二年生草本
海　　拔：700～4100 m
国内分布：黑龙江、吉林、江苏、新疆
国外分布：巴基斯坦、朝鲜半岛、俄罗斯、哈萨克斯坦、克什米尔地区、蒙古、日本、斯里兰卡、塔吉克斯坦、印度
濒危等级：LC

团扇荠属 Berteroa DC.

团扇荠
Berteroa incana(L.)DC.
习　　性：一年生或二年生草本
国内分布：甘肃、辽宁、内蒙古、新疆
国外分布：俄罗斯、哈萨克斯坦、吉尔吉斯斯坦、塔吉克斯坦、乌兹别克斯坦；欧洲。归化于北美洲
濒危等级：LC

锥果芥属 Berteroella O. E. Schulz

锥果芥
Berteroella maximowiczii(Palib.)O. E. Schulz ex Loes.
习　　性：一年生草本
海　　拔：300～900 m
国内分布：河北、河南、江苏、辽宁、山东、浙江
国外分布：朝鲜半岛；日本
濒危等级：LC

芸薹属 Brassica L.

短喙芥
Brassica elongata Ehrh.
习　　性：二年生或多年生草本
国内分布：新疆
国外分布：阿富汗、俄罗斯、哈萨克斯坦、塔吉克斯坦、土库曼斯坦、乌兹别克斯坦；中东、欧洲。澳大利亚和北美洲归化
濒危等级：LC

芥菜
Brassica juncea(L.)Czern.

芥菜（原变种）
Brassica juncea var. **juncea**
习　　性：一年生草本
国内分布：全国栽培
国外分布：世界各地广泛栽培并归化
资源利用：药用（中药）；蜜源植物；食品（蔬菜）；食品添加剂（调味剂）

芥菜疙瘩
Brassica juncea var. **napiformis**(Pailleux et Bois)Kitamura
习　　性：一年生草本
分　　布：全国各地栽培
资源利用：食品（蔬菜）

榨菜
Brassica juncea var. **tumida** Tsen et S. H. Lee
习　　性：一年生草本
分　　布：四川、云南
资源利用：食品（蔬菜）

欧洲油菜
Brassica napus L.

欧洲油菜（原变种）
Brassica napus var. **napus**
习　　性：一年生或二年生草本
国内分布：全国广泛栽培
国外分布：世界各地广泛栽培并归化

蔓菁甘蓝
Brassica napus var. **napobrassica**(L.)Rchb.
习　　性：一年生或二年生草本
国内分布：广东、贵州、江苏、内蒙古、四川、浙江
国外分布：世界各地广泛栽培

黑芥
Brassica nigra(L.)W. D. J. Koch
习　　性：一年生草本
海　　拔：900～2800 m
国内分布：甘肃、江苏、青海、西藏、新疆
国外分布：阿富汗、巴基斯坦、俄罗斯、哈萨克斯坦、克什米尔地区、尼泊尔、印度、越南；西南亚、欧洲、非洲北部、北美洲归化
濒危等级：LC

野甘蓝
Brassica oleracea L.

野甘蓝（原变种）
Brassica oleracea var. **oleracea**
　　习　　性：二年生或多年生草本
　　国内分布：全国多地栽培
　　国外分布：原产欧洲西部；世界广泛栽培

羽衣甘蓝
Brassica oleracea var. **acephala** DC.
　　习　　性：二年生或多年生草本
　　国内分布：各地城市广泛栽培
　　国外分布：世界各地广泛栽培

白花甘蓝
Brassica oleracea var. **albiflora** Kuntze
　　习　　性：二年生或多年生草本
　　国内分布：广东、广西、云南
　　国外分布：世界各地广泛栽培

花椰菜
Brassica oleracea var. **botrytis** L.
　　习　　性：二年生或多年生草本
　　国内分布：除西藏、新疆外，各省均有栽培
　　国外分布：世界各地广泛栽培
　　资源利用：食用（蔬菜）

甘蓝
Brassica oleracea var. **capitata** L.
　　习　　性：二年生或多年生草本
　　国内分布：全国广布
　　国外分布：世界各地广泛栽培

抱子甘蓝
Brassica oleracea var. **gemmifera**(DC.)Zenker
　　习　　性：二年生或多年生草本
　　国内分布：四川、云南、浙江
　　国外分布：世界各地广泛栽培

擘蓝
Brassica oleracea var. **gongylodes** L.
　　习　　性：二年生或多年生草本
　　国内分布：全国广布
　　国外分布：世界各地广泛栽培

绿花菜
Brassica oleracea var. **italica** Plenck
　　习　　性：二年生或多年生草本
　　国内分布：广东
　　国外分布：世界各地

蔓菁
Brassica rapa L.

蔓菁（原变种）
Brassica rapa var. **rapa**
　　习　　性：一年生或二年生草本
　　国内分布：全国广泛栽培
　　国外分布：世界各地广泛栽培
　　资源利用：动物饲料（饲料）；食品（粮食，蔬菜）

青菜
Brassica rapa var. **chinensis**(L.)Kitam.
　　习　　性：一年生或二年生草本
　　国内分布：全国广布
　　国外分布：世界各地广泛栽培
　　资源利用：食品（蔬菜）

白菜
Brassica rapa var. **glabra** Regel
　　习　　性：一年生或二年生草本
　　国内分布：全国广布
　　国外分布：世界各地广泛栽培
　　资源利用：动物饲料（饲料）；食品（蔬菜）

芸薹
Brassica rapa var. **oleifera** DC.
　　习　　性：一年生或二年生草本
　　海　　拔：1500~3200 m
　　国内分布：全国广布
　　国外分布：世界各地广泛栽培
　　资源利用：药用（中草药）；食品（蔬菜）

肉叶荠属 Braya Sternb. et Hoppe

弗氏肉叶荠
Braya forrestii Ramp.
　　习　　性：多年生草本
　　海　　拔：3700~5000 m
　　国内分布：四川、西藏、云南
　　国外分布：不丹
　　濒危等级：LC

红花肉叶荠
Braya rosea(Turcz.)Bunge
　　习　　性：多年生草本
　　海　　拔：2500~5300 m
　　国内分布：甘肃、青海、四川、西藏、新疆
　　国外分布：巴基斯坦、不丹、俄罗斯、吉尔吉斯斯坦、克什米尔地区、蒙古、尼泊尔、塔吉克斯坦、印度
　　濒危等级：LC

黄花肉叶荠
Braya scharnhorstii Regel et Schmalh
　　习　　性：多年生草本
　　海　　拔：3500~5000 m
　　国内分布：新疆
　　国外分布：吉尔吉斯斯坦、塔吉克斯坦
　　濒危等级：LC

四川肉叶荠
Braya sichuanica Al-Shehbaz
　　习　　性：多年生草本
　　海　　拔：3600~4500 m
　　分　　布：四川
　　濒危等级：DD

长角菜肉叶荠
Braya siliquosa Bunge
　　习　　性：多年生草本
　　海　　拔：2100~4600 m
　　国内分布：青海、云南
　　国外分布：俄罗斯、哈萨克斯坦、蒙古
　　濒危等级：DD

匙荠属 Bunias L.

匙荠
Bunias cochlearioides Murray
　　习　　性：一年生或二年生草本
　　海　　拔：100～300 m
　　国内分布：河北、黑龙江、辽宁
　　国外分布：俄罗斯、哈萨克斯坦、蒙古
　　濒危等级：LC

疣果匙荠
Bunias orientalis L.
　　习　　性：二年生或多年生草本
　　国内分布：黑龙江、辽宁
　　国外分布：俄罗斯、哈萨克斯坦、蒙古
　　濒危等级：LC

亚麻荠属 Camelina Crantz

小果亚麻荠
Camelina microcarpa DC.
　　习　　性：一年生草本
　　海　　拔：700～1600 m
　　国内分布：甘肃、河南、黑龙江、吉林、辽宁、内蒙古、山东、新疆
　　国外分布：俄罗斯、哈萨克斯坦、蒙古、塔吉克斯坦、土库曼斯坦、乌兹别克斯坦
　　濒危等级：LC

亚麻荠
Camelina sativa (L.) Crantz
　　习　　性：一年生草本
　　海　　拔：1000～1900 m
　　国内分布：内蒙古、新疆
　　国外分布：巴基斯坦、朝鲜半岛、俄罗斯、哈萨克斯坦、蒙古、塔吉克斯坦、土库曼斯坦、印度
　　濒危等级：LC

云南亚麻荠
Camelina yunnanensis W. W. Sm.
　　习　　性：二年生草本
　　海　　拔：2600～3000 m
　　分　　布：云南
　　濒危等级：LC

荠属 Capsella Medik.

荠
Capsella bursa-pastoris (L.) Medik.
　　习　　性：草本
　　海　　拔：约 4200 m
　　国内分布：全国广布
　　国外分布：欧洲、中东
　　濒危等级：LC
　　资源利用：药用（中草药）；原料（工业用油）；食品（蔬菜）

碎米荠属 Cardamine L.

安徽碎米荠
Cardamine anhuiensis D. C. Zhang et J. Z. Shao
　　习　　性：多年生草本
　　海　　拔：海平面至 1000 m
　　分　　布：安徽、贵州、湖北、湖南、江苏、江西、浙江
　　濒危等级：LC

北极碎米荠
Cardamine bellidifolia L.
　　习　　性：草本
　　国内分布：新疆
　　国外分布：俄罗斯、哈萨克斯坦、蒙古
　　濒危等级：LC

博氏碎米荠
Cardamine bodinieri (H. Lév.) Lauener
　　习　　性：多年生草本
　　海　　拔：1100 m
　　分　　布：贵州
　　濒危等级：NT B1b (i, iii)

岩生碎米荠
Cardamine calcicola W. W. Sm.
　　习　　性：多年生草本
　　海　　拔：2600～3700 m
　　分　　布：云南
　　濒危等级：NT B1b (i, iii)

驴蹄碎米荠
Cardamine calthifolia H. Lév.
　　习　　性：多年生草本
　　海　　拔：2400～3000 m
　　国内分布：广东、四川、云南
　　国外分布：缅甸
　　濒危等级：LC

细裂碎米荠
Cardamine caroides C. Y. Wu ex W. T. Wang
　　习　　性：多年生草本
　　海　　拔：3800 m
　　分　　布：四川
　　濒危等级：NT B1ab (i, iii)

天池碎米荠
Cardamine changbaiana Al-Shehbaz
　　习　　性：多年生草本
　　海　　拔：2400～2500 m
　　国内分布：吉林
　　国外分布：朝鲜半岛
　　濒危等级：EN B1ab (i, iii)

周氏碎米荠
Cardamine cheotaiyienii Al-Shehbaz et G. Yang
　　习　　性：多年生草本
　　海　　拔：约 1000 m
　　分　　布：云南
　　濒危等级：LC

露珠碎米荠
Cardamine circaeoides Hook. f. et Thomson
　　习　　性：多年生草本
　　海　　拔：400～3300 m
　　国内分布：甘肃、广东、广西、湖北、湖南、四川、台湾、

云南
国外分布：老挝、缅甸、泰国、印度、越南
濒危等级：LC

洱源碎米荠
Cardamine delavayi Franch.
习　　性：多年生草本
海　　拔：2100～4000 m
国内分布：四川、云南
国外分布：不丹
濒危等级：LC

光头山碎米荠
Cardamine engleriana O. E. Schulz
习　　性：多年生草本
海　　拔：800～2900 m
分　　布：安徽、福建、甘肃、湖北、湖南、陕西、四川
濒危等级：LC

法氏碎米荠
Cardamine fargesiana Al-Shehbaz
习　　性：多年生草本
分　　布：重庆
濒危等级：LC

弯曲碎米荠
Cardamine flexuosa With.
习　　性：一年生或二年生草本
国内分布：全国广布
国外分布：巴基斯坦、不丹、朝鲜半岛、菲律宾、克什米尔、老挝、马来西亚、缅甸、尼泊尔、日本、泰国、印度、印度尼西亚、越南；欧洲。归化于澳洲和南北美洲
濒危等级：LC
资源利用：药用（中草药）

莓叶碎米荠
Cardamine fragariifolia O. E. Schulz
习　　性：多年生草本
海　　拔：1000～3000 m
国内分布：广西、贵州、湖北、湖南、四川、西藏、云南
国外分布：不丹、缅甸、印度
濒危等级：LC

窄翅碎米荠
Cardamine franchetiana Diels
习　　性：多年生草本
海　　拔：2300～4800 m
分　　布：青海、四川、西藏、云南
濒危等级：LC

纤细碎米荠
Cardamine gracilis(O. E. Schulz)T. Y. Cheo et R. C. Fang
习　　性：多年生草本
海　　拔：2400～3300 m
分　　布：云南
濒危等级：NT B1b（i, iii）

颗粒碎米荠
Cardamine granulifera(Franch.)Diels
习　　性：多年生草本
海　　拔：2800～3800 m
分　　布：云南
濒危等级：LC

山芥碎米荠
Cardamine griffithii Hook. f. et Thomson
习　　性：多年生草本
海　　拔：2400～4500 m
国内分布：四川、西藏、云南
国外分布：不丹、尼泊尔、印度
濒危等级：LC
资源利用：药用（中草药）

碎米荠
Cardamine hirsuta L.
习　　性：一年生草本
国内分布：全国广布
国外分布：世界各地广泛栽培并归化
濒危等级：LC
资源利用：药用（中草药）

洪氏碎米荠
Cardamine hongdeyuana Al-Shehbaz
习　　性：多年生草本
海　　拔：约850 m
分　　布：西藏
濒危等级：LC

壶坪碎米荠
Cardamine hupingshanensis K. M. Liu, L. B. Chen, H. F. Bai & L. H. Liu
习　　性：多年生草本
海　　拔：800～1400 m
分　　布：湖北、湖南
濒危等级：NT A1c

德钦碎米荠
Cardamine hydrocotyloides W. T. Wang
习　　性：多年生草本
海　　拔：3200～3400 m
分　　布：四川、云南
濒危等级：LC

湿生碎米荠
Cardamine hygrophila T. Y. Cheo et R. C. Fang
习　　性：多年生草本
海　　拔：1400～2200 m
分　　布：广西、贵州、湖北、湖南、四川
濒危等级：LC
资源利用：动物饲料（饲料）；食品（蔬菜）

弹裂碎米荠
Cardamine impatiens L.
习　　性：二年生草本
国内分布：全国广布
国外分布：亚洲、欧洲；南非和北美洲归化
濒危等级：LC
资源利用：药用（中草药）；原料（工业用油）

翼柄碎米荠
Cardamine komarovii Nakai
习　　性：多年生草本

海　　拔：700~1000 m
国内分布：黑龙江、吉林、辽宁
国外分布：朝鲜半岛
濒危等级：LC

白花碎米荠
Cardamine leucantha (Tausch) O. E. Schulz
习　　性：多年生草本
海　　拔：100~2000 m
国内分布：安徽、甘肃、贵州、河北、河南、黑龙江、湖南、吉林、江苏、江西、辽宁、内蒙古、宁夏、山西、陕西、四川、浙江
国外分布：朝鲜半岛、俄罗斯、蒙古、日本
濒危等级：LC
资源利用：食品（蔬菜）；药用（中草药）

李恒碎米荠
Cardamine lihengiana Al-Shehbaz
习　　性：多年生草本
海　　拔：1900 m
分　　布：云南
濒危等级：LC

弯蕊碎米荠
Cardamine loxostemonoides O. E. Schulz
习　　性：多年生草本
海　　拔：2900~5500 m
国内分布：西藏、云南
国外分布：不丹、克什米尔地区、尼泊尔、印度
濒危等级：LC

水田碎米荠
Cardamine lyrata Bunge
习　　性：多年生草本
海　　拔：海平面至1000 m
国内分布：安徽、福建、广西、贵州、河北、河南、黑龙江、湖南、吉林、江苏、江西、辽宁、内蒙古、山东、四川、浙江
国外分布：朝鲜半岛、俄罗斯、日本
濒危等级：LC
资源利用：药用（中草药）；食品（蔬菜）

大叶碎米荠
Cardamine macrophylla Willd.
习　　性：多年生草本
海　　拔：500~4200 m
国内分布：安徽、甘肃、贵州、河北、河南、湖北、湖南、吉林、江西、辽宁、内蒙古、青海、山西、陕西、四川、西藏、新疆、云南
国外分布：巴基斯坦、不丹、俄罗斯、哈萨克斯坦、克什米尔地区、蒙古、尼泊尔、日本、印度
濒危等级：LC
资源利用：药用（中草药）；动物饲料（饲料）；食品（蔬菜）

小叶碎米荠
Cardamine microzyga O. E. Schulz
习　　性：多年生草本
海　　拔：2600~4600 m
分　　布：四川、西藏
濒危等级：LC

多花碎米荠
Cardamine multiflora T. Y. Cheo et R. C. Fang
习　　性：多年生草本
海　　拔：2100~3700 m
分　　布：四川、云南
濒危等级：LC

多裂碎米荠
Cardamine multijuga Franch.
习　　性：多年生草本
海　　拔：200~2800 m
分　　布：云南
濒危等级：LC

日本碎米荠
Cardamine nipponica Franch. et Sav.
习　　性：多年生草本
国内分布：台湾
国外分布：日本
濒危等级：DD

小花碎米荠
Cardamine parviflora L.
习　　性：一年生草本
海　　拔：海平面至2500 m
国内分布：安徽、广西、河北、黑龙江、江苏、辽宁、内蒙古、山东、山西、陕西、台湾、新疆、浙江
国外分布：朝鲜半岛、俄罗斯、哈萨克斯坦、蒙古、日本
濒危等级：LC

少花碎米荠
Cardamine paucifolia Hand.-Mazz.
习　　性：多年生草本
海　　拔：1500~2600 m
分　　布：云南
濒危等级：LC

草甸碎米荠
Cardamine pratensis L.
习　　性：多年生草本
海　　拔：300~1100 m
国内分布：黑龙江、内蒙古、西藏、新疆
国外分布：朝鲜半岛、俄罗斯、哈萨克斯坦、蒙古、日本
濒危等级：LC
资源利用：环境利用（观赏）；食品（蔬菜）

浮水碎米荠
Cardamine prorepens Fisch. ex DC.
习　　性：多年生草本
海　　拔：1000~1700 m
国内分布：黑龙江、吉林、内蒙古
国外分布：朝鲜半岛、俄罗斯、蒙古
濒危等级：LC

假三小叶碎米荠
Cardamine pseudotrifoliolata Al-Shehbaz
习　　性：多年生草本
海　　拔：约3000 m
分　　布：西藏
濒危等级：DD

细巧碎米荠
Cardamine pulchella (Hook. f. et Thomson) Al-Shehbaz et G. Yang
- 习　　性：多年生草本
- 海　　拔：3400~4600 m
- 国内分布：青海、四川、西藏、云南
- 国外分布：不丹、尼泊尔、印度
- 濒危等级：LC

紫花碎米荠
Cardamine purpurascens (O. E. Schulz) Al-Shehbaz et al.
- 习　　性：多年生草本
- 海　　拔：3500~4400 m
- 分　　布：四川、云南
- 濒危等级：LC
- 资源利用：药用（中草药）；食品（蔬菜）

匍匐碎米荠
Cardamine repens (Franch.) Diels
- 习　　性：多年生草本
- 海　　拔：2400~3400 m
- 分　　布：四川、云南
- 濒危等级：LC

鞭枝碎米荠
Cardamine rockii O. E. Schulz
- 习　　性：多年生草本
- 海　　拔：3100~4700 m
- 分　　布：四川、云南
- 濒危等级：VU B1ab (i, iii)

裸茎碎米荠
Cardamine scaposa Franch.
- 习　　性：多年生草本
- 海　　拔：1400~2500 m
- 分　　布：河北、内蒙古、山西、陕西、四川
- 濒危等级：LC
- 资源利用：药用（中草药）

圆齿碎米荠
Cardamine scutata Thunb.
- 习　　性：一年生或二年生草本
- 海　　拔：海平面至2100 m
- 国内分布：安徽、广东、贵州、吉林、江苏、四川、台湾、浙江
- 国外分布：朝鲜半岛、俄罗斯、日本
- 濒危等级：LC

单茎碎米荠
Cardamine simplex Hand.-Mazz.
- 习　　性：多年生草本
- 海　　拔：2500~3800 m
- 分　　布：四川、云南
- 濒危等级：LC

狭叶碎米荠
Cardamine stenoloba Hemsl.
- 习　　性：多年生草本
- 分　　布：陕西、四川
- 濒危等级：NT B1b (i, iii)

唐古碎米荠
Cardamine tangutorum O. E. Schulz
- 习　　性：多年生草本
- 海　　拔：1300~4400 m
- 分　　布：甘肃、河北、青海、山西、陕西、四川、西藏、云南
- 濒危等级：LC
- 资源利用：药用（中草药）；食品（蔬菜）

田菁碎米荠
Cardamine tianqingiae Al-Shehbaz et Boufford
- 习　　性：多年生草本
- 分　　布：甘肃
- 濒危等级：DD

细叶碎米荠
Cardamine trifida (Lam. ex Poir.) B. M. G. Jones
- 习　　性：多年生草本
- 国内分布：黑龙江、吉林、内蒙古
- 国外分布：朝鲜半岛、俄罗斯、哈萨克斯坦、蒙古、日本
- 濒危等级：NT B1b (i, iii)

三小叶碎米荠
Cardamine trifoliolata Hook. f. et Thomson
- 习　　性：多年生草本
- 海　　拔：2500~4300 m
- 国内分布：四川、云南
- 国外分布：不丹、尼泊尔、印度
- 濒危等级：LC

堇色碎米荠
Cardamine violacea (D. Don) Wall. ex Hook. f. et Thomson
- 习　　性：多年生草本
- 海　　拔：1800~4000 m
- 国内分布：云南
- 国外分布：不丹、尼泊尔
- 濒危等级：LC

信芬碎米荠
Cardamine xinfenii Al-Shehbaz
- 习　　性：多年生草本
- 海　　拔：约1250 m
- 分　　布：四川
- 濒危等级：DD

云南碎米荠
Cardamine yunnanensis Franch.
- 习　　性：多年生草本
- 海　　拔：900~4200 m
- 国内分布：四川、西藏、云南
- 国外分布：不丹、尼泊尔、印度
- 濒危等级：LC

群心菜属 Cardaria Desv.

群心菜
Cardaria draba (L.) Desv.

群心菜（原亚种）
Cardaria draba subsp. **draba**
- 习　　性：多年生草本

海　　拔：海平面至 1600 m
国内分布：辽宁、山东、新疆
国外分布：阿富汗、巴基斯坦、俄罗斯、哈萨克斯坦、吉尔吉斯斯坦、克什米尔地区、塔吉克斯坦、土库曼斯坦、乌兹别克斯坦；欧洲、美洲、中东地区。归化于非洲南部、澳大利亚、南美洲、北美洲
濒危等级：LC

球果群心菜
Cardaria draba subsp. **chalapensis** (L.) O. E. Schulz
习　　性：多年生草本
国内分布：甘肃、山东、西藏、新疆
国外分布：阿富汗、巴基斯坦、哈萨克斯坦、吉尔吉斯斯坦、克什米尔地区、塔吉克斯坦、土库曼斯坦、乌兹别克斯坦及中东；归化于欧洲和南美洲、北美洲
濒危等级：LC

毛果群心菜
Cardaria pubescens (C. A. Mey.) Jarm.
习　　性：多年生草本
海　　拔：400~1600 m
国内分布：甘肃、内蒙古、宁夏、青海、陕西、新疆
国外分布：巴基斯坦、俄罗斯、哈萨克斯坦、吉尔吉斯斯坦、蒙古、塔吉克斯坦、土库曼斯坦、乌兹别克斯坦；归化于南美洲、北美洲
濒危等级：LC

离子芥属 Chorispora R. Br. ex DC.

高山离子芥
Chorispora bungeana Fisch. et C. A. Mey.
习　　性：多年生草本
海　　拔：2200~4200 m
国内分布：新疆
国外分布：阿富汗、巴基斯坦、俄罗斯、哈萨克斯坦、吉尔吉斯斯坦、克什米尔地区、蒙古、塔吉克斯坦、乌兹别克斯坦、印度
濒危等级：LC

具葶离子芥
Chorispora greigii Regel
习　　性：多年生草本
海　　拔：1800~2200 m
国内分布：新疆
国外分布：吉尔吉斯斯坦
濒危等级：NT B1b (i, iii)

小花离子芥
Chorispora macropoda Trautv.
习　　性：多年生草本
海　　拔：2200~4500 m
国内分布：新疆
国外分布：阿富汗、巴基斯坦、哈萨克斯坦、吉尔吉斯斯坦、克什米尔地区、塔吉克斯坦、印度
濒危等级：LC

砂生离子芥
Chorispora sabulosa Cambess.
习　　性：多年生草本
海　　拔：2900~4800 m
国内分布：西藏
国外分布：巴基斯坦、哈萨克斯坦、克什米尔地区、塔吉克斯坦、乌兹别克斯坦、印度
濒危等级：LC

西伯利亚离子芥
Chorispora sibirica (L.) DC.
习　　性：一年生草本
海　　拔：700~3800 m
国内分布：西藏、新疆
国外分布：巴基斯坦、俄罗斯、哈萨克斯坦、吉尔吉斯斯坦、克什米尔地区、蒙古、印度
濒危等级：LC

准噶尔离子芥
Chorispora songarica Schrenk
习　　性：多年生草本
海　　拔：4300~4700 m
国内分布：新疆
国外分布：哈萨克斯坦、塔吉克斯坦、乌兹别克斯坦
濒危等级：LC

新疆离子芥
Chorispora tashkorganica Al-Shehbaz et al.
习　　性：一年生草本
海　　拔：4000~4200 m
分　　布：新疆
濒危等级：LC

离子芥
Chorispora tenella (Pall.) DC.
习　　性：一年生草本
海　　拔：100~2200 m
国内分布：安徽、甘肃、河北、河南、辽宁、内蒙古、青海、山东、山西、陕西、新疆
国外分布：阿富汗、巴基斯坦、朝鲜半岛、俄罗斯、哈萨克斯坦、吉尔吉斯斯坦、克什米尔地区、蒙古、塔吉克斯坦、土库曼斯坦、乌兹别克斯坦、印度
濒危等级：LC

高原芥属 Christolea Cambess.

高原芥
Christolea crassifolia Cambess.
习　　性：多年生草本
海　　拔：3500~4700 m
国内分布：青海、西藏、新疆
国外分布：阿富汗、巴基斯坦、克什米尔地区、尼泊尔、塔吉克斯坦
濒危等级：LC

尼雅高原芥
Christolea niyaensis Z. X. An
习　　性：多年生草本
海　　拔：约 2700 m
分　　布：新疆
濒危等级：LC

对枝菜属 Cithareloma Bunge

对枝菜
Cithareloma vernum Bunge
习　　性：一年生草本
国内分布：甘肃、新疆
国外分布：哈萨克斯坦、土库曼斯坦、乌兹别克斯坦
濒危等级：LC

香芥属 Clausia Korn.-Trotzky

香芥
Clausia aprica (Stephan) Korn.-Trotzky
习　　性：多年生草本
国内分布：新疆
国外分布：俄罗斯、哈萨克斯坦、蒙古
濒危等级：DD

毛萼香芥
Clausia trichosepala (Turcz.) Dvorák
习　　性：一年生或二年生草本
海　　拔：1100～1700 m
国内分布：河北、吉林、内蒙古、山东、山西
国外分布：朝鲜半岛、蒙古
濒危等级：LC

岩荠属 Cochlearia L.

岩荠
Cochlearia officinalis L.
习　　性：二年生或多年生草本
国内分布：中国有栽培
国外分布：欧洲
资源利用：药用（中草药）；食品（蔬菜）

线果芥属 Conringia Heist. ex Fabr.

线果芥
Conringia planisiliqua Fisch. et C. A. Mey.
习　　性：一年生草本
海　　拔：300～3600 m
国内分布：西藏、新疆
国外分布：阿富汗、巴基斯坦、俄罗斯、哈萨克斯坦、吉尔吉斯斯坦、克什米尔地区、蒙古、塔吉克斯坦、土库曼斯坦、乌兹别克斯坦、印度
濒危等级：LC

臭荠属 Coronopus Zinn

臭荠
Coronopus didymus (L.) Sm.
习　　性：一年生或二年生草本
海　　拔：海平面至1000 m
国内分布：安徽、福建、广东、湖北、江苏、江西、山东、四川、台湾、新疆、云南、浙江
国外分布：世界广布
濒危等级：LC

单叶臭荠
Coronopus integrifolius (DC.) Spreng.
习　　性：一年生或多年生草本
国内分布：广东、台湾
国外分布：原产非洲

两节荠属 Crambe L.

两节荠
Crambe kotschyana Boiss.
习　　性：多年生草本
海　　拔：700～4000 m
国内分布：西藏、新疆
国外分布：阿富汗、巴基斯坦、哈萨克斯坦、吉尔吉斯斯坦、塔吉克斯坦、土库曼斯坦、乌兹别克斯坦、印度
濒危等级：NT A2c；B1ab (i, iii)

须弥芥属 Crucihimalaya Al-Shehbaz, O'Kane et R. A. Price

腋花须弥芥
Crucihimalaya axillaris (Hook. f. et Thomson) Al-Shehbaz, O'Kane & R. A. Price
习　　性：一年生或多年生草本
海　　拔：2200～3000 m
国内分布：西藏
国外分布：不丹、克什米尔地区、尼泊尔、印度
濒危等级：LC

须弥芥
Crucihimalaya himalaica (Edgew.) Al-Shehbaz, O'Kane et R. A. Price
习　　性：一年生或二年生草本
海　　拔：1500～5000 m
国内分布：四川、西藏、云南
国外分布：阿富汗、巴基斯坦、不丹、克什米尔地区、尼泊尔、印度
濒危等级：LC

毛果须弥芥
Crucihimalaya lasiocarpa (Hook. f. et Thomson) Al-Shehbaz, O'Kane et R. A. Price
习　　性：一年生或二年生草本
海　　拔：2400～4500 m
国内分布：四川、西藏、云南
国外分布：不丹、尼泊尔、印度
濒危等级：LC

柔毛须弥芥
Crucihimalaya mollissima (C. A. Mey.) Al-Shehbaz, O'Kane et R. A. Price
习　　性：多年生草本
海　　拔：2600～4400 m
国内分布：甘肃、四川、西藏、新疆
国外分布：阿富汗、巴基斯坦、俄罗斯、哈萨克斯坦、吉尔吉斯斯坦、克什米尔地区、蒙古、塔吉克斯坦、印度

濒危等级：LC

直须弥芥
Crucihimalaya stricta (Cambess.) Al-Shehbaz, O'Kane et R. A. Price
习　　性：一年生或二年生草本
海　　拔：1600～4200 m
国内分布：西藏
国外分布：巴基斯坦、克什米尔地区、尼泊尔、印度
濒危等级：LC

卵叶须弥芥
Crucihimalaya wallichii (Hook. f. et Thomson) Al-Shehbaz, O'Kane et R. A. Price
习　　性：一年生或二年生草本
海　　拔：700～4400 m
国内分布：西藏
国外分布：阿富汗、巴基斯坦、不丹、哈萨克斯坦、吉尔吉斯斯坦、克什米尔地区、尼泊尔、塔吉克斯坦、土库曼斯坦、乌兹别克斯坦、印度
濒危等级：LC

隐子芥属 Cryptospora Kar. et Kir.

隐子芥
Cryptospora falcata Kar. et Kir.
习　　性：一年生草本
海　　拔：500～1000 m
国内分布：新疆
国外分布：阿富汗、哈萨克斯坦、吉尔吉斯斯坦、塔吉克斯坦、土库曼斯坦、乌兹别克斯坦
濒危等级：LC

播娘蒿属 Descurainia Webb. et Berthel.

播娘蒿
Descurainia sophia (L.) Webb ex Prantl
习　　性：一年生草本
海　　拔：海平面至4200 m
国内分布：除广东、广西、海南、台湾外，各省均有分布
国外分布：欧洲、亚洲
濒危等级：LC
资源利用：药用（中草药）；食品（种子）

扇叶芥属 Desideria Pamp.

藏北扇叶芥
Desideria bailogoinensis (K. C. Kuan et Z. X. An) Al-Shehbaz
习　　性：多年生草本
海　　拔：4700～5600 m
分　　布：青海、西藏
濒危等级：LC

长毛扇叶芥
Desideria flabellata (Regel) Al-Shehbaz
习　　性：多年生草本
海　　拔：3300～5100 m
国内分布：新疆
国外分布：阿富汗、吉尔吉斯斯坦、塔吉克斯坦
濒危等级：NT A1c

须弥扇叶芥
Desideria himalayensis (Cambess.) Al-Shehbaz
习　　性：多年生草本
海　　拔：4300～5700 m
国内分布：青海、西藏
国外分布：克什米尔地区、尼泊尔、印度
濒危等级：LC

线果扇叶芥
Desideria linearis (N. Busch) Al-Shehbaz
习　　性：多年生草本
海　　拔：3200～6200 m
国内分布：新疆
国外分布：克什米尔地区、尼泊尔、塔吉克斯坦
濒危等级：LC

扇叶芥
Desideria mirabilis Pamp.
习　　性：多年生草本
海　　拔：4000～5000 m
国内分布：新疆
国外分布：克什米尔地区、塔吉克斯坦
濒危等级：LC

丛生扇叶芥
Desideria prolifera (Maxim.) Al-Shehbaz
习　　性：多年生草本
海　　拔：4700～5900 m
分　　布：青海、西藏
濒危等级：LC

矮高原芥
Desideria pumila (Kurz.) Al-Shehbaz
习　　性：多年生草本
海　　拔：4200～5700 m
国内分布：西藏、新疆
国外分布：克什米尔地区
濒危等级：NT A1c

少花扇叶芥
Desideria stewartii (T. Anderson) Al-Shehbaz
习　　性：多年生草本
海　　拔：4100～5300 m
国内分布：西藏
国外分布：克什米尔地区、印度
濒危等级：DD

双脊荠属 Dilophia Thomson

无苞双脊荠
Dilophia ebracteata Maxim.
习　　性：二年生草本
海　　拔：4500～5000 m
分　　布：青海、西藏
濒危等级：LC

盐泽双脊荠
Dilophia salsa Thomson
习　　性：多年生草本

海　　拔：2000~3000 m
国内分布：甘肃、青海、西藏、新疆
国外分布：不丹、吉尔吉斯斯坦、克什米尔地区、尼泊尔、塔吉克斯坦、印度
濒危等级：LC

二行芥属 Diplotaxis DC.

二行芥
Diplotaxis muralis (L.) DC.
习　　性：一年生草本
海　　拔：约 100 m
国内分布：辽宁栽培
国外分布：原产欧洲
濒危等级：DD

异果芥属 Diptychocarpus Trautv.

异果芥
Diptychocarpus strictus (Fisch. ex M. Bieb.) Trautv.
习　　性：一年生草本
海　　拔：500~1000 m
国内分布：甘肃、内蒙古、新疆
国外分布：阿富汗、巴基斯坦、俄罗斯、哈萨克斯坦、吉尔吉斯斯坦、塔吉克斯坦、土库曼斯坦、乌兹别克斯坦
濒危等级：LC

花旗杆属 Dontostemon Andrz. ex C. A. Mey.

厚叶花旗杆
Dontostemon crassifolius (Bunge) Maxim.
习　　性：多年生草本
国内分布：内蒙古
国外分布：俄罗斯、蒙古
濒危等级：LC

花旗杆
Dontostemon dentatus (Bunge) Ledeb.
习　　性：一年生草本
海　　拔：200~1900 m
国内分布：安徽、河北、河南、黑龙江、吉林、江苏、辽宁、内蒙古、山东、山西、陕西、新疆、云南
国外分布：朝鲜半岛、俄罗斯、日本
濒危等级：LC

扭果花旗杆
Dontostemon elegans Maxim.
习　　性：多年生草本
海　　拔：1000~1500 m
国内分布：甘肃、内蒙古、新疆
国外分布：俄罗斯、蒙古
濒危等级：LC

腺花旗杆
Dontostemon glandulosus (Kar. et Kir.) O. E. Schulz
习　　性：一年生或二年生草本
海　　拔：1900~5300 m
国内分布：甘肃、内蒙古、宁夏、青海、四川、西藏、新疆、云南
国外分布：俄罗斯、哈萨克斯坦、克什米尔地区、尼泊尔、塔吉克斯坦
濒危等级：LC

毛花旗杆
Dontostemon hispidus Maxim.
习　　性：一年生草本
海　　拔：200~400 m
国内分布：黑龙江
国外分布：俄罗斯
濒危等级：DD

线叶花旗杆
Dontostemon integrifolius (L.) C. A. Mey.
习　　性：一年生草本
海　　拔：200~1700 m
国内分布：黑龙江、辽宁、内蒙古、宁夏、山西、陕西
国外分布：俄罗斯、蒙古
濒危等级：LC

小花花旗杆
Dontostemon micranthus C. A. Mey.
习　　性：一年生草本
海　　拔：900~3300 m
国内分布：甘肃、河北、黑龙江、吉林、辽宁、内蒙古、青海、山西、新疆
国外分布：俄罗斯、蒙古
濒危等级：LC

多年生花旗杆
Dontostemon perennis C. A. Mey.
习　　性：多年生草本
海　　拔：1300~1600 m
国内分布：内蒙古
国外分布：俄罗斯、蒙古
濒危等级：LC

羽裂花旗杆
Dontostemon pinnatifidus (Willd.) Al-Shehbaz et H. Ohba

羽裂花旗杆（原亚种）
Dontostemon pinnatifidus subsp. **pinnatifidus**
习　　性：一年生或二年生草本
海　　拔：1100~4600 m
国内分布：甘肃、河北、黑龙江、内蒙古、青海、山东、四川、西藏、新疆、云南
国外分布：俄罗斯、蒙古、尼泊尔、印度
濒危等级：LC

线叶羽裂花旗杆
Dontostemon pinnatifidus subsp. **linearifolius** (Maxim.) Al-Shehbaz et H. Ohba
习　　性：一年生或二年生草本
海　　拔：3100~4500 m
分　　布：甘肃、青海、新疆
濒危等级：LC

白花花旗杆
Dontostemon senilis Maxim.
习　　性：多年生草本
海　　拔：300~1500 m

国内分布：甘肃、内蒙古、宁夏、新疆
国外分布：蒙古
濒危等级：LC

西藏花旗杆
Dontostemon tibeticus (Maxim.) Al-Shehbaz
习　　性：二年生草本
海　　拔：3200~5200 m
分　　布：甘肃、青海、西藏
濒危等级：LC

葶苈属 Draba L.

帕米尔葶苈
Draba alajica Litv.
习　　性：多年生草本
海　　拔：3400~4700 m
国内分布：西藏
国外分布：塔吉克斯坦
濒危等级：LC

阿尔泰葶苈
Draba altaica (C. A. Mey.) Bunge
习　　性：多年生草本
海　　拔：2000~5600 m
国内分布：甘肃、青海、四川、西藏、新疆、云南
国外分布：阿富汗、巴基斯坦、俄罗斯、哈萨克斯坦、吉尔吉斯斯坦、克什米尔地区、蒙古、尼泊尔、塔吉克斯坦、印度
濒危等级：LC

抱茎葶苈
Draba amplexicaulis Franch.
习　　性：多年生草本
海　　拔：2500~4700 m
分　　布：四川、西藏、云南
濒危等级：LC

匍匐葶苈
Draba bartholomewii Al-Shehbaz
习　　性：多年生草本
分　　布：青海
濒危等级：LC

不丹葶苈
Draba bhutanica H. Hara
习　　性：多年生草本
海　　拔：3900~4400 m
国内分布：西藏
国外分布：不丹
濒危等级：LC

克什米尔葶苈
Draba cachemirica Gand.
习　　性：多年生草本
海　　拔：3700~5300 m
国内分布：西藏
国外分布：克什米尔地区
濒危等级：LC

灰岩葶苈
Draba calcicola O. E. Schulz
习　　性：多年生草本
海　　拔：3300~3400 m
分　　布：云南
濒危等级：LC

大花葶苈
Draba cholaensis W. W. Sm.
习　　性：多年生草本
海　　拔：3700~4300 m
国内分布：西藏
国外分布：印度
濒危等级：LC

东川葶苈
Draba dongchuanensis Al-Shehbaz
习　　性：多年生草本
海　　拔：约 4000 m
分　　布：云南
濒危等级：LC

草原葶苈
Draba draboides (Maximowicz) Al-Shehbaz
习　　性：多年生草本
分　　布：甘肃、青海
濒危等级：VU B2ab（ii，iii）；C1

高茎葶苈
Draba elata Hook. f. et Thomson
习　　性：多年生草本
海　　拔：3400~4900 m
分　　布：西藏
濒危等级：LC

椭圆果葶苈
Draba ellipsoidea Hook. f. et Thomson
习　　性：一年生草本
海　　拔：3100~5200 m
国内分布：甘肃、青海、四川、西藏、云南
国外分布：克什米尔地区、尼泊尔
濒危等级：LC

毛葶苈
Draba eriopoda Turcz.
习　　性：一年生草本
海　　拔：2000~4900 m
国内分布：甘肃、湖北、青海、山西、陕西、四川、西藏、新疆、云南
国外分布：不丹、俄罗斯、蒙古、尼泊尔、印度
濒危等级：LC

球果葶苈
Draba glomerata Royle
习　　性：多年生草本
海　　拔：2900~5500 m
国内分布：甘肃、青海、四川、西藏、新疆
国外分布：巴基斯坦、克什米尔地区、尼泊尔、印度
濒危等级：LC

纤细葶苈
Draba gracillima Hook. f. et Thomson
　　习　　性：多年生草本
　　海　　拔：3200~5000 m
　　国内分布：西藏、云南
　　国外分布：不丹、尼泊尔、印度
　　濒危等级：NT B1b（iii）

矮葶苈
Draba handelii O. E. Schulz
　　习　　性：多年生草本
　　海　　拔：4000~4100 m
　　分　　布：云南
　　濒危等级：LC

中亚葶苈
Draba huetii Boiss.
　　习　　性：一年生草本
　　海　　拔：500~2300 m
　　国内分布：新疆
　　国外分布：哈萨克斯坦、吉尔吉斯斯坦、塔吉克斯坦、土库曼斯坦、乌兹别克斯坦
　　濒危等级：LC

小葶苈
Draba humillima O. E. Schulz
　　习　　性：多年生草本
　　海　　拔：4300~5600 m
　　国内分布：西藏
　　国外分布：印度
　　濒危等级：LC

总苞葶苈
Draba involucrata(W. W. Sm.) W. W. Sm.
　　习　　性：多年生草本
　　海　　拔：3300~5100 m
　　分　　布：四川、西藏、云南
　　濒危等级：LC

九龙葶苈
Draba jiulongensis Al-Shehbaz
　　习　　性：多年生草本
　　海　　拔：4100~4200 m
　　分　　布：四川
　　濒危等级：LC

愉悦葶苈
Draba jucunda W. W. Sm.
　　习　　性：多年生草本
　　海　　拔：3400~4600 m
　　分　　布：西藏、云南
　　濒危等级：VU A2c

贡布葶苈
Draba kongboiana Al-Shehbaz
　　习　　性：多年生草本
　　海　　拔：约4500 m
　　分　　布：西藏
　　濒危等级：LC

科氏葶苈
Draba korshinskyi(O. Fedtsch.) Pohle
　　习　　性：多年生草本
　　海　　拔：3900~5100 m
　　国内分布：西藏、新疆
　　国外分布：阿富汗、巴基斯坦、克什米尔地区、塔吉克斯坦
　　濒危等级：LC

苞序葶苈
Draba ladyginii Pohle
　　习　　性：多年生草本
　　海　　拔：2100~4700 m
　　分　　布：甘肃、河北、湖北、内蒙古、宁夏、青海、山西、陕西、四川、西藏、新疆、云南
　　濒危等级：LC

锥果葶苈
Draba lanceolata Royle
　　习　　性：多年生草本
　　海　　拔：1100~4900 m
　　国内分布：甘肃、青海、西藏、新疆
　　国外分布：阿富汗、巴基斯坦、俄罗斯、哈萨克斯坦、吉尔吉斯斯坦、克什米尔地区、塔吉克斯坦、土库曼斯坦、乌兹别克斯坦、印度
　　濒危等级：LC

毛叶葶苈
Draba lasiophylla Royle
　　习　　性：多年生草本
　　海　　拔：3000~5200 m
　　国内分布：甘肃、湖北、青海、陕西、四川、西藏、新疆
　　国外分布：不丹、哈萨克斯坦、吉尔吉斯斯坦、克什米尔地区、尼泊尔、塔吉克斯坦、乌兹别克斯坦、印度
　　濒危等级：LC

丽江葶苈
Draba lichiangensis W. W. Sm.
　　习　　性：多年生草本
　　海　　拔：3500~5000 m
　　国内分布：青海、四川、西藏、云南
　　国外分布：不丹、尼泊尔
　　濒危等级：LC

线叶葶苈
Draba linearifolia L. L. Lou et T. Y. Cheo
　　习　　性：多年生草本
　　海　　拔：3600~4000 m
　　分　　布：西藏
　　濒危等级：LC

马塘葶苈
Draba matangensis O. E. Schulz
　　习　　性：多年生草本
　　海　　拔：3600~5100 m
　　分　　布：四川、西藏
　　濒危等级：NT B1ab（i, iii）

天山葶苈
Draba melanopus Kom.

习　　性：二年生或多年生草本
海　　拔：2200~3700 m
国内分布：新疆
国外分布：阿富汗、巴基斯坦、哈萨克斯坦、吉尔吉斯斯坦、塔吉克斯坦
濒危等级：NT B1b (i, iii)

昆仑山葶苈
Draba mieheorum Al-Shehbaz
习　　性：多年生草本
海　　拔：4300 m
分　　布：西藏
濒危等级：DD

蒙古葶苈
Draba mongolica Turcz.
习　　性：多年生草本
海　　拔：1700~4000 m
国内分布：甘肃、河北、黑龙江、吉林、内蒙古、青海、山西、陕西、四川、新疆
国外分布：俄罗斯、蒙古
濒危等级：LC

葶苈
Draba nemorosa L.
习　　性：一年生草本
海　　拔：海平面至4800 m
国内分布：安徽、甘肃、贵州、河北、河南、黑龙江、吉林、江苏、辽宁、内蒙古、宁夏、青海、山东、山西、陕西、四川、西藏、新疆、云南、浙江
国外分布：阿富汗、朝鲜半岛、俄罗斯、哈萨克斯坦、吉尔吉斯斯坦、克什米尔地区、蒙古、日本、塔吉克斯坦、土库曼斯坦、乌兹别克斯坦
濒危等级：LC
资源利用：药用（中草药）

裸露葶苈
Draba nuda (Bél.) Al-Shehbaz et M. Koch
习　　性：多年生草本
国内分布：西藏
国外分布：克什米尔地区
濒危等级：DD

聂拉木葶苈
Draba nylamensis Al-Shehbaz
习　　性：多年生草本
分　　布：西藏
濒危等级：LC

奥氏葶苈
Draba olgae Regel et Schmalh
习　　性：多年生草本
海　　拔：2900~3800 m
国内分布：新疆
国外分布：巴基斯坦、吉尔吉斯斯坦、塔吉克斯坦
濒危等级：VU D2

喜山葶苈
Draba oreades Schrenk
习　　性：多年生草本
海　　拔：2300~5500 m
国内分布：甘肃、内蒙古、青海、陕西、四川、西藏、新疆、云南
国外分布：巴基斯坦、不丹、俄罗斯、哈萨克斯坦、吉尔吉斯斯坦、克什米尔地区、蒙古、塔吉克斯坦、印度
濒危等级：LC
资源利用：药用（中草药）

山景葶苈
Draba oreodoxa W. W. Sm.
习　　性：多年生草本
海　　拔：3800~4800 m
分　　布：四川、云南
濒危等级：LC

小花葶苈
Draba parviflora (Regel) O. E. Schulz
习　　性：多年生草本
海　　拔：2700~4100 m
国内分布：甘肃、青海、新疆
国外分布：俄罗斯、哈萨克斯坦、吉尔吉斯斯坦、塔吉克斯坦
濒危等级：LC

多叶葶苈
Draba polyphylla O. E. Schulz
习　　性：多年生草本
海　　拔：2900~5000 m
国内分布：西藏、云南
国外分布：不丹、尼泊尔、印度
濒危等级：LC

疏花葶苈
Draba remotiflora O. E. Schulz
习　　性：多年生草本
海　　拔：约4600 m
分　　布：四川
濒危等级：VU B1ab (i, iii)

台湾葶苈
Draba sekiyana Ohwi
习　　性：多年生草本
海　　拔：3000~3900 m
分　　布：台湾
濒危等级：EN D

衰老葶苈
Draba senilis O. E. Schulz
习　　性：多年生草本
海　　拔：4000~4900 m
分　　布：青海、四川、西藏、云南
濒危等级：LC

刚毛葶苈
Draba setosa Royle
习　　性：多年生草本
海　　拔：3200~4600 m
国内分布：西藏
国外分布：克什米尔地区、印度

濒危等级：NT B1ab（i, iii）

西伯利亚葶苈
Draba sibirica(Pall.)Thell.
- 习　　性：多年生草本
- 海　　拔：2000～2900 m
- 国内分布：甘肃、新疆
- 国外分布：俄罗斯、哈萨克斯坦、吉尔吉斯斯坦、蒙古
- 濒危等级：LC

锡金葶苈
Draba sikkimensis(Hook. f. et Thomson) Pohle
- 习　　性：多年生草本
- 海　　拔：4800～5500 m
- 国内分布：西藏
- 国外分布：不丹、尼泊尔、印度
- 濒危等级：LC

狭果葶苈
Draba stenocarpa Hook. f. et Thomson
- 习　　性：一年生草本
- 海　　拔：2500～5000 m
- 国内分布：甘肃、青海、四川、西藏、新疆
- 国外分布：阿富汗、巴基斯坦、哈萨克斯坦、吉尔吉斯斯坦、克什米尔地区、塔吉克斯坦、土库曼斯坦、乌兹别克斯坦、印度
- 濒危等级：LC
- 资源利用：动物饲料（饲料）

半抱茎葶苈
Draba subamplexicaulis C. A. Mey.
- 习　　性：多年生草本
- 海　　拔：2300～4600 m
- 国内分布：青海、陕西、四川、新疆
- 国外分布：俄罗斯、哈萨克斯坦、吉尔吉斯斯坦、蒙古、乌兹别克斯坦
- 濒危等级：LC

孙氏葶苈
Draba sunhangiana Al-Shehbaz
- 习　　性：多年生草本
- 海　　拔：约 4700 m
- 分　　布：西藏
- 濒危等级：LC

山菜葶苈
Draba surculosa Franch.
- 习　　性：多年生草本
- 海　　拔：2600～4600 m
- 分　　布：四川、西藏、云南
- 濒危等级：LC

西藏葶苈
Draba tibetica Hook. f. et Thomson
- 习　　性：多年生草本
- 海　　拔：2500～4600 m
- 国内分布：西藏、新疆
- 国外分布：阿富汗、巴基斯坦、哈萨克斯坦、吉尔吉斯斯坦、克什米尔地区、塔吉克斯坦
- 濒危等级：LC

屠氏葶苈
Draba turczaninowii Pohle et N. Busch
- 习　　性：多年生草本
- 国内分布：新疆
- 国外分布：俄罗斯、哈萨克斯坦、吉尔吉斯斯坦、蒙古
- 濒危等级：LC

乌苏里葶苈
Draba ussuriensis Pohle
- 习　　性：多年生草本
- 海　　拔：2100～2600 m
- 国内分布：吉林
- 国外分布：俄罗斯、日本
- 濒危等级：LC

棉毛葶苈
Draba winterbottomii(Hook. f. et Thomson) Pohle
- 习　　性：多年生草本
- 海　　拔：4000～5900 m
- 国内分布：青海、西藏
- 国外分布：巴基斯坦、克什米尔地区
- 濒危等级：LC

乐氏葶苈
Draba yueii Al-Shehbaz
- 习　　性：多年生草本
- 海　　拔：4100～4200 m
- 分　　布：四川
- 濒危等级：LC

云南葶苈
Draba yunnanensis Franch.
- 习　　性：多年生草本
- 海　　拔：2300～5500 m
- 分　　布：四川、西藏、云南
- 濒危等级：LC

藏北葶苈
Draba zangbeiensis L. L. Lou
- 习　　性：多年生草本
- 海　　拔：4100～5000 m
- 分　　布：青海、西藏
- 濒危等级：LC

假葶苈属 Drabopsis K. Koch

假葶苈
Drabopsis nuda(Bél.)Stapf
- 习　　性：草本
- 海　　拔：1300～3200 m
- 国内分布：新疆
- 国外分布：阿富汗、巴基斯坦、哈萨克斯坦、吉尔吉斯斯坦、克什米尔地区、塔吉克斯坦、土库曼斯坦、乌兹别克斯坦、印度
- 濒危等级：LC

芝麻菜属 Eruca Mill.

芝麻菜
Eruca vesicaria(Mill.)Thell.
- 习　　性：一年生草本

海　　拔：0~3800 m
国内分布：甘肃、广东、河北、黑龙江、江苏、辽宁、内蒙古、青海、山西、陕西、四川、新疆
国外分布：阿富汗、巴基斯坦、俄罗斯、哈萨克斯坦、吉尔吉斯斯坦、蒙古、塔吉克斯坦、土库曼斯坦、乌兹别克斯坦、印度；西南亚、西北非、欧洲。全球归化
濒危等级：LC

糖芥属 Erysimum L.

糖芥
Erysimum amurense Kitag.
习　　性：多年生草本
海　　拔：100~2800 m
国内分布：河北、江苏、辽宁、内蒙古、山西、陕西
国外分布：朝鲜半岛、俄罗斯
濒危等级：LC

四川糖芥
Erysimum benthamii Monnet
习　　性：一年生或二年生草本
海　　拔：1900~4100 m
国内分布：四川、西藏、云南
国外分布：不丹、尼泊尔、印度
濒危等级：LC

灰毛糖芥
Erysimum canescens Roth
习　　性：二年生或多年生草本
海　　拔：700~3800 m
国内分布：新疆
国外分布：俄罗斯、哈萨克斯坦、蒙古、塔吉克斯坦、乌兹别克斯坦
濒危等级：LC

小花糖芥
Erysimum cheiranthoides L.
习　　性：一年生草本
海　　拔：800~3000 m
国内分布：黑龙江、吉林、内蒙古、新疆
国外分布：朝鲜半岛、俄罗斯、哈萨克斯坦、蒙古、日本
濒危等级：LC
资源利用：药用（中草药）

外折糖芥
Erysimum deflexum Hook. f. et Thomson
习　　性：多年生草本
海　　拔：3700~5200 m
国内分布：西藏、新疆
国外分布：印度
濒危等级：LC

蒙古糖芥
Erysimum flavum (Georgi) Bobrov

蒙古糖芥（原亚种）
Erysimum flavum subsp. **flavum**
习　　性：多年生草本
海　　拔：900~4600 m
国内分布：黑龙江、内蒙古
国外分布：俄罗斯、蒙古
濒危等级：LC

阿尔泰糖芥
Erysimum flavum subsp. **altaicum** (C. A. Mey.) Polozhij
习　　性：多年生草本
海　　拔：900~4600 m
国内分布：西藏、新疆
国外分布：巴基斯坦、俄罗斯、哈萨克斯坦、吉尔吉斯斯坦、克什米尔地区、塔吉克斯坦
濒危等级：LC

葡匐糖芥
Erysimum forrestii (W. W. Sm.) Polatschek
习　　性：多年生草本
海　　拔：3600~4900 m
分　　布：云南
濒危等级：NT B1ab (i, iii)

紫花糖芥
Erysimum funiculosum Hook. f. et Thomson
习　　性：多年生草本
海　　拔：3400~5500 m
国内分布：甘肃、青海、西藏
国外分布：印度
濒危等级：LC

无茎糖芥
Erysimum handel-mazzettii Polatschek
习　　性：多年生草本
海　　拔：4100~4800 m
分　　布：四川
濒危等级：LC

山柳菊叶糖芥
Erysimum hieraciifolium L.
习　　性：二年生草本
海　　拔：2100~3800 m
国内分布：黑龙江、辽宁、内蒙古、西藏、新疆
国外分布：巴基斯坦、俄罗斯、哈萨克斯坦、克什米尔地区、蒙古、塔吉克斯坦、乌兹别克斯坦
濒危等级：LC

波齿糖芥
Erysimum macilentum Bunge
习　　性：一年生草本
海　　拔：100~2500 m
分　　布：安徽、甘肃、河北、河南、湖北、湖南、吉林、江苏、辽宁、内蒙古、宁夏、山东、山西、陕西、四川、云南
濒危等级：LC

粗梗糖芥
Erysimum repandum L.
习　　性：一年生草本
海　　拔：200~1400 m
国内分布：辽宁、新疆
国外分布：阿富汗、巴基斯坦、俄罗斯、哈萨克斯坦、吉尔吉斯斯坦、克什米尔地区、塔吉克斯坦、土

库曼斯坦、乌兹别克斯坦
濒危等级：LC

红紫糖芥
Erysimum roseum(Maxim.)Polatschek
习　　性：多年生草本
海　　拔：3200~4900 m
分　　布：甘肃、青海、四川、西藏、云南
濒危等级：LC

矮糖芥
Erysimum schlagintweitianum O. E. Schulz
习　　性：一年生或二年生草本
海　　拔：3400~4700 m
国内分布：西藏
国外分布：巴基斯坦
濒危等级：NT B1ab（i，iii）

棱果糖芥
Erysimum siliculosum(M. Bieb.)DC.
习　　性：二年生或多年生草本
海　　拔：400~1400 m
国内分布：新疆
国外分布：俄罗斯、哈萨克斯坦、土库曼斯坦
濒危等级：LC

小糖芥
Erysimum sisymbrioides C. A. Mey.
习　　性：一年生草本
海　　拔：700~4000 m
国内分布：新疆
国外分布：阿富汗、巴基斯坦、俄罗斯、哈萨克斯坦、吉尔吉斯斯坦、蒙古、塔吉克斯坦、土库曼斯坦、乌兹别克斯坦；中东地区
濒危等级：NT

具苞糖芥
Erysimum wardii Polatschek
习　　性：多年生草本
海　　拔：3000~4600 m
分　　布：四川、西藏、云南
濒危等级：LC

鸟头荠属 Euclidium R. Br.

鸟头荠
Euclidium syriacum(L.)R. Br.
习　　性：一年生草本
国内分布：新疆
国外分布：阿富汗、巴基斯坦、俄罗斯、哈萨克斯坦、吉尔吉斯斯坦、克什米尔地区、塔吉克斯坦、土库曼斯坦、乌兹别克斯坦、印度；中东、欧洲。全球归化
濒危等级：LC

宽果芥属 Eurycarpus Botsch.

绒毛宽果芥
Eurycarpus lanuginosus(Hook. f. et Thomson)Botsch.
习　　性：多年生草本
海　　拔：5100~5300 m
分　　布：西藏
濒危等级：DD

马氏宽果芥
Eurycarpus marinellii(Pamp.)Al-Shehbaz et G. Yang
习　　性：多年生草本
海　　拔：5300~5700 m
国内分布：西藏
国外分布：克什米尔地区
濒危等级：DD

山萮菜属 Eutrema R. Br.

鲍氏山萮菜
Eutrema bouffordii Al-Shehbaz
习　　性：多年生草本
海　　拔：4500~4900 m
分　　布：四川
濒危等级：LC

珠芽山萮菜
Eutrema bulbiferum Y. Xiao et D. K. Tian
习　　性：多年生草本
海　　拔：约850 m
分　　布：湖南
濒危等级：DD

三角叶山萮菜
Eutrema deltoideum(Hook. f. et Thomson)O. E. Schulz
习　　性：多年生草本
海　　拔：3600~4700 m
国内分布：西藏、云南
国外分布：不丹、印度
濒危等级：LC

密序山萮菜
Eutrema heterophyllum(W. W. Sm.)H. Hara
习　　性：多年生草本
海　　拔：2500~5400 m
国内分布：甘肃、河北、青海、陕西、四川、西藏、新疆、云南
国外分布：不丹、哈萨克斯坦、吉尔吉斯斯坦、尼泊尔、塔吉克斯坦
濒危等级：LC

川滇山萮菜
Eutrema himalaicum Hook. f. et Thomson
习　　性：多年生草本
海　　拔：3300~4400 m
国内分布：四川、西藏、云南
国外分布：不丹、印度
濒危等级：LC

全缘叶山萮菜
Eutrema integrifolium(DC.)Bunge
习　　性：多年生草本
海　　拔：1200~2400 m
国内分布：新疆
国外分布：哈萨克斯坦、吉尔吉斯斯坦、塔吉克斯坦、乌

兹别克斯坦

濒危等级：LC

总序山萮菜
Eutrema racemosum Al-Shehbaz, G. Q. Hao et J. Quan Liu
- 习　　性：多年生草本
- 分　　布：河北、四川
- 濒危等级：DD

日本山萮菜
Eutrema tenue (Miq.) Makino
- 习　　性：多年生草本
- 海　　拔：海平面至 4000 m
- 国内分布：贵州、四川、西藏、云南
- 国外分布：日本
- 濒危等级：LC

块茎山萮菜
Eutrema wasabi (Siebold) Maxim.
- 习　　性：多年生草本
- 海　　拔：海平面至 2500 m
- 国内分布：台湾
- 国外分布：朝鲜半岛、日本
- 濒危等级：DD

南山萮菜
Eutrema yunnanense Franch.
- 习　　性：多年生草本
- 海　　拔：400~3500 m
- 分　　布：安徽、甘肃、河北、湖北、湖南、江苏、江西、宁夏、陕西、四川、西藏、云南、浙江
- 濒危等级：LC

竹溪山萮菜
Eutrema zhuxiense Q. L. Gan et Xin W. Li
- 习　　性：多年生草本
- 海　　拔：约 1100 m
- 分　　布：湖北
- 濒危等级：DD

单盾荠属 Fibigia Medicus

匙叶单盾荠
Fibigia spathulata B. Fedtsc.
- 习　　性：草本
- 国内分布：新疆
- 国外分布：俄罗斯
- 濒危等级：DD

翅籽荠属 Galitzkya V. V. Botschantz.

大果翅籽荠
Galitzkya potaninii (Maxim.) V. V. Botschantz.
- 习　　性：多年生草本
- 海　　拔：800~1700 m
- 国内分布：甘肃、内蒙古、新疆
- 国外分布：蒙古
- 濒危等级：LC

匙叶翅籽荠
Galitzkya spathulata (Stephan ex Willd.) V. V. Botschantz.
- 习　　性：多年生草本
- 海　　拔：500~1000 m
- 国内分布：新疆
- 国外分布：哈萨克斯坦
- 濒危等级：LC

四棱荠属 Goldbachia DC.

短梗四棱荠
Goldbachia ikonnikovii Vassilcz.
- 习　　性：一年生或二年生草本
- 国内分布：内蒙古
- 国外分布：蒙古
- 濒危等级：NT B1ab (i, iii)

四棱荠
Goldbachia laevigata (M. Bieb.) DC.
- 习　　性：一年生草本
- 海　　拔：400~1300 m
- 国内分布：新疆
- 国外分布：巴基斯坦、俄罗斯、哈萨克斯坦、吉尔吉斯斯坦、克什米尔地区、蒙古、塔吉克斯坦、土库曼斯坦、乌兹别克斯坦
- 濒危等级：LC

垂果四棱荠
Goldbachia pendula Botsch.
- 习　　性：一年生草本
- 海　　拔：400~4200 m
- 国内分布：甘肃、内蒙古、宁夏、青海、西藏、新疆
- 国外分布：俄罗斯、哈萨克斯坦、吉尔吉斯斯坦、塔吉克斯坦、土库曼斯坦
- 濒危等级：LC

藏荠属 Hedinia Ostenf.

藏荠
Hedinia tibetica (Thomson) Ostenf.
- 习　　性：多年生草本
- 海　　拔：3900~5200 m
- 国内分布：甘肃、青海、四川、西藏、新疆
- 国外分布：不丹、尼泊尔、塔吉克斯坦、印度
- 濒危等级：LC

半脊荠属 Hemilophia Franch.

法氏半脊荠
Hemilophia franchetii Al-Shehbaz
- 习　　性：多年生草本
- 海　　拔：3200~4500 m
- 分　　布：云南
- 濒危等级：LC

半脊荠
Hemilophia pulchella Franch.
- 习　　性：多年生草本
- 海　　拔：4000~4700 m
- 分　　布：云南
- 濒危等级：VU D1

小叶半脊荠
Hemilophia rockii O. E. Schulz
习　　性：多年生草本
海　　拔：3900~4900 m
分　　布：四川、云南
濒危等级：LC

匍匐半脊荠
Hemilophia serpens (O. E. Schulz) Al-Shehbaz
习　　性：多年生草本
海　　拔：4300~4500 m
分　　布：云南
濒危等级：DD

无柄半脊荠
Hemilophia sessilifolia Al-Shehbaz
习　　性：多年生草本
海　　拔：4300~4600 m
分　　布：云南
濒危等级：LC

香花芥属 Hesperis L.

欧亚香花芥
Hesperis matronalis L.
习　　性：二年生草本
国内分布：新疆栽培
国外分布：原产中亚、欧洲；世界各地栽培并归化

北香花芥
Hesperis sibirica L.
习　　性：二年生或多年生草本
海　　拔：约 1300 m
国内分布：河北、辽宁、新疆
国外分布：俄罗斯、哈萨克斯坦、吉尔吉斯斯坦、蒙古、塔吉克斯坦、乌兹别克斯坦
濒危等级：LC

薄果荠属 Hornungia Reich.

薄果荠
Hornungia procumbens (L.) Hayek
习　　性：一年生草本
国内分布：新疆栽培
国外分布：原产北美洲、欧洲、亚洲

葶芥属 Ianhedgea Al-Shehbaz et O'Kane

葶芥
Ianhedgea minutiflora (Hook. f. et Thomson) Al-Shehbaz et O'Kane
习　　性：一年生草本
海　　拔：2600~4200 m
国内分布：西藏
国外分布：阿富汗、巴基斯坦、塔吉克斯坦、土库曼斯坦、乌兹别克斯坦、印度
濒危等级：NT B1b（i, iii）

屈曲花属 Iberis L.

屈曲花
Iberis amara L.
习　　性：一年生草本
国内分布：国内有栽培
国外分布：原产欧洲
资源利用：环境利用（观赏）

披针叶屈曲花
Iberis intermedia Guersent
习　　性：一年生或二年生草本
国内分布：西藏有栽培
国外分布：原产欧洲
资源利用：环境利用（观赏）

菘蓝属 Isatis L.

三肋菘蓝
Isatis costata C. A. Mey.
习　　性：一年生或二年生草本
海　　拔：700~2500 m
国内分布：甘肃、辽宁、内蒙古、新疆
国外分布：巴基斯坦、俄罗斯、哈萨克斯坦、克什米尔地区、蒙古、塔吉克斯坦
濒危等级：LC
资源利用：原料（染料）

小果菘蓝
Isatis minima Bunge
习　　性：一年生草本
海　　拔：300~700 m
国内分布：甘肃、新疆
国外分布：阿富汗、巴基斯坦、哈萨克斯坦、吉尔吉斯斯坦、塔吉克斯坦、土库曼斯坦、乌兹别克斯坦
濒危等级：LC

菘蓝
Isatis tinctoria L.
习　　性：二年生草本
国内分布：福建、甘肃、贵州、河北、河南、湖北、江西、辽宁、内蒙古、山东、山西、陕西、四川、西藏、新疆、云南、浙江
国外分布：巴基斯坦、朝鲜半岛、俄罗斯、哈萨克斯坦、蒙古、日本、塔吉克斯坦、乌兹别克斯坦；中东、欧洲。各地有归化
资源利用：药用（中草药）；原料（染料，精油，工业用油）
濒危等级：LC

宽翅菘蓝
Isatis violascens Bunge
习　　性：一年生草本
海　　拔：200~600 m
国内分布：新疆
国外分布：阿富汗、巴基斯坦、哈萨克斯坦、吉尔吉斯斯坦、塔吉克斯坦、土库曼斯坦、乌兹别克斯坦
濒危等级：LC

绵果荠属 Lachnoloma Bunge

绵果荠
Lachnoloma lehmannii Bunge
习　　性：一年生草本
海　　拔：300~1200 m

国内分布：新疆
国外分布：哈萨克斯坦、吉尔吉斯斯坦、塔吉克斯坦、土库曼斯坦、乌兹别克斯坦
濒危等级：NT B1ab（i, iii）

光籽芥属 Leiospora（C. A. Mey.）Dvorák

雏菊叶光籽芥
Leiospora bellidifolia（Danguy）Botsch. et Pach.
习　　性：多年生草本
海　　拔：3200～3300 m
国内分布：新疆
国外分布：塔吉克斯坦
濒危等级：LC

光萼光籽芥
Leiospora eriocalyx（Regel et Schmalh.）Dvorák
习　　性：多年生草本
海　　拔：3700～4400 m
国内分布：新疆
国外分布：哈萨克斯坦、吉尔吉斯斯坦、塔吉克斯坦
濒危等级：LC

无茎条果芥
Leiospora exscapa（C. A. Mey.）Dvorák
习　　性：多年生草本
国内分布：新疆
国外分布：俄罗斯、哈萨克斯坦、蒙古
濒危等级：NT B1ab（i, iii）
资源利用：环境利用（观赏）

帕米尔光籽芥
Leiospora pamirica（Botsch. et Vved.）Botsch. et Pach.
习　　性：多年生草本
海　　拔：3900～5500 m
国内分布：西藏、新疆
国外分布：克什米尔地区、塔吉克斯坦
濒危等级：LC

独行菜属 Lepidium L.

阿拉善独行菜
Lepidium alashanicum H. L. Yang
习　　性：多年生草本
分　　布：甘肃、内蒙古
濒危等级：LC

独行菜
Lepidium apetalum Willd.
习　　性：一年生或二年生草本
海　　拔：400～4800 m
国内分布：安徽、甘肃、贵州、河北、黑龙江、河南、湖北、江苏、吉林、辽宁、内蒙古、宁夏、青海、陕西、山东、山西、四川、新疆、西藏、云南、浙江
国外分布：巴基斯坦、朝鲜、哈萨克斯坦、蒙古、尼泊尔、日本、印度
濒危等级：LC
资源利用：药用（中草药）；原料（工业用油）；食品（蔬菜）

俯卧独行菜
Lepidium appelianum Al-Shehbaz
习　　性：一年生或二年生草本
国内分布：甘肃、内蒙古、宁夏、青海、陕西、新疆
国外分布：原产北美洲和南美洲；巴基斯坦、俄罗斯、哈萨克斯坦、吉尔吉斯斯坦、蒙古、塔吉克斯坦、土库曼斯坦、乌兹别克斯坦有分布
濒危等级：LC

棕苞独行菜
Lepidium brachyotum（Karelin et Kirilov）Al-Shehbaz
习　　性：一年生或二年生草本
国内分布：新疆
国外分布：哈萨克斯坦
濒危等级：DD

绿独行菜
Lepidium campestre（L.）R. Br.
习　　性：一年生或二年生草本
国内分布：黑龙江、辽宁、山东
国外分布：俄罗斯
濒危等级：LC

头花独行菜
Lepidium capitatum Hook. f. et Thomson
习　　性：一年生或二年生草本
海　　拔：2700～5000 m
国内分布：甘肃、青海、四川、西藏、新疆
国外分布：不丹、克什米尔地区、尼泊尔、印度
濒危等级：LC

碱独行菜
Lepidium cartilagineum（J. Mayer）Thell.
习　　性：多年生草本
海　　拔：400～1000 m
国内分布：内蒙古、新疆
国外分布：阿富汗、巴基斯坦、俄罗斯、哈萨克斯坦、吉尔吉斯斯坦、蒙古、塔吉克斯坦、土库曼斯坦、乌兹别克斯坦
濒危等级：LC

心叶独行菜
Lepidium cordatum Willd. ex Steven
习　　性：多年生草本
海　　拔：1000～3900 m
国内分布：甘肃、内蒙古、宁夏、青海、西藏、新疆
国外分布：俄罗斯、哈萨克斯坦、蒙古、塔吉克斯坦
濒危等级：LC

楔叶独行菜
Lepidium cuneiforme C. Y. Wu
习　　性：二年生草本
海　　拔：600～2700 m
分　　布：甘肃、贵州、江西、青海、陕西、四川、云南
濒危等级：LC

密花独行菜
Lepidium densiflorum Schrad.
习　　性：一年生或二年生草本

国内分布：河北、黑龙江、吉林、辽宁、山东、云南
国外分布：原产北美洲；各地引种

全缘独行菜
Lepidium ferganense Korsh.
习　　性：多年生草本
海　　拔：600～2100 m
国内分布：新疆
国外分布：阿富汗、哈萨克斯坦、吉尔吉斯斯坦、塔吉克斯坦、乌兹别克斯坦
濒危等级：LC

裂叶独行菜
Lepidium lacerum C. A. Mey.
习　　性：多年生草本
海　　拔：700～800 m
国内分布：新疆
国外分布：哈萨克斯坦、蒙古
濒危等级：NT A2c

宽叶独行菜
Lepidium latifolium L.
习　　性：多年生草本
海　　拔：100～4300 m
国内分布：甘肃、河北、河南、黑龙江、辽宁、内蒙古、宁夏、青海、山东、山西、陕西、四川、西藏、新疆
国外分布：阿富汗、巴基斯坦、俄罗斯、哈萨克斯坦、吉尔吉斯斯坦、克什米尔地区、蒙古、塔吉克斯坦、土库曼斯坦、乌兹别克斯坦、印度
濒危等级：LC
资源利用：药用（中草药）

钝叶独行菜
Lepidium obtusum Basiner
习　　性：多年生草本
海　　拔：400～2800 m
国内分布：甘肃、内蒙古、宁夏、青海、西藏、新疆
国外分布：俄罗斯、哈萨克斯坦、蒙古、塔吉克斯坦、乌兹别克斯坦、印度
濒危等级：LC

抱茎独行菜
Lepidium perfoliatum L.
习　　性：一年生或二年生草本
海　　拔：海平面至1000 m
国内分布：甘肃、江苏、辽宁、山西、新疆
国外分布：阿富汗、巴基斯坦、俄罗斯、哈萨克斯坦、吉尔吉斯斯坦、日本、塔吉克斯坦、土库曼斯坦、乌兹别克斯坦、印度
濒危等级：LC
资源利用：原料（香料，工业用油）；食品（蔬菜）

柱毛独行菜
Lepidium ruderale L.
习　　性：一年生或二年生草本
海　　拔：300～1100 m
国内分布：新疆

国外分布：俄罗斯、哈萨克斯坦、吉尔吉斯斯坦、蒙古、塔吉克斯坦、土库曼斯坦、乌兹别克斯坦、印度
濒危等级：LC

家独行菜
Lepidium sativum L.
习　　性：一年生草本
国内分布：黑龙江、吉林、江苏、山东、西藏、新疆
国外分布：亚洲、欧洲；南美洲、北美洲归化
濒危等级：LC
资源利用：药用（中草药）

北美独行菜
Lepidium virginicum L.
习　　性：一年生或二年生草本
国内分布：广泛归化
国外分布：原产北美洲；各地引种
资源利用：药用（中草药）；动物饲料（饲料）

鳞蕊芥属 Lepidostemon Hook. f. et Thomson

珠峰鳞蕊芥
Lepidostemon everestianus Al-Shehbaz
习　　性：多年生草本
海　　拔：约6400 m
分　　布：西藏
濒危等级：LC

鳞蕊芥
Lepidostemon pedunculosus Hook. f. et Thomson
习　　性：一年生草本
海　　拔：4200～4900 m
国内分布：西藏
国外分布：印度
濒危等级：LC

莲座鳞蕊芥
Lepidostemon rosularis(K. C. Kuan et Z. X. An)Al-Shehbaz
习　　性：一年生草本
海　　拔：4200～5100 m
分　　布：西藏
濒危等级：LC

丝叶芥属 Leptaleum DC.

丝叶芥
Leptaleum filifolium(Willd.)DC.
习　　性：一年生草本
海　　拔：100～4000 m
国内分布：新疆
国外分布：阿富汗、巴基斯坦、俄罗斯、哈萨克斯坦、吉尔吉斯斯坦、塔吉克斯坦、土库曼斯坦、乌兹别克斯坦
濒危等级：LC

弯梗芥属 Lignariella Baehni

弯梗芥
Lignariella hobsonii(H. Pearson)Baehni

习　　性：多年生草本
海　　拔：2800~4100 m
国内分布：西藏
国外分布：不丹、尼泊尔
濒危等级：LC

线果弯梗芥
Lignariella ohbana Al-Shehbaz et Arai
习　　性：二年生或多年生草本
海　　拔：3000~4500 m
国内分布：云南
国外分布：尼泊尔
濒危等级：VU B1ab（i，iii）

蛇形弯梗芥
Lignariella serpens(W. W. Sm.)Al-Shehbaz et Arai
习　　性：二年生或多年生草本
海　　拔：2600~4300 m
国内分布：西藏
国外分布：不丹、尼泊尔、印度
濒危等级：LC

脱喙荠属 Litwinowia Woronow

脱喙荠
Litwinowia tenuissima(Pall.)Woronow ex Pavlov
习　　性：一年生草本
海　　拔：300~3500 m
国内分布：新疆
国外分布：阿富汗、巴基斯坦、俄罗斯、哈萨克斯坦、吉尔吉斯斯坦、塔吉克斯坦、土库曼斯坦、乌兹别克斯坦、印度
濒危等级：NT B1ab（i，iii）

香雪球属 Lobularia Desv.

香雪球
Lobularia maritima(L.)Desv.
习　　性：多年生草本
国内分布：甘肃、河北、江苏、山东、山西、陕西、台湾、新疆、浙江归化；大部分地区栽培
国外分布：原产地中海；世界各地归化
资源利用：环境利用（观赏）

长柄芥属 Macropodium R. Br.

长柄芥
Macropodium nivale(Pall.)R. Br.
习　　性：多年生草本
海　　拔：2000~2200 m
国内分布：新疆
国外分布：俄罗斯、哈萨克斯坦、蒙古
濒危等级：NT A2c；D1

涩芥属 Malcolmia W. T. Aiton

涩芥
Malcolmia africana(L.)R. Br.
习　　性：一年生草本

国内分布：安徽、甘肃、河北、河南、江苏、宁夏、青海、山西、陕西、四川、西藏、新疆
国外分布：阿富汗、巴基斯坦、俄罗斯、哈萨克斯坦、吉尔吉斯斯坦、克什米尔地区、蒙古、塔吉克斯坦、土库曼斯坦、乌兹别克斯坦、印度；欧洲、非洲北部、中东。归化于世界各地
濒危等级：LC

刚毛涩芥
Malcolmia hispida Litv.
习　　性：一年生草本
海　　拔：1500~3800 m
国内分布：西藏
国外分布：哈萨克斯坦、吉尔吉斯斯坦、塔吉克斯坦、土库曼斯坦、乌兹别克斯坦
濒危等级：LC

短梗涩芥
Malcolmia karelinii Lipsky
习　　性：一年生草本
海　　拔：800~2000 m
国内分布：内蒙古、新疆
国外分布：阿富汗、巴基斯坦、哈萨克斯坦、吉尔吉斯斯坦、塔吉克斯坦、土库曼斯坦、乌兹别克斯坦
濒危等级：LC

卷果涩芥
Malcolmia scorpioides(Bunge)Boiss.
习　　性：一年生草本
海　　拔：400~1400 m
国内分布：甘肃、新疆
国外分布：阿富汗、巴基斯坦、哈萨克斯坦、吉尔吉斯斯坦、塔吉克斯坦、土库曼斯坦、乌兹别克斯坦
濒危等级：LC

紫罗兰属 Matthiola R. Br.

伊朗紫罗兰
Matthiola chorassanica Bunge ex Boiss.
习　　性：多年生草本
海　　拔：900~3900 m
国内分布：西藏、新疆
国外分布：阿富汗、巴基斯坦、塔吉克斯坦、乌兹别克斯坦
濒危等级：LC

紫罗兰
Matthiola incana(L.)R. Br.
习　　性：二年生或多年生草本
国内分布：大城市常引种
国外分布：原产欧洲
资源利用：环境利用（观赏）

高河菜属 Megacarpaea DC.

高河菜
Megacarpaea delavayi Franch.
习　　性：多年生草本
海　　拔：3300~4800 m
国内分布：甘肃、青海、四川、西藏、云南

国外分布：缅甸
濒危等级：LC
资源利用：药用（中草药）

大果高河菜
Megacarpaea megalocarpa(Fisch. ex DC.)Schischk. ex B. Fedtsch.
习　　性：多年生草本
海　　拔：200～3600 m
国内分布：青海、新疆
国外分布：俄罗斯、哈萨克斯坦、吉尔吉斯斯坦、乌兹别克斯坦
濒危等级：LC

多蕊高河菜
Megacarpaea polyandra Benth. ex Madden
习　　性：多年生草本
海　　拔：3000～4600 m
国内分布：西藏
国外分布：巴基斯坦、克什米尔地区、尼泊尔、印度
濒危等级：LC

双果荠属 Megadenia Maxim.

双果荠
Megadenia pygmaea Maxim.
习　　性：草本
海　　拔：1000～4200 m
国内分布：甘肃、青海、四川、西藏
国外分布：俄罗斯
濒危等级：LC

小柱芥属 Microstigma Trautv.

短果小柱芥
Microstigma brachycarpum Botsch.
习　　性：一年生草本
海　　拔：约1900 m
国内分布：甘肃
国外分布：蒙古
濒危等级：LC

小荠蓂属 Microthlaspi F. K. Meyer

全叶小荠蓂
Microthlaspi perfoliatum(L.)F. K. Mey.
习　　性：一年生草本
国内分布：新疆
国外分布：阿富汗、巴基斯坦、俄罗斯、哈萨克斯坦、塔吉克斯坦、土库曼斯坦、乌兹别克斯坦
濒危等级：LC

豆瓣菜属 Nasturtium R. Br.

豆瓣菜
Nasturtium officinale R. Br.
习　　性：多年生水生草本
国内分布：全国各地归化
国外分布：原产中东地区和欧洲；世界各地归化
资源利用：药用（中草药）；食品（蔬菜）

堇叶芥属 Neomartinella Pilg.

大花堇叶芥
Neomartinella grandiflora Al-Shehbaz
习　　性：一年生草本
海　　拔：约600 m
分　　布：湖南、四川
濒危等级：VU A2c

堇叶芥
Neomartinella violifolia(H. Lév.)Pilg.
习　　性：一年生草本
海　　拔：800～1600 m
分　　布：贵州、湖北、湖南、四川、云南
濒危等级：LC

永顺堇叶芥
Neomartinella yungshunensis(W. T. Wang)Al-Shehbaz
习　　性：一年生草本
海　　拔：500～600 m
分　　布：湖南
濒危等级：LC

念珠芥属 Neotorularia Hedge et J. Léonard

短果念珠芥
Neotorularia brachycarpa(Vassilcz.)Hedge et J. Léonard
习　　性：多年生草本
海　　拔：2900～5100 m
国内分布：甘肃、青海、西藏、新疆
国外分布：塔吉克斯坦
濒危等级：LC

短梗念珠芥
Neotorularia brevipes(Kar. et Kir.)Hedge et J. Léonard
习　　性：一年生草本
国内分布：新疆
国外分布：阿富汗、巴基斯坦、哈萨克斯坦、吉尔吉斯斯坦、土库曼斯坦
濒危等级：LC

蚓果芥
Neotorularia humilis(C. A. Mey.)Hedge et J. Léonard
习　　性：多年生草本
海　　拔：1000～5300 m
国内分布：甘肃、河北、河南、内蒙古、宁夏、青海、山西、陕西、四川、西藏、新疆、云南
国外分布：阿富汗、巴基斯坦、不丹、朝鲜半岛、俄罗斯、哈萨克斯坦、吉尔吉斯斯坦、克什米尔地区、蒙古、尼泊尔、印度
濒危等级：LC

甘新念珠芥
Neotorularia korolkowii(Regel et Schmalh.)Hedge et J. Léonard
习　　性：一年生或二年生草本
海　　拔：500～3000 m
国内分布：甘肃、青海、西藏、新疆
国外分布：阿富汗、哈萨克斯坦、吉尔吉斯斯坦、蒙古、塔

吉克斯坦、土库曼斯坦
濒危等级：LC

青水河念珠芥
Neotorularia qingshuiheense(Ma et Zong Y. Zhu) Al-Shehbaz et al.
习　　性：一年生草本
分　　布：内蒙古
濒危等级：DD

念珠芥
Neotorularia torulosa(Desf.) Hedge et J. Léonard
习　　性：一年生草本
海　　拔：海平面至 1500 m
国内分布：新疆
国外分布：阿富汗、巴基斯坦、俄罗斯、哈萨克斯坦、塔吉克斯坦、土库曼斯坦、乌兹别克斯坦
濒危等级：LC

球果荠属 Neslia Desv.

球果荠
Neslia paniculata(L.) Desv.
习　　性：一年生草本
海　　拔：1700 ~ 2200 m
国内分布：辽宁、内蒙古、新疆
国外分布：阿富汗、巴基斯坦、俄罗斯、哈萨克斯坦、吉尔吉斯斯坦、克什米尔地区、蒙古、塔吉克斯坦、土库曼斯坦、乌兹别克斯坦、印度
濒危等级：LC

山萮菜属 Noccaea Moench

西藏山萮菜
Noccaea andersonii(Hook. f. et Thomson) Al-Shehbaz
习　　性：多年生草本
国内分布：西藏
国外分布：巴基斯坦、不丹、克什米尔地区、尼泊尔、印度
濒危等级：DD

四川山萮菜
Noccaea flagillferum(O. E. Schulz) Al-Shehbaz
习　　性：多年生草本
分　　布：四川
濒危等级：DD

云南山萮菜
Noccaea yunnanense(Franch.) Al-Shehbaz
习　　性：多年生草本
分　　布：四川、西藏、云南
濒危等级：DD

无苞芥属 Olimarabidopsis Al-Shehbaz, O'Kane et R. A. Price

喀布尔无苞芥
Olimarabidopsis cabulica(Hook. f. et Thomson) Al-Shehbaz et al.
习　　性：一年生草本
海　　拔：3000 ~ 4200 m
国内分布：新疆
国外分布：阿富汗、吉尔吉斯斯坦、塔吉克斯坦
濒危等级：DD

无苞芥
Olimarabidopsis pumila(Stephan) Al-Shehbaz et al.
习　　性：一年生草本
海　　拔：100 ~ 3800 m
国内分布：甘肃、新疆
国外分布：阿富汗、巴基斯坦、俄罗斯、哈萨克斯坦、吉尔吉斯斯坦、克什米尔地区、塔吉克斯坦、土库曼斯坦、乌兹别克斯坦、印度
濒危等级：DD

爪花芥属 Oreoloma Botsch.

少腺爪花芥
Oreoloma eglandulosum Botsch.
习　　性：多年生草本
海　　拔：3000 ~ 4300 m
分　　布：甘肃、青海、新疆
濒危等级：LC

紫花爪花芥
Oreoloma matthioloides(Franch.) Botsch.
习　　性：多年生草本
海　　拔：1400 ~ 2000 m
分　　布：内蒙古、宁夏、青海
濒危等级：LC

爪花芥
Oreoloma violaceum Botsch.
习　　性：多年生草本
海　　拔：1000 ~ 2200 m
国内分布：新疆
国外分布：蒙古
濒危等级：LC

诸葛菜属 Orychophragmus Bunge

心叶诸葛菜
Orychophragmus limprichtianus(Pax) Al-Shehbaz et G. Yang
习　　性：一年生或多年生草本
海　　拔：300 ~ 1200 m
分　　布：安徽、浙江
濒危等级：NT B1ab（i, iii）

诸葛菜
Orychophragmus violaceus(L.) O. E. Schulz

诸葛菜（原变种）
Orychophragmus violaceus var. **violaceus**
习　　性：一年生或二年生草本
海　　拔：1500 m 以下
国内分布：安徽、甘肃、河北、河南、黑龙江、湖北、湖南、江苏、江西、辽宁、内蒙古、山东、山西、陕西、四川、浙江
国外分布：朝鲜半岛；在日本归化
濒危等级：LC
资源利用：环境利用（观赏）

圆齿二月兰
Orychophragmus violaceus var. **odontopetalus** Ling Wang et Chuan P. Yang
- 习　　性：一年生或二年生草本
- 分　　布：黑龙江
- 濒危等级：LC

彩斑二月兰
Orychophragmus violaceus var. **variegatus** Ling Wang et Chuan P. Yang
- 习　　性：一年生或二年生草本
- 分　　布：黑龙江
- 濒危等级：LC

厚脉芥属 Pachyneurum Bunge

大花厚脉芥
Pachyneurum grandiflorum Bunge
- 习　　性：草本
- 分　　布：新疆
- 濒危等级：LC

厚壁荠属 Pachypterygium Bunge

短梗厚壁荠
Pachypterygium brevipes Bunge
- 习　　性：一年生草本
- 国内分布：新疆
- 国外分布：阿富汗、巴基斯坦、哈萨克斯坦、吉尔吉斯斯坦、塔吉克斯坦、土库曼斯坦、乌兹别克斯坦
- 濒危等级：LC

厚壁荠
Pachypterygium multicaule(Kar. et Kir.) Bunge
- 习　　性：一年生草本
- 海　　拔：400~3400 m
- 国内分布：新疆
- 国外分布：阿富汗、巴基斯坦、哈萨克斯坦、吉尔吉斯斯坦、塔吉克斯坦、土库曼斯坦、乌兹别克斯坦
- 濒危等级：LC

条果芥属 Parrya R. Br.

天山条果芥
Parrya beketovii Krassn.
- 习　　性：多年生草本
- 海　　拔：1600~2200 m
- 国内分布：新疆
- 国外分布：哈萨克斯坦、吉尔吉斯斯坦
- 濒危等级：LC

柳叶条果芥
Parrya lancifolia Popov
- 习　　性：多年生草本
- 海　　拔：2300~3000 m
- 国内分布：新疆
- 国外分布：哈萨克斯坦、吉尔吉斯斯坦
- 濒危等级：LC

裸茎条果芥
Parrya nudicaulis(L.) Regel
- 习　　性：多年生草本
- 海　　拔：2200~5500 m
- 国内分布：青海、西藏
- 国外分布：阿富汗、不丹、俄罗斯、克什米尔地区、印度
- 濒危等级：LC

羽裂条果芥
Parrya pinnatifida Kar. et Kir.
- 习　　性：多年生草本
- 海　　拔：1600~4400 m
- 国内分布：新疆
- 国外分布：阿富汗、巴基斯坦、哈萨克斯坦、吉尔吉斯斯坦、克什米尔地区、塔吉克斯坦
- 濒危等级：LC

单花荠属 Pegaeophyton Hayek et Hand. -Mazz.

窄隔单花荠
Pegaeophyton angustiseptatum Al-Shehbaz et al.
- 习　　性：多年生草本
- 分　　布：云南
- 濒危等级：LC

小单花荠
Pegaeophyton minutum H. Hara
- 习　　性：多年生草本
- 海　　拔：3700~4200 m
- 国内分布：西藏
- 国外分布：不丹、尼泊尔、印度
- 濒危等级：LC

尼泊尔单花荠
Pegaeophyton nepalense Al-Shehbaz
- 习　　性：多年生草本
- 海　　拔：3900~5100 m
- 国内分布：西藏
- 国外分布：不丹、尼泊尔、印度
- 濒危等级：LC

单花荠
Pegaeophyton scapiflorum(Hook. f. et Thomson) C. Marquand et Airy Shaw

单花荠（原亚种）
Pegaeophyton scapiflorum subsp. **scapiflorum**
- 习　　性：多年生草本
- 海　　拔：4000~5600 m
- 国内分布：甘肃、青海、四川、西藏、新疆、云南
- 国外分布：不丹、克什米尔地区、缅甸、尼泊尔、印度
- 濒危等级：LC

粗壮单花荠
Pegaeophyton scapiflorum subsp. **robustum**(O. E. Shulz) Al-Shehbaz et al.
- 习　　性：多年生草本
- 海　　拔：3500~4800 m
- 国内分布：四川、西藏、云南

国外分布：不丹
濒危等级：LC

藏芥属 Phaeonychium O. E. Schulz

白花藏芥
Phaeonychium albiflorum（T. Anderson）Jafri
习　　性：多年生草本
海　　拔：3600~4800 m
国内分布：西藏
国外分布：克什米尔地区
濒危等级：DD

冯氏藏芥
Phaeonychium fengii Al-Shehbaz
习　　性：多年生草本
分　　布：云南
濒危等级：LC

杰氏藏芥
Phaeonychium jafrii Al-Shehbaz
习　　性：多年生草本
海　　拔：4000~4900 m
国内分布：西藏
国外分布：不丹、尼泊尔
濒危等级：LC

喀什藏芥
Phaeonychium kashgaricum（Botsch.）Al-Shehbaz
习　　性：多年生草本
海　　拔：1800~2400 m
分　　布：新疆
濒危等级：NT C1

藏芥
Phaeonychium parryoides（Kurz. ex Hook. f. et T. Anderson）O. E. Schulz
习　　性：多年生草本
海　　拔：3300~4200 m
国内分布：西藏
国外分布：克什米尔地区
濒危等级：LC

柔毛藏芥
Phaeonychium villosum（Maxim.）Al-Shehbaz
习　　性：多年生草本
海　　拔：3500~4500 m
分　　布：甘肃、青海、四川、西藏
濒危等级：LC

宽框荠属 Platycraspedum O. E. Schulz

宽框荠
Platycraspedum tibeticum O. E. Schulz
习　　性：草本
海　　拔：4100~4800 m
分　　布：四川、西藏
濒危等级：VU B1ab（iii）

吴氏宽框荠
Platycraspedum wuchengyii Al-Shehbaz et al.
习　　性：一年生草本
海　　拔：4000~4500 m
分　　布：四川、西藏
濒危等级：LC

假鼠耳芥属 Pseudoarabidopsis Al-Shehbaz, O'Kane et Price

假鼠耳芥
Pseudoarabidopsis toxophylla（M. Bieb.）Al-Shehbaz, O'Kane et R. A. Price
习　　性：二年生或多年生草本
国内分布：西藏、新疆
国外分布：阿富汗、俄罗斯、哈萨克斯坦
濒危等级：LC

假香芥属 Pseudoclausia Popov

突厥假香芥
Pseudoclausia turkestanica（Lipsky）A. N. Vassiljeva
习　　性：二年生草本
海　　拔：800~3000 m
国内分布：新疆
国外分布：阿富汗、哈萨克斯坦、吉尔吉斯斯坦、塔吉克斯坦、土库曼斯坦、乌兹别克斯坦
濒危等级：LC

沙芥属 Pugionium Gaertn.

沙芥
Pugionium cornutum（L.）Gaertn.
习　　性：一年生草本
海　　拔：1000~1100 m
分　　布：内蒙古、宁夏、陕西
濒危等级：LC
资源利用：药用（中草药）；动物饲料（饲料）；食品（蔬菜）

斧翅沙芥
Pugionium dolabratum Maxim.
习　　性：一年生草本
海　　拔：1000~1400 m
国内分布：甘肃、内蒙古、宁夏、陕西
国外分布：蒙古
濒危等级：LC

假簇芥属 Pycnoplinthopsis Jafri

假簇芥
Pycnoplinthopsis bhutanica Jafri
习　　性：多年生草本
海　　拔：3000~4500 m
国内分布：西藏
国外分布：不丹、尼泊尔、印度
濒危等级：LC

簇芥属 Pycnoplinthus O. E. Schulz

簇芥
Pycnoplinthus uniflora（Hook. f. et Thomson）O. E. Schulz

习　　性：多年生草本
海　　拔：3600~5200 m
国内分布：甘肃、青海、西藏、新疆
国外分布：克什米尔地区
濒危等级：LC

萝卜属 Raphanus L.

野萝卜
Raphanus raphanistrum L.
习　　性：一年生草本
海　　拔：约3500 m
国内分布：青海、四川、台湾
国外分布：原产西南亚、欧洲和地中海地区；世界各地归化

萝卜
Raphanus sativus L.
习　　性：一年生或二年生草本
国内分布：各地栽培
国外分布：原产地中海地区
资源利用：药用（中草药）；原料（精油）

蔊菜属 Rorippa Scop.

山芥叶蔊菜
Rorippa barbareifolia (DC.) Kitag.
习　　性：一年生或二年生草本
海　　拔：100~2100 m
国内分布：黑龙江、吉林、内蒙古
国外分布：俄罗斯、蒙古
濒危等级：LC

孟加拉蔊菜
Rorippa benghalensis (DC.) H. Hara
习　　性：一年生草本
海　　拔：海平面至1500 m
国内分布：云南
国外分布：不丹、柬埔寨、老挝、马来西亚、孟加拉国、缅甸、尼泊尔、泰国、印度、越南
濒危等级：LC

广州蔊菜
Rorippa cantoniensis (Lour.) Ohwi
习　　性：一年生草本
海　　拔：海平面至1800 m
国内分布：安徽、福建、广东、广西、贵州、河北、河南、湖北、湖南、江苏、江西、辽宁、山东、陕西、四川、台湾、云南、浙江
国外分布：朝鲜半岛、俄罗斯、日本、越南
濒危等级：LC

无瓣蔊菜
Rorippa dubia (Pers.) H. Hara
习　　性：一年生草本
海　　拔：0~3700 m
国内分布：除黑龙江、内蒙古、新疆外，各省均有分布
国外分布：菲律宾、老挝、马来西亚、孟加拉国、缅甸、尼泊尔、日本、泰国、印度、印度尼西亚、越南

濒危等级：LC
资源利用：药用（中草药）

高蔊菜
Rorippa elata (Hook. f. et Thomson) Hand.-Mazz.
习　　性：一年生或多年生草本
海　　拔：2300~4500 m
国内分布：青海、陕西、四川、西藏、云南
国外分布：不丹、印度
濒危等级：LC

风花菜
Rorippa globosa (Turcz. ex Fisch. et C. A. Mey.) Hayek
习　　性：一年生或多年生草本
海　　拔：0~2500 m
国内分布：除海南、新疆外，各省均有分布
国外分布：朝鲜半岛、俄罗斯、蒙古、日本、越南
濒危等级：LC

蔊菜
Rorippa indica (L.) Hiern
习　　性：一年生草本
海　　拔：海平面至3200 m
国内分布：除黑龙江、内蒙古、新疆外，各省均有分布
国外分布：巴基斯坦、朝鲜半岛、菲律宾、老挝、马来西亚、孟加拉国、缅甸、尼泊尔、日本、泰国、印度、印度尼西亚、越南
濒危等级：LC
资源利用：药用（中草药）

沼生蔊菜
Rorippa palustris (L.) Besser
习　　性：一年生或多年生草本
海　　拔：海平面至4000 m
国内分布：全国广布
国外分布：阿富汗、巴基斯坦、不丹、朝鲜半岛、俄罗斯、哈萨克斯坦、蒙古、尼泊尔、日本、塔吉克斯坦、土库曼斯坦、乌兹别克斯坦、印度
濒危等级：LC

欧亚蔊菜
Rorippa sylvestris (L.) Besser
习　　性：多年生草本
海　　拔：100~2000 m
国内分布：辽宁、新疆
国外分布：俄罗斯、克什米尔地区、日本、塔吉克斯坦、乌兹别克斯坦、印度
濒危等级：LC

香格里拉荠属 Shangrilaia Al-Shehbaz, J. P. Yue et H. Sun

香格里拉荠
Shangrilaia nana Al-Shehbaz
习　　性：多年生草本
海　　拔：约4200 m
分　　布：云南
濒危等级：VU B1ab (iii)

白芥属 Sinapis L.

白芥
Sinapis alba L.
习　　性：草本
国内分布：安徽、甘肃、河北、辽宁、青海、山东、山西、四川、新疆
国外分布：俄罗斯、克什米尔地区、塔吉克斯坦、土库曼斯坦、印度、越南；中东地区、欧洲、非洲北部。归化于世界各地
濒危等级：LC
资源利用：药用（中草药）；动物饲料（饲料）

新疆白芥
Sinapis arvensis L.
习　　性：一年生草本
国内分布：新疆
国外分布：阿富汗、巴基斯坦、俄罗斯、哈萨克斯坦、吉尔吉斯斯坦、蒙古、塔吉克斯坦、土库曼斯坦、乌兹别克斯坦；中东地区、欧洲、非洲。归化于世界各地
濒危等级：LC

华羽芥属 Sinosophiopsis Al-Shehbaz

华羽芥
Sinosophiopsis bartholomewii Al-Shehbaz
习　　性：一年生草本
海　　拔：3400~4100 m
分　　布：青海、西藏
濒危等级：LC

叉华羽芥
Sinosophiopsis furcata Al-Shehbaz
习　　性：一年生草本
海　　拔：约2700 m
分　　布：四川
濒危等级：DD

黑水华羽芥
Sinosophiopsis heishuiensis(W. T. Wang) Al-Shehbaz
习　　性：一年生草本
海　　拔：2100~2500 m
分　　布：四川
濒危等级：NT B1ab（iii）

假蒜芥属 Sisymbriopsis Botsch. et Tzvelev

绒毛假蒜芥
Sisymbriopsis mollipila(Maxim.) Botsch.
习　　性：一年生或二年生草本
海　　拔：2800~4500 m
国内分布：甘肃、青海、西藏、新疆
国外分布：吉尔吉斯斯坦、塔吉克斯坦
濒危等级：LC

帕米尔假蒜芥
Sisymbriopsis pamirica(Y. C. Lan et Z. X. An) Al-Shehbaz, Z. X. An et G. Yang
习　　性：一年生或多年生草本
海　　拔：3700 m
分　　布：新疆
濒危等级：LC

双湖假蒜芥
Sisymbriopsis shuanghuica(K. C. Kuan et Z. X. An) Al-Shehbaz, Z. X. An et G. Yang
习　　性：多年生草本
海　　拔：4800~4900 m
分　　布：西藏
濒危等级：VU B1ab（iii）

叶城假蒜芥
Sisymbriopsis yechengnica(Z. X. An) Al-Shehbaz, Z. X. An et G. Yang
习　　性：一年生或多年生草本
海　　拔：2500~3000 m
分　　布：新疆
濒危等级：LC

大蒜芥属 Sisymbrium L.

大蒜芥
Sisymbrium altissimum L.
习　　性：一年生草本
国内分布：辽宁、西藏、新疆栽培
国外分布：原产欧洲和西亚；世界各地归化

无毛大蒜芥
Sisymbrium brassiciforme C. A. Mey.
习　　性：一年生草本
海　　拔：900~4500 m
国内分布：西藏、新疆
国外分布：阿富汗、巴基斯坦、俄罗斯、哈萨克斯坦、吉尔吉斯斯坦、克什米尔地区、蒙古、尼泊尔、塔吉克斯坦、土库曼斯坦、乌兹别克斯坦、印度
濒危等级：LC

垂果大蒜芥
Sisymbrium heteromallum C. A. Mey.
习　　性：一年生草本
海　　拔：900~4500 m
国内分布：甘肃、河北、吉林、江苏、内蒙古、宁夏、青海、山西、陕西、四川、西藏、新疆、云南
国外分布：巴基斯坦、朝鲜半岛、俄罗斯、哈萨克斯坦、蒙古、印度
濒危等级：LC

水蒜芥
Sisymbrium irio L.
习　　性：一年生草本
海　　拔：海平面至1700 m
国内分布：内蒙古、台湾、新疆
国外分布：阿富汗、巴基斯坦、克什米尔地区、尼泊尔、塔吉克斯坦、土库曼斯坦、乌兹别克斯坦、印度
濒危等级：LC

新疆大蒜芥
Sisymbrium loeselii L.

习　　性：一年生草本
海　　拔：300～2800 m
国内分布：甘肃、新疆
国外分布：阿富汗、巴基斯坦、俄罗斯、哈萨克斯坦、吉尔吉斯斯坦、克什米尔地区、蒙古、塔吉克斯坦、土库曼斯坦、乌兹别克斯坦、印度
濒危等级：LC

全叶大蒜芥
Sisymbrium luteum (Maxim.) O. E. Schulz

全叶大蒜芥（原变种）
Sisymbrium luteum var. luteum
习　　性：多年生草本
海　　拔：1600 m以下
国内分布：甘肃、河北、黑龙江、吉林、辽宁、青海、山东、山西、陕西
国外分布：朝鲜半岛、俄罗斯、日本
濒危等级：LC

无毛全叶大蒜芥
Sisymbrium luteum var. glabrum F. Z. Li et Z. Y. Sun
习　　性：多年生草本
分　　布：山东
濒危等级：LC

钻果大蒜芥
Sisymbrium officinale (L.) Scop.
习　　性：一年生草本
海　　拔：海平面至1500 m
国内分布：黑龙江、吉林、辽宁、内蒙古、西藏
国外分布：巴基斯坦、俄罗斯、哈萨克斯坦、克什米尔地区、日本
濒危等级：LC

东方大蒜芥
Sisymbrium orientale L.
习　　性：一年生草本
国内分布：福建、山西
国外分布：巴基斯坦、俄罗斯、克什米尔地区、日本、印度
濒危等级：LC

多型大蒜芥
Sisymbrium polymorphum (Murray) Roth
习　　性：多年生草本
海　　拔：300～1900 m
国内分布：甘肃、黑龙江、内蒙古、青海、新疆
国外分布：俄罗斯、哈萨克斯坦、吉尔吉斯斯坦、蒙古、塔吉克斯坦
濒危等级：LC

云南大蒜芥
Sisymbrium yunnanense W. W. Sm.
习　　性：多年生草本
海　　拔：2000～3000 m
分　　布：四川、云南
濒危等级：LC

芹叶荠属 Smelowskia C. A. Mey.

灰白芹叶荠
Smelowskia alba (Pallas) Regel
习　　性：多年生草本
海　　拔：约3000 m
国内分布：黑龙江
国外分布：俄罗斯、蒙古
濒危等级：LC

高山芹叶荠
Smelowskia bifurcata (Ledeb.) Botsch.
习　　性：多年生草本
海　　拔：3100～4100 m
国内分布：新疆
国外分布：中亚和俄罗斯广布
濒危等级：DD

芹叶荠
Smelowskia calycina (Stephan) C. A. Mey.
习　　性：多年生草本
海　　拔：2500～4900 m
国内分布：新疆
国外分布：阿富汗、巴基斯坦、俄罗斯、哈萨克斯坦、吉尔吉斯斯坦、克什米尔地区、蒙古、塔吉克斯坦、印度
濒危等级：LC

丛菔属 Solms-laubachia Muschl.

宽果丛菔
Solms-laubachia eurycarpa (Maxim.) Botsch.
习　　性：多年生草本
海　　拔：3800～4900 m
分　　布：甘肃、青海、四川、西藏、云南
濒危等级：LC
资源利用：药用（中草药）

多花丛菔
Solms-laubachia floribunda Y. Z. Lan et T. Y. Cheo
习　　性：多年生草本
海　　拔：4700～5100 m
分　　布：四川、西藏
濒危等级：LC

合萼丛菔
Solms-laubachia gamosepala Al-Shehbaz et G. Yang
习　　性：多年生草本
海　　拔：约4700 m
分　　布：云南
濒危等级：DD

绵毛丛菔
Solms-laubachia lanata Botsch.
习　　性：多年生草本
海　　拔：4000～5000 m
分　　布：西藏
濒危等级：LC

线叶丛菔
Solms-laubachia linearifolia (W. W. Sm.) O. E. Schulz
习　　性：多年生草本
海　　拔：3400～4700 m
分　　布：四川、西藏、云南
濒危等级：LC
资源利用：药用（中草药）

蒙氏丛菔
Solms-laubachia mieheorum (Al-Shehbaz) J. P. Yue, Al-Shehbaz et H. Sun
- 习　　性：多年生草本
- 海　　拔：5400~5600 m
- 分　　布：西藏
- 濒危等级：LC

细叶丛菔
Solms-laubachia minor Hand.-Mazz.
- 习　　性：多年生草本
- 海　　拔：2500~4600 m
- 分　　布：四川、云南
- 濒危等级：LC

总状丛菔
Solms-laubachia platycarpa (Hook. f. et Thomson) Botsch.
- 习　　性：多年生草本
- 海　　拔：4200~5800 m
- 国内分布：西藏
- 国外分布：不丹、印度
- 濒危等级：LC

丛菔
Solms-laubachia pulcherrima Muschl.
- 习　　性：多年生草本
- 海　　拔：3300~5200 m
- 分　　布：四川、西藏、云南
- 濒危等级：LC

倒毛丛菔
Solms-laubachia retropilosa Botsch.
- 习　　性：多年生草本
- 海　　拔：4200~5100 m
- 分　　布：四川、西藏、云南
- 濒危等级：LC

旱生丛菔
Solms-laubachia xerophyta (W. W. Sm.) H. F. Comber
- 习　　性：多年生草本
- 海　　拔：3700~5200 m
- 分　　布：四川、云南
- 濒危等级：NT A2c

羽裂叶荠属 Sophiopsis O. E. Schulz

中亚羽裂叶荠
Sophiopsis annua (Rupr.) O. E. Schulz
- 习　　性：二年生草本
- 海　　拔：2500~5100 m
- 国内分布：西藏、新疆
- 国外分布：哈萨克斯坦、吉尔吉斯斯坦、塔吉克斯坦、乌兹别克斯坦
- 濒危等级：LC

羽裂叶荠
Sophiopsis sisymbrioides (Regel et Herder) O. E. Schulz
- 习　　性：二年生草本
- 海　　拔：1100~3600 m
- 国内分布：新疆
- 国外分布：哈萨克斯坦、塔吉克斯坦、乌兹别克斯坦
- 濒危等级：LC

螺果荠属 Spirorhynchus Kar. et Kir.

螺果荠
Spirorhynchus sabulosus Kar. et Kir.
- 习　　性：一年生草本
- 海　　拔：300~1000 m
- 国内分布：新疆
- 国外分布：阿富汗、巴基斯坦、哈萨克斯坦、吉尔吉斯斯坦、塔吉克斯坦、土库曼斯坦、乌兹别克斯坦
- 濒危等级：LC

棒果芥属 Sterigmostemum M. Bieb.

棒果芥
Sterigmostemum caspicum (Lam.) Rupr.
- 习　　性：多年生草本
- 海　　拔：500~1200 m
- 国内分布：新疆
- 国外分布：俄罗斯、哈萨克斯坦
- 濒危等级：LC

灰毛棒果芥
Sterigmostemum incanum M. Bieb.
- 习　　性：多年生草本
- 分　　布：新疆
- 濒危等级：LC

曙南芥属 Stevenia Adams ex Fisch.

曙南芥
Stevenia cheiranthoides DC.
- 习　　性：多年生草本
- 海　　拔：300~1700 m
- 国内分布：内蒙古
- 国外分布：俄罗斯、蒙古
- 濒危等级：LC

连蕊芥属 Synstemon Botsch.

陆氏连蕊芥
Synstemon lulianlianus Al-Shehbaz, T. Y. Cheo et G. Yang
- 习　　性：二年生草本
- 分　　布：甘肃
- 濒危等级：LC

连蕊芥
Synstemon petrovii Botsch.
- 习　　性：一年生草本
- 海　　拔：1500~2400 m
- 分　　布：甘肃、内蒙古
- 濒危等级：LC

棱果芥属 Syrenia Andrz. ex DC.

大果棱果芥
Syrenia macrocarpa Vassilcz.

习　　性：二年生草本
分　　布：新疆
濒危等级：LC

沟子荠属 Taphrospermum C. A. Mey.

沟子荠
Taphrospermum altaicum C. A. Mey.
　　习　　性：二年生或多年生草本
　　海　　拔：2000~4000 m
　　国内分布：甘肃、青海、西藏、新疆
　　国外分布：俄罗斯、哈萨克斯坦、吉尔吉斯斯坦、蒙古、塔吉克斯坦
　　濒危等级：LC

泉沟子荠
Taphrospermum fontanum(Maxim.) Al-Shehbaz et G. Yang

泉沟子荠（原亚种）
Taphrospermum fontanum subsp. **fontanum**
　　习　　性：二年生草本
　　海　　拔：3200~5300 m
　　分　　布：甘肃、青海、四川、西藏
　　濒危等级：LC

小籽泉沟子荠
Taphrospermum fontanum subsp. **microspermum** Al-Shehbaz et G. Yang
　　习　　性：二年生草本
　　海　　拔：3900~5000 m
　　分　　布：青海、西藏、新疆
　　濒危等级：LC

须弥沟子荠
Taphrospermum himalaicum(Hook. f. et Thomson) Al-Shehbaz et al.
　　习　　性：二年生或多年生草本
　　海　　拔：3600~5200 m
　　国内分布：青海、西藏
　　国外分布：不丹、尼泊尔、印度
　　濒危等级：LC

郎氏沟子荠
Taphrospermum lowndesii(H. Hara) Al-Shehbaz
　　习　　性：二年生或多年生草本
　　海　　拔：5000~5200 m
　　国内分布：西藏
　　国外分布：尼泊尔
　　濒危等级：LC

西藏沟子荠
Taphrospermum tibeticum(O. E. Schulz) Al-Shehbaz
　　习　　性：二年生或多年生草本
　　海　　拔：4200~5000 m
　　分　　布：西藏
　　濒危等级：LC

轮叶沟子荠
Taphrospermum verticillatum(Jeffrey et W. W. Sm.) Al-Shehbaz
　　习　　性：二年生草本
　　海　　拔：3800~5200 m
　　分　　布：西藏、云南
　　濒危等级：LC

舟果荠属 Tauscheria Fisch. ex DC.

舟果荠
Tauscheria lasiocarpa Fisch. ex DC.
　　习　　性：草本
　　海　　拔：400~3800 m
　　国内分布：内蒙古、西藏、新疆
　　国外分布：阿富汗、巴基斯坦、俄罗斯、哈萨克斯坦、吉尔吉斯斯坦、克什米尔地区、蒙古、塔吉克斯坦、土库曼斯坦、乌兹别克斯坦
　　濒危等级：LC

四齿芥属 Tetracme Bunge

四齿芥
Tetracme quadricornis(Stephan) Bunge
　　习　　性：一年生草本
　　海　　拔：300~3800 m
　　国内分布：新疆
　　国外分布：阿富汗、哈萨克斯坦、吉尔吉斯斯坦、蒙古、塔吉克斯坦、土库曼斯坦、乌兹别克斯坦
　　濒危等级：LC

弯角四齿芥
Tetracme recurvata Bunge
　　习　　性：一年生草本
　　海　　拔：200~600 m
　　国内分布：新疆
　　国外分布：哈萨克斯坦、吉尔吉斯斯坦、塔吉克斯坦、土库曼斯坦、乌兹别克斯坦
　　濒危等级：LC

盐芥属 Thellungiella O. E. Schulz

小盐芥
Thellungiella halophila(C. A. Mey.) O. E. Schulz
　　习　　性：一年生草本
　　国内分布：新疆
　　国外分布：俄罗斯、哈萨克斯坦
　　濒危等级：DD

条叶盐芥
Thellungiella parvula(Schrenk) Al-Shehbaz et O'Kane
　　习　　性：一年生草本
　　国内分布：新疆
　　国外分布：俄罗斯、哈萨克斯坦、土库曼斯坦、乌兹别克斯坦
　　濒危等级：LC

盐芥
Thellungiella salsuginea(Pall.) O. E. Schulz
　　习　　性：一年生草本
　　海　　拔：1200~3000 m
　　国内分布：河北、河南、吉林、江苏、内蒙古、山东、新疆
　　国外分布：俄罗斯、哈萨克斯坦、吉尔吉斯斯坦、蒙古、土

库曼斯坦、乌兹别克斯坦
濒危等级：LC

菥蓂属 Thlaspi L.

菥蓂
Thlaspi arvense L.
习　　性：一年生草本
海　　拔：100～5000 m
国内分布：除广东、海南、台湾外，各省均有分布
国外分布：阿富汗、不丹、印度、克什米尔地区、巴基斯坦、尼泊尔、俄罗斯、蒙古、韩国、日本；西南亚、中亚、非洲。澳大利亚和美洲有引种
濒危等级：LC
资源利用：药用（中草药）；原料（工业用油，精油）；食品（蔬菜）

山菥蓂
Thlaspi cochleariforme DC.
习　　性：多年生草本
海　　拔：600～3700 m
国内分布：甘肃、河北、黑龙江、吉林、辽宁、内蒙古、西藏、新疆
国外分布：巴基斯坦、俄罗斯、哈萨克斯坦、克什米尔地区、蒙古、塔吉克斯坦
濒危等级：LC

旗杆芥属 Turritis L.

旗杆芥
Turritis glabra L.
习　　性：二年生草本
国内分布：江苏、辽宁、山东、新疆、浙江
国外分布：阿富汗、巴基斯坦、朝鲜半岛、俄罗斯、哈萨克斯坦、吉尔吉斯斯坦、克什米尔地区、蒙古、尼泊尔、日本、塔吉克斯坦、土库曼斯坦、乌兹别克斯坦、印度；中东地区、欧洲、非洲、北美洲。归化于澳大利亚
濒危等级：LC

阴山荠属 Yinshania Ma et Y. Z. Zhao

锐棱阴山荠
Yinshania acutangula (O. E. Schulz) Y. H. Zhang

锐棱阴山荠（原变种）
Yinshania acutangula subsp. **acutangula**
习　　性：一年生草本
海　　拔：900～3000 m
分　　布：甘肃、河北、内蒙古、青海、陕西、四川
濒危等级：LC

小果阴山荠
Yinshania acutangula subsp. **microcarpa** (K. C. Kuan) Al-Shehbaz
习　　性：一年生草本
海　　拔：约1100 m
分　　布：甘肃、四川
濒危等级：NT C1

威氏阴山荠
Yinshania acutangula subsp. **wilsonii** (O. E. Schulz) Al-Shehbaz et al.
习　　性：一年生草本
海　　拔：1400～3000 m
分　　布：甘肃、四川
濒危等级：NT C1

紫堇叶阴山荠
Yinshania fumarioides (Dunn) Y. Z. Zhao
习　　性：一年生草本
海　　拔：400～1000 m
分　　布：安徽、福建、浙江
濒危等级：LC

叉毛阴山荠
Yinshania furcatopilosa (K. C. Kuan) Y. H. Zhang
习　　性：一年生草本
海　　拔：800～1600 m
分　　布：湖北
濒危等级：VU D2

柔毛阴山荠
Yinshania henryi (Oliv.) Y. H. Zhang
习　　性：一年生草本
海　　拔：800～1200 m
分　　布：贵州、湖北、四川、云南
濒危等级：NT B1ab（ii，iii）

武功山阴山荠
Yinshania hui (O. E. Schulz) Y. Z. Zhao
习　　性：一年生草本
海　　拔：1500 m
分　　布：江西
濒危等级：VU D2

湖南阴山荠
Yinshania hunanensis (Y. H. Zhang) Al-Shehbaz et al.
习　　性：多年生草本
海　　拔：500～1600 m
分　　布：广西、湖南、江西
濒危等级：NT B1b（i，iii）

利川阴山荠
Yinshania lichuanensis (Y. H. Zhang) Al-Shehbaz et al.
习　　性：一年生或多年生草本
海　　拔：300～1200 m
分　　布：安徽、福建、广东、江西、浙江
濒危等级：LC

卵叶阴山荠
Yinshania paradoxa (Hance) Y. Z. Zhao
习　　性：一年生草本
海　　拔：300～1000 m
国内分布：广东、广西、湖北、四川
国外分布：越南
濒危等级：LC

河岸阴山荠
Yinshania rivulorum (Dunn) Al-Shehbaz et al.

习　　性：一年生草本
海　　拔：300~800 m
分　　布：福建、湖南、台湾
濒危等级：LC

石生阴山荠
Yinshania rupicola(D. C. Zhang et J. Z. Shao)Al-Shehbaz,G. Yang

石生阴山荠（原亚种）
Yinshania rupicola subsp. **rupicola**
习　　性：多年生草本
海　　拔：700~1200 m
分　　布：安徽
濒危等级：LC

双牌阴山荠
Yinshania rupicola subsp. **shuangpaiensis**(Z. Y. Li)Al-Shehbaz et al.
习　　性：多年生草本
海　　拔：700~1000 m
分　　布：福建、广西、湖南、江西、四川
濒危等级：LC

弯缺阴山荠
Yinshania sinuata(K. C. Kuan)Al-Shehbaz,G. Yang

弯缺阴山荠（原亚种）
Yinshania sinuata subsp. **sinuata**
习　　性：一年生草本
海　　拔：海平面至200 m
分　　布：安徽、广东、湖南、江西
濒危等级：LC

寻邬阴山荠
Yinshania sinuata subsp. **qianwuensis**(Y. H. Zhang)Al-Shehbaz
习　　性：一年生草本
海　　拔：200~700 m
分　　布：江西
濒危等级：LC

黟县阴山荠
Yinshania yixianensis(Y. H. Zhang)Al-Shehbaz et al.
习　　性：一年生或二年生草本
海　　拔：约200 m
分　　布：安徽
濒危等级：LC

察隅阴山荠
Yinshania zayuensis Y. H. Zhang

察隅阴山荠（原变种）
Yinshania zayuensis var. **zayuensis**
习　　性：一年生草本
海　　拔：2600~3000 m
分　　布：湖北、四川、西藏、云南
濒危等级：LC

戈壁阴山荠
Yinshania zayuensis var. **gobica**(Z. X. An)Y. H. Zhang
习　　性：一年生草本
分　　布：湖北、西藏、云南
濒危等级：LC

凤梨科 BROMELIACEAE
（2属：2种）

凤梨属 Ananas Gaertn.

凤梨
Ananas comosus(L.)Merr.
习　　性：多年生草本
国内分布：广东、广西、海南、台湾、云南栽培
国外分布：原产南美洲
资源利用：原料（纤维）；食品（水果）

水塔花属 Billbergia Thunb.

垂花水塔花
Billbergia nutans H. Wendl. ex Regel
习　　性：多年生草本
国内分布：我国温室有栽培
国外分布：原产巴西
资源利用：环境利用（观赏）

水玉簪科 BURMANNIACEAE
（3属：16种）

水玉簪属 Burmannia L.

头花水玉簪
Burmannia championii Thwaites
习　　性：一年生腐生草本
海　　拔：海平面至1700 m
国内分布：福建、广东、广西、湖南、台湾
国外分布：巴布亚新几内亚、马来西亚、日本、斯里兰卡、泰国、印度、印度尼西亚
濒危等级：LC

香港水玉簪
Burmannia chinensis Gand.
习　　性：草本
海　　拔：海平面（300）至1300 m
国内分布：福建、广东、广西、海南、湖南、江西、云南、浙江
国外分布：老挝、泰国、印度、越南
濒危等级：DD

三品一枝花
Burmannia coelestis D. Don
习　　性：一年生草本
海　　拔：海平面至300（800）m
国内分布：广东、广西、海南
国外分布：澳大利亚、巴布亚新几内亚、柬埔寨、老挝、马来西亚、孟加拉国、缅甸、尼泊尔、泰国、印度、印度尼西亚、越南
濒危等级：LC

资源利用：药用（中草药）

透明水玉簪
Burmannia cryptopetala Makino
习　　性：一年生草本
海　　拔：200~800 m
国内分布：广东、海南、浙江
国外分布：日本
濒危等级：VU B1ab（i, iii, v）

下延水玉簪
Burmannia decurrens X. J. Li et D. X. Zhang
习　　性：一年生草本
分　　布：广东
濒危等级：LC

水玉簪
Burmannia disticha L.
习　　性：一年生草本
海　　拔：400~3000 m
国内分布：福建、广东、广西、贵州、海南、湖南、云南
国外分布：澳大利亚、巴布亚新几内亚、柬埔寨、老挝、马来西亚、缅甸、尼泊尔、斯里兰卡、泰国、印度、印度尼西亚、越南
濒危等级：LC
资源利用：环境利用（观赏）

粤东水玉簪
Burmannia filamentosa D. X. Zhang et R. M. K. Saunders
习　　性：草本
海　　拔：300~800 m
分　　布：广东
濒危等级：NT

纤草
Burmannia itoana Makino
习　　性：一年生腐生草本
海　　拔：300~1200 m
国内分布：广东、广西、海南、台湾、云南
国外分布：日本
濒危等级：LC

宽翅水玉簪
Burmannia nepalensis(Miers)Hook. f.
习　　性：一年生腐生草本
海　　拔：400~1600 m
国内分布：福建、广东、广西、湖南、台湾、云南
国外分布：菲律宾、尼泊尔、日本、泰国、印度、印度尼西亚
濒危等级：LC

裂萼水玉簪
Burmannia oblonga Ridl.
习　　性：一年生腐生草本
海　　拔：800~1100 m
国内分布：海南
国外分布：柬埔寨、马来西亚、泰国、印度尼西亚、越南
濒危等级：NT A1c

亭立
Burmannia wallichii(Miers)Hook. f.
习　　性：一年生腐生草本
海　　拔：海平面至700 m
国内分布：广东、海南、云南
国外分布：缅甸、泰国、越南
濒危等级：DD

腐管草属 Gymnosiphon Blume

腐草
Gymnosiphon aphyllus Blume
习　　性：地生草本
海　　拔：约300 m
国内分布：台湾
国外分布：巴布亚新几内亚、马来西亚、泰国、印度尼西亚
濒危等级：EN D

水玉杯属 Thismia Griff.

贡山水玉杯
Thismia gongshanensis H. Q. Li et Y. K. Bi
习　　性：一年生草本
海　　拔：约2300 m
分　　布：云南
濒危等级：VU B1ab（iii）

黄金水玉杯
Thismia huangii P. Y. Jiang et T. H. Hsieh
习　　性：一年生草本
分　　布：台湾
濒危等级：NT

台湾水玉杯
Thismia taiwanensis Sheng Z. Yang, R. M. K. Saunders et C. J. Hsu
习　　性：一年生草本
海　　拔：2000~2100 m
分　　布：台湾
濒危等级：CR D

三丝水玉杯
Thismia tentaculata K. Larsen et Averyanov
习　　性：一年生草本
海　　拔：600~800 m
国内分布：香港
国外分布：越南
濒危等级：DD

橄榄科 BURSERACEAE
（3属：12种）

橄榄属 Canarium L.

方榄
Canarium bengalense Roxb.
习　　性：乔木

海　　拔：400~1300 m
国内分布：广西、云南
国外分布：老挝、缅甸、泰国、印度
濒危等级：LC
资源利用：原料（木材，工业用油）；食品（水果）

小叶榄
Canarium parvum Leenh.
习　　性：灌木或小乔木
海　　拔：100~700 m
国内分布：云南
国外分布：越南
濒危等级：EN A2c；D

乌榄木
Canarium pimela K. D. Koenig
习　　性：乔木
海　　拔：500~1300 m
国内分布：广东、广西、海南、云南
国外分布：柬埔寨、老挝、越南
濒危等级：LC
资源利用：药用（中草药）；原料（木材，工业用油）；食品（水果）

滇榄
Canarium strictum Roxb.
习　　性：乔木
国内分布：云南
国外分布：缅甸、印度
濒危等级：VU B1ab（i，iii）
资源利用：原料（树脂，工业用油）；食品（水果）

毛叶榄
Canarium subulatum Guillaumin
习　　性：乔木
海　　拔：200~1500 m
国内分布：福建、广东、广西、贵州、海南、四川、台湾、云南
国外分布：柬埔寨、老挝、泰国、越南
濒危等级：NT A2c；B1ab（i，iii）

越榄
Canarium tonkinense Engl.
习　　性：乔木
海　　拔：100~200 m
国内分布：云南栽培
国外分布：原产越南

白头树属 Garuga Roxb.

多花白头树
Garuga floribunda(King ex W. W. Sm.)Kalkman
习　　性：乔木
海　　拔：200~900 m
国内分布：广东、广西、海南、云南
国外分布：不丹、孟加拉国、印度
濒危等级：LC
资源利用：原料（木材）

白头树
Garuga forrestii W. W. Sm.
习　　性：乔木
海　　拔：700~2400 m
分　　布：四川、云南
濒危等级：LC

光叶白头树
Garuga pierrei Guillaumin
习　　性：乔木
海　　拔：700~1000 m
国内分布：云南
国外分布：柬埔寨、泰国、越南
濒危等级：LC

羽叶白头树
Garuga pinnata Roxb.
习　　性：乔木
海　　拔：400~1400 m
国内分布：广西、四川、云南
国外分布：柬埔寨、老挝、孟加拉国、缅甸、泰国、印度、越南
濒危等级：LC
资源利用：药用（中草药）；原料（单宁，树脂）

马蹄果属 Protium Burm. f.

马蹄果
Protium serratum(Wall. ex Colebr.)Engl.
习　　性：落叶乔木
海　　拔：600~1000 m
国内分布：云南
国外分布：不丹、柬埔寨、老挝、缅甸、泰国、印度、越南
濒危等级：LC

滇马蹄果
Protium yunnanense(Hu)Kalkman
习　　性：落叶乔木
海　　拔：500~600 m
分　　布：云南
濒危等级：CR B1ab（i，iii，v）

花蔺科 BUTOMACEAE
（1属：1种）

花蔺属 Butomus L.

花蔺
Butomus umbellatus L.
习　　性：多年生水生草本
海　　拔：500~1200 m
国内分布：安徽、河北、河南、黑龙江、湖北、江苏、内蒙古、山东、山西、陕西、新疆
国外分布：阿富汗、巴基斯坦、俄罗斯、哈萨克斯坦、吉

尔吉斯斯坦、克什米尔地区、蒙古、塔吉克斯坦、乌兹别克斯坦、印度
濒危等级：LC
资源利用：食品（淀粉）

黄杨科 BUXACEAE
（3 属：42 种）

黄杨属 Buxus L.

滇南黄杨
Buxus austroyunnanensis Hatus.
习　　性：灌木
海　　拔：400~900 m
分　　布：云南
濒危等级：NT B1ab（i, iii）

雀舌黄杨
Buxus bodinieri H. Lév.
习　　性：灌木
海　　拔：400~2700 m
分　　布：甘肃、广东、广西、贵州、河南、湖北、江西、陕西、四川、云南、浙江
濒危等级：LC
资源利用：环境利用（观赏）

头花黄杨
Buxus cephalantha H. Lév. et Vaniot

头花黄杨（原变种）
Buxus cephalantha var. **cephalantha**
习　　性：灌木
海　　拔：300~700 m
分　　布：广西、贵州
濒危等级：LC

汕头黄杨
Buxus cephalantha var. **shantouensis** M. Cheng
习　　性：灌木
海　　拔：300~700 m
分　　布：广东
濒危等级：LC

海南黄杨
Buxus hainanensis Merr.
习　　性：灌木
海　　拔：3355 m
分　　布：海南
濒危等级：EN A2c；B2ab（ii, iii）

匙叶黄杨
Buxus harlandii Hance
习　　性：灌木
海　　拔：200~1200 m
分　　布：广东、海南
濒危等级：LC

资源利用：环境利用（观赏）

毛果黄杨
Buxus hebecarpa Hatus.
习　　性：灌木
海　　拔：1500~2000 m
分　　布：四川
濒危等级：EN A2c；C1

河南黄杨
Buxus henanensis T. B. Zhao, Z. X. Chen et G. H. Tian
习　　性：灌木
分　　布：河南
濒危等级：LC

大花黄杨
Buxus henryi Mayr
习　　性：灌木
海　　拔：1300~2000 m
分　　布：贵州、湖北、四川
濒危等级：LC

宜昌黄杨
Buxus ichangensis Hatus.
习　　性：灌木
海　　拔：100~300 m
分　　布：湖北
濒危等级：VU A2c；B1ab（i, iii）

阔柱黄杨
Buxus latistyla Gagnep.
习　　性：灌木
海　　拔：约 800 m
国内分布：广西、云南
国外分布：老挝北部、越南
濒危等级：LC

线叶黄杨
Buxus linearifolia M. Cheng
习　　性：灌木
分　　布：广西
濒危等级：LC

大叶黄杨
Buxus megistophylla H. Lév.
习　　性：灌木或小乔木
海　　拔：500~1400 m
分　　布：广东、广西、贵州、湖南、江西
濒危等级：LC

软毛黄杨
Buxus mollicula W. W. Sm.

软毛黄杨（原变种）
Buxus mollicula var. **mollicula**
习　　性：灌木
海　　拔：1700~2100 m
分　　布：云南
濒危等级：LC

变光软毛黄杨
Buxus mollicula var. **glabra** Hand. -Mazz.
 习 性：灌木
 海 拔：1700~2100 m
 分 布：四川、云南
 濒危等级：EN D

杨梅黄杨
Buxus myrica H. Lév.

杨梅黄杨（原变种）
Buxus myrica var. **myrica**
 习 性：灌木
 海 拔：200~2000 m
 国内分布：广西、贵州、海南、湖南、四川、云南
 国外分布：越南
 濒危等级：LC

狭叶杨梅黄杨
Buxus myrica var. **angustifolia** Gagnep.
 习 性：灌木
 国内分布：广西、贵州
 国外分布：越南
 濒危等级：NT D1

毛枝黄杨
Buxus pubiramea Merr. et Chun
 习 性：灌木
 海 拔：约700 m
 分 布：海南
 濒危等级：CR B1ab（i, iii）

皱叶黄杨
Buxus rugulosa Hatus.

皱叶黄杨（原变种）
Buxus rugulosa var. **rugulosa**
 习 性：灌木
 海 拔：1900~3500 m
 分 布：四川、云南
 濒危等级：LC

平卧皱叶黄杨
Buxus rugulosa var. **prostrata**（W. W. Sm.）M. Cheng
 习 性：灌木
 海 拔：2400~4000 m
 分 布：四川、西藏、云南
 濒危等级：LC

岩生黄杨
Buxus rugulosa var. **rupicola**（W. W. Sm.）P. Brückner et T. L. Ming
 习 性：灌木
 海 拔：2300~3400 m
 分 布：四川、西藏、云南
 濒危等级：LC

黄杨
Buxus sinica（Rehder et E. H. Wilson）M. Cheng

黄杨（原变种）
Buxus sinica var. **sinica**
 习 性：灌木或小乔木
 海 拔：1200~2600 m
 分 布：安徽、甘肃、广东、广西、贵州、湖北、江苏、江西、山东、陕西、四川、浙江
 濒危等级：LC
 资源利用：环境利用（观赏）；药用（中草药）

尖叶黄杨
Buxus sinica var. **aemulans**（Rehder et E. H. Wilson）P. Brückner et T. L. Ming
 习 性：灌木或小乔木
 海 拔：600~2000 m
 分 布：安徽、重庆、福建、广东、广西、湖北、湖南、江西、四川、浙江
 濒危等级：LC

雌花黄杨
Buxus sinica var. **femineiflora** T. B. Zhao et Z. Y. Chen
 习 性：灌木或小乔木
 分 布：河南
 濒危等级：LC

中间黄杨
Buxus sinica var. **intermedia**（Kaneh.）M. Cheng
 习 性：灌木或小乔木
 分 布：台湾
 濒危等级：VU D1

小叶黄杨
Buxus sinica var. **parvifolia** M. Cheng
 习 性：灌木或小乔木
 海 拔：约1000 m
 分 布：安徽、重庆、湖北、江西、浙江
 濒危等级：LC

矮生黄杨
Buxus sinica var. **pumila** M. Cheng
 习 性：灌木或小乔木
 海 拔：约2100 m
 分 布：湖北
 濒危等级：LC

越橘叶黄杨
Buxus sinica var. **vaccinifolia** M. Cheng
 习 性：灌木或小乔木
 海 拔：1000~1800 m
 分 布：重庆、广东、湖南、江西
 濒危等级：LC

狭叶黄杨
Buxus stenophylla Hance
 习 性：灌木
 海 拔：100~700 m
 分 布：福建、广东、贵州
 濒危等级：LC

板凳果属 Pachysandra Michx.

板凳果
Pachysandra axillaris Franch.

板凳果（原变种）
Pachysandra axillaris var. **axillaris**
- 习　　性：亚灌木
- 海　　拔：1800~2500 m
- 分　　布：四川、台湾、云南
- 濒危等级：LC
- 资源利用：药用（中草药）

多毛板凳果
Pachysandra axillaris var. **stylosa**(Dunn) M. Cheng
- 习　　性：亚灌木
- 海　　拔：600~2100 m
- 分　　布：福建、广东、江西、陕西、云南
- 濒危等级：LC

顶花板凳果
Pachysandra terminalis Siebold et Zucc.
- 习　　性：亚灌木
- 海　　拔：1000~2600 m
- 国内分布：甘肃、湖北、陕西、四川、浙江
- 国外分布：日本
- 濒危等级：LC
- 资源利用：药用（中草药）

野扇花属 Sarcococca Lindl.

聚花野扇花
Sarcococca confertiflora Sealy
- 习　　性：灌木
- 分　　布：云南
- 濒危等级：LC

羽脉野扇花
Sarcococca hookeriana Baillon

羽脉野扇花（原变种）
Sarcococca hookeriana var. **hookeriana**
- 习　　性：灌木或小乔木
- 海　　拔：1000~3500 m
- 国内分布：西藏
- 国外分布：阿富汗、不丹、尼泊尔、印度
- 濒危等级：LC

双蕊野扇花
Sarcococca hookeriana var. **digyna** Franch.
- 习　　性：灌木或小乔木
- 海　　拔：1000~3500 m
- 分　　布：重庆、湖北、陕西、四川、云南
- 濒危等级：LC

长叶野扇花
Sarcococca longifolia M. Cheng et K. F. Wu
- 习　　性：灌木
- 海　　拔：350~1853 m
- 分　　布：广西
- 濒危等级：EN A2c；B1ab (i, iii)；C1

长叶柄野扇花
Sarcococca longipetiolata M. Cheng
- 习　　性：灌木
- 海　　拔：300~800 m
- 分　　布：广东、湖南
- 濒危等级：EN A2c；B1ab (i, iii)；C1

东方野扇花
Sarcococca orientalis C. Y. Wu ex M. Cheng
- 习　　性：灌木
- 海　　拔：200~1000 m
- 分　　布：福建、广东、江西、浙江
- 濒危等级：LC

野扇花
Sarcococca ruscifolia Stapf
- 习　　性：灌木
- 海　　拔：200~2600 m
- 分　　布：甘肃、广西、贵州、湖北、湖南、山西、四川、云南
- 濒危等级：LC
- 资源利用：药用（中草药）

柳叶野扇花
Sarcococca saligna(D. Don) Müll. Arg.
- 习　　性：灌木
- 海　　拔：1200~2300 m
- 国内分布：台湾、西藏
- 国外分布：阿富汗、巴基斯坦、尼泊尔、印度
- 濒危等级：EN A2c；C1

海南野扇花
Sarcococca vagans Stapf
- 习　　性：灌木
- 海　　拔：500~800 m
- 国内分布：海南、云南
- 国外分布：缅甸、越南
- 濒危等级：LC

云南野扇花
Sarcococca wallichii Stapf
- 习　　性：灌木
- 海　　拔：1300~2700 m
- 国内分布：西藏、云南
- 国外分布：不丹、缅甸、尼泊尔、印度
- 濒危等级：LC

莼菜科 CABOMBACEAE
（2属：2种）

莼菜属 Brasenia Schreb.

莼菜
Brasenia schreberi J. F. Gmel.
- 习　　性：多年生水生草本
- 国内分布：安徽、湖北、湖南、江苏、江西、四川、台湾、

云南、浙江
国外分布：澳大利亚、朝鲜、俄罗斯、日本、印度
濒危等级：CR A3c +4acd；B2ab（ii，iii，iv，v）
国家保护：Ⅱ级
资源利用：食品（蔬菜）；药用（中草药）

水盾草属 Cabomba Aubl.

水盾草
Cabomba caroliniana A. Gray
习　　性：多年生水生草本
国内分布：江苏、山东、浙江
国外分布：原产北美洲、南美洲
资源利用：环境利用（观赏）

仙人掌科 CACTACEAE
（4属：7种）

昙花属 Epiphyllum Haw.

昙花
Epiphyllum oxypetalum (DC.) Haw.
习　　性：附生灌木
国内分布：云南；各省区常见栽培
国外分布：原产墨西哥、危地马拉
资源利用：环境利用（观赏）；食品（水果）

量天尺属 Hylocereus (A. Berger) Britt. et Rose

量天尺
Hylocereus undatus (Haw.) Britt. et Rose
习　　性：攀援肉质灌木
国内分布：福建、广东、广西、海南、台湾有栽培或逸生
国外分布：可能原产墨西哥和中美洲；引种并逸生于亚洲热带地区、南美洲及澳大利亚
资源利用：环境利用（砧木，观赏）；食品（蔬菜，水果）；药用（中草药）

仙人掌属 Opuntia (L.) Mill.

胭脂掌
Opuntia cochienllifora (L.) Mill.
习　　性：灌木或小乔木
国内分布：广东、广西、海南
国外分布：原产墨西哥

仙人掌
Opuntia dillenii (Ker Gawl.) Haw.
习　　性：灌木
国内分布：广东、广西、海南
国外分布：原产加勒比地区；热带地区广泛引种和归化
资源利用：药用（中草药）；食品（水果）；环境利用（观赏）；原料（精油）

梨果仙人掌
Opuntia ficus-indica (L.) Mill.
习　　性：直立灌木或小乔木
国内分布：广西、贵州、四川、西藏、云南
国外分布：原产墨西哥；热带和亚热带地区引种并归化；世界各地广泛栽培
资源利用：食品（水果）；环境利用（观赏）

单刺仙人掌
Opuntia monacantha (Willd.) Haw.
习　　性：灌木或乔木
国内分布：福建、广东、广西、台湾、云南
国外分布：原产阿根廷、巴拉圭、巴西、乌拉圭；热带和亚热带地区广泛引入并归化；世界各地广泛栽培
资源利用：药用（中草药）

木麒麟属 Pereskia Mill.

木麒麟
Pereskia aculeata Mill.
习　　性：攀援灌木
国内分布：福建有逸生
国外分布：原产热带美洲、西印度群岛；逸生于热带地区
资源利用：环境利用（砧木，观赏）；食品（蔬菜，水果）

红厚壳科 CALOPHYLLACEAE
（3属：6种）

红厚壳属 Calophyllum L.

兰屿红厚壳
Calophyllum blancoi Planch. et Triana
习　　性：乔木
国内分布：台湾
国外分布：菲律宾、马来西亚、印度尼西亚
濒危等级：EN C2a（i）

红厚壳
Calophyllum inophyllum L.
习　　性：乔木
海　　拔：100～200 m
国内分布：海南、台湾
国外分布：澳大利亚、菲律宾、柬埔寨、马来西亚、日本、斯里兰卡、泰国、印度、印度尼西亚、越南
濒危等级：LC
资源利用：药用（中草药）；原料（单宁，木材）

薄叶红厚壳
Calophyllum membranaceum Gardner et Champ.
习　　性：灌木或小乔木
海　　拔：200～1000 m
国内分布：广东、广西、海南
国外分布：越南
濒危等级：VU B1ab（i，iii）；D1
资源利用：药用（中草药）

滇南红厚壳
Calophyllum polyanthum Wall. ex Choisy
习　　性：乔木
海　　拔：1100～1800 m
国内分布：云南
国外分布：不丹、老挝、孟加拉国、缅甸、泰国、印度、

越南
  濒危等级：LC

黄果木属 Mammea L.

格脉树
Mammea yunnanensis (H. L. Li) Kosterm.
  习　　性：常绿乔木
  海　　拔：约600 m
  分　　布：云南
  濒危等级：VU B1b (i, iii)
  资源利用：环境利用（观赏）；食品（水果）

铁力木属 Mesua L.

铁力木
Mesua ferrea L.
  习　　性：常绿乔木
  海　　拔：500~600 m
  国内分布：广东、广西、云南
  国外分布：马来西亚、孟加拉国、斯里兰卡、泰国、印度、印度尼西亚
  濒危等级：LC
  资源利用：原料（木材）；环境利用（观赏，绿化）

蜡梅科 CALYCANTHACEAE
（2属：9种）

夏蜡梅属 Calycanthus L.

夏蜡梅
Calycanthus chinensis W. C. Cheng et S. Y. Chang
  习　　性：灌木
  海　　拔：600~1000 m
  分　　布：浙江
  濒危等级：LC
  国家保护：Ⅱ级
  资源利用：环境利用（观赏）

美国蜡梅
Calycanthus floridus L.
  习　　性：落叶灌木
  国内分布：江西、浙江栽培
  国外分布：原产北美洲
  资源利用：环境利用（观赏）

长叶美国蜡梅
Calycanthus floridus var. **oblongifolius** (Nutt.) D. E. Boufford et S. A. Spogbe
  习　　性：落叶灌木
  国内分布：江西、浙江栽培
  国外分布：原产北美洲

蜡梅属 Chimonanthus Lindl.

西南蜡梅
Chimonanthus campanulatus R. H. Chang et C. S. Ding
  习　　性：灌木
  海　　拔：1000~2900 m
  分　　布：贵州、云南
  濒危等级：LC

突托蜡梅
Chimonanthus grammatus M. C. Liu
  习　　性：灌木或乔木
  海　　拔：200~700 m
  分　　布：江西
  濒危等级：VU D

山蜡梅
Chimonanthus nitens Oliv.
  习　　性：灌木或乔木
  海　　拔：200~2500 m
  分　　布：安徽、福建、广西、贵州、湖北、湖南、江苏、江西、陕西、云南、浙江
  濒危等级：LC
  资源利用：药用（中草药）；原料（工业用油）；环境利用（绿化）

蜡梅
Chimonanthus praecox (L.) Link
  习　　性：灌木或小乔木
  海　　拔：500~1100 m
  分　　布：安徽、福建、贵州、河南、湖北、湖南、江苏、江西、山东、陕西、四川、云南、浙江
  濒危等级：LC
  资源利用：药用（中草药）；环境利用（绿化，观赏）

柳叶蜡梅
Chimonanthus salicifolius H. H. Hu
  习　　性：灌木
  海　　拔：600~800 m
  分　　布：安徽、江西、浙江
  濒危等级：NT A2c

浙江蜡梅
Chimonanthus zhejiangensis M. C. Liu
  习　　性：灌木
  海　　拔：200~900 m
  分　　布：浙江
  濒危等级：LC

桔梗科 CAMPANULACEAE
（17属：204种）

沙参属 Adenophora Fisch.

阿穆尔沙参
Adenophora amurica C. X. Fu et M. Y. Liu
  习　　性：多年生草本
  分　　布：黑龙江
  濒危等级：LC

丝裂沙参
Adenophora capillaris Hemsl.

丝裂沙参（原亚种）
Adenophora capillaris subsp. **capillaris**
　　习　　性：多年生草本
　　海　　拔：1400～2800 m
　　分　　布：重庆、贵州、湖北、陕西、四川
　　濒危等级：LC

细萼沙参
Adenophora capillaris subsp. **leptosepala**(Diels)D. Y. Hong
　　习　　性：多年生草本
　　海　　拔：2000～3600 m
　　分　　布：四川、云南
　　濒危等级：LC

细叶沙参
Adenophora capillaris subsp. **paniculata**(Nannf.)D. Y. Hong et S. Ge
　　习　　性：多年生草本
　　海　　拔：1100～2800 m
　　分　　布：河北、河南、内蒙古、山西、陕西
　　濒危等级：LC
　　资源利用：药用（中草药）；食品（蔬菜）

天蓝沙参
Adenophora coelestis Diels
　　习　　性：多年生草本
　　海　　拔：1200～4000 m
　　分　　布：四川、云南
　　濒危等级：LC

缢花沙参
Adenophora contracta(Kitag.)J. Z. Qiu et D. Y. Hong
　　习　　性：多年生草本
　　分　　布：辽宁、内蒙古
　　濒危等级：LC

心叶沙参
Adenophora cordifolia D. Y. Hong
　　习　　性：多年生草本
　　海　　拔：约 2100 m
　　分　　布：河南
　　濒危等级：LC

道孚沙参
Adenophora dawuensis D. Y. Hong
　　习　　性：多年生草本
　　海　　拔：约 3100 m
　　分　　布：四川
　　濒危等级：LC

短花盘沙参
Adenophora delavayi(Franch.)D. Y. Hong
　　习　　性：多年生草本
　　海　　拔：2700～3000 m
　　分　　布：四川、云南
　　濒危等级：VU A2c

展枝沙参
Adenophora divaricata Franch. et Sav.
　　习　　性：多年生草本
　　海　　拔：400～1800 m
　　国内分布：河北、黑龙江、吉林、辽宁、山东、山西
　　国外分布：朝鲜半岛、俄罗斯、日本
　　濒危等级：LC

狭长花沙参
Adenophora elata Nannf.
　　习　　性：多年生草本
　　海　　拔：1700～3000 m
　　分　　布：河北、内蒙古、山西
　　濒危等级：LC

狭叶沙参
Adenophora gmelinii(Biehler)Fisch.

狭叶沙参（原亚种）
Adenophora gmelinii subsp. **gmelinii**
　　习　　性：多年生草本
　　海　　拔：1800 m 以下
　　国内分布：河北、黑龙江、吉林、辽宁、内蒙古
　　国外分布：朝鲜半岛、俄罗斯、蒙古
　　濒危等级：LC

海林沙参
Adenophora gmelinii subsp. **hailinensis** J. Z. Qiu et D. Y. Hong
　　习　　性：多年生草本
　　国内分布：黑龙江
　　国外分布：俄罗斯
　　濒危等级：LC

山西沙参
Adenophora gmelinii subsp. **nystroemii** J. Z. Qiu et D. Y. Hong
　　习　　性：多年生草本
　　海　　拔：2600 m 以下
　　分　　布：河北、内蒙古、山西
　　濒危等级：LC

喜马拉雅沙参
Adenophora himalayana Feer

喜马拉雅沙参（原亚种）
Adenophora himalayana subsp. **himalayana**
　　习　　性：多年生草本
　　海　　拔：1200～4700 m
　　国内分布：甘肃、青海、四川、西藏、新疆
　　国外分布：哈萨克斯坦、吉尔吉斯斯坦、尼泊尔、塔吉克斯坦、印度
　　濒危等级：LC

高山沙参
Adenophora himalayana subsp. **alpina**(Nannf.)D. Y. Hong
　　习　　性：多年生草本
　　海　　拔：2500～4200 m
　　国内分布：甘肃、陕西、四川
　　国外分布：印度
　　濒危等级：LC

鄂西沙参
Adenophora hubeiensis D. Y. Hong
　　习　　性：多年生草本

海　　拔：1900~2600 m
分　　布：湖北
濒危等级：LC

甘孜沙参
Adenophora jasionifolia Franch.
习　　性：多年生草本
海　　拔：3000~4700 m
分　　布：四川、西藏、云南
濒危等级：LC

云南沙参
Adenophora khasiana (Hook. f. et Thomson) Oliv. ex Collett et Hemsl.
习　　性：多年生草本
海　　拔：1000~2800 m
国内分布：四川、西藏、云南
国外分布：不丹、缅甸、印度
濒危等级：LC

天山沙参
Adenophora lamarckii Fisch.
习　　性：多年生草本
国内分布：新疆
国外分布：朝鲜半岛、俄罗斯、哈萨克斯坦、蒙古
濒危等级：LC

新疆沙参
Adenophora liliifolia (L.) A. DC.
习　　性：多年生草本
海　　拔：1500~2500 m
国内分布：新疆
国外分布：俄罗斯、哈萨克斯坦
濒危等级：LC

川藏沙参
Adenophora liliifolioides Pax et K. Hoffm.
习　　性：多年生草本
海　　拔：2400~4600 m
分　　布：甘肃、陕西、四川、西藏
濒危等级：LC

线叶沙参
Adenophora linearifolia D. Y. Hong
习　　性：多年生草本
分　　布：四川、云南
濒危等级：NT

裂叶沙参
Adenophora lobophylla D. Y. Hong
习　　性：多年生草本
海　　拔：2000~3400 m
分　　布：四川
濒危等级：NT B1ab (i, iii)

湖北沙参
Adenophora longipedicellata D. Y. Hong
习　　性：多年生草本
海　　拔：2400 m 以下
分　　布：重庆、贵州、湖北、四川
濒危等级：LC

小花沙参
Adenophora micrantha D. Y. Hong
习　　性：多年生草本
分　　布：内蒙古
濒危等级：LC

台湾沙参
Adenophora morrisonensis Hayata

台湾沙参（原亚种）
Adenophora morrisonensis subsp. **morrisonensis**
习　　性：多年生草本
海　　拔：700~3000 m
分　　布：台湾
濒危等级：LC

玉山沙参
Adenophora morrisonensis subsp. **uehatae** (Yamam.) Lammers
习　　性：多年生草本
海　　拔：3000~3500 m
分　　布：台湾
濒危等级：LC

宁夏沙参
Adenophora ningxianica D. Y. Hong
习　　性：多年生草本
海　　拔：1600~2400 m
分　　布：甘肃、内蒙古、宁夏
濒危等级：LC

沼沙参
Adenophora palustris Kom.
习　　性：多年生草本
国内分布：吉林
国外分布：朝鲜半岛、日本
濒危等级：LC

长白沙参
Adenophora pereskiifolia (Fisch. ex Schult.) Fisch. ex G. Don
习　　性：多年生草本
海　　拔：1000 m 以下
国内分布：黑龙江、吉林
国外分布：朝鲜半岛、俄罗斯、蒙古、日本
濒危等级：LC

秦岭沙参
Adenophora petiolata Pax et K. Hoffm.

秦岭沙参（原亚种）
Adenophora petiolata subsp. **petiolata**
习　　性：多年生草本
海　　拔：1000~2300 m
分　　布：甘肃、河南、山西、陕西
濒危等级：LC

华东杏叶沙参
Adenophora petiolata subsp. **huadungensis** (D. Y. Hong) D. Y. Hong et S. Ge

习　　性：多年生草本
海　　拔：1900 m 以下
分　　布：安徽、福建、江苏、江西、浙江
濒危等级：LC

杏叶沙参
Adenophora petiolata subsp. **hunanensis**（Nannf.）D. Y. Hong et S. Ge
习　　性：多年生草本
海　　拔：2000 m 以下
分　　布：重庆、广东、广西、贵州、河北、河南、湖北、湖南、江西、山西、陕西、四川
濒危等级：LC

松叶沙参
Adenophora pinifolia Kitag.
习　　性：多年生草本
分　　布：辽宁
濒危等级：NT C1

石沙参
Adenophora polyantha Nakai

石沙参（原亚种）
Adenophora polyantha subsp. **polyantha**
习　　性：多年生草本
国内分布：辽宁
国外分布：朝鲜半岛
濒危等级：LC

毛萼石沙参
Adenophora polyantha subsp. **scabricalyx**（Kitag.）J. Z. Qiu et D. Y. Hong
习　　性：多年生草本
海　　拔：1500 m 以下
分　　布：安徽、甘肃、河北、河南、江苏、辽宁、内蒙古、宁夏、山东、山西、陕西
濒危等级：LC

泡沙参
Adenophora potaninii Korsh.

泡沙参（原亚种）
Adenophora potaninii subsp. **potaninii**
习　　性：多年生草本
海　　拔：1000~3100 m
分　　布：甘肃、宁夏、青海、山西、陕西、四川
濒危等级：LC
资源利用：药用（中草药）；食品（淀粉）

多歧沙参
Adenophora potaninii subsp. **wawreana**（Zahlbr.）S. Ge et D. Y. Hong
习　　性：多年生草本
海　　拔：2000 m 以下
分　　布：河北、河南、辽宁、内蒙古、山西
濒危等级：LC

薄叶荠苨
Adenophora remotiflora（Siebold et Zucc.）Miq.
习　　性：多年生草本
海　　拔：1700 m 以下
国内分布：黑龙江、吉林、辽宁
国外分布：朝鲜半岛、俄罗斯、日本
濒危等级：LC

多毛沙参
Adenophora rupincola Hemsl.
习　　性：多年生草本
海　　拔：1500 m 以下
分　　布：湖北、湖南、江西、四川
濒危等级：LC

中华沙参
Adenophora sinensis A. DC.
习　　性：多年生草本
海　　拔：1200 m 以下
分　　布：安徽、福建、广东、湖南、江西
濒危等级：LC

长柱沙参
Adenophora stenanthina（Ledeb.）Kitag.

长柱沙参（原亚种）
Adenophora stenanthina subsp. **stenanthina**
习　　性：多年生草本
海　　拔：1800 m 以下
国内分布：甘肃、河北、吉林、内蒙古、宁夏、山西、陕西
国外分布：俄罗斯、蒙古
濒危等级：LC

林沙参
Adenophora stenanthina subsp. **sylvatica** D. Y. Hong
习　　性：多年生草本
海　　拔：2500~4000 m
分　　布：甘肃、青海
濒危等级：LC

扫帚沙参
Adenophora stenophylla Hemsl.
习　　性：多年生草本
海　　拔：约 700 m
国内分布：黑龙江、吉林、内蒙古
国外分布：蒙古
濒危等级：DD

沙参
Adenophora stricta Miq.

沙参（原亚种）
Adenophora stricta subsp. **stricta**
习　　性：多年生草本
海　　拔：170~3800 m
国内分布：安徽、福建、河南、湖南、江苏、江西、浙江
国外分布：朝鲜半岛；在日本归化
濒危等级：LC
资源利用：药用（中草药）；食品（蔬菜）

川西沙参
Adenophora stricta subsp. **aurita**（Franch.）D. Y. Hong et S. Ge
习　　性：多年生草本
海　　拔：2100~3300 m
分　　布：四川

濒危等级：LC

昆明沙参
Adenophora stricta subsp. **confusa**(Nannf.)D. Y. Hong
习　　性：多年生草本
海　　拔：1000~3200 m
分　　布：云南
濒危等级：LC

无柄沙参
Adenophora stricta subsp. **sessilifolia** D. Y. Hong
习　　性：多年生草本
海　　拔：600~2000 m
分　　布：重庆、甘肃、广西、贵州、河南、湖北、湖南、陕西、四川、云南
濒危等级：LC

轮叶沙参
Adenophora tetraphylla(Thunb.)Fisch.
习　　性：多年生草本
海　　拔：600~2000 m
国内分布：我国大部分地区
国外分布：朝鲜半岛、俄罗斯、老挝、日本、越南
濒危等级：LC
资源利用：药用（中草药）

荠苨
Adenophora trachelioides Maxim.

荠苨（原亚种）
Adenophora trachelioides subsp. **trachelioides**
习　　性：多年生草本
海　　拔：2400 m以下
分　　布：安徽、河北、江苏、辽宁、内蒙古、山东、浙江
濒危等级：LC
资源利用：食品（淀粉）

苏南荠苨
Adenophora trachelioides subsp. **giangsuensis** D. Y. Hong
习　　性：多年生草本
分　　布：江苏
濒危等级：LC

锯齿沙参
Adenophora tricuspidata(Fisch. ex Schult.)A. DC.
习　　性：多年生草本
海　　拔：约900 m
国内分布：黑龙江、内蒙古
国外分布：俄罗斯
濒危等级：LC

聚叶沙参
Adenophora wilsonii Nannf.
习　　性：多年生草本
海　　拔：1600 m以下
分　　布：重庆、甘肃、贵州、湖北、陕西、四川
濒危等级：LC

雾灵沙参
Adenophora wulingshanica D. Y. Hong
习　　性：多年生草本
海　　拔：1200~1700 m
分　　布：北京
濒危等级：NT B1ab（i，iii）

小溪沙参
Adenophora xiaoxiensis D. G. Zhang，D. Xie & X. Y. Yi
习　　性：多年生草本
海　　拔：约1100 m
分　　布：湖南
濒危等级：EN D

牧根草属 Asyneuma Griseb. et Schenk

球果牧根草
Asyneuma chinense D. Y. Hong
习　　性：多年生草本
海　　拔：3000 m以下
分　　布：广西、贵州、湖北、四川、云南
濒危等级：LC

长果牧根草
Asyneuma fulgens(Wall.)Briq.

长果牧根草（原亚种）
Asyneuma fulgens subsp. **fulgens**
习　　性：多年生草本
国内分布：西藏
国外分布：不丹、缅甸、尼泊尔、斯里兰卡、印度
濒危等级：DD

玉龙长果牧根草
Asyneuma fulgens subsp. **forrestii** D. Y. Hong
习　　性：多年生草本
分　　布：云南
濒危等级：DD

牧根草
Asyneuma japonicum(Miq.)Briq.
习　　性：多年生草本
国内分布：黑龙江、吉林、辽宁
国外分布：朝鲜半岛、俄罗斯、日本
濒危等级：LC

风铃草属 Campanula L.

钻裂风铃草
Campanula aristata Wall.
习　　性：多年生草本
海　　拔：3500~5000 m
国内分布：甘肃、青海、陕西、四川、西藏、云南
国外分布：阿富汗、巴基斯坦、不丹、尼泊尔、印度
濒危等级：LC

南疆风铃草
Campanula austroxinjiangensis Y. K. Yang, J. K. Wu et J. Z. Li
习　　性：多年生草本
海　　拔：约2300 m
分　　布：新疆
濒危等级：DD

灰岩风铃草
Campanula calcicola W. W. Smith
习　　性：多年生草本
海　　拔：2300~3900 m

分　　布：四川、云南
濒危等级：LC

灰毛风铃草
Campanula cana Wall.
习　　性：多年生草本
海　　拔：1000～3200 m
国内分布：贵州、四川、西藏、云南
国外分布：不丹、缅甸、尼泊尔、印度
濒危等级：LC

丝茎风铃草
Campanula chrysospleniifolia Franch.
习　　性：多年生草本
海　　拔：3000～4000 m
分　　布：四川、云南
濒危等级：NT B1ab（iii）

流石风铃草
Campanula crenulata Franch.
习　　性：多年生草本
海　　拔：2600～4200 m
分　　布：四川、云南
濒危等级：LC

一年生风铃草
Campanula dimorphantha Schweinf.
习　　性：一年生草本
海　　拔：2000 m 以下
国内分布：重庆、广东、贵州、陕西、四川、台湾、云南
国外分布：阿富汗、巴基斯坦、老挝、缅甸、尼泊尔、斯里兰卡、印度、越南
濒危等级：LC

甘肃风铃草
Campanula gansuensis L. Z. Wang et D. Y. Hong
习　　性：一年生草本
海　　拔：约 1100 m
分　　布：甘肃
濒危等级：LC

北疆风铃草
Campanula glomerata L.

北疆风铃草（原亚种）
Campanula glomerata subsp. **glomerata**
习　　性：多年生草本
海　　拔：1300～2600 m
国内分布：新疆
国外分布：俄罗斯、哈萨克斯坦；欧洲。北美洲广泛栽培并归化
濒危等级：LC
资源利用：环境利用（观赏）；药用（中草药）

大青山风铃草
Campanula glomerata subsp. **daqingshanica** D. Y. Hong et Y. Z. Zhao
习　　性：多年生草本
海　　拔：1400～2000 m
分　　布：内蒙古
濒危等级：LC

聚花风铃草
Campanula glomerata subsp. **speciosa**（Spreng.）Domin
习　　性：多年生草本
国内分布：黑龙江、吉林、辽宁、内蒙古
国外分布：朝鲜半岛、俄罗斯、蒙古、日本
濒危等级：LC

头花风铃草
Campanula glomeratoides D. Y. Hong
习　　性：一年生草本
海　　拔：约 2700 m
分　　布：西藏
濒危等级：NT B1ab（i，iii）

长柱风铃草
Campanula hongii Y. F. Deng
习　　性：多年生草本
海　　拔：2400～3800 m
分　　布：青海、西藏、云南
濒危等级：LC

藏滇风铃草
Campanula immodesta Lammers
习　　性：多年生草本
海　　拔：3400～4500 m
国内分布：四川、西藏、云南
国外分布：不丹、尼泊尔、印度
濒危等级：LC

石生风铃草
Campanula langsdorffiana（A. DC.）Fisch. ex Trautv. et C. A. Meyer
习　　性：多年生草本
国内分布：黑龙江、吉林、辽宁
国外分布：俄罗斯
濒危等级：LC

澜沧风铃草
Campanula mekongensis Diels ex C. Y. Wu
习　　性：多年生草本
海　　拔：100～540 m
分　　布：广西、云南
濒危等级：NT A2c；B1ab（i，iii）

洛扎风铃草
Campanula microphylloidea D. Y. Hong
习　　性：多年生草本
海　　拔：约 3100 m
分　　布：西藏
濒危等级：LC

藏南风铃草
Campanula nakaoi Kitam.
习　　性：多年生草本
海　　拔：2800～3400 m
国内分布：西藏
国外分布：尼泊尔
濒危等级：VU A2c；B1ab（i，iii）

峨眉风铃草
Campanula omeiensis（Z. Y. Zhu）D. Y. Hong et Z. Yu Li
习　　性：多年生草本
海　　拔：约 600 m

分　　布：四川
濒危等级：LC

西南风铃草
Campanula pallida Wall.
习　　性：多年生草本
海　　拔：1000~1400 m
国内分布：贵州、四川、西藏、云南
国外分布：阿富汗、巴基斯坦、不丹、老挝、缅甸、尼泊尔、泰国、印度
濒危等级：LC
资源利用：药用（中草药）

紫斑风铃草
Campanula punctata Lam.
习　　性：多年生草本
海　　拔：2300 m 以下
国内分布：甘肃、河北、河南、黑龙江、湖北、吉林、辽宁、内蒙古、山西、陕西、四川
国外分布：朝鲜半岛、俄罗斯、日本
濒危等级：LC
资源利用：环境利用（观赏）

辐花风铃草
Campanula rotata D. Y. Hong
习　　性：多年生草本
海　　拔：约 3400 m
分　　布：西藏
濒危等级：LC

刺毛风铃草
Campanula sibirica L.
习　　性：多年生草本
国内分布：新疆
国外分布：俄罗斯、哈萨克斯坦
濒危等级：DD

新疆风铃草
Campanula stevenii M. Bieb.
习　　性：多年生草本
海　　拔：1100~2500 m
国内分布：新疆
国外分布：俄罗斯、吉尔吉斯斯坦
濒危等级：DD

云南风铃草
Campanula yunnanensis D. Y. Hong
习　　性：多年生草本
海　　拔：1900~2200 m
分　　布：云南
濒危等级：NT B1ab (i, iii)

党参属 Codonopsis Wall.

大叶党参
Codonopsis affinis Hook. f. et Thomson
习　　性：多年生草本
海　　拔：2300~3200 m
国内分布：西藏
国外分布：不丹、缅甸、尼泊尔、印度
濒危等级：NT B1ab (i, iii)

高山党参
Codonopsis alpina Nannf.
习　　性：多年生草本
海　　拔：4000~4300 m
分　　布：西藏、云南
濒危等级：LC

银背叶党参
Codonopsis argentea P. C. Tsoong
习　　性：多年生草本
海　　拔：2000~2300 m
分　　布：贵州
濒危等级：EN A2c；B1ab (i, iii)

大萼党参
Codonopsis benthamii Hook. f. et Thomson
习　　性：多年生草本
海　　拔：2800~3700 m
国内分布：四川、西藏、云南
国外分布：不丹、缅甸、尼泊尔、印度
濒危等级：LC

西藏党参
Codonopsis bhutanica Ludlow
习　　性：多年生草本
海　　拔：3700~4600 m
国内分布：西藏
国外分布：不丹、尼泊尔
濒危等级：VU A2c；B1ab (i, iii)

波密党参
Codonopsis bomiensis D. Y. Hong
习　　性：多年生草本
海　　拔：约 3200 m
分　　布：西藏
濒危等级：LC

管钟党参
Codonopsis bulleyana Forrest ex Diels
习　　性：多年生草本
海　　拔：3300~4200 m
分　　布：四川、西藏、云南
濒危等级：LC

钟花党参
Codonopsis campanulata D. Y. Hong
习　　性：多年生草本
海　　拔：约 3700 m
国内分布：西藏
国外分布：尼泊尔
濒危等级：LC

灰毛党参
Codonopsis canescens Nannf.
习　　性：多年生草本
海　　拔：3000~4200 m
分　　布：青海、四川、西藏
濒危等级：LC

光叶党参
Codonopsis cardiophylla Diels ex Kom.

光叶党参（原亚种）
Codonopsis cardiophylla subsp. **cardiophylla**
　　习　　性：多年生草本
　　分　　布：湖北、山西、陕西
　　濒危等级：VU A2c
　　资源利用：药用（中草药）

光叶党参大叶亚种
Codonopsis cardiophylla subsp. **megaphylla** D. Y. Hong
　　习　　性：多年生草本
　　海　　拔：约 2800 m
　　分　　布：四川
　　濒危等级：LC

滇缅党参
Codonopsis chimiliensis J. Anthony
　　习　　性：多年生草本
　　海　　拔：3600~4300 m
　　分　　布：云南
　　濒危等级：VU D2

绿钟党参
Codonopsis chlorocodon C. Y. Wu
　　习　　性：多年生草本
　　海　　拔：2700~3700 m
　　分　　布：四川、云南
　　濒危等级：LC

新疆党参
Codonopsis clematidea (Schrenk) C. B. Clarke
　　习　　性：多年生草本
　　海　　拔：1700~2500 m
　　国内分布：西藏、新疆
　　国外分布：阿富汗、巴基斯坦、哈萨克斯坦、吉尔吉斯斯坦、塔吉克斯坦、印度
　　濒危等级：LC

心叶党参
Codonopsis cordifolioidea P. C. Tsoong
　　习　　性：多年生草本
　　海　　拔：1700~2200 m
　　分　　布：云南
　　濒危等级：NT B1ab (i, iii)

三角叶党参
Codonopsis deltoidea Chipp
　　习　　性：多年生草本
　　海　　拔：1800~2800 m
　　分　　布：四川
　　濒危等级：NT B1ab (i, iii)

椭叶党参
Codonopsis elliptica D. Y. Hong
　　习　　性：多年生草本
　　海　　拔：约 3800 m
　　分　　布：四川
　　濒危等级：LC

秃叶党参
Codonopsis farreri J. Anthony
　　习　　性：多年生草本
　　海　　拔：3600~4000 m
　　国内分布：云南
　　国外分布：缅甸
　　濒危等级：LC

臭党参
Codonopsis foetens Hook. f. et Thomson

臭党参（原亚种）
Codonopsis foetens subsp. **foetens**
　　习　　性：多年生草本
　　海　　拔：3900~4600 m
　　国内分布：西藏
　　国外分布：不丹、印度
　　濒危等级：LC

脉花党参
Codonopsis foetens subsp. **nervosa** (Chipp) D. Y. Hong
　　习　　性：多年生草本
　　海　　拔：3300~4500 m
　　分　　布：甘肃、青海、四川、西藏、云南
　　濒危等级：LC

高黎贡党参
Codonopsis gongshanica Qiang Wang et D. Y. Hong
　　习　　性：多年生草本
　　分　　布：云南
　　濒危等级：NT

细钟花
Codonopsis gracilis Hook. f. et Thomson
　　习　　性：多年生草本
　　海　　拔：2000~2500 m
　　国内分布：四川、云南
　　国外分布：不丹、缅甸、尼泊尔、印度
　　濒危等级：LC

半球党参
Codonopsis hemisphaerica P. C. Tsoong ex D. Y. Hong
　　习　　性：多年生草本
　　海　　拔：约 2500 m
　　分　　布：四川
　　濒危等级：LC

川鄂党参
Codonopsis henryi Oliv.
　　习　　性：多年生草本
　　海　　拔：2300~3800 m
　　分　　布：重庆、湖北、四川
　　濒危等级：LC

毛细钟花
Codonopsis hongii Lammers
　　习　　性：多年生草本
　　海　　拔：2000~2700 m
　　国内分布：西藏、云南
　　国外分布：不丹、缅甸
　　濒危等级：NT

藏南金钱豹
Codonopsis inflata Hook. f. et Thomson
　　习　　性：多年生草本
　　海　　拔：2500 m 以下
　　国内分布：西藏
　　国外分布：不丹、尼泊尔、印度

濒危等级：NT B1ab（i, iii）

金钱豹
Codonopsis javanica(Blume) Hook. f. et Thomson

金钱豹（原亚种）
Codonopsis javanica subsp. **javanica**
- 习　　性：多年生草本
- 国内分布：广东、广西、贵州、海南、台湾、云南
- 国外分布：不丹、老挝、缅甸、尼泊尔、日本、泰国、印度、印度尼西亚、越南
- 濒危等级：LC
- 资源利用：药用（中草药）；食品（水果）

小花金钱豹
Codonopsis javanica subsp. **japonica**(Makino) Lammers
- 习　　性：多年生草本
- 国内分布：安徽、福建、甘肃、广东、广西、贵州、湖北、湖南、江西、四川、台湾、浙江
- 国外分布：日本
- 濒危等级：LC

台湾党参
Codonopsis kawakamii Hayata
- 习　　性：多年生草本
- 海　　拔：2500 ~ 3100 m
- 分　　布：台湾
- 濒危等级：LC

羊乳
Codonopsis lanceolata(Siebold et Zucc.) Trautv.
- 习　　性：多年生草本
- 海　　拔：200 ~ 1500 m
- 国内分布：安徽、福建、河北、河南、湖北、湖南、江苏、山东、山西、浙江
- 国外分布：朝鲜半岛、俄罗斯、日本
- 濒危等级：LC
- 资源利用：药用（中草药）；食品（淀粉）

理县党参
Codonopsis lixianica D. Y. Hong
- 习　　性：多年生草本
- 海　　拔：约 3400 m
- 分　　布：四川
- 濒危等级：LC

珠鸡斑党参
Codonopsis meleagris Diels
- 习　　性：多年生草本
- 海　　拔：3000 ~ 4000 m
- 分　　布：云南
- 濒危等级：NT A2c；B1ab（i, iii）

小管花党参
Codonopsis microtubulosa Z. T. Wang et G. J. Xu
- 习　　性：多年生草本
- 海　　拔：2500 m
- 分　　布：重庆、四川
- 濒危等级：LC

小花党参
Codonopsis micrantha Chipp
- 习　　性：多年生草本
- 海　　拔：1900 ~ 2600 m
- 分　　布：四川、云南
- 濒危等级：LC

党参
Codonopsis pilosula(Franch.) Nannf.

党参（原亚种）
Codonopsis pilosula subsp. **pilosula**
- 习　　性：多年生草本
- 海　　拔：900 ~ 2900 m
- 国内分布：甘肃、河北、河南、黑龙江、吉林、辽宁、内蒙古、宁夏、青海、山东、山西、陕西、四川
- 国外分布：朝鲜半岛、俄罗斯、蒙古
- 濒危等级：LC
- 资源利用：药用（中草药）；食品添加剂（糖和非糖甜味剂）

闪毛党参
Codonopsis pilosula subsp. **handeliana**(Nannf.) D. Y. Hong et L. M. Ma
- 习　　性：多年生草本
- 海　　拔：2300 ~ 3900 m
- 分　　布：四川、云南
- 濒危等级：LC

川党参
Codonopsis pilosula subsp. **tangshen**(Oliv.) D. Y. Hong
- 习　　性：多年生草本
- 海　　拔：900 ~ 2300 m
- 分　　布：重庆、贵州、湖北、陕西、四川；全国广泛栽培
- 濒危等级：LC

长叶党参
Codonopsis rotundifolia Benth.
- 习　　性：多年生草本
- 海　　拔：3200 ~ 3700 m
- 国内分布：西藏、云南
- 国外分布：克什米尔地区、尼泊尔、印度
- 濒危等级：DD

球花党参
Codonopsis subglobosa W. W. Smith
- 习　　性：多年生草本
- 海　　拔：2500 ~ 3700 m
- 分　　布：四川、西藏、云南
- 濒危等级：LC

抽葶党参
Codonopsis subscaposa Kom.
- 习　　性：多年生草本
- 海　　拔：2500 ~ 4200 m
- 分　　布：四川、云南
- 濒危等级：LC

藏南党参
Codonopsis subsimplex Hook. f. et Thomson
- 习　　性：多年生草本
- 海　　拔：约 3100 m
- 国内分布：西藏
- 国外分布：不丹、尼泊尔、印度

濒危等级：VU A2c；B1ab（i，iii）

唐松草党参
Codonopsis thalictrifolia Wall.

唐松草党参（原亚种）
Codonopsis thalictrifolia subsp. **thalictrifolia**
 习 性：多年生草本
 海 拔：3600～5300 m
 国内分布：西藏
 国外分布：尼泊尔、印度
 濒危等级：LC

长花党参
Codonopsis thalictrifolia subsp. **mollis**（Chipp）L. D. Shen
 习 性：多年生草本
 海 拔：3400～4600 m
 分 布：西藏
 濒危等级：LC

秦岭党参
Codonopsis tsinlingensis Pax et K. Hoffm.
 习 性：多年生草本
 海 拔：2700～3600 m
 分 布：陕西
 濒危等级：VU A2c；B1ab（i，iii）

管花党参
Codonopsis tubulosa Kom.
 习 性：多年生草本
 海 拔：1900～3000 m
 分 布：贵州、四川、云南
 濒危等级：LC

雀斑党参
Codonopsis ussuriensis（Rupr. et Maxim.）Hemsl.
 习 性：多年生草本
 海 拔：约800 m
 国内分布：黑龙江、吉林
 国外分布：朝鲜半岛、俄罗斯、日本
 濒危等级：NT A2c
 资源利用：食品（淀粉）

绿花党参
Codonopsis viridiflora Maxim.
 习 性：多年生草本
 海 拔：3000～4000 m
 分 布：甘肃、宁夏、青海、陕西、四川、西藏、云南
 濒危等级：LC

细萼党参
Codonopsis viridis Wall.
 习 性：多年生草本
 海 拔：1500～3000 m
 国内分布：西藏
 国外分布：巴基斯坦、不丹、尼泊尔、印度
 濒危等级：LC

蓝钟花属 Cyananthus Wall. ex Benth.

心叶蓝钟花
Cyananthus cordifolius Duthie
 习 性：多年生草本
 海 拔：3000～4000 m
 国内分布：西藏
 国外分布：尼泊尔、印度
 濒危等级：LC

细叶蓝钟花
Cyananthus delavayi Franch.
 习 性：多年生草本
 海 拔：1900～4000 m
 分 布：四川、云南
 濒危等级：LC

束花蓝钟花
Cyananthus fasciculatus C. Marquand
 习 性：一年生草本
 海 拔：2400～3500 m
 分 布：四川、云南
 濒危等级：LC

黄钟花
Cyananthus flavus C. Marquand

黄钟花（原亚种）
Cyananthus flavus subsp. **flavus**
 习 性：多年生草本
 海 拔：3100～3600 m
 分 布：云南
 濒危等级：VU A2c；B1ab（i，iii）

白钟花
Cyananthus flavus subsp. **montanus**（C. Y. Wu）D. Y. Hong et L. M. Ma
 习 性：多年生草本
 海 拔：2700～3400 m
 分 布：四川、云南
 濒危等级：NT

美丽蓝钟花
Cyananthus formosus Diels
 习 性：多年生草本
 海 拔：2800～4600 m
 分 布：四川、云南
 濒危等级：LC

蓝钟花
Cyananthus hookeri C. B. Clarke
 习 性：一年生草本
 海 拔：2700～4500 m
 国内分布：甘肃、青海、四川、西藏、云南
 国外分布：不丹、尼泊尔、印度
 濒危等级：LC

灰毛蓝钟花
Cyananthus incanus Hook. f. et Thomson
 习 性：多年生草本
 海 拔：2700～5300 m
 国内分布：青海、四川、西藏、云南
 国外分布：不丹、尼泊尔、印度
 濒危等级：LC

胀萼蓝钟花
Cyananthus inflatus Hook. f. et Thomson
习　　性：一年生草本
海　　拔：1900~4900 m
国内分布：贵州、四川、西藏、云南
国外分布：不丹、缅甸、尼泊尔、印度
濒危等级：LC

丽江蓝钟花
Cyananthus lichiangensis W. W. Smith
习　　性：一年生草本
海　　拔：3000~4000 m
分　　布：四川、西藏、云南
濒危等级：LC

舌裂蓝钟花
Cyananthus ligulosus D. Y. Hong
习　　性：一年生或多年生草本
海　　拔：约3500 m
分　　布：西藏
濒危等级：LC

裂叶蓝钟花
Cyananthus lobatus Wall. ex Benth.
习　　性：多年生草本
海　　拔：2800~4500 m
国内分布：西藏、云南
国外分布：不丹、缅甸、尼泊尔、印度
濒危等级：LC

长花蓝钟花
Cyananthus longiflorus Franch.
习　　性：多年生草本
海　　拔：2800~4300 m
分　　布：云南
濒危等级：LC

大萼蓝钟花
Cyananthus macrocalyx Franch.

大萼蓝钟花（原亚种）
Cyananthus macrocalyx subsp. **macrocalyx**
习　　性：多年生草本
海　　拔：2500~5000 m
分　　布：甘肃、青海、四川、云南
濒危等级：LC

匙叶蓝钟花
Cyananthus macrocalyx subsp. **spathulifolius**(Nannf.) K. K. Shrestha
习　　性：多年生草本
海　　拔：3000~5300 m
国内分布：西藏
国外分布：不丹、缅甸、尼泊尔、印度
濒危等级：LC

小叶蓝钟花
Cyananthus microphyllus Edgew.
习　　性：多年生草本
海　　拔：3300~4300 m
国内分布：西藏
国外分布：尼泊尔、印度
濒危等级：NT B1ab（i，iii）

有梗蓝钟花
Cyananthus pedunculatus C. B. Clarke
习　　性：多年生草本
海　　拔：3600~4900 m
国内分布：西藏
国外分布：不丹、尼泊尔、印度
濒危等级：LC

绢毛蓝钟花
Cyananthus sericeus Y. S. Lian
习　　性：多年生草本
海　　拔：3500~3600 m
分　　布：西藏
濒危等级：LC

杂毛蓝钟花
Cyananthus sherriffii Cowan
习　　性：多年生草本
海　　拔：3200~5000 m
分　　布：西藏
濒危等级：NT B1ab（i，iii）

棕毛蓝钟花
Cyananthus wardii C. Marquand
习　　性：多年生草本
海　　拔：3400~5000 m
分　　布：西藏
濒危等级：LC

轮钟花属 **Cyclocodon** Griff. ex Hook. f. et Thom.

轮钟花
Cyclocodon axillaris(Oliv.)W. J. de Wilde et Duyfjes
习　　性：草本
海　　拔：海平面至1500 m
国内分布：重庆、福建、广东、广西、贵州、海南、湖北、湖南、江西、四川、台湾、云南
国外分布：菲律宾、柬埔寨、老挝、孟加拉国、日本、印度、印度尼西亚、越南
濒危等级：LC

小叶轮钟草
Cyclocodon lancifolius(Roxb.) Kurz
习　　性：一年生或多年生草本
海　　拔：1500 m以下
国内分布：西藏、云南
国外分布：菲律宾、老挝、马来西亚、孟加拉国、缅甸、泰国、巴布亚新几内亚、印度、印度尼西亚、越南
濒危等级：LC

小花轮钟草
Cyclocodon parviflorus(Wall. ex A. DC.) Hook. f. et Thomson
习　　性：一年生或多年生草本
海　　拔：1500 m以下
国内分布：云南
国外分布：不丹、老挝、孟加拉国、缅甸、印度
濒危等级：LC

刺萼参属 Echinocodon D. Y. Hong

刺萼参
Echinocodon draco (Pamp.) D. Y. Hong
- 习　　性：多年生草本
- 海　　拔：约 300 m
- 分　　布：湖北、陕西
- 濒危等级：CR A2c；B1ab（i，iii）
- 国家保护：Ⅱ级

须弥参属 Himalacodon D. Y. Hong et Q. Wang

须弥参
Himalacodon dicentrifolius (C. B. Clarke) D. Y. Hong et Q. Wang
- 习　　性：草质藤本
- 海　　拔：2700～4100 m
- 国内分布：西藏
- 国外分布：尼泊尔、印度
- 濒危等级：NT

马醉草属 Hippobroma G. Don

马醉草
Hippobroma longiflora (L.) G. Don
- 习　　性：多年生草本
- 国内分布：广东、台湾
- 国外分布：原产牙买加；热带亚热带地区广泛引种并归化

同钟花属 Homocodon D. Y. Hong

同钟花
Homocodon brevipes (Hemsl.) D. Y. Hong
- 习　　性：一年生草本
- 海　　拔：1000～2900 m
- 国内分布：贵州、四川、云南
- 国外分布：不丹
- 濒危等级：NT B1ab（i，iii）

长梗同钟花
Homocodon pedicellatus D. Y. Hong et L. M. Ma
- 习　　性：一年生草本
- 海　　拔：1400～1600 m
- 分　　布：四川
- 濒危等级：LC

半边莲属 Lobelia L.

短柄半边莲
Lobelia alsinoides Lam.

短柄半边莲（原亚种）
Lobelia alsinoides subsp. **alsinoides**
- 习　　性：一年生草本
- 国内分布：海南
- 国外分布：老挝、马来西亚、孟加拉国、缅甸、尼泊尔、斯里兰卡、泰国、新几内亚岛、印度、越南
- 濒危等级：LC

假半边莲
Lobelia alsinoides subsp. **hancei** (H. Hara) Lammers
- 习　　性：一年生草本
- 海　　拔：800 m 以下
- 国内分布：广东、广西、台湾、西藏、云南
- 国外分布：日本
- 濒危等级：LC

半边莲
Lobelia chinensis Lour.
- 习　　性：多年生草本
- 海　　拔：100～2000 m
- 国内分布：安徽、福建、广东、广西、贵州、海南、湖北、湖南、江苏、江西、四川、台湾、云南、浙江
- 国外分布：朝鲜半岛、柬埔寨、老挝、马来西亚、孟加拉国、尼泊尔、日本、斯里兰卡、泰国、印度、越南
- 濒危等级：LC
- 资源利用：药用（中草药）；环境利用（观赏）

密毛山梗菜
Lobelia clavata F. E. Wimm.
- 习　　性：半灌木状草本
- 海　　拔：700～1800 m
- 国内分布：贵州、云南
- 国外分布：老挝、缅甸、泰国、印度、越南
- 濒危等级：LC

狭叶山梗菜
Lobelia colorata Wall.
- 习　　性：多年生草本
- 海　　拔：1000～3000 m
- 国内分布：贵州、云南
- 国外分布：泰国、印度
- 濒危等级：LC

江南山梗菜
Lobelia davidii Franch.
- 习　　性：多年生草本
- 海　　拔：4000 m 以下
- 国内分布：安徽、福建、广东、广西、贵州、湖北、湖南、江西、四川、西藏、云南、浙江
- 国外分布：不丹、缅甸、尼泊尔、印度
- 濒危等级：LC
- 资源利用：药用（中草药）

滇紫锤草
Lobelia deleiensis C. E. C. Fisch.
- 习　　性：多年生草本
- 海　　拔：1500～2400 m
- 国内分布：云南
- 国外分布：印度
- 濒危等级：DD

微齿山梗菜
Lobelia doniana Skottsb.
- 习　　性：多年生草本
- 海　　拔：800～3200 m
- 国内分布：西藏、云南
- 国外分布：不丹、缅甸、尼泊尔、印度
- 濒危等级：LC

独龙江山梗菜
Lobelia drungjiangensis D. Y. Hong

习　　性：草本
分　　布：云南
濒危等级：DD

直立山梗菜
Lobelia erectiuscula H. Hara
习　　性：多年生草本
海　　拔：3000~4000 m
国内分布：西藏
国外分布：缅甸、尼泊尔、印度
濒危等级：LC

峨眉紫锤草
Lobelia fangiana(F. E. Wimm.)S. Y. Hu
习　　性：多年生草本
海　　拔：1700~3000 m
分　　布：四川
濒危等级：LC

苞叶山梗菜
Lobelia foliiformis T. J. Zhang et D. Y. Hong
习　　性：亚灌木
海　　拔：2300~3000 m
分　　布：云南
濒危等级：DD

高黎贡山梗菜
Lobelia gaoligongshanica D. Y. Hong
习　　性：草本
分　　布：云南
濒危等级：DD

海南半边莲
Lobelia hainanensis F. E. Wimm.
习　　性：草本
分　　布：海南
濒危等级：LC

翅茎半边莲
Lobelia heyneana Schult.
习　　性：一年生草本
海　　拔：500~2700 m
国内分布：台湾、云南
国外分布：巴布亚新几内亚、不丹、菲律宾、老挝、缅甸、尼泊尔、斯里兰卡、泰国、印度、印度尼西亚、越南
濒危等级：LC

柳叶山梗菜
Lobelia iteophylla C. Y. Wu
习　　性：多年生草本
海　　拔：800~2500 m
分　　布：云南
濒危等级：DD

线萼山梗菜
Lobelia melliana F. E. Wimm.
习　　性：多年生草本
海　　拔：1000 m 以下
分　　布：福建、广东、湖北、湖南、江苏、江西、浙江
濒危等级：LC

资源利用：药用（中草药）

山紫锤草
Lobelia montana Reinw. ex Blume
习　　性：多年生草本
海　　拔：1000~4000 m
国内分布：西藏、云南
国外分布：不丹、马来西亚、缅甸、尼泊尔、印度、印度尼西亚、越南
濒危等级：LC

铜锤玉带草
Lobelia nummularia Lam.
习　　性：多年生草本
国内分布：广西、湖北、湖南、台湾、西藏
国外分布：巴布亚新几内亚、不丹、菲律宾、老挝、马来西亚、孟加拉国、缅甸、尼泊尔、斯里兰卡、泰国、印度、印度尼西亚、越南
濒危等级：LC
资源利用：药用（中草药）；食用（蔬菜）

毛萼山梗菜
Lobelia pleotricha Diels
习　　性：多年生草本
海　　拔：2000~3600 m
国内分布：西藏、云南
国外分布：缅甸
濒危等级：LC

塔花山梗菜
Lobelia pyramidalis Wall.
习　　性：亚灌木状草本
海　　拔：1200~2500 m
国内分布：广西、贵州、西藏、云南
国外分布：不丹、缅甸、尼泊尔、泰国、印度
濒危等级：LC

西南山梗菜
Lobelia seguinii H. Lév. et Vaniot
习　　性：草本或亚灌木
海　　拔：500~3000 m
国内分布：重庆、广西、贵州、湖北、四川、台湾、云南
国外分布：泰国、越南
濒危等级：LC
资源利用：药用（中草药）

山梗菜
Lobelia sessilifolia Lamb.
习　　性：多年生草本
海　　拔：海平面至3400 m
国内分布：安徽、广西、黑龙江、湖南、吉林、辽宁、山东、四川、云南、浙江
国外分布：朝鲜半岛、俄罗斯、日本
濒危等级：LC
资源利用：药用（中草药）；环境利用（观赏）

大理山梗菜
Lobelia taliensis Diels
习　　性：多年生草本
海　　拔：1600~2600 m

分　　布：云南
濒危等级：LC

顶花半边莲
Lobelia terminalis C. B. Clarke
习　　性：一年生草本
海　　拔：200~900 m
国内分布：云南
国外分布：老挝、泰国、印度、越南
濒危等级：LC

卵叶半边莲
Lobelia zeylanica L.
习　　性：草本
海　　拔：1500~2000 m
国内分布：福建、广东、广西、海南、台湾、云南
国外分布：不丹、菲律宾、老挝、马来西亚、孟加拉国、缅甸、尼泊尔、斯里兰卡、泰国、巴布亚新几内亚、印度、印度尼西亚、越南
濒危等级：LC

山南参属 Pankycodon D. Y. Hong et X. T. Ma

山南参
Pankycodon purpureus (Wall.) D. Y. Hong et X. T. Ma
习　　性：草质藤本
海　　拔：2000~3300 m
国内分布：西藏、云南
国外分布：尼泊尔、印度
濒危等级：LC

袋果草属 Peracarpa Hook. f. et Thomson

袋果草
Peracarpa carnosa (Wall.) Hook. f. et Thomson
习　　性：多年生草本
海　　拔：1300~3800 m
国内分布：安徽、重庆、贵州、湖北、江苏、四川、台湾、西藏、云南、浙江
国外分布：不丹、朝鲜半岛、俄罗斯、菲律宾、缅甸、尼泊尔、日本、泰国、巴布亚新几内亚、印度
濒危等级：LC

桔梗属 Platycodon DC.

桔梗
Platycodon grandiflorus (Jacq.) A. DC.
习　　性：多年生草本
海　　拔：2000 m 以下
国内分布：全国大部分地区有分布和栽培
国外分布：朝鲜半岛、俄罗斯、日本；全世界各地广泛栽培
濒危等级：LC
资源利用：药用（中草药）；环境利用（观赏）；食品（淀粉）

辐冠参属 Pseudocodon D. Y. Hong et H. Sun

辐冠参
Pseudocodon convolvulaceus (Kurz) D. Y. Hong et H. Sun

辐冠参（原亚种）
Pseudocodon convolvulaceus subsp. **convolvulaceus**

习　　性：草质藤本
海　　拔：1250~2500 m
国内分布：西藏、云南
国外分布：缅甸
濒危等级：LC

珠子参
Pseudocodon convolvulaceus subsp. **forrestii** (Diels) D. Y. Hong
习　　性：草质藤本
海　　拔：1500~4000 m
国内分布：贵州、四川、云南
国外分布：缅甸
国家保护：Ⅱ级
濒危等级：LC

松叶辐冠参
Pseudocodon graminifolius (H. Lév.) D. Y. Hong
习　　性：草质藤本
海　　拔：约 2400 m
分　　布：贵州、四川、云南
濒危等级：DD

喜马拉雅辐冠参
Pseudocodon grey-wilsonii (J. M. H. Shaw) D. Y. Hong
习　　性：草质藤本
国内分布：西藏
国外分布：不丹、尼泊尔
濒危等级：DD

毛叶辐冠参
Pseudocodon hirsutus (Hand.-Mazz.) D. Y. Hong
习　　性：草质藤本
海　　拔：约 3000 m
分　　布：四川、云南
濒危等级：DD

长柄辐冠参
Pseudocodon petiolatus D. Y. Hong et Q. Wang
习　　性：多年生草本
海　　拔：约 2600 m
分　　布：四川
濒危等级：DD

倒齿党参
Pseudocodon retroserratus (Z. T. Wang et G. J. Xu) D. Y. Hong et Q. Wang
习　　性：草质藤本
分　　布：四川
濒危等级：DD

莲座状党参
Pseudocodon rosulatus (W. W. Smith) D. Y. Hong
习　　性：草质藤本
海　　拔：2600~3600 m
分　　布：四川、云南
濒危等级：NT B1ab（i, iii）

薄叶辐冠参
Pseudocodon vinciflorus (Kom.) D. Y. Hong

薄叶辐冠参（原亚种）
Pseudocodon vinciflorus subsp. **vinciflorus**
习　　性：草质藤本

分　　布：四川、西藏、云南
濒危等级：DD

滇川薄叶辐冠参
Pseudocodon vinciflorus subsp. **dianchuanicus** D. Y. Hong et Q. Wang
　　习　　性：草质藤本
　　海　　拔：约 2600 m
　　分　　布：四川、西藏、云南
　　濒危等级：DD

异檐花属 Triodanis Rafin.

穿叶异檐花
Triodanis perfoliata (L.) Nieuwl.

穿叶异檐花（原亚种）
Triodanis perfoliata subsp. **perfoliata**
　　习　　性：一年生草本
　　国内分布：福建归化
　　国外分布：原产北美洲
　　濒危等级：LC

异檐花
Triodanis perfoliata subsp. **biflora** (Ruiz et Pavon) Lammers
　　习　　性：一年生草本
　　国内分布：安徽、福建、台湾、浙江归化
　　国外分布：原产南美洲

蓝花参属 Wahlenbergia Schrad. ex Roth.

星花草
Wahlenbergia hookeri (C. B. Clarke) Tuyn
　　习　　性：一年生草本
　　海　　拔：1300 ~ 1400 m
　　国内分布：云南
　　国外分布：泰国、印度、印度尼西亚
　　濒危等级：LC

蓝花参
Wahlenbergia marginata (Thunb.) A. DC.
　　习　　性：多年生草本
　　海　　拔：2800 m
　　国内分布：安徽、重庆、福建、广东、广西、贵州、湖北、湖南、江苏、江西、四川、台湾、云南、浙江
　　国外分布：巴布亚新几内亚、不丹、朝鲜半岛、菲律宾、老挝、马来西亚、缅甸、尼泊尔、日本、斯里兰卡、印度、印度尼西亚、越南；在北美洲和太平洋岛屿归化
　　濒危等级：LC
　　资源利用：药用（中草药）

大麻科 CANNABACEAE
（7 属：29 种）

糙叶树属 Aphananthe Planch.

糙叶树
Aphananthe aspera (Thunberg) Planchon

糙叶树（原变种）
Aphananthe aspera var. **aspera**
　　习　　性：乔木
　　海　　拔：100 ~ 1600 m
　　国内分布：安徽、福建、广东、广西、贵州、湖北、湖南、江苏、江西、山东、山西、陕西、四川、台湾、云南、浙江
　　国外分布：朝鲜、日本、越南
　　濒危等级：LC
　　资源利用：原料（木材）；动物饲料（饲料）

柔毛糙叶树
Aphananthe aspera var. **pubescens** C. J. Chen
　　习　　性：乔木
　　海　　拔：300 ~ 1600 m
　　分　　布：广西、江西、台湾、云南、浙江
　　濒危等级：LC
　　资源利用：原料（木材）；动物饲料（饲料）

滇糙叶树
Aphananthe cuspidata (Blume) Planch.
　　习　　性：乔木
　　海　　拔：100 ~ 1800 m
　　国内分布：广东、海南、云南
　　国外分布：不丹、马来西亚、缅甸、斯里兰卡、泰国、印度、印度尼西亚、越南
　　濒危等级：LC

大麻属 Cannabis L.

大麻
Cannabis sativa L.
　　习　　性：一年生草本
　　国内分布：原产或归化于新疆；遍布全国
　　国外分布：不丹、印度
　　濒危等级：LC
　　资源利用：药用（中草药）；原料（纤维，工业用油）；动物饲料（饲料）

朴属 Celtis L.

紫弹树
Celtis biondii Pamp.
　　习　　性：乔木
　　海　　拔：海平面至 2000 m
　　国内分布：安徽、福建、甘肃、广东、广西、贵州、河南、湖北、江苏、江西、陕西、四川、台湾、云南、浙江
　　国外分布：朝鲜、日本
　　濒危等级：LC
　　资源利用：原料（纤维）

黑弹树
Celtis bungeana Blume
　　习　　性：乔木
　　海　　拔：100 ~ 2300 m
　　国内分布：安徽、甘肃、河北、河南、湖北、江苏、江西、辽宁、内蒙古、宁夏、青海、山东、山西、陕西、四川、西藏、云南、浙江
　　国外分布：朝鲜

濒危等级：LC
资源利用：环境利用（观赏）；药用（中草药）

小果朴
Celtis cerasifera C. K. Schneid.
- 习　　性：乔木
- 海　　拔：800~2400 m
- 分　　布：广西、贵州、湖北、湖南、山西、陕西、四川、西藏、云南、浙江
- 濒危等级：NT B1ab（i，iii）

天目朴树
Celtis chekiangensis W. C. Cheng
- 习　　性：乔木
- 海　　拔：700~1500 m
- 分　　布：安徽、浙江
- 濒危等级：EN A2c；B1ab（i，iii）
- 资源利用：环境利用（观赏）

珊瑚朴
Celtis julianae C. K. Schneid.
- 习　　性：乔木
- 海　　拔：300~1300 m
- 分　　布：安徽、福建、广东、贵州、河南、湖北、湖南、江西、陕西、四川、云南、浙江
- 濒危等级：LC
- 资源利用：环境利用（观赏）

大叶朴
Celtis koraiensis Nakai
- 习　　性：乔木
- 海　　拔：100~1500 m
- 国内分布：安徽、甘肃、河北、河南、江苏、辽宁、山东、山西、陕西
- 国外分布：朝鲜
- 濒危等级：LC
- 资源利用：环境利用（观赏）；原料（纤维）

菲律宾朴树
Celtis philippensis Blanco

菲律宾朴树（原变种）
Celtis philippensis var. **philippensis**
- 习　　性：乔木
- 海　　拔：500~1000 m
- 国内分布：广东、海南、台湾、云南
- 国外分布：澳大利亚、马来西亚、缅甸、斯里兰卡、泰国、印度、印度尼西亚、越南
- 濒危等级：LC
- 资源利用：食品（油脂）

铁灵花
Celtis philippensis var. **wightii**（Planch.）Soepadmo
- 习　　性：乔木
- 国内分布：广东、海南
- 国外分布：澳大利亚、马来西亚、泰国、印度、印度尼西亚、越南
- 濒危等级：NT

毛叶朴
Celtis pubescens S. Y. Wang et C. L. Chang
- 习　　性：乔木
- 分　　布：河南
- 濒危等级：DD

朴树
Celtis sinensis Pers.
- 习　　性：乔木
- 海　　拔：100~1500 m
- 国内分布：安徽、福建、广东、广西、贵州、河南、湖北、湖南、江苏、江西、山东、四川、台湾、浙江
- 国外分布：日本
- 濒危等级：LC
- 资源利用：环境利用（观赏）；原料（纤维）

四蕊朴
Celtis tetrandra Roxb.
- 习　　性：乔木
- 海　　拔：700~1500 m
- 国内分布：广西、海南、四川、台湾、西藏、云南
- 国外分布：不丹、孟加拉国、缅甸、尼泊尔、泰国、印度、印度尼西亚、越南
- 濒危等级：LC
- 资源利用：原料（纤维）

假玉桂
Celtis timorensis Span.
- 习　　性：常绿乔木
- 海　　拔：海平面至200 m
- 国内分布：福建、广东、广西、贵州、海南、四川、西藏、云南
- 国外分布：菲律宾、马来西亚、孟加拉国、缅甸、尼泊尔、斯里兰卡、泰国、印度、印度尼西亚、越南
- 濒危等级：LC

西川朴
Celtis vandervoetiana C. K. Schneid.
- 习　　性：乔木
- 海　　拔：600~1400 m
- 分　　布：福建、广东、广西、贵州、湖北、湖南、江西、四川、云南、浙江
- 濒危等级：LC

白颜树属 Gironniera Gaudich.

白颜树
Gironniera subaequalis Planch.
- 习　　性：乔木
- 海　　拔：100~800 m
- 国内分布：广东、广西、海南、云南
- 国外分布：柬埔寨、老挝、马来西亚、缅甸、泰国、越南
- 濒危等级：LC
- 资源利用：药用（中草药）；原料（纤维，木材）

葎草属 Humulus L.

啤酒花
Humulus lupulus L.
- 习　　性：多年生攀援草本
- 国内分布：甘肃、四川、新疆
- 国外分布：北非、北美洲东部、北亚和东北亚、欧洲

濒危等级：LC
资源利用：药用（中草药）；环境利用（观赏）；原料（纤维）

葎草
Humulus scandens (Lour.) Merr.
习　　性：一年生草质藤本
海　　拔：500~1800 m
国内分布：安徽、重庆、福建、广东、广西、贵州、海南、河北、河南、黑龙江、湖北、湖南、吉林、江苏、江西、辽宁、山东、山西、陕西、四川、台湾、西藏、云南、浙江
国外分布：朝鲜、日本、越南；欧洲和北美洲东部归化
濒危等级：LC
资源利用：药用（中草药）；原料（纤维，工业用油）

滇葎草
Humulus yunnanensis Hu
习　　性：多年生攀援草本
海　　拔：1200~2800 m
分　　布：云南
濒危等级：LC
资源利用：药用（中草药）

青檀属 Pteroceltis Maxim.

青檀
Pteroceltis tatarinowii Maxim.
习　　性：乔木
海　　拔：100~1500 m
分　　布：安徽、福建、甘肃、广东、广西、贵州、河北、河南、湖北、湖南、江苏、江西、辽宁、青海、山东、山西、陕西、四川、浙江
濒危等级：LC
资源利用：原料（纤维，木材，工业用油）；环境利用（观赏）

山黄麻属 Trema Lour.

狭叶山黄麻
Trema angustifolia (Planch.) Blume
习　　性：灌木或小乔木
海　　拔：100~1600 m
国内分布：广东、广西、海南、云南
国外分布：马来西亚、泰国、印度、印度尼西亚、越南
濒危等级：LC
资源利用：原料（纤维）

光叶山黄麻
Trema cannabina Lour.

光叶山黄麻（原变种）
Trema cannabina var. **cannabina**
习　　性：灌木或小乔木
海　　拔：100~600 m
国内分布：福建、广东、广西、贵州、海南、湖南、江西、四川、台湾、浙江
国外分布：澳大利亚、菲律宾、柬埔寨、马来西亚、缅甸、尼泊尔、日本、泰国、印度、印度尼西亚、越南
濒危等级：LC
资源利用：原料（纤维，工业用油）

山油麻
Trema cannabina var. **dielsiana** (Hand.-Mazz.) C. J. Chen

习　　性：灌木或小乔木
海　　拔：100~1100 m
分　　布：安徽、福建、广东、广西、贵州、湖北、湖南、江苏、江西、四川、云南、浙江
濒危等级：LC
资源利用：原料（纤维，工业用油）

羽脉山黄麻
Trema levigata Hand.-Mazz.
习　　性：灌木或小乔木
海　　拔：100~2800 m
分　　布：广西、贵州、湖北、四川、云南
濒危等级：LC
资源利用：原料（纤维）

银毛叶山黄麻
Trema nitida C. J. Chen
习　　性：乔木
海　　拔：600~1800 m
分　　布：广西、贵州、四川、云南
濒危等级：LC
资源利用：原料（单宁，纤维，木材）

异色山黄麻
Trema orientalis (L.) Blume
习　　性：灌木或小乔木
海　　拔：400~1900 m
国内分布：福建、广东、广西、贵州、海南、四川、台湾、西藏、云南
国外分布：澳大利亚、马来西亚、缅甸、尼泊尔、日本、斯里兰卡、泰国、印度、印度尼西亚、越南
濒危等级：LC
资源利用：原料（单宁，纤维，树脂）

山黄麻
Trema tomentosa (Roxb.) H. Hara
习　　性：灌木或小乔木
海　　拔：100~2000 m
国内分布：福建、广东、广西、贵州、四川、台湾、西藏、云南
国外分布：澳大利亚、巴基斯坦、不丹、柬埔寨、老挝、马达加斯加、马来西亚、孟加拉国、缅甸、尼泊尔、日本、印度、印度尼西亚、越南
濒危等级：LC
资源利用：原料（单宁，纤维，木材）

美人蕉科 CANNACEAE
（1属：5种）

美人蕉属 Canna L.

兰花美人蕉
Canna × orchiodes L. H. Bailey
习　　性：多年生草本
国内分布：中国有栽培
国外分布：广泛栽培

柔瓣美人蕉
Canna flaccida Salisb.

习　　性：多年生草本
国内分布：中国有栽培
国外分布：原产中、南美洲
资源利用：环境利用（观赏）

粉美人蕉
Canna glauca L.
习　　性：多年生草本
国内分布：中国有栽培
国外分布：原产中、南美洲
资源利用：环境利用（观赏）

美人蕉
Canna indica L.
习　　性：多年生草本
国内分布：常见栽培
国外分布：原产热带美洲
资源利用：原料（纤维，精油）；环境利用（观赏）；药用（中草药）；食品（淀粉）

紫叶美人蕉
Canna warszewiczii A. Dietr.
习　　性：草本
国内分布：广东栽培
国外分布：原产南美洲
资源利用：环境利用（观赏）

山柑科 CAPPARACEAE
（3属：48种）

山柑属 Capparis L.

独行千里
Capparis acutifolia Sweet
习　　性：藤本或灌木
海　　拔：300~1100 m
国内分布：福建、广东、湖南、江西、台湾、浙江
国外分布：不丹、泰国、印度、越南
濒危等级：LC
资源利用：药用（中草药）

总序山柑
Capparis assamica Hook. f. et Thomson
习　　性：灌木
海　　拔：500~1200 m
国内分布：广东、海南、西藏、云南
国外分布：不丹、老挝、缅甸、泰国、印度
濒危等级：LC

野香橼花
Capparis bodinieri H. Lév.
习　　性：灌木或小乔木
海　　拔：700~2300 m
国内分布：广西、贵州、四川、西藏、云南
国外分布：不丹、缅甸、印度
濒危等级：LC
资源利用：药用（中草药）

广州山柑
Capparis cantoniensis Lour.
习　　性：灌木
海　　拔：海平面至800（1000）m
国内分布：福建、广东、广西、贵州、海南、云南
国外分布：不丹、菲律宾、缅甸、泰国、印度、印度尼西亚、越南
濒危等级：LC
资源利用：药用（中草药）

野槟榔
Capparis chingiana B. S. Sun
习　　性：灌木
海　　拔：1000 m以下
分　　布：广西、云南
濒危等级：LC
资源利用：药用（中草药）

多毛山柑
Capparis dasyphylla Merr. et F. P. Metcalf
习　　性：灌木
海　　拔：100~300 m
分　　布：海南
濒危等级：CR A2c；C1；D

文山山柑
Capparis fengii B. S. Sun
习　　性：攀援灌木
海　　拔：400~1300 m
分　　布：云南
濒危等级：VU B1ab（i，iii，v）

少蕊山柑
Capparis floribunda Wight
习　　性：灌木
海　　拔：200 m以下
国内分布：台湾
国外分布：菲律宾、缅甸、斯里兰卡、泰国、印度尼西亚、越南
濒危等级：VU D1

勐海山柑
Capparis fohaiensis B. S. Sun
习　　性：木质藤本
海　　拔：400~1000 m
分　　布：云南
濒危等级：NT

台湾山柑
Capparis formosana Hemsl.
习　　性：木质藤本
海　　拔：700~2400? m
国内分布：广东、海南、台湾
国外分布：日本、越南
濒危等级：DD

海南山柑
Capparis hainanensis Oliv.
习　　性：灌木
海　　拔：海平面至600 m

分　　布：海南
濒危等级：LC

长刺山柑
Capparis henryi Matsum.
习　　性：灌木
海　　拔：300 m 以下
分　　布：台湾
濒危等级：DD

爪钾山柑
Capparis himalayensis Jafri
习　　性：灌木
海　　拔：1100 m 以下
国内分布：甘肃、西藏、新疆
国外分布：阿富汗、澳大利亚、巴基斯坦、格鲁吉亚、尼泊尔、塔吉克斯坦、印度、印度尼西亚
濒危等级：LC
资源利用：原料（香料，工业用油）

屏边山柑
Capparis khuamak Gagnep.
习　　性：灌木
海　　拔：1300~1400 m
国内分布：云南
国外分布：老挝、越南
濒危等级：EN A2cd；C1

兰屿山柑
Capparis lanceolaris DC.
习　　性：灌木
海　　拔：海平面至 300 m
国内分布：海南、台湾
国外分布：巴布亚新几内亚、菲律宾、印度尼西亚
濒危等级：EN B1ab（ii，iv）；C1

龙州山柑
Capparis longgangensis S. L. Mo et X. S. Lee ex Y. S. Huang
习　　性：灌木
海　　拔：约 200 m
分　　布：广西
濒危等级：LC

马槟榔
Capparis masakai H. Lév.
习　　性：灌木或藤本
海　　拔：海平面至 1600 m
分　　布：广东、广西、贵州、云南
濒危等级：VU A2cd
资源利用：药用（中草药）

雷公橘
Capparis membranifolia Kurz.
习　　性：藤本或灌木
海　　拔：100~1500 m
国内分布：广东、广西、贵州、海南、湖南、西藏、云南
国外分布：不丹、柬埔寨、老挝、缅甸、泰国、印度、越南
濒危等级：LC

小刺山柑
Capparis micracantha DC.
习　　性：灌木或小乔木
海　　拔：400~2000 m
国内分布：广东、广西、海南、云南
国外分布：菲律宾、柬埔寨、老挝、马来西亚、缅甸、泰国、印度、印度尼西亚、越南
濒危等级：LC

多花山柑
Capparis multiflora Hook. f. et Thomson
习　　性：灌木或小乔木
海　　拔：1500 m 以下
国内分布：西藏、云南
国外分布：不丹、缅甸、尼泊尔、印度、越南
濒危等级：LC

藏东南山柑
Capparis olacifolia Hook. f. et Thom.
习　　性：灌木或小乔木
海　　拔：600~1500 m
国内分布：西藏
国外分布：不丹、缅甸、尼泊尔、印度
濒危等级：LC

厚叶山柑
Capparis pachyphylla Jacobs
习　　性：灌木或小乔木
海　　拔：600~1200 m
国内分布：西藏
国外分布：印度
濒危等级：LC

毛蕊山柑
Capparis pubiflora DC.
习　　性：灌木或乔木
海　　拔：1100 m 以下
国内分布：广东、广西、海南、台湾
国外分布：巴布亚新几内亚、菲律宾、马来西亚、泰国、印度尼西亚、越南
濒危等级：LC

毛叶山柑
Capparis pubifolia B. S. Sun
习　　性：木质藤本
海　　拔：800~1300 m
分　　布：广西、云南
濒危等级：DD

黑叶山柑
Capparis sabiifolia Hook. f. et Thomson
习　　性：灌木或小乔木
海　　拔：300~1400 m
国内分布：海南、台湾、西藏、云南
国外分布：老挝、缅甸、泰国、印度、越南
濒危等级：LC

青皮刺
Capparis sepiaria L.
习　　性：灌木
海　　拔：海平面至 300 m
国内分布：广东、广西、海南

国外分布：澳大利亚、巴布亚新几内亚、菲律宾、柬埔寨、老挝、马来西亚、缅甸、尼泊尔、斯里兰卡、泰国、印度、印度尼西亚、越南
濒危等级：LC

山柑
Capparis sikkimensis Kurz.
习　　性：灌木
海　　拔：1200～1800 m
国内分布：西藏
国外分布：不丹、缅甸、印度
濒危等级：LC

山苷
Capparis spinosa L.
习　　性：灌木
海　　拔：海平面至1100 m
国内分布：西藏、新疆
国外分布：阿富汗、巴基斯坦、尼泊尔、印度、印度尼西亚
濒危等级：LC
资源利用：药用（中草药）

无柄山柑
Capparis subsessilis B. S. Sun
习　　性：灌木
海　　拔：500～1000 m
国内分布：广西
国外分布：越南
濒危等级：VU D2

倒卵叶山柑
Capparis sunbisiniana M. L. Zhang et G. C. Turcker
习　　性：灌木
海　　拔：400 m以下
国内分布：海南
国外分布：缅甸、泰国、越南
濒危等级：LC

薄叶山柑
Capparis tenera Dalz.
习　　性：灌木或藤本
海　　拔：200～2000 m
国内分布：西藏、云南
国外分布：缅甸、斯里兰卡、泰国、印度
濒危等级：LC

毛果山柑
Capparis trichocarpa B. S. Sun
习　　性：藤本
海　　拔：1200～1600 m
分　　布：云南
濒危等级：VU D1

小绿刺
Capparis urophylla F. Chun
习　　性：灌木或小乔木
海　　拔：300～1900 m
国内分布：广西、湖南、云南
国外分布：老挝
濒危等级：LC

屈头鸡
Capparis versicolor Griff.
习　　性：灌木或藤本
海　　拔：100～1000 m
国内分布：广东、广西、海南
国外分布：马来西亚、缅甸、泰国、印度、越南
濒危等级：LC
资源利用：药用（中草药）

荚蒾叶山柑
Capparis viburnifolia Gagnep.
习　　性：灌木或木质藤本
海　　拔：1000～1300 m
国内分布：云南
国外分布：泰国、越南
濒危等级：NT

元江山柑
Capparis wui B. S. Sun
习　　性：灌木
海　　拔：500～600 m
分　　布：云南
濒危等级：EN A2c

苦子马槟榔
Capparis yunnanensis Craib et W. W. Sm.
习　　性：灌木或藤本
海　　拔：1200～2300 m
国内分布：广东、云南
国外分布：缅甸、泰国、越南
濒危等级：LC
资源利用：药用（中草药）

牛眼
Capparis zeylanica L.

牛眼（原变种）
Capparis zeylanica var. **zeylanica**
习　　性：灌木
海　　拔：海平面至700 m
国内分布：广东、广西、海南
国外分布：菲律宾、缅甸、尼泊尔、斯里兰卡、泰国、印度、印度尼西亚、越南
濒危等级：LC

毛瓣牛眼
Capparis zeylanica var. **pubipetala** S. Y. Liu, X. Q. Ning et Y. F. Tan
习　　性：灌木
分　　布：广西
濒危等级：DD

鱼木属 Crateva L.

红果鱼木
Crateva falcata (Lour.) DC.
习　　性：乔木
分　　布：广西
濒危等级：DD

台湾鱼木
Crateva formosensis (Jacobs) B. S. Sun

习　　性：灌木或乔木
海　　拔：海平面至 400 m
国内分布：广东、广西、台湾
国外分布：日本
濒危等级：LC

沙梨木
Crateva magna (Lour.) DC.
习　　性：乔木
海　　拔：1000 m 以下
国内分布：广东、广西、海南、西藏、云南
国外分布：柬埔寨、老挝、马来西亚、孟加拉国、缅甸、斯里兰卡、泰国、印度、印度尼西亚
濒危等级：LC

鱼木
Crateva religiosa G. Forster
习　　性：乔木
海　　拔：200 m 以下
国内分布：广东、海南、台湾
国外分布：不丹、菲律宾、柬埔寨、缅甸、尼泊尔、斯里兰卡、泰国、印度、印度尼西亚、越南
濒危等级：LC

钝叶鱼木
Crateva trifoliata (Roxb.) B. S. Sun
习　　性：灌木或小乔木
海　　拔：海平面至 300 m
国内分布：广东、广西、海南、台湾、云南
国外分布：柬埔寨、老挝、缅甸、泰国、印度、越南
濒危等级：LC

树头菜
Crateva unilocularis Buch. -Ham.
习　　性：乔木
海　　拔：0 ~ 1500 m
国内分布：福建、广东、广西、海南、云南
国外分布：不丹、柬埔寨、老挝、孟加拉国、缅甸、尼泊尔、印度、越南
濒危等级：NT B1ab (i, iii)
资源利用：原料（染料，木材）

斑果藤属 Stixis Lour.

即锥序斑果藤
Stixis ovata (King) Jacobs
习　　性：木质藤本
海　　拔：约 1200 m
国内分布：云南
国外分布：老挝、缅甸、越南
濒危等级：LC

和闭脉斑果藤
Stixis scandens Lour.
习　　性：木质藤本
海　　拔：100 ~ 1200 m
国内分布：云南
国外分布：老挝、缅甸、印度、越南
濒危等级：DD

斑果藤
Stixis suaveolens (Roxb.) Pierre
习　　性：木质藤本
海　　拔：海平面至 1500 m
国内分布：广东、广西、海南、西藏、云南
国外分布：不丹、柬埔寨、老挝、孟加拉国、缅甸、尼泊尔、泰国、印度、越南
濒危等级：LC
资源利用：环境利用（观赏）；食品（水果）

忍冬科 CAPRIFOLIACEAE
（20 属：156 种）

糯米条属 Abelia R. Br.

大花糯米条
Abelia × grandiflora (Rovelli ex André) Rehder
习　　性：灌木
国内分布：我国广泛栽培
国外分布：非洲、美洲、欧洲有栽培

糯米条
Abelia chinensis R. Br.
习　　性：灌木
海　　拔：200 ~ 1500 m
国内分布：福建、广东、广西、贵州、湖北、湖南、江西、四川、台湾、云南、浙江
国外分布：日本
濒危等级：LC
资源利用：基因源（耐寒）；环境利用（观赏）

细瘦糯米条
Abelia forrestii (Diels) W. W. Smith
习　　性：灌木
海　　拔：1900 ~ 3300 m
分　　布：四川、云南
濒危等级：VU A2c; B1ab (i, iii)

二翅糯米条
Abelia macrotera (Graebn. et Buchw.) Rehder
习　　性：落叶灌木
海　　拔：200 ~ 2000 m
分　　布：广西、贵州、河南、湖北、陕西、四川、云南
濒危等级：DD
资源利用：环境利用（观赏）

蓪梗花
Abelia uniflora R. Br.
习　　性：落叶灌木
海　　拔：200 ~ 2000 m
分　　布：福建、甘肃、广西、贵州、河南、湖北、湖南、陕西、四川、云南
濒危等级：LC

刺续断属 Acanthocalyx (DC.) Tiegh.

白花刺续断
Acanthocalyx alba (Hand. -Mazz.) M. J. Cannon

习　　性：多年生草本
海　　拔：2500~4100 m
国内分布：甘肃、青海、四川、西藏、云南
国外分布：印度
濒危等级：LC

刺续断
Acanthocalyx nepalensis（D. Don）M. J. Cannon

刺续断（原亚种）
Acanthocalyx nepalensis subsp. **nepalensis**
习　　性：多年生草本
海　　拔：2800~4200 m
国内分布：西藏
国外分布：不丹、尼泊尔、印度
濒危等级：LC

大花刺参
Acanthocalyx nepalensis subsp. **delavayi**（Franch.）D. Y. Hong
习　　性：多年生草本
海　　拔：3000~4200 m
国内分布：四川、西藏、云南
国外分布：印度
濒危等级：LC

双六道木属 Diabelia Landrein

黄花双六道木
Diabelia serrata（Siebold et Zucc.）Landrein
习　　性：灌木
海　　拔：约900 m
国内分布：浙江
国外分布：日本
濒危等级：LC

温州双六道木
Diabelia spathulata（Siebold et Zucc.）Landrein
习　　性：灌木
海　　拔：700~900 m
国内分布：浙江
国外分布：日本
濒危等级：NT B1ab（i,iii）

双盾木属 Dipelta Maxim.

优美双盾木
Dipelta elegans Batalin
习　　性：灌木
海　　拔：约2000 m
分　　布：甘肃、陕西、四川
濒危等级：DD

双盾木
Dipelta floribunda Maxim.
习　　性：灌木或小乔木
海　　拔：600~2200 m
分　　布：甘肃、广西、湖北、湖南、陕西、四川
濒危等级：LC
资源利用：环境利用（观赏）

云南双盾木
Dipelta yunnanensis Franch.
习　　性：灌木
海　　拔：800~2400 m
分　　布：甘肃、贵州、湖北、陕西、四川、云南
濒危等级：VU B1ab（i,iii）
资源利用：环境利用（观赏）

川续断属 Dipsacus L.

川续断
Dipsacus asper Wall. ex C. B. Clarke
习　　性：多年生草本
海　　拔：1500~3700 m
国内分布：重庆、广东、广西、贵州、湖北、四川、西藏、云南
国外分布：缅甸、印度
濒危等级：LC
资源利用：药用（中草药）

紫花续断
Dipsacus atratus Hook. f. et Thomson ex C. B. Clarke
习　　性：多年生草本
海　　拔：约3600 m
国内分布：西藏
国外分布：不丹、尼泊尔、印度
濒危等级：LC

深紫续断
Dipsacus atropurpureus C. Y. Cheng et Z. T. Yin
习　　性：多年生草本
海　　拔：约1500 m
分　　布：重庆
濒危等级：LC
资源利用：药用（中草药）

天蓝续断
Dipsacus azureus Schrenk
习　　性：多年生草本
海　　拔：1900~2000 m
国内分布：新疆
国外分布：哈萨克斯坦、吉尔吉斯斯坦
濒危等级：LC

大头续断
Dipsacus chinensis Batalin
习　　性：多年生草本
海　　拔：2100~3900 m
分　　布：四川、西藏、云南
濒危等级：LC
资源利用：药用（中草药）

藏续断
Dipsacus inermis Wall.
习　　性：多年生草本
海　　拔：2100~3900 m
国内分布：西藏、云南
国外分布：阿富汗、巴基斯坦、不丹、缅甸、尼泊尔、印度
濒危等级：LC

日本续断
Dipsacus japonicus Miq.
习　　性：二年生或多年生草本

海　　　拔：2600 m 以下
国内分布：安徽、重庆、甘肃、河北、河南、湖北、湖南、江苏、江西、辽宁、山东、山西、陕西、四川、浙江
国外分布：朝鲜半岛、日本
濒危等级：LC
资源利用：药用（中草药）

七子花属 Heptacodium Rehder

七子花
Heptacodium miconioides Rehder
习　　　性：灌木
海　　　拔：600~1000 m
分　　　布：安徽、湖北、浙江
濒危等级：VU B1ab（ii，iii）
国家保护：Ⅱ级
资源利用：环境利用（观赏）

蝟实属 Kolkwitzia Graebn.

蝟实
Kolkwitzia amabilis Graebn.
习　　　性：灌木
海　　　拔：300~1300 m
分　　　布：安徽、甘肃、河北、河南、湖北、山西、陕西
濒危等级：VU A2c
资源利用：环境利用（观赏）

鬼吹箫属 Leycesteria Wall.

鬼吹箫
Leycesteria formosa Wall.
习　　　性：灌木
海　　　拔：1100~3500 m
国内分布：贵州、四川、西藏、云南
国外分布：巴基斯坦、不丹、克什米尔地区、缅甸、尼泊尔、印度；澳大利亚、新西兰、欧洲、北美洲广泛栽培和归化
濒危等级：LC
资源利用：药用（中草药）

西域鬼吹箫
Leycesteria glaucophylla（Hook. f. et Thomson）C. B. Clarke
习　　　性：灌木
海　　　拔：1800~2600 m
国内分布：西藏
国外分布：不丹、缅甸、尼泊尔、印度
濒危等级：LC

纤细鬼吹箫
Leycesteria gracilis（Kurz）Airy Shaw
习　　　性：灌木
海　　　拔：2000~3800 m
国内分布：西藏、云南
国外分布：不丹、缅甸、尼泊尔、印度
濒危等级：LC

绵毛鬼吹箫
Leycesteria stipulata（Hook. f. et Thomson）Fritsch
习　　　性：灌木

海　　　拔：1300~2000 m
国内分布：云南
国外分布：不丹、缅甸、印度
濒危等级：EN B2ab（ii，iii）

北极花属 Linnaea L.

北极花
Linnaea borealis L.
习　　　性：亚灌木
海　　　拔：700~2300 m
国内分布：河北、黑龙江、吉林、辽宁、内蒙古、新疆
国外分布：北温带及其他地区
濒危等级：NT A2c

忍冬属 Lonicera L.

淡红忍冬
Lonicera acuminata Wall.
习　　　性：半常绿藤本
海　　　拔：100~3200 m
国内分布：安徽、福建、甘肃、广东、广西、贵州、河南、湖北、湖南、江西、陕西、四川、台湾、西藏、云南、浙江
国外分布：不丹、菲律宾、缅甸、尼泊尔、印度
濒危等级：LC
资源利用：药用（中草药）

狭叶忍冬
Lonicera angustifolia Wall. ex DC.

狭叶忍冬（原变种）
Lonicera angustifolia var. **angustifolia**
习　　　性：落叶灌木
海　　　拔：2700~4500 m
国内分布：西藏、云南
国外分布：不丹、克什米尔地区、尼泊尔、印度
濒危等级：LC

越橘叶忍冬
Lonicera angustifolia var. **myrtillus**（Hook. f. et Thomson）Q. E. Yang
习　　　性：落叶灌木
海　　　拔：2400~4700 m
国内分布：四川、西藏、云南
国外分布：阿富汗、巴基斯坦、不丹、克什米尔地区、缅甸、印度
濒危等级：LC

西南忍冬
Lonicera bournei Hemsl.
习　　　性：藤本
海　　　拔：800~2000 m
国内分布：广西、云南
国外分布：缅甸
濒危等级：LC

蓝果忍冬
Lonicera caerulea L.
习　　　性：落叶灌木
海　　　拔：2600~3500 m
国内分布：甘肃、河北、河南、黑龙江、吉林、辽宁、内蒙

古、宁夏、青海、山西、四川、新疆、云南
国外分布：朝鲜半岛、俄罗斯、蒙古、日本
濒危等级：LC

长距忍冬
Lonicera calcarata Hemsl.
习　　性：藤本
海　　拔：1200~2500 m
分　　布：广西、贵州、四川、西藏、云南
濒危等级：LC

金花忍冬
Lonicera chrysantha Turcz. ex Ledeb.

金花忍冬（原变种）
Lonicera chrysantha var. **chrysantha**
习　　性：落叶灌木
海　　拔：200~3000 m
国内分布：甘肃、河北、河南、黑龙江、湖北、吉林、江苏、江西、辽宁、内蒙古、宁夏、青海、山东、山西、陕西、四川
国外分布：朝鲜半岛、俄罗斯、日本
濒危等级：LC

须蕊忍冬
Lonicera chrysantha var. **koehneana** (Rehder) Q. E. Yang
习　　性：落叶灌木
海　　拔：700~3800 m
分　　布：安徽、甘肃、贵州、河南、湖北、江苏、山东、山西、陕西、四川、西藏、云南、浙江
濒危等级：LC

水忍冬
Lonicera confusa DC.
习　　性：藤本
海　　拔：300~800 m
国内分布：广东、广西、海南、云南
国外分布：尼泊尔、越南
濒危等级：LC
资源利用：药用（中草药）

匍匐忍冬
Lonicera crassifolia Batalin
习　　性：常绿灌木
海　　拔：900~2300 m
分　　布：贵州、湖北、湖南、四川、云南
濒危等级：LC

微毛忍冬
Lonicera cyanocarpa Franch.
习　　性：灌木
海　　拔：3500~4300 m
国内分布：四川、西藏、云南
国外分布：尼泊尔、印度
濒危等级：LC

北京忍冬
Lonicera elisae Franch.
习　　性：灌木
海　　拔：500~2300 m
分　　布：安徽、甘肃、河北、河南、湖北、山西、陕西、四川、浙江
濒危等级：LC

黏毛忍冬
Lonicera fargesii Franch.

黏毛忍冬（原变种）
Lonicera fargesii var. **fargesii**
习　　性：落叶灌木
海　　拔：1600~2900 m
分　　布：甘肃、河南、山西、陕西、四川
濒危等级：LC

四川黏毛忍冬
Lonicera fargesii var. **setchuenensis** (Franch.) Q. E. Yang
习　　性：落叶灌木
分　　布：重庆
濒危等级：LC

葱皮忍冬
Lonicera ferdinandi Franch.
习　　性：落叶灌木
海　　拔：200~2700 m
国内分布：甘肃、河北、河南、黑龙江、辽宁、内蒙古、宁夏、青海、山西、陕西、四川、云南
国外分布：朝鲜半岛
濒危等级：LC

锈毛忍冬
Lonicera ferruginea Rehder
习　　性：藤本
海　　拔：600~2000 m
国内分布：福建、广东、广西、贵州、湖南、江西、四川、云南
国外分布：泰国、印度
濒危等级：LC

郁香忍冬
Lonicera fragrantissima Lindl. et Paxton

郁香忍冬（原变种）
Lonicera fragrantissima var. **fragrantissima**
习　　性：落叶灌木
海　　拔：100~2700 m
分　　布：安徽、甘肃、贵州、河北、河南、湖北、湖南、江苏、江西、山东、山西、陕西、四川、浙江
濒危等级：LC
资源利用：环境利用（观赏）

苦糖果
Lonicera fragrantissima var. **lancifolia** (Rehder) Q. E. Yang
习　　性：落叶灌木
海　　拔：100~2700 m
分　　布：安徽、湖北、湖南、四川
濒危等级：LC

蕊被忍冬
Lonicera gynochlamydea Hemsl.
习　　性：灌木
海　　拔：1200~3000 m
分　　布：安徽、重庆、甘肃、贵州、湖北、湖南、陕西、四川、云南
濒危等级：LC

大果忍冬
Lonicera hildebrandiana Collett et Hemsl.
- 习　　性：常绿藤本
- 海　　拔：1000 ~ 2300 m
- 国内分布：广西、云南
- 国外分布：缅甸、泰国
- 濒危等级：LC

刚毛忍冬
Lonicera hispida Pall. ex Schult.
- 习　　性：灌木
- 海　　拔：1700 ~ 4800 m
- 国内分布：甘肃、河北、宁夏、青海、山西、陕西、四川、西藏、新疆、云南
- 国外分布：阿富汗、哈萨克斯坦、吉尔吉斯斯坦、克什米尔地区、蒙古、尼泊尔、印度
- 濒危等级：LC
- 资源利用：药用（中草药）

矮小忍冬
Lonicera humilis Kar. et Kir.
- 习　　性：灌木
- 海　　拔：1000 ~ 2500 m
- 国内分布：新疆
- 国外分布：阿富汗、哈萨克斯坦、吉尔吉斯斯坦、塔吉克斯坦
- 濒危等级：NT B1ab（i, iii）；D1

菰腺忍冬
Lonicera hypoglauca Miq.
- 习　　性：藤本
- 海　　拔：200 ~ 1800 m
- 国内分布：安徽、福建、广东、广西、贵州、湖北、湖南、江西、四川、台湾、云南、浙江
- 国外分布：克什米尔地区、尼泊尔、日本
- 濒危等级：LC
- 资源利用：药用（中草药）

白背忍冬
Lonicera hypoleuca Decne
- 习　　性：灌木
- 海　　拔：2900 ~ 3100 m
- 国内分布：西藏
- 国外分布：巴基斯坦、克什米尔地区、尼泊尔、印度
- 濒危等级：LC

忍冬
Lonicera japonica Thunb.

忍冬（原变种）
Lonicera japonica var. **japonica**
- 习　　性：藤本
- 海　　拔：约 1500 m
- 国内分布：安徽、福建、甘肃、广东、广西、贵州、河北、河南、湖北、湖南、吉林、江苏、江西、辽宁、山东、山西、陕西、四川、台湾、云南、浙江
- 国外分布：朝鲜半岛、日本
- 濒危等级：LC
- 资源利用：药用（中草药）；原料（精油）；环境利用（观赏）

红白忍冬
Lonicera japonica var. **chinensis**（Watson）Baker
- 习　　性：藤本
- 海　　拔：约 800 m
- 分　　布：安徽、贵州、浙江
- 濒危等级：LC

甘肃忍冬
Lonicera kansuensis（Batalin ex Rehder）Pojark.
- 习　　性：灌木
- 海　　拔：1800 ~ 2400 m
- 分　　布：甘肃、宁夏、陕西、四川
- 濒危等级：LC

玉山忍冬
Lonicera kawakamii（Hayata）Masam.
- 习　　性：落叶小灌木
- 海　　拔：3000 ~ 3900 m
- 分　　布：台湾
- 濒危等级：VU D2

女贞叶忍冬
Lonicera ligustrina Wall.

女贞叶忍冬（原变种）
Lonicera ligustrina var. **ligustrina**
- 习　　性：灌木
- 海　　拔：600 ~ 3000 m
- 国内分布：广西、贵州、湖北、湖南、四川、云南
- 国外分布：不丹、尼泊尔、印度
- 濒危等级：LC

蕊帽忍冬
Lonicera ligustrina var. **pileata**（Oliv.）Franch.
- 习　　性：灌木
- 海　　拔：300 ~ 2200 m
- 分　　布：广东、广西、贵州、湖北、湖南、陕西、四川、云南
- 濒危等级：LC

亮叶忍冬
Lonicera ligustrina var. **yunnanensis** Franch.
- 习　　性：灌木
- 海　　拔：1600 ~ 3000 m
- 分　　布：甘肃、陕西、四川、云南
- 濒危等级：LC

理塘忍冬
Lonicera litangensis Batalin
- 习　　性：灌木
- 海　　拔：3000 ~ 4500 m
- 国内分布：四川、西藏、云南
- 国外分布：不丹、尼泊尔、印度
- 濒危等级：LC

长花忍冬
Lonicera longiflora（Lindl.）DC.
- 习　　性：藤本
- 海　　拔：1200 ~ 1700 m
- 分　　布：广东、广西、海南、云南
- 濒危等级：LC

金银忍冬
Lonicera maackii (Rupr.) Maxim.

金银忍冬（原变种）
Lonicera maackii var. **maackii**
- 习　　性：灌木
- 海　　拔：100~3000 m
- 国内分布：安徽、甘肃、贵州、河北、河南、黑龙江、湖北、湖南、吉林、江苏、辽宁、山东、山西、陕西、四川、西藏、云南、浙江
- 国外分布：朝鲜半岛、俄罗斯、日本
- 濒危等级：LC
- 资源利用：原料（香料，工业用油，精油）；环境利用（观赏）

红花金银忍冬
Lonicera maackii var. **erubescens** (Rehder) Q. E. Yang
- 习　　性：灌木
- 海　　拔：100~300 m
- 分　　布：安徽、甘肃、河南、江苏、辽宁
- 濒危等级：LC

大花忍冬
Lonicera macrantha (D. Don) Spreng.
- 习　　性：藤本
- 海　　拔：300~1800 m
- 国内分布：安徽、福建、广东、广西、贵州、海南、湖北、湖南、江西、四川、台湾、西藏、云南、浙江
- 国外分布：不丹、尼泊尔、印度
- 濒危等级：LC

紫花忍冬
Lonicera maximowiczii (Rupr.) Regel
- 习　　性：灌木
- 海　　拔：800~1800 m
- 国内分布：河北、黑龙江、吉林、辽宁、内蒙古、山东
- 国外分布：朝鲜半岛、俄罗斯、日本
- 濒危等级：LC

小叶忍冬
Lonicera microphylla Willd. ex Schult.
- 习　　性：灌木
- 海　　拔：1100~4100 m
- 国内分布：河南、内蒙古、宁夏、青海、山西、台湾、西藏、新疆
- 国外分布：阿富汗、巴基斯坦、俄罗斯、哈萨克斯坦、吉尔吉斯斯坦、蒙古、印度
- 濒危等级：LC

下江忍冬
Lonicera modesta Rehder
- 习　　性：落叶灌木
- 海　　拔：500~1700 m
- 分　　布：安徽、福建、甘肃、河南、湖北、湖南、江西、陕西、浙江
- 濒危等级：LC

短尖忍冬
Lonicera mucronata Rehder
- 习　　性：灌木
- 海　　拔：800~1500 m
- 分　　布：湖北、四川
- 濒危等级：LC

红脉忍冬
Lonicera nervosa Maxim.
- 习　　性：灌木
- 海　　拔：2100~4000 m
- 分　　布：甘肃、河南、宁夏、青海、山西、陕西、四川
- 濒危等级：LC

黑果忍冬
Lonicera nigra L.
- 习　　性：灌木
- 海　　拔：1500~3900 m
- 国内分布：安徽、贵州、湖北、吉林、四川、西藏、云南
- 国外分布：不丹、尼泊尔、印度、朝鲜半岛
- 濒危等级：LC

丁香叶忍冬
Lonicera oblata K. S. Hao ex P. S. Hsu et H. J. Wang
- 习　　性：灌木
- 海　　拔：约1200 m
- 分　　布：河北
- 濒危等级：VU B1ab (i, iii); C2a (i); D
- 国家保护：Ⅱ级

垫状忍冬
Lonicera oreodoxa Harry Smith ex Rehder
- 习　　性：灌木
- 海　　拔：4700~4800 m
- 分　　布：四川
- 濒危等级：DD

早花忍冬
Lonicera praeflorens Batalin
- 习　　性：灌木
- 海　　拔：200~600 m
- 国内分布：黑龙江、吉林、辽宁
- 国外分布：朝鲜半岛、俄罗斯、日本
- 濒危等级：LC

皱叶忍冬
Lonicera reticulata Champ.
- 习　　性：藤本
- 海　　拔：400~1100 m
- 分　　布：福建、广东、广西、贵州、湖南、江西
- 濒危等级：LC
- 资源利用：药用（中草药）

凹叶忍冬
Lonicera retusa Franch.
- 习　　性：灌木
- 海　　拔：2000~3300 m
- 分　　布：甘肃、山西、陕西、四川
- 濒危等级：LC

岩生忍冬
Lonicera rupicola Hook. f. et Thomson

岩生忍冬（原变种）
Lonicera rupicola var. **rupicola**

习　　性：落叶灌木
海　　拔：2100～5000 m
国内分布：甘肃、宁夏、青海、四川、西藏、云南
国外分布：尼泊尔、印度
濒危等级：LC

矮生忍冬
Lonicera rupicola var. **minuta**(Batalin)Q. E. Yang
　　习　　性：落叶灌木
　　海　　拔：3200～3800 m
　　分　　布：甘肃、青海
　　濒危等级：LC

红花岩生忍冬
Lonicera rupicola var. **syringantha**(Maxim.)Zabel
　　习　　性：落叶灌木
　　海　　拔：2000～4600 m
　　国内分布：甘肃、宁夏、青海、四川、西藏、云南
　　国外分布：印度
　　濒危等级：LC

长白忍冬
Lonicera ruprechtiana Regel
　　习　　性：落叶灌木
　　海　　拔：300～1100 m
　　国内分布：黑龙江、吉林、辽宁
　　国外分布：朝鲜半岛、俄罗斯
　　濒危等级：LC

齿叶忍冬
Lonicera scabrida Franch.
　　习　　性：灌木
　　海　　拔：2300～3800 m
　　国内分布：四川、西藏、云南
　　国外分布：印度
　　濒危等级：LC

藏西忍冬
Lonicera semenovii Regel
　　习　　性：灌木
　　海　　拔：4000～4300 m
　　国内分布：西藏、新疆
　　国外分布：阿富汗、哈萨克斯坦、吉尔吉斯斯坦、克什米尔地区
　　濒危等级：LC

细毡毛忍冬
Lonicera similis Hemsl.
　　习　　性：藤本
　　海　　拔：400～2200 m
　　国内分布：安徽、福建、甘肃、广西、贵州、湖北、湖南、山西、陕西、四川、云南、浙江
　　国外分布：缅甸
　　濒危等级：LC
　　资源利用：药用（中草药）

棘枝忍冬
Lonicera spinosa(Decne)Jacquem. ex Walpers
　　习　　性：灌木
　　海　　拔：1700～4600 m
　　国内分布：西藏、新疆
　　国外分布：阿富汗、哈萨克斯坦、吉尔吉斯斯坦、克什米尔地区、塔吉克斯坦、印度
　　濒危等级：LC

冠果忍冬
Lonicera stephanocarpa Franch.
　　习　　性：灌木
　　海　　拔：2000～3200 m
　　分　　布：甘肃、宁夏、陕西、四川
　　濒危等级：LC

川黔忍冬
Lonicera subaequalis Rehder
　　习　　性：藤本
　　海　　拔：1500～2500 m
　　分　　布：贵州、四川
　　濒危等级：LC

单花忍冬
Lonicera subhispida Nakai
　　习　　性：灌木
　　海　　拔：约800 m
　　国内分布：吉林、辽宁
　　国外分布：朝鲜半岛、俄罗斯
　　濒危等级：LC

唐古特忍冬
Lonicera tangutica Maxim.
　　习　　性：灌木
　　海　　拔：800～4500 m
　　国内分布：安徽、甘肃、贵州、河北、河南、湖北、湖南、宁夏、青海、山西、陕西、四川、台湾、西藏、云南
　　国外分布：不丹、尼泊尔、印度
　　濒危等级：LC

新疆忍冬
Lonicera tatarica L.

新疆忍冬（原变种）
Lonicera tatarica var. **tatarica**
　　习　　性：落叶灌木
　　海　　拔：700～1600 m
　　国内分布：河北、黑龙江、辽宁、新疆
　　国外分布：俄罗斯、吉尔吉斯斯坦、蒙古
　　濒危等级：LC

淡黄新疆忍冬
Lonicera tatarica var. **morrowii**(A. Gray)Q. E. Yang
　　习　　性：落叶灌木
　　国内分布：黑龙江、辽宁
　　国外分布：朝鲜半岛、日本
　　濒危等级：LC

华北忍冬
Lonicera tatarinowii Maxim.
　　习　　性：灌木
　　海　　拔：400～1800 m
　　分　　布：河北、河南、辽宁、内蒙古、山东
　　濒危等级：LC

毛冠忍冬
Lonicera tomentella Hook. f. et Thomson

毛冠忍冬（原变种）
Lonicera tomentella var. **tomentella**
 习 性：落叶灌木
 海 拔：2900~3000 m
 国内分布：西藏、云南
 国外分布：印度
 濒危等级：LC

察瓦龙忍冬
Lonicera tomentella var. **tsarongensis** W. W. Smith
 习 性：落叶灌木
 海 拔：2000~3200 m
 分 布：西藏、云南
 濒危等级：LC

盘叶忍冬
Lonicera tragophylla Hemsl.
 习 性：藤本
 海 拔：700~3000 m
 分 布：安徽、甘肃、贵州、河北、河南、湖北、宁夏、山西、陕西、四川、浙江
 濒危等级：LC
 资源利用：药用（中草药）；环境利用（观赏）

毛花忍冬
Lonicera trichosantha Bureau et Franch.

毛花忍冬（原变种）
Lonicera trichosantha var. **trichosantha**
 习 性：落叶灌木
 海 拔：2700~4100 m
 分 布：甘肃、陕西、四川、西藏、云南
 濒危等级：LC

长叶毛花忍冬
Lonicera trichosantha var. **deflexicalyx** (Batalin) P. S. Hsu et H. J. Wang
 习 性：落叶灌木
 海 拔：2400~4600 m
 分 布：甘肃、陕西、四川、云南
 濒危等级：LC

管花忍冬
Lonicera tubuliflora Rehder
 习 性：灌木
 海 拔：2100~3100 m
 分 布：四川
 濒危等级：LC

华西忍冬
Lonicera webbiana Wall. ex DC.
 习 性：落叶灌木
 海 拔：1800~4000 m
 国内分布：甘肃、湖北、江西、宁夏、青海、山西、陕西、四川、西藏、云南
 国外分布：阿富汗、不丹、克什米尔地区
 濒危等级：LC

云南忍冬
Lonicera yunnanensis Franch.
 习 性：藤本
 海 拔：1700~3000 m
 分 布：四川、云南
 濒危等级：LC

刺参属 Morina L.

宽苞刺参
Morina bracteata C. Y. Cheng et H. B. Chen
 习 性：多年生草本
 海 拔：约 3200 m
 分 布：四川
 濒危等级：LC

圆萼刺参
Morina chinensis Y. Y. Pai
 习 性：多年生草本
 海 拔：2800~4300 m
 分 布：甘肃、内蒙古、青海、四川、西藏
 濒危等级：LC
 资源利用：药用（中草药）

绿花刺参
Morina chlorantha Diels
 习 性：多年生草本
 海 拔：2800~4000 m
 分 布：四川、云南
 濒危等级：LC

黄花刺参
Morina coulteriana Royle
 习 性：多年生草本
 海 拔：3000~3700 m
 国内分布：西藏、新疆
 国外分布：阿富汗、巴基斯坦、吉尔吉斯斯坦、塔吉克斯坦、乌兹别克斯坦、印度
 濒危等级：LC

青海刺参
Morina kokonorica K. S. Hao
 习 性：多年生草本
 海 拔：3000~4500 m
 分 布：甘肃、青海、四川、西藏
 濒危等级：LC

长叶刺参
Morina longifolia Wall. ex DC.
 习 性：多年生草本
 海 拔：3000~4300 m
 国内分布：西藏
 国外分布：巴基斯坦、不丹、印度
 濒危等级：LC

藏南刺参
Morina ludlowii (M. J. Cannon) D. Y. Hong
 习 性：多年生草本
 海 拔：3700~4300 m
 国内分布：西藏
 国外分布：不丹、印度
 濒危等级：LC

多叶刺参
Morina polyphylla Wall. ex DC.
 习 性：多年生草本

海　　拔：2600~4700 m
国内分布：西藏
国外分布：不丹、尼泊尔、印度
濒危等级：LC

甘松属 Nardostachys DC.

甘松
Nardostachys jatamansi (D. Don) DC.
习　　性：多年生草本
海　　拔：2500~5000 m
国内分布：甘肃、青海、四川、西藏、云南
国外分布：不丹、尼泊尔、印度
濒危等级：NT
资源利用：原料（香料）

败酱属 Patrinia Juss.

光叶败酱
Patrinia glabrifolia Yamam. et Sasaki
习　　性：多年生草本
海　　拔：1000~2200 m
分　　布：台湾
濒危等级：LC

墓头回
Patrinia heterophylla Bunge
习　　性：多年生草本
海　　拔：100~2600 m
分　　布：安徽、重庆、甘肃、贵州、河北、河南、湖北、湖南、吉林、江苏、江西、辽宁、内蒙古、宁夏、青海、山东、山西、陕西、四川、浙江
濒危等级：LC

中败酱
Patrinia intermedia (Hornem.) Roem. et Schult.
习　　性：多年生草本
海　　拔：1000~3000 m
国内分布：新疆
国外分布：俄罗斯、哈萨克斯坦、吉尔吉斯斯坦、蒙古
濒危等级：LC

少蕊败酱
Patrinia monandra C. B. Clarke
习　　性：二年生或多年生草本
海　　拔：100~3100 m
国内分布：安徽、重庆、甘肃、广西、贵州、河南、湖北、湖南、江苏、江西、辽宁、山东、陕西、四川、台湾、云南、浙江
国外分布：不丹、尼泊尔、印度
濒危等级：LC

岩败酱
Patrinia rupestris (Pall.) Dufr.
习　　性：多年生草本
海　　拔：200~2500 m
国内分布：重庆、甘肃、河北、河南、黑龙江、吉林、辽宁、内蒙古、宁夏、山西、陕西
国外分布：俄罗斯、蒙古
濒危等级：LC

败酱
Patrinia scabiosifolia Link
习　　性：多年生草本
海　　拔：100~2600 m
国内分布：除广东、海南、宁夏、青海、西藏、新疆外，各省均有分布
国外分布：朝鲜半岛、俄罗斯、蒙古、日本
濒危等级：LC

糙叶败酱
Patrinia scabra Bunge
习　　性：多年生草本
海　　拔：300~1700 m
分　　布：河北、河南、吉林、辽宁、内蒙古、山西、陕西
濒危等级：LC
资源利用：药用（中草药）

西伯利亚败酱
Patrinia sibirica (L.) Juss.
习　　性：多年生草本
海　　拔：1700 m 以下
国内分布：黑龙江、内蒙古
国外分布：俄罗斯、蒙古、日本
濒危等级：LC

秀苞败酱
Patrinia speciosa Hand. -Mazz.
习　　性：多年生草本
海　　拔：3100~4100 m
分　　布：西藏、云南
濒危等级：LC

三叶败酱
Patrinia trifoliata L. Jin et R. N. Zhao
习　　性：多年生草本
海　　拔：1100~2300 m
分　　布：甘肃
濒危等级：LC

攀倒甑
Patrinia villosa (Thunb.) Dufr.

攀倒甑（原亚种）
Patrinia villosa subsp. **villosa**
习　　性：二年生或多年生草本
海　　拔：100~2000 m
国内分布：安徽、重庆、福建、广东、广西、贵州、河南、湖北、湖南、江苏、江西、台湾、浙江
国外分布：日本
濒危等级：LC
资源利用：药用（中草药）；动物饲料（饲料）；食品（蔬菜）

斑叶败酱
Patrinia villosa subsp. **punctifolia** H. J. Wang
习　　性：二年生或多年生草本
海　　拔：800 m 以下
分　　布：辽宁
濒危等级：NT B1ab（i, iii）

翼首花属 Pterocephalus Vail ex Adans.

裂叶翼首花
Pterocephalus bretschneideri (Batalin) E. Pritz. ex Diels
习　　性：多年生草本
海　　拔：1600~3400 m
分　　布：四川、西藏、云南

濒危等级：LC

匙叶翼首花
Pterocephalus hookeri (C. B. Clarke) E. Pritz.
习　　性：多年生草本
海　　拔：1800~4800 m
国内分布：青海、四川、西藏、云南
国外分布：不丹、尼泊尔、印度
濒危等级：LC
资源利用：药用（中草药）

蓝盆花属 Scabiosa L.

高山蓝盆花
Scabiosa alpestris Kar. et Kir.
习　　性：多年生草本
海　　拔：3000~3200 m
国内分布：新疆
国外分布：哈萨克斯坦、吉尔吉斯斯坦
濒危等级：LC

阿尔泰蓝盆花
Scabiosa austroaltaica Bobrov
习　　性：亚灌木
海　　拔：约 1200 m
国内分布：新疆
国外分布：哈萨克斯坦
濒危等级：LC

蓝盆花
Scabiosa comosa Fisch. ex Roem. et Schult.
习　　性：多年生草本
海　　拔：300~3000 m
国内分布：甘肃、河北、河南、黑龙江、吉林、辽宁、内蒙古、宁夏、山西、陕西
国外分布：朝鲜半岛、俄罗斯、蒙古
濒危等级：LC

台湾蓝盆花
Scabiosa lacerifolia Hayata
习　　性：多年生草本
海　　拔：2000~3600 m
分　　布：台湾
濒危等级：LC

黄盆花
Scabiosa ochroleuca L.
习　　性：多年生草本
海　　拔：1300~2200 m
国内分布：新疆
国外分布：俄罗斯、哈萨克斯坦、蒙古、中欧
濒危等级：LC
资源利用：环境利用（观赏）

小花蓝盆花
Scabiosa olivieri Coult.
习　　性：一年生草本
国内分布：新疆
国外分布：地中海到中亚和印度广泛分布

濒危等级：LC

毛核木属 Symphoricarpos Duhamel

毛核木
Symphoricarpos sinensis Rehder
习　　性：灌木
海　　拔：600~2300 m
分　　布：甘肃、广西、湖北、陕西、四川、云南
濒危等级：LC

莛子藨属 Triosteum L.

穿心莛子藨
Triosteum himalayanum Wall.
习　　性：多年生草本
海　　拔：1800~4100 m
国内分布：河南、湖北、湖南、陕西、四川、西藏、云南
国外分布：不丹、尼泊尔、印度
濒危等级：LC

莛子藨
Triosteum pinnatifidum Maxim.
习　　性：多年生草本
海　　拔：1800~2900 m
国内分布：甘肃、河北、河南、湖北、宁夏、青海、山西、陕西、四川
国外分布：日本
濒危等级：LC
资源利用：药用（中草药）

腋花莛子藨
Triosteum sinuatum Maxim.
习　　性：多年生草本
海　　拔：800~900 m
国内分布：吉林、辽宁、新疆
国外分布：俄罗斯、日本
濒危等级：LC

双参属 Triplostegia Wall. ex DC.

双参
Triplostegia glandulifera Wall. ex DC.
习　　性：多年生草本
海　　拔：1500~4000 m
国内分布：重庆、甘肃、湖北、陕西、四川、台湾、西藏、云南
国外分布：不丹、马来西亚、缅甸、尼泊尔、印度
濒危等级：LC
资源利用：药用（中草药）

大花双参
Triplostegia grandiflora Gagnep.
习　　性：多年生草本
海　　拔：2000~3000 m
国内分布：四川、云南
国外分布：不丹
濒危等级：LC
资源利用：药用（中草药）

缬草属 Valeriana L.

黑水缬草
Valeriana amurensis P. Smir. ex Kom.
习　　性：多年生草本
海　　拔：500~1000 m
国内分布：黑龙江、吉林
国外分布：朝鲜半岛、俄罗斯
濒危等级：NT B1ab（i，iii）

髯毛缬草
Valeriana barbulata Diels
习　　性：多年生草本
海　　拔：3000~4600 m
国内分布：四川、西藏、云南
国外分布：不丹、缅甸、尼泊尔
濒危等级：LC

滇北缬草
Valeriana briquetiana H. Lév.
习　　性：多年生草本
海　　拔：2600~2800 m
分　　布：云南
濒危等级：LC

瑞香缬草
Valeriana daphniflora Hand. -Mazz.
习　　性：多年生草本
海　　拔：2600~4500 m
分　　布：四川、西藏、云南
濒危等级：LC

新疆缬草
Valeriana fedtschenkoi Coincy
习　　性：多年生草本
海　　拔：2300~3900 m
国内分布：新疆
国外分布：阿富汗、巴基斯坦、哈萨克斯坦、吉尔吉斯斯坦
濒危等级：LC

芥叶缬草
Valeriana ficariifolia Boiss.
习　　性：多年生草本
海　　拔：2800~3000 m
国内分布：新疆
国外分布：阿富汗、哈萨克斯坦、塔吉克斯坦、伊朗
濒危等级：NT B1ab（i，iii）

柔垂缬草
Valeriana flaccidissima Maxim.
习　　性：多年生草本
海　　拔：400~3600 m
国内分布：安徽、重庆、甘肃、贵州、河南、湖北、湖南、四川、台湾、云南
国外分布：日本
濒危等级：LC

秀丽缬草
Valeriana flagellifera Batalin
习　　性：多年生草本
海　　拔：3300~4300 m
分　　布：甘肃、青海、四川、云南
濒危等级：LC

长序缬草
Valeriana hardwickii Wall.
习　　性：多年生草本
海　　拔：900~3800 m
国内分布：重庆、福建、广西、贵州、湖北、湖南、江西、四川、西藏、云南
国外分布：巴基斯坦、不丹、老挝、缅甸、尼泊尔、泰国、印度、印度尼西亚、越南
濒危等级：LC
资源利用：药用（中草药）

横断山缬草
Valeriana hengduanensis D. Y. Hong
习　　性：多年生草本
海　　拔：3100~3700 m
分　　布：四川、云南
濒危等级：NT B1ab（i，iii）

全缘叶缬草
Valeriana hiemalis Graebn.
习　　性：多年生草本
海　　拔：2000~3000 m
分　　布：陕西、四川
濒危等级：LC

毛果缬草
Valeriana hirticalyx L. C. Chiu
习　　性：多年生草本
海　　拔：4000~5000 m
分　　布：青海、西藏
濒危等级：LC

蜘蛛香
Valeriana jatamansi W. Jones
习　　性：多年生草本
海　　拔：2500~3100 m
国内分布：重庆、甘肃、贵州、河南、湖北、湖南、四川、西藏、云南
国外分布：不丹、尼泊尔、泰国、印度、越南
濒危等级：LC
资源利用：药用（中草药）；原料（香料）

高山缬草
Valeriana kawakamii Hayata
习　　性：多年生草本
分　　布：台湾
濒危等级：LC

披针叶缬草
Valeriana lancifolia Hand. -Mazz.
习　　性：多年生草本
海　　拔：3200~4300 m
分　　布：四川
濒危等级：LC

小花缬草
Valeriana minutiflora Hand. -Mazz.
习　　性：多年生草本

海　　拔：3000~4100 m
分　　布：青海、四川、西藏、云南
濒危等级：LC

缬草
Valeriana officinalis L.
习　　性：多年生草本
海　　拔：约 2500 m
国内分布：安徽、重庆、甘肃、贵州、河北、河南、湖北、湖南、江西、内蒙古、青海、山东、山西、陕西、四川、台湾、西藏、浙江
国外分布：俄罗斯、日本
濒危等级：LC

川缬草
Valeriana sichuanica D. Y. Hong
习　　性：多年生草本
海　　拔：约 3600 m
分　　布：四川
濒危等级：NT B1ab（i, iii）

窄叶缬草
Valeriana stenoptera Diels
习　　性：多年生草本
海　　拔：3000~4000 m
分　　布：四川、西藏、云南
濒危等级：NT B1ab（i, iii）

小缬草
Valeriana tangutica Batalin
习　　性：多年生草本
海　　拔：2000~4200 m
分　　布：甘肃、内蒙古、宁夏、青海、四川
濒危等级：LC
资源利用：药用（中草药）

毛口缬草
Valeriana trichostoma Hand.-Mazz.
习　　性：多年生草本
海　　拔：3600~4600 m
分　　布：四川、云南
濒危等级：LC

六道木属 Zabelia (Rehd.) Makino

六道木
Zabelia biflora (Turcz.) Makino
习　　性：落叶灌木
海　　拔：1000~2000 m
国内分布：安徽、河北、河南、吉林、辽宁、内蒙古、山西
国外分布：朝鲜半岛、俄罗斯
濒危等级：LC

南方六道木
Zabelia dielsii (Graebn.) Makino
习　　性：落叶灌木
海　　拔：800~3700 m
分　　布：安徽、福建、甘肃、贵州、河南、湖北、江西、宁夏、山西、陕西、四川、西藏、云南、浙江
濒危等级：DD

醉鱼草状六道木
Zabelia triflora (R. Br. ex Wall.) Makino
习　　性：灌木
海　　拔：1800~3500 m
国内分布：四川、西藏、云南
国外分布：阿富汗、巴基斯坦、尼泊尔、印度
濒危等级：LC

心翼果科 CARDIOPTERIDACEAE
（2 属：4 种）

心翼果属 Cardiopteris Wall. ex Royle

大心翼果
Cardiopteris platycarpa Gagnep.
习　　性：草质藤本
海　　拔：100~1300 m
国内分布：云南
国外分布：越南
濒危等级：DD

心翼果
Cardiopteris quinqueloba (Hassk.) Hassk.
习　　性：草质藤本
海　　拔：100~1300 m
国内分布：广西、海南、云南
国外分布：不丹、马来西亚、缅甸、泰国、印度、印度尼西亚、越南
濒危等级：LC

琼榄属 Gonocaryum Miq.

台湾琼榄
Gonocaryum calleryanum (Baill.) Becc.
习　　性：灌木
国内分布：台湾
国外分布：菲律宾、印度尼西亚
濒危等级：EN C2a（ii）

琼榄
Gonocaryum lobbianum (Miers) Kurz
习　　性：灌木或小乔木
海　　拔：500~1800 m
国内分布：海南、云南
国外分布：柬埔寨、老挝、马来西亚、缅甸、泰国、印度尼西亚、越南
濒危等级：LC
资源利用：原料（香料，工业用油，精油）

番木瓜科 CARICACEAE
（1 属：1 种）

番木瓜属 Carica L.

番木瓜
Carica papaya L.

习　　性：灌木或小乔木
国内分布：福建、广东、广西、海南、台湾、云南
国外分布：起源并栽培于美洲；广泛栽培于世界热带地区
资源利用：药用（中草药）；原料（工业用油）；食品（蔬菜，水果）；环境利用（观赏）

香茜科 CARLEMANNIACEAE
（2属：3种）

香茜属 Carlemannia Benth.

香茜
Carlemannia tetragona Hook. f.
习　　性：多年生草本
海　　拔：600~1500 m
国内分布：西藏、云南
国外分布：缅甸、印度
濒危等级：LC

蜘蛛花属 Silvianthus Hook. f.

蜘蛛花
Silvianthus bracteatus Hook. f.

蜘蛛花（原亚种）
Silvianthus bracteatus subsp. **bracteatus**
习　　性：灌木
海　　拔：700~900 m
国内分布：云南
国外分布：缅甸、印度
濒危等级：LC

线萼蜘蛛花
Silvianthus bracteatus subsp. **clerodendroides**（Airy Shaw）H. W. Li
习　　性：灌木
海　　拔：900~1500 m
国内分布：云南
国外分布：老挝、越南
濒危等级：LC

石竹科 CARYOPHYLLACEAE
（30属：463种）

刺叶属 Acanthophyllum C. A. Mey.

刺叶
Acanthophyllum pungens（Ledeb.）Boiss.
习　　性：亚灌木状草本
海　　拔：400~1300 m
国内分布：新疆
国外分布：俄罗斯、哈萨克斯坦、蒙古
濒危等级：LC

麦仙翁属 Agrostemma L.

麦仙翁
Agrostemma githago L.
习　　性：一年生草本
国内分布：黑龙江、吉林、内蒙古、新疆
国外分布：原产地中海地区；世界各地归化
资源利用：药用（中草药）；环境利用（观赏）

无心菜属 Arenaria L.

针叶老牛筋
Arenaria acicularis F. N. Williams
习　　性：多年生草本
海　　拔：300~5200 m
分　　布：西藏
濒危等级：LC

阿克赛钦雪灵芝
Arenaria aksayqingensis L. H. Zhou
习　　性：多年生草本
海　　拔：约4900 m
分　　布：新疆
濒危等级：VU D2

安多无心菜
Arenaria amdoensis L. H. Zhou
习　　性：草本
海　　拔：4800~5000 m
分　　布：西藏
濒危等级：DD

点地梅状老牛筋
Arenaria androsacea Grubov
习　　性：多年生草本
海　　拔：2300~4200 m
国内分布：甘肃、内蒙古、宁夏、青海、新疆
国外分布：俄罗斯、蒙古
濒危等级：LC

亚洲无心菜
Arenaria asiatica Schischk.
习　　性：草本
国内分布：新疆
国外分布：俄罗斯、蒙古
濒危等级：LC

黄毛无心菜
Arenaria auricoma Y. W. Tsui ex L. H. Zhou
习　　性：多年生草本
海　　拔：4200~4800 m
分　　布：云南
濒危等级：VU D2

髯毛无心菜
Arenaria barbata Franch.

髯毛无心菜（原变种）
Arenaria barbata var. **barbata**
习　　性：多年生草本
海　　拔：2400~4800 m
分　　布：四川、云南
濒危等级：LC

硬毛无心菜
Arenaria barbata var. **hirsutissima** W. W. Sm.

习　　性：多年生草本
海　　拔：2600～3200 m
分　　布：云南
濒危等级：LC

八宿雪灵芝
Arenaria baxoiensis L. H. Zhou
习　　性：多年生草本
海　　拔：4000～4500 m
分　　布：四川、西藏
濒危等级：LC

波密无心菜
Arenaria bomiensis L. H. Zhou
习　　性：草本
海　　拔：约3700 m
分　　布：西藏
濒危等级：DD

雪灵芝
Arenaria brevipetala Y. W. Tsui et L. H. Zhou
习　　性：多年生草本
海　　拔：3400～4600 m
分　　布：青海、四川、西藏
濒危等级：VU A1ac+3c
资源利用：药用（中草药）

藓状雪灵芝
Arenaria bryophylla Fernald
习　　性：多年生草本
海　　拔：4200～5200 m
国内分布：青海、西藏
国外分布：尼泊尔、印度
濒危等级：LC

毛叶老牛筋
Arenaria capillaris Poir.
习　　性：多年生草本
海　　拔：约900 m
国内分布：河北、黑龙江、吉林、辽宁、内蒙古
国外分布：俄罗斯、蒙古；北美洲
濒危等级：LC

昌都无心菜
Arenaria chamdoensis C. Y. Wu ex L. H. Zhou
习　　性：草本
海　　拔：4500～4700 m
分　　布：青海、四川、西藏
濒危等级：LC

缘毛无心菜
Arenaria ciliolata Edgew.
习　　性：多年生草本
海　　拔：4000～4600 m
国内分布：西藏
国外分布：不丹、尼泊尔、印度
濒危等级：LC

扁翅无心菜
Arenaria compressa McNeill
习　　性：多年生草本
海　　拔：2600～3500 m

国内分布：西藏
国外分布：阿富汗、巴基斯坦、印度
濒危等级：DD

道孚无心菜
Arenaria dawuensis A. J. Li et Q. Ban
习　　性：草本
分　　布：四川
濒危等级：LC

柔软无心菜
Arenaria debilis Hook. f.
习　　性：一年生或二年生草本
海　　拔：2500～4500 m
国内分布：西藏、云南
国外分布：不丹、尼泊尔、印度
濒危等级：LC

大理无心菜
Arenaria delavayi Franch.
习　　性：多年生草本
海　　拔：3600～4000 m
分　　布：西藏、云南
濒危等级：LC

密生福禄草
Arenaria densissima Wall. ex Edgew. et Hook. f.
习　　性：多年生草本
海　　拔：3600～5300 m
国内分布：青海、四川、西藏
国外分布：尼泊尔、印度
濒危等级：LC

滇蜀无心菜
Arenaria dimorphitricha C. Y. Wu ex L. H. Zhou
习　　性：一年生或二年生草本
海　　拔：2800～3900 m
分　　布：四川、云南
濒危等级：LC

察龙无心菜
Arenaria dsharaensis Pax et K. Hoffm.
习　　性：多年生草本
海　　拔：约4700 m
分　　布：四川
濒危等级：LC

山居雪灵芝
Arenaria edgeworthiana Majumdar
习　　性：多年生草本
海　　拔：4200～5100 m
国内分布：西藏
国外分布：尼泊尔、印度
濒危等级：LC

真齿无心菜
Arenaria euodonta W. W. Sm.
习　　性：多年生草本
海　　拔：3000～4200 m
分　　布：云南
濒危等级：LC

石竹科 CARYOPHYLLACEAE

狐茅状雪灵芝
Arenaria festucoides Benth. ex Royle

狐茅状雪灵芝（原变种）
Arenaria festucoides var. festucoides
- 习　　性：多年生草本
- 海　　拔：2000～4700 m
- 国内分布：青海、西藏、新疆
- 国外分布：巴基斯坦、克什米尔地区、尼泊尔、印度
- 濒危等级：LC

小狐茅状雪灵芝
Arenaria festucoides var. imbricata Edgew. et Hook. f.
- 习　　性：多年生草本
- 分　　布：西藏
- 濒危等级：DD

细柄无心菜
Arenaria filipes C. Y. Wu ex L. H. Zhou
- 习　　性：草本
- 海　　拔：约 2800 m
- 分　　布：四川
- 濒危等级：LC

缝瓣无心菜
Arenaria fimbriata (E. Pritz.) Mattf.
- 习　　性：草本
- 海　　拔：3000～4000 m
- 分　　布：甘肃、陕西
- 濒危等级：LC

美丽老牛筋
Arenaria formosa Fisch. ex Ser.
- 习　　性：多年生草本
- 海　　拔：2000～2200 m
- 国内分布：甘肃、内蒙古、宁夏、新疆
- 国外分布：俄罗斯、哈萨克斯坦、蒙古
- 濒危等级：LC

西南无心菜
Arenaria forrestii Dels
- 习　　性：多年生草本
- 海　　拔：2900～5300 m
- 分　　布：甘肃、青海、四川、西藏、云南
- 濒危等级：LC

玉龙山无心菜
Arenaria fridericae Hand.-Mazz.
- 习　　性：多年生草本
- 海　　拔：2800～4700 m
- 分　　布：西藏、云南
- 濒危等级：LC

改则雪灵芝
Arenaria gerzensis L. H. Zhou
- 习　　性：多年生草本
- 海　　拔：4500～4700 m
- 分　　布：西藏
- 濒危等级：LC

秦岭无心菜
Arenaria giraldii (Diels) Mattf.
- 习　　性：草本
- 海　　拔：2500～3800 m
- 分　　布：甘肃、陕西
- 濒危等级：LC

小腺无心菜
Arenaria glanduligera Edgew.
- 习　　性：多年生草本
- 海　　拔：4500～5500 m
- 国内分布：西藏
- 国外分布：不丹、尼泊尔、印度
- 濒危等级：LC

裸茎老牛筋
Arenaria griffithii Boiss.
- 习　　性：多年生草本
- 海　　拔：2200～3000 m
- 国内分布：新疆
- 国外分布：阿富汗、哈萨克斯坦
- 濒危等级：DD

华北老牛筋
Arenaria grueningiana Pax et K. Hoffm.
- 习　　性：多年生草本
- 海　　拔：约 3000 m
- 分　　布：河北、内蒙古、山西
- 濒危等级：LC

海子山老牛筋
Arenaria haitzeshanensis Y. W. tsui ex L. H. Zhou
- 习　　性：多年生草本
- 海　　拔：3700～4400 m
- 分　　布：四川、西藏
- 濒危等级：LC

不显无心菜
Arenaria inconspicua Hand.-Mazz.
- 习　　性：多年生草本
- 海　　拔：3600～4600 m
- 分　　布：云南
- 濒危等级：VU D2

无饰无心菜
Arenaria inornata W. W. Sm.
- 习　　性：多年生草本
- 海　　拔：4000～4200 m
- 分　　布：云南
- 濒危等级：VU D2

药山无心菜
Arenaria iochanensis C. Y. Wu
- 习　　性：草本
- 海　　拔：3200～3400 m
- 分　　布：云南
- 濒危等级：LC

紫蕊无心菜
Arenaria ionandra Diels

紫蕊无心菜（原变种）
Arenaria ionandra var. ionandra
- 习　　性：草本

海　　拔：3600~5300 m
分　　布：四川、云南
濒危等级：LC

黑毛无心菜
Arenaria ionandra var. **melanotricha** H. F. Comber
习　　性：草本
海　　拔：3600~4200 m
分　　布：云南
濒危等级：DD

瘦叶雪灵芝
Arenaria ischnophylla F. N. Williams
习　　性：多年生草本
海　　拔：4500~5100 m
分　　布：西藏
濒危等级：LC

老牛筋
Arenaria juncea Bieb.

老牛筋（原变种）
Arenaria juncea var. **juncea**
习　　性：多年生草本
海　　拔：800~2200 m
国内分布：甘肃、河北、黑龙江、吉林、辽宁、内蒙古、宁夏、山西、陕西
国外分布：朝鲜、俄罗斯、蒙古
濒危等级：LC

无毛老牛筋
Arenaria juncea var. **glabra** Regel
习　　性：多年生草本
国内分布：河北
国外分布：俄罗斯
濒危等级：DD

甘肃雪灵芝
Arenaria kansuensis Maxim.
习　　性：多年生草本
海　　拔：3500~5300 m
分　　布：甘肃、青海、四川、西藏、云南
濒危等级：LC
资源利用：药用（中草药）

克拉克无心菜
Arenaria karakorensis Em. Schmid
习　　性：一年生草本
海　　拔：5000~5100 m
分　　布：西藏
濒危等级：DD

库莽雪灵芝
Arenaria kumaonensis Maxim.
习　　性：多年生草本
海　　拔：约4700 m
国内分布：西藏
国外分布：印度
濒危等级：LC

澜沧雪灵芝
Arenaria lancangensis L. H. Zhou
习　　性：多年生草本
海　　拔：3500~4800 m
分　　布：青海、四川、西藏、云南
濒危等级：LC

毛萼无心菜
Arenaria leucasteria Mattf.
习　　性：多年生草本
海　　拔：4000~5400 m
分　　布：四川
濒危等级：NT D2

古临无心菜
Arenaria littledalei Hemsl.
习　　性：草本
海　　拔：5000~5300 m
分　　布：西藏
濒危等级：LC

长茎无心菜
Arenaria longicaulis C. Y. Wu ex L. H. Zhou
习　　性：一年生草本
分　　布：云南
濒危等级：VU B1ab（iii）

长梗无心菜
Arenaria longipes C. Y. Wu ex L. H. Zhou
习　　性：一年生草本
海　　拔：约3500 m
分　　布：四川
濒危等级：LC

长柄无心菜
Arenaria longipetiolata C. Y. Wu ex L. H. Zhou
习　　性：草本
海　　拔：约2800 m
分　　布：四川
濒危等级：VU B1ab（iii）

长刚毛无心菜
Arenaria longiseta C. Y. Wu
习　　性：草本
海　　拔：3800~3900 m
分　　布：云南
濒危等级：LC

长柱无心菜
Arenaria longistyla Franch.

长柱无心菜（原变种）
Arenaria longistyla var. **longistyla**
习　　性：草本
海　　拔：2800~5000 m
分　　布：四川、西藏、云南
濒危等级：LC

棱长柱无心菜
Arenaria longistyla var. **eugonophylla** Fernald
习　　性：草本
海　　拔：2800~4500 m
分　　布：四川、云南
濒危等级：LC

侧长柱无心菜
Arenaria longistyla var. **pleurogynoides** Diels
习　　性：草本
海　　拔：3200~5000 m
分　　布：西藏、云南
濒危等级：LC

黑蕊无心菜
Arenaria melanandra(Maxim.) Mattf. ex Hand.-Mazz.
习　　性：一年生草本
海　　拔：3700~5000 m
国内分布：甘肃、青海、四川、西藏
国外分布：尼泊尔、印度
濒危等级：LC
资源利用：药用（中草药）

女娄无心菜
Arenaria melandryiformis F. N. Williams
习　　性：多年生草本
海　　拔：4000~4900 m
分　　布：西藏
濒危等级：LC

桃色无心菜
Arenaria melandryoides Edgew.
习　　性：多年生草本
海　　拔：3700~5000 m
国内分布：西藏、云南
国外分布：不丹、尼泊尔、印度
濒危等级：LC

膜萼无心菜
Arenaria membranisepala C. Y. Wu
习　　性：草本
分　　布：云南
濒危等级：NT

微无心菜
Arenaria minima C. Y. Wu ex L. H. Zhou
习　　性：草本
海　　拔：约4000 m
分　　布：四川
濒危等级：LC

山地无心菜
Arenaria monantha F. N. Williams
习　　性：多年生草本
分　　布：西藏
濒危等级：LC

念珠无心菜
Arenaria monilifera Mattf.
习　　性：多年生草本
海　　拔：3000~4000 m
分　　布：四川、西藏
濒危等级：LC

单子无心菜
Arenaria monosperma F. N. Williams
习　　性：多年生草本
海　　拔：3300~3500 m
分　　布：西藏
濒危等级：NT B1b（i，iii）

滇藏无心菜
Arenaria napuligera Franch.

滇藏无心菜（原变种）
Arenaria napuligera var. **napuligera**
习　　性：一年生草本
海　　拔：3000~5100 m
分　　布：四川、西藏、云南
濒危等级：LC

单头无心菜
Arenaria napuligera var. **monocephala** W. W. Sm.
习　　性：一年生草本
海　　拔：3600~5100 m
分　　布：西藏、云南
濒危等级：DD

尼盖无心菜
Arenaria neelgherrensis Wight et Arn.
习　　性：一年生草本
海　　拔：3200~4100 m
国内分布：西藏
国外分布：巴基斯坦、尼泊尔、印度
濒危等级：LC

变黑无心菜
Arenaria nigricans Hand.-Mazz.

变黑无心菜（原变种）
Arenaria nigricans var. **nigricans**
习　　性：草本
海　　拔：2600~3500 m
分　　布：云南
濒危等级：LC

镇康无心菜
Arenaria nigricans var. **zhenkangensis**(C. Y. Wu ex L. H. Zhou) C. Y. Wu
习　　性：草本
海　　拔：2800~3500 m
分　　布：云南
濒危等级：LC

大雪山无心菜
Arenaria nivalomontana C. Y. Wu ex L. H. Zhou
习　　性：草本
海　　拔：约2900 m
分　　布：云南
濒危等级：VU D2

峨眉无心菜
Arenaria omeiensis C. Y. Wu ex L. H. Zhou
习　　性：草本
海　　拔：约3100 m
分　　布：四川
濒危等级：LC

圆叶无心菜
Arenaria orbiculata Royle ex Edgew. et Hook. f.

习　　性：二年生或多年生草本
海　　拔：2300~4500 m
国内分布：四川、西藏、云南
国外分布：不丹、尼泊尔、印度
濒危等级：LC

山生福禄草
Arenaria oreophila Hook. f.
习　　性：多年生草本
海　　拔：3500~5000 m
国内分布：青海、四川、云南
国外分布：印度
濒危等级：LC

帕里无心菜
Arenaria pharensis McNeill et Majumdar
习　　性：一年生草本
海　　拔：约4400 m
分　　布：西藏
濒危等级：LC

须花无心菜
Arenaria pogonantha W. W. Sm.
习　　性：多年生草本
海　　拔：3000~4400 m
分　　布：四川、西藏、云南
濒危等级：LC

多子无心菜
Arenaria polysperma C. Y. Wu ex L. H. Zhou
习　　性：多年生草本
海　　拔：3000~4000 m
分　　布：云南
濒危等级：LC

团状福禄草
Arenaria polytrichoides Edgew. ex Edgew. et Hook. f.
习　　性：多年生草本
海　　拔：3500~5300 m
分　　布：青海、四川、西藏
濒危等级：LC

五蕊老牛筋
Arenaria potaninii Schischk.
习　　性：多年生草本
海　　拔：约2400 m
国内分布：新疆
国外分布：俄罗斯、哈萨克斯坦
濒危等级：DD

福禄草
Arenaria przewalskii Maxim.
习　　性：多年生草本
海　　拔：2600~4200 m
分　　布：甘肃、青海
濒危等级：LC
资源利用：药用（中草药）

线叶无心菜
Arenaria pseudostellaria C. Y. Wu, L. H. Zhou et W. L. Wagner
习　　性：一年生草本
海　　拔：3000~3700 m

分　　布：四川、云南
濒危等级：LC

垫状雪灵芝
Arenaria pulvinata Edgew.
习　　性：多年生草本
海　　拔：4200~5000 m
国内分布：西藏
国外分布：尼泊尔、印度
濒危等级：LC

普兰无心菜
Arenaria puranensis L. H. Zhou
习　　性：多年生草本
分　　布：西藏
濒危等级：LC

青海雪灵芝
Arenaria qinghaiensis Y. W. Tsui et L. H. Zhou
习　　性：多年生草本
海　　拔：约4200 m
分　　布：青海
濒危等级：LC

四齿无心菜
Arenaria quadridentata (Maxim.) F. N. Williams
习　　性：草本
海　　拔：3000~3500 m
分　　布：甘肃、四川
濒危等级：LC

嫩枝无心菜
Arenaria ramellata F. N. Williams
习　　性：多年生草本
海　　拔：4200~5000 m
分　　布：西藏
濒危等级：LC

减缩无心菜
Arenaria reducta Hand.-Mazz.
习　　性：草本
海　　拔：3500~4200 m
分　　布：四川、云南
濒危等级：LC

红花无心菜
Arenaria rhodantha Pax et K. Hoffm.
习　　性：多年生草本
海　　拔：4000~5000 m
国内分布：四川、西藏
国外分布：尼泊尔、印度
濒危等级：LC

青藏雪灵芝
Arenaria roborowskii Maxim.
习　　性：多年生草本
海　　拔：4200~5100 m
分　　布：青海、四川、西藏
濒危等级：LC

紫红无心菜
Arenaria rockii Diels

习　　性：多年生草本
海　　拔：3800～4700 m
分　　布：云南
濒危等级：LC

粉花无心菜
Arenaria roseiflora Sprague
习　　性：多年生草本
海　　拔：2700～4500 m
分　　布：云南
濒危等级：LC

漆姑无心菜
Arenaria saginoides Maxim.
习　　性：一年生草本
海　　拔：4000～5100 m
分　　布：青海、四川、西藏、新疆
濒危等级：LC

怒江无心菜
Arenaria salweenensis W. W. Sm.
习　　性：多年生草本
海　　拔：3000 m
分　　布：云南
濒危等级：VU B1ab（i，iii，iv）

雪山无心菜
Arenaria schneideriana Hand.-Mazz.
习　　性：草本
海　　拔：4400～4700 m
分　　布：云南
濒危等级：LC

无心菜
Arenaria serpyllifolia L.
习　　性：一年生或二年生草本
海　　拔：600～4000 m
国内分布：全国各地
国外分布：北非、北美洲、亚洲
濒危等级：LC
资源利用：药用（中草药）

刚毛无心菜
Arenaria setifera C. Y. Wu ex L. H. Zhou
习　　性：草本
海　　拔：3600～4200 m
分　　布：云南
濒危等级：LC

粉花雪灵芝
Arenaria shannanensis L. H. Zhou
习　　性：多年生草本
海　　拔：约4300 m
分　　布：西藏
濒危等级：LC

神农架无心菜
Arenaria shennongjiaensis Z. E. Chao et Z. H. Shen
习　　性：草本
分　　布：湖北
濒危等级：LC

大花福禄草
Arenaria smithiana Mattf.
习　　性：多年生草本
海　　拔：4000～4500 m
分　　布：西藏、云南
濒危等级：LC

匙叶无心菜
Arenaria spathulifolia C. Y. Wu ex L. H. Zhou
习　　性：草本
海　　拔：3500～4200 m
分　　布：四川、云南
濒危等级：LC

藏西无心菜
Arenaria stracheyi Edgew.
习　　性：多年生草本
海　　拔：3000～5300 m
国内分布：西藏
国外分布：尼泊尔、印度
濒危等级：LC

四川无心菜
Arenaria szechuensis F. N. Williams
习　　性：多年生草本
海　　拔：3000～4700 m
分　　布：四川
濒危等级：LC

太白雪灵芝
Arenaria taibaishanensis L. H. Zhou
习　　性：多年生草本
海　　拔：约4000 m
分　　布：陕西
濒危等级：NT D2

具毛无心菜
Arenaria trichophora Franch.
习　　性：多年生草本
海　　拔：2500～4700 m
分　　布：四川、西藏、云南
濒危等级：LC

毛叶无心菜
Arenaria trichophylla C. Y. Wu ex L. H. Zhou
习　　性：多年生草本
海　　拔：约3900 m
分　　布：四川
濒危等级：LC

土门无心菜
Arenaria tumengelaensis L. H. Zhou
习　　性：多年生草本
海　　拔：4600～5300 m
分　　布：西藏
濒危等级：LC

多柱无心菜
Arenaria weissiana Hand.-Mazz.

多柱无心菜（原变种）
Arenaria weissiana var. **weissiana**

习　　性：多年生草本
海　　拔：2800~4800 m
分　　布：四川、云南
濒危等级：LC

裂瓣无心菜
Arenaria weissiana var. **bifida** C. Y. Wu et H. Chuang
习　　性：多年生草本
海　　拔：约3700 m
分　　布：云南
濒危等级：LC

微毛无心菜
Arenaria weissiana var. **puberula** C. Y. Wu ex L. H. Zhou
习　　性：多年生草本
海　　拔：约3900 m
分　　布：四川
濒危等级：LC

旱生无心菜
Arenaria xerophila W. W. Sm.

旱生无心菜（原变种）
Arenaria xerophila var. **xerophila**
习　　性：多年生草本
海　　拔：2600~3600 m
分　　布：四川、云南
濒危等级：LC

乡城无心菜
Arenaria xerophila var. **xiangchengensis**(L. H. Zhou)C. Y. Wu
习　　性：多年生草本
海　　拔：约3000 m
分　　布：四川
濒危等级：NT

狭叶无心菜
Arenaria yulongshanensis L. H. Zhou ex C. Y. Wu
习　　性：多年生草本
海　　拔：4000~4500 m
分　　布：云南
濒危等级：NT

云南无心菜
Arenaria yunnanensis Franch.

云南无心菜（原变种）
Arenaria yunnanensis var. **yunnanensis**
习　　性：草本
海　　拔：约3500 m
分　　布：四川、云南
濒危等级：LC

簇生无心菜
Arenaria yunnanensis var. **caespitosa** C. Y. Wu
习　　性：草本
海　　拔：约3500 m
分　　布：云南
濒危等级：LC

杂多雪灵芝
Arenaria zadoiensis L. H. Zhou
习　　性：多年生草本
海　　拔：约4400 m
分　　布：青海
濒危等级：LC

中甸无心菜
Arenaria zhongdianensis C. Y. Wu
习　　性：草本
海　　拔：约3300 m
分　　布：云南
濒危等级：VU D2

短瓣花属 Brachystemma D. Don

短瓣花
Brachystemma calycinum D. Don
习　　性：一年生草本
海　　拔：500~2700 m
国内分布：广西、贵州、四川、西藏、云南
国外分布：不丹、柬埔寨、老挝、尼泊尔、泰国、印度、越南
濒危等级：LC
资源利用：药用（中草药）

卷耳属 Cerastium L.

卷耳
Cerastium arvense Gaudin
习　　性：多年生草本
国内分布：甘肃、河北、河南、吉林、江西、内蒙古、宁夏、青海、山西、陕西、四川、新疆、云南
国外分布：朝鲜、俄罗斯、哈萨克斯坦、蒙古、日本
濒危等级：LC

长白卷耳
Cerastium baischanense Y. C. Chu
习　　性：多年生草本
海　　拔：约1700 m
分　　布：吉林
濒危等级：VU D2

六齿卷耳
Cerastium cerastoides(L.)Britton
习　　性：多年生草本
海　　拔：1000~5100 m
国内分布：吉林、辽宁、内蒙古、青海、西藏、新疆
国外分布：阿富汗、巴基斯坦、俄罗斯、哈萨克斯坦、克什米尔地区、蒙古、尼泊尔、印度
濒危等级：LC

达乌里卷耳
Cerastium davuricum Fisch. ex Spreng.
习　　性：多年生草本
海　　拔：1000~2800 m
国内分布：新疆
国外分布：巴基斯坦、俄罗斯、哈萨克斯坦、蒙古
濒危等级：LC
资源利用：环境利用（观赏）

膨萼卷耳
Cerastium dichotomum(Link)Cullen
习　　性：一年生草本

海　　拔：约 1500 m
国内分布：新疆
国外分布：哈萨克斯坦
濒危等级：LC

披针叶卷耳
Cerastium falcatum Bunge
习　　性：多年生草本
海　　拔：800~2800 m
国内分布：甘肃、河北、山西、新疆
国外分布：俄罗斯、哈萨克斯坦
濒危等级：LC

长萼卷耳
Cerastium fischerianum Ser.
习　　性：一年生或多年生草本
国内分布：新疆
国外分布：俄罗斯、北美洲
濒危等级：LC

喜泉卷耳
Cerastium fontanum Baumg.
习　　性：一年生草本
分　　布：安徽、福建、甘肃、广东、贵州、河北、河南、黑龙江、湖北、湖南、吉林、江苏、江西、辽宁、内蒙古、宁夏、青海、山西、陕西、四川、台湾、西藏、新疆、云南、浙江
濒危等级：LC

大花泉卷耳
Cerastium fontanum subsp. **grandiflorum** H. Hara
习　　性：一年生草本
国内分布：西藏
国外分布：尼泊尔
濒危等级：DD

簇生泉卷耳
Cerastium fontanum subsp. **vulgare** (Hartm.) Greuter et Burdet
习　　性：一年生草本
国内分布：安徽、福建、甘肃、广东、贵州、河北、河南、黑龙江、湖北、湖南、吉林、江苏、江西、辽宁、内蒙古、宁夏、青海、山西、陕西、四川
国外分布：全世界各地逸生
濒危等级：LC

缘毛卷耳
Cerastium furcatum Cham. et Schltdl.
习　　性：多年生草本
海　　拔：1200~3800 m
国内分布：甘肃、河南、吉林、宁夏、山西、陕西、四川、西藏、云南
国外分布：朝鲜、俄罗斯
濒危等级：LC

球序卷耳
Cerastium glomeratum Thuill.

球序卷耳（原变种）
Cerastium glomeratum var. **glomeratum**
习　　性：一年生草本
海　　拔：100~3700 m
分　　布：福建、广西、贵州、河南、湖北、湖南、江苏、江西、山东、西藏、云南、浙江
濒危等级：LC

短果卷耳
Cerastium glomeratum var. **brachycarpum** L. H. Zhou et Q. Z. Han
习　　性：一年生草本
海　　拔：约 100 m
分　　布：辽宁
濒危等级：LC

椭圆叶卷耳
Cerastium limprichtii Pax et K. Hoffm.
习　　性：多年生草本
海　　拔：3000~3500 m
分　　布：河北、陕西
濒危等级：VU D2

紫草叶卷耳
Cerastium lithospermifolium Fisch.
习　　性：多年生草本
海　　拔：300~3600 m
国内分布：新疆
国外分布：俄罗斯、哈萨克斯坦、蒙古
濒危等级：LC

大卷耳
Cerastium maximum L.
习　　性：多年生草本
国内分布：新疆
国外分布：俄罗斯、北美洲
濒危等级：LC

玉山卷耳
Cerastium morrisonense Hayata
习　　性：二年生或多年生草本
海　　拔：2500~4000 m
分　　布：台湾
濒危等级：DD

小瓣卷耳
Cerastium parvipetalum Hosok.
习　　性：一年生或二年生草本
海　　拔：1000~1500 m
分　　布：台湾
濒危等级：LC

疏花卷耳
Cerastium pauciflorum Stev. ex Ser.

疏花卷耳（原变种）
Cerastium pauciflorum var. **pauciflorum**
习　　性：多年生草本
海　　拔：200~2500 m
国内分布：甘肃、新疆
国外分布：朝鲜、俄罗斯、哈萨克斯坦、蒙古、日本
濒危等级：LC

毛蕊卷耳
Cerastium pauciflorum var. **oxalidiflorum** (Makino) Ohwi
习　　性：多年生草本
海　　拔：200~800 m
国内分布：黑龙江、吉林、辽宁

国外分布：朝鲜、俄罗斯、日本
濒危等级：LC

山卷耳
Cerastium pusillum Ser.
习　　性：多年生草本
海　　拔：2800~3800 m
国内分布：甘肃、内蒙古、宁夏、青海、新疆、云南
国外分布：阿富汗、俄罗斯、哈萨克斯坦、蒙古
濒危等级：LC

毛卷耳
Cerastium subpilosum Hayata
习　　性：多年生草本
海　　拔：3000~3900 m
分　　布：台湾
濒危等级：DD

四川卷耳
Cerastium szechuense F. N. Williams
习　　性：一年生草本
海　　拔：2100~3500 m
分　　布：四川
濒危等级：LC

高山卷耳
Cerastium takasagomontanum Masam.
习　　性：一年生草本
海　　拔：2500~3400 m
分　　布：台湾
濒危等级：DD

藏南卷耳
Cerastium thomsonii Hook. f.
习　　性：多年生草本
海　　拔：2500~3500 m
分　　布：西藏
国外分布：阿富汗、巴基斯坦、克什米尔地区、尼泊尔、印度
濒危等级：LC

天山卷耳
Cerastium tianschanicum Schischk.
习　　性：多年生草本
海　　拔：700~2700 m
国内分布：新疆
国外分布：阿富汗、俄罗斯、哈萨克斯坦
濒危等级：LC

轮叶卷耳
Cerastium verticifolium R. L. Dang et X. M. Pi
习　　性：多年生草本
海　　拔：1800~2000 m
分　　布：新疆
濒危等级：LC

卵叶卷耳
Cerastium wilsonii Takeda
习　　性：多年生草本
海　　拔：1100~2000 m
分　　布：安徽、甘肃、河南、湖北、陕西、四川、云南
濒危等级：LC

清凉峰卷耳
Cerastium qingliangfengicum H. W. Zhang et X. F. Jin
习　　性：一年生或多年生草本
分　　布：浙江
濒危等级：LC

石竹属 Dianthus L.

针叶石竹
Dianthus acicularis Fisch. ex Ledeb.
习　　性：多年生草本
海　　拔：500~1300 m
国内分布：新疆
国外分布：俄罗斯、哈萨克斯坦
濒危等级：LC

头石竹
Dianthus barbatus Nakai
习　　性：多年生草本
国内分布：吉林
国外分布：朝鲜、俄罗斯
濒危等级：DD

香石竹
Dianthus caryophyllus L.
习　　性：多年生草本
国内分布：我国广泛栽培
国外分布：欧洲
资源利用：环境利用（观赏）

石竹
Dianthus chinensis L.
习　　性：多年生草本
海　　拔：2700 m 以下
国内分布：甘肃、河北、河南、黑龙江、吉林、辽宁、内蒙古、宁夏、青海、山东、山西、陕西、新疆
国外分布：朝鲜、俄罗斯、哈萨克斯坦、蒙古
濒危等级：LC
资源利用：药用（中草药）；环境利用（观赏）

高石竹
Dianthus elatus Ledeb.
习　　性：多年生草本
海　　拔：1200~1800 m
国内分布：新疆
国外分布：俄罗斯、哈萨克斯坦
濒危等级：LC

大苞石竹
Dianthus hoeltzeri C. Winkl.
习　　性：多年生草本
海　　拔：1500~3300 m
国内分布：新疆
国外分布：哈萨克斯坦、蒙古西部
濒危等级：LC

长萼石竹
Dianthus kuschakewiczii Regel et Schmalh
习　　性：多年生草本
海　　拔：600~2800 m
国内分布：新疆

国外分布：哈萨克斯坦
濒危等级：LC

长萼瞿麦
Dianthus longicalyx Miq.
习　　性：多年生草本
海　　拔：800~2100 m
国内分布：安徽、福建、甘肃、广东、广西、贵州、海南、河北、河南、湖北、湖南、江苏、江西、辽宁、内蒙古、宁夏、山东、山西、陕西、四川、台湾、浙江
国外分布：朝鲜、日本
濒危等级：LC

南山石竹
Dianthus nanshanicus C. Y. Yang et L. X. dong
习　　性：多年生草本
分　　布：新疆

缢裂石竹
Dianthus orientalis Adams
习　　性：多年生草本
海　　拔：900~4000 m
国内分布：西藏、新疆
国外分布：西南亚
濒危等级：LC

八里石竹
Dianthus palinensis S. S. Ying
习　　性：多年生草本
海　　拔：约600 m
分　　布：台湾
濒危等级：VU D1+2

玉山石竹
Dianthus pygmaeus Hayata
习　　性：多年生草本
海　　拔：1400~3900 m
分　　布：台湾
濒危等级：VU B1ab（i, v）

多分枝石竹
Dianthus ramosissimus Pall. ex Poir.
习　　性：多年生草本
海　　拔：1100~1900 m
国内分布：新疆
国外分布：哈萨克斯坦、蒙古西部
濒危等级：LC

簇茎石竹
Dianthus repens Willd.

簇茎石竹（原变种）
Dianthus repens var. **repens**
习　　性：多年生草本
海　　拔：500~600 m
国内分布：内蒙古
国外分布：俄罗斯、北美洲
濒危等级：LC

毛簇茎石竹
Dianthus repens var. **scabripilosus** Y. Z. Zhao
习　　性：多年生草本
分　　布：内蒙古
濒危等级：DD

狭叶石竹
Dianthus semenovii（Regel et Herder）Vierh.
习　　性：多年生草本
海　　拔：1300~1800 m
国内分布：新疆
国外分布：哈萨克斯坦、吉尔吉斯斯坦
濒危等级：LC

准噶尔石竹
Dianthus soongoricus Schischk.
习　　性：多年生草本
海　　拔：900~3200 m
国内分布：新疆
国外分布：哈萨克斯坦、蒙古西部
濒危等级：LC

瞿麦
Dianthus superbus L.

瞿麦（原亚种）
Dianthus superbus subsp. **superbus**
习　　性：多年生草本
海　　拔：400~3700 m
国内分布：安徽、甘肃、广西、贵州、河北、河南、黑龙江、湖北、湖南、吉林、江苏、江西、内蒙古、宁夏、青海、山东、山西、陕西、四川、新疆、浙江
国外分布：朝鲜、俄罗斯、哈萨克斯坦、蒙古、日本
濒危等级：LC
资源利用：药用（中草药）；农药；环境利用（观赏）

高山瞿麦
Dianthus superbus subsp. **alpestris** Kablík. ex Celak.
习　　性：多年生草本
海　　拔：2100~3200 m
国内分布：河北、吉林、内蒙古、山西、陕西
国外分布：欧洲、亚洲西南部
濒危等级：LC

细茎石竹
Dianthus turkestanicus Preobr.
习　　性：多年生草本
海　　拔：1000~2000 m
国内分布：新疆
国外分布：哈萨克斯坦
濒危等级：LC

荷莲豆草属 Drymaria Willd. ex Schult.

荷莲豆草
Drymaria diandra Blume
习　　性：一年生草本
国内分布：福建、广东、广西、贵州、海南、四川、台湾、西藏、云南、浙江
国外分布：原产中美洲至南美洲
资源利用：药用（中草药）

毛荷莲豆草
Drymaria villosa Schltdl. et Cham.
 习 性：一年生草本
 国内分布：西藏
 国外分布：原产中美洲至南美洲

裸果木属 **Gymnocarpos** Forssk.

裸果木
Gymnocarpos przewalskii Bunge ex Maxim.
 习 性：灌木
 海 拔：800~2500 m
 国内分布：甘肃、内蒙古、宁夏、青海、新疆
 国外分布：蒙古
 濒危等级：LC

石头花属 **Gypsophila** L.

高石头花
Gypsophila altissima L.
 习 性：多年生草本
 海 拔：1300~2400 m
 国内分布：新疆
 国外分布：俄罗斯、哈萨克斯坦
 濒危等级：LC

光萼石头花
Gypsophila capitata Bieb.
 习 性：一年生或多年生草本
 国内分布：新疆
 国外分布：哈萨克斯坦
 濒危等级：LC

头状石头花
Gypsophila capituliflora Rupr.
 习 性：多年生草本
 海 拔：800~2600 m
 国内分布：甘肃、内蒙古、宁夏、新疆
 国外分布：哈萨克斯坦、吉尔吉斯斯坦、蒙古
 濒危等级：LC

膜苞石头花
Gypsophila cephalotes(Schrenk) F. N. Williams
 习 性：多年生草本
 海 拔：1000~3900 m
 国内分布：新疆
 国外分布：阿富汗、巴基斯坦、俄罗斯、哈萨克斯坦、蒙古西部
 濒危等级：LC

卷耳状石头花
Gypsophila cerastioides D. Don
 习 性：多年生草本
 海 拔：2800~4000 m
 国内分布：西藏
 国外分布：巴基斯坦、不丹、孟加拉国、尼泊尔、印度
 濒危等级：LC

草原石头花
Gypsophila davurica Turcz. ex Fenzl

草原石头花（原变种）
Gypsophila davurica var. **davurica**
 习 性：多年生草本
 海 拔：200~800 m
 国内分布：河北、黑龙江、吉林、辽宁、内蒙古、山西
 国外分布：俄罗斯、蒙古
 濒危等级：LC

狭叶石头花
Gypsophila davurica var. **angustifolia** Fenzl
 习 性：多年生草本
 国内分布：内蒙古
 国外分布：俄罗斯
 濒危等级：LC

荒漠石头花
Gypsophila desertorum(Bunge) Fenzl
 习 性：多年生草本
 海 拔：1400~1500 m
 国内分布：内蒙古、新疆
 国外分布：俄罗斯、蒙古北部
 濒危等级：LC

华山石头花
Gypsophila huashanensis Y. W. Tsui et D. Q. Lu
 习 性：多年生草本
 海 拔：600~2600 m
 分 布：陕西
 濒危等级：LC

细叶石头花
Gypsophila licentiana Hand.-Mazz.
 习 性：多年生草本
 海 拔：500~2000 m
 分 布：甘肃、内蒙古、宁夏、山西、陕西
 濒危等级：LC

小叶石头花
Gypsophila microphylla(Schrenk) Fenzl
 习 性：多年生草本
 海 拔：约2500 m
 国内分布：新疆
 国外分布：中亚
 濒危等级：LC

细小石头花
Gypsophila muralis L.
 习 性：一年生草本
 国内分布：黑龙江
 国外分布：俄罗斯、哈萨克斯坦
 濒危等级：LC

长蕊石头花
Gypsophila oldhamiana Miq.
 习 性：多年生草本
 海 拔：海平面至2000 m
 国内分布：安徽、河北、河南、湖北、江苏、辽宁、山东、山西、陕西
 国外分布：朝鲜

濒危等级：LC

资源利用：药用（中草药）；食用（野菜）；动物饲料（饲料）；环境利用（观赏）

大叶石头花

Gypsophila pacifica Kom.

习　　性：多年生草本

海　　拔：200～300 m

国内分布：黑龙江、吉林、辽宁

国外分布：朝鲜、俄罗斯

濒危等级：LC

资源利用：药用（中草药）；动物饲料（饲料）；食品（蔬菜）

圆锥石头花

Gypsophila paniculata L.

习　　性：多年生草本

海　　拔：1100～1500 m

国内分布：新疆

国外分布：俄罗斯、哈萨克斯坦、蒙古西部

濒危等级：LC

资源利用：药用（中草药）；环境利用（观赏）

紫萼石头花

Gypsophila patrinii Ser.

习　　性：多年生草本

海　　拔：600～3400 m

国内分布：甘肃、宁夏、青海、新疆

国外分布：俄罗斯、哈萨克斯坦、蒙古北部

濒危等级：LC

钝叶石头花

Gypsophila perfoliata L.

习　　性：多年生草本

海　　拔：500～1000 m

国内分布：新疆

国外分布：俄罗斯、哈萨克斯坦、蒙古西部、土库曼斯坦

濒危等级：LC

资源利用：环境利用（观赏）

绢毛石头花

Gypsophila sericea (Ser.) Krylov

习　　性：多年生草本

海　　拔：1600～2400 m

国内分布：新疆

国外分布：俄罗斯、哈萨克斯坦、蒙古北部

濒危等级：LC

刺序石头花

Gypsophila spinosa D. Q. Lu

习　　性：多年生草本

海　　拔：500～900 m

分　　布：新疆

濒危等级：LC

河北石头花

Gypsophila tschiliensis J. Krause

习　　性：多年生草本

海　　拔：2000～3000 m

分　　布：北京、河北

濒危等级：LC

治疝草属 Herniaria L.

高加索治疝草

Herniaria caucasica Rupr.

习　　性：多年生草本

海　　拔：1400～2000 m

国内分布：新疆

国外分布：俄罗斯、哈萨克斯坦、蒙古、西南亚

濒危等级：LC

治疝草

Herniaria glabra L.

习　　性：一年生或多年生草本

海　　拔：900～2400 m

国内分布：四川、新疆

国外分布：阿富汗、俄罗斯、蒙古、乌兹别克斯坦

濒危等级：LC

杂性治疝草

Herniaria polygama J. Gay

习　　性：一年生草本

海　　拔：约500 m

国内分布：新疆

国外分布：俄罗斯、欧洲

濒危等级：LC

硬骨草属 Holosteum L.

硬骨草

Holosteum umbellatum L.

习　　性：一年生草本

海　　拔：约2300 m

国内分布：新疆

国外分布：阿富汗、巴基斯坦、俄罗斯、哈萨克斯坦、克什米尔地区、印度

濒危等级：LC

薄蒴草属 Lepyrodiclis Fenzl

薄蒴草

Lepyrodiclis holosteoides (C. A. Mey.) Fenzl ex Fisch. et C. A. Mey.

习　　性：一年生草本

海　　拔：1200～4100 m

国内分布：甘肃、内蒙古、宁夏、青海、陕西、四川、西藏、新疆

国外分布：阿富汗、巴基斯坦、克什米尔地区、蒙古、尼泊尔、印度

濒危等级：LC

资源利用：药用（中草药）

繁缕薄蒴草

Lepyrodiclis stellarioides Schrenk

习　　性：一年生草本

海　　拔：1900～3500 m

国内分布：新疆

国外分布：阿富汗、哈萨克斯坦

濒危等级：LC

剪秋罗属 Lychnis L.

皱叶剪秋罗
Lychnis chalcedonica L.
  习 性：多年生草本
  国内分布：甘肃、新疆
  国外分布：俄罗斯、蒙古
  资源利用：环境利用（观赏）
  濒危等级：LC

浅裂剪秋罗
Lychnis cognata Maxim.
  习 性：多年生草本
  海 拔：500～2000 m
  国内分布：河北、黑龙江、吉林、辽宁、内蒙古、山东、山西、浙江
  国外分布：朝鲜、俄罗斯
  濒危等级：LC

毛剪秋罗
Lychnis coronaria(L.)Desr.
  习 性：多年生草本
  国内分布：我国城市栽培
  国外分布：欧洲、亚洲西南部
  资源利用：环境利用（观赏）

剪春罗
Lychnis coronata Thunb.
  习 性：多年生草本
  海 拔：200～1500 m
  国内分布：安徽、福建、湖南、江苏、江西、四川、浙江
  国外分布：日本
  濒危等级：LC
  资源利用：药用（中草药）；环境利用（观赏）

剪秋罗
Lychnis fulgens Fisch. ex Sprengel
  习 性：多年生草本
  海 拔：500 m以下
  国内分布：贵州、河北、河南、黑龙江、湖北、吉林、辽宁、内蒙古、山西、四川、云南
  国外分布：朝鲜、俄罗斯、日本
  濒危等级：LC
  资源利用：环境利用（观赏）

剪红纱花
Lychnis senno Siebold et Zucc.
  习 性：多年生草本
  海 拔：100～2000 m
  国内分布：安徽、甘肃、贵州、河北、河南、湖北、湖南、江苏、江西、四川、云南、浙江
  国外分布：日本
  濒危等级：LC
  资源利用：药用（中草药）；环境利用（观赏）

丝瓣剪秋罗
Lychnis wilfordii(Regel)Maxim.
  习 性：多年生草本
  海 拔：200～1200 m
  国内分布：吉林
  国外分布：朝鲜北部、俄罗斯、日本
  濒危等级：LC

米努草属 Minuartia L.

北极米努草
Minuartia arctica(Steven ex Ser.)Graebn.
  习 性：多年生草本
  海 拔：2200～2400 m
  国内分布：吉林
  国外分布：北美洲、俄罗斯、哈萨克斯坦、蒙古
  濒危等级：LC

二花米努草
Minuartia biflora(L.)Schinz et Thell.
  习 性：多年生草本
  海 拔：约3600 m
  国内分布：新疆
  国外分布：阿富汗、巴基斯坦、俄罗斯、哈萨克斯坦、蒙古北部
  濒危等级：LC

腺毛米努草
Minuartia helmii(Fisch. ex Ser.)Schischk.
  习 性：一年生或多年生草本
  国内分布：新疆
  国外分布：俄罗斯、欧洲
  濒危等级：LC

克什米尔米努草
Minuartia kashmirica(Edgew.)Mattf.
  习 性：多年生草本
  海 拔：1500～5000 m
  国内分布：西藏
  国外分布：阿富汗、巴基斯坦、尼泊尔、印度
  濒危等级：DD

新疆米努草
Minuartia kryloviana Schischk.
  习 性：多年生草本
  海 拔：1200～3400 m
  国内分布：新疆
  国外分布：阿富汗、俄罗斯、哈萨克斯坦
  濒危等级：LC

石米努草
Minuartia laricina(L.)Mottfeld
  习 性：多年生草本
  海 拔：400～1600 m
  国内分布：黑龙江、吉林、内蒙古
  国外分布：朝鲜、俄罗斯、蒙古
  濒危等级：LC

西北米努草
Minuartia litwinowii Schischk.
  习 性：多年生草本
  海 拔：约2400 m
  国内分布：新疆
  国外分布：哈萨克斯坦、土耳其、土库曼斯坦、伊朗

濒危等级：LC

长百米努草
Minuartia macrocarpa (Nakai) Hara
习　　性：多年生草本
海　　拔：约 2400 m
国内分布：吉林
国外分布：朝鲜
濒危等级：LC

米努草
Minuartia regeliana (Trautv.) Mattf.
习　　性：一年生草本
海　　拔：600 ~ 700 m
国内分布：新疆
国外分布：俄罗斯、哈萨克斯坦、蒙古、土库曼斯坦
濒危等级：LC

小米努草
Minuartia schischkinii Adylov
习　　性：多年生草本
国内分布：新疆
国外分布：中亚
濒危等级：LC

直立米努草
Minuartia stricta (Sw.) Hiern
习　　性：多年生草本
海　　拔：约 1800 m
国内分布：新疆
国外分布：俄罗斯；欧洲、北美洲
濒危等级：LC

土库曼米努草
Minuartia turcomanica Schischk.
习　　性：多年生草本
国内分布：新疆
国外分布：伊朗、中亚
濒危等级：LC

春米努草
Minuartia verna (L.) Hiern
习　　性：多年生草本
海　　拔：200 ~ 3600 m
国内分布：新疆
国外分布：俄罗斯、哈萨克斯坦、蒙古、日本
濒危等级：LC

种阜草属 Moehringia L.

种阜草
Moehringia lateriflora (L.) Fenzl
习　　性：多年生草本
海　　拔：800 ~ 2300 m
国内分布：甘肃、河北、黑龙江、湖北、吉林、辽宁、内蒙古、宁夏、山西、新疆
国外分布：朝鲜、俄罗斯、哈萨克斯坦、蒙古、日本
濒危等级：LC

三脉种阜草
Moehringia trinervia (L.) Clairv.
习　　性：一年生草本
海　　拔：1400 ~ 2400 m
国内分布：安徽、甘肃、湖北、湖南、江西、陕西、四川、台湾、新疆、云南、浙江
国外分布：俄罗斯、哈萨克斯坦、日本
濒危等级：LC

新疆种阜草
Moehringia umbrosa (Bunge) Fenzl
习　　性：多年生草本
海　　拔：1800 ~ 2700 m
国内分布：新疆
国外分布：俄罗斯、哈萨克斯坦
濒危等级：LC

鹅肠菜属 Myosoton Moench

鹅肠菜
Myosoton aquaticum (L.) Moench
习　　性：二年生或多年生草本
海　　拔：300 ~ 2700 m
国内分布：我国南北各地
国外分布：世界广布
濒危等级：LC
资源利用：药用（中草药）；动物饲料（饲料）

膜萼花属 Petrorhagia (Ser.) Link

直立膜萼花
Petrorhagia alpina (Hablitz) P. W. Ball et Heyw.
习　　性：一年生草本
海　　拔：1000 ~ 1800 m
国内分布：新疆
国外分布：巴基斯坦、俄罗斯、哈萨克斯坦、克什米尔地区、塔吉克斯坦
濒危等级：LC

白鼓钉属 Polycarpaea Lam.

白鼓钉
Polycarpaea corymbosa (L.) Lam.
习　　性：一年生或短多年生草本
海　　拔：海平面至 1200 m
国内分布：安徽、福建、广东、广西、海南、湖北、江西、台湾、云南
国外分布：非洲；遍布热带和亚热带地区
濒危等级：LC

大花白鼓钉
Polycarpaea gaudichaudii Gagnep.
习　　性：草本或亚灌木
国内分布：广东、海南
国外分布：柬埔寨、马来西亚、印度、越南
濒危等级：LC

多荚草属 Polycarpon L.

多荚草
Polycarpon prostratum (Forssk.) Asch. et Schweinf.
习　　性：一年生草本

海　　拔：300~1500 m
国内分布：福建、广东、广西、海南、云南
国外分布：亚洲和非洲热带地区
濒危等级：LC

金铁锁属 Psammosilene W. C. Wu et C. Y. Wu

金铁锁
Psammosilene tunicoides W. C. Wu et C. Y. Wu
习　　性：多年生草本
海　　拔：900~3800 m
分　　布：贵州、四川、西藏、云南
濒危等级：VU A2c+3c；B2ab（i，iv）
国家保护：Ⅱ级
资源利用：药用（中草药）

假卷耳属 Pseudocerastium C. Y. Wu et X. H. Guo et X. P. Zhang

假卷耳
Pseudocerastium stellarioides X. H. Guo et X. P. Zhang
习　　性：多年生草本
海　　拔：800~1000 m
分　　布：安徽
濒危等级：DD

孩儿参属 Pseudostellaria Pax

蔓孩儿参
Pseudostellaria davidii(Franch.)Pax
习　　性：多年生草本
海　　拔：1000~3800 m
国内分布：安徽、甘肃、广西、河北、河南、黑龙江、吉林、辽宁、内蒙古、青海、山东、山西、陕西、四川、西藏、新疆、云南、浙江
国外分布：朝鲜、俄罗斯
濒危等级：LC

贺兰山孩儿参
Pseudostellaria helanshanensis W. Z. Di et Y. Ren
习　　性：多年生草本
海　　拔：2800~3000 m
分　　布：内蒙古
濒危等级：LC

异花孩儿参
Pseudostellaria heterantha(Maxim.)Pax
习　　性：多年生草本
海　　拔：1400~4100 m
国内分布：安徽、甘肃、贵州、河北、河南、内蒙古、宁夏、青海、山西、陕西、四川、西藏
国外分布：俄罗斯、日本
濒危等级：LC

孩儿参
Pseudostellaria heterophylla(Miq.)Pax
习　　性：多年生草本
海　　拔：800~2700 m
国内分布：安徽、河北、河南、湖北、湖南、江苏、江西、辽宁、内蒙古、山东、陕西、四川、浙江

国外分布：朝鲜、日本
濒危等级：LC
资源利用：药用（中草药）；环境利用（观赏）

须弥孩儿参
Pseudostellaria himalaica(Franch.)Pax
习　　性：多年生草本
海　　拔：2300~3800 m
国内分布：甘肃、湖北、青海、四川、西藏、云南
国外分布：巴基斯坦、不丹、克什米尔地区、尼泊尔、印度
濒危等级：LC

毛脉孩儿参
Pseudostellaria japonica(Korsh.)Pax
习　　性：多年生草本
海　　拔：约400 m
国内分布：河北、黑龙江、吉林、辽宁、内蒙古
国外分布：朝鲜、俄罗斯、日本
濒危等级：LC

多形孩儿参
Pseudostellaria polymorpha Y. S. Lian
习　　性：多年生草本
分　　布：甘肃
濒危等级：VU B1ab（iii）

石生孩儿参
Pseudostellaria rupestris(Turcz.)Pax
习　　性：多年生草本
海　　拔：2700~3400 m
国内分布：吉林、内蒙古、青海
国外分布：俄罗斯、蒙古
濒危等级：LC

细叶孩儿参
Pseudostellaria sylvatica(Maxim.)Pax
习　　性：多年生草本
海　　拔：1500~3800 m
国内分布：甘肃、贵州、河北、河南、黑龙江、湖北、吉林、辽宁、青海、陕西、四川、西藏、新疆、云南
国外分布：不丹、朝鲜、俄罗斯、日本
濒危等级：LC

天目山孩儿参
Pseudostellaria tianmushanensis G. H. Xiao et G. Y. Li
习　　性：多年生草本
分　　布：浙江
濒危等级：NT

西藏孩儿参
Pseudostellaria tibetica Ohwi
习　　性：多年生草本
海　　拔：2900~4000 m
分　　布：四川、西藏
濒危等级：LC

浙江孩儿参
Pseudostellaria zhejiangensis X. F. Jin et B. Y. Ding
习　　性：多年生草本
分　　布：浙江

濒危等级：DD

漆姑草属 Sagina L.

漆姑草
Sagina japonica (Sw.) Ohwi
- 习　　性：一年生或二年生草本
- 海　　拔：100~4000 m
- 国内分布：安徽、福建、甘肃、广东、广西、贵州、河北、河南、黑龙江、湖北、湖南、江苏、江西、辽宁、内蒙古、青海、山东、山西、陕西、四川、台湾、西藏、云南、浙江
- 国外分布：不丹、朝鲜、俄罗斯、尼泊尔、日本、印度
- 濒危等级：LC
- 资源利用：药用（中草药）

根叶漆姑草
Sagina maxima A. Gray
- 习　　性：一年生草本
- 海　　拔：约500 m
- 国内分布：安徽、辽宁、四川、台湾、新疆
- 国外分布：朝鲜、俄罗斯、日本
- 濒危等级：LC

仰卧漆姑草
Sagina procumbens L.
- 习　　性：多年生草本
- 海　　拔：约4200 m
- 国内分布：新疆
- 国外分布：阿富汗、俄罗斯、菲律宾、印度
- 濒危等级：LC

无毛漆姑草
Sagina saginoides (L.) H. Karst.
- 习　　性：多年生草本
- 海　　拔：1400~4200 m
- 国内分布：内蒙古、青海、四川、西藏、新疆、云南
- 国外分布：巴基斯坦、不丹、朝鲜、俄罗斯、哈萨克斯坦、尼泊尔、日本、印度、越南
- 濒危等级：LC

肥皂草属 Saponaria L.

肥皂草
Saponaria officinalis L.
- 习　　性：多年生草本
- 海　　拔：约500 m
- 国内分布：我国城市栽培
- 国外分布：亚洲西南部、欧洲
- 资源利用：药用（中草药）；环境利用（观赏）

蝇子草属 Silene L.

腺萼蝇子草
Silene adenocalyx F. N. Williams
- 习　　性：多年生草本
- 海　　拔：3200~4300 m
- 分　　布：西藏
- 濒危等级：LC

贺兰山蝇子草
Silene alaschanica (Maxim.) Bocquet
- 习　　性：多年生草本
- 海　　拔：2000~2700 m
- 分　　布：内蒙古、宁夏
- 濒危等级：LC

斋桑蝇子草
Silene alexandrae B. Keller
- 习　　性：亚灌木状草本
- 国内分布：新疆
- 国外分布：哈萨克斯坦
- 濒危等级：LC

阿尔泰蝇子草
Silene altaica Pers.
- 习　　性：亚灌木状草本
- 海　　拔：1400~1900 m
- 国内分布：新疆
- 国外分布：俄罗斯、哈萨克斯坦
- 濒危等级：LC

女娄菜
Silene aprica Turcz. ex Fisch. et C. A. Mey.
- 习　　性：一年生或二年生草本
- 海　　拔：400~3400 m
- 国内分布：安徽、澳门、北京、福建、甘肃、广东、广西、贵州、海南、河北、河南、黑龙江、湖北、湖南、吉林、江苏、江西、辽宁、内蒙古、香港
- 国外分布：朝鲜、俄罗斯、蒙古、日本
- 濒危等级：LC

高雪轮
Silene armeria L.
- 习　　性：一年生草本
- 国内分布：我国城市栽培
- 国外分布：原产欧洲
- 资源利用：环境利用（观赏）

掌脉蝇子草
Silene asclepiadea Franch.
- 习　　性：多年生草本
- 海　　拔：1300~3900 m
- 分　　布：贵州、四川、云南
- 濒危等级：LC

栗色蝇子草
Silene atrocastanea Diels
- 习　　性：多年生草本
- 海　　拔：3000~4000 m
- 分　　布：云南
- 濒危等级：LC

阿扎蝇子草
Silene atsaensis (C. Marquand) Bocquet
- 习　　性：多年生草本
- 海　　拔：4200~4500 m
- 分　　布：西藏
- 濒危等级：LC

狗筋蔓
Silene baccifera (L.) Roth
- 习　　性：多年生草本
- 国内分布：安徽、福建、甘肃、广西、贵州、河北、河南、

湖北、江苏、辽宁、内蒙古、宁夏、山东、山西、陕西、四川、台湾、西藏、新疆、云南、浙江
国外分布：不丹、朝鲜、俄罗斯、哈萨克斯坦、克什米尔地区、尼泊尔、日本
濒危等级：LC

巴塘蝇子草
Silene batangensis H. Limpr.
习　　性：多年生草本
海　　拔：2500～3500 m
分　　布：四川、西藏
濒危等级：LC

双舌蝇子草
Silene bilingua W. W. Sm.
习　　性：多年生草本
海　　拔：2200～4100 m
分　　布：四川、西藏、云南
濒危等级：LC

小花蝇子草
Silene borysthenica (Gruner) Walters
习　　性：二年生草本
国内分布：新疆
国外分布：欧洲、中亚
濒危等级：LC

暗色蝇子草
Silene bungei Bocquet
习　　性：多年生草本
海　　拔：4000～5300 m
国内分布：新疆
国外分布：俄罗斯、哈萨克斯坦、吉尔吉斯斯坦、蒙古
濒危等级：LC

丛生蝇子草
Silene caespitella F. N. Williams
习　　性：多年生草本
海　　拔：2500～5100 m
国内分布：青海、四川、西藏
国外分布：不丹、克什米尔地区
濒危等级：LC

头序蝇子草
Silene capitata Kom.
习　　性：多年生草本
海　　拔：约200 m
国内分布：吉林
国外分布：朝鲜
濒危等级：DD

心瓣蝇子草
Silene cardiopetala Franch.
习　　性：多年生草本
海　　拔：700～3200 m
分　　布：四川、西藏、云南
濒危等级：LC

克什米尔蝇子草
Silene cashmeriana (Royle ex Benth.) Majumdar
习　　性：多年生草本

海　　拔：3400～4100 m
国内分布：西藏
国外分布：克什米尔地区
濒危等级：DD

球萼蝇子草
Silene chodatii Bocquet

球萼蝇子草（原变种）
Silene chodatii var. chodatii
习　　性：多年生草本
海　　拔：2700～4300 m
分　　布：云南
濒危等级：NT B2 (i, ii)

矮球萼蝇子草
Silene chodatii var. pygmaea Bocquet
习　　性：多年生草本
海　　拔：3700～4300 m
分　　布：四川、云南
濒危等级：LC

中甸蝇子草
Silene chungtienensis W. W. Sm.
习　　性：多年生草本
海　　拔：2800～3600 m
分　　布：云南
濒危等级：LC

麦瓶草
Silene conoidea L.
习　　性：一年生草本
海　　拔：700～3600 m
国内分布：西藏、新疆
国外分布：非洲、欧洲、亚洲
濒危等级：LC
资源利用：药用（中草药）

长果蝇子草
Silene cyri Schischk.
习　　性：草本
国内分布：新疆
国外分布：哈萨克斯坦
濒危等级：LC

垫状蝇子草
Silene davidii (Franch.) Oxelman et Lidén
习　　性：多年生草本
海　　拔：3500～4700 m
分　　布：青海、四川、西藏、云南
濒危等级：LC

道孚蝇子草
Silene dawoensis Limpr.
习　　性：多年生草本
海　　拔：1400～3100 m
分　　布：四川、云南
濒危等级：LC

西南蝇子草
Silene delavayi Franch.
习　　性：多年生草本

海　　拔：3800 m以下
分　　布：云南
濒危等级：DD

密山蝇子草
Silene densiflora d'Urv.
　　习　　性：多年生草本
　　国内分布：新疆
　　国外分布：俄罗斯、哈萨克斯坦
　　濒危等级：LC

灌丛蝇子草
Silene dumetosa C. L. Tang
　　习　　性：多年生草本
　　海　　拔：约4000 m
　　分　　布：云南
　　濒危等级：NT

无鳞蝇子草
Silene esquamata W. W. Sm.
　　习　　性：多年生草本
　　海　　拔：1800~4000 m
　　分　　布：四川、云南
　　濒危等级：LC

疏毛女娄菜
Silene firma Siebold et Zuccarini
　　习　　性：一年生或二年生草本
　　海　　拔：300~2500 m
　　国内分布：全国各地分布
　　国外分布：朝鲜、俄罗斯、日本
　　濒危等级：LC

石缝蝇子草
Silene foliosa Maxim.
　　习　　性：多年生草本
　　海　　拔：1300~2000 m
　　国内分布：甘肃、黑龙江、内蒙古、宁夏、山西、陕西
　　国外分布：朝鲜、俄罗斯、日本
　　濒危等级：LC

鹤草
Silene fortunei Vis.
　　习　　性：多年生草本
　　海　　拔：200~2000 m
　　分　　布：安徽、福建、甘肃、河北、江西、山东、山西、陕西、四川、台湾
　　濒危等级：LC
　　资源利用：药用（中草药）；环境利用（观赏）

线叶蝇子草
Silene geblerana Schrenk
　　习　　性：草本
　　国内分布：新疆
　　国外分布：哈萨克斯坦
　　濒危等级：LC

隐瓣蝇子草
Silene gonosperma(Rupr.) Bocquet
　　习　　性：多年生草本
　　海　　拔：1600~4400 m
　　国内分布：甘肃、河北、青海、山西、西藏、新疆

　　国外分布：中亚
　　濒危等级：LC

纤细蝇子草
Silene gracilenta H. Chuang
　　习　　性：多年生草本
　　海　　拔：3700~3800 m
　　分　　布：云南
　　濒危等级：NT

细蝇子草
Silene gracilicaulis C. L. Tang
　　习　　性：多年生草本
　　海　　拔：3000~4000 m
　　分　　布：内蒙古、青海、四川、西藏、云南
　　濒危等级：LC

禾叶蝇子草
Silene graminifolia Otth
　　习　　性：多年生草本
　　海　　拔：1600~4200 m
　　国内分布：内蒙古、西藏、新疆
　　国外分布：俄罗斯、哈萨克斯坦、蒙古
　　濒危等级：LC

大花蝇子草
Silene grandiflora Franch.

大花蝇子草（原变种）
Silene grandiflora var. **grandiflora**
　　习　　性：多年生草本
　　海　　拔：约2000 m
　　分　　布：云南
　　濒危等级：LC

旱生大花蝇子草
Silene grandiflora var. **xerobatica** W. W. Sm.
　　习　　性：多年生草本
　　海　　拔：约2000 m
　　分　　布：云南
　　濒危等级：DD

黏蝇子草
Silene heptapotamica Schischk.
　　习　　性：草本
　　国内分布：新疆
　　国外分布：埃及、哈萨克斯坦
　　濒危等级：LC

多裂腺毛蝇子草
Silene herbilegorum(Bocquet) Lidén et Oxelman
　　习　　性：多年生草本
　　海　　拔：2700~4100 m
　　分　　布：四川、云南
　　濒危等级：DD

须弥蝇子草
Silene himalayensis(Rohrb.) Majumdar
　　习　　性：多年生草本
　　海　　拔：2000~5000 m
　　国内分布：河北、湖北、陕西、四川、西藏、云南
　　国外分布：阿富汗、巴基斯坦、不丹、尼泊尔

濒危等级：LC

全缘蝇子草
Silene holopetala Bunge
习　　性：多年生草本
海　　拔：约 400 m
国内分布：新疆
国外分布：哈萨克斯坦
濒危等级：LC

狭果蝇子草
Silene huguettiae Bocquet
习　　性：多年生草本
海　　拔：2300～4600 m
分　　布：甘肃、青海、四川、西藏、云南
濒危等级：LC

无腺狭果蝇子草
Silene huguettiae var. **pilosa** C. Y. Wu et H. Chuang
习　　性：多年生草本
海　　拔：2300～3600 m
分　　布：青海、四川、西藏、云南
濒危等级：DD

霍城蝇子草
Silene huochenensis X. M. Piet et X. L. Pan
习　　性：多年生草本
分　　布：新疆
濒危等级：LC

湖北蝇子草
Silene hupehensis C. L. Tang

湖北蝇子草（原变种）
Silene hupehensis var. **hupehensis**
习　　性：多年生草本
海　　拔：1200～2700 m
分　　布：甘肃、河南、湖北、陕西、四川
濒危等级：LC

毛湖北蝇子草
Silene hupehensis var. **pubescens** C. L. Tang
习　　性：多年生草本
海　　拔：1600～2600 m
分　　布：陕西
濒危等级：LC

齿瓣蝇子草
Silene incisa C. L. Tang
习　　性：多年生草本
海　　拔：1700～1800 m
分　　布：四川
濒危等级：LC

镰叶蝇子草
Silene incurvifolia Kar. et Kir.
习　　性：多年生草本
海　　拔：约 2600 m
国内分布：新疆
国外分布：俄罗斯、哈萨克斯坦、吉尔吉斯斯坦
濒危等级：LC

印度蝇子草
Silene indica Roxb. ex Otth

印度蝇子草（原变种）
Silene indica var. **indica**
习　　性：多年生草本
海　　拔：2300～3900 m
国内分布：西藏
国外分布：不丹、克什米尔地区、尼泊尔、印度
濒危等级：LC

不丹蝇子草
Silene indica var. **bhutanica** (W. W. Sm.) Bocquet
习　　性：多年生草本
海　　拔：2600～3900 m
国内分布：西藏
国外分布：不丹、克什米尔地区、尼泊尔、印度
濒危等级：LC

山蚂蚱草
Silene jenisseensis Willdenow
习　　性：多年生草本
海　　拔：200～1000 m
国内分布：河北、黑龙江、吉林、辽宁、内蒙古、山西
国外分布：朝鲜、俄罗斯、蒙古
濒危等级：LC
资源利用：药用（中草药）

喀拉蝇子草
Silene karaczukuri B. Fedtsch.
习　　性：多年生草本
海　　拔：4000～4300 m
国内分布：新疆
国外分布：塔吉克斯坦
濒危等级：LC

污色蝇子草
Silene karekirii Bocquet
习　　性：多年生草本
海　　拔：约 3000 m
国内分布：新疆
国外分布：哈萨克斯坦
濒危等级：LC

卡西亚蝇子草
Silene khasiana Rohrb.
习　　性：多年生草本
海　　拔：3000～3100 m
国内分布：西藏
国外分布：尼泊尔、印度
濒危等级：DD

甲拉蝇子草
Silene kialensis (F. N. Williams) Lidén et Oxelman
习　　性：多年生草本
海　　拔：1800～4000 m
分　　布：甘肃、青海、四川、西藏
濒危等级：LC

轮伞蝇子草
Silene komarovii Schischk.

习　　性：多年生草本
海　　拔：500~1100 m
国内分布：新疆
国外分布：哈萨克斯坦、吉尔吉斯斯坦、塔吉克斯坦
濒危等级：LC

朝鲜蝇子草
Silene koreana Kom.
习　　性：一年生或二年生草本
海　　拔：200~800 m
国内分布：黑龙江、吉林
国外分布：朝鲜、俄罗斯、日本
濒危等级：LC

巩乃斯蝇子草
Silene kungessana B. Fedtsch.
习　　性：多年生草本
分　　布：新疆
濒危等级：LC

喇嘛蝇子草
Silene lamarum C. Y. Wu
习　　性：多年生草本
海　　拔：2900~4000 m
分　　布：四川、云南
濒危等级：LC

叉枝蝇子草
Silene latifolia Poir.

叉枝蝇子草（原亚种）
Silene latifolia subsp. **latifolia**
习　　性：一年生或二年生草本
海　　拔：1100~1500 m
国内分布：新疆
国外分布：亚洲西南部、南欧
濒危等级：LC

白花蝇子草
Silene latifolia subsp. **alba** Poiret
习　　性：一年生或二年生草本
国内分布：辽宁逸生
国外分布：原产欧洲、中亚

拉萨蝇子草
Silene lhassana (F. N. Williams) Majumdar
习　　性：多年生草本
海　　拔：2900~4600 m
分　　布：西藏
濒危等级：LC

丽江蝇子草
Silene lichiangensis W. W. Sm.
习　　性：多年生草本
海　　拔：2900~3600 m
分　　布：云南
濒危等级：NT

线瓣蝇子草
Silene lineariloba C. Y. Wu
习　　性：多年生草本
海　　拔：2900 m
分　　布：云南
濒危等级：NT

林奈蝇子草
Silene linnaeana Vorosch.
习　　性：多年生草本
国内分布：内蒙古
国外分布：俄罗斯、蒙古
濒危等级：LC

喜岩蝇子草
Silene lithophila Kar. et Kir.
习　　性：多年生草本
海　　拔：1000~2200 m
国内分布：新疆
国外分布：中亚
濒危等级：LC

长角蝇子草
Silene longicornuta C. Y. Wu et C. L. Tang
习　　性：多年生草本
海　　拔：约2500 m
分　　布：四川、云南
濒危等级：LC

长柱蝇子草
Silene macrostyla Maxim.
习　　性：多年生草本
海　　拔：约800 m
国内分布：黑龙江、吉林、辽宁
国外分布：朝鲜、俄罗斯
濒危等级：LC

中型蝇子草
Silene media Kleop.
习　　性：草本
国内分布：新疆
国外分布：哈萨克斯坦
濒危等级：LC

黑花蝇子草
Silene melanantha Franch.
习　　性：多年生草本
海　　拔：2800~4200 m
分　　布：云南
濒危等级：LC

沧江蝇子草
Silene monbeigii W. W. Sm.
习　　性：多年生草本
海　　拔：1900~3400 m
分　　布：四川、西藏、云南
濒危等级：LC

冈底斯山蝇子草
Silene moorcroftiana Wall. ex Benth.
习　　性：多年生草本
海　　拔：3900~5000 m
国内分布：西藏
国外分布：阿富汗、巴基斯坦、克什米尔地区、尼泊尔、

印度
　　濒危等级：LC

玉山蝇子草
Silene morrisonmontana (Hayata) Ohwi et Ohashi
　　习　　性：多年生草本
　　海　　拔：3100~3400 m
　　分　　布：台湾
　　濒危等级：VU D1

木里蝇子草
Silene muliensis C. Y. Wu
　　习　　性：多年生草本
　　海　　拔：2800~4200 m
　　分　　布：四川
　　濒危等级：LC

花脉蝇子草
Silene multifurcata C. L. Tang
　　习　　性：多年生草本
　　海　　拔：2600~3200 m
　　分　　布：西藏
　　濒危等级：LC

墨脱蝇子草
Silene namlaensis (C. Marquand) Bocquet
　　习　　性：多年生草本
　　海　　拔：3600~4500 m
　　分　　布：西藏
　　濒危等级：LC

矮蝇子草
Silene nana Kar. et Kir.
　　习　　性：一年生草本
　　国内分布：新疆
　　国外分布：巴基斯坦、哈萨克斯坦
　　濒危等级：LC

囊谦蝇子草
Silene nangqenensis C. L. Tang
　　习　　性：多年生草本
　　海　　拔：4200~4600 m
　　分　　布：青海、西藏
　　濒危等级：LC

纺锤蝇子草
Silene napuligera Franch.
　　习　　性：多年生草本
　　海　　拔：1500~3600 m
　　分　　布：四川、西藏、云南
　　濒危等级：LC

尼泊尔蝇子草
Silene nepalensis Majumdar
　　习　　性：多年生草本
　　海　　拔：2700~5100 m
　　国内分布：青海、四川、西藏、云南
　　国外分布：巴基斯坦、不丹、克什米尔地区、尼泊尔
　　濒危等级：LC

变黑蝇子草
Silene nigrescens (Edgew.) Majumdar

变黑蝇子草（原亚种）
Silene nigrescens subsp. **nigrescens**
　　习　　性：多年生草本
　　海　　拔：3000~4500 m
　　国内分布：西藏
　　国外分布：不丹、缅甸、尼泊尔、印度
　　濒危等级：LC

宽叶变黑蝇子草
Silene nigrescens subsp. **latifolia** Bocquet
　　习　　性：多年生草本
　　海　　拔：3000~4500 m
　　分　　布：四川、云南
　　濒危等级：DD

宁夏蝇子草
Silene ningxiaensis C. L. Tang
　　习　　性：多年生草本
　　海　　拔：1700~2400 m
　　分　　布：甘肃、内蒙古、宁夏
　　濒危等级：LC

夜花蝇子草
Silene noctiflora L.
　　习　　性：一年生草本
　　海　　拔：1300~1800 m
　　国内分布：新疆
　　国外分布：俄罗斯、哈萨克斯坦
　　濒危等级：LC

倒披针叶蝇子草
Silene oblanceolata W. W. Sm.
　　习　　性：多年生草本
　　海　　拔：2400~3600 m
　　分　　布：四川、云南
　　濒危等级：LC

香蝇子草
Silene odoratissima Bunge
　　习　　性：草本
　　国内分布：新疆
　　国外分布：俄罗斯、哈萨克斯坦
　　濒危等级：LC

沙生蝇子草
Silene olgiana B. Fedtsch.
　　习　　性：多年生草本
　　国内分布：新疆
　　国外分布：埃及、哈萨克斯坦
　　濒危等级：LC

内蒙古女娄菜
Silene orientalimongolica Kozhevn.
　　习　　性：一年生或二年生草本
　　分　　布：内蒙古
　　濒危等级：DD

黄雪轮
Silene otites (L.) Wibel
　　习　　性：二年生草本
　　国内分布：新疆

国外分布：欧洲
濒危等级：LC

耳齿蝇子草
Silene otodonta Franch.
习　　性：多年生草本
海　　拔：2100～2500 m
分　　布：四川、云南
濒危等级：NT D2

大花樱草
Silene pendula L.
习　　性：一年生或二年生草本
国内分布：我国城市庭院有栽培
国外分布：原产欧洲
资源利用：环境利用（观赏）

红齿蝇子草
Silene phoenicodonta Franch.
习　　性：多年生草本
海　　拔：1600～2600 m
分　　布：四川、云南
濒危等级：LC

宽叶蝇子草
Silene platyphylla Franchet
习　　性：多年生草本
海　　拔：2400～3200 m
分　　布：四川、云南
濒危等级：LC

宽瓣蝇子草
Silene principis Oxelman et Lidén
习　　性：多年生草本
海　　拔：1600～4000 m
分　　布：四川
濒危等级：NT D2

团伞蝇子草
Silene pseudofortunei Y. W. Tsui et C. L. Tang
习　　性：多年生草本
海　　拔：600～1300 m
分　　布：山西、四川
濒危等级：LC

昭苏蝇子草
Silene pseudotenuis Schischk.
习　　性：多年生草本
海　　拔：1900～3200 m
国内分布：新疆
国外分布：哈萨克斯坦、吉尔吉斯斯坦
濒危等级：LC

长梗细蝇子草
Silene pterosperma Maxim.
习　　性：多年生草本
海　　拔：1700～4000 m
分　　布：甘肃、内蒙古、青海、陕西、四川
濒危等级：LC

毛萼蝇子草
Silene pubicalycina C. Y. Wu
习　　性：多年生草本
海　　拔：约 3200 m
分　　布：四川、西藏、云南
濒危等级：LC

普兰蝇子草
Silene puranensis (L. H. Zhou) C. Y. Wu et H. Chuang
习　　性：多年生草本
海　　拔：约 5000 m
分　　布：西藏
濒危等级：DD

齐云山蝇子草
Silene qiyunshanensis X. H. Guo et X. L. Liu
习　　性：多年生草本
海　　拔：约 400 m
分　　布：安徽
濒危等级：LC

四裂蝇子草
Silene quadriloba Turcz. ex Kar. et Kir.
习　　性：二年生草本
海　　拔：600～1900 m
国内分布：新疆
国外分布：俄罗斯、哈萨克斯坦、蒙古
濒危等级：LC

蔓茎蝇子草
Silene repens Patrin
习　　性：多年生草本
海　　拔：1500～3500 m
国内分布：甘肃、河北、吉林、内蒙古、陕西、四川、西藏
国外分布：朝鲜、俄罗斯、蒙古、日本、北美洲
濒危等级：LC

粉花蝇子草
Silene rosiflora Kingdon-Ward
习　　性：多年生草本
海　　拔：2800～3000 m
分　　布：四川、云南
濒危等级：NT

红萼蝇子草
Silene rubricalyx (C. Marquand) Bocquet
习　　性：多年生草本
海　　拔：3400～3600 m
分　　布：四川、西藏
濒危等级：LC

柳叶蝇子草
Silene salicifolia C. L. Tang
习　　性：多年生草本
海　　拔：2100～2300 m
分　　布：四川
濒危等级：LC

岩生蝇子草
Silene scopulorum Franch.
习　　性：多年生草本
海　　拔：3000～4000 m
分　　布：云南
濒危等级：LC

汉城蝇子草
Silene seoulensis Nakai

汉城蝇子草（原变种）
Silene seoulensis var. **seoulensis**
　习　　性：多年生草本
　海　　拔：约3600 m
　国内分布：黑龙江、吉林、辽宁
　国外分布：朝鲜
　濒危等级：DD

狭叶汉城蝇子草
Silene seoulensis var. **angustata** C. L. Tang
　习　　性：多年生草本
　分　　布：辽宁
　濒危等级：DD

准噶尔蝇子草
Silene songarica(Fisch. ,C. A. Mey. et Avé-Lall.)Bocquet
　习　　性：多年生草本
　海　　拔：2000～4700 m
　国内分布：吉林、内蒙古、新疆
　国外分布：俄罗斯、哈萨克斯坦、蒙古
　濒危等级：LC

大子蝇子草
Silene stewartiana Diels
　习　　性：多年生草本
　海　　拔：2800～3900 m
　分　　布：云南
　濒危等级：LC

细裂蝇子草
Silene suaveolens Turcz. ex Kar. et Kir.
　习　　性：二年生草本
　海　　拔：1200～1700 m
　国内分布：新疆
　国外分布：阿富汗、哈萨克斯坦、吉尔吉斯斯坦、蒙古、塔吉克斯坦
　濒危等级：LC

藏蝇子草
Silene subcretacea F. N. Williams
　习　　性：亚灌木状草本
　海　　拔：3000～4700 m
　分　　布：西藏
　濒危等级：LC

德钦蝇子草
Silene sveae Lidén et Oxelman
　习　　性：多年生草本
　海　　拔：约3000 m
　分　　布：云南
　濒危等级：DD

冠瘤蝇子草
Silene tachtensis Franch.
　习　　性：多年生草本
　国内分布：新疆
　国外分布：哈萨克斯坦
　濒危等级：LC

石生蝇子草
Silene tatarinowii Regel
　习　　性：多年生草本
　海　　拔：800～2900 m
　分　　布：甘肃、贵州、河北、河南、湖南、内蒙古、宁夏、山西、陕西、四川
　濒危等级：LC

天山蝇子草
Silene tianschanica Schischk.
　习　　性：亚灌木状草本
　海　　拔：1100～2100 m
　国内分布：新疆
　国外分布：哈萨克斯坦
　濒危等级：LC

西藏蝇子草
Silene tibetica Lidén et Oxelman
　习　　性：多年生草本
　海　　拔：3000 m
　分　　布：西藏
　濒危等级：LC

糙叶蝇子草
Silene trachyphylla Franch.
　习　　性：多年生草本
　海　　拔：3100～3900 m
　分　　布：青海、四川、西藏、云南
　濒危等级：LC

剑门蝇子草
Silene tubiformis C. L. Tang
　习　　性：多年生草本
　海　　拔：700～1000 m
　分　　布：四川
　濒危等级：LC

管花蝇子草
Silene tubulosa Oxelman et Lidén
　习　　性：多年生草本
　海　　拔：3600～4100 m
　分　　布：西藏
　濒危等级：LC

黏萼蝇子草
Silene viscidula Franchet
　习　　性：多年生草本
　海　　拔：1200～3200 m
　分　　布：贵州、四川、西藏、云南
　濒危等级：LC
　资源利用：药用（中草药）

白玉草
Silene vulgaris(Moench)Garcke
　习　　性：多年生草本
　海　　拔：200～2700 m
　国内分布：黑龙江、内蒙古、西藏、新疆
　国外分布：蒙古、尼泊尔、印度
　濒危等级：LC

林芝蝇子草
Silene wardii (C. Marquand) Bocquet
- 习　　性：多年生草本
- 海　　拔：约4200 m
- 分　　布：西藏
- 濒危等级：LC

伏尔加蝇子草
Silene wolgensis (Hornem.) Otth
- 习　　性：二年生草本
- 海　　拔：1100~1400 m
- 国内分布：新疆
- 国外分布：欧洲、中亚
- 濒危等级：LC

腺毛蝇子草
Silene yetii Bocquet
- 习　　性：多年生草本
- 海　　拔：2700~5000 m
- 分　　布：甘肃、青海、四川、西藏
- 濒危等级：LC

云南蝇子草
Silene yunnanensis Franch.
- 习　　性：多年生草本
- 海　　拔：2400~3900 m
- 分　　布：云南
- 濒危等级：LC

仲巴蝇子草
Silene zhongbaensis (L. H. Zhou) C. Y. Wu et C. L. Tang
- 习　　性：多年生草本
- 海　　拔：4700~5200 m
- 分　　布：西藏
- 濒危等级：LC

耐国蝇子草
Silene zhoui C. Y. Wu
- 习　　性：多年生草本
- 海　　拔：约5000 m
- 分　　布：西藏
- 濒危等级：LC

大爪草属 Spergula L.

大爪草
Spergula arvensis L.
- 习　　性：一年生草本
- 海　　拔：100~200 m
- 国内分布：贵州、黑龙江、山东、云南
- 国外分布：不丹、俄罗斯、菲律宾、哈萨克斯坦、日本、印度
- 濒危等级：LC
- 资源利用：动物饲料（饲料）

拟漆姑属 Spergularia (Pers.) J. Presl et C. Presl

二蕊拟漆姑
Spergularia diandra (Guss.) Heldr.
- 习　　性：一年生草本
- 海　　拔：900~2600 m
- 国内分布：甘肃、宁夏、青海、新疆
- 国外分布：巴基斯坦、俄罗斯、哈萨克斯坦
- 濒危等级：LC

拟漆姑
Spergularia marina (L.) Griseb.
- 习　　性：一年生或二年生草本
- 海　　拔：200~2800 m
- 国内分布：甘肃、河北、河南、黑龙江、吉林、江苏、辽宁、内蒙古、宁夏、青海、山东、山西、陕西、四川、新疆、云南、浙江
- 国外分布：阿富汗、巴基斯坦、朝鲜、俄罗斯、哈萨克斯坦、蒙古、日本
- 濒危等级：LC

缘翅拟漆姑
Spergularia media (L.) C. Presl ex Griseb.
- 习　　性：多年生草本
- 海　　拔：约1200 m
- 国内分布：内蒙古、新疆
- 国外分布：阿富汗、巴基斯坦、俄罗斯、哈萨克斯坦、土库曼斯坦
- 濒危等级：LC

无翅拟漆姑
Spergularia rubra (L.) J. Presl et C. Presl
- 习　　性：一年生草本
- 海　　拔：约800 m
- 国内分布：新疆
- 国外分布：阿富汗、俄罗斯、哈萨克斯坦、日本、印度
- 濒危等级：LC

繁缕属 Stellaria L.

贺兰山繁缕
Stellaria alaschanica Y. Z. Zhao
- 习　　性：多年生草本
- 海　　拔：2100~3200 m
- 分　　布：甘肃、内蒙古、宁夏、青海
- 濒危等级：LC

阿拉套繁缕
Stellaria alatavica M. Pop.
- 习　　性：多年生草本
- 海　　拔：2500~4000 m
- 国内分布：新疆
- 国外分布：哈萨克斯坦
- 濒危等级：LC

雀舌草
Stellaria alsine Grimm
- 习　　性：一年生草本
- 海　　拔：500~4000 m
- 国内分布：安徽、福建、甘肃、广东、广西、贵州、河南、湖南、江苏、江西、内蒙古、四川、台湾、西藏、云南、浙江
- 国外分布：巴基斯坦、不丹、朝鲜、克什米尔地区、尼泊尔、日本、印度、越南
- 濒危等级：LC

高山雀舌草
Stellaria alsine var. **alpina** (Schur) Hand.-Mazz.
- 习　　性：一年生草本

海　　拔：3000～4000 m
国内分布：四川、云南
国外分布：欧洲
濒危等级：DD

钝萼繁缕
Stellaria amblyosepala Schrenk
习　　性：多年生草本
海　　拔：500～1800 m
国内分布：甘肃、内蒙古、新疆
国外分布：俄罗斯、哈萨克斯坦、蒙古
濒危等级：LC

沙生繁缕
Stellaria arenarioides Shi L. Chen, Rabeler et Turland
习　　性：多年生草本
海　　拔：2500～5500 m
分　　布：甘肃、青海、西藏、新疆
濒危等级：LC

阿里山繁缕
Stellaria arisanensis (Hayata) Hayata
习　　性：多年生草本
海　　拔：1800～2400 m
分　　布：台湾
濒危等级：LC

二柱繁缕
Stellaria bistyla Y. Z. Zhao
习　　性：多年生草本
海　　拔：2000～2600 m
分　　布：内蒙古、宁夏
濒危等级：NT B1

短瓣繁缕
Stellaria brachypetala Bunge
习　　性：多年生草本
海　　拔：1700～4300 m
国内分布：甘肃、内蒙古、青海、新疆
国外分布：俄罗斯、哈萨克斯坦、蒙古
濒危等级：LC

林繁缕
Stellaria bungeana (Regel) Y. C. Chu
习　　性：多年生草本
海　　拔：约1500 m
国内分布：吉林、内蒙古
国外分布：朝鲜、俄罗斯、日本
濒危等级：LC

兴安繁缕
Stellaria cherleriae (Fisch. ex Ser.) F. N. Williams
习　　性：多年生草本
海　　拔：2800～3400 m
分　　布：河北、内蒙古、山西、陕西
濒危等级：LC

中国繁缕
Stellaria chinensis Regel

中国繁缕（原变种）
Stellaria chinensis var. **chinensis**
习　　性：多年生草本
海　　拔：100～2500 m
分　　布：安徽、福建、甘肃、广西、河北、河南、湖北、湖南、江西、山东、陕西、四川、浙江
濒危等级：LC
资源利用：药用（中草药）；动物饲料（饲料）

缘毛中国繁缕
Stellaria chinensis var. **ciliata** C. S. Zhu et H. M. Li
习　　性：多年生草本
海　　拔：1000～1300 m
分　　布：河南
濒危等级：DD

密花繁缕
Stellaria congestiflora H. Hara
习　　性：多年生草本
海　　拔：3800～4100 m
国内分布：西藏
国外分布：不丹、尼泊尔
濒危等级：LC

叶苞繁缕
Stellaria crassifolia Ehrh.

叶苞繁缕（原变种）
Stellaria crassifolia var. **crassifolia**
习　　性：多年生草本
海　　拔：500～3500 m
国内分布：内蒙古、新疆
国外分布：俄罗斯、哈萨克斯坦、蒙古、日本
濒危等级：LC

线形叶苞繁缕
Stellaria crassifolia var. **linearis** Fenzl
习　　性：多年生草本
国内分布：内蒙古、新疆
国外分布：俄罗斯、日本
濒危等级：LC

偃卧繁缕
Stellaria decumbens Edgew.

偃卧繁缕（原变种）
Stellaria decumbens var. **decumbens**
习　　性：多年生草本
海　　拔：3000～5600 m
国内分布：青海、四川、西藏、云南
国外分布：巴基斯坦、不丹、克什米尔地区、尼泊尔、印度
濒危等级：LC

错那繁缕
Stellaria decumbens var. **arenarioides** L. H. Zhou
习　　性：多年生草本
海　　拔：3800～4100 m
分　　布：四川、西藏、云南
濒危等级：LC

多花偃卧繁缕
Stellaria decumbens var. **polyantha** Edgew. et Hook. f.
习　　性：多年生草本
海　　拔：4600～5000 m
国内分布：西藏
国外分布：克什米尔地区、尼泊尔、印度
濒危等级：LC

石竹科 CARYOPHYLLACEAE

垫状偃卧繁缕
Stellaria decumbens var. **pulvinata** Edgew. et Hook. f.
　习　　性：多年生草本
　海　　拔：4600～5600 m
　国内分布：青海、四川、西藏、云南
　国外分布：不丹、尼泊尔、印度
　濒危等级：LC

大叶繁缕
Stellaria delavayi Franch.
　习　　性：多年生草本
　海　　拔：1800～3400 m
　分　　布：四川、云南
　濒危等级：LC

凹陷繁缕
Stellaria depressa Em. Schmid
　习　　性：多年生草本
　海　　拔：5000～5500 m
　分　　布：西藏、新疆
　濒危等级：LC

石竹叶繁缕
Stellaria dianthifolia F. N. Williams
　习　　性：多年生草本
　海　　拔：3200～4400 m
　分　　布：甘肃、青海、四川、西藏
　濒危等级：DD

叉歧繁缕
Stellaria dichotoma L.

叉歧繁缕（原变种）
Stellaria dichotoma var. **dichotoma**
　习　　性：多年生草本
　海　　拔：500～1700 m
　国内分布：甘肃、河北、黑龙江、辽宁、内蒙古、青海、新疆
　国外分布：俄罗斯、蒙古
　濒危等级：LC

线叶繁缕
Stellaria dichotoma var. **linearis**
　习　　性：多年生草本
　海　　拔：500～1700 m
　分　　布：内蒙古、陕西
　濒危等级：LC

翻白繁缕
Stellaria discolor Turcz.
　习　　性：多年生草本
　海　　拔：约3000 m
　国内分布：河北、黑龙江、吉林、辽宁、内蒙古、陕西
　国外分布：俄罗斯、蒙古、日本
　濒危等级：LC

无苞繁缕
Stellaria ebracteata Kom.
　习　　性：多年生草本
　国内分布：黑龙江
　国外分布：朝鲜、俄罗斯
　濒危等级：LC

细叶繁缕
Stellaria filicaulis Makino
　习　　性：多年生草本
　海　　拔：500～700 m
　国内分布：北京、河北、黑龙江、吉林、辽宁、内蒙古、山西
　国外分布：朝鲜、日本
　濒危等级：LC

禾叶繁缕
Stellaria graminea L.

禾叶繁缕（原变种）
Stellaria graminea var. **graminea**
　习　　性：多年生草本
　海　　拔：1400～4200 m
　国内分布：甘肃、湖北、内蒙古、青海、山东、山西、陕西、四川、西藏、新疆
　国外分布：阿富汗、巴基斯坦、俄罗斯、克什米尔地区、尼泊尔、印度
　濒危等级：LC

中华禾叶繁缕
Stellaria graminea var. **chinensis** Maxim.
　习　　性：多年生草本
　分　　布：青海、四川、西藏
　濒危等级：LC

毛禾叶繁缕
Stellaria graminea var. **pilosula** Maxim.
　习　　性：多年生草本
　分　　布：青海
　濒危等级：LC

常绿禾叶繁缕
Stellaria graminea var. **viridescens** Maxim.
　习　　性：多年生草本
　海　　拔：2000～4000 m
　分　　布：甘肃、青海、陕西、四川、西藏
　濒危等级：LC

江孜繁缕
Stellaria gyangtseensis F. N. Williams
　习　　性：草本
　海　　拔：3900～4600 m
　国内分布：西藏
　国外分布：印度
　濒危等级：DD

吉隆繁缕
Stellaria gyirongensis L. H. Zhou
　习　　性：草本
　海　　拔：约2500 m
　分　　布：西藏
　濒危等级：LC

湖北繁缕
Stellaria henryi F. N. Williams

习　　性：一年生草本
海　　拔：1000～1500 m
分　　布：湖北、四川
濒危等级：NT B1
资源利用：药用（中草药）

覆瓦繁缕
Stellaria imbricata Bunge
习　　性：多年生草本
国内分布：新疆
国外分布：俄罗斯
濒危等级：LC

内弯繁缕
Stellaria infracta Maxim.
习　　性：多年生草本
海　　拔：800～3200 m
分　　布：甘肃、河北、河南、内蒙古、山西、陕西、四川
濒危等级：LC

冻原繁缕
Stellaria irrigua Bunge
习　　性：多年生草本
海　　拔：2600 m
国内分布：新疆
国外分布：俄罗斯
濒危等级：LC

光萼繁缕
Stellaria kostchyana Fenzl ex Boiss.
习　　性：多年生草本
海　　拔：1400～1600 m
国内分布：新疆
国外分布：哈萨克斯坦、伊朗
濒危等级：LC

绵毛繁缕
Stellaria lanata Hook. f.
习　　性：多年生草本
海　　拔：2700～4100 m
国内分布：西藏
国外分布：不丹、尼泊尔、印度
濒危等级：LC

银柴胡
Stellaria lanceolata（Bunge）Y. S. Lian
习　　性：多年生草本
海　　拔：1300～3100 m
国内分布：甘肃、辽宁、内蒙古、宁夏、陕西
国外分布：俄罗斯、蒙古
濒危等级：DD

绵柄繁缕
Stellaria lanipes C. Y. Wu et H. Chuang
习　　性：草本
海　　拔：约3500 m
分　　布：云南
濒危等级：LC

长叶繁缕
Stellaria longifolia Muhl. ex Willd.
习　　性：多年生草本
海　　拔：约1900 m
国内分布：河北、黑龙江、吉林、辽宁、内蒙古、宁夏、陕西
国外分布：朝鲜、俄罗斯、蒙古、日本
濒危等级：LC

米林繁缕
Stellaria mainlingensis L. H. Zhou
习　　性：草本
海　　拔：2500～3600 m
分　　布：西藏
濒危等级：LC

长裂繁缕
Stellaria martjanovii Krylov
习　　性：多年生草本
国内分布：新疆
国外分布：俄罗斯
濒危等级：DD

繁缕
Stellaria media（L.）Vill.

繁缕（原变种）
Stellaria media var. **media**
习　　性：一年生或二年生草本
海　　拔：300～3900 m
国内分布：安徽、福建、甘肃、广东、广西、贵州、河北、河南、湖北、湖南、吉林、江苏、江西、辽宁、内蒙古、宁夏、青海、山东、山西、台湾、西藏、云南、浙江
国外分布：阿富汗、巴基斯坦、不丹、朝鲜、俄罗斯、日本、印度
濒危等级：LC
资源利用：药用（中草药）

小花繁缕
Stellaria media var. **micrantha**（Hayata）T. S. Liu et S. S. Ying
习　　性：一年生或二年生草本
分　　布：台湾
濒危等级：LC

独子繁缕
Stellaria monosperma Buchanan-Hamilton ex D. Don

独子繁缕（原变种）
Stellaria monosperma var. **monosperma**
习　　性：多年生草本
海　　拔：1200～3300 m
国内分布：西藏
国外分布：阿富汗、巴基斯坦、不丹、克什米尔地区、尼泊尔、印度
濒危等级：LC

皱叶繁缕
Stellaria monosperma var. **japonica** Maxim.
习　　性：多年生草本
海　　拔：1200～1500 m
国内分布：福建、广东、贵州、湖北、台湾、浙江
国外分布：日本

濒危等级：DD

锥花繁缕
Stellaria monosperma var. **paniculata** (Edgew.) Majumdar
- 习　　性：多年生草本
- 海　　拔：1500~3300 m
- 国内分布：云南
- 国外分布：阿富汗、不丹、克什米尔地区、缅甸、尼泊尔、泰国、印度、越南
- 濒危等级：LC

鸡肠繁缕
Stellaria neglecta Weihe ex Bluff et Fingerh.
- 习　　性：一年生或二年生草本
- 海　　拔：900~1200 m
- 国内分布：贵州、黑龙江、江苏、内蒙古、青海、陕西、四川、台湾、西藏、新疆、云南、浙江
- 国外分布：阿富汗、俄罗斯、哈萨克斯坦、尼泊尔、日本
- 濒危等级：LC
- 资源利用：药用（中草药）

腺毛繁缕
Stellaria nemorum L.
- 习　　性：一年生草本
- 海　　拔：2100~2700 m
- 国内分布：甘肃、山西
- 国外分布：俄罗斯、蒙古、日本
- 濒危等级：LC

尼泊尔繁缕
Stellaria nepalensis Majumdar et Vartak
- 习　　性：多年生草本
- 海　　拔：2500~3100 m
- 国内分布：西藏
- 国外分布：不丹、尼泊尔、印度
- 濒危等级：LC

多花繁缕
Stellaria nipponica Ohwi
- 习　　性：多年生草本
- 海　　拔：约1800 m
- 国内分布：湖北
- 国外分布：日本
- 濒危等级：LC

峨眉繁缕
Stellaria omeiensis C. Y. Wu et Y. W. Tsui ex P. Ke
- 习　　性：一年生草本
- 海　　拔：1200~2900 m
- 分　　布：贵州、湖北、四川、云南
- 濒危等级：LC

卵叶繁缕
Stellaria ovatifolia (M. Mizush.) M. Mizush.
- 习　　性：多年生草本
- 海　　拔：2600~2800 m
- 国内分布：西藏
- 国外分布：尼泊尔
- 濒危等级：LC

莓苔状繁缕
Stellaria oxycoccoides Kom.
- 习　　性：一年生草本
- 分　　布：四川
- 濒危等级：LC

无瓣繁缕
Stellaria pallida (Dumort.) Crép.
- 习　　性：一年生或二年生草本
- 国内分布：江苏、内蒙古、新疆
- 国外分布：欧洲、亚洲
- 濒危等级：LC

沼生繁缕
Stellaria palustris Ehrh. ex Hoffm.
- 习　　性：多年生草本
- 海　　拔：1000~3600 m
- 国内分布：甘肃、河北、河南、黑龙江、辽宁、内蒙古、山东、山西、陕西、四川、云南
- 国外分布：阿富汗、俄罗斯、哈萨克斯坦、蒙古、日本
- 濒危等级：LC

小伞花繁缕
Stellaria parviumbellata Y. Z. Zhao
- 习　　性：多年生草本
- 海　　拔：约2900 m
- 分　　布：甘肃、宁夏、青海、陕西、新疆
- 濒危等级：DD

白毛繁缕
Stellaria patens D. Don
- 习　　性：草本
- 海　　拔：2200~3600 m
- 国内分布：西藏
- 国外分布：不丹、克什米尔地区、尼泊尔、印度
- 濒危等级：LC

细柄繁缕
Stellaria petiolaris Hand.-Mazz.
- 习　　性：多年生草本
- 海　　拔：1800~3700 m
- 分　　布：四川、西藏、云南
- 濒危等级：LC

岩生繁缕
Stellaria petraea Bunge
- 习　　性：多年生草本
- 海　　拔：3000~4000 m
- 国内分布：内蒙古、新疆
- 国外分布：俄罗斯、哈萨克斯坦、蒙古
- 濒危等级：LC

长毛箐姑草
Stellaria pilosoides Shi L. Chen, Rabeler et Turland
- 习　　性：一年生草本
- 海　　拔：2200~3700 m
- 分　　布：四川、云南
- 濒危等级：DD

小繁缕
Stellaria pusilla Em. Schmid
- 习　　性：多年生草本
- 海　　拔：4100~5500 m
- 分　　布：西藏、新疆

濒危等级：LC

瘭瓣繁缕
Stellaria radians L.
习　　性：多年生草本
海　　拔：300~500 m
国内分布：河北、黑龙江、吉林、辽宁、内蒙古
国外分布：朝鲜、俄罗斯、蒙古、日本
濒危等级：LC

网脉繁缕
Stellaria reticulivena Hayata
习　　性：一年生草本
海　　拔：1800~2800 m
国内分布：台湾、浙江
国外分布：不丹、印度
濒危等级：LC

柳叶繁缕
Stellaria salicifolia Y. W. Tsui ex P. Ke
习　　性：多年生草本
海　　拔：1200~3000 m
分　　布：甘肃、湖北、湖南、宁夏、陕西、四川、浙江
濒危等级：LC

准噶尔繁缕
Stellaria soongorica Roshev.
习　　性：多年生草本
海　　拔：1600~3500 m
国内分布：新疆
国外分布：俄罗斯、哈萨克斯坦
濒危等级：LC

康定繁缕
Stellaria souliei F. N. Williams
习　　性：多年生草本
海　　拔：约4220 m
分　　布：四川
濒危等级：LC

圆萼繁缕
Stellaria strongylosepala Hand.-Mazz.
习　　性：多年生草本
分　　布：内蒙古
濒危等级：DD

亚伞花繁缕
Stellaria subumbellata Edgew.
习　　性：一年生草本
海　　拔：3500~5000 m
国内分布：四川、西藏、云南
国外分布：克什米尔地区、尼泊尔、印度
濒危等级：DD

西藏繁缕
Stellaria tibetica Kurz.
习　　性：一年生草本
海　　拔：3600~5500 m
分　　布：西藏
濒危等级：DD

湿地繁缕
Stellaria uda F. N. Williams
习　　性：多年生草本
海　　拔：1200~4800 m
分　　布：青海、四川、西藏、新疆、云南
濒危等级：LC

伞花繁缕
Stellaria umbellata Turcz.
习　　性：多年生草本
海　　拔：1600~5000 m
国内分布：甘肃、河北、内蒙古、青海、山西、陕西、四川、西藏、新疆
国外分布：北美洲；俄罗斯、哈萨克斯坦
濒危等级：DD

箐姑草
Stellaria vestita Kurz.

箐姑草（原变种）
Stellaria vestita var. **vestita**
习　　性：多年生草本
海　　拔：600~3600 m
国内分布：福建、甘肃、广西、贵州、河北、河南、湖北、湖南、江西、山东、陕西、四川、台湾、西藏、云南、浙江
国外分布：不丹、菲律宾、缅甸、尼泊尔、新几内亚岛、印度、印度尼西亚、越南
濒危等级：LC

抱茎箐姑草
Stellaria vestita var. **amplexicaulis**(Hand.-Mazz.)C. Y. Wu
习　　性：多年生草本
海　　拔：1900~3200 m
分　　布：四川、云南
濒危等级：LC

帕米尔繁缕
Stellaria winkleri(Briq.)Schischk.
习　　性：草本
海　　拔：2500~4100 m
国内分布：新疆
国外分布：吉尔吉斯斯坦、塔吉克斯坦
濒危等级：LC

巫山繁缕
Stellaria wushanensis F. N. Williams
习　　性：一年生草本
海　　拔：1000~2500 m
分　　布：广东、广西、贵州、湖北、湖南、江西、陕西、四川、云南、浙江
濒危等级：DD

千针万线草
Stellaria yunnanensis Franch.
习　　性：多年生草本
海　　拔：1800~3300 m
分　　布：四川、云南
濒危等级：LC
资源利用：药用（中草药）

藏南繁缕
Stellaria zangnanensis L. H. Zhou
习　　性：草本
海　　拔：1900~2700 m
分　　布：西藏、云南
濒危等级：LC

囊种草属 Thylacospermum Fenzl

囊种草
Thylacospermum caespitosum(Cambess.)Schischk.
习　　性：多年生草本
海　　拔：3600~6000 m
国内分布：甘肃、青海、四川、西藏、新疆
国外分布：哈萨克斯坦、吉尔吉斯斯坦、尼泊尔、印度
濒危等级：LC

麦蓝菜属 Vaccaria Wolff

麦蓝菜
Vaccaria hispanica(Miller)Rauschert
习　　性：一年生草本
国内分布：安徽、甘肃、贵州、河北、河南、湖北、湖南、江苏、江西、内蒙古、宁夏、青海、山东、山西、陕西、西藏、新疆、云南
国外分布：原产欧洲、亚洲
濒危等级：LC

木麻黄科 CASUARINACEAE
（1属：3种）

木麻黄属 Casuarina L.

细枝木麻黄
Casuarina cunninghamiana Miq.
习　　性：乔木
国内分布：福建、广东、广西、海南、台湾、浙江栽培
国外分布：原产澳大利亚
资源利用：原料（木材，纤维）；环境利用（观赏）

木麻黄
Casuarina equisetifolia L.
习　　性：乔木
国内分布：福建、广东、广西、台湾、云南、浙江栽培
国外分布：澳大利亚、巴布亚新几内亚、菲律宾、马来西亚、缅甸、泰国、印度尼西亚、越南
资源利用：药用（中草药）；原料（单宁，木材，纤维，树脂）；基因源（耐旱，抗风沙和耐盐碱）；动物饲料（饲料）

粗枝木麻黄
Casuarina glauca Sieber ex Spreng.
习　　性：乔木
国内分布：福建、广东、海南、台湾、浙江栽培
国外分布：原产澳大利亚
资源利用：原料（木材，纤维）；环境利用（观赏）

卫矛科 CELASTRACEAE
（14属：276种）

巧茶属 Catha Forssk. ex Scop.

巧茶
Catha edulis(Vahl)Endl.
习　　性：常绿灌木
国内分布：广西、海南、云南栽培
国外分布：原产非洲东部

南蛇藤属 Celastrus L.

过山枫
Celastrus aculeatus Merr.
习　　性：攀援灌木
海　　拔：100~1000 m
分　　布：福建、广东、广西、江西、云南、浙江
濒危等级：LC

苦皮藤
Celastrus angulatus Maxim.
习　　性：落叶攀援灌木
海　　拔：1000~2500 m
分　　布：安徽、甘肃、广东、广西、贵州、河北、河南、湖北、湖南、江苏、江西、山东、陕西、四川、云南
濒危等级：LC
资源利用：原料（纤维，工业用油）；环境利用（观赏）；药用（中草药）

小南蛇藤
Celastrus cuneatus(Rehder et E. H. Wilson)C. Y. Cheng et T. C. Kao
习　　性：藤状灌木
海　　拔：海平面至600 m
分　　布：湖北、四川
濒危等级：DD

刺苞南蛇藤
Celastrus flagellaris Rupr.
习　　性：落叶攀援灌木
海　　拔：350~800 m
国内分布：河北、黑龙江、吉林、辽宁
国外分布：朝鲜、俄罗斯、日本
濒危等级：LC
资源利用：环境利用（观赏）；药用（中草药）

洱源南蛇藤
Celastrus franchetianus Loes.
习　　性：攀援灌木
海　　拔：约2300 m
分　　布：云南
濒危等级：DD

大芽南蛇藤
Celastrus gemmatus Loes.
习　　性：攀援灌木

海　　拔：500~1800 m
分　　布：安徽、福建、甘肃、广东、广西、贵州、河南、湖北、湖南、江苏、江西、山西、陕西、四川、台湾、云南、浙江
濒危等级：LC
资源利用：环境利用（观赏）；原料（纤维）；药用（中草药）

灰叶南蛇藤
Celastrus glaucophyllus Rehder et E. H. Wilson
习　　性：落叶攀援灌木
海　　拔：700~3700 m
分　　布：贵州、湖北、湖南、陕西、四川、云南
濒危等级：LC
资源利用：环境利用（观赏）

青江藤
Celastrus hindsii Benth.
习　　性：常绿藤状灌木
海　　拔：300~2500 m
国内分布：福建、广东、广西、贵州、海南、湖北、湖南、江西、四川、台湾、西藏、云南
国外分布：马来西亚、缅甸、印度、越南
濒危等级：LC

硬毛南蛇藤
Celastrus hirsutus H. F. Comber
习　　性：攀援灌木
海　　拔：1400~2500 m
分　　布：四川、云南
濒危等级：LC

小果南蛇藤
Celastrus homaliifolius P. S. Hsu
习　　性：常绿藤状灌木
海　　拔：1400~2300 m
分　　布：四川、云南
濒危等级：LC

滇边南蛇藤
Celastrus hookeri Prain
习　　性：攀援灌木
海　　拔：2500~3500 m
国内分布：西藏、云南
国外分布：巴基斯坦、不丹、缅甸、尼泊尔、印度
濒危等级：LC

薄叶南蛇藤
Celastrus hypoleucoides P. L. Chiu
习　　性：攀援灌木
海　　拔：800~2800 m
分　　布：安徽、广东、广西、湖北、湖南、江西、云南、浙江
濒危等级：LC

粉背南蛇藤
Celastrus hypoleucus(Oliv.)Warb. ex Loes.
习　　性：攀援灌木
海　　拔：400~2700 m
分　　布：安徽、甘肃、贵州、河南、湖北、湖南、陕西、云南、浙江
濒危等级：LC

圆叶南蛇藤
Celastrus kusanoi Hayata
习　　性：落叶灌木
海　　拔：300~2500 m
分　　布：海南、台湾
濒危等级：LC

拟独子藤
Celastrus monospermoides Loes.
习　　性：乔木
国内分布：云南
国外分布：巴布亚新几内亚、菲律宾、马来西亚、印度尼西亚
濒危等级：NT D

独子藤
Celastrus monospermus Roxb.
习　　性：常绿藤状灌木
海　　拔：300~1500 m
国内分布：福建、广东、广西、贵州、海南、云南
国外分布：巴基斯坦、不丹、缅甸、印度、越南
濒危等级：LC

窄叶南蛇藤
Celastrus oblanceifolius C. H. Wang et P. C. Tsoong
习　　性：攀援灌木
海　　拔：500~1000 m
分　　布：安徽、福建、广东、广西、湖南、江西、浙江
濒危等级：DD

倒卵叶南蛇藤
Celastrus obovatifolius X. Y. Mu et Z. X. Zhang
习　　性：落叶攀援灌木
海　　拔：约2000 m
分　　布：重庆、贵州、河南、湖北、四川、云南
濒危等级：LC

南蛇藤
Celastrus orbiculatus Thunb.
习　　性：落叶攀援灌木
海　　拔：400~2200 m
国内分布：安徽、甘肃、河南、黑龙江、湖北、吉林、江苏、江西、辽宁、内蒙古、山东、山西、陕西、四川、浙江
国外分布：韩国、日本
濒危等级：LC
资源利用：药用（中草药）；原料（纤维）；环境利用（观赏）

灯油藤
Celastrus paniculatus Willd.
习　　性：常绿藤本灌木
海　　拔：200~2000 m
国内分布：广东、广西、贵州、海南、台湾、云南
国外分布：澳大利亚、不丹、柬埔寨、老挝、马来西亚、缅甸、尼泊尔、斯里兰卡、泰国、印度、印度尼西亚、越南
濒危等级：LC
资源利用：药用（中草药）；原料（工业用油）；环境利用

（观赏）

东南南蛇藤
Celastrus punctatus Thunb.
习　　性：落叶攀援灌木
海　　拔：100~2300 m
国内分布：安徽、福建、台湾、浙江
国外分布：日本
濒危等级：LC
资源利用：原料（纤维）

短梗南蛇藤
Celastrus rosthornianus Loes.

短梗南蛇藤（原变种）
Celastrus rosthornianus var. **rosthornianus**
习　　性：攀援灌木
海　　拔：500~3100 m
分　　布：安徽、福建、甘肃、广东、广西、贵州、河南、湖北、湖南、江西、陕西、四川、云南、浙江
濒危等级：LC
资源利用：药用（中草药）；原料（纤维）；农药

宽叶短梗南蛇藤
Celastrus rosthornianus var. **loeseneri**（Rehder et E. H. Wilson）C. Y. Wu
习　　性：攀援灌木
海　　拔：500~1500 m
分　　布：甘肃、广西、贵州、河南、湖北、山西、四川
濒危等级：LC

皱叶南蛇藤
Celastrus rugosus Rehder et E. H. Wilson
习　　性：攀援灌木
海　　拔：1400~3600 m
分　　布：广西、贵州、湖北、陕西、四川、西藏、云南
濒危等级：DD

显柱南蛇藤
Celastrus stylosus Wall.

显柱南蛇藤（原变种）
Celastrus stylosus var. **stylosus**
习　　性：攀援灌木
海　　拔：1000~2500 m
国内分布：安徽、重庆、广东、广西、贵州、湖北、湖南、江西、四川、云南
国外分布：不丹、缅甸、尼泊尔、泰国、印度
濒危等级：LC

毛脉显柱南蛇藤
Celastrus stylosus var. **puberulus**（P. S. Hsu.）C. Y. Cheng et T. C. Kao
习　　性：攀援灌木
海　　拔：300~1000 m
分　　布：安徽、广东、湖南、江苏、江西、浙江
濒危等级：LC

皱果南蛇藤
Celastrus tonkinensis Pit.
习　　性：攀援灌木
海　　拔：1000~1800 m
国内分布：广西、云南
国外分布：越南
濒危等级：DD

长序南蛇藤
Celastrus vaniotii（H. Lév.）Rehder
习　　性：攀援灌木
海　　拔：500~2200 m
分　　布：广西、贵州、湖北、湖南、四川、云南
濒危等级：LC
资源利用：环境利用（观赏）

绿独子藤
Celastrus virens（F. T. Wang et T. Tang）C. Y. Cheng et T. C. Kao
习　　性：常绿木质藤本
海　　拔：800~1200 m
分　　布：云南
濒危等级：EN B1ab（i，iii）

攸乐山南蛇藤
Celastrus yuloensis X. Y. Mu
习　　性：攀援灌木
分　　布：云南
濒危等级：NT

卫矛属 Euonymus L.

刺果卫矛
Euonymus acanthocarpus Franch.
习　　性：落叶灌木
海　　拔：700~2000 m
国内分布：安徽、福建、广东、广西、贵州、河南、湖北、湖南、江西、陕西、四川、西藏、云南、浙江
国外分布：缅甸
濒危等级：LC

三脉卫矛
Euonymus acanthoxanthus Pit.
习　　性：常绿灌木
海　　拔：500~800 m
国内分布：贵州、云南
国外分布：越南
濒危等级：NT A2c；B1ab（i，iii）

星刺卫矛
Euonymus actinocarpus Loes.
习　　性：落叶灌木
海　　拔：1700 m 以下
分　　布：甘肃、广东、广西、湖北、湖南、陕西、四川、云南
濒危等级：LC

小千金
Euonymus aculeatus Hemsl.
习　　性：常绿灌木
海　　拔：300~1500 m
分　　布：广东、广西、贵州、河南、湖北、湖南、四川、云南
濒危等级：LC

微刺卫矛
Euonymus aculeolus C. Y. Cheng ex J. S. Ma
  习 性：灌木
  分 布：云南
  濒危等级：DD

凹脉卫矛
Euonymus balansae Sprague
  习 性：常绿灌木
  海 拔：1000~3000 m
  国内分布：云南
  国外分布：越南
  濒危等级：LC

南川卫矛
Euonymus bockii Loes. ex Diels
  习 性：常绿藤状灌木
  海 拔：1000~2300 m
  国内分布：重庆、广西、贵州、四川、云南
  国外分布：印度、越南
  濒危等级：LC

凸脉卫矛
Euonymus bullatus Wall.
  习 性：常绿小乔木
  海 拔：900~3300 m
  国内分布：云南
  国外分布：孟加拉国、缅甸、泰国、印度
  濒危等级：LC

肉花卫矛
Euonymus carnosus Hemsl.
  习 性：落叶灌木或小乔木
  海 拔：海平面至 2000 m
  国内分布：安徽、福建、广东、河南、湖北、湖南、江苏、江西、台湾、浙江
  国外分布：日本
  濒危等级：LC

百齿卫矛
Euonymus centidens H. Lév.
  习 性：落叶灌木
  海 拔：200~1400 m
  分 布：安徽、福建、广东、广西、贵州、河南、湖北、湖南、江苏、江西、四川、云南、浙江
  濒危等级：LC

静容卫矛
Euonymus chengiae J. S. Ma

静容卫矛（原变种）
Euonymus chengiae var. **chengiae**
  习 性：常绿灌木
  海 拔：海平面至 200 m
  分 布：广东、海南
  濒危等级：VU B1ab（i, iii）；D1

阳西静容卫矛
Euonymus chengiae var. **yangxiensis** Y. S. Ye et L. F. Wu
  习 性：灌木
  海 拔：约 380 m
  分 布：广东
  濒危等级：LC

陈谋卫矛
Euonymus chenmoui W. C. Cheng
  习 性：落叶灌木
  海 拔：1000~1500 m
  分 布：安徽、江西、浙江
  濒危等级：LC

缙云卫矛
Euonymus chloranthoides Yang
  习 性：常绿灌木
  海 拔：300~400 m
  分 布：四川
  濒危等级：EN B2ac（ii, iii）

隐刺卫矛
Euonymus chuii Hand.-Mazz.
  习 性：落叶灌木
  海 拔：1400~2600 m
  分 布：甘肃、湖北、湖南、四川、云南
  濒危等级：LC

岩坡卫矛
Euonymus clivicola W. W. Sm.
  习 性：落叶灌木
  海 拔：2400~3900 m
  国内分布：湖北、青海、陕西、四川、西藏、云南
  国外分布：不丹、缅甸、尼泊尔
  濒危等级：LC

角翅卫矛
Euonymus cornutus Hemsl.
  习 性：落叶灌木
  海 拔：2200~4300 m
  国内分布：甘肃、河南、湖北、湖南、陕西、四川、西藏、云南
  国外分布：缅甸、印度
  濒危等级：LC

裂果卫矛
Euonymus dielsianus Loes. et Diels
  习 性：常绿灌木或乔木
  海 拔：500~1800 m
  分 布：广东、广西、贵州、河南、湖北、湖南、江西、四川、云南、浙江
  濒危等级：LC

双歧卫矛
Euonymus distichus H. Lév.
  习 性：落叶灌木
  海 拔：约 1000 m
  分 布：广东、贵州、湖南、四川
  濒危等级：LC

长梗卫矛
Euonymus dolichopus Merr. ex J. S. Ma
  习 性：常绿灌木
  分 布：广西
  濒危等级：DD

鸭椿卫矛
Euonymus euscaphis Hand. -Mazz.
- 习　　性：落叶灌木
- 海　　拔：200~1800 m
- 分　　布：安徽、福建、广东、湖南、江西、浙江
- 濒危等级：LC

榕叶卫矛
Euonymus ficoides C. Y. Cheng ex J. S. Ma
- 习　　性：常绿灌木
- 海　　拔：1200~2100 m
- 分　　布：云南
- 濒危等级：EN A2c；D

遂叶卫矛
Euonymus fimbriatus Wall.
- 习　　性：落叶乔木
- 海　　拔：2100~3300 m
- 国内分布：西藏
- 国外分布：阿富汗、巴基斯坦、克什米尔地区、尼泊尔、印度
- 濒危等级：NT A3c

扶芳藤
Euonymus fortunei(Turcz.) Hand. -Mazz.
- 习　　性：常绿藤状灌木
- 海　　拔：海平面至3400 m
- 国内分布：安徽、福建、甘肃、广东、广西、贵州、海南、河北、河南、湖北、湖南、江苏、江西、辽宁、青海、山东、山西、陕西、四川、台湾、新疆、云南、浙江
- 国外分布：巴基斯坦、朝鲜、菲律宾、老挝、缅甸、日本、印度、印度尼西亚；大洋洲、非洲、欧洲、北美洲、南美洲有栽培
- 濒危等级：LC
- 资源利用：环境利用（观赏）；药用（中草药）

冷地卫矛
Euonymus frigidus Wall.
- 习　　性：落叶灌木或小乔木
- 海　　拔：500~4000 m
- 国内分布：甘肃、贵州、河南、湖北、宁夏、青海、山西、四川、西藏、云南
- 国外分布：不丹、缅甸、尼泊尔、印度
- 濒危等级：LC

流苏卫矛
Euonymus gibber Hance
- 习　　性：常绿灌木或乔木
- 海　　拔：100~1600 m
- 分　　布：广东、海南、台湾、云南
- 濒危等级：LC

纤齿卫矛
Euonymus giraldii Loes. ex Diels
- 习　　性：落叶灌木或小乔木
- 海　　拔：1000~3700 m
- 分　　布：安徽、甘肃、河北、河南、湖北、宁夏、青海、山西、陕西、四川、云南
- 濒危等级：LC

帽果卫矛
Euonymus glaber Roxb.
- 习　　性：常绿灌木或乔木
- 海　　拔：500~1600 m
- 国内分布：广西、云南
- 国外分布：柬埔寨、马来西亚、孟加拉国、缅甸、泰国、印度、越南
- 濒危等级：VU B1ab（iii）

纤细卫矛
Euonymus gracillimus Hemsl.
- 习　　性：落叶灌木
- 海　　拔：约1200 m
- 分　　布：广东、广西、海南
- 濒危等级：LC

海南卫矛
Euonymus hainanensis Chun et F. C. How
- 习　　性：常绿灌木
- 海　　拔：700~1000 m
- 分　　布：海南
- 濒危等级：EN A2c；B1ab（i，iii）

西南卫矛
Euonymus hamiltonianus Wall.
- 习　　性：落叶灌木或小乔木
- 海　　拔：海平面至3000 m
- 国内分布：安徽、福建、甘肃、广东、广西、贵州、河南、湖北、湖南、江苏、江西、山西、陕西、四川、西藏、云南、浙江
- 国外分布：阿富汗、巴基斯坦、不丹、朝鲜、俄罗斯、克什米尔地区、缅甸、日本、泰国、印度
- 濒危等级：LC
- 资源利用：环境利用（观赏）

秀英卫矛
Euonymus hui J. S. Ma
- 习　　性：落叶乔木
- 海　　拔：约600 m
- 分　　布：四川
- 濒危等级：DD

湖广卫矛
Euonymus hukuangensis C. Y. Cheng ex J. S. Ma
- 习　　性：常绿灌木或乔木
- 海　　拔：500~1200 m
- 分　　布：福建、广东、广西、湖南
- 濒危等级：LC

湖北卫矛
Euonymus hupehensis(Loes.) Loes.
- 习　　性：常绿灌木
- 海　　拔：1000~3000 m
- 分　　布：广东、广西、贵州、湖北、湖南、四川、云南
- 濒危等级：LC

冬青卫矛
Euonymus japonicus Thunb.
- 习　　性：常绿灌木或小乔木
- 海　　拔：海平面至1400 m

国内分布：我国南北各省均有栽培
国外分布：朝鲜、原产日本
资源利用：环境利用（观赏）

金阳卫矛
Euonymus jinyangensis C. Y. Chang
习　　性：常绿藤状灌木
海　　拔：1600~2900 m
分　　布：四川、西藏、云南
濒危等级：LC

克钦卫矛
Euonymus kachinensis Prain
习　　性：落叶灌木
海　　拔：2600~3500 m
国内分布：云南
国外分布：缅甸、印度
濒危等级：LC

耿马卫矛
Euonymus kengmaensis C. Y. Cheng ex J. S. Ma
习　　性：常绿灌木或小乔木
海　　拔：1300~2900 m
分　　布：云南
濒危等级：DD

贵州卫矛
Euonymus kweichowensis Chen H. Wang
习　　性：落叶灌木
海　　拔：900~1100 m
分　　布：贵州
濒危等级：DD

稀序卫矛
Euonymus laxicymosus C. Y. Cheng ex J. S. Ma
习　　性：常绿灌木
海　　拔：1200~1400 m
国内分布：广东、广西、云南
国外分布：越南
濒危等级：LC

疏花卫矛
Euonymus laxiflorus Champ. et Benth.
习　　性：落叶灌木或小乔木
海　　拔：300~2200 m
国内分布：福建、广东、广西、贵州、海南、湖北、湖南、江苏、江西、四川、台湾、西藏、云南、浙江
国外分布：柬埔寨、缅甸、印度、越南
濒危等级：LC
资源利用：药用（中草药）

丽江卫矛
Euonymus lichiangensis W. W. Sm.
习　　性：落叶灌木
海　　拔：2700~3000 m
分　　布：云南
濒危等级：VU A2c；D1+2

光亮卫矛
Euonymus lucidus D. Don
习　　性：常绿灌木或乔木
海　　拔：1600~3200 m
国内分布：西藏
国外分布：巴基斯坦、不丹、缅甸、尼泊尔、印度
濒危等级：LC

庐山卫矛
Euonymus lushanensis F. H. Chen et M. C. Wang
习　　性：落叶灌木
海　　拔：600~1000 m
分　　布：安徽、贵州、湖北、湖南、江西、浙江
濒危等级：LC

白杜
Euonymus maackii Rupr.
习　　性：落叶灌木或小乔木
海　　拔：海平面至1000 m
国内分布：河南、黑龙江、湖北、吉林、江苏、江西、辽宁、内蒙古、山东、山西、陕西、新疆、云南、浙江；宁夏、青海、四川栽培
国外分布：朝鲜、日本、俄罗斯（远东地区）；欧洲和北美洲有栽培
濒危等级：LC
资源利用：药用（中草药）

黄心卫矛
Euonymus macropterus Rupr.
习　　性：落叶灌木
海　　拔：300~2100 m
国内分布：河北、黑龙江、吉林、辽宁
国外分布：朝鲜、俄罗斯、日本
濒危等级：LC

小果卫矛
Euonymus microcarpus(Oliv. ex Loes.) Sprague
习　　性：落叶灌木或小乔木
海　　拔：300~2600 m
分　　布：安徽、福建、广东、广西、贵州、湖北、湖南、江西、陕西、四川、云南、浙江
濒危等级：LC

大果卫矛
Euonymus myrianthus Hemsl.
习　　性：常绿灌木或乔木
海　　拔：海平面至1200 m
分　　布：安徽、福建、广东、广西、贵州、湖北、湖南、江西、陕西、四川、云南、浙江
濒危等级：LC

小卫矛
Euonymus nanoides Loes. et Rehder
习　　性：落叶灌木
海　　拔：2900~3400 m
分　　布：甘肃、河北、河南、内蒙古、山西、陕西、四川、西藏、云南
濒危等级：LC

矮卫矛
Euonymus nanus M. Bieb.
习　　性：落叶灌木
海　　拔：2000~3200 m

国内分布：甘肃、内蒙古、宁夏、青海、山西、陕西
国外分布：俄罗斯、蒙古
濒危等级：LC

中华卫矛
Euonymus nitidus Benth.
习　　性：常绿灌木或乔木
海　　拔：100～1500 m
国内分布：安徽、福建、广东、广西、贵州、海南、湖北、湖南、江西、四川、云南、浙江
国外分布：柬埔寨、孟加拉国、日本、越南
濒危等级：LC

垂丝卫矛
Euonymus oxyphyllus Miq.
习　　性：落叶灌木或小乔木
海　　拔：海平面至 2300 m
国内分布：安徽、福建、河南、湖北、湖南、江西、辽宁、山东、台湾、浙江
国外分布：朝鲜、日本
濒危等级：LC
资源利用：药用（中草药）

淡绿叶卫矛
Euonymus pallidifolius Hayata
习　　性：常绿灌木
海　　拔：海平面至 200 m
分　　布：台湾
濒危等级：EN B2ab（iv）

碧江卫矛
Euonymus parasimilis C. Y. Cheng ex J. S. Ma
习　　性：常绿乔木
海　　拔：约 1500 m
分　　布：云南
濒危等级：NT

西畴卫矛
Euonymus percoriaceus C. Y. Wu ex J. S. Ma
习　　性：常绿灌木或乔木
海　　拔：1000～1500 m
分　　布：云南
濒危等级：CR A2c；B1ab（i, iii）；C1

栓翅卫矛
Euonymus phellomanus Loes. ex Diels
习　　性：落叶灌木
海　　拔：1000～3000 m
分　　布：甘肃、河南、湖北、宁夏、青海、山西、陕西、四川
濒危等级：LC

海桐卫矛
Euonymus pittosporoides C. Y. Cheng ex J. S. Ma
习　　性：小乔木
海　　拔：100～1800 m
国内分布：广东、广西、贵州、四川、云南
国外分布：越南
濒危等级：LC

保亭卫矛
Euonymus potingensis Chun et F. C. How ex J. S. Ma
习　　性：常绿灌木或小乔木
海　　拔：约 1100 m
分　　布：海南
濒危等级：NT D

显脉卫矛
Euonymus prismatomerioides C. Y. Wu ex J. S. Ma
习　　性：常绿灌木
海　　拔：约 1600 m
分　　布：云南
濒危等级：DD

假游藤卫矛
Euonymus pseudovagans Pit.
习　　性：常绿灌木
海　　拔：300～2400 m
国内分布：广西、贵州、云南
国外分布：越南
濒危等级：LC

短翅卫矛
Euonymus rehderianus Loes.
习　　性：落叶灌木或小乔木
海　　拔：400～1600 m
分　　布：广西、贵州、四川、云南
濒危等级：LC

库页卫矛
Euonymus sachalinensis（F. Schmidt）Maxim.
习　　性：落叶灌木
海　　拔：100～2700 m
国内分布：黑龙江、吉林、辽宁
国外分布：朝鲜、俄罗斯、日本
濒危等级：LC

柳叶卫矛
Euonymus salicifolius Loes.
习　　性：常绿灌木
国内分布：云南
国外分布：越南
濒危等级：VU B1ab（iii）

石枣子
Euonymus sanguineus Loes.

石枣子（原变种）
Euonymus sanguineus var. **sanguineus**
习　　性：落叶灌木或小乔木
海　　拔：1800～3700 m
分　　布：甘肃、贵州、河南、湖北、湖南、宁夏、青海、山西、陕西、四川、西藏、云南
濒危等级：LC

腥臭卫矛
Euonymus sanguineus var. **paedidus** L. M. Wang
习　　性：落叶灌木或小乔木
海　　拔：约 200 m
分　　布：山西
濒危等级：LC

陕西卫矛
Euonymus schensianus Maxim.

习　　性：落叶灌木
海　　拔：600~1000 m
分　　布：甘肃、贵州、河南、湖北、宁夏、陕西、四川
濒危等级：LC
资源利用：环境利用（观赏）

印度卫矛
Euonymus serratifolius Bedd.
习　　性：常绿灌木
海　　拔：约1800 m
国内分布：广西、云南
国外分布：印度
濒危等级：LC

疏刺卫矛
Euonymus spraguei Hayata
习　　性：落叶灌木
海　　拔：1100~2800 m
分　　布：台湾
濒危等级：LC

近心叶卫矛
Euonymus subcordatus J. S. Ma
习　　性：灌木
海　　拔：约600 m
分　　布：广西
濒危等级：DD

四川卫矛
Euonymus szechuanensis Chen H. Wang
习　　性：落叶灌木
海　　拔：700~1600 m
分　　布：陕西、四川、云南
濒危等级：VU A2c；B1ab（i，iii）；D1

菱叶卫矛
Euonymus tashiroi Maxim.
习　　性：常绿灌木
海　　拔：100~1400 m
国内分布：台湾
国外分布：日本
濒危等级：DD

柔齿卫矛
Euonymus tenuiserratus C. Y. Cheng ex J. S. Ma
习　　性：常绿灌木
海　　拔：约2000 m
分　　布：云南
濒危等级：NT

韩氏卫矛
Euonymus ternifolius Hand.-Mazz.
习　　性：落叶灌木
海　　拔：2800~3000 m
分　　布：四川
濒危等级：DD

茶色卫矛
Euonymus theacolus C. Y. Cheng
习　　性：常绿灌木
海　　拔：1200~2900 m
国内分布：广西、贵州、四川、云南
国外分布：孟加拉国、缅甸、泰国、印度
濒危等级：LC

茶叶卫矛
Euonymus theifolius Wall. ex M. A. Lawson
习　　性：常绿藤状灌木
海　　拔：1500~3400 m
国内分布：贵州、四川、西藏、云南
国外分布：不丹、孟加拉国、缅甸、尼泊尔、泰国、印度
濒危等级：DD

染用卫矛
Euonymus tingens Wall.
习　　性：常绿灌木或乔木
海　　拔：1300~3700 m
国内分布：广西、贵州、四川、西藏、云南
国外分布：不丹、缅甸、尼泊尔、印度
濒危等级：NT A3c

北部湾卫矛
Euonymus tonkinensis (Loes.) Loes.
习　　性：常绿灌木
海　　拔：1500~3400 m
国内分布：广东、广西、海南
国外分布：越南
濒危等级：DD

狭叶卫矛
Euonymus tsoi Merr.
习　　性：常绿灌木
海　　拔：海平面至1200 m
分　　布：广东、广西
濒危等级：DD

拟游藤卫矛
Euonymus vaganoides C. Y. Cheng ex J. S. Ma
习　　性：常绿灌木
海　　拔：1100~1300 m
分　　布：广西、湖南、云南
濒危等级：DD

游藤卫矛
Euonymus vagans Wall.
习　　性：常绿藤状灌木
海　　拔：1100~3300 m
国内分布：广东、广西、贵州、河南、湖北、江西、山西、四川、西藏、云南
国外分布：不丹、孟加拉国、缅甸、尼泊尔、印度
濒危等级：LC

曲脉卫矛
Euonymus venosus Hemsl.
习　　性：落叶灌木或小乔木
海　　拔：700~2500 m
分　　布：河南、湖北、湖南、陕西、四川、云南
濒危等级：LC

瘤果卫矛
Euonymus verrucocarpus C. Y. Cheng ex J. S. Ma
习　　性：落叶灌木或小乔木
海　　拔：约2400 m
分　　布：云南

濒危等级：EN A2c；D

疣点卫矛
Euonymus verrucosoides Loes.
- 习　　性：落叶灌木
- 海　　拔：1400~3700 m
- 分　　布：甘肃、贵州、河南、湖北、青海、山西、陕西、四川、西藏、云南
- 濒危等级：LC

瘤枝卫矛
Euonymus verrucosus Scop.
- 习　　性：落叶灌木
- 海　　拔：200~1300 m
- 国内分布：甘肃、黑龙江、吉林、辽宁、宁夏、青海、陕西
- 国外分布：朝鲜、俄罗斯、日本
- 濒危等级：LC

荚蒾卫矛
Euonymus viburnoides Prain
- 习　　性：落叶灌木或小乔木
- 海　　拔：1300~3400 m
- 国内分布：广西、贵州、四川、云南
- 国外分布：不丹、缅甸、印度
- 濒危等级：LC

长刺卫矛
Euonymus wilsonii Sprague
- 习　　性：常绿灌木
- 海　　拔：1000~2600 m
- 分　　布：广西、贵州、湖北、陕西、四川、云南
- 濒危等级：LC

征镒卫矛
Euonymus wui J. S. Ma
- 习　　性：落叶灌木
- 海　　拔：1900~2400 m
- 分　　布：广西、云南
- 濒危等级：NT

云南卫矛
Euonymus yunnanensis Franch.
- 习　　性：常绿灌木
- 海　　拔：1700~2400 m
- 分　　布：甘肃、贵州、四川、西藏、云南
- 濒危等级：EN B1ab (i, iii); C1
- 资源利用：药用（中草药）

沟瓣属 Glyptopetalum Thwaites

冬青沟瓣
Glyptopetalum aquifolium(Loes. et Rehder)C. Y. Cheng et Q. S. Ma
- 习　　性：灌木
- 海　　拔：约2200 m
- 分　　布：四川
- 濒危等级：CR A2ac；B1ab (i, iii)

大陆沟瓣
Glyptopetalum continentale(Chun et F. C. How) C. Y. Cheng et Q. S. Ma
- 习　　性：灌木或小乔木
- 海　　拔：600 m
- 分　　布：广西、贵州
- 濒危等级：NT

罗甸沟瓣
Glyptopetalum feddei(H. Lév.) Ding Hou
- 习　　性：常绿灌木
- 海　　拔：500~800 m
- 分　　布：广西、贵州
- 濒危等级：VU B2ab (ii, iii)

海南沟瓣
Glyptopetalum fengii(Chun et F. C. How) Ding Hou
- 习　　性：灌木
- 分　　布：海南
- 濒危等级：LC

白树沟瓣
Glyptopetalum geloniifolium(Chun et F. C. How) C. Y. Cheng
- 习　　性：常绿灌木
- 分　　布：广西、海南
- 濒危等级：NT A2c + 3c

刺叶沟瓣
Glyptopetalum ilicifolium(Franch.) C. Y. Cheng et Q. S. Ma
- 习　　性：灌木
- 海　　拔：500~1900 m
- 分　　布：贵州、四川、云南
- 濒危等级：VU A2c；B1ab (i, ii. iii, v)

披针叶沟瓣
Glyptopetalum lancilimbum C. Y. Wu ex G. S. Fan et Y. J. Xu
- 习　　性：灌木
- 海　　拔：700~1200 m
- 分　　布：云南
- 濒危等级：VU A2c + 3c

细梗沟瓣
Glyptopetalum longepedunculatum Tardieu
- 习　　性：乔木
- 海　　拔：约370 m
- 国内分布：广西
- 国外分布：越南
- 濒危等级：EN B1ab (i, iii); C1

大果沟瓣
Glyptopetalum reticulinerve X. J. Xu et G. S. Fan
- 习　　性：乔木
- 海　　拔：600~800 m
- 分　　布：云南
- 濒危等级：NT D

皱叶沟瓣
Glyptopetalum rhytidophyllum(Chun et F. C. How) C. Y. Cheng
- 习　　性：常绿灌木
- 海　　拔：600~900 m
- 国内分布：广西
- 国外分布：越南
- 濒危等级：LC

硬果沟瓣
Glyptopetalum sclerocarpum(Kurz) M. A. Lawson
- 习　　性：常绿乔木或灌木

海　　拔：900~2500 m
国内分布：海南
国外分布：印度
濒危等级：NT A2ac；D1

轮叶沟瓣
Glyptopetalum verticillatum Q. R. Liu et S. Y. Meng
习　　性：乔木或灌木
分　　布：云南
濒危等级：NT B1ab（i，ii，iii，v）

裸实属 Gymnosporia (Wight et Arn.) Benth. et Hook. f.

美登木
Gymnosporia acuminata Hook. f.
习　　性：灌木
海　　拔：600~1200 m
国内分布：云南
国外分布：不丹、印度
濒危等级：LC

滇南美登木
Gymnosporia austroyunnanensis (S. J. Pei et Y. H. Li) M. P. Simmons
习　　性：灌木
海　　拔：500~1100 m
分　　布：云南
濒危等级：LC

小蘗裸实
Gymnosporia berberoides W. W. Sm.
习　　性：灌木
海　　拔：300~2400 m
分　　布：四川、云南
濒危等级：VU A2c；B1ab（i，ii，iii）

密花美登木
Gymnosporia confertiflora (J. Y. Luo et X. X. Chen) M. P. Simmons
习　　性：灌木
海　　拔：100~300 m
分　　布：广西
濒危等级：VU A2c

变叶裸实
Gymnosporia diversifolia Maxim.
习　　性：灌木或小乔木
海　　拔：100 m以下
国内分布：福建、广东、广西、海南、台湾
国外分布：菲律宾、马来西亚、日本、泰国
濒危等级：LC

东方裸实
Gymnosporia dongfangensis (F. W. Xing et X. S. Qin) M. P. Simmons
习　　性：灌木
海　　拔：约900 m
分　　布：海南
濒危等级：LC

台湾裸实
Gymnosporia emarginata (Willd.) Thwaites
习　　性：灌木
国内分布：台湾

国外分布：澳大利亚、斯里兰卡
濒危等级：DD

贵州裸实
Gymnosporia esquirolii H. Lév.
习　　性：灌木
海　　拔：1600 m
分　　布：贵州、云南
濒危等级：LC

广西美登木
Gymnosporia guangxiensis (C. Y. Cheng et W. L. Sha) M. P. Simmons
习　　性：灌木
海　　拔：200~600 m
分　　布：广西
濒危等级：VU A2c
资源利用：药用（中草药）

海南裸实
Gymnosporia hainanensis Merr. et Chun
习　　性：灌木
分　　布：海南
濒危等级：VU A2ac+3c

金阳美登木
Gymnosporia jinyangensis (C. Y. Cheng) Q. R. Liu et Funston
习　　性：灌木
海　　拔：500~1300 m
分　　布：四川、云南
濒危等级：EN B1ab（i，iii）

圆叶裸实
Gymnosporia orbiculata (C. Y. Wu ex S. J. Pei et Y. H. Li) Q. R. Liu et Funston
习　　性：灌木
海　　拔：800~1500 m
分　　布：云南
濒危等级：LC

被子裸实
Gymnosporia royleana Wall. ex M. A. Lawson
习　　性：灌木
国内分布：西藏、新疆、云南
国外分布：阿富汗、巴基斯坦、克什米尔地区、印度
濒危等级：DD

淡红美登木
Gymnosporia rufa (Wall.) M. A. Lawson
习　　性：乔木
海　　拔：1700~2000 m
国内分布：西藏
国外分布：不丹、缅甸、尼泊尔、印度
濒危等级：DD

细梗裸实
Gymnosporia thysiflora (S. J. Pei et Y. H. Li) W. B. Yu et D. Z. Li
习　　性：灌木
海　　拔：800~1500 m
分　　布：广西、云南
濒危等级：DD

吊罗美登木
Gymnosporia tiaoloshanensis Chun et F. C. How

习　　性：灌木
分　　布：海南
濒危等级：EN B1ab（i，iii）

刺茶裸实
Gymnosporia variabilis(Hemsl.) Loes.
习　　性：灌木
海　　拔：100~800 m
分　　布：贵州、湖北、四川、云南
濒危等级：LC

翅子藤属 Loeseneriella A. C. Smith

程香仔树
Loeseneriella concinna A. C. Smith
习　　性：藤本
分　　布：广东、广西
濒危等级：DD

灰枝翅子藤
Loeseneriella griseoramula S. Y. Bao
习　　性：藤本
海　　拔：600~700 m
分　　布：广西
濒危等级：VU B1ab（ii）

皮孔翅子藤
Loeseneriella lenticellata C. Y. Wu
习　　性：藤本
海　　拔：600~1100 m
分　　布：广西、云南
濒危等级：LC

翅子藤
Loeseneriella merrilliana A. C. Smith
习　　性：藤本
海　　拔：300~700 m
分　　布：广西、海南、云南
濒危等级：LC

云南翅子藤
Loeseneriella yunnanensis(Hu) A. C. Smith
习　　性：藤本
海　　拔：700~1200 m
分　　布：广西、云南
濒危等级：DD

假卫矛属 Microtropis Wall. ex Meisn.

双花假卫矛
Microtropis biflora Merr. et F. L. Freeman
习　　性：灌木
海　　拔：约 200 m
分　　布：广东
濒危等级：DD

贵州假卫矛
Microtropis chaffanjonii(H. Lév.) Y. F. Deng
习　　性：灌木或小乔木
分　　布：贵州
濒危等级：LC

大围山假卫矛
Microtropis daweishanensis Q. W. Lin et Z. X. Zhang
习　　性：小乔木
海　　拔：约 1800 m
分　　布：云南
濒危等级：LC

德化假卫矛
Microtropis dehuaensis Z. S. Huang et Y. Y. Lin
习　　性：灌木
分　　布：福建
濒危等级：LC

异色假卫矛
Microtropis discolor(Wall.) Arn.
习　　性：常绿灌木或乔木
海　　拔：800~1600 m
国内分布：云南
国外分布：不丹、马来西亚、缅甸、泰国、印度、越南
濒危等级：LC

越南假卫矛
Microtropis fallax Pit.
习　　性：乔木
海　　拔：500~900 m
国内分布：云南
国外分布：越南
濒危等级：LC

福建假卫矛
Microtropis fokienensis Dunn
习　　性：灌木或小乔木
海　　拔：800~2000 m
分　　布：安徽、福建、湖南、江西、台湾、浙江
濒危等级：LC

密花假卫矛
Microtropis gracilipes Merr. et F. P. Metcalf
习　　性：灌木
海　　拔：700~1500 m
分　　布：福建、广东、广西、贵州、湖南
濒危等级：LC

滇东假卫矛
Microtropis henryi Merr. et F. L. Freeman
习　　性：常绿灌木
海　　拔：800~2000 m
分　　布：云南
濒危等级：LC

六蕊假卫矛
Microtropis hexandra Merr. et F. L. Freeman
习　　性：灌木
海　　拔：1000~1800 m
分　　布：云南
濒危等级：LC

日本假卫矛
Microtropis japonica(Franch. et Sav.) Hallier f.
习　　性：常绿灌木或乔木
国内分布：台湾

国外分布: 日本
濒危等级: LC

长果假卫矛
Microtropis longicarpa Q. W. Lin et Z. X. Zhang
习　　性: 灌木或小乔木
海　　拔: 约 1900 m
分　　布: 云南
濒危等级: LC

大果假卫矛
Microtropis macrocarpa C. Y. Cheng et T. C. Kao
习　　性: 灌木
分　　布: 云南
濒危等级: LC

麻栗坡假卫矛
Microtropis malipoensis Y. M. Shui et W. H. Chen
习　　性: 常绿乔木
海　　拔: 约 1700 m
分　　布: 云南
濒危等级: DD

斜脉假卫矛
Microtropis obliquinervia Merr. et F. L. Freeman
习　　性: 灌木或小乔木
海　　拔: 700~2100 m
分　　布: 广东、广西、贵州、湖南、云南
濒危等级: LC

隐脉假卫矛
Microtropis obscurinervia Merr. et F. L. Freeman
习　　性: 常绿灌木
海　　拔: 800~1500 m
分　　布: 海南
濒危等级: LC

逢春假卫矛
Microtropis oligantha Merr. et F. L. Freeman
习　　性: 灌木
海　　拔: 800~1700 m
分　　布: 云南
濒危等级: DD

木樨假卫矛
Microtropis osmanthoides (Hand.-Mazz.) Hand.-Mazz.
习　　性: 灌木
国内分布: 广西、贵州
国外分布: 越南
濒危等级: LC

淡色假卫矛
Microtropis pallens Pierre
习　　性: 灌木
海　　拔: 约 400 m
国内分布: 云南
国外分布: 老挝、越南
濒危等级: VU B1ab (iii)

少脉假卫矛
Microtropis paucinervia Merr. et Chun ex Merr. et F. L. Freeman
习　　性: 灌木或小乔木
海　　拔: 约 1200 m
分　　布: 广东、广西、海南
濒危等级: LC

广序假卫矛
Microtropis petelotii Merr. et F. L. Freeman
习　　性: 灌木或乔木
海　　拔: 1300~2200 m
国内分布: 广西、云南
国外分布: 越南
濒危等级: LC

塔蕾假卫矛
Microtropis pyramidalis C. Y. Cheng et T. C. Kao
习　　性: 灌木
海　　拔: 800~1500 m
分　　布: 广西、云南
濒危等级: NT

网脉假卫矛
Microtropis reticulata Dunn
习　　性: 灌木
分　　布: 广东、海南
濒危等级: LC

复序假卫矛
Microtropis semipaniculata C. Y. Cheng et T. C. Kao
习　　性: 灌木或小乔木
海　　拔: 1200~1600 m
分　　布: 广西
濒危等级: VU D2

深圳假卫矛
Microtropis shenzhenensis Lin Chen et F. W. Xing
习　　性: 灌木或小乔木
分　　布: 广东
濒危等级: NT

圆果假卫矛
Microtropis sphaerocarpa C. Y. Cheng et T. C. Kao
习　　性: 小灌木
海　　拔: 约 1200 m
分　　布: 云南
濒危等级: EN A2c; B1ab (iii)

灵香假卫矛
Microtropis submembranacea Merr. et F. L. Freeman
习　　性: 灌木
海　　拔: 1000~1800 m
分　　布: 福建、广东、广西、海南、云南
濒危等级: LC

方枝假卫矛
Microtropis tetragona Merr. et F. L. Freeman
习　　性: 灌木或小乔木
海　　拔: 1000~2100 m
分　　布: 广西、海南、西藏、云南
濒危等级: LC

大序假卫矛
Microtropis thyrsiflora C. Y. Cheng et T. C. Kao
- 习　　性：灌木或小乔木
- 海　　拔：约2300 m
- 分　　布：广西
- 濒危等级：VU B2ab (ii, iii)

三花假卫矛
Microtropis triflora Merr. et F. L. Freeman
- 习　　性：灌木
- 海　　拔：1300～2100 m
- 分　　布：贵州、湖北、四川、云南
- 濒危等级：LC

吴氏假卫矛
Microtropis wui Y. M. Shui et W. H. Chen
- 习　　性：灌木
- 海　　拔：600～800 m
- 分　　布：云南
- 濒危等级：NT

西藏假卫矛
Microtropis xizangensis Q. W. Lin et Z. X. Zhang
- 习　　性：灌木或小乔木
- 海　　拔：约1300 m
- 分　　布：西藏
- 濒危等级：NT

云南假卫矛
Microtropis yunnanensis (Hu) C. Y. Cheng et T. C. Kao
- 习　　性：灌木或小乔木
- 海　　拔：1500～2000 m
- 分　　布：广西、贵州、云南
- 濒危等级：LC

永瓣藤属 Monimopetalum Rehder

永瓣藤
Monimopetalum chinense Rehder
- 习　　性：藤状灌木
- 海　　拔：400～700 m
- 分　　布：安徽、湖北、江西
- 濒危等级：LC
- 国家保护：Ⅱ级

梅花草属 Parnassia L.

南川梅花草
Parnassia amoena Diels
- 习　　性：多年生草本
- 海　　拔：1500～1800 m
- 分　　布：四川
- 濒危等级：LC

窄瓣梅花草
Parnassia angustipetala T. C. Ku
- 习　　性：多年生草本
- 海　　拔：约2900 m
- 分　　布：四川
- 濒危等级：LC

双叶梅花草
Parnassia bifolia Nekr.
- 习　　性：多年生草本
- 海　　拔：2200～2800 m
- 国内分布：新疆
- 国外分布：俄罗斯
- 濒危等级：LC

短柱梅花草
Parnassia brevistyla (Brieger) Hand.-Mazz.
- 习　　性：多年生草本
- 海　　拔：2800～4400 m
- 分　　布：甘肃、陕西、四川、西藏、云南
- 濒危等级：LC

高山梅花草
Parnassia cacuminum Hand.-Mazz.
- 习　　性：多年生草本
- 海　　拔：3400～4300 m
- 分　　布：青海、四川
- 濒危等级：LC

城口梅花草
Parnassia chengkouensis T. C. Ku
- 习　　性：多年生草本
- 分　　布：四川
- 濒危等级：LC

中国梅花草
Parnassia chinensis Franch.

中国梅花草（原变种）
Parnassia chinensis var. **chinensis**
- 习　　性：多年生草本
- 海　　拔：3600～4200 m
- 国内分布：西藏、云南
- 国外分布：不丹、缅甸、尼泊尔、印度
- 濒危等级：LC

四川梅花草
Parnassia chinensis var. **sechuanensis** Z. P. Jien
- 习　　性：多年生草本
- 分　　布：四川
- 濒危等级：LC

指裂梅花草
Parnassia cooperi W. E. Evans
- 习　　性：多年生草本
- 海　　拔：2400～2800 m
- 国内分布：西藏
- 国外分布：不丹、印度
- 濒危等级：LC

心叶梅花草
Parnassia cordata (Drude) Z. P. Jien ex T. C. Ku
- 习　　性：多年生草本
- 海　　拔：3200～4100 m
- 国内分布：云南

国外分布：印度
濒危等级：LC

鸡心梅花草
Parnassia crassifolia Franch.
习　　性：多年生草本
海　　拔：2500~3300 m
分　　布：四川、云南
濒危等级：LC

大卫梅花草
Parnassia davidii Franch.

大卫梅花草（原变种）
Parnassia davidii var. **davidii**
习　　性：多年生草本
海　　拔：1200 m
分　　布：四川
濒危等级：LC

喜砂梅花草
Parnassia davidii var. **arenicola** Z. P. Jien
习　　性：多年生草本
海　　拔：1200 m
分　　布：四川
濒危等级：DD

德格梅花草
Parnassia degeensis T. C. Ku
习　　性：多年生草本
分　　布：四川
濒危等级：LC

德钦梅花草
Parnassia deqenensis T. C. Ku
习　　性：多年生草本
海　　拔：2900~4200 m
分　　布：西藏、云南
濒危等级：NT

宽叶梅花草
Parnassia dilatata Hand.-Mazz.
习　　性：多年生草本
分　　布：贵州
濒危等级：LC

无斑梅花草
Parnassia epunctulata J. T. Pan
习　　性：多年生草本
海　　拔：3400~3800 m
分　　布：云南
濒危等级：NT

龙场梅花草
Parnassia esquirolii H. Lév.
习　　性：多年生草本
分　　布：贵州
濒危等级：NT C1

长爪梅花草
Parnassia farreri W. E. Evans
习　　性：多年生草本
海　　拔：3000~3400 m
国内分布：云南
国外分布：缅甸
濒危等级：VU C1

藏北梅花草
Parnassia filchneri Ulbr.
习　　性：多年生草本
海　　拔：约4260 m
分　　布：青海
濒危等级：NT C1

白耳菜
Parnassia foliosa Hook. f. et Thomson
习　　性：多年生草本
海　　拔：1100~2000 m
国内分布：安徽、福建、江西、浙江
国外分布：日本、印度
濒危等级：LC

甘肃梅花草
Parnassia gansuensis T. C. Ku
习　　性：多年生草本
海　　拔：1300~3500 m
分　　布：甘肃
濒危等级：LC

桂林梅花草
Parnassia guilinensis G. Z. Li et S. C. Tang
习　　性：多年生草本
海　　拔：约600 m
分　　布：广西
濒危等级：VU A2c；D

矮小梅花草
Parnassia humilis T. C. Ku
习　　性：多年生草本
海　　拔：约5000 m
分　　布：西藏
濒危等级：LC

康定梅花草
Parnassia kangdingensis T. C. Ku
习　　性：多年生草本
分　　布：四川
濒危等级：LC

宝兴梅花草
Parnassia labiata Z. P. Jien
习　　性：多年生草本
海　　拔：约1000 m
分　　布：四川
濒危等级：LC

披针瓣梅花草
Parnassia lanceolata T. C. Ku

披针瓣梅花草（原变种）
Parnassia lanceolata var. **lanceolata**
习　　性：多年生草本

海　　拔：3600~3900 m
分　　布：四川
濒危等级：LC

长圆瓣梅花草
Parnassia lanceolata var. **oblongipetala** T. C. Ku
习　　性：多年生草本
海　　拔：约 3600 m
分　　布：云南
濒危等级：LC

新疆梅花草
Parnassia laxmannii Pall. ex Schult.
习　　性：多年生草本
海　　拔：2500~2600 m
国内分布：新疆
国外分布：俄罗斯、哈萨克斯坦、蒙古
濒危等级：LC

细裂梅花草
Parnassia leptophylla Hand.-Mazz.
习　　性：多年生草本
海　　拔：2200~3600 m
分　　布：四川
濒危等级：LC

丽江梅花草
Parnassia lijiangensis T. C. Ku
习　　性：多年生草本
分　　布：云南
濒危等级：EN A2ac；B1ab（iii）

长瓣梅花草
Parnassia longipetala Hand.-Mazz.

长瓣梅花草（原变种）
Parnassia longipetala var. **longipetala**
习　　性：多年生草本
海　　拔：2400~3900 m
分　　布：西藏、云南
濒危等级：LC

白花长瓣梅花草
Parnassia longipetala var. **alba** H. Chuang
习　　性：多年生草本
海　　拔：约 3900 m
分　　布：云南
濒危等级：LC

短瓣梅花草
Parnassia longipetala var. **brevipetala** Z. P. Jien ex T. C. Ku
习　　性：多年生草本
海　　拔：3500~3600 m
分　　布：云南
濒危等级：LC

斑纹长瓣梅花草
Parnassia longipetala var. **striata** H. Chuang
习　　性：多年生草本
海　　拔：2700~3900 m
分　　布：西藏、云南
濒危等级：LC

似长瓣梅花草
Parnassia longipetaloides J. T. Pan
习　　性：多年生草本
海　　拔：3600~4200 m
分　　布：云南
濒危等级：NT

龙胜梅花草
Parnassia longshengensis T. C. Ku
习　　性：多年生草本
分　　布：广西
濒危等级：DD

黄花梅花草
Parnassia lutea Batalin
习　　性：多年生草本
海　　拔：3500~4100 m
分　　布：青海
濒危等级：LC

大叶梅花草
Parnassia monochorifolia Franch.
习　　性：多年生草本
分　　布：云南
濒危等级：VU B1ab（iii；iv）

凹瓣梅花草
Parnassia mysorensis F. Heyne ex Wight et Arn.

凹瓣梅花草（原变种）
Parnassia mysorensis var. **mysorensis**
习　　性：多年生草本
海　　拔：2500~3600 m
国内分布：贵州、四川、西藏、云南
国外分布：印度
濒危等级：LC

锐尖凹瓣梅花草
Parnassia mysorensis var. **aucta** Diels
习　　性：多年生草本
海　　拔：3200~3300 m
分　　布：云南
濒危等级：LC

突隔梅花草
Parnassia nana Griff.
习　　性：多年生草本
海　　拔：1800~3800 m
国内分布：甘肃、湖北、陕西、四川、云南
国外分布：不丹
濒危等级：LC

棒状梅花草
Parnassia noemiae Franch.
习　　性：多年生草本
海　　拔：2000~2500 m
分　　布：四川
濒危等级：LC

云梅花草
Parnassia nubicola Wall. ex Royle

云梅花草（原变种）
Parnassia nubicola var. **nubicola**
习　　性：多年生草本
海　　拔：2700～3900 m
国内分布：西藏、云南
国外分布：阿富汗、巴基斯坦、不丹、克什米尔地区、尼泊尔、印度
濒危等级：LC

矮云梅花草
Parnassia nubicola var. **nana** T. C. Ku
习　　性：多年生草本
海　　拔：3000～3900 m
分　　布：西藏、云南
濒危等级：LC

倒卵叶梅花草
Parnassia obovata Hand.-Mazz.
习　　性：多年生草本
海　　拔：1000 m 以下
分　　布：贵州
濒危等级：LC

金顶梅花草
Parnassia omeiensis T. C. Ku
习　　性：多年生草本
海　　拔：约 3100 m
分　　布：四川
濒危等级：LC

细叉梅花草
Parnassia oreophila Hance
习　　性：多年生草本
海　　拔：1600～3000 m
分　　布：甘肃、河北、宁夏、青海、山西、陕西、四川
濒危等级：LC

梅花草
Parnassia palustris L.

梅花草（原变种）
Parnassia palustris var. **palustris**
习　　性：多年生草本
海　　拔：1600～2000 m
国内分布：河北、黑龙江、吉林、辽宁、内蒙古、山西、新疆
国外分布：朝鲜、俄罗斯、哈萨克斯坦、蒙古、日本
濒危等级：LC
资源利用：药用（中草药）

多枝梅花草
Parnassia palustris var. **multiseta** Ledeb.
习　　性：多年生草本
海　　拔：1200～2200 m
国内分布：河北、黑龙江、吉林、辽宁、内蒙古、宁夏、山西
国外分布：朝鲜、俄罗斯、日本
濒危等级：LC

厚叶梅花草
Parnassia perciliata Diels
习　　性：多年生草本
海　　拔：约 1100 m
分　　布：四川
濒危等级：LC

贵阳梅花草
Parnassia petitmenginii H. Lév.
习　　性：多年生草本
海　　拔：600～2400 m
分　　布：贵州
濒危等级：LC

类三脉梅花草
Parnassia pusilla Wall. ex Arn.
习　　性：多年生草本
海　　拔：3500～4800 m
国内分布：西藏
国外分布：不丹、尼泊尔、印度
濒危等级：LC

青海梅花草
Parnassia qinghaiensis J. T. Pan
习　　性：多年生草本
海　　拔：约 4200 m
分　　布：青海
濒危等级：LC

叙永梅花草
Parnassia rhombipetala B. L. Chai
习　　性：多年生草本
海　　拔：约 1000 m
分　　布：四川
濒危等级：LC

白花梅花草
Parnassia scaposa Mattf.
习　　性：多年生草本
海　　拔：3700～4500 m
分　　布：青海、四川、西藏
濒危等级：LC

思茅梅花草
Parnassia simaoensis Y. Y. Qian
习　　性：多年生草本
海　　拔：约 1400 m
分　　布：云南
濒危等级：DD

近凹瓣梅花草
Parnassia submysorensis J. T. Pan
习　　性：多年生草本
海　　拔：3400～3600 m
分　　布：云南
濒危等级：LC

倒卵瓣梅花草
Parnassia subscaposa C. Y. Wu ex T. C. Ku
习　　性：多年生草本
海　　拔：约 4200 m
分　　布：云南
濒危等级：NT C1

青铜钱
Parnassia tenella Hook. f. et Thomson
　　习　　性：多年生草本
　　海　　拔：2800~3400 m
　　国内分布：四川、西藏、云南
　　国外分布：尼泊尔、印度
　　濒危等级：LC

西藏梅花草
Parnassia tibetana Z. P. Jien ex T. C. Ku
　　习　　性：多年生草本
　　海　　拔：约3700 m
　　分　　布：西藏
　　濒危等级：LC

三脉梅花草
Parnassia trinervis Drude
　　习　　性：多年生草本
　　海　　拔：3100~4500 m
　　分　　布：甘肃、青海、四川、西藏
　　濒危等级：LC

娇媚梅花草
Parnassia venusta Z. P. Jien
　　习　　性：多年生草本
　　海　　拔：3600~4000 m
　　分　　布：云南
　　濒危等级：LC

绿花梅花草
Parnassia viridiflora Batalin
　　习　　性：多年生草本
　　海　　拔：3600~4100 m
　　分　　布：青海、陕西、四川、云南
　　濒危等级：LC

鸡肫草
Parnassia wightiana Wall. ex Wight et Arn.
　　习　　性：多年生草本
　　海　　拔：600~2000 m
　　国内分布：广东、广西、贵州、湖北、湖南、陕西、四川、西藏、云南
　　国外分布：不丹、尼泊尔、泰国、印度
　　濒危等级：LC
　　资源利用：药用（中草药）

兴安梅花草
Parnassia xinganensis C. Z. Gao et G. Z. Li
　　习　　性：多年生草本
　　海　　拔：约1200 m
　　分　　布：广西
　　濒危等级：LC

盐源梅花草
Parnassia yanyuanensis T. C. Ku
　　习　　性：多年生草本
　　海　　拔：约4000 m
　　分　　布：四川
　　濒危等级：LC

彝良梅花草
Parnassia yiliangensis T. C. Ku
　　习　　性：多年生草本
　　海　　拔：1800~1900 m
　　分　　布：云南
　　濒危等级：VU A2ac；B1ab（iii，iv）

俞氏梅花草
Parnassia yui Z. P. Jien
　　习　　性：多年生草本
　　海　　拔：约3000 m
　　分　　布：云南
　　濒危等级：EN C1

玉龙山梅花草
Parnassia yulongshanensis T. C. Ku
　　习　　性：多年生草本
　　海　　拔：4100~5300 m
　　分　　布：云南
　　濒危等级：NT

云南梅花草
Parnassia yunnanensis Franch.

云南梅花草（原变种）
Parnassia yunnanensis var. **yunnanensis**
　　习　　性：多年生草本
　　海　　拔：3500~4000 m
　　分　　布：云南
　　濒危等级：LC

长柄云南梅花草
Parnassia yunnanensis var. **longistipitata** Z. P. Jien
　　习　　性：多年生草本
　　海　　拔：3300~4300 m
　　分　　布：四川
　　濒危等级：LC

斜翼属 Plagiopteron Griff.

斜翼
Plagiopteron suaveolens Griff.
　　习　　性：攀援藤本
　　海　　拔：约200 m
　　国内分布：广西
　　国外分布：缅甸、泰国
　　濒危等级：CR D1
　　国家保护：Ⅱ级

盾柱属 Pleurostylia Wight et Arn.

盾柱
Pleurostylia opposita（Wall.）Alston
　　习　　性：乔木
　　海　　拔：海平面至700 m
　　国内分布：海南
　　国外分布：澳大利亚、菲律宾、马来西亚、斯里兰卡、泰国、新几内亚、印度、印度尼西亚、越南
　　濒危等级：NT B1ab（i，ii，iii，v）

扁蒴藤属 Pristimera Miers

二籽扁蒴藤
Pristimera arborea（Roxb.）A. C. Smith

习　　性：藤本
海　　拔：300~1100 m
国内分布：广西、云南
国外分布：不丹、缅甸、印度
濒危等级：LC

风车果
Pristimera cambodiana (Pierre) A. C. Smith
习　　性：藤本
海　　拔：200~1500 m
国内分布：广西、云南
国外分布：柬埔寨、缅甸、泰国、越南
濒危等级：LC

扁蒴藤
Pristimera indica (Willd.) A. C. Smith
习　　性：藤本
海　　拔：100~1600 m
国内分布：广东、海南
国外分布：菲律宾、马来西亚、缅甸、斯里兰卡、泰国、印度、印度尼西亚、越南
濒危等级：NT A2c

毛扁蒴藤
Pristimera setulosa A. C. Smith
习　　性：藤本
海　　拔：600~1600 m
分　　布：广西、云南
濒危等级：LC

五层龙属 Salacia L.

阔叶五层龙
Salacia amplifolia Merr.
习　　性：攀援或直立灌木
海　　拔：200~300 m
分　　布：海南
濒危等级：NT D

橙果五层龙
Salacia aurantiaca C. Y. Wu ex S. Y. Bao
习　　性：攀援灌木
海　　拔：100~200 m
分　　布：云南
濒危等级：EN A2c；B1ab (i, iii)

五层龙
Salacia chinensis L.
习　　性：攀援灌木
海　　拔：100~700 m
国内分布：广东、广西
国外分布：菲律宾、柬埔寨、老挝、马来西亚、缅甸、斯里兰卡、泰国、印度、印度尼西亚、越南
濒危等级：LC
资源利用：药用（中草药）

柳叶五层龙
Salacia cochinchinensis Lour.
习　　性：灌木
海　　拔：约500 m
国内分布：云南
国外分布：柬埔寨、越南
濒危等级：LC

密花五层龙
Salacia confertiflora Merr.
习　　性：攀援灌木
海　　拔：约700 m
分　　布：海南
濒危等级：NT A2c

粉叶五层龙
Salacia glaucifolia C. Y. Wu ex S. Y. Bao
习　　性：攀援灌木
海　　拔：约400 m
分　　布：云南
濒危等级：NT D

海南五层龙
Salacia hainanensis Chun et F. C. How
习　　性：攀援灌木
海　　拔：100~400 m
分　　布：海南
濒危等级：NT D

河口五层龙
Salacia obovatilimba S. Y. Bao
习　　性：灌木
海　　拔：100~200 m
分　　布：云南
濒危等级：EN A2c；B1ab (i, iii)

多籽五层龙
Salacia polysperma Hu
习　　性：攀援灌木
海　　拔：500~1800 m
分　　布：广西、云南
濒危等级：EN A2c

无柄五层龙
Salacia sessiliflora Hand.-Mazz.
习　　性：灌木
海　　拔：200~1600 m
分　　布：广东、广西、贵州、湖南、云南
濒危等级：LC
资源利用：食品（水果）

雷公藤属 Tripterygium Hook. f.

雷公藤
Tripterygium wilfordii Hook. f.
习　　性：落叶亚灌木
海　　拔：100~3500 m
国内分布：安徽、福建、广东、广西、贵州、湖北、湖南、吉林、江苏、江西、辽宁、四川、台湾、西藏、云南、浙江
国外分布：朝鲜、缅甸、日本
濒危等级：NT
资源利用：药用（中草药）